# Springer-Lehrbuch

Theodor Ackermann

# Physikalische Biochemie

## Grundlagen der physikalisch-chemischen Analyse biologischer Prozesse

Mit 274 Abbildungen

Springer-Verlag
Berlin Heidelberg New York
London Paris Tokyo
Hong Kong Barcelona Budapest

Professor Dr. Theodor Ackermann
Institut für Physikalische Chemie
Universität Freiburg
Albertstr. 23a
7800 Freiburg

ISBN-13:978-3-540-54055-7

Die Deutsche Bibliothek - CIP-Einheitsaufnahme
Ackermann, Theodor: Physikalische Biochemie: Grundlagen der physikalisch-chemischen Analyse biologischer Prozesse/Theodor Ackermann. - Berlin; Heidelberg; New York; London; Paris; Tokyo; Hong Kong; Barcelona; Budapest: Springer, 1992 (Springer-Lehrbuch)
ISBN-13:978-3-540-54055-7      e-ISBN-13:978-3-642-84510-9
DOI: 10.1007/978-3-642-84510-9



Satz: Macmillan, Bangalore, Indien

51/3020-5 4 3 2 1 0

# Vorwort

Jede Entwicklung der Forschung in einem interdisziplinären Bereich hat ihre Eigengesetzlichkeit. So hat sich aus ersten Versuchen, das Zusammenwirken von biologischen Strukturen in physiologischen Prozessen mit physikalisch-chemischen Gesetzmäßigkeiten zu erklären, in den vergangenen Jahrzehnten ein Fachgebiet entwickelt, das heute mit der Bezeichnung „Physikalische Biochemie" oder „Biophysikalische Chemie" recht zutreffend umschrieben und an einigen Hochschulen auch bereits planmäßig in der Lehre vertreten wird. In den von den frühen Protagonisten dieser Disziplin veröffentlichten zusammenfassenden Abhandlungen findet oft noch ein gewisses Streben nach Rechtfertigung seinen Ausdruck. Daran sind die Zweifel der „Praktiker" jener Jahre an den Möglichkeiten einer konsequenten Anwendung der Methoden der exakten Naturwissenschaften auf die Probleme der empirischen biologischen und biochemischen Forschung unschwer abzulesen. Heute dürfte sich die Einsicht durchgesetzt haben, daß eine sinnvoll begrenzte und gezielte Anwendung physikalisch-chemischer Methoden für die Lösung spezieller physiologischer Probleme von großem Wert sein kann und daß viele wichtige neue Erkenntnisse ohne ein derartiges methodisches Vorgehen gar nicht erschließbar gewesen wären. Der Versuch einer in Buchform übersichtlich gegliederten Darstellung wesentlicher theoretischer Grundlagen des Fachgebietes schien daher wohl erwägenswert zu sein.

Vorbilder für Ansätze zu Darstellungen dieser Art sind bekannt. Es sei hier nur an die erstmalig bereits im Jahre 1902 publizierte Monographie „Physikalische Chemie der Zelle und der Gewebe" von Rudolf Höber und an das 1959 erschienene Buch „Theoretische Biochemie" von Hans Netter erinnert. Als der Verlag unter Hinweis auf das Werk von Hans Netter mit der Bitte an mich herantrat, ein neues Buch zu diesem Thema zu verfassen, stellte sich zunächst die Frage, ob eine dem heutigen Stand der wissenschaftlichen Erkenntnis angemessene Darstellung des Fachgebietes allein durch eine gründliche Neubearbeitung des Netterschen Buches zu erhalten sei. Nach Konsultation zahlreicher kompetenter Fachkollegen und reiflicher Überlegung habe ich mich nicht zu einer Neubearbeitung entschließen können. Angesichts des inzwischen eingetretenen Zuwachses an theoretischen Erkenntnissen und wichtigen experimentellen Befunden mußte eine straffende Neugliederung des Stoffes als unerläßlich angesehen werden. Außerdem waren Grundauffassung, Form und Umriß des Netterschen Buches so sehr durch die Persönlichkeit des Autors bestimmt, daß eine Neubearbeitung selbst durch einen mit seiner Denk- und Arbeitsweise vertrauten Fachkollegen nahezu unmöglich erschien. Ich habe es daher auf mich genommen, ein neues Buch zu schreiben. Der Inhalt dieses Buches ist aus den Erfahrungen erwachsen, die in langjähriger wissenschaftlicher Zusammenarbeit mit Biochemikern, Zellbiologen, Molekularbiologen und Vertretern anderer angrenzender Fachgebiete sowie in intensiver Seminararbeit und bei der Abhaltung von Vorlesungen über spezielle Probleme der physikalischen Biochemie gewonnen worden sind. Bei der Abfassung des Textes sind keine besonderen Zugeständnisse an potentielle Abnehmer eines in Gegenstandskatalogen fixierten, vorsortierten Examenswissens gemacht worden. Wer den Versuch unternimmt, einen in stetiger Entwicklung befindlichen Wissenschaftszweig auch nur in seinen wichtigsten Grundzügen sachgemäß und einigermaßen lebendig zu beschreiben, sollte sich nicht von fragwürdigen pseudo-ökonomischen Erwägungen leiten lassen. Angesichts der heute auch im Hochschulbereich vielfach anzutreffenden flüchtig zusammengeschriebenen Sekundärliteratur sollte ihm vielmehr „die Vertreibung der Skriptenhändler aus dem Tempel" am Herzen liegen. Das Buch ist daher in erster Linie für den an der Wissenschaft interessierten, aber über Zusammenhänge zwischen physikalisch-chemischen Grundgesetzen und biochemischen Befunden noch gänzlich uninformierten Studenten bestimmt; es soll ihn zu einer selbständigen Erarbeitung des Verstehens biophysikalisch-chemischer Gesetzmäßigkeiten anregen. Deshalb wird es, wie ich hoffe, auch für viele in ihrer Ausbildung fortgeschrittene oder bereits in Praxis und Forschung tätige Naturwissenschaftler und Mediziner als nützliche Informations- und Einarbeitungshilfe dienen können.

Bei der Stoffauswahl sind ohne Anspruch auf Vollständigkeit zahlreiche für die Beschreibung des Grenzgebietes zwischen den Biowissenschaften und der physikalischen Chemie wichtige Themen in angemessenem Umfang berücksichtigt. Für diese Auswahl war die Frage, ob es sich bei dem behandelten Gegenstand im Einzelfall um „Theoretische Biochemie", „Biophysik", „Molekular- und Zellbiologie" oder gar „Physikalische Chemie" handelt, von gänzlich untergeordneter Bedeutung. Die geschlossene Darstellung eines zusammenhängenden Themenkreises sollte Vorrang haben. Zugunsten der Wiedergabe des wichtigsten Tatsachenmaterials in Abbildungen und Tabellen, für die der Verlag in großzügiger Weise weder Zeit noch Mittel gespart hat, wurde auf historische und hypothetische Ausführungen weitgehend verzichtet. Um die Diskussion der wissenschaftlichen Fragestellungen und der Grundlagen für das Verständnis der bisher gewonnenen Erkenntnisse nicht mit methodischen Erläuterungen zu belasten, mußte die Beschreibung von Meßverfahren auf ein unerläßliches Minimum und auf entsprechende Literaturhinweise beschränkt werden. Schon der Versuch, eine dem heutigen Stand der Technik angemessene enzyklopädische Darstellung der für das Fachgebiet wichtigen spektroskopischen Methoden in den Text aufzunehmen, hätte den Rahmen eines einbändigen Lehrbuches gesprengt. Der Verzicht auf eine Darstellung spektroskopischer und anderer wichtiger experimenteller Methoden ist auch im Hinblick auf verschiedene in neuerer Zeit erschienene Bücher mit überwiegend auf die Methodenbeschreibung ausgerichtetem Inhalt vertretbar. Diese inhaltlich klar gegliederten und didaktisch gut aufbereiteten Darstellungen bilden eine willkommene Ergänzung zu der mit diesem Buch vorgelegten Beschreibung von grundsätzlichen Fragestellungen und durch Experimente bewiesenen oder gestützten wissenschaftlichen Tatsachen. Mit Rücksicht auf den Gesamtumfang des Buches mußten auch verschiedene aktuelle Themen aus dem Bereich der Biophysik, Biochemie, Molekularbiologie und Physiologie unerwähnt bleiben. Es handelt sich dabei im wesentlichen um neuere Methoden und Erkenntnisse der Stoffwechsel- und Sinnesphysiologie, der Biochemie und der Molekulargenetik, einschließlich der Biotechnologie und der Biomechanik sowie um grundsätzliche theoretische Probleme der Selbstorganisation und präbiotischen Evolution des genetischen und enzymatischen Apparates. Dieser Mangel an Vollständigkeit wird dadurch gemildert, daß bereits eine bemerkenswert große Zahl ausgezeichneter Darstellungen der genannten Spezialgebiete in entsprechend konzipierten naturwissenschaftlichen und medizinischen Fachlehrbüchern vorliegt. Hinweise auf diese Lehrbücher, auf weiterführende Literatur zu den in diesem Buch behandelten Themen und zu den für die biophysikalische Chemie typischen Meß- und Analysenverfahren sind im Anhang zusammengefaßt.

Voraussetzung für die Lektüre des Buches sind einige chemische und physikalische Grundkenntnisse. Um das Hauptziel einer zusammenfassenden Darstellung des relativ großen Gesamtgebietes der „Physikalischen Biochemie" nicht zu verfehlen, wurde nicht versucht, dem Leser alle wichtigen Grundlagen der Physik und Chemie noch einmal zu erklären. Verschiedene Monographien mit ähnlicher Zielsetzung sind sicher als willkommene und nützliche Hilfsbücher zu betrachten; sie stellen jedoch in ihrem wesentlichen Inhalt häufig nur einen durch einige attraktive Anwendungsbeispiele aus der Biochemie verdünnten Neuaufguß des in zahlreichen Büchern behandelten Stoffes der klassischen physikalischen Chemie dar. Die Vermehrung des Bestandes an derartigen Abhandlungen entsprach indessen nicht der für das hier vorgelegte Buch angestrebten Zielsetzung. Es sollte vielmehr versucht werden, die typischen biophysikalisch-chemischen Aspekte des Fachgebietes in den Vordergrund zu stellen. Deshalb wurde bei der Textgestaltung eine besonders enge Verflechtung biochemischer und biophysikalischer Sachverhalte angestrebt, um Studenten und interessierten Wissenschaftlern eine tragfähige Grundlage für die damit ohne große Schwierigkeiten zu bewältigende Einarbeitung in spezielle Meß- und Analysenmethoden zu schaffen.

Bei der Vorbereitung des Buchmanuskriptes bin ich von zahlreichen Fachkollegen und auch von meinen Mitarbeitern durch vielfältige Anregungen und Hinweise unterstützt worden. Hier können nicht alle Ratgeber und Helfer, denen ich zu Dank verpflichtet bin, namentlich genannt werden. Die Liste ihrer Namen würde sich von Auhagen bis Zimmermann erstrecken. Alle, die mir geholfen haben, dürfen sicher sein, daß ich ihre freundliche Mitwirkung in guter Erinnerung behalten werden. Besonders danken möchte ich Herrn Horst Geiger, der viele Abbildungsvorlagen gezeichnet oder neu gestaltet hat, und Frau Gudrun Fretz, die den größten Teil der maschinellen Textverarbeitung für mich besorgt hat. Ich danke auch Herrn Dr. Rainer Stumpe vom Springer Verlag, der meine Bemühungen um die Fertigstellung des Textes mit guten Ratschlägen und bemerkenswerter Geduld begleitet hat. Frau Gaby Maas hat in der Herstellungsabteilung des Verlages für eine rationelle Gestaltung des Textsatzes und für konsequente Ausführung der Korrekturen gesorgt. Ihnen beiden danke ich für die gute Kooperation. Für Hilfe beim Korrekturlesen danke ich den Herren Dr. Michael Grubert, Dipl. Chem. Rainer Knörle, Dipl. Chem. Ulf Niesar, Dipl. Chem. Hans-Uwe Schmitz, Dipl. Chem. Norbert Windhab, cand. chem. Jürgen Isele und cand. chem. Hubert Faller. Frau Ruth Lehmann danke ich für ihre Mitarbeit bei der Erstellung des Stichwortverzeichnisses. Nicht zuletzt danke ich auch meiner Frau und unseren Kindern, die während meiner Arbeit am Manuskript auf viele gemeinsame Mußestunden verzichten mußten und damit auch einen Beitrag zum Zustandekommen dieses Buches geleistet haben.

Freiburg im Breisgau,  Theodor Ackermann
im Februar 1992

# Inhalt

# Einleitung

## Grenzen und Möglichkeiten der physikalisch-chemischen Analyse biologischer Erscheinungen

Die Biologie war zunächst überwiegend auf die systematische Erfassung des äußeren Erscheinungsbildes der Spezies und auf das Studium der makroskopisch wahrnehmbaren physiologischen Gesetzmäßigkeiten ausgerichtet. Heute hat sich die biologische Forschung in vielen Teilgebieten zu einer Wissenschaft entwickelt, die mit den Methoden der Physik und Chemie molekulare Ursachen komplexer Lebensvorgänge zu ergründen sucht. Diese Entwicklung ergab sich zwangsläufig, weil bereits die Charakterisierung der lichtmikroskopisch nicht mehr auflösbaren morphologischen Dimensionen extrem kleiner Organismen die Anwendung hochentwickelter physikalischer Untersuchungsmethoden notwendig machte. Sie ist aber nicht nur durch die Erfordernisse der experimentellen Methodik bedingt. Leben an sich kann nur im Gegensatz zum toten Stoff definiert werden. Aber die Gültigkeit der Gesetze der exakten Naturwissenschaften erstreckt sich grundsätzlich ebenso uneingeschränkt auf den Bereich des Lebendigen wie auf die Gesamtheit der unbelebten Materie. Im Prinzip sollte es daher möglich sein, auch komplizierte physiologische Gesamtvorgänge und die ihnen zugrunde liegenden Strukturen durch eine sinnvolle Verknüpfung quantitativ faßbarer physikalischer und chemischer Elementarprozesse vollständig theoretisch zu erklären. Dies ist bis heute noch in keinem Fall gelungen. Das liegt an der außerordentlich großen Kompliziertheit der dynamischen Lebensvorgänge. Die vielfältig verflochtenen physiologischen Prozesse werden sich nur schrittweise durch konsequente Forschungsarbeit erschließen lassen.

Es besteht aber kein Zweifel daran, daß in den letzten Jahrzehnten die gezielte Anwendung physikalisch-chemischer Methoden einen beachtlichen Erkenntnisgewinn bei bestimmten Fragestellungen aus dem Bereich der Biologie erbracht hat. Besonders deutlich wird das am Beispiel der Biochemie und der unmittelbar an diesen Wissenschaftszweig angrenzenden Fachgebiete. Stellvertretend für zahlreiche andere in neuerer Zeit mit physikalischen und chemischen Methoden erzielte Forschungsergebnisse seien hier nur folgende Beispiele genannt:

Die Gewinnung von Aussagen über den molekularen Aufbau und die Transporteigenschaften von Biomembranen.

Die Ermittlung der räumlichen Struktur biologisch wichtiger Makromoleküle mit den Methoden der Röntgenstrukturanalyse.

Die Erweiterung von Erkenntnissen über die Struktur und Funktion der für den geregelten Ablauf der oxidativen Energieumsätze entscheidend wichtigen Organellen (Mitochondrien).

Die Charakterisierung des Elektronenzustandes der Eisen-Atome in dem für den Sauerstofftransport der roten Blutkörperchen unerläßlichen Hämoglobin mit den Methoden der Mößbauer-Spektroskopie und der Elektronenspinresonanz.

Die weitgehende Aufklärung der Primärprozesse der pflanzlichen Photosynthese einschließlich der Photophosphorylierung durch Kombination verschiedener Verfahren mit den Methoden der Blitzlichtspektroskopie.

Die Entschlüsselung des genetischen Codes der Proteinbiosynthese mit den Methoden der Molekularbiologie.

Die Auffindung und strukturelle Charakterisierung einer neuen Klasse von kovalent ringförmig geschlossenen Ribonucleinsäuren (Viroiden), die bestimmte Pflanzenkrankheiten übertragen und verursachen.

Nur in wenigen Einzelfällen ist eine angemessene Forschung in Biochemie, Molekularbiologie und Physiologie heute noch ohne die Methoden und Begriffsbildungen der physkalischen Chemie möglich.

Die Zelle ist ein hochwirksames, selbstregulierendes System, das sich durch ständigen Stoff- und Energieaustausch mit seiner Umgebung selbst erhält. Sie stellt mit ihren Organellen die wichtigste Funktionseinheit lebender Organismen dar. Der Aufbau der Zelle ist durch zahlreiche Erscheinungsformen ausgeprägt und wird durch die besondere Molekülform der Baustoffe, besonders der Lipide und der Proteine, ermöglicht. Die Grundlage für das Verständnis der stofflichen Umsetzungen sind physikalisch-chemische Stoffkenntnisse, die durch Isolierung und Strukturaufklärung zahlreicher Naturstoffe von niederem Molekulargewicht und einer großen Zahl biologisch wichtiger markromolekularer Substanzen erarbeitet worden sind. Das Interesse der biochemischen Forschung konzentriert sich heute stark auf koordinierte biochemische und biophysikalische Untersuchungen des Zusammenwirkens verschiedener Strukturelemente bei der Steuerung der zellulären chemischen Prozesse. Da die Erhaltung der Arbeitsfähigkeit zellulärer Systeme von der kontinuierlichen Bereitstellung und der geregelten Übertragung chemischer Energie abhängt, kommt dem Studium der Energieumsätze, die mit stofflichen Umwandlungen und Transportvorgängen gekoppelt sind, eine besondere Bedeutung zu. Die über die Photosynthese in chemische Energie umgewandelte und überwiegend in den Kohlenhydraten und Fetten gespeicherte Energie des Sonnenlichtes wird durch die biochemisch kontrollierte Synthese niedermolekularer leichtbeweglicher, „energiereicher" Verbindungen vom Typ des Adenosintriphosphats in eine für den Transport geeignete Form gebracht und damit für die Deckung des Energiebedarfs der zellulären Prozesse zugänglich gemacht. In der biochemischen Energetik hat man grundsätzlich zwischen drei Grundformen der durch die chemische Energie zu bewerkstelligenden Arbeitsleistungen zu unterscheiden:

1. Arbeit zum Aufbau chemischer Verbindungen, die nicht spontan entstehen, sondern nur unter Zufuhr von chemischer Energie (freier Reaktionsenthalpie) gebildet werden können (*Synthese-Arbeit*).
   Beispiel: Biosynthese von Lecithin
2. Arbeit zur Bewältigung von Transportprozessen, die nur unter Verbrauch zugeführter Energie durchgeführt werden können (*osmotische Arbeit*).
   Beispiel: Nacherzeugung von Salzsäure für den Magensaft durch transzellulären aktiven Transport in den Epithelzellen der Magenschleimhaut.
3. Mechanische Arbeit
   Beispiel: Muskelkontraktion.

Für abgeschlossene Systeme, die sich im thermischen Gleichgewicht befinden, bietet die klassische Thermodynamik die Grundlage der quantitativen Berechnung von Energiebilanzen und der eindeutigen Beantwortung der Frage nach den Voraussetzungen für den spontanen Ablauf möglicher Gleichgewichtsverschiebungen. Deshalb ist die Kenntnis der wichtigsten Grundgesetze des thermodynamischen Gleichgewichtes eine notwendige Vorbedingung für das Verständnis bioenergetischer Zusammenhänge. Das Begriffssystem der Gleichgewichtsthermodynamik erlaubt jedoch keine exakt zutreffende Beschreibung der Stoff- und Energieumsätze von Austausch- und Transportprozessen in lebenden Organismen, da es auf offene Systeme, die Stoff und Energie mit der Umgebung austauschen, nicht ohne fundamentale begriffliche Erweiterungen anwendbar ist. Der Ansatz für die erforderliche Einbeziehung offener Systeme in die thermodynamische Theorie ergibt sich aus einer Konzeption, die als *Thermodynamik irreversibler Prozesse* bezeichnet wird. In dieser Thermodynamik der offenen Systeme nimmt der als Fließgleichgewicht bezeichnete stationäre Zustand eine ähnlich zentrale Stellung ein wie der Gleichgewichtszustand in der klassischen Thermodynamik. Für die Analyse der Transporterscheinungen in biologischen Systemen besonders wichtig ist die Berücksichtigung der Tatsache, daß gerichtete Flüsse von Transportgrößen (Stoff, Energie, Impuls, elektrische Ladung) in der Natur fast niemals isoliert, sondern gekoppelt auftreten, so daß z. B. ein elektrischer Ladungstransport mit dem Stofftransport von Ionen gekoppelt ist oder der Stofftransport einer Teilchensorte durch eine Membran erst durch einen damit gekoppelten, entgegengesetzt gerichteten Transport einer anderen Teilchensorte ermöglicht wird. Für diese Flußkoppelung lassen sich zahlreiche weitere Beispiele aus dem biologischen Bereich anführen, und der um ein grundsätzliches Verständnis der zellulären Austauschvorgänge bemühte Leser wird sich auch mit einigen Überlegungen zur thermodynamischen Theorie der Fließgleichgewichte befassen müssen. Die Kenntnis der Grundregeln dieser Theorie ist nicht zuletzt auch deshalb wichtig, weil sich aus ihnen auch wichtige Kriterien für eine möglichst exakte Analyse kompliziert zusammengesetzter Funktionsabläufe und für die Wirksamkeit von Mechanismen der Selbstorganisation molekularer Systeme herleiten lassen. Eine gewisse Vereinfachung der theoretischen Diskussion von Stoff- und Energieumsätzen in biologischen Systemen ist dadurch gegeben, daß diese Umsätze in der Regel bei nahezu konstanter Temperatur ablaufen und mit relativ geringfügigen Änderungen des Volumens und des Druckes verbunden sind. Der diesen Nebenbedingungen genügende, weitgehend isotherme Reaktionsablauf wäre allerdings bei rein thermodynamischer Kontrolle des Reaktionsgeschehens kaum möglich. Vielmehr wird die Änderung des chemischen Zustandes der beteiligten Stoffe mit einem guten Wirkungsgrad und hoher Syntheserate erst durch die von Enzymen bewirkte katalytische Beeinflussung ermöglicht. Die hohe Reaktionsgeschwindigkeit der enzymatisch geregelten Aufbau- und Abbaureaktionen stellt neben der geringen Fehlerrate der Informationsübertragung zweifellos eines der besonders hervorstechenden Merkmale des biochemischen Syntheseapparates dar. In diesen funktionellen Merkmalen zellulärer Systeme findet die dynamische Flexibilität der in ihrer strukturellen Vielfalt an die jeweilige Aufgabenstellung angepaßten Bio-Makromoleküle ihren Ausdruck. Ohne die im Laufe der Evolution optimierten besonderen Eigenschaften dieser makromolekularen Stoffe ist das Funktionieren eines biologischen Systems nicht denkbar.

Der Hinweis auf die Bedeutung der enzymatischen Regelung von Geschwindigkeiten biochemischer Reaktionen macht deutlich, daß einige Grundkenntnisse der chemischen Formalkinetik und ihrer Anwendung auf enzymgesteuerte Reaktionen vorausgesetzt werden müssen, wenn das Zusammenwirken von Strukturen und Funktionen in zellulären Systemen richtig verstanden werden soll. Dazu gehört auch eine Einarbeitung in die theoretischen Grundlagen verschiedener Methoden zur Charakterisierung der dreidimensionalen Überstrukturen von gelösten Biomolekülen. Berücksichtigen muß man ferner die Oxidations- und Reduktionsreaktionen und die Photo-Synthese, die durch eine Änderung des Elektronenzustandes für die biochemische Energieversorgung und die stoffliche Neubildung wirksam werden. Deshalb zählen auch einige elementare Informationen über Elektronen und chemische Bindung und über die Wechselwirkung von Licht und Materie zum notwendigen Rüstzeug für die Erforschung von Ursache und Wirkung in der Welt des Lebendigen. Schließlich wird sich auch in günstigen Fällen ein fließender Übergang zwischen der zergliedernden Analyse des biologischen Gesamtvorganges und der aufbauenden Zusammenschaltung von Elementarprozessen nur dann bewerkstelligen lassen, wenn man die für die Wirkung der Elektrolyte und für die schwachen zwischenmolekularen Wechselwirkungen maßgeblichen Naturgesetze beachtet.

Mit der in den ersten Kapiteln des folgenden Textes wiedergegebenen Darstellung wichtiger Grundtatsachen soll dem Leser der Weg in die zentralen Bereiche des Gesamtgebietes der physikalischen Biochemie geebnet werden. Ausgehend von den Gesetzmäßigkeiten für Teilchen und Kräfte in molekularen Dimensionen führt dieser Weg über die Erläuterung der für die metabolischen Austauschvorgänge besonders wichtigen Transporterscheinungen zunächst zu einigen grundsätzlichen Feststellungen über die Prinzipien der Organisation molekularer Aggregate. Mit der Beschreibung des chemischen Aufbaus und der physikalisch-chemischen Eigenschaften

der wichtigsten makromolekularen Strukturbildner werden dann die Voraussetzungen für das
Verständnis der Beziehungen zwischen Struktur
und Vorgang geschaffen. Die zentrale Bedeutung
der Energieumsätze in der Welt des Lebendigen
wird durch ein bewußt breit angelegtes Kapitel
über biochemische Energetik hervorgehoben. Damit werden nicht nur die theoretischen Kriterien
für die Stabilität festgelegt, sondern auch die
Grundtatsachen der biochemischen Energietransformation vom Primärprozeß der Photosynthese
bis zur Endstufe der Atmungskette im Zusammenhang erklärt. Wegen der mechanistischen
Kopplung dieser Energietransformation mit der
enzymatischen Kontrolle ihres zeitlichen Ablaufs
sind auch die Grundgesetze der Formalkinetik
mit ihren Anwendungen auf die Enzymkinetik
nicht gesondert behandelt, sondern als Unter-
abschnitt in das Kapitel über biochemische
Energetik aufgenomen worden. Die drei verschiedenen Formen biochemischer Arbeitsleistung
(Synthesearbeit, mechanische Arbeit und osmotische Arbeit) sind in dieser zusammenfassenden
Darstellung klar gegeneinander abgegrenzt. Bei
der Beschreibung einiger Teilprozesse der pflanzlichen Photosynthese und der Stickstoff-Fixierung muß sich die Darstellung noch auf die Wiedergabe von Hypothesen beschränken, und der
als Anregung zu weiteren Überlegungen gedachte
Hinweis auf einige neuere theoretische Vorstellungen sollte nicht als Dokumentation eines vollständig durch empirische Befunde gesicherten Er-

kenntnisstandes mißverstanden werden. Mit wenigen Ausnahmen gilt diese Einschränkung, was
die Vollständigkeit der Darstellung anbetrifft, natürlich strenggenommen auch für die mit der Stoffauswahl gegebene Abgrenzung aller vorangehenden Kapitel. Dies muß in Kauf genommen werden, da sich ein in ständiger Weiterentwicklung
befindlicher Wissenschaftszweig als „offenes System" nicht völlig isoliert beschreiben läßt. Die
Grenzen für die Möglichkeit der physikalisch-
chemischen Analyse biologischer Erscheinungen
sind daher nicht starr fixiert, sondern jeweils
durch die Kompliziertheit des betrachteten Systems und durch den Stand der wissenschaftlichen
Erkenntnis gegeben.

Um das Eindringen in die von Natur aus viel-
schichtige Materie zu erleichtern, ist der behan-
delte Stoff so gegliedert, daß der Leser die Sachverhalte in den einzelnen Abschnitten so weit wie
möglich ohne Rückgriffe auf die vorangehenden
Kapitel und auf die zitierte Originalliteratur verstehen kann. Ergänzende Informationen über die
experimentellen Methoden sind den im Anhang
zusammengefaßten Literaturhinweisen zu entnehmen. Die zur Erläuterung der wissenschaftlichen
Grundtatsachen im Text angeführten Beispiele
zeigen, daß das Ziel der Aufklärung eines kompliziert zusammengesetzten biologischen Funkti-
onssystems in der Regel nur mit einer sinnvollen
Kombination verschiedener Meßmethoden erreicht wird.

# 1 Teilchen und Kräfte in molekularen Dimensionen und ihre Bedeutung für die Struktur biologisch wichtiger Moleküle

## 1.1 Atome – Moleküle – Kristalle

### 1.1.1 Das Korpuskulare Bild vom Aufbau der Materie

Die Eigenschaften der lebenden Organismen ergeben sich nach dem Grundkonzept der Chemie ebenso wie die stofflichen Eigenschaften der unbelebten Materie aus dem Zusammenwirken geordneter Verbände von Atomen, die ihrerseits aus geladenen und ungeladenen Elementarteilchen aufgebaut sind. Dieses korpuskulare Bild vom Aufbau der Materie entspricht dem aus der Alltagserfahrung abgeleiteten Begriffssystem, nach dem eine Folge von Sinneseindrücken im wesentlichen als eine zeitliche Veränderung der Lage und Form von Gegenständen im Raum wahrgenommen wird. Damit ist die Grundlage für eine einfache Beschreibung von Vorgängen in Raum und Zeit gegeben. Diesem bewährten Begriffssystem sind jedoch Grenzen gesetzt, die bei der Entwicklung korpuskularer Modellvorstellungen beachtet werden müssen.

Es gibt eindeutige experimentelle Befunde, die mit der durch Masse und Geschwindigkeit charakterisierten Teilchennatur der untersuchten elementaren Spezies nicht erklärt werden können. Davisson und Germer haben 1927 gezeigt, daß beim Durchtritt eines Elektronenstrahles durch eine dünne Schicht eines festen kristallinen Stoffes Beugungsfiguren mit den typischen Merkmalen der Beugung elektromagnetischer Wellen auftreten. Abbildung 1.1 zeigt als Beispiel ein Beugungsbild, das bei der Beugung von 36 kV-Elektronen an einer Silberfolie erhalten worden ist.

In der Elementarteilchenphysik verwendet man als Energiemaß häufig die Einheit Elektronenvolt (eV), d. h. die kinetische Energie, die ein Elektron nach Beschleunigung durch die Spannung 1 V besitzt. Für die Umrechnung von eV-Einheiten in Wattsekunden bzw. Nm gilt die Beziehung

$$1 \text{ eV} = 1,602190 \cdot 10^{-19} \text{ Nm}$$
$$= 1,602190 \cdot 10^{-19} \text{ kg m}^2 \text{s}^{-2} .$$

Die angegebene Spannung von $36 \cdot 10^3$ V entspricht demnach einer kinetischen Energie von $57,7 \cdot 10^{-16}$ kg m$^2$s$^{-2}$. Nach den Gesetzen der klassischen Mechanik ist die kinetische Energie $E_{kin}$ eines Elektrons der Masse $m_e$ bei der Geschwindigkeit w durch

$$E_{kin} = \tfrac{1}{2} m_e w^2 \tag{1.1}$$

gegeben. Für den nach der Beziehung

$$p = m_e w \tag{1.2}$$

zu berechnenden Impuls p des Elektrons erhält

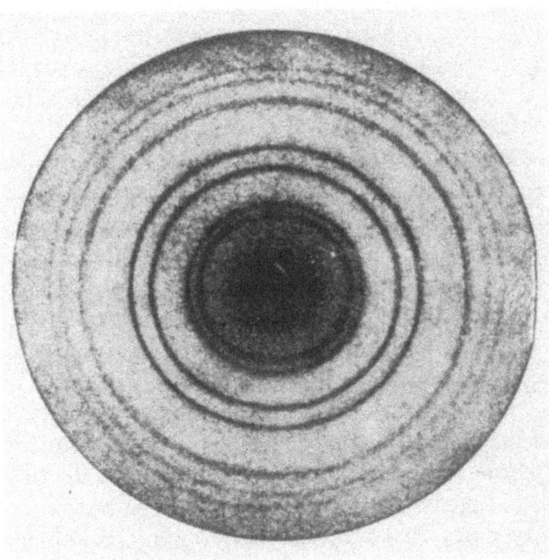

**Abb. 1.1** Beugungsbild einer Silberfolie (Beugung von 36 kV-Elektronen)

man nach Multiplikation von Gl. (1.1) mit $m_e$ die Gleichung

$$E_{kin} = \frac{p^2}{2m_e} \qquad (1.3)$$

bzw.

$$p = \sqrt{2m_e E_{kin}} \; . \qquad (1.4)$$

Mit $m_e = 9{,}109534 \cdot 10^{-31}$ kg erhält man nach Gl. (1.4) für das 36 kV-Elektron einen Impuls von $10{,}253 \cdot 10^{-23}$ kg ms$^{-1}$. Aus der Auswertung des Beugungsbildes ergibt sich eine Wellenlänge $\lambda$ von $6{,}5 \cdot 10^{-12}$ m bzw. 0,065 Å. Diese Wellenlänge stimmt mit dem nach der De Broglie-Beziehung

$$\lambda = \frac{h}{p} \qquad (1.5)$$

aus dem Planckschen Wirkungsquantum $h = 6{,}626176 \cdot 10^{-34}$ kg m$^2$ s$^{-1}$ und dem Impuls p zu berechnenden Wert überein. Mit der Gl. (1.5) findet der für die gesamte Physik der kleinen Elementarteilchen charakteristische Welle-Teilchen-Dualismus seinen Ausdruck.

Durch geeignete Experimente (z.B. durch den in den Lehrbüchern der Atomphysik erläuterten Compton-Effekt) konnte gezeigt werden, daß auch dem üblicherweise als elektromagnetische Welle beschriebenen Licht bestimmte charakteristische Eigenschaften eines Teilchens zuzuschreiben sind und daß das Wellenbild der Lichtstrahlung durch das korpuskulare Bild der Lichtteilchen (Photonen) ergänzt werden muß. Dabei ergab sich, daß auch der Impuls p des Photons nach Gl. (1.5) aus der Wellenlänge $\lambda$ des untersuchten Lichtes berechnet werden kann. Atomare Systeme, die den Gesetzen des Welle-Teilchen-Dualismus unterworfen sind, entziehen sich einer einseitigen Beschreibung im Rahmen des korpuskularen Begriffssystems. Die besondere Bedeutung des Welle-Teilchen-Dualismus für die Chemie und ihre Bindungsgesetze liegt darin, daß es z.B. nicht möglich ist, Orts- und Impulsänderung eines Elektrons gleichzeitig mit beliebiger Genauigkeit zu messen. Die Möglichkeiten zur exakten gleichzeitigen Bestimmung von Ort und Impuls werden begrenzt durch die Heisenberg-

sche Unbestimmtheitsrelation, die wegen ihrer grundsätzlichen Bedeutung für das Verständnis des Elektronensystems chemischer Verbindungen hier noch kurz erläutert werden soll.

Beim Durchtritt eines Lichtbündels durch einen Spalt der Breite b entsteht das in Abb. 1.2a skizzierte Beugungsbild, in dem die relative Intensität des gebeugten Lichtes als Funktion von $\sin \alpha$ für verschiedene Werte des Ablenkungswinkels $\alpha$ dargestellt ist. Das erste Minimum des Beugungsdiagramms tritt für Licht der Wellenlänge $\lambda$ nach der klassischen Wellentheorie unter dem durch die Beziehung

$$\sin \alpha = \lambda / b \qquad (1.6)$$

festgelegten Winkel $\alpha$ auf. Im korpuskularen Bild entspricht dem Beugungswinkel $\alpha$ eine zur Richtung des Photon-Impulses p senkrechte Impulskomponente $\Delta p$, so daß für kleine Winkel mit $\tan \alpha \simeq \sin \alpha$ analog Gl. (1.6)

$$\sin \alpha = \Delta p / p \qquad (1.7)$$

gesetzt werden kann.

Aus den Gln. (1.6) und (1.7) erhält man für das erste Minimum des Beugungsdiagramms die Beziehung

$$\Delta p / p = \lambda / b \; . \qquad (1.8)$$

Nach Abb. 1.2b ist die Ortskoordinate q des Photons bis auf einen der Spaltbreite gleichen Fehler

$$\Delta q = b \qquad (1.9)$$

bestimmt. Die Wellenlänge des Photons kann nach Gl. (1.5) durch den Quotienten h/p ausgedrückt werden. Mit $\lambda / b = h / p\Delta q$ ergibt sich aus Gl. (1.8) die Unbestimmtheitsrelation in der Form

$$\Delta p \Delta q = h \; . \qquad (1.10)$$

Es besteht also eine wechselseitige Beschränkung der Möglichkeiten zur genauen Bestimmung von p und q derart, daß die Genauigkeit der Impulsbestimmung mit zunehmender Genauigkeit der Ortsangabe abnimmt und umgekehrt. Die Frage nach einer exakt bestimmten Bahn oder nach der genauen Ortsangabe eines Elektrons oder eines Photons ist demnach physikalisch sinnlos. Mit den Näherungsverfahren der Quantentheorie

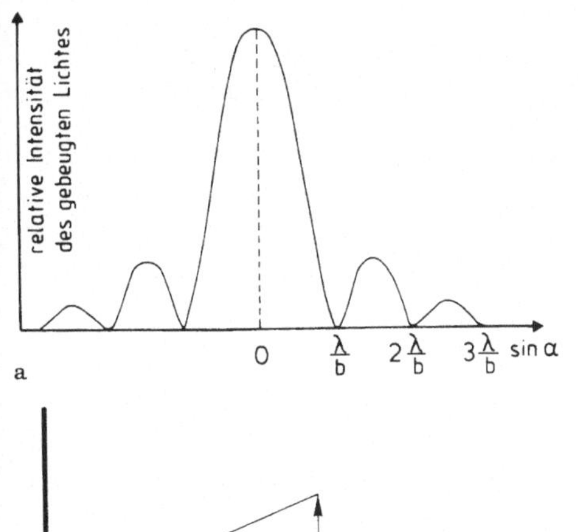



**Abb. 1.2** Zur Heisenbergschen Unbestimmtheitsrelation
**a** Beugungsdiagramm, **b** Impulsänderung $\Delta p$ eines Photons

lassen sich deshalb nur Aussagen über die Aufenthaltswahrscheinlichkeit eines Elektrons in einem bestimmten Bereich eines molekularen Systems gewinnen. Diese Einschränkung muß bei der „Abzählung" und Zuordnung von Elementarteilchen bei der Diskussion der Struktur und des Reaktionsverhaltens chemischer Verbindungen stets beachtet werden.

Nach Gl. (1.5) kann dem mit der Lichtgeschwindigkeit c bewegten Photon eine den Impuls $p = mc$ charakterisierende Masse $m = h/\lambda c$ zugeschrieben werden. Für Wellen der Frequenz $\nu$ und der Wellenlänge $\lambda$ gilt stets die allgemeine Beziehung

$$\lambda \cdot \nu = c \,. \tag{1.11}$$

Für die Ausbreitung des Lichtes im Vakuum gilt $c = 2{,}99792458 \cdot 10^8 \ ms^{-1}$. Nach Gl. (1.11) kann Gl. (1.5) auch in der Form

$$\frac{c}{\nu} = \frac{h}{mc}$$

bzw.

$$mc^2 = h\nu \tag{1.12}$$

geschrieben werden. Das Produkt $h\nu$ gibt nach der durch zahlreiche Experimente bestätigten Einsteinschen Beziehung

$$E = h\nu \tag{1.13}$$

die Energie des Photons an. Aus Gl. (1.12) folgt somit die wichtige Beziehung

$$E = mc^2 \,, \tag{1.14}$$

die in der Elementarteilchenphysik allgemein gültig ist (Gesetz der Äquivalenz von Masse und Energie). Da c eine universelle Naturkonstante ist und E im Falle des Photons nur die Bedeutung einer kinetischen Energie haben kann, muß die *Ruhemasse* des Photons gleich Null sein.

Nun ist aber die Geschwindigkeit der Fortpflanzung der Materiewellen nicht grundsätzlich gleich der des Lichtes. Sie möge den Wert u besitzen, dann ist die Schwingungszahl je sec ($\nu$):

$$\nu = \frac{u}{\lambda} \quad \text{und} \quad \lambda = \frac{u}{\nu} = \frac{h}{m\nu} \,. \tag{1.15}$$

Die Fortpflanzungsgeschwindigkeit gleicher Phasen (u) der zugehörigen Wellenlänge $\lambda$ ist danach derjenigen der bewegten Materie (v) umgekehrt proportional. Nur bei Photonen haben beide (u und v) den gleichen Wert, nämlich die Lichtgeschwindigkeit. Nach der Relativitätstheorie besteht zwischen diesen Größen die Beziehung $v \cdot u = c^2$, denn: $p \cdot u = mc^2$.

Gleichung (1.14) macht eine weitere Einschränkung des vereinfachten korpuskularen Bildes vom Aufbau der Materie deutlich. Sie zeigt nämlich, daß auch dem bei allen stöchiometrischen Berechnungen zur Anwendung kommenden Prinzip von der Erhaltung der Masse und dem Energieerhaltungssatz keine uneingeschränkte Gültigkeit zuerkannt werden kann. So hat sich z.B. gezeigt, daß die Masse eines Atomkerns stets kleiner ist als die Summe der Massen der Kernbestandteile (Protonen und Neutronen). Dieser *Massendefekt* entspricht nach Gl. (1.14) der bei der Bildung des Kerns aus Protonen und Neutronen freigesetzten Bindungsenergie. Bei chemischen Umsetzungen wird der Massendefekt nicht beobachtet, da die chemische Bindungsenergie im Vergleich mit der Kernbindungsenergie als vernachlässigbar klein anzusehen ist. Die bei Kernprozessen umgesetzten Energien sind nämlich etwa $10^6$ mal größer als die in den Elektronenhüllen der Atome und Moleküle umgesetzten Energiebeträge. Deshalb kommt der für die Energiebilanz von Kernreaktoren wichtigen Gl (1.14) im Bereich der chemischen Energetik keine nennenswerte Bedeutung zu. Die Atomkerne können bei der theoretischen Analyse chemischer Umsetzungen in der Regel als stabile Teilchen konstanter Masse angesehen werden. Der durch die De Broglie-Beziehung und durch die Heisenbergsche Unbestimmtheitsrelation charakterisierte Welle-Teilchen-Dualismus ist dagegen von grundsätzlicher Bedeutung für das Verständnis der kovalenten chemischen Bindung, der Wechselwirkung zwischen Licht und Materie und des Elektronentransports in molekularen Systemen. Dieser Dualismus bedingt den Verlust der korpuskularen Individualität von Elektronen in den Elektronensystemen chemischer Verbindungen. Die Elektronen sind *delokalisiert*. Der partielle Doppelbindungscharakter bestimmter Atomverknüpfungen, die Eigenschaften *aromatischer* Kohlenwasserstoffe und das Lichtabsorptionsvermögen bestimmter Farbstoffe lassen sich nur mit der Modellvorstellung delokalisierter Elektronen erklären. Der Zustand von Elektronen in chemischen Bindungen wird durch die Bewegung von negativ geladenen Teilchen der Masse $m_e$ nur unzureichend beschrieben. Im Begriffssystem der Stöchiometrie bleibt jedoch die Individualität der Elektronen in gewissem Sinne erhalten. Die Gesamtzahl der bei einer chemischen Umsetzung in Rechnung zu stellenden Elektronen bleibt konstant.

Mit den durch den Welle-Teilchen-Dualismus bedingten Einschränkungen hat sich das korpuskulare Bild vom Aufbau der Materie bei fast allen Versuchen zur theoretischen Erklärung der stofflichen Eigenschaften und des Reaktionsverhaltens chemischer Verbindungen als zweckmäßige Modellvorstellung bewährt. Mit dieser Vorstellung können nicht alle meßbaren physikalischen Eigenschaften der untersuchten Systeme befriedigend erklärt werden; sie ermöglicht aber eine anschauliche Interpretation der meisten chemischen

Gesetzmäßigkeiten und bietet damit die Grundlage für eine einheitliche und übersichtliche Systematik der chemischen Verbindungen. Auf dieser Einfachheit und Übersichtlichkeit beruht die besondere Bedeutung der korpuskularen Betrachtungsweise für die gesamte Chemie und ihre Anwendungen in Biologie und Medizin.

### 1.1.2 Atomkerne, Elektronen und Photonen

Nach dem korpuskularen Bild vom Aufbau der Materie ist diese aus geladenen und elektrisch neutralen Teilchen aufgebaut. Vorgänge an den Ladungsträgern äußern sich oft in meßbaren elektrischen Erscheinungen. Die sinngemäße Deutung dieser Erscheinungen führt zu einem Bild vom Aufbau der Atome und der Kräfte, welche sie in den Molekülen zusammenhalten. Die kleinste Einheit der elektrischen Ladung ist die Elementarladung e. Ihre Größe ist für die negative und positive Einheitsladung gleich und beträgt $1{,}6021892 \cdot 10^{-19}$ C. Beim negativ geladenen Elektron und bei dem positiv geladenen Positron ist dieser Elementarladungsbetrag mit der Ruhemasse $9{,}109534 \cdot 10^{-31}$ kg verknüpft. Positronen werden von künstlichen radioaktiven Kernen emittiert, die einen zu großen Protonenüberschuß besitzen und deshalb ein Kernproton in ein Neutron umwandeln. Während das Elektron bei verschiedenartigen Prozessen als freies Teilchen in Erscheinung tritt, kann das Positron in Gegenwart von Materie nicht über eine längere Zeit frei existieren. Es ist nur schwer von dem Kernteilchenverbund zu trennen, mit dem zusammen es das positiv geladene Proton aufbaut. Die Masse des Protons ergibt sich als Differenz der Massen des H-Atoms und des Elektrons zu $1{,}6726485 \cdot 10^{-27}$ kg. Am Aufbau der Atomkerne ist außerdem das ungeladene Neutron mit der Masse $1{,}6749539 \cdot 10^{-27}$ kg beteiligt. Im Gegensatz zu den weitgehend strukturlosen Elektronen und Photonen sind die Atomkerne hochstrukturierte Teilchen, an deren Aufbau verschiedene Elementarteilchen beteiligt sind. Im Energiebereich chemischer Umsetzungen verhalten sich diese Kerne aber wie relativ schwere kompakte Partikel, die aus Protonen und Neutronen aufgebaut sind und eine Zahl Z ganzer positiver Ladungen in Einheiten der Elementarladung $1,6021892 \cdot 10^{-19}$ C tragen. Zur Erklärung der stofflichen Eigenschaften chemischer Verbindungen erweist sich deshalb ein Modell, in dem aus Protonen und Neutronen gebildete Kerne der Ladung Ze mit Elektronen in Wechselwirkung treten, als ausreichend. Die potentielle Energie der elektrostatischen Wechselwirkung zwischen einem Atomkern und einem im Abstand r befindlichen Elektron ist die Coulomb-Energie $-Ze^2/r$.

Zusätzliche schwache Wechselwirkungen zwischen Kern und Elektron, die vom Drehimpuls und den inneren Zuständen des Kerns ausgehen, können mit den Methoden der kernmagnetischen Resonanz, der Elektronenspinresonanz, der Mößbauer-Spektroskopie und der Mikrowellenspektroskopie untersucht werden. Mit diesen Messungen lassen sich wichtige Aussagen über die molekulare Dynamik und über die Bindungsverhältnisse in Mehrelektronen-Systemen gewinnen.

Atomkerne mit verschiedener Neutronenzahl bei gleicher Protonenzahl werden als Isotope bezeichnet; sie sind nur in einem relativ engen Bereich von Neutronenzahlen stabil, und die entsprechenden Atome sind chemisch fast ununterscheidbar. Chemische Isotopieeffekte werden am deutlichsten beim Vergleich der leichten Atome Wasserstoff ($^1_1$H), Deuterium ($^2_1$H) und Tritium ($^3_1$H) beobachtet. Die Masse des Atoms ist bei allen Atomen auf den Kern konzentriert. Unter dem Kernradius versteht man den Abstand vom Mittelpunkt, bei dem die Coulombsche Abstoßung unwirksam wird, aber Kernkräfte herrschen, die auch die gleich geladenen Protonen zusammenhalten. Dieser Radius ist von der Größenordnung $10^{-13}$ cm; er ist damit etwa $10^4$ mal kleiner als der Atomradius. Die Atommasse ist also dicht gepackt in einem Raum vereinigt, der nur den $10^{-12}$ ten Teil des Atomvolumens ausmacht. Eine derartige Packungsdichte kann nur durch sehr starke Kernkräfte aufrechterhalten werden.

Die natürlich vorkommenden Elemente enthalten meistens mehrere stabile Isotope (vgl. Tabelle 1.1) Die Isotope können mit geeigneten physikalischen Methoden getrennt werden. Die in der dritten Spalte der Tabelle 1.1 angegebenen

**Tabelle 1.1** Die stabilen Isotope einiger wichtiger Elemente

| Element | Kernladungs-zahl Z | Massen-zahl M | Relative Häufigkeit in % |
|---|---|---|---|
| H | 1 | 1 | 99,985 |
| | | 2 | 0,015 |
| C | 6 | 12 | 98,90 |
| | | 13 | 1,10 |
| N | 7 | 14 | 99,62 |
| | | 15 | 0,38 |
| O | 8 | 16 | 99,76 |
| | | 17 | 0,04 |
| | | 18 | 0,20 |
| F | 9 | 19 | 100,0 |
| Na | 11 | 23 | 100,0 |
| Mg | 12 | 24 | 78,6 |
| | | 25 | 10,1 |
| | | 26 | 11,3 |
| P | 15 | 31 | 100,0 |
| S | 16 | 32 | 95,084 |
| | | 33 | 0,700 |
| | | 34 | 4,200 |
| | | 36 | 0,016 |
| Cl | 17 | 35 | 75,4 |
| | | 37 | 24,6 |
| K | 19 | 39 | 93,2 |
| | | 41 | 6,8 |
| Ca | 20 | 40 | 96,917 |
| | | 42 | 0,640 |
| | | 43 | 0,130 |
| | | 44 | 2,130 |
| | | 46 | 0,003 |
| | | 48 | 0,180 |

Massenzahlen entsprechen dem Näherungswert des Relativgewichtes, der sich aus der Summe der Protonenzahl und der Neutronenzahl ergibt.

Von großer Bedeutung für die biologische Laboratoriumstechnik sind die Isotope biologisch wichtiger Elemente, die durch künstlich herbeigeführte Kernumwandlungen gewonnen werden können. Künstliche Kernumwandlungen treten dann ein, wenn an sich stabile Kerne durch Strahlung oder durch Partikel genügend hoher Energie getroffen werden. Für alle Kernreaktionen gilt bei Vernachlässigung des Massendefektes das Gesetz der Erhaltung der Summe der Kernladungszahlen und das Gesetz der Erhaltung der Massenzahlen. Eine typische Kernumwandlung ist die Erzeugung von Tritium durch Reaktion thermischer Neutronen mit Lithium:

$$^6_3\text{Li}^{3+} + {}^1_0\text{n} \rightarrow {}^3_1\text{H}^+ + {}^4_2\text{He}^{2+}$$

$$(\text{n},\ \alpha\text{-Prozeß}).$$

Diese Reaktion entspricht der Regel, daß nach dem Eindringen eines Teilchens (hier eines Neutrons) in den Kern ein anderes Teilchen (in diesem Falle ein $\alpha$-Teilchen, $^4_2\text{He}^{2+}$) ihn wieder verläßt. Deshalb wird die vorstehende Reaktion als n, $\alpha$-Prozeß bezeichnet. Diese Bezeichnungsweise entspricht der allgemeinen Systematik der Kernreaktionen.

Nicht alle Kernreaktionen führen zu instabilen Kernen, sondern es werden auch stabile Isotope gebildet. Die Stabilitätsregeln für Atomkerne können im Rahmen dieser Darstellung nicht erörtert werden. Es sei aber darauf hingewiesen, daß sich sämtliche radioaktiven Zerfallsprozesse nach einem einfachen statistischen Zeitgesetz vollziehen (vgl. Reaktion 1. Ordnung, Abschn. 5.3.1). Unter der Voraussetzung, daß eine ausreichend große Zahl von Atomen vorliegt, ist der Verlauf der Abklingkurve unabhängig von der Menge der Ausgangssubstanz; er wird nur durch die charakteristische Halbwertszeit, nach der die Hälfte der vorgegebenen Substanz zerfallen ist, bestimmt. Die Halbwertszeit ist neben der Strahlungsart der durch Kernreaktionen erzeugten instabilen Isotope in der Tabelle 1.2 aufgeführt. Die Tabelle 1.2 gibt die wichtigsten künstlichen Isotope an, die als *tracer* in die biologische Laboratoriumstechnik Eingang gefunden haben.

Die Symbole für die in der letzten Spalte der Tabelle 1.2 hinter den jeweiligen Ausgangssubstanzen angegebenen Kernreaktionen haben folgende Bedeutung: $\alpha = \alpha$-Teilchen, $\gamma = \gamma$-Quant, d = Deuteron, n = Neutron.

Die Tracermethode beruht darauf, daß die Organismen beim chemischen Einbau keine Unterscheidung zwischen den verschiedenen Isotopen eines chemischen Elementes treffen können. Mit einer gewissen Einschränkung für die Isotope des Wasserstoffs gilt dies auch für die Verteilung der Isotope auf verschiedene Organe und Zellen. Grundsätzlich lassen sich mit der Isotopenmethode drei verschiedenartige Fragen beantworten:

1. Es kann die Geschwindigkeit des Austausches oder des Einbaus und des Umsatzes von Atomen, Ionen oder Molekeln bestimmt werden.

**Tabelle 1.2** Radioaktive Elemente für Indikatorzwecke

| Ordnungszahl (Kernladung) | Symbol des radioaktiven Isotops mit Massenzahl | Halbwertszeit | Strahlung | Günstige Erzeugungsmethoden (Kernreaktionen) |
|---|---|---|---|---|
| 1 | $^3\text{H} = \text{T}$ | 12 Jahre | $-\beta$ | $^9\text{Be(d, 2}\alpha)$; $^6\text{Li(n, }\alpha)$; $^2\text{D(d, p)}$ |
| 6 | $^{11}\text{C}$ | 20,4 Min. | $+\beta, \gamma$ | $^{10}\text{B(d, n)}$; $^{11}\text{B(p, n)}$; $^{10}\text{B(p, }\gamma)$ |
|  | $^{14}\text{C}$ | 5760 Jahre | $-\beta$ | $^{14}\text{N(n, p)}$; $^{13}\text{C(n, }\gamma)$ |
| 7 | $^{13}\text{N}$ | 9,9 Min. | $+\beta, \gamma$ | $^{12}\text{C(d, n)}$ |
| 11 | $^{22}\text{Na}$ | 3 Jahre | $+\beta, \gamma$ | $^{24}\text{Mg(d, }\alpha)$ |
|  | $^{24}\text{Na}$ | 15,5 Std. | $-\beta, \gamma$ | $^{23}\text{Na(d, p)}$; $^{23}\text{Na(n, }\gamma)$ |
| 12 | $^{27}\text{Mg}$ | 10 Min. | $-\beta, \gamma$ | $^{26}\text{Mg(d, p)}$; $^{26}\text{Mg(n, }\gamma)$ |
| 15 | $^{32}\text{P}$ | 14,3 Tage | $-\beta$ | $^{32}\text{S(n, p)}$; $^{31}\text{P(d, p)}$; $^{34}\text{S(d, }\alpha)$ |
| 16 | $^{35}\text{S}$ | 86,35 Tage | $-\beta$ | $^{35}\text{Cl(n, p)}$ |
| 17 | $^{34}\text{Cl}$ | 33 Min. | $+\beta$ | $^{35}\text{Cl(n, 2n)}$ |
|  | $^{36}\text{Cl}$ | $10^6$ Jahre | $-\beta$ | $^{35}\text{Cl(n, }\gamma)$ |
|  | $^{38}\text{Cl}$ | 37 Min. | $-\beta, \gamma$ | $^{37}\text{Cl(d, p)}$; $^{41}\text{K(n, }\alpha)$ |
| 19 | $^{42}\text{K}$ | 12,5 Std. | $-\beta$ | $^{41}\text{K(n, }\gamma)$; $^{41}\text{K(d, p)}$ |
| 20 | $^{45}\text{Ca}$ | 165 Tage | $-\beta$ | $^{44}\text{Ca(d, p)}$; $^{44}\text{Ca(n, }\gamma)$; $^{45}\text{Sc(n, p)}$ |
| 25 | $^{56}\text{Mn}$ | 2,59 Std. | $-\beta, \gamma$ | $^{55}\text{Mn(d, p)}$; $^{55}\text{Mn(n, }\gamma)$; $^{56}\text{Fe(n, p)}$ |
| 26 | $^{59}\text{Fe}$ | 45 Tage | $-\beta, \gamma$ | $^{58}\text{Fe(d, p)}$; $^{59}\text{Co(n, p)}$ |
| 29 | $^{64}\text{Cu}$ | 12,8 Std. | $+\beta, -\beta, \text{K}$ | $^{63}\text{Cu(d, p)}$; $^{63}\text{Cu(n, }\gamma)$; $^{64}\text{Zn(n, p)}$ |
| 53 | $^{131}\text{I}$ | 8 Tage | $-\beta, \gamma$ | $^{130}\text{Te(d, n)}$ |

2. Es wird der chemische Weg von einzelnen Stoffen oder von Atomgruppen während des Aufbaus oder Abbaus im Stoffwechsel und ihr Übergang auf verschiedene Organe verfolgt.
3. Es werden die Verteilungsgleichgewichte markierter Stoffe (z.B. Wasser oder Glucose), für die der Organismus über ein gemeinsames Sammelbecken (pool) verfügt, untersucht. Die Poolgröße kann auf diese Weise gemessen werden.

Für die Analyse von Stoffen, welche in kleinen Mengen anfallen, hat sich die Isotopenverdünnungsmethode als Beimischungsverfahren bewährt. Bei der Anwendung dieser Methode fügt man einem Rohextrakt, der die unbekannte Gesamtmenge x einer zu bestimmenden Substanz enthält, eine bekannte Menge a von Tracer-Molekülen der gleichen Substanz hinzu. Durch die Beimischung wird der Tracer verdünnt und zusammen mit der Gesamtmenge chemisch gleichartiger Spezies isoliert. Dann wird die spezifische Radioaktivität s eines kleinen Bruchteils der isolierten Substanz bestimmt. Da sich die gesamte Tracermenge bei der Verdünnung nicht ändert, gilt in jedem Falle die Gleichung

$$s_a \cdot a = s(a + x) \,, \qquad (1.16)$$

nach der die gesuchte Gesamtmenge zu

$$x = a\left(\frac{s_a}{s} - 1\right) \qquad (1.17)$$

berechnet werden kann.

Wie bereits erwähnt, sind die Photonen und die Elektronen als weitgehend strukturlose Teilchen anzusehen. Diese Teilchen besitzen aber einen charakteristischen Drehimpuls bzw. Spin (Photonen-Spin: $h/2\pi$, Elektronen-Spin: $h/4\pi$).

Die Existenz des Photonen-Spins findet ihren Ausdruck in den spektroskopischen Auswahlregeln für bestimmte Emissions- und Absorptions-Prozesse. Die möglichen Einstellungen des Photonen-Spins (parallel oder antiparallel) zur Impulsrichtung des Photons entsprechen den Erscheinungsformen des linkszirkular bzw. rechtszirkular polarisierten Lichtes.

### 1.1.3 Die biochemische Bedeutung des Periodensystems der Elemente

Der Aufbau der Atom-Elektronenhüllen ist für das Knüpfen und Lösen chemischer Bindungen und damit für alle chemischen Vorgänge von entscheidender Bedeutung. Die Vielfalt der Erscheinungen unserer Welt beruht auf der Individualität der Atome. Diese Individualität ist in erster Linie auf die Wellennatur der Elektronen und auf ein wichtiges Prinzip der theoretischen Atomphysik, das Pauli-Prinzip zurückzuführen. Wegen der nach Gl. (1.10) stets zu berücksichtigenden Unbestimmtheit von Ort und Impuls des Elektrons läßt sich der Zustand dieses Teilchens im Zentralfeld des positiv geladenen Kerns nicht durch ein einfaches anschauliches Modell beschreiben. Deshalb kann eine Beschreibung der möglichen Elektronenzustände auch für den einfachsten Fall des Einelektronen-Atoms nur in Form einer abstrakten mathematischen Beziehung gegeben werden. Diese Beziehung muß der aus den Emissionsspektren des H-Atoms ablesbaren Quantelungsbedingung der atomaren Gesamt-Elektronenenergie E angepaßt sein. Außerdem muß sie eine Funktion $\psi$ enthalten, aus der die Aufenthaltswahrscheinlichkeit des Elektrons für alle möglichen Wertekombinationen der auf den Kernschwerpunkt bezogenen drei Raumkoordinaten entnommen werden kann. Den genannten Anforderungen genügt die als Schrödinger-Gleichung bekannte partielle Differentialgleichung

$$\frac{\partial^2\psi}{\partial x^2} + \frac{\partial^2\psi}{\partial y^2} + \frac{\partial^2\psi}{\partial z^2}$$
$$+ \frac{8\pi^2 m_e}{h^2}\left(E + \frac{Ze^2}{r}\right)\psi = 0 \,. \qquad (1.18)$$

Der durch Gl. (1.18) beschriebene Ansatz ist so gewählt, daß das Quadrat der Lösungsfunktion $\psi$ ein Maß für die relative Elektronendichte am Ort (x, y, z) darstellt. Bei der Lösung der Schrödinger-Gleichung müssen bestimmte Nebenbedingungen beachtet werden. $\psi$ muß eine eindeutige Funktion der drei Raumkoordinaten sein. Außerdem muß die Wahrscheinlichkeit, das Elektron irgendwo im gesamten Raum anzutreffen, gleich der Gewißheit, d.h. 1, sein. Daraus folgt, daß das über den gesamten Zustandsraum erstreckte normierte Integral der reellen Funktion $\psi^2(x, y, z)$ gleich 1 sein muß. Lösungen, die diesen Nebenbedingungen genügen, werden nur für bestimmte diskrete *Energie-Eigenwerte*

$$E_n = -\frac{2\pi^2 m_e e^4}{h^2 n^2}, \tag{1.19}$$

die einer positiven ganzzahligen Hauptquantenzahl ($n = 1, 2, 3, \ldots$) zuzuordnen sind, erhalten. Die Gl. (1.19) gilt für den Sonderfall $Z = 1$. Bei Mehrelektronen-Atomen muß die störende Wechselwirkung der gleichsinnig geladenen Elektronen als destabilisierender Beitrag zur potentiellen Energie in Rechnung gestellt werden. Die den Energie-Eigenwerten $E_n$ zugeordneten Lösungsfunktionen sind die *Eigenfunktionen* des atomaren Systems. Zu einem Energie-Eigenwert mit $n > 1$ findet man jeweils mehrere Lösungsfunktionen, die den Nebenbedingungen genügen. Deshalb reicht die Angabe einer einzigen Quantenzahl n zu einer eindeutigen Charakterisierung der Eigenfunktionen noch nicht aus. Vielmehr müssen zur Darstellung eines vollständigen Satzes eindeutiger Eigenfunktionen neben der Hauptquantenzahl n noch zwei weitere Quantenzahlen, $l$ und m angegeben werden. Die möglichen ganzzahligen Werte von $l$ und m sind dabei durch die Bedingungen

$$l \leqslant n - 1 \tag{1.20}$$

und

$$|m| \leqslant l \tag{1.21}$$

festgelegt. Durch die mit $\psi_{n,l,m}(x, y, z)$ bezeichneten Eigenfunktionen wird das atomare Elektronensystem mit Ausnahme der Spinzustände vollständig beschrieben.

Für $Z = 1$ sind die den Hauptquantenzahlen 1, 2 und 3 zugeordneten normierten Eigenfunktionen in der Tabelle 1.3 zusammengestellt. Die in den Gleichungen angegebene Größe

$$a_0 = \frac{h^2}{4\pi^2 m_e e^2} \tag{1.22}$$

ist der Kernabstand des Elektrons, für den sich aus der *Grundzustands-Eigenfunktion* ($n = 1$, $l = 0$, $m = 0$) des Einelektronenatoms der größte Wert

**Tabelle 1.3** Normierte Eigenfunktionen des Einelektronen-Atoms für n = 1, n = 2 und n = 3

$$\psi_{1s} = \frac{1}{\sqrt{\pi a_0^3}}\, e^{-r/a_0}$$

$$\psi_{2s} = \frac{1}{4\sqrt{2\pi a_0^3}}\left(2 - \frac{r}{a_0}\right) e^{-r/(2a_0)}$$

$$\psi_{2p_x} = \frac{1}{4\sqrt{2\pi a_0^3}}\, \frac{x}{a_0}\, e^{-r/(2a_0)}$$

$$\psi_{2p_y} = \frac{1}{4\sqrt{2\pi a_0^3}}\, \frac{y}{a_0}\, e^{-r/(2a_0)}$$

$$\psi_{2p_z} = \frac{1}{4\sqrt{2\pi a_0^3}}\, \frac{z}{a_0}\, e^{-r/(2a_0)}$$

$$\psi_{3s} = \frac{1}{81\sqrt{3\pi a_0^3}}\left(27 - 18\frac{r}{a_0} + 2\frac{r^2}{a_0^2}\right) e^{-r/(3a_0)}$$

$$\psi_{3p_x} = \frac{\sqrt{2}}{81\sqrt{\pi a_0^3}}\left(6 - \frac{r}{a_0}\right)\frac{x}{a_0}\, e^{-r/(3a_0)}$$

$$\psi_{3p_y} = \frac{\sqrt{2}}{81\sqrt{\pi a_0^3}}\left(6 - \frac{r}{a_0}\right)\frac{y}{a_0}\, e^{-r/(3a_0)}$$

$$\psi_{3p_z} = \frac{\sqrt{2}}{81\sqrt{\pi a_0^3}}\left(6 - \frac{r}{a_0}\right)\frac{z}{a_0}\, e^{-r/(3a_0)}$$

$$\psi_{3d_{xy}} = \frac{\sqrt{2}}{81\sqrt{\pi a_0^3}}\, \frac{x}{a_0}\frac{y}{a_0}\, e^{-r/(3a_0)}$$

$$\psi_{3d_{xz}} = \frac{\sqrt{2}}{81\sqrt{\pi a_0^3}}\, \frac{x}{a_0}\frac{z}{a_0}\, e^{-r/(3a_0)}$$

$$\psi_{3d_{yz}} = \frac{\sqrt{2}}{81\sqrt{\pi a_0^3}}\, \frac{y}{a_0}\frac{z}{a_0}\, e^{-r/(3a_0)}$$

$$\psi_{3d_{z2}} = \frac{1}{81\sqrt{6\pi a_0^3}}\left[3\left(\frac{z}{a_0}\right)^2 - \left(\frac{r}{a_0}\right)^2\right] e^{-r/(3a_0)}$$

$$\psi_{3d_{x2-y2}} = \frac{1}{81\sqrt{2\pi a_0^3}}\left[\left(\frac{x}{a_0}\right)^2 - \left(\frac{y}{a_0}\right)^2\right] e^{-r/(3a_0)}$$

der Elektronenaufenthaltswahrscheinlichkeit ergibt. Bei der Zuordnung der Eigenfunktionen zu den möglichen Werten der Nebenquantenzahl $l$ unterscheidet man s-Funktionen ($l = 0$), p-Funktionen ($l = 1$), d-Funktionen ($l = 2$) und f-Funktionen ($l = 3$). Bei achsensymmetrischen Eigenfunktionen wird im Index neben der Hauptquantenzahl n und dem Symbol für die Nebenquantenzahl $l$ auch die Symmetrieachse angegeben. Die Funktion $\psi_{3p_z}$ ist z.B. eine den Quantenzahlen $n = 3$

und $l = 1$ zugeordnete achsensymmetrische Eigenfunktion mit Symmetrieachse in z-Richtung. Nach Gl. (1.20) und Gl. (1.21) erhält man für eine gegebene Hauptquantenzahl jeweils

$$n^2 = \sum_{l=0}^{n-1} (2l + 1) \tag{1.23}$$

Eigenfunktionen. Demnach gibt es für den Grundzustand nur eine Eigenfunktion ($\psi_{1s}$). Für $n = 2$ existieren drei achsensymmetrische Eigenfunktionen ($\psi_{2p_x}$, $\psi_{2p_y}$ und $\psi_{2p_z}$) und eine kugelsymmetrische Eigenfunktion ($\psi_{2s}$).

Zur Hauptquantenzahl $n = 3$ findet man neun Funktionen, und zwar eine kugelsymmetrische ($\psi_{3s}$), drei achsensymmetrische ($\psi_{3p_x}$, $\psi_{3p_y}$ und $\psi_{3p_z}$) und fünf weitere Funktionen ($\psi_{3d_{xy}}$, $\psi_{3d_{xz}}$, $\psi_{3d_{yx}}$, $\psi_{3d_{z2}}$ und $\psi_{3d_{x2-y2}}$).

Zu einer anschaulichen räumlichen Darstellung der relativen Elektronendichte gelangt man, wenn man für einen konstanten Wert des Kernabstandes r den Wert von $\psi^2$ als Funktion der durch

$$x = r \sin \vartheta \cos \varphi$$

$$y = r \sin \vartheta \sin \varphi$$

$$z = r \cos \vartheta \tag{1.24}$$

festgelegten Polarkoordinatenwinkel $\vartheta$ und $\varphi$ aufzeichnet.

Abbildung 1.3 zeigt entsprechende perspektivische Darstellungen für die in der Tabelle 1.3 aufgeführten s-, p- und d-Zustände des Einelektronen-Atoms.

In einem Mehrelektronen-Atom wird die Coulomb-Abstoßung zwischen den Elektronen das einfache Muster der Einelektronen-Eigenfunktionen modifizieren. Wegen der durch die Wellennatur des Elektrons bedingten Elektronen-Delokalisierung wirkt ein Elektron auf ein anderes Elektron wie das elektrostatische Potential einer „verschmierten" Ladung. Der Einfluß, den alle übrigen Elektronen auf ein bestimmtes Elektron ausüben, entspricht daher einer Abschirmung des Kernpotentials. Wenn das abgeschirmte, effektive Kernpotential kugelsymmetrisch ist, werden auch die für ein bestimmtes Elektron erlaubten Eigenfunktionen von dem in Tabelle 1.3 dargestellten Typ sein. Nur die von r abhängigen Faktoren

müssen der effektiven Wechselwirkung der Elektronen angepaßt werden. Die chemische Individualität der Atome ergibt sich aus dem Pauli-Prinzip. Die für den Aufbau des Periodensystems wesentliche Folgerung aus diesem Prinzip ist die einschränkende Bedingung, daß jeder durch eine Eigenfunktion charakterisierte Zustand nur mit höchstens zwei Elektronen besetzt werden darf. Bei Kenntnis der den Eigenfunktionen (*Orbitalen*) zugeordneten Energieeigenwerte läßt sich die dem Grundzustand des Atoms entsprechende Verteilung der Elektronen auf die erlaubten Zustände als *Elektronenkonfiguration* angeben, wobei zusätzlich beachtet werden muß, daß die Doppelbesetzung der Orbitale erst beginnt, wenn für ein bestimmtes n alle p-, d- oder f-Orbitale je ein Elektron aufgenommen haben. Die energetische Begünstigung der Einfachbesetzung von *entarteten* Orbitalen mit gleichem Energie-Eigenwert ergibt sich aus der nichtklassischen, stabilisierenden Austauschwechselwirkung (vgl. Abschn. 1.1.4) von ununterscheidbaren Elektronen mit gleicher Spin-Einstellung. Für den Elektronen-Spin $h/4\pi$ sind zwei räumliche Einstellungen $\uparrow$ und $\downarrow$ zulässig. Elektronen mit gleicher Spin-Einstellung, die nach dem Pauli-Prinzip nur in verschiedenen entarteten Orbitalen vorkommen können, sind ununterscheidbar. Deshalb werden die Elektronen verschiedene Orbitale gleicher Energie so besetzen, daß möglichst viele von ihnen die gleiche Spineinstellung besitzen. Mit dieser „Hundschen Regel" läßt sich der an den chemischen Eigenschaften der Elemente ablesbare Aufbau des Periodensystems leicht nachvollziehen. Für die Kernladungszahlen 1–36 ist dieser Aufbau in der Tabelle 1.4 in vereinfachter Form dargestellt. Die einer bestimmten Hauptquantenzahl n zugeordneten Energieniveaus eines Mehrelektronen-Atoms werden üblicherweise als *Schalen* bezeichnet (K-Schale: $n = 1$, L-Schale: $n = 2$, M-Schale: $n = 3$, N-Schale: $n = 4$). Die Verteilung der Elektronen auf die verschiedenen p- und d-Zustände ergibt sich aus der Hundschen Regel. Das Stickstoff-Atom besitzt z.B. drei energetisch ununterscheidbare p-Elektronen; seine Elektronenkonfiguration ist $1s^2 2s^2 2p_x^1 2p_y^1 2p_z^1$, wobei die hochgestellten Zahlen an den Orbitalindizes die Besetzungszahlen der Orbitale angeben.

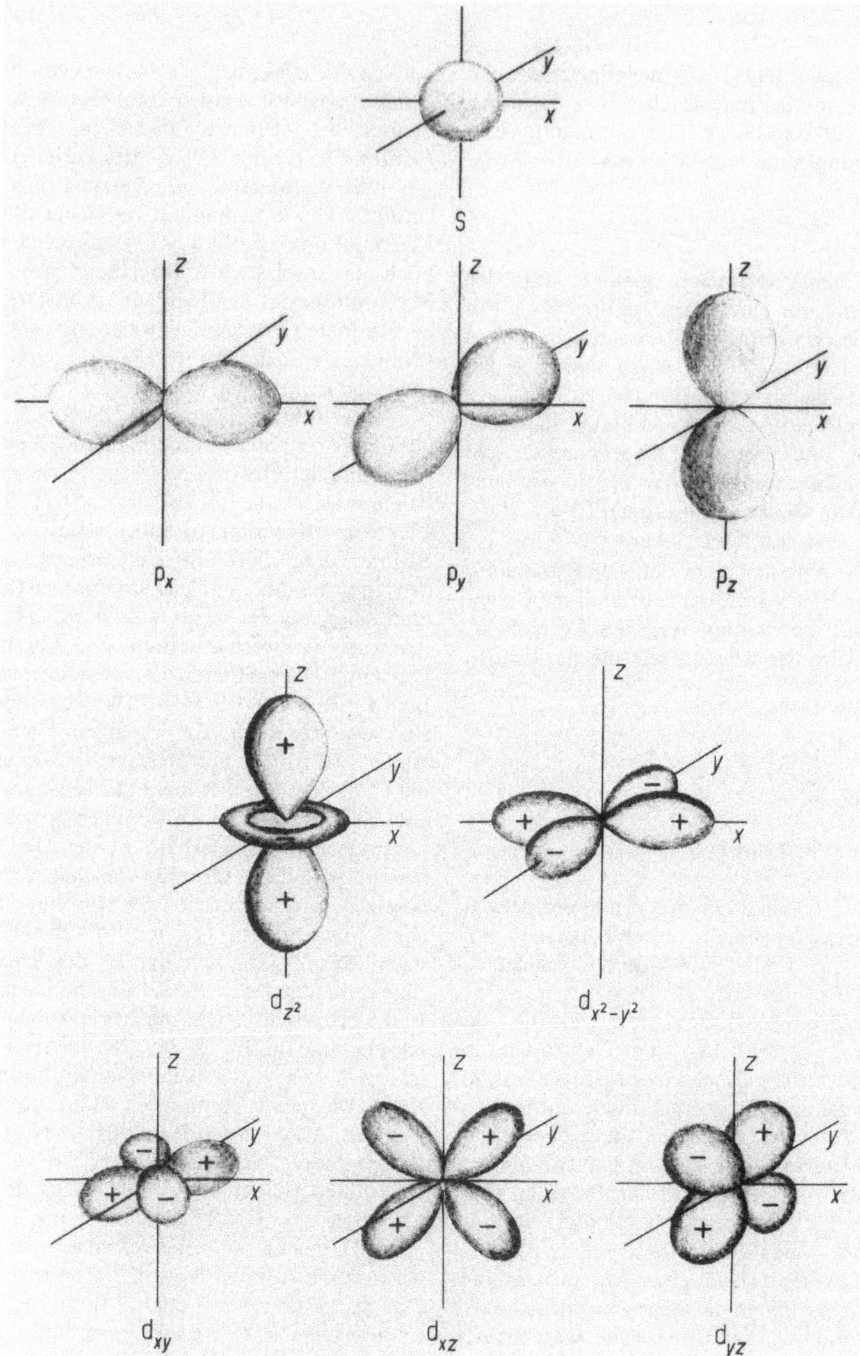


**Abb. 1.3** Perspektivische Darstellung der Winkelabhängigkeit von $\psi^2$ für die in Tabelle 1.3 angegebenen Eigenfunktionen

**Tabelle 1.4** Elektronengruppierung im Aufbau der chemischen Elemente bis zur Ordnungszahl 36

| Niveau | K | L | | M | | | N | | | |
|---|---|---|---|---|---|---|---|---|---|---|
| Hauptquantenzahl (n) | 1 | 2 | 2 | 3 | 3 | 3 | 4 | 4 | 4 | 4 |
| Nebenquantenzahl (l) | 0 | 0 | 1 | 0 | 1 | 2 | 0 | 1 | 2 | 3 |
| Elektronenzustand | s | s | p | s | p | d | s | p | d | f |
| 1 Wasserstoff | 1 | | | | | | | | | |
| 2 Helium | 2 | | | | | | | | | |
| 3 Lithium | 2 | 1 | | | | | | | | |
| 4 Beryllium | 2 | 2 | | | | | | | | |
| 5 Bor | 2 | 2 | 1 | | | | | | | |
| 6 Kohlenstoff | 2 | 2 | 2 | | | | | | | |
| 7 Stickstoff | 2 | 2 | 3 | | | | | | | |
| 8 Sauerstoff | 2 | 2 | 4 | | | | | | | |
| 9 Fluor | 2 | 2 | 5 | | | | | | | |
| 10 Neon | 2 | 2 | 6 | | | | | | | |
| 11 Natrium | 2 | 2 | 6 | 1 | | | | | | |
| 12 Magnesium | 2 | 2 | 6 | 2 | | | | | | |
| 13 Aluminium | 2 | 2 | 6 | 2 | 1 | | | | | |
| 14 Silizium | 2 | 2 | 6 | 2 | 2 | | | | | |
| 15 Phosphor | 2 | 2 | 6 | 2 | 3 | | | | | |
| 16 Schwefel | 2 | 2 | 6 | 2 | 4 | | | | | |
| 17 Chlor | 2 | 2 | 6 | 2 | 5 | | | | | |
| 18 Argon | 2 | 2 | 6 | 2 | 6 | | | | | |
| 19 Kalium | 2 | 2 | 6 | 2 | 6 | | 1 | | | |
| 20 Calcium | 2 | 2 | 6 | 2 | 6 | | 2 | | | |
| 21 Skandium | 2 | 2 | 6 | 2 | 6 | 1 | 2 | | | |
| 22 Titan | 2 | 2 | 6 | 2 | 6 | 2 | 2 | | | |
| 23 Vanadium | 2 | 2 | 6 | 2 | 6 | 3 | 2 | | | |
| 14 Chrom | 2 | 2 | 6 | 2 | 6 | 5 | 1 | | | |
| 25 Mangan | 2 | 2 | 6 | 2 | 6 | 5 | 2 | | | |
| 26 Eisen | 2 | 2 | 6 | 2 | 6 | 6 | 2 | | | |
| 27 Kobalt | 2 | 2 | 6 | 2 | 6 | 7 | 2 | | | |
| 28 Nickel | 2 | 2 | 6 | 2 | 6 | 8 | 2 | | | |
| 29 Kupfer | 2 | 2 | 6 | 2 | 6 | 10 | 1 | | | |
| 30 Zink | 2 | 2 | 6 | 2 | 6 | 10 | 2 | | | |
| 31 Gallium | 2 | 2 | 6 | 2 | 6 | 10 | 2 | 1 | | |
| 32 Germanium | 2 | 2 | 6 | 2 | 6 | 10 | 2 | 2 | | |
| 33 Arsen | 2 | 2 | 6 | 2 | 6 | 10 | 2 | 3 | | |
| 34 Selen | 2 | 2 | 6 | 2 | 6 | 10 | 2 | 4 | | |
| 35 Brom | 2 | 2 | 6 | 2 | 6 | 10 | 2 | 5 | | |
| 36 Krypton | 2 | 2 | 6 | 2 | 6 | 10 | 2 | 6 | | |

Unregelmäßigkeiten, wie die Elektronenkonfiguration des Cr-Atoms (Z = 24) reflektieren nur die relative Größe von Orbitalenergien, Coulomb-Abstoßung und Austauschwechselwirkung. Neben der unterschiedlichen Fähigkeit zur Abgabe oder Aufnahme von Elektronen stellt die Fähigkeit zur Ausbildung einer bestimmten Zahl kovalenter chemischer Bindungen das wichtigste Merkmal der chemischen Individualität der Elemente dar. Im Abschn. 1.1.4 wird erläutert, daß eine kovalente Bindung zustande kommt, wenn sich zwei einfach besetzte Orbitale $\psi_A$ und $\psi_B$ benachbarter Atome unter Energieabsenkung gegenseitig durchdringen (*überlappen*). Formal wird diese chemische Wechselwirkung durch eine Linearkombination

$$\Psi = a\psi_A + b\psi_B \tag{1.25}$$

zum Ausdruck gebracht. Dabei sind die Koeffizienten a und b der Linearkombination so zu wählen, daß sich ein Minimum der Gesamt-Elektronenenergie der Bindungselektronen ergibt. Einen stabilen Zustand niedrigster Energie erreicht eine gegebene Zahl von Atomen somit dadurch, daß möglichst alle einfach besetzten

Orbitale unter Ausbildung größtmöglicher Überlappung kombiniert (*gepaart*) werden. Dabei ist zu beachten, daß die in Tabelle 1.3 angegebenen Eigenfunktionen nicht die einzig möglichen Lösungen der Differentialgleichung (1.18) sind. Diese Feststellung ist wichtig für das Verständnis des Zustandekommens der gerichteten chemischen Valenz, aus der sich die große Mannigfaltigkeit der räumlichen Strukturen von Biomolekülen ergibt. Jede orthogonale Linearkombination energetisch gleichwertiger Orbitale ist ebenfalls eine Lösung der Schrödinger-Gleichung (1.18). Da die Einflüsse der Bindungspartner die Energiedifferenzen zwischen Unterniveaus mit verschiedenen Werten der Nebenquantenzahl $l$ oft übersteigen, können kovalente Bindungen auch unter bevorzugter Beteiligung von *Hybrid-Orbitalen*, die durch Linearkombination von Orbitalen mit relativ geringen Energieunterschieden gebildet sind, zustande kommen. Dabei wird der zur Herstellung eines für die Bindung günstigen Atomzustandes erforderliche Energieaufwand durch die gewonnene Bindungsenergie überkompensiert. Das Gleiche gilt für die Umbesetzung von Unterniveaus zur Erzeugung weiterer Valenzelektronen, wie sie z.B. nach dem Schema

$$C(2s^2 2p^2) \rightarrow C(2s^1 2p_x^1 2p_y^1 2p_z^1)$$

als Erklärung für die uneingeschränkte Vierbindigkeit des Kohlenstoff-Atoms postuliert werden muß. Aus den vier s- bzw. p-Orbitalen lassen sich drei verschiedene Typen von Hybrid-Orbitalen mit bevorzugter Symmetrie bilden. Ersetzt man die Funktionssymbole zur Vereinfachung der Schreibweise durch die Orbital-Indizes, so lassen sich die den Hybrid-Orbitalen entsprechenden Linearkombinationen in einfacher Form darstellen:

a) Diedrische Hybridisierung

$$d_1 = 2^{-1/2}(s + p_x)$$

$$d_2 = 2^{-1/2}(s - p_x)$$

$$p_y$$

$$p_z$$

(sp-Hybrid) (1.26)

b) Trigonale Hybridisierung

$$tr_1 = 3^{-1/2}s + (2/3)^{1/2}p_x$$

$$tr_2 = 3^{-1/2}s - 6^{-1/2}p_x + 2^{-1/2}p_y$$

$$tr_3 = 3^{-1/2}s - 6^{-1/2}p_x - 2^{-1/2}p_y$$

$$p_z$$

(sp²-Hybrid) (1.27)

c) Tetraedrische Hybridisierung

$$te_1 = 2^{-1}(s + p_x + p_y + p_z)$$

$$te_2 = 2^{-1}(s - p_x + p_y - p_z)$$

$$te_3 = 2^{-1}(s - p_x - p_y + p_z)$$

$$te_4 = 2^{-1}(s + p_x - p_y - p_z).$$

(sp³-Hybrid) (1.28)

Diese Hybrid-Orbitale ermöglichen optimale Überlappung a) in zwei entgegengesetzte Richtungen, b) in Richtung der Eckpunkte eines gleichseitigen Dreiecks und c) in Richtung auf die Eckpunkte eines Tetraeders. Die Atome der ersten und zweiten Periode des Periodensystems können wegen der begrenzten Anzahl besetzter hybridisierungsfähiger Orbitale (vgl. Tabelle 1.4) nicht mehr als vier kovalente Bindungen ausbilden. Mit fortschreitender Besetzung der M- und N-Schale steigt die Zahl der möglichen Hybridorbitale durch Beteiligung von d- und f-Zuständen stark an. Die Anordnung der Bindungspartner wird dann nicht mehr durch die Hybridisierung bestimmt; es stellt sich ein Valenzzustand ein, durch den die umgebenden Liganden am festesten gebunden werden können. Bei Kationen mit abgeschlossener Schale (z.B. $Na^+$, $Ca^{2+}$, $Zn^{2+}$) wird schließlich die Umgebungskonfiguration überwiegend durch Größe und Ladung der Liganden bestimmt. Nach den hier erläuterten unterschiedlichen Merkmalen der Wechselwirkung mit Bindungspartnern lassen sich die Elemente des Periodensystems im wesentlichen in drei Klassen einteilen, nämlich
a) Gerüstbauelemente,
b) Ligandenwechsler,
c) Ionen.

**a)** Von den Gerüstbauelementen mit einer stark eingeschränkten Zahl räumlich fixierter Bindungsmöglichkeiten haben sich im Verlauf der Evolution die Elemente Wasserstoff, Kohlenstoff, Sauerstoff, Stickstoff, Phosphor und Schwefel als "Bioelemente" durchgesetzt. Die am Aufbau von Biomolekülen am häufigsten beteiligten vier Elemente Wasserstoff, Kohlenstoff, Sauerstoff und Stickstoff haben ihre fundamentale Bedeutung wahrscheinlich deshalb erlangt, weil sie die leichtesten Elemente sind, die durch Aufnahme von maximal ein (Wasserstoff), zwei (Sauerstoff), drei (Stickstoff) oder vier (Kohlenstoff) Elektronen stabile Elektronenkonfigurationen (*abgeschlossene Schalen*) ausbilden können. Zusammen mit den beiden anderen Nichtmetallen Phosphor und Schwefel bilden diese Elemente die wichtigsten atomaren Bausteine der Moleküle lebender Organismen. Den Vorzug gegenüber Silizium, das ebenfalls vier kovalente Bindungen ausbilden kann, erhielt Kohlenstoff wegen seiner einzigartigen Fähigkeit, lange Ketten und stabile Ringe auszubilden und wegen der ungewöhnlichen Stabilität von Kohlendioxid, das relativ gut wasserlöslich ist und keine Assoziate bildet. Außerdem sind C–C-Bindungen stabiler als Si–Si-Bindungen. Dies gilt insbesondere für die Stabilität gegen den Angriff nucleophiler Stoffe wie Wasser und Ammoniak.

Die Atome C, N und O binden ihre Partner vornehmlich in trigonaler und tetraedrischer Konfiguration. Die diedrische Hybridisierung ist biochemisch von untergeordneter Bedeutung. Trigonale und tetraedrische Hybrid-Orbitale können jedoch nicht in beliebiger Weise kombiniert werden, da bei der trigonalen Hybridisierung das auf der Ebene der Hybridorbitale senkrecht stehende $p_z$-Orbital nur mit einem Orbital der gleichen Symmetrie zu kombinieren vermag. So entstehen zwei Bindungstypen, die $\sigma$ und $\pi$ genannt werden (vgl. Abschn. 1.1.4). Eine $\pi$-Bindung kann zusätzlich neben einer $\sigma$-Bindung bestehen und mit dieser eine *Doppelbindung* ausbilden. Auf der Grundlage der möglichen Hybridisierungsmodelle läßt sich ein einfacher Bausatz („Molekülbaukasten") zusammenstellen, dessen Strukturelemente durch das in der Abb. 1.4 wiedergegebene Schema veranschaulicht werden. Mögliche

Hybridorbitale des Phosphor-Atoms sind bei der Zusammenstellung der Abb. 1.4 nicht berücksichtigt worden. Phosphor tritt nur in tetraedrischer Koordination mit vier Sauerstoffatomen auf, und zwar als einfach negativ geladenes Kettenglied oder als zweifach negativ geladene Endgruppe (vgl. Abschn. 5.1.6). Die tetraedrische Konfiguration am P-Atom spricht für ein $sp^3$-Hybrid. Dieses Hybrid kann jedoch nur entstehen, wenn ein Elektron in das 3d-Unterniveau überführt wird. Bei Ausbildung von vier P-O-$\sigma$-Bindungen wird von jedem O-Atom ein Valenzelektron in eine $\sigma$-Bindung eingebracht. Eine weitere Stabilisierung des Systems kann dann nur noch unter Beteiligung von d-Orbitalen des Phosphors mit Elektronen aus den restlichen Sauerstoff-p-Zuständen (vgl. Abb. 1.4, unten) erfolgen. Dafür stehen vier p-Elektronen bei insgesamt fünf d-Orbitalen zur Verfügung. Es können also noch zwei zusätzliche p-d-Bindungen gebildet werden. In der klassischen Valenzstrich-Darstellung entspricht dieser Zustand der Formulierung

$$
\begin{array}{c}
|\overline{O} \diagdown \quad \diagup \overline{O}| \\
P \\
\diagup \overline{O}\diagdown \quad \diagdown \overline{O}\diagup
\end{array}
$$

mit zwei Doppelbindungen. Die Erfahrung hat gezeigt, daß die Bindungsabstände eines bestimmten Typs von Molekülart zu Molekülart nur wenig variieren. Deshalb kann man durch einfache Kombination der in Abb. 1.4 skizzierten Strukturelemente bereits einen erheblichen Teil der bekannten Molekülgerüste von Biomolekülen zusammenfügen.

Weitere wichtige strukturelle Besonderheiten, die nicht mehr auf die Eigenschaften einzelner Atome zurückgeführt werden können, ergeben sich bei der Vereinigung verschiedener Atome zu einem Molekül. Zu diesen Besonderheiten zählt z.B. die Planarität der Peptidbindungs-Struktur, die für den räumlichen Aufbau der Proteinmoleküle von entscheidender Bedeutung ist.

**b)** Neben den typischen Gerüstbauelementen kommt auch eine begrenzte Anzahl von Übergangselementen in lebenswichtigen Biomolekülen vor. Trotz ihrer immensen biochemischen Bedeutung sind sie in lebenden Organismen nur in

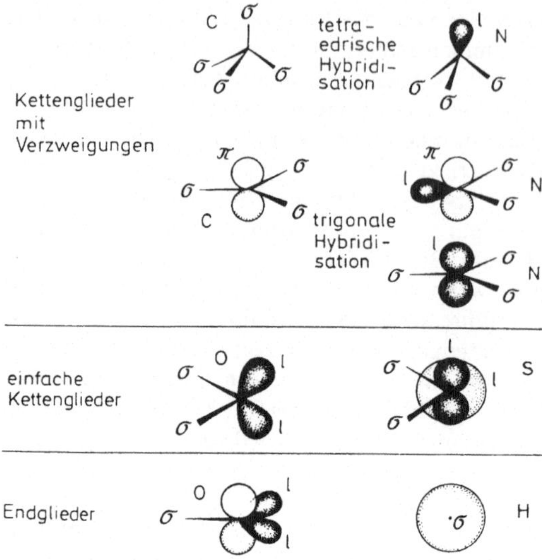



**Abb. 1.4** Für den Aufbau von Bio-Molekülen wichtige Hybrid-Orbitale der Atome C, N, O und S; 1s-Orbital des H-Atoms (Gerüstbauelemente). Das Symbol l bezeichnet ein einsames Elektronenpaar (*lone pair*)

geringen Spuren vorhanden. Die d-Orbitale der Übergangselement-Atome sind nur teilweise mit Elektronen besetzt; sie können zahlreiche Hybridkonfigurationen bilden und sich damit ganz verschiedenen Ligandenkonfigurationen anpassen. Ihre Bindungsenergien für typische Liganden machen weniger als die Hälfte der Energien von σ-Bindungen des Molekülgerüstes aus. Außerdem kann sich bei diesen Elementen der für die Metall–Liganden-Bindung maßgebliche Valenzzustand durch Aufnahme oder Abgabe von Elektronen (Reduktion bzw. Oxidation) grundlegend ändern. In den Biomolekülen sind die Atome oder Ionen der Übergangselemente in der Regel mit einer bestimmten Anzahl fest koordinierter Liganden umgeben. Dadurch wird die Zahl der verfügbaren Positionen zur Bindung weiterer Liganden stark eingeschränkt. Die freien Ligandenplätze können im Ablauf einer Reaktion von Substratmolekülen eingenommen werden. Durch diese temporäre Bindung wird die Reaktionsfähigkeit der Substratmoleküle erhöht. Komplexierte Übergangselement-Atome oder -Ionen sind typische Bestandteile von Bio-Katalysatoren;

sie können die gebundenen Substratmoleküle auf verschiedene Weise beeinflussen. Diese Beeinflussung erfolgt durch

1. Polarisation der Bindungen des Substratmoleküls im Felde des Ladungsträgers
2. Ausbildung von σ-Bindungen und
3. Ausbildung von π-Bindungen jeglichen Typs.

Die für biochemische Umsetzungen wichtigen Übergangselemente finden sich fast ausnahmslos in der vierten Periode des Periodensystems (vgl. Abb. 1.5). Nur ein Element der fünften Periode (Molybdän) ist noch von Bedeutung für die spezielle biologische Funktion der Stickstoff-Fixierung.

c) Fast alle lebensnotwendigen Verbindungen erhalten ihre funktionelle Bedeutung durch ihre Wechselwirkungen mit Wasser; dabei ist entscheidend, ob sie hydrophil sind (Anlagerung von Wasser-Molekülen durch intermolekulare Attraktionskräfte) oder hydrophob (Aggregation der nichtwäßrigen Komponenten unter Ausschluß von Wasser). Auch der Ladungszustand der gelösten Teilchen ist von erheblicher Bedeutung für die elektrostatischen Wechselwirkungen. Natrium- und Kalium-Ionen sind an zahlreichen physiologischen Prozessen beteiligt. Als Beispiel sei hier die Nerverregungsleitung genannt, bei der die Potentialänderung mit einem Durchtritt von $Na^+$- und $K^+$-Ionen durch die Nervenmembran gekoppelt ist. Auch die Erdalkalimetall-Ionen $Mg^{2+}$ und $Ca^{2+}$ haben wichtige biochemische Funktionen. Als freies Anion kommt neben dem für die biochemische Energetik wichtigen Phosphat-Ion (vgl. Abschn. 5.1.6) in größerer Häufigkeit nur das Chlorid-Ion in lebenden Organismen vor. Eine weitergehende funktionelle Differenzierung gibt es nur bei den Kationen. Die Anwesenheit von Chlorid-Ionen ergibt sich zwangsläufig aus der Elektroneutralitätsbedingung (vgl. Abschn. 1.2.5). Durch Zusatz von Ionen lassen sich in einem Teilbereich eines biologischen Systems die chemischen Aktivitäten bestimmter Komponenten gegenüber denen eines anderen Teils verändern. Deshalb dienen Ionen in einer Vielzahl von „Pumpeinrichtungen" als Trägersubstanz zur Verschiebung von elektrischen und elektrochemischen Potentialdifferenzen,

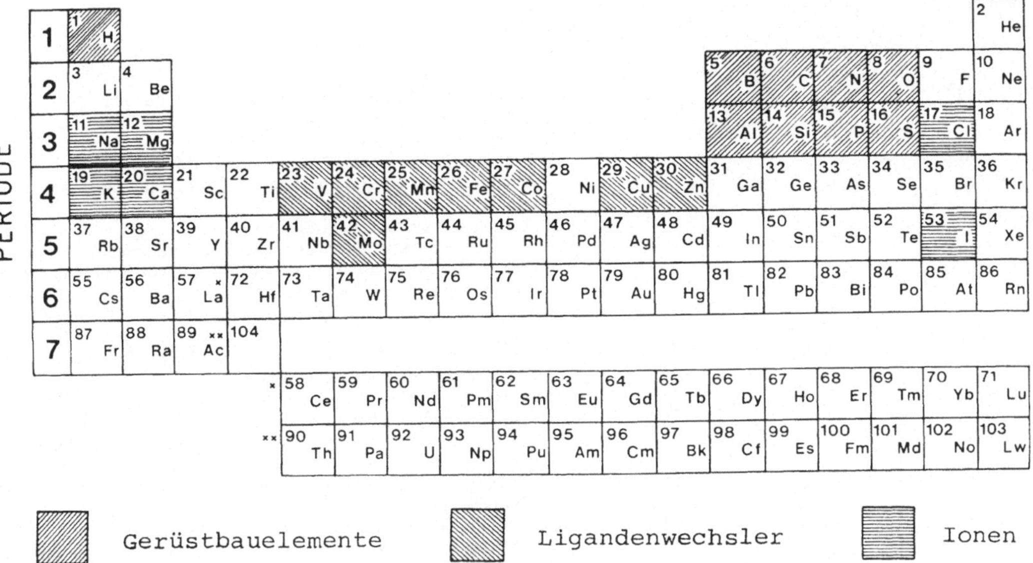



**Abb. 1.5** Periodensystem mit den durch Schraffierung gekennzeichneten biologisch wichtigen Elementen

wobei die biologischen Membranen eine entscheidende Rolle spielen. Die Beschränkung auf einen begrenzten Satz einfacher biochemisch relevanter Ionen findet ihre Erklärung darin, daß es spezifische Wechselwirkungen zwischen Biomolekülen und Ionen geben muß. Diese spezifischen Wechselwirkungen ermöglichen eine Unterscheidung von Ionen nach Ladung und Ionenradius. Das Vorkommen vieler Ionensorten in zellulären Systemen würde die Ausbildung eines komplizierten molekularen Erkennungssystems erforderlich machen. Zur Vermeidung dieser Komplikation ist die Zahl der biochemisch essentiellen Ionensorten so klein wie möglich gehalten. Die Ionen $Na^+$ und $K^+$ haben wahrscheinlich wegen der Häufigkeit ihres Vorkommens Eingang in die molekulare Evolution gefunden.

Die Tabelle 1.5 vermittelt einen Überblick über 24 Elemente, die nach dem heutigen Stande der Erkenntnis für tierische Organismen als lebenswichtig angesehen werden müssen. Ob dem Nikkel essentielle Bedeutung zukommt, wird z. Zt. untersucht (vgl. Abschn. 5.1.7).

### 1.1.4 Bindungstypen und Bindungsmodelle

Nach dem durch die Tabelle 1.4 veranschaulichten Schalenmodell der Atome hat man zwischen inneren Elektronen ( = Rumpfelektronen) und Außenelektronen ( = Valenzelektronen) zu unterscheiden. Die Außenelektronen sind entscheidend für das Zustandekommen und die Natur der chemischen Bindung. Die zu bindenden Atome treten grundsätzlich über die Valenzelektronen miteinander in Beziehung. Dabei können diese Elektronen entweder den beiden Partnern gleichmäßig oder anteilig angehören, oder es werden eines oder mehrere Elektronen völlig aus dem Bereich eines Atoms in den Bereich des Partneratoms abgezogen. Im ersten Fall entsteht die homöopolare, kovalente oder Atombindung, im zweiten Fall die heteropolare oder Ionenbindung.

$$H^{\cdot} + {\cdot}\ddot{\underset{\cdot\cdot}{C}}l{:} \rightarrow H{:}\ddot{\underset{\cdot\cdot}{C}}l{:}$$

Bildung einer
homöopolaren Bindung

$$Na^{\cdot} + {\cdot}\ddot{\underset{\cdot\cdot}{C}}l{:} \rightarrow Na^+ \ +{:}\ddot{\underset{\cdot\cdot}{C}}l{:}^-$$

Bildung einer
heteropolaren Bindung

**Tabelle 1.5** Für die Existenz tierischer Organismen lebenswichtige Elemente

| Element | Symbol | Z | Funktion |
|---|---|---|---|
| Wasserstoff | H | 1 | Erforderlich für Wasser und organische Verbindungen |
| Kohlenstoff | C | 6 | Erforderlich für organische Verbindungen |
| Stickstoff | N | 7 | Erforderlich für organische Verbindungen |
| Sauerstoff | O | 8 | Erforderlich für Wasser und organische Verbindungen |
| Fluor | F | 9 | Wachstumsfaktor bei Ratten; möglicher Bestandteil in Zähnen und Knochen |
| Natrium | Na | 11 | Hauptsächliches extrazelluläres Kation |
| Magnesium | Mg | 12 | Erforderlich für Aktivität vieler Enzyme; in Chlorophyll |
| Silicium | Si | 14 | Mögliche Struktureinheit von Kieselalgen; die Lebensnotwendigkeit für Hühnchen wurde kürzlich nachgewiesen |
| Phosphor | P | 15 | Lebensnotwendigkeit für biochemische Synthesen und Energieübertragungen |
| Schwefel | S | 16 | Erforderlich für Proteine und andere biologische Verbindungen |
| Chlor | Cl | 17 | Hauptsächliches extrazelluläres Anion |
| Kalium | K | 19 | Hauptsächliches intrazelluläres Kation |
| Calcium | Ca | 20 | Hauptbestandteil der Knochen; erforderlich für einige Enzyme |
| Vanadium | V | 23 | Lebensnotwendig für niedere Pflanzen, bestimmte Seetiere und Ratten |
| Chrom | Cr | 24 | Lebensnotwendig für höhere Tiere; ist an der Wirkung des Hormons Insulin beteiligt |
| Mangan | Mn | 25 | Erforderlich für Aktivität verschiedener Enzyme |
| Eisen | Fe | 26 | Wichtigstes Übergangsmetall; wesentlicher Bestandteil von Hämoglobin und vielen Enzymen |
| Kobalt | Co | 27 | Im Vitamin $B_{12}$ |
| Kupfer | Cu | 29 | Wesentlicher Bestandteil von Enzymen, die an Redoxvorgängen beteiligt sind |
| Zink | Zn | 30 | Erforderlich für die Aktivität vieler Enzyme |
| Selen | Se | 34 | Wesentlich für die Glutathion-Peroxidase, ein Erythrocyten-Enzym |
| Molybdän | Mo | 42 | Erforderlich für die Aktivität vieler Enzyme |
| Zinn | Sn | 50 | Lebensnotwendig für Ratten; Funktion noch unbekannt |
| Iod | I | 53 | Wesentlicher Bestandteil der Schilddrüsenhormone |

Mit diesem primitiven Bild liefert die Elektronentheorie der Valenz bereits eine zwanglose Interpretation des seit langem bekannten Unterschiedes der beiden Bindungstypen, die als Grenzfälle möglicher Bindungsarten anzusehen sind. Zwischen diesen Grenzfällen existieren zahlreiche Übergangsformen mit partiell heteropolarem Bindungscharakter. Für das Verständnis der beiden Bindungstypen hat sich die Vorstellung der *abgeschlossenen Elektronenschalen* mit 8 bzw. 2 Elektronen in der L-bzw. K-Schale als sehr fruchtbar erwiesen. Nach dieser Vorstellung entstehen stabile Zustände, wenn die Zahl der Außenelektronen eines Atoms durch Elektronenumverteilung auf 8 bzw. 2 aufgefüllt werden kann. Die kovalente Bindung entspricht dem, was der Chemiker durch einen Valenzstrich darstellt; sie wird im einfachsten Fall durch ein Elektronenpaar gebildet. Die Zahl der von einem Atom ausgehenden Elektronenpaarvalenzen wird im Gegensatz zur Zahl der Ladungsüberschüsse an einzelnen Ionen als *Bindigkeit* bezeichnet. Beispiele für einfache Moleküle mit mehreren homöopolaren Bindungen sind

$$
\begin{array}{cc}
\mathrm{H} & \mathrm{H} \\
\diagdown & \diagdown \\
\quad\mathrm{O} & \mathrm{H-N} \\
\diagup & \diagup \\
\mathrm{H} & \mathrm{H}
\end{array}
$$

In diesen Formeln bedeuten die zusätzlichen Striche am O-oder N-Atom je ein einsames Elektronenpaar (vgl. Abb. 1.4). Einsame Elektronenpaare können ebenfalls zur Auffüllung von Elektronenhüllen auf stabile Elektronenanordnungen herangezogen werden. Einige Hinweise zur Erklärung des Zustandekommens der kovalenten Bindung durch Orbital-Überlappung sind bereits im Abschn. 1.1.3 gegeben worden. Die einfachste homöopolare Bindung liegt im Wasserstoffmolekülion ($H_2^+$) vor. Dieses Ion entsteht bei elektrischen Entladungen im Wasserstoff-Gas und ist nur spektroskopisch nachweisbar. In biologischen Systemen tritt dieses Ion nicht auf; es eignet sich aber besonders gut als Modellsystem zur Erklärung des Bindungskonzeptes der durch Gl. 1.25 beschriebenen Linearkombination von Atomorbitalen (LCAO-Methode), da es nur aus zwei Kernen und einem Elektron aufgebaut ist. Eine stabile chemische Bindung ist stets durch ein Minimum der potentiellen Energie des betrachteten Systems charakterisiert. Eine Linearkombination vom Typ der Gl. 1.25 stellt einen Näherungsansatz zur Lösung der allgemeinen Schrödinger-Gleichung

$$\hat{H}\psi = E\psi \tag{1.29}$$

für zeitunabhängige Systeme dar. Für das spezielle Problem der Elektronenzustände des Wasserstoff-Atoms ist Gl. (1.29) im Abschn. 1.1.3 bereits diskutiert worden. Die dort angegebene Gl. (1.18) läßt sich mit dem Ausdruck $V(r) = -Ze^2/r$ für die potentielle Energie in der Form

$$-\frac{h^2}{8\pi^2 m_e}\left(\frac{\partial^2\psi}{\partial x^2} + \frac{\partial^2\psi}{\partial y^2} + \frac{\partial^2\psi}{\partial z^2}\right) + V\psi = E\psi \tag{1.30}$$

schreiben, wobei der Zusammenhang zwischen r und den kartesischen Koordinaten x, y und z durch die Gln. (1.24) festgelegt ist. Faßt man nun die durch

$$\frac{\partial^2\psi}{\partial x^2} + \frac{\partial^2\psi}{\partial y^2} + \frac{\partial^2\psi}{\partial z^2} = \nabla^2\psi \tag{1.31}$$

und durch

$$V\psi$$

gegebenen Rechenvorschriften der linken Seite von Gl. (1.30) zu einem *Operator*

$$-\frac{h^2}{8\pi^2 m_e}\nabla^2 + V = \hat{H} \tag{1.32}$$

zusammen, so nimmt Gl. (1.30) die Form der allgemeinen Schrödinger-Gl. (1.29) an. Die Gleichungen (1.29) und (1.30) besagen, daß durch Anwendung des Operators $\hat{H}$ auf einen gegebenen

Satz von Eigenfunktionen für ein bestimmtes Problem die zugehörigen Eigenwerte der Gesamtenergie E (Summe aus potentieller und kinetischer Energie) erhalten werden. $\hat{H}$ ist der *Operator der Gesamtenergie*; er wird allgemein als Hamilton-Operator bezeichnet. Für das Dreiteilchen-Problem

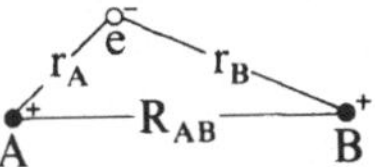

müssen in dem in Gl. (1.32) einzusetzenden Ausdruck für die potentielle Energie V drei Terme für die Kernabstoßung und für die Anziehung des Elektrons durch einen der beiden Kerne enthalten sein, so daß

$$V = -\frac{e^2}{r_A} - \frac{e^2}{r_B} + \frac{e^2}{R_{AB}} \tag{1.33}$$

zu setzen ist. Zur Berechnung der Erwartungswerte E der Energie multipliziert man Gl. (1.29) zunächst auf beiden Seiten mit $\psi$ (bzw. bei komplexen Eigenfunktionen mit der konjugiert komplexen Funktion $\psi^*$), so daß ein Ausdruck der Form

$$\psi^*\hat{H}\psi = E\psi^*\psi \tag{1.34}$$

erhalten wird. Die Anordnung der Faktoren auf der rechten Seite von Gl. (1.34) ist zulässig, weil E lediglich einen von den Koordinaten des Elektrons unabhängigen integralen Faktor darstellt. Bei Integration über den gesamten Zustandsraum, dessen differentielles Volumenelement allgemein mit $d\tau$ bezeichnet werden möge, nimmt Gl. (1.34) dann die Form

$$\int\psi^*\hat{H}\psi d\tau = E\int\psi^*\psi d\tau$$

bzw.

$$E = \frac{\int\psi^*\hat{H}\psi d\tau}{\int\psi^*\psi d\tau} \tag{1.35}$$

an. Die Gl. (1.35) läßt sich auch dann zur Herleitung von Bedingungsgleichungen für die Optimierung von Energie-Erwartungswerten verwenden, wenn die speziellen Werte der einzusetzenden Funktionen $\psi$ bzw. $\psi^*$ nicht bekannt sind. Das Variationsprinzip der LCAO-Methode besteht nun einfach im Aufsuchen der optimalen Koeffizientenwerte a und b einer Linearkombination

$$\Psi = a\psi_A + b\psi_B , \qquad (1.25)$$

für die der nach Gl. (1.35) zu berechnende Energie-Erwartungswert den kleinstmöglichen Wert annimmt. Für diesen Fall müssen die Bedingungen

$$\frac{\partial E}{\partial a} = 0 \quad \text{und} \quad \frac{\partial E}{\partial b} = 0 \qquad (1.36)$$

erfüllt sein. Für das $H_2^+$-Problem wird der weitere Rechnungsgang dadurch vereinfacht, daß in Gl. (1.25) die aus Tabelle 1.3 zu entnehmenden reellen Einelektronen-Funktionen $\psi_{1s}$ einzusetzen sind, so daß auf die Unterscheidung zwischen $\psi$ und $\psi^*$ verzichtet werden kann. Eine weitere Vereinfachung ergibt sich aus der relativ großen Massenträgheit der Kerne A und B. Das leichte Elektron bewegt sich ungleich schneller als die schweren Kerne. Deshalb kann man vereinfachend annehmen, daß die Kerne selbst während einer an der Elektronenbewegung gemessenen langen Zeit in Ruhe sind. Das ist die Grundannahme der Born-Oppenheimer-Approximation: Die ruhenden Kerne machen sich nur durch ihr elektrostatisches Potential für das Elektron bemerkbar. Man berechnet deshalb die Elektronenenergie für bestimmte Werte von $R_{AB}$ und trägt die erhaltenen Werte von E als Funktion des Kernabstandes auf. Ergibt sich dabei eine Kurve mit einem Minimum, so wird durch dieses Minimum der einer bestimmten Bindungsenergie entsprechende Gleichgewichtsabstand charakterisiert. Erhält man keinen Kurvenverlauf mit Minimum, so liegt kein stabiler Zustand vor.

Durch Einsetzen von $\Psi$ nach Gl. (1.25) in die Gl. (1.35) erhält man zunächst

$$E = \frac{\int (a\psi_A + b\psi_B)\hat{H}(a\psi_A + b\psi_B)d\tau}{\int (a\psi_A + b\psi_B)^2 d\tau}$$

bzw.

$$E = \frac{a^2 \int \psi_A\hat{H}\psi_A d\tau + ab\int \psi_A\hat{H}\psi_B d\tau + ba\int \psi_B\hat{H}\psi_A d\tau + b^2 \int \psi_B\hat{H}\psi_B d\tau}{a^2 \int \psi_A^2 d\tau + ab\int \psi_A\psi_B d\tau + ba\int \psi_B\psi_A d\tau + b^2 \int \psi_B^2 d\tau}$$

oder mit den Abkürzungen

$$\int \psi_A\hat{H}\psi_A d\tau = \mathscr{H}_{AA}; \quad \int \psi_A\hat{H}\psi_B d\tau = \mathscr{H}_{AB}$$

$$\int \psi_B\hat{H}\psi_A d\tau = \mathscr{H}_{BA}; \quad \int \psi_B\hat{H}\psi_B d\tau = \mathscr{H}_{BB}$$

$$(1.37)$$

und

$$\int \psi_A^2 d\tau = S_{AA} ; \quad \int \psi_A\psi_B d\tau = S_{AB}$$

$$\int \psi_B\psi_A d\tau = S_{BA} ; \quad \int \psi_B^2 d\tau = S_{BB} \qquad (1.38)$$

$$E = \frac{a^2 \mathscr{H}_{AA} + ab\mathscr{H}_{AB} + ba\mathscr{H}_{BA} + b^2 \mathscr{H}_{BB}}{a^2 S_{AA} + abS_{AB} + baS_{BA} + b^2 S_{BB}} .$$

$$(1.39)$$

Wegen der Symmetrie des $H_2^+$-Problems (Gleichheit der Kerne A und B) müssen nun die Gleichungen

$$\mathscr{H}_{AA} = \mathscr{H}_{BB} \qquad (1.40)$$

$$\mathscr{H}_{AB} = \mathscr{H}_{BA} \qquad (1.41)$$

$$S_{AA} = S_{BB} \qquad (1.42)$$

$$S_{AB} = S_{BA} \qquad (1.43)$$

gelten. Damit vereinfacht sich Gl. (1.39) zu

$$E = \frac{a^2 \mathscr{H}_{AA} + 2ab\mathscr{H}_{AB} + b^2 \mathscr{H}_{AA}}{a^2 S_{AA} + 2abS_{AB} + b^2 S_{AA}} . \qquad (1.44)$$

Gemäß Gl. (1.36) muß dieser Ausdruck partiell nach a differenziert werden.

Man erhält

$$\frac{\partial E}{\partial a} = \frac{(a^2 S_{AA} + 2abS_{AB} + b^2 S_{AA})(2a\mathscr{H}_{AA} + 2b\mathscr{H}_{AB})}{(a^2 S_{AA} + 2abS_{AB} + b^2 S_{AA})^2}$$

$$- \frac{(a^2 \mathscr{H}_{AA} + 2ab\mathscr{H}_{AB} + b^2 \mathscr{H}_{AA})(2aS_{AA} + 2bS_{AB})}{(a^2 S_{AA} + 2abS_{AB} + b^2 S_{AA})^2} = 0$$

bzw.

$$2a\mathscr{H}_{AA} + 2b\mathscr{H}_{AB} = \frac{a^2 \mathscr{H}_{AA} + 2ab\mathscr{H}_{AB} + b^2 \mathscr{H}_{AA}}{a^2 S_{AA} + 2abS_{AB} + b^2 S_{AA}}$$

$$\times (2aS_{AA} + 2bS_{AB})$$

oder mit Gl. (1.44)

$$2a\mathscr{H}_{AA} + 2b\mathscr{H}_{AB} = E(2aS_{AA} + 2bS_{AB}) .$$

Daraus folgt

$$a(\mathscr{H}_{AA} - ES_{AA}) + b(\mathscr{H}_{AB} - ES_{AB}) = 0 \quad (1.45)$$

Entsprechend folgt aus $\partial E/\partial b = 0$

$$a(\mathscr{H}_{AB} - ES_{AB}) + b(\mathscr{H}_{AA} - ES_{AA}) = 0. \quad (1.46)$$

Aus den beiden linearen homogenen Gln. (1.45) und (1.46) ergibt sich eine quadratische Gleichung, deren Lösungen die beiden möglichen Werte von E angeben. Für die im Abschn. 1.1.3 erklärten Atom-Eigenfunktionen muß die Nebenbedingung

$$\int \psi_A^2 \, d\tau = 1 \quad (1.47)$$

erfüllt sein. Es ist also $S_{AA} = 1$ zu setzen. Mit dieser Vereinfachung nimmt die aus den Gln. (1.45) und (1.46) resultierende quadratische Gleichung die Form

$$(\mathscr{H}_{AA} - E)^2 - (\mathscr{H}_{AB} - S_{AB}E)^2 = 0 \quad (1.48)$$

an. Die Lösungen dieser Gleichung sind

$$E_1 = \frac{\mathscr{H}_{AA} + \mathscr{H}_{AB}}{1 + S_{AB}} \quad (1.49)$$

und

$$E_2 = \frac{\mathscr{H}_{AA} - \mathscr{H}_{AB}}{1 - S_{AB}}. \quad (1.50)$$

Durch Einsetzen von $E_1$ bzw. $E_2$ in Gl. (1.45) erhält man für die Koeffizienten der Linearkombination (1.25) die Beziehungen $a_1 = b_1$ und $a_2 = -b_2$. Analog Gl. (1.47) muß auch für die den Energiewerten $E_1$ und $E_2$ zugeordneten Linearkombinationen eine Normierungsbedingung der Form

$$\int \Psi^2 \, d\tau = 1 \quad (1.51)$$

gelten. Mit dieser Bedingung erhält man nach Gl. (1.25) die Koeffizientenwerte

$$a_1 = \frac{1}{\sqrt{2(1 + S_{AB})}} \quad (1.52)$$

und

$$a_2 = \frac{1}{\sqrt{2(1 - S_{AB})}}, \quad (1.53)$$

so daß

$$\Psi_1 = \frac{1}{\sqrt{2(1 + S_{AB})}} (\psi_A + \psi_B) \quad (1.54)$$

und

$$\Psi_2 = \frac{1}{\sqrt{2(1 - S_{AB})}} (\psi_A - \psi_B) \quad (1.55)$$

zu setzen ist. Die durch $\Psi_1$ und $\Psi_2$ charakterisierten Zustände unterscheiden sich grundsätzlich in der Abhängigkeit der Energiewerte $E_1$ und $E_2$ vom Kernabstand $R_{AB}$ und in der Aufenthaltswahrscheinlichkeit des Elektrons im Bereich zwischen den Kernen A und B. Berechnet man die Integrale $\mathscr{H}_{AA}$ und $\mathscr{H}_{AB}$ mit dem Hamilton-Operator

$$\hat{H} = -\frac{h^2}{8\pi^2 m_e} \nabla^2 - \frac{e^2}{r_A} - \frac{e^2}{r_B} + \frac{e^2}{R_{AB}} \quad (1.56)$$

und das „Überlappungsintegral" $S_{AB}$ unter Verwendung geeigneter Koordinaten, so erhält man die Energiewerte $E_1$ und $E_2$ nach Gl. (1.49) bzw. Gl. (1.50) als Funktion des Kernabstandes $R_{AB}$. Das Ergebnis dieser Berechnung ist in Abb. 1.6 graphisch dargestellt.

Die Kurve für $E_1$ zeigt ein ausgeprägtes Minimum bei einem Kernabstand von 1.2 Å, das die Stabilität des $H_2^+$-Ions erklärt. Die Kurve für $E_2$ läßt dagegen im gesamten Wertebereich von $R_{AB}$ keine Hinweise auf einen Stabilisierungseffekt

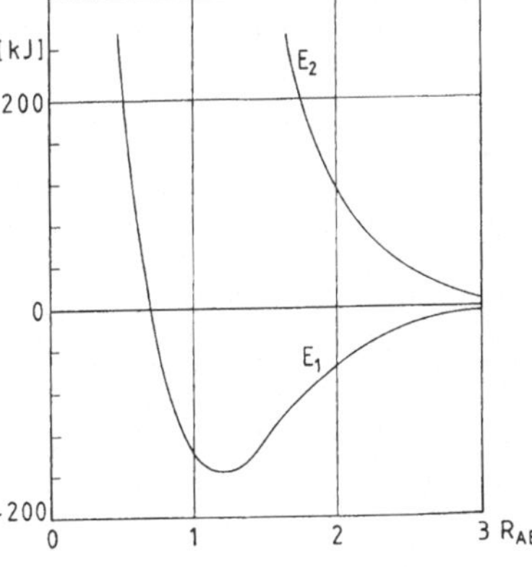



**Abb. 1.6** Energie des $H_2^+$-Ions als Funktion des Kernabstandes nach Gl. (1.49) bzw. Gl. (1.50)

erkennen. Dem durch das Minimum im Kurvenverlauf für $E_1$ charakterisierten bindenden Zustand entspricht ein hoher Wert der Aufenthaltswahrscheinlichkeit des Elektrons zwischen den Kernen A und B. Diese Aufenthaltswahrscheinlichkeit kann nach Gl. (1.54) als Quadrat von $\Psi_1$ berechnet werden; sie ist in Abb. 1.7 für den bindenden und für den durch $\Psi_2$ charakterisierten *antibindenden* Zustand schematisch dargestellt. Abbildung 1.7a zeigt die für den bindenden Zustand typische Konzentrierung der Elektronendichte auf den Bereich der Kernverbindungslinie. Aus Abb. 1.7b ist ersichtlich, daß für den antibindenden Zustand die Aufenthaltswahrscheinlichkeit des Elektrons im Bereich des halben Kernabstandes verschwindend klein wird. Die Stabilität der unpolaren Bindung beruht also nicht auf irgendwelchen quantenmechanischen Zusatzkräften, sondern auf den relativ hohen Werten für die Aufenthaltswahrscheinlichkeit des Elektrons in der Zone zwischen den beiden Kernen. Die bindenden Kräfte sind auch im Falle der homöopolaren Bindung elektrostatische Kräfte. Mit dem durch Gl. (1.56) beschriebenen Hamilton-Operator und der für das H-Atom geltenden Schrödinger-Gleichung

$$-\frac{h^2}{8\pi^2 m_e}\nabla^2\psi_A - \frac{e^2}{r_A}\psi_A = E_H\psi_A \qquad (1.57)$$

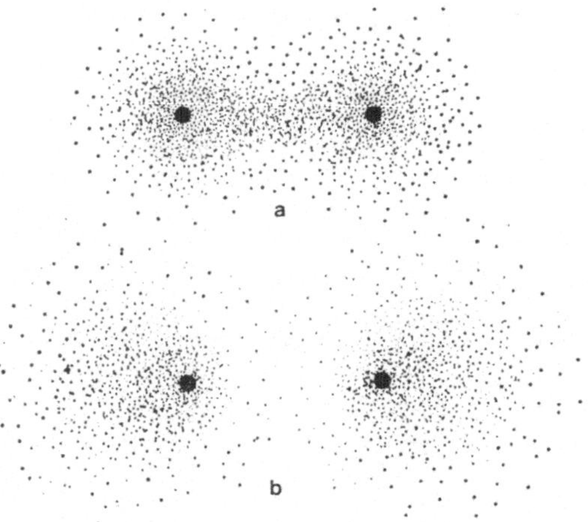



**Abb. 1.7** Elektronendichteverteilung des $H_2^+$-Ions im bindenden Zustand (**a**) und im antibindenden Zustand (**b**)

lassen sich die Integrale $\mathscr{H}_{AA} = \mathscr{H}_{BB}$ und $\mathscr{H}_{AB} = \mathscr{H}_{BA}$ in der Form

$$\mathscr{H}_{AA} = \int \psi_A \hat{H} \psi_A \, d\tau = E_H + \frac{e^2}{R_{AB}}$$
$$+ \int \psi_A \left(-\frac{e^2}{r_B}\right)\psi_A \, d\tau \qquad (1.58)$$

und

$$\mathscr{H}_{BA} = \int \psi_A \hat{H} \psi_A \, d\tau = S_{AB}E_H + \frac{S_{AB}e^2}{R_{AB}}$$
$$+ \int \psi_B \left(-\frac{e^2}{r_B}\right)\psi_A \, d\tau \qquad (1.59)$$

darstellen. Das Symbol $E_H$ gibt den Energie-Eigenwert für den Grundzustand eines isolierten H-Atoms an. Mit den Abkürzungen

$$\int \psi_A \left(-\frac{e^2}{r_B}\right)\psi_A \, d\tau = J \qquad (1.60)$$

(„Coulomb-Integral")

und

$$\int \psi_B \left(-\frac{e^2}{r_B}\right)\psi_A \, d\tau = K \qquad (1.61)$$

(„Austausch-Integral")

erhält man für $E_1$ nach Gl. (1.49) den Ausdruck

$$E_1 = E_H + \frac{e^2}{R_{AB}} + \frac{J + K}{1 + S_{AB}} \cdot \qquad (1.62)$$

Dieser Ausdruck unterscheidet sich von dem Coulomb-Ansatz

$$E_{Coulomb} = E_H + \frac{e^2}{R_{AB}} + J \qquad (1.63)$$

für die Wechselwirkung eines H-Atoms mit einem Proton im wesentlichen nur durch den Beitrag des Austausch-Integrals K. Setzt man nämlich K = 0, so geht Gl. (1.62) bei Vernachlässigung von $S_{AB}$ in Gl. (1.63) über. Bei Auftragung von $E_{Coulomb}$ als Funktion von $R_{AB}$ wird aber kein Kurvenverlauf mit Minimum erhalten. Die Stabilität der kovalenten Bindung ist also allein auf den Beitrag des Austauschintegrals zurückzuführen. Dieser stabilisierende *Austauscheffekt* beruht darauf, daß das

Elektron in dem Dreiteilchensystem des $H_2^+$-Ions nicht ausschließlich einem der beiden Kerne zugeordnet werden kann.

Das hier am Beispiel des $H_2^+$-Ions erläuterte Konzept der LCAO-Methode läßt sich mit einigen vereinfachenden Annahmen auf bindende Kombinationen der Hybrid-Orbitale von Mehrelektronen-Atomen übertragen. So kann z.B. das Zustandekommen der σ-Bindungen des Kohlenstoff-Grundgerüstes einer organischen Substanz zwanglos durch Überlappung von $sp^2$-Hybridorbitalen der C-Atome erklärt werden. Dabei gilt das Pauli-Prinzip auch für die aus den Hybridorbitalen gebildeten Linearkombinationen. Demnach kann jeder bindende Zustand nur mit einem oder zwei Elektronen besetzt werden.

Ein mit zwei Elektronen besetzter bindender Zustand entspricht einer voll ausgebildeten kovalenten Einfachbindung. Durch die σ-Bindungen mit rotationssymmetrischer Elektronendichteverteilung um die jeweilige Kernverbindungslinie wird die Topologie des Moleküls weitgehend festgelegt. Das Molekül kann zusätzlich durch π-Bindungen stabilisiert werden. Diese π-Bindungen beruhen auf einer Überlappung der nicht hybridisierten p-Orbitale (vgl. Abb. 1.8).

Durch die ausgezogenen Linien in Abb. 1.8 sind die σ-Bindungen festgelegt. Die gestrichelten Linien sollen den Anteil der π-Bindungen am Bindungssystem eines aus mehreren C-Atomen aufgebauten Molekülgerüstes veranschaulichen. Diese Abbildung zeigt deutlich, daß das π-Bindungssystem nicht auf isolierte Doppelbindungen zwischen bestimmten C-Atomen beschränkt ist. Damit ist auch eine Erklärung für die Gleichwertigkeit der C–C-Bindungen in aromatischen Ringsystemen vom Benzol-Typ gegeben (vgl. Abb. 1.9).

Die einfachen Rechenverfahren zur Abschätzung von π-Bindungsenergien unterscheiden sich grundsätzlich nicht von der hier am Beispiel des $H_2^+$-Ions erläuterten LCAO-Methode. Die den Integralen $\mathscr{H}_{AA}$, $\mathscr{H}_{AB}$ und $S_{AB}$ entsprechenden Integrale müssen bei der Berechnung von π-Elektronen-Systemen durch Vergleich mit experimentell bestimmbaren Daten ermittelt und als empirische Parameter in die Gleichungen eingesetzt werden. In den Lehrbüchern der theoretischen Chemie sind verschiedene, dem gegenwärtigen Stand der Computer-Technik angepaßte quantentheoretische Verfahren zur Berechnung von Bindungsenergien, Bindungslängen und Bindungsordnungen für Systeme mit partiellen Doppelbindungen angegeben. Das Prinzip der quantenchemischen Näherungsverfahren zur halbquantitativen Berechnung der Eigenschaften kovalent verknüpfter Atomverbände wird aber durch die hier skizzierte Methode hinreichend genau beschrieben. Allerdings ist dabei der Einfluß der Spinorientierung von Bindungselektronen auf das Zustandekommen stabiler Elektronenpaar-Bindungen noch nicht berücksichtigt worden. Es ist bemerkenswert, daß die meisten unpolaren Molekeln kein permanentes magnetisches Moment besitzen, weil die Spins der Bindungselektronen paarweise antiparallel orientiert sind. Diese *Spinabsättigung* kann jedoch nicht als die primäre Ursache der kovalenten chemischen Bindung angesehen werden, da mit der Spinkompensation nur ein sehr geringfügiger Energiegewinn verbunden ist.

**Abb. 1.8** Kombination von p-Zuständen zu einem π-Bindungssystem (Butadien)

**Abb. 1.9** Kombination von p-Orbitalen zum π-Bindungssystem des Benzols

Der wesentliche Einfluß der Spinorientierung besteht vielmehr in ihrer durch das allgemeine Pauli-Prinzip festgelegten Kopplung mit den Symmetrieeigenschaften der für die Bindung maßgeblichen Linearkombinationen von Atomeigenfunktionen. Das für den antibindenden Zustand charakteristische Bild der Elektronendichteverteilung (Abb. 1.7b) ist darauf zurückzuführen, daß die durch Gl. (1.55) beschriebene Linearkombination $\Psi_2$ bei dem Koordinatenwert $R_{AB}/2$ ihr Vorzeichen wechselt. $\Psi_2$ ist eine antisymmetrische Linearkombination. Die dem bindenden Zustand entsprechende Funktion $\Psi_1$ ist dagegen eine symmetrische Linearkombination. Auch die Spinorientierungszustände können durch Eigenfunktionen charakterisiert werden. So entspricht der antiparallelen Spinorientierung ($\uparrow\downarrow$) eine antisymmetrische (Gesamt-) Spinfunktion und der parallelen Spinorientierung ($\uparrow\uparrow$) eine symmetrische Spinfunktion. Nach dem Pauli-Prinzip muß die aus der *Bahnfunktion* $\Psi$ und der Spinfunktion gebildete Gesamt-Elektronen-Eigenfunktion stets antisymmetrisch sein. Dies bedeutet, daß die antisymmetrische Bahnfunktion bei einem Zwei-elektronen-Bindungssystem nur in Kombination mit der symmetrischen Spinfunktion auftreten kann und umgekehrt. Damit ergibt sich für die bindende Funktion $\Psi_1$ zwangsläufig ein Zustand mit antiparalleler Spinorientierung. Die Stabilität der kovalenten Bindung ist auch in diesem Falle auf einen Austausch-Effekt zurückzuführen. Im Wasserstoff-Molekül treten zwei ununterscheidbare Elektronen mit zwei gleichen Kernen in Wechselwirkung.

Bei unendlich großem Kernabstand liegen zwei ungestörte H-Atome mit der Gesamtenergie $2E_H$ vor. Der Zustand dieses Systems wird durch eine Vertauschung der beiden Elektronen 1 und 2 nicht verändert. Deshalb kann das System durch die beiden Linearkombinationen

$$\Psi_s = N_s(\psi_A(1)\psi_B(2) + \psi_B(1)\psi_A(2)) \qquad (1.64)$$

(symmetrische Linearkombination)

und

$$\Psi_{as} = N_{as}(\psi_A(1)\psi_B(2) - \psi_B(1)\psi_A(2)) \qquad (1.65)$$

(antisymmetrische Linearkombination)

mit den Normierungsfaktoren $N_s$ bzw. $N_{as}$ beschrieben werden. Diese Linearkombinationen können näherungsweise auch zur Beschreibung von Zuständen mit relativ geringem Kernabstand verwendet werden. Bei Annäherung der Kerne A und B müssen aber die Beiträge der elektrostatischen Wechselwirkung zwischen den beiden Elektronen und zwischen dem Kern A und dem Elektron 2 sowie zwischen dem Kern B und dem Elektron 1 berücksichtigt werden. Mit dem entsprechend ergänzten Hamilton-Operator erhält man nach Gl. (1.35) zwei Ausdrücke für die Elektronenenergie, die – ähnlich wie Gl. (1.49) und Gl. (1.50) – bestimmte Coulomb- und Austausch-Integrale enthalten. Faßt man die Coulomb-Integrale zu einem Term C und die Austausch-Integrale zu einem Term A zusammen, so lassen sich die Energiewerte für $\Psi_s$ bzw. $\Psi_{as}$ bei Vernachlässigung des Austauschintegrals $S_{AB}$ annähernd richtig durch

$$E_s \simeq 2E_H + \frac{e^2}{R_{AB}} + C + A \qquad (1.66)$$

bzw.

$$E_{as} \simeq 2E_H + \frac{e^2}{R_{AB}} + C - A \qquad (1.67)$$

darstellen. Die Gln. (1.66) und (1.67) unterscheiden sich nur durch das Vorzeichen von A. Diese Größe ist im gesamten Wertebereich von $R_{AB}$ negativ. Die Funktion $E_s(R_{AB})$ weist das für einen bindenden Zustand charakteristische Minimum auf. Trägt man dagegen $E_{as}$ als Funktion des Kernabstandes auf, so wird kein Kurvenzug mit Minimum erhalten. Der Bindungseffekt ist also auch in diesem Falle fast ausschließlich auf den Beitrag der Austauschintegrale zurückzuführen. Durch die Annäherung der Kerne wird das Elektronsystem der beiden H-Atome gestört. Die energetische *Austauschentartung* wird aufgehoben, und es kommt zur Ausbildung eines bindenden und eines antibindenden Zustandes, wobei normalerweise nur der bindende Zustand mit zwei spinkompensierten Elektronen besetzt ist. Für die Elektronendichteverteilung des bindenden Zustandes ergibt sich ein ähnliches Bild wie in Abb. 1.7a. Das gemeinsame Merkmal der Einelektronenbindung im $H_2^+$-Ion und der Elektronenpaarbindung ist die Ununterscheidbarkeit von Elektronenzuständen bei der Zuordnung von Elektronen zu energetisch gleichwertigen Attraktionszentren bzw. Eigenfunktionen. Auf diesen „Austauscheffekt" ist auch die im Abschn. 1.1.3 erwähnte Bevorzugung einfach besetzter entarteter Elektronenniveaus (Hundsche Regel) zurückzuführen. In diesem Falle ist die Einfachbesetzung gleichwertiger Energieniveaus energetisch günstig, weil damit die geringste wechselseitige Störung der Elektronen verbunden ist.

Die zusätzliche Stabilisierung von σ-Bindungen durch π-Bindungen erklärt zwei wesentliche Eigenschaften der Doppelbindung. Da die Bindungskräfte in einer Ebene wirksam werden, beeinträchtigen sie die freie Drehbarkeit um die C–C-Kernverbindungslinie. Damit wird die Möglichkeit zur cis-trans-Isomerie geschaffen. Es handelt sich dabei um die Fixierung des Moleküls in einem Zustand höherer Ordnung, der mit der größeren Festigkeit der Doppelbindung zusammenhängt. Der π-Bindungsanteil der Bindungsenergie entspricht allerdings nicht ganz der Stärke einer weiteren σ-Bindung. Auch der Kernabstand ist nicht entsprechend stark verringert. Auf der geringeren Stabilität der π-Bindung beruht die Fähigkeit zur Anlagerung von Substituenten unter Aufspaltung der Doppelbindung („Addition").

So kann z.B.
Ethylen

unter Bildung von σ-Bindungen umgesetzt werden.

Die Tatsache, daß sich bei verschiedenen Bindungen definierte Winkel zwischen den Bindungsrichtungen einstellen, ist von entscheidender Bedeutung für die Struktur aller biologisch wichtigen Moleküle. Die gerichtete Bindung beruht hauptsächlich auf der Winkelabhängigkeit der

p-Eigenfunktionen und der sich daraus durch Linearkombinationen mit s-Eigenfunktionen ergebenden Hybrid-Orbitale. Dabei werden in den meisten Fällen Bindungzustände mit energetisch günstigen Hybrid-Orbitalen bevorzugt. Die für die Strukturchemie der Biomoleküle wichtigen Hybrid-Orbitale sind bereits im Abschn. 1.1.3 diskutiert worden (vgl. Abb. 1.4). Zur Ausbildung einer höheren molekularen Ordnung reicht die regelmäßige Orientierung der gerichteten Einfachbindungen nicht aus. Weitreichende Ordnung entsteht erst, wenn zwischen den Ketten eines aus quasi starren Strukturelementen aufgebauten Makromoleküls orientierte Wechselwirkungen bestehen. Deshalb kommt auch die einfache Verknüpfung von Ethylengruppen nicht als Bauprinzip von Biopolymeren in Betracht. Die C–H-Gruppen der Ethylen-Einheit sind nicht zur Ausbildung starker zwischenmolekularer Wechselwirkungen geeignet. Mit dem Ersatz eines C-Atoms der Ethylengruppe durch das isoelektronische $N^+$-Teilchen und dem Ersatz eines wasserstoff-Atoms durch $O^-$ gelangt man zu der Peptideinheit

die im Peptidgerüst von Proteinen

regelmäßig vorkommt. Dieses Bauelement kann über die polaren N–H- und C=O-Gruppen spezifische und hinreichend starke zwischenmolekulare Wechselwirkungen wirksam werden lassen. Außerdem ist durch den partiellen Doppelbindungscharakter der planaren Peptidbindung die notwendige Einschränkung der freien Drehbarkeit sichergestellt. Deshalb ist die Peptideinheit eines der wichtigsten Strukturelemente biologisch wichtiger Makromoleküle. Neben dem System der kovalenten Bindungen ist auch die heteropolare oder Ionenbindung wichtig für das Zusammenwirken der molekularen Funktionseinheiten in der lebenden Zelle. Proteine und Nucleinsäuren sind Polyelektrolyte. Zahlreiche physiologische Prozesse werden erst durch die Wechselwirkung von Ionen oder polaren Gruppen mit dem lebensnotwendigen Medium Wasser ermöglicht. Die heteropolare Bindung verleiht den biologischen Systemen die notwendige dynamische Flexibilität. Während die relativ langlebigen kovalenten Bindungen bei normalen Temperaturen nur durch chemische Umsetzungen mit konkurrierenden Reaktionspartnern gespalten werden können, lassen sich die Dissoziationsgleichgewichte schwacher Elektrolyte leicht und mit hoher Reaktionsgeschwindigkeit verschieben. Dadurch wird ein rascher Austausch von Ionen an kovalent fixierten ionischen Gruppen von Biomolekülen ermöglicht. Dementsprechend unterscheidet man leicht austauschbare Protonen (z.B. O–H-Protonen) von schwer austauschbaren Protonen (z.B. C–H-Protonen). Im Gegensatz zur kovalenten Bindung bedarf die heteropolare Bindung keiner besonderen theoretischen Erklärung. Ihre Stabilität ergibt sich einfach aus der Coulomb-Wechselwirkungsenergie $-z^+z^-e^2/r$ der entgegengesetzt geladenen Anionen und Kationen (vgl. Abschn. 1.2.5).

Der Grenzfall der homöopolaren Bindung ist nur in Verbindungen, die aus gleichen Atomen aufgebaut sind, verwirklicht. Wie schon das Beispiel der Peptidgruppe zeigt, ist den meisten kovalenten Bindungen ein polarer Bindungsanteil überlagert. Die Ladungsverteilung einer Bindung zwischen zwei verschiedenen Atomen ist immer asymmetrisch. Alle aus ungleichen Atomen aufgebauten zweiatomigen Moleküle besitzen ein elektrisches Dipolmoment. Polare Körper sind Gebilde, bei denen die Schwerpunkte der positiven und der negativen Ladung nicht zusammenfallen. Auch die Ladungsverteilung im Bereich einer Bindung zwischen gleichen Atomen ist asymmetrisch, wenn diese Atome mit unterschiedlichen Substituenten verknüpft sind. Der polare Bindungsanteil ist von erheblicher Bedeutung für die Stärke der zwischenmolekularen Wechselwirkungen. Im allgemeinen ist die Wechselwirkung zwischen polaren Molekeln wesentlich stärker als die Interaktion zwischen unpolaren Teilchen. Deshalb ist die Polarität der Bindungen auch ein wesentliches Element der Struktur-Funktions-Beziehung von Biopolymeren.

Nicht alle kovalenten Bindungen sind Elektronenpaarbindungen mit spinkompensierten Bindungselektronen. So liegen z.B. im Elektronensystem des Sauerstoff-Moleküls einfach besetzte entartete $\pi$-Zustände mit nicht kompensiertem Elektronenspin vor. Die kovalente Bindung im Sauerstoff-Molekül kann ohne Hybridisierung zustande kommen, da in der L-Schale der Atome eine ausreichend große Zahl von Bindungselektronen zur Verfügung steht. Bei der Bildung des Moleküls entstehen aus den 2s- und den 2p-Zuständen der Atome acht Molekülzustände, die mit zwölf Elektronen zu besetzen sind. Durch Linearkombination von s-Zuständen und p-Zuständen ergeben sich vier $\sigma$-Bindungszustände. Drei dieser Zustände werden paarweise mit Elektronen besetzt, während der vierte Zustand als extrem destabilisierender Zustand unbesetzt bleibt. Durch Linearkombination der restlichen p-Zustände werden vier paarweise entartete $\pi$-Bindungsorbitale gebildet. Da für diese Orbitale nur noch sechs Elektronen verfügbar sind, müssen nach der Hundschen Regel zwei energetisch entartete $\pi$-Zustände einfach besetzt bleiben. Dieser Elektronenzustand des Sauerstoff-Moleküls findet seinen Ausdruck im Paramagnetismus des Sauerstoffs.

Paramagnetische Stoffe besitzen ein permanentes magnetisches Moment. Die Bewegung eines Elektrons um den Atomkern entspricht einem Kreisstrom, durch den ein magnetisches Moment induziert wird. Bemerkenswerterweise ist auch dem unkompensierten Elektronenspin ein magnetisches Moment zuzuordnen. In doppelt besetzten Elektronen-Niveaus kompensieren sich die magnetischen Momente. Aus den magnetischen Momenten der *ungepaarten* Elektronen resultiert dagegen der Paramagnetismus von Molekülen und Ionen. Aus dem im Abschn. 1.1.3 diskutierten Aufbau des Periodensystems ergibt sich, daß auch die Ionen vieler Übergangselemente einfach besetzte Elektronenzustände aufweisen und daher paramagnetisch sein müssen. Als Beispiel seien hier die elektronischen Zustände von Eisen-Ionen genannt. Das Eisen-Ion ist in dem Sauerstoff-Transportprotein Hämoglobin innerhalb eines Porphyrin-Ringsystems fixiert. Durch die Bindung von Sauerstoff und anderen Gasen an das Hämoglobin wird der Elektronenzustand des Eisen-Systems in charakteristischer Weise verändert. Zum Studium dieser Veränderungen des Spinzustandes eignen sich die Methoden der Elektronenspinresonanz- und der Mößbauer-Spektroskopie.

Auch bei der Spaltung kovalenter Bindungen können Molekülbruchstücke (Radikale) mit ungepaarten Elektronen gebildet werden. Radikale können z.B. entstehen, wenn die Kopplung der bei der Bindungsspaltung freiwerdenden Elektronen mit den $\pi$-Elektronen der Molekülteile so stark ist, daß sie mit der Stärke der zu spaltenden $\sigma$-Bindungen kommensurabel wird. Befinden sich an einem Kohlenstoff-Atom drei Benzolringe, so ist diese Kopplung sehr stark. Dadurch wird die Bindung zu einem zweiten Kohlenstoff-Atom in dem hypothetischen Molekül

so stark gelockert, daß Triphenylmethylradikale des Typs

entstehen. Derartige freie Radikale sind oft gefärbt. Sie sind ebenfalls paramagnetisch und können mit den Methoden der Elektronenspinresonanz-Spektroskopie untersucht werden. Radikale treten als Zwischenprodukte bei zahlreichen chemischen Reaktionen auf. Die Frage, ob Radikale auch als Zwischenstufen enzymatisch katalysierter Reaktionen auftreten, kann noch nicht eindeutig beantwortet werden. Dieses Problem ist zur Zeit Gegenstand eingehender Untersuchungen.

## 1.1.5 Schwache Wechselwirkungen und ihr Einfluß auf die strukturelle Stabilität molekularer Systeme

Auch wenn zwischen Atomen oder Molekülen keine chemische Bindung besteht, üben diese Teilchen Kräfte von relativ großer Reichweite aufeinander aus. Auf diese zwischenmolekularen Kräfte sind die im Abschn. 5.2.1 diskutierten Abweichungen des Verhaltens realer Gase vom Idealgasverhalten zurückzuführen. Ohne zwischenmolekulare Wechselwirkungen wäre die Existenz der Materie im flüssigen und im festen Zustand nicht vorstellbar. Die Wirkung der zwischenmolekularen Kräfte ist deshalb eine notwendige Voraussetzung für den Aufbau der strukturellen Organisation in allen biologischen Systemen. Von den chemischen Bindungen unterscheiden sich die zwischenmolekularen Wechselwirkungen nicht nur durch die größere Reichweite, sondern auch durch die geringere Tiefe des Minimums der Energie-Abstands-Funktion vom Typ der in Abb. 1.6 skizzierten Bindungskurve. Die chemische Bindung im Wasserstoff-Molekül ist um einen Faktor $4 \cdot 10^3$ stärker als die Attraktionswechselwirkung zwischen zwei Helium-Atomen. Der Gleichgewichtsabstand in einem Helium-Atompaar ist dagegen viermal größer als der Bindungsabstand im Wasserstoff-Molekül. In der Regel zeigen die zwischenmolekularen Kräfte keine „Absättigung", d. h. ein Molekül kann im Prinzip mit beliebig vielen Partnern gleichzeitig in Wechselwirkung treten, sofern das sterisch möglich ist. Die zwischenmolekularen Kräfte sind im allgemeinen isotrop, d. h. richtungsunabhängig. Dies gilt allerdings nicht für die Wechselwirkung zwischen Molekülen mit permanenten Dipolmomenten und auch nicht für die Wasserstoffbrückenbindungen, die für den Aufbau biomolekularer Strukturen besonders wichtig sind.

Die Wechselwirkungsenergie der Wasserstoffbrückenbindung kann in einigen Fällen durchaus die Stärke einer schwachen chemischen Bindung erreichen. Im Gegensatz zu den nicht durch Valenzregeln eingeschränkten unspezifischen zwischenmolekularen Wechselwirkungen lassen sich die gerichteten Wasserstoffbrückenbindungen in vielen Fällen nach einfachen stöchiometrischen

Regeln abzählen. Dies gilt z. B. für die Basenpaarung in Nucleinsäuren und für die $C = O \cdots H{-}N$-Brückenbindungen in der α-Helix-Struktur der Proteine (vgl. Abschn. 4.2.2). Eine eindeutige Abgrenzung zwischen chemischer Bindung und zwischenmolekularen Kräften ist nicht immer möglich. Ein wichtiges Unterscheidungskriterium ist dadurch gegeben, daß die kovalente chemische Bindung in den meisten Fällen nur bei Überlappung von Atomorbitalen zustande kommt und deshalb auf kurze Kernabstände beschränkt ist. Die zwischenmolekularen Kräfte sind dagegen von der Überlappung weitgehend unabhängig; sie werden auch ohne Überlappung bei größeren Molekülabständen wirksam. Überlappungseffekte spielen in diesem Falle nur bei kleinen Abständen, bei denen die molekularen Abstoßungskräfte zur Wirkung kommen, eine Rolle. Bei vollständiger Elektronenbesetzung ist eine Überlappung von Atomorbitalen nur in sehr begrenztem Umfang möglich. Für das primitive atomare Schalenmodell bedeutet dies, daß Atome mit einer abgeschlossenen Elektronenhülle nicht mit anderen Atomen in Wechselwirkung treten können. Die Existenz der Edelgasverbindungen beweist jedoch, daß das Kriterium der *abgeschlossenen Schale* zur Abgrenzung der Möglichkeiten chemischer Valenz nicht ausreicht.

Die Tatsache, daß sich die Moleküle bei kleinen Abständen gegenseitig abstoßen, bestimmt das gesamte Bild vom Aufbau der Stoffe. Obwohl die träge Masse der Atome fast ausschließlich auf den extrem kleinen Bereich der Kerne beschränkt ist, können sich zwei Körper nicht gegenseitig durchdringen. Die Moleküle beanspruchen einen begrenzten Raum als *Eigenvolumen*. Das Bauprinzip des Molekülbaukastens beruht auf der Vorstellung von der gerichteten Valenz und dem unterschiedlichen Raumbedarf der Atome. Die Grundidee der sterisch kontrollierten Zugänglichkeit bestimmter Regionen der Enzymstruktur (*binding pocket*) bietet ein typisches Beispiel für die Bedeutung, die dem Raumbedarf molekularer Baugruppen im Rahmen biochemischer Modellbetrachtungen beigemessen wird. Auch die Behinderung der freien Drehbarkeit um die C–C-Einfachbindung substituierter Ethane ist zumindest teilweise auf den Raumbedarf der Substituenten zurückzuführen.

Die zwischenmolekularen Attraktionskräfte beruhen im wesentlichen auf einer elektrostatischen Wechselwirkung der molekularen Teilsysteme. Dabei spielt neben der direkten Coulomb-Wechselwirkung auch die indirekte Wechselwirkung über eine gegenseitige Polarisation der Ladungsverteilungen eine wesentliche Rolle. Deshalb üben auch unpolare Molekülgruppen eine anziehende Wechselwirkung aufeinander aus. Die verschiedenen Typen zwischenmolekularer Wechselwirkungen sollen im folgenden kurz beschrieben und diskutiert werden.

### a) Abstoßung

Das einfache Beispiel der gegenseitigen Abstoßung zweier Helium-Atome bei kleinen Atomabständen zeigt bereits, daß sich zwei doppelt besetzte Atomorbitale nur sehr wenig durchdringen können. Eine genauere quantentheoretische Analyse des $He_2$-Modellsystems führt zu dem Ergebnis, daß die Repulsionsenergie mit dem Quadrat des Überlappungsintegrals $S_{AB}$ anwächst. Die Abstoßung der beiden He-Atome ist hauptsächlich eine Folge des Überwiegens der antibindenden Wirkung des doppelt besetzten antisymmetrischen Molekülzustandes (Gl. (1.55)) über die bindende Wirkung des gleichfalls doppelt besetzten symmetrischen Molekülzustandes (Gl. (1.54)). Der Abstoßungseffekt ist auch als eine Konsequenz des Pauli-Prinzips anzusehen, da nach diesem Prinzip die Zunahme der Ladungsdichte von Elektronen gleichen Spins energetisch benachteiligt ist. Die aus diesen Überlegungen resultierende Feststellung, daß einsame Elektronenpaare sich stark abstoßen, wird durch die Erfahrung bestätigt. Durch die starke Abstoßung zwischen einsamen Elektronenpaaren wird die große Zahl der energetisch möglichen Konformationen von Makromolekülen erheblich eingeschränkt. Nur in den Wasserstoffbrückenbindungen, in denen ein Proton für starke Anziehungskräfte sorgt, ist eine relativ weitgehende Durchdringung der Orbitale einsamer Elektronenpaare möglich. Aus dem starken Anwachsen der Repulsionskräfte mit zunehmender Überlappung ergibt sich die Folgerung, daß sich bestimmte Molekülgruppen nur bis auf einen charakteristischen Abstand, den Van der Waals-Abstand, einander nähern können. Diese unteren Grenzwerte der Molekülabstände lassen sich mit guter Näherung als Summe der Van der Waals-Radien darstellen. Die Repulsionsenergie $V_{Rep}$ wird deshalb in der Fachliteratur oft durch einen empirischen Ansatz der Form

$$V_{Rep}(r) = A e^{-\alpha(r/d_0)} \tag{1.68}$$

mit den experimentel zu ermittelnden Parametern $\alpha$ und $A$ beschrieben. Die Größe $d_0$ gibt die Summe der Van der Waals-Radien an.

### b) Ion-Ion-Wechselwirkung

Die Energie der Wechselwirkung zwischen zwei Ionen mit den Ladungszahlen $z_1$ und $z_2$ in einem Medium der Dielektrizitätskonstante $\varepsilon$ ist durch das Coulombsche Gesetz

$$V(r) = \frac{z_1 \cdot z_2 \cdot e^2}{r \cdot \varepsilon} \tag{1.69}$$

gegeben. Dabei wird der Betrag der effektiven Wechselwirkungsenergie wesentlich durch die Größe von $\varepsilon$ mitbestimmt. Diese dimensionslose Stoffkonstante gibt den Quotienten aus der Kapazität eines mit polarisierbarer Materie gefüllten Plattenkondensators und der Kapazität des leeren Kondensators bei gleichem Plattenabstand und gleichem Plattenquerschnitt an. Die durch die Gleichung

$$C = \frac{q}{U} \tag{1.70}$$

als Ladung/Spannung definierte Kapazität C eines Kondensators wird durch ein polarisierbares Medium stets erhöht, da mit der Erzeugung und Ausrichtung von Dipolen eine zusätzliche Möglichkeit zur Energiespeicherung gegeben ist. Für das Vakuum gilt definitionsgemäß $\varepsilon = 1$. Für alle polarisierbaren Medien (Dielektrika) werden dagegen Werte von $\varepsilon$, die größer als 1 sind, erhalten. Das Wasser ist durch einen hohen Wert der Dielektrizitätskonstante ($\varepsilon \simeq 80$) ausgezeichnet. Deshalb wird die nach Gl. (1.69) zu berechnende interionische Wechselwirkungsenergie

durch das Lösungsmittel Wasser stark herabgesetzt und damit die Dissoziation der Elektrolyte in positiv bzw. negativ geladene Ionen ermöglicht (vgl. Abschn. 1.2.5). Andererseits bestimmt die Größe der Coulomb-Wechselwirkungsenergie das nichtideale Verhalten der Elektrolytlösungen. Aus den unterschiedlichen Vorzeichen der Ladungszahlen ergibt sich für gleichsinnig geladene Ionen eine positive Wechselwirkungsenergie (Abstoßung) und für gegensinnig geladene Ionen eine negative Wechselwirkungsenergie (Anziehung). Nach Gl (1.69) gilt

$$\lim_{r \to \infty} V(r) = 0 , \tag{1.71}$$

d.h. bei sehr großen Ionen-Abständen bzw. hochverdünnten Lösungen kann die Ion-Ion-Wechselwirkung vernachlässigt werden.

### c) Ion-Dipol-Wechselwirkung

Die für permanente Dipole charakteristische Größe ist das Dipolmoment $\mu$. Der räumlichen Trennung der Schwerpunkte der positiven und der negativen Ladungen entsprechend ist das Dipolmoment durch die Gleichung

$$\mu = q \cdot d \tag{1.72}$$

definiert. In dieser Gleichung bedeutet d den Abstand der beiden Ladungsschwerpunkte und q die effektive Ladung in den Schwerpunkten. Wegen des Richtungscharakters von d ist $\mu$ ein Vektor. Nach den Gesetzen der Elektrostatik ist das elektrische Potential $\phi$ an einem Punkt P im Abstand r von der Schwerpunktverbindungslinie eines Dipols durch

$$\phi = -\frac{\vec{\mu} \cdot \vec{r}}{\varepsilon r^3} \tag{1.73}$$

gegeben, wobei $\vec{\mu} \cdot \vec{r}$ das skalare Produkt der beiden Vektoren $\vec{\mu}$ und $\vec{r}$ darstellt. Durch Multiplikation mit der Ladung ze eines im Punkt P befindlichen Ions ergibt sich daraus die Wechselwirkungsenergie zu

$$V(r, \vartheta) = -\frac{ze \cdot \vec{\mu} \cdot \vec{r}}{\varepsilon r^3} . \tag{1.74}$$

Das Skalarprodukt $\vec{\mu} \cdot \vec{r} = \mu \cdot r \cos \vartheta$ hängt von dem Winkel $\vartheta$ zwischen $\vec{\mu}$ und $\vec{r}$ ab. Die Wechselwirkungsenergie ist also in diesem Falle eine richtungsabhängige Größe, deren Mittelwert durch die Wärmebewegung der Moleküle beeinflußt wird (s. u.).

### d) Dipol-Dipol-Wechselwirkung

Die Wechselwirkungsenergie zweier permanenter Dipole erhält man, wenn man das Coulombsche Gesetz auf die vier in Frage kommenden Ladungen anwendet. Als Näherungsergebnis für den Fall, daß der Abstand r der beiden Dipole wesentlich größer als der Schwerpunktabstand der Ladungsanteile in den Dipolen ist, erhält man die Beziehung

$$V(r) = \frac{1}{\varepsilon r^3}\left(\vec{\mu}_1 \cdot \vec{\mu}_2 - 3\frac{(\vec{\mu}_1 \cdot \vec{r})(\vec{\mu}_2 \cdot \vec{r})}{r^2}\right). \quad (1.75)$$

Die Gl. (1.75) gilt nur für eine bestimmte räumliche Anordnung der beiden Dipole. Wegen des Ausrichtungseffektes der Dipol-Dipol-Wechselwirkung sind bestimmte Orientierungszustände der beiden Dipole energetisch begünstigt. In einem molekularen System wirkt die Wärmebewegung der Moleküle dem strukturbildenden Einfluß der Dipol-Dipol-Wechselwirkung entgegen. Deshalb verringert sich die molekulare Ordnung mit zunehmender Temperatur. Für eine in der Einheit Kelvin (K) angegebene Temperatur T erhält man als Mittelwert der Dipol-Dipol-Wechselwirkungsenergie bei Berücksichtigung aller möglichen Orientierungszustände den Ausdruck

$$V(r) = -\frac{2}{3}\frac{\mu_1^2\mu_2^2}{\varepsilon k T r^6}, \quad (1.76)$$

wobei k die im Abschn. 5.2.6 definierte Boltzmann-Konstante bedeutet.

### e) Induzierte Polarisation

Da die Atome und Moleküle keine starren Gebilde sind, können auch in unpolaren Atomgruppen die Schwerpunkte der positiven und negativen Ladungen unter dem Einfluß eines elektrischen Feldes gegeneinander verschoben werden. Das auf diese Weise induzierte Dipolmoment $\mu_{ind}$ ist der Feldstärke F des wirksamen Feldes

proportional. Der Proportionalitätsfaktor $\alpha$ in der Gleichung

$$\mu_{ind} = \alpha \cdot F \quad (1.77)$$

wird als Polarisierbarkeit bezeichnet. Da der Betrag der Feldstärke durch den Gradienten des elektrischen Potentials gegeben ist, geht von einem Ion mit der Punktladung ze in einem Medium der Dielektrizitätskonstante $\varepsilon$ ein Feld der Stärke $F = \dfrac{ze}{\varepsilon r^2}$ aus. Dieses Feld induziert in einem benachbarten polarisierbaren Molekül ein Dipolmoment

$$\mu_{ind} = \frac{z\alpha e}{\varepsilon r^2}.$$

Nach Gl. (1.74) berechnet sich damit die Wechselwirkungsenergie zu

$$V'(r) = -\frac{ze\mu_{ind}}{\varepsilon r^2} = -\frac{z^2 e^2 \alpha}{\varepsilon^2 r^4}.$$

Zusätzlich zu diesem Energiebetrag muß noch die zur Induktion des Dipols geleistete Arbeit

$$\int_0^F \alpha F\,dF = \frac{\alpha F^2}{2} = \frac{z^2 e^2 \alpha}{2\varepsilon^2 r^4}$$

berücksichtigt werden. Die effektive Gesamtenergie der Wechselwirkung zwischen dem Ion und dem induzierten Dipol wird deshalb durch die Gleichung

$$V(r) = V'(r) + \frac{z^2 e^2 \alpha}{2\varepsilon^2 r^4} = -\frac{z^2 e^2 \varepsilon}{2\varepsilon^2 r^4} \quad (1.78)$$

beschrieben. In analoger Weise erhält man für die gesamte Energie der Wechselwirkung zwischen einem Dipol und einer polarisierbaren Gruppe ein $1/r^6$-Abstandsgesetz.

### f) Dispersionskräfte

Zu den wichtigsten Erscheinungsformen der zwischenmolekularen Wechselwirkung zählen die relativ weitreichenden Anziehungskräfte zwischen unpolaren Molekülen. Nach der Unschärferelation (Gl. 1.10) ist eine räumlich fixierte Anordnung von Elektronen und Kernen auszuschließen. Die kugelsymmetrische Elektronendichteverteilung des H-Atom-Grundzustandes kann als

„Fluktuation" des Elektrons zwischen verschiedenen räumlichen Zuständen interpretiert werden. Auf der Grundlage dieses Fluktuationsmodells läßt sich das Zustandekommen einer Anziehung zwischen zwei Einelektronenatomen durch das in Abb. 1.10 dargestellte Schema verständlich machen. Bei einem isolierten Wasserstoff-Atom sind im Grundzustand alle Orientierungen des aus dem Proton (x) und dem Elektron (o) gebildeten Dipols gleich wahrscheinlich. Bei einem System aus zwei Wasserstoff-Atomen sind dagegen die in Abb. 1.10 skizzierten Konfigurationen 1 bis 3 energetisch begünstigt. In den Konfigurationen 1 bis 3 ziehen sich die „momentanen" Dipole gegenseitig an. In den Konfigurationen 4 bis 6 kommt es zu einer Abstoßung. Die Elektronen der beiden Atome sind nicht völlig unabhängig voneinander. Zwischen ihnen besteht eine gewisse Korrelation. Wenn das Elektron des Atoms A rechts vom Kern ist, hält sich auch das Elektron des Atoms B bevorzugt rechts vom Kern auf.

Die Wechselwirkung zwischen unpolaren Teilchen ist ein Korrelationseffekt. Wenn zwei Variable x und y korreliert sind, hängt die Wahrscheinlichkeit dafür, daß y einen bestimmten Wert annimmt, von dem Momentanwert von x ab. Die durch den Korrelationseffekt zustandekommenden Attraktionskräfte werden wegen des Zusammenhanges zwischen der „Elektronenfluktuation" und der optischen Absorption und Dispersion der

Moleküle als *Dispersionskräfte* bezeichnet (F. London, 1930). Die Dispersionswechselwirkung ist eine typisch quantenmechanische und klassisch schwer zu deutende Erscheinung. Die Näherungsverfahren zur quantentheoretischen Berechnung der Wechselwirkungsenergie haben von dem Vierteilchen-Hamilton-Operator des $H_2$-Bindungsproblems auszugehen. Nach Aufgliederung dieses Operators in einen Störoperator und den ungestörten Operator der beiden isolierten H-Atome kann der Störoperator nach Potenzen von $1/r$ entwickelt werden. Dabei kompensieren sich die Beiträge in $1/r$ und die Beiträge in $1/r^2$ jeweils vollständig, so daß nur Beiträge mit höheren Potenzen von $1/r$ berücksichtigt werden müssen. Eine detaillierte Darstellung des weiteren Rechnungsganges findet sich in der im Anhang 2 angegebenen Literatur. Das Ergebnis der Berechnung besteht im wesentlichen darin, daß die Wechselwirkungsenergie durch einen Ausdruck der Form

$$V(r) = -\frac{C_6}{r^6} \tag{1.79}$$

beschrieben werden kann. Die Konstante $C_6$ ist um so größer, je größer die Polarisierbarkeit der Elektronenhüllen der sich anziehenden Atome oder Moleküle ist. Die $C_6$-Konstante für die Wechselwirkung zwischen zwei $O_2$-Molekülen ist z. B. mit $770{,}5 \cdot 10^{-68}$ J cm$^6$ etwa siebenmal größer als die $C_6$-Konstante der Wechselwirkung zwischen zwei $H_2$-Molekülen. Im Vergleich mit den Bindungsenergien der kovalenten chemischen Bindungen sind die nach Gl. (1.79) zu berechnenden Paar-Wechselwirkungsenergien als geringfügig anzusehen. Über die Vielzahl der molekularen Kontakte summieren sie sich aber zu einem Energiebeitrag, durch den bei hinreichend tiefen Temperaturen die Stabilität der kondensierten Phasen gewährleistet wird.

### g) Wasserstoffbrückenbindungen

Wie bereits erwähnt, unterscheiden sich die chemischen Bindungen in charakteristischer Weise durch kurze Gleichgewichtsabstände von den zwischenmolekularen Wechselwirkungen. Es gibt jedoch bestimmte polare Gruppen, deren Gleichgewichtsabstände im Zwischenbereich zwischen

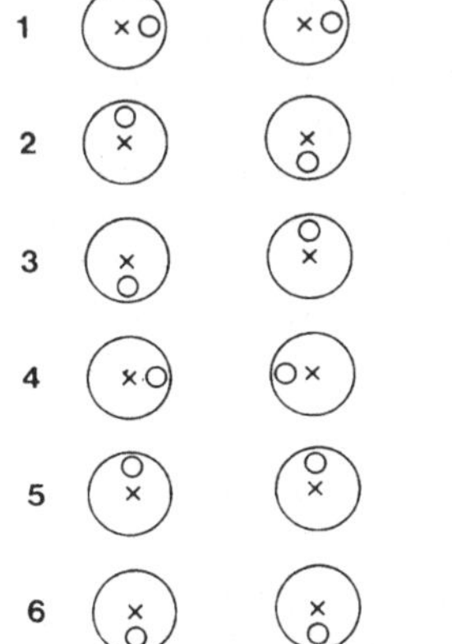

**Abb. 1.10** Zur Erläuterung der Wechselwirkung zwischen unpolaren Teilchen (nach: W. Kutzelnigg (1988))

der Summe der beiden Van der Waals-Radien und den kovalenten Bindungsabständen liegen. Von diesen polaren Gruppen ist jeweils eine (X) mit einem polaren Wasserstoff-Atom und die andere (Y) mit einem einsamen Elektronenpaar ausgestattet. Bei der Wechselwirkung der beiden Gruppen kommt es zu einer wechselseitigen Durchdringung von Elektronenpaaren. Dabei müssen die Abstoßungskräfte durch eine doppelte Bindungsfunktion des Wasserstoff-Atoms kompensiert werden, obwohl diesem außer dem 1s-Orbital keine weiteren Orbitale für eine Bindung zur Verfügung stehen. Die Wechselwirkungsenergie zweier über ein Wasserstoff-Atom verknüpfter Elektronenpaare liegt zwischen den Energiebeträgen von kovalenten Bindungen und normalen zwischenmolekularen Wechselwirkungen. Das symbolisch durch

$$- X - H \cdots Y -$$

gekennzeichnete System wird als Wasserstoffbrücke bezeichnet. Eine Wasserstoffbrücke existiert, wenn ein Wasserstoff-Atom nicht nur an ein anderes Atom, sondern an mehrere Partner, z.B. X und Y gleichzeitig gebunden ist. Wenn sich die beiden Einfachbindungen in ihrer Stärke unterscheiden, wird die stärkere Bindung in der üblichen Weise durch das Symbol X–H beschrieben und als normale X–H-Bindung bezeichnet. Die schwächere Bindung mit dem Symbol H $\cdots$ Y ist die Wasserstoffbrückenbindung. Eine Wasserstoffbrücke, in der beide Bindungsabstände gleich groß sind, wird als symmetrisch bezeichnet. Dieser Brückenbindungstyp ist z.B. in dem Anion $[HF_2]^-$ verwirklicht; in biologischen Systemen kommt ihm keine nennenswerte Bedeutung zu. Die von bestimmten Gruppen biologisch wichtiger Moleküle ausgehenden intra- und intermolekularen Wasserstoffbrücken sind in der Regel asymmetrisch. Dies gilt z.B. auch für die in Abb. 1.11 skizzierten Wasserstoff-Brücken in den Adenin-Thymin- und Guanin-Cytosin-Basenpaaren der Desoxyribonucleinsäuren.

Die Wasserstoffbrückenbindung ermöglicht eine spezifische Wechselwirkung zwischen Molekülen oder funktionellen Gruppen; sie unterscheidet sich wie die kovalente Bindung von den übrigen Wechselwirkungstypen durch die Bevor-

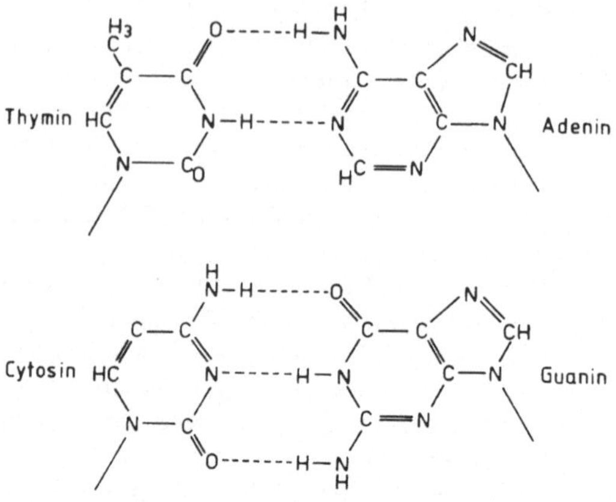

**Abb. 1.11** Wasserstoffbrücken in den Adenin-Thymin- und Guanin-Cytosin-Basenpaaren der Desoxyribonucleinsäuren

zugung einer bestimmten Bindungsrichtung. Damit sind die wesentlichen Eigenschaften der Wasserstoff-Brückenbindung beschrieben. Die Angabe eines Wertebereichs von Wechselwirkungsenergien eignet sich nicht gut zur Abgrenzung des Begriffs der Wasserstoff-Brückenbindung gegen andere Wechselwirkungstypen, da es sowohl extrem starke als auch extrem schwache Wasserstoffbrückenbindungen gibt. Wasserstoffbrückenbindungen können mit den Methoden der Kernresonanzspektroskopie (NMR) und der Infrarotspektroskopie (IR) nachgewiesen und charakterisiert werden. Alle molekularen Wechselwirkungen in biologischen Systemen ergeben sich aus dem Zusammenwirken von heteropolaren bzw. ionischen Bindungen, Wasserstoffbrückenbindungen und den vorstehend unter a) bis f) beschriebenen Wechselwirkungstypen. Dabei sind die spezifischen gerichteten Wasserstoffbrückenbindungen stukturbestimmend für die Sekundärstruktur der Proteine und Nucleinsäuren. Die Wasserstoffbrückenbindungen tragen zur Stabilisierung der dreidimensionalen Struktur von Biopolymeren bei und ermöglichen damit unter physiologischen Bedingungen eine große Zahl unverwechselbarer Strukturen, die von den anderen zwischenmolekularen Kräften erst bei sehr viel tieferen Temperaturen hervorgebracht werden könnten. Andererseits ist mit der relativ geringen Stabilität der Wasserstoff-

Brückenbindungen eine notwendige Voraussetzung für eine ausreichende dynamische Flexibilität der biomolekularen Strukturen gegeben. Im Verlauf enzymatisch katalysierter Reaktionen können Substrate über Wasserstoffbrückenbindungen spezifisch an das aktive Zentrum des Enzyms gebunden werden. Auf dem in Abb. 1.11 skizzierten Wasserstoff-Brücken-System der Desoxyribonukleinsäuren beruht die Ablesbarkeit des genetischen Codes und die Reproduzierbarkeit der genetischen Information (vgl. Literaturhinweis im Anhang 2). Die Selbstassoziation der Wasser-Moleküle ist ein wesentliches Element der Struktur des flüssigen Wassers, dessen Eigenschaften im Abschn. 1.2.3 im Zusammenhang mit der biologischen Funktion flüssiger Systeme beschrieben werden. Den höchsten Ordnungsgrad erreicht die Selbstassoziation der Wasser-Moleküle in der in Abb. 1.12 dargestellten Kristallstruktur der Normaldruckmodifikation des Eises (Eis I). Wasser-Moleküle besitzen zwei Wasserstoff-Atome und zwei einsame Elektronenpaare in Hybridfunktionen des Sauerstoff-Atoms (vgl. Abb. 1.4). Deshalb kann jedes Wasser-Molekül über vier Wasserstoffbrücken mit anderen Wasser-Molekülen in Wechselwirkung treten.

In der Eisstruktur ist jedes Sauerstoff-Atom tetraedrisch von vier anderen Sauerstoff-Atomen umgeben. Die besonderen Eigenschaften des Wassers beruhen unter anderem darauf, daß diese

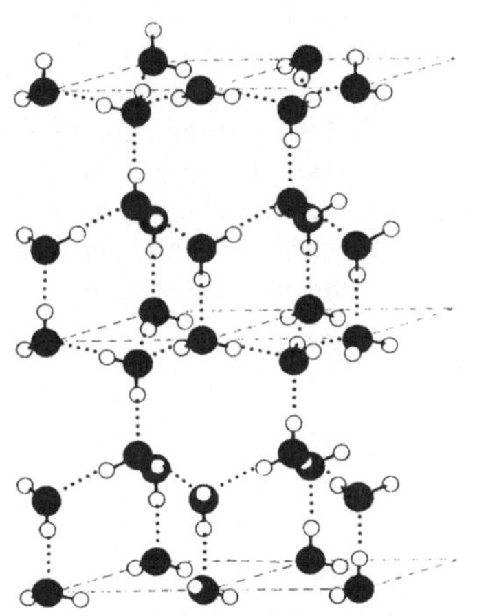

Abb. 1.12 Kristallstruktur des Eises

Assoziationsstruktur auch im flüssigen Zustand des Wassers in kleinen Aggregaten erhalten bleibt. Eine weitere wichtige Funktion der Wasserstoffbrücken betrifft die Übertragung des Protons von einem Donor zu einem Akzeptor. Protonendonoren in H-Brückensystemen können alle X–H-Gruppen sein, die eine hinreichend starke Polarität aufweisen. Das sind insbesondere die Gruppen O–H, N–H und S–H sowie die Halogenwasserstoffe mit abnehmender Donorneigung bei zunehmender Ordnungszahl. Akzeptoren sind der $\sigma$-$\sigma$- und $\sigma$-$\pi$-gebundene Sauerstoff und der $\sigma^3$- und $\sigma^2$-$\pi$-gebundene Stickstoff sowie alle Anionen und stark negativ geladenen Substituenten. Neben dem Transport der im Abschn. 1.1.3 genannten Ionen spielt der Transport von Protonen in biologischen Systemen eine besonders wichtige Rolle. Die hohe Bindungsenergie der X–H-Bindungen läßt den Übergang eines gebundenen Protons nur bei Übertragung zu einem anderen bindenden Elektronenpaar zu. In einer Wasserstoffbrücke kann der Protonenübergang innerhalb sehr kurzer Zeit ($< 10^{-12}$ s) erfolgen. Das transferierte Proton kann aber seine H-Brücke nicht verlassen. Deshalb muß ein anderes Proton in einer benachbarten Brücke verschoben werden. Diese Folge von Übertragungsschritten führt schließlich zur Abgabe eines reaktionsfähigen Protons in einem Strukturbereich, in dem es für eine chemische Umsetzung benötigt wird. Die hohe Ionenbeweglichkeit der $H^+$-Ionen in wäßriger Lösung beruht auf einem Transportmechanismus dieses Typs (vgl. Abschn. 1.2.6). Die Ausführungen dieses Abschnitts machen deutlich, daß die Wasserstoffbrückenbindung für die Struktur-Funktions-Beziehung der Biomoleküle von entscheidender Bedeutung ist.

### h) Hydrophobe Wechselwirkung

Aus den Besonderheiten der Assoziationsstruktur des Wassers ergibt sich eine weitere Form der Wechselwirkung zwischen unpolaren Molekülgruppen, die als hydrophobe Wechselwirkung bezeichnet wird. Unpolare Gruppen von Molekülen, die durch hydrophile ionische oder polare Gruppen in Lösung gehalten werden, stören die natürliche strukturelle Ordnung des Wassers.

Nach dem Prinzip der minimalen freien Enthalpie (vgl. Abschn. 5.2.2) bildet sich um die hydrophoben Gruppen eine Wasserstruktur aus, die einen höheren mittleren Ordnungsgrad als das reine Lösungsmittel besitzt und damit der gleichmäßigen Verteilung der unpolaren Gruppen entgegenwirkt. Die geringste Störung der Struktur des reinen Lösungsmittels stellt sich ein, wenn die unpolaren Gruppen in einer hydrophoben Zone aggregieren. Die hydrophobe Wechselwirkung hat also ähnliche molekulare Ursachen wie die im Abschn. 2.3.5 definierte Grenzflächenspannung zweier unmischbarer Flüssigkeiten. In der aus Wasser-Molekülen und hydrophoben Gruppen gebildeten Kontaktzone überwiegt die gegenseitige Wechselwirkung der Lösungsmittelmoleküle und verstärkt damit die Aggregationstendenz der unpolaren Molekülgruppen. Die wechselseitige Ausschließung der hydrophoben Gruppen und der Wasser-Moleküle hat die gleiche Wirkung wie die Londonschen Disperssionskräfte, obwohl sie nicht auf eine Molekularattraktion der unpolaren Molekülbestandteile zurückzuführen ist. Das Phänomen der hydrophoben Wechselwirkung ist wichtig für das Verständnis der Selbstaggregation amphiler Moleküle (Abschn. 3.2.1) und der Assoziation von Untereinheiten oligomerer Enzymproteine (Abschn. 4.2.2). Jede durch gelöste Zusätze oder eine Temperaturerhöhung hervorgerufene Änderung der Wasserstruktur wirkt sich auch auf die Stärke der hydrophoben Wechselwirkungen aus. Einige weitere Hinweise zur Problematik und zur physiologischen Bedeutung des hydrophoben Effektes finden sich im Abschn. 1.2.4.

### 1.1.6 Charge-Transfer-Prozesse in Biomolekülen

Die Wasserstoffbrückenbindungen sind im Abschn. 1.1.5 als eine spezielle Form der zwischenmolekularen Wechselwirkungen dargestellt worden, weil sie in der Regel zu diesen Wechselwirkungen und nicht zu den chemischen Bindungen im eigentlichen Sinne gezählt werden. Im allgemeinen sind die Dipolmomente der zur Ausbildung von Wasserstoff-Brücken befähigten Moleküle relativ groß, so daß sich nach Gl. (1.75) bei günstiger Orientierung eine anziehende Wechselwirkung von großer Reichweite ergibt. Deshalb können einige Eigenschaften von Systemen mit Wasserstoffbrückenbindungen bereits annähernd richtig durch die klassische Dipol-Dipol-Wechselwirkung erklärt werden. Zur umfassenden Erklärung der experimentellen Befunde reicht jedoch die Annahme einer elektrostatischen Wechselwirkung allein nicht aus. Es muß vielmehr angenommen werden, daß auch kovalente Bindungsanteile an der Stabilisierung der Wasserstoff-Brücken-Systeme beteiligt sind. Wären diese kovalenten Bindungsanteile nicht vorhanden, so könnten sich die über Wasserstoff-Brücken verknüpften Atome nicht bis auf die experimentell ermittelten geringen Gleichgewichtsabstände einander nähern. Der atomare Abstoßungseffekt würde schon bei wesentlich größeren Abständen überwiegen. Valenztheoretisch betrachtet ist die Wasserstoffbrücke eine 4-Elektronen-3-Zentren-Bindung. Systeme mit derartigen Bindungen werden als Elektronenüberschußverbindungen bezeichnet. In diesen Verbindungen ist die Zahl der Valenzelektronenpaare größer als die Zahl der bindenden Orbitale eines der bindenden Atome. Starke Polarität ist ein typisches Merkmal von Elektronenüberschußverbindungen. Diese Polarität kommt dadurch zustande, daß nur das bindende Molekülorbital einigermaßen gleichmäßig über die drei Atome verteilt ist. Die Bildung einer 4-Elektronen-3-Zentren-Bindung vom Typ der Wasserstoffbrückenbindung läßt sich erklären, wenn man bei der Diskussion der Wechselwirkung zwischen einem System AH und einem System B eine gewisse Beteiligung angeregter Zustände (*Konfigurationswechselwirkung*) zuläßt. Die Abb. 1.13 zeigt ein vereinfachtes Energieniveau-Schema für die Wechselwirkung von AH mit einer (negativ geladenen) Atomgruppe $B^-$.

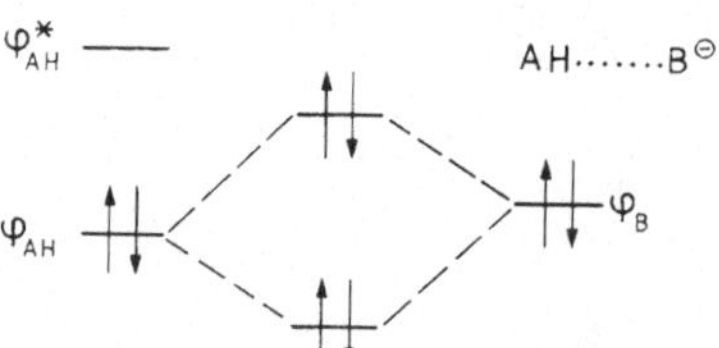



**Abb. 1.13** Erklärung für das Zustandekommen des kovalenten Bindungsanteils einer Wasserstoffbrückenbindung

Das Schema entspricht der Kombination von zwei doppelt besetzten Zuständen $\varphi_{AH}$ und $\varphi_B$. Normalerweise tritt dabei wegen der Besetzung der antibindenden Linearkombination keine Bindung, sondern nur Abstoßung bei kleinen Abständen auf. Berücksichtigt man jedoch durch Wahl geeigneter Linearkombinationen die Beteiligung des im isolierten AH unbesetzten Zustandes $\varphi_{AH}^*$, so kann eine stabile Bindung im System AH . . . B$^-$ zustande kommen. Das zur Stabilisierung der 4-Elektronen-3-Zentren-Bindung „beigemischte" Orbital $\varphi_{AH}^*$ ist das antibindende Molekülorbital der A–H-Bindung. Durch die Beteiligung von $\varphi_{AH}^*$ wird die kovalente A–H-Bindung etwas geschwächt. Wenn $\varphi_{AH}^*$ teilweise besetzt wird, verringert sich dabei die Besetzungszahl von $\varphi_B$. Es wird also etwas Ladung vom System B auf das System AH übertragen. Man bezeichnet diese Ladungsübertragung als *charge transfer*. Sie ist mit einer anziehenden Wechselwirkung verbunden. Diese Wechselwirkung reicht allerdings nicht aus, um eine symmetrische H-Brücken-Struktur zu erzeugen, da die nach wie vor wirksame elektronische Abstoßung eine entsprechende Annäherung von B an H nicht zuläßt.

Es ist einleuchtend, daß die hier beschriebene charge-transfer-Wechselwirkung nicht auf Systeme mit Wasserstoffbrückenbindungen beschränkt ist. Eine *charge-transfer-Bindung* kann immer dann gebildet werden, wenn ein Elektronen-Donor-Molekül D mit kleiner Ionisierungsenergie $I_D$ und ein Elektronen-Akzeptor-Molekül A mit großer Elektronenaffinität $A_A$ in eine dafür geeignete Position gebracht werden. Die Bindung ist um so fester, je geringer die Differenz zwischen dem Ionisierungspotential von D und der Elektronenaffinität von A ist. Der aus Iod und Pyridin gebildete σ-Komplex

$$\text{N} \cdots \text{I} - \text{I}$$

kann durch eine 4-Elektronen-3-Zentren-N-I-I-Bindung oder als Donor-Akzeptor-Komplex mit Iod als Akzeptor und Pyridin als Donor beschrieben werden. Es gibt auch π-Donor-Akzeptor-Komplexe. Da Benzol ein guter π-Donor ist, ist der Benzol-Jod-Komplex ein π-Komplex. Im sichtbaren Spektrum zeigen Donor-Akzeptor-Komplexe oft charakteristische langwellige Absorptionsbanden. Die für diese *charge-transfer-Banden* typische Frequenz kann näherungsweise nach der Gleichung

$$h\nu = A_A - I_D - C_{A,D} \tag{1.80}$$

berechnet werden. Mit dem Term $C_{A,D}$ wird in Gl. (1.80) die durch den charge transfer verursachte Änderung der Elektronenwechselwirkung berücksichtigt. Bei der Absorption von Licht geeigneter Wellenlänge erreicht das System offenbar einen angeregten Zustand, in dem nahezu eine ganze Elektronenladung von D auf A übertragen worden ist. Im Grundzustand des Donor-Akzeptor-Komplexes bleibt die Elektronenübertragung auf den zur Komplex-Stabilisierung erforderlichen Mindesteffekt beschränkt.

Für biologische Systeme besteht die Bedeutung der charge-transfer-Prozesse in erster Linie in der Stabilisierung der Wasserstoffbrückensysteme. Ob und inwieweit auch andere charge-transfer-Prozesse bei biochemischen Umsetzungen eine Rolle spielen, muß durch weitere Untersuchungen geklärt werden. Im Hinblick auf die entscheidende biochemische Bedeutung der Redox-Reaktionen ist nicht auszuschließen, daß charge-transfer-Prozessen eine gewisse Bedeutung für die Funktion der Elektronentransportkette

$$MH_2 \qquad NAD^+ \qquad FMNH_2$$
$$M \qquad NADH + H^+ \qquad FMN$$

$$CYT^{+++} \qquad H_2O$$
$$CYT^{++} \qquad O_2$$

M = Substrat

$MH_2$ = reduzierte Form von M

$NAD^+$ = Nicotinamidadenin-Dinucleotid

$NADH + H^+$ = reduzierte Form von $NAD^+$

FMN = Flavinmonophosphatnucleotid

$FMNH_2$ = reduzierte Form von FMN

CYT = Cytochrom

zukommt. Schließlich müssen die charge-transfer-Prozesse auch bei der Diskussion der Energie- und Ladungstransporteigenschaften biologischer Makromoleküle in Betracht gezogen werden.

## 1.2 Flüssigkeiten und Elektrolytlösungen

### 1.2.1 Biologische Funktionen flüssiger Systeme

Die Ausbildung der funktionsfähigen Strukturen lebender Organismen ist nur in kondensierter Phase möglich. Ohne das Zusammenwirken fester Strukturzonen mit angrenzenden Flüssigkeitsbereichen ist die Entwicklung des Lebens in seinen bekannten Erscheinungsformen nicht vorstellbar. Der nahezu ideale Festkörper bietet zwar optimale Voraussetzungen für die Erhaltung hochgeordneter Strukturen; er verhindert aber durch seine strukturelle Rigidität den Ablauf der lebenswichtigen Transport- und Stoffwechselprozesse. In der Gasphase bewirkt die Diffusion eine schnelle Vermischung der verschiedenen Bestandteile eines Mehrkomponentensystems. Auch in der flüssigen Phase spielen Diffusionsprozesse eine besonders wichtige Rolle; ihre Geschwindigkeit wird aber durch die Viskosität des Mediums begrenzt (vgl. Abschn. 2.2). Deshalb läßt sich ein Konzentrationsgefälle in flüssigen Systemen relativ leicht aufrechterhalten. In Flüssigkeiten kann deshalb nicht nur ein konvektiver Transport gelöster Stoffe durch Mitführung in einer Strömung, sondern auch ein geregelter Stofftransport durch Diffusion stattfinden. Flüssigkeiten sind trotz ihrer strukurellen Flexibilität nur wenig kompressibel. Deshalb kommt ihnen auch bei allen Druckübertragungs- und Ausgleichsvorgängen eine wesentliche Bedeutung zu. Bei verschiedenen Pflanzenarten kommen Bewegungen von Blütenteilen dadurch zustande, daß auf bestimmte Reize hin Flüssigkeit aus den Zellen in die Interzellulärräume austritt. Die Festigung von Organen durch Wasserfüllung (Turgor, Turgeszenz) ist eine im Pflanzenreich weit verbreitete Erscheinung. Die hohe spezifische Wärme und die gute Wärmeleitfähigkeit von Wasser und wäßrigen Elektrolytlösungen sind ebenso wie die hohe Verdampfungsenthalpie des Wassers (vgl. Abschn. 1.2.3) wesentliche Voraussetzungen für die Stabilisierung des Wärmehaushaltes der Organismen.

Zahlreiche Aufnahme- und Ausscheidungsprozesse wichtiger Stoffe sind mit einer Flüssigkeitsaufnahme bzw. -ausscheidung verbunden. Flüssigkeiten mit guten Lösungseigenschaften sind ein ideales Medium für chemische Reaktionen. Das gilt in vielen Fällen auch dann, wenn die Flüssigkeitsmoleküle oder ihre Dissoziationsprodukte selbst an den chemischen Umsetzungen der gelösten Stoffe beteiligt sind. Der chemische Zustand eines gelösten Stoffes kann oft schon durch geringfügige Variationen der physikalischen und chemischen Eigenschaften des Lösungsmittels (Dielektrizitätskonstante, Acidität usw.) entscheidend verändert werden. Auf der unterschiedlichen Verteilung gelöster Stoffe zwischen verschiedenen fluiden Phasen beruhen zahlreiche Trenn- und Anreicherungsprozesse. Voraussetzung für die selektive Löslichkeit ist, daß das Lösungsmittel mit verschiedenen zu lösenden Stoffen in unterschiedlich starke Wechselwirkung tritt. Eine ausgeprägte Wechselwirkung zwischen Biomolekülen und Lösungsmittelmolekülen kommt in vielen Fällen dadurch zustande, daß die Lösungsmittelmoleküle zur Ausbildung von Wasserstoffbrückenbindungen befähigt sind. Tatsächlich gibt es nur eine Flüssigkeit, die alle vorstehend genannten Eigenschaften auf die bestmögliche Weise in sich vereinigt und damit die charakteristischen Strukturen von Proteinen, Nucleinsäuren, Membranen, Ribosomen und vielen anderen Zellbestandteilen entscheidend beeinflußt. Diese Flüssigkeit ist das Wasser, dessen besondere Eigenschaften im Abschn. 1.2.3 beschrieben werden. Die lebenswichtige Bedeutung des Wassers äußert sich vor allem darin, daß die Organe zu einem sehr hohen Prozentsatz aus Wasser bestehen. In der Tabelle 1.6 sind einige Zahlenwerte für den Wassergehalt wichtiger Organe und Gewebe zusammengestellt.

Einige Lebewesen, wie der Embryo im frühen Entwicklungsstadium oder die Qualle bestehen zu mehr als 95% aus Wasser. Für den erwachsenen Menschen liegen die entsprechenden Werte zwischen 58% und 67%.

**Tabelle 1.6** Wassergehalt einiger Organe und Gewebe in Prozent

| | |
|---|---|
| Zahnschmelz | 0,2 |
| Zahnbein | 10,0 |
| Skelett | 22,0 |
| Elastisches Gewebe | 50,0 |
| Knorpel | 55,0 |
| Leber | 70,0 |
| Rückenmark | 70,0 |
| Gehirn | 70,0 |
| Haut | 72,0 |
| Muskel | 76,0 |
| Blut | 79,0 |
| Lunge | 79,1 |
| Herz | 79,3 |
| Bindegewebe | 80,0 |
| Niere | 83,0 |

Die verschiedenen Arten von Lebewesen im Tier- und Pflanzenreich unterscheiden sich beträchtlich in ihrer Resistenz gegen Wassermangel. Allgemein bedeutet ein Leben ohne Wasserzufuhr die härteste Mangelbedingung. Der Mensch ist gegenüber Wassermangel besonders empfindlich. In der Regel ist schon eine Verminderung des Wasserbestandes um 11%, die nach etwa 6–7 Tagen Flüssigkeitskarenz eintritt, nicht mehr mit dem menschlichen Leben verträglich, während ein Nahrungsentzug bei sehr gutem Ausgangszustand des Körpers bis zu 60 Tagen ertragen werden kann. Auch relativ geringe Wasserverluste haben eine Störung der physiologischen Fließgleichgewichte zur Folge; sie bewirken eine Herabsetzung der Zirkulationsgröße bei vermehrter Atmung und Herzfrequenz. Niedere Tiere sind oft wesentlich widerstandsfähiger gegen Wassermangel. Es ist bekannt, daß bestimmte Arten der Moosfauna in völlig eingetrocknetem Zustand ihre Lebensfähigkeit sehr lange bewahren können. Sie werden aus dem latenten Leben der Trockenstarre durch Einstellung eines ausreichenden Wassergehaltes ihrer Zellen zu normalem Leben erweckt. Erstaunlich ist, daß bestimmte Würmer (z.B. der chinesische Blutegel) durch Trocknen an der Sonne auf ein Fünftel ihres Gewichtes einschrumpfen und nach einigen Tagen durch Befeuchten wieder zum Leben gebracht werden können. Einige Pflanzen (z.B. die Rose von Jericho) können die Trockenstarre sehr lange überleben. Niedere Pflanzen wie Flechten, Moose oder Baumfarne

sind unter für die Wasseraufnahme ungünstigen Bedingungen in der Lage, den notwendigen Wasserbedarf durch Aufnahme von Wasserdampf aus der Luft zu decken. Bei keinem der hier als Beispiel für eine besondere Wassermangelresistenz genannten Systeme ist jedoch ein Leben ohne Aufnahme von Wasser möglich. Dem flüssigen Zustand der Materie kommt somit für alle Lebewesen eine universelle Bedeutung zu.

### 1.2.2 Zur Problematik des Strukturbegriffs bei der Beschreibung fluider Systeme

Bei der Diskussion des Phänomens der hydrophoben Wechselwirkung ist im Abschn. 1.1.5 darauf hingewiesen worden, daß die Wasser-Moleküle Wasserstoff-Brücken-Assoziate bilden (vgl. Abb. 1.12) und daß eine gewisse strukturelle Ordnung auch im flüssigen Zustand erhalten bleibt. Dieser Strukturbegriff bedarf einer Erläuterung, da eine einfache Strukturbeschreibung durch Angabe von periodisch besetzten Positionen eines dreidimensionalen Gitters bei flüssigen Systemen nicht möglich ist. Der ideale Gaszustand repräsentiert ein molekulares System mit größtmöglicher Unordnung, in dem sich die Moleküle regellos und ohne Attraktionswechselwirkung bewegen. Im idealen Festkörper bilden die an ihre Gitterplätze gebundenen Bauelemente ein hochgeordnetes System von Atomen, Molekülen oder Ionen. Der molekulare Ordnungszustand einer Flüssigkeit liegt zwischen diesen beiden Extremen. Die für Kristalle charakteristische periodische Gitterstruktur ist in Flüssigkeiten weitgehend, aber nicht vollständig aufgehoben. Im flüssigen Zustand fehlt die sogenannte *Fernordnung*, die eine Periodizität der Gitterstruktur über makroskopische Entfernungen gewährleistet. Eine gewisse *Nahordnung* innerhalb kleiner Molekülbezirke bleibt jedoch erhalten. Diese Nahordnung wird bestimmt durch die Paar-Wechselwirkungsenergie der Moleküle, die auch als die molekulare Ursache der Abweichungen eines realen Gases vom Idealgas-Verhalten anzusehen ist (vgl. Abschn. 1.1.5 und Abschn. 5.2.1). Als halbempirischer Ansatz zur theoretischen Erklärung der Paar-Verteilungsfunktionen realer fluider

Systeme hat sich eine von Lennard-Jones angegebene Energie-Abstands-Funktion der Form

$$V(r) = -\varepsilon\left[\left(\frac{r_0}{r}\right)^6 - 2\left(\frac{r_0}{r}\right)^{12}\right] \qquad (1.81)$$

bewährt. Die Bedeutung der Parameter $\varepsilon$ und $r_0$ ist der Abb. 1.14 zu entnehmen.

Der Parameter $r_0$ ist der Gleichgewichtsabstand zweier Moleküle und $\varepsilon$ ist die diesem Abstand entsprechende potentielle Energie. Das sogenannte Lennard-Jones-Potential beschreibt die gesamte Wechselwirkungsenergie demnach durch einen Attraktionsterm $(r_0/r)^6$ und einen Repulsionsterm $(r_0/r)^{12}$. Der Attraktionsterm entspricht dem durch Gl. (1.79) beschriebenen Abstandsgesetz, während der Repulsionsterm ohne besondere theoretische Begründung empirisch eingeführt ist. Das Lennard-Jones-Potential eignet sich gut für die Beschreibung des Zustandes flüssiger Edelgase, deren Paar-Wechselwirkung nicht durch permanente molekulare Dipolmomente bestimmt wird.

Ist $g(r)$ die Wahrscheinlichkeit dafür, daß sich ein Molekül j im Abstand r aufhält, so ist die Wahrscheinlichkeit dafür, daß sich N Moleküle gleichzeitig in demselben Abstand befinden, durch $(g(r))^N$ gegeben. Dabei setzt sich die potentielle Gesamtenergie der Molekülanordnung additiv aus den Paar-Wechselwirkungsenergien zusammen $(V_{ges} = NV(r))$. Aus der additiven Verknüpfung der Einzelenergien und der multiplikativen Verknüpfung der Einzelwahrscheinlich-

keiten ergibt sich unmittelbar die Proportionalität

$$NV(r) \sim \ln(g(r))^N \sim N \ln g(r). \qquad (1.82)$$

Nach den im Abschn. 5.2.6 erläuterten Prinzipien der Boltzmann-Statistik findet sich nämlich die Wechselwirkungsenergie $V(r)$ stets im Exponenten eines temperaturabhängigen Wahrscheinlichkeitsfaktors der Form $e^{-V(r)/kT}$. Demnach ist der Proportionalitätsfaktor $\beta$ in der aus Gl. (1.82) folgenden Beziehung

$$\beta V(r) = \ln g(r) \qquad (1.83)$$

gleich $-1/kT$ zu setzen, und es ergibt sich für $g(r)$ der einfache Ausdruck

$$g(r) = e^{-\frac{V(r)}{kT}}. \qquad (1.84)$$

Durch Einsetzen des Lennard-Jones-Potentials in Gl. (1.84) erhält man die in Abb. 1.15a skizzierte Paarverteilungsfunktion. Sie hat in der Nähe des Gleichgewichtsabstandes $r_0$ ein Maximum, verschwindet bei kleinen Abstandswerten und geht für große Werte von r asymptotisch in den Grenzwert 1 über. Die Paarverteilungsfunktion des "Lennard-Jones-Gases" weist somit nur ein charakteristisches Maximum auf. Die Paarverteilungsfunktion eines idealen Kristalls (Abb 1.15c) ist dagegen für jede Richtung durch eine Folge diskreter "Peaks" charakterisiert. In der Paarverteilungsfunktion einer Flüssigkeit treten zwar noch mehrere Häufigkeitsmaxima auf; die Zahl dieser Maxima ist aber geringer als die für den Festkörper angegebene (im Idealfall weitgehend unbegrenzte) Peakzahl. Außerdem sind die Häufigkeitsmaxima für die übernächsten und weiter entfernten Nachbarn im Vergleich mit dem Maximum der ersten Nachbarschaftssphäre weniger deutlich ausgeprägt. Wie die Paarverteilungsfunktion des Lennard-Jones-Gases geht auch die Paarverteilungsfunktion der Flüssigkeit für große Werte von r in den Grenzwert 1 über.

Wenn in dem betrachteten flüssigen System keine zusätzlich strukturierten Assoziate oder Komplexe vorliegen, beschränkt sich der Strukturbegriff im allgemeinen auf die in der Paarverteilungsfunktion enthaltene Information über die Nahordnung der Flüssigkeitsmoleküle.

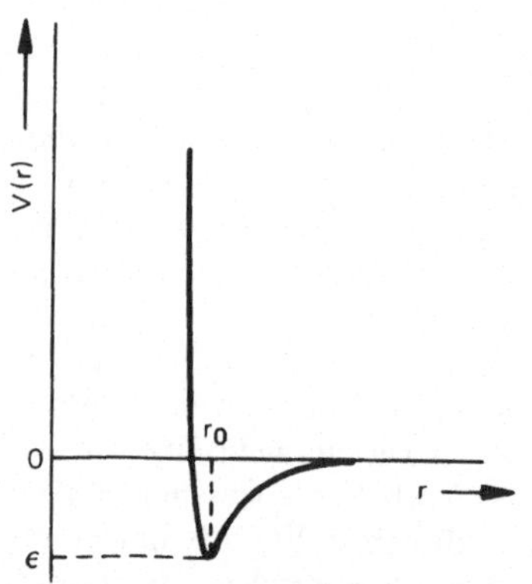

Abb. 1.14 Zum Lennard-Jones-Potential

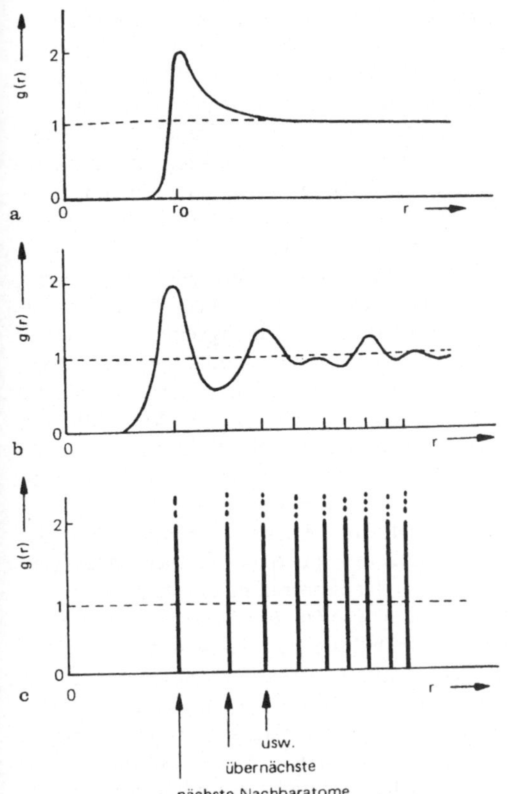



**Abb. 1.15** Schematische Paarverteilungsfunktion für ein Lennard-Jones-Gas (**a**), für eine Flüssigkeit (**b**) und für einen idealen Kristall (**c**) (nach: F. Kohler (1972))

Die Paarverteilungsfunktion kann mit Röntgendiffraktionsmethoden ermittelt werden. Bei einem System von Dipolmolekülen muß neben der Paar-Abstandsverteilung auch die Mannigfaltigkeit der möglichen gegenseitigen Orientierungen durch Einführung einer geeigneten Winkelverteilungsfunktion berücksichtigt werden. Dabei ist zu beachten, daß bestimmte Orientierungszustände benachbarter Dipol-Moleküle energetisch begünstigt sind. Bei Wasserstoff-Brücken-Systemen findet die extreme energetische Begünstigung einer bestimmten gegenseitigen Orientierung ihren Ausdruck in der gerichteten Wasserstoffbrückenbindung (vgl. Abb. 1.12).

Im Gegensatz zu der über lange Zeiten stabilen gegenseitigen Orientierung der Baugruppen eines

Molekülkristalls ist die mittlere Verweilzeit der Flüssigkeitsmoleküle in einem bestimmten Orientierungszustand außerordentlich kurz. Eine Flüssigkeit unterscheidet sich also von der festen Phase des gleichen Stoffes nicht nur durch ihren Ordnungszustand, sondern auch durch ihre molekulare Dynamik. Es besteht ein unmittelbarer Zusammenhang zwischen dieser molekularen Dynamik und der für die Transport- und Ausgleichsvorgänge unerläßlichen Fluidität wäßriger Systeme. Die Umorientierungsfrequenzen von Flüssigkeitsmolekülen können mit geeigneten Absorptions- und Dispersionsmethoden ermittelt bzw. eingegrenzt werden. In wäßrigen Systemen beträgt die mittlere Verweilzeit eines Wasser-Moleküls in einem bestimmten Orientierungszustand nur etwa $10^{-9}$ Sekunden. Die im nachfolgenden Abschnitt erwähnten eisartigen Wasserstoff-Brücken-Assoziate der Wasserstruktur stellen also lediglich "Momentaufnahmen" energetisch begünstigter Orientierungszustände der Wasser-Moleküle dar. Die molekulare Dynamik beschränkt sich nicht auf homogene flüssige Systeme. Auch die hohe laterale Fluidität der Biomembran-Systeme (vgl. Abschn. 3.3.4) ist auf schnelle molekulare Umorientierungsprozesse zurückzuführen.

### 1.2.3 Wasser

Wasser tritt im Stoffwechsel als Endprodukt der biologischen Oxidation organischer Stoffe auf; es spielt eine wesentliche Rolle bei hydrolytischen Spaltungen und zahlreichen anderen chemischen Reaktionen. Vor allem aber ist es ein Lösungsmittel für zahlreiche Stoffe, die in den Zellen vorhanden sind und dort reagieren. Weitere wichtige physiologische Funktionen des Wassers sind bereits im Abschn. 1.2.1 erwähnt worden. Es gibt keine andere Flüssigkeit, die das Wasser auch nur annähernd in seinen biologischen Funktionen ersetzen könnte. Die im Abschn. 5.2.1 definierte Wärmekapazität des Wassers ist mit $4,185 \, \text{J} \, \text{g}^{-1} \, \text{K}^{-1}$ bemerkenswert hoch. Die meisten anderen Flüssigkeiten haben eine wesentlich geringere Wärmekapazität. Wegen der hohen Wärmekapazität des Wassers unterliegen die Ozeane nur geringen Temperaturschwankungen. Da die Gewebe der Organismen zum großen Teil aus Wasser bestehen, wird ihre Temperatur bei der Freisetzung einer gewissen Reaktionswärme sehr viel weniger steigen, als wenn irgendein anderer Stoff ihr Hauptbestandteil wäre. Zur Vermeidung lokaler Wärmestauungen eignet sich das Wasser auch hervorragend wegen seines hohen Wärmeleitfähigkeitskoeffizienten $(2,15 \text{ kJ} \cdot \text{m}^{-1} \cdot \text{K}^{-1} \cdot \text{h}^{-1})$. Die Wärmeleitfähigkeit des Wassers ist wesentlich größer als die der meisten anderen Flüssigkeiten. Durch seine hohe Wärmeleitfähigkeit fördert das Wasser den Temperaturausgleich in Zellen und Geweben, in denen er wegen des Vorhandenseins von Membranen und Strukturen nicht durch Flüssigkeitszirkulation erfolgen kann. Auch die Wärmemenge $\Delta_v H$ (vgl. Abschn. 5.2.1), die zur Verdampfung des Wassers benötigt und der Umgebung entzogen wird, ist mit $43{,}7 \text{ kJ mol}^{-1}$ bei $37\,°\text{C}$ wesentlich größer als die Verdampfungsenthalpie aller anderen Flüssigkeiten. Es wird also durch die Verdunstung des Wassers an der Oberfläche eines Organismus diesem die größte Wärmemenge entzogen, die überhaupt durch Verdampfen irgendeiner Flüssigkeit abgeführt werden könnte. Auch der Schmelzwärme des Eises $(6{,}03 \text{ kJ mol}^{-1})$ kommt eine gewisse Bedeutung zu; denn in einer Eis-Wasser-Mischung findet eine Temperaturänderung erst dann statt, wenn alles Eis durch Wärmezufuhr geschmolzen oder alles Wasser durch Wärmeentzug gefroren ist. Ein zweiphasiges System aus Wasser und Eis ist so gesehen als guter Thermostat wirksam. Gefrier- und Siedepunkt des Wassers dienen als Fixpunkte der Celsius-Skala. Die Siedetemperatur steigt bei gleichen Verbindungstypen mit dem Molekulargewicht an. Ein Vergleich mit den Siedepunkten der flüchtigen Hydride $H_2S$, $H_2Se$ und $H_2Te$ läßt demnach für Wasser einen Siedepunkt von $-80\,°\text{C}$ erwarten. Der wesentlich höhere Meßwert von $100\,°\text{C}$ deutet darauf hin, daß sich das Wasser wie ein Stoff mit höherem Molekulargewicht verhält, und es sprechen auch zahlreiche andere experimentelle Befunde dafür, daß die Wasser-Molekeln auch im flüssigen Zustand nach dem Verknüpfungsschema

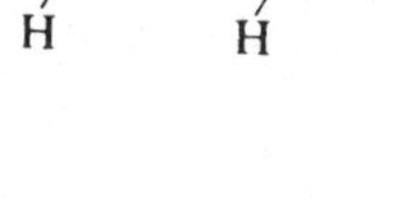

$$\bar{|O}\!-\!H \cdots \bar{|O}\!-\!H$$
$$\quad | \qquad\qquad |$$
$$\quad H \qquad\qquad H$$

Assoziate bilden. Nur diesem Assoziationsbestreben, das in den physikalisch-chemischen Besonderheiten dieses Stoffes zum Ausdruck kommt, ist es zu verdanken, daß das Wasser unter den seit Jahrmillionen herrschenden Druck- und Temperaturbedingungen als flüssige Phase auf der Erdoberfläche vorhanden ist. Nur so konnten Ozeane entstehen, und nur im flüssigen Wasser konnte sich das Leben entwickeln.

Die bekannten Merkwürdigkeiten des Wassers, nämlich das Dichtemaximum bei $4\,°\text{C}$, die im Vergleich mit anderen Flüssigkeiten zu hohen Werte der Verdampfungsenthalpie, der Oberflächenspannung und der spezifischen Wärme haben ebenso wie die Anomalien der Viskosität, der Wärmeleitung und der Schallabsorption schon früh zu der Vermutung geführt, daß H-Brücken-Assoziate mit großem Raumbedarf auch im flüssigen Zustand existieren sollten. Bei der Deutung neuerer spektroskopischer Meßergebnisse und bei der Berechnung der thermodynamischen Zustandsgrößen des Wassers hat sich jedoch die Vorstellung, daß das Wasser neben Einzelmolekeln nur eisartige Strukturelemente enthalte, als unzulänglich erwiesen. Es muß vielmehr angenommen werden, daß neben den eisartigen Assoziaten noch kleinere Aggregate mit höherer Packungsdichte und nicht tetraedrischen Wasserstoffbrücken vorliegen. Diese Aggregate sind als die primären Zerfallsprodukte der eisartigen Strukturen anzusehen; sie ersetzen diese als Strukturelemente des Wassers in zunehmendem Maße bei steigender Temperatur und zunehmender Konzentration gelöster Stoffe. Ein nicht tetraedrisches Aggregat von Wasser-Molekeln könnte z.B. die Struktur

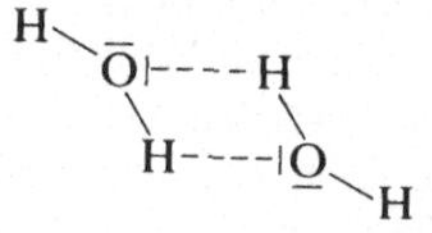

$$H\!\!\searrow$$
$$\quad \bar{O}|\!-\!-\!-\!-H$$
$$\qquad\qquad | \searrow$$
$$\quad H\!-\!-\!-\!-|\bar{O}$$
$$\qquad\qquad\qquad \searrow H$$

haben. Nicht tetraedrisch gebundene Wasser-Molekeln stehen hinsichtlich ihrer Polarität und hinsichtlich der elektrostatischen Abschirmung ihrer Protonen zwischen den tetraedrisch gebundenen Wasser-Molekeln und den nicht an Wasserstoff-Brücken beteiligten Einzelmolekeln. Die charakteristischen Unterschiede dieser drei

Arten von Strukturelementen ermöglichen die Deutung experimenteller Befunde, die auf andere Weise nur schwer zu verstehen sind.

Bei einer Diskussion von Assoziat-Modellen der Flüssigkeitsstruktur des Wassers muß die in begrenztem Umfang auftretende autoprotolytische Dissoziation

$$H_2O + H_2O \rightleftharpoons H_3O^+ + OH^-$$

der tetraedrisch gebundenen Wasser-Molekeln in $H_3O^+$- und $OH^-$-Ionen berücksichtigt werden. Die mit der Dissoziation verbundene Ladungstrennung verstärkt die Tendenz zur Bildung von Wasserstoffbrücken mit weiteren Hydrat-Wassermolekeln. Damit entsteht in einem System tetraedrisch assoziierter Wasser-Molekeln ein kooperativer Verstärkungseffekt der zwischenmolekularen Wechselwirkung, der die Ausbildung relativ weiträumiger Assoziatstrukturen begünstigt. Im Gegensatz zum kooperativen Verhalten der tetraedrisch assoziierten Moleküle werden die nicht tetraedrischen Wasserstoff-Brücken in gewissem Ausmaß absättigbar sein und daher bevorzugt zur Bildung kleinerer Molekülaggregate führen. Die Häufigkeit, mit der in wäßrigen Systemen Wasserstoffbrücken gebildet und wieder gelöst werden, übersteigt die Bildungs- und Dissoziationsgeschwindigkeit der meisten kovalenten Bindungen. Auf biologische Prozesse wirkt sich diese dynamische Flexibilität der Assoziationsstrukturen mit Verweilzeiten von $10^{-10}$ bis $10^{-11}$ Sekunden durchaus vorteilhaft aus.

Die autoprotolytische Dissoziation des Wassers entspricht der Einstellung eines Gleichgewichtes, das bei Nichtberücksichtigung von Hydratationseffekten durch das vereinfachte Schema

$$H_2O \rightleftharpoons H^+ + OH^-$$

beschrieben werden kann. Die Gleichgewichtskonstante $K_c$ des Massenwirkungsgesetzes läßt sich für dieses Gleichgewicht durch eine Gleichung der Form

$$K_c = \frac{[H^+][OH^-]}{[H_2O]} \qquad (1.85)$$

darstellen. Die Klammerausdrücke $[H^+]$, $[OH^-]$ und $[H_2O]$ geben die Konzentrationen der reagierenden Spezies in der Einheit Mol pro Liter an. Die Größe $K_c$ kann für jede Temperatur im Temperaturbereich zwischen $0\,°C$ und $100\,°C$ aus Meßwerten der elektrischen Leitfähigkeit von hochreinem destilliertem Wasser berechnet werden. Die molare Konzentration der Molekeln des Wassers ist sehr hoch; sie ist gleich der Masse von Wasser in einem Liter (1000 g/l) dividiert durch die Molmasse (18 g/mol). Für $[H_2O]$ hat man also in Gl. (1.85) den Wert 55,6 mol/l einzusetzen. Die Konzentrationen $[H^+]$ und $[OH^-]$ sind dagegen sehr gering ($10^{-7}$ mol/l bei $25\,°C$). Deshalb wird die molare Konzentration der Wasser-Molekeln durch die autoprotolytische Dissoziation nicht signifikant verändert. Die Gl. (1.85) läßt sich daher durch den vereinfachten Ausdruck

$$K_w = [H^+] \cdot [OH^-] \qquad (1.86)$$

mit $K_w = 55{,}6\ K_c$ beschreiben. Die Konstante $K_w$ wird als Ionenprodukt des Wassers bezeichnet. Bei $25\,°C$ hat $K_w$ den Wert $1{,}0 \cdot 10^{-14}$ $mol^2 l^{-2}$. Mit steigender Temperatur nimmt der Wert von $K_w$ zu. Die autoprotolytische Dissoziation des Wassers ist ein endothermer Prozeß.

Mit steigender Temperatur gleichen sich die Eigenschaften des Wassers in zunehmendem Maße den Eigenschaften normaler Flüssigkeiten an. Der Abbau der kurzlebigen, tetraedrisch verknüpften Assoziate (flickering clusters) ist bei $100\,°C$ im wesentlichen beendet. Die hohen Werte der Verdampfungsenthalpie lassen jedoch erkennen, daß auch bei der Siedetemperatur des Wassers noch starke zwischenmolekulare Kräfte wirksam sind. Die fluktuierenden Cluster können bei Raumtemperatur bis zu 100 Wasser-Molekeln umfassen; sie verursachen die Anomalien der Dichte, der Kompressibilität und der Zähigkeit des Wassers. Auch der für die Lösungsmitteleigenschaften maßgebliche hohe Wert der statischen Dielektrizitätskonstante ist auf einen kooperativen Polarisierungseffekt in den fluktuierenden Clustern zurückzuführen. In der Fachliteratur sind zahlreiche Vorschläge für Strukturmodelle des Wassers veröffentlicht worden. Auf eine kritische Gegenüberstellung der verschiedenen Strukturmodelle muß hier verzichtet werden.

Hinweise auf einige Übersichtsartikel zum Problem der molekularen Struktur des Wassers finden sich im Anhang 2.

Die Gesamtmenge des in den Organismen vorhandenen Wassers wird für die Individuen auf einem mittleren Wert gehalten. Im allgemeinen sind um so geringere Schwankungen mit dem Leben verträglich, je höher organisiert das Lebewesen ist. Der mittlere Wassergehalt der Organismen ist nach Art und Alter der Lebewesen verschieden. Funktionell wichtig ist die Verteilung des Wassers auf verschiedene Körperabschnitte. Wenn man Tiere mit einem Zirkulationssystem betrachtet, läßt sich ein Drei-Kammer-System für das Vorkommen des Wassers erkennen (Abb. 1.16). Das Wasser findet sich im Blut, im extrakapillaren Flüssigkeitsraum und in den Zellen der Organe. Die Zusammensetzung der Flüssigkeiten in den drei Abschnitten ist grundsätzlich verschieden. Der Unterschied in der Art der gelösten Salze ist besonders für die Zellen und die gesamte extrazelluläre Flüssigkeit auffallend. Denn in den Zellen finden sich hauptsächlich Kalium und Phosphate, wobei die Phosphate frei oder in verschiedenartiger organischer Bindung vorliegen. Das die Zellen umgebende innere Milieu enthält dagegen die Säftesalze, die hauptsächlich aus $Na^+$- und $Cl^-$-Ionen gebildet werden. Die Aufrechterhaltung dieses Unterschiedes in der Verteilung der einfachen Ionen ist eine Leistung der Zelle, die durch eine besondere funktionelle Feinstruktur

der Zellmembran ermöglicht wird. Die Differenz im Gesamtgehalt an Salzen ist für die Blut- und Zwischenzellflüssigkeit gering. Dagegen besitzen diese beiden Flüssigkeiten einen sehr unterschiedlichen Eiweißgehalt. Verglichen mit dem Blutplasma kann die Zwischenzellflüssigkeit sogar in erster Näherung als eiweißfrei angesehen werden. Die Erklärung für diesen Unterschied ergibt sich daraus, daß die Wandung der Kapillaren für die im Vergleich zu den Ionen extrem großen Proteinmolekeln praktisch undurchlässig ist.

Zur Bestimmung des Wasserverteilungsgrades werden indifferente Stoffe in genau bekannter Menge verabreicht, die Verteilung auf die einzelnen Abschnitte abgewartet und dann ihre Konzentration in der jeweiligen Körperflüssigkeit bestimmt. Diese Konzentration ist dem zur Lösung dienenden Flüssigkeitsvolumen umgekehrt proportional. Zur Prüfung des Gesamtwassergehaltes eignen sich die mit Wasser in beliebigem Verhältnis mischbaren Verbindungen Deuteriumoxid und Tritiumoxid. Für die Bestimmung des Wassergehaltes im extrazellulären Raum ($V_i + V_b$) eignen sich die Stoffe Inulin, Mannit und Saccharose. Die Bestimmung des Lösungswassers im Blutplasma erfolgt unter Verwendung von Stoffen, die die Blutbahn nicht verlassen können. Hierfür hat sich vor allem der Farbstoff Evans blue eingebürgert. Die mit dieser Methode gewonnenen Normalwerte des menschlichen Organismus sind für die drei Kammerbereiche in Abb. 1.16 angegeben; sie machen zusammen etwa 70% des Körpergewichtes aus.

Das gesamte im Organismus vorhandene Wasser steht nicht jedem wasserlöslichen Stoff völlig uneingeschränkt als Lösungsmittel zur Verfügung. Ein Teil ist als Hydratationswasser an partiell hydrophile Makromoleküle so gebunden, daß dieser Wassermantel als nicht lösend anzusehen ist. Das Hydratationswasser hat wegen seiner Fixierung einen geringeren Dampfdruck. Außerdem hat es eine erhöhte Dichte, ist also durch die Bindungskräfte stärker komprimiert. Eine Hydratationszunahme führt also zu einer dilatometrisch feststellbaren Abnahme des Gesamtvolumens. Von dem Hydratationswasser unterscheidet sich das nur mechanisch in den Poren der vernetzten Makromoleküle festgehaltene Wasser.

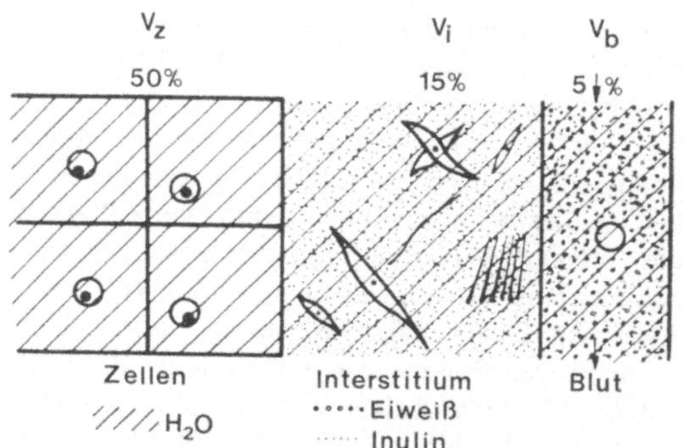



Abb. 1.16 Dreikammersystem der Wasserverteilung $V_z$: Zellraum, $V_i$: interstitieller Raum, $V_b$: Blutraum; $V_i + V_b$: extrazellulärer Raum

Dieses Wasser hat das gleiche Lösungsvermögen und den gleichen Dampfdruck wie freies Wasser.

Es ist grundsätzlich nicht möglich, das im Organismus durch chemische Reaktionen entstandene oder verbrauchte Wasser von dem unbeteiligt durch den Körper transportierten Wasser zu trennen. Trotzdem ist es nicht abwegig, den Wasser-Stoffwechsel der chemisch umgesetzten Wasser-Moleküle dem Wasserwechsel gegenüberzustellen. Unter dem Wasserwechsel versteht man die Bilanz und die Beschreibung der Transportwege des im Körper nicht chemisch umgesetzten Wassers. Der Unentbehrlichkeit des Wassers als Reaktionsmilieu steht die Notwendigkeit des ständigen Wechsels durch die Organismen gegenüber. Diese Notwendigkeit ergibt sich aus der Verwendung des Wassers als Transportmittel für Stoffwechsel-Ausgangsstoffe und -Endprodukte. Alle Zellen leben in einem bewegten wasserhaltigen Medium. Die Bewegung des Wassers ist für die Erhaltung der Zellen unerläßlich, da nur durch die Spülung mit Wasser eine hinreichende Abführung der Stoffwechselendprodukte gewährleistet wird. Soweit dies experimentell festgestellt werden konnte, ist ein kurzzeitiger Stillstand des Säftestroms in den Organen mindestens ebenso schädlich wie eine gleichlange Sauerstoffmangelperiode. Die Größe des Wasserwechsels kann in Abhängigkeit von den äußeren Bedingungen starke Schwankungen aufweisen; sie läßt bei vergleichender physiologischer Betrachtung eine Beziehung zur Intensität des Stoffwechsels erkennen. Dabei zeigt sich eine Abhängigkeit von der Körpergröße, wie sie die Rubnersche Oberflächenregel (vgl. Abschn. 5.1.1) für den Grundumsatz zum Ausdruck bringt. Der Umsatz pro kg und Stunde ist um so größer, je größer die zugehörige Oberfläche ist. Bei kleineren Tieren wird also – auf die Masseneinheit bezogen – nicht nur mehr Energie umgesetzt, sondern auch mehr Wasser gewechselt.

Das Ausmaß des Wasserwechsels kann durch Vergleich der Wasserzufuhr mit der um den Anteil des Oxidationswassers vermehrten Wasserabgabe ermittelt werden. Beim Menschen erfolgt die Wasserabgabe durch den Urin, die Faeces, den Schweiß und als Wasserdampfverlust über die Haut sowie über die Lungen. Durchschnittlich kann damit gerechnet werden, daß 1/4–1/3 der Wasserabgabe in Dampfform vor sich geht. Dabei sind die Lunge und die Haut je nach Temperatur, Luftfeuchtigkeit und Atmungsintensität etwa in gleichem Umfang beteiligt.

Der erwachsene Mensch benötigt bei völliger Nahrungskarenz eine tägliche Wasserzufuhr von durchschnittlich 540 g. Da Glucose den Eiweißumsatz einschränken kann, wirkt ihre Zugabe wassersparend. Der intensive Wasserwechsel der Organismen macht besondere Einrichtungen für die Bewegung des Wassers erforderlich. Zu diesen Einrichtungen zählt z.B. die pulsierende Vacuole der Infusorien. Im menschlichen Organismus ist die wichtigste Einrichtung dieser Art das Blutgefäßsystem (vgl. Abschn. 2.2.1), das durch die Arbeit des Herzens nicht nur die Zirkulation in den Gefäßen, sondern auch den damit zusammenhängenden außerkapillaren Flüssigkeitswechsel zustande bringt. Im arteriellen Teil der Kapillargefäße verläßt ein gewisser Anteil der Plasmaflüssigkeit die Blutbahn, umspült die Gewebezellen und kehrt im venösen Schenkel der Kapillaren in den Blutkreislauf zurück. Durch diesen Vorgang wird die Zufuhr der gelösten Nahrungsstoffe zu den Zellen und die Abführung der Stoffwechselendprodukte unterstützt. Der Weg vom Blut zur Zelle führt durch den extrazellulären Raum. Die Flüssigkeitsmenge, welche die Blutbahn verläßt und zu ihr zurückfließt, muß beim Menschen mit 50–70 Liter pro Tag veranschlagt werden.

Die Sichtung der im Blut gelösten Stoffe durch die Nieren ist ebenfalls mit einer intensiven Flüssigkeitsbewegung verknüpft. Sie steht dem extrakapillaren Flüssigkeitswechsel gegenüber und ermöglicht die Reinhaltung des inneren Milieus. Bei dem Sichtungsprozeß werden z.B. im menschlichen Organismus 100–125 ml in der Minute oder etwa 150–180 Liter einer von Blutkörperchen und Eiweiß freien Flüssigkeit pro Tag in den Glomeruli (Kapillarknäuel der Nierenrindenkörperchen) aus dem strömenden Blut abgepreßt. Da die Nieren in der gleichen Zeit von etwa 1800 Liter Blut oder etwa 1100 Liter Plasmawasser durchflossen werden, bedeutet dies eine Abgabe von annähernd 20% des Wassers aus der Blutflüssigkeit. Aus den Nierenkanälchen wird die auf diesem Weg ultrafiltrierte Flüssigkeit zu etwa 99% wieder aufgesaugt. Daher wird nur etwa 1% des zunächst durch Ultrafiltration erhaltenen Primärharns als Harn entleert. Durch diesen relativ geringfügigen Wasserentzug wird die Konzentration der im Ultrafiltrat vorhandenen und weiter nicht aktiv transportierten Stoffe um den Faktor 100 erhöht.

Im Vergleich zum Wasserwechsel der Niere spielt die Flüssigkeitsverschiebung in allen tätigen Organen (z. B. in den Muskeln und Drüsen) eine mengenmäßig geringere Rolle. Beachtenswert ist die Tatsache, daß durch die Tätigkeit der Verdauungsdrüsen große Wassermengen (beim Menschen 7 bis 10 Liter Flüssigkeit pro Tag) in den Darm abgesondert und durch die Darmwand wieder aufgesaugt werden. Die Kräfte, die das Wasser im Organismus zum Austausch bringen, sind zum Teil die von außen auf die Flüssigkeit einwirkenden mechanischen Kräfte wie der Blutdruck in den Kapillaren und die Gegenspannung im Gewebe. Es besteht aber auch ein wesentlicher Zusammenhang zwischen der Flüssigkeitsbewegung und der Eigenbewegung der im Wasser gelösten Teilchen. Dieser Zusammenhang findet seinen Ausdruck in den im Abschn. 2.2 erläuterten Phänomenen der Osmose und der Diffusion.

### 1.2.4 Struktur und Wasserlöslichkeit von Biomolekülen

Alle Biomoleküle müssen in irgendeiner Form mit dem lebenswichtigen Medium Wasser in Wechselwirkung treten. Diese Wechselwirkung wird durch das Zusammenwirken der zwischenmolekularen Kräfte (Abschn. 1.1.5) und durch die Besonderheiten der molekularen Struktur des Wassers (Abschn. 1.2.3) bestimmt. Dabei ergibt sich die Art der Wechselwirkung und der daraus resultierenden molekularen bzw. morphologischen Abgrenzung weitgehend aus der chemischen Beschaffenheit der für die betrachtete Substanz charakteristischen Molekülbausteine. Die Wechselwirkung zwischen Ionen und Wassermolekülen wird im Abschn. 1.2.5 behandelt. Auch unter den Biopolymeren, deren Struktur und Eigenschaften im Abschn. 4 erläutert werden, befinden sich zahlreiche Verbindungen mit ausgeprägtem Elektrolytcharakter. Die Wechselwirkung dieser Verbindungen mit den Wasser-Molekeln wird aber ebenso wie der Hydratationszustand kleiner Biomoleküle nicht nur durch die Elektrolyteigenschaften, sondern auch durch die wasserabweisende Wirkung der hydrophoben Molekülgruppen beeinflußt. Zu den molekularen Bauelementen der Proteine (vgl. Abschn. 4.1.2) zählen Aminosäure-Reste mit ionischer Seitengruppe (z. B. der Glutaminsäure-Rest) und Aminosäurereste mit hydrophober Seitengruppe (z. B. der Leucin-Rest). Hydrophil sind auch die undissoziierten polaren Seitengruppen (z. B. die Seitengruppe des Serin-Restes). Überwiegt der Einfluß der hydrophilen Gruppen, so werden die Moleküle durch diesen Einfluß in homogener Lösung gehalten. Bei überwiegendem Einfluß hydrophober Seitengruppen kommt es dagegen zu einer Aggregation der hydrophoben Molekülbereiche unter Abgrenzung weitgehend wasserfreier Strukturzonen. Die Aggregation der hydrophoben Molekülgruppen ist eine unmittelbare Folge des Einflusses gelöster unpolarer Stoffe auf die im Abschn. 1.2.3 erwähnte Assoziationsstruktur des Wassers. Durch die Raumbeanspruchung einzelner unpolarer Molekeln werden die benachbarten Wasser-Moleküle zum Übergang in einen Zustand höherer Ordnung gezwungen, da sich die Anzahl der molekularen Realisierungsmöglichkeiten für die Ausbildung von Assoziat-Strukturen erheblich verringert (vgl. Abschn. 5.2.6). Der erzwungene Ordnungszuwachs ist mit einer Entropieabnahme gekoppelt (vgl. Abschn. 5.2.1), die das System durch eine spontane Zustandsänderung möglichst weitgehend auszugleichen sucht. Diese Zustandsänderung besteht in einer Aggregation der unpolaren Moleküle; denn die Wasser-Kontaktfläche eines Aggregats (Abb. 1.17) ist wesentlich kleiner als die Summe der Wasser-Kontaktflächen der einzelnen unpolaren Moleküle.

Durch die Aggregation der hydrophoben Molekülgruppen wird einer begrenzten Zahl von Wasser-Molekeln die Wiedereingliederung in die ungestörte Assoziationsstruktur des reinen Lösungsmittels ermöglicht. Der dabei zu erzielende Entropiezuwachs ist die treibende Kraft der *hydrophoben Wechselwirkung* (vgl. Abschn. 1.1.5).

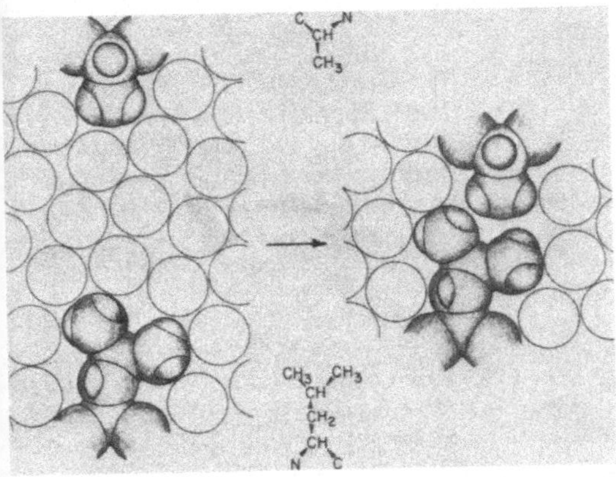


**Abb. 1.17** Lösungsmittel-Kontaktflächen und hydrophobe Wechselwirkung unpolarer Molekülgruppen (Beispiel: Alanin-Leucin)

Die durch unpolare Stoffe bewirkte Umordnung der Wasserstruktur findet ihren Ausdruck in den Meßwerten der im Abschn. 1.2.5 erwähnten thermodynamischen Zustandsgrößen wäßriger Lösungen.

Durch die Wechselwirkung mit dem Lösungsmittel Wasser wird die räumliche Anordnung biologisch wichtiger Makromoleküle entscheidend beeinflußt. Die hydrophobe Wechselwirkung begünstigt die Ausbildung von Strukturen mit engbenachbarter Anordnung der unpolaren Gruppen. Andererseits konkurrieren die Wasser-Molekeln als Protonen-Donoren bzw. Akzeptoren mit den entsprechenden funktionellen Gruppen von Biopolymeren, wobei sie einen destabilisierenden Einfluß auf die intramolekularen Wasserstoffbrücken ausüben. In der Regel bilden hydrophobe Aminosäurereste den inneren Kern einer Proteinstruktur, während hydrophile Aminosäurereste vorwiegend an der Oberfläche des Proteins zu finden sind.

Biopolymere mit einer überwiegend aus hydrophilen Strukturelementen zusammengesetzten Primärstruktur sind im allgemeinen wasserlöslich, Makromoleküle und kleinere Moleküle, die hauptsächlich aus hydrophoben Atomgruppierungen aufgebaut sind, bilden dagegen eine weitgehend unpolare wasserunlösliche Phase. Die quantitative Beschreibung der Struktur flüssiger

Mischungen bereitet im allgemeinen noch größere Schwierigkeiten als die im Abschn. 1.2.2 erläuterte Beschreibung der Struktur reiner Flüssigkeiten. Theoretische Berechnungen von Lösungsentropien und quantitative Voraussagen über die Löslichkeit bestimmter Stoffe sind deshalb in den meisten Fällen nicht möglich. Trotzdem kann die Angabe einer relativen Meßgröße, die das Ausmaß der hydrophoben Eigenschaften einer Molekülsorte beschreibt, für viele Modellbetrachtungen von Nutzen sein. Diese Meßgröße ergibt sich aus der Bestimmung von Werten des im Abschn. 2.3.1 definierten Verteilungskoeffizienten $K = c_I/c_{II}$ für die Verteilung eines gelösten Stoffes zwischen zwei nicht mischbaren Lösungsmitteln I und II. Im Abschn. 5.2.1 wird gezeigt, daß die Temperaturabhängigkeit dieses Verteilungskoeffizienten durch eine Gleichung der Form

$$\ln K = -\frac{\Delta_L H_I^0 - \Delta_L H_{II}^0}{RT} + \frac{\Delta_L S_I^0 - \Delta_L S_{II}^0}{R}$$

(1.87)

beschrieben werden kann. Durch Zusammenfassung der Enthalpie- und Entropie-Terme zur freien Lösungsenthalpie $\Delta_L G^0$ gemäß Gl. (5.103) zu

$$\Delta_L G_I^0 = \Delta_L H_I^0 - T\Delta_L S_I^0 \qquad (1.88)$$

bzw.

$$\Delta_L G_{II}^0 = \Delta_L H_{II}^0 - T\Delta_L S_{II}^0 \qquad (1.89)$$

läßt sich Gl. (1.87) auf die Form

$$\ln K = -\frac{\Delta_L G_I^0 - \Delta_L G_{II}^0}{RT} \qquad (1.90)$$

bzw.

$$K = e^{-\frac{\Delta_L G_I^0 - \Delta_L G_{II}^0}{RT}} \qquad (1.91)$$

bringen. Die Differenz $\Delta_L G_I^0 - \Delta_L G_{II}^0$ wird als *freie Überführungsenthalpie* bezeichnet; sie ist ein Maß für die Arbeit, die unter Standardbedingungen bei der Überführung eines Mols gelöster Substanz aus dem Lösungsmittel II in das Lösungsmittel I geleistet werden muß. Der Übergang einer hydrophoben Substanz aus einer wäßrigen Phase in ein unpolares Lösungsmittel erfolgt spontan; die freie Überführungsenthalpie ist negativ. Dagegen muß bei der Überführung eines hydrophilen Stoffes aus einer wäßrigen Umgebung in ein unpolares Medium Arbeit geleistet werden, die freie Überführungsenthalpie ist positiv. Die Differenz $\Delta_L G_I^0 - \Delta_L G_{II}^0$ stellt also ein relatives Maß für die hydrophobe Natur eines Moleküls oder einer Molekülgruppe dar. Aus den Gleichungen (1.88) und (1.89) folgt, daß die freie Überführungsenthalpie dann stark negativ wird, wenn die Enthalpieänderung stark negativ ist oder wenn die Entropieänderung stark positiv ist (vgl. Abschn. 5.2.2). Aus Messungen der Temperaturabhängigkeit des Verteilungskoeffizienten für die Verteilung von n-Butan zwischen Wasser und einem flüssigen Kohlenwasserstoff hat sich eine positive Enthalpieänderung für den Übertritt von 1 mol Butan in das unpolare Lösungsmittel ergeben. Dieser Prozeß ist also bezüglich der Enthalpieänderung überhaupt nicht begünstigt. Die Tatsache, daß die freie Überführungsenthalpie trotzdem stark negativ ist, zeigt, daß die Entropieänderung positiv ist. Demnach ist die treibende Kraft der Selbstaggregation unpolarer Molekülgruppen in wäßriger Umgebung ein Entropieeffekt.

Durch Differenzmessungen kann auch der Beitrag einzelner Substituentengruppen zur freien Überführungsenthalpie ermittelt werden. Mit den auf diese Weise bestimmten Inkrement-Werten läßt sich ein Hydrophobizitäts-Diagramm von Proteinen und analogen Modellsubstanzen erstellen. Aus diesem Diagramm lassen sich Kriterien für die Einpassungsfähigkeit von Sequenzabschnitten eines Proteins in eine hydrophobe Umgebung ableiten. Die Abb. 1.18 zeigt als Beispiel ein Hydrophobizitäts-Diagramm für einen Sequenzabschnitt der Proteinkomponente des Bacteriorhodopsins. Die bekannte Primärstruktur (vgl. Abschn. 4.2.2) dieses Proteins ist aus 248 Aminosäureresten aufgebaut. Aufgrund von Ergebnissen enzymatischer Spaltungsexperimente läßt sich abschätzen, daß 7 verschiedene Sequenzabschnitte mit einer Sequenzlänge von etwa 20 Aminosäureresten in die weitgehend wasserfreie Lipidmatrix des Membransystems (vgl. Abschn. 3.3.6) eingebettet sind. Es ist anzunehmen, daß diese nicht dem wäßrigen Medium ausgesetzten

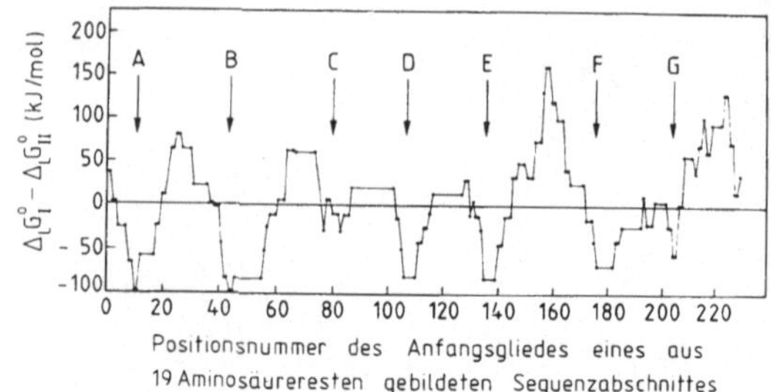



**Abb. 1.18** Hydrophobizitäts-Diagramm des Bacteriorhodopsins

Sequenzabschnitte überwiegend in $\alpha$-Helix-Anordnung (vgl. Abschn. 4.2.4) vorliegen. Für eine etwa 3 nm dicke hydrophobe Membran-Zone ergibt sich aus dieser Annahme die Forderung, daß jeweils 19 kovalent verknüpfte Aminosäurereste der Proteinsequenz mit optimaler Hydrophobizität in die unpolare Membran-Matrix eingepaßt werden müssen. In Abb. 1.18 ist als Ordinate die aus den Seitenketten-Inkrementen berechnete freie Überführungsenthalpie und als Abszisse die Positionsnummer des ersten Aminosäurerestes eines aus 19 Einheiten gebildeten Sequenzabschnittes mit dem N-Terminus als Anfangspunkt aufgetragen. Man erkennt deutlich sieben Bereiche mit negativen Werten der freien Überführungsenthalpie, deren Anfangsglieder durch die Buchstaben A bis G markiert sind. Diese Bereiche repräsentieren die hydrophoben Helix-Sequenzen des Proteins, die in das Membransystem integriert sind. Die für die Berechnung verwendeten Inkrementwerte der freien Überführungsenthalpie sind der im Anhang 2 angegebenen Literatur zu entnehmen.

## 1.2.5 Einige Grundgesetze der physikalischen Chemie wäßriger Elektrolytlösungen

### Ionen

Die Mehrzahl der im Protoplasma gelösten Teilchen besteht aus Trägern elektrischer Ladungen. Mit dieser Ladungsträger-Eigenschaft können die gelösten Partikeln bei der Regelung zahlreicher physiologischer Vorgänge wirksam werden.

Durch Konzentrationsveränderungen einer Ionenart können die Konzentrationen anderer Ionen erhöht oder verringert werden: der Ladungszustand von Membran-Grenzschichten kann verändert werden, und es können Transportvorgänge ausgelöst oder blockiert werden. Ionen werden in wäßrigen Systemen durch Auflösung des Gitterverbandes von Kristallen mit heteropolarer Bindung oder durch elektrolytische Dissoziation polarer Moleküle gebildet. Die Auflösung von Ionenkristallen wird nach Gl. (1.69) durch die hohe Dielektrizitätskonstante des Wassers begünstigt. Dabei ist zu beachten, daß die Besonderheiten der molekularen Struktur des Lösungsmittels nicht durch die Angabe einer auf das stoffliche Kontinuum bezogenen Materialkonstante charakterisiert werden können. Die Wasser-Moleküle treten unter Ausbildung einer Hydrathülle (vgl. Abb. 1.19) in eine durch Gl. (1.73) zu beschreibende Ion–Dipol-Wechselwirkung, wobei zunächst keine genaueren Angaben über den einzusetzenden Wert von $\varepsilon$ gemacht werden können.

Durch die Ionenhydratation wird der Ordnungszustand der Wasser-Moleküle in charakteristischer Weise verändert. Die Bildung der Hydrathülle ist in der Regel ein exothermer Prozeß. Trotzdem ist die Auflösung von Salzen in Wasser oft ein endothermer Vorgang, weil zum Abbau des Kristallgitters Energie (*Gitterenergie*) aufgewendet werden muß. Das Vorzeichen der Lösungsenthalpie $\Delta_L H$ wird also letzten Endes durch das Größenverhältnis der Beträge von Gitterenergie und Hydratationsenthalpie bestimmt. Die mit dem Auflösungsvorgang verbundene Änderung des molekularen Ordnungszu-

standes kann für die Löslichkeit eines Stoffes von entscheidender Bedeutung sein (vgl. Abschn.. 5.2.2 und Abschn. 5.2.6). Bei der elektrolytischen Dissoziation polarer Moleküle stellt sich ein Gleichgewicht mit Gleichgewichtskonzentrationen der gebildeten Ionen und der restlichen undissoziierten molekularen Spezies ein. Die Lage dieses Gleichgewichtes wird bei konstanter Temperatur und unveränderter Zusammensetzung durch die individuellen chemischen Eigenschaften der gelösten Substanz bestimmt.

*Elektrolytische Leitfähigkeit*

Die auffälligste Eigenschaft der Elektrolytlösungen ist zweifellos die Fähigkeit zur Leitung elektrischer Ströme. Während der elektrische Strom in Metallen ausschließlich durch Elektronen transportiert wird, erfolgt der Stromtransport in Elektrolytlösungen überwiegend durch Ionenwanderung. In einem aus metallischen und elektrolytischen Leitern zusammengesetzten Stromkreis müssen deshalb beim Gleichstromdurchgang an den Phasengrenzen Elektronen entstehen bzw. verbraucht werden. Da die Aufnahme von Elektronen einer Reduktion und die Abgabe von Elektronen einer Oxidation gleichzusetzen ist, ist der Gleichstromdurchgang durch die Phasengrenzen stets mit einer chemischen Reaktion gekoppelt. Dabei ist die Menge der elektrolytischen Zersetzungsprodukte der durchgegangenen Elektrizitätsmenge proportional, und die durch gleiche Elektrizitätsmengen aus verschiedenen Stoffen abgeschiedenen Gewichtsmengen verhalten sich wie die chemischen Äquivalentgewichte (Faradaysches Gesetz). Zur Abscheidung von einem Grammäquivalent eines Stoffes wird eine Ladungsmenge von 96487 Ampèresekunden benötigt.

Man bezeichnet diese Ladungsmenge als ein Faraday (F). Für den Zusammenhang mit der Elementarladung $e_0 = e$ ergibt sich demnach die Beziehung

$$F = N_L e \, . \tag{1.92}$$

Legt man an eine Elektrolytlösung mit zwei um einen Abstand $l$ voneinander entfernten Elektroden ein elektrisches Feld der Stärke $\Delta\phi/l$, so erfahren die Ionen als geladene Teilchen eine

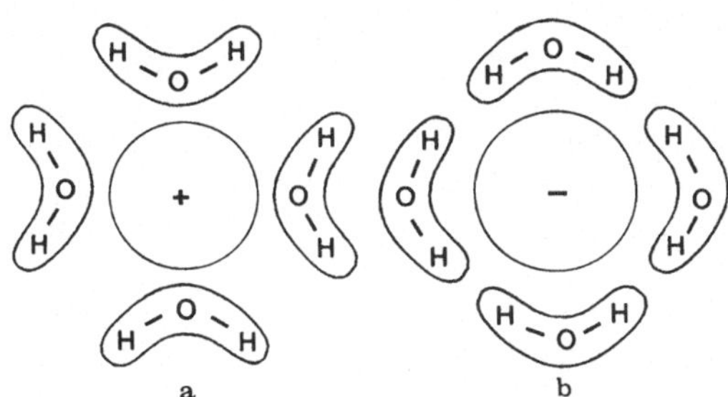


**Abb. 1.19** Hydratation einfacher Ionen (schematisch) **a** Kation, **b** Anion

Kraft, die für ein Ion der Sorte i mit $z_i$ Elementarladungen den Wert

$$\vec{K} = z_i e \Delta \vec{\phi}/l \tag{1.93}$$

annimmt. Infolge dieser ständig wirkenden Kraft werden die Ionen je nach dem Vorzeichen von $z_i$ zur Anode bzw. zur Kathode hin beschleunigt. Die beschleunigte Bewegung geht jedoch infolge der Reibung an den umgebenden Lösungsmittelmolekeln nach kurzer Anlaufzeit in eine Bewegung mit stationärer Geschwindigkeit $w_i$ über. Im stationären Bewegungszustand ist die Reibungskraft ebenso groß wie die durch Gl. (1.93) beschriebene Antriebskraft. Durch Multiplikation mit dem Reibungskoeffizienten $f_i$ des Ions berechnet sich diese Kraft aus der Geschwindigkeit $w_i$ zu

$$\vec{K} = f_i \vec{w}_i. \tag{1.94}$$

Aus Gl. (1.93) und Gl. (1.94) ergibt sich die Beziehung

$$\vec{w}_i = \frac{z_i e \Delta \vec{\phi}}{f_i l}, \tag{1.95}$$

und man erhält für die sogenannte Wanderungsgeschwindigkeit $u_i$ des Ions den Ausdruck

$$u_i = \frac{|\vec{w}_i|}{|\Delta \vec{\phi}|} l = \frac{z_i e}{f_i}. \tag{1.96}$$

Die Wanderungsgeschwindigkeit $u_i$ ist eine charakteristische Konstante der betreffenden Ionenart, deren Zahlenwert noch von dem gewählten Maßeinheiten-System und von den äußeren Bedingungen (Druck, Temperatur, Lösungsmittel und Konzentration) abhängig ist.

Bei der elektrolytischen Dissoziation entstehen aus einem einfachen Elektrolyten $\nu_+$ Kationen der Ladungszahl $z_+$ und $\nu_-$ Anionen der Ladungszahl $z_-$, so daß die Bedingung

$$\nu_+ z_+ = \nu_- |z_-| = n_e \tag{1.97}$$

erfüllt ist. Die Zahl $n_e$ wird als „elektrochemische Wertigkeit" des Elektrolyten bezeichnet. Befindet sich eine Elektrolytlösung in einem Rohr mit dem Querschnitt A und der Länge $l$, das an den Enden durch zwei Metallelektroden Verschlossen ist, so herrscht in der Lösung ein homogenes elektrisches Feld der Stärke $\Delta\phi/l$, wenn an die Elektroden eine Spannung $\Delta\phi$ angelegt wird. Sind in

1 cm$^3$ der Lösung $^1N_+$ Kationen und $^1N_-$ Anionen enthalten, so passieren in der Sekunde $^1N_+ w_+ A$ Kationen und $^1N_- w_- A$ Anionen in entgegengesetzter Richtung den Querschnitt des Gefäßes, wobei insgesamt

$$I = eA(N_+ z_+ w_+ + N_- |z_-| w_-) \tag{1.98}$$

Ladungseinheiten in der Sekunde durch den Querschnitt A transportiert werden. I ist also die durch den Elektrolyten fließende Stromstärke. Drückt man die Geschwindigkeiten $w_+$ und $w_-$ nach Gl. (1.96) durch die Wanderungsgeschwindigkeiten $u_+$ bzw. $u_-$ aus, so erhält man die Gleichung

$$I = eA\frac{\Delta\phi}{l}(^1N_+ z_+ u_+ + {}^1N_- |z_-| u_-). \tag{1.99}$$

Da ferner nach dem Ohmschen Gesetz $I = \Delta\phi/R$ gilt, ergibt sich für den Ohmschen Widerstand R die Beziehung

$$R = \frac{l}{e(^1N_+ z_+ u_+ + {}^1N_- |z_-| u_-)A}, \tag{1.100}$$

wobei der Ausdruck

$$\frac{1}{e(^1N_+ z_- u_+ + {}^1N_- |z_-| u_-)} = \sigma \tag{1.101}$$

den spezifischen Widerstand $RA/l$ darstellt. Die spezifische Leitfähigkeit $\kappa = 1/\sigma$ ist also durch

$$\kappa = e(^1N_+ z_+ u_+ + {}^1N_- |z_-| u_-) \tag{1.102}$$

gegeben. Bei Umrechnung auf die molare Konzentration c erhält man für einen vollständig dissozierten Elektrolyten unter Berücksichtigung von Gl. (1.92) und Gl. (1.97) mit

$$^1N_+ = \frac{\nu_+ c N_L}{1000} \quad \text{und} \quad {}^1N_- = \frac{\nu_- c N_L}{1000} \tag{1.103}$$

die Beziehung

$$\kappa = \frac{c n_e F}{1000}(u_+ + u_-). \tag{1.104}$$

Ist nur ein Bruchteil $\alpha$ des Elektrolyten dissoziiert, so gilt entsprechend

$$\kappa = \alpha \frac{c n_e F}{1000}(u_+ + u_-). \tag{1.105}$$

Der Faktor $\alpha$ wird als Dissoziationsgrad bezeichnet. Bei vollständig dissoziierten Elektrolyten ist also $\alpha = 1$. Bezieht man die spezifische Leitfähigkeit $\kappa$ auf die Äquivalentkonzentration $cn_e$, so ist das Volumen, in dem 1 Grammäquivalent des Elektrolyten gelöst ist, durch $1000/cn_e$ gegeben. Dementsprechend definiert man die *Äquivalentleitfähigkeit* $\Lambda_c$ durch die Gleichung

$$\Lambda_c = \frac{1000\kappa}{cn_e} \, . \tag{1.106}$$

Mit den durch

$$\Lambda_i = Fu_i \tag{1.107}$$

definierten Ionenbeweglichkeiten $\Lambda_i$ erhält man aus Gl. (1.105) und Gl. (1.106) das nach Kohlrausch benannte Gesetz von der unabhängigen Wanderung der Ionen in der Form

$$\Lambda_c = \alpha(\Lambda_+ + \Lambda_-) \, . \tag{1.108}$$

Bei der Klassifizierung der Elektrolyte hat man zwischen echten Elektrolyten, assoziierten Elektrolyten und potentiellen Elektrolyten zu unterscheiden. Echte Elektrolyte enthalten die Ionen bereits im ungelösten Zustand. Das wesentliche Kriterium für die Einordnung von Elektrolyten in diese Klasse besteht darin, daß eine meßbare Assoziation der Ionen zu sogenannten Ionenpaaren nicht nachgewiesen werden kann. Durch diese Bedingung wird die Zahl der echten Elektrolyte auf eine relativ kleine Zahl begrenzt. Diese Klasse ist aber für die Entwicklung der Elektrolyttheorie von besonderer Bedeutung gewesen, da für Elektrolyte dieses Typs der Dissoziationsgrad $\alpha$ stets gleich 1 gesetzt werden kann. Man bezeichnet die echten Elektrolyte auch als *starke Elektrolyte*. Zahlreiche Salze zeigen in Lösung Assoziationserscheinungen der Ionen, die entweder auf elektrostatische Anziehung der Ionen oder auf die Mitwirkung kovalenter Bindungskräfte zurückzuführen sind. In jedem Falle wird durch die Assoziation die Zahl der frei beweglichen Ladungsträger in der Lösung herabgesetzt. Die Sulfate und Phosphate mehrwertiger Metallionen bieten typische Beispiele für diese Klasse der assoziierten Elektrolyte. Zur Klasse der potentiellen Elektrolyte gehören diejenigen Stoffe, deren Moleküle vorwiegend kovalente Bindungen besitzen und die erst durch Reaktion mit einem geeigneten Lösungsmittel Ionen bilden können. Alle Säuren sind dieser Klasse zuzuordnen. Mit wenigen Ausnahmen (Alkali- und Erdalkali-Hydroxide) sind auch die Basen potentielle Elektrolyte, die erst durch Aufnahme von Protonen aus dem Lösungsmittel Ionen bilden können. Assoziierte und potentielle Elektrolyte werden häufig auch unter dem Namen *schwache Elektrolyte* zusammengefaßt.

Beim Gleichstromdurchgang durch eine Elektrolytlösung wird nach Gl. (1.98) durch die Ionensorte i der Anteil

$$I_i = eA^1 N_i |z_i| w_i \tag{1.109}$$

des Gesamtstroms

$$I = eA \sum_i {}^1 N_i |z_i| w_i \tag{1.110}$$

transportiert. Der Quotient

$$t_i = \frac{I_i}{I} \tag{1.111}$$

wird als Überführungszahl der Ionensorte i bezeichnet. Für einfache Elektrolyte, die nur in zwei Ionensorten dissoziieren, gelten demnach bei vollständiger Dissoziation mit $v_+ z_+ = v_- |z_-|$ die Beziehungen

$$t_+ = \frac{\Lambda_+}{\Lambda_+ + \Lambda_-} \quad \text{bzw.} \quad t_- = \frac{\Lambda_-}{\Lambda_+ + \Lambda_-} \, , \tag{1.112}$$

da sich alle in die Gln. (1.109) und (1.110) einzusetzenden Faktoren bis auf die Ionenbeweglichkeiten $\Lambda_i = Flw_i/\Delta\phi$ herausheben, wenn man die Überführungszahlen $t_+$ bzw. $t_-$ nach Gl. (1.111) berechnet. Die Überführungszahlen können durch Anwendung spezieller Meßverfahren ermittelt werden. Da die Summe $\Lambda_+ + \Lambda_-$ durch Messung der Äquivalentleitfähigkeit zu bestimmen ist, stellt jede Bestimmung der Überführungszahlen ein Verfahren zur Ermittlung von Werten der individuellen Ionenbeweglichkeiten $\Lambda_+$ und $\Lambda_-$ dar. Bei der Messung der spezifischen Leitfähigkeit von Elektrolytlösungen müssen Elektrodenprozesse, die das Meßergebnis verfälschen können, ausgeschlossen werden. Deshalb müssen Leitfähigkeitsmessungen an Elektrolyt-lösungen stets mit einer Wechselspannung geeigneter Frequenz (z.B. 1 kHz) ausgeführt werden.

Ein Verfahren zur Bestimmung von Überführungszahlen ist von Hittorf 1853 angegeben worden. Dieses Verfahren nutzt die Tatsache aus, daß beim Gleichstromdurchgang durch eine Elektrolysezelle Konzentrationsänderungen an den Elektroden auftreten. Es soll hier am Beispiel der Elektrolyse einer Schwefelsäure-Lösung zwischen zwei Platin-Elektroden kurz erläutert werden. Die Ladungstransportstrecke zwischen den beiden Elektroden läßt sich nach dem in Abb. 1.20 wiedergegebenen Schema in einen Anodenraum, einen Mittelraum und einen Kathodenraum aufgliedern.

Durch den fließenden Gleichstrom werden an der Kathode $H^+$-Ionen unter Entwicklung von Wasserstoff-Gas entladen. Die $SO_4^{2-}$-Ionen beteiligen sich nur am Ladungstransport. Zu ihrer Entladung wäre ein gegenüber der Platin-Sauerstoff-Elektrode wesentlich höheres Potential erforderlich. Deshalb werden an der Anode nur $OH^-$-Ionen unter Sauerstoff-Entwicklung und Hinterlassung von $H^+$-Ionen oxidiert. Da die in einer bestimmten Zeit umgesetzte Ladungsmenge q der Stromstärke proportional ist, ergeben sich aus Gl. (1.111) die Beziehungen

$$t_+ = \frac{q_+}{q} \quad \text{bzw.} \quad t_- = \frac{q_-}{q}, \quad (1.113)$$

in denen $q_+$ die durch die Kationen transportierte Ladung und $q_-$ die durch die Anionen transportierte Ladung darstellt.

Im Anodenraum werden unter Abscheidung von $OH^-$-Ionen q/F Grammäquivalente $H^+$-Ionen nacherzeugt, während $t_+ q/F$ Grammäquivalente abwandern. Die Zunahme an $H^+$-Ionen-Äquivalenten beträgt also $(1 - t_+)q/F = t_- q/F$. Dabei erhöht sich die Menge der $SO_4^{2-}$-Äquivalente durch Zuwanderung um $t_- q/F$. Insgesamt wird also die Schwefelsäure-Menge im Anodenraum um $t_- q/F$ Äquivalente vermehrt.

Im Kathodenraum werden unter Zuwanderung von $t_+ q/F$ $H^+$-Ionen-Äquivalenten q/F $H^+$-Ionen-Äquivalente abgeschieden. Die Menge der $H^+$-Ionenäquivalente verringert sich damit um den Betrag $(1 - t_+)q/F = t_- q/F$. Dabei nimmt auch die Menge der $SO_4^{2-}$-Äquivalente durch Abwanderung um den Betrag $t_- q/F$ ab. Insgesamt verringert sich also die Schwefelsäure-Menge im Kathodenraum um $t_- q/F$ Äquivalente.

Für die Äquivalentmengenänderungen $\Delta n$ im Anodenraum bzw. Kathodenraum gelten also die Beziehungen

$$\Delta n_A = t_- q/F \quad \text{bzw.} \quad \Delta n_K = - t_- q/F.$$

$$(1.114)$$

$\Delta n_A$ und $\Delta n_K$ können analytisch ermittelt werden, während q durch Zeitmessung bei vorgegebener Stromstärke zu bestimmen ist. Damit läßt sich die Überführungszahl des Anions nach Gl. (1.114) berechnen (vgl. hierzu auch das zur Erklärung von Abb. 5.16 im Abschn. 5.2.7 angegebene Schema).

Die durch die Leitfähigkeitsmessungen und Überführungsmessungen zu bestimmenden Werte der Ionenbeweglichkeit $\Lambda_+$ bzw. $\Lambda_-$ hängen von den Konzentrationen und der Art aller vorhandenen Ionen ab. Das Bezugssystem ist also bei meßbaren Konzentrationen von Elektrolyt zu Elektrolyt verschieden. Nur in extrem verdünnten Lösungen bleibt die interionische Wechselwirkung ohne Einfluß auf die individuellen Ionenbeweglichkeitswerte. Absolute, vergleichbare Angaben lassen sich daher nur durch Extrapolation auf den Zustand idealer Verdünnung ($\Lambda_0 = \lim_{c \to 0} \Lambda(c)$) gewinnen. In der Tabelle 1.7 sind einige Beispiele

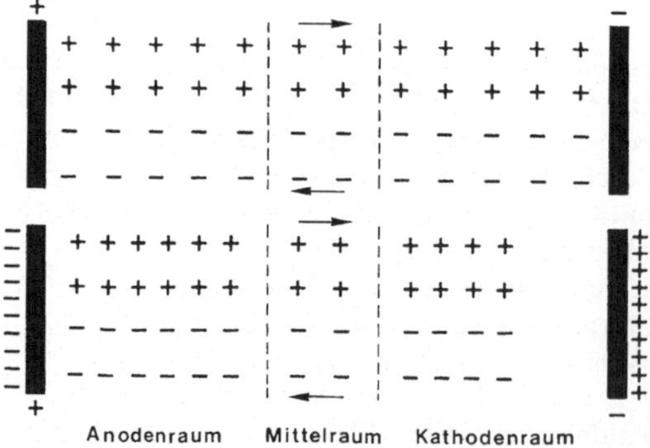


**Abb. 1.20** Konzentrationsänderungen in einem Elektrolyten bei Gleichstromdurchgang (schematisch)

**Tabelle 1.7** Grenzwerte von Ionenbeweglichkeiten $\Lambda_{io}$ in wäßriger Lösung bei 25 °C in $cm^2\,\Omega^{-1}$ (nach G. Kortüm (1972))

| Kationen | $\Lambda_{io}$ | Anionen | $\Lambda_{io}$ |
|---|---|---|---|
| $H^+$ | 349,8 | $OH^-$ | 198,6 |
| $Li^+$ | 38,7 | $F^-$ | 55,4 |
| $Na^+$ | 50,1 | $Cl^-$ | 76,4 |
| $K^+$ | 73,5 | $Br^-$ | 78,1 |
| $Rb^+$ | 77,8 | $J^-$ | 76,8 |
| $Cs^+$ | 77,2 | $NO_3^-$ | 71,5 |
| $NH_4^+$ | 73,6 | $HCO_3^-$ | 44,5 |
| $N(CH_3)_4^+$ | 44,9 | Formiat$^-$ | 54,6 |
| $N(C_2H_5)_4^+$ | 32,7 | Acetat$^-$ | 40,9 |
| $N(C_3H_7)_4^+$ | 23,4 | Propionat$^-$ | 35,8 |
| $N(C_4H_9)_4^+$ | 19,5 | Butyrat$^-$ | 32,6 |
| $1/2\,Mg^{2+}$ | 53,0 | $1/2\,SO_4^{2-}$ | 80,0 |
| $1/2\,Ca^{2+}$ | 59,5 | $1/2\,C_2O_4^{2-}$ | 74,2 |
| $1/2\,Zn^{2+}$ | 52,8 | $1/2\,CO_3^{2-}$ | 69,3 |

für derartige Grenzwerte von Ionenbeweglichkeiten zusammengestellt. Nach Gl. (1.96) wird die Wanderungsgeschwindigkeit $u_i$ eines Ions bei gegebener Ladungszahl $z_i$ durch den Reibungskoeffizienten $f_i$ bestimmt. Für annähernd kugelförmige Teilchen kann man nach Stokes

$$f_i = 6\pi\eta r_i \qquad (1.115)$$

setzen. In dieser Gleichung bedeutet $r_i$ den effektiven Radius des hydratisierten Ions; $\eta$ ist der Viskositätskoeffizient des umgebenden Mediums.

Die Wechselwirkung mit den umgebenden Wasser-Molekeln ist nach Gl. (1.74) um so ausgeprägter, je geringer der Abstand r zwischen dem Ion und dem Hydratwassermolekül ist. Deshalb sind die kleinen Ionen stärker hydratisiert als die größeren Ionen gleicher Ladungszahl. Dieser Effekt kommt in den Ionenbeweglichkeiten der Alkalimetall-Ionen deutlich zum Ausdruck. Wie die Struktur des reinen Wassers ist auch die Struktur der Ionenhydrathüllen nicht als eine statisch fixierte Anordnung von Molekülen zu betrachten. Auch die Hydratwassermoleküle sind an dynamischen Umorientierungsprozessen beteiligt. Diese Prozesse verlaufen allerdings in der unmittelbaren Umgebung der Ionen etwas langsamer als im reinen Lösungsmittel. Diese Hemmung der Molekulardynamik macht sich in einer Vergrößerung des Faktors $\eta \cdot r_i$ in Gl. (1.115) und damit in einer Verringerung der Ionenbeweglichkeit bemerkbar. Ebenso wie die Dielektrizitätskonstante $\varepsilon$ ist auch

der Viskositätskoeffizient $\eta$ eine Stoffkonstante, durch die ein Prozeß in molekularen Dimensionen nur unzureichend beschrieben werden kann. Deshalb lassen sich auch keine genauen Angaben über den in Gl. (1.115) einzusetzenden Wert von $\eta$ machen. Auf Lösungen von Molekülionen und Polyelektrolyten ist Gl. (1.115) nicht anwendbar (vgl. Abschn. 2.1.4). Trotzdem besteht auch in diesem Falle ein signifikanter Zusammenhang zwischen der Molekülgröße und der Wanderungsgeschwindigkeit im elektrischen Feld. Dieser Zusammenhang bildet die Grundlage der für die biochemische Analytik besonders wichtigen elektrophoretischen Trennverfahren.

Die auffällig hohe Ionenbeweglichkeit der $H^+$- und $OH^-$-Ionen ist auf besondere Protonenübertragungsprozesse, die durch die Assoziationsstruktur des Wassers ermöglicht werden, zurückzuführen. Das Prinzip dieser Protonentransportprozesse wird durch das in Abb. 1.21 wiedergegebene Schema erklärt. Auch die $H^+$-Ionen sind wie die $OH^-$-Ionen in wäßriger Lösung hydratisiert. Eine stark vereinfachte Beschreibung dieses Hydratationszustandes wird durch das Symbol $H_3O^+$ für das *Oxonium-Ion* gegeben. Im oberen Teil der Abb. 1.21 ist ein $H_3O^+$-Ion skizziert, das über eine Wasserstoffbrückenbindung mit einem benachbarten Wassermolekül verknüpft ist. Über die H-Brücke kann ein Proton in Pfeilrichtung auf das angelagerte Wasser-Molekül übergehen.

Grundsätzlich kann das Proton in einem nachfolgenden Schritt entweder auf das Ausgangsmolekül zurückspringen oder auf ein weiteres Wasser-Molekül in der Assoziationsstruktur übergehen. Durch das angelegte elektrische Feld wird der Schritt in Feldrichtung begünstigt. Nach mehreren Schritten dieser Art hat das $H_3O^+$-Ion das letzte Glied der Transportkette erreicht, ohne daß eine Bewegung von Molekül-Ionen oder Wasser-Molekülen in Feldrichtung stattgefunden hat. Aus der Abb. 1.21 ist ersichtlich, daß ein weiterer Protonentransport über die gleiche Assoziat-Kette nicht ohne Reorientierung der Wassermoleküle möglich ist. Entsprechend läßt sich auch der Wanderungsmechanismus der $OH^-$-Ionen durch die in der unteren Bildhälfte von Abb. 1.21 skizzierte Schrittfolge erklären.

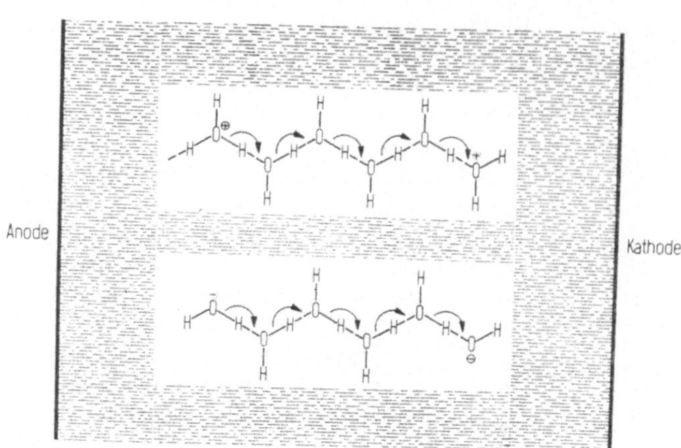



**Abb. 1.21** Zur Wanderung der $H^+$- und $OH^-$-Ionen in wäßriger Lösung (nach G. Wedler (1982))

Die Abb. 1.22 zeigt ein vereinfachtes Modell des hydratisierten $H_3O^+$-Ions. Die innere Hydrathülle besteht aus drei durch starke Wasserstoffbrückenbindungen mit dem $H_3O^+$-Ion verknüpften Wasser-Molekülen. Der so gebildete Komplex $H_9O_4^+$ stellt – ähnlich wie in der Eis-Struktur (Abb. 1.12) – eine symmetrische Pyramide dar. Eine sekundäre Hydrathülle wird von zusätzlich angelagerten, wesentlich schwächer gebundenen Wasser-molekülen gebildet. Dieses Modell beruht u. a. darauf, daß man im infraroten Spektralbereich kein charakteristisches Spektrum des $H_3O^+$-Ions, sondern nur ein breites Absorptionskontinuum gefunden hat. Dieser Befund weist darauf hin, daß die Lebensdauer eines individuellen $H_3O^+$-Ions in wäßriger Lösung nur von der Größenordnung der reziproken Infrarotfrequenzen (ca. $10^{-14}$ s) sein kann und daß das weitgehend delokalisierte Proton innerhalb des $H_9O_4^+$-Komplexes eine extrem hohe Beweglichkeit besitzen muß. Daß dieser Komplex relativ stabil ist, geht auch daraus hervor, daß er mit relativ großer Häufigkeit neben $H_3O^+$, $H_5O_2^+$ und $H_7O_3^+$ massenspektroskopisch nachgewiesen worden ist. Für das hydratisierte $OH^-$-Ion wird eine ähnliche Struktur ($H_7O_4^-$), die aus drei Wasser-Molekülen in der primären Hydrathülle besteht, angenommen.

Für die Protonenbeweglichkeit im Eis stellt der Protonenübergang über die H-Brücken der $H_9O_4^+$-Komplexe den geschwindigkeitsbestimmenden Schritt dar. Die Protonenbeweglichkeit im Eis liegt um zwei Größenordnungen über der $H^+$-Ionenbeweglichkeit in wäßriger Lösung. Daraus muß man schließen, daß die Protonenbewegung in Wasser durch einen langsameren Schritt begrenzt wird. Dieser Schritt besteht in der Umorientierung ungünstig angeordneter Wasser-Molekeln, die den Protonensprung aus der Hydrathülle des $H_9O_4^+$-Ions verhindern, wenn die Orbitale der einsamen Elektronenpaare des Akzeptormoleküls (Abb. 1.4) nicht auf das zu übertragende Proton ausgerichtet sind. Der Auf- und Abbau von H-Brücken zur sekundären Hydrathülle des $H_9O_4^+$-Komplexes bewirkt also eine

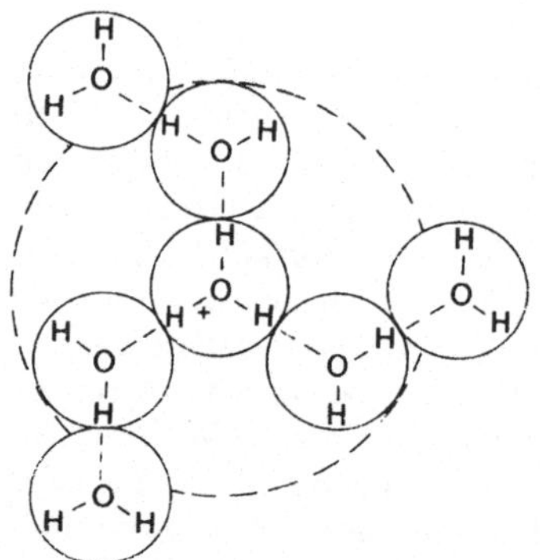

**Abb. 1.22** Vereinfachtes Modell des hydratisierten $H_3O^+$-Ions

*Strukturdiffusion* des gesamten Komplexes, die für die Beweglichkeit des Protons in wäßriger Lösung geschwindigkeitsbestimmend ist.

Die hohe Beweglichkeit der Ionen ist wichtig für den Ablauf zahlreicher physiologischer Prozesse. Nach Gl. (1.107) hat man die Ionenbeweglichkeit $\Lambda_i$ durch das Faraday-Äquivalent F zu dividieren, wenn man die Geschwindigkeit eines Ions in einem Felde der Stärke 1 V/cm berechnen will. Für das $Na^+$-Ion erhält man mit dem in Tabelle 1.6 angegebenen $\Lambda_i$-Wert eine Geschwindigkeit von $50,1 \cdot 10^{-4}/9,6487$ cm/s $= 5,19 \cdot 10^{-4}$ cm/s. Das $Na^+$-Ion legt also in einem Feld von 1 V/cm in einer Sekunde eine Strecke zurück, die etwa dem Durchmesser eines roten Blutkörperchens entspricht. Bezeichnet man die Summe aus den Grenzwerten $\Lambda_{io}$ der Kationen und der Anionen eines Elektrolyten mit dem Symbol $\Lambda_0$, so läßt sich Gl. (1.108) in der Form

$$\alpha = \frac{\Lambda_c}{\Lambda_0} \qquad (1.116)$$

schreiben. Bei Anwendung des Massenwirkungsgesetzes (vgl. Abschn. 5.2.2) auf ein Dissoziationsgleichgewicht des Typs

$$HA \rightleftharpoons H^+ + A^- \qquad (1.117)$$

mit der Gleichgewichtskonstante

$$K_c' = \frac{[H^+][A^-]}{[HA]} \qquad (1.118)$$

erhält man durch Einsetzen von $[H^+] = [A^-] = \alpha c$ und $[HA] = (1 - \alpha)c$ zunächst die Beziehung

$$K_c' = \frac{c\alpha^2}{1 - \alpha} . \qquad (1.119)$$

Setzt man nun $\alpha$ nach Gl. (1.116) in Gl. (1.119) ein, so erhält man die Gleichung

$$K_c' = \frac{c\Lambda_c^2}{\Lambda_0(\Lambda_0 - \Lambda_c)} , \qquad (1.120)$$

die als Ostwaldsches Verdünnungsgesetz bezeichnet wird. Aus vergleichenden Untersuchungen an verschiedenen Elektrolyten hat sich ergeben, daß Gl. (1.120) keineswegs immer erfüllt ist. Während z.B. bei Leitfähigkeitsmessungen an wäßrigen Essigsäure-Lösungen ein weitgehend konzentrationsunabhängiger Wert von $K_c'$ erhalten wurde, ändert sich der Wert der scheinbaren Gleichgewichtskonstanten von HCl um mehr als 100%, wenn die Gesamtkonzentration auf den doppelten Wert der Anfangskonzentration erhöht wird. Dieses völlig unterschiedliche Verhalten der betrachteten Elektrolyte ist darauf zurückzuführen, daß sich die interionische Wechselwirkung auch in verdünnten Lösungen starker Elektrolyte sehr stark auf die Konzentrationsabhängigkeit der Äquivalentleitfähigkeit auswirkt. Der Quotient $\Lambda_c/\Lambda_0$ kann also nicht ohne weiteres als Maß für den Dissoziationsgrad $\alpha$ eines Elektrolyten aufgefaßt werden. Vielmehr hat man nach Bjerrum als Maß für die in der Konzentrationsabhängigkeit der Ionenbeweglichkeiten zum Ausdruck kommende interionische Wechselwirkung einen *Leitfähigkeitskoeffizienten* $f_\Lambda$ einzuführen. Dieser Koeffizient $f_\Lambda$ gibt das Verhältnis der gemessenen Leitfähigkeit zu ihrem Idealwert bei vollständiger Dissoziation an. Die Gl. (1.116) geht damit über in

$$\frac{\Lambda_c}{\Lambda_0} = \alpha f_\Lambda . \qquad (1.121)$$

Ist $\alpha \simeq 1$, d.h. handelt es sich um starke Elektrolyte, so nimmt Gl. (1.121) die Form

$$\frac{\Lambda_c}{\Lambda_0} = f_\Lambda \qquad (1.122)$$

an. Die Leitfähigkeitsmessungen führen also in diesem Falle direkt zur Bestimmung des Leitfähigkeitskoeffizienten; sie liefern jedoch keine Aussage über den wahren Dissoziationsgrad. Ist dagegen $\alpha$ und damit auch die Ionen-Konzentration der Lösung sehr klein, so ist $f_\Lambda \simeq 1$ und $\Lambda_c/\Lambda_0$ ist ein um so genaueres Maß für den Dissoziationsgrad, je kleiner $\alpha$ und damit die durch $f_\Lambda$ bedingte Korrektur ist. Grundsätzlich ist jedoch festzuhalten, daß $\Lambda_c/\Lambda_0$ in keinem Fall ein exaktes Maß für den wahren Dissoziationsgrad zu liefern vermag, da das experimentell bestimmte Produkt $\alpha f_\Lambda$ nicht ohne weiteres in die beiden Faktoren zerlegt werden kann.

Die physikalische Ursache der von 1 abweichenden $f_\Lambda$-Werte ist die Coulomb-Wechselwirkung der gelösten Ionen, die zu einer Behinderung der Ionenwanderung führt. Bis in das Gebiet ziemlich konzentrierter Lösungen läßt sich die Konzentrationsabhängigkeit des Leitfähigkeitskoeffizienten $f_\Lambda$ mit einer durch zahlreiche Messungen bestätigten Formel

$$1 - f_\Lambda = A_\Lambda \sqrt{c} + B_\Lambda c \qquad (1.123)$$

beschreiben. Der erste Term auf der rechten Seite von Gl. (1.123) ist theoretisch begründbar, während das zweite (lineare) Glied bis auf weiteres als rein empirische Korrekturgröße angesehen werden muß. Durch eine Gl. (1.123) entsprechende Auftragung von $(\Lambda_0 - \Lambda_c)/\Lambda_0$ gegen $\sqrt{c}$ läßt sich feststellen, ob ein Elektrolyt der Gruppe der starken Elektrolyte zuzuordnen ist oder ob die Effekte der unvollständigen Dissoziation überwiegen.

### *Interionische Wechselwirkung, starke Elektrolyte*

Die interionische Wechselwirkung macht sich nicht nur in den Transporteigenschaften, sondern auch in den Gleichgewichtseigenschaften der Elektrolytlösungen bemerkbar. Die mit Gl. (1.118) angegebene Formulierung des Massenwirkungsgesetzes stellt deshalb eine nur im Bereich hoher Verdünnung gültige Näherungsformel dar. Bei Berücksichtigung der interionischen Wechselwirkung müssen die Konzentrationen bzw. Molenbrüche wie in der im Abschn. 5.2.2 erläuterten Gl. (5.110) durch die *Aktivitäten* $a_i$ ersetzt werden. Da die Konzentration gelöster Elektrolyte in der Regel in mol/kg Lösungsmittel angegeben wird, ist der *Aktivitätskoeffizient* $y_i$ einer Ionensorte in diesem Falle durch die Gleichung

$$a_i = y_i c_i \qquad (1.124)$$

mit $\lim_{c_i \to 0} y_i = 1$ definiert. Durch die Einführung der Aktivitäten $a_i$ geht Gl. (1.118) in die allgemein gültige Beziehung

$$K_c = \frac{c_{H^+} \cdot c_{A^-}}{c_{HA}} \frac{y_{H^+} \cdot y_{A^-}}{y_{HA}}$$

$$= K_c' \frac{y_{H^+} \cdot y_{A^-}}{y_{HA}} \qquad (1.125)$$

über. Die Angabe der Konzentrationen $c_i$ in mol/kg Lösungsmittel wird in der Elektrochemie

bevorzugt, weil damit ein temperaturunabhängiges Konzentrationsmaß gegeben ist.

Messungen der elektrischen Leitfähigkeit von Lösungen starker Elektrolyte geben zwar Aufschluß über die Beeinträchtigung des Ladungstransports durch die interionische Wechselwirkung; sie eignen sich jedoch nicht zur Bestimmung von Gleichgewichtswerten der Ionenaktivitäten $a_i$. Eine spezifisch elektrochemische Methode zur Messung von Ionenaktivitäten besteht dagegen in der Messung der elektromotorischen Kraft (EMK) einer sogenannten Konzentrationskette, d. h. eines aus gleichartigen Elektroden gebildeten galvanischen Elements, dessen Halbzellen mit unterschiedlich konzentrierten Lösungen derselben Ionenart gefüllt sind. Im Abschn. 5.2.3 wird gezeigt, daß der Zusammenhang zwischen der elektromotorischen Kraft E einer Konzentrationskette und dem Verhältnis $c'/c''$ der beiden potentialbestimmenden Konzentrationen $c'$ und $c''$ für hinreichend verdünnte Lösungen bei gegebener Temperatur T durch die Gleichung

$$E = \frac{RT}{z_i F} \ln \frac{c_i'}{c_i''} \qquad (1.126)$$

beschrieben werden kann (R = Gaskonstante, $z_i$ = Ladungszahl). Da mit der EMK nach Gl. (1.126) nur das Verhältnis zweier Ionenkonzentrationen gemessen wird, muß die Halbzelle mit der Lösung unbekannter Konzentration gegen eine Halbzelle mit einer Lösung bekannter Konzentration geschaltet werden. Die Methode ist vor allem zur Messung sehr kleiner, mit anderen Methoden nur schwer meßbarer Ionenkonzentrationen geeignet. Grundsätzlich hat man bei Berücksichtigung der interionischen Wechselwirkung auch in Gl. (1.126) die Konzentrationen $c_i$ durch die Aktivitäten $a_i$ zu ersetzen. Die allgemein gültige Beziehung für die EMK einer *Konzentrationskette ohne Überführung* lautet also

$$E = \frac{RT}{z_i F} \ln \frac{a_i'}{a_i''} \,. \qquad (1.127)$$

Die EMK-Messung stellt demnach auch eine Methode zur Bestimmung von Aktivitätskoeffizienten dar. Bei Umrechnung auf dekadische Logarithmen erhält man mit $\ln x = 2{,}303 \lg x$,

$F = 96487\,C/mol$ und $R = 8{,}314\,J/mol$ für eine Temperatur von $25\,°C$ $(298{,}16\,K)$ die einfache Gleichung

$$E = \frac{0{,}05915}{z_i}\,\lg\frac{a_i'}{a_i''} \qquad (1.128)$$

für die in der Einheit Volt zu messende EMK der Konzentrationskette.

In einer gewöhnlichen Konzentrationskette können die einzelnen Ionen während des stromliefernden Prozesses nur in einer extrem kurzen Anlaufphase unabhängig voneinander wandern. Dabei wird sich ein Potentialgefälle einstellen, da die Ionen mit der größeren Wanderungsgeschwindigkeit voraneilen, während die entgegengesetzt geladenen Ionen mit der geringeren Wanderungsgeschwindigkeit zurückbleiben. Das bei dieser Ladungstrennung entstehende Potentialgefälle wirkt ausgleichend, indem es das zurückbleibende Ion beschleunigt und das voraneilende Ion abbremst. Im stationären Zustand (vgl. Abschn. 5.2.7) hat sich ein Potentialgefälle eingestellt, bei dem beide Ionengeschwindigkeiten gleich groß sind. Dieses Potentialgefälle wird als Diffusionspotential bezeichnet. Das Diffusionspotential muß in den meisten praktisch wichtigen Fällen bei der Berechnung der EMK galvanischer Ketten als additives Korrekturglied berücksichtigt werden. Eine *galvanische Kette ohne Überführung* ist eine Vorrichtung, in der das Diffusionspotential durch zusätzliche experimentelle Vorkehrungen oder durch die Verwendung eines geeigneten Elektrolytsystems eliminiert bzw. unterdrückt wird. Die einfache Gl. (1.127) gilt also nur für Konzentrationsketten, bei denen der Einfluß des Diffusionspotentials vernachlässigt werden kann.

Das Diffusionspotential $\Delta\varphi_{Diff}$ läßt sich nach der Gleichung

$$E_{mit\ Überführung} = E_{ohne\ Überführung} + \Delta\varphi_{Diff} \qquad (1.29)$$

berechnen, wenn die EMK der entsprechenden Konzentrationskette mit Überführung bekannt ist. Im Abschn. 5.2.7 wird am Beispiel der Kette

$$Ag\,|\,[AgCl]\,|\,NaCl,\,c_{s_I}\,|\,NaCl,\,c_{s_{II}}\,|\,[AgCl]\,|\,Ag$$
$$c_{s_I} > c_{s_{II}}$$

gezeigt, daß

$$E_{mit\ Überführung} = t_+\,\frac{RT}{F}\,\ln\frac{c_{s_I}}{c_{s_{II}}} \qquad (5.313)$$

zu setzen ist. In Gl. (5.313) sind die NaCl-Konzentrationen in den beiden Halbzellen mit $c_{s_I}$ bzw. $c_{s_{II}}$ bezeichnet. Nach Gl. (1.127) ist die EMK der Konzentrationskette ohne Überführung eine logarithmische Funktion des Verhältnisses der in beiden Halbzellen potentialbestimmenden Ionenaktivitäten $a_i$. Diese Ionenaktivitäten müssen als reine Rechengrößen betrachtet werden. Da stets die Elektroneutralitätsbedingung

$$|v_+ z_+| = |v_- z_-| \qquad (1.97)$$

erfüllt sein muß, kann man nur Lösungen herstellen, die sowohl Kationen als auch Anionen enthalten. Deshalb ist die experimentelle Bestimmung individueller Ionenaktivitäten $a_+$ oder $a_-$ oder individueller Aktivitätskoeffizienten $y_+$ oder $y_-$ nicht möglich. Man kann nur mittlere Aktivitäten $a_\pm$ und mittlere Aktivitätskoeffizienten $y_\pm$ messen. Nach der im Abschn. 5.2.2 erläuterten Gleichung

$$\mu_i = \mu_i^0(T) + RT\ln a_i\,, \qquad (5.109)$$

ist das chemische Potential eines gelösten Elektrolyten durch

$$\begin{aligned}
\mu_s^0 + RT\ln a_s &= v_+\mu_+^0 + v_-\mu_-^0 \\
&\quad + v_+\,RT\ln a_+ \\
&\quad + v_-\,RT\ln a_- \\
&= v_+\mu_+^0 + v_-\mu_-^0 \\
&\quad + RT\ln(a_+^{v_+}\cdot a_-^{v_-}) \qquad (1.130)
\end{aligned}$$

gegeben. Daraus folgt die Beziehung

$$a_s = a_+^{v_+} a_-^{v_-} = c_+^{v_+}\cdot c_-^{v_-}\cdot y_+^{v_+}\cdot y_-^{v_-}\,. \qquad (1.131)$$

Zur Vereinfachung definiert man eine mittlere Ionenaktivität $a_\pm$ durch

$$a_\pm^v = a_+^{v_+}\cdot a_-^{v_-}\,, \qquad (1.132)$$

sowie eine mittlere Ionenkonzentration $c_\pm$ durch

$$c_\pm^v = c_+^{v_+}\cdot c_-^{v_-} \qquad (1.133)$$

und einen mittleren Ionenaktivitätskoeffizienten $y_\pm$ durch

$$y_\pm^\nu = y_+^{\nu_+} \cdot y_-^{\nu_-} \qquad (1.134)$$

mit

$$\nu = \nu_+ + \nu_- \qquad (1.135)$$

Aus Gl. (1.131) und Gl. (1.132) folgt

$$a_s = a_\pm^\nu . \qquad (1.136)$$

Bei Berücksichtigung der interionischen Wechselwirkung hat man auch in Gl. (5.313) die Konzentrationen $c_s$ durch die Aktivitäten $a_s$ zu ersetzen. Für NaCl gilt nach Gl. (1.136) mit $\nu = 2$ $a_s = a_\pm^2$. Damit nimmt Gl. (5.313) die Form

$$
\begin{aligned}
E_{\text{mit Überführung}} &= t_+ \frac{RT}{F} \ln \frac{(a_\pm)_I^2}{(a_\pm)_{II}^2} \\
&= 2t_+ \frac{RT}{F} \ln \frac{(a_\pm)_I}{(a_\pm)_{II}} \qquad (1.137)
\end{aligned}
$$

an. Ersetzt man nun in Gl. (1.127) die individuellen Ionenaktivitäten $a_i$ durch die mittleren Ionenaktivitäten $a_\pm$, so erhält man mit $z_i = -1$, $a_i' = (a_\pm)_{II}$ und $a_i'' = (a_\pm)_I$ für das betrachtete Beispiel die Gleichung

$$E_{\text{ohne Überführung}} = \frac{RT}{F} \ln \frac{(a_\pm)_I}{(a_\pm)_{II}} . \qquad (1.138)$$

Damit ergibt sich durch Differenzbildung gemäß Gl. (1.129) für das Diffusionspotential $\Delta\varphi_{\text{Diff}}$ die Beziehung

$$\Delta\varphi_{\text{Diff}} = (1 - 2t_+) \frac{RT}{F} \ln \frac{(a_\pm)_{II}}{(a_\pm)_I} . \qquad (1.139)$$

Völlig analoge Überlegungen gelten für eine Konzentrationskette, die reversibel in Bezug auf das Kation arbeitet.

Nach Gl. (1.139) verschwindet das Diffusionspotential, wenn bei gleicher Überführungszahl von Kationen und Anionen $(t_+ = t_- = 1/2)$ $2t_+ = 1$ gesetzt werden kann. Bei potentiometrischen Messungen wird deshalb oft eine „Salzbrücke" mit einem Elektrolyten, für den diese Bedingung annähernd erfüllt ist (z.B. KCl), verwendet.

Da die Diffusion der Ionen für zahlreiche physiologische Prozesse wichtig ist, wird sie im Abschn. 2.2.2 im Zusammenhang mit anderen Transporterscheinungen diskutiert. Dabei wird gezeigt, daß sich die Wanderung von Ionen unter der gleichzeitigen Wirkung eines Konzentrationsgradienten $dc_i/dx$ und eines elektrischen Potentialgefälles $d\varphi/dx$ durch die Nernst–Planck-Gleichung

$$J_i = -D_i \left( \frac{dc_i}{dx} + z_i c_i \frac{F}{RT} \frac{d\varphi}{dx} \right) \qquad (2.72)$$

beschreiben läßt. In dieser Gleichung stellt $J_i$ die in der Zeiteinheit durch den Einheitsquerschnitt transportierte Molzahl von Ionen der Sorte i dar. $D_i$ ist der Diffusionskoeffizient dieser Ionen. Im stationären Zustand einer Konzentrationskette mit Überführung ist $J_+ = J_-$. Nach Gl. (2.72) erhält man demnach mit $z_+ = 1$ und $z_- = -1$ und $c_+ = c_- = c_\pm$ für den stationären Zustand des betrachteten Systems die Bedingung

$$
\begin{aligned}
D_+ \frac{dc_\pm}{dx} &+ c_\pm D_+ \frac{F}{RT} \frac{d\varphi}{dx} \\
&= D_- \frac{dc_\pm}{dx} - c_\pm D_- \frac{F}{RT} \frac{d\varphi}{dx} , \qquad (1.140)
\end{aligned}
$$

bzw.

$$\frac{d\varphi}{dx} = -\frac{D_+ - D_-}{D_+ + D_-} \frac{RT}{F} \frac{1}{c_\pm} \frac{dc_\pm}{dx} . \qquad (1.141)$$

Die Gl. (1.141) kann unter Erfassung des gesamten Transportweges zwischen den Grenzen $x = l$ und $x = 0$ integriert werden. Mit der Abkürzung

$$\alpha = \frac{RT}{F} \frac{D_+ - D_-}{D_+ + D_-}$$

erhält man das Integral

$$\int_0^l \frac{d\varphi}{dx} dx = -\alpha \int_0^l \frac{1}{c_\pm} \frac{dc_\pm}{dx} dx$$

mit der Lösung

$$\varphi(1) - \varphi(0) = -\alpha \ln \frac{c_\pm(l)}{c_\pm(0)} . \qquad (1.142)$$

Mit $\Delta\varphi_{\text{Diff}} = \varphi(0) - \varphi(l)$ ergibt sich daraus nach Wiedereinsetzen von $\alpha$ der Ausdruck

$$\Delta\varphi_{\text{Diff}} = \frac{D_+ - D_-}{D_+ + D_-} \frac{RT}{F} \ln \frac{c_\pm(l)}{c_\pm(0)} . \qquad (1.143)$$

Mit den individuellen Reibungskoeffizienten $f_i$ lassen sich die Diffusionskoeffizienten $D_i$ nach der im Abschn. 2.2.2 hergeleiteten Gl. (2.65) durch die Beziehung

$$D_i = \frac{kT}{f_i} \qquad (1.144)$$

ausdrücken. Da nach Gl. (1.96) $u_i = z_i e/f_i$ gesetzt werden kann, besteht Proportionalität zwischen den Diffusionskoeffizienten $D_i$ und den Wanderungsgeschwindigkeiten $u_i$. Deshalb gelten für die Überführungszahlen $t_+$ und $t_-$ auch die Gleichungen

$$\frac{D_+}{D_+ + D_-} = t_+ \quad \text{und} \quad \frac{D_-}{D_+ + D_-} = t_- . \qquad (1.145)$$

Mit $(D_+ - D_-)/(D_+ + D_-) = t_+ - t_-$ und $t_+ - t_- = 2t_+ - 1$ nimmt Gl. (1.143) die Form

$$\Delta\varphi_{\text{Diff}} = (1 - 2t_+)\frac{RT}{F} \ln \frac{c_+(0)}{c_+(I)} \qquad (1.146)$$

an. Beachtet man schließlich, daß auch in diesem Falle die Konzentrationen durch die Aktivitäten zu ersetzen sind (vgl. Abschn. 5.2.7), so erhält man mit $a_+(0) = (a_+)_{\text{II}}$ und $a_+(1) = (a_+)_{\text{I}}$ wieder die Gl. (1.139) für das Diffusionspotential. Die Herleitung von Gl. (1.139) über die Nernst–Planck-Gleichung zeigt besonders deutlich, daß das Diffusionspotential durch die unterschiedliche Beweglichkeit von Anionen und Kationen zustande kommt.

Die Gl. (1.139) eignet sich zwar für die Berechnung des Diffusionspotentials von Konzentrationsketten, sie läßt sich aber nicht auf beliebige Halbzellen-Kombinationen mit verschiedenen Elektrolyten übertragen. Nach verallgemeinerten Ansätzen, die von Planck und Henderson entwickelt worden sind, lassen sich auch für andere einfache Fälle quantitative Beziehungen angeben. Für den Fall, daß zwei verschiedene Elektrolyte gleicher Konzentration mit gemeinsamen Kationen gegeneinander diffundieren, gilt z. B. die Gleichung

$$\Delta\varphi_{\text{Diff}} = -\frac{RT}{F} \ln \frac{\Lambda_1}{\Lambda_2} . \qquad (1.147)$$

Liegt kein gemeinsames Ion, aber wieder gleiche Konzentration beider Elektrolyte mit $\Lambda_{1+}$ bzw. $\Lambda_{1-}$ und $\Lambda_{2+}$ bzw. $\Lambda_{2-}$ vor, so gilt

$$\Delta\varphi_{\text{Diff}} = \frac{RT}{F} \ln \frac{\Lambda_{1+} + \Lambda_{2-}}{\Lambda_{2+} + \Lambda_{1-}} . \qquad (1.148)$$

Für gleichbleibendes Anion bei 2-wertigen Kationen gilt

$$\Delta\varphi_{\text{Diff}} = \frac{RT}{2F} \ln \frac{2\Lambda_{1+} + \Lambda_-}{2\Lambda_{2+} + \Lambda_-} . \qquad (1.149)$$

Bei gleichbleibenden 2-wertigen Anionen und verschiedenen 1-wertigen Kationen gilt entsprechend

$$\Delta\varphi_{\text{Diff}} = \frac{RT}{2F} \ln \frac{\Lambda_{1+} + 2\Lambda_-}{\Lambda_{2+} + 2\Lambda_-} . \qquad (1.150)$$

Methoden zur Verringerung bzw. Eliminierung von Diffusionspotentialen sind in der im Anhang 2 aufgeführten Literatur angegeben.

Debye und Hückel haben gezeigt, daß die theoretische Berechnung der Aktivitätskoeffizienten $y_\pm$ grundsätzlich möglich ist und für verdünnte Elektrolytlösungen zu $y_\pm$-Werten führt, die mit den Meßwerten übereinstimmen. Betrachtet man die gelösten Ionen als kugelförmige, nicht polarisierbare Ladungsträger mit einem kugelsymmetrischen elektrischen Feld, so hat man die zwischen den Ladungen wirkenden Anziehungs- bzw. Abstoßungskräfte bei der Berechnung der chemischen Potentiale $\mu_i$ zu berücksichtigen. Diese Kräfte bewirken, daß sich jedes Ion bevorzugt mit Ionen des entgegengesetzten Ladungsvorzeichens umgibt. Dadurch wird jedes Ion zum Zentralion einer *Ionenwolke* und zum Bestandteil der Ionenwolken der Nachbarionen. Die Ausbildung einer perfekten Nahordnung wird durch die thermische Molekularbewegung verhindert; denn bei hinreichend großen Ionenabständen ist die thermische Bewegungsenergie der Ionen wesentlich größer als die Coulombsche Anziehungsenergie. Nach den Grundgesetzen der Elektrostatik ist der Zusammenhang zwischen dem elektrischen Potential $\varphi(r)$, der Ladungsdichte $\rho(r)$ und dem Abstand $r$ vom Zentralion für die kugelsymmetrische Ladungsverteilung durch die Poissonsche Differentialgleichung

$$\frac{1}{r^2}\frac{\partial}{\partial r}\left(r^2 \frac{\partial\varphi(r)}{\partial r}\right) = -\frac{4\pi\rho}{\varepsilon} \qquad (1.151)$$

gegeben. Die Größe $\varepsilon$ ist die Dielektrizitätskonstante der Lösung, die sich bei verdünnten Lösungen nur wenig von der Dielektrizitätskonstante des reinen Lösungsmittels unterscheidet. Die in Gl. (1.151) einzusetzende Ladungsdichte $\rho(r)$ läßt sich angeben, wenn man das Verhältnis ${}^1N_i(r)/{}^1\bar{N}_i$ der spezifischen Ionenzahl ${}^1N_i(r)$ im Abstand r vom Zentralion zur mittleren spezifischen Ionenzahl ${}^1\bar{N}_i$ durch einen Boltzmann-Ansatz der Form

$$\frac{{}^1N_i(r)}{{}^1\bar{N}_i} = e^{-\frac{z_i \cdot e \cdot \varphi(r)}{kT}} \tag{1.152}$$

beschreibt. Dieser Ansatz ist der im Abschn. 2.2.2 angegebenen Beziehung (2.61) für die Dichteverteilung von Partikeln im Schwerefeld weitgehend analog. Da eine Fernordnung in flüssigen Mischsystemen nicht existiert, ist die mittlere spezifische Ionenzahl ${}^1\bar{N}_i$ gleich der spezifischen Ionenzahl ${}^1N_{i,\infty}$, in unendlicher Entfernung vom Zentralion. Nach Gl. (1.152) ergibt sich die Ladungsdichte durch Multiplikation der spezifischen Ionenzahl ${}^1N_i(r)$ mit der Ladung $z_i \cdot e$ und Summation über alle Ionenarten zu

$$\rho(r) = \sum_i z_i e \, {}^1\bar{N}_i e^{-\frac{z_i \cdot e \cdot \varphi(r)}{kT}} . \tag{1.153}$$

Wenn die Voraussetzung $z_i e \cdot \varphi(r) \ll kT$ gegeben ist, kann die Reihenentwicklung

$$e^{-\frac{z_i \cdot e \cdot \varphi(r)}{kT}} = 1 - \frac{z_i \cdot e\varphi(r)}{kT}$$
$$+ \frac{1}{2!}\left(\frac{z_i \cdot e \cdot \varphi(r)}{kT}\right)^2 + \dots \tag{1.154}$$

nach dem zweiten Glied abgebrochen werden. Es kann also

$$\rho(r) = \sum_i z_i e \, {}^1\bar{N}_i - \frac{e^2 \cdot \varphi(r)}{kT} \sum_i z_i^2 \, {}^1\bar{N}_i \tag{1.155}$$

gesetzt werden. Dabei ist zu beachten, daß der erste Term auf der rechten Seite von Gl. (1.155) nach der Elektroneutralitätsbedingung (1.97) gleich Null sein muß. Zur Angabe der Stoffmengenkonzentration $c_i$ in mol/cm³ muß die spezifische Teilchenzahl ${}^1\bar{N}_i$ durch die in einem Mol enthaltene Teilchenzahl (Avogadro-Zahl oder

Loschmidtsche Konstante $N_L = 6,022045 \cdot 10^{23}\,\text{mol}^{-1}$) dividiert werden. Mit

$$c_i = {}^1\bar{N}_i/N_L \tag{1.156}$$

und der von Lewis und Randall eingeführten "Ionenstärke"

$$I = \frac{1}{2}\sum_i z_i^2 c_i \tag{1.157}$$

läßt sich Gl. (1.155) unter den gegebenen Voraussetzungen in der Form

$$\rho(r) = -\frac{2N_L e^2 I}{kT} \varphi(r) \tag{1.158}$$

darstellen. Durch Einsetzen dieses Ausdrucks in Gl. (1.151) erhält man die Poissonsche Differentialgleichung in der Form

$$\frac{1}{r^2}\frac{\partial}{\partial r}\left(r^2\frac{\partial \varphi(r)}{\partial r}\right) = \frac{4\pi}{\varepsilon}\frac{2N_L e^2 I}{kT} \cdot \varphi(r) . \tag{1.159}$$

Mit der Abkürzung

$$\frac{8\pi N_L e^2 I}{\varepsilon kT} = \frac{1}{\beta^2} \tag{1.160}$$

geht Gl. (1.159) in die einfache Differentialgleichung

$$\frac{1}{r^2}\frac{\partial}{\partial r}\left(r^2\frac{\partial \varphi(r)}{\partial r}\right) = \left(\frac{1}{\beta}\right)^2 \varphi(r) \tag{1.161}$$

über. Die allgemeine Lösung von Gl. (1.161) ist

$$\varphi(r) = \frac{A}{r}e^{-r/\beta} + \frac{B}{r}e^{r/\beta} . \tag{1.162}$$

Da die durch Gl. (1.152) zum Ausdruck gebrachte Nahordnung mit zunehmenden Werten von r in eine rein statistische Verteilung übergeht, muß die Konstante B in Gl. (1.162) gleich Null sein. Die Konstante A erhält man, indem man $\varphi(r) = Ae^{-r/\beta}/r$ in Gl. (1.158) einführt, womit sich die Beziehung

$$\rho(r) = -A\frac{2N_L e^2 I}{kT}e^{-r/\beta}/r \tag{1.163}$$

ergibt. Mit $1/\beta^2$ nach Gl. (1.160) kann diese Gleichung auch in der Form

$$\rho(r) = -A\frac{\varepsilon}{4\pi\beta^2 r}e^{-r/\beta} \tag{1.164}$$

geschrieben werden. Die Gesamtladung der Ionenwolke ist entgegengesetzt gleich der Ladung des Zentralions. Bezeichnet man den Minimalabstand, bis auf den sich andere Ionen dem Zentralion nähern können, mit a, so muß für die Gesamtladung der Ionenwolke die Bedingung

$$\int_a^\infty 4\pi r^2 \rho(r)\,dr = -z_i e \qquad (1.165)$$

erfüllt sein. Damit erhält man durch Einsetzen von $\rho(r)$ nach Gl. (1.164) die Bestimmungsgleichung

$$A\frac{\varepsilon}{\beta^2}\int_a^\infty r\,e^{-r/\beta}\,dr = z_i e \;, \qquad (1.166)$$

aus der sich die Konstante A durch partielle Integration zu

$$A = \frac{z_i e}{\varepsilon}\,\frac{e^{a/\beta}}{1+\dfrac{a}{\beta}} \qquad (1.167)$$

ergibt. Entsprechend Gl. (1.162) gilt also für die Abhängigkeit des elektrischen Potentials vom Abstand r die Beziehung

$$\varphi(r) = \frac{z_i e}{\varepsilon}\,\frac{e^{a/\beta}}{1+\dfrac{a}{\beta}}\,\frac{e^{-r/\beta}}{r}\;. \qquad (1.168)$$

Diese Gleichung ist die zentrale Gleichung der Debye–Hückelschen Theorie. Nach Gl. (1.164) und Gl. (1.167) ist

$$\rho(r) = -\frac{z_i e}{4\pi\beta^2}\,\frac{e^{a/\beta}}{1+\dfrac{a}{\beta}}\,\frac{e^{-r/\beta}}{r}\;. \qquad (1.169)$$

In der Kugelzone zwischen r und r + dr befindet sich also die Ladung

$$4\pi r^2 \rho(r)\,dr = -\frac{z_i e}{\beta^2}\,\frac{e^{a/\beta}}{1+\dfrac{a}{\beta}}\,r\,e^{-r/\beta}\,dr\;. \qquad (1.170)$$

Mit $dr = \beta\,d(r/\beta)$ läßt sich dieser Ausdruck für die radiale Ladungsverteilung in der Form

$$y = -\frac{4\pi r^2 \rho(r)\beta}{z_i e}\left(1+\frac{a}{\beta}\right)e^{-a/\beta}$$

$$= \frac{r}{\beta}e^{-r/\beta} \qquad (1.171)$$

darstellen. Die durch Gl. (1.171) beschriebene Funktion $y(r/\beta)$ ist in Abb. 1.23 skizziert; sie erreicht ein Maximum bei $r/\beta = 1$ bzw. $r = \beta$. Die Größe $\beta$ wird deshalb als *Radius der Ionenwolke* bezeichnet. Nach Gl. (1.160) ergibt sich eine starke Zunahme von $\beta$ mit abnehmender Ionenstärke. Mit zunehmenden Werten der Ionenstärke konzentriert sich die Ionenwolke im wesentlichen auf eine Kugelzone in der Nachbarschaft des Zentralions. Nach Gl. (1.124) und Gl. (5.109) kann das chemische Potential $\mu_i$ einer Ionensorte bei gegebener Temperatur und Konzentration durch die Gleichung

$$\mu_i = \mu_i^0(T) + RT\ln c_i + RT\ln y_i \qquad (1.172)$$

ausgedrückt werden. In dieser Gleichung stellt der letzte Term auf der rechten Seite einen durch das elektrische Potential der Ionenwolke am Ort des Zentralions hervorgerufenen Zusatzanteil an molarer freier Enthalpie (vgl. Abschn. 5.2.2) dar. Das elektrische Potential $\varphi_w(r)$ der Ionenwolke erhält man, wenn man von dem Gesamtpotential $\varphi(r)$ das Potential $\varphi_z(r)$ des Zentralions abzieht. Mit $\varphi_z(r) = z_i e/\varepsilon r$ wird also nach Gl. (1.168) für $\varphi_w(r)$ ein Ausdruck der Form

$$\varphi_w(r) = \frac{z_i e}{\varepsilon r}\left(\frac{e^{a/\beta}e^{-r/\beta}}{1+\dfrac{a}{\beta}} - 1\right) \qquad (1.173)$$

erhalten. Setzt man in Gl. (1.173) r = a, so erhält man das Potential der Ionenwolke $\varphi_w(r=a)$ am Ort des Zentralions, da kein Ion der Ionenwolke näher als bis auf den Abstand a an den Mittelpunkt des Zentralions herankommen kann.

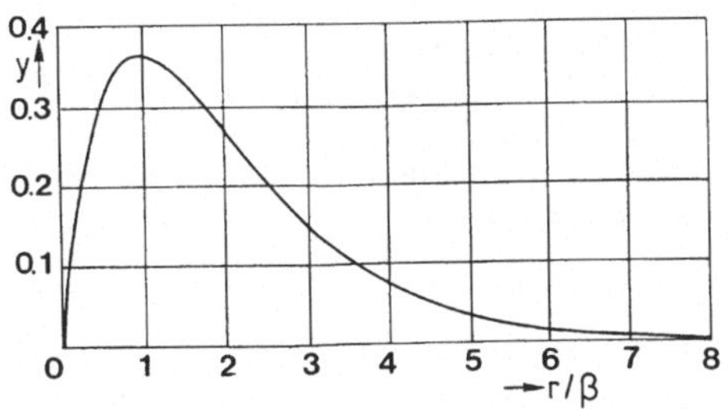

Abb. 1.23 Radiale Ladungsverteilung nach Gl. (1.171)

Mit

$$\varphi_w(r = a) = -\frac{z_i e}{\varepsilon}\frac{1}{\beta + a} \qquad (1.174)$$

kann nunmehr der gesuchte Zusatzanteil $RT \ln y_i$ der molaren freien Enthalpie berechnet werden. Dieser Energiebetrag ist gleich der auf 1 Mol bezogenen Aufladearbeit

$$-N_L \int_0^{z_i} \frac{z_i e}{\varepsilon}\frac{1}{\beta + a}\, d(ez_i)$$

$$= -\frac{N_L z_i^2 e^2}{2\varepsilon}\cdot\frac{1}{\beta + a}, \qquad (1.175)$$

d.h. es gilt

$$RT \ln y_i = -\frac{N_L z_i^2 e^2}{2\varepsilon}\frac{1}{\beta + a}. \qquad (1.176)$$

Für verdünnte Lösungen gilt $a \ll \beta$, so daß der Zusatzterm $a$ im Nenner der rechten Seite von Gl. (1.176) vernachlässigt werden kann. Mit dem durch Gl. (1.160) gegebenen Ausdruck für $\beta$ erhält man schließlich eine Gleichung, mit der die logarithmische Abhängigkeit des Aktivitätskoeffizienten $y_i$ von der Wurzel aus der Ionenstärke zum Ausdruck gebracht wird:

$$\ln y_i = -z_i^2\left(\frac{e^2}{\varepsilon kT}\right)^{3/2}(2\pi N_L)^{1/2}\sqrt{I}. \qquad (1.177)$$

Dies ist das Debye-Hückelsche Grenzgesetz für verdünnte Elektrolytlösungen. Ersetzt man in Gl. (1.157) die Konzentrationsangabe $c_i$ durch die molare Volumenkonzentration $1000\ {}^1\bar{N}_i/N_L$, so erhält man Gl. (1.117) nach Umrechnen auf dekadische Logarithmen in der Form

$$\lg y_i = -\frac{z_i^2}{2{,}303}\left(\frac{e^2}{\varepsilon kT}\right)^{3/2}\left(\frac{2\pi N_L}{1000}\right)^{1/2}\sqrt{I}$$

$$= -z_i^2\frac{1{,}8246 \cdot 10^6}{(\varepsilon T)^{3/2}}\sqrt{I}. \qquad (1.178)$$

Für 25 °C bzw. 298 K und $\varepsilon \simeq 80$ gilt demnach der einfache Ausdruck

$$\lg y_i = -z_i^2 \cdot 0{,}5\sqrt{I}. \qquad (1.179)$$

Die nach Gl. (1.179) für binäre Elektrolyte mit $z_i = 1$ berechnete Grenzgerade ist in Abb. 1.24 graphisch dargestellt. Der Gang der experimentell

bestimmten $\lg y_\pm$-Werte mit der Wurzel aus der Ionenstärke zeigt ein typisches Verhalten, das nur bei niedrigen Konzentrationen durch das Grenzgesetz (1.179) annähernd richtig erfaßt wird. Mit zunehmender Konzentration wachsen die gemessenen Aktivitätskoeffizienten nach Durchlaufen eines Minimums auf Werte an, die größer als 1 sind (Kurve 3 in Abb. 1.24). Dieser Verlauf der Meßwerte wird auch durch Gl. (1.176) nicht richtig wiedergegeben; er ist auf eine durch den Raumbedarf der Ionen bedingte, theoretisch schwer zu erfassende Änderung der radialen Ladungsverteilung in der Ionenwolke zurückzuführen. Das Anwachsen der Aktivitätskoeffizienten spielt für die Löslichkeit und das *Aussalzen* von Proteinen eine wichtige Rolle (vgl. Abschn. 4.2.5).

### Ionenverteilung in den Körperflüssigkeiten

Das Ausmaß vieler physikalisch-chemischer Prozesse, die für die Funktion der Organismen wichtig sind, wird durch die Aktivität der Ionen bestimmt. Der Stromtransport erfolgt im Körper fast ausschließlich durch elektrolytische Leitung in den ionenhaltigen Körperflüssigkeiten. Die Gewebezellen oder die Zellen des Blutes sind wie die Membranen der Haut und der Bindegewebe praktisch nicht an der Stromleitung beteiligt. Die

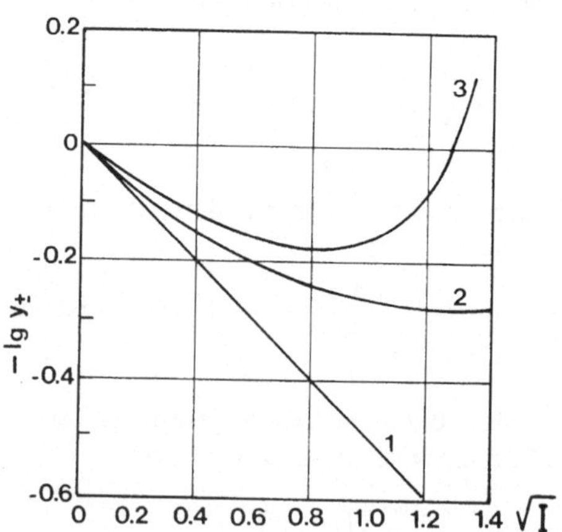

Abb. 1.24 Aktivitätskoeffizient $(-\lg y_\pm)$ und Ionenstärke $(I^{1/2})$ binärer einwertiger Elektrolyte; *1* Grenzgesetz nach Gl. (1.179), *2* theoretische Werte mit Berücksichtigung von a nach Gl. (1.187), *3* relales Verhalten (schematisch)

roten Blutzellen beteiligen sich wegen des hohen Übergangswiderstandes ihrer salzundurchlässigen Membranen trotz ihres Elektrolyt-Inhaltes nicht an der Stromleitung. Deshalb äußert sich eine Auflösung der roten Zellen (Hämolyse) in einem Ansteigen der elektrischen Leitfähigkeit. Wie die Erythrocyten kann auch der ganze Organismus näherungsweise als ein von einer Membran mit hohem elektrischen Widerstand umschlossener Flüssigkeitskörper angesehen werden. Jeder Einfluß, der den Widerstand der Haut herabsetzt, bewirkt eine starke Zunahme der Leitfähigkeit des Gesamtorganismus. Bei der Tätigkeit der Schweißdrüsen wird die Widerstandserniedrigung nicht nur durch das Durchfeuchten der Haut, sondern auch durch die beim Erregungsvorgang zunehmende Leitfähigkeit dieser Drüsen verursacht.

Die ungleiche Verteilung der Ionen an Membranen ist die Ursache der bioelektrischen Ströme; ihre Veränderung ist ein wichtiges Glied in der Kette der Erregungsvorgänge. Auf die besondere Rolle, die bestimmte Metallionen in Enzymsystemen spielen, ist bereits im Abschn. 1.1.3 hingewiesen worden. Wie sehr die einfachen anorganischen Ionen in den Körpersäften und in den Zellen gegenüber anderen gelösten Stoffen im Vordergrund stehen, zeigt das Schema der Abb. 1.25.

Bemerkenswert sind die großen Unterschiede zwischen den $Na^+$- und $K^+$-Konzentrationen des Blutplasmas und der intrazellulären Flüssigkeit. Auch die Ähnlichkeit in der Zusammensetzung der Interstitialflüssigkeit und des Blutplasmas wird durch dieses Schema illustriert. Man kann die unterschiedlichen Elektrolyt-Inhaltsstoffe der verschiedenen Körperflüssigkeiten durch die Gegenüberstellung der Begriffe *Zellsalze* und *Säftesalze* charakterisieren. Die Zellsalze bestehen im wesentlichen aus $K^+$-, $Mg^{2+}$-, $HPO_4^{2-}$- und $SO_4^{2-}$-Ionen, die Säftesalze aus $Na^+$-, $K^+$-, $Ca^{2+}$- und $Cl^-$-Ionen. Die Aufrechterhaltung des

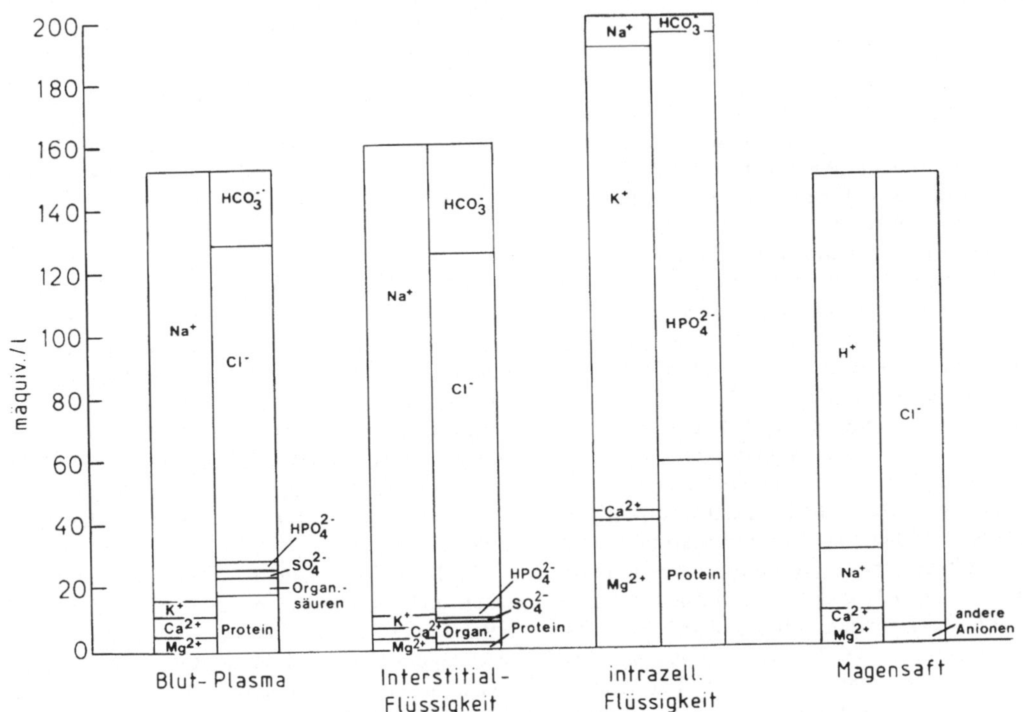


**Abb. 1.25** Schema der Ionenverteilung in verschiedenen Körperflüssigkeiten

Unterschiedes im Elektrolytbild der eng benachbarten Flüssigkeitsräume ist eine der wichtigsten Leistungen gesunder Zellen im Tier- und Pflanzenreich. Der chemische Aufbau der extrazellulären Flüssigkeiten (vgl. Abb. 1.18) ähnelt dem des Meerwassers, aber im Meerwasser ist die gesamte Ionen-Konzentration etwa viermal so groß wie in den Körpersäften. Außerdem enthält das Meerwasser mehr $Mg^{2+}$-, $Ca^{2+}$- und $SO_4^{2-}$-Ionen als die Körperflüssigkeiten. Die fortschreitende Konzentrierung des Meerwassers hat zu der Vorstellung geführt, daß das Meerwasser in einer frühen Entwicklungsphase der Tier- und Pflanzenwelt die gleiche Zusammensetzung wie die Körperflüssigkeiten der heutigen Lebewesen besessen haben sollte. Schließlich sei noch auf den Unterschied im Eiweißgehalt von Blutplasma und Interstitialflüssigkeit hingewiesen. Die Proteinkonzentrationen sind in Abb. 1.25 nach durchschnittlichen elektrochemischen Äquivalenten eingetragen, ihre Bedeutung wird im Abschn. 4.2 erläutert.

### Schwache Elektrolyte, pK-Wert

In Lösungen starker Elektrolyte wird die Aktivität der Ionen bei gegebener Konzentration ausschließlich durch die interionische Wechselwirkung und durch die Wechselwirkung der gelösten Teilchen mit dem Lösungsmittel beeinflußt. Bei Lösungen schwacher Elektrolyte treten diese Wechselwirkungseffekte zurück hinter den Effekt des Einflusses der unvollständigen Dissoziation, der sich grundsätzlich als Protonenabgabe oder -aufnahme beschreiben läßt. Die quantitative Beschreibung der unvollständigen Dissoziation ergibt sich aus dem in den Abschn. 5.2.2 und 5.2.6 ausführlich begründeten und diskutierten Massenwirkungsgesetz, wobei grundsätzlich in jedem Falle von der Gl. (1.125) auszugehen ist. Dabei ist zu beachten, daß sich die Konzentrationsangaben in mmol pro Liter zur Charakterisierung biologischer Systeme als zweckmäßig erwiesen haben. Die nach Gl. (1.125) unter Berücksichtigung der Aktivitätskoeffizienten berechnete Gleichgewichtskonstante wird als *thermodynamische Dissoziationskonstante* bezeichnet. Bei Annäherung an den hypothetischen Grenzzustand idealer Verdünnung, d.h. für $y_+ \simeq 1$, geht die thermodynamische Gleichgewichtskonstante in die sogenannte *stöchiometrische Dissoziationskonstante* über. Im Gültigkeitsbereich der Debye–Hückelschen Grenzgesetze besteht eine eindeutige Beziehung zwischen der stöchiometrischen Dissoziationskonstante $K'$ und der Ionenstärke I der Lösung. Für eine einbasische schwache Säure läßt sich diese Beziehung z.B. mit dem bekannten Wert der thermodynamischen Dissoziationskonstante K in der Form

$$K = \frac{[H^+] \cdot [A]}{[HA]} \cdot y_\pm^2 = K' \cdot y_\pm^2 \qquad (1.180)$$

bzw.

$$\lg K' = \lg K - 2 \lg y_\pm \qquad (1.181)$$

darstellen, wenn die Aktivität der undissoziierten Säure HA ihrer Konzentration gleichgesetzt werden kann. Nach dem in diesem Abschnitt hergeleiteten Grenzgesetz

$$- \lg y_+ = z_+ \cdot z_- \cdot 0{,}509 \sqrt{I} \qquad (1.182)$$

erhält man also mit $z_+ = z_- = 1$ für 25 °C die Beziehung

$$\lg K' = \lg K + 1{,}018 \sqrt{I} \, . \qquad (1.183)$$

Bezeichnet man die negativen dekadischen Logarithmen von $K'$ und K mit $pK'$ bzw. pK, so läßt sich Gl. (1.183) auch in der Form

$$pK' = pK - 1{,}108 \sqrt{I} \qquad (1.184)$$

schreiben. Bei höheren Ionenstärken ($I > 10^{-2}$ mol/l) zeigen die Meßwerte Abweichungen von dieser Beziehung. Diese Abweichungen sind auf individuelle Einflüsse der effektiven Ionenradien zurückzuführen. Für die biologisch in Betracht kommenden und teilweise recht hohen Ionenstärken werden die stöchiometrischen Konstanten $K'$ deshalb empirisch ermittelt. Bei 38 °C beträgt die Ionenstärke im Serum des Menschen etwa 0,167 mol/l.

Die Konstante $K'$ wird oft bei potentiometrischen pH-Messungen benutzt oder auch aus potentiometrisch bestimmten pH-Werten berechnet. Dabei ist zu beachten, daß mit der potentiometrischen Messung definitionsgemäß direkt die thermodynamische Aktivität der $H^+$-Ionen bestimmt wird. Zur Berechnung der Abhängigkeit der Dissoziationskonstante von der Ionenstärke hat man deshalb in diesem Falle von dem Ansatz

$$K = \frac{a_{H^+}[A^-]}{[HA]}\, y_- = K''\, y_- \qquad (1.185)$$

auszugehen. $K''$ hat dabei nicht die gleiche Bedeutung wie $K'$ in Gl. (1.180), da in $K''$ die Konzentration der $H^+$-Ionen durch die thermodynamische Aktivität dieser Ionen ersetzt worden ist. Mit $y_+ = y_-$ erhält man aus den Gln. (1.182) und (1.185) die zu Gl. (1.184) analoge Beziehung

$$pK'' = pK - 0,509\,\sqrt{I}\;. \qquad (1.186)$$

Für die erste Dissoziationskonstante der Kohlensäure gilt diese Beziehung noch bei physiologischen Ionenstärken exakt, wenn die $H^+$-Ionen-Aktivitäten potentiometrisch und die Hydrogencarbonat-Konzentrationen gasanalytisch bestimmt worden sind. Hastings und Sendroy haben für 30 °C die empirisch ermittelte Beziehung

$$pK_1'' = 6,33 - 0,5\,\sqrt{I} \qquad (1.187)$$

angegeben. Danach erhält man z.B. für eine Ionenstärke von 0,167 Einheiten den Wert $pK_1'' = 6,1$; in den Erythrocyten ist $pK_1'' = 6,18$.

Für die zweite Dissoziationsstufe der Kohlensäure gilt entsprechend

$$K_2 = \frac{a_{H^+}\cdot[CO_3^{2-}]}{[HCO_3^-]}\cdot\frac{y_{2-}}{y_-} = K_2''\cdot\frac{y_{2-}}{y_-} \qquad (1.188)$$

bzw.

$$pK_2'' = pK_2 + \lg y_{2-} - \lg y_-$$
$$= pK_2 - 4\cdot 0,509\,\sqrt{I} + 0,509\,\sqrt{I}$$

bzw.

$$pK_2'' = pK_2 - 1,53\,\sqrt{I}\;. \qquad (1.189)$$

Aus Meßwerten ergab sich mit $pK_2 = 10,22$ die nur wenig abweichende Beziehung

$$pK_2'' = pK_2 - 1,1\,\sqrt{I}\,, \qquad (1.190)$$

die wiederum zeigt, daß das Debye-Hückelsche Grenzgesetz hier nicht mehr streng erfüllt ist. Bei mehrwertigen Ionen muß der Einfluß der Konzentrationen auf die Ionenaktivität besonders beachtet werden. In der Tabelle 1.8 sind einige

Beispiele für pK-Werte schwacher Säuren zusammengestellt. Bei der Benutzung derartiger Tabellen ist zu beachten, auf welche Art der vorstehend genannten Konstanten sich die angegebenen numerischen Werte beziehen.

Säuren sind Stoffe, die Protonen abgeben. Basen nehmen Protonen auf. Protolytische Reaktionen lassen sich deshalb nach dem Schema

$$\text{Säure} \rightleftharpoons \text{Base} + \text{Proton}$$

zusammenfassen. Gibt eine protoniert vorliegende Base wie $NH_4^+$ das Proton wieder ab, so entsteht aus der *Kationensäure* $NH_4^+$ die freie Base $NH_3$. Für die Dissoziation des $NH_4^+$ gilt das Massenwirkungsgesetz in der Form

$$\frac{[H^+]\cdot[NH_3]}{[NH_4^+]} = K_s'\;. \qquad (1.191)$$

Die Dissoziation einer Kationensäure unterscheidet sich also formal nicht von der Dissoziation einer klassischen schwachen Säure. Der entstehende Säurerest ist bei dem betrachteten Beispiel aber kein Anion, sondern die ungeladene Base $NH_3$. Die vorstehende Überlegung gestattet eine einheitliche Behandlung von Säuren und Basen unter Benutzung der Dissoziationskonstanten der Kationensäuren. Diese Betrachtungsweise bietet bei der Beschreibung der Dissoziation von *Ampholyten* (z. B. Aminosäuren) gewisse Vorteile. In Tabelle 1.8 sind auch einige Zahlenwerte von pK-Werten für Kationensäuren angegeben. Protolytische Reaktionen vollziehen sich auch in nichtwäßrigen Lösungsmitteln, wobei im allgemeinen keine $OH^-$-Ionen entstehen. Für wäßrige Lösungen ergibt sich eine gewisse Vereinfachung der Massenwirkungsgesetze daraus, daß die Konzentration der Wasser-Molekeln durch die Dissoziation der gelösten Protolyte keine meßbare Änderung erfährt, wenn man von extrem hohen Konzentrationen stark dissoziierender Stoffe absieht. Deshalb kann das Produkt aus der Massenwirkungskonstante der protolytischen Reaktion und der $H_2O$-Konzentration als Dissoziationskonstante $K_s$ der protonenabgebenden Substanz definiert und bei entsprechenden Berechnungen verwendet werden. Auch bei der Berechnung der in Tabelle 1.8 angegebenen pK-Werte ist von dieser Vereinfachung Gebrauch gemacht worden.

**Tabelle 1.8.** Beispiele für pK-Werte von Säuren und Kationensäuren bei 25 °C

| | |
|---|---|
| Ameisensäure | 3,75* |
| Buttersäure | 4,819* |
| Essigsäure | 4,756* |
| Monochloressigsäure | 2,86* |
| Dichloressigsäure | 1,48* |
| Trichloressigsäure | 0,7 |
| Citronensäure, 1. Stufe | 3,74* |
| 2. Stufe | 4,77* |
| 3. Stufe | 6,4* |
| Milchsäure | 3,9 |
| Harnsäure (1. St.) | 5,82 |
| Phenol | 9,89 |
| Benzoesäure | 4,19* |
| Phenylessigsäure | 4,37 |
| Mandelsäure | 3,37 |
| Pikrinsäure | 0,8 |
| Nicotinsäure | 4,85 |
| Glucose | 12,6 |
| Ascorbinsäure, 1. Stufe | 4,10 |
| 2. Stufe | 11,79 |
| Ammoniak | 9,25 |
| Methylamin | 10,64* |
| Dimethylamin | 10,72* |
| Trimethylamin | 9,74* |
| Hydroxylamin | 6,2 |
| $Ca(OH)_2$ | 9,57 |
| $Zn(OH)_2$ | 5,12 |
| Anilin | 4,582* |
| Pyridin | 5,35 |
| Pyrrolidin | 11,11 |
| Chinolin | 5,8 |
| Isochinolin | 4,9 |

Die mit * gekennzeichneten pK-Werte beziehen sich auf stöchiometrische Konstanten

ihm abgezogen wird. Die Protonenabgabe wird z.B. erleichtert, wenn sich die OH-Gruppe an einem C-Atom befindet, das durch eine Doppelbindung mit einem Atom größerer Elektronenaffinität verknüpft ist. Die Hydroxylgruppe am C-Atom einer C-C-Doppelbindung zeigt dementsprechend nur einen schwach sauren Charakter, während die an ein Carbonyl-C-Atom gebundene OH-Gruppe die für alle organischen Säuren typische Protonenabgabefähigkeit aufweist. Durch den gleichen Effekt ist auch die Acidität der NH-Gruppen des Harnsäure-Moleküls

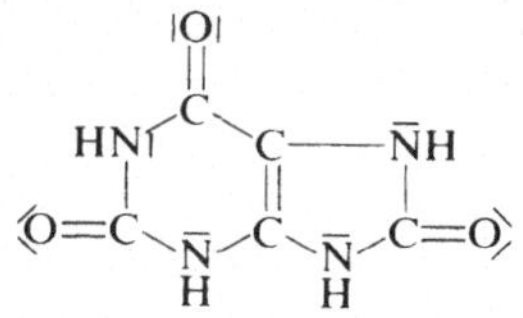

$$
\begin{array}{ccccc}
 & & |O| & & \\
 & & \| & & \\
 & & C & & \\
HN| & & C & \!\!\!\!—\!\!\!\! & \bar{N}H \\
 | & & \| & & | \\
O{=}C & & C & & C{=}O \\
 & \bar{N} & & \bar{N} & \\
 & H & & H & \\
\end{array}
$$

zu erklären. Da die Methylgruppe eine wesentlich schwächere Anziehung auf das Elektron des abzugebenden Protons der Essigsäure ausübt als das H-Atom auf das entsprechende Elektron der Ameisensäure, ist die Ameisensäure eine stärkere Säure als die Essigsäure. Methylalkohol ist eine noch wesentlich schwächere Säure als Wasser. Aus dem gleichen Grunde ist $N(CH_3)_3$ eine stärkere Base als $NH_3$. Die Homologen einer Reihe gesättigter Fettsäuren zeigen gegenüber dem Dissoziationsvermögen der Essigsäure kaum noch Unterschiede, d.h. die Induktionswirkung der Paraffinglieder erstreckt sich nicht wesentlich über zwei C-Atome hinaus. Dagegen wirkt die Substitution mit stark negativierenden Atomgruppen etwas weiter. Unter diesen Substituenten zeigt das Cl-Atom die stärkste Wirkung. Die Abstufung des Induktionseffektes wird durch das folgende Schema zum Ausdruck gebracht:

Die Fähigkeit zur Abgabe bzw. Anlagerung von Protonen steht in engem Zusammenhang mit der chemischen Struktur der betrachteten Stoffe. Für die Beeinflussung der Protonenaffinität einer bestimmten Atomgruppe eines Moleküls kommen insbesondere drei Effekte in Betracht:

$$Cl > Br > J > OCH_3 > OH > C_6H_5 > CH{=}CH_2 > H > CH_3 > CH_2{-}CH_3 > CH(CH_3)_2 > C(CH_3)_3$$

| Elektronen anziehend<br>(Protonen abstoßend) | Elektronen abstoßend<br>(Protonen anziehend) |
|---|---|

*1) Der Induktionseffekt*

Aus einer Hydroxylgruppe wird das Proton um so leichter abgegeben, je stärker das zugehörige Elektron durch benachbarte Substituenten von

Mit zunehmender räumlicher Annäherung eines Elektronen anziehenden Substituenten an die Carboxylgruppe steigt die Säurestärke an.

| Carbonsäure | pK$_s$ |
|---|---|
| $CH_2Cl-CH_2-CH_2-COOH$ | 4,52 |
| $CH_3-CHCl-CH_2-COOH$ | 4,06 |
| $CH_3-CH_2-CHCl-COOH$ | 2,84 |

Mit der Zahl gleichartiger Elektronen anziehender Substituenten steigt die Säurestärke an.

| Carbonsäure: | pK$_s$ |
|---|---|
| $CH_2Cl-COOH$ | 2,86 |
| $CHCl_2-COOH$ | 1,29 |
| $CCl_3-COOH$ | 0,89 |

## 2) *Der Resonanzeffekt (Elektronen-Delokalisierungseffekt)*

Durch die weitgehende Delokalisierung bestimmter Valenzelektronen werden bestimmte molekulare Strukturen stabilisiert. So erfährt z.B. die Carboxylat-Gruppe

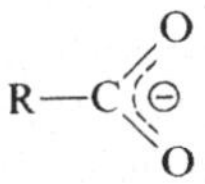

$$R-C\underset{O}{\overset{O}{\big\langle}}\ominus$$

eine gewisse Stabilisierung, die weit über den entsprechenden Stabilisierungseffekt bei der undissoziierten R-COOH-Gruppe hinausgeht. Durch die Beteiligung des Valenzelektrons am $\pi$-Elektronensystem des Benzolringes wird die alkoholische OH-Gruppe des Phenols zur Protonenabgabe veranlaßt. Auf den gleichen Effekt ist auch die erschwerte Anlagerung eines Protons an das Anilin-Stickstoff-Atom zurückzuführen. Besonders charakteristisch für den Resonanzeffekt ist die starke Basizität des Guanidins; sie beruht auf der ausgeprägten Elektronen-Delokalisierung des durch Protonenanlagerung gebildeten Guanidinium-Ions

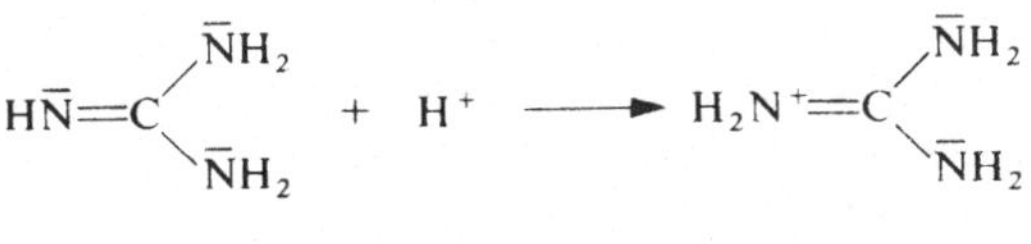

$$H\bar{N}=C\underset{\bar{N}H_2}{\overset{\bar{N}H_2}{\big\langle}} + H^+ \longrightarrow H_2N^+=C\underset{\bar{N}H_2}{\overset{\bar{N}H_2}{\big\langle}}$$

mit drei äquivalenten „Grenzstrukturen".

## 3) *Der statistische Effekt bei mehrbasischen Säuren*

Bei der Dissoziation einer Molekel $H_2AB$ kann ein $H^+$-Ion auf vier verschiedene Weisen gebildet werden, nämlich
1. durch Abspaltung von Position A aus $H_2AB$;
2. durch Abspaltung von Position B aus $H_2AB$;
3. durch Abspaltung von Position A aus $HAB^-$;
4. durch Abspaltung von Position B aus $HBA^-$.

Bei völliger energetischer Gleichwertigkeit der genannten Dissoziationsprozesse sollte daher die Dissoziationskonstante $K_1$ für die Abspaltung des ersten Protons viermal größer sein als die Konstante $K_2$ für die Abspaltung des zweiten Protons. Tatsächlich ist bei zweibasischen Säuren fast stets die erste Carboxylgruppe saurer als die zweite Carboxylgruppe. Das Verhältnis der beiden Konstanten ist allerdings in der Regel wesentlich größer als 4:1. In diesem Effekt äußert sich die elektrostatische Wirkung einer $COO^-$-Gruppe auf die benachbarte COOH-Gruppe. Diese Wirkung äußert sich in einer Erhöhung der Protonenaffinität; sie ist um so stärker, je geringer der Abstand der beiden Gruppen ist. Dies zeigt sich deutlich beim Vergleich der in Tabelle 1.9 für die cis-trans-Isomeren

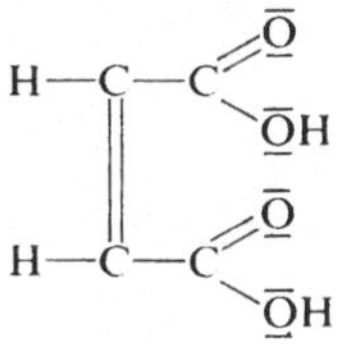

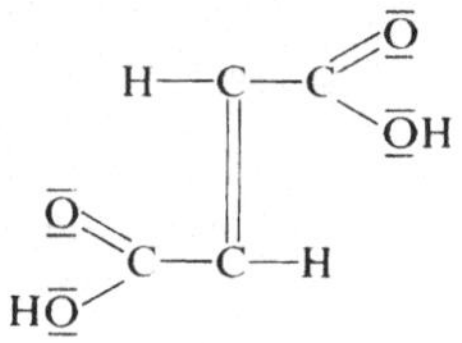

angegebenen Werte des Quotienten $K_1'/K_2'$. Der beobachtete Effekt hängt vom Dipolmoment der Carboxylgruppe, von dessen Richtung, von der Dielektrizitätskonstante des Mediums und von den inneren dielektrischen Eigenschaften der Molekeln ab. Zur quantitativen Erfassung der Ionengleichgewichte wird oft der Dissoziationsgrad angegeben. Der Dissoziationsgrad $\alpha$ eines potentiellen Elektrolyten ist der Quotient aus der Anzahl der dissoziierten Moleküle und der Anzahl der insgesamt vorhandenen dissoziationsfähigen Moleküle. Zwischen der Dissoziationskonstante

**Tabelle 1.9.** Dissoziationskonstanten zweibasischer Säuren

| Substanz | $K_1'$ | $K_2'$ | $K_1'/K_2'$ |
|---|---|---|---|
| Oxalsäure | $5900 \cdot 10^{-5}$ | $6,4 \cdot 10^{-5}$ | 925 |
| Malonsäure | $149 \cdot 10^{-5}$ | $0,203 \cdot 10^{-5}$ | 735 |
| Bernsteinsäure | $6,41 \cdot 10^{-5}$ | $0,333 \cdot 10^{-5}$ | 19,2 |
| Fumarsäure | $62 \cdot 10^{-5}$ | $3,4 \cdot 10^{-5}$ | 18,3 |
| Maleinsäure | $439 \cdot 10^{-5}$ | $0,05 \cdot 10^{-5}$ | 8780 |
| Glutarsäure | $4,53 \cdot 10^{-5}$ | $0,380 \cdot 10^{-5}$ | 12 |
| Adipinsäure | $3,82 \cdot 10^{-5}$ | $0,387 \cdot 10^{-5}$ | 10 |
| Korksäure | $3,04 \cdot 10^{-5}$ | $0,395 \cdot 10^{-5}$ | 7,7 |

und dem Dissoziationsgrad besteht ein Zusammenhang, der für eine einbasische schwache Säure mit

$$[H^+] = c\alpha, \quad [A^-] = c\alpha \quad \text{und} \quad [HA] = c(1 - \alpha)$$

durch die Gleichung

$$K' = \frac{c\,\alpha^2}{1 - \alpha} \tag{1.192}$$

beschrieben werden kann. Diese Gleichung wird als Ostwaldsches Verdünnungsgesetz bezeichnet. Mit zunehmender Verdünnung erhöht sich der Dissoziationsgrad. Eine charakteristische Besonderheit des Dissoziationsverhaltens von Säuren und Basen in wäßriger Lösung ergibt sich aus der Beteiligung der nach dem Schema

$$H_2O \rightleftharpoons H^+ + OH^- \tag{1.193}$$

gebildeten lösungsmitteleigenen Ionen. Der Dissoziationszustand des Lösungsmittels hängt also auch vom Dissoziationsgrad der gelösten Säuren und Basen ab. Deshalb ist die thermodynamische Aktivität des hydratisierten $H^+$-Ions eine gemeinsame Eigenschaft der gesamten protolytischen Mischphase. Isolierte $H^+$-Ionen treten in wäßrigen Lösungen nur in vernachlässigbar kleinen Konzentrationen auf. Die Hydratation des $H^+$-Ions ist ein exothermer Prozeß, dessen Reaktionsenthapie zu 1109 kJ/mol bestimmt worden ist. Diese Hydratationsenthalpie ist größer als der doppelte Wert der Hydratationsenthalpie der übrigen einwertigen Ionen. Hieraus und aus zahlreichen anderen Ergebnissen physikalisch-chemischer Messungen folgt, daß beim Umsatz des $H^+$-Ions mit Wasser unter Ausbildung kovalenter Bindungen eine neue Spezies, das Hydronium-Ion

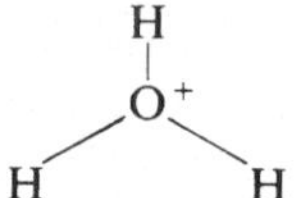

gebildet wird. Wie das $NH_3$-Molekül besitzt auch das $H_3O^+$-Ion eine pyramidenförmige Struktur. In der Ebene der gleich weit voneinander entfernten H-Atome ist die positive Überschußladung gleichmäßig verteilt. Das $H_3O^+$-Ion ist so kurzlebig, daß eine Weitergabe des Protons innerhalb von $10^{-13}$ Sekunden erfolgen kann. Die Kurzlebigkeit des $H_3O^+$-Ions kommt auch in den Ergebnissen molekülspektroskopischer Messungen zum Ausdruck; sie ist die Ursache für die in diesem Abschnitt bereits diskutierte hohe Beweglichkeit der $H^+$-Ionen in wäßrigen Systemen. Wegen der in Abb. 1.19 skizzierten Orientierung der $H_2O$-Molekeln sind die Hydrathüllen der Anionen sehr gut für die Protonenweitergabe geeignet, während die Hydrathüllen der Kationen den Protonentransport teilweise blockieren. Bei einer eingehenden physikalisch-chemischen Untersuchung wäßriger Säurelösungen hat sich gezeigt, daß auch das $H_3O^+$-Ion hydratisiert ist und unter Anlagerung weiterer Wasser-Molekeln einen Hydratkomplex $H_9O_4^+$ ausbildet (vgl. Abb. 1.22). Die aus drei Wasser-Molekeln bestehende innere Hydratschicht ist relativ stabil und dissoziiert bei Temperaturen unterhalb 100 °C nicht merklich. An diese innere Hydrathülle können sich in einer relativ instabilen äußeren Hydratschicht weitere Wasser-Molekeln anlagern. Die innerhalb des $H_9O_4^+$-Komplexes frei beweglichen Protonen können also an sechs Wasserstoff-Positionen von den Molekeln der äußeren Hülle übernommen werden und ein neues Hydronium-zentrum bilden. Obwohl das $H^+$-Ion stets in hydratisierter Form vorliegt, kann die Konzentration dieser Spezies mit dem Symbol $[H^+]$ bezeichnet werden, da die in die Massenwirkungsgleichungen einzusetzende Wasser-Konzentration in jedem Falle als hinreichend konstant angesehen werden kann. Die molare Konzentration des Wassers beträgt in reinem Wasser 55,6 mol/l. Die Gleichung

$$K = \frac{[H^+] \cdot [OH^-]}{[H_2O]} \tag{1.194}$$

läßt sich demnach mit $K_w = 55,6 \cdot K$ vereinfachen zu

$$K_w = [H^+] \cdot [OH^-] . \tag{1.195}$$

$K_w$ ist das *Ionenprodukt* des Wassers; sein Wert beträgt bei 22 °C $1 \cdot 10^{-14}$ mol$^2$l$^{-2}$. Das Ionenprodukt bestimmt den Endpunkt der stark exergonischen Neutralisationsreaktion, die sich zwischen Säuren und Basen vollzieht und zur Bildung des Wassers aus seinen Ionen führt. Die Konzentration der $H^+$-Ionen berechnet sich nach Gl. (1.195) zu $10^{-7}$ mol $H^+$ im Liter für reinstes Wasser bei 22 °C und einer Wasser-Konzentration von 55,6 mol/l. Von 556 Millionen Wasser-Molekeln ist also nur eines dissoziiert. Die Konstanz des Ionenproduktes gilt für Säure- und Basenlösungen jeder Stärke.

Zur Vereinfachung der $H^+$-Konzentrationsangaben hat Sörensen 1909 den Begriff des pH-Wertes eingeführt. Der pH-Wert ist der negative dekadische Logarithmus des Zahlenwertes der molaren Wasserstoffionenaktivität $a_{H^+}$.

$$pH = - \lg a_{H^+} . \tag{1.196}$$

Da die Wasserstoffionenaktivität in verdünnten Lösungen der Wasserstoffionenkonzentration $[H^+]$ nahekommt, gilt auch

$$pH \simeq - \lg[H^+] . \tag{1.197}$$

Die Begründung für die Definition des pH-Wertes leitet sich aus der Tatsache ab, daß das chemische Potential (vgl. Abschn. 5.2.2) der Stoffe vom Logarithmus ihrer thermodynamischen Aktivität abhängt. Dabei ergibt sich ein negativer Logarithmus, wenn die Aktivität kleiner als 1 ist. Der

praktische Vorteil der Bezeichnungsweise pH liegt darin, daß die potentiometrische Bestimmung der $H^+$-Ionen-Aktivität direkt einen ihrem Logarithmus proportionalen Wert liefert und daß sich Änderungen des Dissoziationsgrades am übersichtlichsten als Funktion des pH-Wertes darstellen lassen.

Die potentiometrische Bestimmung des pH-Wertes beruht auf den im Abschn. 5.2.3 beschriebenen Gesetzmäßigkeiten der Elektrochemie galvanischer Ketten.

Für viele Berechnungen wichtig ist der Zusammenhang zwischen dem pH-Wert und dem Dissoziationsgrad $\alpha$ einer schwachen Säure. Durch Einsetzen von

$$[HA] = \frac{[H^+][A^-]}{K} \tag{1.198}$$

mit $K' \simeq K$ in

$$\alpha = \frac{[A^-]}{[A^-] + [HA]} \tag{1.199}$$

erhält man

$$\alpha = \frac{1}{1 + \dfrac{[H^+]}{K}} = \frac{1}{1 + 10^{pK - pH}} . \tag{1.200}$$

Die Größe $1 - \alpha = \rho$ wird als Dissoziationsrest bezeichnet. Nach dem Ostwaldschen Verdünnungsgesetz verringert sich der Dissoziationsgrad mit zunehmender Wasserstoffionen-Konzentration, wenn die Zunahme von $[H^+]$ durch Erhöhung von $[HA]$ erreicht wird. Auch durch den Zusatz einer stärkeren Säure wird die Dissoziation einer schwachen Säure zurückgedrängt. Mit zunehmender Wasserstoffionenkonzentration nähert sich $\alpha$ einem durch den Wert von K vorgegebenen kleinen Endwert. Ist pH = pK, so erhält man nach Gl. (1.200) die einfache Beziehung $\alpha = \rho = 1/2$. Bei der Zuordnung von $\alpha$ zur pH-Skala ergeben sich für $\alpha$ und $\rho$ spiegelbildlich gleiche, entgegengesetzt verlaufende Wendepunktskurven mit Wendepunkt bei pH = pK (vgl. Abb. 1.26). Der Verlauf dieser Kurven ist für alle Säuren gleich, wobei der Wendepunkt jeweils durch den pK-Wert der vorgegebenen Säure festgelegt wird. Die Steilheit der Kurve erreicht ihren größten Wert im

Bereich des Wendepunktes. In einem pH-Intervall von sechs Einheiten erhöht sich der Dissoziationsgrad $\alpha$ von dem Wert 0,01 auf den Wert 0,99. Aus dem in Abb. 1.26 wiedergegebenen Kurvenverlauf kann also bei bekanntem pK-Wert für jeden pH-Wert der Dissoziationsgrad der zugehörigen Säure entnommen werden. Diese Dissoziationskurve unterscheidet sich nur wenig von der bei schrittweisem Hinzufügen einer Basen-Normallösung erhaltenen Titrationskurve, da das Verhältnis der zugefügten Laugenmenge zur Gesamtmenge der vorgelegten schwachen Säure mit guter Nährung dem Dissoziationsgrad gleichgesetzt werden kann. Bei Halbneutralisierung ist also pH $\simeq$ pK, und man kann durch pH-Bestimmung einer halbneutralisierten schwachen Säure deren pK-Wert ermitteln.

Sind zwei Säuren mit verschiedenen Dissoziationskonstanten $K_I'$ und $K_{II}'$ in der Lösung vorhanden, so verteilt sich die zugesetzte Basenmenge den dissoziierten Anteilen entsprechend, denn aus Gl. (1.180) folgt unmittelbar

$$\frac{K_I'}{K_{II}'} = \frac{[A_I^-] \cdot [HA_{II}]}{[HA_I] \cdot [A_{II}^-]} . \tag{1.201}$$

Bei gegebener Wasserstoffionen-Konzentration verhalten sich also die Salz/Säure-Quotienten verschiedener Säuren wie ihre Dissoziationskonstanten. Der Logarithmus dieser Quotienten ist nach Gl. (1.180) eine einfache lineare Funktion des pH:

$$\lg \frac{[A^-]}{[HA]} = pH - pK' . \tag{1.202}$$

Der durch Gl. (1.202) beschriebene Zusammen-

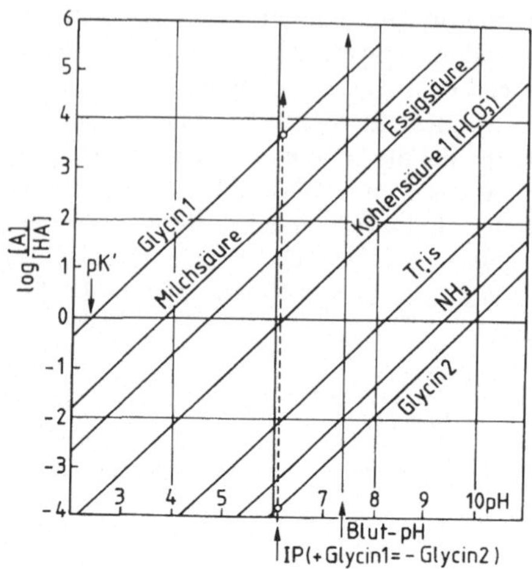

Abb. 1.27 lg $[A^-]/[HA]$ als Funktion des pH-Wertes, pK Werte: Glycin 1:2,35; Glycin 2:9,9; Milchsäure: 3,8, Essigsäure: 4,7; $H_2CO_3$:6,1; Tris: 8,1; $NH_3$:9,25

hang ist in Abb. 1.27 für verschiedene Säuren und Kationensäuren graphisch dargestellt.

Nach Gl. (1.199) stimmen diese Quotienten nur dann mit den Dissoziationsgraden überein, wenn die Bedingung $[A^-] \simeq [HA]$ erfüllt ist. Für das Verhältnis der beiden Dissoziationsgrade $\alpha_I$ und $\alpha_{II}$ erhält man nämlich nach Gl. (1.200)

$$\frac{\alpha_I}{\alpha_{II}} = \frac{K_I' K_{II}' + K_I'[H^+]}{K_I' K_{II}' + K_{II}'[H^+]} , \tag{1.203}$$

woraus sich für hinreichend große Werte von $[H^+]$ die Näherungsformel

$$\frac{\alpha_I}{\alpha_{II}} \simeq \frac{K_I'}{K_{II}'} \tag{1.204}$$

ergibt. Die durch Gl. (1.203) beschriebene Verteilungsregel hat man auch beim Gebrauch von Farbindikatoren zu beachten. Ein Indikator ist ein schwacher Elektrolyt; er erfährt als solcher bei einer pH-Änderung die gleichen Dissoziationsänderungen wie jeder andere Stoff mit der entsprechenden Dissoziationskonstante. Am einfachsten liegen die Verhältnisse bei den einfarbigen Indikatoren, die aus dem farblosen Zustand in den farbigen Zustand übergehen. Die relative Farbintensität bei verschiedenem pH ergibt in diesem

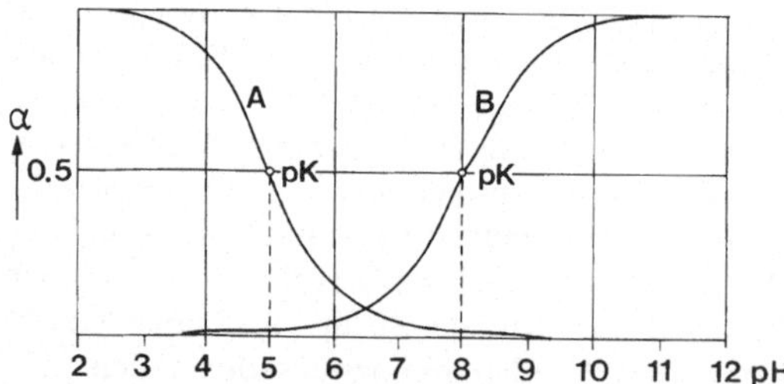

Abb. 1.26 A: Dissoziationskurve einer Säure mit pK = 5 ($\rho$); B: Dissoziationskurve einer Säure mit pK = 8 ($\alpha$);

Falle direkt die zugehörige Dissoziationskurve. Der Indikator darf bei Titrationen nur in so geringen Mengen verwendet werden, daß die zu seiner Dissoziation benötigten Mengen an Basen-Lösung vernachlässigbar klein gegenüber den zur Absättigung der titrierten Säure benötigten Mengen bleiben. Die Umschlagsintervalle geeigneter Indikatoren sind in der Abb. 1.28 angegeben.

Aus der Titrationskurve einer schwachen Säure ergibt sich der pK'-Wert bzw. die Dissoziationskonstante dieser Säure. Damit kann der Dissoziationsgrad $\alpha$ als Funktion des pH-Wertes berechnet und graphisch dargestellt werden.

Für die Dissoziationsgrade ($\alpha_1, \alpha_2, \alpha_3, \ldots, \alpha_n$) und den Dissoziationsrest $\rho$ mehrbasischer Elektrolyte mit n protolytischen Gruppen ergibt eine Substitutionsrechnung nach Michaelis folgende allgemeine Formulierung. Der Dissoziationsrest $\rho$ kann mit vereinfachten Symbolen durch

$$\rho = \frac{A}{A + A^- + A^{2-} + A^{3-} + \cdots A^{n-}} \tag{1.205}$$

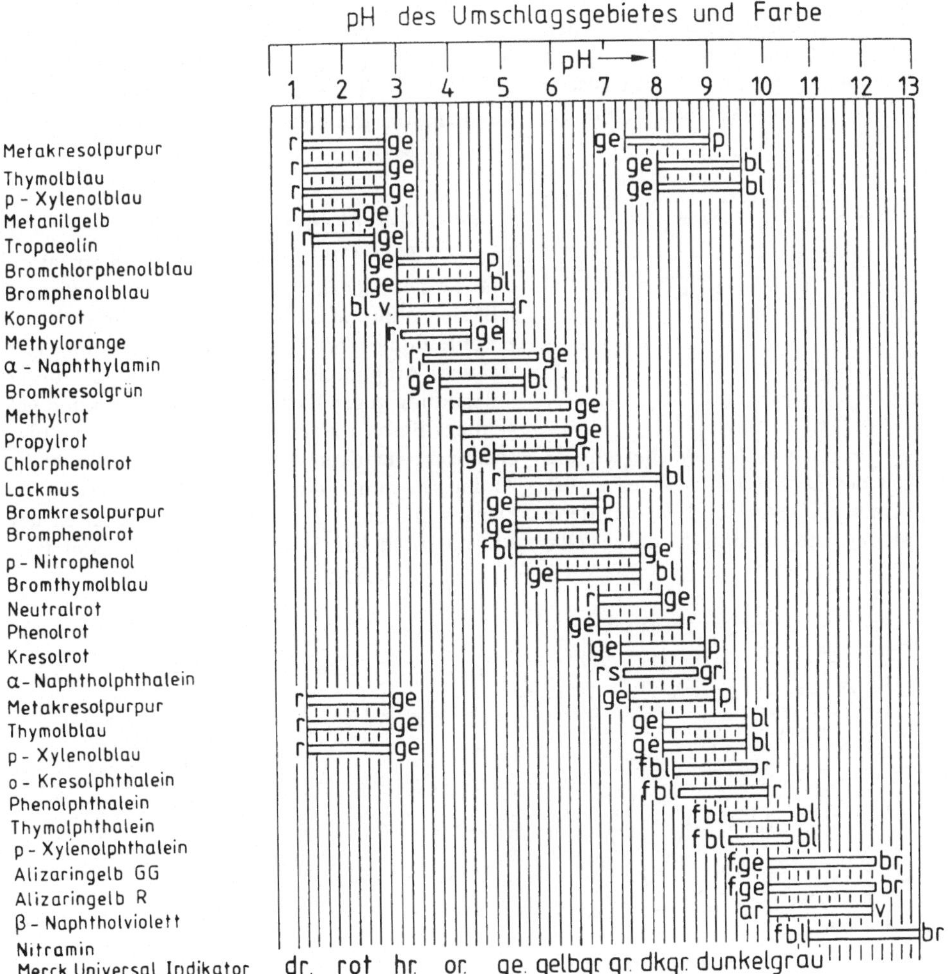



**Abb. 1.28** Umschlagsintervalle gebräuchlicher Indikatoren (nach H. Rauen (1956))

dargestellt werden. Für den Dissoziationsgrad der i-ten Stufe gilt dann entsprechend

$$\alpha_i = \frac{A^{i-}}{A + A^- + A^{2-} + A^{3-} + \cdots A^{n-}} .$$

$$(1.206)$$

Der für $\rho$ und alle $\alpha$-Werte gleichbleibende Nenner ergibt sich damit nach Division durch den gemeinsamen Faktor $A/[H^+]^2$ zu

$$N = \sum_{i=0}^{n} [H^+]^{n-i} \cdot K_0 \cdot K_1 \cdots K_i \qquad (1.207)$$

mit $K_0 = 1$. Dementsprechend ist auch das in den Zähler einzusetzende Glied A bzw. $A^{i-}$ durch $A/[H^+]^2$ zu dividieren. Für eine zweibasische Säure (z.B. Kohlensäure) erhält man damit die Ausdrücke

$$\alpha_1 = \frac{K_1[H^+]}{[H^+]^2 + K_1[H^+] + K_1K_2} , \qquad (1.208)$$

$$\alpha_2 = \frac{K_1K_2}{[H^+]^2 + K_1[H^+] + K_1K_2} \qquad (1.209)$$

und

$$\rho = \frac{[H^+]^2}{[H^+]^2 + K_1[H^+] + K_1K_2} . \qquad (1.210)$$

In Abb. 1.29 ist die nach Gl. (1.208) berechnete pH-Abhängigkeit des Dissoziationsgrades $\alpha_1$ für einen vorgegebenen $pK_1$-Wert und verschiedene ausgewählte $pK_2$-Werte graphisch dargestellt.

Aus dieser Darstellung ergibt sich, daß der Maximalwert von $\alpha_1$ dem arithmetischen Mittelwert von $pK_1$ und $pK_2$ zuzuordnen ist, so daß für diesen Punkt

$$pH = \tfrac{1}{2}(pK_1 + pK_2) \quad bzw.$$

$$[H^+] = \sqrt{K_1 \cdot K_2} \qquad (1.211)$$

gilt. Für die Maximalgröße von $\alpha_1$ erhält man durch Einsetzen dieses Ausdrucks in Gl. (1.208) die Beziehung

$$\alpha_{1\,max} = \frac{1}{1 + 2\sqrt{K_2/K_1}} . \qquad (1.212)$$

Abbildung 1.30 zeigt eine graphische Darstellung der nach Gl. (1.206) bzw. Gl. (1.207) berechneten Dissoziationsgrade einer dreibasischen Säure (Citronensäure).

### Amphotere Elektrolyte, isoelektrischer Punkt

Der mit Abb. 1.29 am Beispiel der Dissoziation einer zweibasischen Säure erläuterte Formalismus läßt sich ohne wesentliche Änderungen auch zur Beschreibung der Ampholyt-Dissoziation verwenden. Ampholyte sind Substanzen, die unter Salzbildung gegenüber Säuren wie Basen und gegenüber Basen wie Säuren reagieren. Zu den biochemisch wichtigen Ampholyten zählen z.B. die Aminosäuren und die Proteine. Eine einfache Erklärung für das elektrochemische Verhalten der Aminosäuren hat N. Bjerrum 1923 mit der Ein-

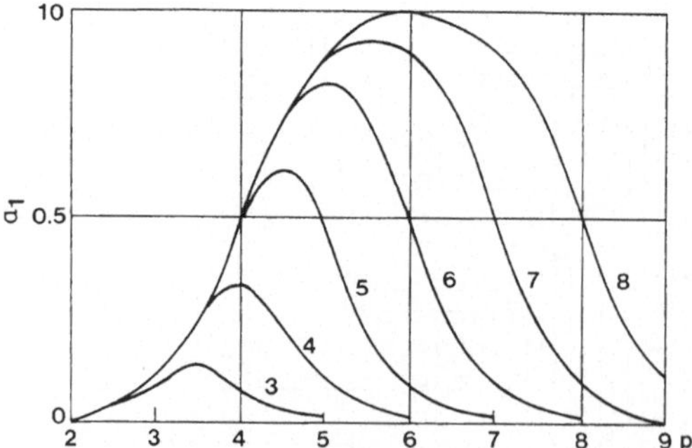

**Abb. 1.29** pH-Abhängigkeit des Dissoziationsgrades $\alpha_1$ einer zweibasischen Säure für die $pK_2$-Werte 3, 4, 5, 6, 7 und 8 bei $pK_1 = 4$

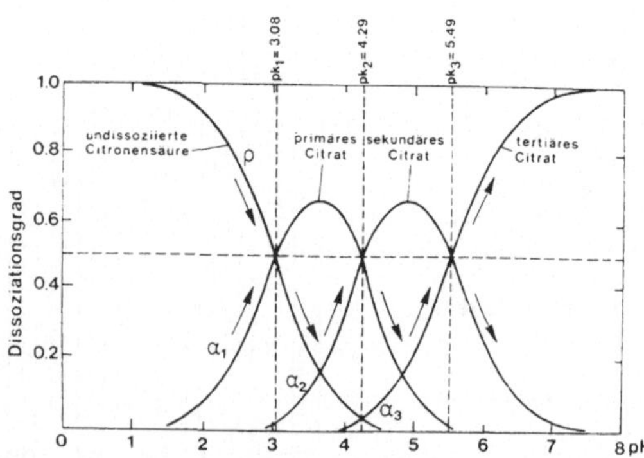


**Abb. 1.30** pH-Abhängigkeit der Dissoziationsgrade einer dreibasischen Säure (Citronensäure)

führung der Zwitterionen-Hypothese gegeben. Ein Zwitter-Ion

$$\underset{\underset{H}{|}}{\overset{\overset{R}{|}}{NH_3^+ - C - COO^-}}$$

ist in seinen kationischen und anionischen Gruppen gleich stark geladen; es ist elektrisch neutral und wandert nicht im elektrischen Feld. Durch Anlagerung von Protonen an die Carboxylat-Gruppe wird das Zwitterion zum Kation; durch Entzug von Protonen geht es in ein Anion über. Dieses Verhalten entspricht dem Schema

$$\underset{\underset{sauer}{\underset{H}{|}}}{\overset{\overset{R}{|}}{NH_3^+ - C - COOH}} \rightleftharpoons \underset{\underset{Zwitter-Ion}{\underset{H}{|}}}{\overset{\overset{R}{|}}{NH_3^+ - C - COO^-}} \rightleftharpoons \underset{\underset{basisch}{\underset{H}{|}}}{\overset{\overset{R}{|}}{NH_2 - C - COO^-}}$$

(IP)

Die Existenz von Zwitterionen kann heute als eine durch Experimente hinreichend bestätigte Tatsache angesehen werden. Eine starke Stütze für die Zwitterionen-Hypothese liefern die Ergebnisse thermochemischer Messungen. Die Protonenanlagerung an eine aliphatische Carboxylat-Gruppe ist ein exothermer Prozeß mit einer Reaktionsenthalpie von $-6,3$ bis $-8,4$ kJ/mol. Der $\Delta H$-Wert (vgl. Abschn. 5.2.1) der ebenfalls exothermen Protonierung einer Amino-Gruppe beträgt $-41,9$ bis $-50,2$ kJ/mol. Durch kalorimetrische Messungen wurde festgestellt, daß die Dissoziation der Aminosäuren im sauren pH-Bereich mit einer Reaktionsenthalpie von ca. 8 kJ/mol und im alkalischen pH-Bereich mit einem $\Delta H$-Wert von etwa 50 kJ/mol verknüpft ist. Bei niedrigem pH dissoziieren also die sauren und bei höherem pH die basischen Gruppen. Auch das aus Messungen der Dielektrizitätskonstante abgeleitete hohe Dipolmoment der neutralen Spezies (15,2 Debye-Einheiten) kann nur mit dem Zwitterionen-Modell erklärt werden. Die Annahme eines unpolaren Neutralteilchens, das durch Abspaltung von $OH^-$-Ionen in ein Kation übergeht, ist mit diesen Befunden nicht vereinbar. Ab-

bildung 1.31 zeigt die Titrationskurve von Glycin (Glykokoll). Bei Zugabe von Lauge zu einer stark sauren Lösung werden aus den Kationen die Zwitterionen gebildet ($pK_1 = 2,35$). Danach erfolgt bei weiterer Laugenzugabe die Bildung der Anionen im Sinne einer Kationensäure-Dissoziation ($pK_2 = 9,65$). Bei dieser Titration durchläuft das System einen für die Aminosäuren und Proteine charakteristischen Punkt, den isoelektrischen Punkt (IP). Bei dem in Abb. 1.31 mit IP markierten pH-Wert wandern die Glycin-Zwitterionen nicht im elektrischen Feld, da sie als Ganzes weder positiv noch negativ geladen sind. Der aus der Titrationskurve als arithmetischer Mittelwert von $pK_1$ und $pK_2$ zu entnehmende isoelektrische Punkt gibt den pH-Wert an, bei dem die maximale Konzentration an Zwitterionen vorliegt. Analog Gl. (1.211) gilt für den IP die Beziehung

$$pH_{IP} = \tfrac{1}{2}(pK_1 + pK_2) . \tag{1.213}$$

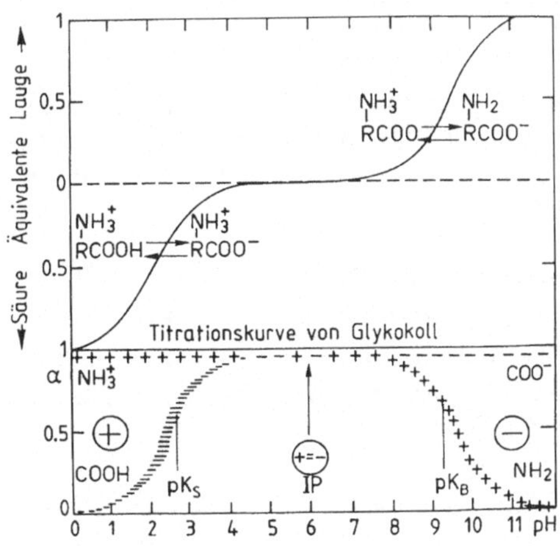


**Abb. 1.31** Ampholytdissoziation und Titrationskurve von Glycin

Der IP stimmt also nur dann mit dem Neutralisationspunkt (pH = 7) überein, wenn die Summe der beiden pK-Werte gleich 14 ist. Ist außerdem $pK_1 = pK_2 = 7$, so ist nach Gl. (1.208) und Gl. (1.209) $\alpha_1 = \alpha_2 = \frac{1}{3}$. Nimmt bei gleichbleibendem $K_1$ die Konstante $K_2$ ab, so rückt der IP in den alkalischen Bereich. Umgekehrt wird beim Anwachsen von $K_2$ und unverändertem $K_1$ der IP in den sauren Bereich rücken. Befindet der Ampholyt sich im isoelektrischen Zustand, dann erteilt er reinem Wasser bei seiner Auflösung die Reaktion des IP. Wenn der pH-Wert des wäßrigen Lösungsmittels nicht mit dem IP übereinstimmt, findet bei der Auflösung des Ampholyten stets eine Verschiebung des Ionengleichgewichtes statt. Deshalb läßt sich der in diesem Zusammenhang auch als isoionischer Punkt bezeichnete IP durch Messung der mit dem Lösungsvorgang gekoppelten pH-Änderung ermitteln. Häufig wird der IP auch durch Aufsuchen des Zustandes bestimmt, in dem sich im elektrischen Feld keine Wanderung zeigt. Dieser elektrophoretisch bestimmte IP ist bei Kolloiden vom Aufbau der elektrischen Doppelschicht (vgl. Abschn. 4.2.5) abhängig. Er deckt sich daher nicht notwendigerweise mit dem durch die Untersuchung der Ionenbindung festgelegten isoionischen Punkt.

Von besonderem Interesse ist die Lage des IP bei mehrwertigen Ampholyten. Die Verhältnisse lassen sich bei den trivalenten Aminosäuren am einfachsten übersehen. In Abb. 1.32 sind die Titrationskurven für eine saure und eine basische Aminosäure dargestellt.

Beginnt man mit der Bezeichnung der pK-Werte beim niedrigsten Wert, so ergibt sich für die saure Aminosäure das folgende Dissoziationsschema:

$$\text{sauer} \quad \overset{+}{R} \;\rightleftharpoons\; \overset{+}{R-} \;\rightleftharpoons\; \overset{+}{-R-} \;\rightleftharpoons\; -R- \quad \text{alkalisch}$$
$$\qquad pK_1 \quad IP \quad pK_2 \qquad pK_3$$

mit $pH_{IP} = \frac{1}{2}(pK_1 + pK_2)$. Das Dissoziationsschema der basischen Aminosäure läßt sich analog in der Form

$$\text{sauer} \quad \overset{+}{+R} \;\rightleftharpoons\; \overset{+}{+R-} \;\rightleftharpoons\; \overset{+}{+R-} \;\rightleftharpoons\; R- \quad \text{alkalisch}$$
$$\qquad pK_1 \qquad pK_2 \quad IP \quad pK_3$$

mit $pH_{IP} = \frac{1}{2}(pK_2 + pK_3)$ darstellen.

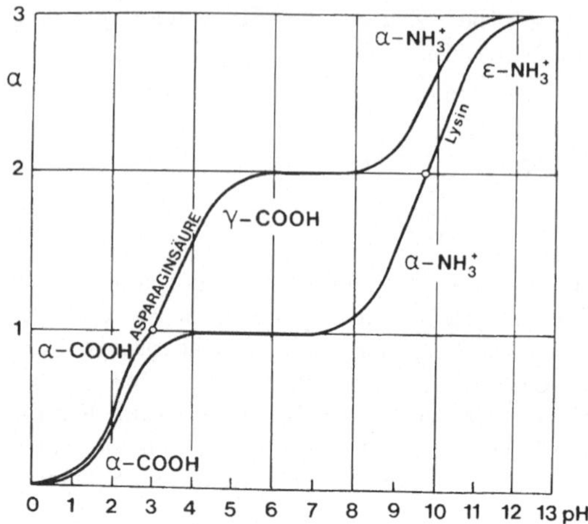


**Abb. 1.32** Titrationskurven für eine saure Aminosäure (Asparaginsäure) und für eine basische Aminosäure (Lysin)

Die Mannigfaltigkeit der unterschiedlichen IP-Werte verschiedener Proteine bildet die Grundlage für ein wichtiges elektrophoretisches Trennverfahren (Isoelektrische Fokussierung, vgl. Literaturhinweis im Anhang 2).

### Puffersysteme

Das in diesem Abschnitt ausführlich erläuterte Dissoziationsverhalten schwacher Elektrolyte bildet auch die Grundlage für das Funktionsprinzip der sog. Puffersysteme. Puffersysteme dienen entweder der Herstellung von Lösungen mit einer bestimmten Wasserstoffionenkonzentration oder der Aufrechterhaltung des eingestellten pH-Wertes bei Einwirkung zugesetzter Säuren oder Basen. Im einfachsten Fall ist ein Puffersystem aus einer schwachen Säure und ihrem Salz zusammengesetzt. Nach Gl. (1.202) ergibt sich der einzustellende pH-Wert aus dem Mischungsverhältnis des noch nicht neutralisierten Säureanteils zu dem

Anteil, der bereits neutralisiert ist. Bei der Erklärung der Dissoziationskurve (Abb. 1.26) ist bereits darauf hingewiesen worden, daß die nicht neutralisierte Säure als weitgehend undissoziiert und das gebildete oder hinzugefügte Salz als nahezu vollständig dissoziiert angesehen werden kann. Es kann also mit guter Näherung

$$[HA] \simeq [\text{Säure}] \quad \text{und} \quad [A^-] \simeq [\text{Salz}]$$

gesetzt werden. Damit läßt sich Gl. (1.202) in der Form

$$pH = pK' - \lg \frac{[\text{Säure}]}{[\text{Salz}]} \tag{1.214}$$

darstellen. Diese praktisch wichtige Beziehung wird als Henderson-Hasselbalchsche Gleichung bezeichnet. Nach dieser Gleichung hängt der eingestellte pH-Wert nur vom Verhältnis der Konzentrationen beider Partner in der Säure/Salz-Mischung, aber nicht vom Absolutwert dieser Konzentrationen ab. Dies gilt allerdings nur dann, wenn die Ionenstärke durch Verdünnung mit geeigneten Neutralsalzlösungen konstant gehalten wird. In allen anderen Fällen muß bei genauen Messungen die Abhängigkeit des $pK'$-Wertes von der Ionenstärke (Gl. (1.184) bzw. Gl. (1.186)) beachtet werden. Bei gleicher Pufferkonzentration und gleicher Belastung mit $H^+$-Ionen ist die eintretende pH-Änderung am geringsten beim pH der Halbneutralisierung. Die Pufferungsfähigkeit des Systems wird als *Pufferkapazität* bezeichnet und durch den Differentialquotienten dB/dpH definiert, wobei B die auf die Litereinheit bezogene Äquivalentmenge an zugesetzter Alkalilauge bedeutet. Wenn man die eingesetzte Pufferkonzentration mit c bezeichnet, kann in Gl. (1.214)

$$[\text{Säure}] = c - B \quad \text{und} \quad [\text{Salz}] = B$$

gesetzt werden. Es ist also

$$pH = pK' + \lg B - \lg(c - B) \tag{1.215}$$

bzw.

$$2,3 \, pH = 2,3 \, pK' + \ln B - \ln(c - B) \,. \tag{1.216}$$

Durch Differenzieren nach B erhält man daraus

$$2,3 \, \frac{dpH}{dB} = \frac{1}{B} + \frac{1}{c - B} \tag{1.217}$$

bzw.

$$\frac{dB}{dpH} = 2,3 \, B \left( 1 - \frac{B}{c} \right) \tag{1.218}$$

oder mit $B = [A^-] = c\alpha$ und

$$\left( 1 - \frac{B}{c} \right) = 1 - \alpha = \rho$$

$$\frac{dB}{dpH} = 2,3 \, c \, \alpha \rho \,. \tag{1.219}$$

Nach dem durch die Gln. (1.205), (1.206) und (1.207) beschriebenen Formalismus erhält man für eine einbasische schwache Säure die Beziehungen

$$\alpha = \frac{K'}{K' + [H^+]} \tag{1.220}$$

und

$$\rho = \frac{[H^+]}{K' + [H^+]} \,. \tag{1.221}$$

Damit ergibt sich aus Gl. (1.219) die 1922 von Van Slyke angegebene Gleichung

$$\frac{dB}{dpH} = 2,3 \, c \, \frac{[H^+] K'}{([H^+] + K')^2} \,, \tag{1.222}$$

nach der die Pufferkapazität berechnet werden kann. Bei mehrwertigen Pufferionen ist die Ionenstärke-Abhängigkeit der $pK'$-Werte immer in Betracht zu ziehen. Bei vielen Untersuchungen an Enzymsystemen muß darauf geachtet werden, daß die Ionenstärke in Pufferreihen mit variiertem pH bekannt ist oder konstant gehalten wird. Für Phosphatpuffer sind entsprechende Rezepte von Cohn und Green angegeben und in einem Diagramm (Abb. 1.33) zusammengefaßt worden.

In der Tabelle 1.10 sind die $pK'$-Werte für einige gebräuchliche Puffersubstanzen angegeben. Unter diesen Substanzen hat sich vor allem das Tris-(hydroxymethyl)-aminomethan bewährt, weil es

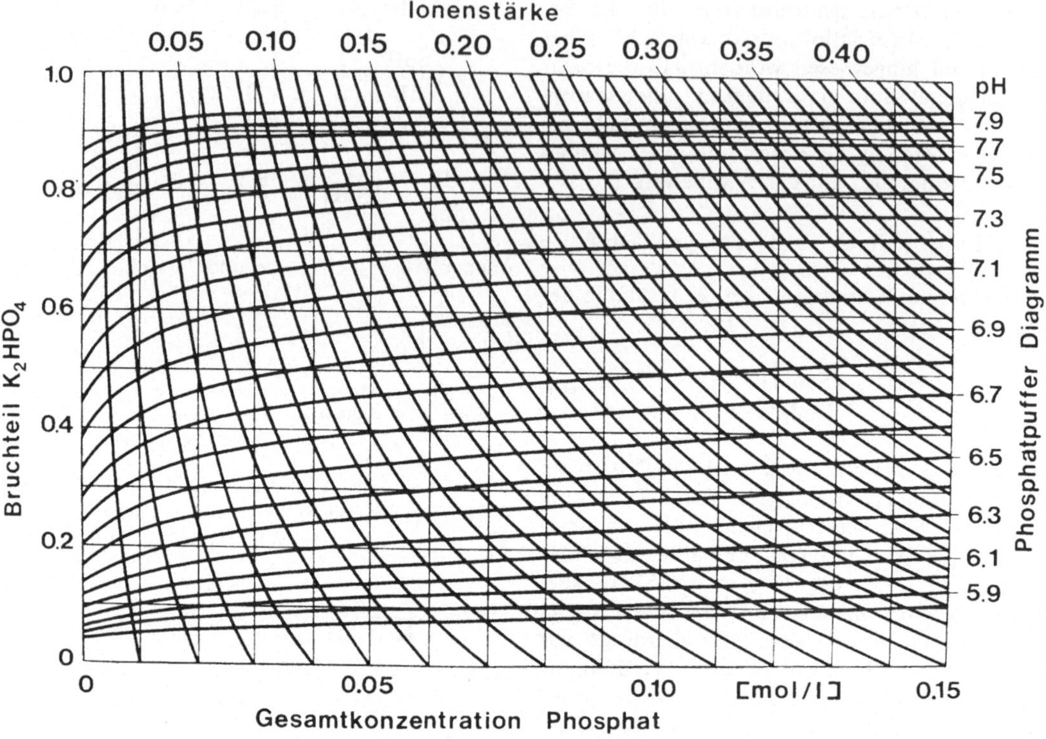


**Abb. 1.33** Ionenstärke, Mischungsverhältnis und pH-Wert von Phosphatpuffern

Tabelle 1.10 pK′-Werte einiger Puffersubstanzen im Bereich 6,1 − 8,4 (I < 0,1)

| | |
|---|---|
| Histidin | 6,1 |
| Kakodylsäure | 6,1 |
| Dinatriumphosphoglycerinsäure | 6,2 |
| Natriumhydrogencarbonat | 6,3 |
| Dinatriumpyrophosphat | 6,5 |
| Natriumdihydrogenphosphit | 6,5 |
| Natriummaleat | 6,6 |
| Natriumdihydrogenphosphat | 6,8 |
| Imidazol | 6,8 |
| 2, 4, 6-Collidin | 7,4 |
| Natrium-diäthylbarbiturat (Veronal) | 7,7 |
| Triethanolamin | 7,8 |
| Glycylglycin | 8,0 |
| Tris-(hydroxymethyl)-aminomethan | 8,1 |
| Alaninethylester | 8,1 |
| Trinatriumpyrophosphat | 8,4 |

mit $Ca^{2+}$-Ionen keine unlöslichen Niederschläge bildet und weil bei zahlreichen Untersuchungen über die Spaltung von Phosphat-Bindungen ein Phosphat-Zusatz vermieden werden muß. Für den praktischen Gebrauch der Puffer ist es oft zweckmäßig, einen größeren pH-Bereich mit etwa gleichbleibender Pufferkapazität zu beherrschen.

Das läßt sich durch Verwendung mehrerer Protolyte mit geeignetem pK′-Abstand erreichen. So puffert z.B. eine Mischung aus Milchsäure,

Essigsäure, Phosphorsäure und Glycin im pH-Bereich zwischen den Werten 3 und 9 annähernd gleich stark. Bei der Verwendung derartiger Gemische ist aber zu beachten, daß sehr verschiedenartige Anionen oder Moleküle vorliegen und daß deshalb auch die Ionenstärke größeren Schwankungen unterworfen ist.

Die Puffersysteme sind an der Konstanthaltung der Zusammensetzung der Körpersäfte entscheidend beteiligt. Die HCl-Bildung im Magensaft, die Ausscheidung großer Alkalimengen in das Darmlumen oder die Milchsäurebildung bei starker körperlicher Arbeit sind neben dem ständig wechselnden Säure- oder Basenüberschuß der Nahrung Beispiele für die dauernde Beanspruchung des $H^+$-Ionen-Haushaltes im Körper. Das Maß für die Güte seiner Regulation ist der pH des Blutes, der mit Werten zwischen 7,33 und 7,44 sehr genau konstant gehalten wird. An der Erhaltung dieser Konstanz sind die Funktionen der ausscheidenden Organe ebenso beteiligt wie die komplexen Pufferungssysteme im Blut, in den Geweben und in den Organen. Als Puffer können im Organismus nur Elektrolyte wirken, die im pH-Bereich biologischer Systeme Säuren oder Basen zu binden vermögen. Dabei können grundsätzlich alle im Stoffwechsel auftretenden Säuren mit geeigneten pK'-Werten als Puffersubstanzen wirksam werden. Es ist bemerkenswert, daß ein Großteil der physiologischen Puffer von Substanzen (z.B. Phosphat, Kohlendioxid und Ammoniak) gebildet wird, die Endprodukte des tierischen Stoffwechsels sind. Dabei kommt den Puffersystemen mit flüchtigen Reaktionspartnern $(CO_2, NH_3)$ eine besondere Bedeutung zu. Wenn eine der beiden Komponenten einer Puffermischung schon bei Zimmertemperatur in den Gaszustand übergehen kann, liegt unter physiologischen Bedingungen in der Regel ein offenes Puffersystem, das in regem Stoffaustausch mit seiner Umgebung steht, vor. Durch diesen Stoffaustausch kann die Konzentration der flüchtigen Komponente auch bei Belastung des Puffers mit Säuren oder Basen konstant gehalten werden.

Ein besonders wichtiges Beispiel für ein derartiges offenes Puffersystem ist das Kohlendioxid/Hydrogencarbonat-Puffersystem. Die Plasmakonzentrationen von $HCO_3^-$ und $CO_2$ betragen 24 mmol/l bzw. 1,2 mmol/l. Dabei wird die Konzentration der ebenfalls vorhandenen Kohlensäure-Moleküle nicht gesondert angegeben, da nur 1/400 der gesamten $CO_2$-Menge in *hydratisierter* Form als $H_2CO_3$ vorliegt. Die Gesamtkonzentration an $CO_2$ unterscheidet sich also praktisch nicht von der tatsächlich vorliegenden Konzentration der $CO_2$-Molekeln. Der pK'-Wert des $CO_2/HCO_3^-$-Systems liegt bei 6,1.

Die Körperflüssigkeiten im Extrazellulärraum können noch als verdünnte wäßrige Lösungen angesehen werden. Deshalb kann die Henderson-Hasselbalchsche Gleichung ohne zusätzliche Korrektur zur Berechnung des pH-Wertes dieser Flüssigkeiten verwendet werden. Aus dem angegebenen Konzentrationsverhältnis und $pK' = 6{,}10$ erhält man damit das Resultat $pH = 7{,}40$. Es ist bemerkenswert, daß dieser pH-Wert durch das Kohlendioxid/Bicarbonat-System aufrechterhalten wird, obwohl sich der pK'-Wert um mehr als eine Einheit von diesem Sollwert unterscheidet. Die Funktionsfähigkeit dieses Puffersystems beruht auf der durch Stoffaustausch mit der Gasphase eingestellten Konstanz der Kohlendioxid-Konzentration bei einem hohen Wert des Quotienten $[HCO_3^-]/[CO_2]$. Der Wert des pH-bestimmenden Konzentrationsquotienten kann sich nämlich unter den gegebenen Bedingungen bereits durch eine relativ geringfügige Änderung der $CO_2$-Konzentration stark verändern und damit auch bei konstanter Hydrogencarbonat-Konzentration eine meßbare Verschiebung des pH-Wertes hervorrufen. Durch eine 10%ige Erhöhung der Kohlendioxid-Konzentration würde sich so z.B. eine Erniedrigung des pH-Wertes um 0,04 Einheiten ergeben. Im ungestörten Organismus kommt diesem Effekt keine Bedeutung zu. Dagegen können erhebliche pH-Abweichungen, die durch Stoffwechselstörungen verursacht werden, durch Variation der Atemtiefe und -frequenz und eine damit verbundene Änderung der arteriellen Kohlendioxid-Konzentration ausgeglichen werden.

Die Daten der Tabelle 1.11 lassen die besonderen Eigenschaften des Hydrogencarbonat-Puffersystems deutlich erkennen. In den ersten beiden Spalten sind die Konzentrationen an Hydrogencarbonat bzw. Kohlendioxid in mmol/l ange-

**Tabelle 1.11** pH-Verschiebung und zugesetzte Basenmenge im Hydrogencarbonat-Puffersystem

| $[HCO_3^-]$ | $[CO_2]$ | $\dfrac{[HCO_3^-]}{[CO_2]}$ | pH nach Gl. (1.214) | Zugesetzte Basenmenge | Bemerkungen |
|---|---|---|---|---|---|
| 24,0 mmol/l | 1,2 mmol/l | 20 | 7,4 | 0 | ungestörtes System |
| 24,6 mmol/l | 0,6 mmol/l | 41 | 7,7 | 0,6 mmol | geschlossenes System |
| 49,0 mmol/l | 1,2 mmol/l | 41 | 7,7 | 25,0 mmol | offenes System |

geben. Aus der dritten und vierten Spalte sind der Quotient $[HCO_3^-]/[CO_2]$ und der daraus nach Gl. (1.214) berechnete pH-Wert zu entnehmen. Die fünfte Spalte gibt die bis zur Einstellung des pH-Wertes 7,7 zugesetzte Basenmenge in mmol an. Mit dem in der letzten Spalte gegebenen Hinweis ist der Systemzustand gekennzeichnet. Andere Puffer, die zusätzlich im Extrazellulärraum wirksam werden können, sind nicht berücksichtigt.

In der ersten Zeile sind die im Text bereits erwähnten Daten für das ungestörte System zusammengestellt. Die in der zweiten Zeile angegebenen numerischen Werte machen deutlich, daß im geschlossenen System ein Basenzusatz von nur 0,6 mmol ausreicht, um eine pH-Verschiebung auf den Wert 7,7 zu erreichen. Das geschlossene Hydrogencarbonat-System ist also nicht zur Pufferung geeignet. Im offenen System (Zeile 3) ist dagegen ein Basenzusatz von 25 mmol erforderlich, um die gleiche pH-Verschiebung zu bewirken. Deshalb ist das offene Hydrogencarbonat-System ein wirksames Puffersystem; es ist das wichtigste Puffersystem im Extrazellulärraum.

Die Dissoziationskonstante für die Reaktion

$$HCO_3^- \rightleftharpoons H^+ + CO_3^{2-}$$

ist mit $6 \cdot 10^{-11}$ so klein, daß die Bildung von Carbonat unter normalen Bedingungen im Organismus nur in vernachlässigbar kleinen Mengen erfolgt. Bei pH 8 wird weniger als 1% der gesamten Kohlendioxid-Menge zu Carbonat-Ionen umgesetzt sein. Wegen der Zweiwertigkeit der Carbonat-Ionen wächst jedoch die Dissoziationskonstante für die zweite Stufe mit zunehmender Ionenstärke stark an, so daß z.B. im Meer-

wasser schon beträchtliche Mengen an Carbonat (etwa 10% bei pH 8) vorliegen. Auch das Meerwasser ist ein offenes System, in dem die Kohlendioxid-Konzentration durch Stoffaustausch mit der Atmosphäre weitgehend konstant gehalten wird.

Im Zweiphasensystem Flüssigkeit-Gas wird die Konzentration des gelösten Kohlendioxids durch das im Abschn. 5.2.2 thermodynamisch begründete Henry-Daltonsche Gesetz bestimmt. Die Bedeutung der Gaslöslichkeit für den Atemgastransport wird im Abschn. 2.3.2 diskutiert. Die Löslichkeit des Kohlendioxids in der Blutflüssigkeit wird von mehreren Faktoren beeinflußt, die im Folgenden kurz erläutert werden sollen. In der Abb. 1.34 sind die für verschiedene Versuchsbedingungen ermittelten Kohlendioxid-Bindungskurven mit einigen ergänzenden Angaben zusammengefaßt.

Im destillierten Wasser (Kurve 1) wächst mit zunehmendem $CO_2$-Partialdruck die gelöste Menge an Kohlendioxid und Kohlensäure linear an; beide können nicht getrennt analysiert werden. Die Steigung der Geraden, welche die gelösten Volumina dem $CO_2$-Partialdruck zuordnet, ist dem Löslichkeitskoeffizienten (vgl. Abschn. 2.3.2) proportional.

Beim Auflösen von Kohlendioxid in einer 0,015 molaren NaOH-Lösung (Kurven 2a u. 2b) wird Carbonat und Hydrogencarbonat gebildet, so daß schon bei niedrigem Kohlendioxid-Gehalt der Luft praktisch nur Hydrogencarbonat und Kohlendioxid im gelösten Zustand vorhanden sind. Nach dem vollständigen Umsatz der vorgegebenen Alkalimenge kann die $HCO_3^-$-Konzentration bei weiterer Erhöhung des $CO_2$-Partialdruckes nicht mehr ansteigen; die Gesamtkonzentration des gelösten Kohlendioxids nimmt dagegen weiter zu (Kurve 2a). Der pH-Wert kann für die eingestellten Konzentrationswerte nach der Henderson-Hasselbalch-Gleichung berechnet werden. Damit ergeben sich die in Abb. 1.34 eingezeichneten Linien gleicher pH-Werte, aus denen für jeden angegebenen pH-Wert der Quotient aus der gelösten Kohlendioxid-Menge und dem $CO_2$-Partialdruck entnommen werden kann.

Durch eine eiweißhaltige Hydrogencarbonatlösung (Kurve 3) wird mehr Kohlendioxid gebunden, als dem einfachen Lösungsvorgang entspricht. Durch basische Gruppen der gelösten Proteine wird eine zusätzliche Alkalimenge für die Hydrogencarbonat-Bildung zur Verfügung gestellt. Die insgesamt als Hydrogencarbonat in der Körperflüssigkeit gebundene Kohlendioxid-Menge ist ein Maß für die $CO_2$-Bindungsfähigkeit des Systems; sie wird als *Alkalireserve* (AR) bezeichnet und in Volumenprozenten angegeben. Die Angabe AR = 55 Vol % bedeutet, daß aus 100 ml der Flüssigkeit 55 ml des auf Normalbedingungen reduzierten Kohlendioxid-Gases aus Hydrogencarbonat ausgetrieben werden können. Die AR-Werte werden stets auf den in den Lungenalveolen und im Organismus herrschenden $CO_2$-Partialdruck (*Normalspannung*) bezogen. Dieser Druck beträgt 40 Torr = 5332,9 Pascal, entsprechend einem Kohlendioxid-Gehalt von 5,3 Vol % im Gasgemisch und einer frei gelösten Kohlendioxid-Menge von 2,7 Vol % bei 37 °C.

Im Gesamtblut ist die Pufferkapazität des Serums größer als in der abgetrennten Flüssigkeit (Kurve 4), denn das Hämoglobin der Erythrocyten kann mit seinen basischen Gruppen eine erhebliche Alkalimenge für die $CO_2$-Bindung bereitstellen. Das Hämoglobin wirkt in diesem System ähnlich wie ein selektiver Anionenaustauscher (vgl. Abschn. 2.3.4). Nichtpuffernde Anionen werden durch puffernde Ionen ersetzt. Diese Alkali-Abgabe aus dem Hämoglobin ist der mengenmäßig wichtigste Vorgang bei der Pufferung im Gesamtblut.

Durch die Beladung mit Sauerstoff wird die $CO_2$-Bindungsfähigkeit des Hämoglobins herabgesetzt (Kurve 5). Die Dissoziationskonstante einiger saurer Aminosäurereste, welche dem Hämanteil im Blutfarbstoff nahestehen, wächst. Dieser Vorgang spielt auch im normalen respiratorischen Zyklus, d.h. beim Übergang vom arteriellen in das venöse Blut (vgl. Abschn. 2.2.1) eine wesentliche Rolle. Die Abgabe des Sauerstoffs hat zur Folge, daß das Hämoglobin mehr Alkali zur $CO_2$-Bindung freisetzt. Dabei wird gerade soviel Alkali zusätzlich gebildet, daß die aufgenommene Kohlendioxid-Menge nur eine sehr geringe pH-Verschiebung zu niedrigen Werten bewirkt. Die Annahme, daß die sauerstoff-induzierte Protonenabgabe nur von einer bestimmten funktionellen Gruppe des Proteins ausgeht, steht nicht im Widerspruch zu verschiedenen experimentellen Befunden, die bei einer genauen Untersuchung des Hämoglobin-Systems erhalten worden sind. Es ist naheliegend, anzunehmen, daß es sich bei der protonenabgebenden Gruppe um das Imidazoliumion eines Histidinrestes handelt.

Das regulierende Gesamt-Puffersystem des Blutes ist einer quantitativen Betrachtung gut zugänglich. Dabei leistet die Darstellung von Daten in Nomogrammform besonders gute Dienste. Anstelle der Alkalireserve wird zur Bewertung des Säure-Basen-Status in der Praxis der *Basenüberschuß* (BE) angegeben. Die Konzentration der Pufferbasen im arteriellen Blut (48 mmol/l) ist vom $CO_2$-Partialdruck ($p_{CO_2}$) weitgehend unabhängig; sie kann deshalb als Standardwert für die Festlegung der BE-Skala verwendet werden.

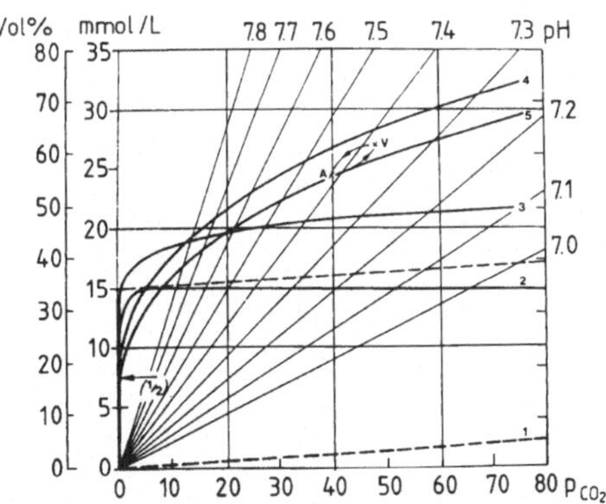


**Abb. 1.34** Schema der Kohlensäurebindungskurven. – – – Totale gelöste Kohlendioxid-Menge; ——— in Ionenform gebundene Kohlendioxid-Menge; A, V: arterieller bzw. venöser Arbeitspunkt

Dem arteriellen Blut des Gesunden ist demnach der BE-Wert Null zuzuordnen. Ein pathologischer Anstieg der Pufferbasen-Konzentration wird durch einen positiven BE-Wert, ein Basendefizit durch einen negativen BE-Wert gekennzeichnet. Bei gleichzeitiger Angabe des $CO_2$-Partialdruckes und des pH-Wertes ist das System eindeutig charakterisiert, wobei jeweils eine der drei Größen durch die beiden anderen Größen festgelegt wird. Bei Anwendung des von Astrup angegebenen Analysenverfahrens wird die Probe nacheinander mit zwei Gasgemischen von bekanntem $CO_2$-Partialdruck äquilibriert. Die für beide $CO_2$-Partialdruck-Werte gemessenen pH-Werte werden in ein Nomogramm (Abb. 1.35) eingetragen.

Durch die Verbindungsgerade zwischen den eingezeichneten Punkten (A und B) wird jedem aktuellen pH-Wert ein dem Säure-Basen-Status entsprechender $CO_2$-Partialdruck eindeutig zugeordnet. Die zugehörigen Konzentrationswerte für die Pufferbasen und den Basenüberschuß ergeben sich aus den Schnittpunkten der Geraden mit den entsprechend bezeichneten Skalenkurven.

Bei direkter Messung des $CO_2$-Partialdruckes mit geeigneten Elektroden kann auf die Äquilibrierung mit Gasgemischen verzichtet werden. Die BE-Werte lassen sich bei bekanntem $CO_2$-Partialdruck und bekanntem pH-Wert aus dem in Abb. 1.36 wiedergegebenen Leiternomogramm entnehmen. Die durch die Meßwerte von pH und $p_{CO_2}$ festgelegte Gerade schneidet die BE-Skala im gesuchten BE-Wert. Durch die gestrichelten Linien wird der Normbereich für den Säure-Basen-Status abgegrenzt.

Störungen des Säure-Basen-Haushaltes, die von den Regelsystemen (Pufferung, Atmung und Säureausscheidung durch die Nieren) nicht mehr ausgeglichen werden können, werden als *Acidosen* (pH < 7,37) bzw. *Alkalosen* (pH > 7,43) bezeichnet. Bei pathologischen pH-Verschiebungen, die auf eine gestörte Atmung zurückzuführen sind, spricht man von einer respiratorischen Acidose bzw. Alkalose. Dagegen werden Zustände, die durch eine Anhäufung oder durch einen Verlust von nichtflüchtigen Säuren verursacht sind, als metabolische Acidosen bzw. Alkalosen bezeichnet. Da auch die Nierenfunktionsstörungen zu pH-Veränderungen führen können, faßt man die renal und metabolisch bedingten Störungen unter

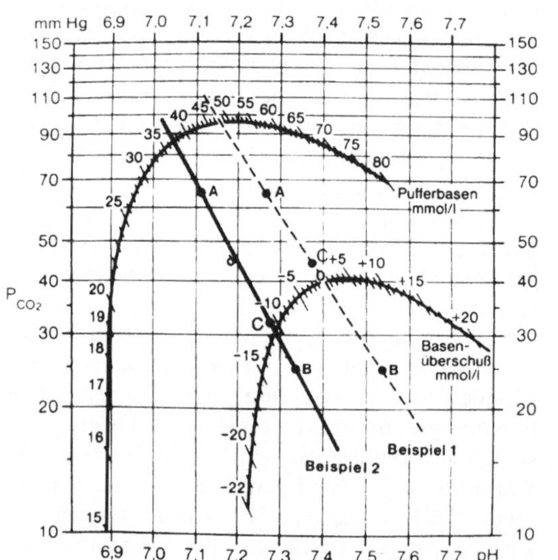

**Abb. 1.35** Nomogramm zur Ermittlung des $CO_2$-Partialdruckes und des Säure-Basen-Status nach dem Astrup-Verfahren (nach O. Siggaard-Andersen (1974))

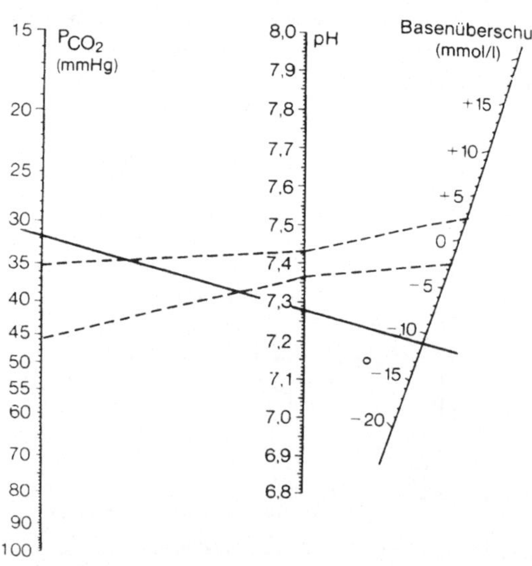

**Abb. 1.36** Leiternomogramm zur Bestimmung von BE-Werten (nach R. F. Schmidt, G. Thews (1983))

der Bezeichnung nichtrespiratorische Acidose bzw. Alkalose zusammen. Ein erhöhter oder erniedrigter Kohlendioxid-Partialdruck bei BE = 0 ist das Kennzeichen einer respiratorischen Störung. Eine nichtrespiratorische Störung macht sich durch von der Norm abweichende BE-Werte bei zunächst unverändertem $p_{CO_2}$-Wert bemerkbar. Respiratorische Störungen können über die Nierenfunktion durch eine Veränderung der $HCO_3^-$-Retention bzw. $H^+$-Ausscheidung kompensiert werden. Die Kompensation einer primär nichtrespiratorischen Störung wird durch eine entsprechende Veränderung der Lungenventilation bewerkstelligt. Wenn die pH-Verschiebung durch ventilatorische Änderung des $CO_2$-Partialdruckes auf normale Werte zurückgeführt werden kann, liegt eine vollständig kompensierte, primär nicht respiratorische Störung vor. Reicht dagegen die $p_{CO_2}$-Änderung nicht aus, um den normalen pH-Wert einzustellen, so entspricht der Säure-Basen-Status einer unvollständig kompensierten nichtrespiratorischen Alkalose bzw. Acidose. Ganz entsprechend wird die Unterscheidung zwischen vollständig kompensierten und teilweise bzw. unvollständig kompensierten Störungszuständen bei einer primär respiratorischen Alkalose bzw. Acidose getroffen. Die Abgrenzung des Normalbereiches ist durch folgende Werte festgelegt:

pH :    7,37 − 7,43

$p_{CO_2}$ :    35 − 45 Torr

   (4666 − 6000 Pascal)

BE :    − 2,5 − + 2,5 mmol/l.

Die gestrichelte Gerade in Abb. 1.35 kennzeichnet also einen normalen Säure-Basen-Status. Durch die ausgezogenen Geraden in Abb. 1.35 und Abb. 1.36 wird dagegen eine unvollständig kompensierte nichtrespiratorische Acidose charakterisiert.

Die Eigenpufferung des Blutes ist sehr viel wirksamer als die Pufferung der übrigen extrazellulären Flüssigkeit. Bei nahezu vollständigem Mangel an Proteinen und Phosphaten wird die übrige extrazelluläre Flüssigkeit nur durch den einfachen Hydrogencarbonat-Puffer geschützt.

Der Unterschied zum Blut besteht also darin, daß hier keine Vermehrung der Alkalireserve bei erhöhter Beladung mit Kohlendioxid erfolgen kann.

Im Gegensatz zu den Puffersystemen des Extrazellulärraumes lassen sich die Puffersysteme der Zellen und Gewebe nicht auf einfache Weise in geschlossener Form beschreiben. Obwohl der Intrazellulärraum wesentlich größer als der Extrazellulärraum ist und seine Pufferkapazität etwa 50 % der Gesamtpufferkapazität des Organismus ausmacht, sind die Kenntnisse über die Pufferungsvorgänge in diesem Kompartiment wegen seiner Komplexität und Differenziertheit nicht sehr umfangreich. Wegen seiner allgemeinen Gegenwart und der meist angenähert neutralen Reaktion zellulärer Systeme hat das gelöste Kohlendioxid stets auch einen wesentlichen Anteil am intrazellulären Puffersystem. Neben den Hydrogencarbonaten und den Proteinen sind in den Zellen freie und organisch gebundene Phosphate in bemerkenswert großen Mengen vorhanden. Deshalb stellen die Phosphate das wichtigste Puffersystem der Zellen dar. Im unbelasteten Zustand des Systems ist das Zellphosphat überwiegend als Polyphosphat, Ester oder Guanidinphosphat organisch gebunden. Durch diese Bindung wird die zweite Dissoziationskonstante merklich vergrößert. Demnach muß eine Aufspaltung der Bindung mit einer relativ geringen Alkalisierung des Systems verbunden sein. Ist jedoch der freigesetzte Partner selbst eine Base wie das aus der Kreatinphosphorsäure stammende Kreatin, so muß die pH-Verschiebung in den alkalischen Bereich wesentlich stärker werden. Bei der Spaltung von Adenosintriphosphat (vgl. Abschn. 5.1.6) wird durch die Freisetzung jeder Phosphat-Einheit eine zusätzliche Säuregruppe mit dem pK′-Wert der zweiten Dissoziationskonstante der Phosphorsäure verfügbar gemacht. Für intrazelluläre Flüssigkeiten verschiedener Zusammensetzung ergeben sich demnach unter dem Einfluß der jeweils ablaufenden Spaltungs- und Stoffwechselreaktionen unterschiedlich große pH-Verschiebungen in den sauren oder den alkalischen pH-Bereich. Deshalb können über die Pufferungsfähigkeit der Gewebe keine allgemeingültigen Aussagen gemacht werden. Eine quantitative Beziehung für den Zusammenhang zwischen der

Hydrogencarbonat-Konzentration und dem pH-Wert läßt sich allerdings auch in diesem Falle angeben, wenn der Kohlendioxid-Partialdruck bekannt ist. Dabei ist zu beachten, daß die primäre Phosphatgruppe unter physiologischen Bedingungen stets nahezu vollständig dissoziiert ist und deshalb keinen Beitrag zur Pufferwirkung leisten kann. Die mit P bezeichnete molare Gesamtkonzentration des puffernden Phosphates umfaßt also nur die Beiträge der Spezies vom Typ $H_2PO_4^-$ und $HPO_4^{2-}$. In einem Phosphat-Hydrogencarbonat-System stellt sich das Gleichgewicht

$$HPO_4^{2-} + H_2CO_3 \rightleftharpoons H_2PO_4^- + HCO_3^-$$

mit

$$K = \frac{[HCO_3^-] \cdot [H_2PO_4^-]}{[H_2CO_3] \cdot [HPO_4^{2-}]} \qquad (1.223)$$

ein. Die Kohlensäure-Konzentration ist auch in diesem Falle weitgehend konstant. Deshalb kann $K \cdot [H_2CO_3] = B$ gesetzt werden, so daß

$$B = \frac{[HCO_3^-] \cdot [H_2PO_4^-]}{[HPO_4^{2-}]} \qquad (1.224)$$

gilt. Der mit den Gln. (1.205), (1.206) und (1.207) beschriebene Formalismus läßt sich auch auf das hier betrachtete System anwenden, wenn man $[H^+]$ durch $[HCO_3^-]$ und $\alpha$ durch $[H_2PO_4^-]/P$ ersetzt. Dann ergibt sich die Beziehung

$$[H_2PO_4^-] = \frac{BP}{B + [HCO_3^-]} . \qquad (1.225)$$

Bezeichnet man außerdem die molare Gesamtalkali-Konzentration mit A, so resultiert aus der Mengenbilanz des Reaktionssytems die Nebenbedingung

$$[H_2PO_4^-] - [HCO_3^-] = 2P - A , \qquad (1.226)$$

die mit der Abkürzung $2P - A = S$ auch in der Form

$$[H_2PO_4^-] = [HCO_3^-] + S \qquad (1.227)$$

geschrieben werden kann. Zusammenfassung von Gl. (1.225) und Gl. (1.227) ergibt die Beziehung

$$\frac{BP}{B + [HCO_3^-]} = [HCO_3^-] + S . \qquad (1.228)$$

Das ist eine quadratische Gleichung der Form

$$[HCO_3^-]^2 + (B + S)[HCO_3^-] + B(S - P) = 0 \qquad (1.229)$$

mit den Lösungen

$$[HCO_3^-] = -\frac{B + S}{2} \pm \sqrt{\frac{(B + S)^2}{4} + B(P - S)} . \qquad (1.230)$$

Damit können die $HCO_3^-$- und $H_2PO_4^-$-Konzentrationen für eine vorgegebene Gesamt-Phosphat-Konzentration berechnet werden, wenn die Gesamtalkali-Konzentration bekannt ist. Einige Angaben über die pH-Abhängigkeit der Hydrogencarbonat-Konzentration sind dem in Abb. 1.37 wiedergegebenen Diagramm zu entnehmen. Dabei ist zu beachten, daß die Werte der Gleichgewichtskonstante B von den gewählten Versuchsbedingungen abhängig sind.

Der pH-Wert eines intrazellulären Mischsystems wird auch durch die jeweils vorliegenden Konzentrationen an Polyphosphaten und Phosphatestern beeinflußt. Außerdem ist die Empfindlichkeit der $H^+$-Ionenkonzentration gegenüber Schwankungen des $CO_2$-Partialdruckes in Zellen und Geweben größer als im Blut. Die Eiweißstoffe der Gewebe besitzen im allgemeinen einen mehr im Sauren gelegenen isoelektrischen Punkt, so daß sie bei Annäherung an diesen Punkt zunächst noch gleichzeitig mit anderen alkalisierenden Gruppen Alkali abgeben und erst nach Überschreitung des IP $H^+$-Ionen umsetzen. Zahlreiche Zellen des Pflanzenreiches weichen in ihren Elektrolyt-Eigenschaften zumindest in quantitativer Beziehung erheblich von den hier kurz beschriebenen Merkmalen ab. Im Zellsaft der Pflanzen ist das Vorkommen von mittelstarken organischen Säuren zu berücksichtigen. Dementsprechend findet sich das pH-Optimum der Pufferkapazität auch in diesem Falle bei relativ niedrigen pH-Werten.

Unter besonderen Umständen wird das Pufferungsvermögen der Gewebe sehr stark beansprucht. Dies geschieht z.B. bei intensiver Muskeltätigkeit, bei Entzündungen und ähnlichen pathologischen Vorgängen. Dabei könnte die Menge der gebildeten Säure die Grenze der statischen Pufferkapazität des Systems durchaus

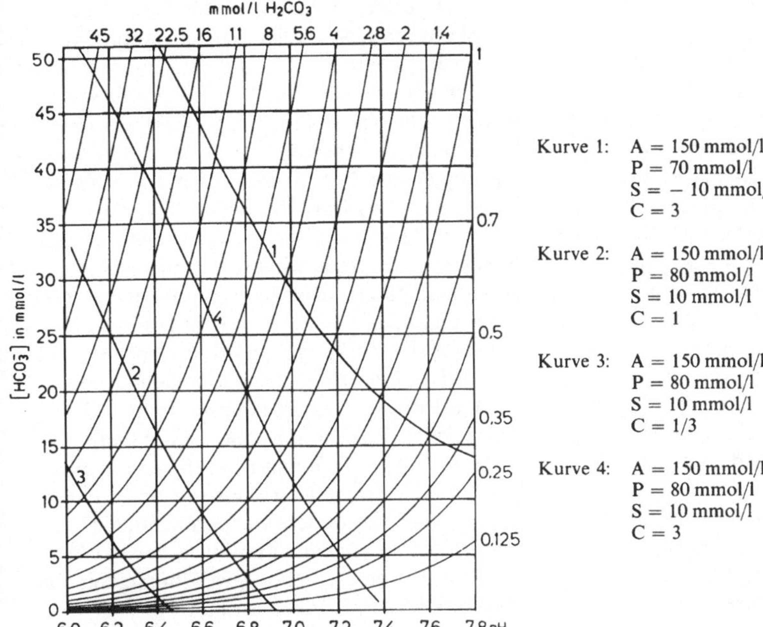



**Abb. 1.37** pH-Abhängigkeit der $HCO_3^-$-Konzentration. Die mit der Parameterangabe $[H_2CO_3]$ bzw. $p_{CO_2}$ markierten Kurven sind nach Gl. (1.202) mit $pK' = 6{,}1$ berechnet. Die den angegebenen Werten von A, B und P entsprechenden $[HCO_3^-]$-Werte ergeben sich nach Gl. (1.230) für positive Werte der Quadratwurzel. Die mit 1–4 bezeichneten Kurvenzüge sind durch Eintragen der nach Gl. (1.230) berechneten $[HCO_3^-]$-Werte auf den Parameter-Kurven und Verbinden der damit markierten Punkte erhalten worden

überschreiten, wenn nicht zusätzliche Regelmechanismen dem entgegenwirken würden. Zu diesen Mechanismen zählt z.B. die im einfachsten Fall durch das Massenwirkungsprinzip kontrollierte Selbsthemmung der Milchsäurebildung im Muskel. Doch kommen keineswegs alle störenden Prozesse durch einfache Selbsthemmung zum Stillstand. Bei der Autolyse bewirkt der Sauerstoff-Mangel nicht nur eine vermehrte Milchsäurebildung, sondern auch durch Aktivierung des Kathepsins eine fortschreitende Proteolyse. Grundsätzlich muß schon für jede Zelle ein aktives Eingreifen des Stoffwechsels in den Säure-Basen-Status berücksichtigt werden. Jede Stoffwechselreaktion, die zur Bildung oder zum Abbau von Substanzen mit unterschiedlichen Dissoziationskonstanten führt, beeinflußt den pH-Wert. Als Beispiel sei hier die Ammoniak-Elimination erwähnt. Sie geschieht durch Harnstoff-Bildung und kommt im Endeffekt einer Eliminierung von

Basenäquivalenten gleich; bis zu $1{,}5$ mol $NH_3$ verschwinden täglich beim Menschen auf diese Weise. Die Hälfte dieser Menge bindet gleichzeitig Kohlensäure der ersten Dissoziationsstufe, so daß der eliminierte Basenüberschuß $0{,}75$ mol beträgt. In diesem Zusammenhang ist bemerkenswert, daß die an Proteine und Kohlensäure gebundene Basenmenge in einem Liter Blut kaum 50 mmol ausmacht.

Bei Acidose-Zuständen kann in der Niere aus Glutamin Ammoniak für die Neutralisation von Säuren gebildet werden. Ein bekanntes Phänomen ist auch die Erzeugung einer Acidose durch Verabreichung von $NH_4Cl$ in Gramm-Mengen. Die Ausscheidung von Ammoniak als Harnstoff führt in diesem Falle zum Zurückbleiben von Säure-Äquivalenten in Form von HCl. Einige der genannten Vorgänge sind auf bestimmte Organe beschränkt. Z.B. erfolgt die $NH_3$-Bildung zur Kompensation von Acidose-Zuständen nur in der Niere. Für die Beeinflussung des pH-Wert-Systems sind im menschlichen Organismus vor allem Lunge und Niere, Darm und Verdauungsdrüsen von Bedeutung. Alle diese Organe geben Flüssigkeiten ab, deren pH-Wert von dem des Blutes verschieden ist, und deren Gehalt an Säuren oder Basen durch physikalisch-chemische, humorale (d.h. den Flüssigkeits-Status betreffende) oder nervös gesteuerte Mechanismen verändert werden kann. In disem Zusammenhang kann man die genannten Organe und ihre Regelsysteme (z.B. das Atemzentrum) als aktive Regulatoren den passiven Puffern gegenüberstellen. Die Wirkungsweise der aktiven und passiven Puffer ist abhängig von den Eigenschaften des Membransystems der Zellen. Trotz der relativ geringen Durchtrittsgeschwindigkeit sind die Zellen generell für $H^+$-Ionen permeabel.

Auffällige pH-Differenzen zwischen den Zellen und ihrer Umgebung lassen sich häufig nicht allein durch die passiven Durchlässigkeitseigenschaften der Membranen erklären. Die säureproduzierenden Drüsen des Magens und der saure Zellsaft der Pflanzen sollen hier als Beispiele genannt werden. Die pH-Werte von Zellen und Geweben liegen fast ausschließlich im Neutralbereich. Einige Beispiele sind in der Tabelle 1.12 zusammengefaßt.

Wie bereits erwähnt, sind größere pH-Verschiebungen bei Störungen oder Belastungen auch in gut gepufferten Systemen möglich. So kann sich der pH-Wert in Muskelfasern bei starker Muskelaktion um mehr als 0,5 Einheiten in den sauren Bereich verschieben. Auch gibt es primitive Organismen, die bei extremen pH-Werten existieren können (vgl. Abschn. 5.3.2). Die Aufrechterhaltung eines völlig konstanten pH-Wertes ist im lebenden Organismus grundsätzlich nicht möglich. Geschwindigkeitsänderungen einzelner biochemischer Reaktionen müssen die Bildungsgeschwindigkeit dissoziabler Gruppen beeinflussen und damit auch zu pH-Änderungen führen. Durch pH-Änderungen wird andererseits auch die Aktivität der Enzyme entscheidend beeinflußt. Auch die Energieumsätze exergonischer oder endergonischer Reaktionen sind pH-abhängig (vgl. Abschn. 5.2.2). Signifikante pH-Verschiebungen werden im Gewebe allerdings nur unter pathologischen oder besonderen experimentellen Bedingungen gefunden. Schwankungen des pH-Wertes werden auf die Zwischengewebsflüssigkeit übertragen. Diese Flüssigkeit enthält nur sehr wenige Reservealkalien; sie kann aber sehr schnell durch die Kapillarwand der venösen Strombahn (vgl. Abschn. 2.2.1) in das Blut eintreten. Dieses optimal gepufferte Medium ist ein zentrales Regulationssystem, das den Zellen über die Zwischenflüssigkeit eine gewisse pH-Schwankungsbreite läßt, aber selbst auf einen konstanten pH-Wert eingestellt bleibt, wobei letzten Endes dem Wechselspiel zwischen dem Zentralnervensystem und dem Blutkreislauf die entscheidende Bedeutung zukommt.

### *Löslichkeitsprodukt, Ionenverteilung der $Ca^{2+}$-Ionen*

Fast ebenso wichtig wie das Dissoziationsverhalten der schwachen Elektrolyte ist die unterschiedliche Löslichkeit der Stoffe in den Zellsäften und den Körperflüssigkeiten. Die Grundlage für eine Diskussion des Zusammenhanges zwischen der Sättigungskonzentration bzw. Sättigungsaktivität und den stofflichen Eigenschaften einer Substanz bilden die im Abschn. 5.2.2 erläuterten Gesetze der Thermodynamik der Phasengleichgewichte. Nach diesen Gesetzen wird die Löslichkeit eines Stoffes nicht nur durch die Beiträge der Gitterenergie des kristallinen Feststoffes und

**Tabelle 1.12.** pH-Werte von Zellen und Geweben

| | |
|---|---|
| Bakterien: Staphylo- und Streptokokken | 6,1–6,3 |
|    Coli, Ruhr, Typhus, Friedländer | 7,2–7,6 |
| Hefen | 6,2–6,6 |
| Amöben | 7,3 |
| Pflanzliche Wurzelhaare | 5,8–6,9 |
| Frosch, Magenepithelzellen | 6,8–6,9 |
| Nervenzellen, Fische | 6,8–6,9 |
| Hühnerniere, Fischeier | 6,8–6,9 |
| Carcinomzellen, Kultur | 6,8–6,9 |
| Zellkerne | 7,2 |
| Chara, Nitella, Valonia | 5,4–5,6 |
| Froscheier | 5,6–6,2 |
| Elodea | 5,5–6,2 |
| Seeigeleier | 5,1–5,8 |
| Seestern-Ascidieneier | 6,6 |
| Blutzellen der Ascidien | 4 |
| Bindegewebe | 7,2 |
| Niere | 6,6 |
| Muskel | 5,6–6,6 |

der Hydratations- bzw. Solvatationsenergie der gelösten Teilchen zur Lösungsenthalpie (vgl. Abschn. 5.2.2), sondern auch durch die Ordnungszustände der festen und der flüssigen Phase bestimmt. Nur für Systeme, deren molekulare Struktur einem einfachen Ordnungsschema entspricht, kann die in die Gleichung

$$\ln a_{sat} = -\frac{\Delta_L H^0}{RT} + \frac{\Delta_L S^0}{R} \qquad (5.132)$$

einzusetzende molare Lösungsentropie $\Delta_L S^0$ nach den in Abschn. 5.2.6 erklärten Prinzipien der statistischen Thermodynamik berechnet werden. Die Angabe der in günstigen Fällen relativ leicht abzuschätzenden molaren Lösungsenthalpie $\Delta_L H^0$ reicht zur Berechnung der Sättigungsaktivität $a_{sat}$ nicht aus. Die im Abschn. 1.2.2 angeführten Bemerkungen zur Struktur fluider Systeme lassen deutlich erkennen, daß eine wäßrige Lösung stets ein dynamisch fluktuierendes Vielteilchen-System mit einem schwer zu erfassenden molekularen Ordnungszustand darstellt. Deshalb sind quantitative Voraussagen über die Wasserlöslichkeit bestimmter Stoffe nur selten möglich. Zweifellos wird die Löslichkeit eines Stoffes durch eine geringe Stabilität des Kristallgitters und eine ausgeprägte Hydrationstendenz der gelösten Ionen begünstigt; aber mit diesen halbquantitativen Angaben läßt sich keine zuverlässige Berechnung der freien Lösungsenthalpie $\Delta_L G^0$ (vgl. Abschn. 1.2.4) durchführen. Deshalb muß man sich bei der Charakterisierung der Löslichkeitseigenschaften im allgemeinen auf die Angabe empirisch ermittelter Kenngrößen beschränken.

Da der undissoziierte Anteil eines Salzes mit dem ungelösten Bodenkörper im Gleichgewicht steht, besitzt seine Sättigungsaktivität für jede Temperatur einen konstanten Wert. Deshalb

kann für gesättigte Lösungen das in die Dissoziationsgleichung

$$K_C = \frac{[K^+][A^-]}{[KA]} \cdot \frac{y_{K^+} y_{A^-}}{y_{KA}} \qquad (1.231)$$

einzusetzende Produkt $[KA] \cdot y_{KA}$ als konstanter Faktor mit der Dissoziationskonstante $K_C$ zu einer neuen Konstante L zusammengefaßt werden, d.h. man setzt

$$L = K_C \cdot [KA] \cdot y_{KA} \, . \qquad (1.232)$$

L wird als Löslichkeits- oder Aktivitätenprodukt bezeichnet. Wenn die Sättigungsaktivität des undissoziierten Anteils sehr gering ist, sind in der Regel auch die Konzentrationen der gebildeten Ionen so klein, daß dem Einfluß der interionischen Wechselwirkung keine besondere Bedeutung zukommt. Unter diesen Bedingungen kann das Löslichkeitsprodukt für einfache binäre Elektrolyte gemäß

$$L = [K^+] \cdot [A^-] \cdot y_\pm^2 = L' \cdot y_\pm^2 \qquad (1.233)$$

durch das Konzentrationsprodukt

$$L' = [K^+] \cdot [A^-] \qquad (1.234)$$

ersetzt werden. Einige Beispiele für $L'$-Werte sind in der Tabelle 1.13 zusammengestellt. Wenn die zur Bildung des undissoziierten Elektrolyten erforderliche Zahl von Ionen größer als 1 ist, muß sie als Exponent des Konzentrationsfaktors in die Gl. (1.234) eingesetzt werden. Für $Ca_3(PO_4)_2$ ist z.B. $L' = [Ca^{2+}]^3 \cdot [PO_4^{3-}]^2$ zu setzen.

Die Sättigungsaktivität des beiden Phasen gemeinsamen Stoffes (Bodenkörper) ist ebenso unabhängig von der Zusammensetzung wie das Löslichkeitsprodukt der Ionen. Dagegen können die Ionenkonzentrationen bei Zusatz anderer salzartiger Stoffe erhebliche Veränderungen erfahren.

**Tabelle 1.13** Beispiele für $L'$-Werte einiger Salze

| Bodenkörper | Konzentrationsprodukt | $L'$ | Temperatur (°C) |
|---|---|---|---|
| Silberchlorid | $[Ag^+] \cdot [Cl^-]$ | $9{,}9 \cdot 10^{-11}$ | 18 |
| Calciumcarbonat | $[Ca^{2+}] \cdot [CO_3^{2-}]$ | $2{,}0 \cdot 10^{-8}$ | 25 |
| Calciumoxalat | $[Ca^{2+}] \cdot [C_2O_4^{2-}]$ | $2{,}6 \cdot 10^{-9}$ | 25 |
| Calciumphosphat | $[Ca^{2+}]^3 \cdot [PO_4^{3-}]^2$ | $1{,}0 \cdot 10^{-25}$ | 25 |
| Magnesiumcarbonat | $[Mg^{2+}] \cdot [CO_3^{2-}]$ | $1{,}0 \cdot 10^{-5}$ | 25 |

So kann z.B. bei sehr hohen Ionenstärken nur eine verringerte Konzentration des Gelösten vorhanden sein, da eine konstante Aktivität bei erhöhten Werten des Aktivitätskoeffizienten $y_\pm$ nur auf diese Weise aufrechterhalten werden kann. Es hat also durch den Zusatz des Fremdsalzes eine *Aussalzung* des in gesättigter Lösung vorliegenden Stoffes stattgefunden. Der Zusatz bestimmter löslicher Fremdstoffe kann aber auch eine Erniedrigung des Aktivitätskoeffizienten zur Folge haben. Die dadurch bewirkte Konzentrationserhöhung des Gelösten wird als *Einsalzung* bezeichnet. Diese Effekte sind wichtig für die Analyse der Löslichkeitseigenschaften von Proteinen (vgl. Abschn. 4.2.5).

Steht der Bodenkörper mit einer Lösung im Gleichgewicht, die außer den Ionen dieses Stoffes keine weiteren gelösten Substanzen enthält, so sind die Konzentrationen der gebildeten Ionenäquivalente untereinander gleich, d.h. es gilt

$$L = c^2 \cdot y_\pm^2 \quad \text{bzw.} \quad L' = c^2 \, . \tag{1.235}$$

Wird die Konzentration einer Ionensorte des betrachteten Elektrolyten durch Zusatz eines anderen Salzes mit gleichen Kationen erhöht, so sind die beiden Faktoren des Ionenproduktes unterschiedlich groß. Wird bei einem Elektrolytzusatz dieser Art das Löslichkeitsprodukt überschritten, so kommt es zu einer Ausfällung bzw. Nachbildung des festen Bodenkörpers. Auf diese Weise läßt sich die nahezu vollständige Ausfällung einer Ionensorte durch Konzentrationserhöhung der korrespondierenden Gegenionen erreichen.

Kompliziertere Löslichkeitsverhältnisse ergeben sich bei Stoffen wie Harnsäure, Citraten, Phosphaten und Carbonaten, weil bei diesen Substanzen die Löslichkeit von der Wasserstoffionenkonzentration abhängt. Soll z.B. die *Gesamtlöslichkeit* der Harnsäure angegeben werden, so ist die Summe aus der Gleichgewichtskonzentration der Ureationen $[U^-]$ und der Sättigungskonzentration $[HU]_{sat}$ der undissoziierten Harnsäure-Molekeln zu berechnen. Nach dem Massenwirkungsgesetz

$$K_1' = \frac{[H^+][U^-]}{[HU]} \tag{1.236}$$

ist

$$[U^-] = K_1' \frac{[HU]_{sat}}{[H^+]} \tag{1.237}$$

zu setzen. Es gilt also die Beziehung

$$[HU]_{sat} + [U^-] = [HU]_{sat} + K_1' \frac{[HU]_{sat}}{[H^+]}$$

$$= [HU]_{sat} \frac{[H^+] + [K_1']}{[H^+]}$$

bzw.

$$[HU]_{sat} + [U^-] = \frac{[HU]_{sat}}{\rho} \tag{1.238}$$

(vgl. Gl. (1.221)). Die Gesamtlöslichkeit der Harnsäure ist also von der $H^+$-Ionen-Konzentration abhängig und wächst mit abnehmendem Dissoziationsrest $(\rho)$. Für pH = pK' ergibt sich z.B. nach Gl. (1.238) eine Gesamtlöslichkeit von 2 $[HU]_{sat}$; für pH = pK' + 2 wird dagegen ein Wert von 100 $[HU]_{sat}$ erhalten. Diese Werte zeigen den zu erwartenden starken Anstieg der Gesamtlöslichkeit mit abnehmender Wasserstoffionenkonzentration. Dabei ist jedoch zu beachten, daß auch der Löslichkeit des dissoziierten Anteils Grenzen gesetzt sind. Deshalb läßt sich eine Gesamtkonzentration von 100 $[HU]_{sat}$ unter physiologischen Bedingungen im Blut nicht mehr einstellen ($[HU]_{sat} = 1{,}5 \cdot 10^{-4}$ mol/l). Auch im Urin kann die Sättigungsgrenze für die Gesamtharnsäure leicht überschritten werden; sie wird wie im Serum durch den pH-Wert und durch den $Na^+$-Ionen-Gehalt bestimmt (Na-Ureat ist nur begrenzt löslich).

Die Löslichkeitseigenschaften der Harnsäure haben im Rahmen des Gicht-Problems eine zentrale Bedeutung. Noch vielschichtiger sind die Fragen, welche mit der Löslichkeit der Calcium-Salze in den Körpersäften zusammenhängen. Calciumphosphate und wohl auch Calciumcarbonate bilden (z.B. in Form des Hydroxylapatites) den anorganischen Bestandteil der unlöslichen Knochensubstanz. Da das $Ca^{2+}$-Ion mit einigen in den Körperflüssigkeiten vorhandenen Ionen schwerlösliche Salze bildet, stellt sich die Frage nach der Abhängigkeit der $Ca^{2+}$-Ionen-Aktivität von der Zusammensetzung einer flüssigen Mischung. Als wichtiges Beispiel soll hier das durch die Gleichung

$$Ca^{2+} + 2HCO_3^- \rightleftharpoons Ca^{2+} + CO_3^{2-} + H_2CO_3$$

$$\rightleftharpoons CaCO_3 + H_2CO_3 \qquad (1.239)$$

charakterisierte System betrachtet werden. In diesem System sind die $Ca^{2+}$- und die Hydrogencarbonat-Ionen bei den in Betracht kommenden Konzentrationen nebeneinander in Lösung beständig. Dabei ergibt sich die für die Bildung des schwerlöslichen $CaCO_3$ maßgebliche Konzentration der Carbonat-Ionen aus der Hydrogencarbonat- und der $H^+$-Konzentration gemäß

$$L' = [Ca^{2+}] \cdot [CO_3^{2-}] , \qquad (1.240)$$

wobei wegen der konstanten Sättigungskonzentration des Bodenkörpers

$$\frac{[H_2CO_3]}{[HCO_3^-]^2 \cdot [Ca^{2+}]} = K_3' \qquad (1.241)$$

gilt. Aus den Gln. (1.240) und (1.241) folgt unmittelbar

$$L' = \frac{[H_2CO_3] \cdot [CO_3^{2-}]}{K_3' \cdot [HCO_3^-]^2} . \qquad (1.243)$$

Mit

$$\frac{[H^+] \cdot [HCO_3^-]}{[H_2CO_3]} = K_1' \qquad (1.244)$$

erhält man aus Gl. (1.243) die Beziehung

$$[Ca^{2+}] = \frac{1}{K_1' \cdot K_3'} \cdot \frac{[H^+]}{[HCO_3^-]} . \qquad (1.245)$$

Mit der zweiten Dissoziationskonstante der Kohlensäure

$$\frac{[H^+] \cdot [CO_3^{2-}]}{[HCO_3^-]} = K_2' \qquad (1.246)$$

kann $K_1' \cdot K_3' = K_2'/L'$ gesetzt werden, so daß sich die Beziehung

$$[Ca^{2+}] = \frac{L'}{K_2'} \frac{[H^+]}{[HCO_3^-]} \qquad (1.247)$$

ergibt. Mit den auf 25 °C bezogenen Werten $L' = 2 \cdot 10^{-8} \, mol^2 \cdot l^{-2}$ und $K_2' = 10^{-10} \, mol \cdot l^{-1}$

erhält man für den in Gl. (1.247) einzusetzenden Faktor $L'/K_2^- = 200 \, mol \cdot l^{-1}$. Nach Gl. (1.247) sollte also im Blut mit $[H^+] = 4 \cdot 10^{-8}$ und $[HCO_3^-] = 2 \cdot 10^{-2} \, mol \cdot l^{-1}$ eine $Ca^{2+}$-Konzentration von etwa $4 \cdot 10^{-4} \, mol \cdot l^{-1}$ bzw. 0,4 mmol/l vorliegen. Das ist nur ein Bruchteil des analytisch bestimmten Gesamt-Calcium-Gehaltes (2,5 mmol/l). Offenbar ist ein beträchtlicher Teil der $Ca^{2+}$-Ionen an die Serumproteine gebunden. Diese Bindung läßt sich mit Hilfe der Ultrafiltration, der Dialyse und der Kompensationsdialyse leicht nachweisen. Die Auswirkung dieser Bindung auf den $Ca^{2+}$-Haushalt der Körperflüssigkeiten soll im Zusammenhang mit einigen ergänzenden Bemerkungen über gelöste $Ca^{2+}$-Komplexe am Ende dieses Abschnittes noch kurz diskutiert werden. Zunächst muß jedoch der Einfluß gelöster Phosphate auf die $Ca^{2+}$-Konzentration abgeschätzt werden, da das Salz $CaHPO_4$ schwer löslich ist. Das System

$$Ca^{2+} + 2H_2PO_4^- \rightleftharpoons CaHPO_4 + H_3PO_4$$

$$(1.248)$$

läßt sich formal wie das durch Gl. (1.239) beschriebene Carbonat-System behandeln. Dementsprechend ergibt sich die zu Gl. (1.247) analoge Beziehung

$$[Ca^{2+}] = \frac{L_p'}{K_{2p}'} \cdot \frac{[H^+]}{[H_2PO_4^-]} , \qquad (1.249)$$

in der die Zuordnung der Konstanten zum Phosphat-System durch den Index p kenntlich gemacht ist. Mit $L_p' = 3 \cdot 10^{-6} \, mol^2 \cdot l^{-2}$, $K_{2p}' = 2 \cdot 10^{-7} \, mol/l$, $[H^+] = 4 \cdot 10^{-8} \, mol/l$ und $[H_2PO_4^-] = 3 \cdot 10^{-4} \, mol/l$ erhält man nach Gl. (1.249) einen $[Ca^{2+}]$-Wert von $2 \cdot 10^{-3} \, mol/l$. Bei Abwesenheit von Carbonat kann also eine wesentlich höhere $Ca^{2+}$-Ionen-Konzentration in der Körperflüssigkeit vorliegen, die allerdings immer noch deutlich unter dem experimentell bestimmten Gesamt-$Ca^{2+}$-Gehalt liegt. Dabei ist zu beachten, daß die maximale $Ca^{2+}$-Konzentration stets durch dasjenige Einzelsystem bestimmt wird, dessen Löslichkeitsprodukt den niedrigsten Wert der $Ca^{2+}$-Sättigungskonzentration festlegt.

Auch für die Bindung der $Ca^{2+}$-Ionen an das Serumprotein läßt sich eine vereinfachte quantitative Beziehung (vgl. Abschn. 4.2.6) angeben. Mit einem durch Untersuchungen an verschiedenen Proteinfraktionen empirisch bestimmten mittleren Wert der Gleichgewichtskonstante $K' = 6 \cdot 10^{-3}$ mol/l gilt

$$K' = \frac{[Ca^{2+}][Protein^{2-}]}{[Ca\text{-}Protein]} . \tag{1.250}$$

Eine Verringerung der $Ca^{2+}$-Konzentration in der Körperflüssigkeit führt also zur Nachdissoziation der an das Protein gebundenen $Ca^{2+}$-Ionen. Deshalb kann das gesamte Serum-Ca leicht als Komplexon-Komplex aufgenommen und analytisch bestimmt werden.

Mit der hypothetischen Gesamt-$Ca^{2+}$-Konzentration von $1,5 \cdot 10^{-3}$ mol/l ergibt sich aus Gl. (1.250) analog Gl. (1.192) ein $[Ca^{2+}]$-Wert von $1,9 \cdot 10^{-3}$ mol/l. Der Zustand dieses nicht an das Serumprotein gebundenen Calcium-Ionen-Anteils ist nicht eindeutig charakterisierbar. Es ist nicht auszuschließen, daß die $Ca^{2+}$-Ionen im Fließgleichgewicht der Körpersäfte z.T. in übersättigter Lösung vorliegen, da die Eiweißkörper die Bildung von Kristallkeimen erheblich beeinträchtigen können. Eine weitere Möglichkeit zur Erklärung des über die Sättigungskonzentration hinausgehenden $Ca^{2+}$-Ionen-Überschusses bietet die Annahme einer Bildung gelöster Komplexe von relativ kleinem Molekulargewicht. So ist z.B. bekannt, daß $Ca^{2+}$-Ionen mit Citrat lösliche Komplexe bilden. Den $Ca^{2+}$-Ionen kommen im lebenden Organismus verschiedene wichtige Funktionen zu. Die Bedeutung der $Ca^{2+}$-Ionen für die Erregbarkeit des neuromuskulären Systems ist sehr groß.

Erythrocyten enthalten sehr wenig Calcium-Ionen, da diese ständig mit Hilfe eines aktiven Transportsystems aus dem Innenraum dieser Zellen herausgepumpt werden. Obwohl sich mit 1% nur ein sehr geringer Anteil des Körpercalciums im Blutplasma befindet, wird dieser im Wechselspiel von Zufuhr und Ausscheidung in engen Grenzen konstant gehalten. Die direkte potentiometrische Bestimmung der $Ca^{2+}$-Ionen mit ionenselektiven Elektroden ist zwar mit erheblichen Fehlern behaftet; sie hat sich jedoch für viele praktische Anwendungen (z.B. in der klinischen Praxis) als hinreichend genaue Relativmethode bewährt.

Grundsätzlich besteht auch für $Ca^{2+}$-Ionen ein Konzentrationsgefälle zwischen Intra- und Extrazellulärraum, das über die Zellmembranen durch aktiven Transport aufrecht erhalten wird. Die $Ca^{2+}$-Konzentration im Cytosol der meisten Säugetierzellen beträgt weniger als 5 µmol/l. Über 90% des Zellcalciums sind als Calciumphosphatkomplex in den Mitochondrien gebunden. Dieser Calcium-Pool steht in raschem Austausch mit den $Ca^{2+}$-Ionen des Cytosols und der extrazellulären Flüssigkeit. Da auch ein ähnlicher mitochondrialer Magnesium-Pool existiert, und da der $Ca^{2+}$-Austausch über das Zellmembransystem mit dem $Na^+$-Austausch gekoppelt ist, besteht auch eine mittelbare Koppelung zwischen dem $Ca^{2+}$- und dem $Mg^{2+}$-Ionenaustausch. Der Regulation der intrazellulären $Ca^{2+}$-Konzentration überlagert sich die hormonal gesteuerte Regulation der extrazellulären Konzentration.

### Calcium-Phosphat-Ausscheidung und Knochenbildung

Das Haupt-$Ca^{2+}$-Reservoir der Wirbeltier-Organismen bilden die Knochen. Ihr anorganisches Material steht in ständigem Austausch mit den Körperflüssigkeiten. Daß in der belebten Welt Kalkausscheidungen auftreten, beruht häufig, wie bei der Bildung des Zahnsteins, der harten Eierschalen oder des Kalkdeckels der Weinbergschnecken auf der Ausscheidung von $CaCO_3$, das sich durch Abgabe von Kohlendioxid aus Hydrogencarbonat- und $Ca^{2+}$-haltigen Flüssigkeiten bildet. Die Knochen können nur indirekt als Bodenkörper der Körperflüssigkeiten angesehen werden. Sie bestehen aus einer zellullären organischen Knochenmatrix, die hauptsächlich Kollagen und Glykosaminoglykane enthält, und dem anorganischen Knochenmineral. Dabei sind etwa 70% der Knochensubstanz dem anorganischen Mineralanteil zuzuordnen. Der voll ausgebildete menschliche Knochen umfaßt spongiöse und kompakte Teilbereiche. Die Spongiosa ist aus Trabekeln (balkenähnlichen Strukturelementen), die Compacta ist lamellenartig aufgebaut. Die kompakten Knochenanteile sind aus morphologischen Untereinheiten (Osteonen) zusammengesetzt. In diesen Osteonen ist die Knochensubstanz schalenförmig um einen mit Osteoblasten, Arterien, Venen, Kapillaren und Nervenfasern ausgestatteten engen Kanal (Haver-Kanal) angelagert. Zwischen den Schalen-Gebilden befinden sich die Osteocyten. Die Osteoblasten kommen nur in wachsenden Osteonen vor. Sie sezernieren die organische Knochenmatrix und besitzen dafür einen gut entwickelten Golgi-Apparat (vgl. Abschn. 5.1.7). Die mit dem Osteonenwachstum gekoppelte Osteoblastenfunktion bewirkt eine Konzentrationszunahme der von ihnen produzierten alkalischen Phosphatase im Blutplasma. Die zwischen den Lamellen des kompakten Knochens lokalisierten Osteocyten sind über lange Fortsätze durch enge Kanäle verbunden; sie regulieren die Knochenneubildung und den Knochenabbau. Dagegen beeinflussen perinucleäre Osteoblasten, die saure Phosphatase enthalten, nur den Knochenabbau.

Das anorganische Knochenmaterial besteht überwiegend aus Calcium- und Phosphat-Ionen, die in Form amorpher Calciumsalze oder in kristalliner Form abgelagert sind. Der kristalline Anteil weist meist eine ausgeprägte Ähnlichkeit mit dem Hydroxylapatit $Ca_{10}(PO_4)_6(OH)_2$ auf. Eine annähernd richtige Vorstellung vom Aufbau des Hydroxylapatit-Gitters vermittelt die folgende Skizze,

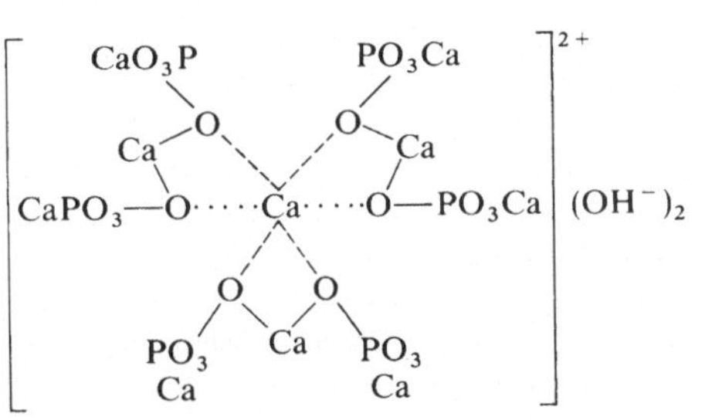

$$\left[\begin{array}{c} CaO_3P \qquad\qquad PO_3Ca \\[4pt] Ca \underset{O}{\diagdown}\ \ \underset{O}{\diagup} Ca \\[2pt] CaPO_3{-}O\cdots Ca\cdots O{-}PO_3Ca \\[2pt] \underset{O}{\diagup}\ \ \underset{O}{\diagdown} \\[2pt] PO_3 \quad Ca \quad PO_3 \\ Ca \qquad\qquad Ca \end{array}\right]^{2+} (OH^-)_2$$

in der drei $Ca_3(PO_4)_2$-Gruppen räumlich um das $Ca^{2+}$-Ion einer $Ca(OH)_2$-Einheit angeordnet sind. Wie das sekundäre und tertiäre Phosphat lösen sich auch die Apatite schon bei einem schwach sauren pH-Wert, bei dem das Dihydrogenphosphat in Lösung stabil ist. Unabhängig von der Art ihrer Bildung ist die hohe mechanische Festigkeit der Apatitkristalle zu beachten; sie

wird durch ihre geregelte Anordnung um die Fibrillen noch gesteigert. Die Apatitkristalle besitzen ein Kanalsystem, das den Austausch von $OH^-$- gegen $F^-$-Ionen ermöglicht. Dieser Austausch erfolgt im Bereich der Kanaleingänge sehr rasch, während der Austausch im Innern der Kanäle durch die erschwerte Diffusion stark verzögert wird. Neben den Calcium-Phosphaten enthält das anorganische Knochenmineral geringe Mengen an Carbonat (6%), Nitrat (1%), Natrium (0,7%), Magnesium (0,7%) und Fluor (< 0,1%).

Die Mineralisation setzt jeweils mit einer Verzögerung von 8–10 Tagen nach der Bildung der extrazellulären Knochenkolllagenfibrillen ein. Im wachsenden Knochen befindet sich deshalb immer eine dünne Schicht nichtcalcifizierten Kollagens zwischen den das Kollagen synthetisierenden Osteoblasten und dem calcifizierten Knochenmaterial. Im Verlauf der Knochenbildung werden zuerst Präosteoblasten in Osteoblasten umgewandelt. Danach beginnen die Osteoblasten mit der Synthese von Kollagen und Proteoglykanen. Diese Synthese wird nach der Sekretion einer bestimmten Menge beider Matrixstoffe eingestellt. Wenn eine neue Population von Osteoblasten die Biosynthese von Kollagen und Proteoglykanen aufnimmt, werden die ursprünglichen Osteoblasten in Osteocyten umgewandelt. Diese Osteocyten beginnen nach einigen Tagen mit der Akkumulation von Calcium und Phosphat. Die gebildeten Konzentrate werden in Vesikeln (vgl. Abschn. 3.2) aus der Zelle ausgeschleust und mit der extrazellulären Matrix zur Reaktion gebracht. Die Osteocyten sezernieren Enzyme und andere Stoffe (Ionen oder kleine Moleküle), die zur Aktivierung der Mineralisation erforderlich sind. Über den Ablauf der Calcium-Phosphat-Ausfällung im Kollagen-Fibrillennetz besteht noch keine völlige Klarheit. Es wird angenommen, daß das Kollagen als Kristallisationskern die Präzipitation begünstigt. Auch die Funktion der alkalischen Phosphatase konnte noch nicht eindeutig bestimmten Teilprozessen der Knochenbildung zugeordnet werden. Es ist jedoch anzunehmen, daß diesem Enzym eine wichtige Steuerfunktion bei der Produktion von Phosphaten für die Calcium-Präzipitation, bei der Bildung der organischen Knochenmatrix und bei der Synthese eines für den Osteocytenstoffwechsel wichtigen Phosphatesters zukommt.

### 1.2.6 Der osmotische Druck

#### *Kolligative Eigenschaften von Lösungen*

Homogene Systeme, die aus mehreren Komponenten mit den Molzahlen $n_1, n_2, n_3, \ldots n_i, \ldots n_z$ zusammengesetzt sind, werden als *Mischphasen* bezeichnet. In der Regel wird mit $n_1$ die Molzahl des *Lösungsmittels* angegeben, während die Summe aller übrigen Zahlen $n_2 + n_3 + \ldots n_z$ die Gesamtmolzahl des *Gelösten* darstellt. Bestimmte meßbare Eigenschaften einer Mischphase hängen ausschließlich von der Teilchenzahl bzw. Konzentration des Gelösten ab. Man nennt diese Eigenschaften *kolligative Eigenschaften*. Zu dieser Gruppe wichtiger Systemeigenschaften zählen u.a. der Dampfdruck und der osmotische Druck des Lösungsmittels.

In der in Abb. 1.38 skizzierten Versuchsanordnung befinden sich zwei mit wäßrigen Lösungen unterschiedlicher Konzentration ($L_I$ bzw. $L_{II}$) gefüllte Schälchen in einem gemeinsamen abgeschlossenen Dampfraum. Da die beiden Konzentrationen $c_I$ und $c_{II}$ des gelösten Stoffes (z.B. Harnstoff) verschieden sind, besteht auch bei konstant gehaltener Temperatur kein Gleichgewicht zwischen den Flüssigkeiten und dem Gasraum.

Die Möglichkeit für einen Stoffaustausch ist dadurch gegeben, daß Lösungsmittelmolekeln aus der Flüssigkeit in die Gasphase übertreten und aus dieser unter Kondensation wieder in die flüssige Phase eintreten können. Wenn der Dampfdruck des Gelösten vernachlässigbar klein ist, bleibt der Gasraum für die gelösten Teilchen praktisch vollkommen verschlossen; er ist also

nur durchlässig für die Molekeln des Lösungsmittels Wasser und verhält sich demnach wie eine halbdurchlässige (semipermeable) Trennungsschicht. Durch den Gasraum werden Lösungsmittelmolekeln aus der verdünnteren Lösung ($L_{II}$) in die konzentrierte Lösung ($L_I$) transportiert. Diese „isotherme Destillation" findet bis zur Einstellung des Gleichgewichtes, in dem der Konzentrationsunterschied ausgeglichen ist, statt. Das Gleiche gilt für Mischsysteme mit mehreren gelösten Komponenten bezüglich der Gesamtkonzentration des Gelösten. Der Lösungsmitteldampfdruck über der konzentrierten Lösung ist also niedriger als über der verdünnten Lösung (Dampfdruckerniedrigung) und es findet ein spontaner Lösungsmitteltransport immer dann statt, wenn halbdurchlässige Trennschichten Lösungen verschiedener Konzentration abgrenzen.

#### *Empirische Gesetze*

Die in einem Nichtgleichgewichts-System zu beobachtende *Osmose* ist die Transportbewegung des Lösungsmittels; sie läßt sich am leichtesten an Systemen mit semipermeablen Membranen feststellen. Diese Membranen sind in der Regel nur für das Lösungsmittel durchlässig. Dabei ist es aber letzten Endes gleichgültig, welcher Partner der Lösung im Überschuß vorhanden ist. In vielen Fällen wird ein aus kleinen, ungeladenen Molekeln aufgebauter Stoff die Membran gut passieren können und damit als *Lösungsmittel* die osmotischen Eigenschaften des Mischsystems bestimmen. Der volle osmotische Effekt tritt dabei nur dann in Erscheinung, wenn die Membranen der genannten Halbdurchlässigkeitsbedingung in praktisch idealer Weise genügen.

Physikalisch betrachtet ist der *osmotische Druck* $\Pi$ die auf die Flächeneinheit bezogene mechanische Kraft, welche in einer osmotischen Zelle (vgl. Abb. 1.39) auf der Seite der konzentrierten Lösung einwirken müßte, um die Lösungsmittelbewegung zu verhindern. In der in Abb. 1.39 skizzierten Pfefferschen Zelle bewirkt die Verdünnungstendenz der Lösung eine *Endosmose*, d.h. einen Eintritt des Lösungsmittels in den Lösungsraum des inneren Standrohres, der unter einem vorgegebenen Kompensationsdruck $p$ steht. Das Lösungsmittel wird so lange durch die

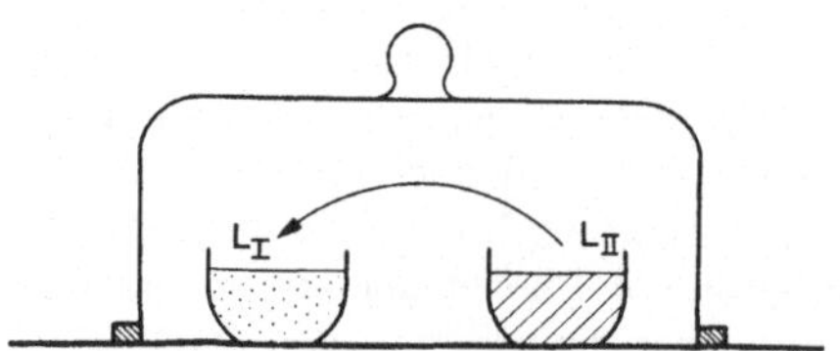

**Abb. 1.38** Zur isothermen Destillation ($c_I > c_{II}$)

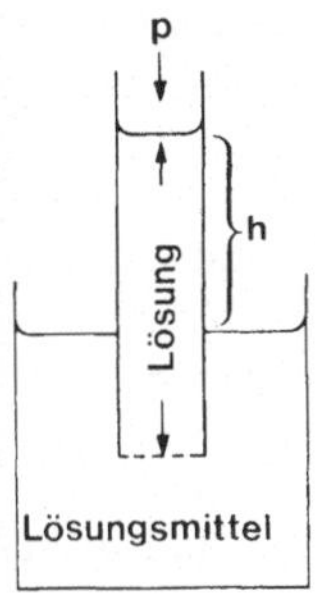



**Abb. 1.39** Osmotische Zelle nach Pfeffer

semipermeable Membran in das Standrohr hineingezogen, bis die Druckbilanz

$$\Pi = g \cdot \rho \cdot h + p \qquad (1.251)$$

für eine Lösung der Dichte $\rho$ bei der Steighöhe h erfüllt ist. Dann herrscht *osmotisches Gleichgewicht*. Der Botaniker Pfeffer ist zu seinen osmotischen Untersuchungen ursprünglich durch einige pflanzenphysiologische Betrachtungen veranlaßt worden. Diese Betrachtungen hatten zu der Erkenntnis geführt, daß das Wasser in den Pflanzenzellen unter erhöhtem Druck festgehalten wird. Bei Mimosen oder den Staubfäden von Kornblumen kommen Bewegungen dadurch zustande, daß auf bestimmte Reize hin Wasser aus den Zellen in die Interzellularräume austritt und damit eine Erschlaffung der Zellverbände herbeiführt. Die im Pflanzenreich sehr häufig auftretende Festigung von Organen durch Wasserfüllung (Turgor) der Zellen erklärte Pfeffer durch den osmotischen Druck des Zellinhaltes, der so lange den Einstrom von Wasser veranlaßt, wie die Nachgiebigkeit der relativ festen Zellhüllen dies zuläßt. Aus den Ergebnissen der von Pfeffer mit besonderer Sorgfalt durchgeführten Messungen konnte Van't Hoff 1887 die dem idealen Gasgesetz (vgl. Abschn. 5.2.1) weitgehend analoge Beziehung

$$\Pi = c_2 RT \qquad (1.252)$$

ableiten. In dieser Gleichung ist die Konzentration des Gelösten mit $c_2$ bezeichnet. T ist die in Kelvin-Einheiten angegebene Temperatur. R ist die universelle Gaskonstante. Die Gl. (1.252) gilt

exakt nur für verdünnte Lösungen. Eine exakte thermodynamische Herleitung dieser Gleichung wird im Abschn. 5.2.2 gegeben. Die Van't Hoffsche Gleichung für den osmotischen Druck besagt, daß dieser bei konstanter Temperatur um so höher ist, je größer die Konzentration des gelösten Stoffes ist. Bei unveränderter Konzentration steigt der osmotische Druck linear mit der Temperatur an. Der osmotische Druck wird also bei gegebener Temperatur ausschließlich durch die Zahl der in der Volumeneinheit vorhandenen gelösten Teilchen bestimmt, und die Teilchenzahl ist für ein gegebenes Gewicht der gelösten Substanz um so kleiner, je größer deren Molekulargewicht ist. Daher tragen in einem Gemisch mit Stoffen von geringem Molekulargewicht die makromolekularen Stoffe nur relativ wenig zum osmotischen Druck bei. Um mit einem Protein mit einem Molekulargewicht von 60 000 g/mol den gleichen osmotischen Druck wie mit einer Harnstofflösung (Molekulargewicht: 60 g/mol) zu erzeugen, wäre z. B. ein 1000 fach höherer prozentualer Gewichtsanteil der Lösung erforderlich.

Die wichtigste kolligative Eigenschaft aller Lösungen ist die Dampfdruckerniedrigung des Lösungsmittels. Beschreibt man die Zusammensetzung einer aus zwei Komponenten mit den Molzahlen $n_1$ und $n_2$ hergestellten Mischung durch Angabe der Molenbrüche

$$x_1 = \frac{n_1}{n_1 + n_2} \quad \text{und} \quad x_2 = \frac{n_2}{n_1 + n_2}, \qquad (1.253)$$

so gelten für die Dampfdrücke $p_1$ bzw. $p_2$ der Komponenten bei Vernachlässigung präferentieller zwischenmolekularer Wechselwirkungen stets die Beziehungen

$$p_1 = x_1 p_{o_1} \quad \text{und} \quad p_2 = x_2 p_{o_2}, \qquad (1.254)$$

in denen $p_{o_1}$ bzw. $p_{o_2}$ die Dampfdrücke der reinen flüssigen Komponenten darstellen. Da das Verhalten realer Mischsysteme fast ausnahmslos durch zusätzliche zwischenmolekulare Wechselwirkungen beeinflußt wird, beschränkt sich die Gültigkeit der Gleichungen (1.254) auf den Bereich verdünnter Lösungen. Bei wäßrigen Elektrolytlösungen ist der Dampfdruck $p_2$ des Gelösten im allgemeinen vernachlässigbar klein (Beispiele für Ausnahmen: $CO_2$, $NH_3$). Nach

Gl. (1.253) ist $x_1 + x_2 = 1$ bzw. $x_2 = 1 - x_1$. Die Gl. (1.254) kann deshalb auch in der Form

$$p_1 = (1 - x_2)p_{o_1} \qquad (1.255)$$

geschrieben werden. Demnach gilt für die relative Dampfdruckerniedrigung $(p_{o_1} - p_1)/p_{o_1}$ verdünnter Lösungen die Gleichung

$$\frac{p_{o_1} - p_1}{p_{o_1}} = \frac{\Delta p}{p_{o_1}} = x_2 \; ; \qquad (1.256)$$

sie wird als das Raoultsche Gesetz bezeichnet. Auch für diese im Jahre 1886 von F. M. Raoult entdeckte Gesetzmäßigkeit wird im Abschn. 5.2.2 eine konsequente thermodynamische Herleitung gegeben. Im Gültigkeitsbereich der Gl. (1.256) kann die Dampfdruckerniedrigung als ein einfacher Verdünnungseffekt verstanden werden. Bei diesem Effekt spielen spezifische zwischenmolare Kräfte in erster Linie keine Rolle. Die Partikeln des Gelösten treten an die Stelle von Lösungsmittelmolekeln und verringern damit die Wahrscheinlichkeit, daß diese genügend starke Impulse erhalten, um aus der Oberflächenzone in die Dampfphase übertreten zu können. Wie alle Gleichgewichtsbedingungen (vgl. Abschn 5.2) gilt auch Gl. (1.256) nur für konstante Temperatur.

Unter bestimmten Bedingungen kann die durch eine Temperaturdifferenz bedingte Differenz der osmotischen Drücke erheblich größer als der durch ein Konzentrationsgefälle verursachte osmotische Druckunterschied sein. Verteilt man eine Lösung gegebener Konzentration auf zwei durch eine semipermeable Membran getrennte, verschieden temperierte Räume, so erfolgt ein Wassertransport aus der wärmeren in die kältere Lösung (*Thermoosmose*). Dieser Effekt ist darauf zurückzuführen, daß der Dampfdruck mit der Temperatur wesentlich stärker ansteigt als der osmotische Druck (vgl. Abschn. 5.2). Die thermodynamische Aktivität des $H_2O$ in der wärmeren Lösung ist also höher als in der kälteren Lösung. Die ebenfalls experimentell nachweisbare Wanderung gelöster Teilchen längs eines Temperaturgefälles in homogener Lösung wird *Thermodiffusion* genannt. In diesem Falle diffundiert das Gelöste aus der wärmeren Zone in die kältere Zone. Es ist nicht auszuschließen, daß die genannten thermoosmotischen Effekte für das Zustandekommen

von Flüssigkeitsbewegungen in vivo und für die Aufrechterhaltung von osmotischen Druckunterschieden in den Geweben von Bedeutung sein können. Besonders ausgeprägt zeigen sich Temperaturdifferenzen an der Haut. Sie sind für die perspiration insensibilis (vgl. Abschn. 2.1.3) entscheidend. Die Haut ist das wichtigste Schutzorgan gegen die Abdunstung des Wassers aus den Geweben; sie läßt das Wasser auch bei direktem Flüssigkeitskontakt nur sehr langsam und nicht nach den Gesetzen der isothermen Osmose hindurchtreten. Denn nach Gl. (1.252) müßten Säugetiere im Süßwasser anschwellen und im hypertonischen Seewasser schrumpfen. Derartige Effekte sind aber nicht beobachtet worden. Die Haut der Säugetiere verhält sich so, als ob sie nur Wasserdampf entsprechend dem Temperaturgefälle von innen nach außen passieren ließe.

***Siedepunktserhöhung und Gefrierpunktserniedrigung***

Die einfachsten Verfahren zur experimentellen Ermittlung der Dampfdruckerniedrigung sind die Meßmethoden zur Bestimmung von Fixpunktverschiebungen (Siedepunktserhöhung und Gefrierpunktserniedrigung). Der Siedepunkt ist die Temperatur, bei der der Dampfdruck einer Flüssigkeit gleich dem auf ihr lastenden atmosphärischen Druck ist. Da der Dampfdruck einer Lösung geringer als der des reinen Lösungsmittels ist, erreicht er den Druck von 1 bar erst bei einer Temperatur, die über der Siedetemperatur des reinen Lösungsmittels liegt (Abb. 1.40b). Die Siedepunktserhöhung $\Delta T_s$ ist der Konzentration des Gelösten und damit auch dem osmotischen Druck proportional. Nach der im Abschn. 5.2.1 hergeleiteten Gleichung

$$\frac{d \ln p_s}{dT} = \frac{1}{p_s} \frac{dp_s}{dT} = \frac{\Delta_v H}{RT^2} \qquad (5.94)$$

wird die Temperaturabhängigkeit des Dampfdruckes einer Flüssigkeit durch die Größe der molaren Verdampfungsenthalpie $\Delta_v H$ festgelegt. Die Verdampfungsenthalpie idealer Lösungen ist unabhängig von der Konzentration der gelösten Substanz. Für kleine Temperaturdifferenzen kann

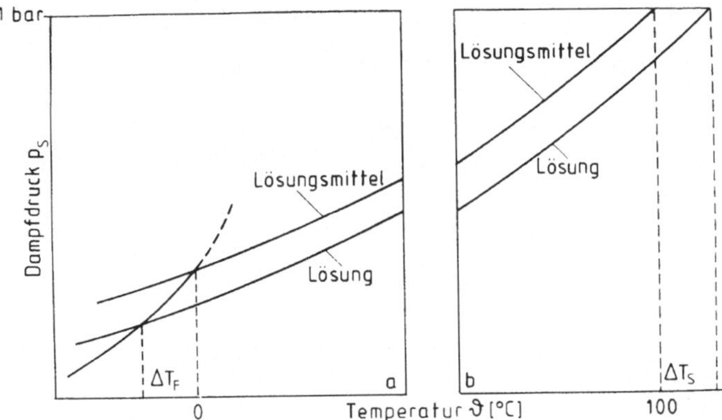


**Abb. 1.40** Dampfdruckerniedrigung und Gefrierpunktserniedrigung (**a**) bzw. Siedepunktserniedrigung (**b**)

nach Gl. (5.94) mit guter Näherung

$$\frac{dp_s}{dT} \simeq \frac{\Delta p_s}{\Delta T} \qquad (1.257)$$

gesetzt werden. Damit läßt sich Gl. (5.94) mit $T = T_s$ in der Form

$$\Delta T_s = \frac{\Delta p_s}{p_s} \frac{RT_s^2}{\Delta_v H} = x_2 \frac{RT_s^2}{\Delta_v H} \qquad (1.258)$$

darstellen. Setzt man für den Molenbruch des Gelösten einer verdünnten Lösung $x_2 \simeq n_2/n_1$, so ergibt sich aus Gl. (1.258) die Beziehung

$$\Delta T_s \simeq \frac{n_2}{n_1} \frac{RT_s^2}{\Delta_v H} . \qquad (1.259)$$

Da die Dichte des Lösungsmittels temperaturabhängig ist, wählt man als Konzentrationsmaß die Kilogramm-Molarität

$$c_2' = 1000 \frac{n_2}{m_1} = 1000 \frac{n_2}{n_1 M_1} , \qquad (1.260)$$

wobei $m_1$ die in g angegebene Masse des Lösungsmittels darstellt. Damit ergibt sich für die meßbare Siedepunktserhöhung ein Ausdruck der Form

$$\Delta T_s = \frac{M_1}{1000} \frac{RT_s^2}{\Delta_v H} c_2' \qquad (1.261)$$

bzw.

$$\Delta T_s = \frac{RT_s^2}{\Delta_v h} c_2' \equiv E_s \cdot c_2' . \qquad (1.262)$$

$\Delta_v h = 1000 \Delta_v H/M_1$ ist die Verdampfungsenthalpie des Lösungsmittels je kg. $E_s$ wird als molare *Siedepunktserhöhung* („ebullioskopische Konstante") bezeichnet. Die molare Siedepunktserhöhung des Wassers beträgt $0{,}515 \dfrac{K}{mol/kg}$.

Durch die Dampfdruckerniedrigung verschiebt sich auch der Schnittpunkt der Dampfdruckkurve mit der Sublimationsdruckkurve zu tieferen Temperaturen (Gefrierpunktserniedrigung $\Delta T_F$, Abb. 1.40a). Für die relative Dampfdruckerniedrigung hat man analog Gl. (1.258)

$$\frac{\Delta p_s}{p_s} = \frac{\Delta_s H - \Delta_v H}{RT_F^2} \Delta T_F \qquad (1.262)$$

zu setzen, wobei $\Delta_s H$ die molare Sublimationsenthalpie darstellt. Nach dem ersten Hauptsatz der Thermodynamik (Abschn. 5.2.1) ist die Differenz zwischen der molaren Sublimationsenthalpie und der molaren Verdampfungsenthalpie stets gleich der molaren Schmelzenthalpie $\Delta_F H$. Es gilt also die Beziehung

$$\Delta_s H - \Delta_v H = \Delta_F H. \qquad (1.263)$$

Die meßbare Gefrierpunktserniedrigung $\Delta T_F$ ist demnach durch

$$\Delta T_F = \frac{RT_F^2}{\Delta_F h} \cdot c_2' \equiv E_g \cdot c_2' \qquad (1.264)$$

gegeben. $\Delta_F h = 1000 \cdot \Delta_F H/M_1$ ist die Schmelzenthalpie des Lösungsmittels je kg. $E_g$ wird als *molare*

*Gefrierpunktserniedrigung* („kryoskopische Konstante") bezeichnet. Die molare Gefrierpunktserniedrigung des Wassers beträgt $1,86\ \dfrac{K}{mol/kg}$.

Messungen von $\Delta T_F$ werden oft zur Bestimmung des Molekulargewichtes $M_2$ unbekannter Substanzen benutzt. $M_2 = m_2/n_2$ kann nach Gl. (1.260) gemäß

$$M_2 = \frac{1000\,m_2}{c_2'\,n_1\,M_1} \qquad (1.265)$$

aus der Einwaage $m_2$ und dem kryoskopisch bestimmten $c_2'$-Wert berechnet werden. Die Methode eignet sich allerdings nicht zur Bestimmung der Molekulargewichte hochmolekularer Stoffe.

Die kryoskopische Gl. (1.264) ist von entscheidender Bedeutung für die Auswirkungen des Gefrierens auf Zellen und Gewebe. Die Kälteeinwirkung ist der wichtigste und häufigste Streßfaktor unter den mannigfaltigen Streßbelastungen, denen das Leben auf der Erde ausgesetzt ist. Die mit dem Ausfrieren des Wassers in den Geweben verbundene Konzentrationserhöhung aller gelösten Stoffe (Gefrierkonzentration) kann verheerende Folgen haben, wenn der Organismus nicht über geeignete Mechanismen zur Verhinderung der Eisbildung verfügt. Bei den Mechanismen, die zur Bewältigung von Streßsituationen dienen, hat man zwischen *Toleranz* und *Resistenz* zu unterscheiden. Ein wichtiger Aspekt der Kälte-Toleranz (Anpassung an die veränderten Bedingungen) ist die Reaktion der Plasmamembranen auf den Streß, der durch den osmotischen Wasserentzug während des extrazellulären Gefrierens verursacht wird. Dabei kommt es zu einer Verringerung des Zellvolumens, und es entstehen Zellbezirke mit kleinerem Membran-Krümmungsradius, die eine hohe Widerstandsfähigkeit gegen starke Kompression aufweisen. Diese Zellbezirke können sich bei nachlassender Kompression wieder entspannen.

Während des vollständigen Gefrierens einer Lösung erhöht sich die Lösungskonzentration bei fortschreitender Erniedrigung des Gefrierpunktes. Für eine isotonische Salzlösung (0,154 mol/l) ist der Zusammenhang zwischen Lösungskonzen-

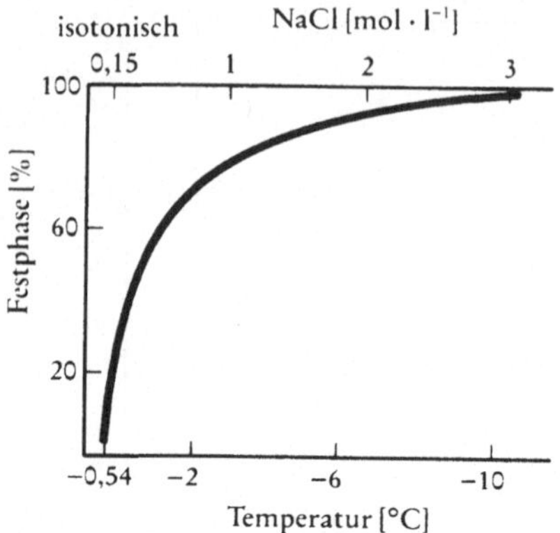


**Abb. 1.41** Gefrierkonzentration einer isotonischen Salzlösung (0,154 mol/l NaCl)

tration und Temperatur in Abb. 1.41 graphisch dargestellt.

Bei Abkühlung der Lösung unter die Gleichgewichtstemperatur von $-0,54\,°C$ scheidet sich reines $H_2O$ als Eis ab, und die Salzkonzentration der verbleibenden Lösung erreicht bei der eutektischen Temperatur von $-23,13\,°C$ einen Wert von 4,7 mol/l. Unter diesen extremen Bedingungen stellt sich schließlich eine Lösungskonzentration ein, die gegenüber dem Anfangswert um einen Faktor 30 erhöht ist. Eine beträchtliche Gefrierkonzentration tritt jedoch auch schon bei Minustemperaturen von wenigen Celsiusgraden auf. Bei $-3\,°C$ hat der Gefrierkonzentrationsfaktor bereits den Wert 10 erreicht. Durch diesen Effekt der Gefrierkonzentration werden die lebenden Organismen geschädigt und in den meisten Fällen abgetötet. Die Kälte-Resistenz (Verhinderung der Eisbildung) beruht bei lebenden Organismen hauptsächlich auf einer Unterkühlung der zellulären Flüssigkeiten. Organismen, die gegen Gefrieren empfindlich sind, können nur überleben, wenn in den Geweben kein Eis gebildet wird. Die Eisbildung könnte z.B. durch kolligative Gefrierpunktserniedrigung verhindert werden; aber die dazu erforderliche Akkumulation gelöster Substanzen würde zu einer starken Viskositätszunahme der Gewebsflüssigkeit und damit zu einer Behinderung lebenswichtiger Transportprozesse (vgl. Abschn. 2.2.1) führen. In einer unterkühlten Flüssigkeit wird die Bildung von Kristallkeimen durch eine kinetische Hemmung (d.h. extrem geringe Keimbildungsgeschwindigkeit) soweit unterdrückt, daß es nicht zur Ausscheidung einer festen Phase kommt. Tatsächlich ist die homogene Keimbildung von Eis ein sehr seltenes Ereignis. Deshalb kann 1 mg reines Wasser bis auf $-40\,^\circ\text{C}$ abgekühlt werden, bevor spontane Eisbildung eintritt. Es gibt proteinartige Substanzen, welche die Unterkühlung von Gewebsflüssigkeiten begünstigen (*Anti-Frost-Glykopeptide*). Bezüglich weiterer neuer Forschungsergebnisse zum Problem der Kälteresistenz von Lebewesen muß hier auf die im Anhang 2 angegebene Literatur verwiesen werden.

### Der osmotische Druck von Lösungen hochmolekularer Stoffe

Eine Lösung mit einem leicht zu bestimmenden osmotischen Druck von 0,01 bar hat nur eine kaum meßbare Gefrierpunktserniedrigung von weniger als 0,01 °C. Die Messung des osmotischen Druckes ist deshalb bei der Untersuchung von Lösungen makromolekularer Stoffe einer Messung der Gefrierpunktserniedrigung in jedem Falle vorzuziehen. Allerdings sind die Abweichungen von der für ideale Lösungen abgeleiteten Gl. (1.252) schon bei relativ geringen Konzentrationen nicht mehr zu vernachlässigen, wenn der gelöste Stoff aus Makromolekülen besteht (vgl. Abb. 1.42).

Effekte der Solvatation (Wechselwirkung mit dem Lösungsmittel) und der Wechselwirkung gelöster Teilchen untereinander machen sich in diesem Falle sehr viel stärker bemerkbar als bei der Untersuchung von Lösungen niedermolekula-

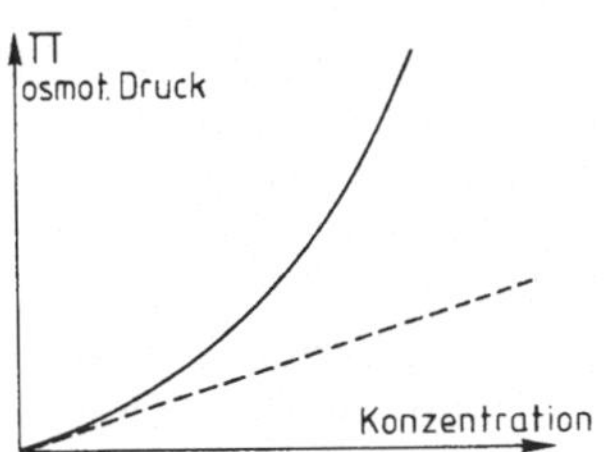


**Abb. 1.42** Konzentrationsabhängigkeit des osmotischen Druckes einer Proteinlösung (schematisch). ——— Reales Verhalten; ------ ideales Verhalten nach dem Van't Hoffschen Gesetz (Gl. (1.252))

rer Substanzen. Deshalb muß man bei der Auswertung der bei verschiedenen Konzentrationen erhaltenen Meßwerte von der im Abschn. 5.2.2 hergeleiteten Beziehung

$$\Pi\bar{V}_1 = -RT\ln a_1 \tag{5.147}$$

ausgehen. Mit dem Aktivitätskoeffizienten $f_1$ des Lösungsmittels kann diese Gleichung auch in der Form

$$\Pi\bar{V}_1 = -RT\ln x_1 - RT\ln f_1 \tag{1.266}$$

geschrieben werden. Mit $x_1 = 1 - x_2$ und der für mäßig konzentrierte Lösungen gültigen Näherungsformel $-\ln(1 - x_2) \simeq x_2$ geht Gl. (1.266) in die Beziehung

$$\Pi = \frac{RT}{\bar{V}_1}x_2 - \frac{RT}{\bar{V}_1}\ln f_1 \tag{1.267}$$

über. Bei osmotischen Messungen hat sich die Verwendung eines auf die Gewichtsmenge des Gelösten bezogenen Konzentrationsmaßes $C_2 = c_2 M_2$ als zweckmäßig erwiesen. Mit $x_2 \simeq n_2/n_1$ und $\bar{V}_1 \simeq V_1$ kann

$$\frac{x_2}{V_1} \simeq \frac{n_2}{n_1 V_1} \simeq \frac{n_2}{v} = c_2 \tag{1.268}$$

gesetzt werden. Damit läßt sich die Gl. (1.267) in der Form

$$\Pi = \frac{RT}{M_2}C_2 - \frac{RT}{V_1}\ln f_1 \tag{1.269}$$

schreiben. Setzt man nun noch

$$-\ln f_1 = \alpha C_2^2 + \beta C_2^3 + \dots,$$

so erhält man die Beziehung

$$\Pi = RT\left(\frac{C_2}{M_2} + \frac{\alpha}{V_1}C_2^2 + \dots\right) \tag{1.270}$$

oder mit $\alpha/V_1 = B$ bzw. $RT\alpha/V_1 = B^*$

$$\Pi = RT\left(\frac{C_2}{M_2} + BC_2^2 + \dots\right)$$

$$= \frac{RT}{M_2}C_2 + B^*C_2^2 + \dots \tag{1.271}$$

Das ist die *Virialdarstellung* des osmotischen Druckes. B bzw. B* ist der *zweite Virialkoeffizient* (vgl. Abschn. 5.2.1). Aus einem Diagramm, in dem die Meßwerte des *reduzierten osmotischen Druckes* $\Pi/c_2$ als Funktion von $c_2$ dargestellt sind, kann demnach das Molekulargewicht $M_2$ direkt aus dem Ordinatenabschnitt $RT/M_2$ entnommen werden. Ein Beispiel für die graphische Auswertung der Beziehung

$$\frac{\Pi}{C_2} \simeq \frac{RT}{M_2} + B*C \qquad (1.272)$$

zeigt die Abb. 1.43, in der Meßergebnisse für das Enzym Aldolase und für die Untereinheiten der Aldolase wiedergegeben sind. Das Molekulargewicht der Aldolase (156 500 Dalton) ist um den Faktor 3,7 größer als das mittlere Molekulargewicht der Untereinheiten. Der zweite Virialkoeffizient der Untereinheiten ist wesentlich größer als der B*-Wert der nativen Aldolase (stärkere Wechselwirkung der Untereinheiten).

Bei osmotischen Messungen an Lösungen von Polyelektrolyten ist zu beachten, daß ein Polyelektrolyt (z.B. Polyglutaminsäure oder Desoxyribonucleinsäure) in ein Polymer-Ion und eine entsprechend große Anzahl von Gegenionen dissoziieren kann, wobei der Dissoziationszustand von der Konzentration und dem pH-Wert der Lösung abhängt. Die bei einer bestimmten Konzentration osmotisch ermittelte Zahl gelöster Teilchen ist deshalb wesentlich größer als die Zahl der gelösten Polymer-Ionen, deren Molekulargewicht nicht unmittelbar aus den Meßergebnissen entnommen werden kann. Außerdem können sich die Ionen gelöster Salze unter Assoziatbildung an die Polymer-Ionen anlagern. Führt man die

Messung mit einer für Salz-Ionen permeablen Membran durch, so kommt es bei endlichen Polymer-Konzentrationen zur Einstellung des im Abschn. 2.3.3 erläuterten Donnan-Gleichgewichtes und damit zu einer ungleichen Verteilung der Kationen und Anionen zwischen dem Lösungsraum des Polymeren und dem Lösungsraum, der nur Salz-Ionen als gelöste Teilchen enthält. Formal finden alle diese Zusatzeffekte ihren Ausdruck in den empirisch bestimmten Werten des zweiten Virialkoeffizienten B*, der sich in diesem Falle als eine Funktion des pH-abhängigen Dissoziationszustandes, sämtlicher Aktivitätskoeffizienten und der Donnan-Ungleichverteilung erweist. Der Einfluß dieser störenden Effekte läßt sich bei der osmotischen Molekulargewichtsbestimmung von Polyelektrolyten durch die Verwendung einer Pufferlösung hinreichend hoher Salzkonzentration eliminieren. Eine genauere Betrachtung der im Abschn. 2.3.3 durch die Gl. 2.130 und 2.131 charakterisierten Donnan-Verteilung zeigt nämlich, daß im Grenzfall unendlicher Verdünnung des Polymeren ($c_p \rightarrow 0$) alle Salz-Ionen gleichverteilt sind. Dies gilt für jede Zusammensetzung des Puffergemisches und für jeden praktisch vorkommenden pK-Wert der dissoziationsfähigen Gruppen des Polyelektrolyten. Der auf unendliche Verdünnung des Polymeren extrapolierte reduzierte osmotische Druck zählt also nur noch Polyelektrolyt-Moleküle, die nicht durch die Membran hindurchtreten können. In der Praxis reicht eine Salzkonzentration von etwa 0,1 mol/l aus, um den gewünschten Eliminationseffekt zu erzielen.

Der durch den Donnan-Effekt erhöhte osmotische Druck von Polyelektrolytlösungen wird als *kolloidosmotischer Druck* bezeichnet. Die Definition des kolloidosmotischen Druckes ist im Abschn. 2.3.3 angegeben. Im Zusammenhang mit verschiedenen physiologischen Prozessen kommt dem kolloidosmotischen Druck eine gewisse Bedeutung zu. Dabei ist allerdings zu beachten, daß das osmotische Verhalten der Zellen und Gewebe überwiegend durch den osmotischen Gesamtdruck der intra- und extrazellulären Lösungen bestimmt wird. Dieser osmotische Gesamtdruck setzt sich additiv aus den Teildrücken der gelösten Komponenten zusammen; er wird zu 99,5%

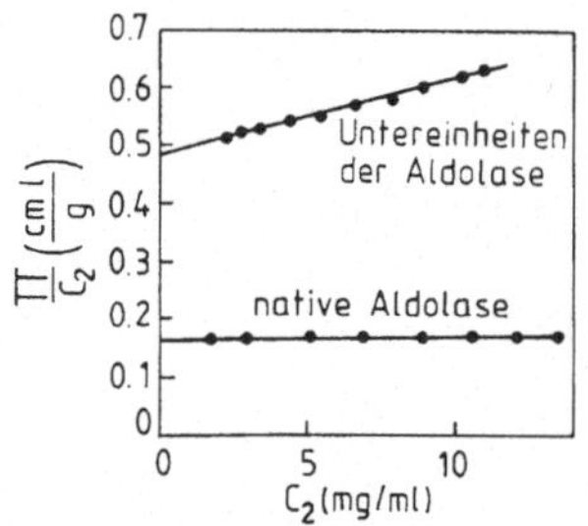

**Abb. 1.43** Reduzierter osmotischer Druck von Aldolase-Lösungen und von Lösungen der Enzym-Untereinheiten (Druckeinheit: cm Flüssigkeitssäule)

durch gelöste Salze und andere niedermolekulare Stoffe verursacht. Grundsätzlich kann ein verschiedenes Permeationsverhalten der Komponenten zu sehr unterschiedlichen osmotischen Vorgängen führen. Die Sonderstellung des kolloidosmotischen Druckes muß jedoch bei allen Vorgängen beachtet werden, deren Ablauf durch diesen Teildruck wesentlich beeinflußt wird.

Starling hat die Bedeutung des kolloidosmotischen Druckes für die osmotischen Vorgänge im Organismus bereits im Jahre 1896 erkannt. Er hat festgestellt, daß in den Glomerulumschlingen (Kapillarschlingenknäuel) der Nieren nur dann Flüssigkeit aus dem Plasma abgepreßt wird, wenn der mittlere Blutdruck in den Kapillaren über dem Wert des Kolloiddruckes der Blutflüssigkeit liegt Die Kapillaren stellen ein natürliches Protein-Osmometer dar. Die Flüssigkeitsbewegung zwischen Plasma und Interstitium wird im wesentlichen durch drei Faktoren bestimmt, nämlich durch die hydrostatischen Drücke beiderseits der Kapillarwand, durch die kolloidosmotischen Drücke auf beiden Seiten und durch die Permeabilitätseigenschaften der Kapillarwand. Da nur die makromolekularen Substanzen durch diese Wand zurückgehalten werden, kommt der kolloidosmotische Druck in diesem Falle voll zur Wirkung. Die Kapillaren bilden auch den einzigen Abschnitt des Kreislaufsystems, in dem die Wandungen eine bemerkenswert hohe Wasserdurchlässigkeit besitzen. Im arteriellen Anfangsteil der Kapillaren ist der von innen auf die Wand wirkende Blutdruck höher, im venösen Teil dagegen niedriger als der kolloidosmotische Druck. Deshalb wird im arteriellen Teil eiweißfreies Ultrafiltrat aus der Kapillare herausgedrückt und im venösen Teil wird Gewebsflüssigkeit osmotisch in das Zirkulationssystem eingesaugt. Auf diese Weise wird der extrakapillare Flüssigkeitswechsel aufrechterhalten. Störungen dieses Austauschsystems führen zum Übertritt von Flüssigkeit aus der Blutbahn in das Gewebe und damit zur Ödembildung. Der physiologisch wirksame kolloidosmotische Druck ist etwas geringer als der osmotisch meßbare kolloidosmotische Druck. Die Ursache dieser Abweichung ist in der Zusammensetzung der extrakapillaren Flüssigkeit zu suchen. Diese Flüssigkeit ist nicht völlig proteinfrei. Der effektive kolloidosmotische Druck entspricht deshalb der Differenz der auf beiden Seiten der Kapillarwand eingestellten kolloidosmotischen Drücke. Da die Filtrationskoeffizienten und die Gesamtoberfläche der Kapillaren annähernd bekannt sind, läßt sich abschätzen, daß die tägliche Kapillarfiltratmenge eines 70 kg schweren Menschen etwa 180 Liter beträgt. Diese Filtratmenge reicht nicht aus, um den Bedarf der Gewebe an gelösten Stoffen zu decken. Ein Liter Blut bzw. Ultrafiltrat enthält etwa 1 g Glucose. Die täglich durch den Kreislauf bewegte Blutmenge macht etwa 7000 Liter aus, der Zuckerbedarf etwa 350 g. Bei vollständiger Ausnutzung des Filtrat-Zuckers müßten täglich 350 Liter eiweißfreier Flüssigkeit aus dem Blut gepreßt werden, um den genannten Bedarf ausschließlich auf diesem Wege zu decken. Mit einer Tagesfiltratmenge von 180 l kann also bei voller Belastung nur die Hälfte des täglichen Bedarfs der peripheren Versorgung aufgebracht werden. Der restliche Anteil der benötigten Substanzmenge muß demnach durch Diffusion transportiert werden. Der Kolloiddruckantagonismus dient also in erster Linie der Verhinderung von Wasserverlusten aus dem Kreislaufsystem der Blutbahn. Völlig wasserdichte Kapillarwände, welche die gelösten Stoffe in hinreichender Menge passieren lassen, sind mit den molekularen Baustoffen der Organismen nicht herstellbar.

Die Wanderung des Wassers erfolgt stets von der verdünnten (hypotonischen) Lösung in die konzentriertere (hypertonische) Lösung. Zwischen isotonischen Lösungen läuft kein makroskopisch meßbarer Wassertransport ab. Es ist zweckmäßig, die osmotische Konzentration einer Elektrolytlösung mit der molaren Konzentration eines reinen Nichtleiters zu vergleichen, und man spricht in diesem Zusammenhang von *Osmolarität*. Die Osmolarität gibt die Konzentration an, die eine ideale Lösung eines Nichtleiters bei gleichem osmotischem Druck haben würde. Für eine 0,1 molare KCl-Lösung ergibt sich z.B. eine Osmolarität von 0,186 mol/l und für eine 0,1 molare $MgCl_2$-Lösung eine Osmolarität von 0,266 mol/l.

Die lebenden Zellen schwellen an, wenn sie in ein hypotonisches Milieu hineingebracht werden und schrumpfen in hypertonischer Umgebung.

Dieser Effekt ist wichtig für den in diesem Abschnitt erwähnten Turgorismus pflanzlicher Zellverbände. Das beste Beispiel für den osmotischen Wasserentzug bietet die Plasmolyse, die bei sehr vielen Pflanzenzellen zu beobachten ist; sie demonstriert das Schrumpfen des Protoplasmas und die Verkleinerung der Zellsaftvacuole oft in gut meßbarer Weise. Auch bei tierischen Knorpelzellen ist die Zellretraktion vom Widerlager der Knorpelsubstanz gut zu verfolgen. Die roten Blutzellen zeigen im hypertonischen Milieu eine Fältelung ihrer Membran, die als Stechapfelform bekannt ist. Die roten Blutzellen bieten auch das beste Beispiel für die Wasseraufnahme aus hypotonischen Lösungen. Ihre Volumenvergrößerung kann nach dem Abzentrifugieren mit Hilfe optischer Verfahren gut bestimmt werden. Wenn ein kritischer Schwellungszustand erreicht ist, verlieren die Zellmembranen ihre normalen Filtereigenschaften. Das Hämoglobin verläßt die Zelle; es tritt Hämolyse ein. Alle übrigen Zellen verhalten sich grundsätzlich gleichartig. Die Semipermeabilität ist also eine allgemeine Eigenschaft der Zellmembranen. Trotzdem sind die Mechanismen, mit denen diese Eigenschaft eingestellt wird, sehr verschiedenartig (vgl. Abschn. 3.3.6).

### *Osmoregulation*

Die Regulation des zellulären Wasserhaushaltes der Organismen wird als Osmoregulation bezeichnet. Grundsätzlich sind alle Zellen in der Lage, den osmotischen Druck konstant zu halten oder im Zusammenhang mit bestimmten Funktionen gesetzmäßig zu verändern. Ein bekanntes Beispiel für eine geregelte Änderung des osmotischen Druckes ist die Schwellung der Lodiculae (Schwellkörper) bei der Öffnung der Grasblüten, die durch Stärkehydrolyse und eine damit gekoppelte Konzentrationserhöhung gelöster Stoffe zustande kommt. Verschiedene Algen können ihren osmotischen Druck dem osmotischen Druck der Umgebung angleichen oder ihn um einen bestimmten Differenzwert über dem des umgebenden Mediums halten.

Bei Tieren kann der Toleranzbereich für Veränderungen der osmotischen Werte von Gruppe zu Gruppe sehr verschieden sein. Die Körperflüssigkeiten der meisten marinen Evertebraten (wirbellose Meerestiere) sind mit dem Meerwasser isoosmotisch. Bei Veränderung der Salzkonzentration der Umgebung (z.B. im Brackwasser) ändert sich der osmotische Wert der Körperflüssigkeiten entsprechend (poikilosmotische Tiere). Andere Meerestiere sind dagegen in der Lage, den osmotischen Wert ihrer Körperflüssigkeiten konstant zu halten, und zwar entweder auf dem Wert des Meerwassers, mit dem sie normalerweise isoosmotisch sind, oder auf einem geringeren, artspezifisch festgelegten Wert (homoiosmotische Tiere).

Von dem Begriffspaar der poikilosmotischen und homoiosmotischen Tiere ist das Begriffspaar der euryhalinen und stenohalinen Tiere zu unterscheiden. Das zweite Begriffspaar beschreibt die Größe des osmotischen Bereiches, in dem eine Tierart zu leben vermag, unabhängig davon, ob eine Regelung des osmotischen Wertes der Körperflüssigkeiten erfolgt oder nicht. Der nur wenig anpassungsfähige Flußkrebs zählt zu den stenohalinen Tieren, während der Taschenkrebs und die Wollhandkrabbe nur eine geringe Empfindlichkeit gegen osmotische Druckschwankungen zeigen und deshalb zu den euryhalinen Tieren gezählt werden. Ein weiteres Beispiel für die Unabhängigkeit der Lebensfunktionen vom osmotischen Außendruck bietet der Aal. Seine Jugendform, der Glasaal, lebt stenohalin im Meer. Der geschlechtsreife Aal steigt dagegen für längere Zeit in die Süßwasserflüsse hinein.

Im menschlichen Organismus spielt die regulatorische Funktion der Nieren eine entscheidende Rolle für die Aufrechterhaltung der Osmolarität und des Volumens der extrazellulären Flüssigkeit. Beim Menschen kommen vorübergehend sowohl hypertonische als auch hypotonische Zustände vor. Ein Anstieg der Osmolarität tritt bei Flüssigkeitskarenz auf, weil der Organismus durch Nieren, Lungen, Darm und Haut mehr Wasser verliert, als er an osmotisch wirksamen Stoffen ausscheidet. Auf diesen Zustand des Wassermangels reagiert der Organismus durch vermehrte Freisetzung von antidiuretischem Hormon (ADH) aus dem Hypophysenhinterlappen und durch Auslösung von Durst. Damit werden die renal bedingten Wasserverluste auf ein Minimum reduziert (Antidiurese) und die Wasserbilanz wird durch Flüssigkeitsaufnahme ausgeglichen. Umgekehrt wird bei Wasserüberschuß durch Hemmung der ADH-Freisetzung und des Durstgefühles ein Ausgleich herbeigeführt. Offensichtlich kommt der $Na^+$-Ionenkonzentration eine besondere Bedeutung für die Steuerung des Osmoregulationssystems zu. Die *Osmorezeptoren* im Hypothalamus sprechen spezifisch auf eine Erhöhung der $Na^+$-Ionenkonzentration in ihrer unmittelbaren Umgebung an und lösen damit die ADH-Freisetzung und die Antidiurese aus. Bezüglich weiterer Einzelheiten muß hier auf die im Anhang 2 genannten Lehrbücher der Physiologie verwiesen werden.

# 2 Transporterscheinungen, Ausgleichsvorgänge und Verteilungsgleichgewichte

## 2.1 Allgemeine Grundlagen zur formalen Behandlung der Transporterscheinungen

### 2.1.1 Stationäre und instationäre Zustände

In allen lebenden Organismen besteht eine direkte Kopplung zwischen den enzymatisch katalysierten Stoffwechselreaktionen und dem Energie- und Stofftransport. Die einwandfreie Funktion der Transportprozesse ist für die Aufrechterhaltung der Lebensvorgänge von entscheidender Bedeutung. Der Transport von Materie und Energie wird im Organismus entweder durch molekulare Bewegungsmechanismen oder konvektiv durch Strömung in Gefäßsystemen bewerkstelligt. Im optimal regulierten Organismus stellt sich im Idealfall ein stationärer Zustand (Fließgleichgewicht) ein. Dieser Zustand ist dadurch charakterisiert, daß sich die Konzentrationen aller beteiligten Spezies an jedem beliebig gewählten Punkt der Transportstrecke nicht mit der Zeit ändern. Die in der Zeiteinheit zugewanderte Substanzmenge einer bestimmten Spezies wird entweder durch lokale chemische Umsetzungen verbraucht oder durch eine äquivalente Abwanderungsrate kompensiert. Entsprechendes gilt für die Energieumsätze im Fließgleichgewicht. Abbildung 2.1 zeigt schematisch als einfaches Beispiel das Konzentrationsgefälle, das sich im stationären Zustand bei eindimensionaler Diffusion in einem Medium zwischen zwei Reservoirs mit konstant gehaltenen Konzentrationen $c_A$ und $c_B$ ausbildet.

In diesem besonders einfachen Fall nimmt die Konzentration in der Diffusionszone der Dicke $\Delta x$ linear mit dem x-Wert ab; d.h. für alle x-Werte in der Diffusionszone gilt

$$\frac{dc}{dx} = \frac{c_B - c_A}{\Delta x} = \text{konst}.$$

Die Konstanz der Konzentrationen $c_A$ und $c_B$ könnte z.B. dadurch aufrecht erhalten werden, daß der transportierte Stoff im Reservoir A durch eine vorgeschaltete chemische Reaktion erzeugt und im Reservoir B durch eine nachgeschaltete chemische Reaktion verbraucht wird. Der Diffusionsstrom ist in jedem beliebig gewählten Kontrollquerschnitt der Diffusionszone gleich groß und dem Konzentrationsgefälle proportional; er gehorcht dem im Abschn. 2.2.2 angegebenen 1. Fickschen Gesetz der Diffusion. Ähnlich einfache Gesetzmäßigkeiten bestimmen den stationären eindimensionalen Wärmetransport zwischen zwei Wärmereservoirs mit den konstanten Temperaturen $T_A$ und $T_B$. In diesem Falle ist der Wärmestrom dem Temperaturgefälle proportional; er bewegt sich stets von höheren zu tieferen Temperaturen hin.

In der Regel wird sich ein stationärer Zustand in einem komplexen biologischen System nicht lange ungestört aufrecht erhalten lassen. Jede Störung des Fließgleichgewichtes muß durch spontane Ausgleichsvorgänge oder durch die Wirkung geeigneter Regelmechanismen ausgeglichen

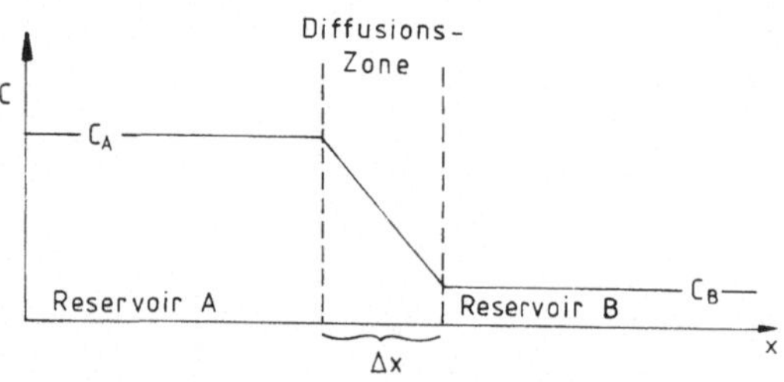


**Abb. 2.1** Konzentrationsprofil bei eindimensionaler stationärer Diffusion in Richtung der x-Koordinate zwischen zwei Reservoirs A und B mit konstanten Reservoirkonzentrationen $c_A$ und $c_B$

werden. Dabei wird eine Folge instationärer Zustände, bei denen die Transportgröße eine Funktion von Ort und Zeit ist, durchlaufen. Eine vollständige Theorie der Transporterscheinungen muß deshalb auch zur quantitativen Beschreibung des Verhaltens von Systemen in instationären Zuständen geeignet sein. Ansätze zur Lösung der entsprechenden partiellen Differentialgleichungen werden am Beispiel eines Diffusionsprozesses im Abschn. 2.2.2 erläutert. Der dort erklärte Formalismus eignet sich auch zur quantitativen Beschreibung von Temperaturausgleichsvorgängen, denen allerdings im Energiehaushalt homoiothermer Organismen nur eine untergeordnete Bedeutung zukommt. Auf eine ausführliche Wiedergabe von Beispielen für Lösungen der allgemeinen Wärmeleitungsgleichung konnte deshalb im Rahmen dieser Darstellung verzichtet werden. Es muß jedoch darauf hingewiesen werden, daß das einfache Modell der „isothermen chemodynamischen Maschine" den tatsächlich in homoiothermen Organismen vorliegenden Verhältnissen nicht gerecht wird. Es ist bekannt, daß die Temperatur im menschlichen Körper von einem homoiothermen Körperkern zur Körperoberfläche der Extremitäten hin um mehrere Grade abfällt und daß zur Aufrechterhaltung konstanter Temperaturen in den verschiedenen Temperaturzonen des Organismus spezielle Thermoregulationsmechanismen erforderlich sind. Einige Hinweise zur Problematik der Thermoregulation finden sich im Abschn. 2.1.3. Auch beim konvektiven Transport hat man grundsätzlich zwischen stationären und instationären Zuständen zu unterscheiden. Bekannte Beispiele für den Transport durch Strömung in Gefäßsystemen sind der Blutkreislauf und der Xylem- bzw. Phloem-Transport in Pflanzen. Diese Transportsysteme sollen im Abschn. 2.2.1 kurz beschrieben und diskutiert werden.

## 2.1.2 Wärmetransport, Impulstransport, Stofftransport

In der elementaren Theorie der auf die Molekularbewegung zurückzuführenden Transporteffekte unterscheidet man drei Grundphänomene:

1. Transport molekularer Bewegungsenergie in einem Temperaturgefälle (Wärmetransport).
2. Impulsübertragung durch molekulare Stöße in einem Geschwindigkeitsgefälle. Dieser Impulstransport ist die molekulare Ursache der inneren Reibung.
3. Stofftransport durch Bewegung von Molekülen in einem Konzentrationsgefälle (Diffusion).

Neben diesen Grundphänomenen gibt es noch andere Transportprozesse, wie z.B. den Ladungstransport im elektrischen Feld, den Impulstransport durch Schallausbreitung und den Wärmetransport durch Strahlung. Es besteht jedoch kein unmittelbarer Zusammenhang zwischen dem Mechanismus dieser Prozesse und der thermischen Molekularbewegung. Deshalb zählen diese Transportprozesse nicht zur Gruppe der oben angeführten *thermischen* Transporterscheinungen.

Die Aggregatzustände der Materie unterscheiden sich in der Teilchendichte und in der Stärke der zwischenmolekularen Wechselwirkungen. Deshalb unterscheiden sich auch die molekularen Mechanismen der thermischen Transportprozesse in kondensierten Phasen grundsätzlich von den Mechanismen der Transportprozesse in Gasen. Dies äußert sich z.B. darin, daß die Viskosität von Flüssigkeiten sich in der Regel mit steigender Temperatur verringert, während die Viskosität von Gasen bei einer Temperaturzunahme erhöht wird. Die Moleküle eines Gases bewegen sich weitgehend ungehindert und tauschen nur bei zwischenmolekularen Stößen oder bei Stößen an den Gefäßwänden Impuls bzw. kinetische Energie mit anderen Teilchen aus. Die Moleküle einer Flüssigkeit sind dagegen von einem „Käfig" anderer dicht gepackter Moleküle umgeben; ihre Fortbewegung kann nur in der Weise vor sich gehen, daß bei Dichtefluktuationen ein „Loch" in der angrenzenden Flüssigkeitsstruktur gebildet wird und ein wanderndes Teilchen unter Überwindung einer Aktivierungsschwelle in dieses Loch hineinspringt. Dieser Bewegungsmechanismus wird durch eine Temperaturerhöhung begünstigt, da die Zahl der Löcher in der Flüssigkeitsstruktur mit steigender Temperatur anwächst. Dieser Effekt wirkt sich auf die verschiedenen Transportprozesse in unterschiedlicher Weise aus; er begünstigt z.B. den Stofftransport durch Diffusion, während die Zahl der für eine Impulsübertragung wirksamen Stöße mit wachsender Zahl der Löcher in der fluktuierenden molekularen Pakkungsstruktur abnimmt. Ähnliches gilt für den Einfluß des Druckes auf die molekularen Transportprozesse in kondensierten Phasen. Durch eine starke Druckerhöhung wird die Zahl der Löcher in der Flüssigkeitsstruktur erheblich verringert. Dadurch wird die Diffusion beeinträchtigt. Die Viskosität des komprimierten Mediums wird durch Drucksteigerung erhöht. Aus diesen wenigen Hinweisen ist ersichtlich, daß eine quantitative Beschreibung der verschiedenen thermischen Transportphänomene für jeden Aggregatzustand jeweils eine besondere Betrachtung erfordert. In den folgenden Abschnitten sollen die Grundgleichungen für die drei oben genannten Transportphänomene beschrieben und ihre Bedeutung für biologische Prozesse im Zusammenhang mit einigen anderen Effekten diskutiert werden.

### 2.1.3. Wärmetransport und Thermoregulation

Die Grundgleichung der Wärmeleitung

$$\frac{dq}{dt} = \dot{q} = -A\lambda\,\frac{dT}{dx} \tag{2.1}$$

besagt, daß die im stationären Zustand in der Zeiteinheit durch eine Kontrollfläche A hindurchtransportierte Wärmemenge $\dot{q}$ dem Temperaturgefälle proportional ist. Gl. (2.1) ist die Definitionsgleichung für den Proportionalitätsfaktor $\lambda$, der als *Wärmeleitfähigkeitskoeffizient* mit der Dimension Watt/mK bezeichnet wird. Das Minuszeichen in Gl. (2.1) bringt zum Ausdruck, daß der spontane passive Wärmetransport stets von höheren zu tieferen Temperaturen hin abläuft.

Für ein einatomiges ideales Gas (Edelgas) läßt sich der lineare Zusammenhang zwischen dem stationären Wärmestrom $\dot{q}$ und dem Temperaturgefälle leicht mit einer elementaren molekularkinetischen Betrachtung verständlich machen. Die mittlere kinetische Energie der Translations-

bewegung eines Teilchens in einem idealen Gas beträgt 3/2 kT. Die Strecke, die ein Teilchen im Mittel zwischen zwei molekularen Stößen ungehindert zurücklegt, wird als *mittlere freie* Weglänge $\Lambda$ bezeichnet. Die Abb. 2.2 zeigt einen Ausschnitt aus einem in Richtung der x-Koordinate linear abfallenden Temperaturprofil. Die Lage der für die molekulare Wärmestrombilanz maßgeblichen Kontrollflächen ist durch gestrichelte Linien markiert.

Die den Temperaturen $T_I$ und $T_{II}$ zugeordneten Kontrollflächen I und II sollen sich jeweils im Abstand $\Lambda$ vor bzw. hinter der mittleren Kontrollfläche A befinden. Die mittlere Molekulargeschwindigkeit sei $\bar{w}$. Nach dem Schema der Komponentendarstellung kann man annehmen, daß sich von den $^1N$ Teilchen einer Volumeneinheit jeweils nur 1/6 in einer der sechs möglichen Richtungen des kartesischen Koordinatensystems bewegen wird. Dabei werden von den sich in positiver x-Richtung bewegenden Molekülen in der Zeit t nur die Teilchen die Kontrollfläche I erreichen, deren Abstand von I zu Beginn der Zeitspanne t nicht größer als $\bar{w}t$ ist. Die Flächeneinheit der Kontrollfläche I wird also in der Zeiteinheit von $^1N\bar{w}/6$ Teilchen in positiver x-Richtung passiert. Die kinetische Energie eines

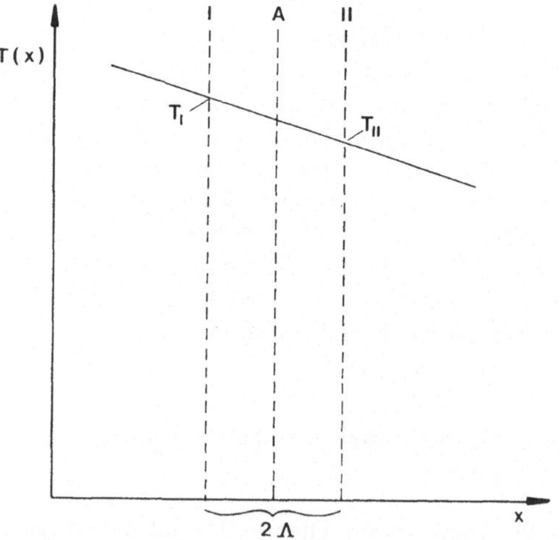


**Abb. 2.2** Zur molekularkinetischen Berechnung des Wärmeleitfähigkeitskoeffizienten eines einatomigen idealen Gases

Teilchens dieser Gruppe beträgt $\frac{3}{2}kT_I$. Dieser Wert bleibt während des Durchlaufens der Strecke $\Lambda$ bis zum Erreichen der Kontrollfläche A unverändert. Die genannten Teilchen transportieren also in der Zeiteinheit die Wärmemenge

$$\frac{^1N}{6}\,\bar{w}\,\frac{3}{2}\,kT_I$$

zur Kontrollfläche A. In gleicher Weise transportieren die in negativer x-Richtung bewegten Teilchen die Wärmemenge

$$\frac{^1N}{6}\,\bar{w}\,\frac{3}{2}\,kT_{II}$$

aus dem Bereich der Kontrollfläche II zur Kontrollfläche A. Der resultierende Differenzbetrag der beiden entgegengesetzt gerichteten Wärme-Teilströme ist also durch

$$\frac{\dot{q}}{A} = \frac{^1N}{6}\,\bar{w}\,\frac{3}{2}\,k(T_I - T_{II}) = -\frac{^1N}{6}\,\bar{w}\,\frac{3}{2}\,k2\Lambda\,\frac{dT}{dx}$$

gegeben, wobei $^1N\frac{3}{2}k$ nach der im Abschn. 5.2.1 angegebenen Definition der spezifischen Wärme durch das Produkt $\rho c_v$ ersetzt werden kann (bezeichnet man die Teilchenmasse mit $m_p$, so gilt $\rho = {}^1Nm_p$ und $c_v = \frac{3}{2}k/m_p$). Damit erhält man für die Wärmestromdichte $\dot{q}/A$ den Ausdruck

$$\frac{\dot{q}}{A} = -\frac{1}{3}\,\bar{w}\rho c_v\Lambda\,\frac{dT}{dx}$$

und durch Koeffizientenvergleich mit Gl. (2.1) die Beziehung

$$\lambda = \tfrac{1}{3}\bar{w}\rho c_v\Lambda \ . \tag{2.2}$$

Der Wärmeleitfähigkeitskoeffizient eines idealen Gases wird also bei gegebener Dichte durch die mittlere Molekulargeschwindigkeit, die mittlere freie Weglänge und die spezifische Wärme bestimmt.

Obwohl die Gl. (2.2) nur für einatomige ideale Gase gilt und unter Einführung vereinfachter Voraussetzungen hergeleitet ist, läßt sie doch den auch bei der Diskussion der Wärmeleitung in kondensierten Phasen zu beachtenden Zusammenhang zwischen dem Wärmeleitfähigkeitskoeffizienten und einigen grundsätzlich wichtigen Eigenschaften des molekularen Transportsystems deutlich erkennen. Die Begriffe der mittleren Molekulargeschwindigkeit und der mittleren freien Weglänge lassen sich zwar nicht ohne weiteres auf die molekularen Transportprozesse in kondensierten Phasen übertragen, aber es besteht in vielen Fällen ein Zusammenhang zwischen dem Wärmeleitfähigkeitskoeffizienten und der molekularen Wärmekapazität. Mehratomige Moleküle können thermische Energie in Form von Rotations- und Schwingungsenergie speichern und damit wesentlich mehr Wärme transportieren als einatomige Teilchen. Die Schwingungen der atomaren Molekülgruppen und die schwingungsartigen Bewegungen der einzelnen Moleküle in der Käfigstruktur einer Flüssigkeit führen zur Ausbildung eines Feldes von Wellen, die ähnlich wie akustische Wellen in dem flüssigen Körper hin und her fluktuieren. Diese fluktuierenden Wellen wirken als Überträger thermischer Energie in Flüssigkeiten und übernehmen damit die Transportfunktion, die in der Gasphase von den weitgehend frei beweglichen Molekülen wahrgenommen wird. Die Intensität der thermischen Fluktuationen nimmt zwar mit steigender Temperatur zu, aber die durch eine Temperaturerhöhung bewirkte Bildung von „Löchern" in der Flüssigkeitsstruktur hat in der Regel eine leichte Abnahme der Wärmeleitfähigkeit von Flüssigkeiten mit steigender Temperatur zur Folge. Die „Löcher" wirken als Streuzentren für die thermischen Wellen und behindern damit den Wärmetransport. Bei Flüssigkeiten mit ausgeprägten zwischenmolekularen Wechselwirkungen kommt dem Assoziationsverhalten im Rahmen der thermischen Transportprozesse eine erhebliche Bedeutung zu. Dies gilt insbesondere für Wasser, das gegenüber anderen Flüssigkeiten durch eine relativ hohe Wärmeleitfähigkeit ausgezeichnet ist.

Bei der Erwärmung dieser Flüssigkeit werden die H-Brücken-Assoziate der $H_2O$-Moleküle abgebaut. Der hierfür erforderliche Energieaufwand bedingt einen zusätzlichen Beitrag zur Wärmekapazität der Flüssigkeit, auf den die bemerkenswert hohe spezifische Wärme des Wassers zurückzuführen ist. In einem Temperaturgefälle bildet sich ein Gefälle des Dissoziationsgrades der $H_2O$-Assoziate aus. Dies bedeutet, daß Dissoziationsenergic über die Wärmeleitstrecke von höheren zu tieferen Temperaturen transportiert wird. Dieser Transport von Dissoziationsenergie in der Assoziationsstruktur des Wassers ist die Ursache für seinen relativ hohen Wärmeleitfähigkeitskoeffizienten, dessen Wert mit 0,599 W/mK erheblich über dem Wert für Benzol (0,151 W/mK) liegt. Mit seiner hohen Wärmeleitfähigkeit fördert das Wasser den Temperaturausgleich in Zellen und Geweben, bei denen dieser Ausgleich wegen des Vorhandenseins von Membranen und anderen Strukturen nicht durch Flüssigkeitszirkulation erfolgen kann. In höher organisierten Lebewesen wird allerdings nur ein relativ geringer Anteil des Temperaturausgleichs durch Wärmeleitung bewirkt. Das wichtigste Hilfsmittel des thermoregulatorischen Wärmetransports ist das Konvektionssystem des Blutkreislaufs.

Die chemischen Stoffwechselreaktionen laufen im Organismus unter Wärmebildung ab. Die gebildete Wärme ist zwar nur ein Nebenprodukt des Stoffwechsels; ihr kommt jedoch eine erhebliche Bedeutung zu, wenn man das unterschiedliche Verhalten der Körpertemperatur verschiedener Lebewesen im Tierreich untersucht. Bei einer Gruppe von Lebewesen, zu denen auch der Mensch gehört, wird die Körpertemperatur durch hohe Wärmebildung und zusätzliche Regelmechanismen auf einem Wert oberhalb der Umgebungstemperatur gehalten (*homoiotherme Lebewesen*). Bei einer zweiten Gruppe, zu der z.B. Reptilien und Fische gehören, ist die Wärmebildung weit geringer. Die Körpertemperatur liegt daher nur wenig über der Umgebungstemperatur und folgt deren Schwankungen (*poikilotherme Lebewesen*).

Die homoiothermen Lebewesen sind den poikilothermen Lebewesen vielfach überlegen, da sie unabhängig von der Außentemperatur eine gleichförmige Körpertemperatur aufrechterhalten können. Das poikilotherme Verhalten kann aber dort von Vorteil sein, wo die Verfügbarkeit von Nahrung jahreszeitlichen Schwankungen unterworfen ist. So vertragen bestimmte poikilotherme Lebewesen eine monatelange Nahrungskarenz in der Kälte ohne Schaden.

Für die Stoffwechselvorgänge im Organismus der poikilothermen Lebewesen gilt die im Abschn.

5.3.1 angegebene Arrhenius-Gleichung (Gl. (5.540)). Die Energieumsatzrate steigt also mit zunehmender Temperatur an. Auch bei den homoiothermen Lebewesen bleibt die Gültigkeit der Arrhenius-Gleichung erhalten; der dadurch bedingte Rückgang der Umsatzraten bei Abkühlung wird jedoch im Bereich mittlerer Körpertemperaturen durch den Effekt einer regulatorischen Wärmebildung überkompensiert (vgl. Abb. 2.3).

Der Energieumsatz steigt deshalb bei Abkühlung im Bereich des Sollwertes der Neutraltemperatur zunächst an, wodurch ein Abfall der Körpertemperatur verhindert wird. Durch Narkose oder gezielte experimentelle Läsionen im Zentralnervensystem kann man die Temperatur-Stoffwechsel-Beziehung der homoiothermen Lebewesen derjenigen der poikilothermen Lebewesen qualitativ angleichen. Der durch die genannten Eingriffe blockierbare Anteil der Wärmebildung wird als *regulatorische Wärmebildung* bezeichnet. Im Abschn. 5.3.2 werden die verschiedenen Mechanismen, durch die eine thermoregulatorische Wärmebildung bewirkt wird, angegeben und kurz diskutiert. Auch nach der Blockade des regulatorischen Anteils der Wärmebildung besteht ein erheblicher quantitativer Unterschied im Stoffwechselverhalten der homoiothermen und der poikilothermen Lebewesen. Bei gleicher Körpertemperatur ist die auf die Körpergewichts-

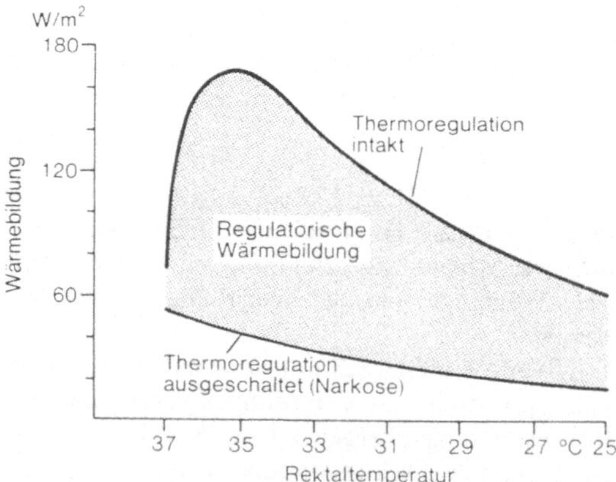


**Abb. 2.3** Beziehung zwischen Körpertemperatur und Stoffwechselrate homoiothermer Organismen (Versuche am Hund) (nach F. W. Behmann, E. Bontke (1958))

einheit bezogene Energieumsatzrate der homoiothermen Lebewesen mindestens dreimal so groß wie die Umsatzrate der poikilothermen Lebewesen.

Unabhängig von der Körpergröße liegt die Körpertemperatur der meisten homoiothermen Säuger in einem Bereich zwischen 36 °C und 39 °C. Der Energieumsatz ist dagegen eine Potenzfunktion der Körpermasse. Einige Hinweise auf die Gesetzmäßigkeiten des Zusammenhanges zwischen der Stoffwechselrate und der Körpergröße finden sich im Abschn. 5.3.1. Konstanz der Körpertemperatur erfordert, daß die Wärmebildung und die Wärmeabgabe im stationären Zustand gleich groß sind. Die *trockene* Wärmeabgabe (ohne Wärmeabgabe durch Verdunstung) ist der Temperaturdifferenz zwischen dem Kern des Körpers und der Körperumgebung proportional; sie entspricht dem Newtonschen Abkühlungsgesetz

$$\frac{d\Delta T}{dt} = -\beta \Delta T \,. \tag{2.3}$$

Gleichung (2.3) besagt, daß die Abklingrate einer Temperaturdifferenz dieser Temperaturdifferenz selbst proportional ist. Der Proportionalitätsfaktor $\beta$ ist um so größer, je geringer die Wärmekapazität des abzukühlenden Körpers ist und je geringer die Wärmetransportwiderstände auf der Wärmeleitstrecke sind. Die Wärmeabgabe des Menschen würde demnach bei 37 °C Umgebungstemperatur gleich Null sein und mit abnehmender Umgebungstemperatur ansteigen. Die Wärmeabgabe hängt aber auch von der Wärmeleitung und Wärmekonvektion innerhalb des Körpers und damit von der peripheren Durchblutung ab. Die Möglichkeiten zur Konstanthaltung der Körpertemperatur bei sich ändernder Umgebungstemperatur sind in dem Schema der Abb. 2.4 zusammengefaßt.

Für die Wärmeabgabe unterhalb 37 °C ergeben sich zwei Wärmeabgabekurven, eine für periphere Vasodilatation, eine für Vasokonstriktion. In dem Bereich zwischen $T_2$ und $T_3$ steht die dem Ruheenergieumsatz entsprechende Wärmebildung im Fließgleichgewicht mit der Wärmeabgabe, wobei der Organismus mit von $T_3$ nach $T_2$ abnehmender Umgebungstemperatur die periphere Durch-

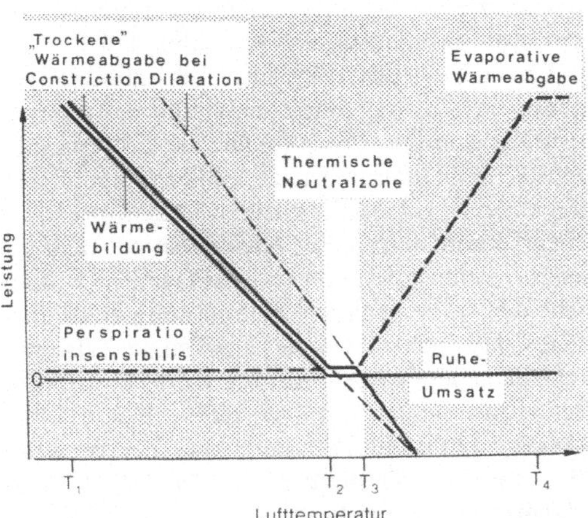


**Abb. 2.4** Schematische Darstellung der Wärmebilanz des menschlichen Körpers (nach K. Brück, in: R. F. Schmidt, G. Thews (1983))

blutung zunehmend drosselt. Unterhalb $T_2$ kann die Körpertemperatur nur durch eine regulatorische Steigerung der Wärmebildung konstant gehalten werden. Die untere Grenze dieses Regelbereichs ($T_1$) ist durch die maximal mögliche Steigerung der Wärmebildung, die beim Menschen bis zum 3- bis 5-fachen des Grundumsatzes gehen kann, festgelegt. Unterhalb dieser Grenze kommt es zur Hypothermie und schließlich zum Kältetod. Bei Temperaturen oberhalb $T_3$ wird der Ausgleich der Wärmebilanz nicht durch Senkung des Grundumsatzes, sondern durch die evaporative Wärmeabgabe bei Schweißverdunstung erreicht. Durch die maximale Schweißsekretionsrate ist die obere Grenze des Regelbereichs ($T_4$) festgelegt. Oberhalb $T_4$ tritt Hyperthermie und schließlich Hitzetod ein. Der Temperaturbereich zwischen $T_2$ und $T_3$ wird als *thermische Neutralzone* bezeichnet.

Die im Organismus gebildete Wärme strömt über die Körperoberfläche zur Umgebung hin ab. Nach den Gesetzen des Wärmetransports müssen deshalb die oberflächennahen Körperbereiche eine niedrigere Temperatur als die zentralen Körperzonen haben. Daher bildet sich in den Extremitäten ein axiales Temperaturgefälle aus. Daneben besteht ein radiales Temperaturgefälle. Für den ganzen Körper ergibt sich so ein relativ kompliziertes Temperaturfeld (vgl. Abb. 2.5).

Besonders große Temperaturschwankungen ergeben sich in den Bereichen nahe der Körperoberfläche und an den Enden der Extremitäten. Die 37 °C-Isotherme ist bei kühler Umgebung in das Innere des Körpers zurückverlagert. Vereinfachend kann man einen *homoiothermen Körperkern* von einer *poikilothermen Körperschale* unterscheiden. Eine genauere Betrachtung zeigt allerdings, daß auch im Körperkern Temperaturunterschiede in der Größenordnung von 1 °C auftreten. Selbst das Gehirn weist ein mehr als 1 °C betragendes Temperaturgefälle vom Zentrum zur Hirnrinde auf. Deshalb ist es nicht möglich, die Körpertemperatur durch eine einzige Zahl auszudrücken. Für praktische Zwecke reicht es jedoch aus, eine an einem bestimmten Ort gemessene Temperatur als repräsentativ für die Köpertemperatur anzugeben, da es hierbei im wesentlichen auf die Registrierung zeitlicher Temperaturveränderungen ankommt. Bei klinischen Temperaturmessungen wird vorzugsweise die Rektaltemperatur gemessen. Auch bei Wegfall aller äußeren Zeitgeber bleibt eine tagesperiodische Schwankung der Körpertemperatur bestehen. Diese Tagesperiodik der Körpertemperatur beruht also auf einem als *biologische Uhr* bezeichneten endogenen Rhythmus, der mit äußeren Zeitgebern synchronisiert wird. Eine Anpassung des Temperaturrhythmus an die neue Ortszeit bzw. an die neue Lebensweise tritt bei transmeridianen Reisen erst nach 1–2 Wochen ein.

Bei der quantitativen Erfassung des Wärmestroms vom Körperkern zur Umgebung hat man verschiedene Austausch- und Transportmechanismen zu berücksichtigen. Man muß dabei zwischen dem inneren Wärmestrom $\dot{q}_{int}$ und dem äußeren Wärmestrom $\dot{q}_{ext}$ unterscheiden. Im stationären Zustand müssen die Beträge der Wärmeproduktion, des inneren Wärmestroms und des äußeren Wärmestroms untereinander gleich sein. Der innere Wärmestrom wird zum kleineren Teil konduktiv durch Wärmeleitung in den Geweben, zum größeren Teil konvektiv durch Transport auf dem Blutweg zur Körperoberfläche hin abgeleitet. Das Blut ist wegen seiner hohen Wärmekapazität für den Wärmetransport und den Temperaturausgleich im Körperinnern besonders geeignet. Für die Variabilität des inneren Wärmetransporteffektes besonders wichtig ist das Gegenstromprinzip der Extremitätendurchblutung. In der parallelen Anordnung der großen Extremitätengefäße geht auf langer Strecke Wärme von den Arterien auf die Venae comitantes über. Dieser Kurzschluß des Wärmeflusses ist um so größer, je mehr die axiale Extremitätendurchblutung durch Vasokonstriktion eingeschränkt ist und je kühler die distalen Extremitätenteile sind. In warmer Umgebung öffnen sich oberflächliche Venen, durch die dann ein größerer Teil des rückströmenden Blutes fließt. Dadurch wird der Kurzschlußeffekt vermindert.

Der äußere Wärmestrom ist die Summe der Beiträge von Konduktion $\dot{q}_k$, Konvektion $\dot{q}_c$, Strahlung (Radiation) $\dot{q}_r$ und Evaporation $\dot{q}_e$; d.h. es gilt

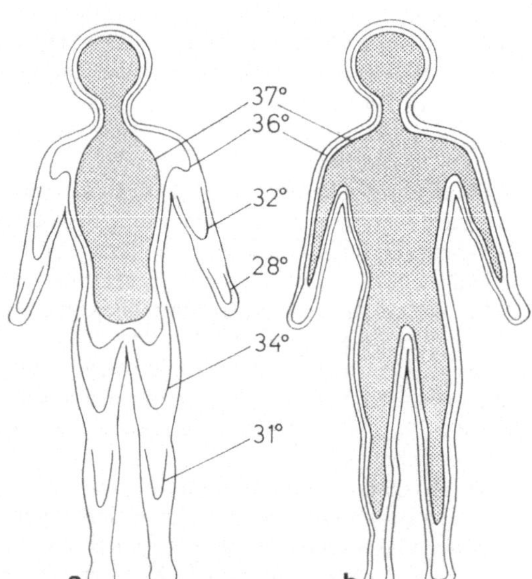


**Abb. 2.5** Temperaturfeld des menschlichen Körpers in kalter (**a**) und warmer (**b**) Umgebung (nach J. Aschoff, R. Wever (1958))

$$\dot{q}_{ext} = \dot{q}_k + \dot{q}_c + \dot{q}_r + \dot{q}_e. \qquad (2.4)$$

Dem konduktiven Wärmestrom kommt in diesem

Zusammenhang nur dann eine Bedeutung zu, wenn der Körper mit einer Flüssigkeit oder einer festen Unterlage in direktem Kontakt steht. Bei einer Erfassung der Beiträge zum Wärmeabtransport von der mit Luft bedeckten Körperoberfläche kann der Beitrag der Wärmeleitung vernachlässigt werden. Unter Neutraltemperaturbedingungen werden beim Menschen von der gesamten Wärmeproduktion etwa 60% durch Strahlung, 20% durch Konvektion und 20% durch Verdunstung von Wasser abgegeben. Bei Belastung durch Arbeit und bei Zunahme der Hauttemperatur kann der evaporative Anteil des äußeren Wärmestroms bis auf 75% ansteigen. Für diesen Anteil gilt die Beziehung

$$\dot{q}_e = h_e(\bar{p}_s - p_a)A \ , \tag{2.5}$$

wobei A die Oberfläche und $\bar{p}_s$ bzw. $p_a$ die Dampfdrücke auf der Haut (Mittelwert) und in der umgehenden Luft darstellen. Der Faktor $h_e$ ist die Wärmeübergangszahl für Evaporation. Die Größe dieser Wärmeübergangszahl hängt von der Krümmung der Hautoberfläche, vom Luftdruck und von der Geschwindigkeit der bewegten Luft ab. Aus Gl. (2.5) folgt, daß eine evaporative Wärmeabgabe auch noch in einer Umgebung mit einer relativen Feuchtigkeit von 100% stattfindet, solange die Hauttemperatur höher als die Umgebungstemperatur ist und die Haut durch ausreichende Schweißsekretion vollständig befeuchtet ist. Die Wirksamkeit der evaporativen Wärmeabgabe ergibt sich aus der hohen Verdunstungswärme (Verdampfungsenthalpie) des Wassers, die 2400 kJ pro Liter beträgt. Durch die Verdunstung von 1 Liter Wasser kann also beim Menschen ein Drittel der Ruhewärmeproduktion eines ganzen Tages abgegeben werden.

Ein konvektiver Wärmestrom ergibt sich auch ohne erzwungene Luftbewegung, wenn die Haut wärmer als die umgebende Luft ist. Dann erwärmt sich die an der Haut anliegende Luftschicht, gleitet aufwärts und wird durch kühlere und dichtere Luft ersetzt. Durch die treibende Kraft der Temperaturdifferenz zwischen der mittleren Hauttemperatur $\bar{T}_s$ und der Lufttemperatur $T_a$ wird also eine natürliche oder freie Konvektion erzeugt. Durch eine erzwungene Konvektion wird die Wärmeabgabe erheblich gesteigert. Nach der Gleichung

$$\dot{q}_c = h_c(\bar{T}_s - T_a)A \tag{2.6}$$

wird die konvektive Wärmeabgabe bei gegebener Oberfläche und gegebener Temperaturdifferenz $\bar{T}_s - T_a$ durch die konvektive Wärmeübergangszahl $h_c$ bestimmt, wobei die Größe von $h_c$ mit der Wurzel aus der Geschwindigkeit der bewegten Luft zunimmt.

Die Wärmeabgabe durch die von der Haut ausgehende langwellige Infrarotstrahlung ist nicht an ein leitendes Medium gebunden. Nach der Stefan–Boltzmannschen Gleichung ist die integrale Strahlungsintensität eine Funktion der vierten Potenz der absoluten Temperatur. Für den bei biologischen Phänomenen interessierenden kleinen Temperaturbereich kann die Wärmeabgabe durch Strahlung $\dot{q}_r$ jedoch mit ausreichender Genauigkeit durch eine linearisierte Gleichung beschrieben werden; d.h. auch $\dot{q}_r$ ist bei gegebener Oberfläche der Temperaturdifferenz zwischen der mittleren Hauttemperatur und der Temperatur der umschließenden Flächen (z.B. Zimmerwände) proportional. Die Wärmeisolationswirkung der Kleidung beruht vor allem darauf, daß in den Textilien nur kleine Lufträume eingeschlossen sind, in denen keine wirksame Strömung auftreten kann. Die Wärme kann daher nur konduktiv über die schlecht wärmeleitende Luft abgegeben werden.

Die Steuerung der verschiedenen *Stellgrößen*, Wärmeproduktion, Gewebeisolation und Schweißsekretion erfolgt im wesentlichen auf nervalem Wege. Hormonale Vorgänge spielen nur bei langfristigen Anpassungsvorgängen eine Rolle. Für die Steuerungsvorgänge sind zwei Nervensysteme, das somatomotorische Nervensystem und das sympathische Nervensystem zuständig. Die im Regelzentrum von den Thermorezeptoren einlaufenden Temperaturinformationen müssen in Stellgrößen umgesetzt werden. Aufgrund zahlreicher experimenteller Indizien wird der Hypothalamus (basaler Wandteil des Zwischenhirns), insbesondere die Area hypothalamica posterior, als ein Integrationszentrum für derartige Umsetzungen angesehen. Weitere Hinweise zur neuronalen Verschaltung der Thermorezeptoren mit den stellgliedsteuernden efferenten Neuronen finden sich in der im Anhang 2 angegebenen Literatur. Die Weite der in den distalen Extremitäten vorkommenden arteriovenösen Anastomosen (vgl. Abb. 2.12) wird durch den Sympathicus in gleicher Richtung wie die Weite der Arteriolen beeinflußt. Durch die Eröffnung der arteriovenösen Anastomosen wird die Durchblutung der Extremitäten und damit der konvektive Wärmetransport erheblich gesteigert. In dem Neutralbereich zwischen Zitterschwelle und Schwitzschwelle wird nur mit Hilfe der Vasomotorik und durch Verhaltensweisen geregelt. Der Mensch versucht, durch geeignete Verhaltensweisen im engen Bereich der vasomotorischen Kontrolle zu bleiben, da Zittern und Schwitzen als unangenehm empfunden werden.

Blutgefäße reagieren auch unmittelbar auf Temperaturänderungen. Eine eigentümliche Reaktion, die sogenannte Kältevasodilatation scheint auf der lokalen Temperaturempfindlichkeit der Gefäßmuskulatur zu beruhen. Bei der Kältedilatation handelt es sich um folgendes Phänomen: Bei starker Kälteeinwirkung kommt es zunächst zu einer maximalen Vasokonstriktion; nach einiger Zeit schießt plötzlich Blut in die Akren, erkennbar an einer Rötung und Erwärmung. Bei fortdauernder Kälteeinwirkung wiederholt sich dieser Vorgang periodisch; er ist jedoch als durchblutungsfördernde Schutzfunktion nur sehr wenig wirksam.

Die Überschreitung der Toleranzgrenzen des Thermoregulationssystems führt zum Zusammenbruch des Wärmehaushalts und damit zum Zusammenbruch des gesamten Organismus. Als obere, mit dem Leben noch zu vereinbarende Körpertemperatur wird sowohl für Fieber als auch für Hyperthermie ein Wert von 42 °C angesehen. Kurzfristig sind auch höhere Temperaturen bis 43 °C überlebt worden. Bei Überbeanspruchung der Kälteabwehrmechanismen kommt es zur Hypothermie. In der Phase der starken Kälteabwehr, insbesondere bei Körpertemperaturen um 26 bis 28 °C kann der Tod durch Herzflimmern eintreten.

Unter den Mikroorganismen gibt es allerdings auch Lebewesen, die unter extremen Bedingungen, d.h. bei relativ hohen oder tiefen Temperaturen existieren können. Diese thermophilen bzw.

psychrophilen Organismen werden im Abschn. 5.3.2 kurz beschrieben.

### 2.1.4 Physiologisch wichtige Gesetzmäßigkeiten der Strömungslehre

Jeder konvektive Transport in einem Gefäßsystem ist mit Reibung verbunden; sie äußert sich durch den Widerstand, den das strömende fluide Medium der Antriebskraft entgegensetzt. Durch die Reibung wird die Strömungsgeschwindigkeit begrenzt und damit die Einstellung eines stationären Strömungszustandes ermöglicht. Zur Erläuterung des von Newton aufgestellten Elementargesetzes der inneren Reibung soll zunächst die laminare Strömung einer Flüssigkeit über einer ebenen Bodenfläche betrachtet werden. Die Abb. 2.6 stellt einen Vertikalschnitt durch eine über einen horizontalen Boden in x-Richtung strömende Flüssigkeit dar.

Die in der Abbildung durch die Länge der parallelen Pfeile anschaulich dargestellte Strömungsgeschwindigkeit w nimmt in Richtung der y-Achse zu, wobei die Geschwindigkeit der unmittelbar an der Bodenfläche haftenden Flüssigkeitsschicht gleich Null zu setzen ist. Durch die Impulsübertragung zwischen den Teilchen der mit verschiedener Geschwindigkeit aneinander vorbeigleitenden Schichten entsteht die innere Reibung. Sie bewirkt, daß die oberhalb einer Fläche A befindliche Schicht auf die darunter liegende Schicht beschleunigend einwirkt, wobei die Bewegung der oberen Schicht durch die hemmende Wirkung der unteren Schicht verzögert wird. Nach Newton ist

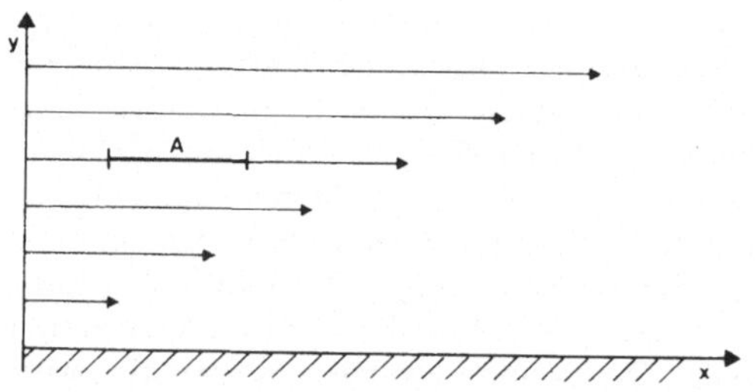


**Abb. 2.6** Zur Grundgleichung der inneren Reibung

die an der Fläche A angreifende Kraft K durch die Gleichung

$$K = A\eta \frac{dw}{dy} \qquad (2.7)$$

gegeben. K ist proportional der Flächengröße A und der Änderung der Geschwindigkeit dw/dy in Richtung der Flächennormalen. Gl. (2.7) ist die Definitionsgleichung des Proportionalitätsfaktors $\eta$, der als *Viskositätskoeffizient* bezeichnet wird. Unter den einfachen Bedingungen der ebenen Strömung bildet sich im Strömungsfeld ein lineares Geschwindigkeitsgefälle aus, d.h. es gilt

$$K = A\eta \frac{w_0}{d}, \qquad (2.8)$$

wenn man die Geschwindigkeit der obersten Flüssigkeitsschicht mit $w_0$ und ihren Abstand von der Bodenfläche mit d bezeichnet. Aus Gl. (2.8) ergeben sich unmittelbar die Einheiten des Viskositätskoeffizienten:

$$\eta = \frac{Kd}{Aw_0} \left[ \frac{N\,s}{m^2} \right] = \frac{Kd}{Aw_0} \left[ \frac{kg}{m\,s} \right].$$

In der Literatur findet sich vielfach noch die Einheit Poise (P):

$$1P = 1 \frac{g}{cm\,s} = 0,1 \frac{kg}{m\,s}.$$

Soweit $\eta$ unabhängig von $w_0$ ist, liegt eine *Newtonsche Flüssigkeit* vor. Einige Zahlenwerte des Viskositätskoeffizienten sind in der Tabelle 2.1 angegeben. In der neueren Literatur wird der Viskositätskoeffizient $\eta$ nach dem SI-Einheitssystem in $Pa \cdot s$ angegeben ($1\,g\,cm^{-1}\,s^{-1} = 0,1\,Pa \cdot s$).

Die Temperaturabhängigkeit der Viskosität der Körperflüssigkeiten kann erhebliche physiologische Bedeutung haben. In unterkühlten Gliedmaßen kann der Viskositätskoeffizient wesentlich höhere Werte als unter normalen Bedingungen haben. Aus Gl. (2.7) läßt sich eine Beziehung entwickeln, nach der das bei gegebener Druckdifferenz in der Zeiteinheit durch eine Röhre mit dem Radius R und der Länge $l$ strömende Flüssigkeitsvolumen berechnet werden kann. Die Abb. 2.7 zeigt einen Ausschnitt aus der strömenden Flüssigkeit in Form eines Hohlzylinders. Die Achse dieses Hohlzylinders fällt mit der Rohrachse zusammen. Die infinitesimal kleine Differenz zwischen dem äußeren und dem inneren Radius sei dr. Alle Teilchen im Bereich zwischen r und r + dr sollen mit der gleichen Geschwindigkeit bewegt werden.

Auf den Innenmantel vom Flächeninhalt $2\pi rl$ wirkt in der Strömungsrichtung nach Gl. (2.7) eine Kraft

$$2\pi r\, l\eta \frac{dw}{dr}.$$

Eine andere Kraft, die am Außenmantel angreift, zieht den Hohlzylinder gegen die Strömungsrichtung. Ihr Betrag ist um die Zunahme größer, die das Produkt $r\dfrac{dw}{dr}$ bei der Vergrößerung von r um dr erfahren hat. Bei Berücksichtigung der ersten beiden Glieder einer Taylorschen Reihenentwicklung ist diese Kraft durch

$$- 2\pi\eta l \left[ r\frac{dw}{dr} + \frac{d}{dr}\left( r\frac{dw}{dr} \right) dr \right] \text{ gegeben}.$$

Die insgesamt infolge der inneren Reibung am Hohlzylinder angreifende Kraft ist gleich der Differenz der beiden Teilkräfte

$$- 2\pi\eta l \frac{d}{dr}\left( r\frac{dw}{dr} \right) dr.$$

Im stationären Strömungszustand ist die Kraft, die die Bewegung des Hohlzylinders zu hemmen sucht, dem Betrage nach gleich der Kraft, die ihn in Richtung der Rohrachse verschiebt. Diese

**Tabelle 2.1** Beispiele für Zahlenwerte des Viskositätskoeffizienten

| Substanz: | Temperatur [°C] | Viskositätskoeffizient $[g\,cm^{-1}\,s^{-1}]$ |
|---|---|---|
| Wasser | 0 | 0,01789 |
|  | 20 | 0,01005 |
|  | 40 | 0,00653 |
|  | 100 | 0,00282 |
| Blut | 18 | 0,0475 |
| Glycerin | 20 | 14,99 |

Kraft ist durch die Druckdifferenz $p_1 - p_2$ zwischen den beiden Angriffsflächen vorgegeben. Man erhält also mit der auf die Grundfläche $2\pi r\,dr$ des Hohlzylinders wirkenden Antriebskraft

$$(p_1 - p_2)\,2\pi r\,dr$$

die Gleichung

$$- 2\pi\eta l \frac{d}{dr}\left(r\frac{dw}{dr}\right) dr = (p_1 - p_2)\,2\pi r\,dr \tag{2.9}$$

bzw.

$$\frac{d}{dr}\left(r\frac{dw}{dr}\right) = -\frac{p_1 - p_2}{\eta l}\,r \tag{2.10}$$

oder

$$r\frac{d^2 w}{dr^2} + \frac{dw}{dr} = -\frac{p_1 - p_2}{\eta l}\,r \tag{2.11}$$

bzw.

$$\frac{d^2 w}{dr^2} + \frac{1}{r}\frac{dw}{dr} = -\frac{p_1 - p_2}{\eta l}\,. \tag{2.12}$$

Gl. (2.12) ist eine Differentialgleichung der Form

$$\frac{dy}{dr} + \frac{y}{r} = -a \tag{2.13}$$

mit $a = (p_1 - p_2)/l$ und $y = dw/dr$.

Die Lösung dieser Differentialgleichung ist

$$y = \frac{C}{r} - a\frac{r}{2} \tag{2.14}$$

(Vgl. die Erläuterungen in den im Anhang 2 angegebenen mathematischen Lehrbüchern).

Damit erhält man für $dw/dr$ die Beziehung

$$\frac{dw}{dr} = \frac{C}{r} - \frac{p_1 - p_2}{l\eta}\frac{r}{2}\,. \tag{2.15}$$

**Abb. 2.7** Zur Herleitung des Hagen-Poiseuilleschen Gesetzes

Daraus folgt durch erneute Integration

$$w = C \ln r - \frac{p_1 - p_2}{4\eta l}\,r^2 + C'\,. \tag{2.16}$$

Da die Geschwindigkeit in der Rohrachse an der Stelle $r = 0$ einen endlichen Wert hat, muß $C$ gleich Null sein. Für $r = R$ gilt $w = 0$, und deshalb ist

$$C' = \frac{p_1 - p_2}{4\eta l}\,R^2\,. \tag{2.17}$$

Die Gleichung

$$w = \frac{p_1 - p_2}{4\eta l}(R^2 - r^2) \tag{2.18}$$

gibt also die Geschwindigkeit $w$ als Funktion des Abstandes von der Rohrachse an (parabolisches Geschwindigkeitsprofil). Mit Gl. (2.18) kann nun das in der Zeiteinheit durch den Rohrquerschnitt strömende Flüssigkeitsvolumen berechnet werden. Durch einen differentialen Kreisring mit dem inneren Radius $r$ und der Dicke $dr$ strömt in der Zeiteinheit das Volumen

$$2\pi r w\,dr = 2\pi \frac{p_1 - p_2}{4\eta l}(R^2 - r^2)\,r\,dr\,. \tag{2.19}$$

Durch den gesamten Querschnitt strömt daher in der Zeiteinheit das Volumen

$$\frac{\pi}{2}\frac{p_1 - p_2}{\eta l}\int_0^R (R^2 - r^2)\,r\,dr$$

$$= \frac{\pi}{2}\frac{p_1 - p_2}{\eta l}\left(\frac{R^4}{2} - \frac{R^4}{4}\right)$$

$$= \frac{\pi}{8}\frac{p_1 - p_2}{\eta l}R^4 t\,.$$

Daher ist das in der Zeit $t$ durch das Rohr strömende Volumen $v$ durch die Gleichung

$$v = \frac{\pi}{8}\frac{p_1 - p_2}{\eta l}R^4 t \tag{2.20}$$

gegeben. Diese Gleichung wird das Hagen-Poiseuillesche Gesetz genannt. Mit dieser Gleichung kann der Viskositätskoeffizient bei bekannten Abmessungen der Kapillare aus dem in der Zeit $t$ durchgepreßten Flüssigkeitsvolumen berechnet werden.

Im freien Raum wird die Bewegung eines Teilchens mit der Masse m und der Beschleunigung dw/dt durch die Newtonsche Bewegungsgleichung

$$K_f = m \frac{dw}{dt} \qquad (2.21)$$

beschrieben. In diesem Falle ist $K_f$ die einzige auf das Teilchen einwirkende Kraft. In einem viskosen Medium greift dagegen eine weitere Kraft, die Reibungskraft $K_R$ an dem bewegten Teilchen an. Diese Reibungskraft ist proportional zur Geschwindigkeit w des Teilchens. Es gilt also die Gleichung

$$K_R = f w \; . \qquad (2.22)$$

Der Proportionalitätsfaktor f wird als der *Reibungskoeffizient* bezeichnet. Die Reibungskraft $K_R$ ist der bewegenden Kraft K entgegengerichtet, so daß die Beziehung

$$K - K_R = K - f w = m \frac{dw}{dt} \qquad (2.23)$$

erfüllt sein muß. Mit Hilfe von Gl. (2.23) kann die Geschwindigkeit w als Funktion der Zeit t nach dem Einschalten einer konstanten Kraft $K_0$ berechnet werden. Die sich durch Umformung von Gl. (2.23) mit $K = K_0$ ergehende Differentialgleichung

$$\frac{dw}{dt} + \frac{f}{m} w = \frac{K_0}{m}$$

hat die Lösung

$$w(t) = \frac{K_0}{f} (1 - e^{-ft/m}) \; . \qquad (2.24)$$

Die charakteristische Größe $\tau = m/f$ wird als Relaxationszeit des Beschleunigungsvorganges bezeichnet. Zur Zeit $t = \tau$ hat das Teilchen $1 - \frac{1}{e} = 63{,}2\%$ seiner Endgeschwindigkeit $K_0/f$ erreicht. Für kugelförmige Teilchen mit dem Radius r wurde der Reibungskoeffizient bereits 1856 von Stokes zu

$$f = 6\pi \eta r \qquad (2.25)$$

berechnet. Mit diesem Wert für f läßt sich die Relaxationszeit für sphärische Teilchen in einem Medium der Viskosität $\eta$ leicht angeben. Bei vorgegebener Molmasse M ist die Teilchenmasse $m = M/N_L$. Das Kugelvolumen v ist gleich $\frac{4}{3}\pi r^3$. Mit der Dichte $\rho = m/v$ berechnet sich demnach der Teilchenradius r zu

$$r = \left( \frac{3M}{4\pi N_L \rho} \right)^{1/3} . \qquad (2.26)$$

Für ein kugelförmiges Proteinmolekül der Molmasse $M = 6 \cdot 10^5$ g/mol und der Dichte $\rho = 1$ g/cm$^3$ erhält man nach Gl. (2.26) für r den Wert $6{,}2 \cdot 10^{-7}$ cm. Mit dem in Tabelle 2.1 für Wasser von 20 °C angegebenen Wert des Viskositätskoeffizienten ergibt sich somit eine Relaxationszeit $\tau = m/6\pi \eta r$ von $8{,}6 \cdot 10^{-12}$ Sekunden. Dieses Zahlenbeispiel zeigt, daß die konstante Endgeschwindigkeit kleiner Teilchen in sehr kurzer Zeit nach dem Einschalten einer bewegenden Kraft bereits annähernd eingestellt ist.

Deutliche Unterschiede zwischen der Viskosität der Lösung und der Viskosität des reinen Lösungsmittels ergeben sich bei Messungen an Lösungen makromolekularer Stoffe. Viskositätsmessungen sind ein wichtiges Hilfsmittel zur Gewinnung von Aussagen über die Größe und die Form gelöster Makromoleküle. Als Konzentrationsmaß wählt man bei diesen Messungen in der Regel die in g/cm$^3$ angegebene Massenkonzentration $c_m$ der gelösten makromolekularen Komponente. Bezeichnet man den Viskositätskoeffizienten der Lösung mit $\eta$ und den Viskositätskoeffizienten des reinen Lösungsmittels mit $\eta_0$, so gilt nach Einstein für kugelförmige Teilchen die Beziehung

$$\frac{\eta - \eta_0}{\eta_0} = \eta_{sp} = K \varphi \; . \qquad (2.27)$$

Den Quotienten $(\eta - \eta_0)/\eta_0$ nennt man die spezifische Viskosität. K ist eine Konstante. Der Faktor $\varphi$ ist der Volumenbruchteil des gelösten Stoffes, d.h. es gilt

$$\varphi = \frac{N v_p}{v} \; ,$$

wobei N die Teilchenzahl, v das Volumen und $v_p$ das Eigenvolumen der gelösten Teilchen darstellt. Nach Gl. (2.27) hat das Teilchenvolumen kugelförmiger Teilchen bei gleicher Gesamtmenge der gelösten Substanz keinen Einfluß auf die Viskosität. Mit $N = N_L c_m v / M$ kann man Gl. (2.27) auch in der Form

$$\eta_{sp} = K \frac{N_L c_m}{M} v_p \tag{2.28}$$

schreiben. Ersetzt man nun das Eigenvolumen $v_p$ des kugelförmigen Teilchens durch das Volumen $\pi (d/2)^2 h$ einer zylinderförmigen Fadenmolekel vom Durchmesser d und der „Höhe" h, so nimmt Gl. (2.28) die Form

$$\eta_{sp} = K \frac{N_L c_m}{M} \pi (d/2)^2 h \tag{2.29}$$

an. Dabei ist h dem Molekulargewicht M proportional. Bei konstantem Durchmesser d lassen sich alle konstanten Faktoren auf der rechten Seite von Gl. (2.29) zu einer neuen Konstanten zusammenfassen, und man kann die Gleichung mit der auf das Grundmol bezogenen Konzentration $c_{gm}$ in der einfachen Form

$$\eta_{sp} = K' \cdot c_{gm} \tag{2.30}$$

darstellen. Nach dieser Gleichung sollte die spezifische Viskosität einer Lösung von Fadenmolekeln nur von der Konzentration, nicht aber von der Kettenlänge der Molekeln abhängig sein. Die bei zahlreichen Messungen erhaltenen Ergebnisse zeigen jedoch, daß dies nicht der Fall ist. Vielmehr ist die spezifische Viskosität bei gleicher Grundmolarität dem Molekulargewicht des Gelösten direkt proportional, wenn die gelösten Molekeln in Form lockerer, gut solvatisierter Knäuel vorliegen. Dann ist die Annahme zulässig, daß das mittlere Knäuelvolumen mit dem Quadrat der Molekellänge wächst. In diesem Falle läßt sich $v_p$ durch das Volumen einer Scheibe mit der Grundfläche $\pi (h/2)^2$ und der Dicke d beschreiben. An Stelle von Gl. (2.29) erhält man dann die Beziehung

$$\eta_{sp} = K \frac{N_L c_m}{M} \frac{h^2}{4} \pi d . \tag{2.31}$$

Da h bei Fadenmolekeln proportional M ist und alle anderen Faktoren auf der rechten Seite von Gl. (2.31) mit Ausnahme von $c_m$ zu einer Konstante $K_m$ zusammengefaßt werden können, er-

gibt sich aus Gl. (2.31) die einfache Gleichung

$$\eta_{sp} = K_m c_m M . \tag{2.32}$$

$K_m$ wird als *Viskositätsmolekulargewichtskonstante* bezeichnet. Da bei endlichen Konzentrationen zwischenmolekulare Wechselwirkungen zwischen den Knäueln auftreten, ist der Quotient $\eta_{sp}/c_m$ konzentrationsabhängig. Für den Grenzfall der ideal verdünnten Lösung resultiert aus Gl. (2.32) die Beziehung

$$\lim_{c_m \to 0} (\eta_{sp}/c_m) = [\eta] = K_m M , \tag{2.33}$$

d.h. es besteht Proportionalität zwischen dem Molekulargewicht und der *Grenzviskositätszahl* $[\eta]$ (übliche englische Bezeichnung: intrinsic viscosity). Die Gl. (2.33) entspricht dem ursprünglich von Staudinger empirisch aufgestellten Viskositätsgesetz für Lösungen makromolekularer Stoffe; sie liefert recht gute Ergebnisse, wenn die Messungen in einem „guten" Lösungsmittel an lockeren, gut solvatisierten Makromolekeln durchgeführt werden.

Eine genauere Betrachtung des Knäuel-Zustandes gelöster Makromolekeln erfordert allerdings die statistische Berücksichtigung der durch die Segmentbeweglichkeit der Kettenelemente vorgegebenen Vielfalt von Anordnungsmöglichkeiten. In einer Fadenmolekel ist der Abstand zwischen zwei Kettenatomen und der Valenzwinkel im Bereich von drei aufeinanderfolgenden Kettenatomen festgelegt. In einem einfachen Segmentmodell, das die behinderte Rotation benachbarter Gruppen und das Eigenvolumen der Kettenelemente vernachlässigt, muß jedes Segment so viele Strukturelemente enthalten, daß es die Bedingung der freien Orientierung seines Endpunktes im Raum erfüllt. Dies bedeutet, daß die Länge $\bar{l}$ eines Kettensegments von der Kettensteifigkeit des jeweiligen Polymeren abhängt. Für das mittlere Abstandsquadrat $\overline{s^2}$ der Fadenenden einer aus n frei orientierbaren Segmenten bestehenden Fadenmolekel gilt die Beziehung

$$\overline{s^2} = n \overline{l^2} . \tag{2.34}$$

Die maximale Länge h der gestreckt gedachten Fadenmolekel ist durch

$$h = n \bar{l} \tag{2.35}$$

gegeben. Mit $n = h/\bar{l}$ erhält man demnach aus Gl. (2.34) die Gleichung

$$(\overline{s^2})^{1/2} = \bar{l}^{1/2}\, h^{1/2} \ . \tag{2.36}$$

Die maximale Fadenlänge h ist dem Molekulargewicht M proportional. Für eine vorgegebene konstante Segmentlänge $\bar{l}$ ergibt sich somit das Kuhnsche Wurzelgesetz

$$\sqrt{\overline{s^2}} = \text{const}\,\sqrt{M} \ . \tag{2.37}$$

Nach diesem Gesetz ist der wahrscheinlichste Fadenendenabstand und damit auch der *Trägheitsradius* r proportional der Wurzel aus dem Molekulargewicht.

Demnach hat man in Gl. (2.28) für das Eigenvolumen $v_p$ einer statistisch geknäuelten Fadenmolekel einen zu $M^{3/2}$ proportionalen Faktor einzusetzen. Man gelangt damit zu einer Beziehung der Form

$$[\eta]_\theta = K_\theta \cdot M^{1/2} \ . \tag{2.38}$$

Gleichung (2.38) ist das Kuhnsche Viskositätsgesetz für Lösungen idealer statistischer Knäuel. Es gilt für ein gegebenes Polymeres in bestimmten Lösungsmitteln nur bei einer definierten $\theta$-*Temperatur* (Flory-Temperatur). Mit zunehmender Temperatur steigt der Wert des Exponenten von M an; das Knäuel erfährt eine Aufweitung.

Mark und Houwink haben den Einfluß des Lösungsmittels und der Temperatur auf die Knäuel-Konformation durch die Einführung eines allgemeinen Exponenten a in die Beziehung

$$[\eta] = K_m \cdot M^a \tag{2.39}$$

berücksichtigt. Der Wert von a liegt in der Regel zwischen 0,6 und 0,8. Im Gegensatz zur Kurzkettenverzweigung hat die Langkettenverzweigung einen starken Einfluß auf die Größe von $K_m$ und a. Langkettenverzweigte Polymere haben bei gleichem Molekulargewicht geringere $[\eta]$-Werte und einen kleineren Wert des Exponenten a.

Wenn die gelösten Teilchen die Form von Rotationsellipsoiden haben, wirkt sich das Achsenverhältnis der stäbchen- oder scheibchenförmigen Ellipsoide in charakteristischer Weise auf die Werte der Grenzviskositätszahl $[\eta]$ aus. Einige

Angaben hierzu finden sich in dem Abschn. 4.2.3 (Rheologische Eigenschaften von Biopolymeren).

Die Voraussetzungen für den ungestörten Verlauf einer laminaren Strömung sind nur bei hinreichend kleinen Strömungsgeschwindigkeiten gegeben. Bei großen Strömungsgeschwindigkeiten wird die Bewegung des strömenden Mediums turbulent. Es bilden sich Wirbel, in denen sich die Flüssigkeitsteilchen nicht nur parallel, sondern auch senkrecht zur Gefäßachse bewegen. Das Einsetzen der Turbulenz hat eine erhebliche Vergrößerung des effektiven Reibungswiderstandes zur Folge. Die zur Überwindung der Reibung erforderliche Kraft ist bei Turbulenz angenähert dem Quadrat der Geschwindigkeit proportional. Deshalb ist die Gl. (2.20) nicht mehr anwendbar. Zur Verdoppelung der Stromstärke muß die treibende Druckdifferenz bei turbulenter Strömung auf das Vierfache gesteigert werden. Turbulente Strömungen stellen daher eine erhebliche Mehrbelastung der Antriebsvorrichtung dar. Das sich nach Gl. (2.18) bei laminarer Strömung einstellende parabolische Geschwindigkeitsprofil geht bei turbulenter Strömung in ein abgeflachtes Geschwindigkeitsprofil über (vgl. Abb. 2.8).

Der Übergang von der laminaren zur turbulenten Strömung wird durch einen kritischen Wert der dimensionslosen Reynoldsschen Zahl

$$\text{Re} = \frac{r\,w\,\rho}{\eta} \tag{2.40}$$

bestimmt. Diese Zahl ist ein Maß für das Verhältnis Beschleunigungsarbeit/Reibungsarbeit; ihre

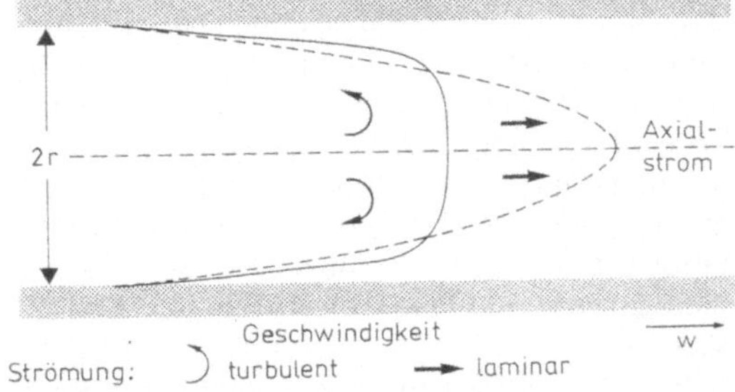


**Abb. 2.8** Geschwindigkeitsprofil bei laminarer (– – – –) und turbulenter (————) Strömung. Bei turbulenter Strömung ist die mittlere Strömungsgeschwindigkeit niedriger als bei laminarer Strömung

kritischen Werte lassen sich nur experimentell bestimmen. In glatten Rohren tritt Turbulenz auf, wenn der Re-Wert von 1160 überschritten wird. Auch im Gefäßsystem des Blutkreislaufs geht die laminare Strömung bei Re-Werten zwischen 1000 und 1200 vollständig in eine turbulente Strömung über. Weitere Angaben über Strömungszustände in physiologischen Transportsystemen finden sich im nachfolgenden Abschn. 2.2.1.

## 2.2 Stofftransport und Diffusion

### 2.2.1 Das Zusammenwirken von Strömung, Diffusion und Permeation in biologischen Prozessen

In den höher oganisierten Lebewesen ist der konvektive Transport durch Gefäßsysteme stets mit einem Stofftransport oder Stoffaustausch durch Diffusion bzw. Permeation in zellulären Systemen gekoppelt. Diese Kopplung soll hier an zwei physiologisch wichtigen Beispielen erläutert werden.

*1. Beispiel: Der Blutkreislauf*

Das lebenswichtige Transportsystem des menschlichen Blutkreislaufes ist ein in sich geschlossenes System von Leitungsröhren, die in sinnvoller Serien- bzw. Parallelschaltung den gesamten Organismus durchziehen. Dieses System dient dem Transport der Atemgase $O_2$ und $CO_2$, der Nährstoffe und bestimmter Stoffwechselzwischenprodukte. Außerdem findet in diesem System ein Transport zum Zwecke der Ausscheidung von Abbauprodukten und zur Regulation des Wasser- und Salzhaushaltes statt. Im Blutkreislauf werden die Hormone als Träger der chemischen Signalübermittlung und die Immunkörper als Abwehrstoffe transportiert. Wie bereits erwähnt, dient der Blutkreislauf auch dem Wärmetransport zum Zwecke der Thermoregulation. Ein stark vereinfachtes Schema des menschlichen Blutkreislaufes ist in der Abb. 2.9 skizziert.

In dem Gefäßsystem des Kreislaufes wird durch die Pumpwirkung des Herzens eine pulsierende gerichtete Strömung aufrechterhalten. Dabei wirken die Herzventrikel der linken und der rechten

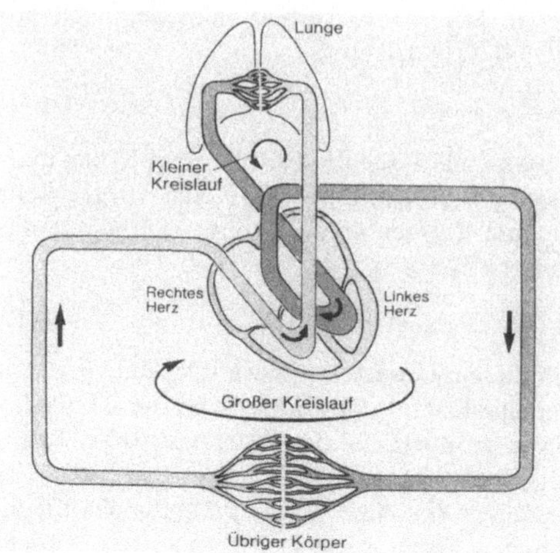


**Abb. 2.9** Schematische Darstellung der Verbindung der beiden Herzhälften mit dem großen und dem kleinen Kreislauf (nach H. Antoni, in: R. F. Schmidt, G. Thews (1983))

Herzhälfte wie zwei rhythmisch gekoppelte Pumpen zusammen. Das *rechte Herz* treibt das Blut im kleinen Kreislauf durch die Pulmonalarterie in die Lungengefäße, von denen es dem *linken Herzen* zuströmt. Von dieser zweiten Pumpe wird es durch die Aorta in die Arterien des großen Kreislaufs ausgestoßen und den zueinander parallel geschalteten Organbereichen zugeführt. In diesen verzweigt sich das arterielle Gefäßsystem bis zu den zahlreichen Kapillaren. Aus den Kapillaren strömt das Blut in kleine Venen, deren Enden in größere Venen einmünden. Von dort aus wird das Blut durch die beiden großen Hohlvenen wieder dem Vorhof der rechten Herzhälfte zugeleitet. Damit ist der Kreislauf geschlossen. In den Kapillaren des Lungenkreislaufes und des Körperkreislaufes finden die für den Stoffaustausch entscheidenden Diffusions- bzw. Permeationsvorgänge statt. Die rhythmische Pumpwirkung des Herzens (vgl. Abb. 2.10) kommt durch eine zyklische Abfolge von vier Teilschritten (Anspannungsphase, Austreibungsphase, Entspannungsphase, Füllungsphase) zustande. Die Anspannungs- und Austreibungsphase werden als Systole, die Entspannungs- und Füllungsphase als Diastole bezeichnet. In der Anspannungsphase des linken Herzens erhöht sich der

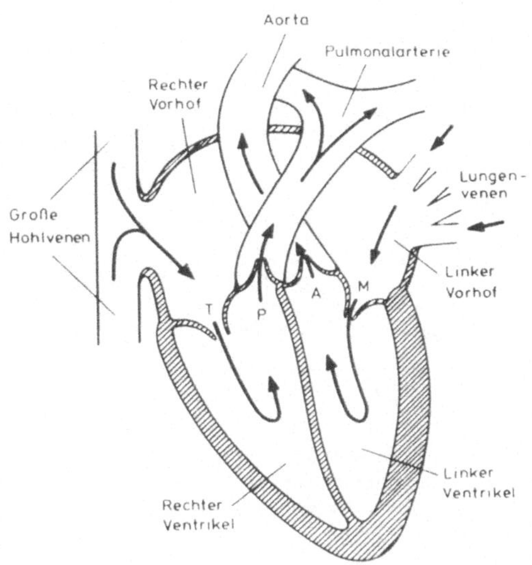


**Abb. 2.10** Blutbewegung durch das Herz. A: Aortenklappe, M: Mitralklappe, P: Pulmonalklappe, T: Trikuspidalklappe (nach R. D. Bauer et al., in: W. Hoppe et al. (1982))

Druck im linken Herzventrikel durch Kontraktion der Ventrikelmuskulatur. In der Austreibungsphase wird nach Öffnung der Aortenklappe Blut in die Aorta ausgestoßen, wobei der Druck zunächst noch ansteigt und dann absinkt. Mit sinkendem intraventrikulärem Druck kommt es zur Schließung der Aortenklappe durch den Aortendruck und damit zum Abschluß der Austreibungsphase. In der nachfolgenden Entspannungsphase sinkt der Ventrikeldruck bis unter den Druck im linken Vorhof, wodurch die Mitralklappe geöffnet und damit die Füllungsphase eingeleitet wird. Nach Beendigung der Füllungsphase beginnt bei geschlossener Mitralklappe die nächste Anspannungsphase und damit der nächste Zyklus. Das bei einem Herzschlag aus dem Ventrikel ausgestoßene Blutvolumen beträgt beim gesunden Erwachsenen etwa 60–70 ml; es wird als Schlagvolumen bezeichnet. Die Abfolge der vier Teilschritte vollzieht sich im rechten Herzen nach einem analogen Muster, wobei allerdings wegen des niedrigeren Druckes in den Lungenarterien geringere Maximaldruckwerte durchlaufen werden.

Bei der Beschreibung der pulsatorischen Vorgänge müssen die Beziehungen zwischen den Pulsationen des Druckes, der Strömung und des Gefäßdurchmessers berücksichtigt werden. Das System von Bewegungs- und Kontinuitätsgleichungen der Blutflüssigkeit und der Gefäßwand ist nur für Spezialfälle unter vereinfachenden Annahmen lösbar. Auf die Wiedergabe einer quantitativen theoretischen Analyse der Pulswellendynamik muß deshalb in dieser einführenden Darstellung des Gesamtgebietes verzichtet werden. Einzelheiten hierzu finden sich in der im Anhang 2 angegebenen Spezialliteratur.

In dem vielfach verzweigten System der Kapillaren sind die Pulswellen weitgehend abgeklungen, so daß in diesen Bereichen des Gefäsystems ständig eine laminare Strömung vorliegt. Dort gilt also das Hagen-Poiseuillesche Gesetz in Form der Gl. (2.20). Aus der Tatsache, daß das Durchflußvolumen nach dieser Gleichung der vierten Potenz des Gefäßradius proportional ist, folgt, daß Änderungen des Gefäßradius den wirkungsvollsten Mechanismus für eine Regulation der Durchblutung bei Kreislaufumstellungen darstellen. In den einzelnen Gefäßabschnitten entsteht die Blutströmung durch die zur Überwindung des Strömungswiderstandes R dienenden Druckdifferenzen zwischen den Abschnittsenden. In Analogie zum Ohmschen Gesetz ergibt sich die Stromstärke $\dot{v} = v/t$ aus der mittleren Druckdifferenz $\Delta p$ zwischen den Abschnittsenden und dem Strömungswiderstand R des entsprechenden Gefäßgebietes zu

$$\dot{v} = \frac{\Delta p}{R} . \qquad (2.41)$$

Nach dem Kontinuitätsgesetz ist in einem aus verschieden weiten, hintereinandergeschalteten Röhren zusammengesetzten System das Durchflußvolumen eine vom Querschnitt Q unabhängige konstante Größe, d.h. es gilt die Beziehung

$$\dot{v} = \bar{w}_A \cdot Q_A = \bar{w}_B \cdot Q_B \quad \text{usw.} \qquad (2.42)$$

Bei gleichbleibendem Durchflußvolumen ändert sich also die lineare Strömungsgeschwindigkeit umgekehrt proportional zum Querschnitt der jeweiligen Teilabschnitte des Gefäßsystems. Dementsprechend ergibt sich der Gesamtwiderstand als Summe aller Einzelwiderstände der in Serie geschalteten Gefäße. Bei Parallelschaltung addieren sich dagegen die Leitfähigkeiten, d.h. für zwei parallel geschaltete Widerstände $R_1$ und $R_2$ gilt

$$\frac{1}{R} = \frac{1}{R_1} + \frac{1}{R_2} \tag{2.43}$$

bzw.

$$R = \frac{1}{\dfrac{1}{R_1} + \dfrac{1}{R_2}} \; . \tag{2.44}$$

Die Strömungswiderstände der einzelnen Gefäßabschnitte sind nach Gl. (2.20) um so größer, je höher die Viskosität des strömenden Mediums ist. Die Viskosität des Blutes wird in erster Linie vom Gehalt an korpuskulären Bestandteilen und in geringerem Ausmaß vom Proteingehalt des Plasmas bestimmt. Während sich Blut in Röhren von mehr als 1 mm Innendurchmesser wie eine Newtonsche Flüssigkeit verhält, zeigt es in engeren Röhren eine Verringerung der effektiven Viskosität. Deshalb werden die für kleine Gefäßdurchmesser angegebenen Viskositätskoeffizienten des Blutes auch als „scheinbare" Viskositätskoeffizienten bezeichnet. Die anomalen Viskositätseigenschaften ergeben sich aus der Inhomogenität des Blutes, das sich aus dem homogenen flüssigen Blutplasma und den darin suspendierten Blutkörperchen zusammensetzt. Die Viskosität des Blutes hängt von der Konzentration der Blutkörperchen ab. Diese Konzentration wird in der Physiologie durch den als Hämatokrit bezeichneten Quotienten aus dem Blutkörperchenvolumen und dem Blutvolumen charakterisiert. Beim Menschen beträgt dieser Hämatokritwert normalerweise etwa 45%.

Aus der Abb. 2.11 ist ersichtlich, daß der scheinbare Viskositätskoeffizient mit dem Hämatokritwert um so weniger ansteigt, je geringer der Innendurchmesser des durchströmten Rohres ist. Im Durchmesserbereich um 10 µm wird die Viskosität schließlich nahezu unabhängig vom Hämatokritwert und unterscheidet sich nur wenig von der Viskosität der zellfreien Flüssigkeit. Im darunterliegenden Durchmesserbereich steigen die Werte des scheinbaren Viskositätskoeffizienten wieder an. Die Verringerung der scheinba-

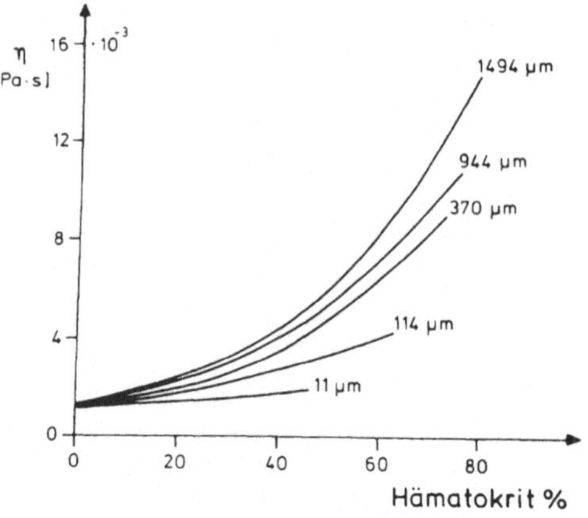


**Abb. 2.11** Einfluß des Hämatokritwertes auf die scheinbare Viskosität von Erythrozyten-Suspensionen in physiologischer Salzlösung bei verschiedenen Rohrdurchmessern (Temperatur: 25 °C)

ren Viskosität mit abnehmendem Rohrdurchmesser beruht wahrscheinlich darauf, daß sich die unter dem Einfluß der *Scherkraft* im Geschwindigkeitsgefälle elliptisch verformten Erythrocyten unter Schrägstellung zur Bewegungsrichtung im Bereich der Gefäßachse anreichern (*Axialmigration*). Dabei kommt es zur Ausbildung einer *zentralen Zellsäule*, in der die verformbaren Erythrozyten dicht aneinander gelagert sind. Aus der Verringerung der Erythrozytenkonzentration bzw. des effektiven Hämatokritwertes in den Randschichten resultiert eine Abnahme der Viskosität dieser Randschichten, die wie eine Gleitschicht die Bewegung der zentralen Säule begünstigen (Fahraeus–Lindqvist-Effekt).

Menschliches Blut kann noch durch extrem enge Kapillaren mit einem Durchmesser von etwa 3 µm strömen. Dabei werden die Erythrocyten sehr stark verformt.

Zur funktionellen Charakterisierung der verschiedenen Gefäßabschnitte teilt man die Gefäße des Blutkreislaufes in sechs Gruppen ein:

*1. Windkesselgefäße.* Durch die elastische Anpassung des Durchflußvolumens dehnbarer Gefäße wird die pulsierende Bewegung des phasischen systolischen Einstromes in eine ausgeglichenere Strömung umgewandelt und damit in den angeschlossenen peripheren Abschnitten ein annähernd stationärer Strömungszustand eingestellt. Dieser Dämpfungseffekt entspricht der Wirkung eines in das Röhrensystem von Kolbenpumpen eingeschalteten luftgefüllten *Windkessels*. Die dämpfende *Windkesselfunktion* kommt vor allem in der Aorta und der Aorta pulmonale sowie in den anschließenden Teilen der großen Arterien zur Wirkung. Deshalb werden diese dehnbaren Gefäße in der Physiologie als Windkesselgefäße bezeichnet.

*2. Widerstandsgefäße.* Der größte Strömungswiderstand des Gesamtkreislaufs liegt im präkapillären Bereich der Terminalarterien und der Arteriolen (vgl. Abb. 2.12). In diesen mit einer starken muskulären Komponente ausgestatteten Gefäßen lösen Kontraktionen deutliche Veränderungen des Gesamtquerschnitts aus. Die Aktivität der glatten Gefäßmuskulatur dieser Abschnitte ist der entscheidende Faktor für die Regulation der Durchblutung und für die Verteilung des Gesamt-Durchflußvolumens auf die einzelnen Organkreisläufe. Deshalb bezeichnet man die Terminalarterien und die Arteriolen als Widerstandsgefäße. Der postkapilläre Widerstand wird durch die Venolen und Venen bestimmt. Das Verhältnis zwischen präkapillärem und postkapillärem Widerstand ist für die Größe des Druckes in den Kapillaren und damit auch für die Filtrations- und Absorptionsbedingungen wichtig.

*3. Sphinctergefäße.* Die in Abb. 2.12 eingezeichneten terminalen Segmente der präkapillären Arteriolen nennt man Sphinctergefäße; sie beeinflussen durch Dilatation oder Konstriktion den Öffnungszustand der Kapillaren und damit die Größe der kapillären Austauschfläche.

*4. Austauschgefäße.* Wie bereits erwähnt, finden die entscheidenden Permeations- und Filtrationsvorgänge in den nicht kontraktilen Kapillaren bei passiver druckregulierter Weitenänderung statt. Deshalb werden die Kapillaren als Austauschgefäße bezeichnet.

*5. Kapazitätsgefäße.* Die Druck- bzw. Querschnittsänderungen in den verschiedenen Gefäßabschnitten haben eine Umverteilung des Blutvolumens im Gesamtsystem des Kreislaufs zur Folge. Deshalb müssen die aus bestimmten Gefäßbereichen vorübergehend abgedrängten Blutmengen in dehnbaren Gefäßen gespeichert werden. Spezielle Speichergefäße sind im menschlichen Kreislaufsystem nicht vorhanden. Die Speicherfunktion wird vielmehr von den Venen, die als dehnbare Gefäße über eine hohe Speicherkapazität verfügen, wahrgenommen. Aus diesem Grunde werden die Venen als Kapazitätsgefäße bezeichnet. In besonderem Umfang erfolgt die Speicherung in den venösen Gefäßen der Leber, in den großen Venen im Splanchnicusgebiet und in den Venen des subpapillären Plexus der Haut sowie (im kleinen Kreislauf) in den Lungengefäßen.

*6. Nebenschlußgefäße.* Durch die in Abb. 2.12 eingezeichneten arteriovenösen Anastomosen kann die Durchblutung der Kapillaren durch „Kurzschluß" reduziert oder ganz unterdrückt werden. Diese Anastomosen nennt man Nebenschlußgefäße; ihre Funktion ist für die Thermoregulation wichtig (vgl. Abschn. 2.1.3).

Abbildung 2.12 zeigt schematisch einen Ausschnitt aus dem Gefäßsystem im Bereich der Kapillaren. Dieser Abschnitt des Gesamtkreislaufs wird als *terminale Strombahn* bezeichnet. Die Hauptstrombahn verläuft von den Arteriolen über Metarteriolen zu den kleinen Venolen, von denen das Blut über die Venen zum rechten Vorhof zurückgeführt wird. An den Metarteriolen befinden sich die Abgangsstellen zu dem verzweigten System der Kapillaren, die über die Endstrecke der Hauptstrombahn in die Venolen einmünden. Am Abgang der Kapillaren aus der

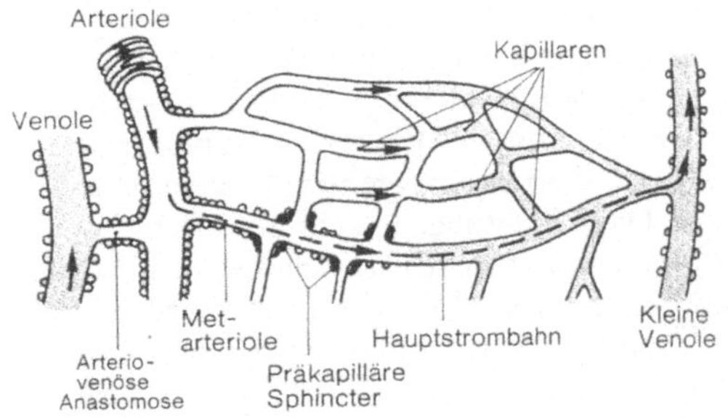


**Abb. 2.12** Gefäßverzweigung im Bereich der terminalen Strombahn (nach E. Witzleb, in: R. F. Schmidt, G. Thews (1983))

Metarteriole finden sich glatte Muskelfasern (präkapilläre Sphinctere), die durch Dilatation oder Konstriktion den Öffnungsgrad der Kapillaren und die Größe der Austauschfläche beeinflussen können. In der linken Abbildungshälfte ist auch eines der für die Thermoregulation wichtigen Nebenschlußgefäße (arteriovenöse Anastomose) eingezeichnet.

Beim Menschen beträgt die Gesamtzahl der Kapillaren etwa 40 Milliarden und die gesamte effektive Austauschfläche etwa 1000 m². Über die Kapillarwände erfolgt der Austausch von Flüssigkeit und Substanzen zwischen dem strömenden Blut und der extrazellulären interstitiellen Flüssigkeitszone. Dabei spielen Diffusions- bzw. Permeationsvorgänge bei weitem die größte Rolle. Wasserlösliche Substanzen, wie $Na^+$, $Cl^-$, Glucose u.a. diffundieren ausschließlich durch die wassergefüllten Poren, wobei die Permeabilität für verschiedene Spezies sehr unterschiedliche Werte aufweist. Die geringe Permeabilität der Kapillarmembran für Albumin bewirkt z.B. einen funktionell wichtigen Unterschied der Albuminkonzentration zwischen Plasma und interstitieller Flüssigkeit. Lipidlösliche Substanzen wie Alkohol, $O_2$ und $CO_2$ können im Bereich der gesamten Kapillarmembran frei diffundieren. Deshalb sind die Transportraten für lipidlösliche Substanzen sehr viel größer als die Transportraten für wasserlösliche Substanzen. Die großen, durch den Siebeffekt der Poren zurückgehaltenen Moleküle können die Kapillarwand durch Pinocytose (vgl. Abschn. 5.1.7) passieren.

Neben dem Diffusionsaustausch kommt auch dem Austausch durch Filtration und Resorption eine wesentliche Bedeutung zu. Die Druckabnahme längs der Kapillarachse hat eine graduelle Änderung des effektiven Filtrationsdruckes von positiven Werten am arteriellen Kapillarende zu negativen Werten am venösen Kapillarende zur Folge. Diese Richtungsumkehr der Triebkraft des Filtrationsprozesses bewirkt, daß in den arteriellen Abschnitten ca. 0,5% des durch die Kapillaren strömenden Plasmavolumens in das Interstitium übertreten, wovon 9/10 in den venösen Abschnitten resorbiert werden. Die restliche übergetretene Flüssigkeitsmenge wird über die Lymphgefäße aus dem interstitiellen Raum abtransportiert. Durch diese Mechanismen wird ein Gleichgewicht zwischen intravasalem und interstitiellem Flüssigkeitsvolumen aufrechterhalten.

Die Ausbreitungsgeschwindigkeit der Pulswellen in der Aorta und in den anschließenden Arterienabschnitten läßt sich abschätzen, wenn man die Pulswelle formal wie eine *Schlauchwelle* in einem Rohr mit elastischer Wand behandelt. Aus der Dichte $\rho$ des fluiden Mediums und dem durch die Gleichung

$$\kappa = v\,\frac{dp}{dv} \tag{2.45}$$

definierten Volumenelastizitätsmodul berechnet sich die Ausbreitungsgeschwindigkeit c der Schlauchwelle zu

$$c = \sqrt{\frac{\kappa}{\rho}}. \tag{2.46}$$

Nach Gl. (2.46) sind die Massenträgheit der Flüssigkeit und die Wandelastizität die entscheidenden Faktoren, durch die die Fortpflanzungsgeschwindigkeit der Welle bestimmt wird. Der Differentialquotient dp/dv in Gl. (2.45) kann durch den tangentialen Elastizitätsmodul ausgedrückt werden. Allgemein ist der Elastizitätsmodul E hochdehnbarer Stoffe durch die Gleichung

$$E = \frac{dK}{dl}\,\frac{l}{q} \tag{2.47}$$

definiert. In Gl. (2.47) ist K die dehnende Kraft; $l$ ist die Länge und q ist der Querschnitt des gedehnten Körpers. Bei zylindrischen Wänden hat man zwischen den Elastizitätsmodulen tangentialer, radialer und longitudinaler Richtung zu unterscheiden. Dabei kommt dem tangentialen Modul die Hauptbedeutung für die Berechnung der Pulswellengeschwindigkeit zu. In der Längsrichtung sind die Arterien in situ vorgedehnt und fixiert. Für die tangentiale Richtung ist die Wandspannung $\sigma$ aus dem transmuralen Druck p, der Wanddicke h und dem Innenradius r nach der Gleichung

$$\sigma = \frac{p \cdot r}{h} \tag{2.48}$$

zu berechnen. Die in Gl. (2.47) einzusetzende

Länge $l$ entspricht beim Blutgefäß dem Umfang $2\pi r$. Daher gilt

$$\frac{dl}{l} = \frac{dr}{r} . \tag{2.49}$$

Setzt man in Gl. (2.47) vereinfachend $dK/q = d\sigma$ und beachtet, daß nach Gl. (2.48)

$$d\sigma = \frac{r}{h} dp \tag{2.50}$$

gilt, so erhält man für den tangentialen Elastizitätsmodul den Ausdruck

$$E = \frac{r^2}{h} \frac{dp}{dr} . \tag{2.51}$$

Unter den genannten Bedingungen kann also Gl. (2.45) mit $dp/dr = Eh/r^2$ in der Form

$$\kappa = \frac{dp}{dv} \quad v = \frac{dp}{dQ} \quad Q = \frac{dp}{dr} \frac{r}{2} = \frac{Eh}{2r} \tag{2.52}$$

geschrieben werden, wenn man beachtet, daß für den Innenquerschnitt $Q = \pi r^2$ des elastischen Rohres $dQ = 2\pi r\, dr$ gilt. An Stelle von Gl. (2.46) erhält man so die Beziehung

$$c = \sqrt{\frac{Eh}{2r\rho}} . \tag{2.53}$$

Das ist die Formel zur Berechnung der Wellengeschwindigkeit nach Moens und Korteweg.

Der Einfluß der inneren Reibung in der Flüssigkeit und in der Gefäßwand wird bei der Berechnung der Pulswellengeschwindigkeit nach Gl. (2.46) bzw. Gl. (2.53) nicht berücksichtigt. Für die Beschreibung des zeitlichen Verlaufs der periodischen Druck- und Volumenschwankungen im Gefäßsystem sind diese Reibungseffekte jedoch nicht ohne Bedeutung; sie bewirken eine Phasenverschiebung zwischen Druckpuls und Strompuls. In einer Arterie eilen die resultierenden Druckschwankungen den periodischen Volumenschwankungen in der Phase voraus. Das System zeigt ein viskoelastisches Verhalten, das im Prinzip dem in Abb. 2.13 skizzierten Kelvin-Modell entspricht. Der Elastizitätsmodul ist also eine komplexe frequenzabhängige Größe. Deshalb ist auch die Pulswellengeschwindigkeit frequenzabhängig; sie zeigt eine charakteristische Dispersion. Auch der

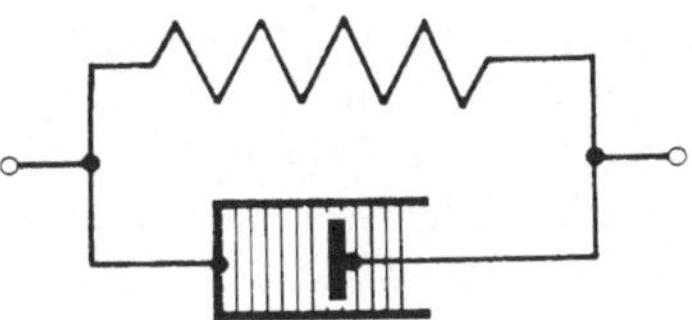

**Abb. 2.13** Kelvin-Modell eines viskoelastischen Körpers mit elastischer Feder und Dämpfungsscheibe in viskosem Medium

durch die Gleichung

$$Z = \frac{p_w}{i_w} \tag{2.54}$$

als Quotient aus dem Wellendruck $p_w$ und der Wellenstromstärke $i_w$ definierte Wellenwiderstand $Z$ ist im allgemeinen komplex und frequenzabhängig.

In den großen Arterien kann der Einfluß der Reibungswiderstände vernachlässigt werden. Daher lassen sich die Gln. (2.46) und (2.53) zur Abschätzung der Pulswellengeschwindigkeit für diesen Gefäßbereich verwenden. Grundsätzlich ist zu beachten, daß die Pulswellengeschwindigkeit nicht nur von der Frequenz, sondern auch vom Niveau des Druckes abhängt. Die ausgeprägte Druckabhängigkeit der Pulswellengeschwindigkeit ergibt sich nach Gl. (2.53) aus der Zunahme des Elastizitätsmoduls mit wachsendem Druck.

Die Pulswelle wird im Arteriensystem und an den Widerstandsgefäßen mehrfach reflektiert. *Zwischenreflexionen* treten bei lokaler Änderung des Wellenwiderstandes von einem Wert $Z_1$ vor der Reflexionsstelle auf einen Wert $Z_2$ nach der Reflexionsstelle auf. *Endreflexionen* ergeben sich, wenn eine Wellenleitung durch einen Endwiderstand $R$ abgeschlossen ist. Der Quotient aus der Druckamplitude der reflektierten und der Druckamplitude der ankommenden Welle wird als Reflektionsfaktor $k$ bezeichnet. Dieser Reflexionsfaktor kann nach der Gleichung

$$k = \frac{Z_2 - Z_1}{Z_2 + Z_1} \tag{2.55}$$

für die Zwischenreflexion und nach der Gleichung

$$k = \frac{R - Z}{R + Z} \tag{2.56}$$

für die Endreflexion berechnet werden. Das Vorzeichen von k wird dabei durch das Vorzeichen der Differenzbeträge $Z_2 - Z_1$ bzw. $R - Z$ festgelegt. Am Reflexionsort überlagert sich der Wellendruck $p_2$ der reflektierten Welle dem Wellendruck $p_1$ der ankommenden Welle zum resultierenden Druck

$$p_3 = p_1 + p_2 = p_1(1 + k) \qquad (2.57)$$

der weiterlaufenden Welle, wobei nach Definition $p_2 = kp_1$ zu setzen ist. Während sich die Drücke $p_1$ und $p_2$ addieren, bildet sich aus den Stromstärken der ankommenden und der entgegengesetzt gerichteten reflektierten Welle die Differenz. Deshalb stimmt der zeitliche Verlauf der resultierenden Stromstärke nicht mit dem Verlauf des resultierenden Druckes überein.

Da der in Gl. (2.53) einzusetzende Wert des Verhältnisses h/r mit wachsender Entfernung vom Herzen zunimmt, steigt auch die Pulswellengeschwindigkeit in distaler Richtung an. Infolge der frequenzabhängigen Dämpfung und der Änderung der Pulswellengeschwindigkeit verändert sich auch die Form der Druck- bzw. Strompulskurven mit zunehmender Entfernung vom Herzen in charakteristischer Weise. Die Abb. 2.14 zeigt als Beispiel einige an verschiedenen Orten des Arteriensystems einer 32 Jahre alten männlichen Versuchsperson registrierte Druck- und Strompulskurven. In der Aorta und in den herznahen Arterienabschnitten setzt der Strompuls gleichzeitig mit dem Druckpuls ein, aber das Druckmaximum

wird später als das Maximum der Strömungsgeschwindigkeit erreicht. Das Ende der Austreibungsphase gibt sich im Druckpuls-Diagramm durch eine kurze Drucksenkung (Inzisur) zu erkennen. Der Druck hat am Ende der Austreibungszeit einen höheren Wert als zu Beginn der Austreibungsphase und sinkt bei stationärem Kreislaufzustand im Vorlauf der Diastole wieder bis auf das Anfangsniveau ab. Der während des Druckpulses durchlaufende Maximaldruckwert ist der systolische Blutdruck. Der End- bzw. Anfangswert des Druckes ist der diastolische Blutdruck. Die Differenz wird als Blutdruckamplitude bezeichnet. Das Maximum der Strompulskurve liegt vor der Mitte der Austreibungszeit. Am Ende der Austreibungsphase setzt der zur Schließung der Aortenklappe führende Rückstrom ein. In den herznahen Gefäßbereichen ist die Stromstärke während der Diastole nahezu gleich Null. Wenn man den in die Koronararterien strömenden Anteil mit etwa 5% berücksichtigt, kann man durch Integration des im Bereich der Aorta ascendens gemessenen Strompulses das Schlagvolumen des linken Herzventrikels bestimmen.

Die vielfachen Reflexionen der Pulswelle führen dazu, daß die Druckamplitude mit zunehmender Entfernung vom Herzen anwächst. Infolge der frequenzabhängigen Dämpfung ist die Inzisur in den nicht an herznahen Meßstellen aufgenommenen Druckpulskurven nicht mehr erkennbar. Stattdessen zeigen diese Kurven und die entsprechenden Strompulskurven eine diastolische (*dikrote*) Erhebung. Dieses zweite Maximum im Kurvenverlauf kommt dadurch zustande, daß die an den Endreflexionsstellen reflektierte Pulswelle an der geschlossenen Aortenklappe erneut reflektiert wird und als dikrote Druckerhöhung in distaler Richtung weiterläuft. Die Intensität der hier kurz beschriebenen pulsatorischen Druckschwankungen wird durch die Windkesselwirkung der Aorta und der großen Arterien abgeschwächt. In der herznahen Aorta betragen diese Druckschwankungen etwa $\pm 20\%$ des mittleren Drucks.

Der Rückstrom des Blutes aus der terminalen Strombahn in das rechte Herz wird durch das permanente Druckgefälle zwischen den Venolen und dem rechten Vorhof aufrechterhalten. Der

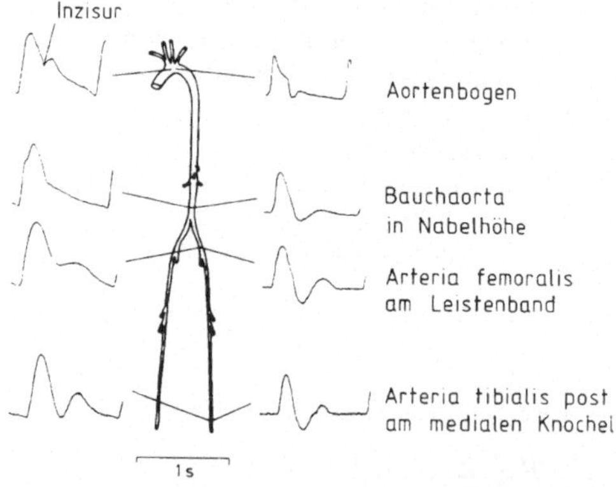


**Abb. 2.14** An verschiedenen Orten des menschlichen Arteriensystems gemessene Druckpulse (links) und Strompulse (rechts) (nach R. D. Bauer, et al., in: W. Hoppe et al. (1982))

Druck im Venensystem hängt von der Körperstellung ab. Während der Druck in den Venen bei waagerechter Körperlage allgemein niedrig ist, steigt er bei aufrechter Körperstellung in den Fußvenen bis auf Werte über 10 kPa an (Einfluß der Schwerkraft). Beim Gehen werden die Venen durch Muskelkontraktion rhythmisch komprimiert, wobei die Ventilwirkung der Venenklappen nur eine Blutbewegung zum Herzen hin zuläßt. Durch diese „Muskelpumpe" werden die Venen teilweise entleert und damit der Blutdruck im Venensystem der unteren Extremitäten gesenkt. Dieser Hilfsmechanismus der Muskelpumpe wird durch zwei weitere Hilfsmechanismen unterstützt. Durch die beim Einatmen auftretende Drucksenkung in den intrathorakalen Venen wird die Blutströmung aus den extrathorakalen Venen in die intrathorakalen Venen gefördert. Dabei wird durch phasengerechtes Öffnen und Schließen der Trikuspidalklappe dafür gesorgt, daß insgesamt ein venöser Rückstromeffekt erzielt wird (inspiratorische Förderung des venösen Rückflusses). Außerdem wird der venöse Rückstrom durch die rhythmische Verschiebung der Ventilebene des Herzens gefördert. In der Austreibungszeit wird die Basis der beiden Ventrikel mit den 4 Klappen zur Herzspitze hin gezogen (Druckerniedrigung in den Vorhöfen). In der anschließenden Füllungsphase bewegt sich die Ventilebene in ihre Ausgangslage zurück (Vergrößerung des Ventrikelvolumens). Durch diesen *Ventilebenenmechanismus* wird die Ventrikelfüllung gefördert und damit ebenfalls die venöse Rückströmung unterstützt.

Auf die Speicherwirkung des Venensystems ist bereits hingewiesen worden. Es ist bemerkenswert, daß von dem insgesamt etwa 5–6 l umfassenden Blutvolumen nur 15% auf das Arteriensystem entfallen. 55% des Blutvolumens befinden sich in den extrathorakalen Venen, 10–15% im rechten Herzen und in den intrathorakalen Venen und 15–20% in den Lungengefäßen. Der Lungenkreislauf dient dem Gasaustausch und der Wärmeabgabe. Beim Gasaustausch muß der alveoläre Sauerstoff nacheinander das Alveolarepithel, das Interstitium, das Kapillarendothel, das Blutplasma, die Erythrocytenmembran und den Erythrocyteninnenraum passieren. Das Kohlendioxyd passiert diesen Diffusionsweg in entgegengesetzter Richtung. Auch für diese zur Arterialisierung des Blutes führenden Transportprozesse sind die im nachfolgenden Abschn. 2.2.2 behandelten Gesetze der Diffusion von grundsätzlicher Bedeutung. Es ist einleuchtend, daß das vielstufige System des Blutkreislaufes nur durch die Wirkung komplexer und mehrfach kontrollierter Regelmechanismen den jeweiligen Erfordernissen des Stoffwechsels optimal angepaßt werden kann. Die detaillierte Beschreibung dieser Regelmechanismen würde den Rahmen dieses Buches sprengen. Weitere Angaben zu diesem Thema finden sich in den Lehrbüchern der Physiologie.

## 2. Beispiel: *Flüssigkeitsströme in Pflanzen*

Auch der pflanzliche Organismus kommt nicht ohne leistungsfähige Transportsysteme aus. Da assimilaterzeugende Zellen von den Zellen des Assimilatverbrauchs in höher organisierten Pflanzen räumlich getrennt sind, müssen lange Transportstrecken mit geeigneten Transportmitteln überwunden werden. Deshalb findet in den höheren Pflanzen neben dem diffusiven intrazellulären *Kurzstreckentransport* und dem Transport zwischen den verschiedenen Zellen eines Organs (*Mittelstreckentransport*) auch ein ständger *Ferntransport* von Wasser und Assimilaten statt. Für diesen Ferntransport haben die Pflanzen ein spezielles System von Transportbahnen, die einen wirksamen Transport unter möglichst geringem Aufwand an Stoffwechselenergie ermöglichen, entwickelt. Das Wassertransportsystem wird als Xylem, das Assimilattransportsystem als Phloem bezeichnet. Der Xylemtransport weist alle typischen Merkmale einer Strömung auf. Beim Phloemtransport könnten auch Diffusionsprozesse eine Rolle spielen. Viele experimentelle Befunde sprechen jedoch dafür, daß auch der Phloemtransport überwiegend durch Strömung in den dafür vorgesehenen Bahnen bewerkstelligt wird.

Die Wasserleitungsbahnen der Pflanzen bestehen überwiegend aus toten Zellen, aus denen das Zytoplasma entfernt ist; ihre Strukturelemente sind dem Apoplasten zuzurechnen. Die Wände dieser Wasserleitungsbahnen sind durch Einlagerung von Lignin versteift; sie werden durch diese

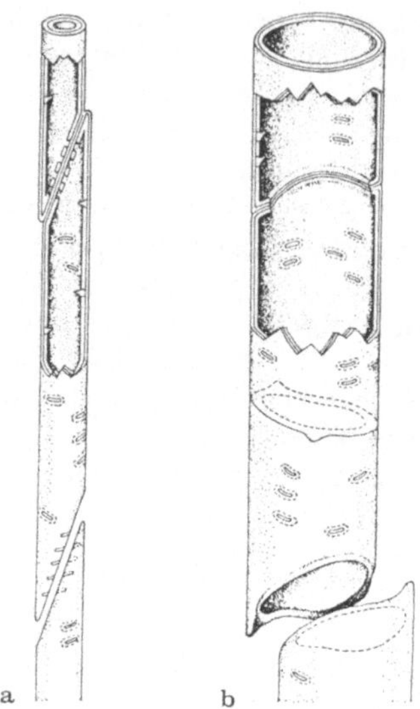



**Abb. 2.15** Haupttypen pflanzlicher Wasserleitungsbahnen **a** Tracheiden, **b** Tracheenglieder (nach H. Ziegler, in: W. Hoppe et al. (1982))

Versteifung vor dem Zusammendrücken durch die zelluläre Umgebung bewahrt. In den Farngewächsen und Nacktsamern sind verholzte Zellen (Tracheiden) mit keilförmigen Enden zu Strängen vereinigt (vgl. Abb. 2.15). An den Verbindungsstellen sind sogenannte Tüpfel, die den Widerstand gegen den Wasserdurchtritt durch die Zellenden verringern, eingebaut.

In den Bedecktsamern, zu denen auch die Laubbäume gehören, findet man statt der Tracheiden Röhrensysteme (Tracheen), die aus zahlreichen kurzen Gliedern von relativ großem Innendurchmesser zusammengesetzt sind. In diesen Tracheen sind die Querwände weitgehend oder vollständig aufgelöst. Der Durchmesser dieser Tracheenglieder kann einige hundert μm betragen. Das Strömungsverhalten des Wassers im Xylem läßt sich im Prinzip wiederum durch das Hagen-Poiseuillesche Gesetz (Gl. (2.20)) quantitativ erfassen. Dabei ist allerdings zu beachten, daß die Bestimmung des insgesamt in der Zeiteinheit durch einen Stamm fließenden Wasservolumens gewisse Schwierigkeiten bereitet, weil ein Teil der vorhandenen Leitungsbahnen durch Verschlußstrukturen oder Luftembolien blockiert ist.

Außerdem muß beachtet werden, daß sich nicht alle Xylem-Bahnen wie ideale Kapillaren verhalten. Die *hydraulische Leitfähigkeit* des Xylems hängt also von der Art der verschiedenen Pflanzen ab. In den Wasserleitungsbahnen der Lianen wird z.B. der nach Gl. (2.20) zu berechnende theoretische Wert der hydraulischen Leitfähigkeit zu annähernd 100% erreicht, während für Tannenholz und verschiedene Kräuter und Sträucher wesentlich niedrigere Werte gemessen worden sind. Die Hauptantriebskraft für den Xylemtransport ist der Sog durch Transpiration. Für diesen Antrieb ist die direkte Mitwirkung lebender Zellen nicht erforderlich. Die für den Übertritt des Wassers aus der flüssigen Phase in die Gasphase benötigte Energie wird durch die Sonnenenergie geliefert. Durch die Transpiration wird der Wassergehalt der Zellwände des Blattgewebes verringert. Dadurch entsteht ein Sog, der sich vermittels der Kohäsionskräfte bis in die Bodenkapillaren des Wurzelgewebes fortpflanzt und das Wasser nach oben zieht. Mit steigender Transpiration nimmt diese Antriebskraft des Xylemtransports zu. In die für Wasser schwerdurchlässige Haut (Cuticula) der Landpflanzen sind regulierbare Ventile (Stomata) eingebaut. Der Verschluß der Stomata unterbricht die Verbindung der in den Zellzwischenräumen existenten Gasphase der Blätter zur Atmosphäre und setzt die Transpiration stark herab. Damit ist eine Möglichkeit zur physiologischen Regulation des Wassertransports im Xylem gegeben.

In den Assimilatleitbahnen des Phloems werden zahlreiche lebenswichtige organische Stoffe und anorganische Ionen, wie z.B. Kalium- und Phosphationen, vor allem aber Zucker (überwiegend Rohrzucker) transportiert. Im Gegensatz zu den Elementen des Xylems bestehen die Einzelelemente der Assimilatbahnen nicht aus toten Zellen, sondern aus modifizierten Zellstrukturen, die durch enge funktionelle Verknüpfung mit Nachbarzellen am Leben erhalten werden. Die Abb. 2.16 zeigt einen Längsschnitt durch die Grundstruktur einer Assimilatleitbahn. In dieser Struktur ist an das eigentliche Leitbahnelement, das Siebröhrenglied (Sr) eine voll funktionsfähige Zelle, die Geleitzelle (Gz) angelagert. Diese Geleitzelle enthält einen Zellkern (N) und ist über zahl-

austausch ist wichtig für den Antrieb der Transportströme in den Leitungsbahnen des Phloems.

Ein Stofftransport durch Diffusion kommt als Hauptmechanismus des Phloemtransports nicht in Betracht. Berechnet man nämlich unter Verwendung experimenteller Daten nach der im Abschn. 2.2.2 angegebenen Gl. (2.58) den scheinbaren Diffusionskoeffizienten der zu transportierenden Stoffe, so findet man z.B. für Zucker Werte, die um mehrere Zehnerpotenzen über den Literaturwerten für eine Diffusion in Lösung liegen. Dagegen ergaben verschiedene unter Verwendung von Gl. (2.20) durchgeführte Modellrechnungen für eine laminare Strömung eine relativ gute Übereinstimmung mit den experimentellen Befunden. Es muß daher angenommen werden, daß es sich auch beim Phloemtransport überwiegend um einen konvektiven Transport handelt. Das Zustandekommen einer Strömung in den Siebröhren läßt sich mit dem in Abb. 2.17 skizzierten Modellversuch nach Münch (1930) verständlich machen. In diesem Modellsystem wird in dem Gefäß A durch Photosynthese oder ähnliche Mechanismen osmotisch wirksames Material produziert. Dieses osmotisch wirksame Material zieht durch die semipermeable Membran $M_A$ Wasser aus dem Außenmedium W an und steigert damit den *Turgor* im Gefäß A. In dem Gefäß B wird osmotisch wirksames Material durch den Einbau in Polymere oder durch ähnliche Mechanismen verbraucht und damit der *Turgor* gesenkt, wobei das nicht mehr osmotisch festgehaltene Wasser durch die Membran $M_B$ an das Außenmedium abgegeben wird. Dadurch kommt

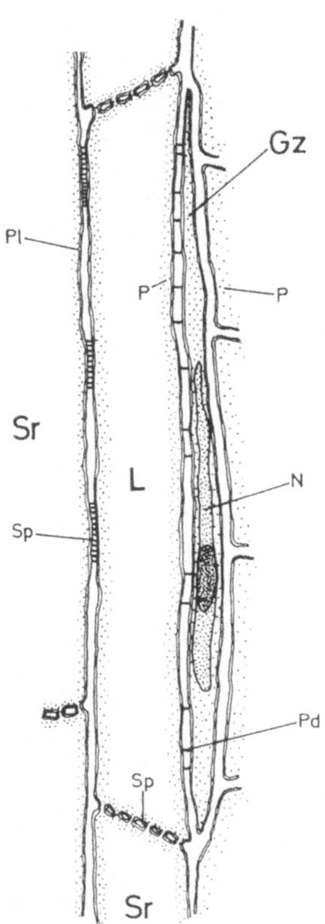

Abb. 2.16 Längsschnitt durch die Grundstruktur einer Siebröhre (Schema nach H. Ziegler, in: W. Hoppe et al. (1982))

reiche Plasmodesmen (Pd) mit dem Siebröhrenglied verbunden. Die Siebröhrenglieder enthalten noch das randständige Zytoplasma mit dem selektiv permeablen Plasmalemma (Pl). Zwischen den aneinandergrenzenden Einzelgliedern der Leitbahn (Siebröhre) sind die mit zahlreichen Poren ausgestatteten Siebplatten (Sp) eingefügt. Die großen Poren dieser Siebplatten sind in der Entwicklung aus umgestalteten Plasmodesmen entstanden. Ähnliche Siebplatten finden sich auch in den Seitenwänden der Siebröhrenglieder. Es besteht eine enge räumliche Nachbarschaft zwischen den Leitungsbahnen des Xylems und den Siebröhren des Phloems. Zwischen dem Lumen (L) der Siebröhrenglieder und dem Xylem findet ein ständiger Wasseraustausch statt. Dieser Wasser-

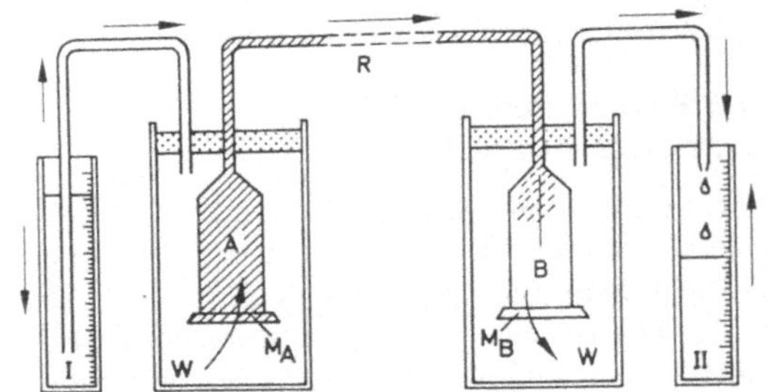

Abb. 2.17 Modellversuch nach Münch zur Demonstration einer osmotisch angetriebenen Flüssigkeitsströmung

es zu einem Druckgefälle zwischen der *Quelle* A und der *Senke* B, das eine Strömung durch das Rohr zur Folge hat. In der Pflanze entspricht das Rohr R der Transportstrecke in der Siebröhre. Das Gefäß A entspricht dem Beladungsabschnitt der Siebröhre, in dem der Eintritt der Substanzen nach neueren Vorstellungen aktiv und selektiv erfolgt, und das Gefäß B entspricht dem Entladungsabschnitt der Siebröhre, in dem ein selektiver Ausscheidungsprozeß vor sich geht.

Einige wesentliche Voraussetzungen dafür, daß der vorgeschlagene Antriebsmechanismus im Siebröhrensystem der Pflanzen tatsächlich zur Wirkung kommt, sind gegeben. Die Siebröhren besitzen an ihren Seitenwänden einen selektiv permeablen Plasmabelag, durch den Substanzen nur unter Aufwendung von Stoffwechselenergie „hindurchgepumpt" werden können. Die Weite der Poren in den Siebplatten an den Enden der Siebröhren reicht aus, um den Durchtritt einer strömenden Lösung mit der erforderlichen Geschwindigkeit zu ermöglichen. Die Frage, ob ein zur Überwindung der Strömungswiderstände ausreichendes Gefälle des osmotischen Druckes längs der Transportstrecke ausgebildet und im stationären Zustand aufrechterhalten werden kann, konnte bis jetzt noch nicht in befriedigender Weise beantwortet werden. Der Mechanismus des Siebröhrentransportes ist deshalb auch heute noch eines der meistdiskutierten Probleme der Pflanzenphysiologie. Trotzdem zeigt auch dieses Beispiel deutlich, welche Bedeutung dem Zusammenwirken von Strömung, Diffusion und Permeation im Rahmen der physiologischen Prozesse zukommt.

## 2.2.2 Einige Grundgesetze der Diffusion

### Diffusion im stationären Zustand (1. Ficksches Gesetz)

Beobachtet man in einer Flüssigkeit suspendierte kleine Teilchen mit einem geeigneten Mikroskop, so stellt man eine Zufallsbewegung fest (vgl. Abb. 2.22). Die Ursache dieser Zufallsbewegung ist die durch die Zusammenstöße der Moleküle bedingte ungeordnete molekulare Wärmebewegung. Die Wärmebewegung der Moleküle ist auch die Ursache des Stofftransports im Konzentrationsgefälle. Die Diffusion gelöster Teilchen aus einem Bereich hoher Konzentration in einen Bereich geringer Konzentration ist der Ausdruck der universellen Tendenz aller Systeme zum Übergang in einen Zustand geringerer Ordnung (Entropiezunahme, vgl. Abschn. 5.2.1). Da bei der thermischen Molekularbewegung a priori keine Bewegungsrichtung bevorzugt ist, muß sie in einem Konzentrationsgefälle zwangsläufig zu einer Abwanderung gelöster Teilchen aus Zonen hoher Konzentration in Bereiche geringer Konzentration führen. Die Grundgleichung der Diffusion für den eindimensionalen stationären Fall ist das 1. Ficksche Gesetz

$$\frac{dn}{dt} = \dot{n} = -AD\frac{dc}{dx} . \tag{2.58}$$

Es besagt, daß die in der Zeiteinheit durch eine Querschnittsfläche A transportierte Molzahl $\dot{n}$ der Größe dieser Fläche und dem Konzentrationsgefälle dc/dx proportional ist. Der Proportionalitätsfaktor D ist der *Diffusionskoeffizient*. D hat die Dimension $cm^2/s$. Einige Beispiele für experimentell bestimmte Werte des Diffusionskoeffizienten sind in der Tabelle 2.2 zusammengestellt. Das Minuszeichen auf der rechten Seite von Gl. (2.58) entspricht der experimentellen Erfahrung, daß der passive Transport stets nur in Richtung abnehmender Konzentration vor sich geht.

### Höhenformel und Diffusion im Schwerefeld (Zusammenhang zwischen dem Diffusionskoeffizienten D und der thermischen Energie kT)

Eine nach oben unbegrenzte Gassäule vom Querschnitt $1\ cm^2$ besteht aus einer Vielzahl von übereinander gelagerten Gasschichten der Dicke dh (vgl. Abb. 2.18).

Der Druckabfall in Richtung der Höhe h läßt sich durch die Gleichung

$$dp = -g\rho\,dh \tag{2.59}$$

beschreiben, wobei g die Erdbeschleunigung und $\rho = m/v$ die Dichte des Gases darstellt. Wenn die Temperatur des Gases in der Säule von der Höhe unabhängig ist (*isotherme Schichtung*), kann man

**Tabelle 2.2** Werte des Diffusionskoeffizienten von Stoffen in wäßriger Lösung (nach G. Adam, P. Läuger, G. Stark (1977))

| Substanz: | Molmasse [g/mol] | D [cm²/s] | Temperatur [°C] |
|---|---|---|---|
| Harnstoff | 60 | 13,83 | 25 |
| KCl | 75 | 19,96 | 25 |
| Glycin | 75 | 9,335 | 20 |
| Glucose | 180 | 6,78 | 25 |
| Saccharose | 342 | 4,586 | 20 |
| Adenosintriphosphat | 507 | 3,0 | 20 |
| Flavinmononukleotid (Dimer) | 995 | 2,86 | 20 |
| Rinderserumalbumin | 66 500 | 0,603 | 20 |
| Menschl. Fibrinogen | 330 000 | 0,197 | 20 |
| Myosin | 440 000 | 0,105 | 20 |

bei Gültigkeit des idealen Gasgesetzes

$$\rho = p\,\frac{M}{RT}$$

setzen und Gl. (2.59) in der Form

$$\frac{dp}{p} = -\frac{Mg}{RT}\,dh$$

schreiben. Durch Integration über dp von $p_0$ bis $p_h$ und über dh von 0 bis h erhält man die Beziehung

$$\ln\frac{p_h}{p_0} = -\frac{Mgh}{RT}$$

bzw.

$$p_h = p_0\,e^{-\frac{Mgh}{RT}}. \tag{2.60}$$

Das ist die barometrische Höhenformel; sie läßt

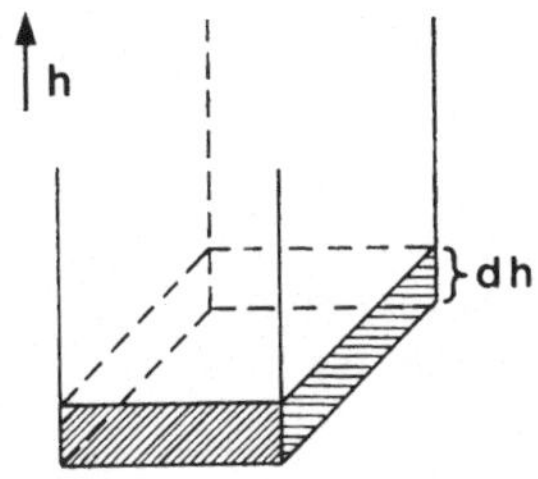

**Abb. 2.18** Zur barometrischen Höhenformel

sich mit der Teilchenmasse $m_p$ und der spezifischen Molekülzahl $^1N$ unter Berücksichtigung der Gleichungen $M = N_L m_p$ und $R = N_L k$ auch in der Form

$$^1N_h = {}^1N_0\,e^{-\frac{m_p g h}{kT}} \tag{2.61}$$

schreiben. Für die Abnahme der spezifischen Molekülzahl mit der Höhe h gilt also die Beziehung

$$\frac{d\,{}^1N_h}{dh} = -\frac{m_p g}{kT}\,{}^1N_0\,e^{-\frac{m_p g h}{kT}}$$

$$= -\frac{m_p g}{kT}\,{}^1N_h. \tag{2.62}$$

Bei eingestelltem Sedimentationsgleichgewicht muß nun die in der Zeiteinheit durch einen Querschnitt absinkende Teilchenzahl $\dot{n}_S$ gleich der Zahl $\dot{n}_D$ der durch Diffusion aufsteigenden Teilchen sein. Bezeichnet man die Sinkgeschwindigkeit der Teilchen mit $w_S$ und den Reibungskoeffizienten mit f, so gilt

$$w_S = \frac{m_p g}{f}$$

und

$$\dot{n}_S = w_S\,{}^1N_h = \frac{m_p g}{f}\,{}^1N_h. \tag{2.63}$$

Nach dem 1. Fickschen Gesetz ergibt sich für $\dot{n}_D$

unter Berücksichtigung von Gl. (2.62) die Beziehung

$$\dot{n}_D = - D \frac{d^1 N_h}{dh}$$

$$= D \frac{m_p g}{kT} {}^1 N_h .$$  (2.64)

Durch Gleichsetzen von $\dot{n}_D$ und $\dot{n}_S$ resultiert somit die Gleichung

$$D \frac{m_p g}{kT} {}^1 N_h = \frac{m_p g}{f} {}^1 N_h$$

bzw. die Einsteinsche Gleichung

$$D = \frac{kT}{f} ,$$  (2.65)

die den Zusammenhang zwischen dem Diffusionskoeffizienten D, dem Reibungskoeffizienten f und der molekularen thermischen Energie kT quantitativ beschreibt. Streng genommen hätte man in Gl. (2.61) und in Gl. (2.63) die im Abschn. 4.2.1 erwähnte Auftriebskorrektur zu berücksichtigen. Der Korrekturfaktor hebt sich jedoch bei der Gleichsetzung von $\dot{n}_D$ und $\dot{n}_S$ heraus und ist deshalb für die Herleitung von Gl. (2.65) ohne Bedeutung.

### Diffusion von Ionen

Zur Beschreibung der Diffusion von Ionen soll die in Abb. 2.19 skizzierte Versuchsanordnung betrachtet werden. Zwei mit unterschiedlich konzentrierten Lösungen eines vollständig dissoziierten Elektrolyten gefüllte Reservoirs sind durch eine Kapillare verbunden. Der Lösungsvorrat in beiden Reservoirs soll gut durchmischt und so beschaffen sein, daß sich die Konzentrationen

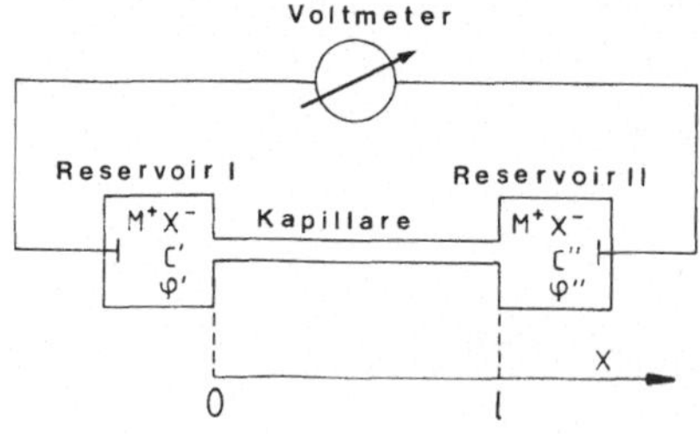


**Abb. 2.19** Zur Herleitung der Nernst–Planck-Gleichung

des Elektrolyten an den Enden der Kapillare während der Diffusion nicht merklich ändern und in der Kapillare ein quasi-stationärer Zustand eingestellt bleibt.

Eine sich während des Diffusionsvorganges einstellende elektrische Potentialdifferenz kann gegebenenfalls über Elektroden abgeleitet und mit einem Voltmeter gemessen werden. Da eine makroskopische Ladungstrennung ausgeschlossen werden muß, ist eine unabhängige Wanderung der unterschiedlich beweglichen Kationen und Anionen nicht möglich. Wenn z.B. die Kationen den Anionen zu Beginn der Diffusion etwas vorauseilen, nimmt die verdünntere Lösung gegenüber der konzentrierteren Lösung ein positives elektrisches Potential an. Die so an der Kapillare entstehende Potentialdifferenz verringert den Fluß der Kationen und erhöht den Fluß der Anionen soweit, daß im stationären Zustand die Flüsse beider Ionensorten gleich groß werden. Die Wanderung von Ionen unter der gleichzeitigen Wirkung eines Konzentrationsgefälles und eines elektrischen Potentialgradienten nennt man *Elektrodiffusion*. Die sich längs der Diffusionsstrecke aufbauende Spannung $\varphi' - \varphi''$ (Abb. 2.19) wird als *Diffusionspotential* bezeichnet.

Die Flußdichte $J_i$ der Ionensorte i ist gleich dem Fluß $\dot{n}_i$ dividiert durch die Querschnittsfläche A der Kapillare:

$$J_i = \frac{\dot{n}_i}{A} .$$  (2.66)

Es ist naheliegend, die gesamte Flußdichte $J_i$ als Summe eines Diffusionsanteiles und eines auf den elektrischen Potentialgradienten zurückzuführenden Anteiles darzustellen

$$J_i = (J_i)_{Diff} + (J_i)_{el} .$$  (2.67)

Nach dem 1. Fickschen Gesetz ist der Diffusionsanteil durch

$$(J_i)_{Diff} = - D_i \frac{dc_i}{dx}$$  (2.68)

gegeben. Auf ein Ion der Sorte i mit der Ladung $z_i e_0$ wirkt im elektrischen Feld die Kraft

$$K_i^{el} = - z_i e_0 \frac{d\varphi}{dx} .$$  (2.69)

$z_i$ ist die Ladungszahl (Wertigkeit) des Ions. $e_0$ ist die elektrische Elementarladung. Die Kraft $K_i^{el}$ erteilt dem Ion entsprechend seinem Reibungskoeffizienten $f_i$ eine Geschwindigkeit

$$w_i = \frac{K_i^{el}}{f_i} = - \frac{z_i e_0}{f_i} \frac{d\varphi}{dx} . \qquad (2.70)$$

Nach der Einsteinschen Beziehung kann man für den Reibungskoeffizienten des Ions

$$f_i = \frac{kT}{D_i}$$

setzen. Mit $F = N_L e_0$ und $R = N_L k$ erhält man somit für $w_i$ die Beziehung

$$w_i = - D_i \frac{z_i F}{RT} \frac{d\varphi}{dx} . \qquad (2.71)$$

Damit wird ·

$$(J_i)_{el} = c_i w_i = - c_i D_i \frac{z_i F}{RT} \frac{d\varphi}{dx} ,$$

und durch Addition von $(J_i)_{Diff}$ und $(J_i)_{el}$ ergibt sich die gesamte Flußdichte $J_i$ einer Ionensorte zu

$$J_i = - D_i \left( \frac{dc_i}{dx} + z_i c_i \frac{F}{RT} \frac{d\varphi}{dx} \right) . \qquad (2.72)$$

Gleichung (2.72) ist die Nernst–Planck-Gleichung; sie gilt unabhängig davon, ob die elektrische Feldstärke $-d\varphi/dx$ durch eine von außen angelegte Spannung erzeugt oder durch Ionen-Diffusion hervorgerufen wird.

### Zeitabhängigkeit des Konzentrationsprofils (2. Ficksches Gesetz)

Im allgemeinen wird sich bei einer Diffusion in freier Lösung das Konzentrationsgefälle im zeitlichen Ablauf des Geschehens verändern. Die Voraussetzungen für die Anwendung des 1. Fickschen Gesetzes sind dann nicht mehr gegeben. Zur Beschreibung der zeitlichen Veränderung des Konzentrationsprofils muß man dann das 2. Ficksche Gesetz anwenden; es soll im folgenden hergeleitet werden.

Betrachtet man die Stoffbilanz in einer dünnen Scheibe der Dicke $\Delta x$ und der ebenen Querschnittsfläche A an der Stelle x (Abb. 2.20), so gilt für die zeitliche Änderung der Stoffmenge der

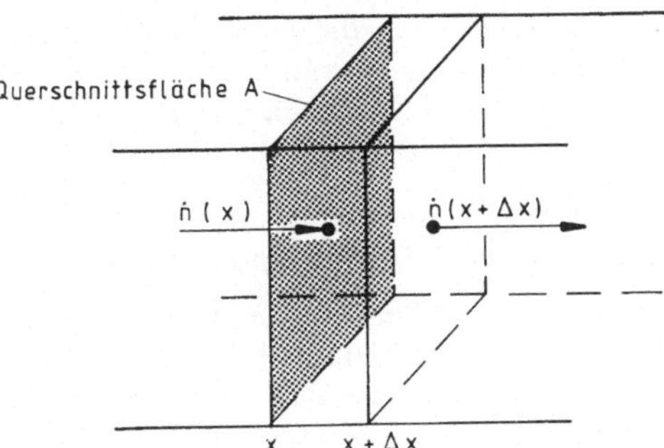



**Abb. 2.20** Stoffbilanz bei Diffusion in x-Richtung

diffundierenden Teilchen in der Scheibe die Beziehung

$$\frac{dn}{dt} = \dot{n}(x) - \dot{n}(x + \Delta x) ,$$

und man erhält für den Grenzfall einer infinitesimal dünnen Scheibe

$$\text{mit} \lim_{\Delta x \to 0} (\dot{n}(x) - \dot{n}(x + \Delta x))$$

$$= - \left( \frac{\partial \dot{n}}{\partial x} \right)_t \Delta x$$

und mit

$$\lim_{\Delta x \to 0} \frac{dn}{dt} = A \left( \frac{\partial c}{\partial t} \right)_x \Delta x$$

die Gleichung

$$A \left( \frac{\partial c}{\partial t} \right)_x = - \left( \frac{\partial \dot{n}}{\partial x} \right)_t . \qquad (2.73)$$

Nach dem 1. Fickschen Gesetz ist

$$- \left( \frac{\partial \dot{n}}{\partial x} \right)_t = A D \left( \frac{\partial^2 c}{\partial x^2} \right)_t ,$$

und man erhält durch Einsetzen in Gl. (2.73) die Beziehung

$$\left( \frac{\partial c}{\partial t} \right)_x = D \left( \frac{\partial^2 c}{\partial x^2} \right)_t . \qquad (2.74)$$

Gleichung (2.74) stellt das 2. Ficksche Gesetz für die zeitlich-räumliche Ausbreitung eines gelösten Stoffes in Richtung der x-Koordinate dar. Dieses

Gesetz gilt ebenso für die beiden kartesischen Koordinaten y und z; es kann bei Bedarf auf den dreidimensionalen Fall erweitert und entsprechend angewendet werden.

### Die quellenmäßige Darstellung des eindimensionalen Diffusionsproblems

Zu Beginn eines Diffusionsexperimentes sei die gesamte Menge des gelösten Stoffes an der Stelle $x = 0$ in einer sehr schmalen Zone der Breite b konzentriert. Die Anfangskonzentration in dieser Zone sei $c_0$. Man kann erwarten, daß sich der gelöste Stoff mit der Zeit seitlich ausbreitet und daß sich zu einem späteren Zeitpunkt die in Abb. 2.21 skizzierte Konzentrationsverteilung ausgebildet haben wird.

Für die erwartete Glockenkurve bietet die Mathematik die Funktion vom Typ $e^{-x^2/s^2}$ an, wobei s die Dimension einer Länge haben muß. Der Ausdruck $\sqrt{Dt}$ hat nach Gl. (2.74) die Dimension einer Länge. Man kann daher $s^2 = zDt$ setzen, wobei z einen noch unbekannten konstanten Faktor darstellt. Die Funktion $e^{-x^2/zDt}$ kann aber noch nicht die gesuchte Lösungsfunktion sein, da sie für $x = 0$ nicht mit fortschreitender Zeit abnimmt. Der von t abhängige Faktor, der für das Absinken des Konzentrationsmaximums an der Stelle $x = 0$ sorgt, ergibt sich aus der Nebenbedingung, daß die gesamte Menge des gelösten Stoffes unverändert bleiben muß und durch das Produkt $c_0 b$ vorgegeben ist. Die den Konzentrationsausgleich beschreibende Funktion $c(x, t)$ muß also für alle Werte von t der Bedingung

$$\int_{-\infty}^{\infty} c(x, t)\, dx = c_0 b$$

genügen. Mit dem Ansatz

$$c(x, t) = g(t)e^{-\frac{x^2}{zDt}} \tag{2.75}$$

muß also

$$g(t) \int_{-\infty}^{+\infty} e^{-\frac{x^2}{zDt}}\, dx = g(t)\sqrt{\pi zDt} = c_0 b$$

gelten.

Demnach ist

$$g(t) = \frac{c_0 b}{\sqrt{\pi zDt}}.$$

Den unbestimmten Faktor z erhält man durch Differentiation von Gl. (2.75) nach t bzw. x und Einsetzen der erhaltenen partiellen Differentialquotienten in Gl. (2.74). Dabei zeigt sich, daß Gl. (2.75) nur dann eine Lösung von Gl. (2.74) darstellt, wenn $z = 4$ gesetzt wird. Die vollständige Lösungsfunktion für das hier diskutierte Diffusionsproblem mit der angegebenen Anfangsverteilung lautet also

$$c(x, t) = \frac{c_0 b}{\sqrt{4\pi Dt}} e^{-\frac{x^2}{4Dt}}. \tag{2.76}$$

Der Quotient

$$\frac{c(x, t)\, dx}{c_0 b} = \frac{1}{\sqrt{4\pi Dt}} e^{-\frac{x^2}{4Dt}}\, dx \tag{2.77}$$

gibt also die relative Häufigkeit der diffundierenden Teilchen im Intervall zwischen x und $x + dx$ an.

### Häufigkeitsverteilung und mittleres Verschiebungsquadrat der diffundierenden Teilchen

Die Angabe der Häufigkeitsverteilung ist gleichbedeutend mit einer Aussage über die Wahrscheinlichkeit, ein Teilchen im Intervall zwischen x und $x + dx$ anzutreffen. Die Teilchen führen bei Abwesenheit eines Konzentrationsgefälles in der Lösung eine regellose Bewegung ohne Vorzugsrichtung aus (Brownsche Molekularbewegung, vgl. Abb. 2.22).

Der Feststellung, daß keine Diffusionsrichtung bevorzugt ist, entspricht die symmetrische Form der in Abb. 2.21 skizzierten Glockenkurve. Der

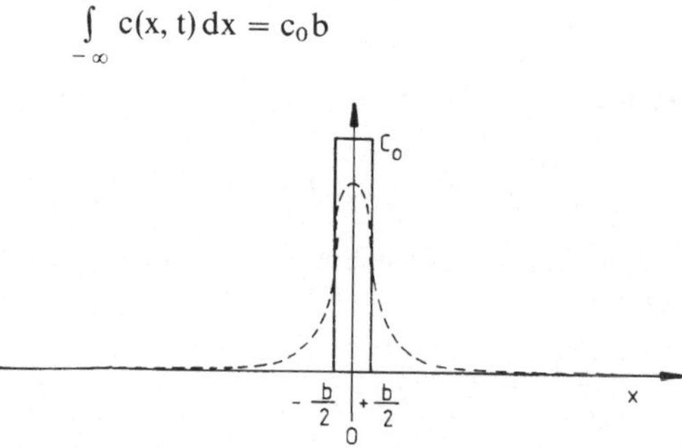


**Abb. 2.21** Ausbreitung eines anfänglich auf den schmalen Bereich zwischen $-b/2$ und $+b/2$ begrenzten Konzentrationsprofils

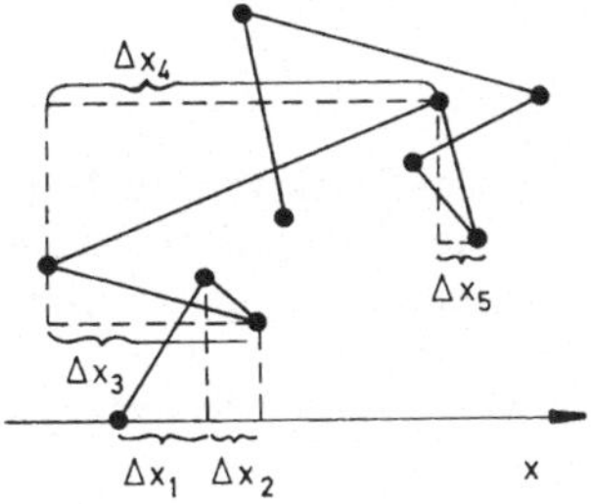

**Abb. 2.22** Bahn eines Teilchens bei der Brownschen Bewegung (schematisch). Die Punkte geben die Orte des Teilchens zu den Zeiten $\Delta t$, $2\Delta t$, $3\Delta t$, ... an

Mittelwert $\bar{x}$ der Verschiebung muß nach Gl. (2.76) gleich Null sein. Das mittlere Verschiebungsquadrat $\overline{x^2}$ in x-Richtung ist jedoch von Null verschieden; es kann nach Gl. (2.76) berechnet werden. Nach dem Mittelwertsatz der Integralrechnung muß für $\overline{x^2}$ die Beziehung

$$\overline{x^2} = \frac{1}{c_0 b} \int_{-\infty}^{+\infty} x^2 c(x, t)\, dx$$

$$= \frac{2}{4Dt} \int_{-\infty}^{+\infty} x^2 e^{-\frac{x^2}{4Dt}}\, dx$$

erfüllt sein. Mit der Rekursionsformel

$$\int_0^\infty x^m e^{-ax^2}\, dx = \frac{m-1}{2a} \int_0^\infty x^{m-2} e^{-ax^2}\, dx$$

läßt sich das Integral in der Form

$$\int_0^\infty x^2 e^{-\frac{x^2}{4Dt}}\, dx = 2Dt \int_0^\infty e^{-\frac{x^2}{4Dt}}\, dx$$

$$= 2Dt\,\tfrac{1}{2}\sqrt{4\pi Dt}$$

darstellen, und man erhält als Ergebnis für das mittlere Verschiebungsquadrat die oft gebrauchte Gleichung

$$\overline{x^2} = 2Dt \tag{2.78}$$

oder mit D nach Gl. (2.65) die Beziehung

$$\overline{x^2} = \frac{2kT}{f}\, t\,. \tag{2.79}$$

Diese Beziehungen gelten in gleicher Weise für die Bewegung in Richtung der kartesischen Koordinaten y und z.

## Verallgemeinerung der quellenmäßigen Behandlung des Diffusionsproblems

Die hier zunächst für einen einfachen Spezialfall diskutierte Lösung

$$c(x, t) = \frac{c_0 b}{\sqrt{4\pi Dt}}\, e^{-\frac{x^2}{4Dt}} \tag{2.76}$$

läßt sich verallgemeinern. Es ist nicht notwendig, daß der gelöste Stoff zur Zeit $t = 0$ ausschließlich an der Stelle $x = 0$ konzentriert ist; er könnte ebensogut an einer Stelle $x = \xi$ konzentriert sein. Man kann an Stelle der Anfangshöhe $c_0$ der Konzentrationsstufe einen variablen Funktionswert $f(\xi)$ einführen und die zugehörige differentielle Anfangsbreite mit $d\xi$ bezeichnen. Dann ist $c_0 b$ durch $f(\xi)d\xi$ und x durch $x - \xi$ zu ersetzen. Es sei die in Abb. 2.23 skizzierte Anfangsverteilung vorgegeben.

Man kann sich also die Gesamtverteilung in eine Vielzahl kleiner Intervalle der Breite $d\xi$ zerlegt denken und dann zunächst eine bestimmte Stelle auf der x-Achse betrachten. An dieser Stelle wird die von einem einzelnen Abschnitt $f(\xi)d\xi$ hervorgerufene Konzentrationsänderung durch die Gleichung

$$dc(x, t) = \frac{1}{\sqrt{4\pi Dt}}\, e^{-\frac{(x-\xi)^2}{4Dt}}\, f(\xi)d\xi \tag{2.80}$$

beschrieben. Durch Überlagerung der Wirkung aller Abschnitte erhält man also an der Stelle x den Konzentrationsverlauf

$$c(x, t) = \frac{1}{\sqrt{4\pi Dt}} \int_{-\infty}^{+\infty} f(\xi) e^{-\frac{(x-\xi)^2}{4Dt}}\, d\xi \tag{2.81}$$

Damit ist diejenige Lösung der Diffusionsglei-

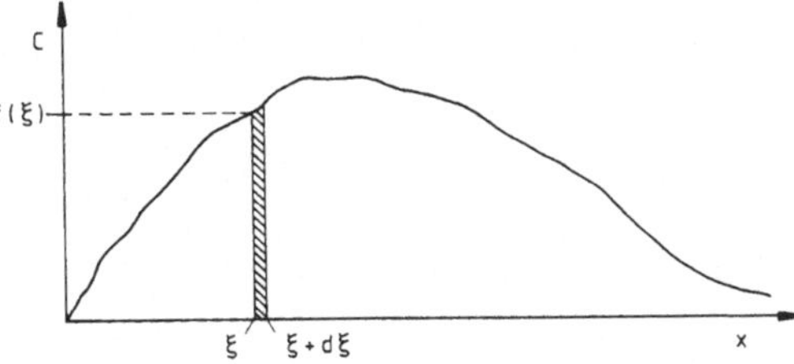


**Abb. 2.23** Zur verallgemeinerten quellenmäßigen Behandlung der Diffusion

chung (2.74) angegeben, welche aus einer Anfangsverteilung $c(x, 0) = f(x)$ hervorgeht.

Für die Anwendung in praktisch wichtigen
Fällen ist eine andere Schreibweise von Gl. (2.81)
zweckmäßig. Führt man an Stelle von $\xi$ die Inte-
grationsvariable

$$\beta = \frac{\xi - x}{\sqrt{4Dt}}$$

ein, so geht Gl. (2.81) in die Beziehung

$$c(x, t) = \frac{1}{\sqrt{\pi}} \int_{-\infty}^{+\infty} f(x + \beta\sqrt{4Dt})e^{-\beta^2}\,d\beta \qquad (2.82)$$

über. Als praktisch wichtiges Beispiel soll ein mit
einer Lösung der Konzentration $c_0$ bis zur halben
Höhe gefüllter Standzylinder (vgl. Abb. 2.24) betrachtet werden. Überschichtet man die Lösung
ohne Verwirbelung der Grenzfläche vorsichtig
mit reinem Lösungsmittel, so liegt zum Zeitpunkt
$t = 0$ eine stufenförmige Anfangsverteilung vor.
Bei Vernachlässigung des Einflusses der Schwerkraft kann das Diffusionsverhalten des Systems
quantitativ durch eine Gl. (2.82) entsprechende
Lösung der Diffusionsgl. (2.74) beschrieben werden. Die Richtung von unten nach oben ist dabei
gleichbedeutend mit der Richtung der x-Koordinate.

Legt man den Nullpunkt der Variablen x an die
Stelle der Konzentrationsstufe, so gilt für die Anfangsverteilung zunächst

$$f(x) = c_0 \quad \text{für} \quad x < 0$$

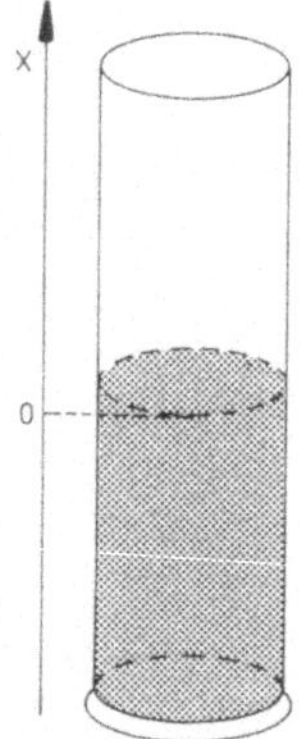

**Abb. 2.24** Zur Lösung der Diffusionsgleichung bei stufen-
förmiger Anfangsverteilung

und

$$f(x) = 0 \quad \text{für} \quad x > 0 \,.$$

Aus Symmetriegründen ist es für die weitere Rechnung jedoch einfacher, die Konzentrationsstufe
unter Verschiebung des Nullpunktes der Konzen-
trationsskala um $c_0/2$ in zwei gleich große Beträge
$\Delta c_0 = c_0/2$ aufzuteilen. Dann gilt für die Anfangsverteilung entsprechend

$$f(x) = \Delta c_0 \quad \text{für} \quad x < 0$$

und

$$f(x) = -\Delta c_0 \quad \text{für} \quad x > 0 \,.$$

Die Funktion $f(x)$ im Integranden von Gl. (2.82)
hat also für alle Werte von x den Betrag $\Delta c_0$; sie
wechselt nur ihr Vorzeichen bei demjenigen Wert
von $\beta$, für welchen

$$x + \beta\sqrt{4Dt} = 0$$

ist, also bei $\beta = -\dfrac{x}{\sqrt{4Dt}}$ .

Somit wird entsprechend Gl. (2.82)

$$\Delta c(x, t) = \frac{\Delta c_0}{\sqrt{\pi}}\left[ \int_{-\infty}^{-\frac{x}{\sqrt{4Dt}}} e^{-\beta^2}\,d\beta - \int_{-\frac{x}{\sqrt{4Dt}}}^{+\infty} e^{-\beta^2}\,d\beta \right]$$

$$= -\frac{\Delta c_0}{\sqrt{\pi}}\left[ \int_{-u}^{\infty} e^{-\beta^2}\,d\beta - \int_{-\infty}^{-u} e^{-\beta^2}\,d\beta \right]$$

mit $u = \dfrac{x}{\sqrt{4Dt}}$ .

Wegen der Symmetrie der Gaußschen Glockenkurve $y = e^{-x^2}$ gilt nun

$$\int_{-\infty}^{-u} e^{-\beta^2}\,d\beta = \int_{u}^{\infty} e^{-\beta^2}\,d\beta \,.$$

Außerdem ist

$$\int_{-u}^{\infty} e^{-\beta^2}\,d\beta - \int_{u}^{\infty} e^{-\beta^2}\,d\beta$$

$$= \int_{-u}^{+u} e^{-\beta^2}\,d\beta = 2\int_{0}^{u} e^{-\beta^2}\,d\beta \,,$$

sodaß für $\Delta c(x, t)$ die Beziehung

$$\Delta c(x, t) = - \Delta c_0 \frac{2}{\sqrt{\pi}} \int_0^u e^{-\beta^2} d\beta \qquad (2.83)$$

erhalten wird. Die hier auftretende Funktion

$$\Phi(u) = \frac{2}{\sqrt{\pi}} \int_0^u e^{-\beta^2} d\beta$$

nennt man das *Fehlerintegral*. Durch Addition von $\Delta c_0 = c_0/2$ auf beiden Seiten von Gl. (2.83) erhält man mit

$$c(x, t) = \Delta c_0 + \Delta c(x, t)$$

schließlich die Beziehung

$$c(x, t) = \frac{c_0}{2} - \frac{c_0}{2} \Phi(u)$$

bzw.

$$c(x, t) = \frac{c_0}{2} [1 - \Phi(u)] . \qquad (2.84)$$

Dies ist die für eine Auswertung von Diffusionsversuchen nach dem vorstehend skizzierten Verfahren mit den genannten Anfangsbedingungen geeignete Lösung der eindimensionalen Diffusionsgleichung. Einige Werte des numerisch zu ermittelnden Fehlerintegrals $\Phi(u)$ sind in der Tabelle 2.3 zusammengefaßt.

Mit den angegebenen Werten des Fehlerintegrals ergibt sich für das Verhältnis $c/c_0$ nach Gl. (2.84) der in Abb. 2.25 skizzierte Verlauf. Die für verschiedene Zeiten berechneten Werte gelten für einen Diffusionskoeffizienten $D = 2{,}9 \cdot 10^{-6}$ cm²/s, was etwa dem in Tabelle 2.2 für Flavinmononukleotid (Dimer) angegebenen Wert entspricht.

**Tabelle 2.3** Zahlenwerte des Fehlerintegrals $\Phi(u)$

| u | $\Phi(u) = \Phi(-u)$ |
|---|---|
| 0 | 0 |
| 0,05 | 0,056372 |
| 0,10 | 0,1125 |
| 0,20 | 0,2227 |
| 0,30 | 0,3286 |
| 0,40 | 0,4284 |
| 0,50 | 0,5205 |
| 0,75 | 0,7112 |
| 1,00 | 0,8427 |
| 1,50 | 0,9661 |
| 2,00 | 0,99532 |
| 3,00 | 1,00000 |

### 2.2.3 Die Permeabilität von Membranen

Mit den im Abschn. 2.2.1 beschriebenen Beispielen ist gezeigt worden, daß der selektiven Permeabilität von Biomembranen im Rahmen der physiologischen Prozesse eine zentrale Bedeutung zukommt. In einfachen Fällen kann der unter dem Einfluß eines Konzentrationsgefälles ablaufende Stofftransport durch eine Membran formal wie eine Diffusion behandelt werden. Die Anwendbarkeit der Diffusionsgesetze wird jedoch im allgemeinen durch die komplexe stoffliche Beschaffenheit der Membransysteme eingeschränkt. Das wichtigste Strukturelement der Biomembranen ist die Lipidmatrix (vgl. Abschn. 3.3.1). Ihre primäre Funktion besteht in der Beschränkung der Permeabilität für wasserlösliche Moleküle und Ionen. Im Gegensatz zu Ionen und anderen wasserlöslichen Substanzen können lipidlösliche Stoffe mit wenigen Einschränkungen den ganzen Membranbereich als Diffusionsraum nutzen. In diesem besonders einfachen Fall ist die Gl. (1.58) anwend-

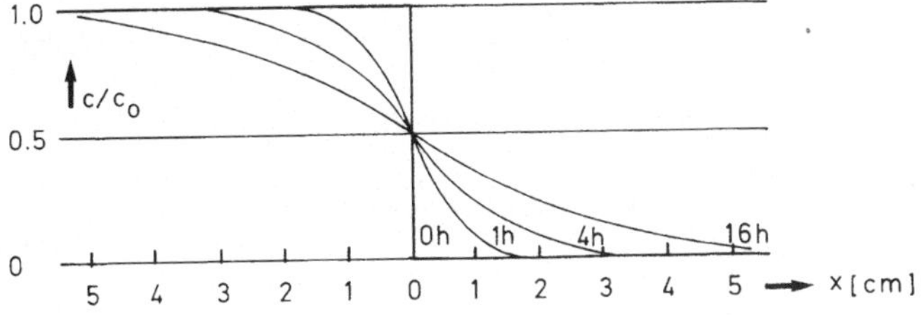


**Abb. 2.25** Nach Gl. (2.84) berechneter Verlauf des Verhältnisses $c/c_0$ für verschiedene Zeiten ($D = 2{,}9 \cdot 10^{-6}$ cm²/s)

bar, wenn man die in den Abschn. 2.3.1 und 5.2.1 erläuterten Gesetze für die Verteilung gelöster Stoffe zwischen zwei Phasen berücksichtigt. Bezeichnet man die Konzentrationen der transportierten Substanz an den beiden Grenzflächen in der Membranphase mit $c_m'$ bzw. $c_m''$ ($c_m' > c_m''$), so gilt für den stationären Zustand in einer Membran der Dicke d das 1. Ficksche Gesetz in der Form

$$J = \frac{\dot{n}}{A} = -D\,\frac{dc_m}{dx} = -D\,\frac{c_m'' - c_m'}{d}\,. \tag{2.85}$$

Wenn man annimmt, daß bei schnellem Austausch an den Grenzflächen zur wäßrigen Phase stets ein Verteilungsgleichgewicht eingestellt ist, gilt für den Zusammenhang von $c_m'$ und $c_m''$ mit den äußeren Konzentrationen $c_w'$ bzw. $c_w''$ der Nernstsche Verteilungssatz Gl. (5.98) in der Form

$$K = \frac{c_m'}{c_w'} = \frac{c_m''}{c_w''}\,. \tag{2.86}$$

Mit $c_w' - c_w'' = \Delta c$ und $K\Delta c = c_m' - c_m''$ kann also nach Gl. (2.85)

$$J = \frac{KD}{d}\,\Delta c \tag{2.87}$$

gesetzt werden. Der Proportionalitätsfaktor $P_d = KD/d$ ist der *Permeabilitätskoeffizient*, der in diesem Fall auf einfache Parameter, wie K und D zurückgeführt werden kann. Die Gleichung

$$J = P_d\,\Delta c \tag{2.88}$$

ist die Definitionsgleichung für den experimentell zu bestimmenden Permeabilitätskoeffizienten; sie behält für passive Transportprozesse auch dann ihre Gültigkeit, wenn die bei der Herleitung von Gl. (2.87) eingeführten Voraussetzungen nicht mehr gegeben sind. Da nach Gl. (5.151) für die osmotische Druckdifferenz zwischen zwei verdünnten Lösungen

$$\Delta\pi = RT\Delta c \tag{2.89}$$

gilt, kann man Gl. (2.88) auch in der Form

$$J = \frac{P_d}{RT}\,\Delta\pi = P_{d\pi}\,\Delta\pi \tag{2.90}$$

schreiben. Der in theoretischen Abhandlungen

(vgl. Abschn. 5.2.7) oft verwendete Proportionalitätsfaktor $P_{d\pi} = P_d/RT$ wird als „osmotischer Permeabilitätskoeffizient" bezeichnet.

Die Untersuchung des zeitlichen Ablaufs der Aufnahme einer Substanz in das Zytoplasma suspendierter Zellen kann als Bestimmungsmethode zur Ermittlung des Permeabilitätskoeffizienten der Zellmembran benutzt werden. Wenn die Konzentration $c_a$ der transportierten Substanz im Außenmedium praktisch konstant bleibt und die Geschwindigkeit der Aufnahme durch die relativ langsame Permeation bestimmt wird, berechnet sich die in der Zeiteinheit von der Zelle aufgenommene Substanzmenge als das Produkt aus der Permeations-Flußdichte J und der Zelloberfläche A. Nach Division durch das Zellvolumen V erhält man somit für die zeitliche Änderung der Innenkonzentration $c_i$ die Beziehung

$$\frac{dc_i}{dt} = \frac{JA}{V}\,. \tag{2.91}$$

Nach Gl. (2.88) gilt

$$J = P_d(c_a - c_i)\,. \tag{2.92}$$

Mit der Abkürzung $\tau = \dfrac{V}{AP_d}$ kann man deshalb die Gl. (2.91) in der Form

$$\frac{dc_i}{dt} = \frac{c_a - c_i}{\tau} \tag{2.93}$$

schreiben. Da $c_a$ als zeitunabhängig angesehen wird, gilt

$$\frac{d(c_a - c_i)}{dt} = -\frac{dc_i}{dt} = -\frac{c_a - c_i}{\tau}\,, \tag{2.94}$$

bzw.

$$\frac{d(c_a - c_i)}{c_a - c_i} = -\frac{dt}{\tau}\,. \tag{2.95}$$

Durch Integration erhält man

$$\ln(c_a - c_i) = -\frac{t}{\tau} + C\,. \tag{2.96}$$

Aus der Anfangsbedingung $c_i\,(t = 0) = 0$ folgt

$$\ln c_a = C\,. \tag{2.97}$$

Einsetzen in Gl. (2.96) ergibt

$$\ln \frac{c_a - c_i}{c_a} = -\frac{t}{\tau} \tag{2.98}$$

bzw.

$$c_a - c_i = c_a e^{-\frac{t}{\tau}} \tag{2.99}$$

oder

$$c_i = c_a(1 - e^{-t/\tau}) \ . \tag{2.100}$$

Mit Hilfe dieser Gleichung kann $\tau$ aus dem zeitlichen Verlauf von $c_i$ berechnet und damit $P_d$ ermittelt werden, wenn A und V bekannt sind. In den meisten Fällen verwendet man zur Bestimmung der Permeabilitätskoeffizienten von Membranen radioaktiv markierte Verbindungen.

### 2.2.4 Passiver und aktiver Transport

Bei den bisher beschriebenen Transportprozessen handelte es sich stets um die Überführung gelöster Stoffe aus einer Zone relativ hoher Konzentration in einen Bereich relativ geringer Konzentration. Dieser „Bergabtransport" im Konzentrationsgefälle wird allgemein als *passiver Transport* bezeichnet. Im Abschn. 5.2.7 wird gezeigt, daß dem Konzentrationsgefälle ein Gradient des chemischen Potentials zuzuordnen ist. Dieser Gradient des chemischen Potentials stellt die treibende Kraft der Diffusion bzw. Permeation bei allen passiven Transportprozessen dar. Wenn kein Gradient des chemischen Potentials vorhanden ist, kann der Transport von Substanzen über eine Diffusionsstrecke oder durch eine Membran hindurch nur unter Aufwendung von Stoffwechselenergie bewerkstelligt werden. Ein Energieaufwand ist insbesondere dann erforderlich, wenn gelöste Stoffe gegen ein Konzentrationsgefälle „bergauf" transportiert werden müssen. Dieser „Bergauftransport", der für zahlreiche lebenswichtige Vorgänge in Organen und zellulären Systemen unerläßlich ist, wird als *aktiver Transport* bezeichnet. Wenn man von dem Spezialfall des Transports in Abwesenheit eines Konzentrationsgefälles absieht, kann der aktive Transport im Sinne einer vorläufigen Definition als Transport gegen einen Gradienten des chemischen Poten-

tials bezeichnet werden. Eine präzise Definition des aktiven Transports erfordert die Berücksichtigung der Tatsache, daß bei der Diffusion von Ionen zwangsläufig auch elektrische Ladung transportiert wird und daß dabei im allgemeinen nicht nur ein Gradient des chemischen Potentials, sondern auch ein Gradient des elektrischen Potentials bzw. ein Spannungsgefälle überwunden werden muß. Die Einflüsse der Konzentration bzw. Aktivität und des elektrischen Potentials werden mit der Einführung des im Abschn. 5.2.4 durch Gl. (5.205) definierten elektrochemischen Potentials $\tilde{\mu}_i$ zusammengefaßt. Beim aktiven Transport von Ionen muß demnach ein Gradient des elektrochemischen Potentials überwunden werden. Die allgemeine Definition des aktiven Transports lautet demnach: Aktiver Transport ist ein Transport gegen einen Gradienten des elektrochemischen Potentials. Dabei ist zu beachten, daß auch ein Transport bei $\Delta\tilde{\mu}_i = 0$ als aktiver Transport bezeichnet werden muß (vgl. Abschn. 5.2.7).

## 2.3 Stoffaustausch und Gleichgewichte an Grenzflächen

### 2.3.1 Verteilungsgleichgewichte und Austauschkinetik

Mit dem vorstehend behandelten Beispiel der Permeation lipidlöslicher Stoffe ist bereits gezeigt worden, daß dem Verteilungsgleichgewicht einer löslichen Substanz zwischen zwei nicht mischbaren Phasen eine erhebliche Bedeutung zukommt. Alle Organismen bestehen aus einem Gefüge wäßriger und nichtwäßriger Strukturbereiche. Durch die Abgrenzung dieser Strukturbereiche wird die im Abschn. 5.1.7 erläuterte Kompartimentierung ermöglicht und damit eine notwendige Voraussetzung für den räumlich getrennten Ablauf verschiedener Teilschritte der Stoffwechselreaktionen geschaffen. Für den ungehinderten Ablauf der Stoffwechselprozesse ist es wichtig, daß sich die Verteilungsgleichgewichte bzw. die dem Fließgleichgewicht entsprechenden stationären Verteilungszustände hinreichend schnell einstellen. Dies wird im allgemeinen dann der Fall sein, wenn die Diffusionswege kurz sind und wenn die im Abschn. 5.2.7 durch die Gleichung

$$\omega_s = \frac{1}{N_L f_s} \qquad (2.101)$$

als Kehrwert des Produkts aus dem Reibungskoeffizienten $f_s$ des Gelösten und der Avogadro-Zahl $N_L$ definierte Beweglichkeit nicht extrem niedrige Werte annimmt. Bei den kleinen räumlichen Abmessungen der Zellen und der mittleren Molekülgröße der meisten Stoffwechselzwischenprodukte sind diese Voraussetzungen in der Regel gegeben.

Im Abschn. 5.2 wird mit den Methoden der Gleichgewichtsthermodynamik gezeigt, daß für die Verteilung eines gelösten Stoffes zwischen zwei nicht mischbaren Phasen I und II der Nernstsche Verteilungssatz in der bereits erwähnten Form

$$\frac{c_I}{c_{II}} = K \qquad (2.102)$$

gilt. Der Verteilungskoeffizient $K$ ist temperaturabhängig. Dabei hängt es von den jeweiligen stofflichen Eigenschaften des betrachteten Systems ab, ob der Wert von $K$ mit steigender Temperatur zu- oder abnimmt. Der Verteilungssatz ist nicht nur für den Transport und die Verteilung von Stoffwechselzwischenprodukten und für die Verteilung und Resorption von Medikamenten (Pharmakokinetik) wichtig; er stellt auch die theoretische Grundlage für zahlreiche Varianten der chromatographischen Trennverfahren dar. Deshalb soll das Prinzip der Gegenstromverteilung, das auch für die Anreicherung von Stoffen in bestimmten Abschnitten des Organismus wichtig ist, an dieser Stelle kurz erläutert werden. Verteilt man eine vorgegebene Menge N eines gelösten Stoffes zwischen gleichen Volumina zweier übereinandergeschichteter, nicht mischbarer Lösungsmittel, so ergibt sich nach Gl. (2.102) für das Verhältnis der Stoffmenge $N_0$ des Gelösten im oberen Lösungsmittel zur Stoffmenge $N_u$ des Gelösten im unteren Lösungsmittel die Beziehung

$$\frac{N_0}{N_u} = K \ . \qquad (2.103)$$

Setzt man außerdem der Einfachheit halber

$N = N_0 + N_u = 1$, so kann man $N_0$ und $N_u$ durch Ausdrücke

$$N_0 = \frac{K}{1 + K} \quad \text{bzw.} \quad N_u = \frac{1}{1 + K} \qquad (2.104)$$

darstellen. Ausgehend von dieser Anfangsverteilung mit der normierten Mengenbilanz

$$\frac{K}{1 + K} + \frac{1}{1 + K} = 1 \qquad (2.105)$$

wird der Verteilungsprozeß in der in Abb. 2.26 für $K = 2$ und eine angenommene Gesamtmenge von 1000 Einheiten skizzierten Weise fortgesetzt. Die Abbildung zeigt schematisch zwei Reihen gleich großer Gefäße, die schrittweise gegeneinander versetzt werden können. Für das Gedankenexperiment genügt im einfachsten Fall eine Vorrichtung, mit der die beweglichen Gefäße der oberen Reihe (mobile Phase) gegen die feststehenden Gefäße der unteren Reihe (stationäre Phase) verschoben und nacheinander mit diesen in Austauschkontakt gebracht werden können. Die Zahl r gibt die Position der Gefäße in der unteren Reihe (beginnend mit $r = 0$ für die Startposition) an. Die Zahl der aufeinanderfolgenden Verteilungsschritte wird mit n (beginnend mit $n = 0$ für die Einstellung der Anfangsverteilung) bezeichnet. Zu Beginn des Verteilungsprozesses soll sich der gelöste Stoff nur in den beiden durch $r = 0$ gekennzeichneten Gefäßen befinden, während alle übrigen Gefäße mit den entsprechenden reinen Lösungsmitteln gefüllt sind. Mit den Verhältniszahlen über den Gefäßkombinationen wird das nach jedem Versetzungsschritt neu eingestellte Mengenverhältnis $N_0/N_u$ für jeden Wert von r angegeben. Wird z.B. in einem ersten Versetzungsschritt das erste Gefäß der oberen Reihe mit dem zweiten Gefäß der unteren Reihe und das erste Gefäß der unteren Reihe mit dem zweiten Gefäß der oberen Reihe in Kontakt gebracht, so ergeben sich aus der Anfangsverteilung 666/333 zwei neue Verteilungen mit $N_0/N_u = 444/222$ für Position 1 und $N_0/N_u = 222/111$ für Position 0. Aus den Zahlenangaben in Abb. 2.26 ist ersichtlich, daß man bereits nach wenigen weiteren Versetzungsschritten zu einer charakteristischen Verteilung mit einem Konzentrationsmaximum gelangt. Dabei häuft sich der gelöste Stoff an einer

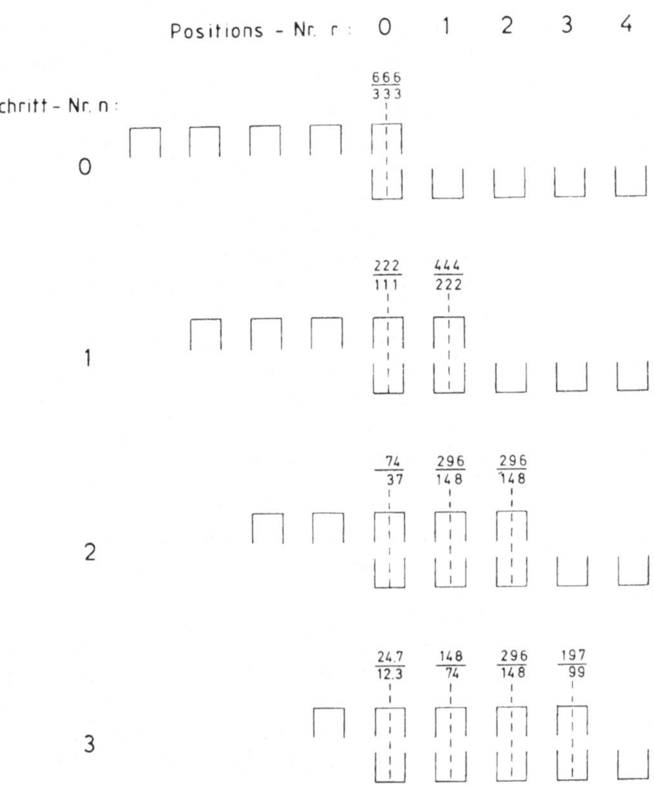


**Abb. 2.26** Schema einer Gegenstromverteilung mit $K = 2$ und $N = 1000$

bestimmten Stelle der bewegten Phase an. Mit einer größeren Zahl von Überführungsschritten entstehen so bei Stoffgemischen verschiedene voneinander trennbare Maxima, auch wenn die Unterschiede der Verteilungskoeffizienten nur gering sind. Dabei nimmt der Abstand der Maxima mit steigender Zahl n der Überführungsschritte zu.

Formelmäßig kann diese Entwicklung für die durch Gl. (2.105) vogegebene Anfangsbilanz mit beliebigen Werten von K durch den Ansatz

$$\left(\frac{1}{1+K} + \frac{K}{1+K}\right)^n = 1 \qquad (2.106)$$

beschrieben werden. Durch Ausrechnen der Potenzen für die ersten ganzzahligen Werte von n kann man sich leicht davon überzeugen, daß die erhaltenen Summenterme den Mengenangaben $(N_0 + N_u)$ für die einzelnen Gefäßpositionen bei

Normierung auf $N = 1$ entsprechen. Nach dem binomischen Lehrsatz gilt also die Beziehung

$$(N_0 + N_u)_{n,r} = \frac{n!}{r!(n-r)!}\left(\frac{K}{1+K}\right)^r\left(\frac{1}{1+K}\right)^{n-r}$$

$$= \frac{n!}{r!(n-r)!}\frac{K^r}{(1+K)^n} . \qquad (2.107)$$

Mit Hilfe der Stirlingschen Näherungsformel

$$\ln n! = \left(n + \frac{1}{2}\right)\ln n - n$$

$$+ \frac{1}{2}\ln 2\pi + \frac{1}{12n} \qquad (2.108)$$

läßt sich zeigen, daß die durch Gl. (2.107) beschriebene Verteilung für große Werte in die

Gauss-Verteilung

$$(N_0 + N_u)_n(x) = \frac{1}{\sqrt{2\pi nP}} e^{-\frac{x^2}{2P}} \qquad (2.109)$$

übergeht. In dieser Verteilungsfunktion stellt die neue Variable

$$x = \frac{r - \bar{r}}{\sqrt{n}} \qquad (2.110)$$

den durch $\sqrt{n}$ dividierten Abstand der Position r vom Mittelwertspunkt bzw. von Maximum der Verteilungskurve dar. Der Faktor P ist durch die Gleichung

$$P = \left(\frac{K}{1 + K}\right) \cdot \left(\frac{1}{1 + K}\right) \qquad (2.111)$$

definiert. Weitere Hinweise zur Umformung von Gl. (2.107) in Gl. (2.109) finden sich in den im Anhang 2 angegebenen mathematischen Lehr- und Hilfsbüchern. Mit $r - \bar{r} = a$ kann die Gl. (2.109) auch in der Form

$$(N_0 + N_u)_{n,\,a} = \frac{1}{\sqrt{2\pi nP}} e^{-\frac{a^2}{2nP}} \qquad (2.112)$$

geschrieben werden. Das ist die typische Form einer symmetrischen Glockenkurve, die mit steigenden Werten von n eine zunehmende Verbreiterung erfährt. Eine graphische Darstellung der nach Gl. (2.107) für verschiedene Werte von n berechneten Verteilungsfunktion ist in Abb. 2.27

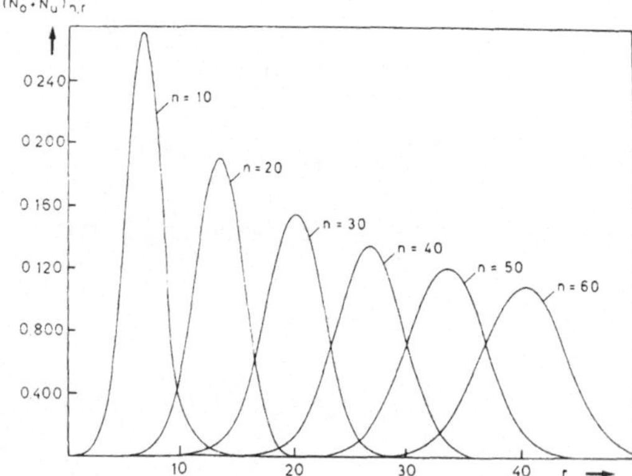


**Abb. 2.27** Nach Gl. (2.107) berechnete Verteilungsfunktionen für verschiedene Werte von n

wiedergegeben. Das Diagramm zeigt deutlich, daß sich die Maxima der Verteilungskurven mit zunehmenden Werten von n nach rechts zu höheren Werten von r verschieben und daß die Halbwertsbreite der Verteilungskurven bei dieser Verschiebung zunimmt. Da das Ausmaß der Verschiebung durch den vorgegebenen speziellen Wert von K bestimmt wird, erhält man für eine Mischung verschiedener gelöster Stoffe mit unterschiedlichen K-Werten den erwarteten Trenneffekt.

Eine modifizierte Form des Nernstschen Verteilungssatzes ist anzuwenden, wenn aus den gelösten Teilchen in einem der beiden Lösungsmittel Assoziate bzw. Dimere gebildet werden. (vgl. Literaturhinweis im Anhang 2 und Gl. (5.99)).

### 2.3.2 Die Bedeutung der Gaslöslichkeit für den Gastransport

Ebenso wie für die Verteilung eines gelösten Stoffes zwischen zwei nicht mischbaren flüssigen Lösungsmitteln liefert die thermodynamische Behandlung der Phasengleichgewichte auch für die Verteilung der Molekeln eines gasförmigen Stoffes zwischen der Gasphase und einem flüssigen Lösungsmittel L eine Beziehung in Form des Henryschen Gesetzes

$$\frac{c_{2,\,L}}{c_{2,\,g}} = L(T) \qquad (2.113)$$

(vgl. Abschn. 5.2.2). Da nach dem Gesetz für die Partialdrücke

$$p_2 = c_{2,\,g} RT \qquad (2.114)$$

zu setzen ist, kann Gl. (2.113) auch in der Form

$$c_{2,\,L} = \frac{L(T)}{RT} p_2 = C(T) p_2 \qquad (2.115)$$

geschrieben werden. Die Konzentration des Gelösten ist also dem Partialdruck des Gases über der Lösungsphase proportional. Die Löslichkeit der Gase ist wichtig für den Transport der Atemgase Sauerstoff und Kohlendioxid. Denn die Atemgasmoleküle müssen in gelöster Form zu ihren Bindungs- bzw. Reaktionspartnern diffundieren, bevor sie chemische Bindungen eingehen können. Deshalb durchläuft jedes Sauerstoff- bzw. Kohlendioxid-Mokekül, das in der Lunge oder den Geweben ausgetauscht wird, den Zustand der physikalischen Lösung. In der Praxis wird die Menge des gelösten Gases in der Regel in ml unter Normalbedingungen (1 atm = 760 Torr $\approx$ 101 kPa) angegeben. Dabei bezeichnet der Bunsensche Absorptionskoeffizient $\alpha$ das Volumen $v_{abs.}$, das die in 1 ml Flüssigkeit gelöste Gasmenge bei der angegebenen Temperatur unter Normaldruck im Gaszustand einnehmen würde. Es gilt also die Beziehung

$$v_{abs.} = \frac{\alpha}{760} p_2 \cdot \qquad (2.116)$$

Der Faktor 760 ist in den Nenner eingesetzt, weil $\alpha$ auf den Druck von 1 atm bezogen, der Partialdruck $p_2$ aber gewöhnlich in mm Hg angegeben wird. In der Tabelle 2.4 sind einige Werte von $\alpha$ für die Wasserlöslichkeit der atmosphärischen Gase zusammengestellt. Die entsprechenden Werte für die Löslichkeit im Blutserum unterscheiden sich nur unwesentlich von den in Tabelle 2.4 angegebenen $\alpha$-Werten.

Trotz des geringen $CO_2$-Partialdruckes ist im arteriellen Blut mehr Kohlendioxid als Sauerstoff physikalisch gelöst enthalten. Mit $P_{O_2} = 95$ mm Hg und $P_{CO_2} = 40$ mmHg und den in Tabelle 2.4 angegebenen $\alpha$-Werten für 37 °C erhält man $v_{abs.,CO_2}/v_{abs.,O_2} \simeq 10$. Die unterschiedliche Größe der $\alpha$-Werte wirkt sich also ganz erheblich auf das Konzentrationsverhältnis der physikalisch gelösten Atemgase und damit auch auf den Transport dieser Gase aus. Da nach Gl. (2.115) das Konzentrationsgefälle dc/dx im 1. Fickschen Diffusionsgesetz durch $C \cdot dp/dx$ ersetzt werden kann, wird die Diffusionsgl. (2.58) mit $\underline{K} = C \cdot D$ für den passiven Atemgastransport oft auch in der Form

$$\dot{n} = -A\underline{K}\frac{dp}{dx} \qquad (2.117)$$

**Tabelle 2.4** Bunsensche Absorptionskoeffizienten (ml Gas/ml Lösungsmittel·atm) für $O_L$, $CO_2$ und $N_2$ in Wasser

| Temperatur [°C] | $\alpha_{O_2}$ | $\alpha_{CO_2}$ | $\alpha_{N_2}$ |
|---|---|---|---|
| 20 | 0,931 | 0,88 | 0,016 |
| 37 | 0,024 | 0,57 | 0,012 |

dargestellt. Der Proportionalitätsfaktor $\underline{K}$, der einen anderen Zahlenwert und eine andere Dimension als D besitzt, wird als Kroghscher Diffusionskoeffizient (Kroghsche Konstante) oder als Diffusionsleitfähigkeit bezeichnet. Da $\underline{K}$ für Kohlendioxid einen 20–25 mal größeren Wert als für Sauerstoff besitzt, diffundiert unter vergleichbaren Bedingungen 20–25 mal mehr Kohlendioxid als Sauerstoff durch eine vorgegebene Schicht. Deshalb ist beim Gausaustausch in der Lunge trotz kleiner Partialdruckdifferenzen stets eine ausreichende Kohlendioxid-Diffusion sichergestellt, und die Geschwindigkeit des Sauerstofftransports erweist sich als limitierender Faktor für zahlreiche biologische Vorgänge. In lebenden Organismen gibt es verschiedene Mechanismen zur Erhöhung der Sauerstoff-Austauschgeschwindigkeit. Auch für Kohlendioxid ist ein geschwindigkeitsbestimmender Faktor durch die relative Langsamkeit der Reaktion $CO_2 + H_2O \rightleftharpoons H_2CO_3$ gegeben. Dieser Prozeß wird durch ein besonderes Ferment, die Carboanhydrase beschleunigt. Der Atemgastransport zwischen der atmosphärischen Umgebung und den Zellen des Organismus geht in vier hintereinandergeschalteten Teilprozessen vor sich:

1. Konvektiver Transport in den Atemwegen.
2. Diffusionsaustausch zwischen Alveolen und Lungenkapillarblut (vgl. Abschn. 2.2.1).
3. Konvektiver Transport auf dem Blutweg, wobei Sauerstoff in einem umkehrbaren Prozeß an den roten Blutfarbstoff Hämoglobin gebunden wird (vgl. Abschn. 4.2.6).
4. Diffusionsaustausch zwischen Gewebekapillaren und Zellen.

Beim Diffusionsaustausch zwischen den Gewebekapillaren und den Zellen diffundiert der Sauerstoff aus dem Kapillarblut in die benachbarte Zellsubstanz und wird dort im Verlauf des oxidativen Abbaus der Nährstoffe verbraucht. Das am Ort der Stoffwechselreaktionen gebildete Kohlendioxid diffundiert aus den Zellen in das Kapillarblut. Die bei diesen Diffusionsprozessen zu überwindenden Strecken sind im allgemeinen nicht größer als 0,1 mm. Das einfachste Modell zur mathematischen Analyse der stationären $O_2$-Partialdruckverteilung im Gewebe ist der Kroghsche Zylinder, ein zylinderförmiger Gewebebezirk, der von einer zentralen Kapillare mit Sauerstoff versorgt wird. Das durch Gl. (2.74) beschriebene 2. Ficksche Gesetz der Diffusion geht bei Verallgemeinerung auf die drei kartesischen Koordinatenrichtungen in eine Beziehung der Form

$$\left(\frac{\partial c}{\partial t}\right)_{x,y,z} = D\left(\frac{\partial^2 c}{\partial x^2} + \frac{\partial^2 c}{\partial y^2} + \frac{\partial^2 c}{\partial z^2}\right)_t \qquad (2.118)$$

über. Im stationären Zustand ist die zeitliche Änderung der Konzentration am Umsatzort gleich der lokalen Verbrauchsrate B. Deshalb kann die Gl. (2.118) für den stationären Zustand bei Übergang auf Zylinderkoordinaten auch in der Form

$$\frac{\partial^2 c}{\partial r^2} + \frac{1}{r}\frac{\partial c}{\partial r} + \frac{\partial^2 c}{\partial z^2} = \frac{B}{D} \qquad (2.119)$$

geschrieben werden. Unter physiologischen Bedingungen ist der Anteil der Diffusion in axialer Richtung gegenüber der Radialdiffusion im Hinblick auf die Sauerstoffversorgung zu vernachlässigen. Nach Einführung der Kroghschen Konstante $\underline{K}$ erhält man deshalb bei richtiger Dimensionierung von $\underline{B}$ mit der genannten Vereinfachung aus Gl. (2.119) die gewöhnliche Differentialgleichung

$$\frac{d^2 p}{dr^2} + \frac{1}{r}\frac{dp}{dr} = \frac{B}{\underline{K}}\,. \qquad (2.120)$$

Durch Ausführung der Differentiationen und Einsetzen der erhaltenen Ableitungen in Gl. (2.120) kann man sich leicht davon überzeugen, daß die Gleichung

$$p = p_1 + \frac{B}{4\underline{K}}(r^2 - r_1^2) - \frac{Br_z^2}{2\underline{K}}\ln\frac{r}{r_1} \qquad (2.121)$$

eine Lösung der Differentialgl. (2.120) darstellt. In Gl. (2.121) bezeichnet $p_1$ den Sauerstoffpartialdruck am Kapillarrand ($r = r_1$). $r_2$ ist der äußere Begrenzungsradius des Zylinders, der sich bei regelmäßiger Anordnung gleicher Kroghscher Zylinder aufgrund der Symmetriebedingungen ergibt. Die Lösung (2.121) genügt den Randbedingungen

$$p = p_1 \quad \text{für } r = r_1$$

und

$$\frac{dp}{dr} = 0 \quad \text{für } r = r_z\,.$$

Die zweite Randbedingung besagt, daß bei regelmäßiger Anordnung gleicher Zylinder kein Sauerstoff durch den Zylindermantel transportiert wird. Für die Kroghsche Konstante $\underline{K}$ hat man in Gl. (2.121) empirisch ermittelte Werte, die der Beweglichkeit der Sauerstoff-Molekeln in dem jeweiligen Diffusionsmedium entsprechen, einzusetzen. In der Tabelle 2.5 sind einige Werte von $\underline{K}$ für verschiedene biologische Diffusionsmedien zusammengestellt.

Wenn die maximale Wirksamkeit der Atmungsfermente sichergestellt sein soll, darf der Sauerstoff-Partialdruck im Gewebe einen bestimmten kritischen Wert nicht unterschreiten. Man bezeichnet die Länge des Diffusionsweges, bei der dieser kritische Wert gerade erreicht ist, als den kritischen Grenzversorgungsradius $r_{krit}$. Nimmt man vereinfachend an, daß der Sauerstoffverbrauch für $r > r_{krit}$ gleich Null gesetzt werden kann, so ergeben sich die Randbedingungen

$$p = p_{krit} \quad \text{für } r = r_{krit}$$

und

$$\frac{dp}{dr} = 0 \quad \text{für } r = r_{krit}\,.$$

Diesen Randbedingungen genügt die Lösung

$$p = p_1 + \frac{B}{4\underline{K}}(r^2 - r_1^2) - \frac{Br_{krit}^2}{2\underline{K}}\ln\frac{r}{r_1}\,, \qquad (2.122)$$

**Tabelle 2.5** Werte der Kroghschen Konstanten $\underline{K}$ für den Sauerstofftransport in verschiedenen Diffusionsmedien bei $37\,°C$

| Medium | $\underline{K}\ [m^2\ s^{-1}\ Pa^{-1}]$ |
| --- | --- |
| Wasser | $7{,}7\ 10^{-16}$ |
| Blutplasma | $4{,}4\ 10^{-16}$ |
| Erythrozyt (Mensch) | $2{,}2\ 10^{-16}$ |
| Alveo-kapilläre Membran (Ratte) | $2{,}2\ 10^{-16}$ |
| Hirnrinde (Mensch) | $3{,}8\ 10^{-16}$ |
| Herzmuskel (Mensch) | $2{,}1\ 10^{-16}$ |
| Skelettmuskel (Mensch) | $2{,}0\ 10^{-16}$ |

die speziell für $r = r_{krit}$ auch in der Form

$$r_{krit}^2\left(2\ln\frac{r_{krit}}{r_1} - 1\right)$$

$$= \frac{4K}{B}(p_1 - p_{krit}) - r_1^2 \qquad (2.123)$$

geschrieben werden kann. Mit dieser Gleichung lassen sich die nicht ausreichend mit Sauerstoff versorgten Gebiete in ihrer Abhängigkeit von den diffusionsbestimmenden Parametern ermitteln. Die lokalen Partialdrücke können im Gewebe mit Mikroelektroden gemessen werden.

Da der Sauerstoffverbrauch und die Durchblutung des Gehirngewebes weitgehend konstant sind, bietet die Sauerstoffversorgung der Hirnrinde ein typisches Beispiel für einen nach Gl. (2.121) formal zu analysierenden stationären Diffusionsprozeß. Dabei kann der Kroghsche Zylinder als Element der Kapillararchitektur zugrunde gelegt werden. Der mittlere Kapillarradius beträgt in diesem Falle 3 µm. Für den Zylinderradius sind 30 µm anzusetzen. Der $O_2$-Partialdruck beträgt am arteriellen Gefäßschenkel 12,5 kPa, am venösen Gefäßschenkel 4,5 kPa. Der Sauerstoffverbrauch der grauen Hirnsubstanz wird mit etwa 0,15–0,11 $l\,kg^{-1}\,min^{-1}$ angegeben. Die Abb. 2.28 zeigt eine Reliefdarstellung der aus der Versorgungsanalyse resultierenden $O_2$-Partialdruck-Verteilung für die genannten Bedingungen am Beispiel von zwei benachbarten Kroghschen-Zylindern. Der häufig als „tödliche Ecke" bezeichnete Ort der schlechtesten Sauerstoffversorgung liegt am venösen Ende der Zylindermantelfläche.

Sauerstoffmangelzuständen wirkt das Regulationssystem der Organismen mit einer Gefäßerweiterung entgegen. Diese Gefäßerweiterung setzt ein, wenn mit einem Absinken des $O_2$-Partialdrucks in der tödlichen Ecke auf 1,3 kPa die *Reaktionsschwelle* unterschritten ist. Weitere Angaben über die Regulation des Atemgastransports finden sich in den im Anhang 2 genannten Lehrbüchern der Physiologie.

### 2.3.3 Donnan-Gleichgewichte

Unterteilt man eine homogene Salzlösung mit einer für die Ionen des Salzes permeablen Membran

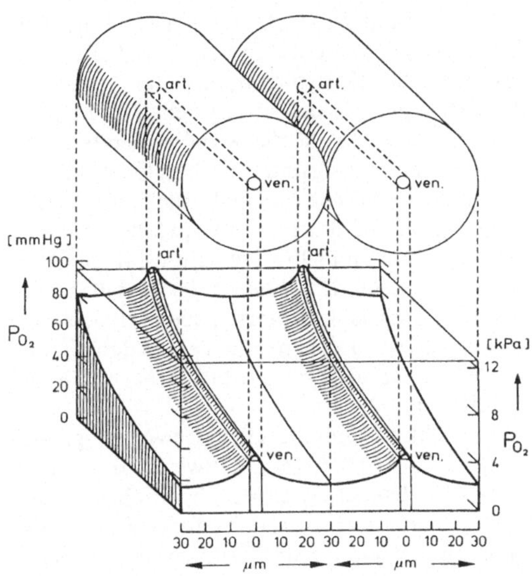

**Abb. 2.28** Reliefdarstellung der $O_2$-Partialdruckverteilung in der Hirnrinde des Menschen (nach G. Thews (1960))

in zwei Lösungsräume, so kommt es zu einer Umverteilung der Ionen zwischen den beiden Lösungsräumen, wenn man dem einen Lösungsraum eine bestimmte Menge eines nicht permeationsfähigen Polyelektrolyten zusetzt. In dem System stellt sich ein neuer Gleichgewichtszustand (Donnan-Gleichgewicht) ein. In diesem Zustand stimmen die Konzentrationen der permeationsfähigen Ionen in den beiden Lösungsräumen nicht mehr überein. Die Trennwirkung der für den Polyelektrolyten impermeablen Membran wirkt sich also mittelbar auch auf die Verteilung der permeationsfähigen Ionen zwischen den beiden Lösungsräumen aus. Enthält der eine Lösungsraum z. B. neben einer NaCl-Lösung ein positiv geladenes Protein, so ist die Konzentration der Chlorid–Ionen in diesem Lösungsraum größer als die Konzentration der Natrium-Ionen, da ja die Ladung des Proteins durch einen $Cl^-$-Überschuß kompensiert werden muß. Bezeichnet man die Ladungszahl der Proteinmolekeln mit $z_p$ und die Protein-Konzentration mit $c_p$, so ist die Elektroneutralitätsbedingung für den betrachteten Lösungsraum durch die Gleichung

$$c_{Cl^-} = z_p c_p + c_{Na^+} \qquad (2.124)$$

gegeben.

Das Phänomen der Donnan-Verteilung tritt auch in physiologischen Systemen auf. So stimmen z.B. die Konzentrationen der Ionen im Blutplasma und in der interstitiellen Flüssigkeit nicht überein, obwohl die Kapillarmembran für die in beiden Flüssigkeiten vorhandenen kleinen Ionen gut durchlässig ist. Die Ursache der Abweichung beruht in diesem Falle auf der höheren Konzentration an nicht permeationsfähigen Protein–Anionen auf der Blutseite der Kapillarmembran. Entsprechende Unterschiede bestehen auch zwischen dem Blutplasma und dem in den Glomeruli der Nieren abfiltrierten Primärharn (Glomerulusfiltrat).

Das elektrochemische Gleichgewicht (vgl. Abschitt 5.2.4) ist eingestellt, wenn die durch Gl. (5.205) definierten elektrochemischen Potentiale $\tilde{\mu}_i$ einer Ionensorte der permeationsfähigen Ionen in beiden Lösungsräumen den gleichen Wert angenommen haben. Demnach müssen für das Gleichgewicht zwischen den Lösungsräumen I und II die Bedingungen

$$\mu_+^0 + RT \ln c_+^I + F\varphi^I = \mu_+^0 + RT \ln c_+^{II} + F\varphi^{II}$$

für einwertige Kationen

und

$$\mu_-^0 + RT \ln c_-^I - F\varphi^I$$
$$= \mu_-^0 + RT \ln c_-^{II} - F\varphi^{II}$$

für einwertige Anionen

erfüllt sein. Durch Addition dieser beiden Gleichungen erhält man zunächst die Beziehung

$$RT \ln(c_+^I c_-^I) = RT \ln(c_+^{II} c_-^{II})$$

und damit die Donnan-Gleichung

$$c_+^I c_-^I = c_+^{II} c_-^{II} \ . \tag{2.125}$$

Das Produkt der Konzentrationen von permeationsfähigen Kationen und Anionen muß also für beide Membranseiten den gleichen Wert haben. Für die Lösung I, die keinen Polyelektrolyten enthält, gilt $c_+^I = c_-^I = c^I$, so daß Gl. (2.125) auch in der Form

$$(c^I)^2 = c_+^{II} c_-^{II} \tag{2.126}$$

geschrieben werden kann. Setzt man in Gl. (2.126) die nach der Gl. (2.124) entsprechenden Beziehung

$$c_-^{II} = z_p c_p + c_+^{II} \tag{2.127}$$

berechneten Werte von $c_-^{II}$ bzw. $c_+^{II}$ ein, so erhält man quadratische Gleichungen mit den (positiven) Lösungen

$$c_+^{II} = \sqrt{(c^I)^2 + \frac{z_p^2 c_p^2}{4}} - \frac{z_p c_p}{2} \tag{2.128}$$

und

$$c_-^{II} = \sqrt{(c^I)^2 + \frac{z_p^2 c_p^2}{4}} + \frac{z_p c_p}{2} \tag{2.129}$$

mit $c_-^{II} > c_+^{II}$ für $z_p > 0$. Für ein System ohne Polyelektrolyt-Zusatz erhält man damit erwartungsgemäß die Beziehung $c_+^{II} = c_-^{II}$. Das gleiche gilt für $z_p = 0$ (z.B. für eine Protein am isoelektrischen Punkt).

Bei hohen Salzkonzentrationen kann der Term $z_p^2 c_p^2/4$ unter der Wurzel in den Gl. (2.128) und (2.129) vernachlässigt werden. Dann gelten die Beziehungen

$$c_+^{II} \approx c^I - \frac{z_p c_p}{2} \tag{2.130}$$

und

$$c_-^{II} \simeq c^I + \frac{z_p c_p}{2} \ . \tag{2.131}$$

Ist dagegen die Salzkonzentration sehr klein, so kann die nach Ausklammern des Faktors $z_p c_p/2$ in der Form

$$c_+^{II} = \frac{z_p c_p}{2} \sqrt{1 + \left(\frac{2c^I}{z_p c_p}\right)^2} - \frac{z_p c_p}{2}$$

geschriebene Gl. (2.128) durch Anwendung der aus der Binomialreihe abgeleiteten Näherungsformel

$$(1 + x)^{1/2} \simeq 1 + \frac{x}{2} \quad \text{(für } x \ll 1)$$

vereinfacht werden, und man erhält mit

$$\frac{x}{2} = \frac{2(c^I)^2}{z_p^2 c_p^2}$$

die einfache Beziehung

$$c_+^{II} \simeq \frac{(c^I)^2}{z_p c_p} \,. \qquad (2.132)$$

Die Gl. (2.129) reduziert sich für kleine Salzkonzentrationen und positive Werte von $z_p$ auf

$$c_-^{II} \simeq z_p c_p \,. \qquad (2.133)$$

Aus Gl. (2.132) ist ersichtlich, daß bei sehr kleinen Salzkonzentrationen in einer Polyelektrytlösung im Donnan-Gleichgewicht nur sehr wenige begleitende Kationen vorhanden sind. Aus der elektrochemischen Gleichgewichtsbedingung berechnet sich das im Donnan-Gleichgewicht vorliegende Membranpotential E zu

$$E = \varphi^I - \varphi^{II} = \frac{RT}{F} \ln \frac{c_+^{II}}{c^I}$$

$$= - \frac{RT}{F} \ln \frac{c_-^{II}}{c^I} \,. \qquad (2.134)$$

Die Potentialrichtung ergibt sich aus dem Konzentrationsgefälle der beteiligten Ionen. Überwiegen bei dialysierunfähigen Anionen die Kationen auf der Polyelektrolytseite, dann streben sie nach außen und erzeugen dort ein positives Potential. Die gleiche Potentialrichtung ergibt sich aus dem Konzentrationsgefälle der Anionen. Bei festgehaltenen Kationen gilt das Umgekehrte.

Da bei eingestelltem Donnan-Gleichgewicht kein Wasser durch die Membran transportiert werden darf, muß die Polyelektrolytlösung unter einem Überdruck $\Delta\pi$ stehen. Diese Druckdifferenz wird als *kolloidosmotischer Druck* bezeichnet; für sie gilt entsprechend Gl. (5.280) die Beziehung

$$\Delta\pi = [(c_+^{II} + c_-^{II} - c_p) - 2c^I] RT \,. \qquad (2.135)$$

Setzt man in diese Gleichung die durch Gl. (2.128) und Gl. (2.129) gegebenen Ausdrücke für $c_+^{II}$ und $c_-^{II}$ ein, so erhält man die Gleichung

$$\Delta\pi = c_p RT + 2c^I RT$$

$$\times \left[ \sqrt{1 + \left(\frac{z_p c_p}{2c^I}\right)^2} - 1 \right] \,. \qquad (2.136)$$

Nur für $z_p = 0$ (z.B. für ein Protein am isoelektrischen Punkt) wird damit wieder die einfache Beziehung $\Delta\pi = c_p RT$ erhalten. Im allgemeinen ist

jedoch $\Delta\pi$ größer als $c_p RT$, weil zu jeder Polyelektrolytmolekel eine bestimmte Anzahl osmotisch wirksamer Gegenionen gehört.

### 2.3.4 Ionenaustausch-Gleichgewichte

Durch netzförmige Verknüpfung von Polyionen erhält man unlösliche Polyelektrolyte, die mit wäßrigen Lösungen Zweiphasensysteme bilden. Das System der im Polymernetzwerk verankerten „Festionen" wirkt gegenüber einer angrenzenden Elektrolytlösung als *Ionenaustauscher*, wobei sich ein elektrochemiches Gleichgewicht einstellt, das dem Donnan-Gleichgewicht weitgehend analog ist. Für die Einstellung des Ionenaustauschgleichgewichtes ist eine zusätzliche semipermeable Membran nicht erforderlich. Nach dem Ladungsvorzeichen der am Netzwerk fixierten Gruppen unterscheidet man Kationenaustauscher und Anionenaustauscher. Die synthetischen Austauscher (anorganische Permutite und organische Austauscher auf Kunstharzbasis) haben große praktische Bedeutung. Als letztere sind zahlreiche Kondensations- und Polymerisationsharze mit verschiedenen Gerüstsubstanzen und Brückenbildnern synthetisiert worden. Natürliche organische Ionenaustauscher sind die Polysaccharide und die Eiweißstoffe. Auch die natürlichen Membranen (z.B. Zellwände), die für Kationen und Anionen sehr verschiedene Durchlässigkeit besitzen, sind als Ionenaustauschermembranen aufzufassen. Die Abb. 2.29 zeigt schematisch einen Aus-

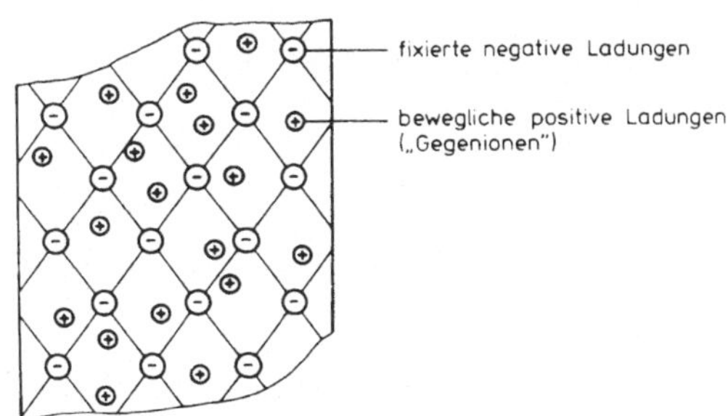


**Abb. 2.29** Schema einer Kationenaustauschermembran

schnitt aus einer Kationenaustauscher-Membran mit beweglichen positiven und fixierten negativen Ladungen.

Die beweglichen positiven Ladungsträger können z. B. $K^+$-Ionen sein. Die fixierten negativen Ladungsträger sollen mit $R^-$ bezeichnet werden. Bringt man diesen Ionenaustauscher mit einer wäßrigen HCl-Lösung in Austauschkontakt, so entsteht ein elektrochemisches Zweiphasensystem

$$
\begin{array}{c|c}
H^+ Cl^- & K^+ R^- \\
H_2O & H_2O \\[2ex]
(\text{Außenphase I}) & (\text{Innenphase II})
\end{array}
$$

mit der Gleichgewichts-Potentialdifferenz

$$
\Delta\varphi = \frac{RT}{F} \ln \frac{c_{K^+}^{II}}{c_{K^+}^{I}} = \frac{RT}{F} \ln \frac{c_{H^+}^{II}}{c_{H^+}^{I}}
$$

$$
= RT \ln \frac{c_{Cl^-}^{I}}{c_{Cl^-}^{II}} . \tag{2.137}
$$

Für die Verteilung der Ionen erhält man demnach unter Annahme gleicher Aktivitätskoeffizienten bei hinreichend verdünnten Lösungen die Beziehung

$$
\frac{c_{K^+}^{II}}{c_{K^+}^{I}} = \frac{c_{H^+}^{II}}{c_{H^+}^{I}} = \frac{c_{Cl^-}^{I}}{c_{Cl^-}^{II}} . \tag{2.138}
$$

Mit den Neutralitätsbedingungen

$$
c_{R^-}^{II} + c_{Cl^-}^{II} = c_{K^+}^{II} + c_{H^+}^{II} \tag{2.139}
$$

und

$$
c_{Cl^-}^{I} = c_{K^+}^{I} + c_{H^+}^{II} \tag{2.140}
$$

erhält man für $c_{Cl^-}^{II}$ den Ausdruck

$$
c_{Cl^-}^{II} = -\frac{c_{R^-}^{II} - c_{H^+}^{II}}{2}
$$

$$
+ \sqrt{\left(\frac{c_{R^-}^{II} - c_{H^+}^{II}}{2}\right)^2 + c_{Cl^-}^{I}(c_{Cl^-}^{I} - c_{H^+}^{I})} . \tag{2.141}
$$

In der Praxis kommt es oft vor, daß die Festionenkonzentration wesentlich größer als die Anfangskonzentration $c_{HCl}$ in der Außenlösung I ist.

Dann kann der zweiten Term in der Quadratwurzel in Gl. (2.141) vernachlässigt werden, und man erhält für sehr kleine Anfangskonzentrationen an HCl das Ergebnis $c_{Cl^-}^{II} \simeq 0$. Für diesen Fall gilt also $c_{Cl}^{I} \gg c_{Cl^-}^{II}$ und nach Gl. (2.138) auch $c_{H^+}^{II} \gg c_{H^+}^{I}$. Das bedeutet, daß die $H^+$-Ionen weitgehend aus der Außenphase verdrängt und durch die Gegenionen $K^+$ des Austauschers ersetzt worden sind. Zur Vervollständigung des Austauscheffektes kann man die Gleichgewichtslösung mehrfach mit frischem Austauscher umsetzen. Der gleiche Effekt wird erzielt, wenn man die Lösung durch eine Austauschersäule laufen läßt. Für den hier behandelten Fall, daß die Festionenkonzentration wesentlich größer als die Ionenkonzentration in der Außenphase ist, ergibt sich nach Gl. (2.141) bzw. nach der analogen Beziehung für ein Anionen-Austauschgleichgewicht, daß Kationenaustauscher praktisch nur für Kationen, Anionenaustauscher nur für Anionen durchlässig sind. Eine aus einem Kationenaustauscher hergestellte Membran stellt also eine kationenselektive Membran dar. Trennt eine Ionenaustauschermembran zwei Lösungen desselben Salzes von verschiedener Konzentration, so kann das Salz nicht durch die Membran hindurchdiffundieren, da wegen der Elektroneutralitätsbedingung beide Ionen gleichzeitig diffundieren müßten. Ein Konzentrationsausgleich kann deshalb nur durch Permeation des Lösungsmittels erreicht werden.

In einfachen Fällen, in denen die Annahme gleicher Aktivitätskoeffizienten für beide Phasen gerechtfertigt ist, entspricht die experimentell ermittelte Verteilung der austauschfähigen Ionen dem durch Gl. (2.138) beschriebenen Verteilungsgesetz. Dann ist der *Selektivitätskoeffizient*

$$
\underline{D} = \frac{c_{K^+}^{I}/c_{H^+}^{I}}{c_{K^+}^{II}/c_{H^+}^{II}} \tag{2.142}
$$

gleich 1. Trägt man den relativen Anteil eines der beiden auszutauschenden Ionen in der Außenphase gegen den entsprechenden Anteil in der Innenphase auf, so erhält man für $\underline{D} = 1$ eine Gerade, wie sie in Abb. 2.30 für den Austausch von $H^+$-Ionen gegen $Na^+$-Ionen an einem Silberjodid-Sol wiedergegeben ist. In den meisten Fällen ergeben sich jedoch signifikante Abweichungen des $\underline{D}$-Wertes von 1. Der Austauscher verhält sich

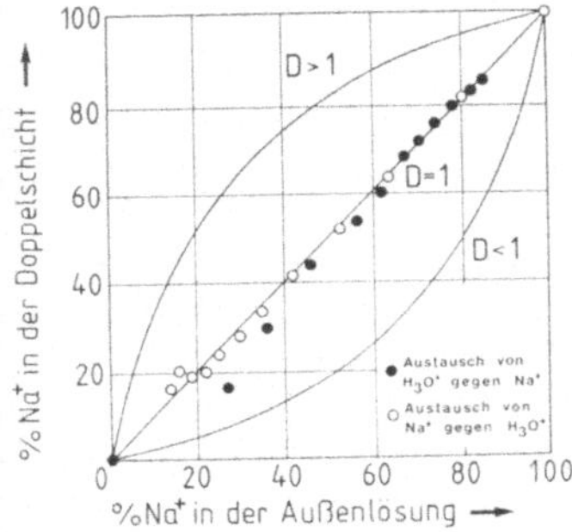

**Abb. 2.30** Austauschdiagramm für den Austausch von $Na^+$ gegen $H^+$ in der Doppelschicht eines AgJ–Soles

also in der Regel gegenüber bestimmten Ionenarten selektiv. Deshalb kann man mit Ionenaustauschern Trennungen verschiedener Ionen durchführen.

Die Selektivität der Ionenaustauscher hat verschiedene Ursachen. Mehrwertige Ionen werden bevorzugt in die elektrochemische Doppelschicht der Phasengrenze aufgenommen. Ionenaustauscher zeigen aber auch gegenüber Ionen gleicher Ladung oft eine spezifische Selektivität. Dabei kommen zusätzliche spezifische Adsorptionskräfte zur Wirkung. So werden z. B. Schwermetall-Ionen von Harzen mit Chelat-bildenden Gruppen besonders stark festgehalten, und schwach saure Austauscher mit Carboxylgruppen sind hochselektiv für $H^+$-Ionen. Die Selektivität wird auch durch zahlreiche andere Faktoren (Porengröße, Quellung, Lösungsmittelzusammensetzung, Vernetzungsgrad usw.) beeinflußt.

Ionenaustauschprozesse sind auch für Anwendungen in der Therapie wichtig geworden, da eine perorale Gabe geeigneter Harze zu einem Salzentzug im Magendarmkanal führen kann. Auf diese Weise wird z.B. die Ausschwemmung der NaCl-haltigen Ödemflüssigkeit aus dem Körper gefördert. Austauscher eignen sich auch zur Aufhebung der Blutgerinnung in vitro durch Bindung von $Ca^{2+}$-Ionen und zur Bindung der Magensalzsäure bei Hyperacidität. Andere Ionenaustauscher vermindern durch $K^+$-Ionen-Aufnahme die bei Nebennierenrindeninsuffizienz in den Körpersäften bestehende erhöhte $K^+$-Ionen-Konzentration.

## 2.3.5 Grenzflächenkräfte und Adsorption

Biologische Systeme sind in der Regel heterogene Systeme. In heterogenen Systemen werden die einzelnen Phasen durch Grenzflächen voneinander geschieden. Grenzflächen sind in vivo gegeben an der Haut, den Bindegewebshüllen, den Kapillarmembranen, den Zellgrenzschichten, den Kernoberflächen, den Mitochondrien, den Chromosomen und an jeder sichtbaren und auch nicht mehr sichtbaren Struktur in der Morphologie der lebenden Organismen. Die lebende Zelle muß vom Standpunkt der Phasenlehre aus als ein mikroheterogenes System aufgefaßt werden. Die Vorgänge an den Grenzflächen zweier Phasen sind ausschlaggebend für eine sehr große Zahl biophysikalischer Mechanismen.

In einfachen Mehrphasensystemen sind die Stoffmengen im Innern der einzelnen Phasen so groß, daß die Substanzmenge an der Phasengrenze nur einen vernachlässigbaren Bruchteil der Gesamtstoffmenge darstellt. Wenn jedoch die Grenzfläche einer Phase durch feine Zerteilung oder Deformation stark vergrößert ist, machen sich die abweichenden Eigenschaften der Grenzfläche in charakteristischer Weise bemerkbar. Vor allem in biologischen Systemen findet man sehr oft die Ausbildung deformierter flächenhafter Membranstrukturen.

Das einfachste Grenzflächensystem ist die Grenzfläche einer reinen Flüssigkeit gegen Luft bzw. gegen den eigenen Dampf. Ein Flüssigkeitstropfen hat das Bestreben, eine minimale Oberfläche aufrechtzuerhalten. Der Zusammenhalt einer Phase wird durch die zwischenmolekularen Attraktionskräfte bewirkt (vgl. Abb. 2.31). In der Flüssigkeitsoberfläche haben die Molekeln weni-

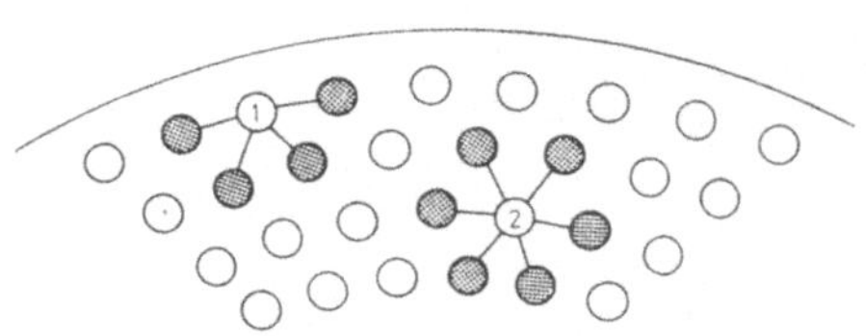

**Abb. 2.31** Nachbarschaftsanordnung der Molekeln in der Oberflächenzone einer kondensierten Phase

ger nächste Nachbarn als im Innern der Flüssigkeit. Deshalb ist ein Zustand mit kleiner Oberfläche energetisch günstiger als ein Zustand mit großer Oberfläche.

Die phänomenologische Definition der *Oberflächenspannung* ergibt sich aus der Betrachtung der in Abb. 2.32 skizzierten primitiven Meßanordnung. Die durch einen Drahtrahmen mit verschiebbarer Unterseite fixierte Seifenlamelle muß durch eine äußere Kraft K im mechanischen Gleichgewicht gehalten werden, weil sie sich ohne Einwirkung dieser Kraft spontan zusammenziehen würde. Die Kraft greift an der verschiebbaren Rahmenseite an.

Die Bezeichnung der Abmessungen der Lamelle geht aus der Abbildung hervor. Die Oberfläche der Lamelle ist

$$A = 2\, lx \; . \tag{2.143}$$

Damit ist die bei einer Verschiebung der beweglichen Seite um dx zu leistende Arbeit durch

$$dw = Kdx = \frac{K}{2l} dA = \gamma dA \tag{2.144}$$

gegeben. Der Proportionalitätsfaktor $\gamma$ ist die Oberflächenspannung mit der Dimension $Nm^{-1}$ oder auch $Jm^{-2}$. In der älteren Literatur finden sich zahlreiche Angaben für $\gamma$ mit der Dimension dyn $cm^{-1}$ (1 dyn $cm^{-1} = 10^{-3}\,Nm^{-1}$). Es gibt verschiedene experimentelle Methoden zur Bestimmung der Oberflächenspannung, auf deren Beschreibung hier verzichtet werden muß. Wasser hat bei 20 °C eine Oberflächenspannung von $0,07275\,Nm^{-1}$.

Die Grenzflächenspannung zwischen zwei kondensierten Phasen ist nicht direkt meßbar; sie ist aber bestimmend für einige wichtige Eigenschaften des wechselseitigen Verhaltens beider Phasen. So wird z.B. die Benetzbarkeit fester Stoffe durch die Grenzflächenspannung fest/flüssig bestimmt. Eine Benetzung kommt zustande, wenn die Molekeln beider Stoffe Kräfte aufeinander ausüben, die von gleicher Größe oder stärker als die zwischenmolekularen Kräfte in den getrennten Phasen sind. Bei vollständiger Benetzung breitet sich eine Flüssigkeitsschicht über den ganzen festen Körper aus, während sie sich bei geringer oder vollständiger Benetzung weitgehend von der Unterlage abhebt. Auch bei nicht mischbaren Flüssigkeiten, zwischen denen nur geringe Adhäsionskräfte bestehen, kommt es zur Tropfenbildung. Gibt man z.B. einen kleinen Tropfen flüssigen Paraffins auf Wasser, dann breitet er sich nicht auf der Wasseroberfläche aus, sondern bleibt als linsenförmiger Körper auf dem Wasser liegen.

Betrachtet man einen Flüssigkeitstropfen auf einer festen Oberfläche, so hat man die Grenzflächen zwischen drei Phasen (fest (S), flüssig (L), gasförmig (V)) zu berücksichtigen. Es ist zweckmäßig, den Aggregatzustand der sich berührenden Phasen durch Indizes zu kennzeichnen. Dementsprechend bezeichnet man die Grenzflächenspannungen in dem betrachteten Dreiphasensystem mit $\gamma_{SV}$, $\gamma_{LV}$ und $\gamma_{SL}$. In dem in Abb. 2.33 skizzierten System existieren Bereiche, in denen alle drei Phasen einander berühren.

Die ebene Festkörperoberfläche bildet mit der Tangente am Tropfenrand den Kontaktwinkel (Randwinkel) $\theta$. Die zwischen den drei Phasen wirkenden Grenzflächenspannungen üben Kräfte

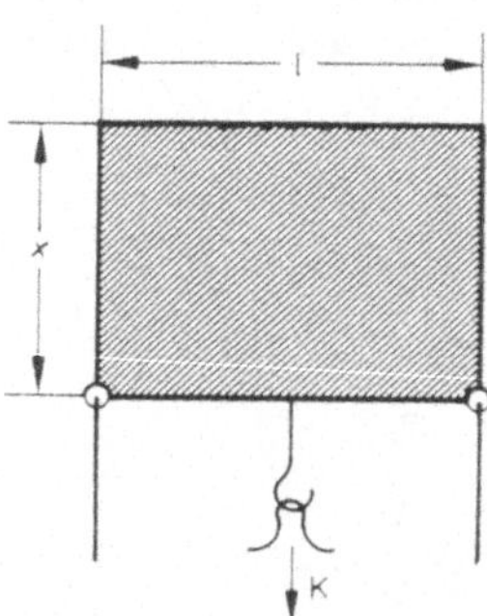



**Abb. 2.32** Seifenlamelle in einem Drahtrahmen mit verschiebbarer Seite

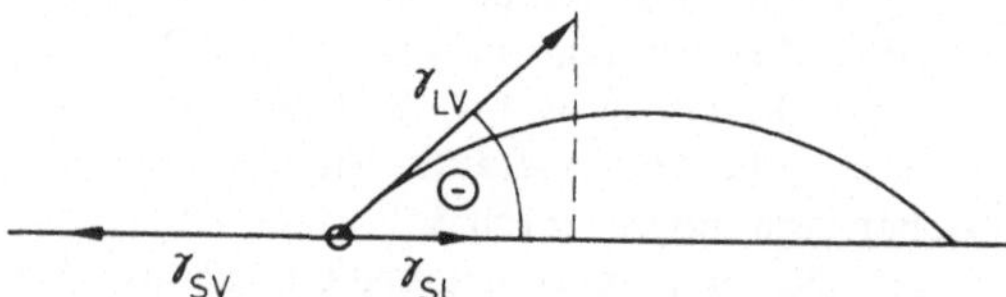



**Abb. 2.33** Kontaktwinkel $\theta$ eines Flüssigkeitstropfens auf einer ebenen festen Oberfläche

aus, die als Vektoren in Abb. 2.33 eingezeichnet sind. Für die Bilanz der Kraftkomponenten in horizontaler Richtung ergibt sich damit unmittelbar die Beziehung von Young (1805)

$$\gamma_{SV} = \gamma_{SL} + \gamma_{LV} \cos\theta \ . \tag{2.145}$$

Dabei ist vorausgesetzt, daß die Kraftkomponente in vertikaler Richtung von dem praktisch nicht deformierbaren Festkörper aufgenommen wird. Die Grenzflächenspannung $\gamma_{SL}$ erweist sich allerdings oft als abhängig vom Kontaktwinkel $\theta$ und von den Grenzflächenspannungen $\gamma_{SV}$ und $\gamma_{LV}$, so daß diese Abhängigkeit in Form einer Zustandsgleichung

$$\gamma_{SL} = f(\gamma_{SV}, \gamma_{LV}, \theta) \tag{2.146}$$

berücksichtigt werden muß. Die Youngsche Beziehung (2.145) ermöglicht in Kombination mit der Zustandsgl. (2.146) die Ermittlung von $\gamma_{SL}$ und $\gamma_{SV}$ aus Meßwerten von $\gamma_{LV}$ und $\theta$. Bei der Berührung von zwei nicht mischbaren Flüssigkeiten $L'$ und $L''$ können zwei Kontaktwinkel auftreten, deren Bezeichnung ebenso wie die Bezeichnung der Grenzflächenspannungen aus der Abb. 2.34 ersichtlich ist.

Für einen auf einer Wasseroberfläche schwimmenden linsenförmigen Öltropfen ergibt das Gleichgewicht der am Randelement des Tropfens angreifenden horizontalen Kraftkomponenten die Beziehung

$$\gamma_{L'V} = \gamma_{L''V} \cos\theta_V + \gamma_{L'L''} \cos\theta_L. \tag{2.147}$$

Für das Gleichgewicht der am Randelement angreifenden vertikalen Kraftkomponenten erhält man die Beziehung

$$\gamma_{L''V} \sin\theta_V = \gamma_{L'L''} \sin\theta_L \ . \tag{2.148}$$

Bei Spreitung der Flüssigkeit $L''$ auf der Oberfläche der Flüssigkeit ist $\gamma_{L'V} \gg \gamma_{L'L''} + \gamma_{L''V}$. Dann werden beide Kontaktwinkel gleich Null.

Einige mit Differenzmethoden ermittelte Werte der Grenzflächenspannungen zweier Flüssigkeiten sind in der Tabelle 2.6 zusammengestellt.

In Kapillaren bilden Flüssigkeiten gekrümmte Oberflächen aus. Wenn die Flüssigkeit die Kapillarwand benetzt, steigt sie in der Kapillare bis zur Einstellung einer Gleichgewichtshöhe auf und bildet eine gekrümmte Oberfläche (Meniskus) mit dem Krümmungsradius R aus (vgl. Abb. 2.35).

Wenn die Meniskusoberfläche annähernd der Fläche $2\pi R^2$ entspricht, leistet eine Druckdifferenz $\Delta p$ bei einer Raumdehnung um $dv = 2\pi R^2 dR$ die Arbeit

$$\Delta p \, dv = \Delta p \, 2\pi R^2 \, dR \ . \tag{2.149}$$

Die Schaffung der neuen Oberfläche $dA = 4\pi R \, dR$ erfordert die Arbeit

$$\gamma \, dA = 4\pi\gamma R \, dR \ . \tag{2.150}$$

Gleichsetzen beider Arbeitsbeträge ergibt

$$\Delta p = \frac{2\gamma}{R} \ . \tag{2.151}$$

**Tabelle 2.6** Grenzflächenspannungen zwischen verschiedenen nicht mischbaren Flüssigkeiten bei 20 °C

| Flüssigkeiten | $\gamma$ [mNm$^{-1}$] |
|---|---|
| n-Butanol | 1,8 |
| n-Oktanol/$H_2O$ | 8,0 |
| Diäthyläther/$H_2O$ | 10,7 |
| n-Hexan/$H_2O$ | 31,1 |
| Benzol/$H_2O$ | 35,0 |
| Tetrachlorkohlenstoff/$H_2O$ | 45,0 |
| n-Heptan/$H_2O$ | 50,2 |

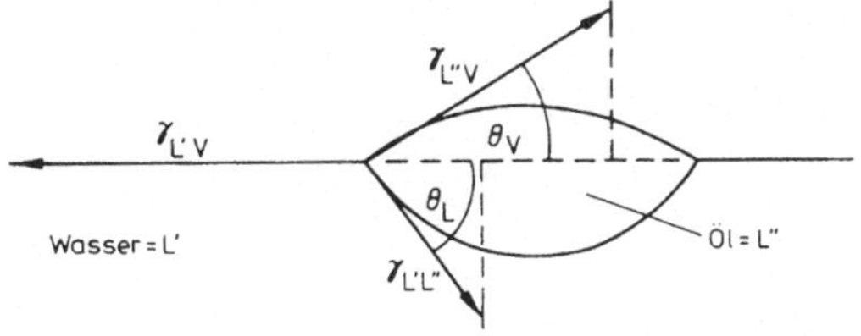


**Abb. 2.34** Kontaktwinkel und Grenzflächenspannungen an einem linsenförmigen Öltropfen auf einer Wasseroberfläche

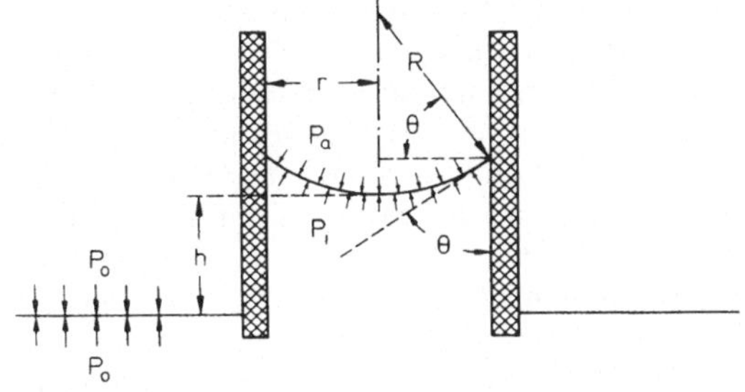


**Abb. 2.35** Kapillaranstieg einer benetzenden Flüssigkeit

Beim Kapillaranstieg einer benetzenden Flüssigkeit ist $\Delta p$ bei Vernachlässigung kleiner Korrekturen durch die hydrostatische Druckdifferenz $g\rho h$ gegeben, wobei mit g die Erdbeschleunigung und mit $\rho$ die Dichte der Flüssigkeit bezeichnet ist. Nach Abb. 2.35 berechnet sich der Krümmungsradius R aus dem Kapillarradius r zu $R = r/\cos\theta$. Damit nimmt Gl. (2.151) die Form

$$g\rho h = \frac{2\gamma\cos\theta}{r}$$

bzw.

$$\gamma = \frac{g\rho r h}{2\cos\theta} \qquad (2.152)$$

an. Bei maximaler Benetzbarkeit ist $\theta = 0$ und die maximale Steighöhe $h_{max} = 2\gamma/g\rho r$.

Wasser steigt in einer Glaskapillare von 1 mm Durchmesser 28 mm hoch. Kapillarwirkungen spielen bei vielen biologischen Effekten eine wesentliche Rolle. Als wichtigstes Beispiel sei hier der im Abschn. 2.2.1 kurz erwähnte Wassertransport im pflanzlichen Xylem genannt. Auch die Möglichkeit zur Füllung von Mikrokapillaren für elektrophysiologische Messungen beruht auf Kapillarwirkungen. In biologischen Systemen grenzen niemals reine Phasen aneinander. Die Grenzschicht enthält stets gelöste Stoffe; sie stellt also ein Mischphasensystem dar. Im Abschn. 5.2.2 wird eine thermodynamische Definition der Grenzflächenspannung $\gamma$ gegeben und gezeigt, daß

$$\gamma\,dA = dg_S \qquad (2.153)$$

das der differentiellen Oberflächenarbeit entsprechende Differential der freien Oberflächenenthalpie darstellt. Die freie Oberflächenenthalpie $g_S$ kann also entweder durch Abnahme der Oberfläche bei gleicher Grenzflächenspannung oder durch Verminderung der Grenzflächenspannung bei unveränderter Oberfläche verringert werden. Bei reinen Phasen kommt eine Veränderung von $\gamma$ nicht in Betracht. Bei einem Mischphasensystem kann aber eine Verkleinerung der Grenzflächenspannung bei gleicher Oberflächengröße dadurch erreicht werden, daß bestimmte Stoffe aus dem Innern einer Lösung in eine Grenzschicht eintreten. Diese Stoffe werden als *kapillaraktive*

Substanzen bezeichnet. Die Anreicherung einer kapillaraktiven Substanz in der Grenzfläche bedeutet, daß der Differentialquotient $d\gamma/dc$ in diesem Falle ein negatives Vorzeichen annimmt, wobei mit c die Konzentration der kapillaraktiven Substanz in der Lösung bezeichnet ist. Im Abschn. 5.2.2 wird weiter gezeigt, daß die Oberflächenkonzentration $\Gamma = n/A$ mit $d\gamma/dc$ durch die Gibbssche Beziehung

$$\Gamma = -\frac{c}{RT}\frac{d\gamma}{dc} \qquad (2.154)$$

verknüpft ist. Man bezeichnet die der Erniedrigung von $\gamma$ zugrunde liegende Anreicherung der kapillaraktiven Substanz in der Oberfläche als *Adsorption*. Auch die Anlagerung von Molekeln aus einer Gasphase an eine feste Oberfläche ist ein Adsorptionsprozeß.

In den für Wasser kapillaraktiven Substanzen ist in der Regel eine polare Molekülgruppe mit einer unpolaren Molekülgruppe verknüpft (vgl. Abb. 2.36). Die polaren Gruppen nennt man hydrophil, weil sie gut hydratisierbar sind. Die unpolaren Gruppen werden wegen ihrer wasserabstoßenden Wirkung als hydrophobe (lipophile) Gruppen bezeichnet. Typische Vertreter dieser Klasse von *amphiphilen* Verbindungen sind langkettige Fettsäuren oder Alkohole. Diese Verbindungen sind infolge der hydrophoben Wirkung der Kohlenwasserstoffkette in Wasser nur sehr wenig löslich. Sie bilden nur eine monomolekulare Schicht an der Grenzfläche Lösung/Gasraum

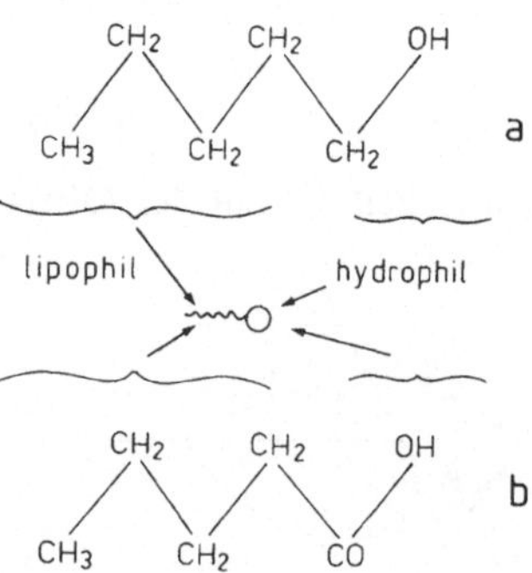



**Abb. 2.36** Hydrophober und hydrophiler Anteil von aliphatischen Alkoholen und Carbonsäuren. **a** Praktisch wasserunlöslich; **b** schwerlöslich

aus. Zu dieser Stoffklasse zählen auch die im Abschn. 3.1.1 beschriebenen Phospholipide, die ein Hauptbestandteil der biologischen Membranen sind.

Nur sehr wenige Stoffe, z.B. Neutralsalze, steigern die Oberflächenspannung von Wasser. Bei diesen Stoffen tritt das Phänomen einer „negativen Adsorption" auf; ihre Konzentration ist im Innern der Lösung höher als in der Grenzschicht.

Die Differenz

$$\pi = \gamma_0 - \gamma \qquad (2.155)$$

zwischen der Oberflächenspannung $\gamma_0$ des reinen Wassers und der Oberflächenspannung $\gamma$ des Mischsystems nennt man den *Spreitungsdruck*, weil sich die in die Oberfläche eingelagerten amphiphilen Moleküle gegenseitig abstoßen und sich dabei über die gesamte verfügbare Oberfläche ausbreiten. Der Spreitungsdruck $\pi$ kann mit der in Abb. 2.37 skizzierten Langmuirschen Waage direkt gemessen werden.

In der skizzierten Anordnung trennt eine Barriere B eine reine Wasseroberfläche von der Oberfläche eines wäßrigen Mischsystems mit kapillaraktiver Substanz. Zur Abgrenzung der Lösung gegen das reine Lösungsmittel ist eine flexible Gummimembran faltenreich in den Trog eingeklebt. Mit einer Waage wird die Kraft K gemessen, mit der die Barriere B zur Konstanthaltung der Lösungsoberfläche im Gleichgewicht gehalten werden muß. Wenn 1 die Länge der Barriere ist, gilt die einfache Beziehung $\pi = K/l$. Zur Erinnerung an die meßtechnische Entwick-

lung (Pockels, 1891; Langmuir, 1917; Adam, 1926; Wilson u. McBain, 1936) wird der Langmuir-Trog oft auch als Plawm-Trog bezeichnet. Einige Messungen des Spreitungsdruckes von Lipiden sind im Abschn. 3.1.2 beschrieben.

Die quantitative Beziehung zwischen der Konzentration eines Stoffes in der Lösung und der adsorbierten Stoffmenge wird durch die *Adsorptionsisothermen* dargestellt. Diese Adsorptionsisothermen haben den Erfahrungstatsachen Rechnung zu tragen, daß die Grenzflächenkonzentration $\Gamma$ im Bereich kleiner Lösungskonzentrationen sehr viel stärker als bei höheren Konzentrationen anwächst, und daß sie einen bestimmten Grenzwert der Adsorptionssättigung erreicht. Dieses Systemverhalten wird durch die im Abschn. 5.2.2 hergeleitete Langmuirsche Adsorptionsisotherme

$$\Gamma = \Gamma_\infty \frac{Kc}{1 + Kc} \qquad (2.156)$$

mit der Gleichgewichtskonstante K und der Sättigungs-Grenzflächenkonzentration $\Gamma_\infty$ richtig beschrieben, denn bei kleineren Werten von c wächst $\Gamma$ linear mit c an, und bei hohen Werten von c erhält man das Ergebnis $\Gamma \simeq \Gamma_\infty$. Quantitative Beziehungen vom Typ der Gl. (2.156) sind nicht nur für die Beschreibung von Adsorptionsgleichgewichten wichtig. Analoge Beziehungen gelten auch für die quantitative Beschreibung des Gleichgewichtes der Bindung kleiner Liganden an Biopolymere (Abschn. 4.2.6) und für die formalkinetische Charakterisierung von Enzymreaktionen (Abschn. 5.3.2). Weitere Hinweise zur Thermodynamik der Grenzflächenerscheinungen finden sich im Abschn. 5.2.2.

Aus dem Kurvenverlauf im Konzentrationsdiagramm (vgl. Abb. 2.38) kann man leicht entnehmen, ob es sich bei dem betrachteten Prozeß um eine Adsorption handelt, oder ob ein anderer Vorgang, z.B. eine Verteilung nach dem Nernstschen Verteilungssatz Gl. (2.102) in Frage kommt. Die Kurve a in Abb. 2.38 entspricht der Langmuirschen Adsorptionsisotherme, die Gerade b dem Nernstschen Verteilungssatz. Abweichungen von einer linearen Beziehung im Konzentrationsdiagramm können allerdings auch bei einer Verteilung eines gelösten Stoffes zwischen zwei

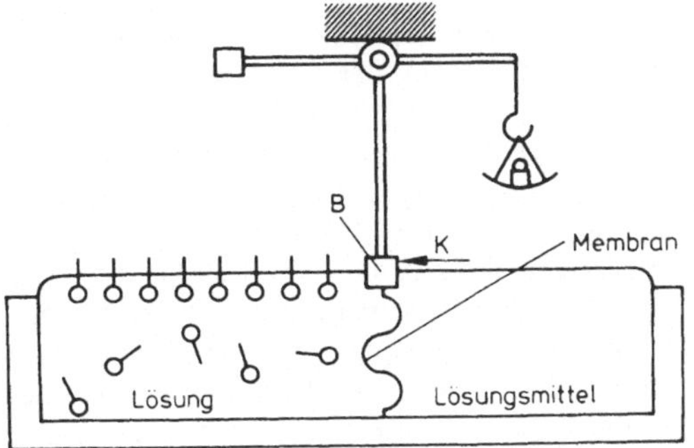


**Abb. 2.37** Langmuir-Waage zur Messung des Spreitungsdruckes einer oberflächenaktiven Substanz

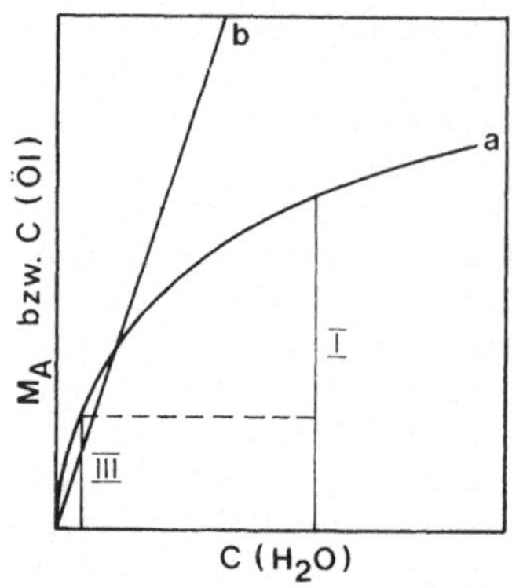



**Abb. 2.38** Adsorption und Verteilung. *a* Adsorptionsisotherme nach Langmuir; *b* Nernstsche Verteilung zwischen zwei Lösungsmitteln

Lösungsmitteln auftreten, wenn die gelösten Molekeln in einem der beiden Lösungsmittel Assoziate bilden (vgl. Gl. (5.99)) im Abschn. 5.2.1).

Im allgemeinen bleibt die Grenzflächenspannung $\gamma$ auch für Lösungen kapillaraktiver Substanzen groß genug, um die Kohärenz der Lösungsphase durch Ausbildung einer minimalen Oberfläche zu gewährleisten. Wenn aber $\pi = \gamma$ ist, führen schon kleine Störungen des Systems zu Ausstülpungen der Oberfläche. Das System neigt dann zur Bildung einer Emulsion. Dieses Verhalten bestimmter Systeme hat nicht nur große technische Bedeutung. Auch die biologischen Membranen sind großenteils durch eine sehr kleine Grenzflächenspannung ausgezeichnet; sie können daher Invaginationen mit wichtigen Funktionen ausbilden.

### 2.3.6 Biologisch wichtige Grenzflächenreaktionen; Modellversuche

Ein wichtiger Teilprozeß von Regulationsvorgängen an biologischen Membranen ist die Bindung von Liganden an die Membran oder die Dissoziation eines gebunden Liganden von der Membran. Beispiele hierfür sind die Bindung von Hormonen an die Membran oder die Einlagerung von Anästhetika in die Membran. Die Frage, ob und inwieweit Veränderungen der Grenzflächenspannung durch eingelagerte Anästhetika für die Narkosewirkung eine Rolle spielen, konnte

bis jetzt noch nicht eindeutig beantwortet werden. Es ist jedoch bemerkenswert, daß die meisten Narkotika lipidlöslich sind und daß die narkotischen Grenzkonzentrationen in homologen Reihen der Traubeschen Regel entsprechen. Die Traubesche Regel besagt, daß die Glieder von homologen Reihen organischer Verbindungen die Oberflächenspannung des Wassers um so stärker erniedrigen, je mehr C-Atome die Substanz enthält. Veränderungen der Grenzflächenspannung sollten eine Änderung der Membraneigenschaften und damit auch eine Beeinflussung der Transportvorgänge zur Folge haben. Grundsätzlich sind verschiedene Reaktionsmodelle denkbar, mit denen eine unterschiedliche Beeinflussung der Grenzflächenspannung durch eingelagerte Narkotika erklärt werden kann. Die Vorgänge an den Membranen, welche sicher einen wesentlichen Angriffspunkt der Narkotika darstellen, haben sich jedoch bei genauerer Untersuchung als sehr komplexe Prozesse erwiesen. Die strukturelle Verschiedenheit der Substanzen, die eine Weiterleitung von Nervenimpulsen blockieren, ist so groß, daß man ihre Wirkungsweise nicht mit einem allgemein gültigen mechanistischen Funktionsmodell erklären kann. Unspezifische Anästhetika blockieren aufgrund ihrer Lipidlöslichkeit in Neuronmembranen an allen zugänglichen Positionen. Dagegen hemmen spezifische Anästhetika die Impulsleitung an definierten Orten des Nervensystems, an denen ihre Struktur von spezifischen Rezeptoren erkannt wird. Dabei kann entweder eine direkte Blockierung von Ionenkanälen durch Bindung an Membranproteine (Abb. 2.39a) oder eine Wechselwirkung mit der im Abschn. 3.3 beschriebenen Lipidmatrix (Abb. 2.39b) die Hemmung der Impulsleitung verursachen.

Die blockierende Wirkung einer Substanz hängt von ihrer Löslichkeit in der Axonmembran ab. Eine notwendige Voraussetzung für diese Wirksamkeit ist, daß die Anästhetika (z.B. gasförmige Substanzen) überhaupt von der Körperflüssigkeit aufgenommen und an den Nerv transportiert werden. Die anästhetisch wirksamen Substanzen müssen also auch in Wasser löslich sein, und dem Verteilungskoeffizienten für die Verteilung zwischen Plasma und Membran

**Abb. 2.39 a** Blockierung eines Ionenkanals; **b** Wechselwirkung mit der Lipidmatrix einer Nervenaxon-Membran

kommt letztlich eine entscheidende Bedeutung für das Ausmaß der anästhetisierenden Wirkung zu. Auch die Molekülgröße ist wichtig. Große Moleküle (z.B. Chlorpromazin) blockieren bereits bei relativ niedriger Konzentration. Kleinere Moleküle (z.B. Ethanol) kommen erst bei höheren Konzentrationen zur Wirkung. Lokalanästhetika erhöhen die Fluidität von Lipidmembranen (vgl. Abschn. 3). Dabei kommt es zu einer lateralen Expansion der Membran, die eine blockierende Veränderung der Ionenkanäle zur Folge haben kann. Es ist bekannt, daß Lokalanästhetika selektiv die $Na^+$-Permeabilität von Nervenmembranen vermindern. Häufig werden Ionenkanal-Proteine durch eine Ringzone von gelartig-kristallinem Lipid (vgl. Abschn. 3.3) in einer funktionsfähigen Konformation stabilisiert. Es ist vorstellbar, daß diese Protein-Konformation zusammenbricht, wenn die Fluidität der Lipid-Randzone („Kragen") durch die Einlagerung der Droge erhöht wird.

Daß Lokalanästhetika nicht nur in die Lipidmatrix der Membran eindringen, sondern auch mit den Membranproteinen in direkte Wechselwirkung treten, läßt sich mit aus der Membran extrahierten Enzymen (z.B. ATPase) zeigen. Diese Enzyme können auch im extrahierten Zustand durch Anästhetika in ihrer Aktivität beeinflußt werden. Sicher ist, daß Proteine und Lipide für die anästhetisierende Wirkung zahlreicher Substanzen verantwortlich sind. Einige dieser Substanzen können auch den Bindungszustand membrangebundener Calcium-Ionen verändern. Da $Ca^{2+}$-Ionen die Reizschwelle der Nerven- und Muskelmembranen beeinflussen, muß man auch diesen Effekt bei der Diskussion der Wirkungsweise von Anästhetika berücksichtigen. Calcium-Ionen werden durch die tertiären Amine Procain, Novocain und Chlorpromazin verdrängt, während Barbiturate und einige elektrisch neutrale Anästhetika den Membranbindungsgrad der $Ca^{2+}$-Ionen erhöhen.

# 3 Die Selbstorganisation molekularer Aggregate

## 3.1 Spreitung und Filmbildung

### 3.1.1 Molekulare Struktur und Eigenschaften amphiphiler Substanzen

Die im Zusammenhang mit dem Phänomen der Kapillaraktivität bereits im Abschn. 2.3.5 erwähnten amphiphilen Substanzen (vgl. Abb. 2.36) besitzen eine starke Tendenz, in wäßriger Umgebung geordnete Aggregate zu bilden. Fettsäure-Anionen bilden in Wasser schon bei relativ geringen Konzentrationen kugelförmige Aggregate (Mizellen) des in Abb. 3.1 skizzierten Typs.

In diesen Kugelmizellen sind die hydrophoben Kohlenwasserstoffketten in die innere Zone der Aggregatstruktur verdrängt, während die hydrophilen Carboxylgruppen im Kontakt mit dem Wasser stehen. Kugelmizellen können nur von amphiphilen Molekülen gebildet werden, deren hydrophobe Gruppen nur relativ wenig Platz beanspruchen, so daß eine kugelsymmetrische Anordnung der Kohlenwasserstoffketten im Zentrum der Mizellen ohne größere Veränderungen der Packungsdichte möglich ist (vgl. Abschn. 3.2.2). Die Mizellenbildung ist eine Folge der im Abschn. 1.2.4 beschriebenen hydrophoben

Wechselwirkung. Besonderes Interesse kommt dem Aggregationsverhalten von Phospholipid-Molekülen zu. Phospholipide sind wesentliche Strukturbestandteile der biologischen Membranen. Die Strukturformel eines typischen Phospholipids, des Dipalmitoylphosphatidylcholins ist in Abb. 3.2 dargestellt.

Bei den Phospholipiden überwiegt die hydrophobe Wirkung der Kohlenwasserstoffketten, so daß die Moleküle praktisch wasserunlöslich sind. Auf der Oberfläche einer wäßrigen Phase bilden die Phospholipid-Moleküle nur eine Monoschicht aus, wobei die Kohlenwasserstoffketten nicht in die wäßrige Phase eintreten. Wäßrige Suspensionen von Phospholipiden bilden in der Regel lamellare Strukturen mit einer bimolekularen Anordnung von Phospholipidmolekülen aus (vgl. Abb. 3.3).

Diese Doppelschicht bildet als Lipidmatrix ein wesentliches Strukturelement der Biomembranen (vgl. Abschn. 3.3).

Die Selbstorganisation molekularer Aggregate ist von großer Bedeutung für elementare Teilschritte der Morphogenese. Das Phänomen der spontanen Zusammensetzung komplizierter biologischer Strukturen aus vielen Makromolekülen wird auch in der deutschsprachigen Literatur als *Self-Assembly* bezeichnet. Der Self-Assembly-Prozess wird durch spezifische Bindungsplätze oder Kontaktzonen der aggregierenden Moleküle ermöglicht. Die Information zum Aufbau des Self-Assembly-Produktes ist also bereits in der Primärstruktur (vgl. Abschn. 4.2) der makromolekularen Strukturbildner enthalten. Da bei einfachen Self-Assembly-Prozessen keine zusätzlichen Steuerungsmechanismen benötigt werden, lassen sich diese Prozesse auch in vitro durch Anwendung geeigneter Meßverfahren quantitativ analysieren und charakterisieren. Dabei stellt die Bil-

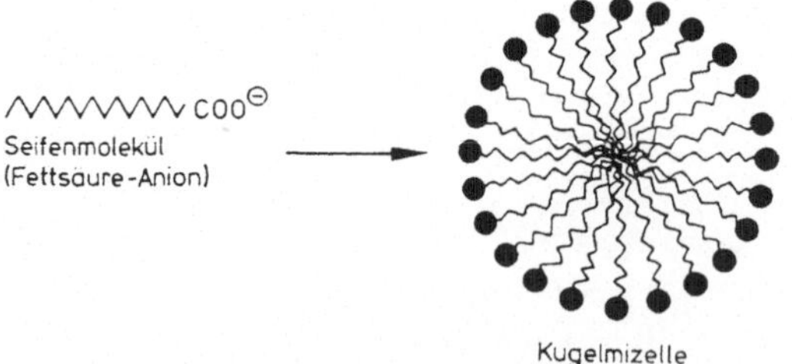



**Abb. 3.1** Aus Fettsäure-Anionen gebildete Kugelmizelle (schematisch)

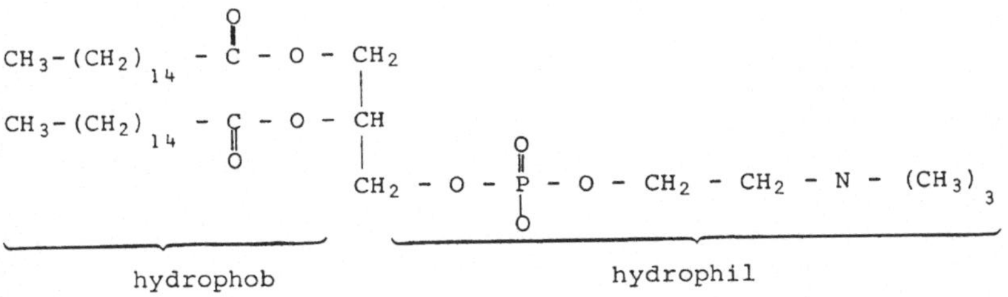

$$CH_3-(CH_2)_{14} - \overset{\overset{O}{\|}}{C} - O - CH_2$$

$$CH_3-(CH_2)_{14} - \underset{\underset{O}{\|}}{C} - O - CH$$

$$CH_2 - O - \overset{\overset{O}{\|}}{\underset{\underset{O}{\|}}{P}} - O - CH_2 - CH_2 - N - (CH_3)_3$$

hydrophob                    hydrophil

**Abb. 3.2** Strukturformel des Dipalmitoylphosphatidylcholins

dung von linear aufgebauten Strukturen einen theoretisch gut zu erfassenden Spezialfall eines Self-Assembly-Prozesses dar. Auf die Zusammenlagerung von zwei Monomeren A nach dem Schema

$$A + A \rightleftarrows A_2 \tag{3.1}$$

folgt die Bindung weiterer Monomerer an Aggregate $A_{i-1}$ gamäß

$$A_{i-1} + A \rightleftarrows A_i \, . \tag{3.2}$$

Wenn alle Gleichgewichtskonstanten

$$K = \frac{c_i}{c_1 \cdot c_{i-1}} \tag{3.3}$$

bekannt sind, ist eine vollständige thermodynamische Charakterisierung des Systems möglich. Für die Beschreibung der Gleichgewichtseigenschaften ist die Frage, ob sich die Produkte auf dem durch Gl. (3.2) vorgegebenen Reaktionsweg

oder auf einem anderen Reaktionsweg bilden, ohne Bedeutung. Der Reaktionsweg bestimmt jedoch die Kinetik des Gesamtprozesses. Zur Aufklärung der Aggregationsmechanismen müssen deshalb auch kinetische Untersuchungen durchgeführt werden.

Bezeichnet man die Konzentration der Monomeren wie in Gl. (3.3) mit $c_1$, so ergibt sich die Konzentration $c_i$ der Aggregate $A_i$ zu

$$c_i = c_1^i \prod_{j=2}^{i} K_j \quad (2 \leq i \leq n) \, . \tag{3.4}$$

Dabei gilt die Nebenbendingung

$$c_0 = \sum_{i=1}^{n} i c_i = c_1 + \sum_{i=2}^{n} i c_i \tag{3.5}$$

für die Erhaltung der Masse, wobei $c_0$ die totale Konzentration an den als Protomer-Einheiten bezeichneten gleichartigen aggregationsfähigen Untereinheiten darstellt. Die Einzelkonzentrationen $c_i$ können in der Regel nicht direkt bestimmt werden. Meßbar sind dagegen die Zahlenmittel

$$\langle i \rangle = \sum_{i=1}^{n} i c_i \Big/ \sum_{i=1}^{n} c_i \tag{3.6}$$

oder die Gewichtsmittel

$$\langle i \rangle_w = \sum_{i=1}^{n} i^2 c_i \Big/ \sum_{i=1}^{n} i c_i \, . \tag{3.7}$$

Das Zahlenmittel $\langle i \rangle$ kann durch Messung des osmotischen Druckes (vgl. Abschn. 1.2.6) bestimmt werden. Das Gewichtsmittel $\langle i \rangle_w$ läßt sich aus dem Gewichtsmittel der Molmasse $M_w$ und der Molmasse $M_1$ der Monomeren zu $\langle i \rangle_w = M_w/M_1$ berechnen. Die in Gl. (3.5) ein-

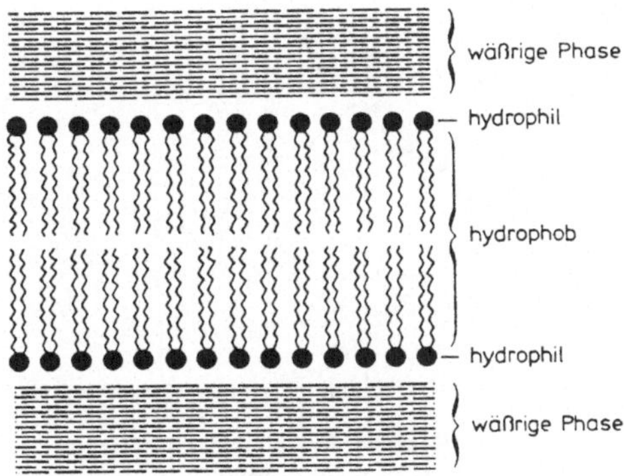


**Abb. 3.3** Phospholipid-Doppelschicht

zusetzende Summe $\sum_{i=2}^{n} ic_i$ kann oft mit spektroskopischen Methoden ermittelt werden, da sich die gebundenen Einheiten in ihren optischen Eigenschaften von den freien Monomereinheiten unterscheiden. In einfachen Fällen werden sich die Gleichgewichtskonstanten $K_i$ der durch Gl. (3.2) und Gl. (3.3) charakterisierten Wachstumsschritte nicht wesentlich unterscheiden. Nur den ersten Schritten, die zur Nukleation eines Aggregates führen, sind spezielle Werte der Gleichgewichtskonstanten zuzuordnen; denn bei hoher Kooperativität sind die Wachstumsschritte im Vergleich zu den Nukleationsschritten stark begünstigt. Damit ist der einfachste Modellansatz durch

$$K_2 = \sigma K \quad \text{(Nukleation)} \tag{3.8}$$

und

$$K_i = K \quad (i \geq 3, \text{ Wachstum}) \tag{3.9}$$

definiert. $\sigma$ ist der Kooperativparameter ($\sigma \ll 1$). Mit diesem Ansatz ergibt sich aus Gl. (3.4) die Beziehung

$$c_i = \sigma(K c_1)^{i-1} c_1 . \tag{3.10}$$

Setzt man diesen Ausdruck für $c_i$ in die mit $K$ multiplizierte Gl. (3.5) ein, so erhält man mit $Kc_0 = s$ und mit $Kc_1 = x$ die Gleichung

$$s = x\left(1 + \sigma \sum_{i=2}^{n} ix^{i-1}\right) . \tag{3.11}$$

Die Summe konvergiert für $n \to \infty$ mit $0 \leq x \leq 1$. Die Konzentration $c_1$ muß also immer kleiner als die *kritische* Konzentration $c_{\text{krit}} = 1/K$ bleiben. Durch Multiplikation mit $(1 - x)$ läßt sich der Ausdruck $\sum_{i=2}^{\infty} ix^{i-1}$ für $n \to \infty$ zu

$$(1 - x) \sum_{i=2}^{\infty} ix^{i-1} = x - 1 + \sum_{j=0}^{\infty} x^j$$ umformen. Mit der Summenformel für die unendliche geometrische Reihe $\sum_{j=0}^{\infty} q^j = \dfrac{1}{1 - q}$ erhält man daraus die Beziehung

$$(1 - x) \sum_{i=2}^{\infty} ix^{i-1} = x - 1 - \frac{1}{1 - x} \tag{3.12}$$

bzw.

$$\sum_{i=2}^{\infty} ix^{i-1} = x \frac{2 - x}{(1 - x)^2} . \tag{3.13}$$

Damit nimmt Gl. (3.11) die einfache Form

$$s = x\left(1 + \sigma x \frac{2 - x}{(1 - x)^2}\right) \tag{3.14}$$

an. Für das durch Gl. (3.6) definierte Zahlenmittel $\langle i \rangle$ erhält man entsprechend

$$\langle i \rangle = \frac{s}{x\left(1 + \dfrac{\sigma x}{1 - x}\right)} . \tag{3.15}$$

Auch das Gewichtsmittel $\langle i \rangle_w$ (vgl. Gl. (3.7)) läßt sich als Funktion von $x$ und $s$ darstellen. Der durch Gl. (3.14) festgelegte Zusammenhang zwischen $x$ und $s$ ist in Abb. 3.4 für drei verschiedene Werte des Kooperativparameters graphisch dargestellt. In dieser Darstellung entspricht der Wert $s = 1$ der kritischen Konzentration $c_{\text{krit}} = 1/K$. Unterhalb von $c_{\text{krit}}$ nimmt $x$ bzw. $c_1$ mit $c_0$ zu. Oberhalb von $c_{\text{krit}}$ bleibt $c_1$ weitgehend konstant, wobei der Wert $1/K$ nur wenig unterschritten wird. Dieser Kurvenverlauf ist um so ausgeprägter, je kleiner der $\sigma$-Wert ist. Ein Beispiel für ein System sehr hoher Kooperativität bietet das Bildungsgleichgewicht der Actinfilamente. Die durch Lichtstreuungsmessungen an einer Lösung von Actin in 1 mmol/l Triethanolamin-HCl-Puf-

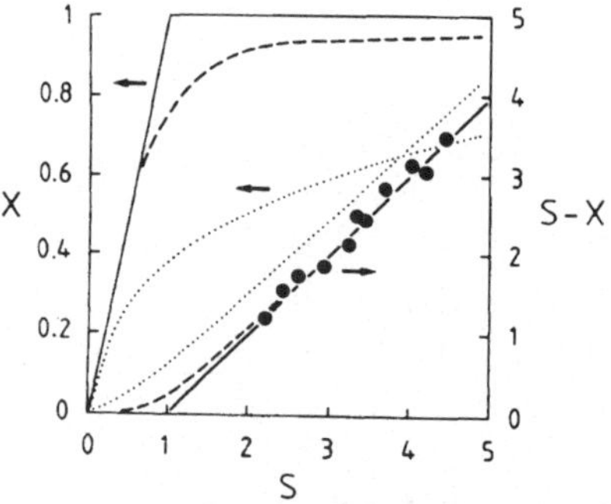


**Abb. 3.4** Graphische Darstellung der Funktion $x(s)$ nach Gl. (3.14) für $\sigma = 10^{-10}$ (——), $\sigma = 10^{-2}$ (– – –) und $\sigma = 1$ (· · ·). Die für $s - x$ eingetragenen Meßpunkte (●) wurden bei Lichtstreuungsmessungen an einem Actin-System erhalten (nach A. Wegner, J. Engel (1975))

fer, pH 7,5 mit 1 mmol/l $CaCl_2$ und 0,5 mmol/l ATP bei 20 °C erhaltenen Meßwerte für s − x sind in Abb. 3.4 eingetragen; sie lassen eine gute Übereinstimmung mit der nach Gl. (3.14) für $\sigma = 10^{-2}$ bzw. $\sigma = 10^{-10}$ berechneten Kurve erkennen. Der effektive Wert des Kooperativparameters $\sigma$ wurde für dieses System bei der Auswertung kinetischer Messungen zu $\sigma = 2 \cdot 10^{-7}$ bestimmt ($K = 1,7 \cdot 10^5\,l\,mol^{-1}$). Das Einsetzen der Aggregation bei einer kritischen Konzentration kann bei vielen Self-Assembly-Systemen beobachtet werden.

Als weitere Beispiele für Self-Assembly-Systeme seien hier das eingehend untersuchte Tabakmosaikvirus-System, die Bildung von Myosinfilamenten, Kollagenfibrillen, Microtubuli und Bakterienflagella sowie die Rekonstitution von Ribosomen aus verschiedenen Proteinen und die Rekonstitution funktioneller biologischer Membranen genannt.

Mit den im Abschn. 5.3.1 beschriebenen Grundgleichungen der Formalkinetik läßt sich auch der zeitliche Ablauf der Aggregatbildung quantitativ beschreiben. Ein Beispiel für die Assembly-Kinetik ist die Bildung einer *Polysheat*-Struktur aus dem Protein P 18 des Schwanzes des T4-Phagen. Bei diesem Assembly-Prozeß entsteht eine helikale Anordnung der P18-Protomeren. Der Einbau von Protomeren in diese Struktur kann durch Messung der Lichtstreuung verfolgt werden, und die Filamentkonzentration $c_p$ läßt sich durch elektronenmikroskopische Partikelzählung bestimmen.

Der Gesamtvorgang läßt sich mit zwei aufeinander folgenden Teilschritten (langsame Dimeren-Bildung mit anschließenden Wachstumsschritten) beschreiben. Die den Reaktionsgleichungen

$$2A \xrightarrow{k_N} A_2 \tag{3.16}$$

bzw.

$$A_{i-1} + A \xrightarrow{k} A_i \quad (i \geq 3) \tag{3.17}$$

entsprechenden Prozesse verlaufen nahezu vollständig im Sinne der Produktbildung. Der Einfluß der Rückreaktionen ist wegen der hohen Stabilität der gebildeten Polysheat-Strukturen

vernachlässigbar klein. Das Anwachsen der Filamentkonzentration $c_p$ (Nukleationsschritt) wird durch die Gleichung

$$\frac{dc_p}{dt} = k_N c_A^2 \tag{3.18}$$

beschrieben, wobei alle Produkte mit $i \geq 2$ als Filament zu bezeichnen sind. Durch die nachfolgenden Wachstumsschritte wird die Filamentkonzentration nicht geändert. Trotzdem stellen diese Wachstumsschritte den wesentlichen Beitrag zur Inkorporation der Protomeren dar. Bezeichnet man die Konzentration der inkorporierten Protomeren mit $c_p^*$, so gilt für den Wachstumsschritt die kinetische Gleichung

$$\frac{dc_p^*}{dt} = k\,c_A c_p \tag{3.19}$$

bzw. mit $c_A = c_0 - c_p^*$

$$\frac{dc_p^*}{dt} = k\,c_p(c_0 - c_p^*)\,. \tag{3.20}$$

Durch Integration der Gleichungen (3.18) und (3.20) erhält man einen Ausdruck für die Funktion $c_p^*(t)$. Für das Polysheat-System wurde durch Anpassung der Meßwerte an diese Funktion der Wert des Konstantenproduktes $k_N \cdot k$ zu $8 \cdot 10^3 \cdot l^2 mol^{-2} \cdot s^{-2}$ bestimmt. Eine Separierung dieses Produktes in $k_N$ und $k$ läßt sich durch eine zusätzliche Messung des zeitlichen Verlaufs von $c_p$ nach dem Start der Poly-Aggregation erreichen, da der Wert von $c_p$ zur Zeit $t_1$ gem. Gl. (3.18) durch

$$c_p(t_1) = k_N \int_0^{t_1} (c_0 - c_p^*)^2\,dt \tag{3.21}$$

gegeben ist. Auf diese Weise wurden für das genannte Beispiel die Werte $k_N \simeq 10^{-1}\,l\,mol^{-1}\,s^{-1}$ und $k \simeq 10^5\,l\,mol^{-1}\,s^{-1}$ erhalten.

Die Größenverteilung der Poly-Aggregate entspricht in der Regel nicht der Gleichgewichtsverteilung, da die kinetisch eingestellten Verteilungen nur sehr langsam in die Gleichgewichtsverteilung übergehen. Wegen der begrenzten Lebensdauer der Organellen bleibt deshalb in lebenden Organismen oft die primär kinetisch bestimmte Längenverteilung mit einem ausgeprägten Maximum erhalten. Beim Assembly des Tabakmosaik-virus wird die Aggregatlänge des Hüllproteins durch eine Matrize (die Virus-RNA) festgelegt. Die in vitro ohne RNA-Matrize gebildeten Proteinhüllen weisen dagegen eine breite Längenverteilung auf.

Bei der Aggregation ändert sich der energetische Zustand der Protomeren. Nach den im Abschn. 5 erläuterten Prinzipien der biochemischen Energetik ist zu erwarten, daß bei endergonischen Self-Assembly-Prozessen eine Spaltung energiereicher Nucleotide auftritt. Tatsächlich wurde eine mit der Aggregation energetisch gekoppelte Spaltung von Adenosintriphosphat (ATP) bei der Actinfilamentbildung und bei der Bildung von Microtubuli beobachtet. Die Energetik der Actinassoziation kann durch das vereinfachte Kopplungsschema

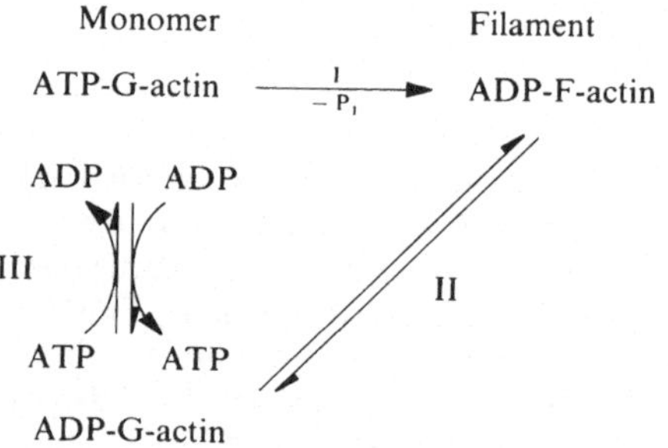



mit zwei Gleichgewichten und einem irreversiblen Teilschritt veranschaulicht werden. Auf dem Umweg über den Schritt II (Dissoziation von ADP-gebundenem Actin) und Schritt III (Austausch von ADP gegen ATP am monomeren Actin) läßt sich Schritt I teilweise rückgängig machen. Bei diesem an den Enden des Filaments ablaufenden Zyklus stellt sich ein Fließgleichgewicht (vgl. Abschn. 5.2.7) mit zeitlich konstanter ATP-Konzentration ein. Die im Zusammenhang mit Gl. (3.11) erwähnte kritische Konzentration ist also nicht durch eine Gleichgewichtskonstante, sondern durch eine Fließgleichgewichtskonstante, festgelegt. Im Fließgleichgewichtsystem können Filamente konstanter Länge an einem Ende durch Anlagerung von Monomeren wachsen und am anderen Ende durch Abgabe von Monomeren um den gleichen Betrag abnehmen. Diese Kopf-

Schwanz-Polymerisation ermöglicht einen raschen Austausch der Protomeren und damit eine Translokation der Filamente; sie ist wahrscheinlich von großer Bedeutung für die Funktion der Filamentsysteme in der Zelle.

Die hier zunächst am Beispiel der Aggregation von Protomeren erläuterten Gesetzmäßigkeiten lassen sich bei Berücksichtigung einiger charakteristischer Besonderheiten ohne besondere Schwierigkeiten auf das Problem der Bildung geordneter Lipid-Aggregate (Monoschichten) in der Grenzschicht einer wäßrigen Phase übertragen.

### 3.1.2 Platzbedarf und Zustand der Moleküle im Film

Im Abschn. 1.3.5 ist bereits darauf hingewiesen worden, daß sich amphiphile Substanzen (langkettige Fettsäuren oder Alkohole und Phospholipide) in der Grenzfläche einer wäßrigen Phase unter Ausbildung einer monomolekularen Schicht (Filmbildung) ausbreiten bzw. anordnen. Der molekulare Ordnungszustand dieser Monoschicht ist bei gegebenem Raumbedarf der amphiphilen Moleküle eine charakteristische Funktion des durch Gl. (2.155) definierten Spreitungsdruckes. Bei eingehenden Untersuchungen an monomolekularen Filmen langkettiger Fettsäuren hat sich gezeigt, daß der Zusammenhang zwischen der im Abschn. 5.2.2 durch Gl. (5.198) definierten molekularen Oberfläche $a_s$ und dem Spreitungsdruck durch eine Zustandsgleichung vom Typ der Van Der Waals-Gl. (5.12) realer Gase beschrieben werden kann. Die möglichen „Aggregatzustände" der Monoschichten sollen hier am Beispiel der langkettigen Myristinsäure

$$CH_3 - (CH_2)_{12} - C \begin{smallmatrix} O \\ \\ OH \end{smallmatrix}$$

diskutiert werden. Die mit der in Abb. 2.37. skizzierten Anordnung bei 14 °C gemessene $\pi$-$a_s$-Kurve ist in Abb. 3.5 dargestellt.

Für kleine Spreitungsdrucke ist die im Abschn. 5.2.2 erläuterte zweidimensionale Zustandsgleichung idealer Oberflächenfilmsysteme (5.199) annähernd gültig (gestrichelte Kurve in Abb. 3.5). Bei höheren Spreitungsdrucken bzw. kleineren $a_s$-

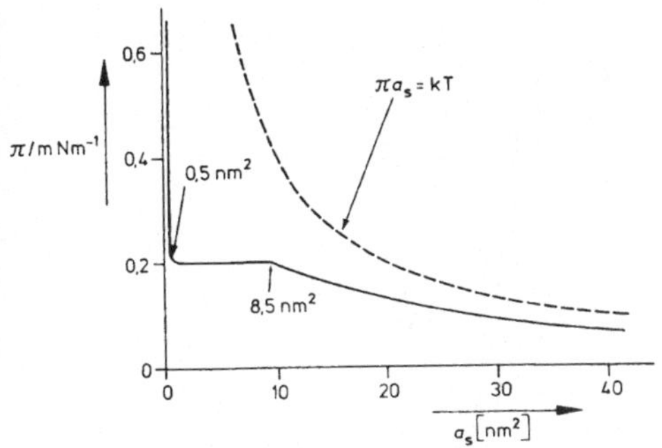



**Abb. 3.5** Spreitungsdruck $\pi$ als Funktion der molekularen Oberfläche $a_\text{s}$ für Myristinsäure an der Grenzfläche Wasser/Luft (pH = 2, Temperatur: 14 °C, (nach G. Adam et al. (1977))

Werten treten Abweichungen auf; der Kurvenverlauf entspricht in diesem Bereich weitgehend der thermischen Zustandsgleichung realer Gase (vgl. Abschn. 5.2.1). Bei $\pi = 0,2\,\text{mNm}^{-1}$ und $a_\text{s} = 8,5\,\text{nm}^2$ setzt eine „Kondensation" des Oberflächenfilms ein. Unterhalb von $a_\text{s} \simeq 0,5\,\text{nm}^2$ steigt der Spreitungsdruck bei weiterer Oberflächenverringerung stark an: es liegt dann ein flüssigkeitsähnlicher Zustand vor, der als *flüssig-expandierte* Monoschicht bezeichnet wird. Als Näherungsansatz zur Darstellung der Zustandsgleichung hat sich ein Ausdruck nach Art der Van der Waals-Gleichung in der Form

$$(a_\text{s} - \beta)\left(\pi + \frac{\alpha}{a_\text{s}^2}\right) = RT \qquad (3.22)$$

mit den empirischen Konstanten $\alpha$ und $\beta$ bewährt. In der Konstante $\alpha$ findet die Attraktionswechselwirkung der gespreiteten Molekeln ihren Ausdruck. Mit der Konstante $\beta$ wird der Mindestvolumenbedarf dieser Teilchen berücksichtigt.

In Analogie zum Erstarrungsvorgang einer Schmelze kann bei weiterer Kompression des Oberflächenfilms (d.h. für $\pi > 8\,\text{mNm}^{-1}$) auch der Übergang

„flüssig expandiert" $\rightleftarrows$ „kondensiert"

beobachtet werden. Bei dem betrachteten Myristinsäure-System führt dieser Prozeß zu einer Verringerung der molekularen Oberfläche von $0,35\,\text{nm}^2$ auf etwa $0,23\,\text{nm}^2$. Die damit erreichte

Packungsdichte entspricht weitgehend der Anordnung der Paraffinketten im kristallinen Zustand. Die Kohlenwasserstoffketten der Myristinsäure liegen also bei 14 °C und $\pi \simeq 15\,\text{mNm}^{-1}$ in dichtester Packung gestreckt und im wesentlichen normal zur Wasseroberfläche orientiert vor. Bei dem Übergang „kondensiert" $\rightleftarrows$ „flüssig expandiert" kann auch der Temperaturverlauf der molekularen Oberfläche $a_\text{s}$ bei konstantem Spreitungsdruck registriert werden. Ein Beispiel für Ergebnisse dieser Art, die von Adam und Jessop 1926 bei Messungen an Myristinsäurefilmen erhalten wurden, zeigt die Abb. 3.6. Dem Diagramm ist zu entnehmen, daß der Übergang bei $\pi = 5\,\text{mNm}^{-1}$ nur auf wenige Celsiusgrade beschränkt ist. Deshalb verwendet man für die Umwandlungen der zweidimensionalen Monoschichten oft der Einfachheit halber die Terminologie der Phasenumwandlungen 1. Ordnung, obwohl es sich hierbei nicht um eine wirklich scharfe Phasenumwandlung dieser Art handelt.

Der minimale Flächenbedarf im kondensierten Zustand wird im allgemeinen durch Verlängerung des steil ansteigenden Kurvenastes bis zur Abszisse, d.h. durch Extrapolation ermittelt. Bei Messungen an Fettsäuren mit Kettenverzweigungen erhält man einen größeren Flächenbedarf als bei unverzweigten Kohlenwasserstoffketten. Außerdem variiert der Flächenbedarf bei Kettenverzweigung mit der Stellung der Methylgruppe, wie es das in Abb. 3.7 wiedergegebene Beispiel

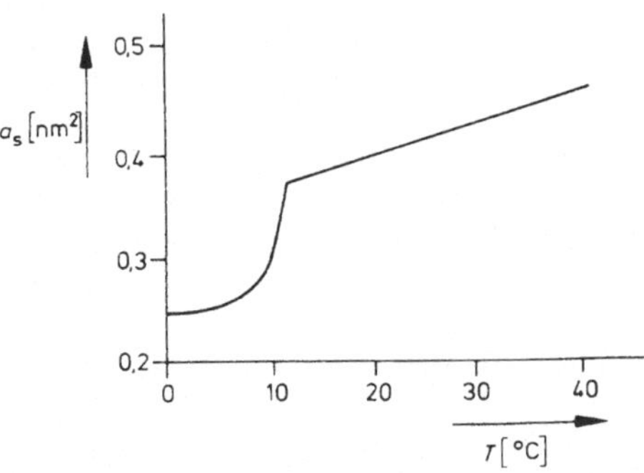



**Abb. 3.6** Temperaturabhängigkeit der molekularen Oberfläche $a_\text{s}$ eines Myristinsäure-Films bei pH = 2 und $\pi = 5\,\text{mNm}^{-1}$

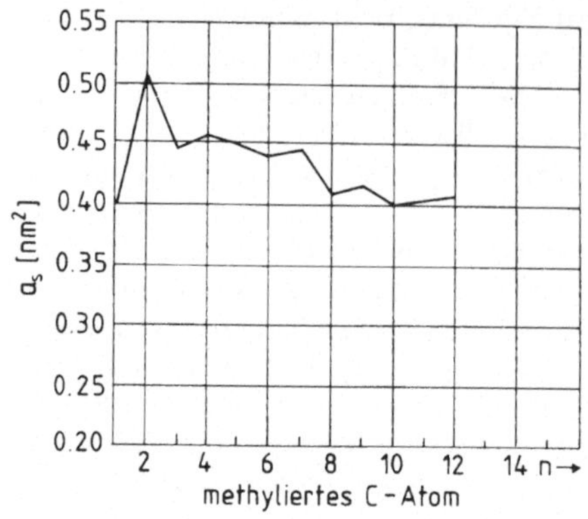



**Abb. 3.7** Flächenbedarf methylsubstituierter Laurinsäuren bei 37 °C

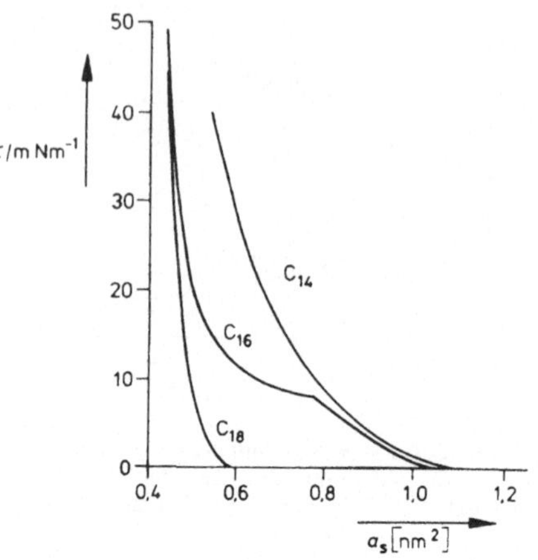



**Abb. 3.8** $\pi$-$a_s$-Kurven verschiedener Phospholipide (Grenzfläche Luft-0,1 mol/l NaCl-Lösung bei 22 °C) $C_{14}$: Dimyristoylphosphatidylcholin; $C_{16}$: Dipalmitoylphosphatidylcholin; $C_{18}$: Distearoylphosphatidylcholin

methylsubstituierter Laurinsäuren zeigt. Die Molekülgeometrie der Fettsäure-Anionen bedingt auch bei hoher Filmkompression eine gewisse Schrägstellung der Kohlenwasserstoffketten, die sich auf den effektiven Flächenbedarf der Moleküle auswirken kann. Auch der Zustand kurzkettiger Fettsäuren im expandierten Film entspricht einer mehr oder weniger ausgeprägten Schräglage der hydrophoben Molekülgruppen. Soweit eine Kompression möglich ist, führt diese zur Aufrichtung der Kohlenwasserstoffketten. Doppelbindungen lassen die Filme leichter expandieren und bedingen einen etwas vergrößerten Flächenbedarf.

Aus den geschilderten Besonderheiten des Kompressionsverhaltens von Monoschichten haben sich in einigen Fällen Aussagen über die Struktur der gespreiteten Moleküle ableiten lassen. Bei Untersuchungen an Proteinen hat sich gezeigt, daß auch verschiedene Proteine gut spreitbar sind. Zur Spreitung eignen sich vor allem die nativen Sphäro-Proteine. Fibrinogen, Myosin und die leicht lösliche Gelatine sind weniger geeignet. Bei Hitzedenaturierung verlieren die Proteine ihre Spreitungsfähigkeit.

Auch das Kompressionsverhalten von Phospholipid-Filmen ist an Monoschichten des Dipalmitoylphosphatidylcholins (vgl. Abb. 3.2) und anderer Lipide eingehend untersucht worden. Die Abb. 3.8 zeigt die von Phillips und Chapman 1968 aufgenommenen $\pi$-$a_s$-Kurven für die verschiedenen Phospholipide. Aus dem Kurvenverlauf ergibt sich, daß bei Kompression des Dipalmitoylphosphatidylcholin-Films ein Übergang „flüssig expandiert" $\rightleftarrows$ „kondensiert" induziert wird. Der Dimyristoylphosphatidylcholin-Film liegt dagegen im gesamten hier betrachteten Meßbereich im flüssig expandierten Zustand vor und die Distearoylphosphatidylcholin-Meßkurve ist in diesem Wertebereich nur dem kondensierten Zustand zuzuordnen. Außerdem zeigt ein Vergleich mit Abb. 3.5, daß der minimale Flächenbedarf der Phospholipid-Molekeln in der Monoschicht etwa doppelt so groß wie der Flächenbedarf der entsprechenden Fettsäuremolekeln ist.

Auch Lipid-Mehrkomponenten-Systeme und Mischungen von Phospholipiden mit anderen Substanzen (z.B. Cholesterin) können auf einer Wasseroberfläche gespreitet werden. Die mit der Filmwaage aufgenommenen $\pi$-$a_s$-Diagramme der Zweikomponenten-Monoschichten unterscheiden sich in ihrem Erscheinungsbild nicht wesentlich von dem $\pi$-$a_s$-Diagramm der Einkomponenten-Lipidsysteme. Die quantitative Auswertung dieser Diagramme zeigt aber, daß das Kondensationsverhalten der Lipid-Monoschichten durch die zugesetzte Mischungskomponente in charakteristischer Weise beeinflußt wird.

Die für eine Auswertung am besten geeignete Darstellungsform der Ergebnisse ist ein Diagramm, in dem die mittlere molekulare Oberfläche für eine konstante Temperatur und einen vorgegebenen konstanten Spreitungsdruck als Funktion des Molenbruches der Lipidkomponente aufgezeichnet ist. Abb. 3.9 zeigt Diagramme dieses Typs für einige Mischungen von Cholesterin mit verschiedenen 1,2-Diacylphosphatidylethanolaminen.

Die Abb. 3.9 zeigt, daß bei der graphischen Verbindung der Meßpunkte Geraden unterschiedlicher Steigung erhalten werden. Dieser Wechsel der Geradensteigung im $a_s$-x-Diagramm ist ein charakteristisches Merkmal für die Abweichungen vom idealen Mischungsverhalten (gestrichelte Geraden im $a_s$-x-Diagramm). Es läßt sich eine Korrelation zwischen der Zahl der Knickpunkte im $a_s$-x-Diagramm und der Zahl der im $\pi$-$a_s$-Diagramm erkennbaren Phasenübergänge der Lipid-Monoschicht herstellen. So ergeben sich z.B. zwei Knickpunkte in dem für Mischungen von Cholesterin mit Dimyristoylphosphatidylethanolamin bei einem Spreitungsdruck von $5\,\mathrm{mNm}^{-1}$ aufgenommenen $a_s$-x-Diagramm. Dieser Diagrammtyp entspricht der zweidimensionalen Kondensation (Bildung der flüssig-expandierten Phase) im $\pi$-$a_s$-Diagramm. In dem unter gleichen Bedingungen für Mischungen

von Cholesterin mit 1-Stearoyl-2-iso-oleyl-phosphatidylethanolamin aufgenommenen $a_s$-x-Diagramm ist dagegen nur ein Knickpunkt zu erkennen. Dieses Mischungsdiagramm ist typisch für ein System, bei dem das $\pi$-$a_s$-Diagramm des reinen Lipids im gesamten Meßbereich keine signifikanten Abweichungen von der Zustandsgleichung (5.199) der idealen Monoschicht erkennen läßt. In beiden Fällen ergibt sich aus dem Diagramm, daß der Cholesterinzusatz die Kondensation der Lipidfilme begünstigt und damit ähnlich wie eine Temperaturerniedrigung wirkt. Es besteht auch ein Zusammenhang zwischen den hier kurz erläuterten Phasenübergängen der Monoschichtsysteme und der im Abschn. 3.3.2 beschriebenen Lipid-Phasenumwandlung der analogen Doppelschichtsysteme.

### 3.1.3 Modellversuche mit molekularen Schichtsystemen

Beim Herausheben eines planaren Trägers aus einer Flüssigkeit, deren Oberfläche einen molekularen Film unter genügendem Schub trägt, bildet sich auch auf fester Unterlage eine Monoschicht (vgl. Abb. 3.10). Durch das Wiedereintauchen des beschichteten Trägers bildet sich eine zweite Schicht, deren Moleküle entgegengesetzte Orientierung besitzen. Durch periodische Wiederholung dieser Beschichtungsvorgänge lassen sich Mehrfachschichten aufbauen (Langmuir und Blodgett, 1937). Mit diesen Aufbaufilmen und ähnlich gebauten molekularen Schichtsystemen können aufschlußreiche Modellversuche zum Problem der Energieübertragung zwischen Molekülen, die nicht unmittelbar benachbart sind, durchgeführt werden.

Für das Studium der Energieübertragung eignen sich fluoreszenzfähige Farbstoffmoleküle mit langkettigen Kohlenwasserstoffresten, die sich leicht in eine Fettsäure-Monoschicht einbauen lassen. Ein Beispiel für einen derartigen Farbstoff bietet die Substanz,

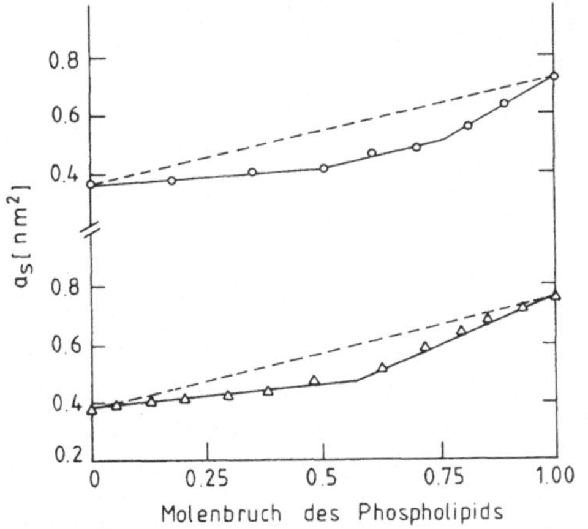


**Abb. 3.9** Mittlerer molekularer Flächenbedarf von Mischungen aus Cholesterin und 1-Stearoyl-2-iso-oleyl-phosphatidylethanolamin ($\Delta$) bzw. 1,2-Dimyristoylphosphatidylethanolamin ($\bigcirc$)

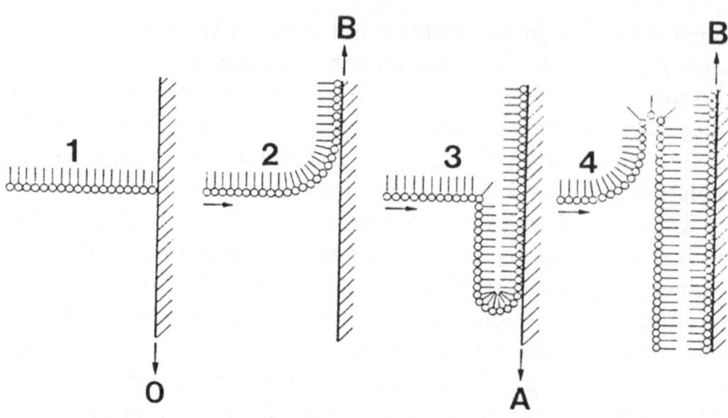



**Abb. 3.10** Bildung von Aufbaufilmen. Beim Herausheben des Trägers (*2*) zieht der erste Film auf der Trägerfläche auf, beim erneuten Eintauchen (*3*) der zweite entgegengesetzt gelagerte usw.

die ein Absorptionsmaximum bei einer Wellenlänge von 386 nm und ein Maximum der Fluoreszenzintensität bei 420 nm aufweist. In einem Mehrschichtensystem kann diese Substanz als Emitter bzw. Sensibilisator mit einer Akzeptorsubstanz,

die bei 420 nm absorbiert und bei einer etwas größeren Wellenlänge fluoresziert, kombiniert werden, wobei die Kohlenwasserstoffsubstituenten der Farbstoffmoleküle als Abstandhalter dienen. Der Aufbau eines Schichtsystems dieser Art ist aus Abb. 3.11 ersichtlich. Eine durch Auftropfen einer Mischlösung von Farbstoff 1 mit Arachinsäure ($C_{19}H_{39}COOH$) auf einer Wasseroberfläche gebildete Monoschicht kann mit dem in Abb. 3.10 skizzierten Verfahren auf eine Glasplatte übertragen werden. Durch Eintauchen des beschichteten Trägers in eine wäßrige Oberflächenzone, auf der sich ein monomolekularer Mischfilm aus Farbstoff 2 und Arachinsäure befindet, erhält man ein Schichtsystem, in dem jeder Chromophor 2 um 5,0 nm von dem ihm zugeordneten Chromophor 1 entfernt ist. Eine Variation des definierten Chromophor-Abstandes

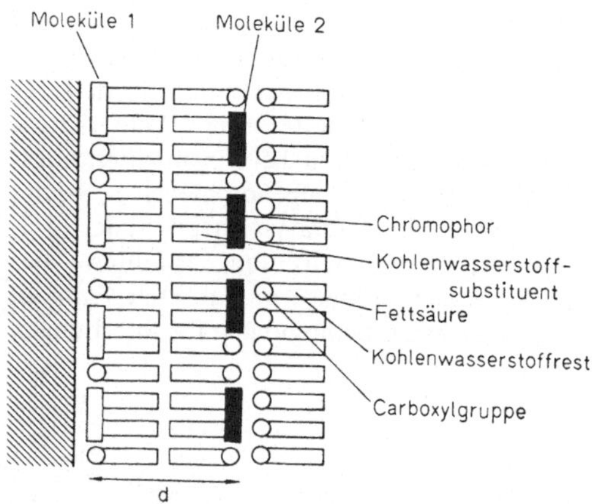



**Abb. 3.11** Bauschema eines Schichtsystems mit dem Abstand d = 5,0 nm zwischen den Chromophoren der beiden Farbstoffschichten (nach H. Kuhn, in: W. Hoppe et al. (1982))

läßt sich durch Einlagerung einer entsprechenden Zahl monomolekularer Fettsäure-Zwischenschichten erreichen. Das ganze Schichtsystem kann durch Aufbringen eines äußeren Fettsäure-Schutzfilms (vgl. Abb. 3.11) stabilisiert werden.

Bringt man auf die eine Hälfte der Trägerfläche anstelle der Schicht der Moleküle 2 eine reine Fettsäureschicht, so erhält man eine Anordnung, an der sowohl die ungeschwächte Intensität $I_\infty$ des vom Farbstoff 1 ausgestrahlten Fluoreszenzlichtes als auch die durch den Energieübertragungsprozess um einen bestimmten Betrag verminderte Fluoreszenzintensität $I_d$ gemessen werden kann. Bestrahlt man das Mehrschichtensystem mit Licht der Wellenlänge 386 nm, so werden die Emittermoleküle (1) angeregt. Sieht man von den nur wenig ins Gewicht fallenden Nebeneffekten der Abgabe von Schwingungsenergie an die Umgebung und der thermischen Stoß-Desaktivierung ab, so wird der Hauptanteil der Anregungsenergie durch Emission von Fluoreszenzlicht oder durch Energieübertragung auf die Empfängermoleküle (2) abgegeben. Bezeichnet man die vom Emittermolekül (1) ausgestrahlte Leistung mit $P_1$ und die vom Empfängermolekül (2) aus dem Strahlungsfeld von (1) entnommene mittlere Leistung mit $P_2$, so erhält man für den experimentell bestimmbaren Quotienten $I_d/I_\infty$ die einfache Beziehung

$$\frac{I_d}{I_\infty} = \frac{P_1}{P_1 + P_2} = \frac{1}{1 + P_2/P_1} . \tag{3.23}$$

Das Verhältnis $P_2/P_1$ läßt sich aus dem definierten Chromophor-Abstand d und dem charakteristischen Abstand $d_0$, bei dem $P_1 = P_2$ ist, nach der Gleichung

$$\frac{P_2}{P_1} = \left(\frac{d_0}{d}\right)^4 \tag{3.24}$$

berechnen. Für den Modellfall einer kugelsymmetrischen Anordnung, in der das Emittermolekül von einer schwach absorbierenden Kugelschalenzone mit Empfängermolekülen umgeben ist, läßt sich die Gl. (3.24) auf der Grundlage der klassischen Dipoloszillator-Theorie relativ einfach herleiten. Bei der Dipoloszillator-Theorie geht man von der Vorstellung aus, daß die Leistung vom Emitter kontinuierlich abgestrahlt und zum Teil vom Empfänger kontinuierlich aufgenommen wird. Nach der Quantentheorie ist eine kontinuierliche Energieabgabe oder -Aufnahme einzelner Moleküle nicht möglich. Betrachtet man jedoch eine große Zahl $N_1$ gleicher Emittermoleküle, die in gleicher räumlicher Anordnung zu $N_2$ zugeordneten Empfängermolekülen stehen, so sind die Wahrscheinlichkeiten für die Emission des Lichtquants bzw. für die Abgabe der Energie an das Empfängermolekül durch $N_1(N_1 + N_2)$

bzw. $N_2/(N_1 + N_2)$ gegeben. Diesen Wahrscheinlichkeitsfaktoren entsprechen die Quotienten $P_1/(P_1 + P_2)$ bzw. $P_2/(P_1 + P_2)$. Es gelten also die Beziehungen

$$\frac{N_1}{N_1 + N_2} = \frac{P_1}{P_1 + P_2} \tag{3.25}$$

und

$$\frac{N_2}{N_1 + N_2} = \frac{P_2}{P_1 + P_2} . \tag{3.26}$$

Damit eröffnet sich über die anschauliche klassische Betrachtungsweise ein einfacher Zugang zur Berechnung der durch die Übergangswahrscheinlichkeiten festgelegten Intensitätsverhältnisse. In den im Anhang 2 zitierten Lehrbüchern der theoretischen Physik wird gezeigt, daß die Energiedichte eines elektromagnetischen Feldes mit der Feldstärkenamplitude $E_0$ durch $E_0^2/8\pi$ gegeben ist. Mit der Lichtgeschwindigkeit c und dem Brechungsindex n berechnet sich daraus die Strahlungsintensität I zu

$$I = \frac{cn}{8\pi} E_0^2 . \tag{3.27}$$

Ferner wird gezeigt, daß die insgesamt von einem Dipol-Oszillator abgestrahlte Leistung $P_1$ durch

$$P_1 = \frac{e_1^2 x_{10}^2 \omega^4 n}{3c^3} \tag{3.28}$$

gegeben ist. In Gl. (3.28) stellt $\omega = 2\pi v$ die Oszillator-Kreisfrequenz dar. $x_{10}$ ist die Schwingungsamplitude des Dipoloszillators der Ladung $e_1$. Bezeichnet man die vom Emittermolekül auf die schwach absorbierende Kugelschalenzone eingestrahlte Intensität mit I und die von dieser Zone durchgelassene Intensität mit $I'$, so gilt für die relative Intensitätsminderung (*Absorption*) A die Beziehung

$$A = \frac{I - I'}{I} . \tag{3.29}$$

Dementsprechend ergibt sich für die auf das Oberflächenelement dO übertragene Leistung $dP_2 = (I - I')\, dO$ die Gleichung

$$dP_2 = A I dO , \tag{3.30}$$

und man erhält mit Gl. (3.27) für die insgesamt

von der Innenfläche der Kugelzone aufgenommene Leistung den Ausdruck

$$P_2 = A \frac{cn}{8\pi} \int\limits_{\text{Kugelzone}} E_0^2 \, dO \ . \tag{3.31}$$

Bei hinreichend kleinem Radius r der Kugelzone befinden sich die Empfängermoleküle in einem vom Emitter ausgehenden Feld mit

$$E_0 = - \frac{e_1 x_{10}}{n^2 r^3} \sin \vartheta \ , \tag{3.32}$$

wobei $\vartheta$ den Winkel zwischen r und der Emitterdipolrichtung darstellt. Gleichung (3.32) gilt für den Fall, daß die absorbierende Schicht nur mit der Schichtebenenkomponente des elektrischen Vektors in Wechselwirkung tritt und in dieser Ebene isotrop ist. Durch Einsetzen von $E_0^2$ nach Gl. (3.32) in Gl. (3.31) erhält man

$$P_2 = A \frac{cn}{8\pi} \frac{e_1^2 x_{10}^2}{n^4 r^6} \int\limits_0^\pi 2\pi r^2 \sin^3 \vartheta \, d\vartheta$$

$$= \frac{1}{3} \frac{e_1^2 x_{10}^2 Ac}{n^3 r^4} \ . \tag{3.33}$$

Aus Gl. (3.33) und Gl. (3.28) ergibt sich für den Quotienten $P_2/P_1$ der Ausdruck

$$\frac{P_2}{P_1} = A \left( \frac{c}{n\omega r} \right)^4 \ . \tag{3.34}$$

Dementsprechend ist der Abstand $r_0$, für den die Bedingung $P_2 = P_1$ erfüllt ist, durch

$$r_0^4 = A \left( \frac{c}{n\omega} \right)^4 \tag{3.35}$$

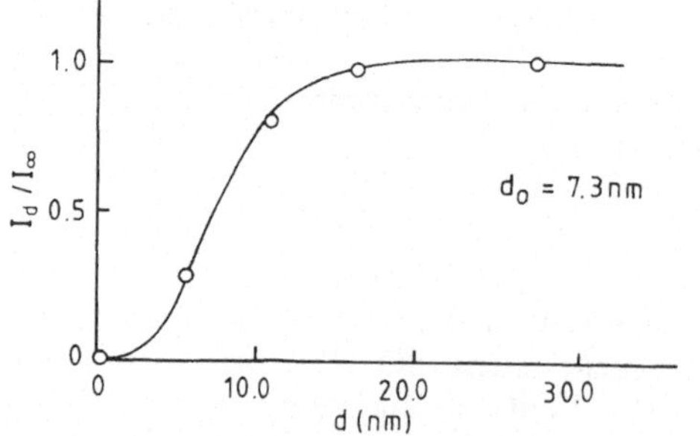


**Abb. 3.12** Energieübertragung in dem in Abb. 3.11 skizzierten Schichtsystem (○: Meßpunkte, —— Kurve nach Gl. (3.37); nach H.Kuhn, in W. Hoppe et al. (1982))

gegeben. Damit kann Gl. (3.34) in der Form

$$\frac{P_2}{P_1} = \left( \frac{r_0}{r} \right)^4 \tag{3.36}$$

geschrieben werden. Auf der Grundlage einer analogen Betrachtung läßt sich auch die oben angegebene Gl. (3.24) für eine eben angeordnete schwach absorbierende Schicht herleiten. Damit wird die Abstandsabhängigkeit des mit der beschriebenen Anordnung meßbaren Intensitätsverhältnisses $I_d/I_\infty$ nach Gl. (3.23) und Gl. (3.24) durch

$$\frac{I_d}{I_\infty} = \left[ 1 + \left( \frac{d_0}{d} \right)^4 \right]^{-1} \tag{3.37}$$

beschrieben. Wie Abb. 3.12 zeigt, ergibt sich für die oben genannte Farbstoffkombination mit $d_0 = 7,3$ nm eine sehr gute Übereinstimmung der experimentell bestimmten Intensitätsquotienten mit dem nach Gl. (3.37) berechneten Kurvenzug.

Das betrachtete Mehrschichtensystem ist ein primitives Modell einer molekularen Funktionseinheit, in der die in bestimmter Weise organisierten Einzelmoleküle kooperieren. Das Studium dieser Modellsysteme ist von besonderem Interesse, weil die lebenden Organismen große Funktionseinheiten kooperierender Moleküle darstellen. Weitere Angaben über die Energieübertragung in kooperativen Systemen von Farbstoffmolekülen finden sich in der im Anhang 2 angegebenen Literatur.

## 3.2 Mizellen, Doppelschichten und Vesikel

### 3.2.1 Charakteristika der Aggregationsgleichgewichte amphiphiler Moleküle

Der im Abschn. 3.1.1 ausführlich erläuterte Modellansatz zur Beschreibung der Self-Assembly-Prozesse von Protomeren bildet die Grundlage für die quantitative Charakterisierung der Aggregationsgleichgewichte aller amphiphilen Moleküle. Die in Lösungen amphiphiler Moleküle bei Erreichen einer kritischen Konzentration einsetzende Bildung von Aggregaten mit einer ausgeprägten räumlichen Struktur (vgl. Abb. 3.13) ist von grundsätzlicher Bedeutung für die Funktion der lebenden Zelle. Phospholipide (vgl. Abb. 3.2) bilden die für die funktionelle Arbeitsteilung und Kompartimentierung der Organismen wichtigste Gruppe amphiphiler Moleküle. Das Aggregationsverhalten der Phospholipide wird in wäßrigen Systemen nicht nur durch die hydrophobe Wechselwirkung der Kohlenwasserstoffketten und die ionische bzw. Dipol-Wechselwirkung der hydrophilen Kopfgruppen, sondern auch durch den Platzbedarf der Moleküle im Lipid-Film bestimmt. Für eine halbempirische Darstellung des „Kondensationsverhaltens" gelöster bzw. suspendierter Lipide kann deshalb auch eine „zweidimensionale Van der Waals-Gleichung" (vgl. Gl. (3.22)) verwendet werden. Diese Darstellungsform unterscheidet sich nicht grundsätzlich von dem im Abschn. 3.1.1 beschriebenen quasi-chemischen Aggregationsmodell; sie bringt lediglich den Einfluß des Raumbedarfs der aggregierenden Moleküle in expliziter Form zum Ausdruck, während die den Wert der Assoziationskonstanten K und $\sigma$K (vgl. Gl. (3.8) und Gl. (3.9)) ebenfalls beeinflussenden Attraktionskräfte mit der Angabe des Parameters $\alpha$ summarisch berücksichtigt werden. Auch das quasichemische Aggregationsmodell stellt keine allgemein gültige thermodynamische Beschreibung des Self-Assembly-Prozesses dar, wenn der Satz der Massenwirkungskonstanten $K_i$ vereinfachend auf die Angabe einer Nukleationskonstante $\sigma$K und einer Wachstumskonstante K beschränkt wird. Dieser vereinfachte Modellansatz gibt zwar die typischen Merkmale aller Self-Assembly-Prozesse qualitativ richtig wieder (vgl. Abb. 3.4); er erweist sich jedoch bei der Charakterisierung der Aggregationsgleichgewichte von Phospholipiden als unzureichend. Aus amphiphilen Molekülen mit einer geeigneten Kettenlänge und einer hinreichend großen Kopfgruppe können bei relativ geringer „Kettendicke" auch Kugelmizellen, zylindrische und globuläre Mizellen mit begrenzter räumlicher Ausdehnung gebildet werden. Damit ist eine obere Grenze für das Wachstum der Aggregate vorgegeben. Eine weitere Beschränkung der Mannigfaltigkeit möglicher Aggregationsstrukturen ergibt sich aus der maximalen Packungsdichte der amphiphilen Moleküle. Die Strukturmerkmale der verschiedenen Aggregatstrukturen müssen bei jedem quasichemischen Modellansatz durch passende Wahl der Konstanten $K_i$ berücksichtigt werden. Dabei kann $K_i$ als Funktion des Aggregationsgrades dargestellt werden. Wenn die individuelle Wachstumskonstante $K_i$ mit zunehmendem Aggregationsgrad stetig abnimmt und bei einer bestimmten Aggregatgröße den Wert Null erreicht, bricht der Self-Assembly-Prozeß ab. Geeignete Modellansätze, mit denen auch der Mindestraumbedarf der aggregierenden Moleküle berücksichtigt wird, sind in der im Anhang 2 angegebenen Literatur beschrieben.

In der Phospholipid-Doppelschicht wirken die Van der Waalsschen Repulsionskräfte der Kohlenwasserstoffketten und die gegebenenfalls durch polare Wechselwirkungen verstärkten Repulsionskräfte der Kopfgruppen den sich aus dem hydrophoben Effekt ergebenden Attraktionskräften entgegen. Aus einer groben Abschätzung der Attraktions- und Repulsionseffekte ergibt sich, daß die Attraktionswirkung eines hydrophoben „Druckes" von ca. 50 mN/m in der Doppelschicht durch einen „Kettendruck" von ca. 20 mN/m und einen „Kopfgruppendruck" von ca. 30 mN/m kompensiert wird. Planare Doppelschichten mit einem begrenzten Scheibendurchmesser können sich aber in wäßrigen Lipidsuspensionen nicht ausbilden, da die Grenzflächenenergie der Scheibenrandzone destabilisierend wirkt. Beim Dispergieren von Phospholipiden in Wasser entstehen deshalb in der Regel sphärische Vesikel mit gekrümmter Oberflächendoppelschicht. In Lipidsystemen mit relativ geringem Wassergehalt können sich auch sphärische Mehrschicht-Vesikel ausbilden. Bei einigen Lipiden mit speziellen molekularen Dimensionen ist auch die Ausbildung inverser Mizellen (vgl. Abb. 3.13) möglich. Die Bedingungen für die bevorzugte Bildung eines bestimmten Aggregat-Typs werden im folgenden Abschnitt diskutiert.

### 3.2.2 Ursachen der bevorzugten Bildung eines bestimmten Aggregattyps

Die verschiedenen grundsätzlich in Betracht zu ziehenden Aggregattypen sind in Abb. 3.13 skizziert. Die Bildung eines bestimmten Aggregattyps ergibt sich aus den durch die Länge der Kohlenwasserstoffketten, durch den Raumbedarf dieser Ketten und durch den Mindestflächenbedarf festgelegten Bedingungen für eine optimale Packungsdichte der Lipid-Moleküle. Unter verschiedenen möglichen Packungsmustern annähernd gleicher Energie wird stets das Packungsmuster mit dem geringsten Aggregationsgrad bevorzugt sein (Entropiemaximum, vgl. Abschn. 5.2.6). Packungsmuster mit extrem kleinen Aggregationszahlen, bei denen die effektive äußere molekulare Oberfläche größer als der Mindestflächenbedarf der Kopfgruppen sein müßte, sind energetisch instabil (vgl. Abschn. 2.3.5 und Abschn. 5.2.2). Daraus ergibt sich, daß Aggregate mit hoher Packungsdichte und einem relativ geringen Assoziationsgrad bevorzugt gebildet werden.

Das jeweilige Packungsmuster ergibt sich aus drei charakteristischen Abmessungen des betrachteten amphiphilen Moleküls, die zu einer dimensionslosen Kennzahl, dem Packungsparameter, zusammengefaßt werden können. Da die Rotation der $CH_2$-Gruppen um die C–C-Bindungsachsen gehemmt ist, können die Kohlenwasserstoffketten eines Lipid-Moleküls verschiedene Kettenkonformationen mit unterschiedlichem Raumbedarf und unterschiedlicher effektiver Kettenlänge annehmen. Aus den Übergängen zwischen Zuständen mit verschiedenen Kettenkonformationen ergibt sich die sogenannte Kettendynamik, die mit geeigneten spektroskopischen Methoden quantitativ analysiert werden kann. Läßt man mögliche Komplikationen, die sich aus dieser Kettendynamik ergeben können, außer Acht, so kann man die maximale (*kritische*) Länge der Kohlenwasserstoffkette mit $l_c$ und den Raumbedarf dieser Kette mit v bezeichnen. Der Mindestflächenbedarf der Lipid-Kopfgruppe wird in der Regel mit $a_0$ bezeichnet. Bei geladenen Lipid-Kopfgruppen ist $a_0$ größer als bei ungeladenen Kopfgruppen. Der dimensionslose Parameter $v/(a_0 l_c)$ ist der Packungsparameter. In Abb. 3.13 sind die verschiedenen Aggregattypen bestimmten Wertebereichen des Packungsparameters zugeordnet. Diese Zuordnung der bevorzugt gebildeten Aggregattypen ergibt sich aus einfachen geometrischen Ansätzen. In einer Kugelmizelle mit dem Radius R muß z.B.

R $\simeq l_c$ sein. Das Volumen einer aus M Lipidmolekülen gebildeten Kugelmizelle ist dann

$$Mv = \frac{4\pi l_c^3}{3} . \tag{3.38}$$

Für die Oberfläche der Kugelmizelle gilt entsprechend

$$Ma_0 = 4\pi l_c^2 . \tag{3.39}$$

Folglich ist

$$\frac{v}{a_0} = \frac{l_c}{3} \tag{3.40}$$

bzw.

$$\frac{v}{a_0 l_c} = \frac{1}{3} \tag{3.41}$$

für die obere Grenze des Packungsparameters. In ähnlicher Weise lassen sich auch die Packungsbedingungen für die anderen in Abb. 3.13 angegebenen Aggregattypen abschätzen. Die Struktur der bevorzugt gebildeten Aggregattypen ergibt sich also fast ausschließlich aus den jeweiligen Packungsbedingungen, wobei eine hinreichende Stabilität in erster Linie durch die hydrophobe Wechselwirkung gewährleistet wird. Jedem charakteristischen Wertebereich des Packungsparameters ist ein für die Formgebung maßgebliches Gestaltmodell zuzuordnen (z.B. ein Kegel für den Stabilitätsbereich der Kugelmizellen). Diese Gestaltmodelle sind neben den Werten des Packungsparameters in Abb. 3.13 eingezeichnet.

Kugelmizellen werden überwiegend von Detergentien mit nur einer Kohlenwasserstoffkette und großem Flächenbedarf der Kopfgruppen gebildet; z.B. aus Molekülen des Natrium-Dodecylsulfats (SDS). Auch einige Lysophospholipide können Kugelmizellen ausbilden. Die Teilchengrößenverteilung der Kugelmizellen läßt nur geringe Abweichungen von der Monodispersität erkennen.

Zylindrische Mizellen bzw. Stäbchenmizellen ($\frac{1}{3} < v/(a_0 l_c) < \frac{1}{2}$) werden von SDS bei hohen Salzkonzentrationen gebildet, da der effektive $a_0$-Wert durch elektrostatische Abschirmung der negativ geladenen Kopfgruppen erniedrigt wird. Lysolecithine bilden ebenfalls zylindrische Mizellen. Im Gegensatz zur Quasi-Monodispersität der

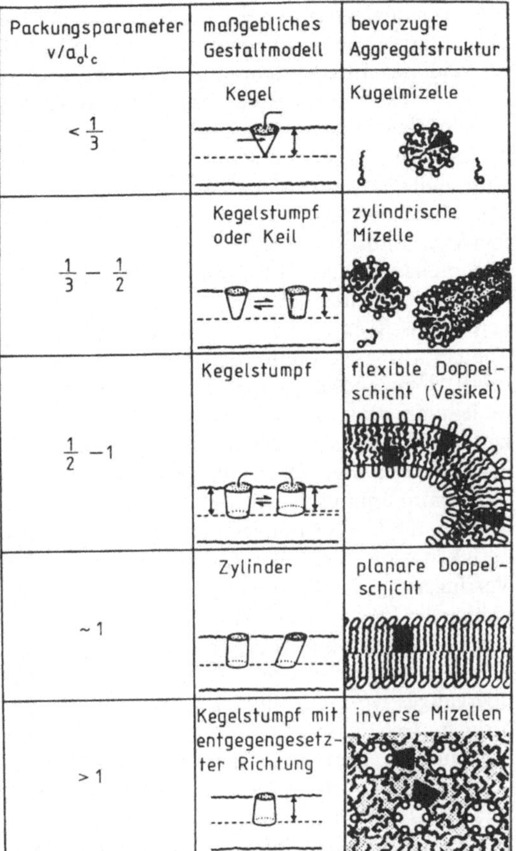



**Abb. 3.13** Packungsbedingungen für die Bildung typischer Aggregatstrukturen

Kugelmizellen findet man bei zylindrischen Mizellen eine hohe Polydispersität. Der mittlere Aggregationsgrad dieser Mizellen zeigt eine starke Abhängigkeit von der Gesamt-Lipid-Konzentration und von der Ionenstärke des Mediums.

Die unter dem Einfluß von Grenzflächenkräften von einer großen Gruppe von Lipiden bevorzugt gebildete Aggregationsstruktur ist die gekrümmte Doppelschicht (Vesikelbildung; $\frac{1}{2} < v/(a_0 l_c) < 1$). Zu dieser Gruppe von Aggregatbildnern zählen z.B. Sphingomyelin, Lecithin, Phosphatidylserin, Phosphatidsäure, Phosphatidylinositol, Zuckerglyzeride und einige einkettige Lipide mit extrem kleinen ungeladenen Kopfgruppen. Auch die Vesikel lassen sich unter Beachtung geeigneter Präparationsbedingungen mit einer relativ geringen Dispersität des Aggregationsgrades herstellen; sie eignen sich deshalb gut als Modellsysteme zum Studium von Elementarprozessen im Bereich der Lipid-Matrix von Membranen. Bei höheren Lipid-Konzentrationen darf der Einfluß von Wechselwirkungen zwischen den einzelnen Lipid-Aggregaten nicht mehr vernachlässigt werden. Diese Wechselwirkungen können bei zunehmender Lipidkonzentration zu Phasen- bzw. Aggregatstruktur-Umwandlungen führen, wobei Mehrschicht-Vesikel und hochgeordnete *Mesophasen* gebildet werden. In vielen Fällen tritt der Übergang von der einfachen Vesikel-Suspension zum Mehrschichtsystem bei Erreichen einer (entsprechend höheren) kritischen Konzentration ein. Das Problem der Langzeitstabilität von Lipidvesikel-Suspensionen ist noch nicht eindeutig geklärt. Wäßrige Suspensionen von Lipid-Vesikeln können z.B. durch Dispergieren von Lipiden mit Ultraschall hergestellt werden. Dabei muß die Einhaltung reproduzierbarer Herstellungsbedingungen (Beschallungsdauer, Mengenverhältnis der Komponenten, Elektrolytgehalt des wäßrigen Mediums usw.) beachtet werden, da der erreichte Dispersionszustand auch von diesen Herstellungsbedingungen abhängen kann.

Es gibt eine Gruppe von Substanzen, die grundsätzlich für die Bildung planarer Lipid-Doppelschichten ($v/a_0 l_c) \approx 1$) in Betracht kommen. Hierzu zählen z.B. Phosphatidylethanolamin sowie Phosphatidylserin bei hinreichend hoher $Ca^{2+}$-Ionenkonzentration. Scheibenförmige Doppelschichtaggregate mit endlichem Scheibendurchmesser sind jedoch wegen des Grenzflächeneffektes ihrer Randzone nicht stabil; sie sind in wäßrigen Einkomponenten-Lipid-Suspensionen niemals beobachtet worden. Anstelle der nicht realisierbaren unendlich ausgedehnten planaren Doppelschichten werden deshalb auch in diesen Lipidsystemen bevorzugt sphärische Vesikel ausgebildet. Es ist bemerkenswert, daß die mittlere Verweilzeit eines Lipid-Moleküls in einem Vesikelsystem mit ca. $10^4$ s wesentlich größer ist als die Verweilzeit amphiphiler Moleküle in Kugelmizellen (ca. $10^{-4}$ s). Lysolipide haben auch in Doppelschicht-Aggregaten eine wesentlich kürzere Verweilzeit als Lipid-Moleküle.

Wenn der Packungsparameter den Wert 1 überschreitet, werden bei entsprechend geringem Wassergehalt bevorzugt Aggregatstrukturen mit inversen Mizellen gebildet. In diesen Strukturen ist die wäßrige Komponente in den von den polaren Lipid-Kopfgruppen gebildeten Kugelzonen eingeschlossen. Inverse Mizellen werden z. B. von Phosphatidylethanolamin mit ungesättigten Kohlenwasserstoffketten, von Cholesterin, von Mono-Zucker-Glyceriden und von Cardiolipin oder Phosphatidsäure in Gegenwart von $Ca^{2+}$-Ionen gebildet. Mit zunehmender Zahl der Doppelbindungen verringert sich die kritische Kettenlänge $l_c$. Damit vergrößert sich der Vesikelradius oder es treten Strukturen mit inversen Mizellen auf. Auch die mit einer Temperaturerhöhung stärker wirksam werdende Kettendynamik hat eine Vergrößerung des effektiven Packungsparameters mit entsprechenden Veränderungen der Aggregatstruktur zur Folge (vgl. 3.13).

Eine Verringerung der $Ca^{2+}$-Ionenkonzentration oder eine Erhöhung des pH-Wertes bewirkt eine Verstärkung der interlamellaren Repulsionskräfte und führt damit zu einer Auflösung von Mehrschicht-Aggregaten unter Bildung großer Vesikel.

In Mehrkomponentensystemen mit geeigneten Zusatzkomponenten (z. B. Melittin) können sich auch stabile scheibenförmige Doppelschicht-Aggregate ausbilden. Die Anreicherung der Zusatzkomponente in der Scheibenrandzone bewirkt eine Erniedrigung der Grenzflächenenergie im Bereich dieser Randzone und stabilisiert damit die gebildete Disk-Struktur. Melittin ist ein α-helicales Polypeptid, das sich leicht in Membranstrukturen einfügt und dabei den Aggregationszustand in charakteristischer Weise verändert. So entstehen bei zunehmendem Melittin-Gehalt aus den zunächst gebildeten sphärischen Vesikeln scheibenförmige Aggregate, deren Abmessungen mit den Methoden der quasi-elastischen Lichtstreuung und der Gefrierbruch-Elektronenmikroskopie ermittelt werden können.

Die Packungskriterien für die Bildung von Mehrkomponenten-Lipid-Aggregaten unterscheiden sich grundsätzlich nicht von den Kriterien für die Bildung bestimmter Einkomponenten-Lipid-Aggregate. Das Mischungsverhalten der Mehrkomponentensysteme weist in vielen Fällen eine charakteristische Abhängigkeit vom Phasenzustand des Lipidsystems auf. Die im Abschn. 3.1.2 bereits kurz erwähnte und in den folgenden Abschnitten genauer diskutierte Polymorphie der Lipid-Wasser-Systeme steht in unmittelbarem Zusammenhang mit dem Ordnungszustand der Lipid-Kohlenwasserstoffketten. Die an den lamellaren Phospholipid-Wasser-Systemen zu beobachtenden Phasenübergänge entsprechen in vielen Einzelheiten den Monoschichtumwandlungen („flüssig-expandiert" $\rightleftarrows$ „kondensiert"). Im Temperaturbereich unterhalb einer charakteristischen Umwandlungstemperatur entspricht die molekulare Anordnung der Kohlenwasserstoffketten einer quasikristallinen Packung bei maximaler Kettenlänge. Oberhalb der Umwandlungstemperatur ergibt sich aus der Dynamik der Rotation um die C–C-Bindungen eine große Mannigfaltigkeit von Kettenkonformationen, die eine Verringerung des Ordnungsgrades und eine Zunahme der Doppelschicht-Fluidität zur Folge hat. Die Phasentrennung von Lipid-Mischaggregaten ist ein charakteristisches Merkmal des Phasenüberganges von der fluiden Phase in die geordnete *Gel-Phase*. Bei dieser Phasentrennung können sich *Domänen* einer Mischungskomponente ausbilden. In Analogie zu den bekannten Phasendiagrammen der klassischen Mischphasenthermodynamik lassen sich auch für Lipid-Aggregat-Systeme Phasendiagramme aufstellen. Dies ist möglich, weil die Lipid-Zustandsänderungen als weitgehend kooperative Prozesse (vgl. Abschn. 4.2.4) innerhalb eines relativ eng begrenzten Temperaturintervalls vor sich gehen.

Wenn keine spezifischen Wechselwirkungen zwischen den Molekülen einer Mischungskomponente wirksam sind, wird das Mischungsverhalten überwiegend durch den Einfluß der Mischungsentropie (vgl. Abschn. 5.2.1) bestimmt. Eine Entmischung wird also in erster Linie durch spezifische Wechselwirkungen und spezielle Packungsbedingungen verursacht. Wegen der hohen dynamischen Flexibilität der fluiden Phase wird eine Entmischung in dieser Phase nur selten beobachtet; sie kann z. B. in einem aus neutralen und anionischen Lipiden gebildeten Mischsystem durch stöchiometrische Bindung von $Ca^{2+}$-Ionen an die anionischen Kopfgruppen hervorgerufen werden.

Im quasi-kristallinen Zustand macht sich die Entmischungstendenz sehr viel stärker bemerkbar als im fluiden Zustand. Der Ordnungs-bzw. Entmischungszustand der Komponenten wird in der Gelphase wie in den Lipid-Einkomponenten-Systemen sehr stark durch die individuellen Pakkungseigenschaften der Komponenten beeinflußt. Starre Moleküle eignen sich nicht für die Herstellung einer dichten Aggregatpackung in einer quasikristallinen Phase. Während die Phospholipide durch eine relativ hohe molekulare Flexibilität ausgezeichnet sind, stellt das Cholesterin ein verhältnismäßig starres Molekül dar. Auch die für die Funktion biologischer Membranen unerläßlichen Proteine sind relativ starre Moleküle. Üblicherweise wird das Cholesterin bei der Beschreibung der Eigenschaften von Membransystemen als „Lipid" bezeichnet, obwohl es nicht die räumliche Anpassungsfähigkeit der Lipidmoleküle besitzt. Für die Diskussion der physikalisch-chemischen Eigenschaften von Membranen ist die Unterscheidung zwischen starren und flexiblen Molekülen grundsätzlich wichtiger als die Unterscheidung zwischen Lipiden und Proteinen. Weitere Hinweise zur Lipid-Phasenumwandlung und zur Phasentrennung in lamellaren Mehrkomponentensystemen werden in den Abschn. 3.3.2 und 3.3.3 gegeben.

Der Einbau von Cholesterin-Molekülen in Phospholipid-Doppelschichten hat eine scheinbare „Kondensation" der Lipid-Kohlenwasserstoffketten zur Folge. Dieser Effekt entspricht dem bereits im Abschn. 3.1.2 erwähnten Kondensationseffekt der analogen Monoschichtsysteme (vgl. Abb. 3.9). Cholesterin verteilt sich stets möglichst weitgehend in der Lipid-Matrix, da die Starrheit der Cholesterin-Moleküle von der Lipidmatrix bei hohem Vermischungsgrad besser als durch eine Domänenbildung ausgeglichen werden kann.

In Lipid-Doppelschichten können nebeneinander nur begrenzte Mengen an Cholesterin und Phosphatidylethanolamin inkorporiert werden, da die Doppelschichtstruktur zerstört wird, wenn die Lipid-Packung diese durch einen hohen Wert des Packungsparameters gekennzeichneten Sub-

stanzen nicht mehr aufnehmen kann. Diese Begrenzung der Packungsmöglichkeiten verschiedener Membrankomponenten kommt auch in der unterschiedlichen Lipid-Zusammensetzung natürlicher biologischer Membranen zum Ausdruck. Die Erythrozytenmembran enthält zwar sowohl Cholesterin (ca. 45%) als auch Phosphatidylethanolamin (ca. 15–20%), aber nicht in gleichmäßiger Verteilung. Auch die begrenzte Assoziationstendenz von Cholesterin im Phosphatidylethanolamin in Dreikomponenten-Modellsystemen läßt sich durch die ungünstigen Packungseigenschaften dieser Lipidmoleküle erklären.

Wegen des geringen Raumbedarfs der Lysolecithinketten können aus Lysolecithin und Phospholipiden kleine asymmetrische Mischvesikel gebildet werden, wobei die Lysolecithin-Komponente in der inneren Schicht angereichert ist. Alle Mischvesikel sind asymmetrisch. Auch Cholesterin bzw. Phosphatidylethanolamin bildet asymmetrische Mischvesikel mit Lecithin, wobei der Einbau von Lecithin oder Phosphatidylethanolamin eine Vergrößerung des Vesikelradius zur Folge hat. Obwohl Cholesterin und Lysolecithin in reinem Zustand keine Doppelschichten bilden können, bilden sie in binären Mischsystemen Doppelschichten bzw. Vesikel aus. Lysolecithin begünstigt die Bildung kurzlebiger Poren in Lipiddoppelschichten und bewirkt damit eine Permeabilitätserhöhung (vgl. Abschn. 2.2.3).

### 3.2.3 Physikalisch-chemische Eigenschaften von Phospholipid-Doppelschichten

Die Dicke von Phospholipid-Doppelschichten kann elektronenmikroskopisch oder mit Hilfe von Elektronen- oder Röntgenbeugungsexperimenten ermittelt werden. In einer aus Eilecithin gebildeten Doppelschicht beträgt der Abstand der polaren Gruppen etwa 4 nm. Die Länge $l_c$ einer völlig gestreckten Kohlenwasserstoffkette mit n C-Atomen berechnet sich nach einer von Tanford 1972 angegebenen Formel zu $l_c = (0,15 + n \cdot 0,1265)$ nm. Demnach würde die doppelte Länge einer völlig gestreckten $C_{18}$-Kette etwa 4,8 nm betragen. Bei Temperaturen, die physiologischen Bedingungen entsprechen, sind aber die $CH_2$-Ketten nicht völlig gestreckt, da sich die Kettendynamik verkürzend auf die mittlere Kettenlänge auswirkt. Die angegebene Dicke der Lecithin-Doppelschicht ist geringer als die mittlere Dicke einer Plasmamembran, die durch eingelagerte Proteine bis auf einen Wert von etwa 6–10 nm erhöht ist.

Der elektrische Widerstand R einer Membran oder einer Lipid-Doppelschicht nimmt mit der Größe der Membranfläche A ab:

$$R = R_m/A \ . \tag{3.42}$$

$R_m$ ist der auf die Einheitsfläche bezogene spezifische Membranwiderstand; sein Wert wird oft in der Einheit $\Omega\,cm^2$ angegeben. Der spezifische Membranwiderstand proteinfreier Lipid-Doppelschichten ist sehr hoch; er beträgt etwa $10^8\,\Omega\,cm^2$ (in 0,1 mol/l NaCl). Daraus ist zu schließen, daß die Lipidmatrix einer Biomembran nur sehr wenig zur elektrischen Leitfähigkeit beiträgt. Der elektrische Widerstand von Lipid-Doppelschichten kann mit der in Abb. 3.14 skizzierten Anordnung gemessen werden. Eine für Widerstandsmessungen geeignete planare Lipid-Doppelschicht läßt sich z.B. durch Überstreichen einer kreisförmigen Plattenöffnung mit einer Lösung von Phosphatidylcholin in Decan herstellen. Die mit der Lipidschicht versehene Platte trennt zwei mit Elektroden versehene wäßrige Kompartimente. Der aufgebrachte Lipidfilm geht durch spontane Spreitung in eine Doppelschicht über, wobei die überschüssige Lipidsubstanz einen Wulst (Torus) am Rand der Plattenöffnung bildet. Der Spreitungsprozeß kann durch Beobachtung des vom Lipidfilm reflektierten Lichtes verfolgt werden. Mit abnehmender Filmdicke ändern sich die Interferenzfarben der Lipidschicht, die nach Unterschreiten einer Dicke von 30 nm schließlich völlig schwarz erscheint. Die auf diese Weise hergestellten, etwa 5 nm dicken Lipid-Doppelschicht-Filme werden allgemein als *black lipid membranes* bezeichnet; sie eignen sich in modifizierter Form mit Proteinzusätzen auch als Modellsysteme zum Studium der Elementarprozesse des Ionentransportes in Membranen.

Bei der Widerstandsmessung muß der eigene Widerstand der an den Lipidfilm angrenzenden wäßrigen Lösungen berücksichtigt werden. Der spezifische Widerstand der Lipidschicht ist allerdings wesentlich höher als der Widerstand einer Elektrolytschicht entsprechender Dicke. Würde man aus einer 0,1 molaren wäßrigen NaCl-Lösung einen 10 nm dicken Film herstellen, so hätte dieser Film einen $R_m$-Wert von etwa $10^{-4}\,\Omega\,cm^2$. Eine Lipid-Doppelschicht wirkt somit wie ein elektrischer Isolator.

Eine Lipidmembran, die auf beiden Seiten mit wäßrigen Elektrolytlösungen in Kontakt steht, ist ein System, das einem Plattenkondensator entspricht, wobei die elektrisch leitenden Lösungen die Funktion der Metallplatten übernehmen, während die Membran ein Dielektrikum der Dicke d und der Dielektrizitätskonstante ε darstellt. Die Kapazität C des Membransystems kann mit den üblichen physikalischen Methoden gemessen werden. $C_m = C/A$ ist die auf die Einheitsfläche bezogene spezifische Membrankapazität. Die Größenordnung von $C_m$ beträgt etwa 1 µF/cm².

Als laterale Platzwechselzeit bezeichnet man die Zeit, die im Mittel vergeht, bis zwei Lipidmoleküle in einer Doppelschicht-Hälfte aufgrund der thermischen Molekularbewegung ihre Plätze getauscht haben. Der fluide Zustand der Lipid-Doppelschicht ermöglicht eine verhältnismäßig rasche laterale Diffusion der Lipidmoleküle. Spektroskopische Messungen ergaben für Lipidmoleküle laterale Platzwechselzeiten von etwa

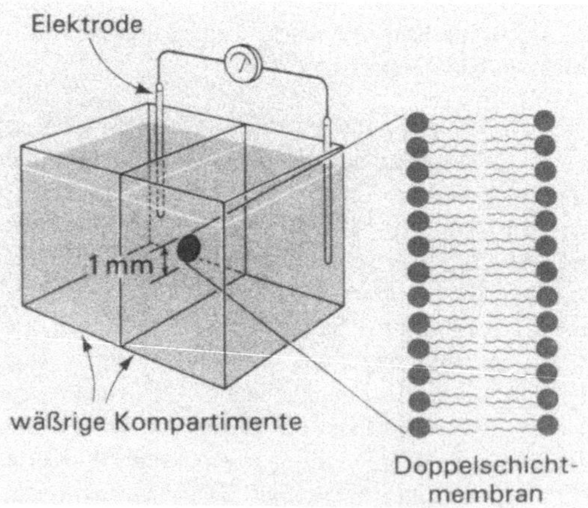


Abb. 3.14 Anordnung zur Messung des elektrischen Widerstands von Lipid-Doppelschichten

$10^{-7}$ Sekunden. Die Größenordnung der transversalen Austauschzeit (*Flip-Flop-Zeit*) beträgt dagegen Stunden oder Tage. Diese Größenordnung der Flip-Flop-Zeit entspricht der im Abschn. 3.2.2 erwähnten Größenordnung der mittleren Doppelschicht-Verweilzeit von Lipid-Molekülen; sie ist ein wichtiges Kriterium für die relativ hohe dynamische Stabilität des Lipid-Matrix-Verbandes.

Mit verschiedenen Methoden kann auch der laterale Diffusionskoeffizient von inkorporierten Proteinmolekülen in einer Lipidmatrix gemessen werden. Nach einem von Edidin und Fambrough angegebenen Verfahren lassen sich bestimmte Membranproteine durch Bindung fluoreszierender Antikörper markieren, wobei ein kleiner fluoreszierender Fleck auf der Membranoberfläche entsteht. Dieser Fleck hat sich nach einer Beobachtungszeit $\tau$ auf den Durchmesser 2a vergrößert, so daß der Diffusionskoeffizient D des Proteins nach Gl. (2.78) zu $D \simeq a^2/(2\tau)$ abgeschätzt werden kann. Mit dieser Methode findet man D-Werte von etwa $10^{-9}$ cm$^2$/s, während die entsprechenden lateralen Diffusionskoeffizienten der Lipidmoleküle etwa $10^{-7}$–$10^{-8}$ cm$^2$/s betragen. Auch in den relativ hohen D-Werten der lateralen Proteindiffusion kommt die Fluidität der Lipidmatrix deutlich zum Ausdruck. Ein Protein von vergleichbarer Größe würde in Wasser einen um einen Faktor 100–1000 höheren Diffusionskoeffizienten besitzen.

Die Fluidität der Lipid-Doppelschicht hängt stark von der Natur und vom Ordnungszustand der in den Lipiden enthaltenen Fettsäure-Reste ab. Langkettige Fettsäuren ergeben eine wenig fluide (d.h. relativ stark viskose) Lipidschicht. Auch die Zahl der Doppelbindungen in einer Kohlenwasserstoffkette ist nicht ohne Einfluß auf die Doppelschicht-Fluidität. Es besteht jedoch keine einfache Korrelation zwischen dem Sättigungsgrad der Lipid-Kohlenwasserstoffketten und der lateralen Platzwechselzeit, da sich der Sättigungsgrad der Kohlenwasserstoffketten primär auf den Ordnungszustand der Lipid-Moleküle auswirkt. Dieser Ordnungszustand wird durch den Ordnungsgrad bzw. Ordnungsparameter S beschrieben. Die CH$_2$-Ketten führen im allgemeinen anisotrope Rotationsbewegungen

um bestimmte Achsen (*Direktoren*) aus. Dabei kann der jeweilige Direktor gegen die Membrannormale geneigt sein. Der Ordnungsgrad ist ein numerischer Parameter zur Charakterisierung einer Verteilungsfunktion f($\vartheta$, $\varphi$), welche die Wahrscheinlichkeit für das Auffinden der lokalen Achse des i-ten Kettensegmentes in dem auf den Direktor bezogenen Raumwinkelelement $d\Omega = \sin\vartheta\,d\vartheta\,d\varphi$ angibt. Entwickelt man f ($\vartheta$, $\varphi$) in einer Kugelflächenfunktion, so stellt

$$S = \int (3\cos^2\vartheta - 1)\cdot f(\vartheta, \varphi)\,d\Omega \qquad (3.43)$$

das niedrigste nicht verschwindende Glied dieser Entwicklung dar. Dementsprechend ist der mittlere Ordnungsgrad einer Kette mit N CH$_2$-Gruppen durch

$$S = \tfrac{1}{2}\left\langle N^{-1}\sum_K (3\cos^2\vartheta_K - 1)\right\rangle \qquad (3.44)$$

definiert, wobei der Mittelwert über alle thermodynamisch stabilen Konformationen zu bilden ist. Die Mannigfaltigkeit dieser Kettenkonformationen ergibt sich aus der Zahl der möglichen Defekte der CH$_2$-Kette. Der einfachste Defekt ist die in der unteren Hälfte der Abb. 3.15 skizzierte *Kinke*. In dieser Anordnung befinden sich jeweils zwei benachbarte CH$_2$-Gruppen in einer gauche-Konformation (*gauche-trans-gauche-Kinke*). Aus der Kinkenbildung ergibt sich eine Längenverkürzung um A l = 0,13 nm und eine Parallelverschiebung der an die Kinke anschließenden Kettenteile. Dieser Parallelverschiebung hat die Bildung eines freien Volumens zur Folge.

Das freie Volumen ist für den Einbau von Fremdmolekülen in eine Lipidmatrix grund-

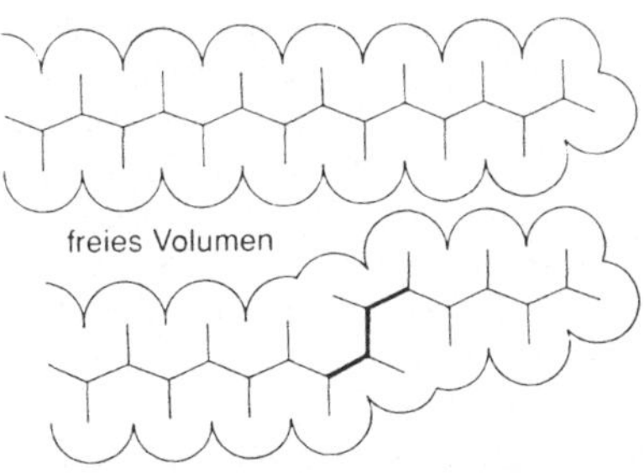


**Abb. 3.15** Kohlenwasserstoffkette mit gtg-Kinke

sätzlich wichtig. Die relative Häufigkeit der gauche-Konformationen nimmt mit steigender Temperatur zu; sie bestimmt damit auch die lokale Orientierung der Kettensegmente und den sich daraus ergebenden Wert des Ordnungsparameters S. Bei der durch Gl. (3.44) vorgeschriebenen Mittelwertsbildung müssen also die relativen Häufigkeiten der verschiedenen Kettenkonformationen als temperaturabhängige Faktoren berücksichtigt werden. Der Ordnungsparameter kann mit verschiedenen spektroskopischen Methoden experimentell ermittelt werden. Dabei ist zu beachten, daß die Beweglichkeit der Kettendefekte sehr hoch ist. Die Sprungfrequenz für die Fortbewegung einer Kinke in einer Kohlenwasserstoffkette beträgt bei Raumtemperatur etwa $10^{11}\,\mathrm{s}^{-1}$. Deshalb werden mit verschiedenen Meßverfahren, die einen Zeit-Mittelwert für eine charakteristische Beobachtungszeit $\tau$ liefern, unterschiedliche S-Werte erhalten. Mit zunehmender Temperatur verringert sich der Wert des Ordnungsparameters. Die Einführung von Doppelbindungen in die Kohlenwasserstoffkette hat ebenfalls eine Veränderung des Ordnungsparameters zur Folge.

Mißt man die auf ein Mol Phospholipid bezogene Wärmekapazität (vgl. Abschn. 5.2.1) einer wäßrigen Lipidvesikel-Suspension, so erhält man den für eine Phasenumwandlung charakteristischen, in Abb. 3.16 wiedergegebenen Temperaturverlauf der Meßgröße.

Die durch ein Maximum der Wärmekapazität gekennzeichnete Umwandlungstemperatur entspricht dem Übergang des Systems aus einem quasikristallinen in einen flüssig-kristallinen Zustand. Da es sich hierbei nicht um einen Schmelzprozeß im Sinne der strengen Definition einer Phasenumwandlung handelt, nennt man diesen Prozeß auch eine „mesomorphe Umwandlung". Unterhalb der Umwandlungstemperatur entspricht die molekulare Anordnung der Lipidmoleküle weitgehend einer hochgeordneten dichten Packung der Kohlenwasserstoffketten. In dem eng begrenzten Temperaturintervall der Umwandlung erfolgt eine abrupte Zunahme der Zahl der gauche-Konformationen bzw. Kinken, die zur Ausbildung einer weniger dicht gepackten fluiden Molekülanordnung führt. Diese Lipid- „Phasen-

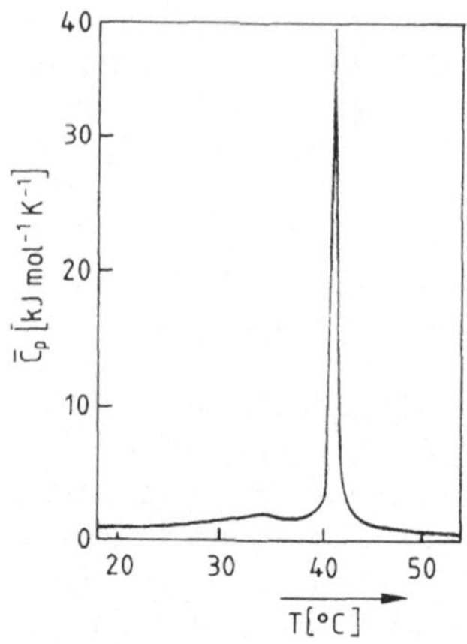

**Abb. 3.16** Temperaturverlauf der auf 1 mol Phospholipid bezogenen Wärmekapazität einer wäßrigen Dipalmitoyllecithin-Suspension

umwandlung", die durch eine signifikante Veränderung des Ordnungsparameters gekennzeichnet ist, läßt sich auch mit zahlreichen verschiedenen physikalischen Meßmethoden verfolgen; sie ist eine typische Eigenschaft aller wäßrigen Lipid-Systeme. Der Zusammenhang zwischen der Lipid-Phasenumwandlung und dem Entmischungsverhalten von Lipid-Mehrkomponentensystemen wird im Abschn. 3.3.3 erläutert.

## 3.3 Einige Bemerkungen über strukturelle und dynamische Eigenschaften von biologischen Membranen

### 3.3.1 Die chemischen Bausteine von Biomembranen

Biologische Membranen zählen zu den wichtigsten Funktionselementen aller lebenden Organismen. Ohne Membranen läßt sich die für die Existenz hochentwickelter Lebewesen unerläßliche räumliche Trennung verschiedener biochemischer Prozesse (Kompartimentierung, vgl. Abschn. 5.1.7) nicht aufrechterhalten. Auch die Nahrungsaufnahme und die Beweglichkeit von Einzellern sind an die Existenz funktionsfähiger Biomembranen gebunden. Die zelluläre Energieübertragung, die Photosynthese in Pflanzen, der Energieumsatz in Mitochondrien, die Nervenleitung und bestimmte immunologische Erkennungsprozesse mögen hier als weitere Beispiele für lebenswichtige membrangekoppelte Vorgänge genannt werden. Die Verschiedenheit dieser Prozesse findet ihren Ausdruck in der großen Vielfalt der chemischen Substanzen, die die Elementarbausteine dieser Membranen bilden. Biologische Membranen enthalten oft mehr als 50 verschiedene Proteine, die in eine Matrix aus Phospholipiden von unterschiedlicher chemischer Zusammensetzung eingebettet oder an diese Matrix angelagert sind. Es ist bemerkenswert, daß viele dieser Proteine ihre volle biologische Aktivität nur dann entfalten können, wenn sie an das Lipidsystem der Membran gebunden sind.

Auf die grundsätzliche Bedeutung der selektiven Membranpermeabilität für die Funktion aller zellulären Systeme ist bereits im Abschn. 2.2 hingewiesen. Mit einem isolierten Lipid-Aggregat-System läßt sich eine Membran für den selektiven vektoriellen Transport der im Stoffwechsel umgesetzten Substanzen nicht herstellen. Insbesondere für den aktiven Transport, d.h. für das „Pumpen" einer Substanz aus einem Reservoir mit geringer Teilchenkonzentration in ein Kompartiment mit hoher Konzentration unter Überwindung eines elektrochemischen Potentialgefälles (vgl. Abschn. 5.2.4) ist ein komplexes Vielkomponenten-Lipid-Proteinsystem erforderlich. Dieses System enthält neben den Lipiden und den Proteinen auch Steroide, Pigmente und verschie-

Phospholipide entspricht dem in Abb. 3.2 wiedergegebenen Formelschema. Die große Mannigfaltigkeit der möglichen Lipidstrukturen ergibt sich aus der Variation der Kettenlänge und des Sättigungsgrades der mit dem Glycerin-Gerüst veresterten Fettsäurereste und aus der Vielfalt der möglichen polaren Kopfgruppen. Die wichtigsten Kopfgruppen- bzw. Alkohol-Komponenten der Phospholipide sind:

$$HO-CH_2-CH_2-\overset{+}{N}(CH_3)_3$$

Cholin,

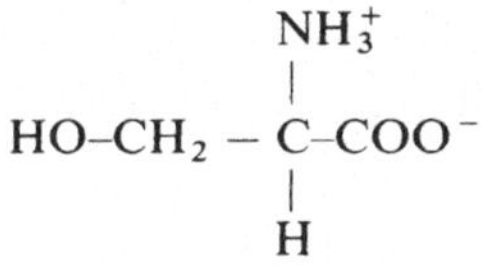

$$HO-CH_2-\overset{\overset{\displaystyle NH_3^+}{\displaystyle |}}{\underset{\overset{\displaystyle |}{\displaystyle H}}{C}}-COO^-$$

Serin,

$$HO-CH_2-CH_2-NH_3^+$$

Ethanolamin

und

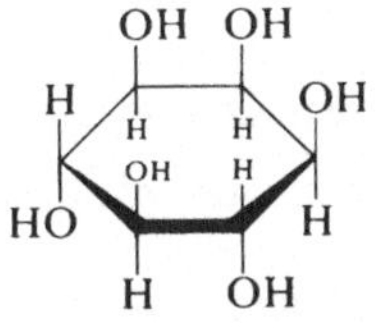

Inosit.

Auch das Glycerin selbst tritt im

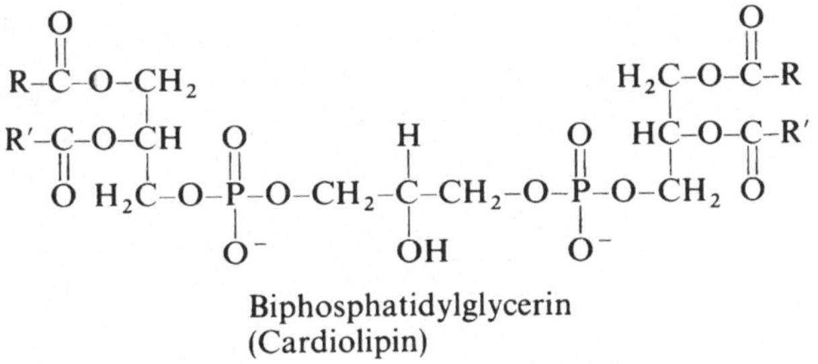

Biphosphatidylglycerin
(Cardiolipin)

dene Substanzen, die im weiteren Sinne ebenfalls als „Lipide" bezeichnet werden. Der Aufbau der

als verbrückende Kopfgruppenkomponente auf. Die unveresterte

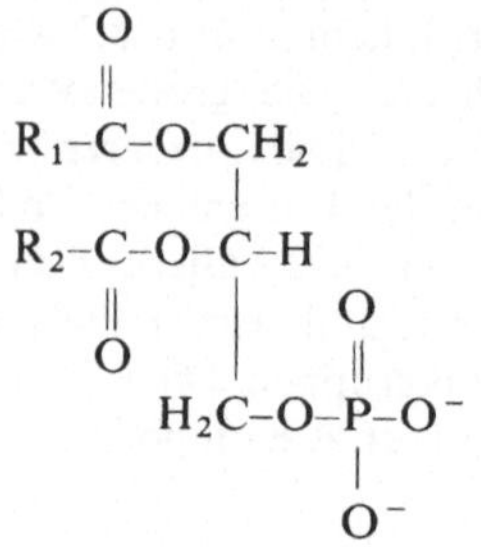

$$R_1\text{-}C(\text{=}O)\text{-}O\text{-}CH_2$$
$$R_2\text{-}C(\text{=}O)\text{-}O\text{-}C\text{-}H$$
$$H_2C\text{-}O\text{-}P(\text{=}O)(O^-)\text{-}O^-$$

Phosphatidsäure

zählt ebenfalls zur Klasse der Phospholipide. Cardiolipin und Phosphatidylcholin sind die wichtigsten Lipid-Komponenten der Mitochondrienmembran. Ein Membranlipid, das sich nicht vom Glycerin ableitet ist

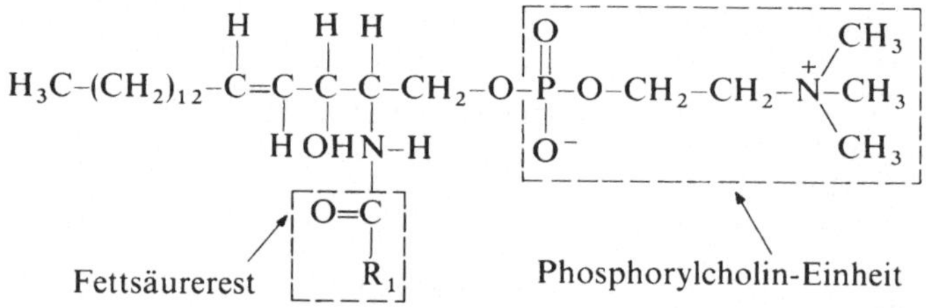

$$H_3C\text{-}(CH_2)_{12}\text{-}CH\text{=}CH\text{-}CH(OH)\text{-}CH(NH)\text{-}CH_2\text{-}O\text{-}\boxed{\text{Glucose oder Galactose}}$$

Fettsäure-Rest → $\boxed{O\text{=}C,\ R_1}$

Cerebroside

$$H_3C\text{-}(CH_2)_{12}\text{-}CH\text{=}CH\text{-}CH(OH)\text{-}CH(NH)\text{-}CH_2\text{-}O\text{-}\boxed{P(\text{=}O)(O^-)}\text{-}O\text{-}CH_2\text{-}CH_2\text{-}N^+(CH_3)_3$$

Fettsäurerest → $\boxed{O\text{=}C,\ R_1}$    Phosphorylcholin-Einheit

Sphingomyelin.

Im Sphingomyelin ist der Fettsäurerest über eine Esterbindung mit

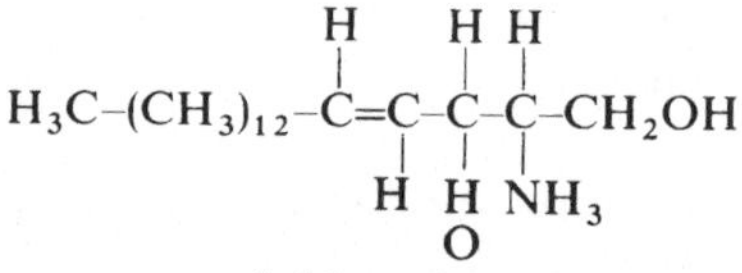

$$H_3C\text{-}(CH_3)_{12}\text{-}CH\text{=}CH\text{-}CH(H)\text{-}CH(NH_3)\text{-}CH_2OH$$

Sphingosin

verknüpft. Auch die Phosphorylcholin-Einheit ist mit dem Sphingosingerüst verestert. Das im vorangehenden Abschnitt bereits mehrfach erwähnte

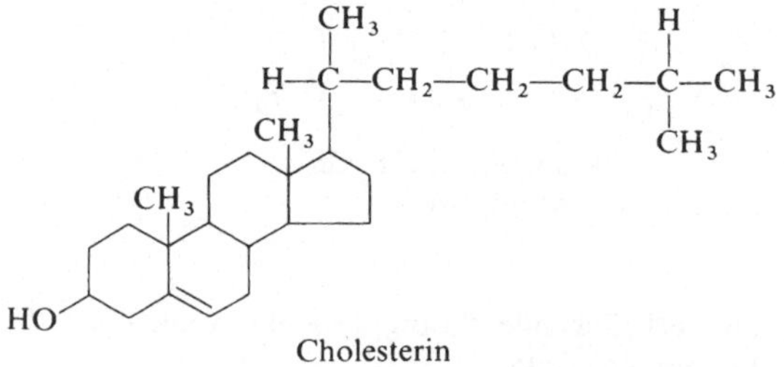

Cholesterin

ist ein wichtiger Membranbestandteil. Cholesterin findet man nicht in Prokaryoten aber in lebenswichtigen Zellen und Organellen von Eukaryoten. Auch die Glycolipide, in denen ein Monosaccharid oder ein Oligosaccharid glycosidisch mit dem Gerüstmolekül verknüpft ist, leiten sich vom Sphingosin ab. Die

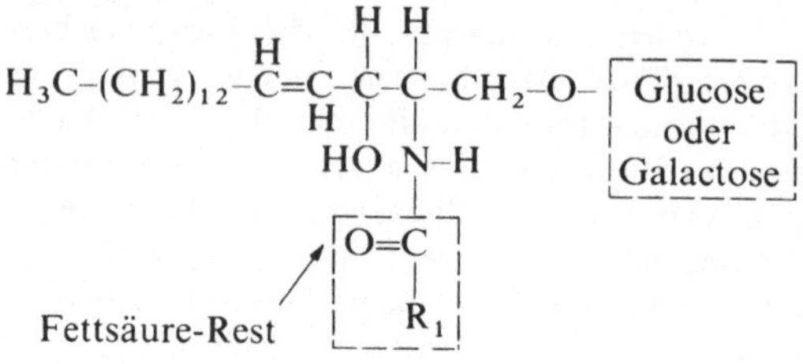

sind Glykcolipide der Monosaccharid-Reihe. Glycolipide, in denen ein Oligosaccharid an das Sphingosingerüst gebunden ist, werden als Ganglioside bezeichnet. Sie kommen im Gehirn in höherer Konzentration vor. Als Lipide im weiteren Sinne müssen neben dem Cholesterin und anderen Steroiden noch die Carotinoide (vgl. Abschn. 5.4) erwähnt werden. Eine kovalent gebundene Lipid-Einheit ist auch in den Proteolipiden enthalten. Durch die kovalente Bindung der Lipid-Einheit unterscheiden sich die Proteolipide von den Lipoproteinen, die einen durch zwischenmolekulare Wechselwirkungen stabilisierten Lipid-Protein-Komplex darstellen. Die Lipoproteine können in vielen Fällen als undissoziierte Komplexe aus Membranen isoliert werden. Eine kurze Darstellung der wichtigsten chemischen Strukturmerkmale der großen Stoffklasse der Proteine findet sich im Abschn. 4.1.2. Zu den Membranproteinen zählen auch die Glykoproteine. Ein typisches Beispiel für diese Stoffklasse ist das Glykophorin der Erythrozytenmembran. Der Anteil der Kohlenhydratkomponente an Glycoproteinen ist oft bemerkenswert hoch. So beträgt er beim Glykophorin etwa 60% der Gesamtmasse und ist in Form von Oligosaccharidketten an einem Ende des Moleküls konzentriert.

Da alle Biomembranen komplexe Vielkomponentensysteme darstellen, ist es nicht möglich, aufgrund von Modellvorstellungen quantitative Voraussagen über die physikalisch-chemischen Eigenschaften einer Membran bekannter stofflicher Zusammensetzung oder eines Lipid-Protein-Aggregat-Modellsystems zu machen. Trotz dieser durch die Komplexität der Membranstruktur bedingten Einschränkung der theoretischen Berechnungsmöglichkeiten bieten die im vorangehenden Abschnitt erläuterten Packungskriterien und die Prinzipien der molekularen Organisation von Lipidsystemen eine gute Grundlage für ein qualitatives Verständnis wichtiger Aspekte der Membranstruktur. Typische Beispiele für derartige strukturbedingte Membraneigenschaften sind die Effekte der lateralen Heterogenität bzw. Phasentrennung, die Veränderung des Ordnungszustandes von Lipiden durch Lipid-Protein-Wechselwirkung, Veränderungen der Membran-Abmessungen und die charakteristischen Asymmetrie-Eigenschaften biologischer Membranen. Die Packungskriterien für Lipid-Protein-Systeme unterscheiden sich nicht grundsätzlich von den Lipid-Packungskriterien. Allerdings sind die Proteinmoleküle relativ starr; sie verändern deshalb den Ordnungszustand der angrenzenden Lipid-Moleküle (boundary lipids) unter Vergrößerung der Membrandicke. Boundary lipids beeinflussen die Regulation von Membran-Proteinen (Beispiel: Cytochrom c-Oxidase). Durch die fluide Lipidmatrix wird eine günstige Umgebung für den Einbau von Membranproteinen geschaffen. Dabei ist der Kopfgruppeneinfluß weniger wichtig als die Fluidität des Fettsäurekettensystems. Lipid-Mischsysteme sind für Rekonstitutions-Modellversuche besser geeignet als reine Lipide. Die heterogene Lipid-Zusammensetzung ist eine notwendige Voraussetzung für den kombinierten Einbau verschiedener Proteine mit unterschiedlichen Packungseigenschaften. Cholesterin findet sich wegen seiner ungünstigen Packungsei-

genschaften nur selten in der Lipid-Protein-Grenzzone. Es ist bemerkenswert, daß die überwiegende Menge der Proteine der Erythrocyten-Membran in oder an der inneren Membranseite angereichert ist, weil dort wegen der höheren Lipid-Fluidität bessere Einbaumöglichkeiten bestehen.

Auch Proteine (z.B. Tubulin) können ohne Lipid-Zusatz zu ausgedehnten Aggregat-Strukturen assoziieren (vgl. Abschn. 3.1.1). Die Organisation einer Membran kann durch die Bindung von Proteinen an ein unter der Membran befindliches Zytoskelett aus Mikrotubuli und Mikrofilamenten beeinflußt werden. Die dichte Annäherung an andere Membranen, wie sie im Myelin, in den Thylakoiden und in Zellhüllen auftritt, ist ebenfalls wichtig für die Membranorganisation. Durch den Membran-Membran-Kontakt wird eine Umverteilung der Komponenten in den Membranen verursacht. So unterscheidet sich z.B. die Verteilung der Komponenten in den Granastapeln der Chloroplasten von der Komponentenverteilung in der ungestapelten Thylakoid-Membran (vgl. Abschn. 5.4). Die Packungskriterien sind auch für die Asymmetrie der Membranstruktur wichtig. Die Wechselwirkung peripherer Proteine mit Membran-Lipiden ist überwiegend elektrostatischer Natur (Beispiel: Cytochrom c).

### 3.3.2 Anisotropie der Molekülbeweglichkeit, Ordnungsgrad und Lipid-Phasenumwandlung

Die im Zusammenhang mit der Definition des Ordungsparameters bereits kurz erwähnte Anisotropie (Richtungsabhängigkeit, vgl. Abschn. 3.2.3) der Molekülbeweglichkeit ist nicht auf die Bewegung der Lipidmoleküle in Lipid-Doppelschichten beschränkt. Auch die Proteinmoleküle führen anisotrope Bewegungen in der Lipidmatrix eines Biomembransystems aus. Man hat zwischen verschiedenen Kategorien der Protein-Beweglichkeit zu unterscheiden. Neben den Rotations- und Translationsbewegungen der Proteinmoleküle müssen auch Schaukelbewegungen dieser Moleküle sowie Platzwechselprozesse zwischen den beiden Einzelschichten einer Lipid-Doppelschicht und zwischen zwei benachbarten Doppelschichten in Betracht gezogen werden. Über intramolekulare Konformationsänderungen der Membranproteine liegen bis jetzt nur sehr wenige experimentelle Ergebnisse vor. Am besten untersucht sind die Translations- und Rotationsbewegungen der Proteine. Ein zum Studium der Bewegungen von Membran-Proteinen besonders gut geeignetes System ist das Stäbchen-Außenglieder-System der Netzhaut. In der Rhodopsin enthaltenden Membran sind die Rhodopsin-Chromophore nicht in einer bestimmten Richtung orientiert. Durch einen polarisierten Lichtblitz werden selektiv die Rhodopsinmoleküle „gebleicht", deren Chromophor parallel zum elektrischen Vektor des Blitzlichtes ausgerichtet ist. Dabei entsteht ein induzierter Dichroismus. Der zeitliche Abfall dieses Dichroismus ist ein Maß für die Rotationsdiffusion der Rhodopsinmoleküle, durch die in kurzer Zeit (ca. 20 µs bei 20 °C) wieder die dem unbelichteten Zustand entsprechende Richtungsverteilung der Moleküle hergestellt wird. Belichtet man isolierte Stäbchenaußenglieder so, daß nur eine Seite des zylindrischen Stäbchens gebleicht wird, so führt die laterale Diffusion der Rhodopsinmoleküle zu einer Abnahme der Rhodopsinabsorption in der ungebleichten Stäbchenseite und zu einer Absorptionszunahme in der gebleichten Seite, da die lange Achse der Stäbchen senkrecht zur Ebene der Rhodopsin-haltigen Membran orientiert ist. Die Absorptionsunterschiede werden also durch die laterale Diffusion der Rhodopsinmoleküle ausgeglichen. Der aus der zeitlichen Abnahme der Absorptionsunterschiede abgeleitete laterale Diffusionskoeffizient stimmt gut mit dem Wert, der für die Translation von Proteinmolekülen in einem fluiden Medium aus dem Rotationsdiffusionskoeffizienten berechnet werden kann, überein. Die Membran verhält sich also wie eine zweidimensionale Flüssigkeit. Auch die im Abschn. 3.2.3 beschriebene Methode zur Messung lateraler Diffusionskoeffizienten der mit fluoreszierenden Antikörpern markierten Proteinmoleküle liefert entsprechende Werte für die laterale Translationsrate von Membranproteinen. Der laterale Diffusionskoeffizient hängt in charakteristischer Weise von der Zusammensetzung des betrachteten Membransystems ab. So konnte z.B. gezeigt werden, daß die laterale Diffusionsrate in den Membranen des sarcoplasmatischen Reticulums eben so hoch wie die Diffusionsrate in Lipid-Protein-Modell-Doppelschichten ist. Dagegen ist die laterale Translationsbeweglichkeit der Proteine in den cholesterinhaltigen Erythrozytenmembranen wesentlich geringer.

Ein wichtiges Verfahren zur Bestimmung des lateralen Diffusionskoeffizienten von Proteinen in Lipid-Protein-Systemen beruht auf dem als *fluorescence recovery after photobleaching* (FRAP) bezeichnenden Meßprinzip. Markiert man ein Proteinmolekül durch Bindung eines fluoreszierenden Moleküls, so kann die Struktur des Fluorophors durch einen intensiven LASER-Puls in einen nicht fluoreszierenden chemischen Zustand übergeführt werden. Diese in der Regel nicht umkehrbare photochemische Reaktion wird als *photobleaching* bezeichnet. Sind die durch einen Photobleachingpuls in einem flächenmäßig begrenzten Bereich (z.B. in einem kreisrunden Fleck) vorbehandelten Moleküle Bestandteile eines fluiden Systems, so werden sie nach und nach durch laterale Diffusion gegen intakte, fluoreszenzfähige Spezies ausgetauscht. Damit nimmt die meßbare Fluoreszenzfähigkeit des betrachteten Oberflächenausschnittes wieder zu. Zur Auswertung der Experimente kann in einfachen Fällen wieder Gl. (2.78) Anwendung finden, d.h. die charakteristische *Erholungszeit* der Fluoreszenz ist proportional zum Quadrat des Fleck-Durchmessers und umgekehrt proportional zum lateralen Diffusionskoeffizienten der markierten Moleküle. Die mit dieser Methode bestimmten Werte des lateralen Diffusionskoeffizienten stimmen gut mit den nach den oben beschriebenen Verfahren ermittelten Werten überein.

Die theoretische Berechnung des lateralen Diffusionskoeffizienten $D_{lat}$ aus dem Rotationsdiffusionskoeffizienten $D_{rot}$ kann mit Hilfe der Saffman–Delbrück-Gleichungen erfolgen. Unter der Annahme, daß ein Membranprotein näherungsweise wie ein in ein Medium der Viskosität $\eta$ eingebetteter Zylinder mit dem Radius a und der Höhe h behandelt werden kann, läßt sich $D_{rot}$ durch die Beziehung

$$D_{rot} = \frac{kT}{4\pi a^2 h \eta} \qquad (3.45)$$

ausdrücken. Diese Gleichung entspricht in ihrem Aufbau der im Abschn. 2.2.2 angegebenen Gl. (2.65). Bezüglich weiterer Einzelheiten muß auf die im Anhang angegebene Literatur verwiesen werden. Für $D_{lat}$ gilt entsprechend

$$D_{lat} = \frac{kT}{4\pi\eta h}\left(\ln\left(\frac{\eta h}{\eta_w a}\right) - 0,5772\right), \quad (3.46)$$

wobei mit $\eta_w$ die Viskosität der angrenzenden wäßrigen Phase berücksichtigt worden ist. Durch Elimination der Membranviskosität $\eta$ aus den Gln. (3.45) und (3.46) erhält man den Ausdruck

$$\frac{D_{lat}}{D_{rot}} = a^2\left(\ln\frac{kT}{4\pi a^2\eta_w D_{rot}} - 0,5572\right). \quad (3.47)$$

Die damit aus $D_{rot}$ berechneten Werte des lateralen Diffusionskoeffizienten stimmen gut mit den experimentell ermittelten Werten überein, wenn man für a einen den effektiven geometrischen Bedingungen angepaßten Wert von ca. 2 nm einsetzt.

Die Anisotropie der Translationsbeweglichkeit von Membranproteinen und Lipiden findet ihren Ausdruck in den niedrigen Platzwechselraten der transversalen Platzwechselprozesse aller strukturbildenden Membrankomponenten; sie steht in unmittelbarem Zusammenhang mit der funktionellen Asymmetrie der Biomembranen und erleichtert deren Aufrechterhaltung. Zwingende Argumente für die strukturelle Asymmetrie von Biomembranen ergeben sich z.B. aus der funktionellen Asymmetrie der aktiven Transportsysteme (vgl. Abschn. 5.2.7). Proteine sind notwendigerweise asymmetrisch; wenn identische Moleküle nicht paarweise mit entgegengesetzter Orientierung in der Doppelschicht angeordnet sind, müssen sie zur Asymmetrie der Membran beitragen. Die Erythrozyten-Membran ist ein typisches Beispiel für eine Membran mit asymmetrischer Proteinverteilung. Behandelt man intakte Erythrozyten mit nicht permeïerenden Reagenzien, so werden nur zwei größere Proteinfraktionen markiert. Die restlichen Membranproteine werden nur markiert, wenn die Reagenzien Zugang zur inneren Membranoberfläche haben, weil die reaktionsfähigen Gruppen dieser Proteine nur an der zytoplasmatischen Seite über das wäßrige Milieu

zugänglich sind. Proteine, die die Membran durchsetzen, sind allerdings oft von beiden Membranseiten her markierbar. Die Elektronenmikroskopie kann ebenfalls benutzt werden, um Aussagen über die asymmetrische Verteilung reaktiver Gruppen auf die beiden Membranoberflächen zu gewinnen. Bei der Untersuchung von Erythrozyten-Membranen mit dieser morphologischen Methode wurde eine asymmetrische Proteinverteilung gefunden, die gut mit der durch chemische Markierungsverfahren festgestellten Protein-Asymmetrie übereinstimmt. Es ist sehr wahrscheinlich, daß eine Asymmetrie der Proteinverteilung und eine damit gekoppelte Asymmetrie der Lipid-Verteilung für die meisten biologischen Membranen charakteristisch ist; sie muß deshalb bei Modellversuchen mit rekonstituierten Doppelschichten entsprechend berücksichtigt werden. Durch Temperaturänderungen und durch Änderungen der Ionenkonzentration der wäßrigen Phase kann die Lipidverteilung und damit auch die Proteinverteilung beeinflußt werden. Dabei wirken sich die Wechselwirkungen mit integralen Membranproteinen auf die Proteinverteilung aus. Membranproteine können assoziieren und dabei komplexe makromolekulare Einheiten bilden. In neuerer Zeit konnte auch gezeigt werden, daß die Bewegungen der integralen Membranproteine durch Wechselwirkungen mit den an einer Membranoberfläche lokalisierten peripheren Proteinen beeinflußt werden.

Die durch den Einbau von Proteinen in die Lipidmatrix verursachte Störung des Ordnungszustandes der Lipid-Kohlenwasserstoffketten läßt sich mit verschiedenen experimentellen Methoden untersuchen; sie wurde zuerst mit der ESR-Spinsondentechnik nachgewiesen. Nitroxidradikal-Spinsonden eignen sich gut für die Untersuchung des Ordnungszustandes und der molekularen Dynamik von Lipid-Doppelschichten und Biomembranen. Die durch eine Kopplung des ungepaarten Elektrons (vgl. Abschn. 1.1.4) mit dem $^{14}$N-Stickstoffkern bedingte Hyperfeinaufspaltung der ESR-Spektren hängt in charakteristischer Weise von der Orientierung der Molekülachse des Sondenmoleküls relativ zur Richtung des äußeren Magnetfeldes ab. Außerdem lassen die ESR-Spektren der Spinsonden eine signifikante Abhängigkeit von der Fluidität bzw. Viskosität des molekularen Systems in der unmittelbaren Umgebung der Radikale erkennen.

Als typisches Beispiel für diese Spinsonden seien hier die Fettsäure-Spinsonden

$$CH_3-(CH_2)_m-\underset{\underset{O \quad N\rightarrow O}{}}{C}-(CH_2)_n-COOH$$

genannt, bei denen der Oxazolidin-Ring in verschiedenen Positionen kovalent an den Kohlenwasserstoffketten fixiert werden kann. Die in der Formel angegebenen Indizes m und n bezeichnen die Zahl der $CH_2$-Gruppen in den Kettenbereichen vor bzw. hinter dem C-Atom, an das die Radikalsonde gebunden ist.

Auch der Diffusionskoeffizient der lateralen Molekülbewegung läßt sich durch Messungen mit ESR-Spinsonden bestimmen. Wenn sich die Radikale bis auf einen kritischen Abstand nähern, kommt es zu einer Spin-Austausch-Wechselwirkung, die eine Modifikation der ESR-Spektren zur Folge hat. Aus der Veränderung der ESR-Spektren läßt sich die mittlere Zahl der in der Zeiteinheit ablaufenden Spin-Austausch-Ereignisse ablesen. Diese Austauschfrequenz ist ein Maß für die Häufigkeit der Radikalbegegnungen und damit auch ein Maß für den lateralen Diffusionskoeffizienten. Fettsäure- oder Phospholipid-Radikalsonden führen in vielen biologischen Membranen ebenso wie in Lipid-Doppelschichten schnelle anisotrope Rotationsbewegungen aus, die an der Linienform der bei verschiedenen Temperaturen gemessenen ESR-Spektren zu erkennen sind. Daraus folgt, daß die untersuchten biologischen Membranen zumindest teilweise aus Lipid-Doppelschichten oder Monoschichten aufgebaut sind. Dieser Schluß wird durch einen Vergleich der lateralen Diffusionskoeffizienten bestätigt. Die für Lebermikrosomen bei 40 °C gemessenen Werte $(8 \cdot 10^{-8}\ cm^2/s)$ unterscheiden sich nicht wesentlich von den an fluiden Lecithin-Lamellen gemessenen Werten. Durch Messungen mit ESR-Spinsonden konnte auch gezeigt werden, daß in Modell-Doppelschichten und auch in Biomembranen ein Gradient zunehmender Beweg-

lichkeit der Kohlenwasserstoffketten von der hydrophilen Kopfgruppe zur terminalen Methylgruppe, d.h. zur Doppelschicht-Mitte hin besteht.

Die an Fettsäuren gebundenen Sondenradikale können in Leber-Mikrosomen durch das Cytochrom P450/Reduktase-System reduziert werden. Die reduzierten Sondenmoleküle liefern keinen Beitrag zum ESR-Signal.

Bei dieser enzymatischen Reduktion wird die Aktivierungsenergie (vgl. Abschn. 5.3.1) des Prozesses durch Strukturänderungen in der Lipidumgebung des Enzymsystems erheblich beeinflußt. Wenn man den Logarithmus der Geschwindigkeitskonstanten für die Reduktion dieser Fettsäure-Spinsonde mit m = 12 und n = 3 gegen den Reziprokwert der in Kelvin angegebenen Temperatur aufträgt, erhält man ein Arrhenius-Diagramm (Abb. 3.17) mit einer charakteristischen Diskontinuität bei 32 °C, die auf eine Lipid-Phasenumwandlung zurückzuführen ist. Das Arrhenius-Diagramm für die Reduktion einer Spinsonde, für die das Enzymsystem nur über die wäßrige Phase zugänglich ist, zeigt keine Diskontinuität. Dieser Befund kann damit erklärt werden, daß das Enzymsystem in eine Lipid-Zone

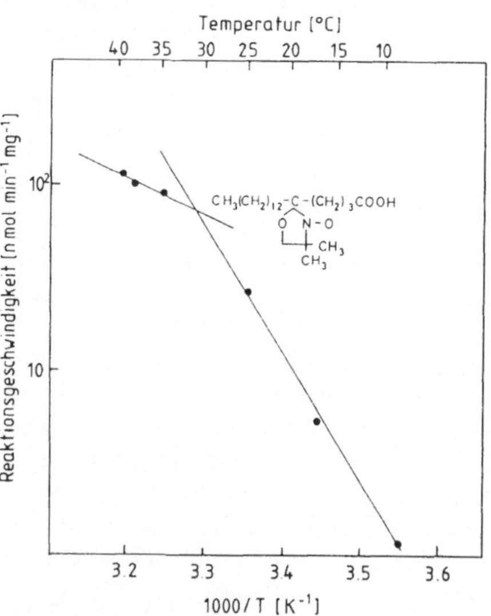



**Abb. 3.17** Arrhenius-Diagramm für die Reduktion eines Fettsäure-Spinsonden-Radikals mit dem Enzymsystem Cytochrom P450/Reduktase

eingebettet ist, die einer Domänenbildung entspricht und sich in ihrem Ordnungszustand von dem restlichen Lipid-Anteil der Membran unterscheidet. Dieser Hauptanteil der Lipidmatrix zeigt keine Phasenumwandlung in dem betrachteten Temperaturintervall.

In günstigen Fällen lassen sich integrale Membranproteine auch gemeinsam mit einem Teil ihrer Lipid-Umgebung aus der Membran isolieren und nach der Isolierung mit Spinsonden-Molekülen dotieren. Anschließend kann den isolierten Proben unter partieller Rekonstitution des ursprünglichen Membransystems wieder eine bestimmte Lipidmenge hinzugefügt und damit das Lipid-Protein-Verhältnis variiert werden. Wenn das Protein mit einem Ring (annulus) von Lipidmolekülen umgeben ist, deren Fluidität sich stark von der Fluidität der restlichen Lipidmenge unterscheidet, zeigt das ESR-Spektrum zwei Komponenten mit verschiedener Linienform. Aus den für verschiedene Lipid-Protein-Mengenverhältnisse ermittelten relativen Intensitäten dieser Spektrenkomponenten läßt sich die Zahl der strukturell beeinflußten Lipidmoleküle (boundary lipids) in der unmittelbaren Umgebung des Enzymproteins ableiten. Entsprechende Versuche sind z.B. am Cytochrom-Oxidase-System ausgeführt worden.

Durch den Einbau von Proteinen in die Lipidmatrix wird häufig auch eine starke Verbreiterung des Temperaturintervalls der Lipid-Phasenumwandlung unter Veränderung der Umwandlungstemperatur verursacht, die z.B. mit kalorimetrischen Methoden nachgewiesen werden kann. Die Umwandlung zeigt dann oft nicht mehr die typischen Merkmale einer Phasenumwandlung erster Ordnung, d.h. es lassen sich in dem betrachteten Temperaturintervall keine koexistierenden Phasen nachweisen. Es ist naheliegend, in diesen Fällen von einer Phasenumwandlung höherer Ordnung zu sprechen, obwohl die Zustandsänderung des untersuchten Mehrkomponentensystems mit dieser Begriffsbildung nur unzureichend charakterisiert wird. Von dieser graduellen Störung der Lipid-Phasenumwandlung ist die mit Entmischungsvorgängen gekoppelte Phasentrennung zu unterscheiden; sie wird im Abschn. 3.3.3 beschrieben und diskutiert.

Da der Proteingehalt natürlicher Membranen relativ hoch ist, können die ungestörten Lipid-Doppelschicht-Bereiche in diesen Membranen nicht sehr groß sein. Von der durch das eingebaute Protein verursachten Störung der Doppelschichtstruktur wird eine Randzone mit einer Dicke von zwei bis drei Lipid-Durchmessern erfaßt. Die Austauschrate boundary lipid $\leftrightarrows$ bulk lipid liegt zwischen $10^7\,\mathrm{s}^{-1}$ und $10^4\,\mathrm{s}^{-1}$. Dementsprechend sind die unterschiedlichen Zustände der Lipid-Moleküle nur mit ESR-, aber nicht mit NMR-Messungen feststellbar. Für die biochemische Funktion und die Transportfunktionen der Membran ist es günstig, wenn sich die Lipide in einem Zustand befinden, der weitgehend dem Übergangszustand der Lipid-Phasenumwandlung entspricht.

### 3.3.3 Ausscheidungsphänomene, transversale und laterale Phasentrennung in Membranen

Obwohl die Phospholipid-Phasenumwandlung nach den Klassifikationskriterien der Phasengleichgewichte nicht als Phasenumwandlung erster Ordnung bezeichnet werden kann, zeigt sie doch ein Umwandlungsverhalten, das eine bemerkenswerte Ähnlichkeit mit dem Zweiphasengleichgewicht eines Einkomponentensystems aufweist. Diese Analogie kommt auch in den typischen Merkmalen des Phasenverhaltens von Lipid-Mischsystemen zum Ausdruck. Wenn die spezifischen Wechselwirkungen zwischen bestimmten Komponenten dieser Mischsysteme stark genug sind, um inselartige Aggregatphasenbezirke zu stabilisieren, kommt es bei einer Temperaturänderung oder bei einer Veränderung anderer Parameter zu Phasentrennungen, wobei sich die verschiedenen Phasen in ihrer stofflichen Zusammensetzung und in ihrer Fluidität unterscheiden. Bei diesen Ausscheidungsvorgängen reichern sich die Proteine in der Regel in den fluiden Phasen an. Die Existenz bzw. Bildung mehrerer „kondensierter" Phasen ist keine notwendige Voraussetzung für die Anreicherung einer Komponente eines Lipid-Mischsystems; sie kann bereits beim Übergang eines Zweikomponentensystems aus dem flüssig-kristallinen Zustand in den Gelzustand erfolgen. Die Abb. 3.18 zeigt das aus kalori-

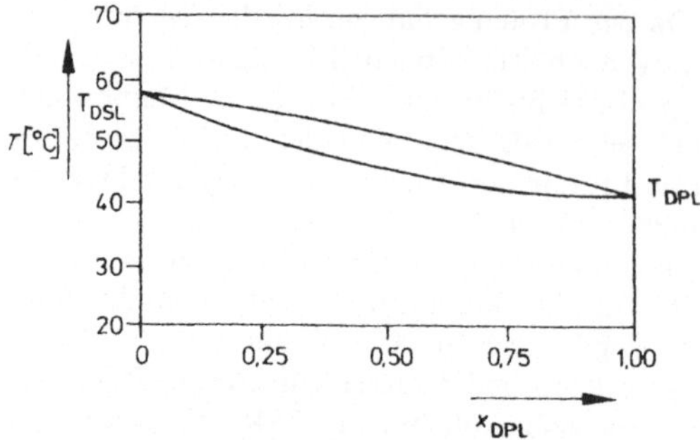



**Abb. 3.18** Phasendiagramm für das Mischsystem Distearoyl-lecithin-Dipalmitoyllecithin (vollständige Mischbarkeit in beiden Phasen)

metrischen Messungen abgeleitete Phasendiagramm eines aus Dipalmitoyllecithin (DPL) und Distearoyllecithin (DSL) gebildeten Mischsystems.

Dieses Phasendiagramm weist alle charakteristischen Merkmale des Schmelzdiagramms eines einfachen (dreidimensionalen) Zweikomponentensystems mit vollständiger Mischbarkeit der Komponenten in beiden Aggregatzuständen auf. Die obere Kurve, die der *Liquidus-Kurve* eines Schmelzdiagramms entspricht, gibt die Zusammensetzung der flüssig-kristallinen Phase für die Temperatur an, bei der die Bildung der korrespondierenden Gel-Phase im Verlauf des Abkühlungsvorganges einsetzt. Bei dieser Temperatur hat die Gel-Phase die Zusammensetzung, die der einer *Solidus-Kurve* im Schmelzdiagramm entsprechenden unteren Kurve entnommen werden kann. Bei weiterer Abkühlung nimmt die Menge der Gel-Phase zu, wobei sich der Molenbruch (vgl. Abschn. 1.2.6) $x_{DPL}$ des Dipalmitoyllecithins in dieser Phase wieder vergrößert. Wenn das gesamte Lipidsystem in den Gel-Zustand übergegangen ist, hat sich auch in diesem Zustand wieder das ursprüngliche Mischungsverhältnis beider Komponenten eingestellt. Der Entmischungseffekt bleibt also bei diesem Typ des Phasendiagramms auf den Koexistenzbereich beider Phasen beschränkt. Kommt es dagegen beim Übergang in den quasi-kristallinen Zustand zur Ausbildung mehrer kondensierter Phasen, die mit morphologischen Methoden als getrennte Phasenbereiche identifiziert werden können, so

unterscheiden sich diese Phasen auch nach Beendigung des Abkühlungsvorganges in ihrer Lipidzusammensetzung. Ein Beispiel für ein Lipid-System mit Phasentrennung im quasikristallinen Zustand zeigt die Abb. 3.19.

Die beim Übergang in den quasikristallinen Zustand einsetzende laterale Phasentrennung führt oft zur Ausbildung einer domänenartigen Organisation der Lipidkomponenten in der Membranebene. Diese Domänenbildung tritt nicht nur bei der Lipid-Phasenumwandlung von Doppelschichtsystemen, sondern auch bei der im Abschn. 3.1.2 beschriebenen Kompression von Lipid-Monoschichten auf. Da die Löslichkeit bestimmter Fluoreszenzfarbstoffe in den fluiden Bereichen eines Lipidsystems sehr viel größer als in den hochgeordneten quasikristallinen Bereichen ist, läßt sich die Domänenstruktur mit einem Fluoreszenzmikroskop sichtbar machen. Dabei erscheinen die Domänen als dunkle Zonen in der fluoreszierenden Matrix des fluiden Lipidanteils. Es ist bemerkenswert, daß diese Domänen eine einfache symmetrische Struktur (im einfachsten

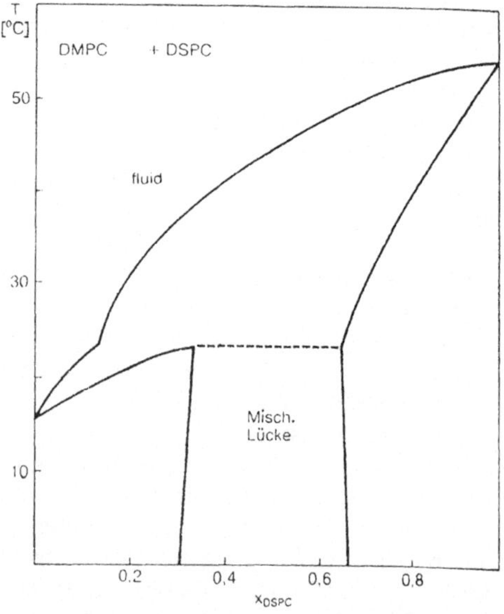



**Abb. 3.19** Phasendiagramm für das Lipid-Mischsystem Dimyristoylphosphatidylcholin (DMPC) – Disteoraylphosphatidylcholin (DSPC) mit unvollständiger Mischbarkeit im quasikristallinen Zustand

Falle Kreisscheiben-Struktur) haben und sich in ihrer Größe nicht merklich voneinander unterscheiden. Aus den bisher vorliegenden Befunden der Untersuchung von Monoschichtsystemen ist zu schließen, daß es sich bei dieser Domänenstruktur um eine Gleichgewichtseigenschaft (vgl. Abschn. 5.2) des Systems handelt. Durch diese Eigenschaft unterscheiden sich die zweidimensionalen Lipid-Systeme von den dreidimensionalen Systemen, bei denen es im Idealfall zu einer vollständigen Trennung koexistierender Phasen kommt. Existenz, Größe und Form der Domänen werden wahrscheinlich durch zwei gegensätzlich wirkende Kräfte beeinflußt.

1. Die *Grenzlinienspannung* sollte das System dahin treiben, daß keine Domänen mehr auftreten, d.h. vollständige Phasentrennung auftritt. Eine Erniedrigung der Grenzlinienspannung durch Verunreinigungen (Fluoreszenzfarbstoffe, Cholesterin) führt zu kleineren Domänen.

2. *Elektrostatische Abstoßungskräfte* verhindern das Zusammenwachsen der Domänen. Hierbei handelt es sich um Unterschiede der Dipoldichte im Kopfgruppenbereich zwischen fluider und fester Phase, die zu Abstoßungskräften aufgrund von Dipolmomenten der einzelnen Domänen führen. Erhöhung dieser Dipolmomente, z.B. durch Aufladung der DMPA-Kopfgruppe bei hohen pH-Werten begünstigt die Bildung von kleineren Domänen.

Da sich die Domänengrößen durch diese Variationen der Zusammensetzung, des pH-Wertes und der Ionenstärke der Subphase ändern lassen, scheinen sie Gleichgewichtseigenschaften zu sein. Die Domänen verändern sich auch über einen Zeitraum von Stunden nicht in ihrer Größe.

Andererseits scheint es so zu sein, daß die Domänengrößen auch durch die Nukleationsbedingungen variiert werden können, was darauf hindeutet, daß die gebildeten Domänen z.T. Nicht-Gleichgewichtsstrukturen sind. Worin die unterschiedlichen Nukleationsbedingungen bestehen, konnte bis jetzt noch nicht vollständig geklärt werden. Wahrscheinlich handelt es sich dabei um verschiedene Kompressionsgeschwindigkeiten.

Mit der Gefrierätz-Elektronenmikroskopie konnte ein direkter Nachweis der Domänenbildung bei der Untersuchung von Vesikeln einer 1:1-Mischung aus Dioleyl-Phosphatidsäure und Dioleyl-Lecithin geführt werden. Dabei wurde die Domänenbildung durch Bindung von Poly-Lysin induziert. Dieser Domänenbildungseffekt beruht auf der Assoziation der geladenen Lipide mit dem geladenen Polypeptid (ladungsinduzierte Domänenbildung, vgl. Abschn. 3.2.2). Die Bindung des Poly-Lysins an die Lipidmembran ist mit einer Konformationsumwandlung des Polypeptids gekoppelt. Lipide und Proteine können also kooperative Systeme bilden, in denen die Strukturumwandlung einer Systemkomponente die Konformationsänderung der anderen Komponente induziert. Eine kooperative Protein-Lipid-Kopplung tritt z.B. auch bei der Belichtung des Rhodopsins im Stäbchen-Außenglieder-System der Netzhaut auf. Ein weiteres Beispiel für eine selektive elektrostatische Protein-Lipid-Wechselwirkung ist die Bindung von Cardiolipin an Cytochrom c. In Lipid-Mischsystemen, die neben dem Cardiolipin eine neutrale Lipid-Komponente enthalten, wird das Cardiolipin selektiv unter Domänenbildung an das Cytochrom c gebunden. Man bezeichnet die „absorbierte" Lipidschicht auch als Grenzflächen-Lipid (s.o.) oder als „Lipid-Halo". Bei einer Temperaturerniedrigung tritt in Lipid-Protein-Mischsystemen häufig eine Protein-Aggregation auf, da sich die Proteine in den fluiden Bereichen des mehrphasigen Systems anreichern und dort unter Domänenbildung aggregieren können. Die Protein-Aggregate lassen sich ebenfalls mit der Methode der Gefrierätz-Elektronenmikroskopie nachweisen. Die hier beschriebenen Wechselwirkungseffekte sind wichtig für das Verständnis der Lipid-Regulation von Membran-Enzymen. Bis jetzt gibt es allerdings nur sehr wenige Beispiele für eine biochemisch essentielle spezifische Protein-Lipid-Wechselwirkung. Eindeutig nachgewiesen ist die Notwendigkeit dieser Wechselwirkung für das in der inneren Mitochondrienmembran integrierte Enzym $\beta$-Hydroxybutyrat-Dehydrogenase, das $NAD^+$ nur in unmittelbarer Nachbarschaft zur Phosphatidylcholin-Kopfgruppe binden und umsetzen kann. Ohne diese spezifische Protein-Lipid-Wechselwirkung kann die enzymatische Umsetzung der Substratmoleküle nicht ablaufen.

Neben der selektiven elektrostatischen Protein-Lipid-Wechselwirkung muß noch eine andere Ursache der Domänenbildung in Betracht gezogen werden. Membranproteine mit einem hydrophoben Kern definierter Länge können eine elastische Deformation der Lipidmatrix verursachen. Dabei wird sich der Proteinkern vorwiegend mit einem Halo aus Lipidmolekülen, deren Länge an seine Länge angepaßt ist, umgeben (vgl. Abb. 3.20). Die elastische Deformation verringert sich exponentiell mit zunehmendem Abstand vom Protein, so daß ihr eine charakteristische Kohärenzlänge zugeordnet werden kann.

Als Beispiel für diese Art der Protein-Lipid-Wechselwirkung sei hier die Einbettung von Gramicidin in Lecithin-Cholesterin-Mischungen genannt.

Die Störung des Ordnungszustandes der Lipidmatrix durch die Protein-Lipid-Wechselwirkung kann als Übertragungsmechanismus für eine weitreichende indirekte Protein-Protein-Wechselwirkung dienen. Dieser über das Lipid vermittelte Wechselwirkungsmechanismus ist sehr vielseitig. Deshalb ist ihm eine erhebliche Bedeutung für die Funktionsfähigkeit biologischer Membranen zuzuschreiben. Bei diesem Wechselwirkungstyp kann die elastische Deformation der Lipidschicht durch den in Abb. 3.20 skizzierten Einbau von Proteinen zur Ausbildung weitreichender Kräfte führen. Dies gilt insbesondere dann, wenn das eingebaute Protein-Molekül eine konische Form besitzt und damit in seiner unmittelbaren Umgebung eine Neigung des Direktors der mittleren Lipidorientierung verursacht. Die daraus resultierende elastische Kraft ist umgekehrt proportional

zum Abstand der in Wechselwirkung tretenden Proteine; sie hat deshalb eine große Reichweite. Neben der einfachen, durch Störung der LipidStruktur vermittelten Protein-Protein-Wechselwirkung und der durch elastische Deformation bewirkten weitreichenden Wechselwirkung muß auch noch die Möglichkeit der Wechselwirkungskopplung durch kritische Konzentrationsfluktuationen in Betracht gezogen werden. In einem Lipidmischsystem mit den Komponenten A und B kann es oberhalb einer kritischen Entmischungstemperatur zu weitreichenden Konzentrationsfluktuationen kommen. Zwei Proteine $P_1$ und $P_2$, die sich in der Komponente A gut lösen, werden sich bevorzugt mit Lipid A-Molekülen umgeben und dabei eine effektive gegenseitige Anziehung erfahren, da sie die durch Konzentrationsfluktuationen an A angereicherte Domäne zu teilen suchen. Dagegen wird ein Protein $P_3$, für das A ein schlechtes Lösungsmittel ist, von $P_1$ und $P_2$ abgestoßen. Die Reichweite dieser Kräfte ergibt sich aus der Kohärenzlänge der Konzentrationsfluktuationen; sie nimmt mit der Annäherung an den kritischen Entmischungspunkt stark zu.

### 3.3.4 Geometrische Dimensionen und Membranfluidität

Im Abschn. 3.2.2 ist bereits darauf hingewiesen worden, daß die planare Lipid-Doppelschicht nur einen unter speziellen Bedingungen in Gegenwart von Zusatzstoffen realisierbaren Aggregationszustand der Lipidmoleküle darstellt. In Biomembranen kommt diese Lipid-Anordnung nicht vor; denn aus der Kompartimentierungsfunktion (vgl. Abschn. 5.1.7) und der dieser Funktion angepaßten Morphologie der Zellen folgt zwangsläufig, daß die Membranen in einem mehr oder weniger stark gekrümmten Zustand vorliegen müssen. Bei der Diskussion der Krümmungseffekte hat man zwischen der spontanen Krümmung und der durch eine äußere Kraft erzeugten Krümmung zu unterscheiden. Die spontane Krümmung ist eine Folge der von der Zylinderform abweichenden Gestalt der Lipide und der Membranproteine; sie steht in unmittelbarem Zusammenhang mit der in den vorangehenden Abschnitten diskutierten transversalen

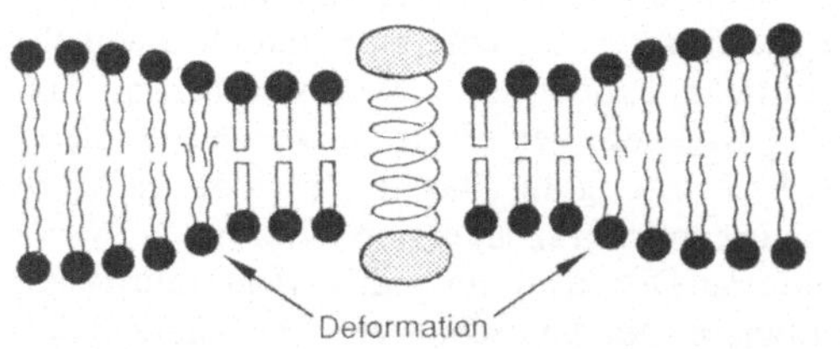


**Abb. 3.20** Selektive elastische Lipid-Protein-Wechselwirkung (schematisch)

Asymmetrie der Lipid- und Proteinverteilung in biologischen Membranen. In Lamellen mit geladenen Lipiden läßt sich die spontane Krümmung durch Variation des pH-Wertes oder durch Änderung der Ionenstärke steuern. Ändert man die Krümmung der Membran durch eine äußere Kraft, so wird dadurch eine Umverteilung der Membrankomponenten zwischen den beiden Doppelschichthälften ausgelöst. Mit der flüssig-kristallinen Struktur der Lipid-Doppelschichten ist also eine Orientierungselastizität verknüpft, deren physikalische Besonderheiten bei der Untersuchung normaler isotroper Flüssigkeiten nicht zu beobachten sind. Durch die Kopplung der elastischen Verformung mit der Umverteilung der Membrankomponenten ergibt sich eine weitere Möglichkeit zur geregelten Steuerung biochemischer Membranprozesse. Die elastischen Eigenschaften von Lipidmembranen können durch die Angabe elastischer Konstanten charakterisiert werden. Zur Definition dieser Konstanten können die in der Mechanik der elastischen Deformation fester Werkstoffe allgemein eingeführten Beziehungen in nahezu unveränderter Form verwendet werden. Eine ausführliche Darstellung dieser Beziehungen findet sich in der im Anhang 2 angegebenen Literatur.

Zwischen der Stabilität einer vorgegebenen geometrischen Form von Vesikelmembranen und dem Fluiditätszustand der Lipidmatrix besteht eine unmittelbare Beziehung. Eindrucksvolle Versuche zur Demonstration des Zusammenhanges zwischen dem Phasenumwandlungsverhalten und der Formgebung von Lipid-Vesikeln sind von E. A. Evans 1987 beschrieben worden. Bei Temperaturen oberhalb der Lipid-Phasenumwandlungstemperatur lassen sich relativ große Lipidvesikel durch Suspendieren trockener Diacyl-Lipide in einer wäßrigen Nichtelektrolyt-Lösung (z. B. in einer Zuckerlösung) herstellen. Einige „Riesenvesikel" mit einem Durchmesser von etwa $2 \cdot 10^{-3}$ cm können auf der Objekthalterung eines Mikroskops mit Interferenzkontrastoptik durch Ansaugen mit einer Mikropipette selektiert werden. Beim Einsaugen in das Pipettenrohrende wird die Vesikelmembran verformt. Es entsteht eine zylindrische Ausstülpung („Wurmfortsatz"). Wird die Probe im deformierten Zustand auf eine Temperatur unterhalb der Phasenumwandlungstemperatur abgekühlt, so bleibt die Verformung auch nach dem Ausstoßen der Vesikel aus der Pipettenöffnung erhalten. Die Abb. 3.21 zeigt als Beispiel eine in der beschriebenen Weise vorbehandelte und anschließend an dem der Verformung gegenüberliegenden Oberflächenabschnitt wieder an der Pipette fixierte Vesikel.

Mit einer prinzipiell gleichartigen Zweipipetten-Anordnung kann auch die Adhäsion bzw. die Intermembran-Kontaktbildung von Lipidvesikeln untersucht werden. Obwohl diese Modellversuche einen überzeugenden Beweis für die sich

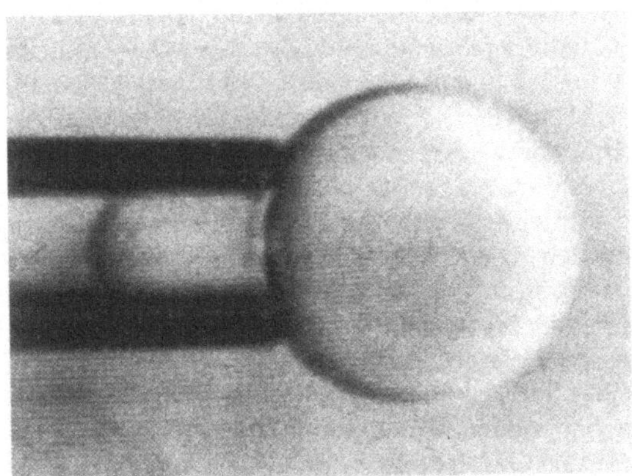

**Abb. 3.21** Mit Interferenzkontrastoptik aufgenommene Mikroskop-Abbildungen einer Dimyristoylphosphatidylcholin-Vesikel. Links: Von der Mikropipette angesaugte Vesikel; rechts: Nach dem Abkühlen unter die Phasenumwandlungstemperatur ausgestoßene und umorientierte Vesikel (Aus: E. Evans, D. Needham (1987))

beim „Einfrieren" der Lipidmatrix einstellende Formstabilität von Vesikeln liefern, muß bei der Diskussion von Fragen der Zellmorphologie doch in erster Linie der formgebende Einfluß von Zellwänden, Zellhüllen und anderen morphologisch relevanten Zellkomponenten berücksichtigt werden.

### 3.3.5 Elektrische Eigenschaften von Membranen

Biologische Membranen sind wie die Lipid-Doppelschicht-Systeme durch einen elektrischen Widerstand R und eine elektrische Kapazität C ausgezeichnet. Membranwiderstände und Membrankapazitäten können mit den im Abschn. 3.2.3 angegebenen Methoden gemessen werden. Von den Lipid-Doppelschichten unterscheiden sich die Biomembranen dadurch, daß sie über ionenspezifische Transportkanäle und damit über eine variable selektive Permeabilität für bestimmte Ionensorten verfügen. In lebenden Organismen stimmen die sich auf beiden Seiten einer Biomembran einstellenden Konzentrationen einer Ionensorte oft nicht überein. So ist z.B. die Konzentration der $K^+$-Ionen auf der Innenseite einer Nerven-Axon-Membran wesentlich höher als im Außenmedium. Aufgrund dieses Konzentrationsgefälles besteht eine Tendenz für einen begrenzten Konzentrationsausgleich durch passiven $K^+$-Ionen-Transport von innen nach außen. Dabei kommt es zu einer negativen Aufladung des Zellinnenraumes gegen die Außenphase, und das dabei entstehende *Membranpotential* wirkt dem weiteren $K^+$-Ionen-Transport entgegen. Wenn die Membran nur für eine Ionensorte permeabel ist, kann sich ein echter Gleichgewichtszustand einstellen, für den das Membranpotential $\varphi' - \varphi'' = E$ nach der im Abschn. 5.2.4 hergeleiteten Nernst-Gleichung

$$E = \frac{RT}{F} \ln \frac{c''}{c'} \qquad (5.211)$$

zu berechnen ist. In dieser Gleichung ist die Außenkonzentration der Kationen mit $c''$ und die Innenkonzentration der gleichen Ionen mit $c'$ bezeichnet.

Biomembranen sind in der Regel für mehrere Ionensorten (z.B. $K^+$, $Na^+$ und $Cl^-$) permeabel,

wobei sich die unterschiedlichen individuellen Konzentrationsverhältnisse aus dem Zusammenspiel von passivem und aktivem Transport (vgl. Abschn. 2.2.4) ergeben. Das aus dieser Ionenverteilung resultierende mittlere Membranpotential stellt die wichtigste elektrophysiologische Membraneigenschaft dar, weil das Prinzip der Reizleitung im Nerven-Axon auf zeitlich-räumlichen Veränderungen des Membranpotentials beruht. Ein Membranzustand mit verschiedenen individuellen Ionenkonzentrationsverhältnissen kann aber kein Gleichgewichtszustand sein, da ein Gleichgewichts-Membranpotential nach Gl. (5.211) nur mit einem Wert des Konzentrationsverhältnisses $c_i''/c_i'$ vereinbar ist. Trotzdem läßt sich eine quantitative Beziehung zwischen dem mittleren Membranpotential, den selektiven Permeabilitätskoeffizienten und den individuellen Außen- und Innen-Konzentrationen der Ionen herleiten, wenn man bestimmte vereinfachende Voraussetzungen beachtet.

An einer ebenen Wand, die fixierte positive Ladungen trägt und in Kontakt mit der Lösung eines Elektrolyten $M^+X^-$ steht, werden die positiven Wandladungen durch negative Ladungen in der Lösung neutralisiert. Dies geschieht dadurch, daß sich in der Nähe der Wand ein Überschuß beweglicher Anionen $X^-$ und ein Defizit beweglicher Kationen $M^+$ einstellt. Die diffuse Schicht negativer Raumladungen in der Lösung bildet mit der Schicht fixierter positiver Ladungen eine *elektrische Doppelschicht*. Bewegliche positive Ionen werden von der geladenen Wand abgestoßen. In der Nähe der Wand existiert ein positives Potential $\varphi(x)$, das mit zunehmendem Abstand x asymptotisch abfällt ($\lim\limits_{x \to \infty} \varphi(x) = 0$). Der Anfangswert $\varphi_0$ wird als *Grenzflächenpotential* bezeichnet. Die Funktion $\varphi(x)$ ist in Abb. 3.22 skizziert.

Der formale Ansatz zur Berechnung der Funktion $\varphi(x)$ ist dem in Abschn. 1.2.5 ausführlich erläuterten Ansatz (Gl. (1.153)) zur Ermittlung des Potentialverlaufes in der Elektrolyt-Umgebung eines gelösten Ions weitgehend analog. Der einzige Unterschied zum Debye–Hückel-Problem besteht darin, daß es sich bei der in Abb. 3.22 skizzierten elektrischen Doppelschicht nicht um ein System mit kugelsymmetrischer Ladungsvertei-

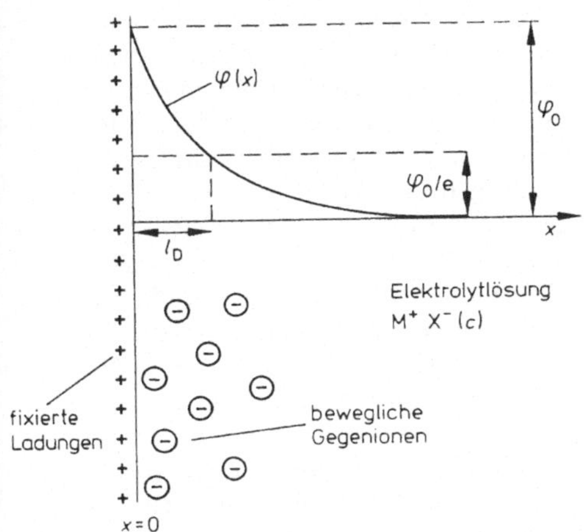



**Abb. 3.22** Elektrisches Potential $\varphi(x)$ in der Nähe einer geladenen Wand

lung handelt. Die der Debye–Hückel-Theorie entsprechende theoretische Behandlung wird als Gouy–Chapman-Theorie bezeichnet; sie liefert für den Potentialverlauf $\varphi(x)$ den einfachen Ausdruck

$$\varphi(x) = \varphi_0 e^{-x/l_D} . \tag{3.48}$$

Der konzentrationsabhängige Parameter $l_D$ wird als Debye-Länge bezeichnet; er gibt den Abstand an, in dem $\varphi$ auf $\varphi_0/e$ abgefallen ist. Die Größe $l_D$ stimmt mit dem durch Gl. (1.160) definierten mittleren Radius $\beta$ der Debye–Hückelschen Ionenwolke überein. Für eine NaCl-Konzentration von $10^{-3}$ mol/l erhält man nach Gl. (1.160) eine Debye-Länge von ca. 10 nm. Das bedeutet, daß $l_D$ unter bestimmten Bedingungen größer als die Membrandicke d werden kann. Bei der Herleitung einer Beziehung, die für einen gegebenen Satz von Permeabilitätskoeffizienten das mittlere Membranpotential als Funktion der individuellen Ionenkonzentrationen $c_i'$ und $c_i''$ darstellt, kann also die Gültigkeit des Prinzips der makroskopischen Elektroneutralität nicht mehr ohne weiteres vorausgesetzt werden.

Wenn sich das System im stationären Zustand befindet und die Membran näherungsweise als eine homogene Phase angesehen werden kann, läßt sich die Flußdichte $J_i$ einer Ionensorte bei linearer Abhängigkeit des elektrischen Potentials $\varphi$ von der Ortskoordinate x nach der im Abschn.

2.2.2 hergeleiteten Nernst–Planck-Gleichung (2.72) berechnen. Mit den Abkürzungen $d\varphi/dx = (\varphi'' - \varphi')/d = - E/d$, $EF/RT = u$ und $A_i = J_i d/(z_i u D_i)$ läßt sich diese Differentialgleichung in der Form

$$\frac{d(c_i - A_i)}{dx} = \frac{z_i u}{d}(c_i - A_i) \tag{3.49}$$

schreiben, wobei $c_i(x)$ die Konzentration der Ionensorte i innerhalb der homogenen Membranphase darstellt $(dc_i/dx = d(c_i - A_i)/dx)$. Die Konstante C der Lösung

$$\ln(c_i - A_i) = \frac{z_i u x}{d} + \ln C \tag{3.50}$$

ergibt sich aus den Randbedingungen. Unter der Voraussetzung, daß in den Grenzflächen Membran/Wasser für alle Ionen stets das Verteilungsgleichgewicht (vgl. Abschn. 5.2.1) eingestellt ist, sind die Randbedingungen durch

$$c_i(x = 0) = K_i c_i' \tag{3.51}$$

$$c_i(x = d) = K_i c_i'' \tag{3.52}$$

gegeben. $K_i$ ist der durch Gl. (2.102) definierte Verteilungskoeffizient der Ionensorte i. Nach Gl. (3.50) muß also für $x = 0$

$$\ln(K_i c_i' - A_i) = \ln C \tag{3.53}$$

bzw.

$$C = K_i c_i' - A_i \tag{3.54}$$

sein, womit sich für die Funktion $c_i(x)$ ein Ausdruck der Form

$$c_i(x) = (K_i c_i' - A_i)e^{z_i u x/d} + A_i \tag{3.55}$$

ergibt. Die Konzentrationen $c_i$ sind also im Gegensatz zu $\varphi(x)$ keine linearen Funktionen der Ortskoordinate x. Für $x = d$ erhält man aus Gl. (3.55) die Beziehung

$$K_i c_i'' = (K_i c_i' - A_i)e^{z_i u} + A_i . \tag{3.56}$$

woraus sich durch Auflösen nach $A_i$ mit $J_i = z_i A_i u D_i/d$ die Gleichung

$$J_i = \frac{k_i D_i}{d} z_i u \frac{c_i' e^{z_i u} - c_i''}{e^{z_i u} - 1} \tag{3.57}$$

ergibt. Wie im Abschn. 2.2.3 gezeigt wurde, ist der

Faktor $K_i D_i / d$ dem individuellen Permeabilitätskoeffizienten $P_{d_i}$ der Ionensorte i für $E = 0$ gleichzusetzen. Damit erhält Gl. (3.57) die Form

$$J_i = P_{d_i} z_i u \, \frac{c_i' e^{z_i u} - c_i''}{e^{z_i u} - 1} \, . \qquad (3.58)$$

Im Ruhezustand fließt kein elektrischer Strom. Für die elektrische Stromdichte muß also die Bedingung

$$F \sum_i z_i J_i = 0 \qquad (3.59)$$

erfüllt sein. Betrachtet man z.B. eine Membran, die nur für die Ionen $K^+$, $Na^+$ und $Cl^-$ permeabel ist, so gilt nach Gl. (3.59) mit $z_{K^+} = z_{Na^+} = 1$ und $z_{Cl^-} = -1$ die Beziehung

$$J_{K^+} + J_{Na^+} - J_{Cl^-} = 0 \, . \qquad (3.60)$$

Nach. Gl. (3.58) hat man also

$$P_{d_K} \cdot u \, \frac{c_{K^+}' e^u - c_{K^+}''}{e^u - 1} + P_{d_{Na}} \cdot u \, \frac{c_{Na^+}' e^u - c_{Na^+}''}{e^u - 1}$$

$$+ P_{d_{Cl^-}} u \, \frac{c_{Cl^-}' e^{-u} - c_{Cl^-}''}{e^{-u} - 1} = 0 \, . \qquad (3.61)$$

zu setzen. Mit $e^u - 1 = -(e^{-u} - 1)e^u$ folgt daraus

$$P_{d_K} \cdot (c_{K^+}' e^u - c_{K^+}'') + P_{d_{Na}} \cdot (c_{Na^+} e^u - c_{Na^+}'')$$

$$- P_{d_{Cl^-}} (c_{Cl^-}' - c_{Cl^-}'' e^u) = 0 \, , \qquad (3.62)$$

und man erhält durch Auflösen nach $e^u = e^{EF/RT}$ für den Zusammenhang zwischen den Ionenkonzentrationen $c_i''$ bzw. $c_i'$ und dem Membranpotential die Beziehung

$$E = \frac{RT}{F} \ln \frac{P_{d_K} \cdot c_{K^+}'' + P_{d_{Na}} \cdot c_{Na^+}'' + P_{d_{Cl^-}} \cdot c_{Cl^-}'}{P_{d_K} \cdot c_{K^+}' + P_{d_{Na}} \cdot c_{Na^+}' + P_{d_{Cl^-}} \cdot c_{Cl^-}''} \, . \qquad (3.63)$$

Die verallgemeinerte Form dieser Gleichung mit dem Index $\mu$ für Kationen und dem Index $\nu$ für Anionen

$$E = \frac{RT}{F} \ln \frac{\sum_\mu P_{d_\mu} c_\mu'' + \sum_\nu P_{d_\nu} c_\nu'}{\sum_\mu P_{d_\mu} c_\mu' + \sum_\nu P_{d_\nu} c_\nu''} \qquad (3.64)$$

ist die Goldman-Gleichung. Die Gültigkeit dieser Gleichung kann durch eine unabhängige Bestimmung der Permeabilitätskoeffizienten mittels Isotopenflußmessungen überprüft werden. Trotz der bei der Herleitung eingeführten vereinfachenden Annahmen hat sich Gl. (3.64) in vielen bisher untersuchten Fällen gut bewährt. Ist die Permeabilität für eine Ionensorte wesentlich größer als für alle übrigen Ionensorten (z.B. bei Betrachtung von Gl. (3.63) $P_{d_K} \gg P_{d_{Na}}$; $P_{d_K} \gg P_{d_{Cl}}$), so geht die Goldman-Gleichung in die Nernst-Gl. (5.211) über. Die Gl. (3.64) ist also als verallgemeinerte Nernst-Gleichung anzusehen, wobei die Permeabilitäten $P_{d_i}$ als Gewichtsfaktoren für die Beiträge der einzelnen Ionensorten in Rechnung zu stellen sind.

Der Ladungszustand und die elektrischen Eigenschaften einer Biomembran werden nicht nur durch das Mischungsverhältnis der verschiedenen Lipid- und Proteinkomponenten und durch die Ionenverteilung in den angrenzenden wäßrigen Medien bestimmt; sie zeigen auch eine bemerkenswerte Abhängigkeit vom Einfluß äußerer elektrischer Felder. Beim Überschreiten eines kritischen Wertes der wirksamen Feldstärke nimmt die elektrische Leitfähigkeit der Biomembranen stark zu; es kommt zum *dielektrischen Durchbruch*. Dabei kann die transversale elektrische Membranleitfähigkeit für bestimmte Ionenkombinationen bis auf ein Drittel des Leitfähigkeitswertes der entsprechenden wäßrigen Elektrolytlösung ansteigen. Der für den dielektrischen Durchbruch charakteristische Grenzwert der elektrischen Feldstärke ändert sich mit der Lipid- und Proteinzusammensetzung der untersuchten Membranen. Eine systematische Untersuchung des dielektrischen Durchbruchsverhaltens kann daher Aufschlüsse über die Struktur und Zusammensetzung von Bakterienmembranen liefern.

Die durch starke elektrische Felder bewirkte temporäre Permeabilitätsänderung von Membranen kann bei der Einschleusung von gelösten Substanzen in lebende Zellen von Nutzen sein. Durch elektrische Feld-Impulse konnten auch Zell-Fusionen induziert werden. Hinweise auf die für ein Studium des dielektrischen Durchbruchs geeigneten konduktometrischen Methoden zur Bestimmung der Größenverteilung von Bakterienzellen und auf Feld-Puls-Verfahren zur Beeinflussung der Membranpermeabilität finden sich in der im Anhang 2 angegebenen Literatur.

Die elektrische Leitfähigkeit biologischer Membranen wird unter physiologischen Bedingungen überwiegend durch die Zahl und den Öffnungszustand der Ionenkanäle bestimmt. Mißt man die elektrische Leitfähigkeit einer Biomembran mit der im Abschn. 3.2.3 skizzierten Methode, so erhält man nur einen Mittelwert, dem keine Aussagen über Einzelkanal-Leitfähigkeiten zu entnehmen sind. Die 1976 von Neher und Sakmann eingeführte Saugpipetten-Methode („patch clamp-Methode") ermöglicht dagegen auch die quantitative Erfassung von Einzelkanal-Leitungsprozessen. Nach dem Aufsetzen der hitzepolierten Spitze einer Glas-Mikropipette auf die Membran wird ein kleiner Membranfleck durch einen leichten Unterdruck in die Pipette eingesaugt (vgl. Abb. 3.23). Der dabei ausgebildete Kontakt zwischen der Glaswand und der Membran-Grenzfläche ist so eng, daß der Abdichtwiderstand zwischen Medium und Pipette mindestens $10^{10}\ \Omega$ beträgt. Die mit einer wäßrigen Elektrolytlösung gefüllte Pipette ist über eine Ag/AgCl-Elektrode an eine Spannungsquelle und ein hochempfindliches Strommeßgerät angeschlossen, wobei über eine zweite Elektrode und das wäßrige Außenmedium der Stromkreis geschlossen wird. Der elektrische

Widerstand der außerhalb der Pipette befindlichen relativ großen Membranfläche ist sehr viel kleiner als der Widerstand in der Eintrittsfläche der Pipettenspitze; er hat deshalb keine strombegrenzende Wirkung. Die Spannung über dem angesaugten Membranfleck bleibt bei dieser Anordnung weitgehend konstant (*patch clamp*).

Bei einer Membranspannung von etwa 100 mV liegen die mit der patch-clamp-Technik meßbaren Einzelkanalströme in der Größenordnung von $10^{-12}$ A. Dividiert man diese Stromamplitude durch die elektrische Elementarladung $(1{,}6 \cdot 10^{-19}$ As), so ergibt sich eine Durchtrittsrate von etwa $5 \cdot 10^{6}$ einwertigen Ionen in der Sekunde. Die Methode ermöglicht die Registrierung kurzfristiger Kanalöffnungsereignisse, wenn die Öffnungszeit nicht wesentlich kürzer als $10^{-4}$ s ist. Man erhält ein Strom-Zeit-Diagramm der in Abb. 3.24 skizzierten Form.

In $10^{-4}$ s erfolgt also ein Durchtritt von etwa 500 Ionen durch einen Einzelkanal. Diese Durchtrittsrate markiert die untere Nachweisgrenze des Verfahrens, mit dem ein für die Erforschung des Ladungstransports in Biomembranen besonders wichtiger methodischer Fortschritt erzielt wurde. Aus einer großen Zahl n von Öffnungsereignissen kann man die mittlere Öffnungsdauer $\tau = \sum_{i} t_{i}/n$

und damit auch die Wahrscheinlichkeit dafür, daß die Öffnungsdauer eines Kanals in einem vorgegebenen Zeitintervall liegt, berechnen. Damit ist eine wichtige Voraussetzung für die Entwicklung kinetischer Durchtrittsmodelle geschaffen. Im einfachsten Fall kann man eine Reihe von Kanälen mit der Annahme eines Zweizustands-Modells $(G \leftrightharpoons O)$ durch Übergänge zwischen dem geschlossenen Zustand (G) und dem offenen Zustand (O) beschreiben. Oft hängt die Übergangswahrscheinlichkeit zwischen den Zuständen G und O von der Membranspannung ab oder der Kanal kann sich erst dann öffnen, wenn intrazel-

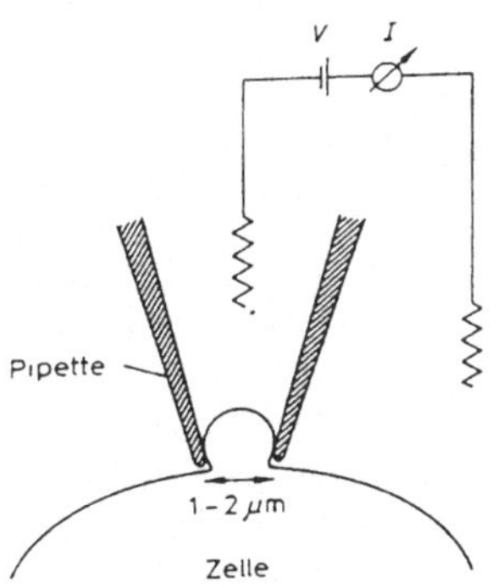


**Abb. 3.23** Schema der Saugpipetten-Methode zur Messung von Einzelkanal-Ionenströmen

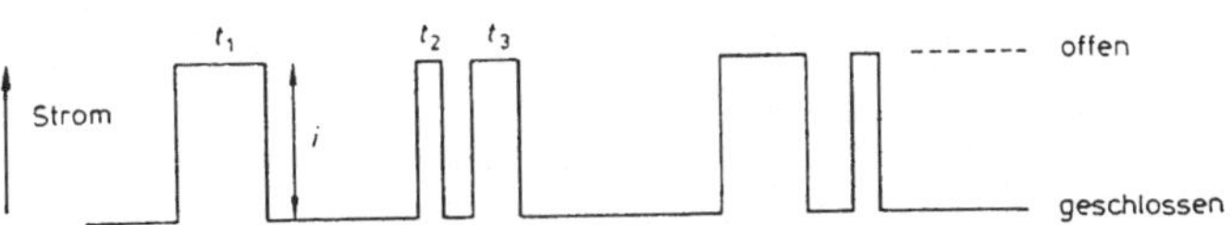


**Abb. 3.24** Strom-Zeit-Diagramm mit statistischer Öffnungs zeit-Verteilung für einen einzelnen Ionenkanal (schematisch)

luläre $Ca^{2+}$-Ionen oder Transmitter, wie Acetylcholin oder $\gamma$-Aminobuttersäure (GABA) an das Kanalmolekül gebunden werden. Der Einzelkanalstrom i folgt in vielen Fällen dem Ohmschen Gesetz. Der Gesamtstrom I kann dagegen auch eine nichtlineare Funktion der Membranspannung sein, wenn die Öffnungswahrscheinlichkeit der Kanäle spannungsabhängig ist.

### 3.3.6 Membranmodelle

Voraussetzung für eine sinnvolle Diskussion von Membranmodellen ist, daß biologische Membranen mit einer gemeinsamen Grundstruktur existieren und für vergleichende Untersuchungen in weitgehend unverändertem Zustand isoliert werden können. Zahlreiche unabhängig geführte Versuche haben die Annahme bestätigt, daß die lebende Zelle durch eine geordnete Molekülschicht physikalisch von ihrer Umgebung getrennt ist und mit Schwellung oder Schrumpfung auf eine entsprechende Änderung der osmotischen Druckdifferenz reagiert. Das wichtigste Strukturelement der Biomembranen ist die Lipid-Doppelschicht. Mit der Anwendung zahlreicher physikalisch-chemischer Methoden ist der Nachweis erbracht worden, daß diese Doppelschichtstruktur in mehr oder weniger ausgeprägter Form in den meisten biologischen Membranen vorhanden ist. Den größten Beitrag zum Verständnis der statischen Struktur von Biomembranen hat die Untersuchung von Membransystemen mit den Methoden der Mikroskopie und der Röntgenbeugung geliefert. Aussagen über die Membrandynamik wurden beim Vergleich der Eigenschaften von Biomembranen und Modellmembranen mit spektroskopischen und kalorimetrischen Methoden erhalten. Verschiedene Membranstruktur-Modelle, die nicht auf der Voraussetzung einer Lipid-Doppelschicht, sondern auf der Annahme von Funktions-Untereinheiten konstanter Zusammensetzung beruhen, haben keine experimentelle Bestätigung gefunden. Homogene strukturelle Untereinheiten konnten bis jetzt nicht isoliert werden, und die Gesamtheit der vorliegenden experimentellen Befunde läßt sich mit den vorgeschlagenen Untereinheits-Modellen nicht erklären.

Eine der wichtigsten Funktionen aller biologischen Membranen besteht darin, für Zellen und Zellorganellen als Permeabilitätsbarriere zu dienen. Diese Membraneigenschaft muß bei der Konzeption eines Membranmodells in jedem Falle berücksichtigt werden; sie ist in erster Linie den Lipid-Doppelschicht-Strukturelementen zuzuschreiben. Die unterschiedlichen spezifischen Funktionseigenschaften der Biomembranen sind dagegen auf ein Mosaik funktioneller Einheiten (Rezeptoren, ionenspezifische Poren, Ionenpumpen, Energiewandler, membrangebundene Enzyme) zurückzuführen Diese Funktionseinheiten bestehen überwiegend aus den Membranproteinen, deren Funktionsfähigkeit auch durch die Wechselwirkung mit den Membranlipiden bestimmt und reguliert wird. Einige der wichtigsten Membranfunktionen lassen sich nur erklären, wenn man annimmt, daß bestimmte Membranproteine in die Lipid-Doppelschicht eingebaut sind und diese vollständig durchdringen. Deshalb hat sich auch das 1935 von Danielli und Davson vorgeschlagene einfache Membranmodell mit durchgehender Lipid-Doppelschicht und beidseitig angelagerten Proteinfilmen als unzureichend erwiesen. Man hat vielmehr zwischen in die Lipidmatrix eingebetteten (*integralen*) Proteinen und extern an die Doppelschicht angelagerten (*peripheren*) Proteinen zu unterscheiden. Ein wenigstens in seiner Grundkonzeption weitgehend allgemeingültiges Membranmodell muß so beschaffen sein, daß vor allem die nachstehend aufgeführten theoretischen Voraussetzungen und experimentell gesicherten Tatsachen Berücksichtigung finden.

1. Röntgenstrukturanalysen und Untersuchungen mit chiroptischen Methoden (optische Rotationsdispersion, Zirkulardichroismus) haben gezeigt, daß ein beträchtlicher Anteil der Membranproteine in $\alpha$-Helix-Form vorliegt.
2. Zahlreiche in die Doppelschicht eingebaute Membranlipide können durch wasserlösliche Enzyme gespalten werden. Diese Lipide müssen also vom Cytoplasma her bzw. vom wäßrigen Außenmedium her zugänglich sein.
3. Wichtige Transportfunktionen von Ionen-

pumpen und Ionenkanälen sind nur bei weitgehender bzw. vollständiger Durchdringung der Lipidmatrix mit Funktionsproteinen erklärbar.

4. Viele Membranproteine mit spezifischer Funktion enthalten einen hohen Primärstruktur-Anteil an hydrophoben Aminosäureresten.

5. Werden Proben biologischer Membranen oder entsprechende Modellsysteme sehr schnell eingefroren und gebrochen, so kommt es bei Sublimation des Eises oft zu einer zusätzlichen Ätzung der Bruchstellen (Gefrierbruch-Ätztechnik). Nach Vakuumbedampfung mit Schwermetallen zeigen die Oberflächenabdrücke, daß der Bruch des Gewebes überwiegend in der Ebene der Membranen erfolgt. Dieser Befund deutet darauf hin, daß die Membran in der Mittelebene einer Lipid-Doppelschicht gespalten wird.

6. Mit den Methoden der magnetischen Kernresonanzspektroskopie und der Elektronenspinresonanzspektroskopie konnte gezeigt werden, daß der Zustand der Membranlipide durch Wechselwirkungen mit integralen Membranproteinen verändert wird.

7. Röntgenbeugungsdiagramme von Biomembran-Proben lassen keine durchgehende Schicht peripherer Proteine erkennen.

8. Mit den bereits im Abschn. 3.1.1 erläuterten Methoden ist gezeigt worden, daß die Biomembran ein hochbewegliches System („zweidimensionale Flüssigkeit") darstellt.

9. Eine genauere Diskussion der hydrophoben Wechselwirkungseffekte (vgl. Abschn. 1.1.5) zeigt, daß ein Membranmodell mit einer Lipid-Doppelschicht-Matrix und integralen Membranproteinen auch mit den thermodynamischen Stabilitätskriterien vereinbar ist (Minimum der freien Enthalpie, vgl. Abschn. 5.2.2).

10. Biomembranen sind asymmetrisch (vgl. Abschn. 3.3.1).

Diesen Anforderungen genügt das 1972 von Singer und Nicolson konzipierte fluid-mosaic-Modell, dessen Bauprinzip in Abb. 3.25 in Form einer vereinfachten Modelldarstellung wiedergegeben

ist. Dabei sind die peripheren Proteine nicht berücksichtigt.

Durch die peripheren Proteine und die nicht vollständig in die Lipidmatrix eingebetteten integralen Proteine wird die mittlere effektive Breite der Biomembranen bis auf den doppelten Wert der Lipid-Doppelschicht-Breite vergrößert. Die experimentell bestimmten Breitenwerte biologischer Membranen liegen zwischen 6 nm und 11 nm (Breite der Lipid-Doppelschicht: ca. 5 nm). Das in Abb. 3.25 skizzierte Modell bringt auch zum Ausdruck, daß zwei Gruppen von integralen Membranproteinen zu unterscheiden sind. Die erste Gruppe, der die Ionenkanalproteine und bestimmte Proteine der Ionenpumpsysteme zuzuordnen sind, umfaßt integrale Membranproteine, die die Lipid-Doppelschicht mehr oder weniger vollständig durchdringen. Ein Beispiel für ein Ionenkanal-Protein zeigt die Abb. 3.26, in der ein Modell der Sekundärstruktur des Kationen-Kanalproteins Gramicidin A mit zwei gekoppelten Gramicidin-Einheiten skizziert ist. Es ist anzunehmen, daß in der Sekundärstruktur der Kanalproteine und der integralen Transportproteine die hydrophoben Aminosäurereste zur Lipidmatrix hin orientiert sind, während die hydrophilen Aminosäurereste bevorzugt in der nicht mit Lipiden in Kontakt stehenden inneren molekularen Flächenzone anzutreffen sind.

Die zweite Gruppe von integralen Proteinen umfaßt die Membranproteine, die entweder nur vom Außenmedium her oder nur vom Cyto-

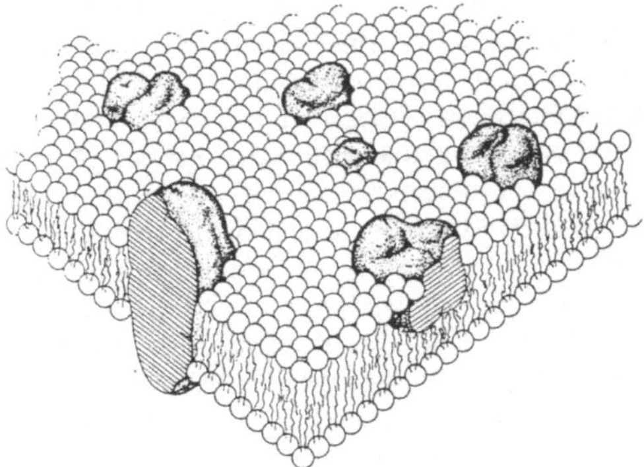

**Abb. 3.25** Modell einer Plasmamembran (Nach S. J. Singer, G. L. Nicolson (1972))

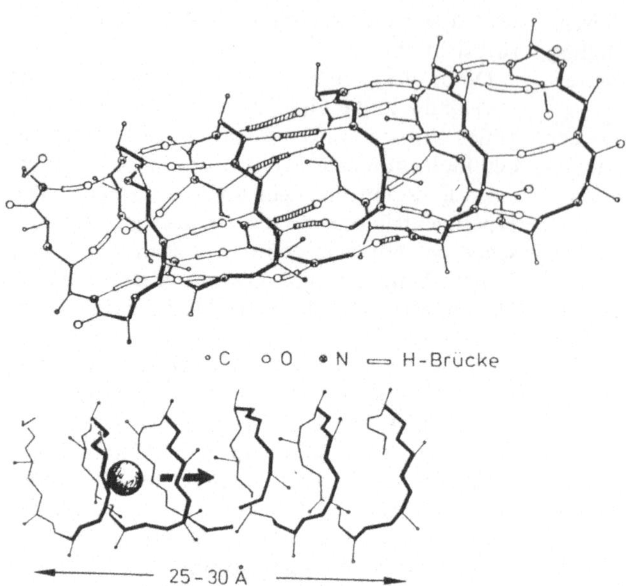



**Abb. 3.26** Struktur einer kationenspezifischen Gramicidin-Pore (nach Yu. A. Ovchinnikov (1974))

plasma her zugänglich sind, weil sie die Lipid-matrix nicht vollständig durchsetzen. Typische Beispiele für diese Gruppe von integralen Membranproteinen bieten einige in Zelloberflächen integrierte Hormonrezeptoren, die eine Reaktion an der Cytoplasma-Seite der Membran nur auslösen können, wenn sie aufgrund ihrer hohen lateralen Beweglichkeit mit anderen Membranfunktionseinheiten in Kontakt kommen. Auch bestimmte in den Thylakoidmembranen der Chloroplasten integrierte Funktionselemente der Photosynthesekette sind dieser Gruppe von Membranproteinen zuzuordnen. Durch die integralen Membranproteine wird das Abdruckbild der mit Gefrierätztechnik erzeugten Proben-Bruchflächen in charakteristischer Weise verändert. Die Gefrierbruch-Methode ermöglicht die Unterscheidung zwischen verschiedenen Lipid-Pakkungsmustern (vgl. Abschn. 1.2.6). Ausgedehnte glatte Flächen sind charakteristisch für Doppelschicht-Lipide. Entsprechende Abdruckmuster werden in gleicher Weise bei der Untersuchung von Biomembran-Lipidmatrix-Bereichen und von reinen lamellaren Lipid-Doppelschicht-Anordnungen erhalten. Bruchflächen von Lipid-Pro-

ben mit eingebauten Membranproteinen (z.B. Rhodopsin oder Erythrozyten-Glykophorin) zeigen ebenso wie die Bruchflächen von Biomembran-Proben ausgeprägte Partikel-Konturen. Die Gefrierbruchtechnik liefert allerdings nur in seltenen Fällen eine Aussage über die Eindringtiefe der Membranproteine. Ein besonderes Merkmal der Primärstruktur integraler Membranproteine ist der hohe Gehalt an hydrophoben Aminosäureresten. Deshalb sind diese Proteine in neutralen wäßrigen Pufferlösungen nicht löslich. Periphere Membranproteine können dagegen relativ leicht in Lösung gebracht werden. Sie unterscheiden sich in ihren Löslichkeitseigenschaften nur wenig von den bekannten wasserlöslichen Proteinen.

Experimente mit funktionellen Modellmembranen, deren Aufbau weitgehend dem Singer–Nicolson-Modell entspricht, sind von Müller und Rudin 1968 durchgeführt worden. Planare Lipid-Modellmembranen unterscheiden sich in ihrer spezifischen elektrischen Kapazität (ca. $1\,\mu\text{F/cm}^2$) und ihrer Durchschlagsfestigkeit (ca. $5\cdot10^5$ V/cm) nur wenig von biologischen Membranen. Der spezifische elektrische Widerstand der Lipid-Modellmembranen (vgl. Abschn. 3.2.3) ist allerdings wesentlich höher als der mittlere spezifische Widerstand von Biomembranen. Durch Einbau kleiner Mengen von bestimmten Molekülen, wie Gramicidin, Alamethicin, Nonactin oder Valinomycin kann der spezifische Widerstand der Lipidmembranen soweit erniedrigt werden, daß sein Wert nicht mehr wesentlich über dem Wert des spezifischen Widerstandes von Biomembranen liegt. An diesen modifizierten Modellmembranen konnten Müller und Rudin die für die Erregungsleitung an Axon-Membranen charakteristischen Aktionspotentiale erzeugen. Auch durch diese experimentellen Befunde wird die grundsätzliche Richtigkeit der Konzeption des Singer–Nicolson-Modells bestätigt.

Ein typisches integrales Membranprotein ist das Cytochrom $b_5$; es kann entweder durch Enzymbehandlung oder durch Behandlung mit Netzmitteln isoliert werden. Bei der Isolierung durch Enzymbehandlung wird ein wasserlösliches Protein erhalten, das die gesamte enzymatische Aktivität des Membranproteins enthält. Bei der Isolierung mit Netzmitteln erhält man ebenfalls ein enzymatisch aktives Protein, das über eine weitgehend hydrophobe zusätzliche Polypeptidkette verfügt. Diese bei der enzymatischen Isolierung abespaltene hydrophobe Polypeptidkette dient dem Membranprotein offenbar als „Anker" zur Einlagerung in die hydrophobe Lipidmatrix; sie kann auch nach der Netzmittel-Extraktion des Proteins in wäßriger Lösung enzymatisch abgespalten werden. Eine genauere Untersuchung der Membranlipidverteilung zeigt, daß sich die Hauptmenge der an biochemischen Umsetzungen beteiligten Molekülgruppen in oder an der Cytoplasma-Seite der Membran befindet. In der ungleichmäßigen Verteilung der die Lipidmatrix nicht vollständig durchdringenden Membranproteine findet die für die biologische Funktion unerläßliche Asymmetrie der Biomembranen ihren Ausdruck (vgl. Abschn. 5.2.7). Die Proteinverteilungs-Asymmetrie läßt sich mit biochemischen Markierungsmethoden und auch mit morphologischen Methoden (z.B. Elektronenmikroskopie) nachweisen. Die wichtigste Methode zur Trennung und Charakterisierung integraler Membranproteine ist die Elektrophorese in Polyacrylamid-Gelen unter Zusatz des Netz-

mittels Natriumdodecylsulfat (SDS). Vergleicht man die mit dieser Methode erhaltenen Markierungsmuster von Proteinfraktionen, die nach Markierung intakter Zellen isoliert wurden, mit dem Muster der nach Zerstörung der Permeabilitätsbarriere und anschließender Markierung erhaltenen Proteinfraktionen, so zeigen sich signifikante, durch die Verteilungs-Asymmetrie bedingte Unterschiede. Als Beispiel sei hier der Vergleich von intakten mit lysierten Erythrozyten-Zellen genannt. Ein viel benutztes Markierungsverfahren besteht in der enzymatischen Teilabspaltung von Molekülteilen des Proteins, wobei sich die enzymatisch modifizierten Membranproteine durch eine veränderte elektrophoretische Wanderungsgeschwindigkeit zu erkennen geben. Glykoproteine werden dabei z.B. mit glykolytischen Enzymen behandelt. Tyrosinreste können durch Behandlung mit Lactoperoxidase markiert werden. Als Markierungsmittel für die Gefrierätzung und die Rasterelektronenmikroskopie eignen sich bestimmte Viruspartikel und synthetisch hergestellte Polystyrol- oder Polyhydroxybutyrat-Perlen besonders gut. Die mit den morphologischen Techniken nachweisbare Asymmetrie der Proteinverteilung stimmt zumindest für die Erythrozytenmembran mit der durch chemische Markierung bestimmten Verteilung überein. Ein bemerkenswertes Resultat dieser Untersuchungen ist, daß die von außen zugänglichen Proteine der Erythrozytenmembran diese Membran vollständig durchsetzen und deshalb auch von der Cytoplasma-Seite her zugänglich sind.

Substanzen, die spezifisch die Erregbarkeit von Nervenmembranen beeinflussen, zeigen am perfundierten Riesenaxon des Tintenfisches verschiedene Wirkung, wenn sie von der axoplasmatischen Seite oder von der extrazellulären Seite an die Biomembran herangebracht werden. Auch die Anwendung der im Abschn. 3.1.1 erläuterten Methoden zur Untersuchung der lateralen und transversalen Beweglichkeit von Lipiden und Membranproteinen führt zu Ergebnissen, die nur mit einer asymmetrischen Lipid- und Proteinverteilung erklärt werden können. Die Austauschrate für den Austausch von Membranlipidmolekülen gegen Lipidmoleküle des angrenzenden Mediums weist signifikante Unterschiede zwischen den Molekülen der Cytoplasma-Seite und den an das Außenmedium angrenzenden Molekülen auf. Die transversale Lipid-Austauschrate (*flip–flop*) kann durch Enzymwirkungen erhöht werden.

Das im Zusammenhang mit der Gefrierätz-Elektronenmikroskopie erwähnte Erythrozyten-Glykophorin ist ein Glykoprotein, in dem die Kohlenhydratkomponente (60% der Gesamtmasse des Moleküls) in Form von Oligosaccharidketten an einem Molekülende konzentriert ist. Dieses Glykoprotein zählt zu den am besten untersuchten Membranproteinen. Glykoproteine und Glykolipide sind wichtig für Wechselwirkungen zwischen Zellen und für Wechselwirkungen in Rezeptor-Systemen. Zur chemischen Markierung der Kohlenhydratkomponenten von Biomembranen dient die Oxidation zu Aldehyden mit anschließender Umsetzung zur Schiffschen Base. Zur zytochemischen Markierung von Glykoproteinen und Glykolipiden können mit Fluoreszenzfarbstoffen markierte Lectine oder Antikörper benutzt werden. Die Lectine sind eine Gruppe von Proteinen, die Erythrozytenzellen und andere Zellen agglutinieren. Lectine stimulieren die Teilung vieler Zellarten tierischer Gewebe. Die Lectinmoleküle werden an spezifische Rezeptoren der Zelloberfläche gebunden. Für elektronenmikroskopische Untersuchungen werden die Lectine und Antikörper meist mit dem Metall-Protein Ferritin (Eisen-Speicher der Milz) gekoppelt. Auch der stufenweise enzymatische Abbau der Oligosaccharidketten kann als Kontrollverfahren zur Überprüfung der mit zytochemischen Methoden gewonnenen Ergebnisse Anwendung finden. Die Kohlenhydrat-Komponenten sind überwiegend an der vom Cytoplasma abgewandten Zellseite lokalisiert. Die Abb. 3.27 zeigt das Modell einer möglichen Anordnung der Kohlenhydratkomponenten im Molekülverband einer Membran.

Das Erythrozyten-Glykophorin ist ein amphiphiles Protein. In einem zentralen Abschnitt der Polypeptidkette sind überwiegend unpolare Aminosäurereste konzentriert. Dieser Molekülbereich bildet eine α-Helix; er ist lang genug, um die Lipidmatrix der Membran vollständig zu durchdringen. Die verzweigten Oligosaccharidketten finden sich auch bei diesem Molekül an der

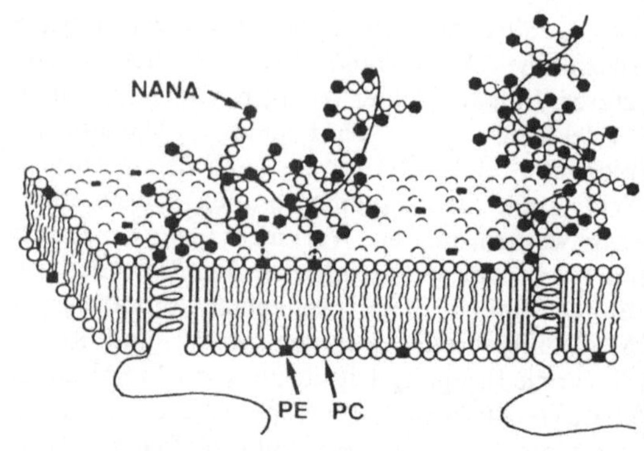


**Abb. 3.27** Anordnung der Kohlenhydratkomponenten in einer Membran (schematisch, nach H.-J. Galla et al. (1988))

äußeren Oberfläche der intakten Erythrozytenmembran.

Die in den Abschn. 3.2.3 und 3.3.3 am Beispiel einfacher Modellsysteme erläuterte Lipid-Phasenumwandlung ist auch bei der Untersuchung von Biomembran-Proben beobachtet worden. Engelmann hat bei Röntgenstrukturuntersuchungen von Mycoplasma laidlawii-Membranen einen Übergang von einem quasikristallinen in einen flüssig-kristallinen Zustand nachweisen können und daraus geschlossen, daß auch in Biomembranen Bereiche mit Lipid-Doppelschicht-Struktur existieren. Spektroskopische und kalorimetrische Messungen haben zu ähnlichen Ergebnissen geführt. Erwartungsgemäß hängt auch die Phasenumwandlungstemperatur der in Biomembranstrukturen integrierten Lipidkomponenten von der Fettsäurezusammensetzung der Lipid-Bestandteile ab. Wie bei der Untersuchung von Lipid-Modellsystemen wird in einigen Fällen auch an Biomembran-Proben bei Abkühlung eine laterale Phasentrennung beobachtet. Wichtig ist die Feststellung, daß der Ordnungszustand der Lipid-Kohlenwasserstoffketten in Biomembranen einem Zustand bei oder oberhalb der Phasenumwandlungstemperatur entspricht. Der hochgeordnete quasikristalline Zustand der Lipidmatrix behindert offenbar die für die biologische Funktion unerläßlichen Umorientierungs- und Transportprozesse so sehr, daß er als Strukturelement funktionsfähiger biologischer Membranen nicht in Betracht kommt. Der Ordnungszustand der Lipidmatrix ist auch für die Steuerung der Molekülbewegung und der Membrankomponenten-Verteilung von Bedeutung. Wie bereits erwähnt, reichern sich integrale Membranproteine bevorzugt in Lipidzonen mit relativ hoher Fluidität an. So kommt es z.B. in Lipid-Mischsystemen aus Dimyristoyl-Phosphatidylcholin (DMPC) und Dipalmitoyl-Phosphatidylcholin ((DPPC) zu einer Umverteilung des eingebauten Glykophorins, wenn das System auf eine unterhalb der Phasenumwandlungstemperatur von DPPC aber noch oberhalb der Phasenumwandlungstemperatur von DMPC liegender Temperatur abgekühlt wird. Auch bei Messungen an nativen cholesterinfreien Prokaryonten-Membranen ist eine Temperaturabhängigkeit der Proteinkomponentenverteilung nachgewiesen worden. Dabei können auch direkte Protein-Protein-Wechselwirkungen (Assoziationen) ein Rolle spielen. Auch der an Lymphozytenoberflächen zu beobachtende *Capping*-Effekt bietet ein Beispiel für die Beeinflussung der Molekülbeweglichkeit durch Zustandsänderungen der Lipidmatrix. Gegen die Oberflächenantigene (Immunoglobuline) der Lymphozyten kann man markierte Antikörper (Anti-Antikörper) bilden. Versetzt man eine Lymphozyten-Suspension mit diesen markierten Anti-Immunglobulinen, so beobachtet man eine mit der Zeit fortschreitende gerichtete Konzentrierung der Markierung auf einem begrenzten Zelloberflächenbereich, die schließlich zur Ausbildung einer Kappe führt (Capping, vgl. Abb. 3.28). Der Effekt ist temperaturabhängig. Bei 4 °C schieben sich die markierten Antikörper nur zu kleinen, unregelmäßig verteilten Oberflächenaggregaten zusammen. Nach Erwärmung der Probe auf

Raumtemperatur bildet sich eine ständig an Größe zunehmende antigenfreie Zone (Pseudopodium). Dabei sammelt sich fast die gesamte zellgebundene Markierung in Kappen und bedeckt dabei etwa ein Drittel der Zelloberfläche. In der Literatur (vgl. Anh. 2) werden verschiedene mögliche Ursachen der Kappenbildung diskutiert. Für die Diskussion des Singer–Nicolson-Modells ist hier vor allem die Tatsache wichtig, daß sich der Capping-Prozeß an Membranen mit „eingefrorener" Lipidmatrix nicht voll entwickeln kann.

Das Singer–Nicolson-Modell gibt die wichtigsten strukturellen und funktionellen Besonderheiten biologischer Membranen qualitativ richtig wieder; es erlaubt jedoch keine quantitativen Aussagen über die Temperaturabhängigkeit meßbarer physikalischer Systemeigenschaften und über deren Abhängigkeit von der Zusammensetzung und Komponentenverteilung der Membran. In neuerer Zeit sind verschiedene Versuche zur Entwicklung theoretischer Konzepte, mit denen sich die charakteristischen thermodynamischen Parameter der Lipid-Phasenumwandlung komplexer Lipid-Protein-Mischsysteme annähernd richtig berechnen lassen, unternommen worden. Ein wesentliches Element dieser Konzepte ist das im Abschn. 4.2.4 erläuterte Ising-Modell, mit dem die Kooperativität (vgl. Abschn. 3.1.1) der thermisch induzierten Zustandsänderungen von Biopolymeren und Lipidsystemen in einem einfachen Ansatz berücksichtigt wird. Auf der Grundlage dieser Konzepte kann eine Reihe der im Verlauf einer Lipid-Phasenumwandlung durchlaufenen Systemzustände mit geeigneten Computer-Programmen nach Art der Monte-Carlo-Methode simuliert werden. Mit diesem Verfahren läßt sich die Eignung verschiedener Modellansätze zur Wiedergabe meßbarer Systemeigenschaften relativ einfach überprüfen. Bezüglich der Einzelheiten dieser theoretischen Ansätze und der daraus entwickelten Modell-Simulationsverfahren muß auf die im Anhang 2 angegebene Literatur verwiesen werden.

Die Frage nach der Konzeption geeigneter Membranmodelle steht in unmittelbarem Zusammenhang mit dem Problem der Membran-Transporteigenschaften. Bei der Diskussion des

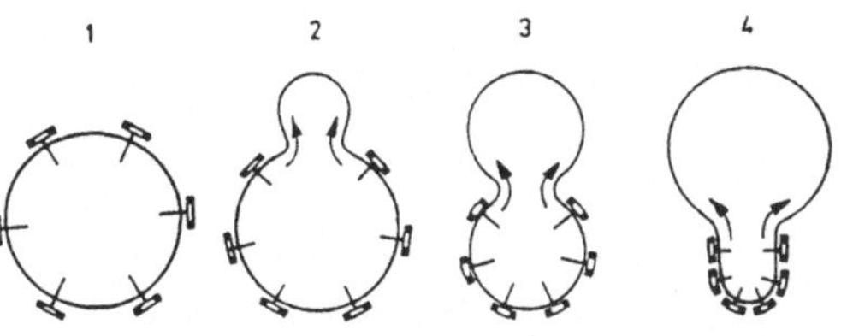



**Abb. 3.28** Schematische Darstellung der gerichteten Aggregation von markierten Oberflächenantigenen in der Membranoberfläche (Capping)

passiven Membrantransportes sind verschiedene Typen von Transportmechanismen zu unterscheiden. Die Wirksamkeit dieser Transportmechanismen ist hinsichtlich des Ladungszustandes und der Löslichkeitseigenschaften der zu transportierenden Teilchen an unterschiedliche Voraussetzungen gebunden. Der einfache Fall des passiven Transports lipidlöslicher Substanzen ist bereits im Abschn. 2.2.3 diskutiert worden. Bei der Herleitung der Goldman-Gl. (3.6.4) ist vorausgesetzt worden, daß die gleichen vereinfachenden Annahmen (Einstellung des Verteilungsgleichgewichts zu beiden Seiten der Membran, stationärer Zustand) auch für den Ionentransport durch geöffnete Ionenkanäle Gültigkeit haben sollen. Neben dem Diffusions-Transport lipidlöslicher Substanzen und dem passiven Ionenfluß durch Ionenkanäle wird noch ein weiterer wichtiger Transportmechanismus, der als *Carrier-Transport* bezeichnet wird, diskutiert. Carrier sind Moleküle, die mit einer zu transportierenden Substanz S einen Komplex bilden können. Das einfachste Carrier-Transport-Modell beruht auf dem in Abb. 3.29 skizzierten Vierschritt-Mechanismus.

Im ersten Schritt wird S in der Grenzfläche zur Lösung mit der Konzentration [S]′ an C gebunden. Mit dem zweiten Schritt wird der gebildete Komplex an die gegenüberliegende Grenzfläche transportiert. Der dritte Schritt besteht in der Freisetzung von S in die angrenzende Lösung mit der Konzentration [S]″, und der vierte Schritt bewirkt den Rücktransport des Carriers in die Ausgangsposition. Im Falle des passiven Transports muß [S]′ > [S]″ sein, und der Transportvorgang wird als „erleichterte Diffu-

sion" bezeichnet. Da sich bei dem in Abb. 3.29 skizzierten Prozeß der Carrier als Ganzes in der Membran bewegt, wird er als *translatorischer Carrier* bezeichnet. Für einen Transport, der den Kriterien einer erleichterten Diffusion entspricht, ist jedoch eine translatorische Carrierbewegung nicht unbedingt erforderlich. Ein Mechanismus, bei dem die Bindungsstelle durch Carrier-Konformationsänderungen abwechselnd mit den beiden angrenzenden Lösungsphasen in Kontakt gebracht wird, bewirkt den gleichen Transporteffekt wie die Bewegung eines translatorischen Carriers. Durch Carriersysteme können hydrophile Substanzen (Zucker, Aminosäuren, Ionen) selektiv durch die Lipidmatrix einer Membran geschleust werden. Die auch antibiotisch wirksame Substanz Valinomycin bildet z. B. einen spezifischen Käfig-Komplex mit dem $K^+$-Ion (vgl. Abb. 3.30). Da die Außenseite dieses Komplexes hydrophob bzw. lipophil ist, kann Valinomycin die Funktion eines ionenspezifischen translatorischen Carriers übernehmen. Die Abhängigkeit der Transportrate von [S]′ zeigt die gleichen Sättigungsmerkmale wie die Umsatzrate der im Abschn. 5.3.2 diskutierten enzymatisch katalysierten Reaktionen. Bei Sättigungsbeladung werden von einem Valinomycin-

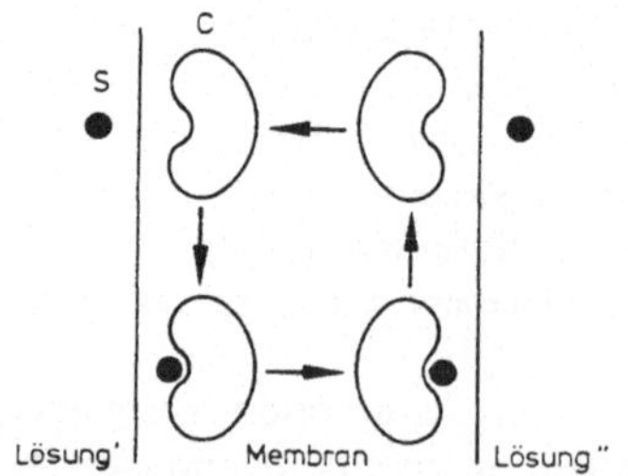

Abb. 3.29 Transport einer Substanz S durch einen translatorischen Carrier C (schematisch)

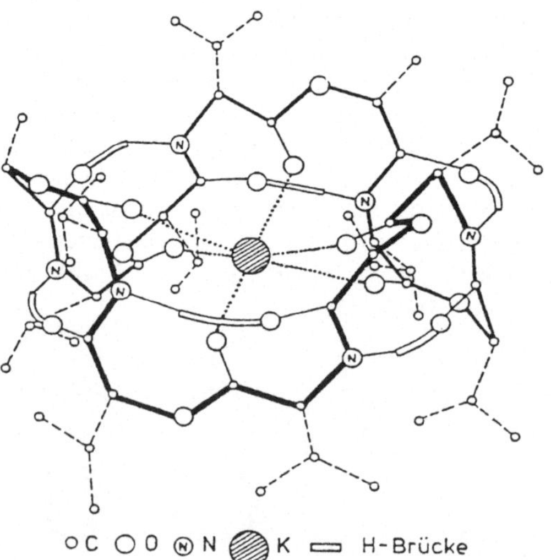



Abb. 3.30 $K^+$-Komplex des Valinomycins (nach M. M. Shemyakin et al. (1969))

Molekül in einer Sekunde etwa $10^4$ $K^+$-Ionen durch die Membran transportiert. Diese Transportrate ist 1000 mal höher als die Transportrate für $Na^+$-Ionen.

Treten zwei Substanzen R und S in Konkurrenz um dieselbe Bindungsstelle des Carriers C, so kann ein Teil der S-Liganden durch Bildung des Komplexes CR aus den Bindungsplätzen verdrängt werden. Die Abb. 3.31 zeigt ein Schema, in dem die an den Membrangrenzflächen eingestellten Werte der Komplexkonzentrationen [CS] und [CR] durch schraffierte Rechteckflächen markiert sind. Obwohl die Lösungskonzentrationen [S]′ und [S]″ gleich groß sind, kommt es zur Ausbildung eines Gradienten der Konzentration [CS] und damit zu einem von links nach rechts gerichteten Transportfluß der Substanz S. Dabei wird die Substanz S in entgegengesetzter Richtung transportiert (negative Flußkopplung). Grundsätzlich ist ein von links nach rechts gerichteter Transport der Substanz S nach dem in Abb. 3.31 angegebenen Schema auch dann noch möglich, wenn [S]″ größer als [S]′ ist. Dieser Transport gegen die Richtung des äußeren Konzentrationsgefälles wird energetisch durch den gleichzeitig in der Gegenrichtung ablaufenden passiven Transport der Substanz R ermöglicht. Als Beispiel für einen Gegentransport durch biologische Membranen sei hier der Aminosäure-transport bei Streptokokken genannt. Dabei wird das in der Zelle synthetisierte Alanin nach außen und das Serin gegen ein Konzentrationsgefälle aus dem Außenmedium in die Zelle transportiert.

Die Beweglichkeit des Carriers kann vom Ladungszustand des Carriermoleküls abhängen. Trägt der nicht mit einem Liganden belegte Carrier z.B. eine negative Ladung, so ist die Carrierbewegung gehemmt. Diese Hemmung kann durch Komplexbildung mit einem geeigneten Liganden-Kation aufgehoben werden. In diesem Falle ist ein Rücktransport des Carriers nur möglich, wenn auf der Membranseite mit niedrigem [$S^+$]-Wert ebenfalls bindungsfähige Ionen $R^+$ in hinreichender Konzentration vorhanden sind und in der Gegenrichtung durch die Membran transportiert werden können. Diese Form des Ionentransportes wird als *Austauschtransport* bezeichnet (Beispiel: Hydrogencarbonat-/Chlorid-Austausch an der Erythrozytenmembran). Die beim Gegentransport zur Wirkung kommende Flußkopplung bietet nur ein spezielles Beispiel für die beim Studium von Membransystemen oft zu beobachtende Kopplung von Transportflüssen verschiedener Spezies. Formal läßt sich die Flußkopplung mit den im Abschn. 5.2.7 hergeleiteten Kopplungsgln. (5.319) beschreiben. Für die Kopplung der Membran-Transportflüsse zweier Substanzen A und B ergeben sich damit die Beziehungen

$$J_A = P_{d_A} \Delta c_A + P_{d_{AB}} \Delta c_B$$

$$J_B = P_{d_{BA}} \Delta c_A + P_{d_B} \Delta c_B \ . \tag{3.65}$$

Mit der Gleichung für $J_B$ kann $\Delta c_B$ als Funktion von $J_B$ und $\Delta c_A$ ausgedrückt und in dieser Form in die Gleichung für $J_A$ eingesetzt werden. Damit erhält man die Beziehung

$$J_A = \left( P_{d_A} - \frac{P_{d_{AB}} P_{d_{BA}}}{P_{d_B}} \right) \Delta c_A + \frac{P_{d_{AB}}}{P_{d_B}} J_B \ , \tag{3.66}$$

aus der die Kopplung von $J_A$ und $J_B$ unmittelbar ersichtlich ist. Nach Gl. (3.66) ergibt sich auch bei verschwindendem Konzentrationsgefälle der Substanz A ein Transportfluß dieser Substanz, wenn $P_{d_{AB}}$ und $J_B$ nicht gleich Null sind. Grundsätzlich hat man zwischen positiver und negativer Flußkopplung zu unterscheiden. Bei positiver

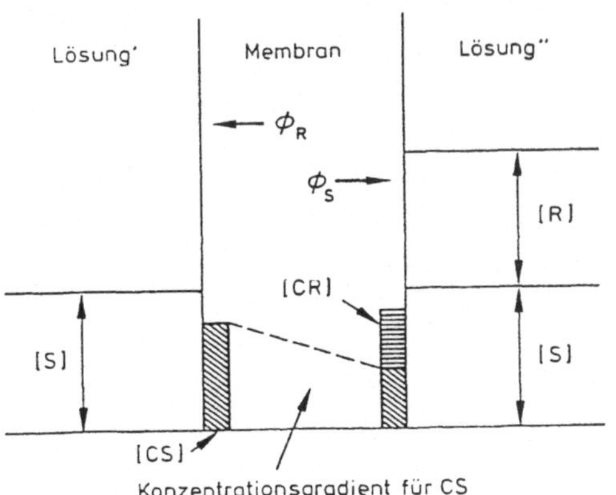


**Abb. 3.31** Kopplung des Transports von zwei Substanzen S und R durch konkurrierende Bindung an einen Carrier C („Gegentransport")

Flußkopplung induziert $J_B$ einen gleichgerichteten Transportfluß von A. Bei negativer Flußkopplung erfolgt der Transport von A in der zur Flußrichtung von $J_B$ entgegengesetzten Richtung.

In Membransystemen kann auch eine Flußkopplung zwischen dem Fluß $J_W$ des Lösungsmittels und dem Fluß $J_s$ einer gelösten Substanz S auftreten, wenn die Membran für S nicht völlig undurchlässig ist (*leaky membrane*). Wie in der in Abb. 3.32 skizzierten Anordnung kann dabei neben der Konzentrationsdifferenz $\Delta c$ eine hydrostatische Druckdifferenz $\Delta p$ als flußtreibende Kraft wirksam werden. Bei der Herleitung der Gl. (5.151), die die Konzentrationsabhängigkeit des osmotischen Druckes beschreibt, wird vorausgesetzt, daß die semipermeable Membran ausschließlich für das Lösungsmittel durchlässig ist. Im osmotischen Gleichgewicht wird die osmotische Druckdifferenz bei verschwindendem Lösungsmittelfluß durch eine hydrostatische Druckdifferenz kompensiert. An einer auch für den gelösten Stoff permeablen Membran läßt sich dagegen die Einstellung eines thermodynamischen Gleichgewichtes auch nicht durch Anwendung eines äußeren Druckes erzwingen. Das Trennvermögen einer Membran wird zweckmäßig durch die Angabe eines Reflexionskoeffizienten charakterisiert. Der *Reflexionskoeffizient* $\sigma$ gibt den von der Membran zurückgehaltenen Bruchteil der im Fluß auf die Membranoberfläche auftreffenden Menge des gelösten Stoffes an ($0 < \sigma < 1$). Ist $\sigma = 1$ bzw. $1 - \sigma = 0$, so ist die Membran für die gelöste Substanz völlig undurchlässig. Für eine Membran mit makroskopischen Poren ist dagegen $\sigma = 0$ zu setzen.

Es gibt zwei Flußdichten, die an einer Membran mit $\sigma < 1$ gemessen werden können. Diese

beiden Meßgrößen sind die Flußdichte $J_S$ der gelösten Substanz und die Gesamtflußdichte $J_V$ des in der Zeiteinheit durch die Membran hindurchtretenden Flüssigkeitsvolumens. Es ist daher sinnvoll, $J_V$ als Funktion von $\Delta p$ und $\Delta c$ zu beschreiben und $J_S$ für gegebene Werte des Reflexionskoeffizienten $\sigma$ und der Konzentrationsdifferenz $\Delta c$ in Abhängigkeit von $J_V$ darzustellen. Die gesuchten Beziehungen ergeben sich aus der im Abschn. 5.2.7 definierten Dissipationsfunktion $\Phi$, die für das betrachtete Problem in der Form

$$\Phi = J_S \Delta\mu_S + J_W \Delta\mu_W \qquad (3.67)$$

zu schreiben ist. Die Größen $\Delta\mu_S$ und $\Delta\mu_W$ sind die nach Gl. (5.199) als Triebkräfte wirkenden Differenzen der chemischen Potentiale des Gelösten und des Wassers der beiden angrenzenden Lösungssysteme. Die Dissipationsfunktion muß unabhängig von der speziellen Form der zur Beschreibung des Transportsystems gewählten Flüsse und Triebkräfte sein; sie muß sich also auch durch $\Delta p$ und durch $\Delta c$ mit den diesen „Kräften" zugeordneten Flußdichten ausdrücken lassen.

Bezeichnet man den konzentrationsabhängigen Term in dem Ausdruck für das chemische Potential $\mu_W$ des Lösungsmittels mit $\mu_W^c$, so läßt sich $\mu_W$ mit dem im Abschn. 5.2.2 durch Gl. (5.145) definierten partiellen Molvolumen $\bar{V}_W$ des Wassers durch die Gleichung

$$\mu_W = \mu_W + \bar{V}_W p + \mu_W^c \qquad (3.68)$$

darstellen, und man erhält mit

$$\Delta\mu_W^c = -\bar{V}_W \Delta\Pi \quad \text{(vgl. Abschn. 5.2.2)}$$

aus

$$\Delta\mu_W = \bar{V}_W \Delta p + \Delta\mu_W^c \qquad (3.69)$$

die einfache Beziehung

$$\Delta\mu_W = \bar{V}_W (\Delta p - \Delta\Pi) . \qquad (3.70)$$

Für $\Delta\mu_S$ ergibt sich aus

$$\Delta\mu_S = \bar{V}_S \Delta p + \Delta\mu_S^c \qquad (3.71)$$

die Gleichung

$$\Delta\mu_S = \bar{V}_S \Delta p + \frac{\Delta\Pi}{\bar{c}_S} , \qquad (3.72)$$

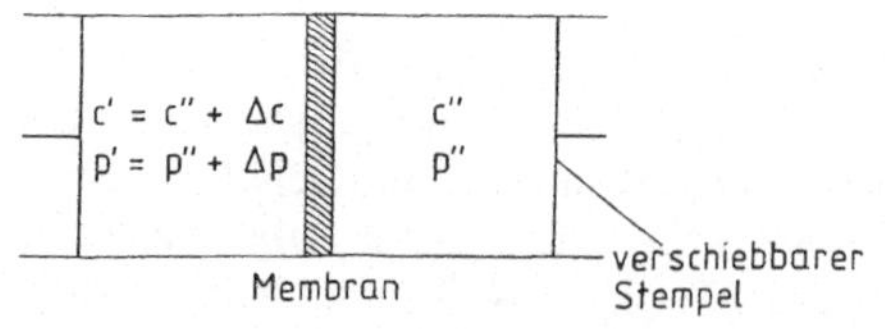


**Abb. 3.32** Konzentrationsdifferenz $\Delta c = c' - c''$ und Druckdifferenz $\Delta p = p' - p''$ an einer Membran mit $\sigma < 1$

wenn man beachtet, daß $\Delta\mu_S^c$ mit $\Delta\mu_S \simeq \Delta\Pi/\bar{c}_S$ näherungsweise durch die nach Gl. (5.297) zu berechnende *mittlere Konzentration* $\bar{c}_S$ des Gelösten ausgedrückt werden kann (vgl. Abschn. 5.2.7). Durch Einsetzen von $\Delta\mu_W$ nach Gl. (3.70) und $\Delta\mu_S$ nach Gl. (3.72) in Gl. (3.67) erhält man die Dissipationsfunktion in der Form

$$\Phi = (J_W \bar{V}_W + J_S V_S)\Delta p$$

$$+ \left(\frac{J_S}{\bar{c}_S} - J_W \bar{V}_W\right)\Delta\Pi \qquad (3.73)$$

mit den Kräften $\Delta p$ und $\Delta\Pi$ und den zugeordneten Flüssen bzw. Flußdichten

$$J_W \bar{V}_W + J_S \bar{V}_S = J_V \qquad (3.74)$$

und

$$\frac{J_S}{\bar{c}_S} - J_W \bar{V}_W \equiv J_D . \qquad (3.75)$$

Die durch Gl. (3.75) definierte Flußdichte $J_D$ gibt die Differenz zwischen der Flußgeschwindigkeit $w_S$ des Gelösten und der Flußgeschwindigkeit $w_W$ des Lösungsmittels an, damit $\bar{V}_W \simeq 1/\bar{c}_W$

$$J_D \simeq \frac{J_S}{\bar{c}_S} - \frac{J_W}{\bar{c}_W} = \frac{\bar{c}_S w_S}{\bar{c}_S} - \frac{\bar{c}_W w_W}{\bar{c}_W} = w_S - w_W \qquad (3.76)$$

gesetzt werden kann. Damit sind die den Kräften $\Delta p$ und $\Delta\Pi$ zugeordneten Flüsse $J_V$ und $J_D$ bestimmt, wobei $J_V$ die der Druckdifferenz $\Delta p$ zugeordnete meßbare Gesamt-Volumenflußdichte darstellt. Die im Abschn. 5.2.7 erklärten phänomenologischen Gleichungen sind demnach für das betrachtete Problem mit den phänomenologischen Koeffizienten $L_P$, $L_D$ und $L_{PD} = L_{DP}$ in der Form

$$J_V = L_P \Delta p + L_{PD}\Delta\Pi \qquad (3.77)$$

$$J_D = L_{DP}\Delta p + L_D\Delta\Pi \qquad (3.78)$$

zu schreiben. Die Gl. (3.77) beschreibt die gesuchte Beziehung zwischen $J_V$, $\Delta p$ und $\Delta\Pi$. Sie kann mit $\Delta\Pi = RT\Delta c$ und $\sigma \equiv -L_{PD}/L_P$ auch in der von Staverman 1952 angegebenen Form

$$J_V = L_P(\Delta p - \sigma RT\Delta c) \qquad (3.79)$$

dargestellt werden. Durch Addition der Gleichun-

gen (3.74) und (3.75) erhält man zunächst den Ausdruck

$$\frac{J_S}{\bar{c}_S}(1 + \bar{c}_S \bar{V}_S) = J_V + J_D \qquad (3.80)$$

und durch Einsetzen von $J_V$ nach Gl. (3.77) und $J_D$ nach Gl. (3.78) mit $\bar{c}_S \bar{V}_S \ll 1$

$$J_S/\bar{c}_S = (L_P + L_{DP})\Delta p$$

$$+ (L_{PD} + L_D)\Delta\Pi . \qquad (3.81)$$

Außerdem ist nach Gl. (3.77)

$$\Delta p = \frac{J_V - L_{PD}\Delta\Pi}{L_P}, \qquad (3.82)$$

und man erhält durch Einsetzen dieses Ausdrucks in Gl. (3.81) mit $\sigma = -L_{DP}/L_P$ die Gleichung

$$J_S = \bar{c}_S(1 - \sigma)J_V$$

$$+ \frac{\bar{c}_S(L_P L_D - L_{PD}^2)}{L_P}\Delta\Pi . \qquad (3.83)$$

Diese Gleichung gibt die ebenfalls gesuchte Beziehung zwischen $J_S$, $J_V$ und $\Delta c = \Delta\Pi/RT$ wieder. Sie läßt sich auch in der Form

$$J_S = P_{d_S}\Delta c + \bar{c}_S(1 - \sigma)J_V \qquad (3.84)$$

schreiben, wenn man beachtet, daß der Faktor

$$\frac{\bar{c}_S(L_P L_D - L_{PD}^2)}{L_P} = \left(\frac{J_S}{\Delta\Pi}\right)_{J_V = 0} = P_{d_\Pi} \qquad (3.85)$$

den durch Gl. (2.90) definierten osmotischen Permeabilitätskoeffizienten darstellt, so daß

$$P_{d_\Pi}\Delta\Pi = P_d\Delta c \qquad (3.86)$$

gesetzt werden kann. Die Gleichungen (3.79) und (3.86) sind die Staverman-Gleichungen. Die Koeffizienten $P_{d_S}$, $L_P$ und $\sigma$ hängen im allgemeinen von der mittleren Konzentration, vom Druck $P$ und von der Temperatur $T$ ab; sie sind aber unabhängig von $\Delta c$ und $\Delta p$. Der Koeffizient $L_P$ wird als *hydraulischer Permeabilitätskoeffizient* bezeichnet. Ist $\Delta c = 0$, so geht Gl. (3.79) in die einfache Beziehung

$$(J_V)_{\Delta c = 0} = L_P\Delta p \qquad (3.87)$$

über. Zur Bestimmung von $L_P$ verwendet man bei der Untersuchung von Zellmembranen meist eine gelöste Substanz mit $\sigma = 1$ und führt die Messung von $J_V$ unter Einhaltung der Bedingung $\Delta p = 0$ durch. Die Größe von $L_P$ kann dann bei gegebenem Konzentrationsgefälle nach der Gleichung

$$(J_V)_{\Delta p = 0} = -L_P RT\Delta c \tag{3.88}$$

berechnet werden. Für die Erythrozytenmembran des Menschen wurde so ein $L_P$-Wert von etwa $10^{-5}$ cm bar s$^{-1}$ gefunden. Dieser Wert bedeutet, daß mit einer Druckdifferenz von 1 bar 360 cm$^3$/h durch eine Membranfläche von 1 m$^2$ hindurchgepreßt werden. Mit dem durch eine Druckdifferenz $\Delta p$ erzeugten Volumenfluß wird eine durch den Reflexionskoeffizienten $\sigma$ festgelegte Menge der gelösten Substanz auch bei Abwesenheit eines Konzentrationsgefälles mitgeführt. Aus Gl. (3.84) ergibt sich für $\Delta c = 0$ die Beziehung

$$(J_S)_{\Delta c = 0} = \bar{c}_S(1 - \sigma)J_V \; . \tag{3.89}$$

Die Konzentration

$$c^* \equiv c(1 - \sigma) = (J_S)_{\Delta v = 0}/J_V \tag{3.90}$$

wird als *Konzentration der transportierten Mischung* bezeichnet. Im Falle idealer Semipermeabilität ($\sigma = 1$) ist also $c^* = 0$. Dementsprechend bezeichnet man einen Vorgang, bei dem eine Lösung unter Zurückhaltung (*Reflexion*) eines Teiles der gelösten Substanz durch eine Membran hindurchgepreßt wird, als *Ultrafiltration*.

Setzt man in Gl. (3.84) $J_V = 0$, so ergibt sich die Beziehung

$$(J_S)_{J_V = 0} = P_{d_S}\Delta c \; , \tag{3.91}$$

die mit Gl. (2.88) übereinstimmt. Zur Einstellung bzw. Einhaltung der Bedingung $J_V$ ist eine Druckdifferenz $\Delta p$ erforderlich; sie stellt sich automatisch ein, wenn man die beiden an die Membran angrenzenden Phasen in starre Wände einschließt. Die erforderliche Druckdifferenz ergibt sich nach Gl. (3.79) zu

$$(\Delta p)_{J_V = 0} = \sigma RT\Delta c \; . \tag{3.92}$$

Die Gl. (3.92) beschreibt das osmotische Verhalten beliebig permeabler Membranen; sie geht für ideal semipermeable Membranen mit $\sigma = 1$ in die Van't Hoff-Beziehung

$$\Delta p = \Delta\Pi_{id} = RT\Delta c \tag{1.252}$$

über. Für Membranen, die auch für den gelösten Stoff durchlässig sind, kann demnach $\sigma$ nach der Gleichung

$$\sigma = (\Delta p)_{J_V = 0}/\Delta\Pi_{id} \tag{3.93}$$

berechnet werden. Das osmotische Verhalten eines Membransystems läßt sich also voraussagen, wenn der Reflexionskoeffizient mit einem Ultrafiltrationsexperiment bestimmt worden ist. Für das Epithel der Gallenblase hat man z.B. $\sigma_{Methanol} = 0{,}04$ und $\sigma_{Glycerin} = 0{,}95$ zu setzen.

Das in diesem Abschnitt erläuterte fluid-mosaic-Modell liefert zumindest eine qualitative Erklärung für das Zustandekommen der charakteristischen Permeabilitätseigenschaften von Biomembranen. In dem aus Lipiden, Membranproteinen, Glykoproteinen und Glykolipiden aufgebauten Vielkomponentensystemen werden die spezifischen Membraneigenschaften in erster Linie durch die an Membranproteine gekoppelten Funktionseinheiten bestimmt. Deshalb stellt die Isolierung und Strukturaufklärung dieser Funktionseinheiten eine wichtige Forschungsaufgabe dar, bei deren Lösung (vgl. Abschn. 5.4.5) bereits einige bemerkenswerte Ergebnisse erzielt worden sind. Allgemein gültige Aussagen über die Struktur von ionenspezifischen Poren, Rezeptoren, Energiewandlern und Ionenpumpen lassen sich aus diesen Einzelergebnissen nicht herleiten, da wegen der strukturellen Komplexität der Biomembransysteme in jedem Falle eine sorgfältige detaillierte Strukturanalyse durchgeführt werden muß, bevor mechanistische Modelle zur Erklärung einer Struktur-Funktions-Beziehung entwickelt werden können. Die Zahl der in einer Membranstruktur inkorporierten Funktionseinheiten kann bei verschiedenen Membranen sehr unterschiedliche Werte annehmen. In der Erythrozytenmembran befindet sich in 1 μm$^2$ der Membranfläche jeweils nur eine Na$^+$-/K$^+$-Pumpe. Im sarkoplasmatischen Reticulum besteht die gesamte Membransubstanz dagegen zu mehr als 50% aus Ionenpumpen.

# 4 Biopolymere

## 4.1 Der chemische Aufbau der wichtigsten makromolekularen Strukturbilder

Die Diskussion der im Abschn. 3.3.6 ausführlich behandelten Biomembranmodelle hat bereits erkennen lassen, daß bestimmte makromolekulare Substanzen (z.B. Proteine und Polysaccharide) für die Aufrechterhaltung der Funktionsfähigkeit lebender Organismen unerläßlich sind. Neben den für zahlreiche physiologische Funktionen (z.B. als Hormonrezeptoren, Enzyme, Transportproteine, Membrantransportsysteme, kontraktile Strukturelemente der Muskulatur) unbedingt erforderlichen Proteinen und den als Strukturbildner (z.B. in den Zellwänden der Pflanzen) und als energiespeichernde Reservepolysaccharide (z.B. Stärke, Glycogen) benötigten Kohlenhydraten bilden die den Verlauf der genetisch kontrollierten Proteinbiosynthese als Träger und Vermittler der Erbinformation bestimmenden Nucleinsäuren die dritte große Gruppe der biologisch wichtigen Makromoleküle. Diese durch Biosynthese nach einem vorgegebenen Strukturprinzip gebildeten und mit wenigen Ausnahmen durch ein definiertes Molekulargewicht ausgezeichneten Makromoleküle werden zusamenfassend als Biopolymere bezeichnet. Die wichtigsten chemischen und physikalischen Eigenschaften dieser Biopolymeren sollen im folgenden kurz beschrieben werden. Der Umfang dieser Beschreibung muß hier auf die für das Verständnis der nachfolgenden Textabschnitte erforderlichen Grundkenntnisse beschränkt bleiben. Ausführliche Darstellungen der Synthesewege und der chemischen Eigenschaften dieser Substanzen finden sich in den Lehrbüchern der Biochemie (vgl. Anhang 2).

## 4.1.1 Polysaccharide

Obwohl sich die biochemische Forschung heute in erster Linie auf die Lösung von Problemen der Regulation des Stoffwechsels und der molekulargenetischen Informationsübertragung konzentriert und die Erforschung der Polysaccharide weniger intensiv verfolgt, besteht kein Zweifel an der Tatsache, daß die durch Biosynthese gebildeten Polysaccharide eindeutig den Biopolymeren zuzuordnen sind. Von den Proteinen und den Nucleinsäuren unterscheiden sich die Polysaccharide allerdings dadurch, daß sie in den meisten Fällen keine definierte Überstruktur (vgl. Abschn. 4.2.2) bilden und oft auch keine völlig regelmäßige Primärstruktur besitzen. Durch Verzweigungen entsteht eine oft einer ständigen Fluktuation unterworfene Verteilung möglicher Molekülformen, die sich nur noch statistisch erfassen läßt. In dieser Hinsicht weist die physikalische Chemie der Polysaccharide einige typische Merkmale der Polymerwissenschaft, die sich vornehmlich mit der Erforschung synthetisch dargestellter Makromoleküle von uneinheitlichem Molekulargewicht befaßt, auf. Polysaccharide sind in biologischen Systemen weit verbreitet; sie nehmen in Pflanzen und Mikroorganismen zahlreiche wichtige Funktionen als Gerüst- und Speichersubstanzen wahr und dienen tierischen Organismen in erster Linie als energieliefernde Substrate. Die große Zahl der unterschiedlich strukturierten Polysaccharide ist aus relativ wenigen Strukturelementen aufgebaut. Durch verschiedene glycosidische Verknüpfungen von Kohlenstoffatomen der einzelnen Zuckerbausteine (Hexosen, Pentosen und Uronsäuren) entsteht eine fast unübersehbare Anzahl von verschiedenartigen Polysacchariden. Die Strukturformeln einiger häufig auftretender Zuckerbausteine von Polysacchariden sind in der Abb. 4.1 zusammenfassend dargestellt.

Es sei hier daran erinnert, daß viele Monosaccharide in wäßriger Lösung nicht in der in Abb. 4.2 für die D- und L-Glucose gezeigten offenen Form, sondern in der in Abb. 4.1 wiedergegebenen Ringform vorliegen.

Bei der Glucose und den anderen Aldohexosen erfolgt der Ringschluß zum sechsgliedrigen Ring durch Reaktion der Aldehydgruppe des ersten C-Atoms mit der alkoholischen Hydroxylgruppe am C-Atom 5 (vgl. Abb. 4.3).

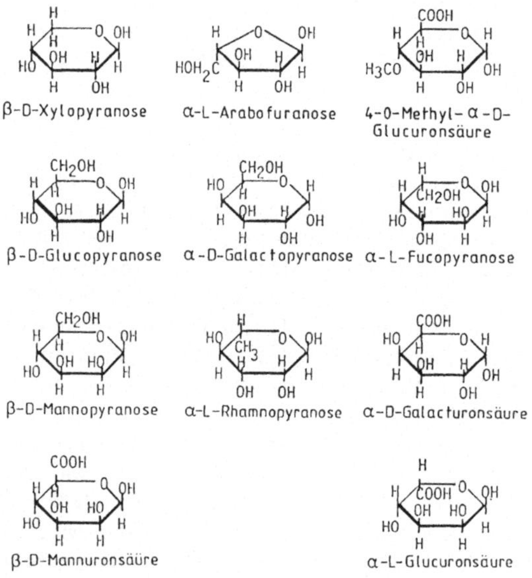

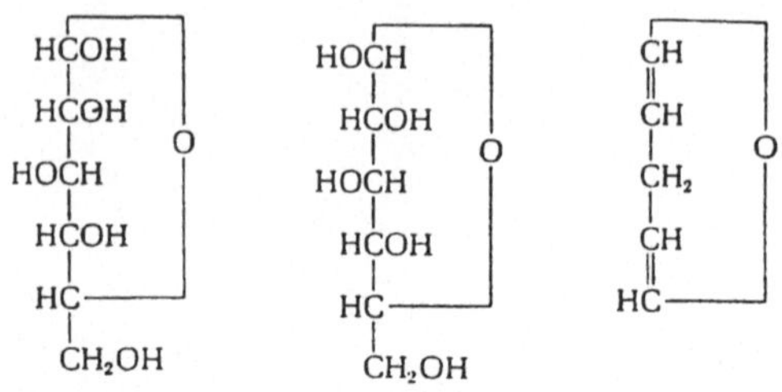

Abb. 4.3 Pyranose-Formen der D-Glucose mit Pyran-Ringsystem

Durch diesen Ringschluß wird unter Halbacetalbildung ein C-Atom an zwei O-Atome gebunden (*anomeres C-Atom*). Dabei wird ein zusätzliches Asymmetrie-Zentrum gebildet, das die Unterscheidung zwischen α- und β-Formen erforderlich macht.

Die Unterscheidung zwischen den D- und L-Formen bezieht sich auf die unterschiedliche Stellung der OH-Gruppe des am weitesten von der Carbonyl-Gruppe entfernten asymmetrischen C-Atoms zur Position der endständigen $CH_2OH$-Gruppe, wobei D- und L-Glycerinaldehyd (vgl. Abb. 4.4) als Referenzsubstanzen für die Festlegung der *absoluten Konfiguration* dienen.

In der formelmäßigen Darstellung einer offenkettigen D-Hexose (Abb. 4.2) findet sich die OH-Gruppe des fünften C-Atoms wie die entsprechende OH-Gruppe des D-Glycerinaldehyds „rechts" über der endständigen OH-Gruppe.

Die Unterscheidung zwischen der α- und β-Form ergibt sich aus der unterschiedlichen Position der OH-Gruppe am anomeren C-Atom. In der in Abb. 4.1 gezeigten *Projektionsformel* der β-D-Glucopyranose weist die anomere OH-Gruppe nach „oben", während sie in der Formel der α-Form nach „unten" weisen würde. Bei der

Abb. 4.1 Zuckerbausteine von Polysacchariden

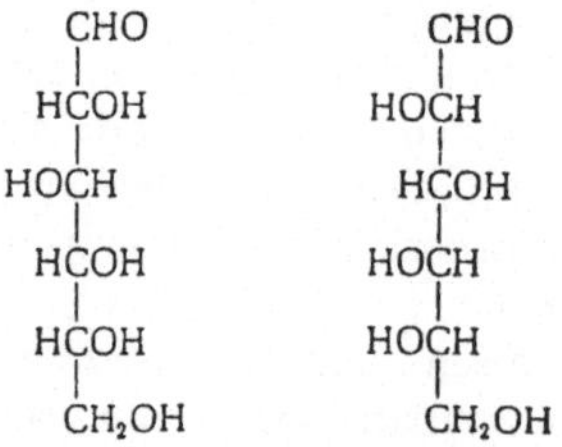

Abb. 4.2 Offenkettige Aldose-Form der D- und L-Glucose

Abb. 4.4 L- und D-Glycerinaldehyd

Anwendung dieses Unterscheidungskriteriums auf die analogen Projektionsformeln anderer Monosaccharide ist jedoch zu beachten, daß diese Projektionsformeln keine korrekte räumliche Strukturvorstellung vermitteln, da in ihnen der Pyranose- bzw. Furanose-Ring planar erscheint. Tatsächlich kann der Pyranosering in der Sesselform („chair form") und in der Wannenform („boat form") auftreten (vgl. Abb. 4.5). Die Sesselform ist relativ starr und sehr viel stabiler als die Wannenform; sie überwiegt in wäßrigen Lösungen von Hexosen. In Abb. 4.3 weist die anomere Hydroxylgruppe der α-D-Glucopyranose in die gleiche Richtung wie die Halbacetal-Brücke, während sie in der Pyranose-Formel der β-D-Glucose in die entgegengesetzte Richtung weist. Die schematische Darstellung der Sesselform der α-D-Glucopyranose (Abb. 4.5) läßt jedoch erkennen, daß dieses Unterscheidungsmerkmal kein ausreichendes Kriterium darstellt und daß es bei der Unterscheidung zwischen den α- und β-Formen der Monosaccharide vor allem auf die unterschiedliche Besetzung der vier tetraedrisch angeordneten Bindungspositionen des anomeren C-Atoms ankommt.

Die allgemein als *D-Glucose* bezeichnete Substanz ist ein Gleichgewichts-Gemisch aus einem Drittel α-D-Glucose und zwei Dritteln β-D-Glucose, das sich durch *Mutarotation* in wäßriger Lösung bei Raumtemperatur einstellt. Der Verlauf der Gleichgewichtseinstellung kann durch Messung des optischen Drehungsvermögens der Proben verfolgt werden. D-Glucose ist das in der belebten Natur am häufigsten vorkommende Monosaccharid und der Grundbaustein der in großer Menge gebildeten und umgesetzten Polysaccharide Stärke und Cellulose. Außerdem ist die D-Glucose der wichtigste Nahrungsstoff der meisten Organismen, und das Glucose-6-phosphat ist das Vorprodukt für die Synthese der übrigen Zukker. Glucose wird im Verlauf der pflanzlichen Photosynthese unter Reduktion von $CO_2$ und Freisetzung von molekularem Sauerstoff gebildet. Ein anderer Nacherzeugungsweg ist die Überführung von Pyruvat in Glucose-6-phosphat. Auf diesem Wege kann Glucose in den meisten Organismen aus Lactat oder aus glucogenen Aminosäuren gebildet werden. So ist z.B. die in der Erholungsphase nach starker Muskelbeanspruchung in der Leber von Wirbeltieren ablaufende Glucosebildung aus Lactat ein besonders aktiver biochemischer Prozeß. Neben der D-Glucose kommt auch der D-Mannose und der D-Galactose (vgl. Abb. 4.1) und dem D-Glycerinaldehyd eine besondere biochemische Bedeutung zu. Die D-Ribose (vgl. Abschn. 4.1.3) ist der Kohlenhydrat-Grundbaustein der Nucleinsäuren.

Die nach dem makromolekularen Konstruktionsprinzip aus Monosacchariden gebildeten Polysaccharide sind im allgemeinen relativ schlecht wasserlöslich. Diese geringe Löslichkeit ist eine wichtige Voraussetzung dafür, daß Reservepolysaccharide ökonomisch und ohne Störung des osmotischen Gleichgewichtes in der Zelle aufgebaut werden können. Die Ablagerung und Speicherung der Polysaccharide findet in der Regel räumlich getrennt vom Biosyntheseprozeß statt. Wegen ihres hohen Quellungsvermögens sind die im zellulären Bereich abgelagerten Reservepolysaccharide auch zur Wasserbindung geeignet; sie können die pflanzlichen Zellen durch Aufnahme

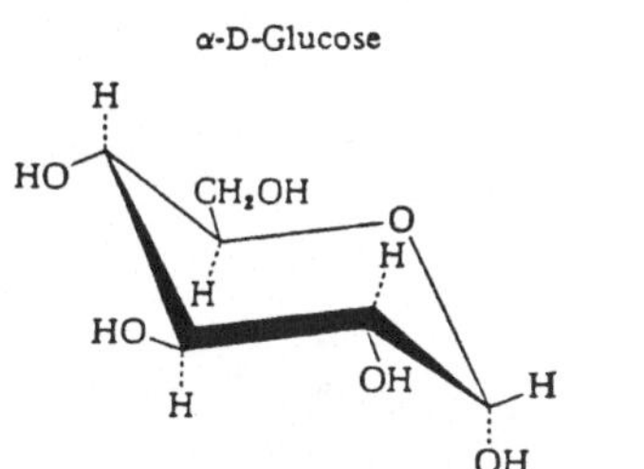



**Abb. 4.5** Wannen- und Sesselformen von sechsgliedrigen Ringsystemen

beträchtlicher Wassermengen weitgehend vor Austrocknung schützen. Die Funktion der Reservepolysaccharid-Speicherung wird im Organismus meist nur von bestimmten Zellen, Geweben und Organen übernommen. In diesen Organbereichen können die Reservestoffe soweit angereichert werden, daß sie fast die gesamte Zelle ausfüllen.

## *Stärke*

Das am weitesten verbreitete Reservepolysaccharid der höheren Pflanzen ist die in artspezifischen Stärkekörnern abgelagerte Stärke; sie liegt als Aggregat von zwei Molekültypen, Amylose und Amylopektin, vor. Die Abb. 4.6 zeigt einen Ausschnitt aus der Strukturformel des Amylosemoleküls, in dem etwa 200 bis 1000 Glucose-Einheiten durch α-1,4-glycosidische Bindungen miteinander verknüpft sind.

Da die D-Glucose leicht in die offenkettige Aldehydform übergeht, wirkt Glucose in Gegenwart bestimmter Reagenzien (z.B. nach Zugabe von Fehlingscher Lösung) reduzierend. Die Bildung der Aldehydform ist allerdings nur möglich, wenn die OH-Gruppe am anomeren C-Atom nicht durch eine glycosidische Bindung blockiert ist. Dementsprechend unterscheidet man an der Amylose-Kette ein reduzierendes Ende und ein nichtreduzierendes Ende. Das Amylosemolekül bildet eine Helix-Struktur (Abb. 4.7), die Iodatome aufnehmen kann. Auf den Iod-Amylose-Komplex ist die charakteristische blaue Farbe der Iodstärke zurückzuführen.

Im Gegensatz zu den unverzweigten Amylosemolekülen sind die Amylopektinmoleküle stark verzweigt. Die Abb. 4.8 zeigt einen Ausschnitt aus einem Amylopektinmolekül, in dem die Glucosebausteine sowohl α-1,4-glycosidisch als auch α-1,6-glycosidisch verknüpft sind. Die einzelnen Kettenbereiche der Amylopektinmoleküle können ebenfalls eine Helixstruktur aufweisen. Amylose und Amylopektin können durch Amylasen hydrolytisch abgebaut werden. Die bei diesem Abbau entstehenden Polysaccharide mittlerer Kettenlänge werden Dextrine genannt; sie finden zum Teil wegen ihrer leichten Löslichkeit und ihrer spezifischen Wechselwirkung mit anderen Molekülen Anwendung in der Technik und in der Laboratoriumspraxis (z.B. bei der Herstellung und Verarbeitung von Harzen, Waschmitteln, kosmetischen Produkten, pharmazeutischen Verbindungen und konfektionierten Nahrungsmitteln; modifizierte Cyclodextrine auch als stationäre Phasen zur chromatographischen Enantiomerentrennung).

Im tierischen Organismus werden die mit der Nahrung aufgenommenen Stärken zunächst durch α-Amylasen oder β-Amylasen in Bruchstücke zerlegt. Die im Speichel, im Pankreassekret und auch in pflanzlichen Organismen vorkommenden α-Amylasen sind Endoglycosidasen, die eine Polysaccharid-Kette nicht vom Ende her, sondern vomKetteninneren her angreifen und zerlegen. Dabei entstehen zunächst Oligosaccharide mit sechs bis sieben Glucose-Resten. Bei längerer Einwirkung der α-Amylasen werden

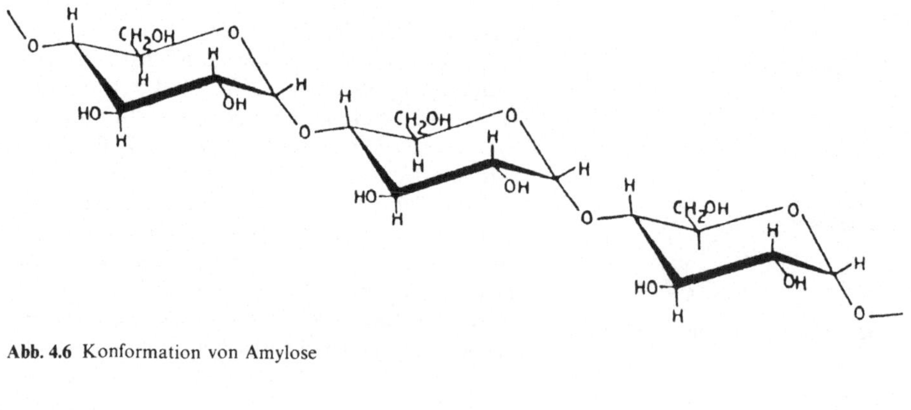

**Abb. 4.6** Konformation von Amylose

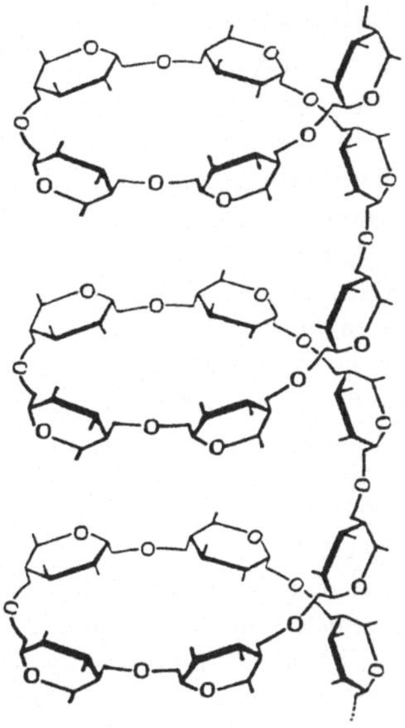

**Abb. 4.7** Amylose-Helix

diese Spaltstücke weitgehend zu Maltose (Abb. 4.9) abgebaut.

Der enzymatische Abbau der Amylopektine vollzieht sich weitgehend analog, wobei die Verzweigungsstellen von den α-Amylasen nicht angegriffen werden. Deshalb wird bei der durch α-Amylasen bewirkten Amylopektinspaltung auch Isomaltose (Abb. 4.10) freigesetzt. Durch Einwirkung weiterer Glycosidasen werden schließlich auch die Disaccharide in Monosaccharide gespalten (z. B. im Darm).

Die im Pflanzenreich weit verbreiteten β-Amylasen sind Exoglycosidasen. Diese Exoglycosi-

dasen greifen die Polyglucose-Ketten der Stärkebestandteile vom nichtreduzierenden Ende her so an, daß jeweils eine Maltose-Einheit abgespalten wird (vgl. Abb. 4.11).

Bei diesem Amylopektinabbau kommt die Kettenspaltung an den Verzweigungsstellen zum Stillstand. Als nicht abgebaute Polysaccharid-Rümpfe bleiben dabei die relativ hochmolekularen *Grenzdextrine* zurück. Nach Spaltung der 1,6-Bindungen der Amylopektin-Verzweigungsstellen durch spezifische Glycosidasen können auch die Grenzdextrine durch β-Amylasen abgebaut werden.

### Glycogen

Das Reservepolysaccharid Glycogen tritt in tierischen Geweben besonders reichlich in der Muskulatur und in der Leber auf. Auch das Glycogen ist aus verzweigten Polyglucose-Ketten aufgebaut, wobei die verzweigenden α-1,6-Verknüpfungen noch häufiger als in den Amylopektinmolekülen auftreten. Mit physikalisch-chemischen Methoden konnte gezeigt werden, daß die Glycogenmoleküle überwiegend als kompakte, annähernd kugelförmige Gebilde vorliegen. So hat sich z. B. bei Viskositätsmessungen an Glycogenlösungen ergeben, daß das Molekulargewicht der Glycogenmoleküle sich nicht auf die im Abschn. 2.1.4 definierte spezifische Viskosität auswirkt. Die kugelförmige Gestalt der Glycogenmoleküle wurde in neuerer Zeit auch durch Licht- und Neutronenstreumessungen bestätigt. Offenbar sind im Glycogen dicht verzweigte Untereinheiten (Makrodextrine) relativ regelmäßig über lineare oder schwach verzweigte Ketten miteinander verknüpft. Mit

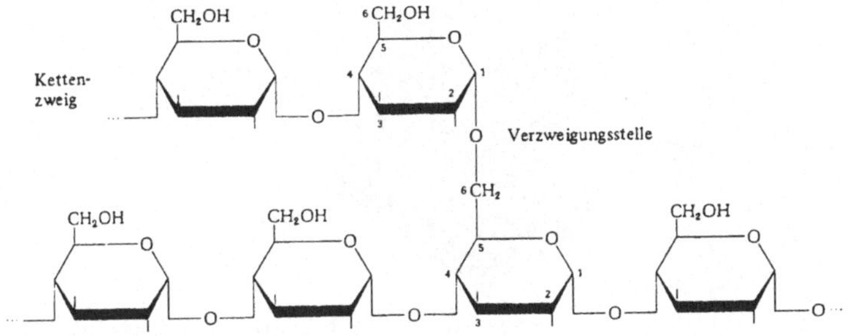

**Abb. 4.8** Ausschnitt aus einem Amylopektinmolekül

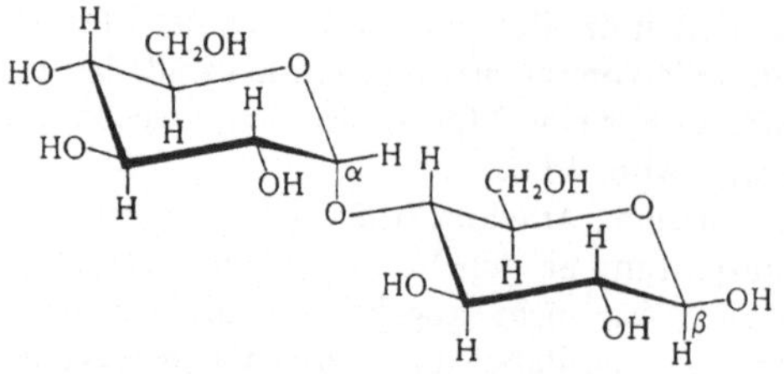

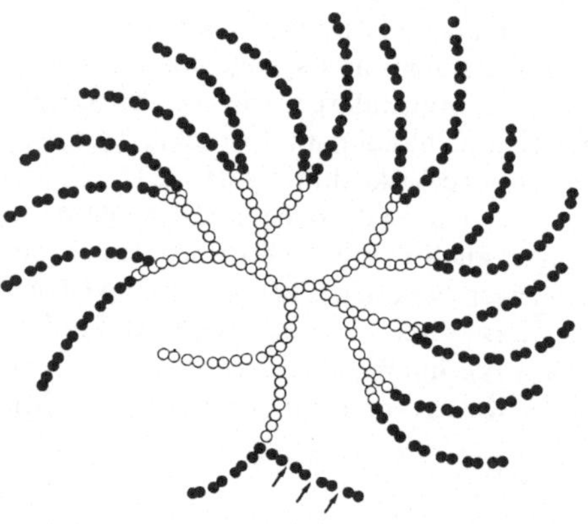

**Abb. 4.9** Konformationsformel der Maltose

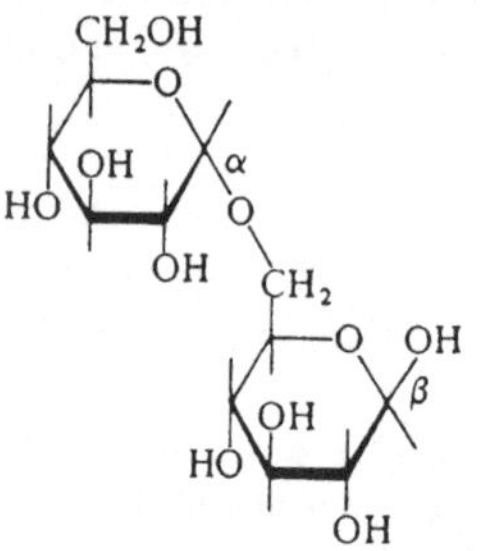

**Abb. 4.10** Projektionsformel der Isomaltose

**Abb. 4.11** Abbau von Amylopektin durch β-Amylase (schematisch)

diesem Modell läßt sich auch die für verzweigte Strukturen ungewöhnlich geringe Breite der Molekulargewichtsverteilung erklären. In der Leberzelle liegt das Glycogen in Speicherkörnchen (Glycogen-Granula, vgl. Abschn. 5.1.7) vor und kann von dort aus abgebaut werden, wenn der Energiehaushalt des Organismus dies erfordert.

## Pflanzliche Zellwandpolysaccharide

Für die Pflanzenzelle ist das Vorhandensein mechanisch stabiler Zellwände unerläßlich, da die Pflanzenzellen aufgrund des hohen osmotischen Druckes ohne Zellwandabstützung zerreißen würden. Die besonderen mechanischen Eigenschaften der Zellwand ergeben sich aus der komplexen Kombination verschiedenartiger Polysaccharide, die zum Teil eine fibrilläre Struktur und zum Teil eine weitgehend amorphe Matrixstruktur haben. Neben den Polysacchariden finden sich in der Zellwand auch Polyphenole wie Lignine, Proteine und Glycoproteine. Das Aufbauprinzip der pflanzlichen Zellwand ist schematisch in der Abb. 4.12 wiedergegeben.

Als Bausteine pflanzlicher Zellwände kommen überwiegend drei Gruppen von hochpolymeren Kohlenhydraten vor, die als Cellulose, Hemicellulosen und Pektine bezeichnet werden. Die wichtigsten Zellwandpolysaccharide höherer Pflanzen sind in der Tabelle 4.1 zusammengestellt.

Von der in Lebewesen fixierten Kohlenstoffmenge (ca. $27 \cdot 10^{10}$ t) sind mehr als 99% in Pflanzen festgelegt. Davon sind etwa 40% in Cellulose gebunden. Demnach beträgt die gesamte Cellulosemenge im Pflanzenreich etwa $26 \cdot 10^{10}$ t. Auch in Bakterien, Flagellaten und Algen ist Cellulose enthalten. Das Cellulosemolekül ist unverzweigt; es besteht aus Glucose-Einheiten, die β-1,4-glycosidisch miteinander verknüpft sind (Abb. 4.13). Aus dieser Anordnung der Glucose-Bausteine resultiert eine gestreckte Orienterung

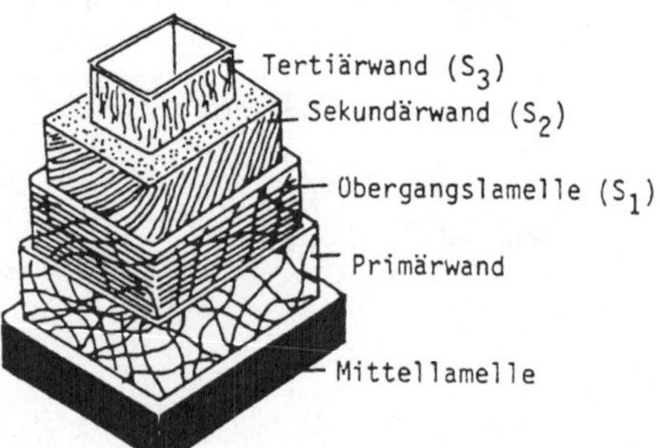


**Abb. 4.12** Struktureller Aufbau der pflanzlichen Zellwand (schematisch)

**Tabelle 4.1** Zellwandpolysaccharide der höheren Pflanzen

| Gruppenbezeichnung | Chemische bzw. strukturelle Grundbausteine |
| --- | --- |
| Cellulose | β-1,4-Glucan |
| Hemicellulosen (Polyosen) | Xylane<br>Glucomannane und Galactoglucomannane<br>Xyloglucane<br>β-D-Glucane (1,3- und 1,4) |
| Pektine | Galacturonane und Rhamnogalacturonane<br>Arabinane<br>Galactane und Arabinogalactane |
| Andere Polysaccharide | β-1,3-verknüpfte Glucane (Callose)<br>Glucuronomannane |

der Cellulosemoleküle in den übermolekularen Strukturelementen der Zellwand.

Native Cellulose hat mit 10.000 bis 15.000 Glucose-Einheiten einen hohen Polymerisationsgrad und eine relativ einheitliche Kettenlänge. Der Ordnungszustand benachbarter Celluloseketten wird durch intermolekulare und intramolekulare Wasserstoffbrückenbindungen stabilisiert. Das Ordnungssystem besitzt kristalline Eigenschaften. Nach dem Aufschluß befinden sich die Cellulosefasern in einem gequollenen Zustand, in dem Wasser-Moleküle in das Wasserstoff-Brücken-System zwischen benachbarten Cellulosemolekülen eingelagert sind. Auch die Fibrillenstruktur in der Zellwand ist großenteils auf die Ausbildung von Wasserstoffbrückenbindungen zurückzuführen. Mit dem Elektronenmikroskop kann die fibrilläre Organisation der Cellulose sichtbar gemacht werden. Als Grundeinheiten der übermolekularen Cellulosestruktur sind 2–4 nm starke Elementarfibrillen anzusehen. Diese Elementarfibrillen sind in der Zellwand zu größeren fibrillären Einheiten (Mikrofibrillen mit Durchmessern

von 10–30 nm) zusammengelagert. Eine Vorstellung von der kombinierten stabilisierenden Weschselwirkung der Gerüstsubstanzen in der Primärwand der Pflanzenzelle vermittelt das von Albersheim vorgeschlagene Modell, das in Abb. 4.14 skizziert ist. Weitere Angaben über den chemischen Aufbau und die Moleküleigenschaften der in die Primärwand eingebauten Polysaccharidkomponenten finden sich in der im Anhang 2 angegebenen Literatur.

Als Beispiel für die am Aufbau der Primärwand beteiligen Zellwandpolysaccharide sei hier lediglich das Xyloglucan (Abb. 4.15) genannt, das über Wasserstoffbrücken an die Molekülstränge der Cellulosemikrofibrillen angeknüpft ist. Die verschiedenen amorphen Matrixsubstanzen (Hemicellulosen und Pektin) sind durch kovalente Bindungen zu größeren Bauelementen der molekularen Architektur vereinigt.

Weitere wichtige Vertreter der Polysaccharid-Verbindungen finden sich in Moosen (z. B. λ-Carrageenan und ϰ-Carrageenan im irländischen Moos), in Algen (z. B. Agar-Agar in Rotalgen; Alginsäure in Braunalgen) und in Pilzen sowie als Zellwandpolysaccharide, Zellwand-Stützschicht-Polysaccharide (z. B. Murein, Abb. 4.16), Kapsel-Polysaccharide und Antigene in Bakterien. Agar-Agar-Gele werden in der Mikrobiologie in großem Umfang zur Herstellung mikrobiell nicht abbaubarer Nährböden mit hohem Wassergehalt verwendet.

Das Riesenmolekül Murein ist ein Peptidoglycan von der Größe und der Gestalt des umhüllten Bakteriums. Im dreidimensionalen Netzwerk der Mureinstruktur sind aus Muraminsäure und N-Acetylglucosamin gebildete Kohlenhydratstränge durch kurze Peptidketten miteinander verknüpft. Die Kohlenhydratkomponente des Mureinnetzes aller Enterobakterien hat die gleiche chemische Zusammensetzung und Kettenstruktur. In der Peptidkomponente treten da-

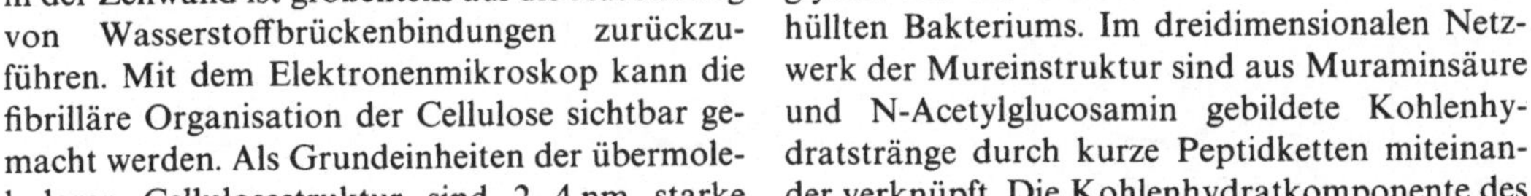

**Abb. 4.13** Ausschnitt aus einem Cellulosemolekül

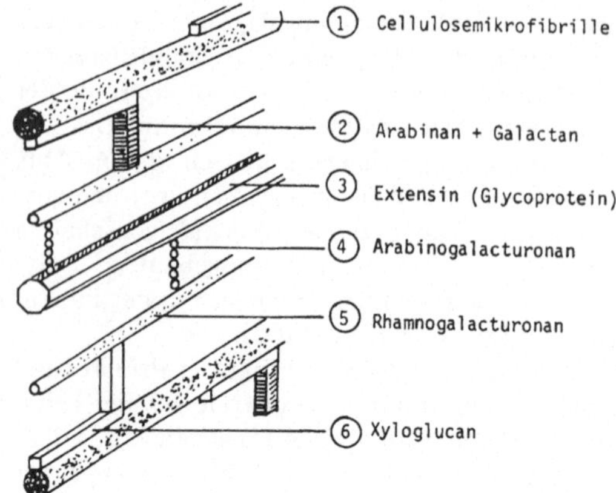



**Abb. 4.14** Anordnung der Zellwandpolysaccharide in der Primärwand der Pflanzenzelle (nach G. Franz, in: W. Burchard (1985))

gegen bestimmte, für die verschiedenen Bakterienarten charakteristische Unterschiede auf.

Zum Abschluß dieser kurzen Übersicht über die wichtigsten Typen von Polysacchariden sollen hier noch die am Aufbau des Bindegewebes beteiligten Heteroglycane Hyaluronsäure und Chondroitinschwefelsäure (Abb. 4.17) und das Chitin (Abb. 4.18) erwähnt werden. Hyaluronsäure (Bausteine: N-Actylglucosamin- und Glucuronsäure-Reste) und Chondroitinschwefelsäure (Bausteine: alternierende Glucuronsäure- und N-Actylgalactosaminsulfat-Reste) gehören zur Gruppe der

Mucopolysaccharide. Das Chitin ist ein Derivat der Cellulose, das aus β-1,4-glycosidisch verknüpften Acetyl-Glucosamin-Einheiten aufgebaut ist; es bildet den Krustenpanzer der Insekten und Schalentiere.

### 4.1.2 Proteine

Während bei Polysacchariden noch eine relativ breite Molekulargewichtsverteilung vorliegt, kommt die in der Einleitung zum Abschn. 4.1 als besonderes Merkmal der Biopolymeren angegebene Molekulargewichtseinheitlichkeit im chemischen Aufbau der Proteine und Nucleinsäuren uneingeschränkt zum Ausdruck. Diese Molekulargewichtseinheitlichkeit ist das Ergebnis der genetisch kontrollierten Proteinbiosynthese und der Selbstreproduktion der genetischen Informationsträger. Wie bei den Polysacchariden werden auch bei den Proteinen und Nucleinsäuren zahlreiche funktionelle Eigenschaften durch den funktionsspezifischen Aufbau hochgeordneter übermolekularer Strukturen bestimmt. Da die übermolekularen Strukturen der Proteine und Nucleinsäuren großenteils auf einige häufig wiederkehrende und für die jeweilige Substanzklasse charakteristische Strukturelemente zurückzuführen sind, werden diese Ordnungszustände im Zusammenhang mit den Begriffen Sekundärstruktur, Tertiärstruktur und Quartärstruktur zusammenfassend im Abschn. 4.2.2 beschrieben

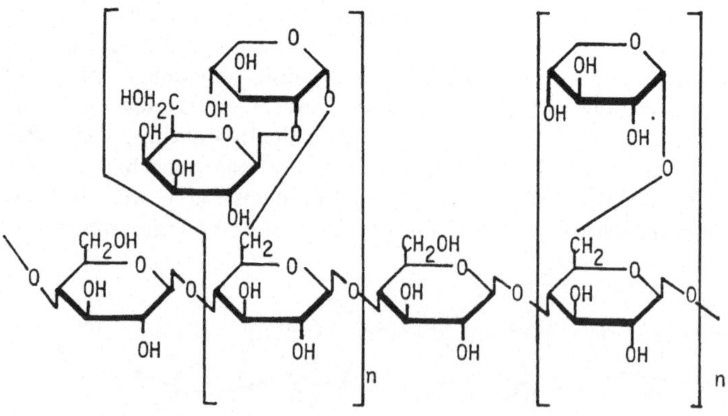

**Abb. 4.15** Ausschnitt aus einem Xyloglucanmolekül

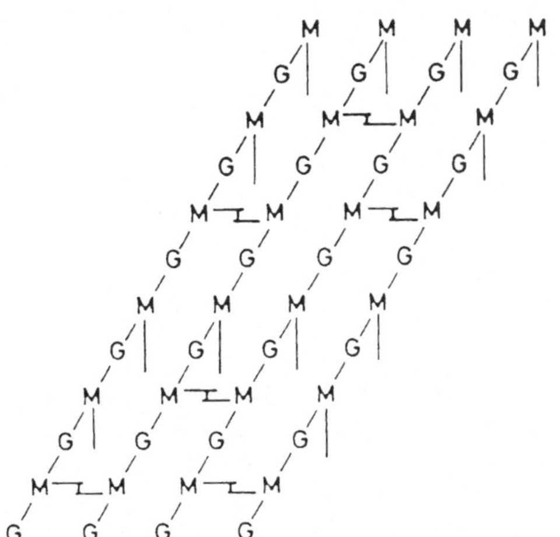

**Abb. 4.16** Quervernetzung benachbarter Mureineinheiten in der Bakterienzellwand

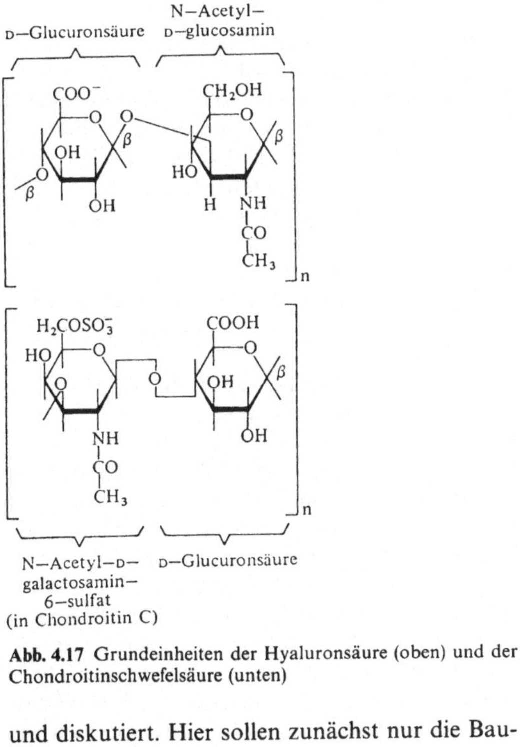

**Abb. 4.17** Grundeinheiten der Hyaluronsäure (oben) und der Chondroitinschwefelsäure (unten)

und diskutiert. Hier sollen zunächst nur die Bauelemente der Proteine und die Prinzipien ihrer kovalenten Verknüpfung im Zusammenhang mit dem Chiralitätsbegriff erläutert werden.

Die Proteine sind im lebenden Organismus an allen chemischen und physikalischen Prozessen, bei denen Synthesearbeit. Transportarbeit oder mechanische Arbeit geleistet werden muß, beteiligt. Grundbausteine der Proteine sind die zwanzig Standard-Aminosäuren, die mit einer Ausnahme (Prolin) sämtlich nach dem gleichen kovalenten Verbindungsprinzip aufgebaut sind. Dieses Verbindungsprinzip findet seinen Ausdruck in der allgemeinen Formel

$$R\!-\!CH\!-\!COOH$$
$$\mid$$
$$NH_2$$

der $\alpha$-Aminosäuren, wobei sich die chemische Individualität der verschiedenen Aminosäuren aus dem unterschiedlichen chemischen Aufbau der jeweiligen Aminosäureseitenkette (R) ergibt.

Das einheitliche Verknüpfungsprinzip der Polypeptid- und Proteinstrukturen ist in Abb. 4.19 am Beispiel eines Pentapeptides schematisch dargestellt. Das kovalente Verknüpfungselement ist die Peptidbindung, deren besondere Eigenschaften bereits im Abschn. 1.1.4 erwähnt worden sind.

In Tabelle 4.2 sind die Trivialnamen der zwanzig Standard-Aminosäuren mit den allgemein eingeführten Abkürzungen, den Bezeichnungen der Acyl-Reste und einigen ergänzenden Bemerkungen in vier Gruppen zusammengestellt. Die erste Gruppe umfaßt die neutralen Aminosäuren mit weitgehend unpolarer Seitenkette. In der zweiten Gruppe sind die neutralen Aminosäuren mit schwach polarer Seitenkette zusammengefaßt. Diese Gruppeneinteilung der als neutral bezeichneten Aminosäuren ist nicht völlig willkürfrei. In einigen zusammenfassenden Darstellungen werden auch die Aminosäuren Methionin und Tryptophan als Aminosäuren mit schwach polarer Seitenkette bezeichnet. In der dritten und vierten Gruppe sind die sauren bzw. basischen Standard-Aminosäuren angegeben. Als Acyl-Rest wird die Atomgruppierung

$$R\!-\!CH\!-\!\overset{\displaystyle O}{\overset{\displaystyle \|}{C}}\!-$$
$$\mid$$
$$NH_2$$

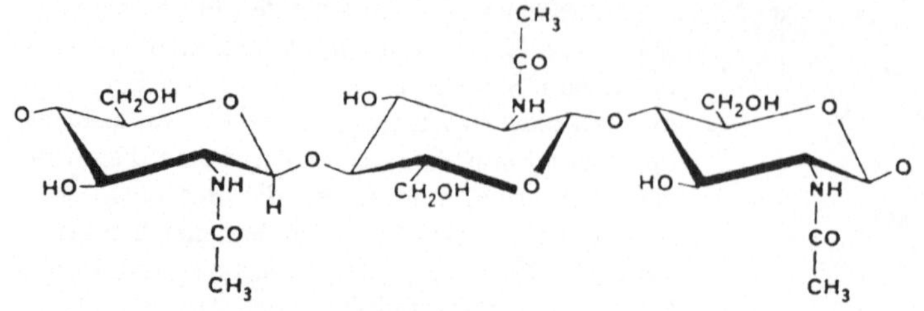

**Abb. 4.18** Wiederholungseinheit im Chitin

bezeichnet. Für den Acylrest der Aminosäure Alanin (α-Aminopropionsäure)

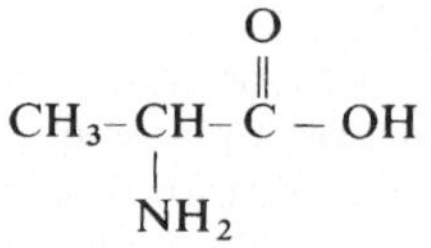

$$CH_3-CH-\overset{\overset{O}{\|}}{C}-OH$$
$$\underset{NH_2}{|}$$

ergibt sich also die Formel

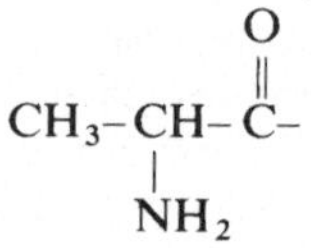

$$CH_3-CH-\overset{\overset{O}{\|}}{C}-\quad\text{(Alanyl-Rest)}.$$
$$\underset{NH_2}{|}$$

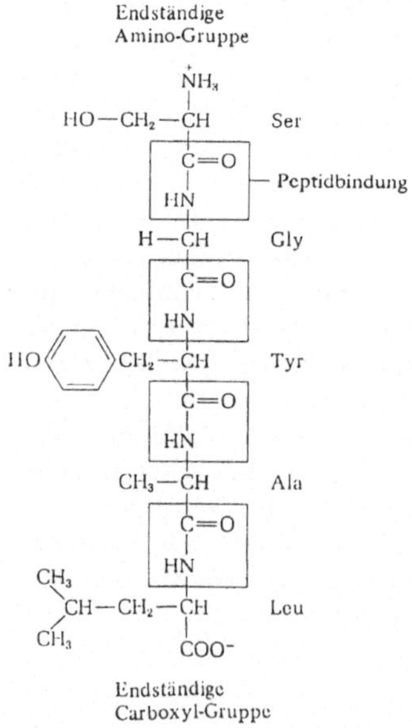

**Abb. 4.19** Kovalente Verknüpfung der Aminosäurebausteine in einem Pentapeptid

Die Seitenkette R des Alanins ist die $CH_3$-Gruppe. Abbildung 4.20 zeigt eine Übersicht über die Seitenketten der zwanzig Standard-Aminosäuren. Die Gruppeneinteilung hängt in gewissen Grenzen von der jeweiligen Umgebung der Seitenkette ab. Für die Aminosäure Prolin ist der gesamte Acyl-Rest eingezeichnet, da diese Aminosäure nicht über eine freie Amino-Gruppe verfügt.

Aus der Verschiedenheit der vier Substituenten am α-C-Atom ergibt sich, daß die Standard-Aminosäuren mit Ausnahme des Glycins mindestens ein *chirales Zentrum* besitzen und damit zu den optisch aktiven Verbindungen zählen. Wie bei den Monosacchariden hat man also den Unterschied zwischen einer L-Form und einer D-Form der α-Aminosäuren zu beachten. In Abb. 4.21 ist die tetraedrische Atomgruppenanordnung einer L-α-Aminosäure so dargestellt, daß die Carboxylgruppe nach oben und der Aminosäurerest R nach unten weist.

In dieser Darstellung weist die schräg nach vorn gerichtete Aminogruppe nach links, so daß sie in der von E. Fischer eingeführten vereinfachten Projektionsformel (Abb. 4.22) auf der linken Bildseite erscheint. Die Strukturen der L- und D-Form einer optisch aktiven Verbindung verhalten sich stets wie Bild und Spiegelbild.

Alle in Proteinen vorkommenden Aminosäuren gehören der L-Reihe an. Im Zuge einer allgemeinverbindlichen Neuregelung der Nomenklaturvorschriften ist auch die Zuordnung von Verbindungen mit asymmetrisch substituierten C-Atomen zu bestimmten Verbindungsreihen auf eine neue Grundlage (R-S-System nach CAHN, INGOLD und PRELOG) gestellt worden. Die L-α-Aminocarbonsäuren sind dem S-System

**Tabelle 4.2** Die Aminosäuren der Proteine

| Trivialname | Abkürzung | Buchst.-Symbol | Acyl-Rest | Bemerkungen |
|---|---|---|---|---|
| *Neutrale Aminosäuren mit unpolarer Seitenkette* | | | | |
| Glycin | Gly | G | Glycyl- | kein asymmetrisches C-Atom (Glykokoll) |
| Alanin | Ala | A | Alanyl- | Grundtyp d. meisten α-Amino-carbonsäuren |
| Valin | Val | V | Valyl- | |
| Leucin | Leu | L | Leucyl- | |
| Isoleucin | Ile | I | Isoleucyl- | 2. asymmetrisches C-Atom |
| Prolin | Pro | P | Prolyl- | abweichende Grundstruktur, wegen Cyclisierung sekundäre Amino-Gruppe; gelber Ninhydrin-Farbstoff |
| Phenylalanin | Phe | F | Phenylalanyl- | schwache UV-Absorption im Bereich von 250–300 nm |
| Methionin | Met | M | Methionyl- | auch Methylgruppen-Donator |
| Tryptophan | Trp | W | Tryptophanyl- | UV-Absorption im Bereich von 250–300 nm |
| *Neutrale Aminosäuren mit schwach polarer Seitenkette* | | | | |
| Serin | Ser | S | Seryl- | alkoholische OH-Gruppe zuweilen von funktioneller Bedeutung (Veresterung) |
| Threonin | Thr | T | Threonyl- | 2. asymmetrisches C-Atom |
| Cystein | Cys, CySH | C | Cysteyl- | 3 pK-Werte, Disulfid-Brückenbildner |
| Tyrosin | Tyr | Y | Tyrosyl- | 3 pK-Werte, pH-Abhängigkeit der UV-Absorption |
| Asparagin | Asn | N | Asparaginyl- | Amid d. Asparaginsäure |
| Glutamin | Gln | Q | Glutaminyl- | Amid d. Glutaminsäure |
| *Saure Aminosäuren* | | | | |
| Asparaginsäure | Asp | D | Aspartyl- | 3 pK-Werte |
| Glutaminsäure | Glu | E | Glutamyl- | 3 pK-Werte |
| *Basische Aminosäuren* | | | | |
| Histidin | His | H | Histidyl- | 3 pK-Werte |
| Lysin | Lys | K | Lysyl- | 3 pK-Werte |
| Arginin | Arg | R | Arginyl- | 3 pK-Werte |

zuzuordnen. Das neue Zuordnungssystem wird allerdings in der bis jetzt veröffentlichten biochemischen Literatur nur selten verwendet.

Die Funktionsfähigkeit der nativen Proteine wird entscheidend durch die Anordnung der Aminosäurereste in einer funktionsspezifischen dreidimensionalen Faltungsstruktur bestimmt. Eine wesentliche Einschränkung der großen Mannigfaltigkeit möglicher Faltungsstrukturen ergibt sich aus dem Raumbedarf der in der Polypeptidkette verankerten Aminosäure-Seitenketten. Die Abb. 4.23 vermittelt einen Eindruck von der unterschiedlichen Größe und dem Verzweigungsgrad der zwanzig Standard-Aminosäurereste. Das α-C-Atom ist jeweils durch einen schwarz ausgezeichneten Vollkreis kenntlich gemacht.

Die Abb. 4.23 läßt auch erkennen, daß zwei Aminosäuren (Isoleucin und Threonin) über ein zusätzliches chirales Zentrum verfügen. Durch Vertauschen der Substituenten an diesem β-C-

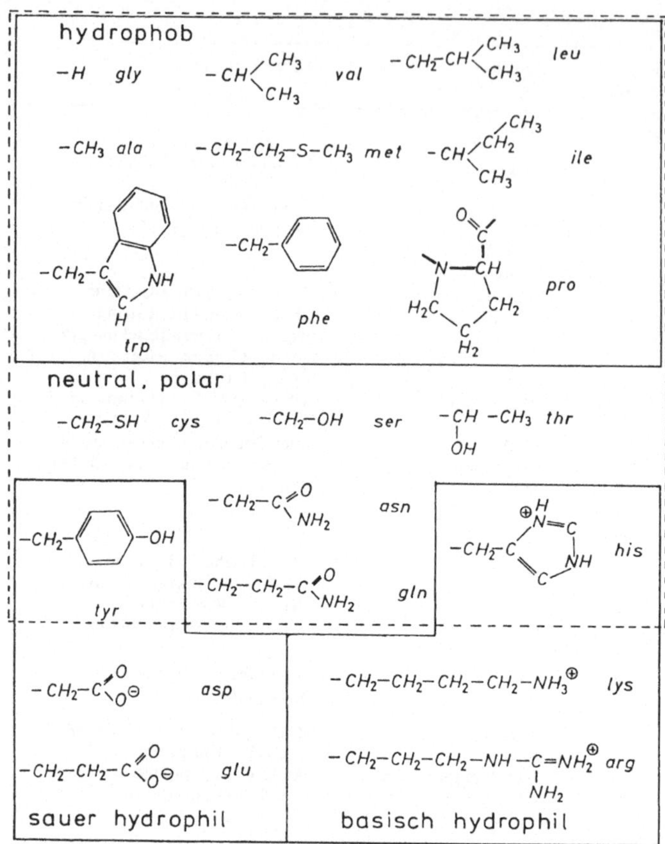



**Abb. 4.20** Seitenketten der zwanzig Standard-Aminosäuren

Atom (*Epimerisierung*) kommt man bei diesen Verbindungen zur sogenannten L-allo-Reihe (Abb. 4.24).

Cystein kann unter physiologischen Bedingungen über die Einstellung eines Redox-Gleichgewichtes (Abb. 4.25) in Cystin umgewandelt werden. Diese Reaktion ist wichtig für die kovalente Vernetzung von Peptidketten durch Disulfid-Brücken.

Von besonderer Bedeutung für das Verständnis der Funktion von Proteinen und für die analytische Trennung und Identifizierung der Proteinbestandteile sind die Säure-Basen-Eigenschaften der Aminosäuren. Die freien Aminosäuren sind amphotere Elektrolyte; sie liegen in neutraler wäßriger Lösung als Zwitterionen vor. Eine aus-

führliche Erklärung der Eigenschaften amphoterer Elektrolyte ist bereits im Abschn. 1.2.5 gegeben worden (vgl. Abb. 1.31). Die durch die Gl. (1.180) und (1.184) definierten pK′-Werte der wichtigsten Aminosäuren sind in Tabelle 4.3 zusammengestellt.

Histidin hat eine Aminosäure-Seitenkette, deren $pK'_R$-Wert im physiologischen pH-Bereich $(6,0 < pH < 7,5)$ liegt. Deshalb nimmt diese Aminosäure eine Sonderstellung ein, die in der Beteiligung an vielen wichtigen biochemischen Reaktionen zum Ausdruck kommt. Als Beispiel sei hier die Funktion der Histidin-Seitenkette als wechselseitiger Protonenakzeptor und Protonendonator im Wirkungssystem der durch Chymotrypsin katalysierten Peptidspaltung genannt. Ein

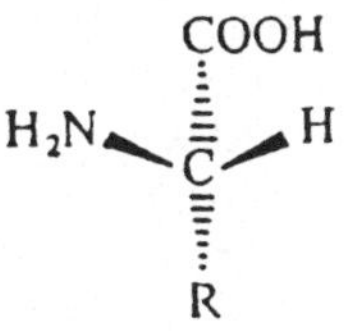

**Abb. 4.21** Tetraeder-Modell einer L-α-Aminosäure (schematisch)

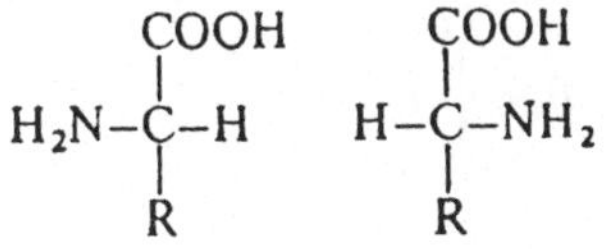

**Abb. 4.22** Projektionsformeln der L-α-Aminosäuren (links) und der D-α-Aminosäuren (rechts)

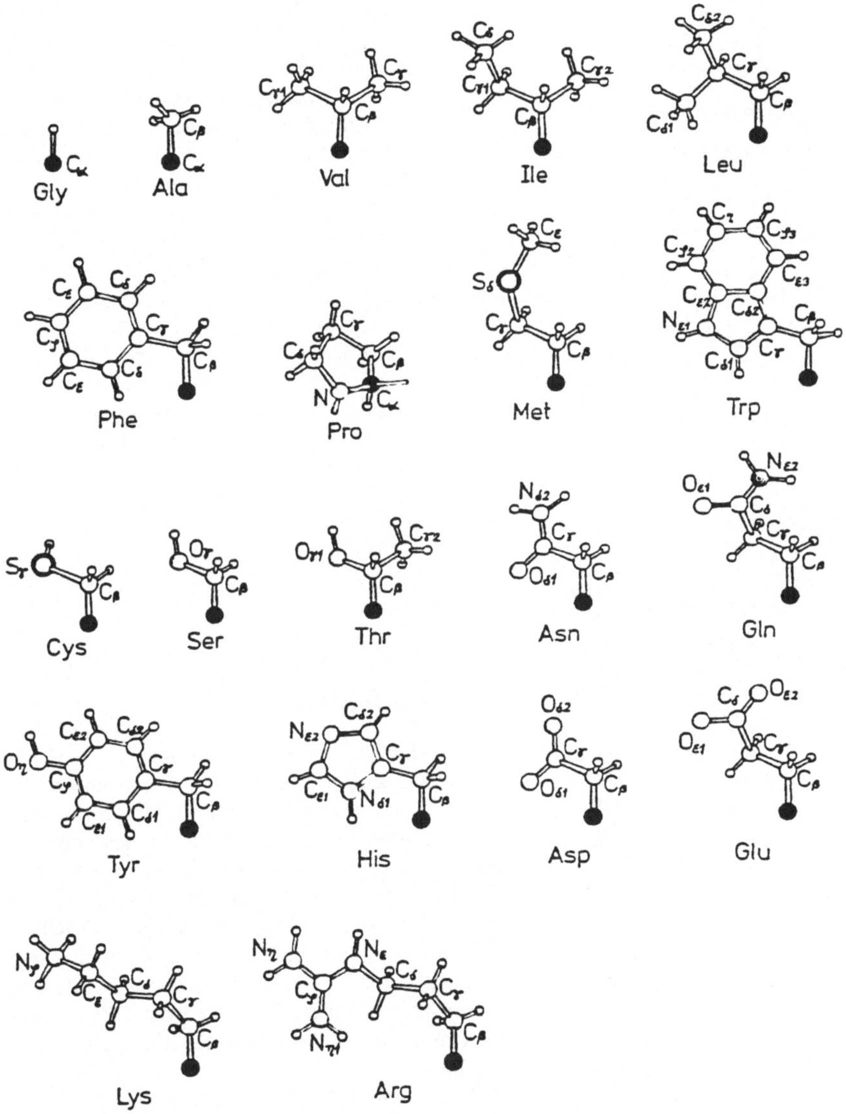

**Abb. 4.23** Perspektivische Darstellung der zwanzig Standard Aminosäure-Seitenketten

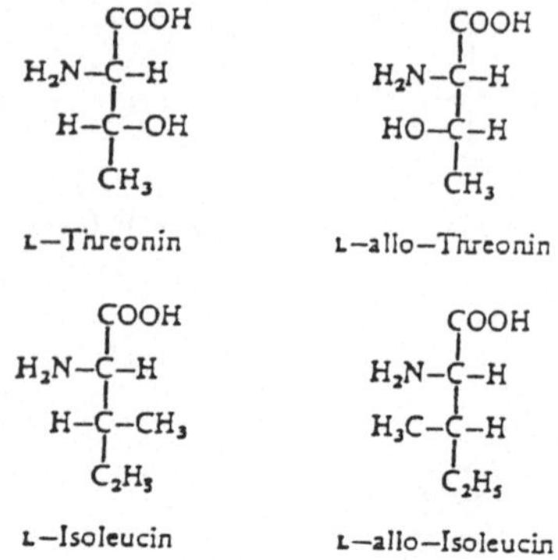

L—Threonin

L—allo—Threonin

L—Isoleucin

L—allo—Isoleucin

**Abb. 4.24** L-Formen und L-allo-Formen des Threonins und des Isoleucins

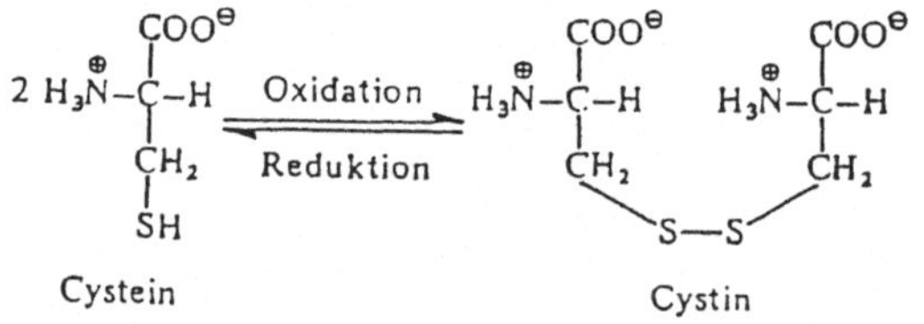

Cystein

Cystin

**Abb. 4.25** Redoxgleichgewicht des Cystein-Cystin-Systems

**Tabelle 4.3** pK'-Werte wichtiger Aminosäuren (25 °C)

| Aminosäure | pK'$_1$<br>$\alpha$-COOH | pK'$_2$<br>$\alpha$-NH$_3^+$ | pK'$_R$<br>R-Gruppe |
|---|---|---|---|
| Glycin | 2,34 | 9,6 | |
| Alanin | 2,34 | 9,69 | |
| Leucin | 2,36 | 9,60 | |
| Serin | 2,21 | 9,15 | |
| Threonin | 2,63 | 10,43 | |
| Glutamin | 2,17 | 9,13 | |
| Asparaginsäure | 2,09 | 9,82 | 3,86 |
| Glutaminsäure | 2,19 | 9,67 | 4,25 |
| Histidin | 1,82 | 9,17 | 6,0 |
| Cystein | 1,71 | 10,78 | 8,33 |
| Tyrosin | 2,20 | 9,11 | 10,07 |
| Lysin | 2,18 | 8,95 | 10,53 |
| Arginin | 2,17 | 9,04 | 12,48 |

mechanistisches Modell dieser Enzymreaktion wird im Abschn. 5.3.2 beschrieben.

Die UV-Absorption der Proteine ist im wesentlichen auf die Absorption der Aminosäurereste von Phenylalanin, Tyrosin und Tryptophan zurückzuführen.

Es ist einleuchtend, daß alle zwanzig Standard-Aminosäuren die gleiche Konfiguration aufweisen, da ein nicht auf eine Standard-Konfiguration eingestelltes zelluläres Proteinbiosynthesesystem extrem kompliziert und in der Konkurrenz der Evolutionsprozesse nicht durchsetzungsfähig wäre. Es gibt jedoch bis jetzt keine überzeugende Begründung dafür, daß die Wahl bei der Festlegung der Standard-Konfiguration auf die L-Konfiguration gefallen ist. Vielmehr ist anzunehmen, daß die D- und L-Konfigurationen zunächst gleichberechtigt nebeneinander vorlagen und daß sich die L-Konfiguration aufgrund zufällig günstiger Fluktuationen der Umwelteinflüsse durchgesetzt hat. Die Chiralität der Aminosäuren, die sich auch auf die Chiralität der Peptide und Proteine auswirkt, ist nicht nur für die Funktionsfähigkeit des zellulären Proteinbiosynthese-Apparates sondern auch für zahlreiche physiologisch wichtige molekulare Erkennungsprozesse von großer Bedeutung. Die Chiralität der Proteine wird im Abschn. 4.2.2 im Zusammenhang mit den Bauprinzipien der Sekundär- und Tertiärstrukturen diskutiert.

Auf den Zusammenhang zwischen der unterschiedlichen Hydrophobizität der Aminosäurereste und der für die Membranfunktionen wichtigen Lipidlöslichkeit der Proteine ist bereits in den vorangehenden Abschnitten hingewiesen worden (vgl. Abb. 1.18).

### 4.1.3 Nucleinsäuren

Die Nucleinsäuren dienen der Speicherung und Übertragung der genetischen Information; sie werden durch kovalente Verknüpfung aus monomeren Einheiten, den Nucleotiden, gebildet. Als monomere Einheiten der Ribonucleinsäuren sind die Ribonucleotide jeweils aus einem Molekül einer Purin- oder Pyrimidinbase, einer D-Ribose und einem Phosphorsäurerest zusammengesetzt (vgl. Abb. 4.26). Die Desoxyribonucleotide enthalten als monomere Einheiten der Desoxyribonucleinsäuren anstelle der D-Ribose eine 2'-Desoxy-D-Ribose.

Die in Abb. 4.26 als „Base" bezeichneten heterozyklischen Purin- und Pyrimidin-Derivate

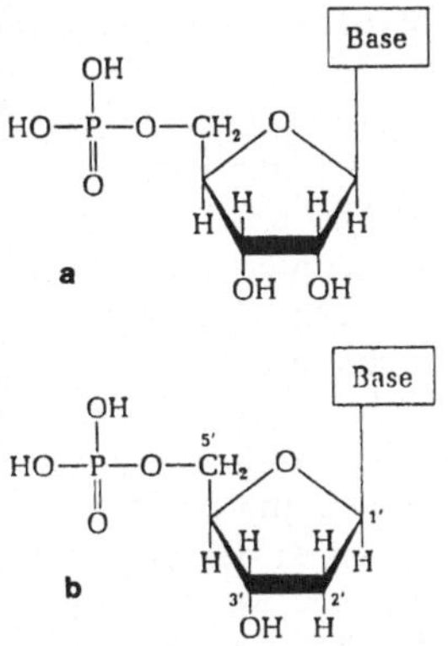

**Abb. 4.26** Allgemeine Strukturformel der Ribonucleotide (**a**) und der Desoxyribonucleotide (**b**)

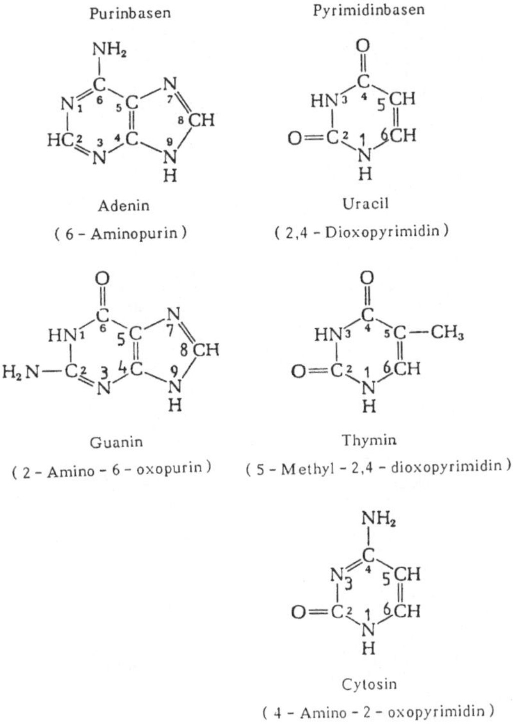

Purinbasen

Adenin

( 6 – Aminopurin )

Guanin

( 2 – Amino – 6 – oxopurin )

Pyrimidinbasen

Uracil

( 2,4 – Dioxopyrimidin )

Thymin

( 5 – Methyl – 2,4 – dioxopyrimidin )

Cytosin

( 4 – Amino – 2 – oxopyrimidin )

**Abb. 4.27** Strukturformeln der wichtigsten Purin- und Pyrimidinbasen der Nucleinsäuren

kennzeichnen die unterschiedliche chemische Individualität der verschiedenen Ribonucleotide und bilden damit das wichtigste Strukturelement der biochemischen Speicherung und Übertragung genetischer Information: ihre Strukturformeln sind in Abb. 4.27 wiedergegeben.

Diese Basen sind über eine β-N-glycosidische Bindung mit dem Kohlenstoffatom 1 des Riboseringes verknüpft. Man bezeichnet die durch diese Verknüpfung gebildeten Ribose-Basen-Verbindungen als *Nucleoside*. Durch Veresterung einer Hydroxylgruppe der Pentose mit einer Phosphorsäure-Gruppe entstehen aus den Nucleosiden die *Nucleotide*. In der überwiegenden Mehrheit der Nucleotide ist der Phosphat-Rest mit der 5'-Hydroxyl-Gruppe der Pentose verestert. In den Nucleotiden der Desoxyribonucleinsäuren kommen fast ausschließlich die Purin-Derivate Adenin und Guanin und die Pyrimidin-Derivate Thymin und Cytosin vor. Die meisten Ribonucleotide enthalten eines der Purin-Derivate Adenin und Guanin oder eines der Pyrimidinderivate Cytosin und Uracil (anstelle von Thymin). Wichtig sind auch die Nucleosid-5'-Triphosphate und -Diphosphate, die als gruppenübertragende Coenzyme in enzymkatalysierten Reaktionen dienen (vgl. Abb. 5.3 im Abschn. 5.1.6). In den Nucleinsäuren sind die Nucleotidbausteine über Phosphodiesterbindungen zwischen der 3'-Hydroxylgruppe einer Nucleotid-Einheit und der 5'-Hydroxylgruppe der nächstfolgenden Nucleotid-Einheit miteinander

verbunden. Die Abb. 4.28 zeigt das Verknüpfungsschema der Nucleotid-Einheiten einer Desoxyribonucleinsäure (DNA) und einer Ribonucleinsäure (RNA).

## DNA

Die zuerst von F. Miescher im Jahre 1869 aus Lachssperma und aus Eiterzellen isolierten Desoxyribonucleinsäuren enthalten die *komplementären* Basen Adenin und Thymin bzw. Guanin und Cytosin in dem für die Basenpaarung nach dem Schema der Abb. 1.11 erforderlichen Molzahlverhältnis 1 : 1. In diploiden eukaryontischen Zellen sind die DNA-Moleküle fast ausschließlich im Zellkern (vgl. Abb. 5.4) lokalisiert und über Ionenbindungen mit basischen Proteinen komplexiert. In geringer Menge stellen die Desoxyribonucleinsäuren auch einen Bestandteil der Mitochondrien und der Chloroplasten dar. In Bakte-

men bezeichnet. Die Zahl der chromosomalen DNA-Moleküle entspricht der Zahl der Chromosomen bzw. der bakteriellen Chromosomenäquivalente (Nucleotide). Auch Viren und Bakteriophagen enthalten DNA. Die DNA-Moleküle verschiedener Zellen und Viren unterscheiden sich nicht nur in der Nucleotidsequenz und dem Molekulargewicht, sondern auch in der relativen Häufigkeit der Basenkombinationen Adenin-Thymin (AT) und Guanin-Cytosin (GC). Die DNA des Bakteriophagen $\lambda$ enthält z.B. etwa 56% GC, während der GC-Anteil der menschlichen DNA nur etwa 40% ausmacht. In einigen DNA-Sorten (z.B. in viraler DNA) treten neben den Basen Adenin, Thymin, Guanin und Cytosin auch die Methyl-Derivate $N^6$-Methyladenin, 2-Methylguanin und 5-Methylcytosin auf.

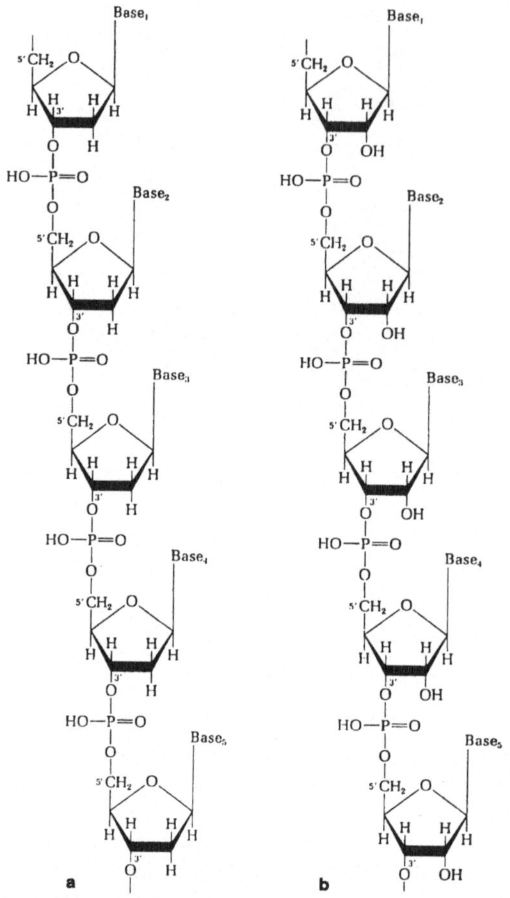

## RNA

Bei der Klassifizierung der Ribonucleinsäuren hat man neben einigen speziellen RNA-Formen vor allem drei Hauptklassen mit charakteristischen Größenordnungen der Sedimentationskoeffizienten und der entsprechenden Molekulargewichte zu unterscheiden. Diesen drei Hauptklassen sind die *Messenger-Ribonucleinsäuren* (mRNA), die *Transfer-Ribonucleinsäuren* (tRNA) und die *ribosomalen Ribonucleinsäuren* (rRNA) zuzuordnen. Eine mRNA kann dem jeweiligen Informationsgehalt entsprechend 75–3000 Nucleotid-Reste in der Polyribonucleotidkette enthalten. Das Grundgerüst der tRNA-Moleküle ist dagegen nur aus etwa 75–90 Nucleotid-Einheiten aufgebaut. Die E.coli-rRNA setzt sich aus verschiedenen Untereinheiten mit unterschiedlichen Sedimentationskoeffizienten (5S, 16S und 23S) zusammen, wobei die 5S-Einheit etwa 100 Nucleotid-Reste, die 16S-Einheit etwa 1500 Nucleotid-Reste und die 23S-Einheit etwa 3100 Nucleotid-Reste enthält. Auch die rRNA der eukaryontischen Zellen ist aus mehreren Untereinheiten (5S, 7S, 18S und 28S) zusammengesetzt. In diesen Zellen haben die verschiedenen RNA-Typen eine unterschiedliche intrazelluläre Verteilung. Dagegen findet sich in den Bakterienzellen fast die gesamte RNA im Cytoplasma (mit Ausnahme der im Synthesestadium an die DNA gekoppelten mRNA). Der RNA-Gehalt der meisten

**Abb. 4.28** Formelmäßige Darstellung des Grundgerüstes der Nucleinsäureketten. **a** DNA, **b** RNA

rien ist die DNA oft in einem an die Zellmembran gebundenen *Kernäquivalent* akkumuliert; sie macht bis zu 1% der Bakterienzellmasse aus. Die Bakterien-DNA ist nicht mit Proteinen assoziiert. DNA-Moleküle zählen zu den größten überhaupt existierenden Molekülen mit einem Molekulargewicht, das Werte von mehr als $2 \cdot 10^9$ (Dalton-)Einheiten annehmen kann. In Bakterien treten auch kleine extrachromosomale DNA-Moleküle auf; sie werden unter Berücksichtigung ihrer unterschiedlichen genetischen Beziehung zur chromosomalen DNA als Plasmide bzw. Episo-

Zellen ist etwa zwei- bis achtmal höher als der DNA-Gehalt. Auch einige Viren enthalten RNA. Ringförmige RNA-Moleküle treten als *Viroide* auch in proteinfreier Form auf.

## mRNA

Die Messenger-RNA wird als Überträger der genetischen Information in einem enzymatisch katalysierten Prozeß an der DNA synthetisiert. Dabei wird die Basensequenz eines chromosomalen DNA-Strangabschnittes in komplementärer Form auf ein einsträngiges mRNA-Molekül übertragen (Transkription). Anstelle eines Thymin-Nucleotidrestes wird bei diesem Prozeß ein Nucleotidrest mit der Base Uracil in den mRNA-Strang eingefügt. Die über das Cytoplasma zu den Ribosomen abgewanderte mRNA dient dort als sequenzbestimmende Matrize für die enzymatisch regulierte Verknüpfung der Aminosäurereste in der Proteinbiosynthese. Da die Zahl der in einer Zelle zu synthetisierenden verschiedenen Proteine sehr groß ist, muß auch die Zahl der verschiedenen mRNA-Moleküle entsprechend groß sein. Bemerkenswert ist, daß die mRNA eukaryontischer Zellen oft ein Grundgerüst mit etwa 200 aufeinanderfolgenden Adenylat-Resten am 3'-Ende aufweist. Es ist naheliegend, anzunehmen, daß diese einheitliche Nucleotidsequenz, die nach der Transkription im Kern an die mRNA-Moleküle angeheftet und nach dem Austritt aus dem Kern in das Cytoplasma wieder abgespalten wird, für den Transport der mRNA durch die Kernmembranzone wichtig ist.

## tRNA

Die Moleküle der Transfer-Ribonucleinsäuren sind kleiner als die mRNA-Moleküle und entsprechend beweglich. Sie fungieren während der an den Ribosomen ablaufenden Proteinbiosynthese als spezifische Überträger für jeweils eine der in Tabelle 4.2 aufgeführten proteinogenen Aminosäuren. Die Zahl der unterschiedlichen spezifischen tRNA-Moleküle ist jedoch größer als 20, da für einige Aminosäuren mehrere spezifische Transfer-Ribonucleinsäuren zur Verfügung stehen. Die tRNA-Moleküle liegen entweder in freier Form oder mit ihren spezifischen Aminosäuren „beladen" vor. Bei der „Beladung" wird die Hydroxyl-Gruppe in der 2'- oder 3'-Position eines endständigen Adenylsäurerestes der Ribonucleotidkette mit der Carboxylgruppe der Aminosäure verestert. Es entsteht eine Aminoacyl-tRNA. In den Nucleotidbausteinen der Transfer-Ribonucleinsäuren sind neben den Basen Adenin, Uracil, Guanin und Cytosin auch die vorstehend erwähnten methylierten Purin- und Pyrimidinbasen vorhanden. Außerdem findet man in der Nucleotidsequenz bestimmter tRNA-Moleküle auch die seltenen Nucleotide Pseudouridylsäure und Ribothymidylsäure (vgl. Abb. 4.29). Alle Transfer-Ribonucleinsäuren stimmen in ihrem molekularen Aufbau weitgehend überein. Ein Kettenende wird einheitlich durch die Trinucleotidsequenz pCpCpA abgeschlossen, wobei das Symbol p in der Kurzschreibweise der Sequenzen jeweils die Position einer verknüpfenden Phosphatgruppe markiert.

Der endständige Adenylsäure-Rest dieser Trinucleotidsequenz ist über seine 5'-Hydroxyl-Gruppe mit dem vorhergehenden Cytidylrest verbunden. Von den nicht veresterten Hydroxyl-Gruppen in 2'- und 3'-Position steht jeweils eine Gruppe für die Bildung der Aminoacyl-tRNA zur Verfügung. Das andere Ende der Ribonucleotidkette bildet stets ein Guanylsäurerest, an dessen 5'-Hydroxyl-Gruppe ein zusätzlicher Phosphat-Rest gebunden ist. Der in einer Aminoacyl-tRNA spezifisch gebundene Aminosäurerest wird bei der am Ribosom ablaufenden Proteinbiosynthese enzymatisch auf das Ende der wachsenden Peptidkette übertragen. Dabei dient die an der DNA synthetisierte mRNA als Matrize, an die sich die tRNA mit ihrer „Anticodon-Schleife" (vgl.

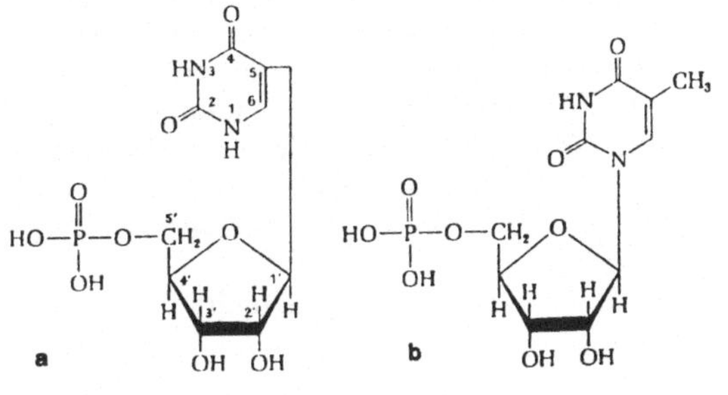

**Abb. 4.29** Zwei in Transfer-Ribonucleinsäuren auftretende seltene Ribonucleotide. **a** Pseudouridylsäure, **b** Ribothymidylsäure

Abschn. 4.2) anlagert. Weitere Angaben über Struktur und Funktion der Transfer-Ribonucleinsäuren finden sich im Abschn. 4.2.2.

### rRNA

Die ribosomale RNA macht etwa 65% der Ribosomensubstanzmasse aus; sie stellt damit in erster Linie ein mit den ribosomalen Proteinen in spezifischer Wechselwirkung stehendes Strukturelement dar. Teilabschnitte der ribosomalen RNA binden mRNA und fixieren damit das 5'-Ende der mRNA-Matrize an das Ribosom. Ribosomale RNA entsteht wie alle zelluläre RNA als primäres Transkriptionsprodukt, d.h. die Information zu ihrer Bildung wird von der DNA abgelesen. Auch in Mitochondrien und Chloroplasten findet man rRNA-Arten, die sich in vielen Merkmalen von der kerncodierten bzw. DNA-codierten rRNA unterscheiden. Obwohl in neuerer Zeit zahlreiche wichtige Erkenntnisse über Synthese und Struktur von Prokaryonten- und Eukaryonten-rRNA gewonnen worden sind, blieb die Frage nach ihrer funktionellen Bedeutung bis jetzt noch teilweise unbeantwortet.

## 4.2 Wichtige Grundbegriffe zur physikalisch-chemischen Charakterisierung von Biopolymeren

### 4.2.1 Molekulargewichte

Wie das Beispiel der im Abschn. 4.1.1 beschriebenen Polysaccharide zeigt, ist die Einheitlichkeit des Molekulargewichtes auch bei Biopolymeren nicht immer gegeben. Die Definition einiger oft zur Charakterisierung von synthetisch dargestellten Polymeren verwendeten Molekulargewichts-Mittelwerte ist deshalb auch für die Beschreibung der Eigenschaften von Biopolymeren wichtig.

Nach der allgemeinen Beziehung

$$\bar{M}_x = \frac{\sum_i N_i M_i^x}{\sum_i N_i M_i^{x-1}} \qquad (4.1)$$

unterscheidet man bei Mischungen aus Makromolekülen von unterschiedlichem Polymerisationsgrad mit individuellen Molekulargewichten $M_i$ und entsprechenden Makromolekülzahlen $N_i$ zwischen

dem *Zahlenmittel*
für $x = 1$

$$\bar{M}_n = \frac{\sum_i N_i M_i}{\sum_i N_i}, \qquad (4.2)$$

dem *Gewichtsmittel*
für $x = 2$ und $m_i = N_i M_i$

$$\bar{M}_w = \frac{\sum_i m_i M_i}{\sum_i m_i}, \qquad (4.3)$$

dem *z-Mittel*
für $x = 3$ und $z_i = N_i M_i^2$

$$\bar{M}_z = \frac{\sum_i z_i M_i}{\sum_i z_i}, \qquad (4.4)$$

und dem $(z + 1)$-*Mittel*
für $x = 4$ und $z_i + 1 = N_i M_i^3$

$$\bar{M}_{z+1} = \frac{\sum_i (z_i + 1) M_i}{\sum_i (z_i + 1)}. \qquad (4.5)$$

Diese unterschiedlichen Mittelwerte ergeben sich aus der Anwendung verschiedener Molekulargewichts-Bestimmungsmethoden; ihre relative Größe entspricht der Klassierung

$$\bar{M}_n < \bar{M}_w < \bar{M}_z < \bar{M}_{z+1}. \qquad (4.6)$$

Das Gewichtsmittel $\bar{M}_w$ wird z.B. bei einer Analyse des Sedimentationsgleichgewichtes im Zentrifugalfeld einer Ultrazentrifuge erhalten, wobei der mit optischen Methoden ermittelte Konzentrationsgradient $dc/dr$ die primäre Meßgröße darstellt. Die Konzentrationsverteilung im Sedimentationsgleichgewicht entspricht der im Abschn. 2.2.2 hergeleiteten barometrischen Höhenformel (2.61). Bei der Anwendung dieser Beziehung auf das Zentrifugal-Gleichgewicht ist die Höhe h durch den Achsabstand r zu ersetzen.

Außerdem muß in Gl. (2.59) anstelle der Erdbeschleunigung g die Zentrifugalbeschleunigung $\omega^2 r$ mit der Winkelgeschwindigkeit $\omega = 2\pi\nu$ eingesetzt werden. Durch Integration über dr gelangt man damit zu der Gl. (2.61) entsprechenden Beziehung

$$\frac{c_2}{c_1} = e^{-\frac{M_{eff}\,\omega^2(r_1^2 - r_2^2)}{2RT}} . \qquad (4.7)$$

In einem Suspensions- bzw. Lösungsmittel der Dichte $\rho_1$ wirkt der Zentrifugalkraft neben der Verdünnungstendenz der gelösten Makromoleküle auch eine Auftriebskraft entgegen. Deshalb hat man in Gl. (4.7) das effektive Molekulargewicht

$$M_{eff} = M\left(1 - \frac{\rho_1}{\rho_2}\right) = M(1 - \bar{v}_2\rho_1) \qquad (4.8)$$

einzusetzen. Die Größe $\bar{v}_2 \simeq 1/\rho_2$ ist das partielle bzw. scheinbare spezifische Volumen der gelösten Makromoleküle. Für die Definition der auf die Masseneinheit bezogenen partiellen spezifischen Zustandsgrößen gilt das gleiche wie für die durch Gl. (5.153) allgemein festgelegte Definition der partiellen molaren Zustandsgrößen. Unter Beachtung von Gl. (4.8) läßt sich Gl. (4.7) in logarithmischer Darstellung auch in der Form

$$\ln(c_2/c_1) = -\frac{M\omega^2}{2RT}(1 - \bar{v}_2\rho_1)(r_1^2 - r_2^2) \qquad (4.9)$$

schreiben, und man erhält durch Differentiation nach dr die Beziehung

$$\frac{dc}{dr} = \frac{\omega^2 r(1 - \bar{v}_2\rho_1)}{RT} Mc . \qquad (4.10)$$

Ist die untersuchte Probe eine Substanz mit uneinheitlichem Molekulargewicht, so gilt für den mittleren Konzentrationsgradienten $\overline{dc/dr}$ entsprechend

$$\frac{\overline{dc}}{dr} = \frac{\omega^2 r(1 - \bar{v}_2\rho_1)}{RT} \sum_i M_i c_i . \qquad (4.11)$$

Der gemessene Konzentrationsgradient bezieht sich auf die Gewichtskonzentration, da das verwendete optische Verfahren nur Änderungen der Gesamtmenge des Gelösten als Funktion des Abstandes von der Rotorachse anzeigt. Dementsprechend gilt

$$\frac{\sum_i c_i M_i}{\sum_i c_i} = \frac{\sum_i m_i M_i}{\sum_i m_i} = \bar{M}_w , \qquad (4.12)$$

woraus mit $\sum_i c_i = c$ die Beziehung

$$\frac{RT}{\omega^2 rc(1 - \bar{v}_2\rho_1)} \frac{\overline{dc}}{dr} = \bar{M}_w \qquad (4.13)$$

folgt. Eine oft gebrauchte methodische Variante dieses Molekulargewichtsbestimmungsverfahrens ist die *Dichtegradientenzentrifugation* (vgl. Literaturhinweis im Anhang 2).

Aus der Viskosität von Lösungen (vgl. Abschn. 2.1.4) ergibt sich noch ein weiterer Molekulargewichts-Mittelwert $\bar{M}_v$, der sich nicht in das mit Gl. (4.1) angegebene Definitionsschema einordnen läßt. In der Regel liegt $\bar{M}_v$ zwischen $\bar{M}_n$ und $\bar{M}_w$.

In der Tabelle 4.4 sind die wichtigsten Methoden zur Bestimmung des Molekulargewichtes von Makromolekülen zusammengefaßt. Die im Abschn. 1.2.6 erwähnten klassischen Verfahren zur Messung der Siedepunktserhöhung und der Gefrierpunktserhöhung eignen sich nicht zur Bestimmung des Molekulargewichtes von gelösten Polymeren, da die an Lösungen mit geringer Teilchenkonzentration des Gelösten zu messenden $\Delta T_S$ – bzw. $\Delta T_F$ – Werte zu klein sind. Auch die bei der Untersuchung kleinerer Moleküle als Standard-Methode eingesetzte Massenspektroskopie läßt sich nicht zur Bestimmung der Molekulargewichte von Polymeren verwenden. Neben den zur Ermittlung von Absolutwerten des Molekulargewichtes oft verwendeten Ultrazentrifugenmethoden (Messung der Sedimentationsgeschwindigkeit oder Untersuchung der Konzentrationsverteilung im Sedimentationsgleichgewicht), den osmotischen Methoden und der Viskositätsmessung gewinnen die heute weit verbreiteten chromatographischen Verfahren als Relativmethoden zunehmend an Bedeutung. Bei der Anwendung dieser Methoden muß allerdings in der Regel die allgemeine Struktur der zu analysierenden Polymerkette bekannt sein, da sich die Zuordnung zur Kettenlänge bzw. zum Molekulargewicht aus der Peakfolge ergibt. Zur Cha-

**Tabelle 4.4** Übersicht über die Methoden zur Bestimmung des Molekulargewichtes von Makromolekülen

| Methode | Ergebnis bzw. Mittelwert | Wertebereich | Bemerkungen |
|---|---|---|---|
| Vollständige chemische Analyse Quantitativer chemischer Nachweis von Gruppen, deren Zahl proportional zu M ist. | $M$ | $< 3 \cdot 10^4$ | Die allgemeine Struktur muß bekannt sein. |
| Osmotischer Druck | $M_n$ | $< 10^6$ | Vgl. Abschnitt 1.2.6 |
| Viskosität von Lösungen | $M_V$ | $< 10^7$ | Das Ergebnis hängt auch von der Form der Moleküle ab (vgl. Abschn. 2.1.4) |
| Sedimentationsgeschwindigkeit | $M_w$ | $< 5 \cdot 10^7$ | Der Einfluß der Molekülform muß durch eine unabhängige Messung des Diffusionskoeffizienten eliminiert werden (Relativmethode). |
| Sedimentationsgleichgewicht | $M_w$, $M_z$ | $< 5 \cdot 10^6$ | Lange Laufzeit bis zur Gleichgewichtseinstellung. |
| Lichtstreuung | $M_w$ | $< 10^7$ | Reagiert empfindlich auf Assoziation der Moleküle. |
| Elektrophorese von Ionen | $M$ | nicht genau abgrenzbar | Überwiegend als Trennverfahren angewendete Relativmethode (Eichung durch Referenzsubstanz). |
| Gelpermeationschromatographie | $M$ | $< 10^8$ | Org. mobile Phase. Trennbereich abhängig von der Porenweite (Relativmethode, Eichung mit Referenzsubstanz). |
| Gelfiltration | $M$ | $< 10^8$ | Wäßr. mobile Phase. Trennbereich abhängig von der Porenweite (Relativmethode). |
| Ionenaustauscher-Chromatographie | $M$ | abhängig von der zu untersuchenden Substanzklasse | Nur für Elektrolyte bzw. Polyelektrolyte geeignet. Die Zuordnung zum Molekulargewicht ergibt sich aus der Peakfolge. Deshalb muß die allgemeine Struktur bekannt sein. |

rakterisierung der Molekülgröße von Polyelektrolyten (z. B. von Oligoribonucleotiden) kann auch die Ionenaustaucher-Chromatographie (vgl. Abschn. 2.3.4) mit Vorteil verwendet werden. In bestimmten Fällen finden auch Elektrophoreseverfahren Anwendung zur Ermittlung der relativen Molekülgröße von Polyelektrolytfragmenten bekannter chemischer Struktur. Ein breites Anwendungsgebiet für die Methoden zur Messung der Lichtstreuung bietet die Untersuchung des Aggregationsverhaltens von Biopolymeren und analogen Modellsubstanzen. Die Tabelle 4.4 enthält keine Angaben über morphologische Methoden (z. B. Elektronenmikroskopie) und andere Methoden, die nur mittelbar über eine Eingrenzung der Partikelgröße eine Aussage über die ungefähre Größe des Molekulargewichtes liefern.

Grundsätzlich muß auch die Röntgenstruktur-analyse zu den Molekulargewichtsbestimmungsmethoden gezählt werden, da eine exakte Strukturbestimmung auch zur Bestimmung des Molekulargewichtes (oder eines ganzzahligen Vielfachen des Molekulargewichtes) führt. Bezüglich weiterer methodischer Einzelheiten muß hier auf die im Anhang 2 angegebene Literatur verwiesen werden.

Für biochemische Fragestellungen sind vor allem ganz bestimmte Moleküle, die bis in Details der Struktur definiert sind, von Interesse. Diese Moleküle liegen in isolierten und angereicherten Substanzproben als einheitliche Fraktionen vor, für die alle in Gl. (4.6) angegebenen Molekulargewichts-Mittelwerte den gleichen Wert haben.

Die Kenntnis des Molekulargewichtes von Biopolymeren ist wichtig, weil sich aus dem effektiven Molekulargewichtswert oft eine Aussage über den Aggregationszustand von molekularen Einheiten bekannter Größe und Struktur ergibt. Dem Aggregationszustand von Biopolymer-Molekülen kommt eine besondere funktionelle Bedeutung zu. Ein Beispiel hierfür bietet die allosterische Regulation der Enzymaktivität, bei der die Informationsübertragung über wechselseitig induzierte Konformationsänderungen benachbarter Untereinheiten oligomerer Enzyme vermittelt wird (vgl. Abschn. 5.3.2).

### 4.2.2 Primärstruktur, Sekundärstruktur, Tertiärstruktur und Quartärstruktur

In den Biopolymer-Molekülen sind die Monomer-Einheiten durch kovalente Bindungen miteinander verknüpft. Das aus dieser Verknüpfung resultierende einsträngige oder verzweigte Molekülgerüst wird als *Primärstruktur* bezeichnet. Die Monomer-Einheiten der Polymerkette können über bestimmte funktionelle Gruppen in eine spezifische inter- oder intramolekulare Wechselwirkung treten, wobei die im Abschn. 1.1.5 beschriebene Wasserstoffbrückenbindung eine besondere strukturbildende Funktion ausübt. Man bezeichnet den sich aus dieser Wechselwirkung ergebenden molekularen Ordnungszustand (z.B. die in Abb. 4.30 skizzierte Polypeptid-$\alpha$-Helix) als *Sekundärstruktur*.

Da die Beweglichkeit der Monomer-Einheiten und der in ihnen verankerten Seitenketten in der makromolekularen Struktur erheblich eingeschränkt ist, bildet sich bei unterschiedlichem Raumbedarf der Seitenketten unter Mitwirkung molekularer Attraktionskräfte eine für viele Biopolymer-Moleküle charakteristische dreidimensionale Faltungsstruktur aus, die als *Tertiärstruktur* bezeichnet wird. Die Abb. 4.31 zeigt als Beispiel eine schematische Darstellung der Faltungsstruktur des Myoglobin-Moleküls.

Die Sekundär- und Tertiärstrukturen der Proteine erfahren oft eine zusätzliche Stabilisierung durch die in Abb. 4.25 skizzierten kovalenten Disulfid-Brücken.

Wie bereits erwähnt, werden viele biologische Strukturen durch Zusammenlagerung molekularer Untereinheiten aufgebaut. Diese Aggregat-

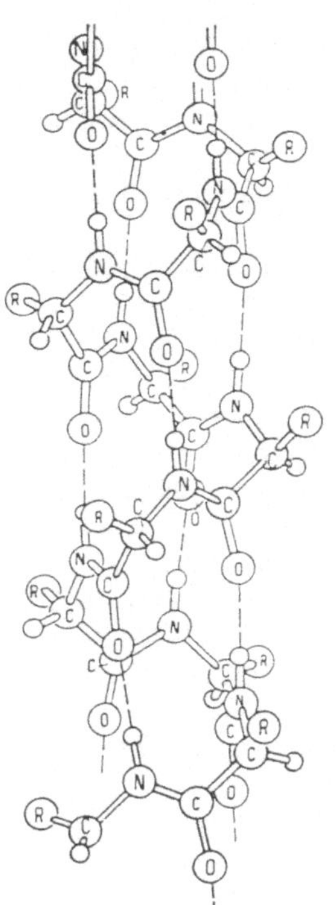

**Abb. 4.30** Polypeptid-$\alpha$-Helix (Pauling-Modell)

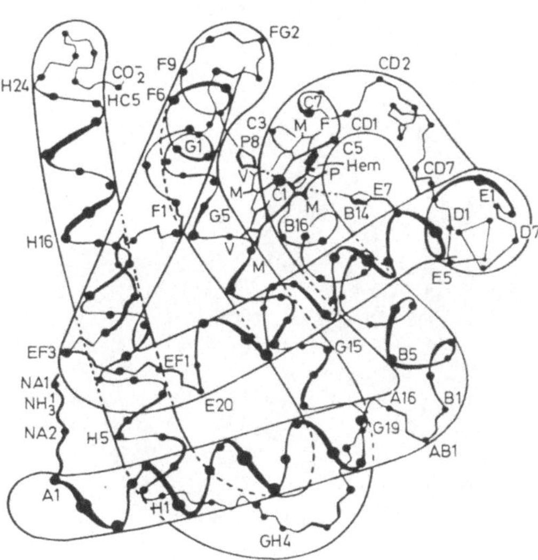

**Abb. 4.31** Faltungsstruktur des Myoglobins (nach M. F. Perutz, (1951))

Struktur ist ein besonderes Merkmal vieler Enzyme und Transportproteine: sie wird als *Quartärstruktur* bezeichnet. Als typisches Beispiel für eine Protein-Quartärstruktur sei hier die in Abb. 4.32 schematisch wiedergegebene Hämoglobin-Struktur genannt.

Das tetramere Hämoglobin-Aggregat ist aus je zwei α- und zwei β-Peptidketten, deren Kettenkonformation im wesentlichen der in Abb. 4.32. gezeigten Myoglobin-Struktur entspricht, aufgebaut. Die vier Untereinheiten werden durch hydrophobe Wechselwirkungen (vgl. Abschn. 1.2.4) und ionische Wechselwirkungen („Salzbrücken") zusammengehalten; sie nehmen mit der in Abb. 4.31 mit Hem gekennzeichneten $Fe^{2+}$-Porphyrin-Gruppe (Häm-Gruppe) je eine Sauerstoff-Einheit auf. Durch die Sauerstoffbeladung wird in jeder Untereinheit eine allosterische Konformationsänderung induziert. Diese Konformationsänderung wirkt sich auch auf die Konformation der benachbarten Quartärstruktur-Einheiten aus und erleichtert damit die weitere Sauerstoffaufnahme (sigmoide Bindungskurve, vgl. die Abschn. 4.2.6 und Abschn. 5.3.2).

### Primärstruktur

Das kovalente Verknüpfungsprinzip der Primärstruktur von Polysacchariden, Proteinen und

**Abb. 4.32** Quartärstruktur des Hämoglobins (nach R. E. Dikkerson, I. Geis (1975))

Nucleinsäuren ist bereits in den Abschn. 4.1.1, 4.1.2 und 4.1.3 beschrieben. Die glycosidische Verbindung der Monosaccharide entspricht ebenso wie die Bildung einer Peptidbindung und wie die Bildung einer Nucleotid-Phosphodiesterbindung dem einfachen Schema einer *Kondensationsreaktion*, bei der jeweils ein Äquivalent Wasser gebildet wird. Diese Reaktion kann bei enzymatischer Aktivierung leicht durch geeignete Reagenzien rückgängig gemacht werden. Deshalb gehen die Verfahren zur Aufklärung der Primärstruktur von Biopolymeren in den meisten Fällen von einer gezielten hydrolytischen Spaltung der genannten Bindungen aus.

Zur Ermittlung der Sequenz der Zuckerbausteine von Polysacchariden werden diese Makromoleküle durch geeignete Fragmentierungsmethoden in Oligosaccharide gespalten, wenn diese Spaltungsreaktion nicht durch strukturelle Besonderheiten oder kinetische Hemmungen beeinträchtigt wird. Die Sequenzanalyse der Polysaccharide wird oft dadurch erleichtert, daß die Sequenz aus sich wiederholenden Oligosaccharid-Struktureinheiten aufgebaut ist. Das am häufigsten verwendete Verfahren zur Zerlegung von Polysacchariden in Oligosaccharide ist die partielle saure Hydrolyse. Dabei wird die Tatsache ausgenützt, daß bestimmte glycosidische Bindungen relativ säurestabil sind, während andere glycosidische Bindungen leicht in saurer Lösung hydrolytisch gespalten werden. Die freigesetzten Oligosaccharide werden ihrerseits einer Strukturanalyse unterworfen. Dabei läßt sich die Verkettung der Monosaccharid-Einheiten dieser Oligosaccharide verhältnismäßig einfach aus spezifischen chemischen Reaktionen nicht umgesetzter funktioneller Gruppen ableiten. Die bei der Hydrolyse der Oligosaccharide gebildeten neutralen Zucker können nach Reduktion und Acetylierung gaschromatographisch getrennt und quantitativ bestimmt werden. Da das anomere Zentrum durch die Reduktion aufgehoben wird, ergeben die gebildeten Derivate bei der gaschromatographischen Analyse jeweils nur ein charakteristisches Signal. Es gibt spezifische Farbreaktionen für bestimmte Zuckerbausteine, und die quantitative Bestimmung und Zuordnung typischer funktioneller Gruppen läßt sich mit den Methoden der

NMR-Spektroskopie ohne besondere Schwierigkeiten durchführen. Aus der Monosaccharid-Sequenz der Oligosaccharid-Fragmente läßt sich die Sequenz der Monosaccharide in der Polysaccharidkette rekonstruieren. Allerdings stellt die Sequenzanalyse jedes Polysaccharids ein spezielles analytisches Problem dar. Deshalb ist es nicht möglich, ein allgemein anwendbares Verfahren zur Aufklärung der Primärstruktur von Polysacchariden anzugeben. Die quantitative Bausteinanalyse von Polysacchariden ist deshalb oft nicht so einfach durchzuführen wie die Sequenzanalyse von Proteinen und Nucleinsäuren. Weitere methodische Einzelheiten der Verfahren zur chemischen Strukturaufklärung von Polysacchariden sind in der im Anhang 2 angegebenen Spezialliteratur beschrieben.

Da die genetische Information für die Biosynthese jedes Proteins in einer entsprechenden DNA-Sequenz gespeichert ist, kann die Aminosäuresequenz eines bestimmten Proteins grundsätzlich in jedem Falle aus der colinearen Nucleotidsequenz der zugeordneten Desoxyribonucleinsäure abgeleitet werden. Bei der Anwendung dieses indirekten Protein-Sequenzierungsverfahrens muß jedoch durch eine ausreichende Zahl von Kontrollexperimenten mit direkten Sequenzierungsverfahren sichergestellt werden, daß die richtige „Phasenzuordnung" der Symbole bei der „Übersetzung" eingehalten worden ist. Schon ein einziger Defekt in der Nucleotidsequenz reicht aus, um die übertragene Information zu verfälschen. Wenn derartige Übersetzungsfehler durch Kontrollversuche ausgeschlossen werden, kann die Sequenzanalyse colinearer DNA-Abschnitte für die Sequenzanalyse der Proteine von großem Nutzen sein, da viele funktionell wichtige Proteine nur in extrem kleinen und für eine vollständige direkte Sequenzanalyse unzureichenden Mengen isoliert werden können. Die Ableitung einer DNA-Sequenz aus einer colinearen Proteinsequenz ist grundsätzlich nicht möglich, da wegen der Degeneration des genetischen Codes jedem Protein mehrere verschiedene colineare DNA-Sequenzen zugeordnet werden können.

Zur Vorbereitung der direkten Proteinsequenzanalyse wird die Proteinkette durch mindestens zwei unterschiedliche spezifische Partialhydrolysen in kürzere Peptidketten zerlegt, da die chemische Sequenzbestimmung sehr langer Peptidketten oft durch störende Nebenreaktionen beeinträchtigt wird. Einige für die spezifische Proteinspaltung geeignete Agenzien sind in der Tabelle 4.5 angegeben.

Ein Mindestmolekulargewicht der Peptidkette läßt sich bereits aus dem Ergebnis einer quantitativen Aminosäure-Analyse ableiten, da jeder analytisch nachgewiesene Aminosäurerest mindestens einmal in der Primärstruktur des untersuchten Proteins vorkommen muß. Dabei ist zu beachten, daß bei der Bildung jeder Peptidbindung ein Mol $H_2O$ freigesetzt worden ist. Zur Aminosäure-Analyse werden die Proteine bei erhöhter Temperatur durch 6n-HCl in ihre Aminosäure-Bausteine zerlegt, wobei Asparagin in Asparaginsäure und Glutamin in Glutaminsäure übergeht. Cystein und Tryptophan werden dabei teilweise abgebaut und müssen durch andere Verfahren bestimmt werden. Zur quantitativen Trennung der Aminosäuren wird in der Regel die Ionenaustauschchromatographie mit einer Säulenfüllung aus sulfoniertem Polystyrol verwendet. Die um die $SO_3^-$-Gruppen konkurrierenden Aminosäuren treten bei Elution mit Puffern zunehmenden pH-Wertes und zunehmender Ionenstärke nacheinander aus der Säule aus; sie können mit Hilfe der Ninhydrin-Reaktion quantitativ photometrisch bestimmt werden. Das Reagenz Triketohydrinden (Ninhydrin) wird durch eine primäre α-Aminosäure teilweise reduziert (vgl.

**Tabelle 4.5** Spezifische Spaltung von Polypeptidketten

$$-HN-\underset{\underset{R_1}{|}}{\overset{\overset{H}{|}}{C}}-\underset{}{\overset{\overset{O}{\|}}{C}} \,\bigg|\, -NH-\underset{\underset{H}{|}}{\overset{\overset{R_2}{|}}{C}}-$$

Aminosäure A    **Aminosäure B**

| Spaltendes Agens | Spezifische Peptidspaltung |
|---|---|
| Trypsin | A = Lys, Arg (oder His) |
| Chymotrypsin | A = Phe, Trp oder Tyr |
| Pepsin | A,B = Phe, Trp, Tyr oder weitere Aminosäuren |
| Thermolysin | B = Leu, Ile oder Val |
| Bromcyan | A = Met |

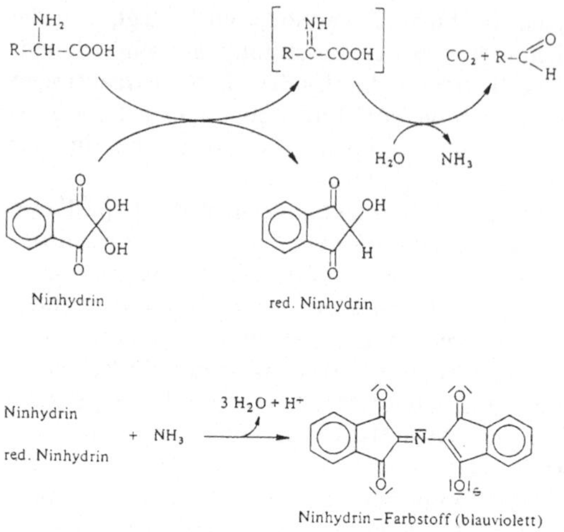

Ninhydrin

red. Ninhydrin

Ninhydrin-Farbstoff (blauviolett)

**Abb. 4.33** Vereinfachte Darstellung der Ninhydrin-Reaktion

Abb. 4.33). Dabei werden aus einem Aminosäure-
molekül unter Hydrolyse und Decarboxylierung
der entstandenen Iminosäure ein Molekül Alde-
hyd und ein Molekül Ammoniak gebildet. Durch
Reaktion zwischen Ninhydrin, reduziertem Ninhydrin und Ammoniak entsteht ein violett-blauer
Farbstoff, dessen Extinktion der jeweils vorliegenden Aminosäurekonzentration proportional ist.

Die quantitative Aminosäure-Analyse wird
heute routinemäßig mit automatisch arbeitenden
Aminosäure-Analysatoren ausgeführt. Diese Ge-
räte führen die erforderlichen Reaktionsschritte
und die Auswertung des Elutionsdiagramms nach
dem Beschicken mit der zu untersuchenden
Lösung programmgesteuert aus und liefern Zahlenwerte für die relative Menge der einzelnen
Aminosäuren.

Auf die Aminosäure-Analyse folgt die Bestimmung der N- und C-terminalen Aminosäuren.
Eine N-terminale Aminosäure kann z. B. mit Hilfe
von Aminopeptidasen vom Amino-Ende der
Peptidkette her abgespalten und anschließend
analytisch identifiziert werden. Auch die C-terminalen Aminosäuren lassen sich mit Carboxypepti-
dasen abspalten und anschließend identifizieren.
Weitere Verfahren zur Bestimmung der N- und
C-terminalen Aminosäuren sind in den im Anhang 2 angegebenen Lehrbüchern der Biochemie
beschrieben.

Das wichtigste klassische Verfahren zur schritt-
weisen Aminosäure-Sequenzbestimmung der
Teilketten ist der Edman-Abbau (vgl. Abb. 4.34).
Dabei wird das Peptid mit Phenylisothiocyanat
umgesetzt. Das gebildete Phenylthiocarbamoylpeptid wird anschließend durch wasserfreie
Trifluoressigsäure in ein Phenylthiazolinon-Deri-

Kopplung, pH 9

Phenylthiocarbamoylpeptid

$H^{\oplus}$ Spaltung
(wasserfreie Trifluoressigsäure)

Phenylthiazolinon-Derivat

Umlagerung
(1 N HCl, 80°C)

Phenylthiohydantoin-Derivat

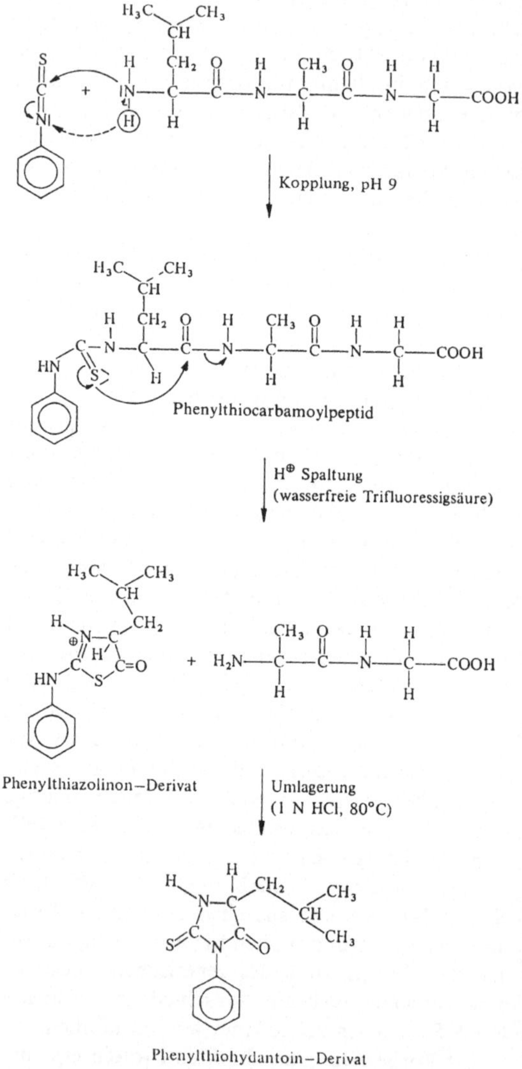

**Abb. 4.34** Reaktionscyklus des Edman-Abbaus einer Peptidkette

vat des endständigen Kettengliedes und in die restliche Teilkette gespalten. Danach wird das durch Umlagerung aus dem Phenylthiazolinon-Derivat gebildete Phenylthiohydantoin-Derivat chromatographisch bestimmt. Der Reaktionscyclus kann bis zum vollständigen Abbau der Peptidkette wiederholt werden. Der Ablauf der Reaktionsfolge kann durch Fixierung der C-terminalen Carboxyl-Gruppe an einem makromolekularen Festphasenträger günstig beeinflußt werden. Auch der schrittweise Kettenabbau der Peptidketten wird nach dem beschriebenen Verfahren heute routinemäßig mit automatisch arbeitenden *Sequenatoren* durchgeführt. Eine zusätzliche Schwierigkeit für die endgültige Aufklärung der Primärstruktur eines Proteins ergibt sich oft aus dem Vorhandensein kovalenter Disul-

fid-Brücken, deren Position ebenfalls bestimmt werden muß. Ein typisches Beispiel für eine weitgehend durch die Aminosäure-Sequenz vorgegebene Disulfidbrücken-Verknüpfung bietet die Rinder-Pankreas-Ribonuclease I. Das Enzym ist als durchgehende Kette aus 124 Aminosäure-Resten mit einem N-terminalen Lysin-Rest und einem C-terminalen Valin-Rest aufgebaut; es enthält 8 Cysteinreste in den Positionen 26, 40, 58, 65, 72, 84, 95 und 110, die nach dem in Abb. 4.35 wiedergegebenen Schema paarweise in 4 Disulfid-Brücken gebunden sind. Eine vollständige Entfaltung der Tertiärstruktur des nativen Enzyms ist nur bei Behandlung mit 8 m Harnstoff in Gegenwart eines reduzierenden Agens ($\beta$-Mercaptoethanol) möglich. Der native Zustand stellt sich nach Entfernung der genannten Reagenzien aus

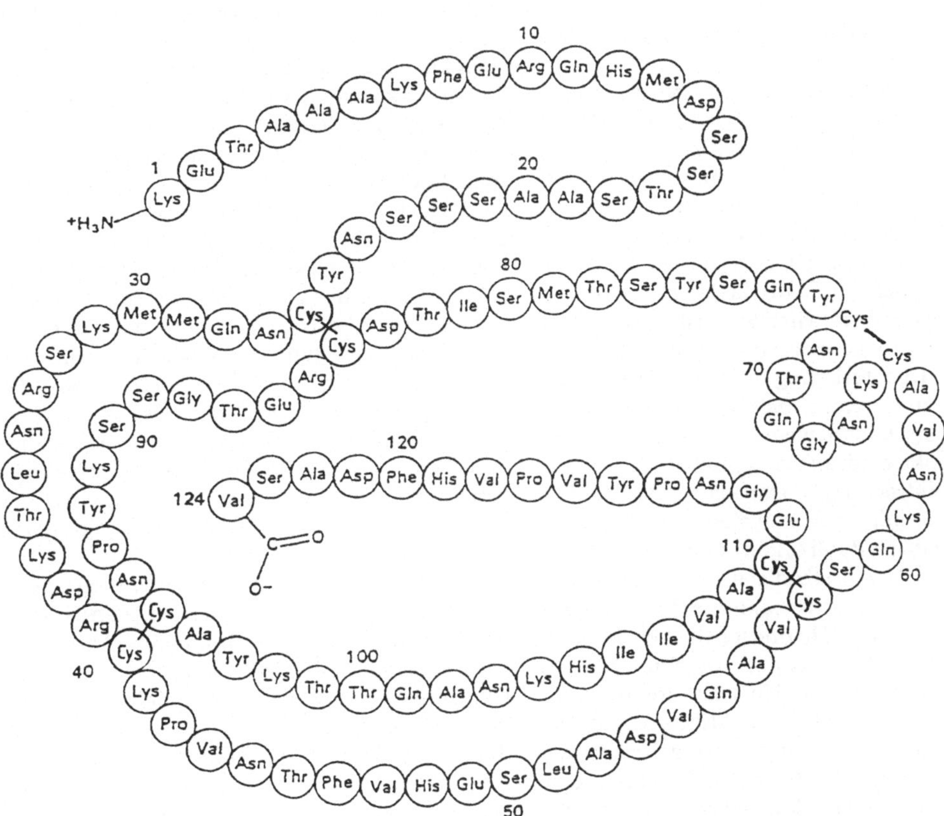

**Abb. 4.35** Disulfid-Brücken-System der Rinder-Ribonuclease (schematisch)

der Ribonucleaselösung wieder ein, wobei die Cysteinreste durch Luftsauerstoff unter Disulfidbrückenbildung reoxidiert werden.

Es ist bemerkenswert, daß eine äquimolare Mischung der nach Subtilisin-Spaltung einer Peptidbindung zwischen den Resten 20 und 21 erhaltenen Kettenbruchstücke (S-Peptid mit den Resten 1 bis 20 und S-Protein mit den Resten 21 bis 124) enzymatische Aktivität zeigt, obwohl die kovalente Bindung zwischen den beiden Teilpeptiden nicht mehr existiert. Diese Tatsache verdient besondere Beachtung, weil der für die Funktion des aktiven Zentrums wichtige Histidinrest 12 im S-Peptid und der ebenfalls dem aktiven Zentrum zuzuordnende Histidinrest 119 im S-Protein verankert ist.

Hierin zeigt sich deutlich, daß die schwachen intra- und intermolekularen Wechselwirkungen für die Erhaltung der enzymatisch aktiven Proteinstruktur mindestens ebenso wichtig wie die kovalenten Bindungen sind.

Die Nucleotidsequenzen der Nucleinsäuren werden ebenfalls mit Hilfe enzymatischer Methoden bestimmt. Dabei kommt der Verwendung von Polymerasen, Nucleasen und Restriktionsnucleasen eine besondere Bedeutung zu. Wichtig für die Probenvorbereitung ist, daß eine in geringer Menge vorliegende Desoxyribonucleinsäure-Probe mit der PCR-Methode („Polymerase Chain Reaction") in vitro vervielfältigt werden kann. Dazu wird die zu analysierende DNA durch thermische Denaturierung in Lösung in ihre Einzelstränge aufgetrennt, und zwei zu den Einzelstrangenden komplementäre Oligonucleotide werden flankierend an die Einzelstränge gebunden („Hybridisierung"). Danach werden die Oligonucleotide mit einer Polymerase-Reaktion bis zur vollständigen Replikation verlängert. Bei Verwendung der hitzebeständigen DNA-Polymerase aus Thermus aquaticus kann die Reaktion mit programmierbaren Thermostaten bei höheren Temperaturen durchgeführt werden. Mit 20 PCR-Cyclen kann eine Nucleinsäure bei einer Cyclusdauer von etwa 10 Minuten auf das 100.000-fache ihrer Anfangsmenge gebracht werden. Für bestimmte diagnostische Tests zum Nachweis genetischer Anomalien (z.B. Phenylketonurie) hat sich die DNA-Hybridisierung mit

markierten komplementären Poly- bzw. Oligonucleotid- „Sonden" als hinreichend erwiesen. Die Anwendung derartiger Hybridisierungs-Tests gewinnt in der medizinischen Labordiagnostik und in der Gerichtsmedizin zunehmend an Bedeutung. Die Nucleotid-Sequenz einer Nucleinsäure mit unbekannter Primärstruktur kann jedoch mit diesen Hybridisierungs-Tests nicht ermittelt werden. Hierzu ist die Anwendung eines systematischen Sequenzanalyse-Verfahrens erforderlich.

Eine häufig angewendete und vielfach bewährte DNA-Sequenzierungsmethode ist von A. Maxam und W. Gilbert beschrieben worden. Eine vereinfachte Darstellung des Prinzips dieser Methode zeigt die Abb. 4.36. Der DNA-Doppelstrang wird zunächst durch spezifisch wirkende Restriktionsnucleasen in kürzere Fragmente zerlegt. Diese Fragmente werden an den Strangenden durch Einbau von radioaktiven Isotopen markiert. Vier gleichartige Proben werden nach Abtrennung eines kurzen Doppelhelix-Endabschnitts und Isolierung des endmarkierten DNA-Stranges verschiedenen spezifischen Spaltungsreaktionen unterworfen. Jede dieser Spaltungsreaktionen spaltet den Polynucleotidstrang jeweils spezifisch nach einer der Basen Adenin, Guanin, Thymin oder Cytosin. Die Spaltungsreaktionen werden abgebrochen, wenn sich eine mittlere Spaltstellenzahl mit *einer* Strangunterbrechung in jedem markierten Nucleotidstrang eingestellt hat. Durch die statistische Verteilung der nucleotidspezifischen Spaltstellen werden alle Positionen des spaltungsempfindlichen Nucleotids bei der Subfragmentbildung erfaßt. Aus dem Autoradiogramm der vier parallel durchgeführten Gelelektrophoresen sind die relativen Positionen der einzelnen Nucleotide in dem endmarkierten Strangabschnitt zu entnehmen.

Eine gewisse Komplikation besteht darin, daß in dem für die Zuordnung der Thymin-Nucleotide vorgesehenen Elektrophorese-Autoradiogramm auch „Banden" auftreten, die eine Cytosin-Nucleotid-Position anzeigen. Eine eindeutige Zuordnung der T-Positionen ist jedoch durch Ausschluß der C-Positionen mittels des in Abb. 4.36 mit C gekennzeichneten Autoradiogramms möglich. Die Markierung der 5'-Enden des zu sequenzierenden DNA-Fragmentes wird

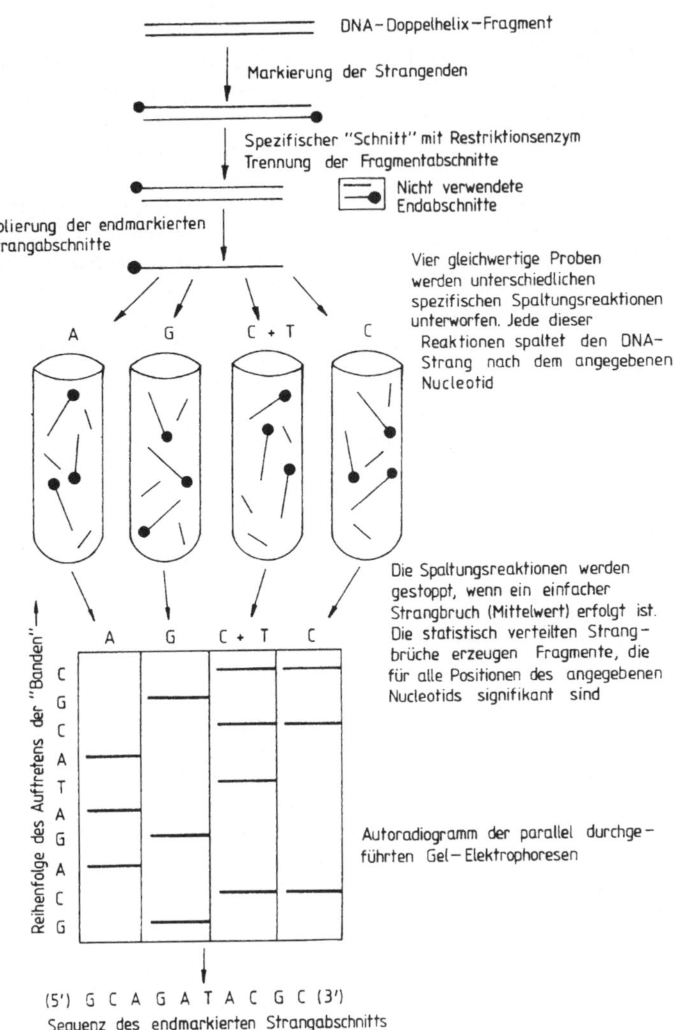


**Abb. 4.36** Prinzip der DNA-Sequenzanalyse nach Maxam und Gilbert (nach J. Darnell, H. Lodish, D. Baltimore (1986))

nach Abspaltung der endständigen Phosphatgruppen mit alkalischer Phosphatase dadurch erreicht, daß von einem in der $\gamma$-Position $^{32}$P-markierten Adenosintriphosphat mit Hilfe des Enzyms Polynucleotid-Kinase ein radioaktiver Phosphat-Rest übertragen wird. Als Reagenzien für die vier spezifischen Spaltungsreaktionen finden Hydrazin (spezifisch für Pyrimidin-Nucleotide) und Dimethylsulfat (spezifisch für Purin-Nu-cleotide) Verwendung. Durch die Reaktion mit Hydrazin werden die Cytosin- und Thymin-Ringe mit gleicher Häufigkeit aufgebrochen. Die Umsetzung der Hydrazinolyse-Produkte mit Piperidin führt dann über die Zwischenstufe der Piperidone zu einer Strangtrennung (C + T-Reaktion). Die Reaktion des Thymin-Nucleotids mit Hydrazin kann spezifisch unterdrückt werden, wenn die Umsetzung in einer 1 m NaCl-Lösung durchgeführt wird (C-Reaktion). Dimethylsulfat methyliert spezifisch die Purin-Reste des Nucleotid-Stranges (Guanin an dem in Abb. 4.27 bezifferten N-Atom 7, Adenin am N-Atom 3). Dadurch werden die Bindungen der Basen an die Desoxyriboseringe destabilisiert, so daß diese methylierten Purinbasen unter relativ milden Bedingungen aus der Nucleotidkette entfernt werden können. Die anschließende Alkali-Behandlung führt zur Eliminierung des freigelegten Zucker-Restes und damit zum Strangbruch. In saurem Milieu werden die methylierten A-Reste schneller freigesetzt als die methylierten G-Reste. Deshalb tritt der Strangbruch vorwiegend an A-Positionen ein (A-Reaktion). Führt man die Abspaltung der modifizierten Purinbasen in neutraler Pufferlösung bei erhöhter Temperatur durch, so erhält man nach der Alkali-Behandlung überwiegend Strangbrüche nach G-Positionen (G-Reaktion).

Die Sequenzanalyse einzelner DNA-Fragmente reicht nicht aus, um eine DNA-Kette vollständig zu sequenzieren. Die Information über die Gesamtsequenz ergibt sich aus der Kenntnis der Fragment-Nachbarschaftsbeziehungen. Ein wesentlicher Arbeitsabschnitt bei der DNA-Sequenzierung besteht deshalb in der Aufstellung von „Restriktionskarten", aus denen die Reihenfolge der Restriktionsfragmente einer Desoxyribonucleinsäure zu entnehmen ist. Ein geeignetes Beispiel für die Erstellung einer Restriktions-Karte bietet die DNA des ringförmigen Plasmids λdvh 93. λdv-Plasmide sind Deletions-Mutanten des Bakteriophagen λ, in denen nur noch die zur autonomen DNA-Replikation erforderlichen Gene und Signale der Phagen-DNA enthalten sind. Das Restriktionsenzym Bgl II spaltet den DNA-Doppelstrang spezifisch an der Erkennungssequenz

$$5'\quad A\,|\,G\,A\,T\,C\,T$$
$$\phantom{5'\quad A\,|}\,T\,C\,T\,A\,G\,A\,|\,5',$$

während das Enzym Hind II eine Spaltung an der Erkennungssequenz

$$5'\quad G\,T\,Y\,|\,R\,A\,C$$
$$\phantom{5'\quad }C\,A\,R\,|\,Y\,T\,G\quad 5'$$

bewirkt. Das Symbol R bezeichnet eines der beiden Purin-Nucleotide, das Symbol Y eines der beiden Pyrimidin-Nucleotide. Die Spaltung des aus 2.200 Basenpaaren aufgebauten Plasmid-DNA-Doppelstranges mit Bgl II führt zur Bildung von 2 Fragmenten. Bei der Spaltung mit Hind II entstehen 4 Fragmente. Die Fragmente können auf einem Polyacrylamid-Gel elektrophoretisch getrennt und durch Anfärbung mit Ethidiumbromid im UV-Licht sichtbar gemacht werden. Aus der Beziehung zwischen der Molekülgröße und der Laufstrecke lassen sich die relativen Fragmentlängen der erhaltenen DNA-Fragmente ermitteln (vgl. Abb. 4.37). Eine kombinierte

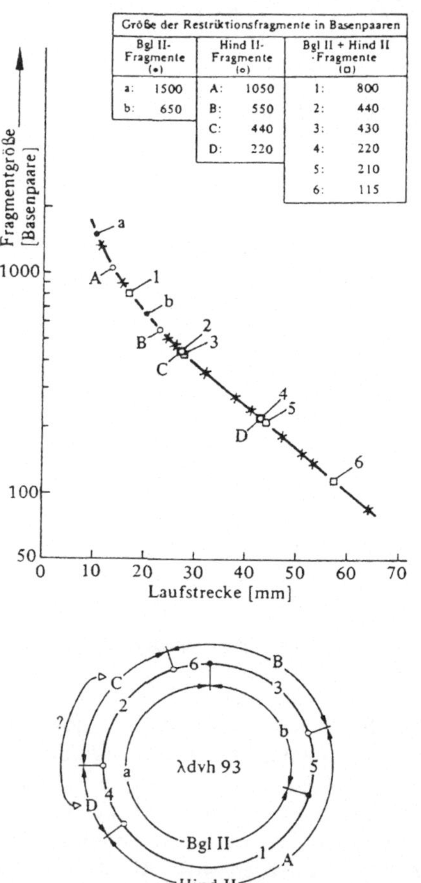



Abb. 4.37 Bestimmung der Reihenfolge von Restriktionsfragmenten der DNA des Plasmids λdvh 93 (nach G. Scherer (1977))

Spaltung mit Bgl II und Hind II zeigt, daß die BGL II-Schnitte in den in Abb. 4.37 mit A und B bezeichneten Hind II-Fragmenten liegen müssen, da diese Fragmente nach der kombinierten Spaltung nicht mehr nachgewiesen werden können. Dagegen bleiben die Hind II-Fragmente C und D auch nach der kombinierten Spaltung als Fragmente 2 und 4 unverändert erhalten. Aus der Größenanalyse der Fragmente ergibt sich, daß das Fragment A (1.050 Basenpaare) durch Bgl II in die Subfragmente 1 (800 Basenpaare) und 5 (210 Basenpaare) zerlegt wird, während das Fragment B (550 Basenpaare) bei Einwirkung von Bgl II in die Subfragmente 3 (430 Basenpaare) und 6 (115 Basenpaare) zerfällt. Das Fragment 1 kann nämlich mit 800 Basenpaaren nur ein Subfragment von A sein. Damit ist auch die Zuordnung der Subfragmente 3, 5 und 6 zu B bzw. A festgelegt.

Nach Art eines Puzzle-Spiels läßt sich aus diesen Daten die Restriktions-Karte für die untersuchte Plasmid-DNA aufstellen. Dabei muß berücksichtigt werden, daß bei der Spaltung mit Bgl II Fragmente mit überstehenden Einzelstrang-Abschnitten (sticky ends) entstehen. Dieser Effekt bedingt eine gewisse Ungenauigkeit in der elektrophoretischen Bestimmung der Basenpaar-Zahlen. Deshalb stimmen die Summen der in Abb. 4.37 für verschiedene Fragment-Gruppen angegebenen Basenpaar-Zahlen nicht völlig überein. Die in dem ringförmigen Fragmentsequenz-Diagramm (Abb. 4.37, unten) angegebene Reihenfolge der Subfragmente ergibt sich aus der Feststellung, daß durch den Hind II-Schnitt in b nur die Subfragmente 5 und 3 entstanden sein können. Da 5 Subfragment von A und 3 Subfragment von B ist, muß B auf A folgen. Damit sind auch die Positionen der Subfragmente 1 und 6 in der Reihenfolge 1 − 5 − 3 − 6 festgelegt. Nur die Positionen der Subfragmente 2 und 4 sind noch unbestimmt. Diese Unbestimmtheit kann nur mit Hilfe eines weiteren Restriktionsenzyms durch zusätzliche Schnitte in den Subfragmenten 2 und 4 geklärt werden.

Das von Maxam und Gilbert ausgearbeitete Sequenzanalyse-Verfahren ist hier exemplarisch als wichtige DNA-Sequenzierungsmethode vorgestellt worden. Die ständig wachsende Bedeutung rationeller Methoden zur Bestimmung der Nucleotidsequenzen von Desoxyribonucleinsäuren findet ihren Ausdruck in der rasch fortschreitenden Entwicklung methodischer Verbesserungen. Es gibt zahlreiche Varianten von DNA- und RNA-Sequenzierungsverfahren, deren methodische Besonderheiten hier nicht im einzelnen diskutiert werden können. Eine heute oft verwendete Methode zur Sequenzierung von DNA-Fragmenten ist die von F. Sanger, S. Nicklen und A. R. Coulson angegebene *Dideoxy chain terminator/ M13 vector*-Methode mit automatischem Kettenabbruch beim Einbau von Dideoxynucleotiden.

Die durch DNA-Polymerase I katalysierte und durch einen Primer initiierte DNA-Reduplikation wird unterbrochen, wenn anstelle eines 2′-Deoxyribonucleotids ein 2′,3′-Dideoxyribonucleotid (z.B. nach Zusatz von 2′,3′-Dideoxythymidintriphosphat (ddTTP)) in die wachsende Kette eingebaut wird. Ein weiteres Kettenwachstum ist dann nicht möglich, weil dem zuletzt eingebauten Nucleotid die erforderliche 3′-OH-Gruppe fehlt. Wird die DNA z.B. mit dem Primer und der DNA-Polymerase in Gegenwart einer Mischung aus ddTTP, dTTP und den anderen drei Triphosphaten, von denen eines $^{32}$P-markiert ist, inkubiert, so erhält man eine Mischung von unterschiedlichen Fragmenten mit identischen 5′-Enden und ddT-Resten an den 3′-Enden bei statistischer Verteilung der T-spezifischen Abbruchpositionen. Dem Gelelektrophorese-Autoradiogramm dieser Mischung ist dann bei Verwendung eines denaturierenden Polyacrylamid-Gels das Verteilungsmuster der dT-Reste in der neu synthetisierten DNA zu entnehmen. Durch Verwendung der analogen Dideoxy-Derivate der anderen Nucleotid-Triphosphate in separaten Ansätzen erhält man entsprechende Fragment-Mischungen, so daß bei parallel durchgeführter denaturierender Gelelektrophorese die vollständige Nucleotidsequenz des untersuchten DNA-Fragmentes ermittelt werden kann.

Als Beispiel für eine direkte chemische Methode zur Sequenzierung von Ribonucleinsäuren sei hier das von D. A. Peattie beschriebene Verfahren genannt (vgl. Literaturhinweise im Anhang 2). RNA-Sequenzen können auch indirekt über eine DNA-Sequenzierung ermittelt werden. Dazu wird die aus differenzierten Zellen oder anderem Ausgangsmaterial isolierte RNA mit Hilfe einer reversen Transkriptase in eine komplementäre DNA (cDNA) überschrieben. Die cDNA wird dann mit den gebräuchlichen Methoden sequenziert.

### Sekundärstruktur

Neben zahlreichen speziellen Strukturelementen der Sekundärstruktur von Polysacchariden, Proteinen und Nucleinsäuren gibt es einige übergeordnete Strukturprinzipien, die in vielen Biopolymer-Strukturen in ähnlicher Form realisiert sind. Das bekannteste übergeordnete Strukturprinzip ist das Prinzip der Helix-Bildung. Typische Helix-Strukturen sind die Amylose-Helix (Abb. 4.7), die α-Helix der Polypeptide (Abb. 4.30) und die DNA-Doppelhelix (Abb. 4.38). Ebenso wichtig ist die β-Faltblattstruktur der Polypeptide, die ein wesentliches Strukturelement vieler Proteinstrukturen darstellt. Die sterischen Vor-

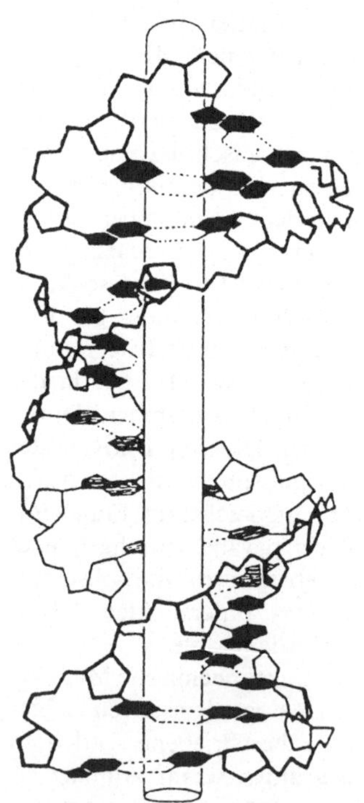

**Abb. 4.38** DNA-Doppelhelix (nach N. Davidson (1969))

aussetzungen für die Bildung einer Helix-Struktur lassen sich am besten am Beispiel eines Polypeptids erklären.

Die Abb. 4.39 zeigt das System der Bindungswinkel und der in pm angegebenen Bindungsabstände einer gestreckten Polypeptidkette. Aus dem im Abschn. 1.1.4 diskutierten partiellen Doppelbindungscharakter der Peptidbindung ergibt sich eine Aufhebung der freien Drehbarkeit um die Achse dieser Bindung und damit eine gewisse Starrheit der zwischen den α-C-Atomen liegenden Kettenabschnitte. Die vereinfachte Darstellung der Polypeptidkette entspricht also einem System von starren Blöcken, die am $C_\alpha$ miteinander verbunden sind und deren Atomabstände und Bindungswinkel feste Werte haben.

Demnach gibt es zwei mögliche Konformationen, nämlich die cis-Konformation und die trans-Konformation. In den offenkettigen Peptiden liegt die trans-Form vor, weil diese Konfiguration normalerweise um 8,4 kJ/mol stabiler als die cis-Form ist. Beim Polyprolin sind allerdings beide Konformationen energetisch fast gleichwertig. Darauf beruht die im Abschn. 4.2.4 diskutierte Helix-Helix-Umwandlung des Polyprolins.

Das α-C-Atom ist mit dem Carboxyl-C-Atom C′ und mit dem Amid-Stickstoffatom durch Einfachbindungen verknüpft. Aus der freien Drehbarkeit um die Achsen dieser Bindungen resultiert eine Vielzahl möglicher Konformationen, die durch die Angabe der beiden Winkel φ und ψ charakterisiert werden können (vgl. Abb. 4.40). In der Standardkonformation liegen alle Einheiten coplanar in der C′–$C_\alpha$–N-Ebene mit einem Bindungswinkel von 110° zwischen diesen drei Atomen. Dabei beträgt der Abstand zwischen dem ersten und dem dritten α-C-Atom jeweils 723 pm.

In der allgemeinen Konformation bezeichnet ψ den Rotationswinkel nach Drehung der C′-Atomgruppierung um die C–C′-Achse. In gleicher Weise bezeichnet φ den Winkel für die Drehung der am N-Atom fixierten Atomgruppierung um die N–$C_\alpha$-Achse. Der Winkel φ ist gleich Null, wenn die N–H-Bindung in trans-Stellung zur $C_\alpha$–C′-Bindung steht, und der Winkel ψ ist gleich Null, wenn die C′=O-Bindung in trans-Stellung zur $C_\alpha$–N-Bindung steht. Diese Definition entspricht den IUPAC–UIB-Empfehlungen von

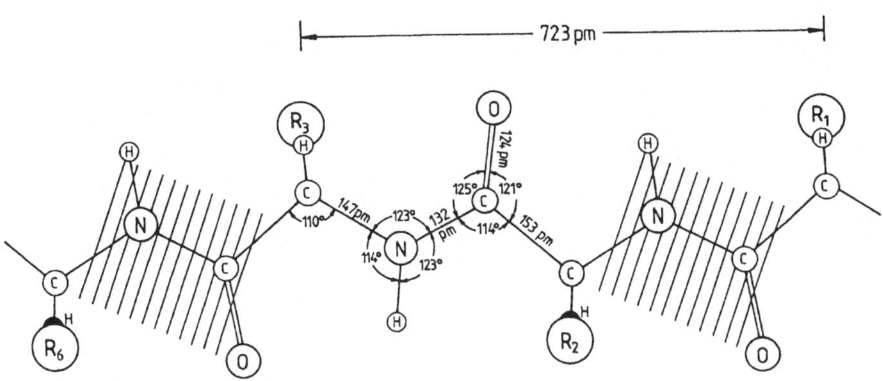

**Abb. 4.39** Bindungsabstände und Bindungswinkel einer gestreckten Polypeptidkette in trans-Konfiguration

1969. In der älteren Literatur finden sich auch andere Festlegungen für die Winkel $\varphi$ und $\psi$. Da die beschriebene Rotationsmöglichkeit für jede Peptideinheit existiert, werden zur vollständigen Charakterisierung eines aus n Peptid-Einheiten aufgebauten Polypeptidgerüstes n Paare von Winkeln $\psi_i$ und $\varphi_i$ benötigt. Da die Bindungsebene der Peptidbindung nicht völlig starr fixiert ist, muß ein weiterer Winkel $\omega$ zur Charakterisierung einer möglichen Verdrillung dieser Bindungsebene angegeben werden. Der Winkel $\omega$ ist gleich Null, wenn die $C_\alpha$-$C'$-Bindung in cis-Stellung zur nächstfolgenden $C_\alpha$ − N-Bindung steht. In der unverdrillten Peptid-Bindungsebene

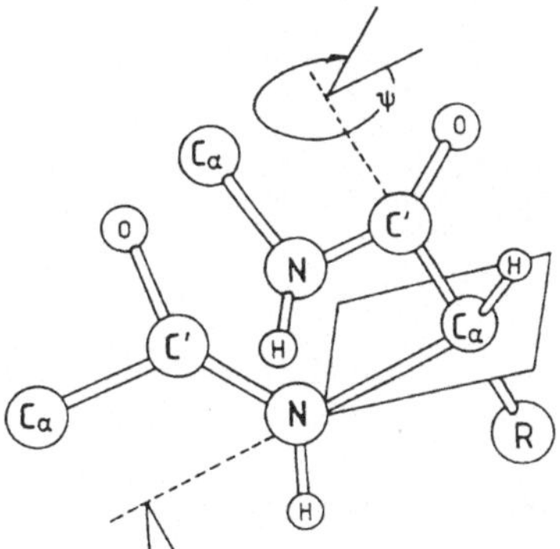

(Abb. 4.39) hat $\omega$ also einen Wert von 180°. Drehbewegungen in den Seitenketten werden durch die Angabe der Rotationswinkel $\chi$ um die Bindungen $C_\alpha$-$C_\beta$, $C_\beta$-$C_\gamma$ usw. charakterisiert. Für die Bindung $C_\alpha$-$C_\beta$ einer Serin-Seitenkette würde z. B. die Festlegung $\chi = 0$ bei cis-Stellung der $C_\beta$-O-Bindung zur $C_\alpha$-N-Bindung gelten. Eine Rotation um 360° ist in der Regel nicht möglich. Die Rotationsmöglichkeiten werden durch sterische Behinderung der Aminosäure-Seitenketten und der übrigen Substituenten-Gruppen bzw. -Atome eingeschränkt. Das Ausmaß dieser Einschränkung wird durch den Raumbedarf der unterschiedlich großen Seitenketten (vgl. Abb. 4.21) bestimmt. Die Flexibilität der Polypeptidkette wird also nicht nur durch die Starrheit der Peptidbindung, sondern auch durch die sterische Behinderung der Substituenten-Gruppen begrenzt. Ramachandran, Ramakrishnan und Sasisekharan haben aus den bekannten Kristallstrukturen von Proteinen und ähnlichen Substanzen die Kontaktabstände der für die sterische Behinderung relevanten Atompaare ermittelt und untere Grenzwerte für diese Abstände angegeben. Diese Grenzwerte sind in der Tabelle 4.6 zusammengestellt.

In der dritten Spalte der Tabelle 4.6 ist ein extremer unterer Grenzwert für den Kontaktabstand angegeben. Damit wird die Polarisierbarkeit bzw. Deformierbarkeit der atomaren Elektronenhüllen berücksichtigt (vgl. Abschn. 1.1.5). Aus einer Analyse der Tabellenwerte ergibt sich, daß die Beiträge verschiedener Atome zu den

**Abb. 4.40** Die Rotationswinkel $\varphi$ und $\psi$

**Tabelle 4.6** Empirische untere Grenzwerte von Kontaktabständen (nach G. N. Ramachandran, V. Sasisekharan (1968))

| Kontaktpaar | Normaler Grenzwert (pm) | Extremer Grenzwert (pm) |
|---|---|---|
| H . . . H | 200 | 190 |
| H . . . O | 240 | 220 |
| H . . . N | 240 | 220 |
| H . . . C | 240 | 220 |
| O . . . O | 270 | 260 |
| O . . . N | 270 | 260 |
| O . . . C | 280 | 270 |
| N . . . N | 270 | 260 |
| N . . . C | 290 | 280 |
| C . . . C | 300 | 290 |

Kontaktabständen weitgehend unabhängig von der Größe des jeweiligen Kontaktpartners sind. Ein Modellsystem kugelförmiger Atome mit konstanten Atomradien stellt also eine gute Grundlage für die Diskussion von molekularen Raumerfüllungseffekten in Protein-Faltungsstrukturen dar.

Der für einen Aminosäurerest ohne Seitenkette (d.h. für einen Glycin-Rest) als *Konformationsraum* zugängliche Bereich der Winkel $\varphi$ und $\psi$ ist in Abb. 4.41(a) graphisch dargestellt. Für die Berechnung der Grenzkurven sind die in Tabelle 4.6 aufgeführten Kontaktabstände und die in Abb. 4.39 eingezeichneten Bindungswinkel und Bindungsabstände zugrunde gelegt worden. Die Atompaar-Symbole kennzeichnen die Atompaare, auf die der Ausschluß bestimmter Winkelbereiche in erster Linie zurückzuführen ist. Die Ausschlußzonen sind in einem Winkelbereich von $\pm 60°$ um den Nullwert der Winkel $\varphi$ und $\psi$ konzentriert. Man erkennt, daß die stärkste ausschließende Wirkung von dem Kontakt zwischen $H_{i+1}$ und $O_{i-1}$ ausgeht, während dem Kontakt zwischen $H_{i+1}$ und $N_i$ nur eine untergeordnete Bedeutung zukommt. Durch die Aminosäure-Seitenkette wird der zugängliche Konformationsraum sehr stark eingeschränkt. Dies zeigt das in Abb. 4.41 wiedergegebene *Ramachandran-Diagramm*. Bei Vorgabe der normalen Kontaktabstände reduziert sich der Konformationsraum auf 8 % des durch die Koordinatenbezifferung definierten Winkelbereiches, so daß nur die mit $\alpha$ und $\beta$ gekennzeichneten Bereiche zugänglich bleiben.

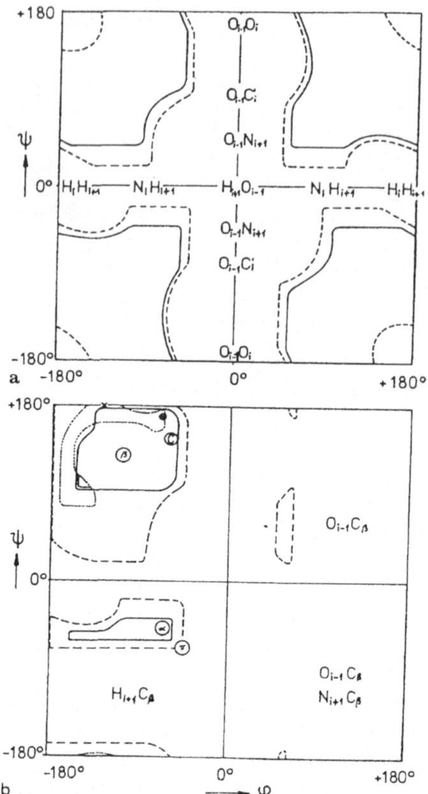

**Abb. 4.41** Zugängliche Wertebereiche der Winkel $\varphi$ und $\psi$ für eine Polypeptidkette mit den in Abb. 4.39. angegebenen Bindungsabständen und Bindungswinkeln. **a** Diagramm für einen Aminosäurerest ohne Seitenkette (Gly). Die Grenzen der Ausschlußbereiche sind nach den Angaben der Tabelle 4.6 für normale Kontaktabstände (—) und für extrem geringe Kontaktabstände (– – –) berechnet und eingezeichnet. Atomsymbole (z.B. $H_{i+1}O_{i-1}$) kennzeichnen die ausschließenden Kontaktpaare. **b** Diagramm für Aminosäurereste mit $C_\beta$-Atom. Die sterisch zugänglichen Bereiche der rechtsgängigen $\alpha$-Helix ($\alpha$), der $\beta$-Faltblatt-Struktur ($\beta$) und der Kollagen-Helix (C) sind kenntlich gemacht

Das Symbol $\alpha$ markiert den Konformationsraum einer rechtsgängigen $\alpha$-Helix. Die $\beta$-Faltblatt-Strukturen können mit den $\varphi$- und $\psi$-Werten des mit $\beta$ markierten Bereiches realisiert werden. Auch wenn man von den in der dritten Spalte der Tabelle 4.6 angegebenen extrem geringen Kontaktabständen ausgeht, führt die Berechnung zu einem Ergebnis, das mit 22 % des Gesamtwinkelbereiches ebenfals noch eine drastische Einschränkung des Konformationsraumes dokumentiert. Für diesen Fall weist das Ramachandran-Diagramm neben den etwas erweiterten $\alpha$- und $\beta$-Konformationsräumen noch einen zugänglichen Winkelbereich für positive $\varphi$- und $\psi$-Werte um etwa 60 % auf. Dieser Bereich entspricht dem Konformationsraum einer linksgängigen $\alpha$-Helix. Die zugänglichen Konformationsräume sind für alle unterschiedlichen Seitenketten mit Ausnahme von Gly (Abb. 4.41a)) und Pro etwa gleich groß. Die Prolin-Seitenkette ist kovalent an das Peptid-N-Atom gebunden (vgl. Abb. 4.20). Dadurch wird der Winkel $\varphi$ für diesen Aminsosäurerest auf einen Wert von $-60° \pm 20°$ fixiert. In der Unbestimmtheit von $\pm 20°$ kommt die Deformierbarkeit des Pyrrolidinringes zum Ausdruck.

Eine Polypeptid-Helix ist dadurch ausgezeichnet, daß die Winkel $\varphi$ und $\psi$ für alle Peptideinheiten denselben Wert haben; sie ist durch die Zahl n der Aminosäurereste pro Windung und durch die Ganghöhe p charakterisiert. Als Drehungswinkel pro Rest (*angular twist*) wird der Ausdruck

$$f^0 = 360°/n \qquad (4.14)$$

bezeichnet. Eine Rechtshelix ist durch positive Werte von n und $f^0$ gekennzeichnet, wobei sich der N-terminale Aminosäurerest oben befindet. Durch Veränderung der Winkel $\varphi$ und $\psi$ kann man alle mit den einschränkenden sterischen Bedingungen vereinbaren Helices konstruieren.

Pauling und Corey haben die maximal mögliche Zahl von Wasserstoffbrücken-Bindungen als Kriterium für die relative Stabilität von Helix-Strukturen gewählt und damit zuerst die $\alpha$-Helix (Abb. 4.30) mit n = 3,6 und p = 530 pm als wichtiges Strukturelement der Proteinstrukturen postuliert. In der $\alpha$-Helix sind die Wasserstoff-Brückenbindungen $-N-H--O=C-$ so geordnet, daß jeweils ein Aminosäurerest 1 der Peptidkette mit dem darauf folgenden Rest 5 verknüpft ist. Man bezeichnet die $\alpha$-Helix als *nichtintegrale Helix*, weil ihr n-Wert nicht ganzzahlig ist.

Neben der rechtsgängigen $\alpha$-Helix kommt die $\beta$-Faltblatt-Struktur besonders häufig als Sekundärstrukturelement von Proteinstrukturen vor. Es gibt drei mögliche Anordnungen von Polypeptidketten in Faltblatt-Konformation, deren Strukturprinzip durch die Abb. 4.42. erklärt wird.

Der Ausdruck „Windung" bezieht sich bei der Charakterisierung der $\beta$-Faltblatt-Strukturen auf den Abstand zweier Aminosäurereste mit identischer Orientierung. Für die parallele und für die antiparallele Falblatt-Konformation hat man also n = 2 zu setzen. Aus dieser Festlegung ergibt sich auch die Definition der „Ganghöhe" bzw. des Längenzuwachses pro Aminosäurerest. Außer den durch die Abb. 4.30 und 4.42 erklärten Sekundärstrukurtypen sind noch einige andere periodische Polypeptidkonformationen zu berücksichtigen, deren charakeristische Daten zusammen mit den Angaben für die $\alpha$-Helix und für die $\beta$-Faltblatt-Strukturen in der Tabelle 4.7 aufgeführt sind. Die verdrillte $\beta$-Faltblattstruktur ist durch

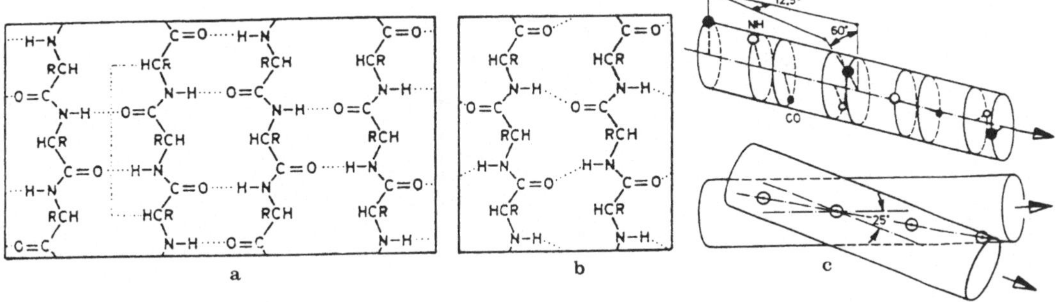

**Abb. 4.42** Mögliche Formen der $\beta$-Faltblatt-Konformation; **a** antiparallel, **b** parallel, **c** Peptidstrang im verdrillten Faltblatt (twisted sheet)

**Tabelle 4.7** Charakteristische Daten einiger periodischer Polypeptidkonformationen

| Konformationstyp | Durch Strukturuntersuchungen bestätigte Häufigkeit des Vorkommens | $n^a$ | Höhenzuwachs pro Rest (pm) | Helix-Radius (pm) |
|---|---|---|---|---|
| β-Faltblatt, parallel | selten | ± 2,0 | 320 | 110 |
| β-Faltblatt, antiparallel | selten | ± 2,0 | 340 | 90 |
| β-Faltblatt, verdrillt | sehr häufig | − 2,3 | 330 | 100 |
| $3_{10}$-Helix | nur in kurzen Helix-Abschnitten | + 3,0 | 200 | 190 |
| α-Helix, rechtsgängig | sehr häufig | + 3,6 | 150 | 230 |
| α-Helix, linksgängig | bisher nicht beobachtet | − 3,6 | 150 | 230 |
| π-Helix | bisher nicht beobachtet | + 4,3 | 110 | 280 |
| Kollagen-Helix | in Faser-Proteinen | − 3,3 | 290 | 160 |

[a] Mit dem Vorzeichen ist die Gangrichtung der Helix bzw. die Chiralität bezeichnet

eine rechtsgängige periodische Verwindung der Faltblattebene gekennzeichnet.

Die Abb. 4.43 zeigt eine vergleichende Darstellung von Strukturelementen der $3_{10}$-Helix, der rechtsgängigen α-Helix und der π-Helix mit den entsprechenden Zylinderprojektionen. Während in der α-Helix jede N–H-Gruppe einer Peptidbindung durch eine Wasserstoffbrückenbindung mit der C=O-Gruppe der dritten in der Sequenz folgenden Peptidbindung verknüpft ist, gilt dies in der $3_{10}$-Helix bereits für die C=O-Gruppe der zweiten folgenden Peptidbindung und in der π-

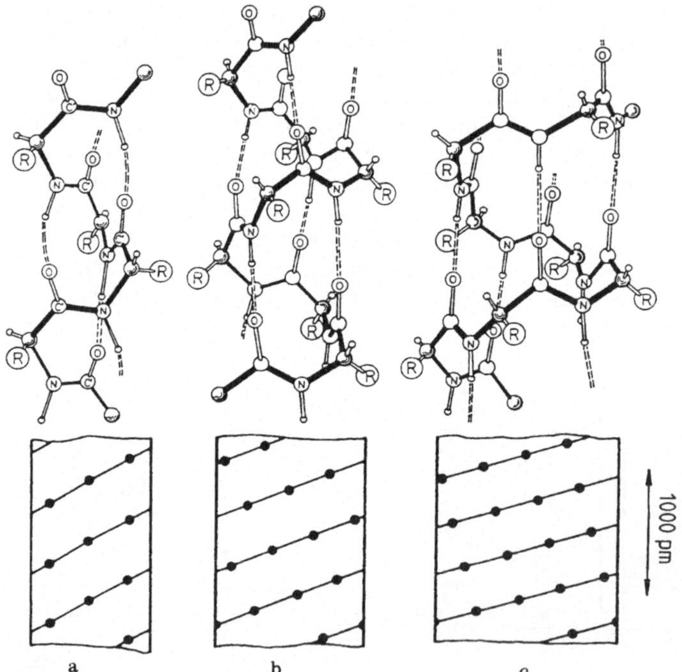



**Abb. 4.43** Vergleich der H-Brücken-Systeme von Helix-Strukturen. **a** $3_{10}$-Helix; **b** α-Helix; **c** π-Helix (nach G.E. Schulz, R. H. Schirmer (1979))

Helix erst für die C=O-Gruppe der vierten folgenden Peptidbindung.

Die $\alpha$-Helix ist das am häufigsten vorkommende Sekundärstrukturelement der meisten Proteinstrukturen. Diese nach Abb. 4.41b nicht durch sterische Hinderung ausgeschlossene Konformation ist sehr stabil. Die annähernd parallele Anordnung der Wasserstoffbrücken-Bindungen ist energetisch günstig, und der in Tabelle 4.7 angegebene relativ kleine Helix-Radius läßt eine senkrecht zur Helix-Achse wirkende Van der Waalssche Molekularattraktion der Kettensegmente zu. Die in Abb. 4.31 skizzierte Myoglobin-Struktur bietet ein typisches Beispiel für eine Proteinstruktur mit $\alpha$-Helix-Strukturbereichen. In der Modellskizze erscheinen die $\alpha$-Helix-Bereiche wie starre stäbchenartige Strukturen. Scharfe Abknickungen sind mit Winkeln von etwa 20° in den Übergangsbereichen zwischen den Stäbchen-Zonen realisierbar, wenn an der Knickstelle ein Prolin-Rest in die Primärstruktur eingebaut ist. Dies ist z.B. in bestimmten Strukturbereichen der Adenylat-Kinase und des Myoglobins der Fall. Die $3_{10}$-Helix ist weniger stabil als die rechtsgängige $\alpha$-Helix. Die Bezeichnung $3_{10}$-*Helix* bezieht sich auf die in Tabelle 4.7 angegebene Zahl $n = 3$ und auf die zehn kovalent verknüpften Atome, die in dem durch eine H-Brückenbindung geschlossenen Ring enthalten sind. Das Seitenketten-Packungsmuster ist weniger günstig als in der $\alpha$-Helix-Konformation. Auch die Tatsache, daß die H-Brücken-Dipole nicht parallel orientiert sind, wirkt sich destabilisierend aus. Die $3_{10}$-Helix wird deshalb in Proteinstrukturen nur in kurzen Helix-Abschnitten, die oft nur eine Windung umfassen, realisiert. Die $\pi$-Helix ist bis jetzt nicht beobachtet worden. Da sich der relativ große Helix-Radius ungünstig auf die Van der Waals-Attraktion senkrecht zur Helix-Achse auswirkt, ist dieser Konformationstyp auch nicht besonders stabil. Die Bevorzugung der rechtsgängigen $\alpha$-Helix gegenüber der hinsichtlich des Polypeptid-Rückgrates energetisch äquivalenten linksgängigen Helix-Konformation ergibt sich aus dem Raumbedarf und den Wechselwirkungen der Aminosäure-Seitenketten. Durch diese Seitenketten-Wechselwirkung wird die Ausbildung einer linksgängigen Helix-Anordnung sehr stark behindert. Dies gilt auch für die $3_{10}$-Helix und für die $\pi$-Helix. Tatsächlich ist die Existenz einer linksgängigen Polypeptid-$\alpha$-Helix bis heute nicht experimentell nachgewiesen worden. Die Angaben der Tabelle 4.7 zur Kollagen-Helix beziehen sich auf einen Einzelstrang als Bauelement der Kollagen-Tripelhelix, deren Aufbau aus drei Polypeptid-Einzelsträngen durch die Abb. 4.44 veranschaulicht wird. Etwa 96 % der Kollagen-Primärstruktur sind aus Tripeptid-Einheiten mit der Sequenz Gly-X-Y aufgebaut, wobei die Position X oft mit Pro und die Position Y oft mit Hyp (Hydroxyprolin: Prolin mit einer OH-Gruppe am $\gamma$-C-Atom) besetzt ist. Durch das Vorhandensein des nur wenig Raum beanpruchenden Glycin-Restes in jeder dritten Position der Aminosäuresequenz wird die Ausbildung einer kompakten, durch Wasserstoffbrücken-Bindungen stabilisierten Tripelhelixstruktur ermöglicht. In dieser Struktur befindet sich jedes dritte $C_\alpha$-Atom eines Einzelstranges in unmittelbarer Nähe der Tripelhelix-Achse. In der Tripelhelix-Struktur sind drei linksgängige Einzelstrang-Helices zu einer rechtsgängigen *Superhelix* vereinigt. In einer vollständigen Superhelix-Windung mit einer Ganghöhe von 8600 pm enthält jeder Einzelstrang-Abschnitt zehn Gly-C-Y-Tripletts. Die Einzelstränge werden durch je eine H-Brücke am Triplett (vgl. Abb. 4.44b) und durch Van der Waalssche Attraktionskräfte zusammengehalten. Die H-Brücken-Dipole sind annähernd senkrecht zur Tripelhelix-Achse ausgerichtet. Die Abb. 4.44c läßt den von den Prolin- und Hydroxyprolin-Seitenketten gebildeten spiralförmigen Seitenkettenwulst erkennen.

Die Grundstruktur der Kollagen-Helix entspricht einer weitgehend gestreckten Anordnung der Polypeptidketten in den Einzelstrang-Helices. In dieser Anordnung wirkt eine mechanische Belastung in Richtung der Tripelhelix-Achse überwiegend auf die kovalenten Bindungen der Polypeptidketten. Deshalb ist die Kollagen-Struktur durch eine hohe mechanische Festigkeit ausgezeichnet; sie eignet sich sehr gut für die Kraftübertragung in Sehnen und Bindegeweben und zur Ausbildung von Schutzschichten in der Haut oder an Organoberflächen. Die Kollagen-Tripelhelix ist als Superhelix nicht mehr den einfa-

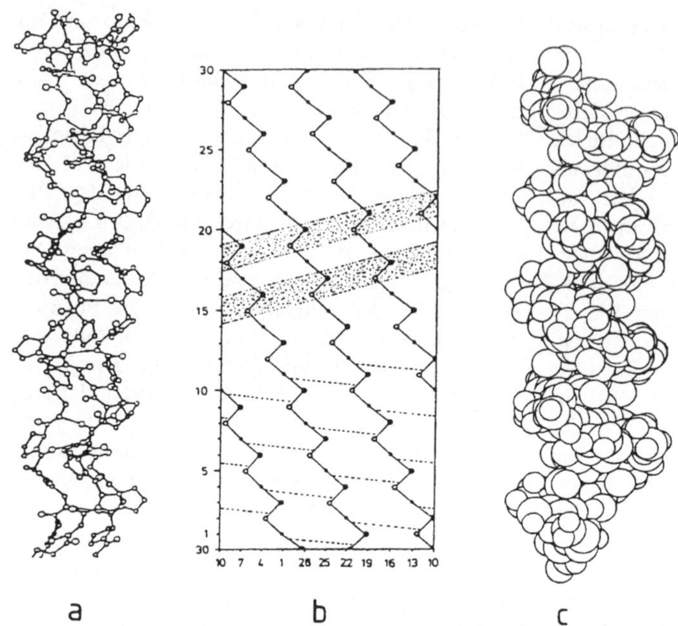

**Abb. 4.44** Kollagen-Tripelhelix. **a** Vereinfachte Darstellung für eine (Gly-Pro-Pro)$_n$-Sequenz. Nur die Wasserstoffbrücken-H-Atome sind eingezeichnet. **b** Zylinderprojektion mit H-Brücken; **c** Kalottenmodell

chen Sekundärstrukturelementen im Sinne der Definition zuzurechnen, denn sie stellt als Helix-Aggregat bereits ein Beispiel für das nächsthöhere Komplexitäts-Niveau (*supersecondary structure*) der molekularen Organisation dar. Als echte Sekundärstrukturelemente der Proteinstrukturen sind dagegen noch die für den Aufbau globulärer Proteine unerläßlichen Rückfaltungs-Schleifen (*reverse turns*) zu bezeichnen. Zwei mögliche Anordnungen von drei aufeinanderfolgenden Peptid-Einheiten mit $-C=O\cdots H-N-$Wasserstoff-brückenbindung sind in der Abb. 4.45 skizziert.

Die linke Bildhälfte zeigt eine Anordnung (*reverse turn I*), die einer deformierten $3_{10}$-Helix entspricht. Anstelle des normalen φ-ψ-Wertepaares der $3_{10}$-Helix sind hier zwei verschiedene φ-ψ-Wertekombinationen für die Kohlenstoffatome $C_\alpha^{i+1}$ und $C_\alpha^{i+2}$ in Rechnung zu stellen. Durch eine Umorientierung der Peptid-Einheit zwischen den Resten $i+1$ und $i+2$ ergibt sich die in der rechten Bildhälfte skizzierte Anordnung (*reverse turn II*) mit zwei stark voneinander abweichenden

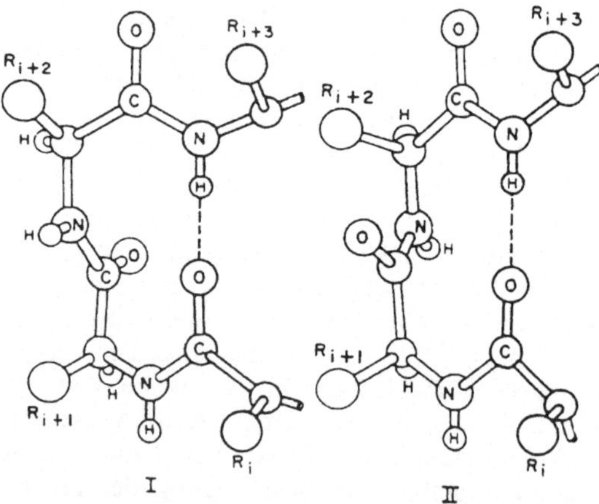



**Abb. 4.45** Mögliche Anordnungen von Rückfaltungs-Schleifen (*reverse turns*) einer Polypeptid-Kette (nach G. E. Schulz, R. H. Schirmer (1979))

φ-ψ-Wertepaaren. In dieser Anordnung macht die starke sterische Behinderung zwischen dem mittelständigen Sauerstoff-Atom $O_{i+1}$ und der

Seitenkette $R_{i+2}$ die Anwesenheit einer Gly-Einheit in der Position i + 2 erforderlich. Als *reverse turn III* wird schließlich ein Abschnitt der in Abb. 4.43a dargestellten $3_{10}$-Helix bezeichnet. Die zu den genannten Anordnungen spiegelbildlich orientierten Konformationen (I', II' und III') sind ebenfalls wegen sterischer Seitenketten-Behinderung ungünstig oder nicht realisierbar. Ähnliche Sekundärstrukturelemete wie in den Proteinstrukturen findet man auch in Abschnitten der Sekundärstruktur von Nucleinsäuren. Strukturen, die der in Abb. 4.38 gezeigten DNA-Doppelhelix sehr ähnlich sind, werden auch von Ribonucleinsäuren gebildet. In der zuerst von Watson und Crick 1953 vorgeschlagenen Doppelhelix-Anordnung sind zwei antiparallele DNA-Molekülketten schraubenförmig um eine gemeinsame Achse gewunden. Dabei sind die nach dem Muster der Abb. 1.11 komplementär kombinierten Purin-Pyrimidin-Basenpaare nach innen gerichtet und wie die Stufen einer Wendeltreppe senkrecht zur Helixachse übereinander angeordnet, während die Phosphat-Pentose-Ketten die durch breite und schmale Helix-Rinnen (*grooves*) gekennzeichnete äußere Begrenzungszone bilden. Die Ganghöhe der Helix und die Zahl der auf eine Identitätsperiode entfallenden Nucleotidpaare sind vom Wassergehalt der Proben und von der Art und Konzentration der positiv geladenen Gegenionen abhängig. Nach einem stark vereinfachten Klassifikationsschema werden drei relativ gut charakterisierte DNA-Konformationen als A-, B- und C-Form bezeichnet. Die A-Form wird z.B. bei der Präparation von DNA-Fasern aus Natrium-, Kalium-oder Rubidium-Salzlösungen bei einer relativen Feuchtigkeit von 75 % erhalten. In der A-Form entfallen auf die einer vollständigen Windung entsprechende Identitätsperiode von 2800 pm elf Nucleotidpaare, wobei die „Stufenhöhe" eines Nucleotidrestes etwa 260 pm beträgt. Die Basenpaare sind dabei gegen den 200 pm betragenden Helixdurchmesser um 20° geneigt. Bei dieser Orientierung der Basenpaare unterschieden sich die beiden Helix-Rinnen nur wenig in ihrer Breite. Diese Helix-Form ist auch als charakteristisches Sekundärstrukturelement einiger Ribonucleinsäuren experimentell nachgewiesen worden. Aus Natriumsalzlösungen wird bei einer relativen Feuchtigkeit von 90 % eine B-Form der DNA mit relativ geringer Kristallinität erhalten. Die Ergebnisse eingehender experimenteller Untersuchungen deuten darauf hin, daß diese Helix-Anordnung der im gelösten und im nativen Zustand vorliegenden Konformation der Desoxyribonucleinsäuren entspricht. Bei der Charakterisierung des Zustandes der DNA muß allerdings berücksichtigt werden, daß diese Substanz im Zellkern mit basischen Proteinen (z.B. Histonen) komplexiert ist. Die hochkristalline reine B-Form der DNA erhält man durch Präparation von Fasern aus dreiprozentigen LiCl-Lösungen und Aufbewahrung dieser Fasern bei einer relativen Feuchtigkeit von 60 %. Ohne LiCl-Zusatz gehen die DNS-Präparate bei 66 % relativer Feuchtigkeit in die C-Form über. Der Helixdurchmesser der B- und C-Formen beträgt ebenfalls 2000 pm. In der B-Form entfallen auf eine Identitätsperiode von 3400 pm zehn Nucleotidpaare. Aus der antiparallelen Anordnung der beiden Einzelstränge und den daraus resultierenden ungleichmäßigen Abständen der Zucker-Phosphat-Ketten ergeben sich die als große und kleine Kurvatur bezeichneten breiten und schmalen Helix-Rinnen.

Das charakteristische Strukturelement der C-Form ist eine nichtintegrale $28_3$ Doppelhelix, bei der die Identitätsperiode drei Windungen mit jeweils 9 1/3 Struktureinheiten umfaßt. Die Basenpaare sind ähnlich wie bei der A-Form um 5° gegen den Helixdurchmesser geneigt, jedoch in der entgegengesetzten Richtung. Dadurch werden Breitenunterschiede zwischen den beiden Helix-Rinnen noch stärker ausgeprägt als bei der B-Form. Die verschiedenen Helix-Formen der DNA unterscheiden sich auch in ihrem Hydratationszustand, wobei die $H_2O$-Moleküle der primären Hydrathülle in erster Linie an die O-Atome der Phosphatgruppen gebunden sind. Weniger fest gebundene Hydratwassermoleküle finden sich auch im Bereich der Pentose-Sauerstoffatome und der Purin- und Pyrimidin-Basen.

Die verschiedenen Doppelhelix-Formen der Nucleinsäuren unterscheiden sich auch in der als „Wellung" bezeichneten nichtplanaren Anordnung der C-Atome in den Pentose-Ringen. Die Abb. 4.46 zeigt als wichtige Beispiele die C-3'-

*endo*-Wellung und die C-2'-*endo*-Wellung der Ribose-Ringe und ihren Einfluß auf den Abstand benachbarter Phosphatgruppen eines Polynucleotidstranges. In der C-2'-*endo*-Wellung ist das 2'-C-Atom in Richtung auf das 5'-C-Atom aus der coplanaren Anordnung der anderen vier Ringatome hervorgehoben. Entsprechendes gilt für das 3'-C-Atom in der 3'-*endo*-Anordnung. Aus Abb. 4.46 ist ersichtlich, daß der 5'-3'-Phosphatgruppenabstand bei C-2'-*endo*-Wellung größer ist als bei C-3'-*endo*-Wellung. Demenstsprechend liegen die Zuckerringe der A-DNA-Form in C-3'-*endo*-Wellung und die Zuckerringe der B- und C-DNA-Form in C-2'-*endo*-Wellung vor. Die Wellung der Pentoseringe hat auch Einfluß auf die Orientierung der Purin- und Pyrimidin-Basen relativ zur Ebene der vier coplanaren Zuckerring-Atome. Die Basen können zwei Hauptorientierungen zum Zuckerring annehmen: *syn* und *anti.* In der sterisch ungünstigen *syn*-Orientierung liegen die sperrigen heterozyklischen Reste über dem Zuckerring, während sie in der *anti*-Orientierung vom Zuckerring weggedreht sind. In der A-, B- und C-Form der DNA sind die Basen stets in *anti*-Orientierung angeordnet.

Es ist bemerkenswert, daß die Helix-Abschnitte der Ribonucleinsäuren fast ausschließlich in der für die A-DNA charakteristischen C-3'-*endo*-Wellung vorliegen. Auch die zwischen DNA und komplementärer RNA gebildeten Hybride nehmen unabhängig von der Ionenstärke die A-Form an. Es wird vermutet, daß bei der Transkription (Synthese der m-RNA an einem Gen-Abschnitt der DNA) intermediär ein DNA-RNA-Hybrid in A-Form gebildet wird.

Bei der Untersuchung von Polynucleotiden mit alternierender Sequenz (Poly-d (A-T) oder Poly-d (G-C)) hat man noch einen mit 8 Basenpaaren pro Windung sehr eng gewundenen Sekundärstruktur-Typ, der als D-DNA bezeichnet wird, gefunden. Diese Helix-Anordnung unterscheidet sich deutlich von B- und C-DNA; sie könnte in der Satelliten-DNA des Heterochromatins, die lange repetitive Sequenzen enthält und in der überwiegend aus Poly-d (A-T) bestehenden Krabben-DNA realisiert sein. Die durch Auswertung

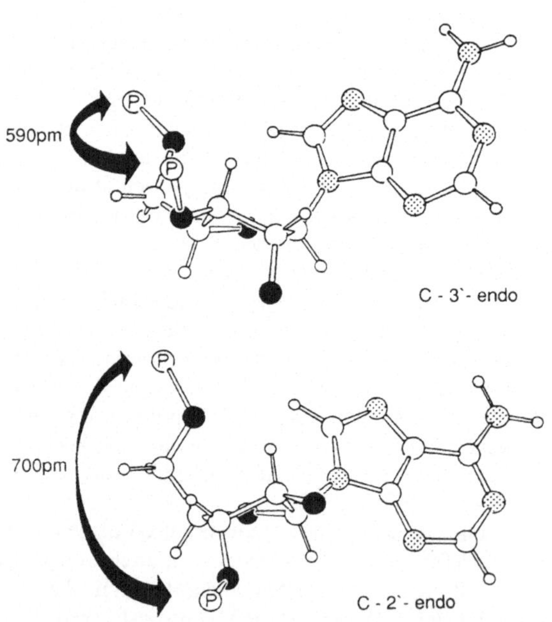



**Abb. 4.46** C-3'-*endo*-und C-2'-*endo*-Wellung der Riboseringe

von Röntgen-Faserdiagrammen gewonnenen Aussagen über die Struktur der verschiedenen DNA- und RNA-Formen konnten in neuerer Zeit durch Einkristall-Röntgenstrukturanalysen von selbstkomplementären Oligonucleotid-Duplex-Molekülassoziaten präzisiert werden. Dabei wurde die Gültigkeit des von Watson und Crick vorgeschlagenen Doppelhelix-Strukturprinzips im wesentlichen bestätigt und es wurden zusätzliche Informationen über die Orientierung der Basenpaare in der Helix-Struktur und über sequenzspezifische Effekte der Basenstapelung erhalten. Die wichtigsten Ergebnisse dieser Untersuchungen werden durch die in Abb. 4.47 wiedergegebenen Kalottenmodell-Zeichnungen veranschaulicht.

Die im mittleren Bildteil gezeigte Anordnung (B-DNA) entspricht der Duplex-Struktur des Dodekanucleotids d (CGCGAATTCGCG). Mit 9,8 Basenpaaren pro Windung stimmt die Zahl der Nucleotid-Einheiten einer Helix-Windung weitgehend mit der für die klassische B-DNA-Helix angegebenen Zahl überein. Die Basenpaare sind je-

doch nicht streng parallel gestapelt, sondern gegeneinander verkippt; sie sind im Innern des Dodekamer-Komplexes regelmäßiger angeordnet als an beiden Enden. Auch die Konformation der einzelnen Nucleotide weist individuelle Unterschiede auf. Die Basen-Torsionswinkel um die N-glycosidische Bindung sind für Purinbasen kleiner ($-110°$) als für Pyrimidinbasen ($-125°$) und mit einer C-2'-*endo*-Wellung des an eine Purin-Gruppe gebundenen Zuckerringes gekoppelt, während die Wellung der an eine Pyrimidin-Gruppe gebundenen Zuckerringe mehr der C-3'-*endo*-Form entspricht. Bei einer Pyrimidin-Purin-Kombination im Nucleotidstrang sind die Basenpaare in der großen Helix-Rinne enger verkippt gestapelt als in der kleinen Helix-Rinne. Für die Purin-Pyrimidin-Kombination gilt dagegen die umgekehrte Zuordnung von Basenstapelungs-Dichte und Helix-Rinnen-Weite. Die Purin-Pyrimidin-abhängige Konformation der Nucleotide könnte ebenso wie die sequenzabhängige Modulation der Basenstapelung für spezifische Protein-

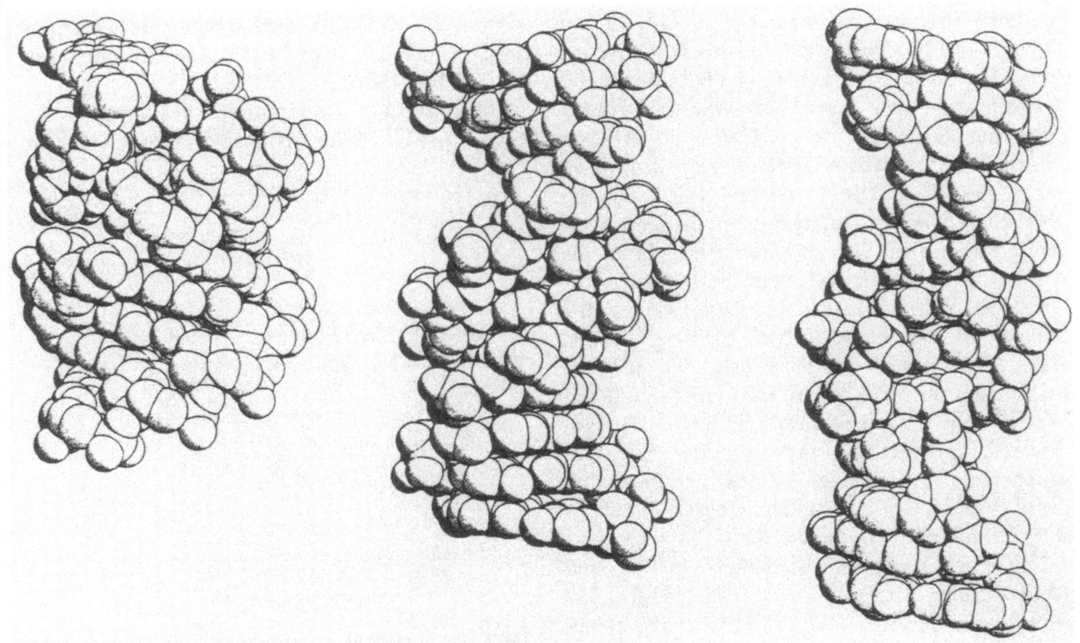

**Abb. 4.47** Kalottenmodelle von A-, B- und Z-DNA (nach W. Saenger (1984))

234    4 Biopolymere

Nucleinsäure-Wechselwirkungen wichtig sein. Das im linken Bildteil wiedergegebene Kalotten-modell entspricht einer Helix-Form, die sich aus der Stapelung von drei d (CCGG)-Duplex-Einheiten ergibt. Man erhält diese Duplex-Struktur bei Kristallisation des Tetranucleotids unter Zugabe von Alkoholen, die dem System Wasser entziehen. Die Anordnung entspricht mit etwa 10,8 Basenpaaren pro Helix-Windung weitgehend der klassischen A-DNA-Form. Mit einem Winkel von + 19° sind die Basenpaare stark gegen den Helix-durchmesser geneigt. Die Nucleotid-Konformationen variieren nicht so stark wie in der Struktur der B-DNA-Dodekameren; sie zeigen eine relativ einheitliche, durch die C-3'-endo-Wellung der Zuckerringe geprägte Form. Wichtige Hinweise auf einen durch Erniedrigung der thermodynamischen Aktivität des Wassers induzierten Übergang B → A lassen sich aus der Hydratations-struktur der untersuchten Oligonucleotid-Duplexe ableiten. Im mittleren Teil der B-DNA-Duplex-Anordnung mit der Sequenz AATT ist in der kleinen Helix-Rinne ein Band von Wasser-Molekülen eingelagert, das durch H-Brücken-Bindungen untereinander und mit den Atomen O-2 von Thymin und N-3 von Adenin stabilisiert wird. In der anders strukturierten kleinen Helix-Rinne der A-Form kann sich diese Hydratwasser-Struktur nicht ausbilden. In der A-Form findet man jedoch eine ausgeprägte Hydratwasser-Struktur in der großen Helix-Rinne. Dieses Hydrat-System überbrückt die Phosphatgruppen in den entgegengesetzten Strängen und stabilisiert damit die A-DNA-Struktur. Bei geringem Salz- oder Alkoholzusatz ist die Wasser-Aktivität hoch, so daß Sauerstoff- und Stickstoff-Atome in der kleinen Helix-Rinne unter Stabilisierung der B-Form hydratisiert werden können. Bei Erniedrigung der Wasser-Aktivität bricht dieses Hydrat-System zusammen, und nur die stark polaren Phosphat-gruppen der großen Helix-Rinne sind noch hydratisierbar. Damit wird der Übergang der B-Form in die A-Form erzwungen.

Die vorstehend beschriebenen DNA- und RNA-Formen sind sämtlich rechtsgängig. Bei Einhaltung spezieller Präparations- und Kristallisationsbedingungen kann auch eine linksgängige Doppelhelix-Form erhalten werden, deren Existenz z.B. durch Röntgenstrukturanalyse der Duplex-Struktur einer kristallinen d (CGCG)-Probe von R. E. Dickerson und seinen Mitarbeitern eindeutig nachgewiesen worden ist. Wird eine wäßrige Lösung von alternierendem Poly-d (C-G) mit Alkohol, $MgCl_2$ oder NaCl in hoher Konzentration versetzt, so geht das Polynucleotid in eine linksgängige Doppelhelix-Form über. Dabei wird die in Abb. 4.48 graphisch dargestellte Umkehrung des Circular-Dichroismus beobachtet.

Beim Übergang in die Z-Form bleibt die Watson–Crick-Basenpaarung erhalten. Die wesentliche Veränderung besteht in der Ausbildung einer ungewöhnlichen stereochemischen Anordnung der Guanosin-Reste, durch die eine Linkswindung ermöglicht wird. Dabei liegen die Cytidin-Reste unverändert in der für B-DNA charakteristischen C-2'-endo-anti-Form mit einem Torsionswinkel γ um die C-4'-C-5-Bindung von etwa 60° (d.h. in der in Abb. 4.49 skizzierten + sc-Orientierung) vor. Die Guanosin-Reste sind jedoch in der C-3'-endo-syn-Form mit ap-Orientierung (Abb. 4.49) angeordnet.

Aus dieser Nucleotid-Anordnung ergibt sich die durch Abb. 4.50 veranschaulichte Orientierung der Zuckerringe in den G-C-Basenpaaren der Z-DNA-Helix.

Die durch Röntgenstrukturanalyse von d (CGCG)-Kristallen ermittelte Duplex-Struktur

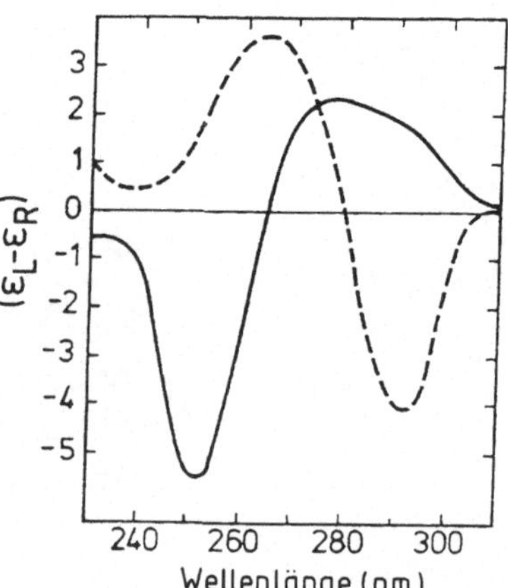



**Abb. 4.48** CD-Spektrum von Poly (dC-dG). (—): Neutrale wäßrige Lösung mit 0,2 mol/1 NaCl bei 25 °C. (- - -): Nach Zugabe von festem NaCl (nach F. M. Pohl, T. M. Jovin (1972))

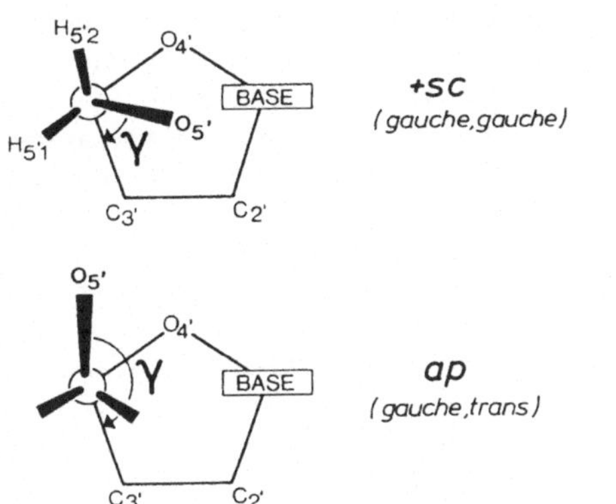



**Abb. 4.49** Orientierung des O-5'-Atoms um die in der Zeichnung senkrecht zur Papierebene ausgerichtete C-4'-C-5'-Bindung

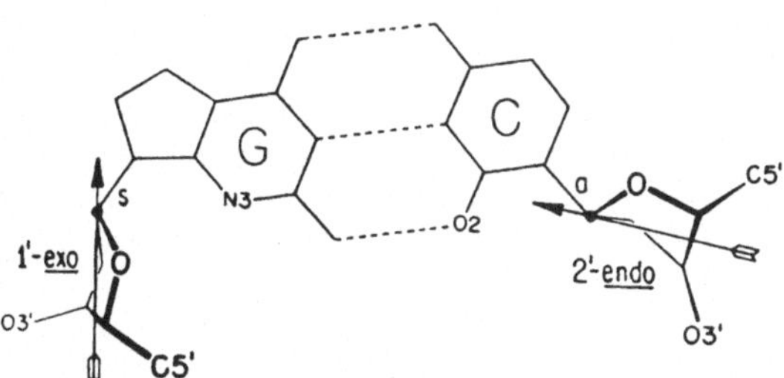



**Abb. 4.50** Unterschiedliche Orientierung der Zuckerringe bei G-C-Basenpaarung in Z-DNA-Anordnung (nach W. Saenger (1984))

thylierung des Cytosins in Position 5 erreichen. Wird das in Z-Form stabilisierte Poly (dC-dG) Kaninchen eingespritzt, so entstehen Antikörper gegen Z-DNA. Versetzt man Polytän-Chromosomen aus *Drosophila melanogaster* mit den isolierten und durch fluoreszierende Gruppen markierten Antikörpern, so zeigt eine deutlich sichtbare, fluoreszierende Bandenstruktur der Chromosomen an, daß in einzelnen Chromosomen-Bereichen Z-DNA vorliegt. In ringförmig geschlossene Plasmid-DNA eingebaute Z-DNA-Abschnitte beeinflussen die Topologie dieses DNA-Systems. Durch weitere Experimente muß geprüft werden, ob linksgängige DNA eine funktionelle Rolle bei der Gen-Expression spielt.

Neben den in der Abb. 1.11 skizzierten Watson–Crick-Basenpaaren sind noch weitere durch H-Brücken-Bindungen fixierte Basenkombinationen realisierbar. Mit diesen Basenkombinationen kann z.B. eine Tripelhelix-Struktur aus Polyriboadenylat und Polyribouridylat mit der Stöchiometrie Poly (A) · 2 Poly (U) gebildet werden. Die H-Brücken-Verknüpfung des Adenin-Ringes mit den beiden Uracil-Ringen ist in der Abb. 4.51 schematisch dargestellt.

Das im linken oberen Bildabschnitt eingezeichnete Basenverknüpfungsschema ist zusammen mit weiteren möglichen Basenkombinationen zuerst von Hoogsteen vorgeschlagen worden; es wird deshalb als Hoogsteen-Basenpaar bezeichnet.

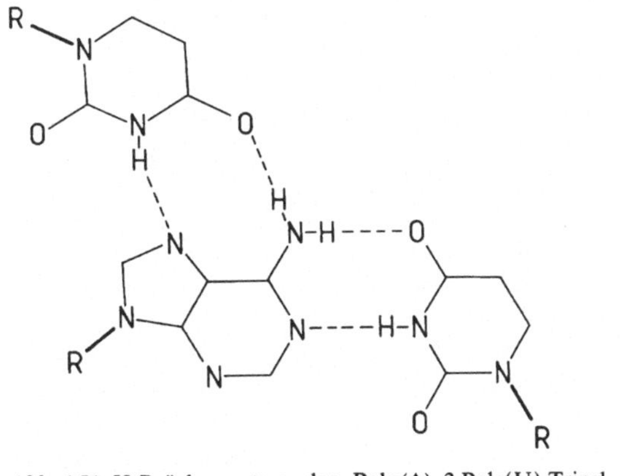

einer Z-DNA-Anordnung ist im rechten Bildteil der Abb. 4.47 dargestellt. Das Kalottenmodell zeigt einen durch Aufeinanderstapelung von drei d (CGCG)-Duplex-Einheiten gebildeten Sekundärstrukturabschnitt. Die Z-DNA ist länger gestreckt als die DNA in A- und B-Form. Die Phosphatgruppen der Z-DNA bilden ein charakteristisches zickzackförmiges Muster, auf das die ungewöhnliche Bezeichnung dieser DNA-Form zurückzuführen ist.

Die Frage, ob der Z-DNA-Form eine biologische Bedeutung zukommt, konnte bis jetzt noch nicht eindeutig beantwortet werden. Durch chemische Modifikation von Poly (dC-dG) kann die Bildung bzw. Stabilisierung der Z-Form begünstigt werden. Dies läßt sich z.B. durch Me-

**Abb. 4.51** H-Brückensystem der Poly (A) · 2 Poly (U)-Tripelhelix mit Watson–Crick-Basenpaar (unten) und Hoogsteen-Basenpaar (links oben)

Weitere Angaben über Systeme mit Tripelhelixbildung und über seltene Basenkombinationen finden sich in der im Anhang 2 angegebenen Literatur.

Im Gegensatz zu den doppelsträngigen Desoxyribonucleinsäuren kommen die im Abschn. 4.2.3 beschriebenen Ribonucleinsäuren in der lebenden Zelle fast ausschließlich in Einzelstrang-Form vor. Die Sekundärstruktur der RNA-Einzelstränge ergibt sich wie die räumliche Faltungsstruktur der Proteinketten aus der individuellen Primärstruktur, wobei sich intramolekular gebildete Doppelhelix-Abschnitte und Rückfaltungsschleifen mit ungepaarten Nucleotid-Einheiten zu einem charakteristischen Ordnungsmuster ergänzen. Ein typisches Beispiel für die Sekundärstruktur einer Ribonucleinsäure bietet das von Holley vorgeschlagene Kleeblatt-Modell der Transfer-RNA, das in Abb. 4.52 für zwei spezifische Transfer-Ribonucleinsäuren schematisch dargestellt ist.

Die Kleeblatt-Muster der tRNA-Moleküle weisen in den Übergangsbereichen zwischen den durch parallele Stranganordnung gekennzeichneten kurzen Doppelhelix-Abschnitten drei bzw. vier Loop-Regionen auf, die als DHU-Schleife (links), Anticodon-Schleife (unten), TΨC-Schleife (rechts) und Extra-Schleife (zwischen Anticodon-Arm und TΨC-Arm) bezeichnet werden. Diese Kleeblatt-Anordnung stellt einen Zustand dar, in dem eine möglichst große Zahl komplementärer Basen gepaart ist. Das *Prinzip der maximalen Basenpaarung* hat sich als Orientierungshilfe bei der Diskussion von Sekundärstruktur-Modellen verschiedener RNA-Typen vielfach bewährt. Die Extra-Schleife ist nicht in allen tRNA-Molekülen vorhanden. Für die biologische Funktion besonders wichtig ist die Anticodon-Schleife. Sie enthält das für die Erkennung des in der mRNA-Sequenz lokalisierten Aminosäure-Codons unerläßliche spezifische Basen-Triplett (Anticodon). Das bei der Charakterisierung der TΨC-Schleife verwendete Symbol Ψ kennzeichnet die in Abb. 4.29 formelmäßig dargestellte Pseudouridylsäure. Die Buchstabenfolge DHU kennzeichnet den für die DHU-Schleife charakteristischen Dihydrouridin-Rest. Wie bereits erwähnt, erfolgt die intermediäre Bindung der an die im Aufbau befindliche Prote-

inkette anzufügenden Aminosäure durch Esterbildung am letzten Nucleotid-Rest (3′-Ende) der terminalen CCA-Sequenz (enzymatische Synthese einer Aminoacyl-tRNA). In den Doppelstrang-Abschnitten der tRNA-Struktur tritt auch die Basenkombination Guanin-Uracil auf. Sie ist in den Kleeblatt-Darstellungen der Abb. 4.52 durch eine Abstandsvergrößerung hervorgehoben. Neuere Untersuchungen haben gezeigt, daß auch dieses nicht-komplementäre GU-Basenpaar einen Beitrag zur Stabilität liefern kann, wenn es flankierend durch zwei komplementäre Basenpaare gestützt wird. Eine wesentliche Voraussetzung für den fehlerfreien Verlauf der Protein-Biosynthese ist, daß das tRNA-Molekül außer dem 3′-CCA-Ende und der Anticodon-Schleife auch noch über zwei weitere spezifische Erkennungsstellen bzw. Erkennungsregionen verfügt, die eine Bindung des korrespondierenden Aktivierungsenzyms (Aminoacyl-Synthetase) und eine Anheftung an das Ribosom ermöglichen. Für die Ausbildung dieser Erkennungsregionen ist die im folgenden zu beschreibende dreidimensionale Faltungsstruktur der Transfer-Ribonucleinsäuren von entscheidender Bedeutung.

Ein weiteres Beispiel für die alternierende Abfolge von Schleifen und Doppelhelix-Abschnitten in der RNA-Sekundärstruktur bieten die Viroide, die als ringförmige, proteinfreie und infektiöse RNA-Moleküle bestimmte Pflanzenkrankheiten verursachen. In der Abb. 4.53 ist die Sequenz und die Sekundärstruktur des *Avocado sun blotch-Viroids* (ASBV), das die Sonnen-Pustel-Erkrankung von Avocado-Pflanzen hervorruft, dargestellt.

Die durch Umrandung gekennzeichneten „konservativen" Sequenzabschnitte treten in den meisten bisher bekannten Viroiden unverändert auf. Die Viroid-Moleküle gewinnen durch die hantelförmige Sekundärstruktur eine hohe Stabilität.

Viroide vermehren sich auch noch bei verhältnismäßig hohen Temperaturen (ca. 35 °C). Dies deutet auf eine Adaptation an die Besonderheiten der Wirtspflanze hin. Bisher sind Viroide fast ausschließlich aus Pflanzen, die in tropischem oder subtropischem Klima (bzw. Kontinentalklima) wachsen, isoliert worden. Man findet sie

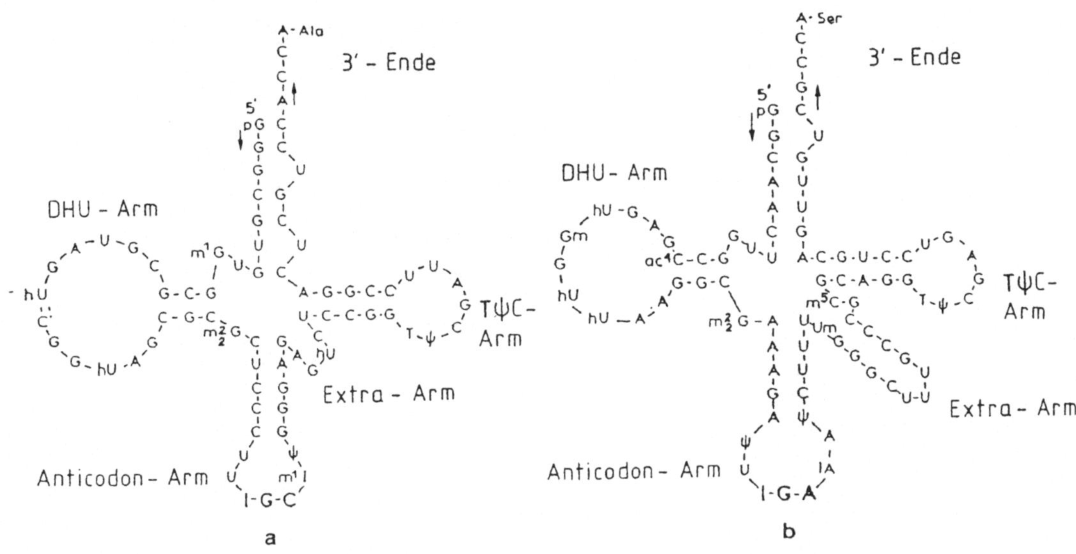



**Abb. 4.52** Kleeblatt-Modell der tRNA. **a** Alanin-spezifische tRNA aus Hefe; **b** Serin-spezifische tRNA aus Hefe

im Chromatin des Zellkerns. Die Tabelle 4.8 gibt eine Übersicht über einige relativ gut untersuchte Viroide und über die von ihnen verursachten Pflanzenkrankheiten.

Viroide bilden ein sich autonom replizierendes System, in dem keine genetische Information für ein entsprechendes Replikationsenzym oder für Untereinheiten eines Replikationsenzyms gespeichert ist. Die Codierungskapazität eines Viroids würde allenfalls für ein Protein mit nicht mehr als 120 Aminosäureresten ausreichen. Die experimentellen Untersuchungen zum Problem der Viroid-Replikation sind noch nicht abgeschlossen. Alle bisher vorliegenden Ergebnisse bestätigen jedoch die naheliegende Annahme, daß diese Replikation unter funktioneller Beteiligung von Wirts-Polymerasen vor sich geht. Auf der Grundlage dieser Annahme sind verschiedene Replikationsmodelle entwickelt worden. Nach diesen Modellvorstellungen könnte das längstmögliche Translationsprodukt weit mehr als 100 Aminosäurereste enthalten, da man die Viroid-RNA nach Art eines *rolling circle* übersetzen könnte, wobei nach jeder Runde ein Rasterwechsel erfolgen müßte. Allerdings gibt es kein Vorbild für die Realisierung eines derartigen Modells, weil außer den

Viroiden keine ringförmig geschlossenen RNA-Moleküle bekannt sind. Da bis jetzt noch kein Translationsprodukt nachgewiesen worden ist, müssen die in der Literatur (vgl. Anhang 2) beschriebenen Replikationsmodelle zunächst als intelligente Spekulationen angesehen werden. Auch über den Mechanismus der pathogenen Wirkung von Viroiden und über den Ursprung der Viroid-Entstehung ist noch wenig bekannt. Bemerkenswert ist die Tatsache, daß die ersten Hinweise auf Viroid-Pflanzenerkrankungen erst um 1920 gefunden wurden, während die Virus-Erkrankungen von Pflanzen bereits seit dem neunzehnten Jahrhundert bekannt sind. Auch die Frage, weshalb Viroide nur bei der Erkrankung von höheren Pflanzen und nicht bei Mensch und Tier auftreten, stellt noch ein ungelöstes Rätsel dar.

An Proteinen und Nucleinsäuren und analogen Modellsubstanzen sind zahlreiche systematische Untersuchungen über den Zusammenhang zwischen der Häufigkeit und Reihenfolge der Monomer-Einheiten in der Primärstruktur und der daraus resultierenden bevorzugten Bildung bestimmter Sekundärstruktur-Typen durchgeführt worden. Das bei diesen Untersuchungen erar-

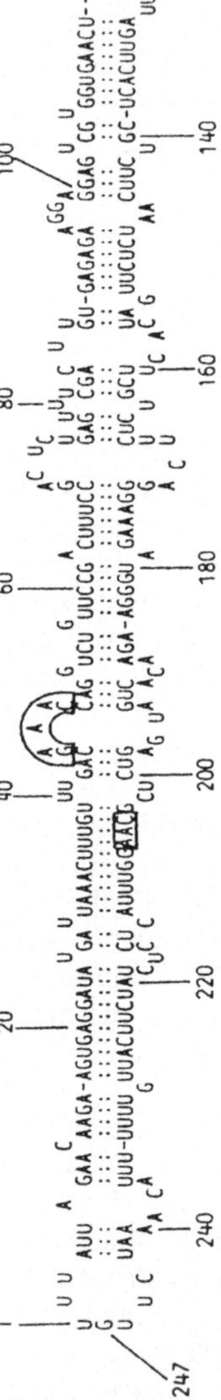

Abb. 4.53 Sekundärstruktur des Viroids ASBV (nach D. Riesner, H. J. Gross (1985))

**Tabelle 4.8** Viroide und ihre Wirtspflanzen

| Wirtspflanze/Krankheit | Viroid (Bezeichnung) |
| --- | --- |
| Kartoffel Spindelknollensucht | Potato spindle tuber viroid (PSTV) |
| Zitrone Exocortis | Citrus exocortis viroid (CEV) |
| Gurken Gelbfrüchtigkeit | Cucumber pale fruit viroid (CPFV) |
| Chrysanthemen Stauche | Chrysanthemum stunt viroid (CSV) |
| Chrysanthemen Chlorotisches Mosaik | Chrysanthemum chloratic mottle viroid (CCMV) |
| Kokosnuß Cadang Cadang | Cadang cadang viroid (CCCV) |
| Hopfen Stauche | Hop stunt viroid (HSV) |
| Avocado Sonnen-Pustel-Krankheit | Avocado sun blotch viroid (ASBV) |

beitete umfangreiche Datenmaterial ermöglicht jedoch keine exakte Voraussage der Sekundärstruktur eines Proteins oder einer Nucleinsäure bekannter Sequenz. Während bei Nucleinsäuren und einfach gebauten Modell-Polynucleotiden viele denkbare Sekundärstrukturmodelle nach dem Prinzip der maximalen Basenpaarung ausgeschlossen werden können, muß bei Polypeptiden und Proteinen der strukturbestimmende Einfluß der unterschiedlichen Aminosäure-Seitenketten in Betracht gezogen werden. Im Sinne einer groben Klassifikation sind *Helixbildner* von *Faltblattbildnern* und anderen die Sekundärstruktur beeinflussenden Aminosäureresten zu unterscheiden. Zu den α-Helixbildnern können z.B. Alanin, Asparaginsäure, Glutaminsäure, Histidin, Leucin, Lysin, Methionin, Phenylalanin, Tryptophan und Tyrosin gezählt werden. Die Literatur über mögliche Ansätze zur Vorhersage von Sekundärstrukturen ist sehr umfangreich. Einige Hinweise finden sich im Anhang 2.

### Tertiärstruktur

Die dreidimensionale Faltungsstruktur der Proteine und Nucleinsäuren ist für die biologische Funktion dieser Biopolymer-Moleküle äußerst wichtig. Für einige Enzyme (z.B. für die in

Abb. 4.35 als Beispiel einer Aminosäuresequenz dargestellte Rinder-Ribonuclease) stellt die Tertiärstruktur bereits die native katalytisch wirksame Form des Enzymproteins dar. Entsprechendes gilt auch für bestimmte Nucleinsäuren (z.B. für die tRNA). Die wechselseitige Erkennung von Proteinen und Nucleinsäuren wird in den meisten Fällen erst durch die sich aus der Sekundärstruktur ergebende charakteristische molekulare Oberflächenstruktur ermöglicht. Dies gilt z.B. für die Erkennung der verschiedenen Transfer-Ribonucleinsäuren durch die spezifischen Aminoacyl-Synthetasen. Die Tertiärstruktur der Proteine enthält verschiedene Strukturelemente, die nach dem in Abb. 4.54 wiedergegebenen Organisationsschema globulärer Proteine als *Supersekundärstruktur* und als *Domäne* bezeichnet werden.

Der in dem Schema als Aggregat bezeichnete Zustand entspricht einem Quartärstruktur-Zustand. Das globuläre Protein stellt eine bei Proteinen häufig auftretende Form der Tertiärstruktur dar.

Die am häufigsten vorkommenden Protein-Supersekundärstrukturen sind mit vereinfachenden Symbolen für α-Helices und β-Faltblatt-Konformationsbereiche in der Abb. 4.55 zusammenfassend dargestellt. Bei der graphischen Darstellung von Proteinstrukturen durch einfache übersichtliche Zeichnungen (*structure cartoons*) bedient man sich oft dieser Zylinder- und Breitpfeil-Symbole und verzichtet auf die Wiedergabe von Details.

Die links in Abb. 4.55 skizzierte Superhelix (*coiled coil α-Helix*) wird durch spiralförmige Windungen zweier nur wenig verkrümmter α-Helices um eine gemeinsame Achse gebildet. Dabei entsteht unter Ausfüllung strukturbedingter Hohlräume ein engmaschiges Seitenketten-Packungsmuster, durch das diese Supersekundärstruktur energetisch begünstigt wird. Der Seitenketten-Stabilisierungseffekt ist besonders groß, wenn hydrophobe Seitenketten durch die Superhelixbildung von der umgebenden wäßrigen Phase abgeschirmt werden. Dies ist z.B. der Fall bei dem für die Muskelkontraktion wichtigen Tropomysosin und bei den α-Keratinen, die den Hauptbestandteil der Wolle und anderer Wirbeltierhaare wie auch der Krallen, Nägel, Hufe und Gehörne bilden. Obwohl grundsätzlich auch eine mögliche antiparallele Anordnung beider α-Helix-Stränge diskutiert werden muß, lassen die bisher vorliegenden experimentellen Ergebnisse erkennen, daß die Superhelix mit gleichem Richtungssinn die bevorzugte Supersekundärstruktur dieses Typs in Faserproteinen darstellt. Dieser Befund läßt sich damit erklären, daß die energetisch günstige dicht gepackte Anordnung der Seitenketten bei antiparalleler α-Helix-Orientierung nicht realisiert werden kann.

Zu den Supersekundärstrukturen zählen auch die in Abb. 4.55 schematisch dargestellten Strukturelemente (b) und (c), in denen zwei annähernd parallel orientierte β-Faltblatt-Konformationsbereiche durch ein Zwischenglied verbunden sind. Diese Strukturelemente werden zusam-

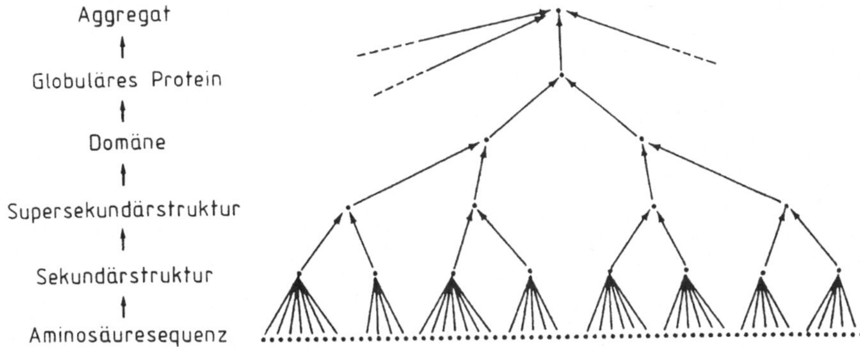


**Abb. 4.54** Schema der strukturellen Organisation globulärer Proteine

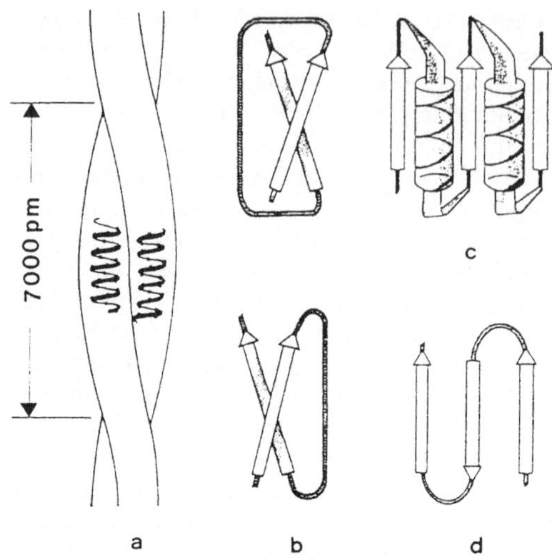

Abb. 4.55 Protein-Supersekundärstrukturen. Die breiten Pfeile stellen β-Faltblatt-Konformationsbereiche dar. **a** Aus α-Helices gebildete Superhelix (*coiled coil α-Helix*); **b** Zwei annähernd parallele β-Faltblatt-Bereiche mit verbindendem Strukturelement (βξβ-*unit*) in linksgängiger Anordnung (oben) und in rechtsgängiger Anordnung (unten); **c** aufeinanderfolgende βαβ-Einheiten (*Rossmann-fold*); **d** β-Mäander

menfassend als βξβ-Einheiten bezeichnet. Dabei wird die Art des Zwischengliedes ξ jeweils durch ein bestimmtes Buchstabensymbol kenntlich gemacht. Eine βcβ-Einheit enthält als Zwischenglied eine unregelmäßig geknäuelte Peptidkette (*random coil*). Ist das Zwischenglied eine α-Helix, so liegt eine βαβ-Einheit vor. In einer βββ-Einheit ist auch das Zwischenglied ein β-Faltblatt-Konformationsbereich, der sich in seiner Primärstruktur von den beiden angrenzenden β-Bereichen unterscheidet. Auch bei den βξβ-Einheiten hat man grundsätzlich zwischen einer linksgängigen und einer rechtsgängigen Anordnung zu unterscheiden (vgl. Abb. 4.55b). Die systematische Strukturanalyse globulärer Proteine hat gezeigt, daß in der Tertiärstruktur dieser Proteine neben anderen Strukturelementen fast ausnahmslos rechtsgängige βξβ-Einheiten vorliegen. Diese Bevorzugung der Rechtsgängigkeit ist ebenso wie die bevorzugte Bildung der α-Helix auf die Beschränkung des Wertebereiches der Rotationswinkel φ und ψ zurückzuführen (vgl. Abb. 4.41

und die im Anhang 2 angegebene Literatur). Die in Abb. 4.55c durch ein vereinfachtes Modell veranschaulichte βαβαβ-Einheit (*Rossmann fold*) findet sich in einer größeren Anzahl von Proteinen.

Besonders ausgeprägt ist der strukturbildende Einfluß der Faltblatt-Konformation in den ebenfalls zu den Supersekundärstrukturen zählenden β-Mäandern (Abb. 4.55d) mit alternierend antiparallel orientierten β-Faltblatt-Konformationsbereichen. Die Zahl der einem Aminosäurerest zuzuordnenden möglichen Wasserstoffbrückenbindungen ist in dieser Anordnung etwa gleich groß wie in einer α-Helix mittlerer Länge. Dies ist insbesondere dann der Fall, wenn die kurzen Zwischenglieder nur aus den im Zusammenhang mit der $3_{10}$-Helix erläuterten *reverse turns* bestehen. Die in Abb. 4.56 wiedergegebene Modellzeichnung vermittelt einen Eindruck von der dichten Kettenpackung in einer derartigen periodisch gefalteten Supersekundärstruktur.

Die β-Mäander finden sich in vielen Proteinstrukturen, insbesondere auch in globulären Proteinen (z. B. in der Staphylokokken-Nuclease, im T4-Lysozym und in Serinproteasen).

Die im Schema der Abb. 4.45 als Domänen bezeichneten Strukturbereiche sind in einem durch Röntgenstrukturanalyse ermittelten Elek-

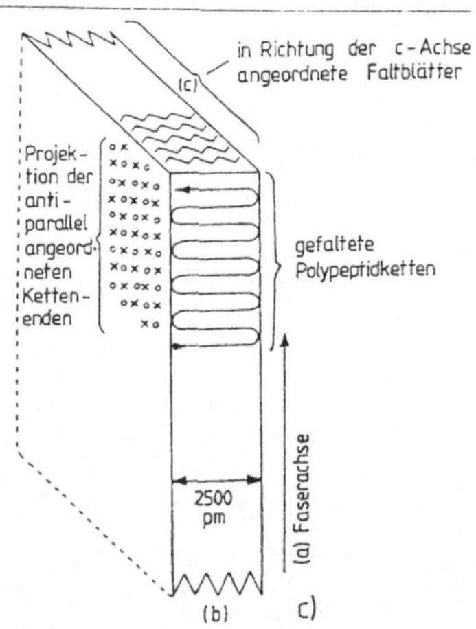


Abb. 4.56 Periodisch gefaltete Supersekundärstruktur in β-Mäander-Anordnung (Schematische Darstellung nach G. Ebert (1980))

tronendichte-Profil nach Art der Abb. 1.7 als durch elektronenarme Zonen („Klüfte") getrennte Bereiche relativ hoher Elektronendichte zu erkennen. Eine völlig willkürfreie Abgrenzung der Begriffe „Tertiärstruktur" und „Domäne" ist nicht möglich, da die Domänen in verschiedenen Proteinen auf sehr unterschiedliche Weise zusammengehalten werden. In einigen Fällen sind die Domänen als Unterabschnitte einer gefalteten Polypeptidkette durch kovalente Bindungen verknüpft; in anderen Fällen bilden sie die Tertiärstruktureinheiten einer durch intermolekulare Attraktionskräfte und hydrophobe Wechselwirkungen stabilisierten Quartiärstruktur. Ein Beispiel für eine kovalente Domänenverknüpfung bietet das Strukturschema des Immunoglobulins G (Abb. 4.57), in dem die Domänen durch Kreise markiert sind. Die beiden langen Ketten (H, *heavy chains*) sind untereinander und mit den beiden kurzen Ketten (L, *light chains*) durch Disulfid-Brücken verbunden.

Der für die Antigen-Bindung wichtige Strukturbereich, in dem jeweils eine L-Kette mit einer H-Kette verbrückt ist, wird als variabler Teil des Immunoglobulin-Moleküls bezeichnet. Die Spezifität der Antigen-Bindungen beruht auf der speziellen Aminosäuresequenz der Proteinketten in diesem Molekülbereich. Der durch Verbrückung der restlichen H-Ketten-Abschnitte gebildete Strukturbereich weist für alle Immunoglobuline dieses Typs eine annähernd konstante

Aminosäuresequenz auf. Man bezeichnet ihn deshalb als konstanten Teil des Proteinmoleküls. Neben den Antigen-Bindungsstellen sind in Abb. 4.57 auch die Komplement-Bindungspositionen eingezeichnet. Das Komplementsystem besteht aus einer Gruppe von Plasmafaktoren, die für die Aktivierung zahlreicher im Gefolge einer Antigen-Antikörper-Reaktion auftretender biologischer Wirkungen benötigt werden. Bei der Aktivierung reagieren die einzelnen Komplement-Komponenten in einer bestimmten Reihenfolge. Dabei werden einige dieser Plasmafaktoren im Bereich der in Abb. 4.57 markierten Bindungsstelle vom Antigen-Antikörper-Komplex gebunden. Zu den Antikörperwirkungen, die nur bei Vorhandensein der Komplementfaktoren auftreten, zählen vor allem die bakteriolysierenden, zytotoxischen und hämolysierenden Wirkungen.

Mit den durch Kreise markierten Bereichen macht die Abb. 4.57 auch deutlich, daß sich die Polypeptidketten des Immunoglobulins in aufeinanderfolgende Domänen-Abschnitte unterteilen lassen. Aus der Zuordnung bestimmter Abschnitte der Primärstruktur zu entsprechenden Domänen ergibt sich zwangsläufig, daß Aminosäurereste, die in der Polypeptidkette relativ weit voneinander entfernt sind, auch in der nativen Faltungsstruktur des Proteins einen verhältnismäßig großen Abstand haben müssen. Dieser Zusammenhang läßt sich quantitativ durch die sogenannte Nachbarschaftskorrelation NC mit der Gleichung

$$NC(i) = \sum_{a \leq |i-k| \leq b} \frac{1}{d_{ik}} \qquad (4.15)$$

beschreiben. In dieser Gleichung sind die Positionen der Aminosäurereste in der Polypeptidkette mit i bzw. k bezeichnet. Die Größe $d_{ik}$ ist der durch Strukturanalyse ermittelte geometrische Abstand der Reste i und k. In einem Diagramm, in dem NC(i) gegen i aufgetragen ist, sind die Domänen als ausgeprägte Maxima der Nachbarschaftskorrelationsfunktion zu erkennen. Eine Analyse der NC(i)-Werte des Enzyms Chymotrypsin mit a = 6 und b = 25 hat z. B. gezeigt, daß die Faltungsstruktur des Enzymproteins zwei Domänen enthält, deren Aminosäurereste in der Primärstruktur relativ eng benachbart sind. Diese

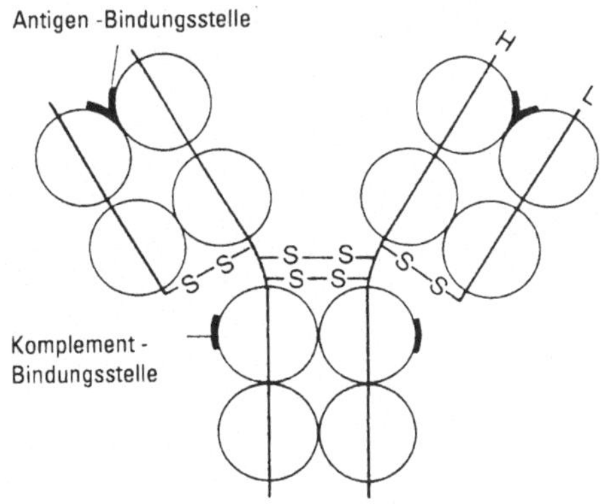


**Abb. 4.57** Domänenanordnug in der Struktur eines Immunoglobulins von IgG-Typ

Domänen bestehen oft aus dicht gepackten β-Faltblatt-Einheiten. So sind z.B. die β-Mäander durch eine besonders hohe Nachbarschaftskorrelation ausgezeichnet. Die Supersekundärstrukturen sind also wichtige Elemente der Domänenbildung, und die Domänen stellen für das IgG und für zahlreiche andere Proteine die Faltungseinheiten einer Polypeptidkette dar. Es besteht jedoch kein grundsätzlicher Unterschied zwischen der Aggregation der Untereinheiten eines tetrameren Proteins oder eines Virus-Hüllproteins und der Aggregation der Domänen einer Polypeptidkette. Dies zeigt das Beispiel der Hüllproteine von *polio virus* und *semliki forest virus*. Bei der Biosynthese dieser Proteine wird eine große Zahl von Faltungseinheiten als Domänen einer durchgehenden Polypeptidkette synthetisiert. Nach der Faltung werden die Peptidbindungen zwischen den Domänen durch eine Protease gespalten. Die getrennten Domänen-Einheiten aggregieren dann wie normale Protein-Untereinheiten unter Bildung der hochsymmetrischen Virus-Hülle.

Die relativ hohe Stabilität der Tertiärstruktur von Proteinen ist das Ergebnis des Zusammenwirkens verschiedenartiger intra- und intermolekularer Wechselwirkungen, deren Zustandekommen bereits im Abschn. 1.1.5 ausführlich diskutiert worden ist. Einen Überblick über die Mannigfaltigkeit dieser Wechselwirkungen vermittelt das in Abb. 4.58 gezeigte Schema.

Auch die Tertiärstruktur der Nucleinsäuren wird durch verschiedene intra- und intermolekulare Wechselwirkungen stabilisiert. Die Diskussion der unterschiedlichen Doppelhelix-Formen hat bereits gezeigt, daß die Ausbildung einer bestimmten Sekundärstruktur durch die Wechselwirkung mit den Hydratwassermolekülen entscheidend beeinflußt wird. Neben Wasserstoffbrückenbindungen, polaren und hydrophoben Wechselwirkungen sind es vor allem die als Basenstapelung bezeichneten Effekte der Wechselwirkung übereinander liegender Purin- und Pyrimidin-Ringe, die zur Stabilisierung der Sekundär- und Tertiärstruktur von Nucleinsäuren beitragen. Durch diese Stapel-Wechselwirkung wird das Energietermschema des $\pi$-Elektronensystems der heterozyklischen Basen in charakteristischer Weise verändert, woraus sich eine meßbare Veränderung der optischen Eigenschaften von Nucleinsäurelösungen ergibt (vgl. Abschn. 4.2.4). Zusätzliche kovalente Vernetzungen der Basen und Zuckerbausteine von Nucleinsäuren sind nur an wenigen spezifisch modifizierten Polynucleotidsystemen mit strukturanalytischen Methoden nachgewiesen worden.

Die Abb. 4.59 zeigt ein vereinfachtes Modell der Tertiärstruktur einer spezifischen Transfer-Ribonucleinsäure.

Von den insgesamt 76 Basen des tRNA$^{\text{Phe}}$-Moleküls sind nur 42 Basen in RNA-Doppel-

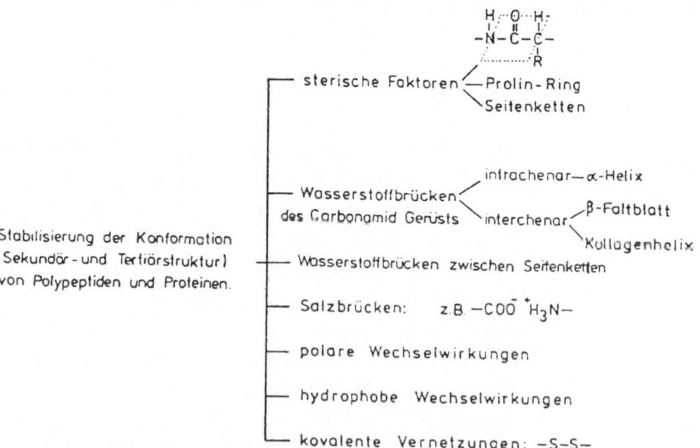


**Abb. 4.58** Übersicht über die zur Stabilisierung von Sekundär- und Tertiärstrukturen beitragenden Wechselwirkungen und sterischen Falktoren (nach G. Ebert (1980))

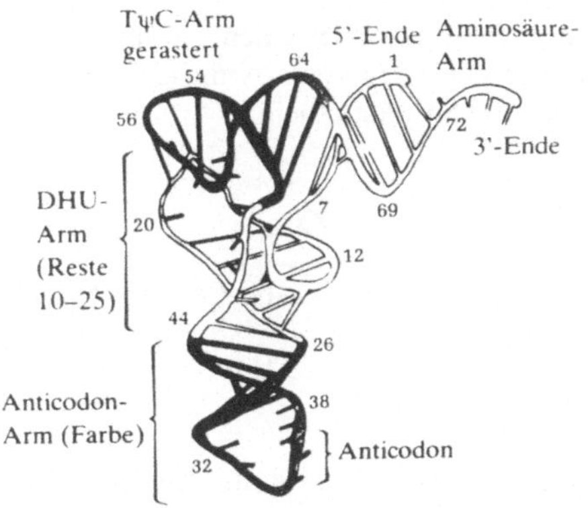


**Abb. 4.59** Phenylalanin-spezifische tRNA aus Hefe (Modell der Tertiärstruktur)

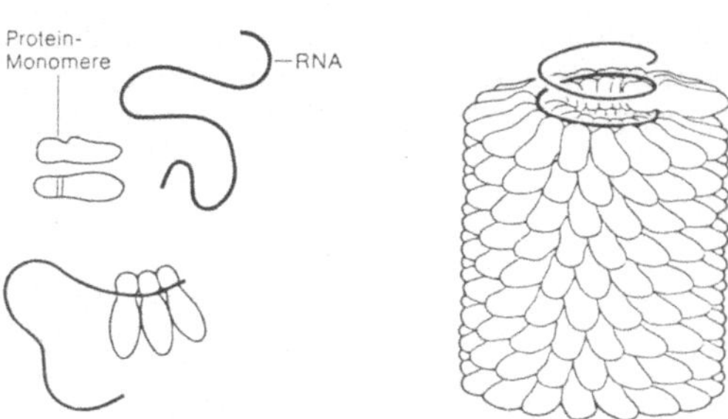


**Abb. 4.60** Self Assembly von Protein-Einheiten und Virus-RNA zum Tabak-Mosaik-Virus (schematisch)

helix-Abschnitten paarweise durch H-Brücken verknüpft. An Stapel-Wechselwirkungen sind dagegen 71 Basen beteiligt. Der Basenstapelungseffekt ist deshalb für die Stabilität der tRNA-Tertiärstruktur von entscheidender Bedeutung.

*Quartärstruktur*

Der Begriff „Quartärstruktur" umfaßt im weitesten Sinne alle zusammengesetzten Strukturen, die durch Aggregation von Protein-Untereinheiten gebildet werden. Zu den für die biologische Funktion der Biopolymer-Systeme wichtigen zusammengesetzten Strukturen zählen auch die Aggregate von Proteinen mit Nucleinsäuren und mit Membranlipiden.

Der funktionelle Vorteil der zusammengesetzten Systeme besteht in der Möglichkeit zur allosterischen Regulation durch kooperative Wechselwirkung bei veringerter Teilchenzahl bzw. Osmolarität (vgl. Abschn. 1.2.6). Die zusammengesetzten Strukturen ermöglichen auch die wiederholte Verwendung von Untereinheiten (z. B. Coenzymen bei mehreren Enzymen); sie erhöhen die funktionelle Sicherheit und bieten die Voraussetzung für eine Verbreiterung des Evolutionsspielraumes. Der Aggregationsgrad verschiedener Enzymkomplexe ist unterschiedlich groß. Die Zahl der Untereinheiten ist jeweils eine charakteristische Größe der betrachteten spezifischen Funktionseinheit. Malat-Dehydrogenase ist z. B. ein dimeres Protein. Lactat-Dehydrogenase und

Hämoglobin sind tetramere Proteine. Das Tabak-Mosaik-Virus-Protein (Abb. 4.60) ist als „polymeres" Proteinaggregat aus zahlreichen gleichartigen Protein-Einheiten aufgebaut.

Das Tabak-Mosaik-Virus-Protein (TMVP) ist als typisches Self Assembly-System im Zusammenhang mit den im Abschn. 3.1.1 erläuterten Gesetzmäßigkeiten der Selbstorganisation molekularer Aggregate besonders eingehend untersucht worden. Weitere Einzelheiten zum TMVP-System können der im Anhang 2 angegebenen Literatur entnommen werden. Auch die in Ikosaeder-Form hochsymmetrisch aggregierten Virus-Capside von Viren der Familie Adenoviridae (vgl. Abb. 4.61) sind aus zahlreichen Proteineinheiten nach einem komplizierten Muster zusammengesetzt.

Die durch eine kooperative Wechselwirkung der vier Protein-Einheiten des Hämoglobins (Abb. 4.32) bedingten Sauerstoff-Bindungseigenschaften dieses für den Atemgastransport unerläßlichen Transportproteins werden im Abschn. 4.2.6 beschrieben. Der durch die $O_2$-Bindung an einer Bindungsstelle induzierte Effekt der Verstärkung des Sauerstoff-Bindungsvermögens bietet ein typisches Beispiel für die funktionelle Zweckmäßigkeit der Interaktion von Untereinheiten zusammengesetzter Systeme.

Eine ausführliche Diskussion der Kinetik von Reaktionen mit allosterischer Regulation der Enzymaktivität findet sich im Abschn. 5.3.2. Die Aggregation von Enzymen zu Multienzymkomplexen ist sehr vorteilhaft für die Effektivität des Substratumsatzes, da die Zwischenprodukte über minimierte Diffusionswege rasch und koordiniert umgesetzt werden können. Eine durch einen Multienzymkomplex koordinierte Mehrschritt-

Phosphatrest esterartig an einen Serin-Rest des ACP gebundenen Pantethein-Arm des zentralen Proteins darstellen. Pantethein

$$HO-CH_2-\underset{\underset{CH_3}{|}}{\overset{\overset{CH_3}{|}}{C}}-\underset{\underset{OH}{|}}{\overset{\overset{H}{|}}{C}}-\overset{\overset{O}{\|}}{C}-\underset{\underset{H}{|}}{N}-CH_2-CH_2-\overset{\overset{O}{\|}}{C}-\underset{\underset{H}{|}}{N}-CH_2-CH_2-SH$$

Reaktion ist die Biosynthese der gesättigten geradkettigen Fettsäuren. Die zur Kettenverlängerung um jeweils zwei $CH_2$-Einheiten führende Reaktionssequenz vollzieht sich mit Hilfe des Multienzymkomplexes Fettsäuresynthetase. Die Abb. 4.62 zeigt ein schematisches Funktionsmodell dieses Synthetase-Komplexes.

Der Komplex enthält ein zentrales Acyl-Carrier-Protein (ACP), das von sieben Enzymeinheiten umgeben ist. Die in Abb. 4.62 eingezeichneten Zickzack-Linien sollen den über einen

ist ein Pantoyl-β-alanyl-cysteamin. An die im folgenden mit –S*H bezeichnete SH-Gruppe des Pantethein-Arms wird die jeweils neu in den Reaktionscyklus eintretende Malonyl-Gruppe kovalent gebunden und bleibt damit bis zum Transfer des verlängerten Acylrestes auf die SH-Gruppe eines essentiellen Cystein-Restes der kondensierenden Enzymeinheit am ACP verankert. Zur Vereinfachung der Reaktionsgleichungen wird der Enzymkomplex mit den beiden funktionell wichtigen SH-Gruppen als

$$HS-E-S*H$$

bezeichnet. Alle für die Reaktion benötigten Acetyl- und Malonyl-Gruppen werden durch Gruppenübertragung (vgl. Abschn. 5.2.2 und Abschn. 5.3.2) vom Acetyl-Coenzym A

$$CoA-S-\overset{\overset{O}{\|}}{C}-CH_3$$

bzw. vom Malonyl-Coenzym A

$$CoA-S-\overset{\overset{O}{\|}}{C}-CH_2-COOH$$

übernommen. Die von den sieben Enzym-Einheiten katalysierten Reaktionsschritte sind

1. Acetyl-Transfer:

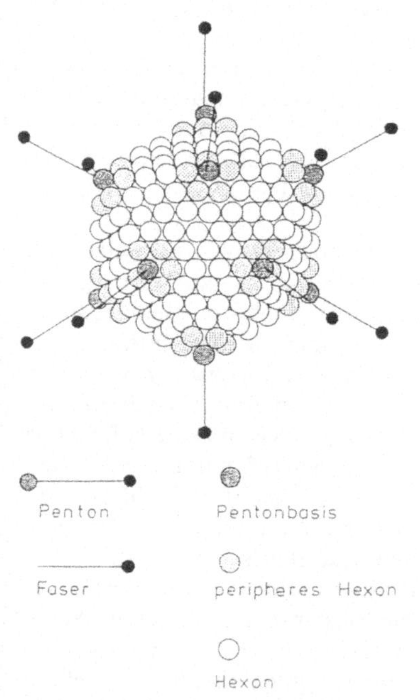


**Abb. 4.61** Modell eines Adenovirus-Capsids (nach P. v. Sengbusch (1979))

**2. Malonyl-Transfer:**

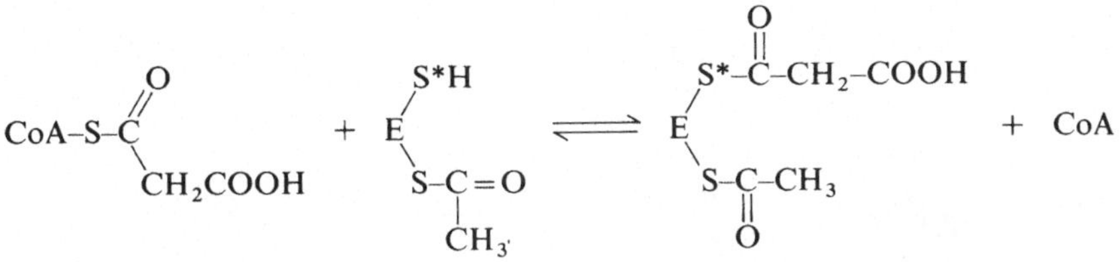

$$CoA-S-\underset{\underset{CH_2COOH}{|}}{\overset{\overset{O}{\|}}{C}} \;+\; E\!\begin{smallmatrix} S^*H \\[2pt] \\ S-\underset{CH_{3'}}{C}=O \end{smallmatrix} \;\rightleftharpoons\; E\!\begin{smallmatrix} S^*-\overset{O}{\overset{\|}{C}}-CH_2-COOH \\[4pt] S-\underset{\underset{O}{\|}}{C}-CH_3 \end{smallmatrix} \;+\; CoA$$

**3. Kondensationsreaktion:**

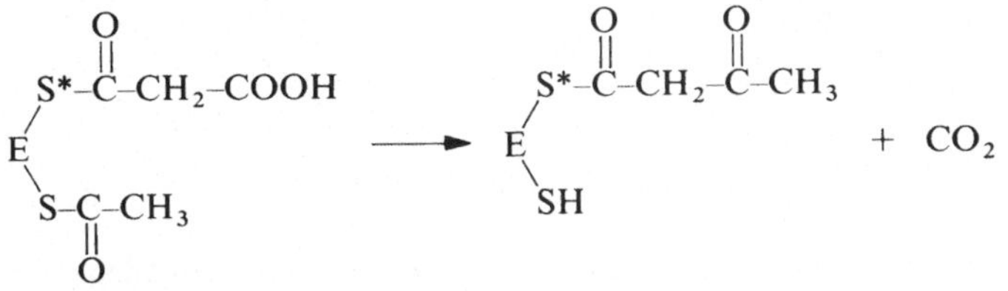

$$E\!\begin{smallmatrix} S^*-\overset{O}{\overset{\|}{C}}-CH_2-COOH \\[4pt] S-\underset{\underset{O}{\|}}{C}-CH_3 \end{smallmatrix} \;\longrightarrow\; E\!\begin{smallmatrix} S^*-\overset{O}{\overset{\|}{C}}-CH_2-\overset{O}{\overset{\|}{C}}-CH_3 \\[4pt] SH \end{smallmatrix} \;+\; CO_2$$

**4. β-Keto-Reduktion:**

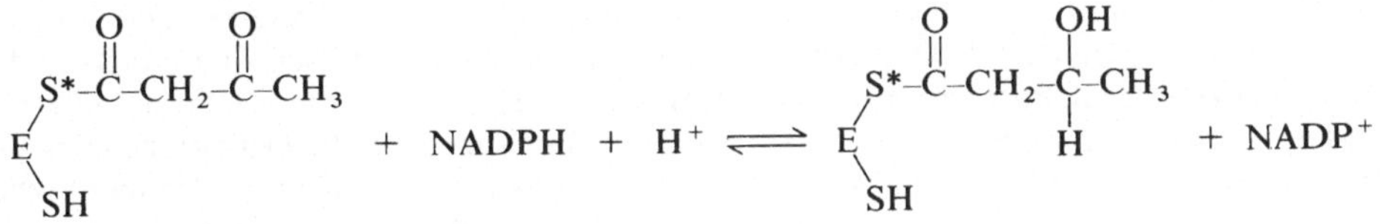

$$E\!\begin{smallmatrix} S^*-\overset{O}{\overset{\|}{C}}-CH_2-\overset{O}{\overset{\|}{C}}-CH_3 \\[4pt] SH \end{smallmatrix} \;+\; NADPH \;+\; H^+ \;\rightleftharpoons\; E\!\begin{smallmatrix} S^*-\overset{O}{\overset{\|}{C}}-CH_2-\underset{\underset{H}{|}}{\overset{\overset{OH}{|}}{C}}-CH_3 \\[4pt] SH \end{smallmatrix} \;+\; NADP^+$$

**5. Dehydratisierung:**

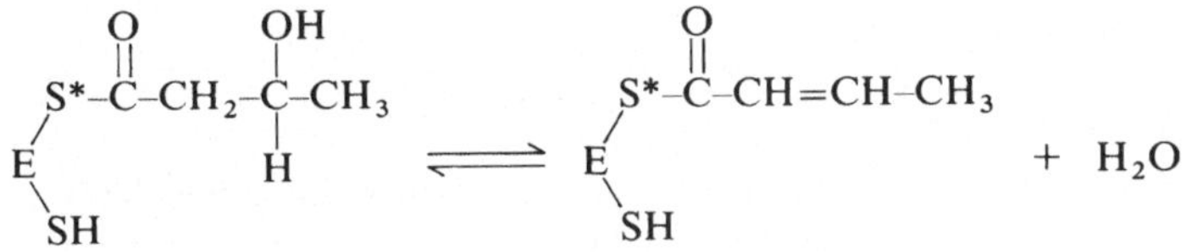

$$E\!\begin{smallmatrix} S^*-\overset{O}{\overset{\|}{C}}-CH_2-\underset{\underset{H}{|}}{\overset{\overset{OH}{|}}{C}}-CH_3 \\[4pt] SH \end{smallmatrix} \;\rightleftharpoons\; E\!\begin{smallmatrix} S^*-\overset{O}{\overset{\|}{C}}-CH=CH-CH_3 \\[4pt] SH \end{smallmatrix} \;+\; H_2O$$

**6. Enoyl-Reduktion:**

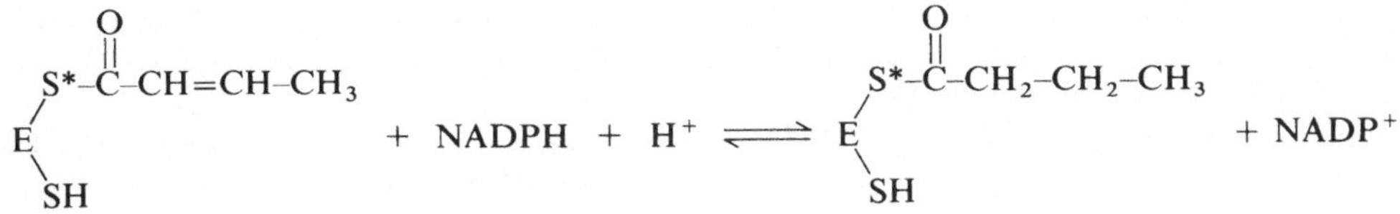

$$E\!\begin{smallmatrix} S^*-\overset{O}{\overset{\|}{C}}-CH=CH-CH_3 \\[4pt] SH \end{smallmatrix} \;+\; NADPH \;+\; H^+ \;\rightleftharpoons\; E\!\begin{smallmatrix} S^*-\overset{O}{\overset{\|}{C}}-CH_2-CH_2-CH_3 \\[4pt] SH \end{smallmatrix} \;+\; NADP^+$$

**7. Acetyl-Transfer:**

$$E\!\begin{smallmatrix} S^*-\overset{O}{\overset{\|}{C}}-CH_2-CH_2-CH_3 \\[4pt] SH \end{smallmatrix} \;\rightleftharpoons\; E\!\begin{smallmatrix} S^*H \\[4pt] S-\underset{\underset{O}{\|}}{C}-CH_2-CH_2-CH_3 \end{smallmatrix}$$

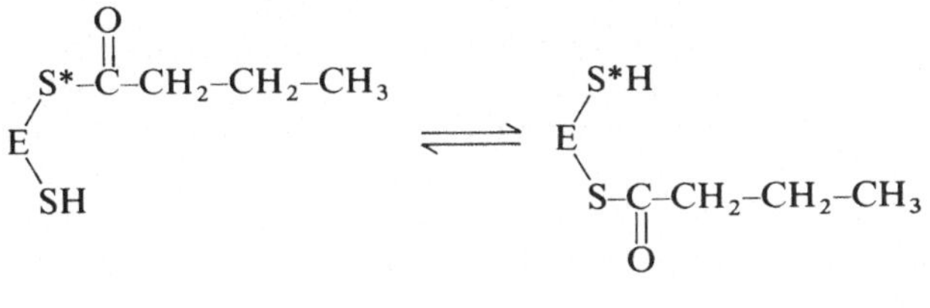

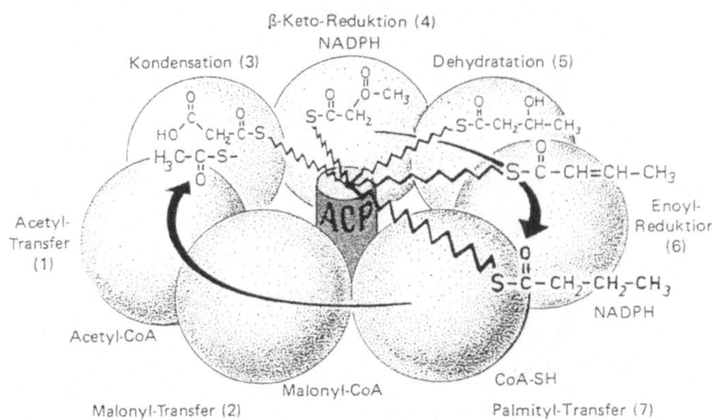


**Abb. 4.62** Schematisches Funktionsmodell des Fettsäuresynthetase-Komplexes (nach K. Dose (1980))

Nach dem siebenten Schritt kann eine neue Malonyl-Gruppe von einer Malonyl-CoA-Einheit auf die S*H-Gruppe des Pantethein-Arms übertragen werden. Der Reaktionscyclus wird bis zur Bildung eines Palmitinsäure-Restes fortgesetzt. Danach erfolgt im siebenten Schritt kein erneuter Acetyl-Transfer, sondern die terminale Abspaltung des Palmitinsäure-Restes, und der Multienzymkomplex steht für eine neue – wiederum durch Bindung einer Acetylgruppe eingeleitete – Reaktionsfolge zur Verfügung. Obwohl noch nicht alle strukturellen und funktionellen Details des Fettsäuresynthetase-Systems bekannt sind, bietet dieses System ein besonders eindrucksvolles Beispiel für die besondere biochemische Bedeutung der Protein-Aggregate. Der Fettsäuresynthetase-Komplex katalysiert die Fettsäuresynthese im Cytosol. Andere Enzymsysteme sind in Biomembransysteme integriert oder an die Oberfläche der Lipid-Doppelschicht von Membranen gebunden. Auf die Bedeutung dieser membrangebundenen Enzyme ist bereits im Abschn. 3.3 hingewiesen worden.

### 4.2.3 Rheologische Eigenschaften von Biopolymeren

Das Fließverhalten von Lösungen makromolekularer Substanzen wird durch Größe und Form der gelösten Teilchen in charakteristischer Weise beeinflußt. Deshalb finden Viskositätsmessungen oft Anwendung bei einer orientierenden halbquantitativen Charakterisierung der Molekülgestalt von gelösten Biopolymeren und Biopolymer-Aggregaten. Die Grundgesetze des Impulstransportes in fluiden Medien sind bereits in den Abschnitten 2.1.2 und 2.1.4 ausführlich erläutert worden. Dort sind auch die Definitionen des Viskositätskoeffizienten $\eta$ (Gl. (2.7)), der spezifischen Viskosität $\eta_{sp}$ (Gl. (2.27)) und der *intrinsic viscosity* $[\eta]$ (Gl. (2.33)) angegeben. Die Gleichung

$$\frac{\eta - \eta_o}{\eta_o} = \eta_{sp} = K\varphi \qquad (2.27)$$

beschreibt einen einfachen Zusammenhang zwischen dem Volumenbruch $\varphi$ des gelösten Stoffes und der spezifischen Viskosität $\eta_{sp}$. Für die Konstante K hat man nach Einstein den Wert 2,5 einzusetzen, wenn die gelösten Teilchen kugelförmig sind. Jede Abweichung von der Kugelgestalt führt zu K-Werten, die größer als 2,5 sind. Für Rotationsellipsoide mit den Halbachsen a und b sind diese K-Werte von Simha theoretisch berechnet worden. Der Zusammenhang zwischen K und dem Halbachsenverhältnis a/b ist in Abb. 4.63 graphisch dargestellt.

Man kann also durch experimentelle Bestimmung von K das Halbachsenverhältnis ermitteln, wenn sich die Gestalt der untersuchten Teilchen mit hinreichender Näherung durch ein Rotationsellipsoid beschreiben läßt. Eine Unterscheidung der Stäbchenform und der Scheibchenform

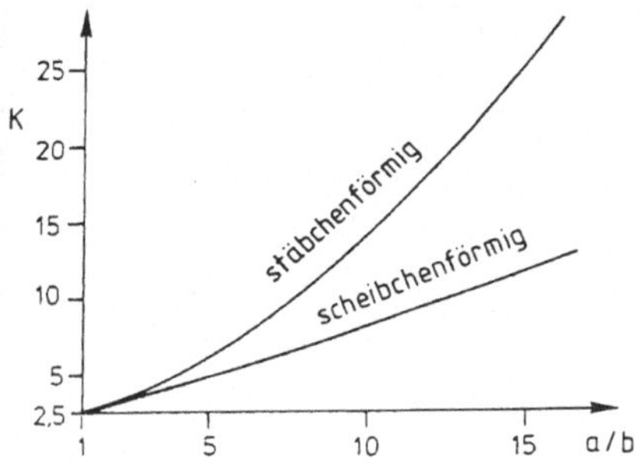

**Abb. 4.63** Abhängigkeit des Viskositätsfaktors K vom Halbachsenverhältnis a/b für Rotationsellipsoide in Stäbchenform bzw. in Scheibchenform

kann allerdings mit dieser Methode nicht getroffen werden. Das Verfahren ist deshalb nur anwendbar, wenn die Teilchengestalt bereits mit einer unabhängigen Methode ermittelt worden ist. Wichtig ist auch die sich aus Gl. (2.27) ergebende Feststellung, daß die spezifische Viskosität von Lösungen kompakter kugelförmiger Teilchen keine Abhängigkeit vom Molekulargewicht aufweist. Dies gilt z. B. für die Moleküle des Reservepolysaccharids Glycogen (vgl. Abschn. 4.1.1).

Bei der Untersuchung von mehr oder weniger langgestreckten bzw. geknäuelten Fadenmolekülen kann die im Abschn. 2.1.4 angegebene Mark–Houwink-Gleichung

$$[\eta] = K_m \cdot M^a \tag{2.39}$$

Anwendung finden. Dabei ist zu beachten, daß der übliche Wertebereich des Exponenten a ($0{,}6 \leq a \leq 0{,}8$) nur für flexible Fadenmoleküle (z. B. denaturierte Proteine) gilt. Für langgestreckte und wenig biegsame Stäbchen hat man $a \simeq 1{,}8$ zu setzen. Für statistisch geknäuelte Fadenmoleküle nimmt der Exponent a nach Gl. (2.38) den Wert 0,5 an, wenn die Bedingungen für die Gültigkeit dieser Gleichung (geeignetes Lösungsmittel, $\Theta$-Temperatur) erfüllt sind. Eine einfache Beziehung zwischen der Dichte $\rho_p$ der gelösten Teilchen und der *intrinsic viscosity* $[\eta]$ ergibt sich unter Beachtung von Gl. (2.33) aus der Gleichung

$$\eta_{sp} = K \frac{N_L c_m}{M} v_p \tag{2.28}$$

durch Einführung der Teilchenmasse $m_p = M/N_L$. Danach nimmt Gl. (2.28) mit $\rho_p = m_p/v_p$ die Form

$$[\eta] = K/\rho_p \tag{4.16}$$

an. Die in diese Gleichung einzusetzenden Dichtewerte beziehen sich in der Regel nicht auf die wasserfreie Polymersubstanz, sondern auf mehr oder weniger stark solvatisierte Teilchen. Für globuläre Proteine läßt sich nach Gl. (4.16) ein Minimalwert von $[\eta]$ abschätzen, da $\rho_p$ für weitgehend wasserfreie Proteine dieses Strukturtyps etwa $1{,}33 \, \text{g/cm}^3$ beträgt. Die Größenordnung dieses Wertes ($[\eta]_{min} = 2{,}5/(1.33 \, \text{cm}^3/\text{g})$ $\simeq 1{,}9 \, \text{cm}^3/\text{g}$) wird von einigen globulären Proteinen und kompakten Viren annähernd erreicht. In der Tabelle 4.9 sind einige $[\eta]$-Werte für verschiedene Viren, Ribosomen, Proteine und synthetische Polypeptide zusammengestellt.

Die in der Tabelle für denaturierte Myosin-Untereinheiten und für denaturiertes Serum-Albumin angegebenen $[\eta]$-Werte beziehen sich auf den Molekülzustand in einer 6 M Guanidiniumhydrochlorid-Lösung. Ein Vergleich mit dem $[\eta]$-Wert für natives Serum-Albumin läßt die durch die Denaturierung bewirkte drastische Viskositätsänderung erkennen. Auch der Übergang des in einem geeigneten Lösungsmittel (vgl. Abschn. 4.2.4) gelösten Poly-γ-benzyl-L-glutamates aus dem Knäuel-Zustand in den Helix-Zustand ist mit einer starken Zunahme des $[\eta]$-Wertes verbunden. Die $[\eta]$-Werte für *bushy stunt virus* und für native Ribonuclease sind nur wenig höher als der abgeschätzte Minimalwert von $1{,}9 \, \text{cm}^3/\text{g}$ für kompakte kugelförmige Teilchen. In dieser annähernden Übereinstimmung kommt die hohe molekulare Packungsdichte der Viruspartikel und einiger globulärer Proteine zum Ausdruck. Auch bei Lösungen von Nucleinsäuren findet die durch Erwärmung induzierte Änderung des molekularen Ordnungszustandes ihren Ausdruck in einer meßbaren Viskositätsänderung. In der Abb. 4.64 ist die relative Viskosität $\eta_{rel} = \eta/\eta_0$ einer Kalbsthymus-DNA-Lösung als Funktion der Temperatur dargestellt. Durch die thermisch induzierte Helix-Knäuel-Umwandlung der gelösten DNA kommt es zu einem Abfall der

**Tabelle 4.9** Grenzviskositätszahl (*intrinsic viscosity*) [η] verschiedener makromolekularer Substanzen (nach K. E. Van Holde (1985))

| Substanz bzw. Teilchenform | M (Dalton) | [η] (cm³/g) |
|---|---|---|
| **Globuläre Teilchen bzw. Aggregate** | | |
| Ribonuclease | 13 683 | 3,4 |
| Serum-Albumin | 67 500 | 3,7 |
| 30 S-E.Coli-Ribosomen | 900 000 | 8,1 |
| *Bushy stunt virus* | 10 700 000 | 3,4 |
| **Stäbchenförmige Teilchen bzw. Aggregate** | | |
| Fibrinogen | 330 000 | 27 |
| Myosin | 440 000 | 217 |
| Tabakmosaikvirus | 39 000 000 | 36,7 |
| Poly-γ-benzyl-L-glutamat (α-Helix) | 340 000 | 720 |
| **Unregelmäßig geknäuelte Makromoleküle** | | |
| Poly-γ-benzyl-L-glutamat (Knäuel) | 340 000 | 184 |
| Serum-Albumin (denaturiert) | 67 500 | 52 |
| Myosin-Untereinheit (denaturiert) | 197 000 | 93 |

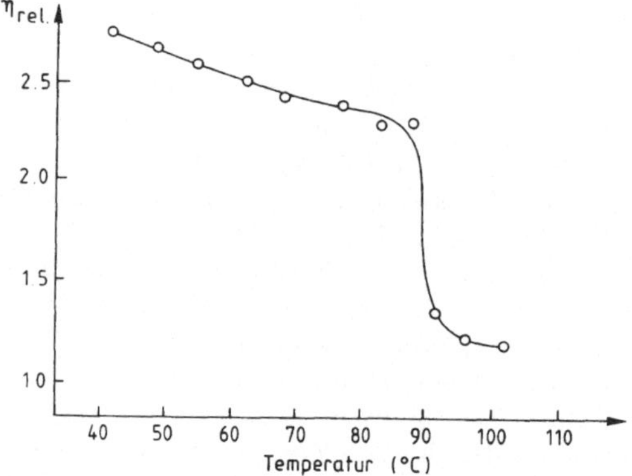


**Abb. 4.64** Temperaturverlauf der relativen Viskosität einer wäßrigen Lösung von Kalbsthymus-DNA (1 mol/l NaCl, pH 7)

relativen Viskosität in einem eng begrenzten Temperaturintervall bei etwa 90 °C.

Bei Viskositätsmessungen an Lösungen von stäbchenförmigen oder ähnlich strukturierten Teilchen ist allerdings zu beachten, daß diese Teilchen unter dem Einfluß der Scherkraft eine Ausrichtung in Strömungsrichtung erfahren. Durch diesen Orientierungseffekt werden die Möglichkeiten zur Impulsübertragung eingeschränkt und die Viskosität der Lösung erniedrigt. Flüssigkeiten, deren Viskositätskoeffizient abhängig von

der Größe der Scherkraft ist, werden als *non-Newtonian liquids* bezeichnet. Verwendet man ein einfaches Kapillarviskosimeter mit relativ hohem mittleren Schergradienten zur Messung der Viskosität einer DNA-Lösung, so erhält man [η]-Werte, die sehr viel niedriger als die bei kleinem Schergradienten gemessenen Werte sind. Bei Desoxyribonucleinsäuren von sehr hohem Molekulargewicht kann eine hohe Scherkraft sogar zu hydrodynamisch induzierten DNA-Strangbrüchen führen. Die dadurch bedingte Viskositätserniedrigung ist nicht umkehrbar. Lösungen hochmolekularer DNA-Lösungen sollten deshalb nicht durch enge Pipettenrohre oder Kanülen gepreßt werden.

Unter dem Einfluß der orientierenden Scherkraft und der dieser Orientierungskraft entgegenwirkenden Brownschen Molekularbewegung stellt sich in einem zeitlich konstanten Schergradienten ein stationärer Zustand mit einer bestimmten Richtungsverteilung der Stäbchen-Moleküle ein. Dieser Orientierungszustand weist eine weitgehende Ähnlichkeit mit der Richtungsverteilung von Dipol-Molekülen in einem elektrischen Feld auf; er ist an einer Änderung der optischen Eigenschaften (Strömungsdichroismus und Strömungsdoppelbrechung) erkennbar. Die Abb. 4.65 zeigt als Beispiel die unterschiedlichen strömungsoptischen Eigenschaften von globulärem und faserförmigem Actin.

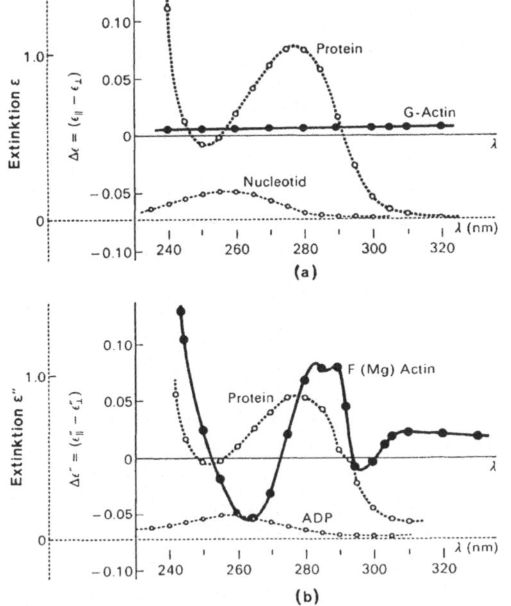


**Abb. 4.65** Strömungsdichroismus von globulärem und von faserförmig aggregiertem Actin (nach K. E. Van Holde (1985))

Die Aggregation von Actin-Monomeren zu Actinfilamenten ist bereits im Abschn. 3.1.1 als typisches Beispiel eines Aggregationsgleichgewichtes diskutiert worden. Die Monomer-Einheiten des Actins zeigen als globuläre Proteine keinen Strömungsdichroismus. Die Actinfilamente sind dagegen langgestreckte Protein-Aggregate; auf sie wirkt deshalb im Schergradienten eine Orientierungskraft in Richtung der Strömung. Dementsprechend läßt die in der oberen Bildhälfte der Abb. 4.65 wiedergegebene Differenz $\varepsilon_{\parallel} - \varepsilon_{\perp}$ für G-Actin keinen Strömungsdichroismus erkennen, während das entsprechende Diagramm für F-Actin eine charakteristische Wellenlängenabhängigkeit der Differenz $\varepsilon_{\parallel}'' - \varepsilon_{\perp}''$ aufweist. Die gestrichelt gezeichneten Kurven in Abb. 4.65 a und b geben die Absorptionsspektren des Proteins und der in der Lösung vorhandenen Nucleotidkomponenten wieder. Detaillierte Angaben über geeignete Verfahren zur Messung des Strömungsdichroismus und der Strömungsdoppelbrechung und über die Besonderheiten des

Aufbaus von *low shear*-Viskosimetern finden sich in der im Anhang 2 angegebenen Literatur.

Besondere Erwähnung verdient noch die Tatsache, daß Lösungen von extrem hochmolekularen DNA-Proben ein viskoelastisches Verhalten zeigen. Bei der Viskositätsmessung mit einem Rotationsviskosimeter, in dem sich die Probelösung zwischen zwei konzentrischen Zylinderflächen befindet, äußert sich die Viskoelastizität z.B. darin, daß der rotierende Antriebszylinder bei Abschaltung des Antriebsaggregats nicht einfach zum Stehen kommt, sondern zurückschwingt und so die in der Probe gespeicherte Deformationsenergie aufnimmt. Diesem Relaxationsvorgang entspricht eine charakteristische Relaxationszeit $\tau$, deren Zusammenhang mit der Molmasse M durch die empirisch gefundene Beziehung

$$\tau = \left( \frac{M}{1{,}45 \cdot 10^8} \right)^{5/3} \tag{4.17}$$

beschrieben weden kann. Die Messung der viskoelastischen Relaxationszeit ist zur Ermittlung von Molekulargewichten hochmolekularer Nucleinsäuren (z.B. Chromosomen-DNA) oft mit gutem Erfolg erprobt worden (Literatur im Anhang 2). Es gibt nur wenige physikalische Methoden, die zur Messung derartiger, extrem hoher Molekulargewichte geeignet sind.

Schließlich ist noch zu erwähnen, daß dem Fließverhalten von Biopolymer-Lösungen auch im Zusammenhang mit dem in den Lehrbüchern der Physiologie ausführlich erläuterten Prozeß der Blutgerinnung (Fibrinbildung aus Fibrinogen) eine wesentliche Bedeutung zukommt.

### 4.2.4 Denaturierung, Konformationsumwandlung und Kooperativität

Ein optimaler biologischer Funktionszustand der Proteine und Nucleinsäuren und der Biopolymer-Lipid-Aggregate läßt sich im allgemeinen nur in einem eng begrenzten Temperaturintervall bei weitgehend festgelegter Zusammensetzung des umgebenden wäßrigen Mediums aufrechterhalten. Jede Temperaturänderung führt ebenso wie eine pH-Verschiebung oder eine andere Veränderung der Lösungsmittelzusammensetzung zu einer Konformationsumwandlung der Biopolymer-Moleküle, die eine Funktionsminderung (Denaturierung) zur Folge hat. Einfache Modellfälle für derartige Denaturierungsprozesse sind die Helix-Knäuel-Umwandlung von Homopolypeptiden und die Doppelhelix-Denaturierung von Polynucleotiden. In Abb. 4.66 ist der Übergang einer Polypeptidkette aus dem geordneten Helix- in einen ungeordneten Knäuelzustand schematisch dargestellt. Im Verlauf dieser Konformationsumwandlung kann sich in einem Ensemble gleichartiger, gelöster Makromoleküle eine große Zahl unterschiedlicher molekularer Zwischenzustände einstellen, und die Realisierbarkeit dieser Zwischenzustände muß in jeder statistisch-thermodynamischen Theorie der Helix-Knäuel-Umwandlung in Rechnung gestellt werden.

Bevorzugt sind Molekülzustände, die durch eine relativ geringe Zahl von Knäuelbereichen zwischen Helixsequenzen ausgezeichnet sind. Bei der Helix-Knäuel-Umwandlung finden vorwiegend konzertierte Übergänge zusammenhängender Helixbereiche in den Knäuelzustand statt. Der Gesamtvorgang ist ein kooperativer Prozeß, der gewisse Ähnlichkeiten mit einer Phasenumwandlung aufweist. Deshalb wird die thermisch induzierte Helix-Denaturierung häufig mit einem Schmelzvorgang verglichen, obwohl es sich hierbei nicht um eine Phasenumwandlung erster Ordnung handelt.

Der Übergang aus dem geordneten Helixzustand in den Zustand des ungeordneten Fadenknäuels macht sich bei der Untersuchung von Biopolymer-Lösungen in einer meßbaren Veränderung zahlreicher physikalischer Eigenschaften bemerkbar. Durch die Helix-Knäuel-Umwandlung von Polypeptiden wird z.B. das optische Drehvermögen der Polypeptidlösung in einem quantitativ bestimmbaren Ausmaß beeinflußt. Auf diesem Effekt beruht ein einfaches Verfahren zur Registrierung von Umwandlungskurven, in denen der Helixumwandlungsgrad als Funktion der Temperatur dargestellt ist (vgl. Abb. 4.67) In ähnlich einfacher Weise lassen sich bei Polynucleotidlösungen Helixdenaturierungskurven registrieren, da die mit der Denaturierung fortschreitende Basen-Entstapelung eine Zunahme der UV-Extinktion zur Folge hat. Aus den Denaturierungskurven lassen sich Aussagen über die relative Stabilität von Sekundärstrukturen mit unterschiedlichen Segmenteinheiten ableiten. Auch eine Analyse des Zusammenwirkens der verschiedenen Typen schwacher intra- und intermolekularer Wechselwirkungen ist in einfachen Fällen möglich, wenn die thermodynamischen Umwandlungsparameter des untersuchten Systems bekannt sind.

Das einfachste Modellsystem für eine Biopolymerlösung mit temperaturabhängigem Helix-Knäuel-Gleichgewicht ist ein Ensemble von Homopolypeptiden gleicher Kettenlänge. Die Peptid-Einheiten

$$-\overset{\displaystyle H}{\underset{\displaystyle R}{C}}-\overset{\displaystyle O}{C}-\overset{\displaystyle}{\underset{\displaystyle H}{N}}-$$

werden als *Segmente* bezeichnet. Bei Vernachlässigung kooperativer Wechselwirkungseffekte läßt sich dieses System durch ein Gleichgewicht

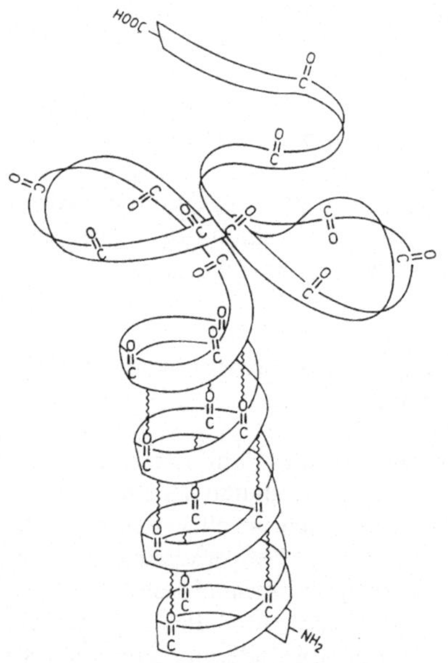

**Abb. 4.66** Helix-Knäuel-Umwandlung einer Polypeptidkette (schematisch)

von zwei Zuständen (Segment im $\alpha$-Helix-Zustand (B) $\rightleftharpoons$ Segment im Knäuel-Zustand (A)) beschreiben. Der im Helix-Zustand befindliche Bruchteil der Segmentgesamtheit wird als Helixbildungsgrad $\Theta$ bezeichnet. Die Helixbildungskonstante s ist die Massenwirkungskonstante für den Prozeß

$$\ldots ABBAA \ldots \rightleftharpoons \ldots ABBBA \ldots \qquad (4.18)$$

Der Temperaturverlauf der Größe $1 - \Theta$ ist in der Abb. 4.67 skizziert. Man bezeichnet die dem Umwandlungsgrad $\Theta_m = 0.5$ zuzuordnende Temperatur $T_m$ (oder die entsprechende Temperatur $\vartheta_m$ der Celsius-Skala) als Umwandlungstemperatur. Wenn keine kooperativen Wechselwirkungen zu berücksichtigen sind, ergibt sich die typische Kurvenform der Funktion $1 - \Theta(T)$ unmittelbar aus der Temperaturabhängigkeit der Massenwirkungskonstante s, die nach den Gesetzen der Thermodynamik (vgl. Abschn. 5.2.2 Gl. (5.92)) durch die Gleichung

$$\frac{d \ln s}{d T} = \frac{\Delta H_{vH}}{RT^2} \qquad (4.19)$$

gegeben ist. $\Delta H_{vH}$ ist die auf ein Mol einer Segmenteinheit bezogene Van't Hoffsche Helixbildungs- bzw. Umwandlungsenthalpie. Mit

$$\frac{d\Theta}{dT} = \frac{d\,\Theta}{d \ln s}\frac{d \ln s}{d T} = s\,\frac{d\,\Theta}{d s}\frac{\Delta H_{vH}}{R\,T^2} \qquad (4.20)$$

und

$$\Theta = \frac{s}{s + 1} \qquad (4.21)$$

bzw.

$$s\,\frac{d\,\Theta}{d s} = \frac{s}{(1 + s)^2} \qquad (4.22)$$

erhält man für $\Theta = 0{,}5$ bzw. $s = 1$ nach Gl. (4.19) die Beziehungen

$$\left(\frac{d\,\Theta}{d T}\right)_{T_m} = \frac{\Delta H_{vH}}{4\,RT_m^2} \qquad (4.23)$$

und

$$\left(\frac{d(1 - \Theta)}{d T}\right)_{T_m} = -\frac{\Delta H_{vH}}{4\,R\,T_m^2}\,. \qquad (4.24)$$

Der Wert der Van't Hoffschen Umwandlungsenthalpie kann nach Gl. (4.24) aus der Steigung der mit optischen Methoden registrierten Umwandlungskurve entnommen werden. Durch den Helix-Knäuel-Übergang wird die Anlagerung von Lösungsmittelmolekülen an die gelösten Polypeptidmoleküle (Solvatation) begünstigt. Die Solvatation ist ein exothermer Prozeß. Mit dem Solvatationszustand des Gelösten ändert sich auch der Assoziationszustand des Lösungsmittels. Der Gesamtprozeß der Helix-Knäuel-Umwandlung ist also ein Vorgang, bei dem sich endotherme und exotherme Teilprozesse überlagern und in der Enthalpiebilanz bis auf einen relativ geringfügigen Rest-Differenzbetrag kompensieren. Deshalb kann die für ein Peptidsegment mit einer mittleren Wasserstoffbrückendissoziationsenergie von 30 kJ/mol zu berechnende molare Umwandlungsenthalpie nicht wesentlich größer als 5 kJ/mol sein. Für das eingehend untersuchte Poly($\gamma$-benzyl-L-glutamat)

$$\left[\begin{array}{c} O \\ \| \\ -C-CH-NH- \\ | \\ CH_2 \\ | \\ CH_2 \\ | \\ C-O-CH_2C_6H_5 \\ \| \\ O \end{array}\right]_n$$

in einer Mischung aus Dichloressigsäure und 1,2-Dichlorethan hat sich jedoch bei der Auswertung von Umwandlungskurven ein sehr viel höherer $\Delta H_{vH}$-Wert von etwa 400 kJ/mol ergeben. Offenbar ist die Vernachlässigung des stabilisierenden Einflusses der Nachbarsegmente einer Polypeptidkette nicht zulässig, da die Bildung einer Helixsequenz durch die unmittelbare Nachbarschaft von bereits im Helixzustand vorliegenden Segmenten stark begünstigt wird. Diese Begünstigung bedeutet, daß die benachbarten Segmente einer Helixsequenz der Polypeptidkette kooperativ aus dem Helixzustand in den Knäuelzustand

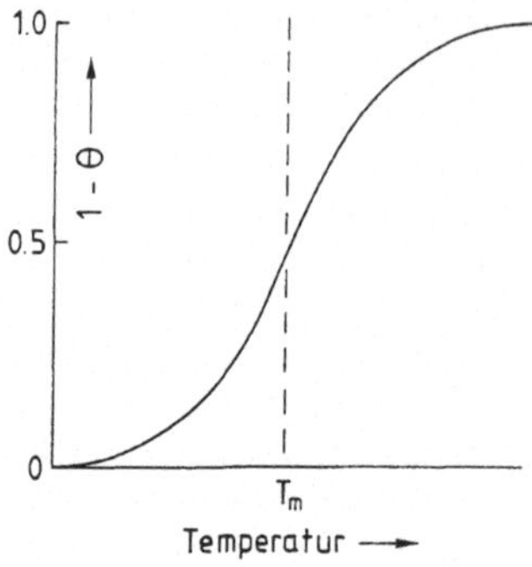



**Abb. 4.67** Temperaturverlauf des Umwandlungsgrades $1 - \Theta$ einer thermisch induzierten Helix-Knäuel-Umwandlung nach Gl. (4.24)

übergehen. Der Einfluß der Kooperativität macht sich in der ausgeprägten Steilheit der Umwandlungskurven bemerkbar.

Die kooperative Wechselwirkung benachbarter Segmente muß in der statistisch-thermodynamischen Theorie der Helix-Knäuel-Umwandlung durch Einführung zusätzlicher Massenwirkungskonstanten in ähnlicher Weise berücksichtigt werden, wie dies bereits im Abschn. 3.1.1 mit Gl. (3.8) für die kooperative Selbstaggregation von Monomeren geschehen ist. Ist s die Massenwirkungskonstante für den durch Gl. (4.18) definierten Wachstumsschritt, so stellt das Produkt $\sigma$ s mit $0 \leq \sigma \leq 1$ die Massenwirkungskonstante für den Keimbildungsschritt

$$\ldots \text{AAAAA} \ldots \rightleftharpoons \ldots \text{ABAAA} \ldots \qquad (4.25)$$

dar. Nach den Prinzipien des Massenwirkungsgesetzes sind mit der Angabe der beiden Gleichgewichtskonstanten s und $\sigma$s auch die relativen Häufigkeiten der erlaubten Nachbarschaftszustände festgelegt. Bezeichnet man die Zahl der im Helixzustand B befindlichen Segmente einer Peptidkette mit n und die Zahl der zusammenhängenden Helixsequenzen $\ldots$ BBBBB $\ldots$ mit $\nu$, so hat man z.B. zur Angabe der relativen Häufigkeit einer aus vier benachbarten B-Zuständen bestehenden Sequenz für das erste

Glied den Faktor $\sigma$s und für die restlichen drei Glieder den Faktor $s^3$ in Rechnung zu stellen. Die *Population* $P_{n,\nu}$ eines Peptidkettenzustandes mit n Segmenten im Helix-Zustand, die in $\nu$ durch Knäuel-Bereiche getrennten Helixsequenzen angeordnet sind, ist also durch

$$P_{n,\nu} = g(n, \nu)\, s^n\, \sigma^\nu \qquad (4.26)$$

mit dem Gewichtsfaktor $g(n, \nu)$ für verschiedene Realisierungsmöglichkeiten gleichwertiger Zustände gegeben. Dementsprechend berechnet sich für gegebene Werte von $\sigma$ und s die mittlere Zahl $\langle n \rangle$ der im Helixzustand befindlichen Segmente bei Vernachlässigung von Endgruppeneffekten zu

$$\langle n \rangle = \frac{\sum\limits_{n,\nu} g(n, \nu)\, n s^n\, \sigma^\nu}{\sum\limits_{n,\nu} g(n, \nu)\, s^n\, \sigma^\nu} . \qquad (4.27)$$

Der Nenner des Bruches auf der rechten Seite von Gl. (4.27) wird mit dem Symbol $Q_N$ als *Konformationsanteil der Zustandssumme* (vgl. Abschn. 5.2.6) bezeichnet, wobei der Index N die Gesamtzahl der Segmente bzw. die Kettenlänge angibt. Aus

$$Q_N = \sum\limits_{n,\nu} g(n, \nu)\, s^n\, \sigma^\nu \qquad (4.28)$$

folgt durch Differentiation nach n

$$\frac{s}{Q_N} \frac{\partial Q_N}{\partial s} = \frac{\partial \ln Q_N}{\partial \ln s}$$

$$= \frac{\sum\limits_{n,\nu} n\, g(n, \nu)\, s^n\, \sigma^\nu}{\sum\limits_{n,\nu} g(n, \nu)\, s^n\, \sigma^\nu} = \langle n \rangle . \qquad (4.29)$$

Der Helixbildungsgrad $\Theta = \langle n \rangle / N$ kann also gemäß

$$\Theta = \frac{1}{N} \frac{\partial \ln Q_N}{\partial \ln s} . \qquad (4.30)$$

berechnet werden, wenn $Q_N$ bekannt ist. Die Berechnung eines Näherungs-Ausdrucks für $Q_N$ gestaltet sich um so einfacher, je größer N ist. Es gibt verschiedene formale Ansätze zur Berechnung von $Q_N$. Die zu lösende Aufgabe entspricht weitgehend dem Problem des eindimensionalen Ferromagneten (eindimensionales Ising-Modell), bei dem benachbarte Elementarmagnete entweder in

Feldrichtung ($\uparrow$) oder gegen die Feldrichtung ($\downarrow$) orientiert sein können. Für eine einführende Darstellung von Verfahren zur Berechnung des Konformationsanteiles der Zustandssumme eignet sich am besten die von Zimm und Bragg entwickelte Matrix-Theorie des eindimensionalen Ising-Modells. Nach der Grundregel der Matrizenmultiplikation

$$C = AB = \begin{pmatrix} a_{11} & a_{12} \\ a_{21} & a_{22} \end{pmatrix} \begin{pmatrix} b_{11} & b_{12} \\ b_{21} & b_{22} \end{pmatrix}$$

$$= \begin{pmatrix} a_{11}\,b_{11} + a_{12}\,b_{21} & a_{11}\,b_{12} + a_{12}\,b_{22} \\ a_{21}\,b_{11} + a_{22}\,b_{21} & a_{21}\,b_{12} + a_{22}\,b_{22} \end{pmatrix} \tag{4.31}$$

läßt sich nämlich $Q_N$ für beliebig große Werte von N als von Null verschiedenes Element eines Matrizenproduktes der Form

$$Q_N(\sigma, s) = (1, 1) \begin{pmatrix} 1 & 1 \\ \sigma_s & s \end{pmatrix}^N \begin{pmatrix} 1 \\ 0 \end{pmatrix} \tag{4.32}$$

darstellen. Durch Anwendung von Gl. (4.31) kann man sich leicht davon überzeugen, daß so z.B. für $N = 1$ $Q_1 = 1 + \sigma s^2$ und für $N = 2$ $Q_2 = 1 + 2\sigma s + \sigma s^2$ erhalten wird. Die entscheidende Vereinfachung der Berechnung für große Werte von N besteht nun darin, daß die Matrix

$$B = \begin{pmatrix} 1 & 1 \\ \sigma s & s \end{pmatrix}$$

gemäß

$$T^{-1} B T = \begin{pmatrix} \lambda_0 & 0 \\ 0 & \lambda_1 \end{pmatrix} = \Lambda \tag{4.33}$$

in eine Diagonalmatrix transformiert werden kann, für die stets

$$\Lambda^N = \begin{pmatrix} \lambda_0^N & 0 \\ 0 & \lambda_1^N \end{pmatrix} \tag{4.34}$$

gilt. Die durch die Beziehung

$$T^{-1} T = \begin{pmatrix} 1 & 0 \\ 0 & 1 \end{pmatrix} = E \tag{4.35}$$

verknüpften Transformationsmatrizen sind

$$T = \begin{pmatrix} 1 & 1 \\ \lambda_0 - 1 & \lambda_1 - 1 \end{pmatrix} \tag{4.36}$$

und

$$T^{-1} = \frac{1}{\lambda_1 - \lambda_0} \begin{pmatrix} \lambda_1 - 1 & -1 \\ 1 - \lambda_0 & 1 \end{pmatrix}. \tag{4.37}$$

Die Matrix $E = E^N$ ist die Einheitsmatrix. Damit kann Gl. (4.32) in der Form

$$Q_N = (1, 1)\, T \Lambda^N T^{-1} \begin{pmatrix} 1 \\ 0 \end{pmatrix} \tag{4.38}$$

geschrieben werden. Das der Matrix B entsprechende Koeffizientenschema

$$\begin{array}{cc} 1 & 1 \\ \sigma s & s \end{array}$$

ist das Koeffizientenschema des Gleichungssystems

$$x + y = \lambda x$$
$$\sigma s x + s y = \lambda y, \tag{4.39}$$

das auch in der Form

$$(1 - \lambda) x + y = 0$$
$$\sigma s x + (s - \lambda) y = 0 \tag{4.40}$$

dargestellt werden kann. Aus den Gleichungen (4.40) ergibt sich die quadratische Gleichung

$$\lambda^2 - (1 + s)\lambda + (s - \sigma s) = 0 \tag{4.41}$$

mit den Lösungen

$$\lambda_0 = \tfrac{1}{2}(1 + s + [(1 - s)^2 + 4\sigma s]^{1/2}) \tag{4.42}$$

und

$$\lambda_1 = \tfrac{1}{2}(1 + s - [(1 - s)^2 + 4\sigma s]^{1/2}). \tag{4.43}$$

Folglich ist

$$\lambda_0 + \lambda_1 = 1 + s \tag{4.44}$$

$$\lambda_0 - \lambda_1 = [(1 - s)^2 + 4\sigma s]^{1/2} \tag{4.45}$$

$$\lambda_0 \lambda_1 = s - \sigma s, \tag{4.46}$$

und die Ausführung der Matrizenmultiplikation nach Gl. (4.38) ergibt

$$Q_N = \frac{\lambda_0^{N+1}(\lambda_1 - 1) - \lambda_1^{N+1}(\lambda_0 - 1)}{\lambda_1 - \lambda_0}. \tag{4.47}$$

Aus Gl. (4.42) und Gl. (4.43) ist ersichtlich, daß die Werte von $\lambda_0$ und $\lambda_1$ im Umwandlungsbereich (d.h. für $s \simeq 1$) nur wenig von 1 verschieden sein können, wobei

$$\lambda_0 > 1 > \lambda_1$$

sein muß. Deshalb kann für hinreichend große Werte von N mit guter Näherung $N + 1 \simeq N$ und

$$\lambda_0^N \gg \lambda_1^N \tag{4.48}$$

gesetzt werden. Dies gilt z. B. auch für das Poly($\gamma$-benzyl-L-glutamat) mit $N \simeq 1500$. Damit erhält man für $Q_N$ nach Gl. (4.47) den vereinfachten Ausdruck

$$Q_N \simeq \frac{\lambda_0^N(1 - \lambda_1)}{\lambda_0 - \lambda_1} \simeq \lambda_0^N \tag{4.49}$$

bzw.

$$\ln Q_N \simeq N \ln \lambda_0 . \tag{4.50}$$

Folglich ist nach Gl. (4.30)

$$\Theta \simeq \frac{\partial \ln \lambda_0}{\partial \ln s} = \frac{s}{\lambda_0} \frac{\partial \lambda_0}{\partial s} \simeq \frac{\partial \lambda_0}{\partial s}, \tag{4.51}$$

so daß aus Gl. (4.42) durch Differenzieren nach s der Ausdruck

$$\Theta = \frac{1}{2}\left( 1 + \frac{(s - 1) + 2\sigma}{[(1 - s)^2 + 4\sigma s]^{1/2})} \right) \tag{4.52}$$

erhalten wird. Die Temperaturabhängigkeit der Massenwirkungskonstante s kann nach Gl. (5.91) bzw. Gl. (5.92) durch einen Ausdruck der Form

$$s(T) = s_0 \, e^{-\frac{\Delta H}{RT^2}} \tag{4.53}$$

wiedergegeben werden. Die größe $\Delta H$ ist die auf den Wachstumsschritt bezogene wahre molare Umwandlungsenthalpie, die auch durch kalorimetrische Messungen bestimmt werden kann. Deshalb ist der Differentialquotient $d\Theta/dT$ durch

$$\frac{d\Theta}{dT} = \frac{d\Theta}{d\ln s} \frac{d\ln s}{dT} = \frac{d\Theta}{d\ln s} \frac{\Delta H}{RT^2} \tag{4.54}$$

gegeben. Speziell für $T = T_m$ bzw. $s = 1$ erhält man aus Gl. (4.52) durch Differentiation nach s mit $\sigma \ll 1$ den Ausdruck

$$\left( \frac{d\Theta}{ds} \right)_{T_m} \simeq \frac{1}{4\sqrt{\sigma}} . \tag{4.55}$$

Für $s \simeq 1$ wird deshalb auch

$$\left( \frac{d\Theta}{d\ln s} \right)_{T_m} = s\left( \frac{d\Theta}{ds} \right)_{T_m} \simeq \frac{1}{4\sqrt{\sigma}} . \tag{4.56}$$

Es kann also nach Gl. (4.54)

$$\left( \frac{d\Theta}{dT} \right)_{T_m} \simeq \frac{\Delta H}{4\sqrt{\sigma}\,RT_m^2} \tag{4.57}$$

gesetzt werden. Ein Vergleich mit Gl. (4.23) zeigt, daß offenbar

$$\Delta H_{vH} = \frac{\Delta H}{\sqrt{\sigma}} \tag{4.58}$$

sein muß. Für das Poly($\gamma$-benzyl-L-glutamat) in dem oben genannten Lösungsmittelgemisch ist $\sigma = 10^{-4}$ zu setzen. Dies bedeutet, daß die Van't Hoffsche Umwandlungsenthalpie $\Delta H_{vH}$ um einen Faktor 100 größer als die wahre molare Umwandlungsenthalpie ist. Damit ist die durch die Kooperativität des Systems bedingte ausgeprägte Steilheit der Umwandlungskurve erklärt. Aus dem Wertebereich des Kooperativitätsparameters $(0 \leq \sigma \leq 1)$ ergibt sich auch eine einfache Erklärung dafür, daß die thermisch induzierte Helix-Knäuel-Umwandlung im allgemeinen nicht als Phasenumwandlung 1. Ordnung bezeichnet werden kann. Für den Grenzfall $\sigma = 0$ gilt nach Gl. (4.57)

$$\lim_{\sigma \to 0} \left( \frac{d\Theta}{dT} \right)_{T_m} = \infty \tag{4.59}$$

d.h. die Konformationsumwandlung geht als Phasenumwandlung erster Ordnung bei einer konstanten „Schmelztemperatur" vor sich. Dieser Grenzfall ist allerdings wenig wahrscheinlich und bei Untersuchungen an Biopolymer-Lösungen noch nicht beobachtet worden. Ist dagegen $\sigma = 1$, so ist nach Gl. (4.57) $\Delta H_{vH} = \Delta H$, und die Helix-Knäuel-Umwandlung kann gemäß Gl. (4.23) thermodynamisch wie ein einfaches Isomerengleichgewicht mit zwei Zuständen A und B behandelt werden. Dieses Umwandlungsverhalten ist jedoch bei Messungen an Biopolymer-Systemen nur selten zu beobachten. Die meisten Biopolymer-Systeme weisen eine nicht zu vernachlässigende Kooperativität mit $\sigma < 0,1$ auf. Eine ausgeprägte Ähnlichkeit mit einer Phasenumwandlung erster

Ordnung zeigt sich dagegen bei Messungen an den bereits im Abschn. 3.2.3 beschriebenen Phospholipid-Doppelschicht-Systemen. Daß die Voraussetzungen für die Gültigkeit der Gleichungen (4.50) und (4.57) nur für Biopolymere mit hinreichend großer Kettenlänge erfüllt sind, zeigt die Abb. 4.68, in der der durch Messung des optischen Drehvermögens an Lösungen von Poly($\gamma$-benzyl-L-glutamat) in einer Mischung aus Dichloressigsäure und 1,2-Dichlorethan für drei verschiedene N-Werte ermittelte Temperaturverlauf des Umwandlungsgrades $\Theta$ graphisch dargestellt ist.

Nur die an einer Lösung des hochmolekularen Polypeptids mit N = 1500 gemessene Kurve zeigt die typische Steilheit einer kooperativen Konformationsumwandlung. Analog Gl. (4.29) erhält man die mittlere Zahl $\langle v \rangle$ der Helix-Sequenzen durch Differentiation von $\ln \lambda_0$ gemäß

$$\langle v \rangle = \frac{\partial \ln Q_N}{\partial \ln \sigma} \simeq N \frac{\partial \ln \lambda_0}{\partial \sigma} . \tag{4.60}$$

Speziell für $T_m$ bzw. s = 1 ergibt sich damit die einfache Beziehung

$$\langle v \rangle_{T_m} \simeq \frac{N}{2} \sigma^{1/2} . \tag{4.61}$$

Die mittlere Zahl $\langle n \rangle$ der bei der Temperatur $T_m$ im Helixzustand vorliegenden Segmente ist definitionsgemäß

$$\langle n \rangle_{T_m} = \frac{N}{2} . \tag{4.62}$$

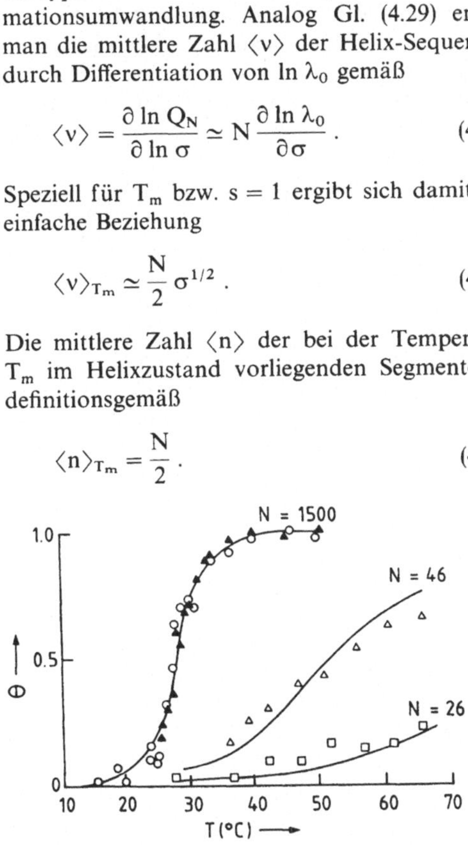

Demnach ist die Zahl der am Umwandlungspunkt kooperativ in den Knäuelzustand übergehenden Segmente durch

$$\langle n \rangle_{T_m} / \langle v \rangle_{T_m} = N_0 = \sigma^{-1/2} \tag{4.63}$$

gegeben. Die Größe $N_0$ wird als *mittlere kooperative Länge* bezeichnet. Einsetzen von $\sigma^{-1/2} = N_0$ in Gl. (4.58) ergibt

$$\Delta H_{vH} = N_0 \Delta H . \tag{4.64}$$

Bei Berücksichtigung der Kooperativität hat man also in Gl. (4.23) für $\Delta H_{vH}$ nicht die wahre molare Umwandlungsenthalpie $\Delta H$, sondern das Produkt $N_0 \Delta H$ einzusetzen, denn man hat als molare stöchiometrische Einheit für die kooperative Konformationsumwandlung nicht das einzelne Peptidsegment, sondern die durch $N_0$ gegebene Anzahl von Segmenten anzusehen. Dabei ist zu beachten, daß auch bei extrem hoher Kooperativität nur mit einer relativ geringen Steigung der Umwandlungskurve von kurzkettigen Oligomeren zu rechnen ist, da die mittlere kooperative Länge nach Gl. (4.64) nicht größer als die Sequenzlänge des Moleküls sein kann.

Normalerweise werden Proteine bei Überschreitung eines optimalen Temperaturwertes durch Erwärmen in wäßriger Lösung denaturiert. Dabei gehen auch die $\alpha$-Helix-Abschnitte der Protein-Sekundärstruktur in den Zustand eines ungeordneten Fadenknäuels über. Die Konformationsumwandlung von Poly($\gamma$-benzyl-L-glutamat) in einer Mischung aus Dichloressigsäure und 1,2-Dichlorethan stellt in dieser Hinsicht einen Sonderfall thermisch induzierter Helixbildung dar, da bei tieferen Temperaturen überwiegend solvatisierte Polypeptidmoleküle im Knäuelzustand vorliegen. Die Freisetzung der Solvensmoleküle (Dichloressigsäuremoleküle) ist also eine notwendige Voraussetzung für die Helixbildung. Dieser endotherme Prozeß wird in der Enthalpiebilanz des Gesamtvorganges durch die exotherme Rekombination von Solvensmolekülen zu Carbonsäure-Dimeren

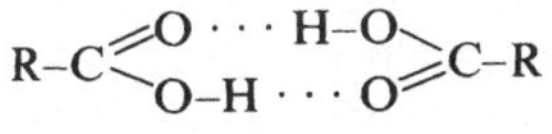

$$R-C{\overset{\displaystyle O \;\cdots\; H-O}{\underset{\displaystyle O-H \;\cdots\; O}{}}}C-R$$

und durch die exotherme $\alpha$-Helix-Bildung nicht vollständig kompensiert. Deshalb ist der Gesamt-

**Abb. 4.68** Thermisch induzierte $\alpha$-Helix-Bildung von Poly($\gamma$-benzyl-L-glutamat) in Dichloressigsäure/1,2-Dichlorethan (nach B. H. Zimm, P. Doty, K. Iso (1959))

vorgang bei Helixbildung endotherm und $d\Theta/dT > 0$. Dies äußert sich auch darin, daß die Viskosität der Lösung (vgl. Tabelle 4.9) bei Erwärmung zunimmt, was bei den meisten Flüssigkeiten nicht der Fall ist.

Bei Beschränkung auf den relativ eng begrenzten Temperaturbereich einer kooperativen Konformationsumwandlung kann die molare Umwandlugsenthalpie $\Delta H$ als ein konstanter Systemparameter angesehen werden. Da die Gesamtmolzahl $n_g$ aller Segmente vorgegeben ist, erhält man mit der differentiellen Molzahländerung $dn = -n_g\,d\Theta$ und mit dem Enthalpiezuwachs $dh = \Delta H\,dn$ den einfachen Ausdruck

$$C_u = \frac{1}{n_g}\frac{dh}{dT} = \Delta H\frac{d\Theta}{dT}, \qquad (4.65)$$

in dem $C_u$ der auf ein Mol Segment bezogene Umwandlungsanteil der im Abschn. 5.2.1 durch Gl. (5.43) definierten Wärmekapazität ist. Da die größte Steigung der Umwandlungskurve des betrachteten Modellsystems bei der Umwandlungstemperatur $T_m$ erreicht wird, erhält man bei der kalorimetrischen Messung von $C_u$ einen Temperaturverlauf der Wärmekapazität dieser Größe, der in wesentlichen Merkmalen dem in Abb. 3.16 wiedergegebenen Temperaturverlauf der Wärmekapazität einer wäßrigen Lipidvesikel-Suspension entspricht. Da die Gesamtumwandlungsenthalpie des Polypeptids nicht von der Art der bei der Zustandsänderung durchlaufenen Zwischenzustände abhängig ist, kann die wahre molare Umwandlungsenthalpie durch Ausmessen der Fläche unter der $C_u(T)$-Kurve ermittelt werden. Für $T_m$ erhält man unter Berücksichtigung der Gln. (4.57) und (4.65) die Beziehung

$$C_u(T_m) = \frac{1}{4\sigma^{1/2}}\frac{(\Delta H)^2}{RT_m^2}. \qquad (4.66)$$

Mit der exakten Registrierung des Temperaturverlaufes der Wärmekapazität einer Lösung von Biopolymeren lassen sich also die Größen $\Delta H$ und $C_u(T_m)$ bestimmen. Durch Einsetzen dieser beiden Größen in Gl. (4.66) lassen sich dann auch $\sigma$ und damit nach Gl. (4.63) $N_0$ berechnen. Der hier am Beispiel der Helix-Knäuel-Umwandlung eines Polypeptidsystems diskutierte Einfluß der

kooperativen Wechselwirkung macht sich in ähnlicher Weise auch bei der thermisch induzierten Denaturierung von Nucleinsäure-Doppelhelix-Struktursequenzen bemerkbar. Dabei ist allerdings zu beachten, daß es sich bei der Doppelhelix-Denaturierung nicht um die Konformationsänderung isoliert gelöster Makromoleküle, sondern um eine Dissoziation der Duplex-Strukturen von Poly- bzw. Oligonucleotiden handelt.

Eine Sonderstellung unter den zur Helixbildung geeigneten Polypeptiden nimmt das Polyprolin ein. Durch den Prolinring (vgl. Abb. 4.23) ist die freie Drehbarkeit um den im Abschn. 4.2.2 definierten Rotationswinkel $\varphi$ aufgehoben. Eine zusätzliche Einschränkung der Drehbarkeit um den Winkel $\psi$ (vgl. Abb. 4.40) besteht dagegen nicht. Poly(L-Prolin) kann in zwei energetisch gleichwertigen Helix-Konformationen auftreten. Ausschnitte aus Kalottenmodellen der beiden Polyprolin-Konformationen sind in Abb. 4.69 wiedergegeben.

Die Polyprolin-I-Helix ist eine rechtsgängige Helix mit einem Höhenzuwachs pro Rest von 190 pm, während die Polyprolin-II-Helix eine steile linksgängige Helix-Konformation mit 312 pm Höhenzuwachs pro Rest darstellt. Beide Konformationen sind nicht durch $C{=}O\cdots H{-}N$-Wasserstoffbrückenbindungen stabilisiert. Die Stabilität der Helix-Konformationen des Polyprolins beruht im Lösungszustand auf den sterischen Gegebenheiten und auf den Wechselwirkungen der Carbonylgruppen mit den Lösungsmittelmolekülen. In der Polyprolin-II-Konformation sind die Carbonylgruppen des Polypeptids für Lösungsmittelmoleküle besser zugänglich als in der Polyprolin-I-Konformation. Deshalb kann durch Änderung der Lösungsmittelzusammensetzung bei konstanter Temperatur eine Helix I-Helix II-Umwandlung induziert werden. So wird z.B. in einem Lösungsmittelgemisch aus Trifluorethanol und n-Butanol bei Verringerung des n-Butanol-Molenbruches bevorzugt die Helix II aus der Helix I gebildet. Der Vorgang ist umkehrbar; er kann wie die Helixbildung von Poly($\gamma$-benzyl-L-glutamat) durch Messung des optischen Drehvermögens der Lösung verfolgt werden. Eine theoretische Inter-

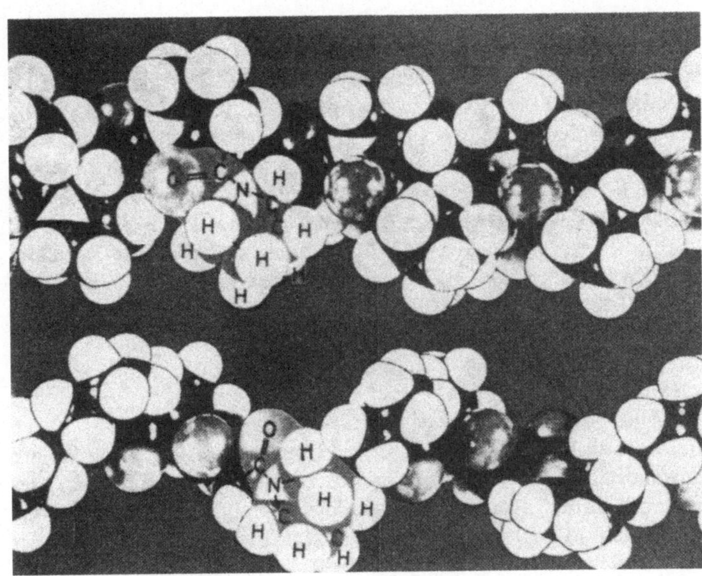

**Abb. 4.69** Kalottenmodelle der beiden Helix-Konformationen des Polyprolins; oben: Poly (L-Prolin) I; unten: Poly (L-Prolin) II (nach J. Engel, G. Schwarz (1970))

pretation der gemessenen Umwandlungskurven mit dem hier beschriebenen Formalismus der einfachen Zimm–Bragg-Theorie ist allerdings nicht möglich. Eine auch für die quantitative theoretische Analyse komplexer Konformationsgleichgewichte geeignete verallgemeinerte Theorie der Konformationsumwandlungen, auf deren Wiedergabe hier verzichtet werden muß, ist von G. Schwarz entwickelt worden (vgl. Literaturhinweis im Anhang 2).

Bei induzierten Veränderungen der Struktur von globulären Proteinen und Protein-Aggregaten hat man zwei Grenzfälle zu unterscheiden. Bei dem ersten Grenzfall handelt es sich um relativ geringfügige Verschiebungen ($< 100$ pm) der Positionen von Aminosäureresten, durch die große Veränderungen der Funktionseigenschaften bewirkt werden. Bei den meisten allosterisch geregelten Enzymsystemen (vgl. Abschn. 5.3.2) sind diese Strukturänderungen sehr klein. Den anderen Grenzfall stellt die mit einer mehr oder weniger vollständigen Auffaltung in den Knäuel-Zustand verbundene Denaturierung dar. Für die gesamte Funktion des durch Proteinbiosynthese gebildeten regenerierbaren Enzymsystems ist die Umkehrbarkeit des Denaturierungsprozesses besonders wichtig, die für mehrere gut untersuchte Enzyme eindeutig nachgewiesen worden ist. Aus dieser Faltungs- bzw. Rückfaltungsmöglichkeit der Proteinstrukturen ergibt sich die Schlußfolgerung, daß die Information über die native Struktur in der Aminosäuresequenz der Proteine enthalten ist und daß keine zusätzlichen Informationsträger für die Speicherung dieser Faltungsmuster-Information benötigt werden. Zu den Proteinen mit eingehend untersuchtem Denaturierungsgleichgewicht zählt die im Abschn. 4.2.2 beschriebene Ribonuclease. Das Denaturierungs- bzw. Renaturierungsverhalten dieses Enzyms läßt sich durch methodenunabhängige, eindeutig reproduzierbare Umwandlungskurven mit einem sehr hohen $\Delta H_{vH}$-Wert beschreiben. Dieser $\Delta H_{vH}$-Wert stimmt annähernd mit der kalorimetrisch bestimmten molaren Umwandlungsenthalpie ($\Delta H \simeq 450$ kJ/mol) der thermisch induzierten Denaturierung des Gesamtmoleküls überein. Die mittlere kooperative Länge (Gl. (4.64)) ist also ungefähr gleich der Sequenzlänge des Moleküls. Alle zur Umwandlungsenthalpie beitragenden Teilprozesse laufen also in einem kooperativ gekoppelten Alles- oder Nichts-Prozeß gemeinsam ab. Eine Bestätigung dieser Feststellung läßt sich daraus ableiten, daß mit verschiedenen Meßmethoden (UV-Absorption der aromatischen Seitenketten, Viskositätsmessung, optische Drehung) keine voneinander abweichenden Umwandlungskurven gefunden wurden, obwohl partiell strukturierte Zwischenzustände die charakteristischen Meßsignale dieser Detektionsmethoden in unterschiedlicher Weise beeinflussen.

Bei kinetischen Untersuchungen der Enzymdenaturierung mit kleinen Störungen des Gleichgewichtes hat sich allerdings gezeigt, daß oft mehrere Prozeßstufen (vgl. Absch. 3.1.1) mit größenordnungsmäßig verschiedenen Geschwindigkeitskonstanten zu beobachten sind. Der Alles- oder Nichts-Formalismus ist also auf die Faltungskinetik der meisten Proteine nicht anwendbar, da schnelle und langsame Teilprozesse in der durch die Prozeßrichtung vorgegebenen Reihenfolge nacheinander ablaufen müssen. Eine hinreichend hohe Geschwindigkeit des Gesamtprozesses wird durch die Wahl eines optimalen Faltungsweges sichergestellt. Dieser bei verschiedenen Proteinen unterschiedlich gut realisierbare Faltungsweg ist sicher als ein wichtiges Kriterium für die Evolution der Proteine anzusehen. Ein statistisches Durchprobieren aller möglichen Konformationsanordnungen kommt als Faltungsmechanismus nicht in Betracht, da dieser Vorgang sehr viel Zeit erfordern würde. Die Literatur über Methoden zur Erforschung der Protein-Faltungsprozesse und die bisher erzielten wichtigen Ergebnisse ist sehr umfangreich. Hinweise auf aktuelle Übersichtsartikel und Monographien finden sich im Anhang 2.

Bei den Desoxyribonucleinsäuren kann eine denaturierende Konformationsumwandlung durch Temperaturerhöhung, durch pH-Wert-Änderung oder durch Verringerung der Ionenstärke des Gegenions der Phosphatgruppen (vgl. Abschn. 4.2.5) induziert werden. Auch eine Änderung der Gegenionenart oder ein Zusatz bestimmter organischer Lösungsmittelkomponenten (z. B. Alkohole, Dimethylformamid etc.) kann eine Denaturierung bewirken. Die Wechselwirkung der $\pi$-Elektronen übereinander gestapelter Basen in der geordneten Doppelhelixstruktur der Polydesoxyribonucleotide verändert das $\pi$-Elektronensystem dieser hete-

rozyklischen Ringsysteme und vermindert dadurch die Übergangswahrscheinlichkeit der $\pi$-Elektronen in den angeregten Zustand. Der molare Extinktionskoeffizient einer DNA-Doppelhelix ist also niedriger als der Extinktionskoeffizient der DNA im Zustand des weitgehend ungeordneten Fadenknäuels. Deshalb kommt es bei der DNA-Denaturierung zu einer Extinktionszunahme (hyperchromer Effekt). Die in der Regel im Wellenlängenbereich maximaler UV-Extinktion bei etwa 260 nm gemessene Hyperchromizität H wird durch die Gleichung

$$H = \frac{\varepsilon_{denat}}{\varepsilon_{nativ}} - 1 \qquad (4.67)$$

definiert. In dieser Gleichung ist $\varepsilon_{denat}$ der molare Extinktionskoeffizient der Nucleotideinheit des gelösten denaturierten Polynucleotids, der sich nur wenig vom Extinktionskoeffizienten der gelösten Mononucleotide unterscheidet. Der molare Extinktionskoeffizient der nativen gelösten Polynucleotidprobe ist mit $\varepsilon_{nativ}$ bezeichnet. Die molaren Extinktionskoeffizienten sind wie üblich über den Quotienten der durchgelassenen Intensität I und der Primärintensität $I_0$ durch das Lambert-Beersche Gesetz

$$- \lg(I/I_0) = \varepsilon \cdot c \cdot d \qquad (4.68)$$

definiert, wobei d die Schichtdicke und c die Konzentration der Probe bedeutet. Der durchschnittliche H-Wert einer Mononucleotid-Lösung ist mit 0,5–0,6 etwas höher als die Hyperchromizität einer denaturierten DNA (0,3–0,4). In Abb. 4.70 sind als Beispiel einige durch Messung der UV-Extinktion bei verschiedenen Temperaturen aufgenommene Denaturierungskurven von Polydesoxyribonucleotiden mit unterschiedlichem Gehalt an komplementären Guanin-Cytosin-Einheiten wiedergegeben.

In der Doppelhelix bildet das Adenin-Thymin-Basenpaar zwei Wasserstoffbrücken, das Guanin-Cytosin-Basenpaar dagegen drei Wasserstoffbrücken aus (vgl. Abb. 1.11). Es ist daher naheliegend, anzunehmen, daß Desoxyribonucleinsäuren mit einem hohen Adenin-Thymin-Gehalt bei Erwärmung leichter denaturierbar sind als DNA-Proben mit einem hohen Guanin-Cytosin-Gehalt. Tatsächlich hat sich gezeigt, daß die $T_m$-Werte der

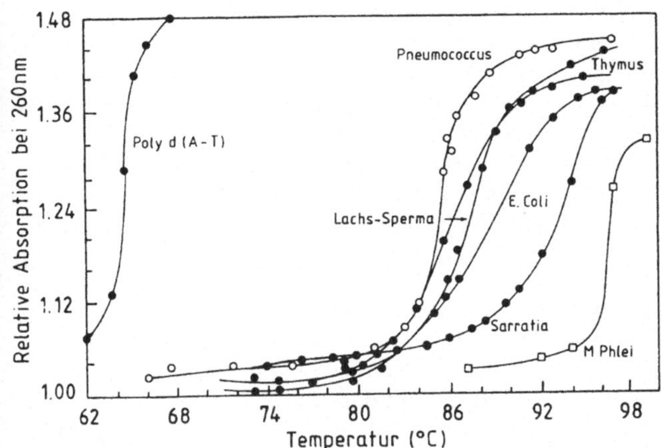



**Abb. 4.70** Änderung der UV-Extinktion bei thermisch induzierter Denaturierung verschiedener Polydesoxyribonucleotide in wäßriger Lösung

Desoxyribonucleinsäuren eine lineare Abhängigkeit von Guanin-Cytosin-Gehalt der Proben aufweisen. Für die thermisch induzierte Doppelhelix-Denaturierung in einer Lösung, die 0,15 mol/l NaCl und 0,015 mol/l Na-citrat enthält (vgl. Abb. 4.71), gilt z. B. die Beziehung

$$\vartheta_m = [69,3 + 0.41(G + C)]\,°C\,, \qquad (4.69)$$

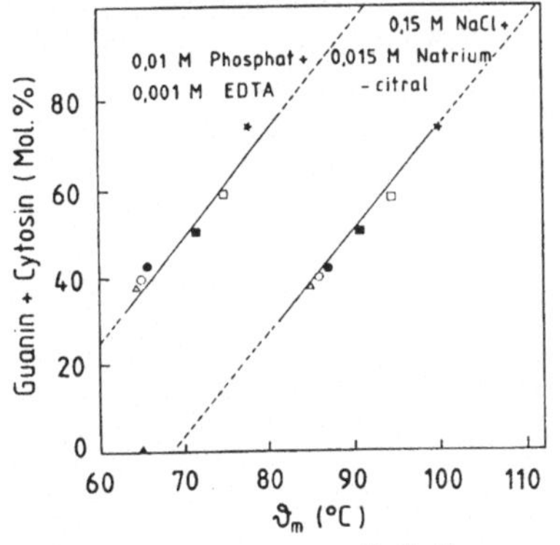



• Poly (dA - dt)
• Kalbsthymus
△ DNA aus Bacillus megaterium
■ Escherichia coli
○ Diplococcus pneumoniae
□ Sarratia marcescens
* Streptomyces virido chromogenes

**Abb. 4.71** Abhängigkeit der $\vartheta_m$-Werte von DNA-Proben unterschiedlicher Basenzusammensetzung vom Guanin-Cytosin-Gehalt. Die Werte wurden in einer 0,015 mol/l Na-citrat und 0,15 mol/l NaCl enthaltenden Lösung ermittelt

wobei (G + C) den Guanin-Cytosin-Gehalt der DNA in % angibt.

Diese von Marmur und Doty aufgefundene und durch zahlreiche Messungen bestätigte Beziehung läßt erkennen, daß die Wasserstoffbrückenbindungen der komplementären Basenpaare einen signifikanten Einfluß auf die Stabilität der DNA-Doppelhelix ausüben; sie ist außerdem von praktischem Wert für orientierende Messungen zur Ermittlung des Guanin-Cytosin-Gehaltes von Nucleinsäuren mit unbekannter Basenzusammensetzung. Exakte thermodynamische Untersuchungen des Denaturierungsverhaltens von Polydesoxyribonucleotiden haben allerdings gezeigt, daß die H-Brücken-Systeme in erster Linie für die Spezifität der Basenpaarung wichtig sind und daß die Stabilität der Doppelhelixstruktur gegen eine thermisch induzierte Denaturierung überwiegend auf die Stapel-Wechselwirkung der übereinander angeordneten Basen zurückzuführen ist. Die Konformationsumwandlung gelöster Desoxyribonucleinsäuren ist zwar im Prinzip ebenso umkehrbar wie die Helix-Knäuel-Umwandlung einfach gebauter Polypeptide und Polynucleotide. Aber die Rückbildung der Doppelhelix-Strukturen nimmt sehr viel mehr Zeit in Anspruch als die Helixbildung einfacher Modellsubstanzen. Bei schneller Abkühlung nach thermischer Denaturierung wird der ungeordnete Zustand der DNA-Moleküle „eingefroren" und die Differenz der

Extinktionswerte der abgekühlten Probe und der Lösung nativer DNA ist sehr groß. Durch sehr langsame Abkühlung kann dagegen eine weitgehende Renaturierung der Doppelhelix-Struktur erreicht werden. Die Abb. 4.72 zeigt als Beispiel eine Denaturierungskurve und zwei bei unterschiedlicher Abkühlungsgeschwindigkeit aufgenommene Renaturierungskurven einer Bakteriophagen-DNA.

Thermisch induzierte Helix-Knäuel-Übergänge werden nicht nur bei Desoxyribonucleinsäuren, sondern auch bei Ribonucleinsäuren und bei Poly- und Oligonucleotiden mit einer für die Basenpaarung geeigneten einfachen Primärstruktur beobachtet. Ein typisches Beispiel für die Helixbildung in einer Polyribonucleotidlösung bietet das System Polyriboadenylat (Poly(A))-Polyribouridylat (Poly(U)) in äquimolarem Mischungsverhältnis. Die $T_m$-Werte weisen dabei wie auch bei anderen Polynucleotidsystemen eine charakteristische Abhängigkeit vom pH-Wert und von der Ionenstärke der Lösung auf. Wegen des im Abschn. 4.2.5 erklärten Polyelektrolytcharakters der Polynucleotide werden Gegenionen zur Stabilisierung der Doppelhelix-Strukturen benötigt. In vitro haben sich neben den Ionen der Alkalimetalle auch $Co^{2+}$-, $Mn^{2+}$-, $Ni^{2+}$- und $Zn^{2+}$-Ionen als stabilisierend erwiesen. In vivo sind vor allem $Mg^{2+}$-Ionen sowie $\omega$-$NH_3^+$- und $\omega$-$NH$-$CH_2$-$(NH_2)_2^+$-Gruppen von basischen Proteinen (Histonen und Protaminen) für die Helix-Stabilisierung wichtig. Durch die positiv geladenen Gegenionen wird die elektrostatische Abstoßung der negativ geladenen Phosphatgruppen weitgehend kompensiert. Zwischen dem dekadischen Logarithmus der Ionenkonzentration $[M^+]$ und dem $\vartheta_m$-Wert besteht die Beziehung

$$\vartheta_m = A + B \log[M^+] , \qquad (4.70)$$

in der die Konstanten A und B individuelle, von der Primärstruktur des Polynucleotids und vom pH-Wert abhängige Parameter darstellen. Die Abb. 4.73 zeigt das „Zustandsdiagramm" des Systems Poly(A)-Poly(U), in dem die $\log[M^+]$-Werte als Funktion von $\vartheta_m$ dargestellt sind. Eine Besonderheit dieses Diagramms besteht darin, daß bei höheren Werten von $\log[M^+]$ eine Aufspaltung des normalerweise durch zwei Zustandsgebiete charakterisierten Zustandsfeldes in drei Zustandsbereiche auftritt. Dies ist darauf zurückzuführen, daß in einem begrenzten Temperaturbereich bei gegebenem pH-Wert und geeigneter Ionenstärke der Lösung auch die in Abb. 4.51 skizzierte Poly(A)·2 Poly(U)-Tripelhelix-Anordnung bevorzugt gebildet wird. Bei hohen Ionenstärken der Gegenionen führt also die Erwärmung der Lösung zunächst zu einer Dis-

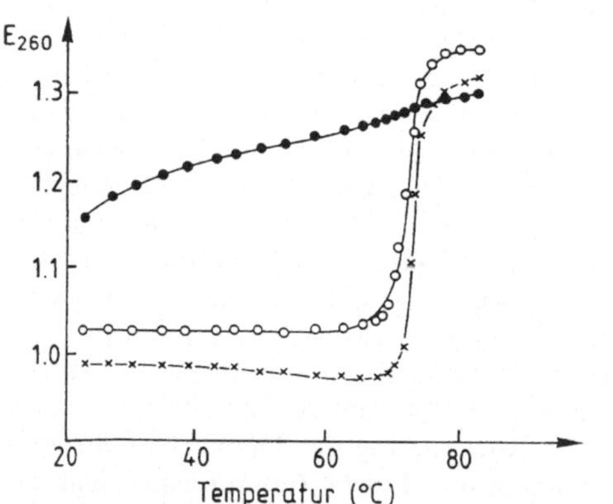


**Abb. 4.72** Bei 260 nm gemessene Extinktion einer Lösung von DNA aus T2-Bakteriophagen als Funktion der Temperatur. x: Denaturierung durch Erwärmung; •: schnelle Abkühlung; ○: sehr langsame Abkühlung (weitgehende Renaturierung)

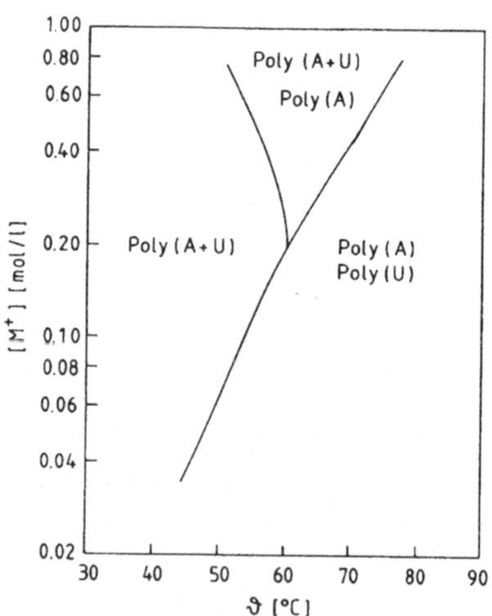


**Abb. 4.73** Zustandsdiagramm des Polyribonucleotidsystems Poly (A)/(U)

proportionierung nach dem Schema

$$2 \, \text{Poly}(A + U) \rightleftharpoons \text{Poly}(A + 2U)$$

$$+ \, \text{Poly}(A) \, , \qquad (4.71)$$

so daß erst bei weiterer Temperaturerhöhung der Übergang aus dem Tripelhelixzustand in den ungeordneten Knäuelzustand nach dem Schema

$$\text{Poly}(A + 2U) \rightleftharpoons \text{Poly}(A) + 2\text{Poly}(U) \quad (4.72)$$

erfolgen kann. Das nach Gl. (4.71) gebildete einsträngige Polyriboadenylat bildet abschnittweise eine mit chiroptischen Methoden nachweisbare Helixstruktur, die bei weiterer Erwärmung der Lösung ebenfalls in den ungeordneten Knäuelzustand übergeführt wird.

Die relative Stabilität der Helix-Strukturen von Polynucleotiden gegen thermische Denaturierung hängt nicht nur von der Art der komplementären Basenpaare, sondern auch von der Nachbarschaftswechselwirkung der in der Primärstruktur aufeinander folgenden Nucleotidreste ab. Deshalb besteht ein enger Zusammenhang zwischen der Nucleotidsequenz und der Sekundärstruktur von Ribonucleinsäuren. Zur Aufklärung dieses Zusammenhanges sind zahlreiche kinetische und thermodynamische Messungen an Lösungen von Ribo-Oligonucleotiden mit definierter Sequenz durchgeführt worden. Die Denaturierungskurven der Oligonucleotide verlaufen im Umwandlungsbereich auch bei hoher Kooperativität weniger steil als die Denaturierungskurven der Polynucleotide, weil die mittlere kooperative Länge nicht größer als die in diesem Falle auf wenige Nucleotidreste beschränkte Sequenzlänge sein kann. Aus der exakten statistisch-thermodynamischen Auswertung der Oligonucleotid-Umwandlungskurven konnten trotz der geringen Steilheit dieser Kurven relative Stabilitätsinkremente für die Sekundärstrukturen von Nucleotidsequenzen mit unterschiedlicher Basenfolge abgeleitet werden. Mit einem geeigneten Satz dieser Stabilitätsinkremente konnte z.B. für die im Abschn. 4.2.2 erwähnten Viroide durch Auswertung exakt gemessener Umwandlungskurven eine weitgehend zutreffende Aussage über die Sekundärstruktur dieser Ribonucleinsäuren gemacht werden. Hinweise auf weiterführende Literatur zur Proble-

matik der Konformationsumwandlungen von Biopolymeren in wäßriger Lösung finden sich im Anhang 2.

### 4.2.5 Biopolymere als Polyelektrolyte

Als Polyelektrolyte bezeichnet man Salze (bzw. Säuren oder Basen), bei denen eine Ionensorte makromolekular ist. Führt man z.B. in die Kettenglieder einer unverzweigten hochmolekularen organischen Verbindung Carboxyl-Gruppen als ionogene Gruppen ein, so erhält man eine hochmolekulare Säure, die einen Polyelektrolyten darstellt. Ein Polyelektrolytmolekül kann hunderte oder tausende von dissoziationsfähigen Gruppen enthalten. Wenn eine hinreichend große Zahl hydrophiler Gruppen in dem Makromolekül vorhanden ist, unterscheidet sich das lineare Polymere in seiner Wasserlöslichkeit nicht wesentlich von monomolekularen schwachen Säuren oder Basen. Bemerkenswert ist jedoch die Tatsache, daß man die interionische Wechselwirkung im Bereich eines Polyelektrolytmoleküls nicht durch Verdünnen der Lösung beliebig herabsetzen kann, da die Ladung tragenden Gruppen am Makromolekül fixiert sind. Am Polyelektrolytmolekül sind auch bei extremer Verdünnung stets lokale Bereiche hoher Ladungsdichte vorhanden. Der elektrostatische Beitrag zur freien Enthalpie der Elektrolylösung (vgl. Abschn. 1.2.5, Gl. (1.176)) hängt bei Polyelektrolyten auch von der Gestalt des Polymer-Ions ab. Für neutrale Hochpolymere läßt sich die wahrscheinlichste (geknäuelte) Gestalt statistisch berechnen (vgl. Abschn. 2.1.4, Gl. (2.37)). Es ist jedoch einleuchtend, daß die an einem Polymer-Ion fixierten Ladungen gleichen Vorzeichens durch ihre gegenseitige Abstoßung eine mehr gestreckte Molekülgestalt begünstigen. Dieser Streckungseffekt wird allerdings durch die diffuse Ionenatmosphäre der Gegenionen und der zugesetzten Fremdionen wieder abgeschwächt.

Zu den Polyelektrolyten zählen die Proteine, die Nucleinsäuren, die Ionenaustauscher und zahlreiche andere, auch technisch wichtige Polymere. Die bei Proteinen als Allosterie und bei Nucleinsäuren als Konformationstransition bezeichneten dynamischen Molekülzustände werden in starkem Maße durch bioelektrochemische Prinzipien kontrolliert. Dabei kommt dem Einfluß des Ionenmilieus und der elektrostatischen Wechselwirkung mit bestimmten biologisch aktiven Liganden eine besondere Bedeutung zu.

Die Säure-Basen-Eigenschaften globulärer Proteine werden in Abhängigkeit von der jeweiligen Aminosäuresequenz durch die ionisierbaren Seitengruppen der Aminosäurereste bestimmt. In der Tabelle 4.10 sind als Beispiel die aus den bei verschiedenen Temperaturen aufgenommenen Titrationskurven ermittelten ionisierbaren Gruppen der Ribonuclease (vgl. Abb. 4.35) zusammengestellt. Die ionisierbaren Gruppen befinden sich überwiegend an der Oberfläche des gefalteten Moleküls, während die unpolaren Gruppen nach innen gerichtet sind. Nur der pK'-Wert des Histidins liegt im biologischen Bereich. Die Histidin-Seitenkette erfüllt damit eine intrazelluläre Pufferfunktion. Aus der Gesamtheit der angegebenen pK'-Werte resultiert der isoelektrische Punkt IP (vgl. Abschn. 1.2.5, Gl. (1.213)). Die isoelektrischen Punkte von Proteinen werden durch Liganden und Neutralsalze verändert, was bei der Ionenaustauschchromatographie, bei elektrophoretischen Trennungen und bei der Diskussion der Löslichkeit und der Aussalzeffekte zu berücksichtigen ist.

Die Löslichkeit von Proteinen ändert sich mit der Temperatur, mit dem pH-Wert, mit der Dielektrizitätskonstante des Lösungsmediums und mit der durch Gl. (1.157) definierten Ionenstärke; sie erreicht bei pH-Änderung ein Minmum am isoelektrischen Punkt. Bei pH-Werten oberhalb und unterhalb des isoelektrischen Punktes tragen alle Molekülgruppen des Polyelektrolyten gleichartige Ladungen, die Aggregationen verhindern und so die Löslichkeit erhöhen. Mit steigender Ionenstärke durchläuft die Löslichkeit vieler Proteine einen Maximalwert und erreicht bei hoher Ionenkonzentration niedrige Werte bis zum Aussalzeffekt, wobei mehrwertige Ionen besonders wirkungsvoll sind. Eine durch Zusatz organischer Lösungsmittel herbeigeführte Erniedrigung der Dielektrizitätskonstante verstärkt elektrostatische Wechselwirkungen und begünstigt damit die Protein-Aggregation.

Bei der Wechselwirkung eines Polyelektrolyten mit den Gegenionen tritt ein spezieller Ladungskompensationseffekt auf, durch den sich diese Wechselwirkung von der im Abschn. 1.2.5 diskutierten interionischen Wechselwirkung in einem System monomolekularer oder atomarer Ionen unterscheidet. Die aus der äquidistanten Verknüpfung gleichartiger Ladungszentren resultierende Überlappung zahlreicher Coulomb-Felder bewirkt den Aufbau einer Gegenionenzone, durch die ein Großteil der Polyelektrolytionenladung kompensiert wird. Da der kompensierte Ladungsbruchteil nicht von der Ionenstärke der Lösung abhängig ist, wird dieser Kompensationseffekt als *Gegenionenkondensation* bezeichnet. Es ist naheliegend, anzunehmen, daß die kondensierten Gegenionen direkt in stöchiometrischem Verhältnis an die gegensinnig geladenen Gruppen des Polyelektrolyten gebunden werden. Mit Kernspin-Relaxationsexperimenten und mit den Methoden der Relaxationskinetik konnte jedoch gezeigt werden, daß die an DNA kondensierten Alkali- und Erdalkalimetall-Ionen nicht

**Tabelle 4.10** Ionisierbare Gruppen der Ribonuclease

| Gruppe | Anzahl nach Primärstruktur | Anzahl nach Titrationskurve | $pK' = pH - \lg \dfrac{[A^-]}{[HA]}$ |
|---|---|---|---|
| α-COOH | 1 | } 11 | |
| COOH (Glu, Asp) | 10 | | |
| Imidazol (His) | 4 | } 5 | 6,5 |
| α-Amino | 1 | | 7,8 |
| Phenol. OH (Tyr) | 6 | } 16 | 9,95 |
| ε-Amino (Lys) | 10 | | 10,2 |
| Guanidyl (Arg) | 4 | 4 | 12 |

dehydratisiert sind und daß die $Na^+$-Ionen in der Kondensationszone ihre Beweglichkeit nahezu uneingeschränkt beibehalten. Diese „kondensierten" Gegenionen werden deshalb auch als „delokalisiert" bezeichnet. Der Kondensationseffekt selbst konnte durch Messungen der Linienbreite von $^{23}Na$-NMR-Signalen an DNA-Lösungen nachgewiesen werden. Manning hat gezeigt, daß sich der durch Gegenionenkondensation kompensierte Ladungsbruchteil $\Theta_M$ als Funktion des dimensionslosen Parameters

$$\xi = \frac{e^2}{b\varepsilon kT} \tag{4.73}$$

darstellen läßt. Die Größe b in Gl. (4.73) ist der mittlere Abstand zweier benachbarter Ladungseinheiten in der Polyelektrolytstruktur. ($\varepsilon$ = Dielektrizitätskonstante des Mediums, k = Boltzmann-Konstante, e = Elementarladung). Das Manning-Modell beruht auf folgenden vereinfachenden Voraussetzungen:

1. Das Polyelektrolytmolekül wird als lineare Anordnung äquidistanter Ladungen mit dem Ladungsabstand b betrachtet.
2. Wechselwirkungen zwischen den Polyelektrolytionen werden vernachlässigt.
3. Die Dielektrizitätskonstante $\varepsilon$ soll die Dielektrizitätskonstante des reinen Lösungsmittels sein.
4. Eine zur Erniedrigung des Parameters $\xi$ auf den Wert 1 ausreichende Menge von Gegenionen muß am Polyion in den „kondensierten" Zustand übergegangen sein (Begründung s.u.).
5. Die Wechselwirkung mit den nicht kondensierten Gegenionen kann mit der Debye–Hückel-Näherung berücksichtigt werden.

Ist $\rho$ der Abstand von der linearen Ladungsanordnung, so ist die elektrostatische Energie $u_{ip}$ eines als Punktladung zu betrachtenden beweglichen Ions der Wertigkeit $z_i$ als Coulomb-Wechselwirkungsenergie für ein zylindersymmetrisches Problem ohne Abschirmung durch

$$u_{ip}(\rho) = -\frac{2z_i z_p e^2}{b\varepsilon} \ln \rho \tag{4.74}$$

gegeben. Der auf diese elektrostatische Energie zurückzuführende Beitrag zum Zustandsintegral,

das bei kontinuierlicher Energieverteilung anstelle der im Abschn. 5.2.6 definierten Zustandssumme zu berechnen ist, ist durch

$$A_i(\rho_0) = f(\rho_0) \int_0^{\rho_0} e^{-\frac{u_{ip}(\rho)}{kT}} 2\pi\rho \, d\rho \tag{4.75}$$

gegeben. Dieses Zustandsintegral bezieht sich auf einen Bereich, in dem sich das bewegliche Ion innerhalb eines Abstandes $\rho_0$ von der Ladungslinie befindet, während sich alle anderen Ionen bei größeren Abständen aufhalten und damit den Faktor $f(\rho_0)$ beitragen. Mit $e^{c \ln x} = (e^{\ln x})^c = x^c$ und

$$\frac{u_{ip}}{kT} = -2z_i z_p \frac{e^2}{\varepsilon \, bk \, T} \ln \rho$$

$$= -2z_i z_p \xi \ln \rho \tag{4.76}$$

läßt sich Gl. (4.75.) auch in der Form

$$A_i(\rho_0) = 2\pi f(\rho_0) \int_0^{\rho_0} \rho^{(1 + 2z_i z_p \xi)} d\rho \tag{4.77}$$

darstellen. Da $z_i z_p < 0$ ist, wird ein endlicher Wert des Integrals in Gl. (4.77) nur erhalten, wenn $\xi$ kleiner oder höchstens gleich 1 ist ($\int_0^{\rho_0} \rho^{-1} d\rho = \ln \rho_0 - \ln 0; \ln 0 \to -\infty$). Physikalisch bedeutet dies, daß das System instabil wird, wenn der Parameter $\xi$ den kritischen Wert 1 überschreitet. Zur Einstellung eines stabilen Zustandes muß die Ladung der ionischen Gruppen des Polyelektrolyten durch Gegenionenkondensation soweit kompensiert werden, daß der effektive Wert des Parameters $\xi$ auf den kritischen Wert 1 zurückgeführt wird. Damit ist die Begründung für die vorstehend genannte Voraussetzung 4. gegeben. Die „Kondensationsbedingung" lautet also

$$\xi \geq 1 \, . \tag{4.78}$$

Der durch Gegenionenkompensation kompensierte Polyelektrolyt-Ladungsbruchteil muß also einen Gleichgewichtswert $\Theta_M$ annehmen. Dieser Gleichgewichtswert ergibt sich nach Berechnung der durch die elektrostatische Wechselwirkung und die molekularen Vermischungsprozesse bedingten Beiträge zur molaren freien Enthalpie aus der im Abschn. 5.2.2 erläuterten thermodynamischen Gleichgewichtsbedingung $\Delta G = 0$. Zur Berechnung des auf ein Mol Phosphat bezogenen elektrostatischen Anteils $G_{el}$ der molaren freien Enthalpie kann man von der im Abschn. 1.2.5 hergeleiteten Gleichung (1.168) ausgehen. Mit $\varkappa = \dfrac{1}{\beta}$ nimmt diese Gleichung bei Vernachlässigung des Kontaktabstandes a für einwertige Ionen die Form

$$\varphi(r) = \frac{e}{\varepsilon\,r}\, e^{-\varkappa r} \qquad (4.79)$$

an. Für das elektrostatische Potential an einem durch die Angabe des Vektors $\vec{r}$ bestimmten Punkt in der Umgebung einer Anordnung von z Ladungseinheiten gilt entsprechend

$$\phi(\vec{r}) = \sum_{j=1}^{z} \frac{e}{\varepsilon\,|\vec{r} - \vec{r}_j|}\, e^{-\varkappa|\vec{r} - \vec{r}_j|}\,. \qquad (4.80)$$

Der elektrostatische Beitrag $g_{el}$ zur freien Enthalpie ist dann mit $|\vec{r}_k - \vec{r}_j| = r_{jk}$ als Aufladearbeit des Systems zu berechnen gemäß

$$g_{el} = \sum_{k=1}^{z} \int_0^e \frac{e}{\varepsilon}\, de \sum_{j \neq k}^{z} \frac{1}{r_{jk}}\, e^{-\varkappa r_{jk}}$$

$$= \frac{e^2}{2\varepsilon} \sum_{k=1}^{z} \sum_{j \neq k}^{z} \frac{1}{r_{jk}}\, e^{-\varkappa r_{jk}}\,. \qquad (4.81)$$

Für die Restladung der Ladungseinheiten des durch Gegenionenkondensation partiell kompensierten Polyelektrolytionen-Systems hat man in Gl. (4.81) den Faktor $e^2(1 - \Theta_M)^2$ anstelle von $e^2$ einzusetzen. Nach Multiplikation mit $N_L$ und Division durch die Zahl z der ladungstragenden Phosphatgruppen erhält man damit die auf ein Mol Phosphat bezogene elektrostatische freie Enthalpie zu

$$G_{el} = \frac{N_L}{z}\, \frac{e^2(1 - \Theta_M)^2}{\varepsilon}$$

$$\times \sum_{k=1}^{z} \sum_{j \neq k}^{z} \frac{1}{2b\,|k - j|}\, e^{-\varkappa b\,|k - j|}\,, \qquad (4.82)$$

wobei unter Beachtung der Summationsvorschrift $b\,|k - j|$ für $r_{jk}$ eingesetzt ist. Für große Werte von z (d.h. für langkettige Polyelektrolytionen) läßt sich die Doppelsumme in Gl. (4.82) umformen

zu $-zb^{-1}\ln(1 - e^{-\varkappa b})$, so daß diese Gleichung mit $e^2/b\varepsilon = \xi kT$ nach Gl. (4.73) und mit $N_L\,kT = RT$ in der Form

$$G_{el} = -RT\xi(1 - \Theta_M)^2 \ln(1 - e^{-\varkappa b}) \qquad (4.83)$$

geschrieben werden kann.

Die Bildung der Gegenionen-Kondensationszone stellt einen Mischungsprozeß dar. Deshalb muß neben $G_{el}$ auch die für die Gegenionenkondensation in Rechnung zu stellende Mischungs- bzw. Konzentrationsänderungsarbeit als Beitrag zur molaren freien Enthalpie des Polyelektrolytsystems berücksichtigt werden. Die thermodynamischen Gesetzmäßigkeiten der reversiblen Mischungs- und Verdünnungsprozesse sind im Abschn. 5.2.1 ausführlich beschrieben und diskutiert (vgl. z.B. Gl. (5.58) und Gl. (5.80)). Da sich die kondensierten Gegenionen in ihrer Wechselwirkung mit dem Lösungsmittel nicht von den Gegenionen in der diffusen Ionenatmosphäre unterscheiden, hat man für den von $\Theta_M$ abhängigen Beitrag zur molaren freien Enthalpie nur den Term

$$g_M = RT\,n_{kond} \ln\left(\frac{c_{kond}}{c_{Lösg}}\right) \qquad (4.84)$$

anzusetzen, wobei mit $n_{kond}$ die Molzahl der kondensierten Gegenionen und mit $c_{kond}/c_{Lösg}$ das Verhältnis der Konzentration der kondensierten Gegenionen zur Konzentration der Gegenionen in der umgebenden Lösung angegeben ist. Für ein Mol Phosphat ist $n_{kond} = \Theta_M$ und $c_{Lösg} = c_i$ zu setzen. Bezeichnet man das in $cm^3$/mol Phosphat angegebene Volumen der Kondensationszone mit $V_p$, so ist $c_{kond} = 10^3\,\Theta_M/V_p$, und man erhält für den auf ein Mol Phosphat bezogenen Beitrag zur molaren freien Enthalpie den Ausdruck

$$G_M = RT\Theta_M \ln \frac{10^3\,\Theta_M}{V_p c_i}\,. \qquad (4.85)$$

Nach der thermodynamischen Gleichgewichtsbedingung $dg = 0$ (vgl. Abschn. 5.2.1) ergibt sich die Bestimmungsgleichung für den Gleichgewichtswert von $\Theta_M$ aus der Beziehung

$$\frac{\partial}{\partial \Theta_M}\left(\frac{G_M + G_{el}}{RT}\right) = 0\,. \qquad (4.86)$$

Es muß also

$$\frac{\partial}{\partial \Theta_M} \left\{ \Theta_M \ln \frac{10^3 \, \Theta_M}{V_p c_i} - (1 - \Theta_M)^2 \, \xi \ln (1 - e^{-\varkappa b}) \right\} = 0 \qquad (4.87)$$

sein. Differenzieren ergibt

$$1 + \ln \frac{10^3 \, \Theta_M}{V_p c_i}$$

$$= -2\xi(1 - \Theta_M)\ln(1 - e^{-\varkappa b}) \, . \qquad (4.88)$$

Nach Gl. (1.160) ist

$$\varkappa^2 = \frac{1}{\beta^2} = \frac{8\pi N_L e^2}{\varepsilon kT} \, I \qquad (4.89)$$

mit

$$I = \frac{1}{2} \sum_i z_i^2 c_i \, . \qquad (1.157)$$

Es besteht also Proportionalität zwischen $\varkappa^2$ und $c_i$. Deshalb kann für den Grenzfall idealer Verdünnung gemäß ($e^{-x} \simeq 1 - x$ bzw. $e^{-\varkappa b} \simeq 1 - \varkappa b$)

$$-2 \ln(1 - e^{-\varkappa b}) = \ln \frac{1}{\varkappa^2 b^2} = \ln \frac{1}{c_i} + C \qquad (4.90)$$

gesetzt werden, und Gl. (4.88) läßt sich in der Form

$$1 + \ln \frac{10^3 \, \Theta_M}{V_p} - \ln c_i = -\xi(1 - \Theta_M)\ln c_i$$

$$+ \, \xi(1 - \Theta_M) C \qquad (4.91)$$

darstellen. Da diese Gleichung für beliebige Werte von $c_i$ erfüllt sein muß, kann sie nur gelten, wenn

$$\ln c_i = \xi(1 - \Theta_M)\ln c_i \qquad (4.92)$$

ist. Damit ergibt sich für den Gleichgewichtswert $\Theta_M$ die einfache Beziehung

$$\Theta_M = 1 - \xi^{-1} \, . \qquad (4.93)$$

Für mehrwertige Ionen mit der Wertigkeit M gilt entsprechend

$$M\Theta_M = 1 - (M\xi)^{-1} \, . \qquad (4.94)$$

Für die B-DNA-Doppelhelix ergibt sich nach Gl. (4.73) der $\xi$-Wert 4,2, da der Quotient $e^2/\varepsilon kT$ für wäßrige Lösungen mit einer Temperatur von 25 °C den Wert 714 pm hat und zwei Phosphatgruppen einem Basenpaar-Abstand von 340 pm zuzuordnen sind (b = 170 pm). Damit ergibt sich nach Gl. (4.93) der berechnete $\Theta_M$-Wert zu 0,76. Dieser Wert stimmt mit dem durch $^{23}$Na-NMR-Messungen ermittelten $\Theta_M$-Wert (0,75 $\pm$ 0,1) sehr gut überein.

Mit $(1 - \Theta_M)^2 = \xi^{-2}$ und mit $1 - e^{-\varkappa b} \simeq \varkappa b$ läßt sich Gl. (4.83) als Grenzgesetz für verdünnte Lösungen auch in der Form

$$G_{el} = -RT\xi^{-1} \ln \varkappa b \qquad (4.95)$$

darstellen. Mit dieser Gleichung läßt sich eine Beziehung ableiten, aus der sich die in Abb. 4.73 wiedergegebene Abhängigkeit der $\vartheta_m$-Werte vom Logarithmus der Ionenkonzentration [M$^+$] ergibt. Im Abschn. 4.2.4 ist bereits darauf hingewiesen worden, daß die Helix-Knäuel-Umwandlung nicht isoliert als ein auf die Biopolymer-Moleküle beschränkter Prozeß betrachtet werden kann, da die Stabilität der Helix-Strukturen sehr stark durch die Wechselwirkung mit assoziierten Liganden bzw. Gegenionen beeinflußt wird. Der Einfluß der unterschiedlichen Wechselwirkung von Liganden mit Biopolymer-Molekülen im Helix- und im Knäuel-Zustand zeigt sich besonders deutlich am Beispiel der endothermen Helixbildung von Poly($\gamma$-benzyl-L-glutamat) in einem Lösungsmittelgemisch aus Dichloressigsäure und 1,2-Dichlorethan (vgl. Abb. 4.68). Auch die verschiedenen Konformationszustände der Polynucleotid-Moleküle unterscheiden sich in der Stärke der Wechselwirkung mit den Gegenionen des Lösungsmittelsystems. Aus dem mit optischen Methoden ermittelten Helixbildungsgrad läßt sich eine experimentell bestimmte Gleichgewichtskonstante $K_{exp}$ berechnen. Bezeichnet man die Konzentration der Nucleotideinheiten im Doppelhelix-Zustand mit [D] und die Konzentrationen der Nucleotidsegmente beider Einzelstränge im Knäuel-Zustand mit [S$_1$] bzw. [S$_2$], so ist $K_{exp}$ durch die Gleichung

$$K_{exp} = \frac{[D]}{[S_1] \cdot [S_2]} \qquad (4.96)$$

definiert, da durch die experimentelle Bestimmung des Helixbildungsgrades nur die Zustandsänderung der Polynucleotid-Moleküle erfaßt wird. Tatsächlich vollzieht sich aber die Helixbildung unter Umsatz einer Molzahl $\Delta n$ von Gegenionen $M^+$, die zusätzlich in die Kondensationszone der Doppelhelix aufgenommen werden, so daß sich der Gesamtvorgang eines Wachstumsschrittes durch die Gleichung

$$S_1 + S_2 + \Delta n M^+ \rightleftharpoons D \qquad (4.97)$$

beschreiben läßt. Die auf den Standard-Zustand (vgl. Abschn. 5.2.1) der Polynucleotid-Moleküle mit der komplementären Gesamtheit ihrer kondensierten Gegenionen bezogene Gleichgewichtskonstante $K_c'$ ergibt sich somit aus der Gleichung

$$K_c' = \frac{[D']}{[S_1'] \cdot [S_2'] \cdot [M^+]^{\Delta n}} \,. \qquad (4.98)$$

Der Unterschied zwischen $K_{exp}$ und $K_c'$ beruht auf zwei zusätzlichen Beiträgen zur Änderung der molaren freien Enthalpie, die als $\Delta G_{M^+}$ und $\Delta G_{el}$ zu bezeichnen sind. $\Delta G_{M^+}$ ist der für die Aufnahme von Gegenionen bei der Helixbildung in Rechnung zu stellende $\Delta G$-Wert. $\Delta G_{el}$ berücksichtigt den Unterschied zwischen dem Doppelstrang und den beiden Einzelsträngen bezüglich der durch die Ionenatmosphäre bewirkten elektrostatischen Abschirmung. Betrachtet sei ein Doppelhelixabschnitt mit z Phosphatgruppen, so daß die Molzahl der kondensierten bzw. gebundenen Gegenionen durch $z(1 - \xi_D^{-1})$ für die Doppelhelix und durch $z(1 - \xi_s^{-1})$ für die Einzelstränge gegeben ist. Dann ist

$$\Delta n = z(1 - \xi_D^{-1}) - z(1 - \xi_s^{-1})$$
$$= z(\xi_s^{-1} - \xi_D^{-1}) \,. \qquad (4.99)$$

Nach den im Abschn. 5.2.2 erläuterten Prinzipien der Gleichgewichtsthermodynamik (vgl. z.B. Gl. (5.118)) ist der durch die Aufnahme einer Gegenionen-Molzahl $\Delta n$ bedingte Betrag zur Änderung der molaren freien Enthalpie als

$$\Delta G_{M^+} = - RT \, \Delta n \, \ln [M^+] \qquad (4.100)$$

anzusetzen. Mit $\Delta n$ nach Gl. (4.99) ist also

$$\frac{\Delta G_{M^+}}{RT} = - z(\xi_s^{-1} - \xi_D^{-1}) \ln [M^+] \,, \qquad (4.101)$$

und nach Gl. (4.95) ist

$$\frac{\Delta G_{el}}{RT} = - z(\xi_D^{-1} \ln \varkappa b_D - \xi_s^{-1} \ln \varkappa b_s) \,. \qquad (4.102)$$

Für einwertige Ionen und $T = 298$ K erhält man nach Gl. (1.160) die Beziehung

$$\varkappa = 0{,}33 \, [M^+]^{1/2} \,, \qquad (4.103)$$

mit der Gl. (4.102) in der Form

$$\frac{\Delta G_{el}}{RT} = - \frac{z}{2} (\xi_D^{-1} - \xi_s^{-1}) \ln [M^+]$$
$$- z(\xi_D^{-1} \ln 0{,}33 \, b_D - \xi_s^{-1} \ln 0{,}33 \, b_s)$$
$$(4.104)$$

dargestellt werden kann. Nach Gl. (5.117) gilt nun

$$\ln K_{exp} - \ln K_c' = \frac{\Delta G_{M^+}}{RT} + \frac{\Delta G_{el}}{RT} \,, \qquad (4.105)$$

woraus sich mit Gl. (4.101) und Gl. (4.104) die Beziehung

$$\ln K_{exp} = \ln K_c' - \frac{z}{2} (\xi_s^{-1} - \xi_D^{-1}) \ln [M^+]$$
$$- z(\xi_D^{-1} \ln 0{,}33 b_D - \xi_s^{-1} \ln 0{,}33 \, b_s)$$
$$(4.106)$$

ergibt.

Die gesuchte Gleichung, mit der die Abhängigkeit der $T_m$-Werte von $\ln [M^+]$ beschrieben werden kann, erhält man nun dadurch, daß man in die der Gl. (5.92) entsprechende Beziehung

$$\frac{\partial \ln K_{exp}}{\partial T_m} = \frac{\partial \ln K_{exp}}{\partial \ln [M^+]} \frac{\partial \ln [M^+]}{\partial T_m}$$
$$= \frac{\Delta H}{RT_m^2} \qquad (4.107)$$

den sich aus Gl. (4.106) ergebenden Differentialquotienten

$$\frac{\partial \ln K_{exp}}{\partial \ln [M^+]} = - \frac{z}{2} (\xi_s^{-1} - \xi_D^{-1})$$
$$= - \frac{\Delta n}{2} \qquad (4.108)$$

einsetzt. Damit ergibt sich für ein Mol Phosphat ein Ausdruck der Form

$$\frac{\partial T_m}{\partial \ln [M^+]} = - \frac{\xi_S^{-1} - \xi_D^{-1}}{2} \frac{RT_m^2}{\Delta H_p}, \qquad (4.109)$$

in dem $\Delta H_p$ die auf ein Mol Phosphat bezogene Umwandlungsenthalpie darstellt. Setzt man als untere Integrationsgrenze eine vorgegebene Ionenkonzentration $[M^+]_0$ bzw. die dieser Konzentration zugeordnete Umwandlungstemperatur $T_{m_0}$ fest, so ist das bestimmte Integral durch die Gleichung

$$\frac{1}{T_m} - \frac{1}{T_{m_0}} = \frac{R(\xi_S^{-1} - \xi_D^{-1})}{2\Delta H_P} \ln [M^+]$$

$$- \frac{R(\xi_S^{-1} - \xi_D^{-1})}{2\Delta H_P} \ln [M^+]_0 \qquad (4.110)$$

gegeben. Diese Gleichung beschreibt die lineare Abhängigkeit des Quotienten $1/T_m$ von $\ln [M^+]$. Aus der Gleichung

$$\frac{1}{T_m} - \frac{1}{T_{m_0}} = \frac{T_{m_0} - T_m}{T_{m_0} T_m} \qquad (4.111)$$

ist jedoch ersichtlich, daß für den bei wäßrigen Lösungen in Betracht zu ziehenden relativ eng begrenzten Wertebereich der $T_m$-Werte näherungsweise auch mit einer linearen Abhängigkeit dieser Werte von $\ln [M^+]$ gemäß Gl. (4.70) gerechnet werden kann. Die $\xi$-Werte können z.T. nach Gl. (4.73) berechnet werden, wenn die Abstandsgröße b mit strukturanalytischen Methoden bestimmt worden ist. Dies gilt z.B. für Poly (A + U) ($\xi_{AU}^{-1} = 0{,}22$) und für Poly(A + 2U) ($\xi_{AU_2}^{-} = 0{,}15$). Für weniger geordnete Strukturen (z.B. für Poly(U) und für Poly(A) in wäßriger Lösung) müssen die $\xi$-Werte indirekt durch Berechnung aus anderen physikalisch-chemischen Meßgrößen ermittelt werden ($\xi_U^{-1} = 0{,}61$; $\xi_A^{-1} = 0{,}46$). Der im Vergleich zu $\xi_U^{-1}$ relativ niedrige Wert von $\xi_A^{-1}$ ist darauf zurückzuführen, daß Poly(A) im gelösten Zustand z.T. noch Abschnitte mit einer kompakteren Einzelstrang-Helixkonformation enthält, während Poly(U) im weitgehend ungeordneten Knäuelzustand vorliegt.

Für das Konformationsgleichgewicht

$$Poly(A) + Poly(U) \rightleftharpoons Poly(A + U) \qquad (4.112)$$

erhält man mit den genannten Werten nach dem Ansatz

$$\xi_S^{-1} - \xi_D^{-1} = \Delta \xi^{-1}$$

$$= \tfrac{1}{2}\xi_A^{-1} + \tfrac{1}{2}\xi_U^{-1} - \xi_{AU}^{-1} \qquad (4.113)$$

einen auf ein Mol Phosphat bezogenen $\Delta \xi^{-1}$-Wert von 0,3. Für das Gleichgewicht

$$Poly(A + 2U) + Poly(A) \rightleftharpoons 2\,Poly(A + U) \qquad (4.114)$$

wird dagegen mit einem analogen Rechenansatz $\Delta \xi^{-1} = -0{,}1$ erhalten. Damit ist nach Gl. (4.109) eine Erklärung für die aus Abb. 4.73 ersichtliche unterschiedliche Abhängigkeit der $T_m$-Werte von $\ln [M^+]$ bei den durch Gl. (4.112) und Gl. (4.114) beschriebenen Konformationsumwandlungen gegeben. Die zur Berechnung von $\partial T_m/\partial \ln [M^+]$ benötigten $\Delta H_P$-Werte sind durch kalorimetrische Messungen ermittelt worden (vgl. Abschn. 4.2.4). Für die Doppelhelixbildung nach Gl. (4.112) berechnet sich $\partial T_m/\partial \ln [M^+]$ mit $RT_m^2/\Delta H_P = -55\,K$ zu 8,25 K, während für das durch Gl. (4.114) beschriebene Gleichgewicht mit $RT_m^2/\Delta H_P = -230\,K$ der Differentialquotient $\partial T_m/\partial \ln [M^+] = -11{,}5\,K$ erhalten wird. Mit diesen Steigungswerten wird die Steigung der in Abb. 4.73 eingezeichneten Kurven im wesentlichen richtig wiedergegeben.

Die Polyelektrolyteigenschaften der Proteine und Nucleinsäuren bilden die Grundlage wichtiger elektrophoretischer Trennverfahren, die auf der Wanderung der Polyelektrolyt-Ionen im elektrischen Felde beruhen. Bei der elektrophoretischen Wanderung bewegt sich die Gegenionenatmosphäre in der zur Wanderungsrichtung der Polyelektrolyt-Ionen entgegengesetzten Richtung. Dadurch kommt es zu einer zusätzlichen hydrodynamischen Bremsung der Polyelektrolyt-Ionen, deren Wanderungsgeschwindigkeit auch von der Teilchenform abhängt. Bezüglich der im Detail recht komplizierten Elektrophorese-Theorie muß hier auf die im Anhang 2 angegebene Literatur verwiesen werden. Für den Fall, daß die durch Gl. (3.48) definierte Debye-Länge $1_D$ kleiner als der kleinste Krümmungsradius des Teilchens ist, liefert diese Theorie jedoch eine einfache Beziehung für den Zusammenhang zwischen $1_D$, der Wanderungsgeschwindigkeit $\vec{v}$, dem Viskositätskoeffizienten $\eta$, und der Feldstärke E in Form der Gleichung

$$|\vec{v}| = \frac{\sigma_E \, l_D}{\eta} \, |\vec{E}| \, . \tag{4.115}$$

Der Proportionalitätsfaktor $\sigma_E$ ist die „elektrophoretisch wirksame Ladungsdichte" auf der Teilchenoberfläche. Die Wanderungsgeschwindigkeit wächst mit der Debye-Länge, weil die zusätzliche hydrodynamische Bremsung bei eng anliegender Ionenwolke (d.h. bei kleinem $l_D$-Wert) groß wird. Im Vergleich zur Eigenladungsdichte des Teilchens ist $\sigma_E$ verkleinert, da ein Teil der Gegenionen bei der Wanderung des Teilchens in einer anhaftenden Flüssigkeitsschicht mitgeführt wird.

Nach den Gesetzen der Elektrostatik gilt für den Zusammenhang zwischen der Oberflächenladungsdichte $\sigma$ und dem elektrischen Potentialgefälle $d\varphi/dx$ in unmittelbarer Nähe der Grenzfläche die Beziehung

$$\sigma = -\gamma \left( \frac{d\varphi}{dx} \right)_{x=0} , \tag{4.116}$$

wobei der Proportionalitätsfaktor von der Dielektrizitätskonstante $\varepsilon$ und von der zur Berechnung verwendeten Ladungseinheit abhängt. Der Potentialverlauf im Grenzflächenbereich ist in Abb. 4.74 schematisch dargestellt.

Mit

$$\varphi(x) = \varphi_0 \, e^{-x/l_D} \tag{3.48}$$

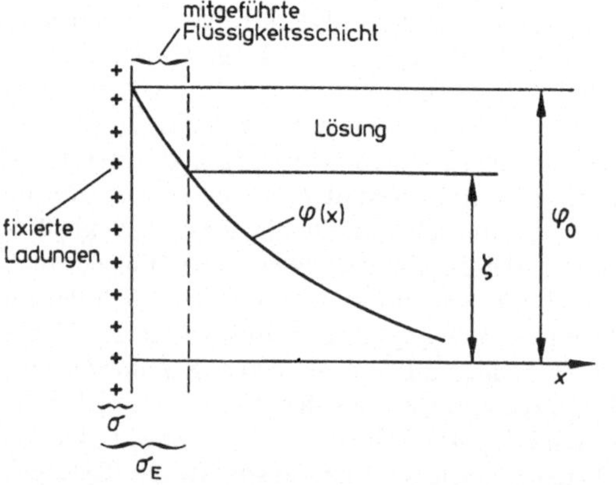


**Abb. 4.74** Potentialverlauf im Grenzflächenbereich eines Polyelektrolyt-Ions (schematisch)

ergibt sich aus Gl. (4.116) die Gleichung

$$\sigma = \frac{\gamma}{l_D} (\varphi_0 \, e^{-x/l_D})_{x=0} = \frac{\gamma \varphi_0}{l_D} \tag{4.117}$$

bzw.

$$\varphi_0 = \frac{\sigma \, l_D}{\gamma} \, . \tag{4.118}$$

Unter Berücksichtigung des durch die mitgeführten Gegenionen bewirkten Abschwächungseffektes definiert man das durch Abb. 4.74 erklärte Zeta-Potential $\zeta$ durch die zu Gl. (4.118) analoge Beziehung

$$\zeta = \frac{\sigma_E \, l_D}{\gamma} \, . \tag{4.119}$$

Damit läßt sich Gl. (4.115) in der Form

$$|\vec{v}| = \frac{\gamma \zeta}{\eta} \, |\vec{E}| \tag{4.120}$$

darstellen. Mit Gl. (4.120) ist eine Meßvorschrift für die Bestimmung des Zeta-Potentials gegeben.

Das wichtigste Anwendungsgebiet elektrophoretischer Methoden besteht in der Trennung und analytischen Charakterisierung von Protein-Untereinheiten und von Nucleinsäurefragmenten. Dabei kommt der heute in fast allen Bereichen der biochemischen Forschung angewendeten Gel-Elektrophorese eine besondere Bedeutung zu. Die Gel-Elektrophorese ist ein essentieller methodischer Bestandteil der im Abschn. 4.2.2 beschriebenen Sequenzierungsverfahren. Auch die als *isoelektrische Fokussierung* bezeichnete Elektrophorese in einem unter Verwendung bestimmter Polymer-Elektrolyte von unterschiedlichem pK-Wert aufgebauten pH-Gradienten ist eine wichtige Methode der Proteinchemie. Durch Messungen der elektrophoretischen Wanderungsgeschwindigkeit können auch die Zelloberflächen ganzer Zellen charakterisiert werden. Hierzu wird die Zellwanderung im elektrischen Feld einer Mikroelektrophoresekammer direkt mit dem Mikroskop beobachtet. Hinweise auf die umfangreiche Spezialliteratur zu den zahlreichen Varianten der verschiedenen Elektrophoreseverfahren finden sich im Anhang 2.

### 4.2.6 Die Bindung kleiner Moleküle an Biopolymere

Der Wechselwirkung von Biopolymeren mit Ligandenmolekülen von relativ niedrigem Molekulargewicht kommt im Ablauf biologischer Prozesse eine zentrale Bedeutung zu. Es gibt nur wenige physiologisch wichtige Vorgänge, die ohne Beteiligung dieser Biopolymer-Liganden-Wechselwirkung ablaufen. Das bekannteste Beispiel für eine Protein-Liganden-Wechselwirkung ist die im Abschn. 5.3.2 ausführlich erläuterte En-

wichten nicht nur für die Diskussion des Ligandenbindungsverhaltens von Biopolymeren, sondern auch für das Verständnis der Protonierungsgleichgewichte von einfach gebauten amphoteren Elektrolyten und aliphatischen Dicarbonsäuren von Belang ist.

Als erstes Beispiel sollen hier die im Abschn. 1.2.5 kurz diskutierten Protonierungsgleichgewichte des Glycins im Detail betrachtet werden. In wäßriger Lösung liegen die Glycin-Moleküle in vier verschiedenen Protonierungszuständen vor. Diese Zustände sind in dem Schema

$$
\begin{array}{ccc}
H_3^+NCH_2COOH & \underset{}{\overset{k_1}{\rightleftharpoons}} & H_3^+NCH_2COO^- + H^+ \\[1mm]
\big\updownarrow k_2 & & \big\updownarrow k_4 \\[1mm]
H_2NCH_2COOH + H^+ & \overset{k_3}{\rightleftharpoons} & H_2NCH_2COO^- + 2H^+
\end{array}
\tag{4.121}
$$

zym-Substrat-Wechselwirkung. Als weitere Beispiele seien hier die Wechselwirkung von Hormonen oder Neurotransmittern mit Rezeptoren, die Wechselwirkung zwischen Transportproteinen und den zu transportierenden Ionen oder Molekülen, die allosterische Endprodukthemmung biochemischer Reaktionsabläufe und die im vorangehenden Abschnitt erwähnte Wechselwirkung zwischen Proteinen und Gegenionen genannt. Auch die im Zusammenhang mit den Polyelektrolyteigenschaften der Nucleinsäuren ausführlich diskutierte Gegenionenkondensation stellt eine spezielle Erscheinungsform der Biopolymer-Liganden-Wechselwirkung dar.

Da alle Biopolymer-Moleküle über mehrere Liganden-Bindungsplätze bzw. über mehrere dissoziationsfähige Gruppen verfügen, ist die Unterscheidung zwischen *mikroskopischen* und *makroskopischen* Gleichgewichten wichtig. Der Begriff des mikroskopischen Gleichgewichtes bezieht sich auf den individuellen Bindungsprozeß an einer speziellen funktionellen Gruppe des Makromoleküls, während durch die Angabe der Massenwirkungskonstanten des makroskopischen Gleichgewichtes der mit einfachen experimentellen Methoden zu charakterisierende Gesamtvorgang erfaßt wird. Die Begriffsbildung soll hier mit zwei einfachen Beispielen erläutert werden. Diese Beispiele zeigen, daß die Unterscheidung zwischen makroskopischen und mikroskopischen Gleichge-

zu einem Gleichgewichtssystem zusammengefaßt. Die Konstanten $k_1$, $k_2$, $k_3$ und $k_4$ sind die mikroskopischen Gleichgewichtskonstanten. Die in der Tabelle 4.3 angegebenen pK'-Werte 2,35 und 9,6 (vgl. Abb. 1.31) beziehen sich auf die Gesamt-Vorgänge

$$GH_2^+ \rightleftharpoons GH + H^+ \tag{4.122}$$

und

$$GH \rightleftharpoons G^- + H^+, \tag{4.123}$$

wobei die Konzentrationen durch

$$[GH_2^+] = [^+H_3NCH_2COOH], \tag{4.124}$$

$$[GH] = [^+H_3NCH_2COO^-] \\ + [H_2NCH_2COOH] \tag{4.125}$$

und

$$[G^-] = [H_2NCH_2COO^-] \tag{4.126}$$

gegeben sind. Die *makroskopischen* Gleichgewichtskonstanten sind demnach durch die Gleichungen

$$
K_1' = \frac{([^+H_3NCH_2COO^-] + [H_2NCH_2COOH])[H^+]}{[^+H_3NCH_2COOH]}
$$

$$= k_1 + k_2 \tag{4.127}$$

und

$$K_2' = $$

$$\frac{[H_2NCH_2COO^-][H^+]}{[^+H_3NCH_2COO^-] + [H_2NCH_2COOH]}$$

$$= \frac{1}{k_3 + k_4} \qquad (4.128)$$

definiert. Nach dem im Abschn. 5.3.1 erläuterten Prinzip der detaillierten Balance sind die mikroskopischen Gleichgewichtskonstanten des Systems durch die Beziehung

$$k_1 k_3 = k_2 k_4 \qquad (4.129)$$

miteinander verknüpft. Unter der Annahme, daß $pk_2$ mit dem bekannten pK-Wert 7,7 für die Dissoziation von Glycin-Methylester $^+H_3NCH_2COOCH_3$ gleichgesetzt werden kann, lassen sich die übrigen pk-Werte aus $pK_1'$ und $pK_2'$ zu $pk_1 = 2,35$, $pk_3 = 9,6$ und $pk_4 = 4,3$ berechnen. Nach dem Schema der Abbildung 1.31 verläuft der Übergang vom Zustand $^+H_3NCH_2COOH$ in den Zustand $H_2NCH_2COO^-$ überwiegend über den Zwischenzustand $^+H_3NCH_2COO^-$. Dies ergibt sich auch aus einem Größenvergleich der berechneten pk-Werte, da mit guter Näherung $pk_1 = pK_1'$ und $pk_3 = pK_2'$ zu setzen ist.

Das zweite Beispiel bietet die Dissoziation einer langkettigen aliphatischen Dicarbonsäure, deren Carboxylgruppen weit von einander entfernt sind und sich deshalb energetisch nicht beeinflussen. Bei der detaillierten Betrachtung dieses Systems sind die vier Protonierungsgleichgewichte

$$A + H^+ \rightleftharpoons AH^+ , \qquad (4.130)$$

$$H^+ + A \rightleftharpoons {}^+HA , \qquad (4.131)$$

$$H^+ + AH^+ \rightleftharpoons {}^+HAH^+ \qquad (4.132)$$

und

$$^+HA + H^+ \rightleftharpoons {}^+HAH^+ \qquad (4.133)$$

zu berücksichtigen. Mit der unterschiedlichen Anordnung der Buchstabensymbole wird zum Ausdruck gebracht, daß die Protonierung an den beiden Carboxylgruppen in unterschiedlicher Reihenfolge ablaufen kann. Die *mikroskopische*

Gleichgewichtskonstante k hat voraussetzungsgemäß bei fehlender energetischer Wechselwirkung der Carboxylgruppen den gleichen Wert für alle durch die Gleichungen (4.130) bis (4.133) beschriebenen Gleichgewichte. Die *makroskopischen* Gleichgewichte lassen sich für dieses Beispiel durch die Gleichungen

$$A + H^+ \rightleftharpoons A(H^+)_1 \qquad (4.134)$$

und

$$A(H^+)_1 + H^+ \rightleftharpoons A(H^+)_2 \qquad (4.135)$$

beschreiben. Dabei sind die Konzentrationen durch

$$[A] = [A] , \qquad (4.136)$$

$$[A(H^+)_1] = [^+HA] + [AH^+] \qquad (4.137)$$

und

$$[A(H^+)_2] = [^+HAH^+] \qquad (4.138)$$

gegeben. Dementsprechend sind die makroskopischen Gleichgewichtskonstanten mit $[^+HA] = [AH^+]$ durch die Gleichungen

$$K_1 = \frac{[A][H^+]}{2[AH^+]} = \frac{k}{2} \qquad (4.139)$$

und

$$K_2 = \frac{2[AH^+][H^+]}{[^+HAH^+]} = 2k \qquad (4.140)$$

definiert. Es gilt also die Beziehung

$$K_2 = 4K_1 , \qquad (4.141)$$

obwohl die mikroskopische Gleichgewichtskonstante k für alle Teilschritte den gleichen Wert hat. Auf diesen bei der Diskussion des Dissoziationsverhaltens von Dicarbonsäuren zu beachtenden statistischen Effekt ist bereits im Abschn. 1.2.5 hingewiesen worden.

Bei der Bindung von Liganden-Molekülen an Biopolymere, die mit einer großen Zahl von Bindungsplätzen ausgestattet sind, kommt es zu einer Überlagerung zahlreicher mikroskopischer Gleichgewichte. In diesem Falle müssen alle experimentellen Untersuchungsmethoden zur Charakterisierung von Bindungsgleichgewichten als indirekte Verfahren bezeichnet werden, da man nicht feststellen kann, welche Liganden an bestimmte Bindungsplätze im Sinne unterscheidbarer Bindungspositionen gebunden werden. Meßbar ist in den meisten Fällen der Bruchteil aller Liganden-Moleküle, der an die Bindungsplätze der Makromoleküle gebunden ist. Grundsätzlich lassen sich zwei Klassen von Meßverfahren unterscheiden. Zur ersten Klasse zählen die Methoden zur Bestimmung des gebundenen Anteils der Gesamtligandenmenge. Die zweite Klasse umfaßt die Methoden, mit denen der relative Besetzungsgrad aller verfügbaren Bindungsplätze eines Biopolymer-Moleküls ermittelt werden kann.

Ein Beispiel für eine der ersten Kategorie zuzurechnende Methode bietet die *Gleichgewichtsdialyse*, mit der sich die Konzentrationen der freien und der gebundenen Liganden bestimmen lassen. Diese Methode, bei deren Anwendung die Dialyse der Liganden-Moleküle aus einem Außenmedium in eine durch eine semipermeable Membran abgegrenzte Biopolymer-Lösung bis zur Gleichgewichtseinstellung verfolgt wird, beruht darauf, daß jeder Gesamtmengenüberschuß der Ligandensubstanz in der Polymer-Lösung als Evidenz für die Ligandenbindung anzusehen ist. Bezeichnet man den Bereich der Polymerlösung mit I und den davon durch die semipermeable Wand abgetrennten Bereich der reinen Ligandenlösung mit II, so gilt für die mit dem Index 2 gekennzeichneten Liganden nach der im Abschn. 5.2.2 erklärten Gleichgewichtsbedingung (5.111) der chemischen Potentiale bei hinreichender Verdünnung die Beziehung

$$\mu_{2,\,I}^{0} + RT \ln c_{2,\,I} = \mu_{2,\,II}^{0} + RT \ln c_{2,\,II} \qquad (4.142)$$

für die nicht gebundenen Liganden-Moleküle. Da der sehr geringfügige Unterschied der Standardpotentiale $\mu_{2,\,I}^{0}$ und $\mu_{2,\,II}^{0}$ in diesem Falle vernachlässigt werden kann, läßt sich Gl. (4.142) auch in der Form

$$\ln c_{2,\,I} = \ln c_{2,\,II} \qquad (4.143)$$

oder in der noch einfacheren Form

$$c_{2,\,I} = c_{2,\,II} \qquad (4.144)$$

darstellen. Ermittelt man nun durch chemische Analyse die Gesamtkonzentration $c_{2,\,I,\,T}$ der Li-

gandenmoleküle in der Polymer-Lösung, so ergibt sich das Konzentrationsäquivalent $c_{2,\,B}$ der gebundenen Ligandenmoleküle zu

$$c_{2,\,B} = c_{2,\,I,\,T} - c_{2,\,II} \,. \qquad (4.145)$$

Bezeichnet man nun die Gesamtkonzentration der Biopolymer-Moleküle mit $c_{P,\,T}$, so kann die mittlere Zahl $\bar{v}$ der an ein Makromolekül gebundenen Ligandenmoleküle gemäß

$$\bar{v} = \frac{c_{2,\,B}}{c_{P,\,T}} \qquad (4.146)$$

berechnet werden. Wenn die Messungen bis zu einer hinreichend hohen Konzentration, bei der sich die Sättigungsbelegung der Bindungsplätze einstellt, fortgesetzt werden können, erreicht $\bar{v}$ einen oberen Grenzwert n. Dieser Grenzwert gibt die Zahl der Bindungsplätze eines Makromoleküls an. Allerdings läßt sich der Sättigungswert n aus einem einfachen Diagramm, in dem $\bar{v}$ gegen $c_2$ aufgetragen ist, nicht in allen Fällen gut ableiten. Andere Darstellungsformen des Bindungsdiagrammes, die im folgenden noch zu erläutern sind, eignen sich besser zur Ermittlung von n. Die Gleichgewichtsdialyse ist mit viel Zeit- und Arbeitsaufwand verbunden; sie erfordert in vielen Fällen den Einsatz großer Substanzmengen. Varianten dieses Verfahrens, bei denen die Methode der Gelfiltration angewendet werden kann, sind vorgeschlagen worden; sie haben sich jedoch bis jetzt noch nicht als exakte Meßmethoden erwiesen.

Ein ganz anderes Meßprinzip, das oft bei Bindungsstudien zur Anwendung kommt, beruht auf dem Nachweis der Veränderung einer meßbaren physikalischen Eigenschaft des Makromoleküls oder des Liganden-Moleküls, die bei der Bindung eintritt. Als Beispiel sei hier die Änderung der Lichtabsorption des Hämoglobins bei der Beladung mit Sauerstoff genannt. Das Absorptionsspektrum des Oxyhämoglobins unterscheidet sich vom Absorptionsspektrum des nicht mit Sauerstoff beladenen Hämoglobins. Das auf dieser Veränderung beruhende Meßverfahren bietet ein Beispiel für eine Meßmethode der zweiten Kategorie. Wenn eine lineare Beziehung zwischen der gemessenen Eigenschaftsänderung $\Delta X$ und dem Bindungsgrad $\Theta$ besteht, kann man den Zusammenhang zwischen $\Delta X$ und $\bar{v}$ in einer Gleichung der Form

$$\frac{\Delta X}{(\Delta X)_T} = \frac{\bar{v}}{n} = \Theta \qquad (4.147)$$

darstellen, wobei $(\Delta X)_T$ die Gesamt-Eigenschaftsänderung bei Sättigungsbelegung angibt. Obwohl dieses Meßprinzip mit einer Vielzahl verschiedener Methoden (z.B. Lichtabsorption, Fluoreszenz, Kernresonanz usw.) realisiert werden kann, müssen auch bei dieser Methode einige Einschränkungen und Nachteile in Kauf genommen werden. Diese Einschränkungen der Anwendbarkeit des Meßverfahrens sollen hier kurz erwähnt und diskutiert werden.

Die erste Einschränkung besteht darin, daß die Meßgrößenänderung $\Delta X$ linear von $\bar{v}$ abhängen und für alle Bindungsplätze gleich groß sein muß. Wenn diese Bedingung nicht erfüllt ist, muß zumindest der genaue Zusammenhang zwischen $\Delta X$ und $\bar{v}$ bekannt sein. Oft unterscheiden sich verschiedene Bindungsplätze bei Belegung in ihrem Beitrag zu $\Delta X$. In einigen Spezialfällen stellt sich nur bei einer Untergruppe aller verfügbaren Bindungsplätze ein meßbarer Effekt ein. In diesem Falle kann allerdings durch Vergleich mit Ergebnissen der Gleichgewichtsdialyse zwischen verschiedenen Arten von Bindungsplätzen unterschieden werden.

Die zweite Einschränkung besteht darin, daß in den meisten Fällen nur der besetzte Bruchteil der Bindungsplätze und nicht die Gesamtzahl der Bindungsplätze ermittelt werden kann. Ein besonderer Fall liegt allerdings bei sehr starker Bindung vor. Dann ist für die Einstellung der Sättigungsbedingung das Abknicken einer Geraden im Bindungsdiagramm zu beobachten. Ist die Bindung weniger stark, so wird eine gekrümmte Kurve, aus der n nicht zu entnehmen ist, erhalten. Wenn die Gesamtplatzzahl n durch unabhängige Messungen ermittelt worden ist, kann das Konzentrationsäquivalent $c_{2,B}$ aus dem gemessenen $\bar{v}$-Wert gemäß $c_{2,B} = \bar{v}c_{P,T}$ berechnet werden. Damit ist dann auch die Konzentration der nicht gebundenen Ligandenmoleküle als Differenz zwischen der Gesamt-Ligandenkonzentration $c_{2,T}$ und dem Konzentrationsäquivalent $c_{2,B}$ berechenbar, und es können Bindungskonstanten und Details der

Bindungsmechanismen angegeben werden. Zu beachten ist noch, daß die Konzentration der nicht gebundenen Liganden-Moleküle bei sehr starker Bindung im Wertebereich unterhalb der Sättigungsgrenze eine unmeßbar kleine Größe ist. Deshalb lassen sich in diesem Falle keine numerischen Werte von Bindungskonstanten angeben.

Aussagen über Details der Bindungsmechanismen sind in der Regel nur möglich, wenn die Wechselwirkung zwischen einem Biopolymer-Molekül und den Liganden-Molekülen durch eine aus einem eindeutig definierten Modellansatz abgeleitete Gleichung beschrieben werden kann. Aus dieser Gleichung ergibt sich in einfachen Fällen ein Bindungsdiagramm, dem die Zahl n der belegbaren Bindungsplätze und die Bindungs- bzw. Dissoziationskonstanten zu entnehmen sind. Bei der Diskussion von Ligandenbindungsmodellen ist zu beachten, daß die Bindung eines Liganden an einer Bindungsstelle durch die Bindung eines gleichwertigen Liganden-Moleküls an einer anderen Bindungsstelle des gleichen Makromoleküls im Sinne einer kooperativen Wechselwirkung beeinflußt werden kann und daß Bindungskonstanten für verschiedene Liganden unterschiedliche Werte annehmen können. Die Ableitung der Bindungsgleichungen für einige wichtige Beispiele von Bindungsmodellen unterschiedlicher Komplexität soll hier kurz erläutert werden.

Der einfachste Fall eines Bindungsgleichgewichtes liegt vor, wenn an jedes Biopolymer-Molekül M nur ein Liganden-Molekül L gebunden werden kann. Wie bei der Dissoziation eines schwachen Elektrolyten ist die Dissoziationskonstante in diesem Falle durch die Gleichung

$$K = \frac{[M][L]}{[ML]} \qquad (4.148)$$

definiert. Für die Bindungs- oder Assoziationskonstante gilt entsprechend

$$K = \frac{[ML]}{[M][L]} = \frac{1}{K} \cdot \qquad (4.149)$$

Für den Bruchteil $\bar{v}$ der belegten Bindungsplätze ergibt sich aus Gl. (4.148) mit

$$\bar{v} = \frac{[ML]}{[M] + [ML]} \qquad (4.150)$$

die einfache Beziehung

$$\bar{v} = \frac{[L]/K}{1 + [L]/K} \, . \tag{4.151}$$

Für eine graphische Auswertung eignet sich die aus Gl. (4.151) durch Umformung erhaltene Gleichung

$$\frac{\bar{v}}{[L]} = \frac{1}{K} - \frac{\bar{v}}{K} \, . \tag{4.152}$$

Trägt man in einem Diagramm den Quotienten $\bar{v}/[L]$ gegen $\bar{v}$ auf, so erhält man bei Gültigkeit von Gl. (4.152) eine Gerade, aus deren Ordinatenabschnitt der Wert von $1/K$ entnommen werden kann.

Sind an einem Makromolekül n gleichwertige und voneinander unabhängige Bindungsplätze zu belegen, so hat die mikroskopische Bindungskonstante $k^{-1}$ für jeden Bindungsvorgang den gleichen Wert. Für das Gleichgewicht der Bildung belegter Plätze B durch Wechselwirkung der Liganden-Moleküle L mit den freien Plätzen F gilt das Massenwirkungsgesetz

$$\frac{[B]}{[F][L]} = \frac{1}{k} \, . \tag{4.153}$$

Für den relativen Belegungsgrad des i-ten Bindungsplatzes

$$\Theta_i = \frac{[B]}{[F] + [B]} \tag{4.154}$$

ergibt sich aus Gl. (4.153) gemäß

$$[B] = [F][L]/k \tag{4.155}$$

die Beziehung

$$\Theta_i = \frac{[L]/k}{1 + [L]/k} \, , \tag{4.156}$$

und man erhält durch Summation über alle i gemäß

$$\bar{v} = \sum_{i=1}^{n} \Theta_i = n\Theta_i \tag{4.157}$$

die Gleichung

$$\bar{v} = \frac{n[L]/k}{1 + [L]/k} \, . \tag{4.158}$$

Gl. (4.158) läßt sich auch in der für eine graphische Auswertung geeigneten Form

$$\frac{\bar{v}}{[L]} = \frac{n}{k} - \frac{\bar{v}}{k} \tag{4.159}$$

darstellen. Dieser Beziehung entspricht das in Abb. 4.75 wiedergegebene Diagramm, aus dem die Bindungsparameter k und n entnommen werden können. Dieses Diagramm wird als Scatchard-Bindungsdiagramm bezeichnet. Ein linearer Zusammenhang zwischen $\bar{v}$ und dem Quotienten $\bar{v}/[L]$ wird nur erhalten, wenn keine kooperative Interaktion zwischen den gleichartigen Bindungsplätzen der untersuchten Biopolymer-Moleküle zur Wirkung kommt.

Befinden sich an den untersuchten Biopolymer-Molekülen mehrere Gruppen von jeweils $n_i$ Bindungsplätzen mit mikroskopischen Dissoziationskonstanten $k_i$, so läßt sich das Bindungsgleichgewicht durch die zu Gl. (4.158) analoge Beziehung

$$\bar{v} = \sum_i \frac{n_i[L]/k_i}{1 + [L]/k_i} \tag{4.160}$$

beschreiben. Die graphische Darstellung der Funktion $\bar{v}/[L](\bar{v})$ ist in diesem Falle keine Gerade, sondern eine Kurve, deren Krümmung sich aus der unterschiedlichen Größe der jeweiligen Parameter $k_i$ bzw. $n_i$ ergibt. Ein relativ einfaches Näherungsverfahren zur Ermittlung der Bin-

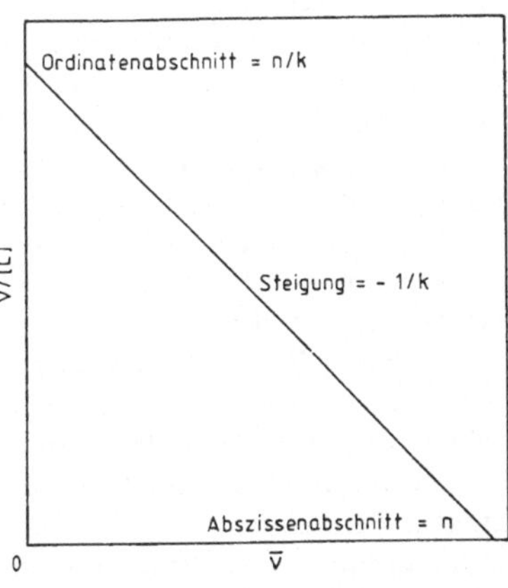


**Abb. 4.75** Scatchard-Bindungsdiagramm für ein Biopolymer-System mit n unabhängigen gleichartigen Bindungsplätzen

dungsparameter läßt sich noch durchführen, wenn die Summe in Gl. (4.160) nur zwei Terme enthält, so daß diese Gleichung in der Form

$$\frac{\bar{v}}{[L]} = \frac{n_1/k_1}{1 + [L]/k_1} + \frac{n_2/k_2}{1 + [L]/k_2} \qquad (4.161)$$

darstellbar ist. Für den Grenzfall $[L] \to 0$ erhält man aus Gl. (4.161) die Beziehung

$$\lim_{[L] \to 0} \frac{\bar{v}}{[L]} = \frac{n_1}{k_1} + \frac{n_2}{k_2}. \qquad (4.162)$$

Damit ist der Ordinatenabschnitt für die in Abb. 4.76 eingezeichnete Tangente festgelegt. Unter der Voraussetzung, daß $k_2$ wesentlich größer als $k_1$ ist, kann dieser Ordinatenabschnitt zunächst näherungsweise gleich $n_1/k_1$ gesetzt werden. Die Gleichung der Tangente ergibt sich dann aus der Beziehung

$$\frac{\bar{v}}{[L]} = \frac{n_1/k_1}{1 + [L]/k_1} \qquad (4.163)$$

zu

$$\frac{\bar{v}}{[L]} = \frac{n_1}{k_1} - \frac{\bar{v}}{k_1}, \qquad (4.164)$$

so daß $\bar{v}/[L] = 0$ für $\bar{v} = n_1$ erhalten wird. Damit ist auch der Abszissenabschnitt der Anfangstangente festgelegt, und die $n_1$- und $k_1$-Werte erster Näherung können aus dem Bindungsdiagramm entnommen werden. Durch Subtraktion des durch diese Näherungswerte bestimmten Terms von den experimentell ermittelten $\bar{v}/[L]$-Werten lassen sich dann auch erste Näherungswerte für $n_2$ und $k_2$ berechnen. Mit diesen $n_2$- und $k_2$-Werten lassen sich dann nach Gl. (4.162) $n_1$- und $k_1$-Werte zweiter Näherung angeben, die wiederum zur Ermittlung verbesserter Näherungswerte von $n_2$ und $k_2$ eingesetzt werden können usw. Dieses Verfahren kann bis zur Einstellung in sich konsistenter Parameterwerte fortgesetzt werden. Auf diese Weise konnte z.B. das Gleichgewicht der Bindung von $Mn^{2+}$-Ionen an ein Fragment einer spezifischen Transfer-Ribonucleinsäure recht gut beschrieben werden. Wesentlich komplizierter gestaltet sich die Auswertung der Scatchard-Bindungsdiagramme, wenn eine größere Mannigfaltigkeit von Dissoziationskonstanten $k_i$ und maximalen Bindungsplatzzahlen $n_i$ be-

rücksichtigt werden muß. Hierzu wird auf die grundlegenden theoretischen Abhandlungen von G. Schwarz verwiesen (vgl. Anhang 2).

Ein nicht-lineares Scatchard-Bindungsdiagramm der in Abb. (4.76) skizzierten Form muß nicht notwendigerweise durch die sich überlagernde Wirkung verschiedener Gruppen von Bindungszentren mit unterschiedlichen mikroskopischen Dissoziationskonstanten $k_i$ erklärt werden; es ergibt sich auch bei kooperativer Wechselwirkung benachbarter gleichartiger Bindungszentren. Eine kooperative Wechselwirkung, bei der die Dissoziationskonstante $k_i$ eines Bindungszentrums vom Belegungsgrad der benachbarten gleichartigen Bindungszentren abhängt, kann durch die Einführung einer von $\bar{v}$ abhängigen Gleichgewichtskonstante

$$k(\bar{v}) = k_0 e^{-\Phi(\bar{v})} \qquad (4.165)$$

berücksichtigt werden (vgl. Abschn. 4.2.4). Die Gl. (4.165) ergibt sich unmittelbar aus dem Ansatz

$$\Delta G^{\mathsf{I}} = -RT \ln k_0 + RT\,\Phi(\bar{v}) \qquad (4.166)$$

für den Standardwert der freien Dissoziationsenthalpie gemäß Gl. (5.117). Die Konstante $k_0$ ist die mikroskopische Dissoziationskonstante für ein Bindungszentrum in der Nachbarschaft unbesetzter Bindungspositionen. Der Zusatzterm $RT\,\Phi(\bar{v})$ in Gl. (4.166) berücksichtigt die Wechselwirkung eines Bindungszentrums mit besetzten

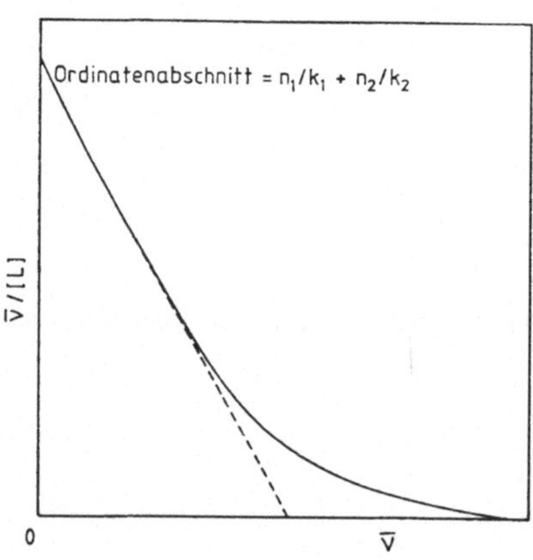



**Abb. 4.76** Auswertung eines nicht-linearen Scatchard-Bindungsdiagramms nach Gl. (4.161)

Bindungspositionen durch eine vom Belegungsgrad abhängige Funktion $\Phi(\bar{v})$. Dabei gilt die Nebenbedingung $\Phi(0) = 0$. Grundsätzlich kann die Funktion $\Phi(\bar{v})$ stets so gewählt werden, daß der in Abb. 4.77 skizzierte Kurvenverlauf durch Gl. (4.159) mit $k = k(\bar{v})$ im wesentlichen richtig wiedergegeben wird.

Dabei sind zwei Kurventypen zu unterscheiden. Wenn $\Phi(\bar{v})$ mit steigenden Werten von $\bar{v}$ abnimmt, vergrößert sich der Wert der Dissoziationskonstanten mit zunehmender Belegung der Bindungsplätze (Abschwächung der Bindungsaffinität) und man erhält nach Gl. (4.159) einen Kurvenverlauf, der sich nicht grundsätzlich von dem in Abb. 4.76 skizzierten Kurvenbild unterscheidet (untere Kurve in Abb. 4.77). Wächst $\Phi(\bar{v})$ dagegen mit zunehmenden Werten von $\bar{v}$ an, so verringert sich der Wert der Dissoziationskonstanten mit fortschreitender Belegung der Bindungspositionen (Verstärkung der Bindungsaffinität), und es ergibt sich nach Gl. (4.159) ein gegen das Achsenkreuz konkav gekrümmter Kurvenzug (obere Kurve in Abb. 4.77), der mit einem System unabhängiger Bindungszentren nicht erklärt werden kann und damit einen eindeutigen Hinweis auf eine kooperative Wechselwirkung von Bindungszentren darstellt. Auch bei kooperativer Wechselwirkung von Bindungszentren muß im allgemeinen die Unterscheidung zwischen mehreren Gruppen von Bindungsplätzen mit unterschiedlichen Gleichgewichtskonstanten $k_i(\bar{v})$ beachtet werden, wobei jeweils

$$k_i(\bar{v}) = k_{i0} e^{-\Phi_i(\bar{v})} \qquad (4.167)$$

zu setzen ist. Die Abschwächung der Bindungsaffinität mit zunehmender Belegung der Bindungsplätze wird auch als *Antikooperativität* bezeichnet.

Wie bei allen thermodynamischen Gleichgewichten (vgl. Abschn. 5.2.2) hat man auch bei Liganden-Bindungsgleichgewichten mit kooperativer Wechselwirkung zwischen Energie- bzw. Enthalpie-Effekten und rein statisch bedingten Entropie-Effekten zu unterscheiden. Als kooperative Bindungsphänomene im engeren Sinne werden nur die auf eine energetische Wechselwirkung von Bindungszentren zurückzuführenden Effekte bezeichnet. Eine statistisch bedingte scheinbare Antikooperativität ergibt sich aus der Mannigfaltigkeit der unterschiedlichen Realisierungsmöglichkeiten für die Belegung von n Bindungsplätzen mit i Liganden. Nach den Gesetzen der Kombinatorik ist die Zahl dieser Realisierungsmöglichkeiten durch die Zahl $C_{n,i}$ der Kombinationen von n Elementen zur i-ten Klasse ohne Wiederholung gemäß

$$C_{n,i} = \frac{n!}{i!(n-i)!} \qquad (4.168)$$

gegeben (vgl. Anhang 2: Mathematische Lehr- und Hilfsbücher). Die Gleichung für den Zusammenhang zwischen einer für alle individuellen Dissoziationsschritte gleichwertigen mikroskopischen Gleichgewichtskonstante k und der makroskopischen Dissoziationskonstante $K_i$ für den i-ten Dissoziationsschritt ergibt sich damit zu

$$K_i = \frac{C_{n,i-1}}{C_{n,i}} k \;. \qquad (4.169)$$

Nach Gl. (4.169) erhält man z.B. für den bereits erwähnten statistischen Effekt der Dicarbonsäure-Dissoziation (vgl. Gl. (4.139) und Gl. (4.140) mit $2! = 2$ und $1! = 0! = 1$ die makroskopischen Dissoziationskonstanten $K_1 = k/2$ und $K_2 = 2k$.

Ist RT ln $K_i$ nach Gl. (5.117) die scheinbare molare freie Dissoziationsenthalpie für den i-ten Dissoziationsschritt, so ist RT ln $K_i$ die entspre-

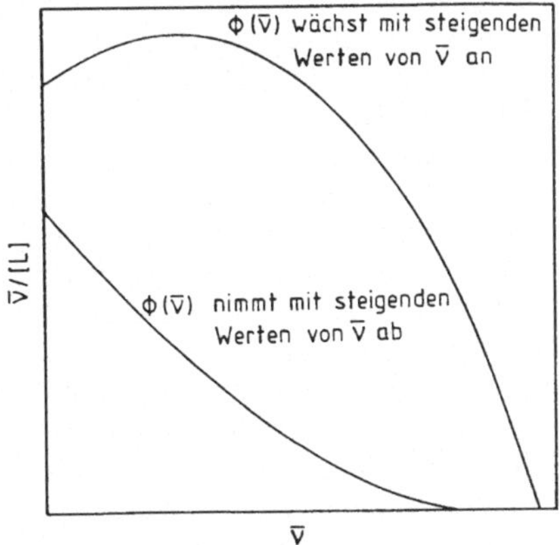



**Abb. 4.77** Mögliche Kurvenformen im Scatchard-Bindungsdiagramm bei kooperativer Wechselwirkung der Bindungszentren

chende freie Bindungsenthalpie für den i-ten Bindungsschritt. Diese Größe enthält nach der Gl. (4.169) einen rein statistisch bedingten Term $RT \ln (C_{n,i-1}/C_{n,i})$. Dementsprechend definiert man als Standardwert der wahren molaren freien Dissoziationsenthalpie die Größe

$$\Delta \bar{G}_i^0 = RT \ln K_i - RT \ln \frac{C_{n,i-1}}{C_{n,i}} . \qquad (4.170)$$

Als Maß der energetisch bedingten Kooperativität kann dann die Differenz

$$\Delta G_{I,ij} = \Delta \bar{G}_j^0 - \Delta \bar{G}_i^0 = - RT \ln \frac{K_i}{K_j}$$

$$+ RT \ln \frac{C_{n,i-1}/C_{n,i}}{C_{n,j-1}/C_{n,j}} \qquad (4.171)$$

angegeben werden. Wird der j-te Ligand fester als der i-te Ligand gebunden, so ist $\Delta G_{I,ij}$ negativ (bindungsverstärkende Kooperativität). Für die Bindung von $O_2$ an Human-Hämoglobin wird z.B. nach Gl. (4.171) $\Delta G_{I,14} = - 8,4\ kJ/mol$ erhalten. Die Bindung des vierten Liganden ist also im Vergleich zur Bindung des ersten Liganden wesentlich begünstigt.

Da die Details der Bindungsmechanismen eines zu untersuchenden Systems im allgemeinen nicht bekannt sind, verwendet man zur Charakterisierung der Bindungsgleichgewichte zunächst einen semiempirischen Näherungsansatz und versucht dann, die physikalische Bedeutung der dem Experiment angepaßten Parameter des Ansatzes zu erklären. Der einfachste Modellansatz geht von der Annahme unbegrenzter Kooperativität („Alles oder nichts") aus. Das Bindungsgleichgewicht kann dann durch die Reaktionsgleichung

$$ML_n \rightleftharpoons M + nL \qquad (4.172)$$

mit der Gleichgewichtskonstante

$$K^n = \frac{[M][L]^n}{[ML_n]} \qquad (4.173)$$

beschrieben werden. Für die mittlere Zahl $\bar{v}$ der an ein Makromolekül M gebundenen Liganden-Moleküle L ergibt sich damit die Beziehung

$$\bar{v} = \frac{n[ML_n]}{[M] + [ML_n]} = \frac{n[L]^n/K^n}{1 + [L]^n/K^n} \qquad (4.174)$$

bzw.

$$\frac{\bar{v}}{[L]} = \frac{n[L]^{n-1}/K^n}{1 + [L]^n/K^n} . \qquad (4.175)$$

Für den relativen Sättigungsgrad $\bar{y} = \bar{v}/n$ gilt entsprechend

$$\bar{y} = \frac{[L]^n/K^n}{1 + [L]^n/K^n} . \qquad (4.176)$$

In realen Systemen kommt es nicht zu dem durch Gl. (4.172) beschriebenen extrem kooperativen Prozeß. Man ersetzt deshalb in den Gl. (4.174) bis (4.176) den Exponenten n durch einen 1910 von Hill eingeführten empirischen Faktor $n_H$, der als *Hill-Koeffizient* bezeichnet wird. Damit läßt sich Gl. (4.176) in logarithmischer Darstellung durch die Beziehung

$$\ln \frac{\bar{y}}{1 - \bar{y}} = n_H \ln [L] - \ln K^n \qquad (4.177)$$

ausdrücken, woraus sich die einfache Bestimmungsgleichung

$$n_H = \frac{d \ln(\bar{y}/(1 - \bar{y}))}{d \ln [L]} \qquad (4.178)$$

ergibt. Trägt man in einem *Hill-Diagramm* $\ln(\bar{y})/(1 - \bar{y})$ gegen $\ln [L]$ auf, so erhält man eine Gerade, aus deren Steigung $n_H$ entnommen werden kann. Die durch Gl. (4.177) beschriebene lineare Beziehung ist allerdings nicht im gesamten Wertebereich von $\bar{y}$ erfüllt, da $n_H$ ebenfalls eine gewisse Abhängigkeit von $\bar{y}$ aufweist. Deshalb wird der Steigungswert $n_H$ aus dem Hilldiagramm in der Regel für $\bar{y}_{1/z} = 1 - \bar{y}_{1/z} = 1/2$ ermittelt. Ist $n_H = 1$, so liegt ein normales Bindungsgleichgewicht ohne Kooperativität vor. Uneingeschränkte Kooperativität wäre dagegen für $n_H = n$ gegeben. Die Abb. 4.78 zeigt einige für verschiedene Werte von $n_H$ berechnete Sättigungskurven in einem Diagramm, in dem $\bar{y}$ als Funktion von $[L]/K$ dargestellt ist. *Sigmoide* Sättigungskurven werden nur für $n_H > 1$ erhalten.

Mit der analog Gl. (4.175) gebildeten Gleichung

$$\frac{\bar{v}}{[L]} = \frac{n[L]^{n_H - 1}/K^{n_H}}{1 + [L]^{n_H}/K^{n_H}} \qquad (4.179)$$

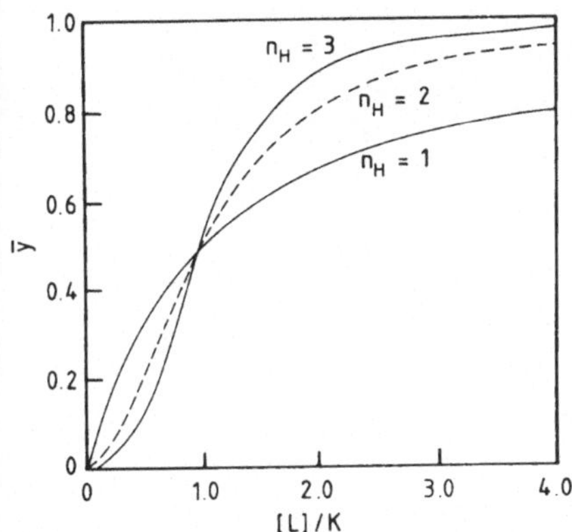



**Abb. 4.78** Einfluß des Hill-Koeffizienten $n_H$ auf die Gestalt der Sättigungskurve

lassen sich auch die gegen das Achsenkreuz im Scatchard-Bindungsdiagramm konkav gekrümmten Kurvenzüge (vgl. Abb. 4.77) bei passender Parameterwahl annähernd richtig wiedergeben. Die nach Gl. (4.179) berechneten Kurven beginnen mit dem Wert $\bar{v}/[L] = 0$ für $\bar{v} = 0$; sie durchlaufen ein Maximum bei $\bar{v}_m = n(n_H - 1)/n_H$ und schneiden die Abszisse bei $\bar{v} = n$. So konnte z. B. die Scatchard-Bindungskurve für die Bindung von $Mn^{2+}$-Ionen an eine phenylalaninspezifische Transfer-Ribonucleinsäure mit den Parametern $n = 5$, $n_H = 2{,}3$ und $K = 3{,}7$ µmol l$^{-1}$ gut reproduziert werden.

Neben der kooperativen Wechselwirkung von Bindungszentren ist auch die Kopplung der Bindungsgleichgewichte verschiedener Ligandensorten zu beachten. Für ein Makromolekül mit n Bindungsplätzen für den Liganden $L_1$ und m Bindungsplätzen für den Liganden $L_2$ läßt sich der jeweilige Bindungszustand durch das Symbol $M_{ij}$ charakterisieren, wobei der Index i die Zahl der gebundenen $L_1$-Moleküle und der Index j die Zahl der gebundenen $L_2$-Moleküle angibt. Mit dem Symbol $M_0$ sind die nicht an Liganden gebundenen Makromoleküle gekennzeichnet. Die makroskopische Gleichgewichtskonstante $K_{ij}^*$ für das Gleichgewicht

$$M_{ij} \rightleftharpoons M_0 + iL_1 + jL_2 \qquad (4.180)$$

ist durch die Beziehung

$$K_{ij}^* = \frac{[L_1]^i [L_2]^j [M_0]}{[M_{ij}]} \qquad (4.181)$$

mit $K_{00}^* = 1$ definiert. Die mittlere Molzahl $n\bar{y}_1$ der an ein Mol M gebundenen $L_1$-Moleküle ist damit durch

$$n\bar{y}_1 = \frac{\displaystyle\sum_{i=0}^{n}\sum_{j=0}^{m} i[M_{ij}]}{\displaystyle\sum_{i=0}^{n}\sum_{j=0}^{m} [M_{ij}]} = \frac{\displaystyle\sum_{i=0}^{n}\sum_{j=0}^{m} (i[L_1]^i[L_2]^j/K_{ij}^*)}{\displaystyle\sum_{i=0}^{n}\sum_{j=0}^{m} ([L_1]^i[L_2]^j/K_{ij}^*)} \qquad (4.182)$$

gegeben. Die Gl. (4.182) läßt sich auch in der Form

$$n\bar{y}_1 = \left( \frac{\partial \ln \displaystyle\sum_{i=0}^{n}\sum_{j=0}^{m} ([L_1]^i[L_2]^j/K_{ij}^*)}{\partial \ln[L_1]} \right)_{[L_2]} \qquad (4.183)$$

schreiben. Analog gilt für die Bindung von $L_2$

$$m\bar{y}_2 = \left( \frac{\partial \ln \displaystyle\sum_{i=0}^{n}\sum_{j=0}^{m} ([L_1]^i[L_2]^j/K_{ij}^*)}{\partial \ln[L_2]} \right)_{[L_1]} \cdot \qquad (4.184)$$

Da die Doppelsumme in den Gln. (4.183) und (4.184) für gegebene Werte der Konstanten $K_{ij}^*$ nur von $[L_1]$ und $[L_2]$ abhängt, gilt für das totale Differential

$$d\ln \sum_{i=0}^{n}\sum_{j=0}^{m} ([L_1]^i[L_2]^j/K_{ij}^*)$$

die Beziehung

$$d\ln \sum_{i=0}^{n}\sum_{j=0}^{m} ([L_1]^i[L_2]^j/K_{ij}^*) = n\bar{y}_1\, d\ln[L_1]$$

$$+ m\bar{y}_2\, d\ln[L_2] \,. \qquad (4.185)$$

Nach dem Satz von Schwarz (vgl. Anhang 2, mathematische Lehr- und Hilfsbücher) ergibt sich damit die Kopplungsgleichung

$$n\left( \frac{\partial \bar{y}_1}{\partial \ln[L_2]} \right)_{[L_1]} = m\left( \frac{\partial \bar{y}_2}{\partial \ln[L_1]} \right)_{[L_2]} \cdot \qquad (4.186)$$

Mit dieser Gleichung kann der Ausdruck

$$\left(\frac{\partial \bar{y}_1}{\partial \bar{y}_2}\right)_{[L_1]} = \left(\frac{\partial \bar{y}_1}{\partial \ln[L_2]}\right)_{[L_1]} \left(\frac{\partial \ln[L_2]}{\partial \bar{y}_2}\right)_{[L_1]}$$

(4.187)

in der Form

$$\left(\frac{\partial \bar{y}_1}{\partial \bar{y}_2}\right)_{[L_1]} = \frac{m}{n} \left(\frac{\partial \bar{y}_2}{\partial \ln[L_1]}\right)_{[L_2]} \left(\frac{\partial \ln[L_2]}{\partial \bar{y}_2}\right)_{[L_1]}$$

(4.188)

dargestellt werden. Aus dem totalen Differential

$$d\bar{y}_2 = \left(\frac{\partial \bar{y}_2}{\partial \ln[L_1]}\right)_{[L_2]} d\ln[L_1]$$
$$+ \left(\frac{\partial \bar{y}_2}{\partial \ln[L_2]}\right)_{[L_1]} d\ln[L_2] \qquad (4.189)$$

erhält man für $d\bar{y}_2 = 0$ die Beziehung

$$\left(\frac{\partial \ln[L_2]}{\partial \bar{y}_2}\right)_{[L_1]} = -\left(\frac{\partial \ln[L_1]}{\partial \bar{y}_2}\right)_{[L_2]} \left(\frac{\partial \ln[L_2]}{\partial \ln[L_1]}\right)_{\bar{y}_2}$$

(4.190)

und durch Einsetzen dieses Ausdrucks in Gl. (4.188) die Kopplungsgleichung

$$\left(\frac{\partial \ln[L_2]}{\partial \ln[L_1]}\right)_{\bar{y}_2} = -\frac{n}{m} \left(\frac{\partial \bar{y}_1}{\partial \bar{y}_2}\right)_{[L_1]} .$$

(4.191)

Der Differentialquotient auf der linken Seite von Gl. (4.191) kann experimentell ermittelt werden; er gibt die durch Bindung eines Mols $L_2$ freigesetzte Molzahl von $L_1$-Molekülen an, denn $- n d\bar{y}_1$ ist die differentielle molare Zunahme der freien Bindungsplätze für $L_1$-Liganden und $m d\bar{y}_2$ ist die entsprechende Zunahme der besetzten Bindungsplätze für $L_2$-Liganden. Die Abb. 4.79 veranschaulicht die nach Gl. (4.191) zu erwartende Abhängigkeit der $\bar{y}_2$-Werte von $\ln[L_2]$ für verschiedene Parameterwerte von $\ln[L_1]$ mit $D > C > B > A$. Ein Beispiel für den sich aus Gl. (4.191) ergebenden Zusammenhang bietet die im folgenden noch zu beschreibende pH-Abhängigkeit der Sauerstoffbeladungskurven des Hämoglobins.

Bezeichnet man alle Makromoleküle, die $jL_2$-Moleküle gebunden haben, mit $M^{(j)}$, so gilt

$$[M^{(j)}] = \sum_{i=0}^{n} [M_{ij}] .$$

(4.192)

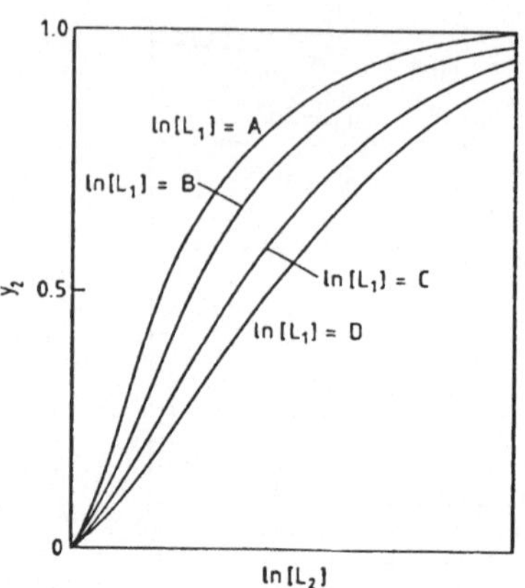



**Abb. 4.79** Abhängigkeit des Sättigungsgrades $\bar{y}_2$ vom Logarithmus der Ligandenkonzentration $[L_2]$ für verschiedene Parameterwerte von $\ln[L_1]$ (schematisch)

Die Gl. (4.192) läßt sich mit $[M_{ij}]$ nach Gl. (4.181) auch in der Form

$$[M^{(j)}] = [M_0][L_2]^j \sum_{i=0}^{n} \frac{[L_1]}{K_{ij}^*}$$

(4.193)

ausdrücken. Für das Gleichgewicht

$$M^{(j)} \rightleftharpoons M^{(0)} + jL_2$$

(4.194)

ist die makroskopische Gleichgewichtskonstante $\bar{K}_j$ durch die Gleichung

$$\bar{K}_j = \frac{[M^{(0)}][L_2]^j}{[M^{(j)}]}$$

(4.195)

definiert, und man erhält mit $[M^{(j)}]$ und $[M^{(0)}]$ nach Gl. (4.193). die Beziehung

$$\bar{K}_j = \frac{\sum_{i=0}^{n} ([L_1]^i/K_{i0}^*)}{\sum_{i=0}^{n} ([L_1]^i/K_{ij}^*)} .$$

(4.196)

Daraus folgt für den Differentialquotienten $d\ln\bar{K}_j/d\ln[L_1]$ die Gleichung

$$\frac{d\ln\bar{K}_j}{d\ln[L_1]} = \frac{d\ln\sum_{i=0}^{n} ([L_1]^i/K_{i0}^*)}{d\ln[L_1]}$$
$$- \frac{d\ln\sum_{i=0}^{n} ([L_1]^i/K_{ij}^*)}{d\ln[L_1]}$$

(4.197)

oder mit

$$\frac{d \ln \sum_{i=0}^{n} ([L_1]^i / K_{ij}^*)}{d \ln [L_1]} = n \bar{y}_1^{(j)} \qquad (4.198)$$

und

$$\frac{d \ln \sum_{i=0}^{n} ([L_1]^i / K_{i0}^*)}{d \ln [L_1]} = n \bar{y}_1^{(0)} \qquad (4.199)$$

$$\frac{d \ln \bar{K}_j}{d \ln [L_1]} = - n (\bar{y}_1^{(j)} - \bar{y}_1^{(0)}) . \qquad (4.200)$$

Damit ist die Zahl der bei der Bindung von $jL_2$ Molekülen freigesetzten $L_1$-Moleküle angegeben. Die Kopplung zwischen der Bindung von $L_1$ und der Bindung von $L_2$ tritt jedoch nur dann ein, wenn eine Beeinflussung der mikroskopischen Bindungskonstante des Bindungsprozesses der einen Ligandensorte durch die Bindung von Liganden der anderen Sorte erfolgt (vgl. hierzu die im Anhang 2 angegebene Literatur).

Nach den im Abschn. 5.2.2 erläuterten Prinzipien der Gleichgewichtsthermodynamik ist jede Verschiedenheit von Dissoziationskonstanten gleichbedeutend mit einer Verschiedenheit der molaren freien Dissoziationsenthalpien. Auch bei der Diskussion der Kopplung von Liganden-Bindungsgleichgewichten muß dieser energetische Aspekt der Gleichgewichtslehre berücksichtigt werden. Für ein einfaches Modellsystem mit Makromolekülen M, die jeweils nur ein Molekül $L_1$ und ein Molekül $L_2$ binden können, lassen sich z.B. folgende Standard-$\Delta$G-Werte angeben:

$\Delta G_1'$     für das Gleichgewicht $M + L_1 \rightleftharpoons ML_1$

$$(4.201)$$

$\Delta G_2'$     für das Gleichgewicht $M + L_2 \rightleftharpoons ML_2$

$$(4.202)$$

$\Delta G_1'(2)$     für das Gleichgewicht

$$L_2 M + L_1 \rightleftharpoons L_2 ML_1 \qquad (4.203)$$

$\Delta G_2'(1)$     für das Gleichgewicht

$$L_1 M + L_2 \rightleftharpoons L_2 ML_1 \qquad (4.204)$$

$\Delta G'(1, 2)$ für das Gleichgewicht

$$M + L_1 + L_2 \rightleftharpoons L_2 ML_1 . \qquad (4.205)$$

Für diese $\Delta$G'-Werte muß die Verknüpfungsrelation

$$\Delta G_1' + \Delta G_2'(1) = \Delta G_2' + \Delta G_1'(2) = \Delta G'(1,2)$$

$$(4.206)$$

gelten, wobei $\Delta G_1' \neq \Delta G_2'$ und $\Delta G_1'(2) \neq \Delta G_2'(1)$ sein kann. Mit diesen $\Delta$G'-Werten kann eine *molare freie Kopplungsenthalpie* $\Delta G_{12}'$ durch die Gleichung

$$\Delta G_{12}' \equiv \Delta G_1'(2) - \Delta G_1' = \Delta G_2'(1) - \Delta G_2'$$

$$(4.207)$$

definiert werden. Für den Zusammenhang zwischen $\Delta G'(1,2)$ und $\Delta G_{12}'$ ergibt sich damit die Beziehung

$$\Delta G_{12}' = \Delta G'(1,2) - \Delta G_1' - \Delta G_2' . \qquad (4.208)$$

Ist $\Delta G'(1,2) = \Delta G_1' + \Delta G_2'$, so ist $\Delta G_{12}' = 0$, und es existiert keine Kopplung der Bindungsgleichgewichte. Ist dagegen $\Delta G_{12} < 0$, so begünstigt die Bindung von $L_1$ die Bindung von $L_2$, und die Bindung von $L_2$ erleichtert die Bindung von $L_1$. Eine antagonistische Wechselwirkung liegt vor, wenn $\Delta G_{12}' > 0$ ist. Durch Subtraktion der Gleichungen (4.201) und (4.202) von Gl. (4.205) erhält man die Zuordnung der molaren freien Kopplungsenthalpie:

$\Delta G_{12}'$     für das Gleichgewicht

$$ML_1 + L_2 M \rightleftharpoons M + L_2 ML_1 . \qquad (4.209)$$

Die Gleichgewichtskonstante für dieses Gleichgewicht ist

$$K_{12} = \frac{[M][L_2 ML_1]}{[ML_1][L_2 M]} = e^{-\Delta G_{12}'/RT} \qquad (4.210)$$

Für negative Werte von $\Delta G_{12}'$ ist $K_{12} > 1$, und die Gleichgewichtskonzentration $[L_2 ML_1]$ ist erwartungsgemäß größer als die Gleichgewichtskonzentrationen $[ML_1]$ und $[L_2 M]$. Bei antagonistischer Ligandenwechselwirkung ist $\Delta G_{12}' > 0$ und $K_{12} < 1$, so daß die Spezies $ML_1$ und $L_2 M$ im Überschuß vorliegen. Für das betrachtete Modellsystem lassen sich mit der Gesamt-Makromolekül-Konzentration

$$[M]_T = [M] + [ML_1] + [L_2M] + [L_2ML_1]$$

drei mittlere relative Sättigungsgrade

$$\bar{y}_1 = \frac{[L_2ML_1] + [ML_1]}{[M]_T} , \qquad (4.211)$$

$$\bar{y}_2 = \frac{[L_2ML_1] + [L_2M]}{[M]_T} \qquad (4.212)$$

und

$$\bar{y}_{12} = \frac{[L_2ML_1]}{[M]_T} \qquad (4.213)$$

angeben. Speziell für den Halbbelegungszustand mit $\bar{y}_1 = \bar{y}_2 = 1/2$ bzw. $\bar{y}_1 + \bar{y}_2 = 1$ ergeben sich damit die Beziehungen

$$[M] = [L_2ML_1] = \bar{y}_{12}[M]_T , \qquad (4.214)$$

$$[L_2ML_1][M] = \bar{y}_{12}^2[M]_T^2 , \qquad (4.215)$$

$$[ML_1] = [L_2M] = (\tfrac{1}{2} - \bar{y}_{12})[M]_T \qquad (4.216)$$

und

$$[ML_1][L_2M] = (\tfrac{1}{2} - \bar{y}_{12})^2[M]_T^2 , \qquad (4.217)$$

so daß die durch Gl. (4.210) definierte Massenwirkungskonstante $K_{12}$ in der Form

$$K_{12} = \frac{\bar{y}_{12}^2}{(\tfrac{1}{2} - y_{12})^2} \qquad (4.218)$$

dargestellt werden kann. Da der Zusammenhang zwischen $K_{12}$ und der molaren freien Kopplungsenthalpie $\Delta G'_{12}$ nach Gl. (4.210) durch die Gleichung

$$\Delta G'_{12} = - RT \ln K_{12} \qquad (4.219)$$

gegeben ist, kann die Abhängigkeit der Größe $\Delta G'_{12}$ vom Sättigungsgrad $\bar{y}_{12}$ durch die in Abb. 4.80 graphisch dargestellte Funktion

$$\Delta G'_{12} = - 2RT \ln \frac{2\bar{y}_{12}}{1 - 2\bar{y}_{12}} \qquad (4.220)$$

ausgedrückt werden.

Die Abb. 4.80 läßt erkennen, daß ohne Kopplung (d.h. für $\Delta G'_{12} = 0$) mit $2\bar{y}_{12} = 0,5$ und $K_{12} = 1$ eine statistische Verteilung mit $[ML_1] = [L_2M] = [L_2ML_1] = [M]$ erhalten wird. Ist $2\bar{y}_{12} = 0$, so liegen alle gebundenen Liganden in den Zuständen $ML_1$ und $L_2M$ vor. Der

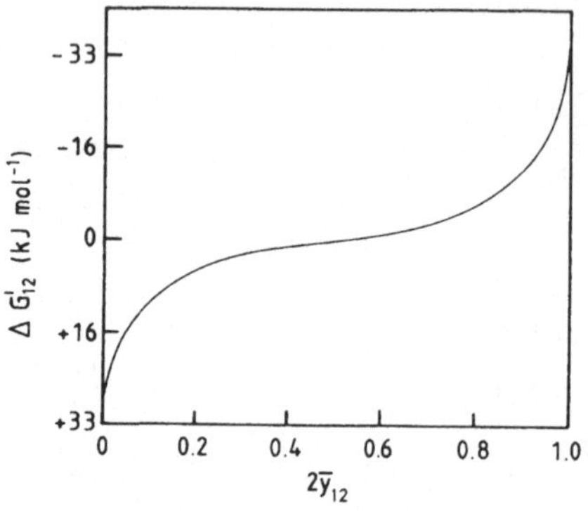

Abb. 4.80 Abhängigkeit der molaren freien Kopplungsenthalpie $\Delta G'_{12}$ vom Sättigungsgrad $\bar{y}_{12}$ für $\bar{y}_1 = \bar{y}_2 = 1/2$ (nach G. Weber (1975))

Sättigungsgrad $\bar{y}_{12} = 0,5$ entspricht dagegen einem Zustand, in dem alle gebundenen Liganden in Form der Spezies $L_2ML_1$ vorliegen. Ein $\Delta G'_{12}$-Wert von etwa 8 kJ/mol reicht aus, um eine starke Abweichung der Ligandenbindungszustände von der statistischen Verteilung zu bewirken. Als Beispiele für experimentell bestimmte $\Delta G'_{12}$-Werte seien hier die Werte für die gekoppelte Bindung von NADH und Oxalat in Hühnerherz-Lactat-Dehydrogenase ($\Delta G'_{12} = - 6,3$ kJ/mol) und für die gekoppelte Bindung von Sauerstoff und Inositolhexaphosphat an Hämoglobin ($\Delta G'_{12} = + 9,6$ kJ/mol) genannt.

Die Bindung von Liganden an Biopolymer-Moleküle beschränkt sich nicht auf die Wechselwirkung zwischen den Makromolekülen und Ionen oder Molekülen von geringem Molekulargewicht. Auch größere Moleküle mit einer für die Bindung geeigneten Primärstruktur können an Biopolymere gebunden werden. Zu diesem Ligandentyp zählen z.B. die an DNA angelagerten Histone und die Polyamine Spermin und Spermidin (vgl. Abb. 4.81).

Wenn ein Großligand über mehrere äquivalente bindungsfähige Nachbargruppen verfügt, wird die Belegbarkeit eines Biopolymer-Moleküls nicht mehr ausschließlich durch die Zahl der freien Einzelbindungsplätze, sondern auch durch die Verteilung der bereits gebundenen Großliganden auf dem Makromolekül bestimmt. Das in der Abb. 4.82 wiedergegebene Schema zeigt dies für

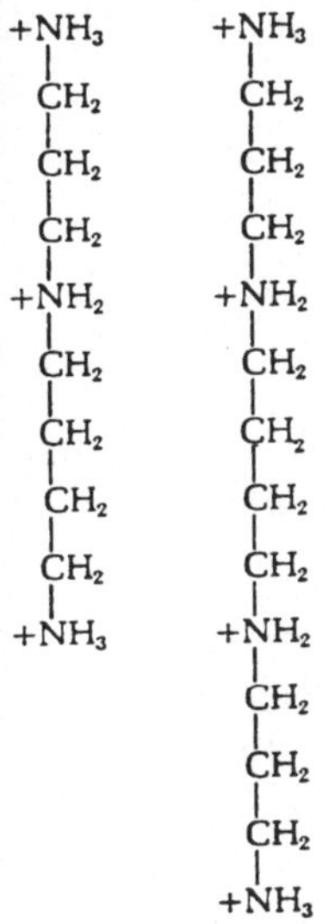

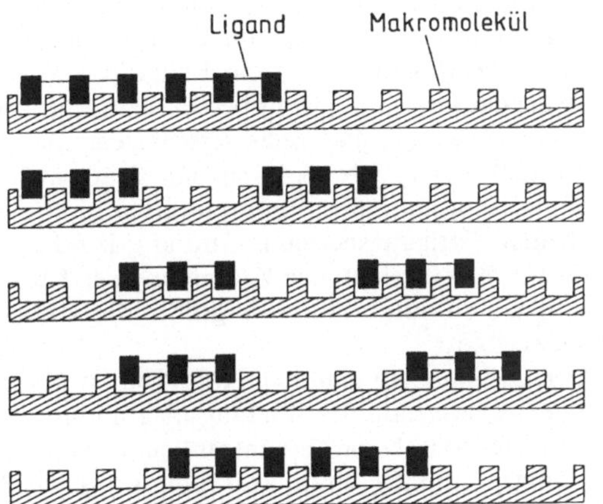

$+NH_3$ — $CH_2$ — $CH_2$ — $CH_2$ — $+NH_2$ — $CH_2$ — $CH_2$ — $CH_2$ — $CH_2$ — $+NH_3$ (links)

$+NH_3$ — $CH_2$ — $CH_2$ — $CH_2$ — $+NH_2$ — $CH_2$ — $CH_2$ — $CH_2$ — $CH_2$ — $+NH_2$ — $CH_2$ — $CH_2$ — $CH_2$ — $+NH_3$ (rechts)

**Abb. 4.81** Strukturformeln der Polyamine Spermidin (links) und Spermin (rechts)



**Abb. 4.82** Schema der Belegung eines Makromoleküls mit 12 Bindungspositionen durch Liganden mit 3 benachbarten bindungsfähigen Gruppen

die Belegung von zwölf Bindungspositionen eines Makromoleküls mit Großliganden, die jeweils mit drei benachbarten bindungsfähigen Gruppen ausgestattet sind. Nur zwei der skizzierten Verteilungen lassen eine Belegung mit zwei weiteren Großliganden zu. Für zwei Verteilungen ist noch eine Belegung mit einem zusätzlichen Großliganden möglich. Eine Verteilung ist so ungünstig, daß keine weiteren Großliganden gebunden werden können. Das Problem der Großliganden-Bindung erfordert also eine spezielle theoretische Behandlung. Ein Formalismus zur quantitativen Beschreibung der Bindung von Großliganden an Biopolymer-Moleküle ist 1974 von Mc Ghee und v. Hippel entwickelt worden; er soll hier kurz erläutert werden.

Besitzen die Großliganden z benachbarte bindungsfähige Gruppen, so kann ein erstes Ligandenmolekül von den N Bindungspositionen eines nicht ligandierten Makromoleküls $N - z + 1$ verschiedene mögliche Positionsgruppen besetzen. Bei optimaler Sättigungsbelegung können $N/z$ Ligandenmoleküle gebunden werden. Zu Beginn des Bindungsprozesses steht also eine Mannigfaltigkeit von Bindungsmöglichkeiten zur Verfügung, die wesentlich größer als $N/z$ ist. Darin unterscheidet sich das Problem grundsätzlich von dem zu Beginn dieses Abschnittes diskutierten Problem der Belegung von n gleichwertigen und unabhängigen Bindungspositionen mit n Ligandenmolekülen. Eine optimale Sättigungsbelegung kann offenbar nur durch Umverteilung der bereits gebundenen Großliganden erreicht werden.

Bezeichnet man die mittlere Zahl der an ein Makromolekül gebundenen Liganden wiederum mit $\bar{v}$ und die mikroskopische Dissoziationskonstante mit k, so ist die mittlere Zahl $\bar{N}_{fz}$ der freien Positionsgruppen für einen Liganden mit z bindungsfähigen Gruppen definitionsgemäß durch

$$\bar{N}_{fz} = \bar{v}k/[L] \tag{4.221}$$

gegeben, da bei jedem Dissoziationsvorgang eine Bindungspositionsgruppe verfügbar gemacht wird und ein Ligandenmolekül freigesetzt wird. Zur theoretischen Berechnung von $\bar{N}_{fz}$ betrachtet man zunächst die Wahrscheinlichkeit $p_z$ dafür, daß bei Belegung einer beliebigen Anfangsposition am Makromolekül z nachfolgende Positionen unbesetzt bleiben. Die gesuchte Größe $\bar{N}_{fz}$ ist nämlich gleich dem Produkt aus der Gesamtplatzzahl N und der Wahrscheinlichkeit $p_z$. Ist $p_f$ die Wahrscheinlichkeit dafür, daß eine beliebig ausgewählte Bindungsposition unbesetzt ist und $p_{ff}$ die bedingte Wahrscheinlichkeit dafür, daß auf eine vorgegebene Position eine weitere unbesetzte Position folgt, so gilt

$$p_z = p_f p_{ff}^{z-1} \, . \tag{4.222}$$

Dabei ist

$$p_f = 1 - \frac{\bar{v}z}{N} \tag{4.223}$$

zu setzen, da der Bruchteil der besetzten Bindungszentren gleich $\bar{v}z/N$ ist. Der Faktor $p_{ff}$ gibt auch den Bruchteil der unbesetzten Plätze an, vor denen ein weiterer Bindungsplatz am Makromolekül unbesetzt ist. Zieht man von der Gesamtzahl aller freien Bindungspositionen die Zahl der auf eine besetzte Position folgenden freien Positionen ab und teilt die Differenz durch die Gesamtzahl der freien Bindungspositionen, so erhält man die gesuchte Wahrscheinlichkeit dafür, eine auf eine freie Position folgende freie Position anzutreffen. Diesen Zusammenhang beschreibt die Beziehung

$$p_{ff} = \frac{p_f - \dfrac{p_b p_{bf}}{z}}{p_f} \, . \tag{4.224}$$

Der Faktor $\dfrac{p_b p_{bf}}{z}$ entspricht der Zahl der auf eine besetzte Position folgenden freien Positionen, denn $p_{bf}$ ist die bedingte Wahrscheinlichkeit dafür, daß eine freie Position auf das letzte Segment eines gebundenen Liganden folgt und $p_b/z$ ist die Wahrscheinlichkeit dafür, daß eine Bindungsposition mit dem letzten Segment eines gebundenen Liganden besetzt ist. Da keine Wechselwirkung zwischen gebundenen Liganden berücksichtigt werden muß, gilt außerdem $p_{ff} = p_{bf}$, und Gl. (4.224) läßt sich damit in der Form

$$p_{ff} = \frac{p_f}{p_f + \dfrac{p_b}{z}} \tag{4.225}$$

schreiben. Mit $p_f$ nach Gl. (4.223) ergibt sich somit die Beziehung

$$p_{ff} = \frac{1 - \dfrac{z\bar{v}}{N}}{1 - \dfrac{(z-1)\bar{v}}{N}} \, , \tag{4.226}$$

und man erhält den gesuchten Ausdruck für $\bar{N}_{fz}$ in der Form

$$\bar{N}_{fz} = Np_z = \left(1 - \frac{\bar{v}z}{N}\right)\left(\frac{1 - \dfrac{z\bar{v}}{N}}{1 - \dfrac{(z-1)\bar{v}}{N}}\right)^{z-1} \, . \tag{4.227}$$

Nach Gl. (4.221) ist $\bar{v}/[L] = \bar{N}_{fz}/k$. Für das Scatchard-Bindungsdiagramm ergibt sich also mit $\bar{N}_{fz}$ nach Gl. (4.227) die Beziehung

$$\frac{\bar{v}}{[L]} = \frac{N\left(1 - \dfrac{\bar{v}z}{N}\right)}{k}\left(\frac{1 - \dfrac{\bar{v}z}{N}}{1 - \dfrac{(z-1)\bar{v}}{N}}\right)^{z-1} \, . \tag{4.228}$$

Für $z = 1$ geht diese Beziehung in die Gl. (4.159) über, d.h. die Blockierung von freien Nachbar-Bindungspositionen entfällt. Bei der Anwendung von Gl. (4.228) ist zu beachten, daß diese Gleichung strenggenommen nur für unendlich lange Biopolymer-Moleküle gilt, da Endgruppen-Effekte bei der Herleitung nicht berücksichtigt worden sind. Die Abb. 4.83 zeigt verschiedene nach Gl. (4.228) berechnete Kurven im Scatchard-Bindungsdiagramm mit Abszissenwerten in N/z-Einheiten. Sättigungsbelegung wird in jedem Falle für $\bar{v} = N/z$ erreicht. Die Krümmung der Kurven ist um so ausgeprägter, je größer der Parameterwert z ist.

Der Ordinatenabschnitt in Abb. 4.83 ist N/k. Bei der Auswertung des Bindungsdiagramms ist zu beachten, daß N die Gesamtzahl der einzelnen Bindungspositionen eines Makromoleküls und nicht die Maximalzahl der an das Makromolekül zu bindenden Großliganden-Moleküle darstellt. Für Werte des Quotienten N/z, die größer als 30 sind, kann die Gl. (4.228) ohne Berücksichtigung von Endgruppen-Effekt-Korrekturen verwendet werden; sie hat sich z.B. für die Wiedergabe von $\bar{v}/[L]$-Werten der Bindung von $\varepsilon$-DNP-Lys-(Lys)$_5$ an die Poly (rI) · Poly (rC)-Helix sehr gut bewährt. Auch die Bindung von Großliganden an Biopolymer-Moleküle kann durch eine kooperative Liganden-Wechselwirkung be-

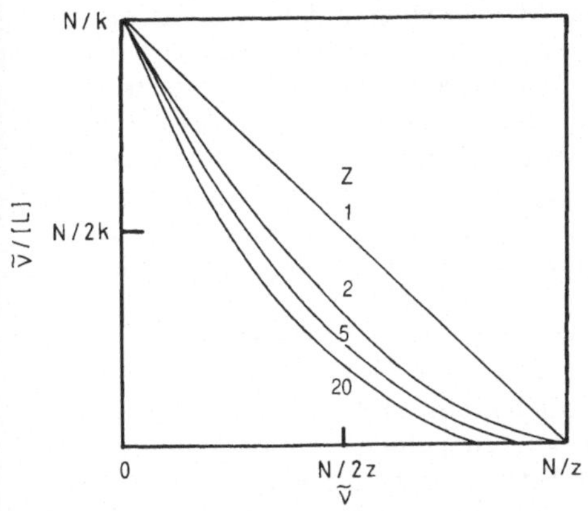



**Abb. 4.83** Für verschiedene Parameterwerte von z nach. Gl. (4.228) berechnete Kurven im Scatchard-Bindungsdiagramm (nach J. D. Mc Ghee, P. H. v. Hippel (1974))

einflußt werden. Eine theoretische Berechnung der Funktion $\bar{v}/[L](\bar{v})$ läßt sich auch für den Fall der kooperativ beeinflußten Großliganden-Bindung durchführen, wenn man die kooperative Wechselwirkung durch Einführung eines geeigneten Wechselwirkungsparameters berücksichtigt. Schließlich sei noch erwähnt, daß auch die im Abschn. 4.2.4 erläuterte Matrix-Methode als formaler Ansatz zur Berechnung von Gleichgewichtskurven für Liganden-Bindungsgleichgewichte verwendet werden kann. Bezüglich der Herleitung entsprechender Gleichungen muß hier auf die im Anhang 2 angegebene Literatur verwiesen werden.

Auf die Bedeutung der Liganden-Bindungsgleichgewichte und der kooperativen bzw allosterischen Wechselwirkung für die Regulation physiologischer Prozesse ist bereits hingewiesen worden. Wichtige theoretische Modellansätze zur Erklärung des Prinzips der allosterischen Regulation von Enzymaktivitäten sind das konzertierte Modell (Monod–Wyman–Changeux-Modell) und das sequentielle Modell (Koshland-Modell). Diese Modellansätze gehen von der Unterscheidung zwischen zwei Konformationszuständen (T = taut) und (R = relaxed) der Protein-Untereinheiten aus; sie erklären den sigmoiden Verlauf der Bindungskurve (vgl. Abb. 5.32), der ein cha-

rakteristisches Merkmal allosterisch regulierter Enzyme darstellt. Im Abschn. 5.3.2 wird das Prinzip beider Modelle beschrieben und diskutiert.

Als Beispiel für ein Liganden-Bindungs-System mit kooperativer bzw. allosterischer Wechselwirkung der Bindungszentren sollen zum Abschluß dieses Abschnittes die für die Bindung verschiedener Liganden an das Sauerstofftransportprotein Hämoglobin maßgeblichen Struktur-Funktions-Beziehungen der Protein-Untereinheiten erläutert werden. Die Quartärstruktur des Hämoglobins (vgl. Abb. 4.32) ist aus vier Protein-Untereinheiten zusammengesetzt. Jede dieser Protein-Untereinheiten enthält ein Sauerstoff-Bindungszentrum in Form eines in einem Porphyrinringsystem fixierten Eisen-Ions. Eine von M. Perutz und seinen Mitarbeitern durchgeführte genaue Strukturanalyse hat ergeben, daß sich der Verknüpfungszustand der Protein-Untereinheiten des Deoxyhämoglobins in charakteristischer Weise von der Quartärstruktur des mit Sauerstoff beladenen Hämoglobins unterscheidet. Die $\alpha$-Einheiten des Deoxyhämoglobins sind durch Salzbrücken miteinander verknüpft. Auch zwischen den $\beta$-Einheiten des Deoxyhämoglobins und den $\alpha$-Einheiten bestehen Salzbrücken-Verknüpfungen. Außerdem liegen in den $\beta$-Einheiten des Deoxyhämoglobins noch einige intrachenare Salzbrücken vor. Die Beladung mit Sauerstoff führt zu einer Verschiebung der Atompositionen in der Faltungsstruktur und damit zum Abbau der Salzbrücken. Mit dieser strukturellen Veränderung läßt sich die allosterische Wechselwirkung zwischen den Protein-Untereinheiten erklären. Das Eisen-Zentrum ist im Deoxyhämoglobin fünffach koordiniert und aus der Porphyrinringebene herausgehoben, da eine zusätzliche Bindung an den Imidazolring eines proximalen Histidinrestes besteht (vgl. Abb. 4.84). Durch die Beladung mit Sauerstoff wird auch die sechste Koordinationsstelle am Eisen-Zentrum besetzt und die planare Anordnung des Eisen-Atomrumpfes in der Porphyrinring-Ebene wieder hergestellt. Daraus ergibt sich eine Verschiebung weiterer Atompositionen in der Proteinstruktur, die sich auf die Strukturbereiche der Salzbrücken destabilisierend auswirkt. Mit dieser Strukturänderung ist eine Möglichkeit zur allosterischen Informa-

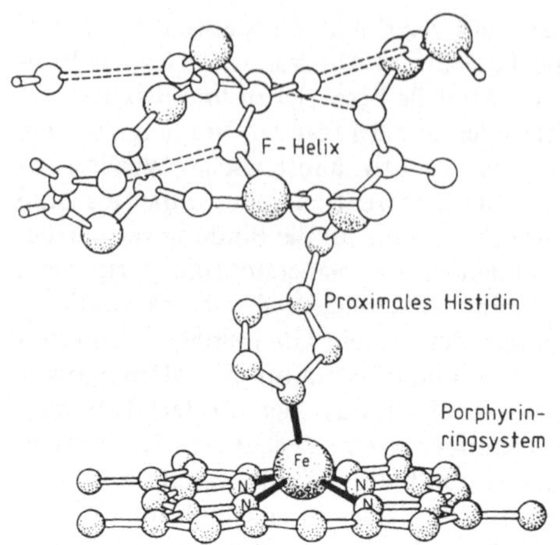



**Abb. 4.84** Anordnung des Fe-Zentrums in der Struktur des Deoxyhämoglobins (nach C. R. Cantor, P. R. Schimmel (1980))

tionsübertragung zwischen den Protein-Untereinheiten gegeben.

Dabei ist die Deoxy-Form der Untereinheiten dem T-Zustand und die mit Sauerstoff beladene Form dem R-Zustand zuzuordnen. Mit dem Abbau der Salzbrücken verändern sich auch die $pK'$-Werte der an diesen Salzbrücken beteiligten Aminosäure-Seitenketten. Diese $pK'$-Wert-Änderung ist wichtig für den im folgenden zu erläuternden Bohr-Effekt.

In der Abb. 4.85 sind die Sauerstoff-Sättigungskurven für Hämoglobin und für Myoglobin dar-

gestellt. Myoglobin (vgl. Abb. 4.31) ist nicht aus mehreren Proteineinheiten zusammengesetzt. Es besitzt nur ein Sauerstoff-Bindungszentrum. Die Sauerstoff-Sättigungskurve des Myoglobins ist eine einfache (*hyperbolische*) Bindungskurve. Die Sättigungskurve des Hämoglobins zeigt dagegen den für eine allosterische Wechselwirkung der Protein-Untereinheiten charakteristischen sigmoiden Kurvenverlauf.

Wenn man den Hill-Koeffizienten $n_H$ für Hämoglobin nach Gl. (4.178) aus den $\bar{y}$-Werten der Sättigungskurve berechnet, ergibt sich für eine durch Vorbehandlung von organischen Phosphaten befreite Probe der in Abb. 4.86 wiedergegebene Kurvenverlauf mit einer charakteristischen Abhängigkeit des Hill-Koeffizienten vom Logarithmus des $O_2$-Partialdruckes. Erwartungsgemäß erreicht der Hill-Koeffizient seinen Maximalwert bei einem Sauerstoff-Partialdruck, der einem mittleren Sättigungsgrad entspricht. Der einfache Ansatz nach Gl. (4.173) reicht offenbar nicht aus, um den Verlauf der Sättigungskurve des Hämoglobins richtig wiederzugeben. Eine Beschreibung dieses Kurvenverlaufes mit einem erweiterten Monod–Wyman–Changeux-Modell oder mit einem modifizierten sequentiellen Modell ist grundsätzlich möglich.

Eine formale Darstellung der Sauerstoff-Sättigungsfunktion $\bar{y}$ ($p_{O_2}$) ergibt sich auch aus einem 1925 von G. S. Adair angegebenen Schema ge-

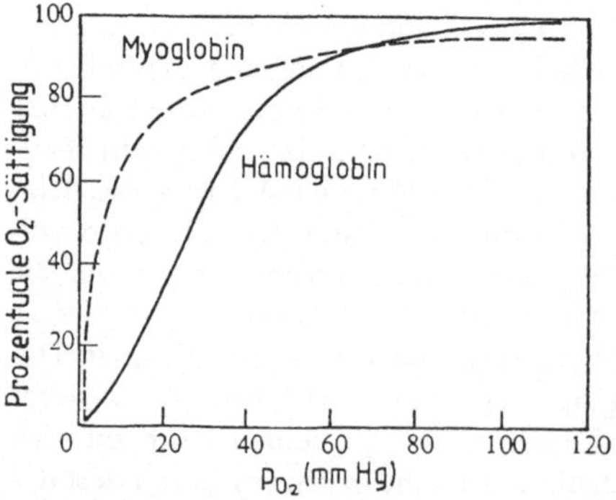



**Abb. 4.85** Sauerstoff-Sättigungskurven von Myoglobin und Hämoglobin ($\vartheta = 38\,^{\circ}C$, pH 7,4)

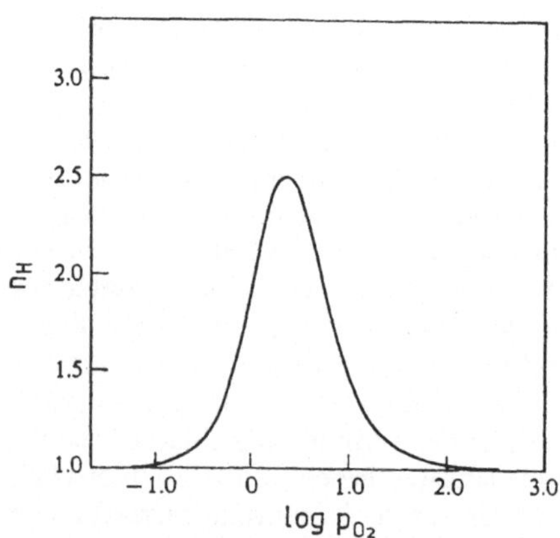



**Abb. 4.86** Abhängigkeit des Hill-Koeffizienten $n_H$ vom Logarithmus des $O_2$-Partialdruckes (nach I. Tyuma, K. Imai, K. Shimizu (1973))

koppelter Gleichgewichte mit den Reaktionsgleichungen

$$H_0 + O_2 \rightleftharpoons H_1 , \tag{4.229}$$

$$H_1 + O_2 \rightleftharpoons H_2 , \tag{4.230}$$

$$H_2 + O_2 \rightleftharpoons H_3 , \tag{4.231}$$

und

$$H_3 + O_2 \rightleftharpoons H_4 , \tag{4.232}$$

in denen die Symbole $H_i$ die jeweils mit i Sauerstoff-Einheiten beladenen Hämoglobinmoleküle bezeichnen.

Die diesen Gleichungen entsprechenden makroskopischen Dissoziationskonstanten $K_j$ sind durch die Beziehung

$$K_j = \frac{[H_{j-1}]p_{O_2}}{[H_j]} \tag{4.233}$$

definiert. Damit ergibt sich der durch die Gleichung

$$\bar{y} = \frac{\sum\limits_{i=0}^{4} i[H_i]}{4 \sum\limits_{i=0}^{4} [H_i]} \tag{4.234}$$

definierte relative Beladungsgrad $\bar{y}$ zu

$$\bar{y} = \frac{\sum\limits_{i=0}^{4} \left( i\, p_{O_2}^i \prod\limits_{j=1}^{i} \frac{1}{K_j} \right)}{4 \left( 1 + \sum\limits_{i=1}^{4} \left( p_{O_2}^i \prod\limits_{j=1}^{i} \frac{1}{K_j} \right) \right)} . \tag{4.235}$$

Die mikroskopischen Dissoziationskonstanten $k_j$ beziehen sich jeweils auf den Übergang eines mit j Sauerstoff-Einheiten beladenen Hämoglobinmoleküls in ein mit $j-1$ Sauerstoff-Einheiten beladenes Hämoglobinmolekül unter Freisetzung einer Sauerstoff-Einheit. Dabei ist die Zuordnung der gebundenen Sauerstoff-Einheiten zu bestimmten Hämoglobin-Untereinheiten ohne Be-

lang. Der Zusammenhang zwischen $K_j$ und $k_j$ ist analog Gl. (4.169) durch die Beziehung

$$K_j = \frac{C_{n,\,j-1}}{c_{n,\,j}}\, k_j \tag{4.236}$$

gegeben. Damit läßt sich der relative Beladungsgrad $\bar{y}$ auch mit den $k_j$-Werten als Funktion des Sauerstoff-Partialdruckes darstellen, und man erhält die Gleichung

$$\bar{y} = \frac{\dfrac{p_{O_2}}{k_1} + 3\,\dfrac{p_{O_2}^2}{k_1 k_2} + 3\,\dfrac{p_{O_2}^3}{k_1 k_2 k_3} + \dfrac{p_{O_2}^4}{k_1 k_2 k_3 k_4}}{1 + 4\,\dfrac{p_{O_2}}{k_1} + 6\,\dfrac{p_{O_2}^2}{k_1 k_2} + 4\,\dfrac{p_{O_2}^3}{k_1 k_2 k_3} + \dfrac{p_{O_2}^4}{k_1 k_2 k_3 k_4}} . \tag{4.237}$$

Mit dieser Gleichung lassen sich numerische $k_j$-Werte ermitteln, wenn $\bar{y}$ für eine hinreichend große Zahl verschiedener $p_{O_2}$-Werte mit hoher Genauigkeit bestimmt worden ist. Die auf diese Weise für eine NaCl-freie Human-Hämoglobin-Lösung in Tris-Puffer bei pH 7,4 und 25 °C ermittelten $k_j$-Werte sind in der Tabelle 4.11 zusammengestellt.

In dem Wert des Quotienten $k_1/k_4 = 35,2$ kommt der affinitätsverstärkende Einfluß der allosterischen Wechselwirkung deutlich zum Ausdruck. In einer 0,1 molaren NaCl-Lösung ($k_1/k_4 = 300$) ist dieser Verstärkungseffekt noch wesentlich größer als in der NaCl-freien Lösung. Mit Gl. (4.236) läßt sich die durch Gl. (4.171) definierte Größe $\Delta G_{I,\,ij}$ auch direkt aus den mikroskopischen Gleichgewichtskonstanten gemäß

$$\Delta G_{I,\,ij} = -\,RT \ln \frac{k_i}{k_j} \tag{4.238}$$

berechnen. Auf diese Weise wurde z.B. der zur Erläuterung von Gl. (4.171) genannte $\Delta G_{I,\,14}$-Wert von $-8,4\ \mathrm{kJ/mol}$ für Hämoglobin aus den in Tabelle 4.11 angegebenen $k_j$-Werten ermittelt.

**Tabelle 4.11.** $k_j$-Werte in mm Hg für eine NaCl-freie Human-Hämoglobin-Lösung in Tris-Puffer bei pH 7,4 und 25 °C (nach I. Tyuma, K. Imai, K. Shimizu (1973))

| $k_1$ | $k_2$ | $k_3$ | $k_4$ |
|-------|-------|-------|-------|
| 8,8 | 6,1 | 0,85 | 0,25 |

Das Sauerstoff-Bindungsvermögen des Hämoglobins weist eine charakteristische pH-Abhängigkeit auf. In der Abb. 4.87 sind die Sauerstoff-Sättigungskurven des Hämoglobins für drei verschiedene pH-Werte zusammenfassend dargestellt. Durch eine Verringerung des pH-Wertes auf einen Wert unterhalb 7,6 wird das Sauerstoff-Bindungsvermögen des Hämoglobins herabgesetzt. Deshalb kann das Hämoglobin-System auf eine mit der Gewebsatmung gekoppelte Zunahme des Kohlensäuregehaltes mit einer entsprechenden Freisetzung von Sauerstoff reagieren und auf diese Weise seine Sauerstofftransportfunktion optimal erfüllen. In den Lungen ist der Sauerstoff-Partialdruck hoch (ca. 100 Torr), und der pH-Wert ist ebenfalls relativ hoch. Dort wird das Hämoglobin bis zu etwa 95% mit Sauerstoff gesättigt. In dem durch den Blutkreislauf mit Sauerstoff zu versorgenden Gewebe ist der Sauerstoff-Partialdruck mit etwa 45 mm Hg wesentlich niedriger als in den Lungen und der pH-Wert ist wegen der hohen Kohlendioxid-Konzentration ebenfalls relativ niedrig. Deshalb wird dort der Sauerstoff vom Hämoglobin an die atmenden Zellen abgegeben, bis der relative Sättigungsgrad nur noch etwa 65% beträgt. Es besteht also eine Kopplung zwischen der Bindung der $H^+$-Ionen und der Freisetzung der Sauerstoff-Einheiten. Diese Kopplung wird als Bohr-Effekt bezeichnet.

Die Anwendung der Kopplungsgl. (4.191) auf den Bohr-Effekt mit $L_1 = H^+$ und $L_2 = O_2$ ergibt die Beziehung

$$\left(\frac{\partial \ln p_{O_2}}{\partial \ln [H^+]}\right)_{\bar{y}_{O_2}} = -\frac{n}{m}\left(\frac{\partial \bar{y}_{H^+}}{\partial \bar{y}_{O_2}}\right)_{[H^+]}. \quad (4.239)$$

Dabei ist vorausgesetzt, daß mit der Zahl n bzw. mit $\bar{y}_{H^+}$ nur diejenigen $H^+$-Ionen erfaßt sind, die bei der Freisetzung von $m = 4$ Sauerstoff-Einheiten gebunden werden und daß alle übrigen an das Protein gebundenen $H^+$-Ionen für den Bohr-Effekt von untergeordneter Bedeutung sind. Aus den Meßdaten ist ersichtlich, daß der Differentialquotient auf der linken Seite von Gl. (4.239) bei gegebener Temperatur nur vom pH-Wert und nicht vom Sättigungsgrad $\bar{y}_{O_2}$ abhängig ist. Mit $\ln x = 2,3026 \log x$ und $\ln[H^+] = -2,3026 \, pH$ kann die Gl. (4.239) für den Halbsättigungspunkt der Sättigungskurve in der Form

$$\left(\frac{\partial \log(p_{O_2})_{1/2}}{\partial pH}\right)_{\bar{y}_{O_2} = 1/2} = \frac{n}{m}\left(\frac{\partial \bar{y}_{H^+}}{\partial \bar{y}_{O_2}}\right)_{pH} = -\Delta\bar{H}^+$$

$$(4.240)$$

geschrieben werden. Dabei bezeichnet das Symbol $(p_{O_2})_{1/2}$ den Sauerstoff-Partialdruck bei Halbsättigung. $\Delta\bar{H}^+ = \overline{H_{deoxy}^+} - \overline{H^+} - \overline{H_{oxy}^+}$ ist die Differenz gebundener $H^+$-Einheiten des Deoxyhämoglobins und des mit Sauerstoff beladenen Hämoglobins. Die Größe $\Delta\bar{H}^+$ kann mit geeigneten Titrationsmethoden ermittelt werden. In der Abb. 4.88 sind experimentell bestimmte $\Delta\bar{H}^+$-Werte als Funktion des pH-Wertes dargestellt. Im pH-Bereich oberhalb pH 6 sind die $\Delta\bar{H}^+$-Werte positiv. Bei pH 7,2 werden als Maximalwert 0,5 $H^+$-Einheiten bei Bindung einer Sauerstoff-Einheit freigesetzt.

Ein wichtiger Modulator der Sauerstofftransport-Aktivität des Hämoglobins ist das 2,3-Diphosphoglycerat (DPG)

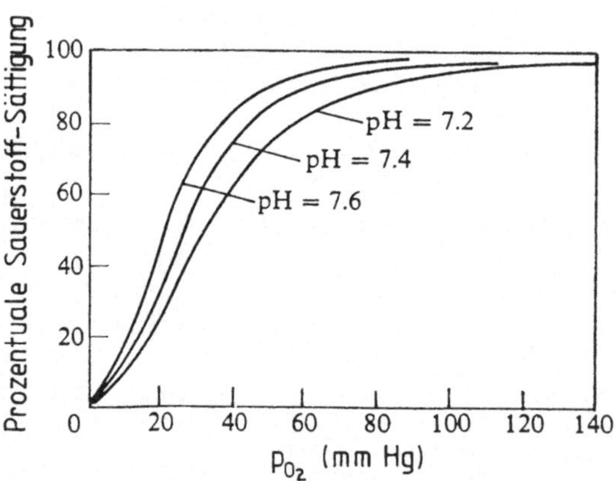


**Abb. 4.87** Sauerstoff-Sättigungskurven des Hämoglobins für drei verschiedene pH-Werte (nach R. E. Benesch, R. Benesch (1974))

$$\begin{array}{ccc}
\text{H} & & \text{H} \\
\text{HC}\!\!-\!\!\!-\!\!\!-\!\!\!-\!\!\!-\!\!\!-\!\!\!-\!\!\!-\!\!\!-\!\!\!-\!\!\!-\!\!\text{C}\!\!-\!\!\text{COO}^- \\
| & & | \\
\text{O} & & \text{O} \\
| & & | \\
\text{O}=\text{P}-\text{O}^- & & \text{O}=\text{P}-\text{O}^- \\
| & & | \\
\text{O}^- & & \text{O}^-
\end{array}$$

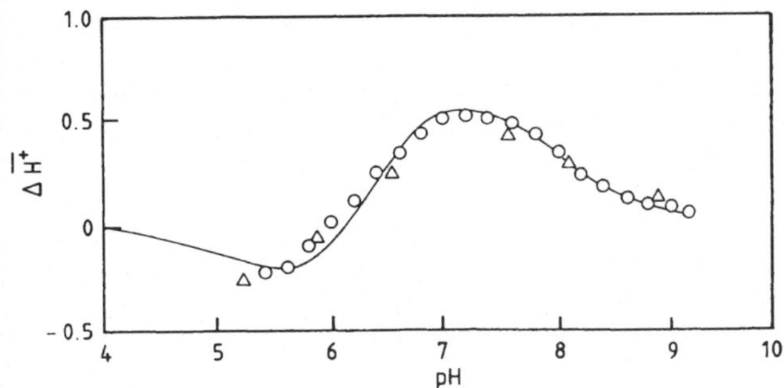

**Abb. 4.88** pH-Abhängigkeit der $\Delta H^+$-Werte des Human-Hämoglobins (nach E. Antonini et al. (1965))

In menschlichen Erythrozyten wird dieser Metabolit fest an Deoxyhämoglobin, jedoch nur wenig an Oxyhämoglobin gebunden. Deshalb wird das Oxygenierungsgleichgewicht des Hämoglobins durch eine Erhöhung der DPG-Konzentration unter Begünstigung der Deoxy-Form verschoben. Damit wird die Abgabe von Sauerstoff erleichtert. Durch Regulation der DPG-Konzentration wird eine Adaptation an Umgebungsbedingungen ermöglicht. So wird z.B. in großen Höhen eine verstärkte Sauerstoff-Abgabe durch eine Erhöhung der DPG-Konzentration aktiviert.

Auch das in der Blutflüssigkeit gelöste Kohlendioxid tritt mit dem Hämoglobin in Wechselwirkung. Es wird nach dem Reaktionsschema

$$HbNH_2 + CO_2 \rightleftharpoons HbNHCOOH \qquad (4.241)$$

an eine Aminogruppe des Hämoglobinmoleküls gebunden. Dabei besteht eine Konkurrenzwechselwirkung zwischen 2,3-Diphosphoglycerat und Kohlendioxid. DPG und Kohlendioxid wirken gemeinsam regulierend auf die Sauerstoff-Affinität des Hämoglobins. Die Abbildung 4.89 zeigt einen Satz von Sauerstoff-Sättigungskurven des Hämoglobins, die unter verschiedenen Bedingungen aufgenommen sind. Während das durch Vorbehandlung von DPG befreite Hämoglobin eine erhöhte Sauerstoff-Affinität aufweist, zeigt das Hämoglobin in einer Lösung von DPG und Kohlendioxid ein Sauerstoff-Bindungsverhalten, das mit dem der natürlichen Blutsubstanz weitgehend übereinstimmt.

Die Bindung des Kohlendioxids an das Hämoglobin ist nicht nur für die Regulation der

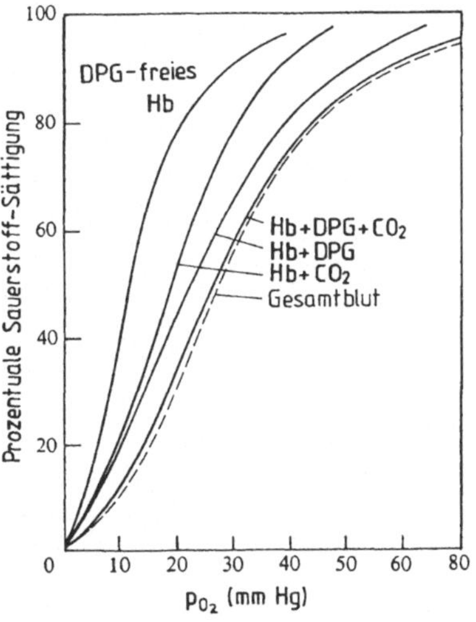


**Abb. 4.89** Einfluß von DPG und $CO_2$ auf die Sauerstoff-Affinität des Hämoglobins (nach (J. V. Kilmartin, L. Rossi-Bernardi (1973))

Sauerstoff-Aktivität, sondern auch für den Kohlendioxid-Transport wichtig. Etwa 10 bis 15 Prozent des von den Geweben abgegebenen Kohlendioxids werden auf diese Weise zu den Lungen transportiert. Die Hauptmenge des bei der Gewebsatmung gebildeten Kohlendioxids wird in Form von gelösten Hydrogencarbonat-Ionen und als Kohlensäure bzw. Kohlendioxid vom Blutplasma und den Erythrozyten aufgenommen und gelangt mit dem Blutstrom zu den Lungen.

Ein Vergleich der Sauerstoffbindung an das Fe-Zentrum mit der Bindung des Kohlendioxids an eine Aminogruppe des Hämoglobin-Moleküls läßt erkennen, daß bei der Bindung von Liganden-Molekülen an Biopolymer-Moleküle nicht nur verschiedene Bindungsorte, sondern auch verschiedene Bindungsarten bzw. Bindungsmechanismen in Betracht gezogen werden müssen. Die Unterscheidung zwischen verschiedenen Bindungsarten ist z.B. auch bei der Diskussion der Bindung von Gegenionen und kationsichen Farbstoffen an Nucleinsäuren zu beachten. In diesem Falle hat man zwischen einer kompetitiven Bindung und einer nicht kompetitiven Bindung (*Intercalation*) zu unterscheiden. Die Intercalation ist eine spezielle Bindungsform, die durch den Einschub eines Liganden-Moleküls (z.B. eines Ethidiumbromid-Moleküls) zwischen zwei gestapelte Basen der DNA-Doppelhelix-Struktur zustande kommt. Hinweise auf weiterführende Literatur zu speziellen Fragen der intercalativen Bindung und zur formalen Beschreibung komplexer Liganden-Bindungssysteme finden sich im Anhang 2.

# 5 Biochemische Energetik

## 5.1 Der Energiefluß in der Welt der Lebewesen

### 5.1.1 Elementare energetische Voraussetzungen für die Aufrechterhaltung der Lebensvorgänge

Alle biologischen Prozesse finden ihren Ausdruck in einer stationären oder instationären Veränderung des stofflichen Zustandes zellulärer Systeme. Neben den für zahlreiche physiologische Funktionen unumgänglichen Änderungen der Ordnungs- und Ladungszustände molekularer Strukturen spielen chemische Umsetzungen im Ablauf der Lebensvorgänge eine dominierende Rolle. Der Biochemiker wird daher sein Interesse zunächst auf die Isolierung und Charakterisierung der an einem biologischen Prozeß beteiligten molekularen Spezies und auf die Verknüpfung ihrer Umsetzungen im Stoffwechsel konzentrieren. Bei der Untersuchung jedes Teilprozesses des biologischen Gesamtgeschehens müssen aber neben einer bloßen Beschreibung der beteiligten chemischen Substanzen und ihrer Umsetzungen auch die energetischen Gesetzmäßigkeiten ihres Zusammenwirkens dargelegt werden, da alle stofflichen Zustandsänderungen und chemischen Umsetzungen zwangsläufig mit Energieumsätzen gekoppelt sind. Die Aufrechterhaltung der Lebensvorgänge wird nur gewährleistet sein, wenn für ihren Ablauf eine geeignete Energieform in hinreichendem Maß zur Verfügung gestellt wird.

Bei Aerobiern (vgl. Abschn. 5.1.7) wird die Energieversorgung fast ausschließlich durch die Zufuhr chemisch gebundener Energie aufrechterhalten. Das Geschehen wird hier überwiegend durch die biologische Oxidation der dem Organismus zugeführten chemischen Energieträger bestimmt. Die im Prinzip ebenfalls mögliche Umwandlung von Wärme in Arbeit spielt in diesem Falle eine völlig untergeordnete Rolle. Sieht man von der Reizung der Temperatursinnesorgane, für deren Erregung eine geringfügige Wärmeaufnahme erforderlich ist, ab, so findet im wesentlichen keine Aufnahme von Wärme aus der Umgebung zur Gewinnung von Arbeit statt.

Der lebende Organismus unterscheidet sich von einer Wärmekraftmaschine unter anderem dadurch, daß durch eine sinnvolle Hintereinanderschaltung enzymatisch kontrollierter chemischer Energieumwandlungen die Entstehung größerer Temperaturdifferenzen vermieden wird. Die lebende Zelle wird deshalb auch gelegentlich als „isotherme chemodynamische Maschine" bezeichnet. Eine weitere wichtige Besonderheit lebender Organismen ist der hohe Nutzungsgrad, mit dem die den zellulären Systemen zugeführte Energie für Arbeits- und Syntheseleistungen verwertet wird. Bei der aeroben biologischen Oxidation von Glucose werden z.B. bis zu 60% der verfügbaren Reaktionsenergie zur Synthese des chemischen Energieträgers Adenosintriphosphat (vgl. Abschn. 5.1.6) ausgenutzt. Die bei Algen oder isolierten Chloroplasten (vgl. Abschn. 5.4.1) erzielbaren Wirkungsgrade der Photosynthese liegen teilweise über 50%. Auch der für optimale Bedingungen zu etwa 20% abgeschätzte Wirkungsgrad der Muskeln bei der Umsetzung von chemischer Energie in mechanische Arbeit ist bemerkenswert hoch; die in der Praxis realisierbaren Wirkungsgrade guter Wärmekraftmaschinen liegen nur selten über 35%. Bei dem Vergleich dieser Wirkungsgrade ist zu beachten, daß sich der effektive Wirkungsgrad der meisten Wärmekraftmaschinen durch den begrenzten Nutzeffekt der vorgeschalteten Verbrennungsprozesse noch verringert. Der Nutzeffekt bei der Muskelkontraktion stellt sich im Vergleich mit der Wärmekraftmaschine also noch günstiger dar. Die lebenden Organismen verfügen über Mechanismen, welche eine bisher durch keine technische Konstruktion zu bewerkstelligende Energieumwandlung möglich machen. So wird die direkte Umsetzung chemischer Energie in mechanische Arbeit, wie bei der Muskelkontraktion, kaum in der modernen Technik angewendet. Es ist auch bis heute noch nicht gelungen, ein ausgereiftes technisches Verfahren zur Entsalzung von Meerwasser zu entwickeln, während das Membransystem der lebenden Zelle eine außerordentlich wirksame Pumpvorrichtung für Salze und Wasser darstellt. Schließlich sind die Lebewesen noch durch ihre hohe Regenerationsfähigkeit ausgezeichnet.

Die Versorgung des Organismus mit Aufbaustoffen und die Zulieferung der lebensnotwendigen Energie erfolgt beim Menschen und bei zahlreichen höher entwickelten Tieren durch die Aufnahme von pflanzlichen und tierischen Nahrungsmitteln, die für den stufenweisen Abbau durch Spaltung und biochemische Oxidation geeignet sind. Dabei sind die tierischen Nahrungsmittel ihrerseits aus Nährstoffen pflanzlicher Herkunft durch „Veredlung" im tierischen Organismus erzeugt worden. Die zur Erhaltung der tierischen Lebewesen erforderlichen Stoffe (Kohlenhydrate, Fette und Eiweißstoffe) sind also entweder bereits in der Pflanze entstanden oder in ihren Ausgangsstoffen vorgebildet worden. Die Pflanzen verwerten neben mineralischen Nährstoffen und stickstoffhaltigen Verbindungen aus dem Boden vor allem Kohlendioxid und Wasser und beziehen die für die pflanzliche Biosynthese benötigte Energie aus dem Sonnenlicht. Aus Wasser und Kohlendioxid werden zunächst unter Freisetzung von molekularem Sauerstoff die Kohlenhydrate gebildet. Sie ermöglichen den Aufbau makromolekularer Strukturen und die Speicherung von chemisch gebundener Energie. Außerdem dienen sie im Umsatz mit anderen Komponenten auch als Vorstufen zur Synthese von Lipiden und Proteinen. Hierzu werden die jeweils benötigten stickstoff- oder phosphathaltigen Komponenten aus der Atmosphäre oder aus dem Boden entnommen.

Die primäre Energiequelle aller Lebewesen ist also die Sonne, deren Strahlungsenergie nach Umwandlung in chemisch gebundene Energie zur Leistung von chemischer Synthesearbeit, Stoff-

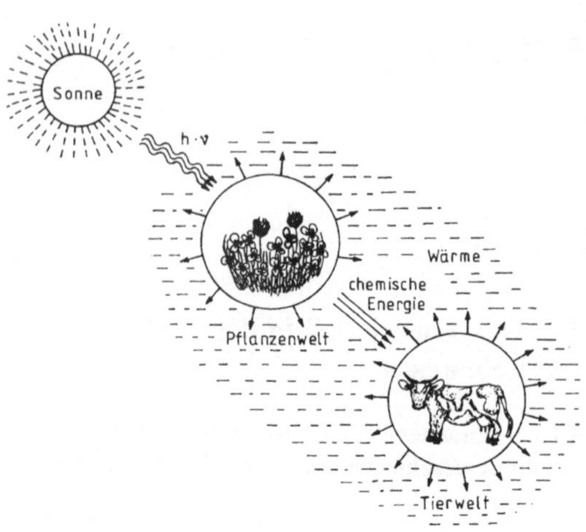


**Abb. 5.1** Der Energiefluß in der Welt der Lebewesen

transportarbeit und mechanischer Arbeit umgesetzt und schließlich in Form von Wärme wieder an die Umgebung bzw. das Weltall abgegeben wird. Offenbar ist der in Abb. 5.1 skizzierte Energiefluß in der Welt der Lebewesen mit einer „Wertminderung" der Energie verbunden. Im Abschn. 5.2 werden wir mit der Einführung der thermodynamischen Zustandsfunktionen *Entropie* und *freie Enthalpie* eine exakte Definition für diese „Wertung" der Energie geben. Durch die Photosynthese der chemischen Energieträger wird in den grünen Pflanzen ein direkter Übergang der hochwertigen Primärenergie des Sonnenlichtes in die zur Leistung von Arbeit nur noch wenig oder gar nicht nutzbare Wärmeenergie der nur schwach erwärmten Umgebung verhindert. Die Energie erreicht dabei ihren Endzustand erst auf dem für die biologische Arbeitsleistung nutzbaren Umweg über den pflanzlichen und tierischen Stoffwechsel.

Die biochemische Oxidation verwendet als Ausgangsstoffe die Produkte der pflanzlichen Photosynthese; sie stellt nicht nur in stofflicher, sondern auch in energetischer Hinsicht die „Umkehrung" der Photosynthese-Reaktion dar. Der durch die vereinfachende Summengleichung

$$6CO_2 + 6H_2O \rightarrow C_6H_{12}O_6 + 6O_2 \qquad (5.1)$$

zu beschreibende Prozeß der Synthese von

Glucose aus Kohlendioxid und Wasser läuft nicht spontan ab; er läßt sich nur dann durchführen, wenn die für den Aufbau der Syntheseprodukte erforderliche Reaktionsenergie dem System von außen zugeführt wird. Die pflanzliche Photosynthese ist eine *endergonische* Reaktion. Dagegen kann die durch das Schema

$$6O_2 + C_6H_{12}O_6 \rightarrow 6CO_2 + 6H_2O \qquad (5.2)$$

dargestellte Verbrennung von Glucose zu Kohlendioxid und Wasser unter Freisetzung von Reaktionsenergie spontan ablaufen. Die Glucose-Oxidation ist ein *exergonischer* Prozeß. Für die gleiche Stoffmenge an Glucose muß nach den Gesetzen der Thermodynamik (vgl. Abschn. 5.2) der für die Synthese von Glucose nach Gl. (5.1) aufzuwendende Energiebetrag gleich dem Betrag der bei der Glucose-Oxidation nach Gl. (5.2) freigesetzten Reaktionsenergie sein.

Für eine exakte Berechnung von Angaben über den jährlichen Gesamtumsatz im biologischen Stoffkreislauf und über den damit gekoppelten Energiefluß in der Biosphäre fehlen die empirischen Grundlagen. Die der Literatur zu entnehmenden Schätzungen weisen daher zum Teil recht erhebliche Unterschiede auf. Dem oft genannten Wert einer jährlichen biologischen Glucose-Produktion von ca. 200 Milliarden Tonnen bzw. einer Fixierung von ca. 80 Milliarden Tonnen Kohlenstoff entspricht ein Energieumsatz von etwa $3 \cdot 10^{18}$ kJ/Jahr. Damit stellt die biochemische Kohlenstoff-Fixierung den hinsichtlich seines Ausmaßes bedeutendsten chemischen Prozeß auf der Erde dar.

Die lebende Zelle ist als dynamisches System einem ständigen Austausch ihrer stofflichen Bestandteile unterworfen. Sie ist nicht nur bei Arbeitsleistung sondern auch im stationären Ruhezustand auf Energiezufuhr angewiesen. Die geordneten Strukturen des zellulären Systems werden nur durch diesen kontinuierlichen Energiefluß aufrechterhalten. Wird die zur Erhaltung der Lebens- und Arbeitsfähigkeit erforderliche Energiezufuhr unterbrochen, so zerfällt die funktionelle Ordnung der molekularen Systeme und die Zelle stirbt.

Die dem lebenden Organismus zugeführte Energie wird entweder auf dem Umweg über eine Arbeitsleistung (Synthesearbeit, osmotische Arbeit, mechanische Arbeit) in Wärme umgewandelt (*sekundäre Wärmebildung*) oder direkt als Wärme im System freigesetzt (*primäre Wärmebildung*), wobei grundsätzlich ebenfalls eine teilweise Nutzung durch Arbeitsleistung bewirkt werden kann. Die direkte Gewinnung von Arbeit aus chemischer Energie wird als *chemodynamischer Vorgang* bezeichnet. Die primäre Wärmebildung mit dem möglichen Nebeneffekt einer Arbeitsleistung ist dagegen als *thermodynamischer Vorgang* im engeren Sinne anzusehen. In jedem Falle wird die den sauerstoff-verbrauchenden Organismen in chemisch gebundener Form zugeführte Energie letztendlich in Wärme umgewandelt und an die Umgebung abgegeben. Diese Wärmeabgabe stellt daher einen Hauptposten im Energiehaushalt der tierischen Lebewesen dar. Bei den homoiothermen Lebewesen (vgl. Abschn. 2.1.3) erfolgt die Wärmeübertragung an die Umgebung großenteils durch Strahlung. Bei gegebener Strahlungsdichte wird die Wärmeabgabe maßgeblich durch die Oberflächengröße bestimmt. Damit läßt sich auch ein bereits von Rubner im Jahre 1883 festgestellter Zusammenhang zwischen der Größe der Körperoberfläche und dem auf die gleiche Gewichtsmenge an lebender Substanz bezogenen Sauerstoff-Verbrauch erklären: Da mit zunehmender Körpergröße die Oberfläche im Verhältnis zum Volumen abnimmt, findet man für den respiratorischen Umsatz je kg Spatz einen wesentlich größeren Wert als für 1 kg Elefant.

Zur Regulierung der Wärmeabgabe stehen den höher entwickelten Organismen verschiedene Hilfsmittel zur Verfügung. In der Regel ist die Körperoberfläche in Farbe und Formgebung den auch durch die Umgebung mitbestimmten Erfordernissen des Wärmehaushalts angepaßt. Die Hauttemperatur kann durch Veränderung der Durchblutung entscheidend beeinflußt werden. Außerdem wird die Wärmeabgabe bei vielen Lebewesen durch Beeinflussung der Schweißbildung, also durch Verdunstung geregelt.

In einem Organismus unterscheiden sich die verschiedenen Organe deutlich in ihrer Stoffwechselintensität. Der Energieumsatz der Nieren z.B. macht mit etwa 628 kJ/Tag bei einem Gewicht von 250 g rund den 25-fachen Betrag des

Durchschnittswertes aus, der für die Organe des Gesamtorganismus geschätzt wird. Das gegenüber Sauerstoff-Mangel hochempfindliche Gehirn, speziell die Gehirnrinde, zeigt einen mehr als 10 mal größeren Sauerstoff-Verbrauch als der Muskel in Ruhe. Rechnet man die Wärmebildung auf die Masse der Zellen um, in denen sie sich im Vergleich zu den Fasern ganz überwiegend vollzieht, so gelangt man zu Werten, die den durchschnittlichen Verbrauch durch die Gewichtseinheit des Körpers um mehr als das 100-fache übertreffen. Demgegenüber ist die Wärmebildung in 1 g Nerv bei einer Reizungsdauer von 1 s mit $4 \cdot 10^{-9}$ kJ sehr klein. Würde der Mensch nur aus maximal gereizter Nervenfasersubstanz bestehen, so würde demnach sein Tagesumsatz nur um 30 kJ über den mit ca. 1700 kJ ebenfalls geringen Ruheumsatz der Fasern vermehrt sein. Obwohl die Grundleistung des Plasmas, die Aufrechterhaltung der lebensnotwendigen Fließgleichgewichte, allgemein von vergleichbarer Größenordnung sein dürfte, sind die Tätigkeiten der einzelnen Organe oder Organteile energetisch betrachtet von außerordentlich unterschiedlicher Bedeutung. Das wird verständlich, wenn man z.B. daran denkt, daß im Vergleich zur mechanischen Muskelleistung die sie auslösende Nervenerregung nur die Aufgabe einer Zündung hat, deren energetisches Äquivalent gering ist. Aus dem gleichen Grunde ist auch die auf einen Wert von nur etwa $3 \cdot 10^{-16}$ W cm$^{-2}$ geschätzte Energieübertragung bei der Schallaufnahme durch das Trommelfell äußerst geringfügig. Zur Minimalerregung der Sinneselemente in der Netzhaut reichen nur wenige Lichtquanten (vgl. Abschn. 1.1.2) aus. Auch zur Auslösung einer Geruchswahrnehmung reicht ein durch nur wenige Molekeln eines hochaktiven Riechstoffes auf den Rezeptor übertragenes extrem schwaches Signal aus.

Wird die Stoffwechselgröße an Organschnitten mit Hilfe der Warburg' schen manometrischen Methode (vgl. Literaturhinweis im Anhang 2) untersucht, dann zeigen sich auch Unterschiede im Sinne einer Abhängigkeit von der Oberflächengröße, aber die Schwankungen sind sehr viel geringer. Die Gehirnrinde einer Maus verbraucht danach nicht neunmal mehr Sauerstoff pro g Gewebe als die eines Pferdes, sondern nur gut

doppelt so viel. Der Energiebedarf läßt größere Abweichungen bei diesen hochwertigen Organen offenbar nicht zu.

Die Wärmeabgabe der im Wasser lebenden Tiere wird durch die gute Wärmeleitfähigkeit des Wassers (vgl. Abschn. 2.1.2) wesentlich erleichtert, so daß nur ein sehr geringes Temperaturgefälle zwischen Lebewesen und Umgebung bestehen bleibt. Diese Tiere machen als poikilotherme Lebewesen (vgl. Abschn. 2.1.3) die Temperaturschwankungen der Umgebung mit, nur unterbrochen durch die kurzen, bei der Muskelarbeit entstehenden Wärmestöße. Im übrigen hat man bei jedem Wärmeübergang zu beachten, daß die Wärmekapazität der Organismen merklich geringer als die des Wassers ist. Die mittlere spezifische Wärme beträgt 3,53 J/g·K, für Fettgewebe 2,93 J/g·K, für kompakte Knochen 1,26 J/g·K.

### 5.1.2 Fundamentalkomponenten der Lebensvorgänge, Grundumsatz und Leistungszuwachs, Ordnung und Informationsgehalt der Strukturen

Einige weitere Hinweise und Begriffsbildungen, die im Zusammenhang mit den energetischen Voraussetzungen für die Aufrechterhaltung der Lebensvorgänge wichtig sind, sollen hier kurz erwähnt werden:

In der Gesamtheit der Lebensvorgänge lassen sich zwei Fundamentalkomponenten unterscheiden. Die im Wandeln, Entstehen und Erhalten der Form wirksam werdende Fundamentalkomponente wird als *formbildende* oder *plastische* Komponente bezeichnet. Die zweite Fundamentalkomponente ist die *betriebliche* Komponente, welche durch einen ständigen Stoff- und Energieumsatz die Lebens- und Arbeitsfähigkeit der Organismen erhält. Mit der Erzeugung und Erhaltung eines hohen Ordnungsgrades der molekularen Strukturbildner werden in der lebenden Zelle nicht nur die stofflichen Voraussetzungen für die Energieversorgung aller biologischen Reaktionsabläufe geschaffen, sondern es wird auch in großem Umfang biologische Information verarbeitet und gespeichert. Ohne den hohen Informationsgehalt der zellulären Systeme wäre die wirksame Steuerung aller im molekularen Bereich weitgehend fehlerfrei ablaufenden Lebensvorgänge nicht möglich.

Der durch die Zufuhr von chemisch gebundener Energie zu deckende Energiebedarf von Mensch und Tier in der Ruhe wird als *Grundumsatz* angegeben. Dieser Minimalumsatz ist abhängig von Alter, Größe und Geschlecht und liegt für den Menschen in der Größenordnung von 6300–8400 kJ pro Tag. Nahrungsaufnahme steigert ihn um 10–20%. Der Grundumsatz unterhält also den gesamten *Leerlauf*, welcher der Erhaltung der Struktur und der Arbeitsfähigkeit des Systems dient. Der darüber hinaus erforderliche *Leistungszuwachs* ist der für die Leistung von Arbeit einzusetzende Energieaufwand. Dieser zusätzliche Energieaufwand ist durchschnittlich etwa fünfmal größer als die durch ihn ermöglichte Arbeitsleistung. Bei schwerster körperlicher Betätigung kann der Umsatz einen Wert von 25000 kJ/Tag erreichen und in seltenen Fällen überschreiten.

Die bei der Verknüpfung von Molekülgruppen durch chemische Bindungen aufzuwendende Energie entspricht als Synthesearbeit im engeren Sinne nicht dem Energiebetrag, der insgesamt für den Aufbau des strukturellen Ordnungsgefüges molekularer Systeme in Rechnung zu stellen ist. Es ist zu beachten, daß auch die Umwandlung der durch zwischenmolekulare Wechselwirkungen und Wasserstoffbrückenbindungen stabilisierten molekularen Überstrukturen nicht ohne einen Energieumsatz vor sich geht. Dabei kommt auch der Wechselwirkung mit den Lösungsmittelmolekülen eine erhebliche Bedeutung zu. Die Denaturierung der Sekundär- und Tertiärstrukturen von Biopolymeren kann mit Energieumsätzen verbunden sein, welche in ihrem Gesamtbetrag oft die Größenordnung der Dissoziationsenergien kovalenter Bindungen erreichen (vgl. Abschn. 4.2.4). Schließlich muß auch die mit jeder Änderung einer Oberflächengröße gekoppelte Oberflächenarbeit (vgl. Abschn. 5.2.2) bei einer Diskussion des Energieumsatzes lebender Organismen in die Gesamtbilanz mit einbezogen werden; sie ist vor allem bei den formbildenden Lebensvorgängen nicht zu vernachlässigen.

### 5.1.3 Sonnenlicht als Quelle der biologischen Energie

Die spektrale Intensitätsverteilung der Sonnenstrahlung entspricht im wesentlichen dem kontinuierlichen Spektrum eines schwarzen Körpers bei einer Temperatur von ca. 5800 K; sie ist in Abb. 5.2 schematisch wiedergegeben. Das Sonnenspektrum erstreckt sich über einen ausgedehnten Wellenlängenbereich, der neben dem für die biochemische Photosynthese in erster Linie interessierenden Anteil des sichtbaren Lichtes auch größere Beiträge an infraroter und ultravioletter Strahlung beinhaltet. Nur etwa die Hälfte der primär von der Sonne emittierten Strahlungsleistung entfällt auf den Wellenlängenbereich des "optischen Fensters" zwischen 300 und 800 nm.

Die gestrichelt gezeichnete Kurve in Abb. 5.2 stellt die primäre spektrale Intensitätsverteilung der Sonnenstrahlung ohne Beeinflussung durch Streuung und Absorption in der Atmosphäre dar. Die ausgezogene Kurve gibt die bei der Berücksichtigung der Streuungs- und Absorptionsverluste resultierende Intensitätsverteilung wieder. Die intensiven Absorptionsbanden bei 900, 1100, 1400 und 1900 nm sind auf die Infrarotabsorption der Molekeln des Wasserdampfes und des Kohlendioxids zurückzuführen. Der in

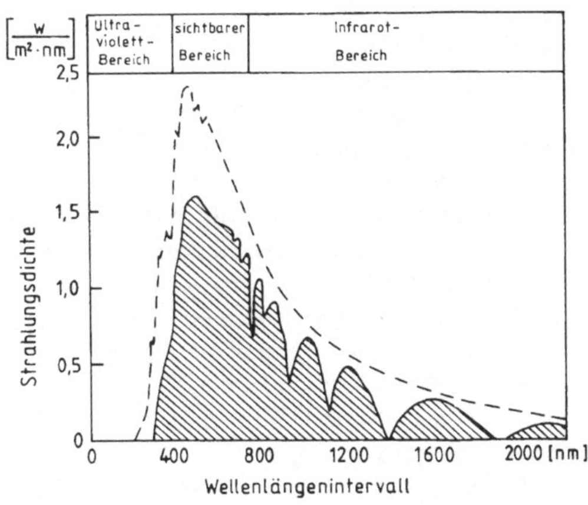



**Abb. 5.2** Die spektrale Intensitätsverteilung der Sonnenstrahlung

der primären Intensitätsverteilung enthaltene Anteil an ultravioletter Strahlung im Wellenlängenbereich unterhalb 300 nm wird durch die Ozonschicht der Stratosphäre weitgehend aus dem Spektrum herausgefiltert.

Die primäre Energiequelle der Sonnenstrahlung ist der nach dem Schema

$$4^1_1H \rightarrow {}^4_2He + 2e^- + 2e^+ + h\nu \qquad (5.3)$$

ablaufende Kernfusionsprozeß, bei dem aus Wasserstoff-Atomen unter Freisetzung von Elektronen und Strahlungsquanten Helium-Atome gebildet werden. Die freigesetzte Energie der Kernstrahlung wird in einer komplexen Reaktionsfolge von den Elektronen absorbiert und schließlich in Form von Photonen bzw. Lichtquanten abgestrahlt. Die Strahlungsflußdichte der Sonnenstrahlung wird auf etwa $1,4 \text{ kW/m}^2$ geschätzt; er reduziert sich durch Streuung und Absorption in der Erdatmosphäre auf ca. $0,9 \text{ kW/m}^2$. Für die im Wellenlängenbereich des sichtbaren Lichtes auf die Erdoberfläche fallende Strahlungsintensität hat man somit einen Maximalwert von etwa $500 \text{ W/m}^2$ anzusetzen (vgl. Abschn. 5.2).

Während die technischen Vorrichtungen zur Nutzung der Sonnenenergie zur Zeit noch in erster Linie der Wärmegewinnung für Gebäudeheizung und Warmwasserversorgung dienen und Solarzellen-Aggregate zur direkten Umwandlung der Strahlungsenergie in elektrische Arbeit nur in besonderen Fällen Anwendung finden, bewirkt der pflanzliche Photosyntheseapparat als biologischer Energiewandler mit der Synthese hochwertiger chemischer Energieträger den für das Leben auf der Erde entscheidenden Energieumsatz in einem Umfang, der alle sonstigen Energieumsätze bei weitem übertrifft. Alle fossilen Brennstoffe sind letztlich als Folgeprodukte dieses energiekonvertierenden Syntheseprozesses anzusehen.

Die biologischen Energiewandler-Systeme der Pflanzen und der photosynthetisierenden Bakterien (vgl. Abschn. 5.4.9) sind dem alternierenden Rhythmus von Hell- und Dunkelperioden in der zeitlichen Abfolge von Tag und Nacht angepaßt. Da in der Nacht keine Sonnenstrahlung zur Verfügung steht, wird der zur Erhaltung der Organismen benötigte Mindestenergieverbrauch in den Dunkelperioden durch den exergonischen Abbau eines Teils der zuvor photosynthetisch gewonnenen Energieträger gedeckt. Durch diese Umschaltung des Stoffwechsels bewahrt das Photosynthese-System seine Funktionsfähigkeit.

### 5.1.4 Die Kopplung von Photosynthese und Atmung im Kreislauf der Materie zwischen Pflanzenwelt und Tierwelt

Die zur Photosynthese befähigten Zellen der Pflanzen und der photosynthetisierenden Bakterien können alle in der Gesamtheit ihres Stoffwechsels auftretenden niedermolekularen und hochmolekularen Komponenten aus einfachen kleinen Molekeln wie Kohlendioxid, Ammoniak und Wasser selbst synthetisieren; sie werden deshalb als *autotrophe Zellen* bezeichnet. Neben den photosynthetisch autotrophen Zellen gibt es auch autotrophe Zellen, welche die zur Synthese benötigte Energie nicht aus dem Sonnenlicht sondern aus biologischen Oxidationsreaktionen beziehen. Diese Zellen zählen zur Gruppe der *chemosynthetisch autotrophen* Zellen. Die Zellen der tierischen Lebewesen sind dagegen auf die Versorgung mit den hochwertigen, energiereichen Produkten der Photosynthese angewiesen. Sie können Kohlendioxid und andere kleine Molekeln nicht als Ausgangsstoffe zur Synthese zelleigener Bestandteile verwenden und müssen ihren Energiebedarf durch den Abbau chemischer Energieträger decken. Diese Zellen nennt man *heterotroph.* Im Stoffwechsel der tierischen Lebewesen spielt die mit der biochemischen Oxidation gekoppelte Atmung oder Respiration eine entscheidende Rolle. Während die photosynthetisch autotrophen Zellen der Pflanzen bei der Umwandlung von Sonnenenergie in chemisch gebundene Energie molekularen Sauerstoff freisetzen, wird bei der Respiration Sauerstoff verbraucht. Die Stoffwechselumsätze der photosynthetisch autotrophen Zellen sind also im Gesamteffekt symbiotisch mit den Stoffwechselumsätzen der heterotrophen Zellen gekoppelt. In dem daraus resultierenden Kreislauf der Materie in der Biosphäre werden die Produkte der Photosynthese von den sauerstoffverbrauchenden Lebewesen durch biologische Oxidation zu Kohlendioxid und Wasserdampf abgebaut, und es stellt sich ein ausgewogenes Fließgleichgewicht zwischen der oxidativen Erzeugung und dem assimilatorischen Verbrauch von Kohlendioxid ein. Störungen dieses Kreislaufsystems würden sich in erster Linie auf den Kohlendioxid-Gehalt der Atmosphäre, der nur etwa 0,03% beträgt, auswirken. Das gesamte atmosphärische Kohlendioxid wäre ohne Nacherzeugung bereits in ein oder zwei Jahren durch die pflanzlichen Lebewesen verbraucht. Wasser und Sauerstoff sind dagegen in großen Mengen vorhanden, so daß kleinere Störungen im Stoffumsatz dieser beiden lebenswichtigen Substanzen noch verhältnismäßig leicht aufgefangen werden können. Der von der Sonnenenergie angetriebene Kreislauf der Materie zwischen Pflanzenwelt und Tierwelt stellt ein besonders eindrucksvolles Beispiel für die im Abschn. 5.2.7 noch genauer zu besprechende Kopplung von Stoff- und Energietransport in biologischen Systemen dar.

### 5.1.5 Chemische Energie und biologische Arbeit

Alle Lebewesen leisten in einer äußerlich mehr oder weniger gut wahrnehmbaren Form Arbeit, um den Aufbau ihrer komplexen organischen Strukturen zu bewerkstelligen und diese in ihrer Funktionsfähigkeit zu erhalten. In ihrer auffälligsten und am einfachsten meßbaren Form zeigt sich die biologische Arbeit bei der Muskelkontraktion und verwandten Prozessen in beweglichen Strukturen, wie z. B. Geißeln und Cilien. Die Möglichkeit zur Aktivierung mechanischer Zugkräfte stellt eine Grundeigenschaft nahezu aller zellulären Systeme dar. Auch bei der Trennung der Zellinhalte im Verlauf der Zellteilung spielen die von kontraktilen Strukturen ausgehenden Zugkräfte eine entscheidende Rolle. Die in den meisten kontraktilen Systemen in ähnlicher Form enthaltene Funktionseinheit ist das *Actomyosinsystem*, das als „molekulare Maschine" chemische Energie in mechanische Arbeit umzuwandeln vermag. Die molekularen Systeme werden intrazellulär durch den bei der biochemischen Oxidation von Nährstoffen gebildeten Energieträger Adenosintriphosphat (ATP) mit chemisch gebundener Energie versorgt.

Die von den kontraktilen Strukturen bewirkte mechano-chemische Energieumwandlung stellt keineswegs die einzige Form von biologischer Arbeit dar. Da die gesamte umgesetzte Energie in allen Stadien von der Photosynthese bis zur Freisetzung des Kohlendioxids durch die sauerstoffverbrauchenden Lebewesen primär in stofflicher bzw. chemisch gebundener Form transportiert wird und eine Anreicherung von Stoffen nur unter Arbeitsaufwand bewirkt werden kann, ist eine Aufrechterhaltung der Lebensvorgänge ohne den endergonischen Transport von lebenswichtigen Substanzen nicht möglich. Die Zelle muß unter Umständen in der Lage sein, Nahrungsstoffe auch dann aufzunehmen, wenn die Konzentration dieser Stoffe in der Umgebung extrem gering ist. Schädliche Stoffe müssen von den zellulären Systemen der Organe sekretiert werden, wobei zur Überwindung eines gegenläufigen Konzentrationsgefälles aktive Transportarbeit geleistet werden muß. Die besondere Bedeutung der biologischen Transportarbeit besteht darin, daß durch sie die Einstellung und Konstanthaltung einer optimalen Zusammensetzung der Zellinhalte ermöglicht wird. Auch beim Abbau kurzzeitiger Verschiebungen der Konzentration von Natrium- und Kalium-Ionen, wie sie z. B. im Verlauf der Nervenerregung auftreten, kommt aktiven Transportprozessen eine wichtige Funktion zu.

Die als chemische Arbeit oder Synthesearbeit bezeichnete dritte Form der biologischen Arbeit bedarf kaum einer besonderen Erläuterung. Alle wichtigen chemischen Komponenten der lebenden Zelle, wie z. B. Polysaccharide, Lipide, Nucleinsäuren und Proteine müssen nicht nur während des Wachstums, sondern auch im voll entwickelten Organismus zur Erhaltung der lebensnotwendigen Fließgleichgewichte laufend und großenteils unter Aufwendung von Energie synthetisiert werden. Da es in der belebten wie in der unbelebten Welt nur sehr wenige chemische Umsetzungen gibt, die ohne einen nennenswerten Energieumsatz ablaufen, stellt das Zusammenwirken endergonischer und exergonischer Vorgänge im Verlauf der biochemischen Synthese- und Abbauvorgänge zwangsläufig eine fundamentale Komponente im Energiehaushalt aller lebenden Organismen dar. Dieses geregelte Ineinandergreifen zahlreicher Teilvorgänge in einem komplizierten Gesamtgeschehen wird durch die Steuerungsmechanismen der Enzymsysteme ermöglicht. Beispiele für endergonische Syntheseprozesse sind die Biosynthesen der Polysaccharide und der Lipide. Diese Prozesse können wie viele andere biochemische Synthesen nur in energetischer Kopplung mit der exergonischen Spaltung chemischer Energieträger ablaufen. Daneben treten im Ablauf des biochemischen Geschehens auch Syntheseprozesse auf, deren Energiebedarf aus dem Vorrat der in den chemischen Bindungen der Ausgangsstoffe gespeicherten Energie gedeckt werden kann. Ein derartiger Synthesevorgang mit „energetischer Selbstversorgung" ist z.B. die Replikation der Desoxyribonucleinsäure, bei der die chemische Syntheseenergie aus der Pyrophosphat-Spaltung der Desoxyribonucleosid-Triphosphate gewonnen wird. Die zur Durchführung der endergonischen Syntheseprozesse benötigte Energie wird in der lebenden Zelle fast ausschließlich in chemisch gebundener Form zur Verfügung gestellt. Nur die Primärprozesse der Photosynthese, die ihre Triebkraft aus der Strahlungsleistung des Sonnenlichtes beziehen, nehmen in dieser Hinsicht eine Sonderstellung ein.

### 5.1.6. Energiereiche Verbindungen als Speicher und Überträger von Energie

Obwohl grundsätzlich alle chemischen Verbindungen, deren Abbau unter Freisetzung von Energie vor sich geht, als Speicher und Überträger von Energie angesehen werden können, hat die Natur nur sehr wenigen Substanzen eine zentrale übergeordnete Funktion im Energiehaushalt der Lebewesen zugewiesen. Diese Reduzierung einer unüberschaubaren Vielfalt von Möglichkeiten der Energieübertragung auf eine begrenzte Mannigfaltigkeit enzymatisch kontrollierbarer Prozesse stellt eine typische Besonderheit des hochentwickelten Organisationssystems der lebenden Zelle dar. Die für verschiedene Funktionen als „Zentralspeicher" oder „Haupttransportmittel" von Energie vorgesehenen chemischen Verbindungen müssen bestimmte Anforderungen erfüllen. Ein als „Langzeitdepot" dienender Reservestoff muß vor allem zur „Konservierung" von chemi

scher Energie geeignet sein. Die Molekeln der Depotstoffe dürfen keine besonders große Beweglichkeit und auch keine ausgeprägte chemische Reaktivität aufweisen. Es muß lediglich sichergestellt sein, daß der Depotstoff über einen einfachen Reaktionsweg in hinreichender Menge synthetisiert werden kann und daß die gebundene Energie bei Bedarf wieder über eine enzymatisch gesteuerte Reaktion aus dem Depotsystem entnommen werden kann. Diese Systemeigenschaften sind mit relativ hohen Molekulargewichten bzw. makromolekularen Strukturen vereinbar. Neutralfette und Speicherpolysaccharide sind typische Vertreter dieser Gruppe von Reservestoffen. Andere Anforderungen sind dagegen an die Eigenschaften derjenigen Substanzen zu stellen, welche als Transportmittel für Energie und als Überträger funktionell wichtiger Molekülgruppen dienen sollen. Da nur relativ kleine Molekeln über eine ausreichende Beweglichkeit verfügen, darf das Molekulargewicht dieser Substanzen nicht zu hoch sein. Um die notwendige Anpassung an den unterschiedlichen Energiebedarf verschiedener Biosynthese-Reaktionen zu gewährleisten, sollten in die Molekülstruktur eines vielseitig anwendbaren Energieträgers nach Möglichkeit mehrere exergonisch spaltbare Bindungen eingebaut sein. Auch die Gruppenübertragungsfunktion der Überträgersubstanzen muß wegen der geforderten Vielseitigkeit gut an eine mit vielen Biosynthesen gekoppelte „biochemische Elementarreaktion" angepaßt sein. Die chemische „Aktivierung" der verschiedenen für eine Biosynthese eingesetzten molekularen Bausteine sollte nach Möglichkeit stets durch die gleiche Gruppenübertragung erfolgen. Schließlich sollte die Nacherzeugung oder Wiedergewinnung eines in der ganzen Breite des biochemischen Geschehens anwendbaren Energieträgers mit den energieliefernden Primärprozessen der Photosynthese und mit der sauerstoff-verbrauchenden chemischen Endstufe des respiratorischen Systems gekoppelt sein. Die Natur hat im Laufe der biochemischen Evolution Substanzen entwickelt und selektiert, welche den vorgenannten Anforderungen genügen. Diese Substanzen werden in der biochemischen Literatur als *energiereiche Verbindungen* bezeichnet. Der wichtigste Vertreter dieser

Gruppe von Verbindungen ist das bereits im vorangehenden Abschnitt kurz erwähnte Adenosintriphosphat (ATP), dessen Strukturformel in Abb. 5.3 skizziert ist. Das zuerst im Jahre 1929 von Fiske und Subbarow aus Skelettmuskelextrakten isolierte Ribonucleosid-5'-triphosphat ATP hat sich als essentieller Bestandteil des Zellinhaltes aller pflanzlichen, tierischen und mikrobischen Zellen erwiesen, nachdem man anfänglich angenommen hatte, daß es nur für die Muskelkontraktion wichtig sei. ATP kommt im Zellsaft in Konzentrationen zwischen 0,001 und 0.005 mol/l bzw. 0,5 und 2,5 mg/ml vor; es kann mit Hilfe von Ionenaustauscherharzen leicht in reiner Form angereichert werden. Im Adenosintriphosphat ist die D-Ribose über eine N-glycosidische Bindung am Kohlenstoffatom 1' mit der Base 6-Aminopurin (Adenin) verknüpft und über die OH-Gruppe am Kohlenstoffatom 5' mit einer Triphosphatgruppe verestert. In der Zelle liegt das Adenosintriphosphat ebenso wie das durch hydrolytische Abspaltung einer Orthophosphat-Gruppe aus dem ATP gebildete Adenosindiphosphat (ADP) als Magnesium-Komplex vor. Dabei sind die Magnesium-Ionen durch eine verbrückende ionische Wechselwirkung an die terminalen Phosphatgruppen der Nucleosidphosphate gebunden. Die Bildung der Komplexe $MgATP^{2-}$ und $MgADP^{-}$ wird durch die relativ hohe intrazelluläre $Mg^{2+}$-Konzentration und durch die hohe Affinität der Pyrophosphatgruppen für zweiwertige Kationen begünstigt. Das Ringsystem des Adenins kann wie die Ringsysteme der anderen für den Aufbau der Nucleinsäuren wichtigen Purine und Pyrimidine

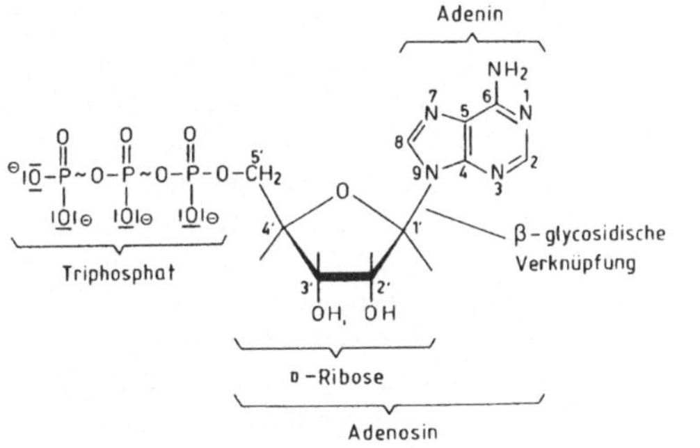

(vgl. Abschn. 4.1.3) auch von höheren Tieren synthetisiert werden.

Die Triphosphatgruppe des ATP enthält zwei Phosphat-Reste in anhydridrischer Bindung. Diese anhydridrischen Bindungen sind die „energiereichen Bindungen" des ATP. Der Forderung nach Anpassung an den unterschiedlichen Energiebedarf einer Vielzahl endergonischer Prozesse entsprechend kann die Triphosphatgruppe durch verschiedene Hydrolysereaktionen mit ähnlicher Energiebilanz gespalten werden. Mit den Abkürzungen ADP für Adenosindiphosphat und AMP für Adenosinmonophosphat lassen sich diese Reaktionen in stark vereinfachter Form beschreiben:

$$ATP \rightarrow ADP + P_i \tag{5.4}$$

$(P_i = $ inorganic phosphate, Orthophosphat$)$

$$ATP \rightarrow AMP + (P_i)_2 \tag{5.5}$$

$((P_i)_2 = $ Pyrophosphat$)$

$$ADP \rightarrow AMP + P_i \,. \tag{5.6}$$

Ohne Kopplung an energieverbrauchende Prozesse scheinen diese Reaktionen zunächst biochemisch wenig sinnvoll zu sein. Die durch die hydrolytische Spaltung freizusetzende Energie kann aber durch geeignete ATPasen vielfältig nutzbar gemacht werden. ATP wird bei der Photosynthese und bei der energieliefernden Oxidation der Nährstoffe in gekoppelter Reaktion aus ADP und Orthophosphat unter Energieaufnahme gebildet und bei Bedarf unter Abgabe chemischer Energie gespalten. Somit stellt ATP die *geladene* und ADP eine *ungeladene* Form eines enzymatisch kontrollierten Energietransportsystems dar. ATP ist ein *Phosphatgruppendonator*. ADP kann als *Phosphatgruppenakzeptor* fungieren. Die übergeordnete zentrale Funktion des Adenosintriphosphats als „universeller Energieüberträger" biochemischer Systeme ist nur durch die speziellen Wirkungen der ATP-umsetzenden Enzyme zu erklären, da die energetischen Besonderheiten des ATP-Systems allein keine hinreichende Voraussetzung für die Begründung einer derartigen Sonderstellung ergeben. Eine exakte Definition für das Ausmaß der Arbeitsfähigkeit chemodynamischer Prozesse soll im folgenden Kap. 5.2 mit der

**Abb. 5.3** Adenosintriphosphat (ATP); die „energiereichen Bindungen" sind durch besondere Symbole ( $\sim$ ) gekennzeichnet

Einführung der Begriffe *maximale Nutzarbeit* und *freie Reaktionsenthalpie* gegeben werden. Der Vergleich von Werten der freien Reaktionsenthalpie wichtiger Reaktionen des ATP-Systems mit der Arbeitsfähigkeit anderer chemischer Umsetzungen wird zeigen, daß die Kriterien der Thermodynamik eine willkürfreie Abgrenzung des Bereichs der „energiereichen Bindungen" nicht zulassen.

Im Sinne der biochemischen Stoffklassifikation ist das Nucleosidphosphat ATP ein Coenzym, welches der Übertragung von Phosphatgruppen dient. Als Phosphatgruppendonator wird das ATP bei der Phosphorylierung von Alkoholen und Carboxyl-Gruppen umgesetzt. Unter Abspaltung von Pyrophosphat aus dem ATP kann auch die „Aktivierung" einer Carboxyl-Gruppe über die Bildung eines gemischten Säureanhydrids mit AMP, z. B. bei der Biosynthese der Proteine erfolgen. Auch die Aktivierung der Methylgruppe des Methionins unter Bildung des Methylgruppendonators Adenosylmethionin ist möglich. Amino-Gruppen sind bevorzugte Akzeptoren für die Methylgruppe des Coenzyms Adenosylmethionin. Schließlich kann das ATP auch als Donator der Pyrophosphat-Gruppe fungieren. Eine Übertragung der Pyrophosphat-Gruppe erfolgt z. B. bei der Synthese der Purinnucleotide.

Diese wenigen Beispiele mögen genügen, um zu zeigen, daß das Adenosintriphosphat auch im Stoffumsatz biochemischer Reaktionen eine Rolle spielt. Neben dem ATP können auch die Triphosphate von Guanosin, Inosin, Uridin und Cytidin entsprechende Coenzym-Funktionen übernehmen.

Beispiele für andere energiereiche Phosphate sind das Phosphoenolpyruvat:

$$\overset{\displaystyle O\!-\!P_i}{\underset{\displaystyle H_2C\!=\!C\!-\!COOH}{|}}\quad,$$

das 3-Phosphoglyceroylphosphat:

$$P_i\!-\!O\!-\!CH_2\!-\!CHOH\!-\!\overset{\displaystyle O}{\overset{\|}{C}}\!-\!OP_i$$

und das Creatinphosphat:

$$P_i\!-\!NH\!-\!\underset{\displaystyle \underset{\|}{NH}}{\overset{\displaystyle CH_3}{\overset{|}{C}}}\!-\!N\!-\!CH_2\!-\!COOH\,.$$

Es ist wichtig, darauf hinzuweisen, daß die Fixierung und Weiterleitung von Energie in chemisch gebundener Form nicht die einzige Möglichkeit zur Speicherung von Energie in biologischen Systemen und zur Energieversorgung endergonischer Prozesse darstellt. Bei einigen extrem schnell verlaufenden physiologischen Prozessen reicht die Geschwindigkeit der Umsetzung kovalent gebundener Molekülgruppen (vgl. Abschn. 5.3.1) nicht aus, um eine den Zeitkonstanten der endergonischen Vorgänge angepaßte Energieversorgung zu gewährleisten. Beispiele für derartige besonders schnelle Prozesse sind der Übergang vom Ruhepotential zum Aktionspotential bei der Nervenerregung und bestimmte Teilschritte im Primärprozeß der Photosynthese (Abschn. 5.4.4) und im Ablauf der Atmungskettenphosphorylierung. In diesen und ähnlichen Fällen wird die Funktion des Informationsträgers und des Energiespeichers durch den sich an einer Membran einstellenden Gradienten einer Ionenkonzentration und das damit zusammenhängende Membranpotential (vgl. Abschn. 5.2.5) übernommen. Neben diesen speziellen Funktionssystemen stellt die mit den Umsetzungen chemischer Energieträger gekoppelte Energieübertragung das für die Aufrechterhaltung aller Lebensvorgänge wichtigste Versorgungssystem dar. Das Ineinandergreifen zahlreicher biochemischer Abbau- und Syntheseprozesse bei der chemischen Energieübertragung findet seine Erklärung durch das *Prinzip des gemeinsamen Zwischenproduktes*.

Transportsubstanzen mit den Eigenschaften des Adenosintriphosphats können die chemisch gebundene Energie von energiereichen Donatoren auf energiearme Akzeptoren übertragen, weil sie als Produkt einer energieliefernden Reaktion gebildet und anschließend als Ausgangsstoff in einer energieverbrauchenden Reaktion umgesetzt werden; sie stellen somit das gemeinsame Zwischenprodukt von zwei gekoppelten chemischen Umsetzungen dar. Um die Funktion eines gemeinsamen Zwischenproduktes übernehmen zu können, muß der chemische Energieträger eine Mittelstellung zwischen besonders „energiereichen" Verbindungen und relativ „energiearmen" Verbindungen einnehmen. Die Position des ATP-ADP-Systems in der Rangordnung der energiereichen Verbindungen ergibt sich aus dem sogenannten *Phosphat-Übertragungspotential*, dessen Definition im Abschn. 5.2.2 erklärt werden wird. Eine Antwort auf die noch offene Frage nach der Verknüpfung der ATP-Synthese mit den Elementarreaktionen der biochemischen Oxidationsbzw. Reduktionsprozesse wird im Abschn. 5.4.6 gegeben.

### 5.1.7 Arbeitsteilung und Kompartimentierung

Um die Gesamtheit der Lebensvorgänge in ihrer komplexen Vielfalt zu ermöglichen, bedient sich die Natur des Prinzips der Arbeitsteilung. Der im Abschn. 5.1.3 beschriebene Kreislauf der Materie zwischen Tierwelt und Pflanzenwelt bietet ein typisches Beispiel für diese Verteilung unterschiedlicher Funktionen auf verschiedene Gruppen von Organismen. Die durch Erzeugung und Verbrauch von Kohlendioxid, Wasser, molekularem Sauerstoff und pflanzlichen Nährstoffen bewirkte symbiotische Kopplung wird als *Syntrophie* bezeichnet.

Auch das am Aufbau zahlreicher wichtiger Biomoleküle beteiligte Element Stickstoff wird in der Welt der Lebewesen in einem Kreislauf umgesetzt. Die in den Proteinen gebundenen AminosäureBausteine werden von den heterotrophen Organismen mit der Nahrung aufgenommen. Der Stickstoff wird nach dem Umsatz der Nahrungsstoffe von diesen Organismen als Ammoniak bzw. Harnstoff ausgeschieden und gelangt in dieser Form in den Erdboden, wo die Bodenbakterien die Oxidation zu Nitrit und Nitrat übernehmen. Die Pflanzen nehmen ihrerseits das Nitrat aus dem Boden auf und verwenden es zur Synthese von Aminosäuren bzw. Proteinen und anderen stickstoffhaltigen Naturstoffen. Damit ist der Kreislauf geschlossen. Ähnlich wie der Kohlendioxid-Vorrat in der Atmosphäre ist auch der Vorrat an gebundenem Stickstoff im Erdboden und im Oberflächenwasser knapp bemessen, weshalb sich Störungen der biologischen Fließgleichgewichte in diesem Kreislauf sehr stark auf den Stoffumsatz der Pflanzen auswirken. Die meisten Organismen sind nicht in der Lage, den gewaltigen Vorrat der Atmosphäre an molekularem Stickstoff zur Bildung biologisch verwertbarer Stickstoffverbindungen zu nutzen. Nur die stickstoff-fixierenden Bakterien (z.B. Actinomyceten, Cyanophyten und Knöllchenbakterien) besitzen die Fähigkeit, molekularen Stickstoff zu fixieren und in biochemisch verwertbare Verbindungen überzuführen. Bestimmte Pflanzen nutzen das Stickstoff-Bindungsvermögen der von ihnen mit anderen Stoffen versorgten Knöllchenbakterien, um in Symbiose ihren Bedarf an verwertbaren Stickstoff-Verbindungen zu decken. Andererseits wird unter bestimmten Bedingungen auch molekularer Stickstoff aus dem Kreislauf heraus gebildet und an die Atmosphäre abgegeben. Dieser Vorgang wird z.B. von heterotrophen Bakterien bei Sauerstoff-Mangel in überschwemmten Böden bewerkstelligt, wenn geeignete organische Substanzen und Nitrat in hinreichender Menge vorhanden sind. Die Bakterien bauen die organischen Verbindungen auf dem Weg einer quasiaeroben Dissimilation ab, wobei der Sauerstoff aus dem Nitrat entnommen wird. Bei dieser durch die energieliefernde Oxidation der organischen Substanzen ermöglichten *Denitrifikation* wird molekularer Stickstoff freigesetzt. Wenn die Defekte des biologischen Stickstoff-Kreislaufes nicht auf natürlichem Wege durch die bakterielle Stickstoff-Fixierung ausgeglichen werden, müssen sie gegebenenfalls durch künstliche Düngung kompensiert werden. Die in den biologischen Stoffkreisläufen besonders deutlich zum Ausdruck kommende nahrungsbedingte wechselseitige Abhängigkeit von Organismen und Zellen ist für alle ökologischen Systeme charakteristisch; sie wirkt sich auf allen Ebenen der Biosphäre aus.

Mehreren Wirbeltieren, wie auch den Menschen, fehlt die Fähigkeit zur Synthese einer Reihe von Aminosäuren. Viele Organismen können bestimmte Vitamine nicht selbst synthetisieren. Im mikroskopischen Bereich ist diese stoffliche und funktionelle Abhängigkeit genauso ausgeprägt wie auf der Ebene der globalen Stoffumsätze. Es existieren allerdings auch einige Organismen, die durch eine bemerkenswerte Befähigung zur „Autarkie" ausgezeichnet sind. Zu dieser Gruppe von Organismen zählen die stickstoff-fixierenden, photosynthetisch tätigen Blaualgen, die in den Meeren, im Süßwasser und im Boden vorkommen. Diese Lebewesen, die sich auch z.B. nach

Vulkanausbrüchen als erste Organismen in einer völlig toten Zone durchsetzen können, nutzen unter Verwendung von Sonnenenergie das atmosphärische Kohlendioxid als Kohlenstoffquelle; sie beziehen die für die Reduktion des Kohlendioxids benötigten Elektronen aus dem Wasser und verwerten den atmosphärischen Stickstoff bei der Biosynthese organischer Verbindungen. Es ist anzunehmen, daß diese Blaualgen in der Evolution bei der Entwicklung des Lebens auch unter Festlandbedingungen eine wesentliche Rolle gespielt haben.

Neben der ausgewogenen Arbeitsteilung ist auch die Anpassungsfähigkeit des Stoffwechsels als ein besonders hervorstechendes Merkmal des Systems der lebenden Organismen anzusehen. Ein Beispiel für diese Anpassungsfähigkeit bietet eine Umstellung des Stoffwechsels, mit der E. coli-Zellen auf eine Veränderung des Nährstoffangebotes reagieren. Die Nutzung der Ammonium-Ionen als Stickstoffquelle wird eingestellt, wenn der Zelle ein reichhaltig mit Aminosäuren versorgtes Nährmedium angeboten wird. Durch Regulation der Enzymsynthese wird die Aminosäure-Synthese gedrosselt und das zelluläre System auf die direkte Nutzung der fertigen exogenen Aminosäuren umgeschaltet. Das Unterschreiten eines kritischen Schwellenwertes kann bei der Reduktion des Aminosäure-Angebots das Wiedereinsetzen der an die Versorgung mit Ammonium-Ionen gebundenen Aminosäure-Synthese auslösen und so den ursprünglichen „Betriebszustand" der Zelle wieder herstellen. Das flexible enzymatische Regulationssystem gestattet es der lebenden Zelle, die Ökonomie ihres Stoffwechsels nach dem Prinzip maximaler Wirtschaftlichkeit an die von der Umgebung vorgegebenen Bedingungen anzupassen.

In unmittelbarem Zusammenhang mit dem Prinzip der Arbeitsteilung steht die bereits im Abschn. 5.1.4 kurz erwähnte Einordnung der Lebewesen in die beiden Gruppen der autotrophen und der heterotrophen Organismen; sie ergibt sich aus dem grundsätzlichen Unterschied in der Versorgung mit exogenem Kohlenstoff. Die Funktion eines zellulären Systems ist nicht nur durch die Ausgangsverbindungen der Kohlenstoffversorgung, sondern auch durch die unter-schiedliche Art der Energiequellen und der primären Reduktionsmittel (Elektronendonoren) bestimmt. Im Prinzip müssen vier verschiedene Kombinationsmöglichkeiten der beiden fundamentalen Kohlenstoff- und Energiequellen in Betracht gezogen werden. Eine weitere Präzisierung und Aufgliederung der Begriffe *autotroph* und *heterotroph* ist sinnvoll. Als *phototroph* bezeichnet man Zellen, die Licht als Energiequelle verwenden können. Zellen, die bei der Energiegewinnung auf Redoxreaktionen angewiesen sind, werden dagegen als *chemotroph* bezeichnet. Nach der Art der nutzbaren Reduktionsmittel unterscheidet man *organotrophe* Organismen, die hochwertige organische Moleküle wie z.B. Glucose als Elektronendonoren in Anspruch nehmen müssen und „lithotrophe" Organismen, die einfache anorganische Verbindungen wie z.B. Ammoniak oder Schwefelwasserstoff bei Redoxreaktionen umsetzen können. Nach dieser Klassifikation ergeben sich vier Gruppen von Organismen, wenn man beachtet, daß die Photosynthese nach Gl. (5.1) einen Reduktionsprozeß darstellt, daß Licht auch bei der Kohlenstoffversorgung durch exogene organische Verbindungen als Energiequelle dienen kann und daß bestimmte Bakterien Ammoniak oder andere einfach gebaute anorganische Substanzen als Elektronendonoren für die Kohlendioxid-Reduktion verwenden können. Eine Übersicht gibt die Aufstellung auf S. 301.

Die in dieser Aufstellung angeführten Beispiele weisen darauf hin, daß nicht alle Zellen eines bestimmten Organismus die gleiche Funktion haben. Zum Beispiel sind die Zellen der Pflanzenwurzeln heterotroph, während die Blattzellen normalerweise photosynthetisch tätig und autotroph sind. Der Stoffwechsel der grünen Blattzellen wird nach dem Prinzip der maximalen Wirtschaftlichkeit an die jeweils verfügbare Energiequelle angepaßt. Deshalb fungieren diese Zellen im Sonnenlicht als photolithotrophe und im Dunkeln als chemoorganotrophe Organismen.

Ein weiteres wichtiges Unterscheidungsmerkmal ergibt sich für die heterotrophen Organismen aus der Verschiedenheit der Elektronenakzeptoren, die in der Endstufe der biologischen Oxidationsprozesse verwendet werden können. Orga-

(Energiequelle: Licht)

| *Photolithotrophe Organismen* | *Photoorganotrophe Organismen* |
|---|---|
| mit Kohlendioxid als Kohlenstoffquelle und anorganischen Verbindungen ($H_2O$, $H_2S$, S) als Elektronendonoren (Beispiele: Grüne Zellen höherer Pflanzen im Licht, photosynthetisch tätige Bakterien, Blaualgen) | mit organischen Verbindungen als Kohlenstoffquelle und organischen Verbindungen als Elektronendonoren (Beispiele: Schwefelfreie Purpurbakterien) |

(Energiequelle: Redoxreaktionen)

| *Chemolithotrophe Organismen* | *Chemoorganotrophe Organismen* |
|---|---|
| mit Kohlendioxid als Kohlenstoffquelle und anorganischen Verbindungen ($H_2$, Fe(II), S, $H_2S$, $NH_3$) als Elektronendonoren (Beispiele: Knallgas-, Eisen-Schwefel- und nitrifizierende Bakterien) | mit organischen Verbindungen als Kohlenstoffquelle und organischen Verbindungen als Elektronendonoren (Beispiele: Alle höheren Tiere, photosynthetisch tätige Zellen im Dunkeln, photosynthetisch nicht tätige Pflanzenzellen, die meisten Mikroorganismen) |

nismen, die in der letzten Stufe der Elektronen-Übertragungsprozesse molekularen Sauerstoff als Oxidationsmittel umsetzen, werden als *Aerobier* bezeichnet. *Anaerobier* sind Organismen, die anstelle von Sauerstoff andere Moleküle als Elektronenakzeptoren verwenden. Auch bei dieser Gruppeneinteilung muß die Anpassungsfähigkeit der lebenden Organismen berücksichtigt werden. Viele Zellen benutzen molekularen Sauerstoff, wenn dieser verfügbar ist; bei Sauerstoff-Mangel können sie ihren Stoffwechsel umstellen und bestimmte organische Verbindungen als Elektronenakzeptoren verwenden. Diese Organismen nennt man *fakultative Anaerobier*. Organismen, die überhaupt keinen molekularen Sauerstoff als Oxidationsmittel verwerten können, werden als *obligate Anaerobier* bezeichnet. Die meisten heterotrophen Zellen sind fakultativ anaerob.

Besondere Beachtung verdienen noch die in die Gruppe der chemolithotrophen Organismen einzuordnenden methanogenen Bakterien; ihr Enzymsystem ist erst in neuester Zeit genauer untersucht worden. Diese Methan bildenden Bakterien (z.B. Methanobacterium thermoautotrophicum)

verwenden ein Gasgemisch aus $H_2$ und $CO_2$ als Energiequelle; sie können Schwefelwasserstoff, den sie als Schwefelquelle nutzen, assimilieren. Sowohl das Sumpfgas der Irrlichter als auch das *Biogas* verdanken wir diesen methanogenen Bakterien. Methan bildende Bakterien werden oft als *Archaebakterien* (d.h. Urorganismen) bezeichnet, obwohl nicht schlüssig bewiesen ist, daß diese Organismen in der Entwicklungsgeschichte vor den normalen Bakterien aufgetreten sind. Die methanogenen Bakterien unterscheiden sich in vielen Eigenschaften von den *Eubakterien*, wie man heute die lange bekannten Bakterien (z.B. Escherichia coli) nennt. *Archaebakterien* sind unempfindlich gegen Penicillin, und ihre Zellwand besteht nicht aus Murein. Die Methan bildenden Bakterien unterscheiden sich untereinander in ihrer Morphologie und in ihrem Zellwandaufbau. Das Methan wird entweder aus $H_2$ und $CO_2$ oder aus Acetat produziert. Sowohl bei der Umsetzung des Acetats als auch bei der Umsetzung von Kohlendioxid mit Wasserstoff entsteht zunächst ein zentrales Zwischenprodukt *Methylcoenzym M* (2-Methyl-mercaptoethan-sulfonat). Die Bildung dieses Zwischenproduktes ist ein endergonischer Prozeß. Der Mechanismus der weiteren Umsetzung zu Methan ist noch nicht in allen Einzelheiten aufgeklärt worden. Mit Methylcoenzym M liegt der Kohlenstoff in der Oxidationsstufe von Methanol vor. Es werden daher zwei Elektronen benötigt, um das Methyl-CoM zu Methan zu reduzieren. Die beiden Elektronen werden von molekularem Wasserstoff geliefert. An der Elektronenübertragung sind eine Hydrogenase und das Coenzym $F_{420}$

oxidierte Form

reduzierte Form

(mit Absorptionsmaximum bei 420 nm) beteiligt. Die Reduktion von Methyl-CoM wird durch eine Reduktase katalysiert, deren prosthetische Gruppe der biochemisch bemerkenswerte Faktor $F_{430}$ (mit Absorptionsmaximum bei 430 nm) ist. Die mit der enzymatischen Reduktion von Methyl-CoM zu Methan gekoppelte Oxidation von $H_2$ ist der exergonische Prozeß, durch den die Triebkraft für den Gesamtvorgang der Methanbildung geliefert wird.

Alle Methan bildenden Bakterien benötigen Nickel zum Wachstum. Es hat sich gezeigt, daß der zur Reduktion des Methyl-CoM zu Methan benötigte Faktor $F_{430}$ als wichtigstes Strukturelement ein Nickel-Tetrapyrrol-System enthält. Dieses System ist das am stärksten reduzierte natürliche Tetrapyrrol und das erste mit Nickel komplexierte natürliche Porphinoid. Auch in einigen weiteren für den Stoffwechsel der methanogenen Archaebakterien wichtigen Enzymen ist Nickel eingebaut. Die biochemische Rolle des Elements Nickel ist offenbar größer als bisher angenommen wurde. Bisher wußte man nur von dem Enzym Urease, daß es ein Nickel-Protein ist. Inzwischen sind auch in zahlreichen anderen Bakterien Nickel-Proteine aufgefunden worden.

Nicht alle Zellen eines bestimmten Organismus gehören dem gleichen Funktionstyp an. Dies läßt erkennen, daß auch die Gesetzmäßigkeiten der räumlichen Trennung verschiedener Stoffwechselfunktionen von den Prinzipien der Arbeitsteilung und der maximalen Wirtschaftlichkeit beherrscht werden. Diese als *Kompartimentierung* bezeichnete räumliche und strukturelle Gliederung bestimmt das morphologische Gesamtbild der Zellen und die Abgrenzung ihrer funktionellen Untereinheiten (Organellen); sie erlaubt es der Zelle, die Prozesse des Nährstoffabbaus und die Prozesse der Biosynthese unabhängig voneinander und gleichzeitig zu betreiben. Ohne Kompartimentierung wäre ein geregeltes Zusammenwirken aller Teilschritte im Ablauf des zellulären Gesamtgeschehens nicht möglich. Die für die Kompartimentierung wichtigsten Strukturelemente sind die Biomembranen (vgl. Kap. 3.3), durch die eine den jeweiligen Stoffwechselerfordernissen angepaßte Trennung oder Konzentrierung bestimmter Substanzen und die Aufrechterhaltung der lebensnotwendigen Fließgleichgewichte ermöglicht wird. Von den aktiven Transportsystemen der Plasmamembranen wird die osmotische Arbeit geleistet. Auch bei den Umsetzungen des ATP-ADP-Systems spielt die durch Membranen ermöglichte intrazelluläre Kompartimentierung eine wesentliche Rolle. Das bei der oxidativen Phosphorylierung im inneren Kompartiment der Mitochondrien gebildete ATP muß durch ein spezifisches Transportsystem in das extramitochondriale Medium (Cytosol) überführt werden. Mit der durch die Kompartimentierung geschaffenen Möglichkeit zur Steuerung der Transportprozesse verfügt die Zelle über ein wichtiges zusätzliches Instrument, mit dem die Stoffwechselvorgänge reguliert werden können. Im Gesamtorganismus bestimmt das Prinzip der Arbeitsteilung und Kompartimentierung die Verteilung der Stoffwechselfunktionen auf unterschiedliche Systeme im intrazellulären und im extrazellulären Bereich. Adenosintriphosphat ist das intrazelluläre Haupttransportmittel für chemische Energie und Phosphat-Gruppen. Die extrazelluläre Stoff- und Energieversorgung wird bei heterotrophen Zellen durch die Zufuhr von Glucose und anderen hochwertigen Nähr- und Aufbaustoffen auf dem Weg über die „Zellgrenze" aufrechterhalten. Dabei müssen die nichtverwertbaren Endprodukte des intrazellulären Stoffwechsels aus der Zelle entfernt werden, um Störungen des stationären Zustandes im Zellsystem zu vermeiden.

Gegen mechanische und osmotische Beschädigungen werden die Zellen durch die Zellwände oder Zellhüllen geschützt. Die Zellwände geben der Zelleinheit die nötige Festigkeit und strukturelle Abgrenzung, ohne den durch die Membranen kontrollierten Stoff- und Energieaustausch zu behindern. Außerdem bestimmen die Zellhüllen, insbesondere bei den Lebewesen der Tierwelt, durch ihr spezifisches Haftvermögen den Gewebeaufbau der Organismen. Der innere Aufbau der Zellen entspricht in der Vielfalt seiner Strukturelemente dem Entwicklungsstand der verschiedenen Organismen. Niedere Lebewesen kommen mit einer relativ einfachen Zellstruktur und wenigen abgegrenzten Funktionseinheiten aus. Die Zellen der höher entwickelten Organismen sind dagegen durch eine große Vielfalt ihrer strukturellen Untereinheiten ausgezeichnet und verfügen über eine größere Anzahl verschiedener Organellen.

In der Biologie wird die Gesamtheit der lebenden Zellen nach strukturellen Merkmalen in zwei Gruppen, *Prokaryonten* und *Eukaryonten* eingeteilt.

Prokaryonten sind relativ kleine, einfach gebaute Zellen mit einer einzigen, meist von einer starren Zellwand umgebenen Zellmembran. Sie enthalten keine anderen Membranen und besitzen deshalb auch keinen Kern und keine anderen durch Membranen abgegrenzte Organellen.

Die eukaryontischen Zellen sind sehr viel größer und komplizierter gebaut als die prokaryontischen Zellen. Die Abb. 5.4 zeigt ein stark vereinfachtes Bild der Struktur einer eukaryontischen Zelle. Aus der Bildbeschriftung sind die in der Biologie allgemein eingeführten Bezeichnungen der verschiedenen Struktur- und Funktionselemente zu entnehmen. In dem von der Zellmembran (*Plasmamembran*) und der Zellhülle abgegrenzten Zellbereich erkennt man verschiedene Typen von Untereinheiten, deren Funktion im folgenden kurz beschrieben werden soll.

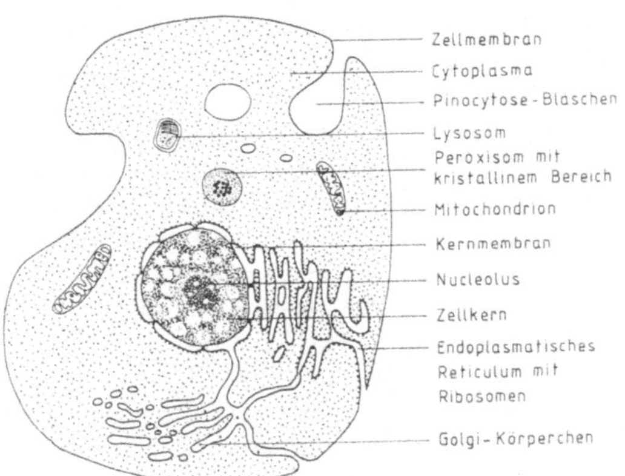



**Abb. 5.4** Vereinfachte Darstellung der Struktur einer eukaryontischen Zelle (schematisch)

Der *Zellkern*, dessen Durchmesser etwa 4–6 μm beträgt, ist von dem doppelten Membransystem der perinuclearen Hülle (*Kernmembran*) umgeben. Dieses Doppel-Membran-System reduziert sich an einzelnen Orten, die in der Zeichnung als Einschnürungen erkennbar sind, zu einer einzigen Membran. Diese relativ durchlässigen Stellen der Kernmembran sind bevorzugte Orte des direkten Stoffaustausches mit dem Cytosol. Die verschiedenen DNA-Moleküle des Zellkerns sind die Träger der genetischen Information; sie bilden mit den Histonen (vgl. Abschn. 4.1.2) komplizierte Strukturen, die *Chromosomen* genannt werden. In den meisten Eukaryontenzellen findet man im Kernbereich eine sich deutlich vom Rest des Kerns abhebende Organelle, den *Nucleolus*; er dient als ein Zentrum für die Synthese ribosomaler RNA.

Eine direkte Verbindung besteht zwischen dem Doppel-Membran-System des Zellkerns und dem aus langgestreckten Membranvesikeln (*Cisternae*) aufgebauten, dreidimensional verzweigten System des *endoplasmatischen Reticulums*. Die Membranen des endoplasmatischen Reticulums sind ebenso wie die äußere Kernmembran mit zahlreichen *Ribosomen* besetzt. An den Ribosomen findet die Proteinbiosynthese statt. Über das Cisternensystem können die an den Ribosomen des endoplasmatischen Reticulums synthetisierten Proteine zu jedem beliebigen Ort der Zelle transportiert werden. In den eukaryontischen Zellen sind außerdem auch nicht-membrangebundene Ribosomen an der Synthese verschiedener Proteine beteiligt.

Ein eigenes vesikuläres Membransystem stellen die *Golgi-Körperchen* dar. Dieses Membransystem dient der Ausscheidung von Zellprodukten, z. B. von Proteinen; es spielt auch eine wichtige Rolle bei der Bildung der Lysosomen-Membranen (s. unten) und der Plasmamembran.

*Lysosomen* sind Vesikel, die hydrolytische Enzyme (z. B. Phosphatasen und Ribonucleasen) enthalten. Ihr Durchmesser beträgt etwa 0,25–0,5 μm. Verschiedene Stoffe werden von der Zelle durch *Pinocytose* oder *Phagocytose* resorbiert. Unter diesem Vorgang versteht man die direkte Aufnahme von kleinen Teilchen (Phagocytose) oder Flüssigkeitstropfen (Pinocytose) durch Einschluß in eine vesikuläre Membranhülle. In der Abb. 5.4 ist das Aufnahmevermögen der Plasmamembran für derartige Stoffe durch die Darstellung eines *Pinocytose-Bläschens* angedeutet. An der Verdauung der durch Phagocytose oder Pinocytose aufgenommenen Stoffe sind die Lysosomen beteiligt; sie wirken auch an der Auflösung (*Lyse*) von Zellbestandteilen mit.

Die Mitochondrien sind für den unter ATP-Bildung ablaufenden oxidativen Endabbau der Nahrungsstoffe verantwortlich. Zellen mit hoher Stoffwechselaktivität enthalten eine große Zahl von Mitochondrien.

Neben den Mitochondrien wirken auch die als *Peroxisomen* bezeichneten Mikrokörper beim oxidativen Abbau bestimmter Nährstoffe mit. Die Peroxisomen sind Vesikel mit einfacher Membran; ihr Durchmesser beträgt etwa 0,5 μm. Diese Mikrokörper enthalten Katalase, D-Aminosäure-Oxidase, Harnsäure-Oxidase und andere oxidative Enzyme. Wasserstoffperoxid, das Reduktionsprodukt des molekularen Sauerstoffs, wird zu Wasser und Sauerstoff zersetzt. Die Enzyme der Peroxisomen liegen oft in so hoher Konzentration vor, daß in den elektronenmikroskopischen Aufnahmen von Dünnschnitten kristalline Aggregate zu erkennen sind.

Auch die Pflanzenzellen sind eukaryontische Zellen. Wegen ihrer funktionellen Spezialisierung verfügen die grünen Blattzellen der Pflanzen neben den bereits beschriebenen Struktur- und Funktionseinheiten noch über besondere Organellen, die als *Chloroplasten* bezeichnet werden. Aufbau und Funktion der Chloroplasten werden im Kap. 5.4 im Zusammenhang mit der Photosynthese beschrieben. Pflanzenzellen unterscheiden sich von tierischen Zellen durch das Vorhandensein einer starken Zellwand, die weniger flexibel als die Zellhülle der tierischen Zellen ist. Als weiteres Strukturelement findet man in pflanzlichen Zellen die *Vakuolen*, die in gelöster Form Mineralsalze, Salze organischer Säuren, Zucker, Proteine, Pigmente, Sauerstoff und Kohlendioxid enthalten; sie dienen der Abscheidung von „Abfallprodukten" und anderen gelösten Stoffen, die sich in der lebenden Zelle anhäufen. Unter Umständen kommt es in den Vakuolen auch zu kristallinen Ausscheidungen gelöster Substanzen. In jungen Pflanzenzellen sind die Vakuolen klein; in alten Zellen können sie sehr groß werden und das Cytoplasma an die Zellwand drücken.

Wie bereits erwähnt, enthalten die prokaryontischen Zellen keine membranösen Organellen, also auch keinen Zellkern. Das genetische Material dieser Zellen besteht aus einem einzigen DNA-Molekül (Doppelhelix), das in einer relativ ungeordneten Überstruktur verknäuelt und im Nuclearbereich dicht gepackt ist. Die nicht an eine Membran gebundenen Ribosomen bestehen jeweils aus einer größeren und einer kleineren Untereinheit, die RNA und Proteine enthält. Das Cytosol ist weitgehend strukturlos und hochviskos; es enthält die meisten Enzyme der Zelle sowie Stoffwechsel-Zwischenprodukte und anorganische Salze. Im Zellraum der Prokaryonten befinden sich sogenannte Speicherkörnchen. Die in diesen Speicherkörnchen enthaltenen polymeren Reservestoffe können bei Bedarf unter Freisetzung der benötigten Betriebsstoffe enzymatisch abgebaut werden. Ähnliche Speicherzentren finden sich als Glycogen-Granula auch in eukaryontischen Zellen, z. B. in Leber- und Muskelzellen. Ein typischer und besonders gut untersuchter Vertreter der prokaryontischen Organismen ist das Bakterium Escherichia coli, das in der Darmflora des Menschen vorkommt. E. coli-Zellen sind ein bevorzugtes Hilfsmittel und Untersuchungsobjekt der Molekularbiologen.

In der molekularen Organisation der zellulären Strukturelemente ist eine Hierarchie erkennbar. Das System der Verknüpfung von monomeren Bausteinen zu makromolekularen Verbindungen ist ebenso wie die Grundstruktur der aus sehr einfachen niedermolekularen Vorstufen aufgebauten Biomoleküle und Intermediärprodukte bereits im Kap. 4.1 beschrieben worden. Aus den Biopolymeren (Proteinen, Nucleinsäuren, Polysacchariden) und den Lipiden werden supramolekulare Komplexe gebildet, die als Strukturelemente beim Aufbau der Organellen Verwendung finden. Diese an der Partikelgröße orientierte strukturelle Hierarchie zeigt sich in dem nicht durch chemische Bindung fixierten morphologischen Bereich nicht nur bei der elektronenmikroskopischen Untersuchung von Zellpräparaten, sondern auch bei der Fraktionierung der Zellbestandteile. Die Abtrennung bestimmter Zellbestandteile vom Rest der Zellsubstanz ermöglicht die Präparation von Proben für die Untersuchung isolierter Funktionseinheiten im zellfreien System.

Auch bei der Entwicklung von Funktionselementen der neuromuskulären Organisation hat sich die Natur des Prinzips der Arbeitsteilung bedient. Die Aufgliederung des Nervensystems in Nervenzellen (*Neuronen*) und ihre „Axon-Fortsätze", die Nervenfasern, erlaubt zusammen mit der Ausbildung von besonderen Kontaktstellen (*Synapsen*) die schnelle Erzeugung, Weiterleitung, Integration und Verarbeitung von Signalen.

Die Gesamtheit aller in der Zelle ablaufenden enzymatischen Reaktionen wird oft als *Intermediärstoffwechsel* bezeichnet. Diese Begriffsbildung umfaßt alle Prozesse des Abbaus von Nährstoffen (*Katabolismus*) und des biosynthetischen Aufbaus komplexer Moleküle aus einfacheren Vorstufen (*Anabolismus*). Unter der Bezeichnung *Metaboliten* werden die Zwischenprodukte des Intermediärstoffwechsels zusammengefaßt. Wenn bestimmte Folgen von Teilschritten getrennter anabolischer und katabolischer Stoffwechselwege in einem gemeinsamen Weg oder Cyclus zusammenlaufen, spricht man auch von *amphibolischen* Stoffwechselabschnitten.

Zur Erhaltung einer flexiblen Stoff- und Energieversorgung sind die katabolischen und die anabolischen Stoffwechselwege in zahlreiche Einzelschritte unterteilt. Diese Einzelschritte sind in einer Reihe aufeinanderfolgender Reaktionen durch gemeinsame Zwischenprodukte gekoppelt, so daß das Produkt einer Reaktion das Substrat der nachfolgenden enzymatisch kontrollierten Reaktion darstellt. Die bei einer derartigen Reaktionsfolge katalytisch zusammenwirkenden Funktionsgruppen von Enzymen werden als *Multienzymsysteme* bezeichnet. Multienzymsysteme können in drei Organisationsformen unterschiedlicher Komplexität wirksam werden.

Die einfachste Form des Zusammenwirkens mehrerer Enzyme liegt vor, wenn die verschiedenen Enzyme als unabhängige Einheiten im Cytoplasma gelöst vorliegen. In dieser Situation sind die Enzymeinheiten während der ganzen Reaktionsfolge nicht direkt miteinander assoziiert. Die Intermediärprodukte solcher Enzyme müssen sehr viel kleiner als die Enzyme sein, damit sie durch Diffusion hinreichend schnell von einem zum anderen Enzymmolekül gelangen können.

In der nächsthöheren Organisationsstufe von Multienzymsystemen liegen die Enzymeinheiten dicht beieinander in einem *Multienzymkomplex* vor. Häufig sind die Zwischenprodukte der von dem Enzymkomplex katalysierten Reaktionsfolge kovalent gebunden und diffundieren bis zum Ablauf der gesamten Reaktionssequenz nicht von dem Komplex ab. Ein Beispiel für einen Multienzymkomplex bietet das Fettsäure-Synthetase-System der Hefe, in dem sieben verschieden Enzymeinheiten zusammenwirken (vgl. Abschn. 4.2.2). Charakteristischerweise läßt sich dieser Multienzymkomplex nur schwer dissoziieren und die getrennten Enzymeinheiten sind inaktiv. Durch die Bildung des Multienzymkomplexes wird eine kompakte Funktionseinheit geschaffen, in der die jeweiligen Substrat-Moleküle im Ablauf der Reaktionssequenz nur sehr kurze Wege zurücklegen müssen. Diese Anordnung der Enzymeinheiten ist vorteilhaft und entspricht dem von der Natur bevorzugten Prinzip ökonomischer Optimierung.

Zu den am höchsten organisierten Multienzymsystemen gehören die membrangebundenen Enzymsysteme, deren Einheiten an der Membran fixiert oder in die Lipidmatrix der Doppelschicht des Membransystems eingebettet und somit Bestandteile der Membranstruktur sind (vgl. Abschn. 3.3.6). Ein membrangebundenes Enzymsystem bilden z.B. die in die innere Mitochondrienmembran eingebauten Enzyme der Atmungskette, durch die in der Endstufe des oxidativen Nährstoffabbaus der Elektronentransfer von den Substraten auf den molekularen Sauerstoff bewerkstelligt wird. Ähnlich komplex und hoch organisiert sind die an Ribosomen gebundenen Enzymsysteme.

Die Geschwindigkeiten der Einzelreaktionen in der von einem Multienzymsystem katalysierten Reaktionsfolge werden bestimmt durch die für den stationären Zustand charakteristischen Konzentrationen aller Reaktionspartner. Häufig übernimmt die erste Reaktion in einer Multienzymsequenz die Funktion des geschwindigkeitsbestimmenden Schrittes. Die formalkinetische Analyse der Reaktionsfolge eines Multienzymsystems ist jedoch im allgemeinen nicht ganz einfach, da die individuellen kinetischen Konstanten für jeden Teilschritt als pH-abhängige Größen in Rechnung gestellt werden müssen (vgl. Abschn. 5.3.2).

Drei Hauptstufen des katabolischen und des anabolischen Stoffwechselweges kennzeichnen die Arbeitsteilung im Intermediärstoffwechsel. Die Zerlegung der makromolekularen Nährstoffe und der Lipide in ihre molekularen Bausteine ist die erste Hauptsufe im Katabolismus der heterotrophen Zellen. Dabei werden die Lipide zu Fettsäuren, Glycerin und anderen Komponenten abgebaut. Die Proteine werden in Aminosäuren und die Polysaccharide in Monosaccharide (Hexosen und Pentosen) zerlegt. Anschließend erfolgt auf der zweiten Hauptstufe des Katabolismus der Abbau dieser molekularen Baustoffeinheiten zu kleineren Bruchstücken, wobei das Glycerin, die Pentosen und die Hexosen über Zwischenprodukte in die Acetyl-Gruppe des Acetyl-CoA (vgl. Abschn. 5.5.3) übergeführt werden. Acetyl-CoA, ein Acyl-Thioester des Coenzyms A, nimmt als „Knotenpunkt des Kohlenstoff-Stoffwechsels" eine zentrale Stellung im Intermediärstoffwechsel der heterotrophen Zellen ein. Der Abbau von Fettsäuren und Aminosäuren kann auf dieser Stufe ebenfalls zur Bildung von Acetyl-CoA führen. Die Zwischenprodukte des Abbaus von anderen Verbindungen dieser Stoffgruppe werden

direkt in den Tricarbonsäure-Zyklus eingeschleust. Dieser Zyklus ist ein Reaktionszentrum der dritten Hauptstufe des Katabolismus, in der die Acetylgruppen des Acetyl-CoA und die übrigen Zwischenprodukte aus den vorgeschalteten Teilschritten dem Endabbau zu Kohlendioxid und Wasser unterworfen werden. Auch die Freisetzung von Ammoniak erfolgt in den beiden Hauptstufen II und III. Die katabolischen Stoffwechselwege sind konvergierend; sie beginnen mit sehr unterschiedlichen Ausgangsstoffen und vereinigen sich beim Übergang von der Stufe II auf die Stufe III zu einem gemeinsamen Reaktionsweg.

Der Tricarbonsäure-Zyklus ist Ausgangspunkt vieler Biosynthese-Prozesse des anabolischen Stoffwechsels. So werden auf Stufe III z.B. bestimmte $\alpha$-Ketosäuren, die als Ausgangsstoffe für die Synthese der $\alpha$-Aminosäuren dienen, synthetisiert. Diese Ketosäuren werden dann auf Stufe II mit Hilfe von Aminogruppen-Donoren zu den entsprechenden Aminosäuren aminiert. Durch enzymatische Verknüpfung der Aminosäurereste werden schließlich auf Stufe I die Proteine gebildet. In ähnlicher Weise vollzieht sich die Biosynthese der Polysaccharide und der Lipide im intermediären Stoffwechsel. Die anabolischen Stoffwechselwege sind divergierend; sie führen von wenigen Vorstufen ausgehend zu einer großer Mannigfaltigkeit von kompliziert zusammengesetzten Biomolekülen.

Der anabolische Stoffwechselweg stellt für eine gegebene Vorstufe nicht einfach die Umkehrung des katabolischen Stoffwechselweges dar. Energetische Erfordernisse schließen eine einfache Umkehrung bei gegenläufigen Stoffwechselwegen aus, da die Abbauprozesse insgesamt exergonische und die Biosyntheseprozesse im allgemeinen endergonische Vorgänge sind. Der im Katabolismus eingeschlagene Weg ist für den Anabolismus energetisch nicht realisierbar. Der Stoffwechsel der Biosynthese von Glycogen aus Milchsäure unterscheidet sich signifikant vom Glycogenabbau. Es werden unterschiedliche Zwischenprodukte durchlaufen und andere Enzyme eingesetzt. Von den 12 am Glycogenabbau beteiligten Enzymen wirken nur 9 auch bei der Glycogensynthese mit. Auch die zwischen den Fettsäuren und Acetyl-CoA verlaufenden katabolischen und anabolischen Stoffwechselwege sind nicht gleich. Dasselbe gilt für die Prozesse des Proteinabbaus und der Proteinbiosynthese.

Anabolische und katabolische Stoffwechselprozesse laufen in eukaryontischen Zellen, in denen die strukturellen Voraussetzungen für eine Kompartimentierung gegeben sind, räumlich getrennt ab. So erfolgt z. B. die Fettsäurebiosynthese aus Acetyl-CoA im extramitochondrialen Plasma, während der Abbau von Fettsäuren zu Acetyl-CoA von einem in den Mitochondrien lokalisierten Enzymsystem katalysiert wird. Auf die Vorteile, die eine Trennung der katabolischen und der anabolischen Stoffwechselwege für die Regulation bietet, ist bereits hingewiesen worden. Wenn das System in einer bestimmten Richtung biosynthetisch aktiv ist, wird der Abbau gestoppt. Umgekehrt wird die Biosynthese bei Aktivierung der korrespondierenden katabolischen Reaktionsfolge gedrosselt (*Prinzip der doppelten Regulation*).

Ein vereinfachtes Schema der Hauptstufen des katabolischen und des anabolischen Stoffwechsels zeigt die Abb. 5.5. Auf der Stufe III sind die abbauenden und die aufbauenden Stoffwechselwege in einem gemeinsamen zentralen „Sammelbecken" mit doppelter Funktion vereinigt. Dieser Abschnitt des Intermediärstoffwechsels wird als amphibolischer Stoffwechselweg bezeichnet.

Die Anhäufung von Stoffwechselzwischenprodukten bei Streß- und Funktionsstörungen bietet einen wichtigen Ansatzpunkt zur Aufklärung der verschiedenen Teilprozesse des Intermediärstoffwechsels. So wird z. B. bei anhaltender Muskelkontraktion der Milchsäuregehalt im Blut in dem Maße erhöht, in dem die Glycogenkonzentration in der Muskulatur abnimmt. Daraus ist zu schließen, daß der $C_6$-Körper des Glucose-Moleküls in $C_3$-Fragmente gespalten wird.

Der dynamische Zustand der Zellbestandteile manifestiert sich in der unterschiedlichen Höhe der Austauschraten, die mit Markierungs-Experimenten ermittelt werden können. Die primär am Stoff- und Energieumsatz beteiligten molekularen Komponenten von Organen mit hoher Stoffwechselaktivität sind in der Regel einem relativ schnellen Austausch unterworfen. Die Stoffwechselaktivität wird ihrerseits bestimmt durch

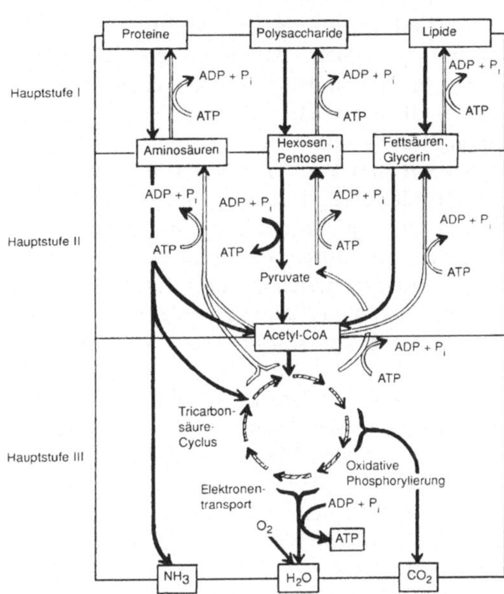



**Abb. 5.5** Vereinfachtes Schema der katabolischen und anabolischen Stoffwechselwege einer eukaryontischen chemoorganotrophen Aerobier-Zelle

die Notwendigkeit einer raschen Anpassung an Änderungen in der Zusammensetzung der exogenen Nährstoffe. Es ist bekannt, daß die Proteine der Rattenleber eine Halbwertszeit von nur 5 bis 6 Tagen besitzen, während die Leberzelle selbst eine mittlere Lebensdauer von mehreren Monaten hat. Die Proteine des Muskelgewebes werden nur sehr langsam ausgetauscht. Ähnliches gilt für die Lipide im Gehirn.

Die Regulation der energieliefernden katabolischen Prozesse des Intermediärstoffwechsels ist dem Energiebedarf angepaßt. Der Umfang des Nährstoffabbaus wird nicht durch die Konzentration der verfügbaren Nahrungsstoffe, sondern durch den Bedarf an ATP geregelt. Ein wichtiges Element dieser Regulation ist der sogenannte *Energieinhalt* (energy charge, vgl. Abschn. 5.2.2) der ATP-Systeme in der Zelle. Bei niedrigem Energieinhalt wird die ATP-Synthese aktiviert, während der ATP-Verbrauch gedrosselt wird. Auch die Regulationssysteme der lebenden Organismen sind durch eine Verteilung auf verschiedene Ebenen der Kontrolle und der Steuerung von

Stoffwechselprozessen gekennzeichnet. Da schon in den einfachsten Bakterienzellen mehr als tausend untereinander abhängige chemische Reaktionen ablaufen, ist es klar, daß ein komplexes biologisches System nicht ohne rigorose Regulation auskommen kann. Das einfachste biochemische Regulationssystem besteht in der Beeinflussung der Geschwindigkeit einer enzymatischen Reaktion durch Variation des pH-Wertes und der intrazellulären Konzentration an Substrat, Produkt und Cofaktor; es beruht auf den Grundgesetzen der Enzymkinetik (vgl. Abschn. 5.3.2).

Die zweite Kontrollebene ist die Ebene der *allosterischen* Kontrolle. Durch die Wechselwirkung mit einem speziellen Metaboliten (*Effektor*) kann die Struktur (Quartär-, Tertiär- und Sekundärstruktur) eines Proteins so beeinflußt werden, daß sich die katalytische Aktivität eines aktiven Zentrums des Enzyms ändert (vgl. Abschn. 4.2.6). Die allosterische Kontrolle ist für die Regulation des intermediären Stoffwechsels entscheidend. An Verzweigungspunkten des Stoffwechsels lokalisierte allosterische Enzyme sind oft multivalent, sie können auf zwei oder mehr Effektoren oder Inhibitoren reagieren und auf diese Weise die Umsatzraten mehrerer enzymatisch gesteuerter Reaktionssysteme aufeinander abstimmen. Ein Sonderfall der allosterischen Kontrolle liegt vor, wenn ein Enzym einer Reaktionskette durch das Endprodukt der gleichen Reaktionssequenz gehemmt wird (*negative feedback*).

Mit der Kontrolle durch Enzymmodifizierung ist eine weitere Regulationsmöglichkeit gegeben. So wird z.B. die Glycogen-Phosphorylase von einer speziellen Protein-Kinase mit ATP als Phosphatgruppen-Donator durch Phosphorylierung bestimmter Serin-Reste aktiviert. Diese Aktivierung kann durch die von einer speziellen Protein-Phosphatase katalysierte Abspaltung der Phosphat-Gruppen wieder rückgängig gemacht werden. Auch die genannten speziellen Kinasen und Phosphatasen sind allosterische Enzyme, die durch Effektoren aktiviert bzw. inaktiviert werden können. In anderen Fällen kann die Enzymaktivität auch durch eine begrenzte Proteolyse reguliert werden. Ein Beispiel für diesen Regulationsmechanismus bietet die Aktivierung von Trypsi-

nogen zu Trypsin im Verdauungstrakt (vgl. Abschn. 5.3.2). Derartige Prozesse spielen auch bei der Auslösung der Blutgerinnung eine wichtige Rolle.

Auf der dritten Kontrollebene der Stoffwechselregulation wird der Umsatz durch die Kontrolle von Enzymsyntheseraten reguliert. Man unterscheidet *konstitutive* Enzyme, die stets in nahezu konstanten Mengen in der Zelle vorliegen und *induzierbare* Enzyme, deren Synthese regulatorisch der jeweils vorliegenden Menge eines bestimmten Substrats angepaßt wird. Da die Proteinbiosynthese ein genetisch kontrollierter Prozeß ist, kommt der Blockierung der Transcription von Strukturgenen durch *Repressor-Proteine* bei dieser Art von Regulation eine entscheidende Bedeutung zu. Der *Repressor* bildet mit dem „Operator", einem regulatorischen Abschnitt auf der chromosomalen DNA des Zellsystems, einen Komplex und blockiert dadurch die Transcription der benachbarten Strukturgene, in denen die beim Aufbau der Enzymstruktur benötigte genetische Information gespeichert ist. Gelangt jetzt ein *Induktor* in den Bereich des Transcriptions-Systems, so wird das Repressorprotein von ihm mit hoher Affinität gebunden und allosterisch so beeinflußt, daß es vom Operator abdissoziiert. Damit ist die Sperre für die Enzymsynthese aufgehoben. Die Repression einer ganzen Gruppe von Enzymen wird als *koordinierte Repression* bezeichnet und in der Regel durch das Endprodukt der biosynthetischen Reaktionssequenz hervorgerufen.

Schließlich kann die Stoffwechselkontrolle bei hochentwickelten vielzelligen Organismen noch auf einer vierten Ebene nach den Prinzipien der nervösen und hormonalen Regulation erfolgen. Hormone sind in Spuren vorkommende Wirksubstanzen, die von „endokrinen" Drüsen produziert und in den Blutkreislauf eingeschleust werden; sie erreichen als chemische Signalübermittler über die Blutbahn bestimmte Gewebe und lösen dort gezielt die Stimulierung oder Hemmung spezifischer Stoffwechselaktivitäten aus. Ein typischer Vertreter aus der Gruppe der Hormone ist das vom Pankreas ausgeschiedene Insulin, durch das zahlreiche mit dem Glucosetransport zusammenhängende Stoffwechselprozesse beeinflußt werden. Mangelhafte Insulinsekretion hat sekundäre Stoffwechselstörungen, z.B. eine Abnahme der Biosynthese von Fettsäuren aus Glucose und eine übermäßige Ketonkörperbildung in der Leber zur Folge. Durch Zufuhr geringer Insulinmengen können diese Störungen behoben werden. Eine der Insulinwirkung entgegengesetzte Wirkung hat das Hormon Glucagon, das ebenfalls von der Bauchspeicheldrüse produziert und ausgeschieden wird. Für ein vollständiges Verständnis der Wirkungsweise von Hormonen auf molekularer Ebene fehlen bis jetzt noch in den meisten Fällen die experimentellen und theoretischen Voraussetzungen.

Die Ausführungen dieses Kapitels lassen erkennen, daß der Intermediärstoffwechsel ein hochintegriertes Netzwerk biochemischer Reaktionen darstellt. Während die Reaktionsfolgen der zentralen Stoffwechselwege bereits weitgehend erforscht sind, besteht über zahlreiche mit der Stoffwechselregulation zusammenhängende Fragen noch Unklarheit. Die weitere Erforschung der Regulationsmechanismen ist für das Verständnis der Funktion molekularer Systeme im Bereich des Lebendigen besonders wichtig.

## 5.2 Grundbegriffe der Thermodynamik

### 5.2.1 Hauptsätze, Zustandsgrößen, Gleichgewichtsbedingungen und Standardzustände

Mit der im Abschn. 5.1 zusammengefaßten Beschreibung des Gesamtsystems der Bioenergetik ist zunächst nur eine qualitative Darstellung der energetischen Kopplung von Elementarreaktionen in biochemischen Reaktionssequenzen gegeben worden. Der Vergleich der Photosynthese-Reaktion (5.1) mit der Glucose-Oxidation (5.2) zeigt zwar deutlich die energetische Äquivalenz der Brutto-Formelumsätze des durch Energiezufuhr bewirkten Syntheseprozesses und des spontan unter Freisetzung von Energie ablaufenden Oxidationsvorganges; er läßt aber die Frage nach einem geeigneten Weg zur biologischen Nutzung der bei der Glucose-Oxidation freizusetzenden chemischen Energie noch völlig offen. Die zahlenmäßige Angabe des bei einer chemischen Reaktion umgesetzten Energiebetrages liefert noch keine Information über die Verwertbarkeit der durch den Stoffumsatz verfügbar gemachten Energiemenge, denn der Begriff der energetischen Äquivalenz bedeutet nicht, daß für die verschiedenen Energieformen auch die Möglichkeit einer völlig uneingeschränkten wechselseitigen Umwandlung gegeben ist. Die Erfahrung lehrt, daß mechanische Arbeit durch Reibung vollständig in Wärme umgewandelt werden kann, aber es gibt keine Wärmekraftmaschine oder eine sonstige periodisch arbeitende Vorrichtung, die es gestattet, eine vorgegebene Wärmemenge vollständig in mechanische Arbeit oder elektrische Energie umzusetzen. Auch die im Abschn. 5.1.1 als „Umkehrung" der Photosynthese-Reaktion bezeichnete Glucose-Oxidation läßt sich nicht einfach durch die Zufuhr von Wärme rückgängig machen. Die pflanzliche Photosynthese erfordert vielmehr den Einsatz hochwertiger Energieformen (vgl. Abschn. 5.4). Aus dieser begrenzten „Konvertierbarkeit" verschiedener „Energiewährungen" ergibt sich die Notwendigkeit zu einer exakten und eindeutigen Formulierung der Gesetze, von denen der Energieumsatz in stofflichen Systemen beherrscht wird. Ohne die Anwendung dieser Gesetze läßt sich das Zusammenwirken verschiedener physikalischer und chemischer Prozesse im Gesamtsystem der biologischen Energieumwandlung nicht quantitativ beschreiben.

Der bei einer quantitativen Charakterisierung von Stoff- und Energieumsätzen konsequent zu beachtende Formalismus findet seinen Ausdruck in den grundlegenden Prinzipien der klassischen Thermodynamik, die ein in sich geschlossenes Gebiet der theoretischen Physik darstellt. Die Arbeitshypothesen und Methoden der Thermodynamik sind einfach und logisch. Das System der Thermodynamik ermöglicht eine Beschreibung der Veränderungen stofflicher Zustände, die durch eine Variation von bestimmten Zustandsvariablen (z.B. Druck, Temperatur, Konzentration einer Mischungskomponente) bewirkt werden; es beruht auf den Hauptsätzen der Wärmelehre, welche für die Materie als Kontinuum gelten. Durch die thermodynamische Charakterisierung eines stofflichen Systems werden daher in erster Linie makroskopische Zustandseigenschaften und ihre Änderungen erfaßt. Deshalb erfordert die Anwendung thermodynamischer Gesetze keine besonderen chemischen oder molekulartheoretischen Vorkenntnisse; es ist jedoch zu beachten, daß die makroskopische Charakterisierung eines Systems nur die aus den individuellen Beiträgen der molekularen Bestandteile eines Vielteilchen-Ensembles resultierenden statistischen Mittelwerte wiedergeben kann. Die zu erwartenden Aussagen sind um so genauer, je größer die Anzahl der Moleküle des untersuchten Systems ist. Aus diesem Grunde ist die Anwendung der thermodynamischen Betrachtungsweise auf Systeme mit extrem kleinen Teilchenzahlen nicht ohne weiteres zulässig. Die klassische Gleichgewichtsthermodynamik ermöglicht keine Aussagen über die Geschwindigkeit von Zustandsänderungen.

Die Beschreibung der Eigenschaften stofflicher *Zustände* erfordert eine klare Abgrenzung des Bereichs der untersuchten Materie gegen alle anderen Bereiche des Universums. Deshalb wird der Bereich der Materie, über dessen Eigenschaften eine Aussage gemacht werden soll, als „System" und alles, was nicht zu diesem Bereich gehört, als *Umgebung* bezeichnet. Dabei wird die im System enthaltene Stoffmenge durch die Angabe der Molzahlen aller beteiligten Komponenten eindeutig charakterisiert. Zustandsänderungen eines Systems können nicht nur durch die Aufnahme oder Abgabe von Wärme oder Arbeit sondern auch durch einen Stoffaustausch mit der Umgebung herbeigeführt werden. Grundsätzlich kann ein System auch dann Energie aufnehmen oder abgeben, wenn der Stoffaustausch mit der Umgebung unterbunden wird. Auch ein thermisch isoliertes System kann bei einer Druckänderung sein Volumen ändern und damit Energie in Form von Arbeit aufnehmen oder abgeben. Es gibt also verschiedene Möglichkeiten zur stofflichen bzw. energetischen Abgrenzung eines Systems, die bei der Bezeichnung der Systeme berücksichtigt werden müssen. Die Abb. 5.6 zeigt eine Gegenüberstellung von vier Systemtypen, deren Beschreibung für das Verständnis thermodynamischer Gesetzmäßigkeiten grundsätzlich wichtig ist.

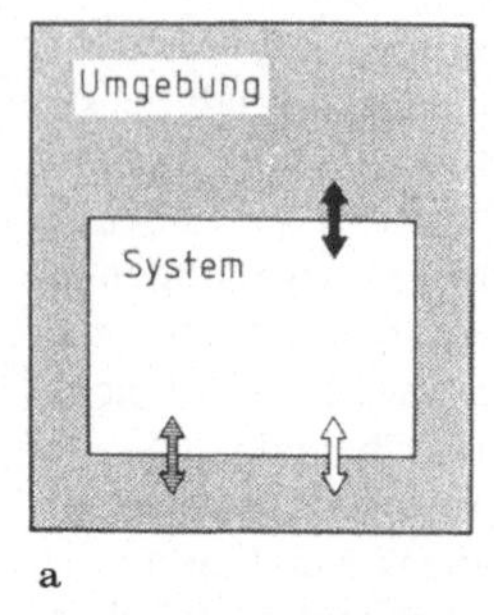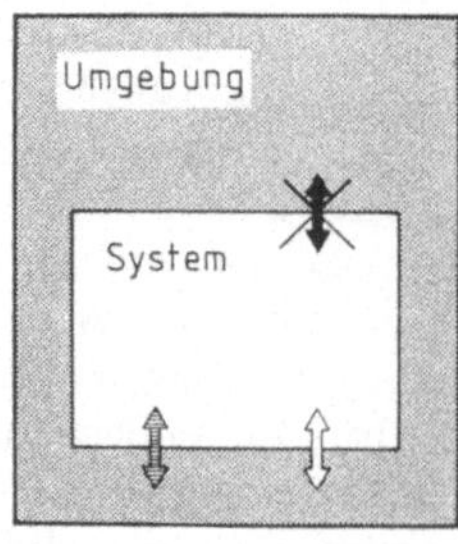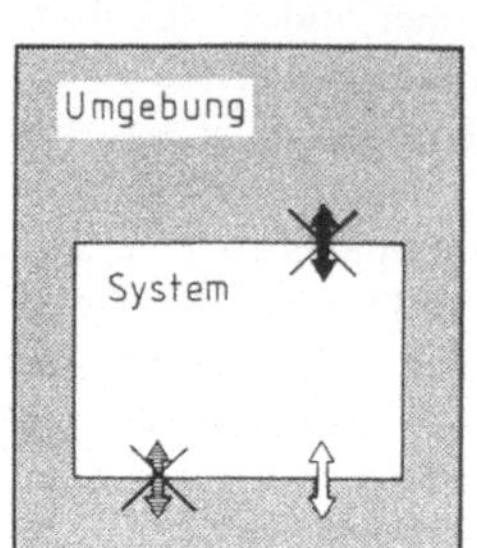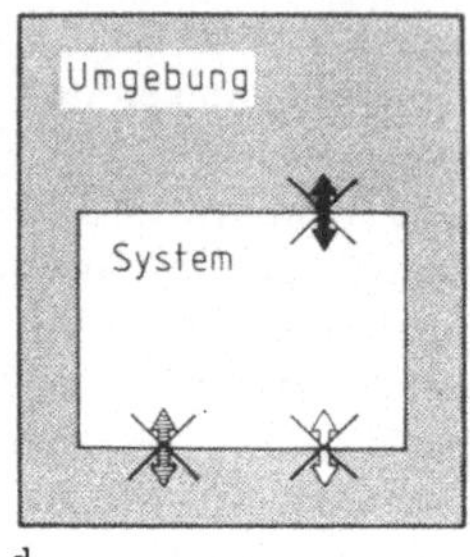


**Abb. 5.6** Beispiele für verschiedene Arten der Abgrenzung von System und Umgebung

Die Merkmale der vier Systemtypen sind mit den hier gewählten Bezeichnungen in der nachfolgenden Aufstellung zusammengefaßt.

*a) Offenes System.* Uneingeschränkter Stoff- und Energieaustausch zwischen System und Umgebung

*b) Geschlossenes System.* Kein Stoffaustausch bei uneingeschränktem Energieaustausch zwischen System und Umgebung

*c) Adiabatiches System.* Kein Wärmeaustausch und kein Stoffaustausch bei Energieaustausch durch Leistung von Arbeit

*d) Abgeschlossenes (isoliertes) System.* Kein Stoffaustausch und kein Energieaustausch

Für die unter c) und d) aufgeführten Systeme findet man in der Literatur keine völlig einheitliche Bezeichnung. Biologische Systeme sind offene Systeme. Die lebende Zelle stellt ein offenes System mit einem durch Membranen kontrollierten selektiven Stoffaustausch dar.

Ein System kann einphasig (homogen) oder mehrphasig (heterogen) sein. Unter einer *Phase* versteht man einen homogenen Bereich, innerhalb dessen keine sprunghafte Änderung einer physikalischen Größe auftritt. An einer Grenze zwischen zwei benachbarten homogenen Phasen ändern sich dagegen die physikalischen Größen wie beispielsweise Dichte, Brechungsindex oder elektrische Leitfähigkeit sprunghaft. Biologische Systeme sind in der Regel mehrphasig.

### *Zustandsgrößen*

Die Größen, mit denen der Zustand eines Systems zu beschreiben ist, lassen sich in zwei Gruppen einteilen. Die erste Gruppe bezeichnet Eigenschaften, die von der Stoffmenge des Systems unabhängig sind; man nennt sie *intensive* Größen; dazu gehören z.B. Druck und Temperatur. Zur zweiten Gruppe gehören die von der Stoffmenge des Systems abhängigen *extensiven* Größen, wie z.B. das Volumen. Dividiert man eine extensive Größe durch die Masse m, so erhält man eine *spezifische* Größe. Das spezifische Volumen ist also nach der Gleichung

$$v_{sp} = \frac{v}{m} \tag{5.7}$$

zu berechnen. Häufiger als die spezifischen Größen werden in der Chemie die *molaren* Größen verwendet. Man erhält sie, wenn man die extensiven Größen durch die Molzahl n dividiert. So läßt sich das Molvolumen V nach der Gleichung

$$V = \frac{v}{n} \tag{5.8}$$

berechnen. Die Erfahrung lehrt, daß mit der Festlegung von zwei intensiven Größen einer aus einem reinen Stoff bestehenden Phase alle anderen intensiven Größen dieser Phase eindeutig bestimmt sind. Grundsätzlich hat dabei keine der intensiven Größen einen Vorrang vor den anderen; es ist aber zweckmäßig, der Beschreibung des Systems leicht meßbare Größen als unabhängige Variable zugrunde zu legen. Oft verwendet man die Temperatur T und den Druck p als unabhängige Variable. Dann ist. z.B. das Molvolumen V eine eindeutige Funktion von T und p. Da durch diese Größen der Zustand des Systems beschrieben wird, nennt man sie *Zustandsgrößen* und die Gleichung, welche eine Beziehung zwischen den drei Variablen herstellt, die *Zustandsgleichung*. Häufig werden auch die vorgegebenen unabhängigen Veränderlichen als *Zustandsvariable* und die durch sie bestimmte abhängige Variable als *Zustandsfunktion* dieser Veränderlichen bezeichnet. Die Verknüpfung von Zustandsfunktionen stellt das wichtigste formale Hilfsmittel zur thermodynamischen Charakterisierung der Eigenschaften ein- und mehrphasiger Systeme dar.

### *Thermische Zustandsgleichung*

Der Begriff der Zustandsfunktion bringt zum Ausdruck, daß das Molvolumen einer reinen, homogenen Phase, gleichgültig welchen Aggregatzustandes, eine eindeutige Funktion von Druck und Temperatur ist, welche durch die *thermische Zustandsgleichung*

$$V = f(p, T) \tag{5.9}$$

beschrieben wird. Für das Volumen einer beliebigen Stoffmenge der Molzahl n gilt entsprechend

$$v = f(p, T, n) \tag{5.10}$$

bei unveränderter Beschaffenheit der homogenen Phase. Das einfachste und bekannteste Beispiel einer derartigen thermischen Zustandsgleichung ist das im Kapitel 1. bereits kurz erwähnte ideale Gasgesetz in der Form

$$v = \frac{nRT}{p} \tag{5.11}$$

mit der allgemeinen Gaskonstante $R = 8{,}314 \cdot 10^{-2}\,\mathrm{l\,bar/mol\,K}$.

Strenggenommen gilt dieses Gesetz allerdings nur für den in biologischen Systemen auch nicht annähernd realisierbaren Grenzzustand eines Gases ohne zwischenmolekulare Wechselwirkungen; es erlaubt aber eine relativ einfache und exakte Herleitung wichtiger thermodynamischer Grundgleichungen, die durch nachträgliche Einführung von Korrekturfaktoren (vgl. z. B. Abschn. 1.2.5) den Zustandsbedingungen realer Systeme angepaßt werden können. Wichtig ist, daß bei diesem homogenen System zu jedem Wertepaar p, T nur ein Wert von V gehört. Ändert man den Zustand des Systems durch Vorgabe neuer Werte der Zustandsvariablen p und T, so ändert sich auch der Wert der Zustandsgröße V. Dabei ist es gleichgültig, ob zunächst p, dann T, oder erst T, dann p, oder ob beide gleichzeitig verändert werden. Die Änderung einer Zustandsgröße ist unabhängig von dem Weg, auf dem die Zustandsänderung erfolgt.

Ein Beispiel für eine durch nachträgliche Einführung von Korrekturtermen modifizierte thermische Zustandsgleichung bietet die Van der Waals-Gleichung

$$\left(p + \frac{a}{V^2}\right)(V - b) = RT \qquad (5.12)$$

mit den Konstanten a und b. Mit der Einführung der Konstante a wird der bei einer Verminderung des Volumens in zunehmendem Maße wirksam werdende Einfluß der zwischenmolekularen Attraktionskräfte berücksichtigt. Der Einfluß des Eigenvolumens der Moleküle wird mit dem Korrekturterm b in Rechnung gestellt. Dabei sind die Konstanten a und b spezifische Größen, welche von der Art des betrachteten Gases abhängen. Die Van der Waals-Gleichung gibt das Verhalten eines realen Systems im gasförmigen und im flüssigen Aggregatzustand annähernd richtig wieder, wobei die Eindeutigkeit der Zustandsfunktion auf den Existenzbereich der reinen homogenen Phasen beschränkt ist. Im Zweiphasengebiet ist die Funktion mehrdeutig. Durch Variation des Mengenverhältnisses von Flüssigkeit und Dampf lassen sich bei konstantem p und T verschiedene Werte des Volumens einstellen.

Abbildung 5.7 zeigt das p-V-Diagramm des Kohlendioxids für eine Temperatur von 0 °C. Der Vergleich mit dem aus experimentellen Daten ermittelten Kurvenzug läßt die mit den Van der Waals-Korrekturen erzielte Verbesserung der Zustandsbeschreibung des Systems erkennen und zeigt auch, daß die Funktion im Zweiphasenge-

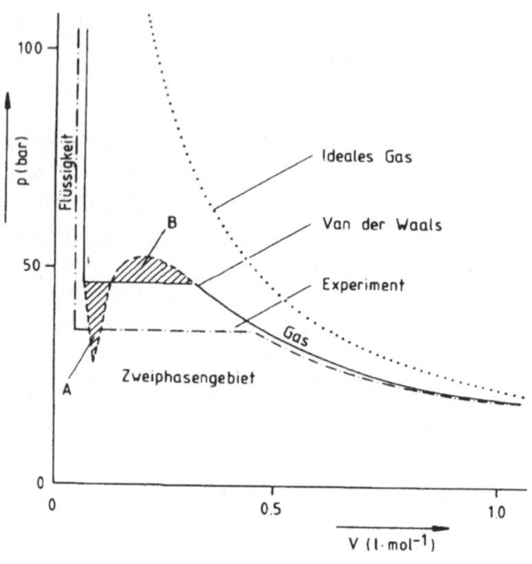


**Abb. 5.7** Vergleich der nach dem idealen Gasgesetz bzw. nach der Van der Waals-Gleichung mit a = 3,66 bar $l^2$ mol$^{-2}$ und b = 0,0429 l mol$^{-1}$ für eine Temperatur von 0 °C berechneten Isothermen des Kohlendioxids mit dem aus experimentellen Daten ermittelten p-V-Diagramm. Den mit A bzw. B gekennzeichneten Kurvenabschnitten lassen sich keine thermodynamisch stabilen Zustände des Systems zuordnen

biet nicht eindeutig ist. Zustandsänderungen bei konstanter Temperatur sind *isotherme* Prozesse. Deshalb nennt man die in Abb. 5.7 wiedergegebenen Kurvenzüge *Isothermen*. Darstellungen von Funktionen, die das Verhalten von Systemen bei konstantem Druck bzw. konstantem Volumen beschreiben, werden dementsprechend als *Isobaren* bzw. *Isochoren* bezeichnet.

Bei einem oft verwendeten Näherungsverfahren zur Darstellung der thermischen Zustandsgleichung realer Systeme verzichtet man zunächst ganz auf die molekülphysikalische Erklärung der Korrekturterme und beschreibt die Abhängigkeit des Produktes p · V vom Druck durch einen Ansatz der allgemeinen Form

$$p \cdot V = A + Bp + Cp^2 + Dp^3 + \ldots \qquad (5.13)$$

Die empirisch zu bestimmenden Koeffizienten dieses Ansatzes sind temperaturabhängig; sie werden als *Virialkoeffizienten* bezeichnet. Diese Bezeichnung entspricht der bereits im Abschn. 1.2.6 zur Charakterisierung der Konzentrationsabhängigkeit des osmotischen Druckes eingeführten Terminologie. Schreibt man die Gl. (5.12) in der Form

$$p \cdot V = RT - \frac{a}{V} + bp + \frac{ab}{V^2} \qquad (5.14)$$

oder bei Vernachlässigung des Terms $\frac{ab}{V^2}$ und mit $\frac{a}{V} \simeq \frac{ap}{RT}$ in der Form

$$p \cdot V \simeq RT + \left( b - \frac{a}{RT} \right) p \,, \qquad (5.15)$$

so ergibt sich aus dem Koeffizientenvergleich mit Gl. (5.13), daß der *zweite Virialkoeffizient* B durch die Gleichung

$$B(T) \simeq b - \frac{a}{RT} \qquad (5.16)$$

dargestellt werden kann. Hiernach sollte der mit steigender Temperatur zunehmende zweite Virialkoeffizient realer Gase bei hohen Temperaturen den durch das Eigenvolumen der Moleküle festgelegten Wert b annehmen. Tatsächlich weist der Temperaturverlauf der experimentell bestimmten B-Werte verschiedener Gase ein Maximum auf und weicht damit mehr oder weniger stark von der durch Gl. (5.16) beschriebenen einfachen Gesetzmäßigkeit ab. Trotz dieser Abweichungen läßt sich das p-V-Diagramm realer Gase bei mäßig hohen Drucken mit der Gl. (5.15) im ganzen recht gut beschreiben.

### *Mechanisches Wärmeäquivalent*

Nach dem bisher Gesagten ist zu erwarten, daß auch der Energiegehalt eines Systems durch die Angabe geeigneter Zustandsfunktionen eindeutig bestimmt werden kann. Die Änderungen dieser energetischen Zustandsfunktionen dürfen nicht von dem Weg, auf dem die Zustandsänderung des Systems erfolgt, abhängig sein. Energie ist die Bezeichnung für jede Art von Arbeit und Wärme. J. P. Joule hat schon in den Jahren von 1843 bis 1849 grundlegende Versuche durchgeführt, bei denen die durch Rühren oder durch elektrische Heizung, durch Kompression eines Gases oder durch Aneinanderreiben von Eisenstücken bewirkte Erwärmung einer thermisch isolierten Wassermenge

gemessen wurde. Mit diesen Versuchen ist der Nachweis für die Gültigkeit des 1842 von J. R. Mayer postulierten Prinzips der Äquivalenz von Arbeit und Wärme erbracht worden. Demnach läßt sich Energie in einem abgeschlossenen System weder erzeugen noch vernichten; sie kann nur von einer Energieform in die andere umgewandelt werden. Daher bleibt die Summe aller Energien verschiedener Form eines stofflichen Systems konstant, solange dem System keine Energie von außen zugeführt oder entzogen wird.

Das durch Gesetz eingeführte SI-Einheitensystem schreibt für Wärme und Arbeit die gleiche Maßeinheit, nämlich

$$1 \, \text{kg} \, \frac{\text{m}^2}{\text{s}^2} = 1 \, \text{Nm} = 1 \, \text{J} = 1 \, \text{Joule}$$

vor, wobei das Symbol N die Krafteinheit Newton ($1 \, \text{N} = 1 \, \text{kg\,m/s}^2$) bezeichnet. Damit wird auch das „mechanische Wärmeäquivalent" in einfacher Weise erklärt, wobei zu beachten ist, daß die Möglichkeiten zur Rückumwandlung von Wärme in Arbeit beschränkt sind.

Zur Aufheizung von 1 g Wasser von 14,5 auf 15,5 °C bei konstantem Druck werden nach exakten Messungen 4,1854 Joule benötigt. Diese Wärmemenge ist bis 1977 als Wärmemengen-Einheit (15°-Kalorie) verwendet worden. Beim Studium der Fachliteratur wird man daher noch oft von der Äquivalenzbeziehung

$$1 \, \text{cal} = 4{,}1854 \, \text{J}$$

Gebrauch machen müssen.

### *Kalorische Zustandsgleichung, innere Energie, erster Hauptsatz*

Der Zustand eines Systems kann durch Arbeitsleistung und durch Zufuhr oder Entzug von Wärme verändert werden. Führt man einem geschlossenen System von außen eine Wärmemenge q zu, so wird sich in jedem Falle der innere Zustand des Systems ändern. Wird dagegen an dem System eine Arbeit w geleistet, so hat man zu unterscheiden, ob diese Arbeit sich auf den inneren Zustand des Systems auswirkt, oder nur die äußeren Systemkoordinaten verändert. Die Aufwendung von Hubarbeit bewirkt z.B. in der Regel nur eine

Veränderung der äußeren Koordinaten, die den inneren Zustand des Systems nicht beeinflußt. Eine Veränderung des inneren Zustandes tritt jedoch ein, wenn an dem System eine Volumenarbeit oder eine elektrische Arbeit geleistet wird. Hierdurch ändert sich sein Volumen, sein Druck, seine Zusammensetzung oder seine Temperatur, d.h. seine *innere Energie*. Nur diese ist für die Thermodynamik von Interesse. Mit dem Symbol w sollen hier deshalb nur diejenigen Formen von Arbeit bezeichnet werden, die das System in seinem inneren Zustand verändern. Der Anteil der Gesamtenergie eines Systems, welcher nicht der äußeren kinetischen und potentiellen Energie zukommt, wird als *innere Energie* u bezeichnet. Diese Begriffsbildung umfaßt zunächst die Energie der thermischen Bewegung der Molekeln und Atome des stofflichen Systems sowie die potentielle Energie ihrer Lage zueinander, die auch die Energie der chemischen Bindungen mit einschließt. Man kann auch die im inneren Aufbau der Atome enthaltenen potentiellen Energien dazurechnen, d.h. der Gesamtwert der inneren Energie ist unbestimmt, ihr Nullniveau ist willkürlich wählbar.

Absolutwerte des Gesamtenergiegehaltes eines Systems lassen sich in der experimentellen Praxis meist nicht ohne größeren Aufwand bestimmen. Dagegen bereitet die Bestimmung der Energieänderung, die sich ergibt, wenn das System von einem Anfangszustand in einen Endzustand übergeführt wird, im allgemeinen keine besonderen Schwierigkeiten. Bezeichnet man die innere Energie des Systems im Anfangszustand mit $u_A$ und die dem Endzustand zuzuordnende Größe mit $u_E$, so gilt nach dem Energieprinzip

$$u_E - u_A = q + w \,. \tag{5.17}$$

Dies ist der *erste Hauptsatz der Thermodynamik*; er lautet in Worten:

*Die von einem System mit seiner Umgebung ausgetauschte Summe von Wärme und Arbeit ist gleich der Änderung der inneren Energie des Systems.*

Bei einer Änderung der inneren Energie kommt es nach Gl. (5.17) nur auf die Summe von q und w an. Die gleiche Zustandsänderung des Systems läßt sich daher auf verschiedenen Wegen mit unterschiedlichen komplementären Wärme- und Arbeitsbeträgen realisieren. Deshalb sind q und w im allgemeinen keine Zustandsgrößen. Die innere Energie u stellt dagegen eine Zustandsfunktion dar; sie ist für die thermodynamische Charakterisierung des Systems geeignet. Wäre sie es nicht, so könnte man bei der Durchführung eines einfachen Kreisprozesses dadurch Energie aus dem Nichts gewinnen, daß man ein System auf einem Wege 1 vom Zustand I in den Zustand II übergehen läßt und es auf einem anderen Wege 2 in den Ausgangszustand I zurückführt. Eine Vorrichtung, mit der eine Erzeugung von Energie aus dem Nichts bewerkstelligt werden könnte, nennt man ein perpetuum mobile erster Art. Nach dem ersten Hauptsatz der Thermodynamik darf es eine derartige Vorrichtung nicht geben. Deshalb wird dieser Hauptsatz oft auch als das *Prinzip der Unmöglichkeit des perpetuum mobile erster Art* bezeichnet.

Durch die Zufuhr von Wärme oder Arbeit wird die innere Energie eines Systems erhöht. Daher wird die Änderung der inneren Energie $\Delta u = u_E - u_A$ in diesem Falle mit einem positiven Vorzeichen versehen. Ebenso werden auch alle anderen Energieumsätze des Systems wie Wärmeumsätze und mechanische Arbeitsleistungen bei Energiezufuhr positiv und bei Energieabgabe negativ gewertet. Vorgänge, bei denen das System Wärme aufnimmt, werden als *endotherme Prozesse*, Vorgänge, bei denen das System Wärme abgibt, werden als *exotherme Prozesse* bezeichnet.

Die innere Energie u ist wie das Volumen v eine extensive Größe. Die molare innere Energie U eines reinen Stoffes kann also aus der für eine beliebige Molzahl n bestimmten inneren Energie u nach der Gleichung

$$U = \frac{u}{n} \tag{5.18}$$

berechnet werden. Es ist zweckmäßig, die innere Energie als Funktion von Volumen und Temperatur zu betrachten. Bei zusammengesetzten Systemen müssen außer den beiden Zustandsvariablen T und v auch die Molzahlen $n_i$ der k Komponenten bekannt sein. Die Darstellung von u als

Funktion dieser Variablen in der Form

$$u = f(T, v, n_1, n_2, \ldots, n_k) \qquad (5.19)$$

nennt man die *kalorische Zustandsgleichung*.

### Enthalpie

Die am System geleistete Arbeit besteht in einfachen Fällen oft aus Kompressions- oder Expansionsarbeit, sogenannter Volumenarbeit. Da die bei einer Kompression aufgewendete Arbeit eine Abnahme des Volumens bewirkt, gilt für isobare Prozesse

$$w = -p(v_E - v_A) . \qquad (5.20)$$

Wenn außer dieser Volumenarbeit keine andere Arbeit mit der Umgebung ausgetauscht wird, ist nach Gl. (5.17)

$$u_E - u_A = q - p(v_E - v_A) , \qquad (5.21)$$

d.h.

$$(u_E + pv_E) - (u_A + pv_A) = q . \qquad (5.22)$$

Die bei konstantem Druck mit der Umgebung ausgetauschte Wärmemenge ist also gleich der Änderung einer Größe, die durch die Summe $u + pv$ gegeben ist. Man bezeichnet sie als die *Enthalpie h*:

$$h = u + pv . \qquad (5.23)$$

Nach Gl. (5.22) gilt also bei konstantem Druck

$$\Delta h = h_E - h_A = q . \qquad (5.24)$$

Auch die Enthalpie h ist eine extensive Zustandsgröße. Analog Gl. (5.18) gilt daher für reine Stoffe

$$H = \frac{h}{n} . \qquad (5.25)$$

Im Gegensatz zur inneren Energie stellt man die Enthalpie eines Systems bekannter stofflicher Zusammensetzung zweckmäßig als Funktion der Molzahlen und der Zustandsvariablen T und p dar. Damit läßt sich eine kalorische Zustandsgleichung auch durch die Funktion

$$h = f(T, p, n_1, n_2, \ldots, n_k) \qquad (5.26)$$

beschreiben.

Da die meisten Prozesse in der Natur bei annähernd konstantem äußeren Druck ablaufen, sind die experimentell ermittelten und in Datensammlungen zusammengefaßten Angaben über die molaren Wärmeumsätze chemischer Reaktionen fast ausschließlich als $\Delta H$-Werte tabelliert.

Bei isochoren Prozessen wird keine Volumenarbeit geleistet. Wenn keine anderen Arbeitsbeiträge in Rechnung zu stellen sind, gilt dann

$$\Delta u = u_E - u_A = q , \qquad (5.27)$$

d.h. die Änderung der inneren Energie ist in diesem Falle gleich der mit der Umgebung ausgetauschten Wärmemenge.

Reaktionen in fester oder flüssiger Phase unterscheiden sich von Gasreaktionen unter anderem durch die relative Geringfügigkeit der meßbaren Volumenänderungen $v_E - v_A$. Der Unterschied zwischen $\Delta h$ und $\Delta u$ fällt daher bei diesen Prozessen nur wenig ins Gewicht, so daß hier

$$\Delta h \simeq \Delta u \qquad (5.28)$$

gesetzt werden kann. Dies gilt mit wenigen Ausnahmen auch für alle bei konstantem Druck ablaufenden biochemischen Reaktionen. Da h eine Zustandsfunktion ist, muß bei jedem Prozeß, der über n Zwischenschritte von einem Zustand A zu einem Zustand E führt, die Summe der Enthalpieänderungen der Einzelschritte gleich der Enthalpieänderung des Gesamtprozesses sein (Heßscher Satz von der „Konstanz der Wärmesummen"). Deshalb läßt sich der $\Delta H$-Wert für einen Einzelschritt durch Differenzbildung aus der Gesamt-Enthalpieänderung und der Summe der $\Delta H$-Werte aller anderen Zwischenschritte der Reaktion berechnen, wenn seine experimentelle Bestimmung Schwierigkeiten bereitet.

### Molwärmen

Differentielle Änderungen der Zustandsfunktionen u und h werden bei festgehaltenen Molzahlen $n_i$ durch die totalen Differentiale

$$du = \left(\frac{\partial u}{\partial T}\right)_{v, n_i} dT + \left(\frac{\partial u}{\partial v}\right)_{T, n_i} dV \qquad (5.29)$$

und

$$dh = \left(\frac{\partial h}{\partial T}\right)_{p, n_i} dT + \left(\frac{\partial h}{\partial p}\right)_{T, n_i} dp \qquad (5.30)$$

dargestellt. Da die chemischen und physikalischen Prozesse in der belebten Natur fast ausnahmslos bei konstanter Temperatur ablaufen, ist die Kenntnis der partiellen Differentialquotienten $\left(\dfrac{\partial u}{\partial T}\right)_{v,n_i}$ und $\left(\dfrac{\partial h}{\partial T}\right)_{p,n_i}$ für die thermodynamische Charakterisierung biologischer Reaktionssysteme nur von untergeordneter Bedeutung; sie ist jedoch wichtig für das Verständnis grundlegender thermodynamischer Gesetzmäßigkeiten und für die Erklärung der Gesetze des Wärmeaustausches zwischen den Lebewesen und ihrer Umgebung. Exakte Angaben über diese Größen werden auch bei der Auswertung bestimmter Experimente, welche Aufschluß über Struktur und Dynamik komplexer Systeme geben können, benötigt. Deshalb soll der Zusammenhang dieser partiellen Ableitungen mit den meßbaren spezifischen Wärmen hier kurz erläutert werden. Unter der Voraussetzung, daß ausschließlich Volumenarbeit geleistet wird, gilt

$$du = dq - p\,dv \tag{5.31}$$

bzw.

$$dq = du + p\,dv . \tag{5.32}$$

Es sei hier nur am Rande erwähnt, daß das Differential einer Arbeit (also z.B. $dw = -p\,dv$) im allgemeinen kein vollständiges Differential ist. Das gleiche gilt für den differentiellen Wärmeumsatz $dq$.

Aus Gl. (5.23) folgt

$$dh = d(u + pv) = du + p\,dv + v\,dp \tag{5.33}$$

oder mit $du + p\,dv = dq$ nach Gl. (5.32)

$$dh = dq + v\,dp \tag{5.34}$$

bzw.

$$dq = dh - v\,dp . \tag{5.35}$$

Durch Einsetzen von $du$ nach Gl. (5.29) in Gl. (5.32) und von $dh$ nach Gl. (5.30) in Gl. (5.35) erhält man die Beziehungen

$$dq = \left(\frac{\partial u}{\partial T}\right)_{v,n_i} dT + \left[\left(\frac{\partial u}{\partial v}\right)_{T,n_i} + p\right] dv \tag{5.36}$$

und

$$dq = \left(\frac{\partial h}{\partial T}\right)_{p,n_i} dT + \left[\left(\frac{\partial h}{\partial p}\right)_{T,n_i} - v\right] dp . \tag{5.37}$$

Erwärmt man nun das System bei konstantem Volumen, so ist nach Gl. (5.36)

$$dq_v = \left(\frac{\partial u}{\partial T}\right)_{v,n_i} dT . \tag{5.38}$$

Entsprechend gilt für eine Erwärmung bei konstantem Druck nach Gl. (5.37)

$$dq_p = \left(\frac{\partial h}{\partial T}\right)_{p,n_i} dT . \tag{5.39}$$

Die Wärmemenge, die notwendig ist, um eine bestimmte Menge eines stofflichen Systems bei konstantem Volumen bzw. bei konstantem Druck um ein Grad zu erwärmen, wird als Wärmekapazität $c_v$ bzw. $c_p$ bezeichnet. Aus den Gl. (5.38) und (5.39) folgt, daß sie identisch ist mit der partiellen Ableitung der inneren Energie bzw. der Enthalpie nach der Temperatur:

$$c_v = \frac{dq}{dT}\bigg|_{v,n_i} = \left(\frac{\partial u}{\partial T}\right)_{v,n_i} \tag{5.40}$$

$$c_p = \frac{dq}{dT}\bigg|_{p,n_i} = \left(\frac{\partial h}{\partial T}\right)_{p,n_i} . \tag{5.41}$$

Da bei der isobaren Erwärmung eines Systems zusätzlich Volumenarbeit geleistet werden muß, ist $c_p$ in jedem Falle größer als $c_v$. Die Wärmekapazitäten $c_v$ und $c_p$ sind extensive Größen. Für einen reinen Stoff sind die als Molwärmen $C_v$ und $C_p$ bezeichneten molaren Wärmekapazitäten durch

$$C_V = \left(\frac{\partial U}{\partial T}\right)_V \tag{5.42}$$

bzw.

$$C_P = \left(\frac{\partial H}{\partial T}\right)_P \tag{5.43}$$

definiert, d.h. es gilt

$$C_V = \frac{c_v}{n} \tag{5.44}$$

und

$$C_p = \frac{c_p}{n} \ . \tag{5.45}$$

Wegen des thermischen Ausdehnungsvermögens der Stoffe ist die Erwärmung einer Probe bei konstantem Volumen in der Regel nicht möglich. Dies gilt insbesondere für flüssige oder feste Stoffe. Experimentell läßt sich daher $c_p$ leichter bestimmen als $c_v$. Mit der durch die Gl. (5.40) definierten Wärmekapazität $c_v$ läßt sich die Gl. (5.36) in der Form

$$dq = c_v dT + \left[ \left( \frac{\partial u}{\partial v} \right)_{T, n_i} + p \right] dv \tag{5.46}$$

schreiben.

Für eine isobare Aufheizung um 1 K ist somit

$$\left. \frac{dq}{dT} \right|_{p, n_i} = c_v + \left[ \left( \frac{\partial u}{\partial v} \right)_{T, n_i} + p \right] \left( \frac{\partial v}{\partial T} \right)_{p., n_i}, \tag{5.47}$$

d.h.

$$c_p - c_v = \left[ \left( \frac{\partial u}{\partial v} \right)_{T, n_i} + p \right] \left( \frac{\partial v}{\partial T} \right)_{p, n_i} . \tag{5.48}$$

Für ein Mol eines reinen Stoffes gilt entsprechend

$$C_p - C_v = \left[ \left( \frac{\partial U}{\partial V} \right)_T + p \right] \left( \frac{\partial V}{\partial T} \right)_p . \tag{5.49}$$

Bei idealen Gasen ist die innere Energie unabhängig vom Volumen: $(\partial U/\partial V)_T = 0$. Dies folgt aus der Definition des idealen Gaszustandes; diese setzt eine so starke Verdünnung voraus, daß die Einflüsse zwischenmolekularer Kräfte und damit zwischenmolekulare potentielle Energien vernachlässigt werden können. Nach Gl. (5.11) ist dann mit $v = nV$

$$\left( \frac{\partial V}{\partial T} \right)_p = \frac{\partial}{\partial T} \left( \frac{RT}{p} \right)_p = \frac{R}{p} , \tag{5.50}$$

d.h. für ideale Gase gilt die einfache Beziehung

$$C_p - C_v = R \ . \tag{5.51}$$

Die Wärmekapazität $c_p$ kann mit den Methoden der Kalorimetrie (vgl. Literaturhinweis im Anhang 2) bestimmt werden. Da sich die partiellen Ableitungen $(\partial U/\partial V)_T$ und $(\partial V/\partial T)_p$ für beliebige

reale Systeme aus der experimentell bestimmbaren thermischen Zustandsgleichung ermitteln lassen, kann $C_v$ grundsätzlich in jedem Falle nach der Gl. (5.49) aus Meßwerten von $C_p$ berechnet werden. Die auf die Masseneinheit bezogenen Wärmekapazitäten eines Stoffes der Gesamtmasse m werden als spezifische Wärmen $c_{p_{sp.}}$ bzw. $c_{v_{sp.}}$ bezeichnet. Zur Berechnung dieser in der Praxis oft verwendeten Größen dienen die Gleichungen

$$c_{p_{sp.}} = \frac{c_p}{m} = \frac{n}{m} C_p \tag{5.52}$$

und

$$c_{v_{sp.}} = \frac{c_v}{m} = \frac{n}{m} C_v \ . \tag{5.53}$$

Nach den im Abschn. 2.1.2 erläuterten Grundgleichungen der Theorie der Transporterscheinungen stellt sich ein Temperaturausgleich bei gegebener Wärmeleitfähigkeit des Mediums in der Transportstrecke um so schneller ein, je größer die Wärmekapazität des Aufnehmer-Systems ist. Die starke Assoziationstendenz der $H_2O$-Molekeln macht sich in den besonderen physikalischen Eigenschaften des Wassers deutlich bemerkbar (vgl. Abschn. 1.2.3). Da bei der Erwärmung einer Flüssigkeit auch Energie zur Überwindung der zwischenmolekularen Attraktionskräfte aufgewendet werden muß, ist die spezifische Wärme des Wassers überdurchschnittlich groß. Die hohe Wärmekapazität des Wassers begünstigt die Temperaturanpassung der darin existierenden poikilothermen Lebewesen (vgl. Abschn. 5.1.1).

### *Arbeitsumsätze*

Der bei der Einführung der Zustandsgrößen u und h diskutierte Begriff der Volumenarbeit dient nicht nur dem Verständnis der Gesetze für die Umwandlung von Wärme in Arbeit; er nimmt als Grundlage der Entwicklung wichtiger Beziehungen zur quantitativen Beschreibung der Konzentrationsabhängigkeit stofflicher und energetischer Zustände eine zentrale Stellung im Lehrgebäude der Thermodynamik ein. Als Beispiele für derartige Beziehungen seien hier die Gleichung für die elektromotorische Kraft galvanischer

Ketten, die Gleichung zur Bestimmung der bei aktivem Transport zu leistenden Konzentrationsarbeit und die Henderson–Hasselbalch-Gleichung zur Berechnung von Puffer-Systemen genannt. Eine ausführliche Erläuterung dieser Beispiele findet sich in den Abschn. 5.2.3, 2.2.4 und 1.2.5. Die bei einer endlichen Änderung des Volumens v und des Druckes p einzusetzende Arbeit läßt sich besonders einfach für das ideale Gas berechnen, da in diesem Falle die thermische Zustandsgleichung durch Gl. (5.11) gegeben ist. Die bei einer isothermen Kompression von einem Volumen $v_1$ auf ein Volumen $v_2$ aufzuwendende Arbeit ergibt sich hier mit $p = nRT/v$ und $v_2 < v_1$ zu

$$w = - \int_{v_1}^{v_2} p\,dV = nRT \int_{v_2}^{v_1} \frac{dv}{v} = nRT \ln \frac{v_1}{v_2}$$

$$(5.54)$$

bzw. zu

$$w = nRT \ln \frac{p_2}{p_1} \,.$$

$$(5.55)$$

Die bei der Kompression eingesetzte Arbeit wird in Wärme umgewandelt, d.h. die bei der isothermen Kompression abzuführende Wärmemenge q kann nach der Gleichung

$$q = -w = nRT \ln \frac{p_1}{p_2}$$

$$(5.56)$$

berechnet werden. Bei der Expansion von $v_2$ auf $v_1$ leistet das System die Arbeit w, wenn ihm die Wärmemenge q zugeführt wird.

Da bei isothermen Kompressionen und Expansionen trotz des erforderlichen Wärmeaustausches mit der Umgebung die Ausbildung endlicher Temperaturgradienten vermieden werden muß, hat man den Prozeß im Gedankenexperiment „unendlich langsam und reversibel" zu führen (reversibel heißt: jederzeit umkehrbar). Dies setzt voraus, daß der Druck im Arbeitszylinder durch den auf den Arbeitskolben wirkenden Außendruck jederzeit bis auf differentiell kleine Beträge kompensiert wird, so daß Kompression und Expansion „bei währendem Gleichgewicht" erfolgen. Dies bedeutet, daß derartige reversible Prozesse in der Natur nicht vorkommen, weil sie in der Praxis nicht realisierbar sind. Der reversible

Prozeß ist somit als ein idealisierter Grenzfall aufzufassen; er kann exakt nur im Gedankenexperiment durchgeführt werden.

Für das Verständnis der Arbeitsumsätze in biologischen Systemen besonders wichtig ist die bei der Konzentrierung der Lösung eines Stoffes von einer Anfangskonzentration $c_1$ auf eine Endkonzentration $c_2$ zu leistende Arbeit; sie wird als osmotische Arbeit bezeichnet. Die Lösung L befinde sich in der skizzierten Anordnung (Abb. 5.8) über eine semipermeable Wand im osmotischen Gleichgewicht mit dem reinen Lösungsmittel $L_m$. Eine differentiell kleine Druckerhöhung auf der Seite der Lösung bewirkt den Austritt eines Volumenelementes dv des Lösungsmittels in das Lösungsmittelreservoir. Dabei wird auf der Seite L am System die Arbeit $-(p + \pi)\,dv$ geleistet, auf der Seite Lm die Arbeit $-p\,dv$, insgesamt somit $dw_{osm} = -\pi\,dv$. Bei Konzentrierung um eine endliche Volumendifferenz $v_1 - v_2$ gilt dementsprechend

$$w_{osm} = - \int_{v_1}^{v} \pi\,dv \,.$$

$$(5.57)$$

Setzt man voraus, daß die Lösung als *ideal verdünnt* angesehen werden kann, so gilt mit $\pi = c \cdot RT$ (vgl. Abschn. 1.2.6) und $v = n/c$

$$w_{osm} = - \int_{c_1}^{c_2} c \cdot RT \left( -n \frac{dc}{c^2} \right)$$

$$= nRT \int_{c_1}^{c_2} \frac{dc}{c} = nRT \ln \frac{c_2}{c_1} \,.$$

$$(5.58)$$

Das Ergebnis entspricht Gl. (5.55) für die Kompression eines idealen Gases. Bei der isothermen

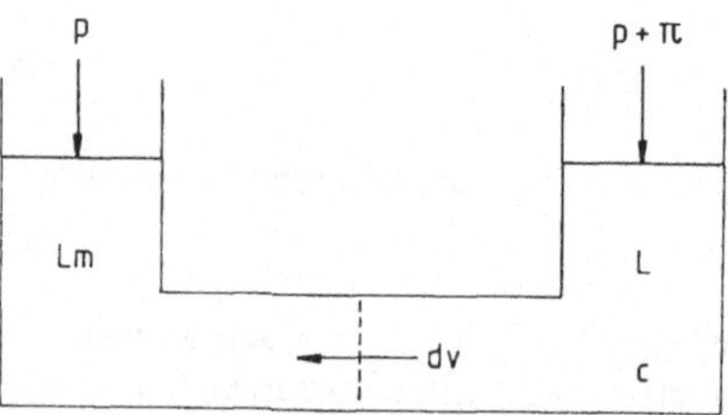


**Abb. 5.8** Zum Begriff der osmotischen Arbeit (reversible Konzentrierung als Beispiel)

reversiblen Konzentrierung einer Lösung wird also Arbeit in Wärme umgewandelt. Umgekehrt muß bei der reversiblen Verdünnung einer Lösung Wärme aus der Umgebung aufgenommen und in Arbeit umgesetzt werden. Auch die Prozesse der isothermen reversiblen Konzentrierung oder Verdünnung sind als praktisch nicht realisierbare idealisierte Grenzfälle realer Prozesse zu betrachten. Diese Einschränkung muß bei der Diskussion experimenteller Befunde stets beachtet werden, weil die unsachgemäße Verwendung des Reversibilitätsbegriffes oft zu Mißverständnissen führt. Der Begriff „irreversibel" besagt nicht, daß ein Schritt, z. B. die Verdünnung einer Lösung, nicht rückgängig gemacht werden kann. Er besagt vielmehr, daß beim Zurückführen des Systems in den Ausgangszustand irgendwo eine nicht rückgängig zu machende Veränderung zurückbleibt.

Durch die Gegenüberstellung verschiedener Arten der Abgrenzung von System und Umgebung (vgl. Abb. 5.6) ist bereits erklärt worden, daß ein Energieaustausch mit der Umgebung grundsätzlich auch bei thermisch isolierten Systemen möglich ist. Der bei adiabatischer Systemabgrenzung in Form von Expansionsarbeit durch das System geleistete oder als Kompressionsarbeit dem System zugeführte Energiebetrag kann für das ideale Gas als Arbeitsstoff ähnlich einfach wie die nach Gl. (5.54) zu berechnende isotherme reversible Kompressionsarbeit bestimmt werden. Für die adiabatische Kompression eines Systems ergibt sich aus der Bedingung dq = 0 nach Gl. (5.31) die Beziehung du = −pdv. Änderungen des Volumens bewirken keine Veränderung der inneren Energie eines idealen Gases. Deshalb erhält man für ein Mol des idealen Gases mit dU = C$_v$dT entsprechend Gl. (5.42) und mit p = RT/V nach Gl. (5.11) die Gleichung

$$C_v dT = - RT \frac{dV}{V} \tag{5.59}$$

bzw. mit R = C$_p$ − C$_v$ nach Gl. (5.51)

$$\frac{dT}{T} = -(C_p - C_v) \frac{dV}{C_v V} . \tag{5.60}$$

Durch Integration über dT bzw. dV erhält man

hieraus mit der Abkürzung $\varkappa = C_p/C_v$ die Beziehung

$$\ln T + (\varkappa - 1)\ln V = \ln \text{const} , \tag{5.61}$$

bzw.

$$TV^{(\varkappa - 1)} = \text{const} , \tag{5.62}$$

die in der nach Gl. (5.11) ebenfalls gültigen Form

$$pV^{\varkappa} = \text{konst} \tag{5.63}$$

als „Poisson-Gleichung" bekannt ist. Nach Gl. (5.62) kann die bei adiabatischer Kompression eines idealen Gases von einem Volumen V$_1$ auf ein Volumen V$_2$ bewirkte Temperaturänderung berechnet werden.

Bezeichnet man die Anfangstemperatur mit T$_1$ und die Endtemperatur mit T$_2$, so ist der für die Kompression aufzuwendende Energiebetrag unter den genannten Bedingungen durch

$$W = C_v(T_2 - T_1) \tag{5.64}$$

gegeben. Mit entgegengesetztem Vorzeichen liefert Gl. (5.64) die bei der adiabatischen Abkühlung von T$_2$ auf T$_1$ unter Expansion von V$_2$ auf V$_1$ durch das System geleistete Arbeit.

### Carnot-Prozeß

Von grundsätzlicher Bedeutung für das Gesamtkonzept der Thermodynamik sind die Schwierigkeiten, die sich ergeben, wenn man versucht, eine bestimmte Wärmemenge mit einer periodisch arbeitenden Vorrichtung vollständig in mechanische Arbeit umzuwandeln. Den Schlüssel zum Verständnis dieser prinzipiellen Einschränkung der Möglichkeiten zur wechselseitigen Umwandlung verschiedener Energieformen liefert die Betrachtung des in Abb. 5.9 skizzierten Carnotschen Kreisprozesses.

Bei der Durchführung dieses Gedankenexperimentes sind vier aufeinander folgende Teilschritte zu berücksichtigen. Zunächst läßt man ein Mol des idealen Gases bei einer vorgegebenen Temperatur T$_I$ isotherm und reversibel von dem Ausgangsvolumen V$_1$ auf das Volumen V$_2$ expandieren. Die dazu erforderliche Wärmemenge Q$_I$ soll einem angeschlossenen Wärmereservoir von unerschöpflicher Wärmekapazität entnommen werden. Bei diesem ersten Teilschritt wird nach Gl.

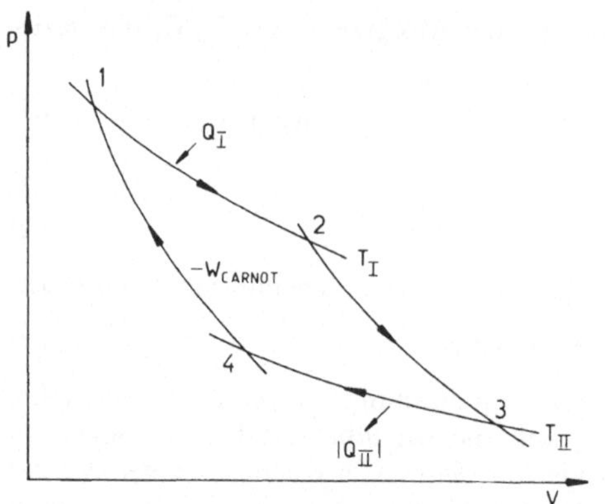



**Abb. 5.9** Schematische Darstellung des Carnotschen Kreisprozesses im p–V-Diagramm

(5.54) vom System die Arbeit

$$w_I = - RT_I \ln \frac{V_2}{V_1}$$

geleistet. Im zweiten Teilschritt wird das vom Wärmereservoir der Temperatur $T_I$ abgekoppelte System adiabatisch unter Arbeitsleistung bis zur Einstellung des Volumens $V_3$ expandiert und auf die Temperatur $T_{II}$ eines zweiten Wärmereservoirs von unerschöpflicher Wärmekapazität abgekühlt. Der dabei zu gewinnende Arbeitsbetrag $C_V(T_{II} - T_I)$ kompensiert den Arbeitsaufwand $C_V(T_I - T_{II})$, welcher im vierten Teilschritt bei der adiabatischen Kompression vom Volumen $V_4$ auf das Ausgangsvolumen $V_1$ unter Erwärmung von $T_{II}$ auf $T_I$ geleistet werden muß. Vor dem letzten Teilschritt muß das System unter Ankopplung an das zweite Wärmereservoir isotherm und reversibel vom Volumen $V_3$ auf das Volumen $V_4$ komprimiert werden. Der dabei nach Gl. (5.54) am System zu leistenden Arbeit

$$W_{II} = RT_{II} \ln \frac{V_3}{V_4}$$

entspricht eine Wärmemenge $Q_{II}$, die reversibel an das Wärmereservoir der Temperatur $T_{II}$ abgeführt werden muß ($Q_{II} = -W_{II}$, $Q_I = -W_I$). Nach Gl. (5.62) ist nun $T_I V_1^{(\varkappa - 1)} = T_{II} V_4^{(\varkappa - 1)}$ und ebenso $T_I V_2^{(\varkappa - 1)} = T_{II} V_3^{(\varkappa - 1)}$, weshalb $V_3/V_4 = V_2/V_1$ gelten muß. Mit dieser Vereinfa-

chung erhält man die bei einem Umlauf durch den Carnot-Prozeß geleistete Arbeit durch Summation von $W_I$ und $W_{II}$ in der Form

$$-W_{Carnot} = R(T_I - T_{II}) \ln \frac{V_2}{V_1} . \tag{5.65}$$

Dividiert man schließlich noch den Betrag von $W_{Carnot}$ durch den Betrag der bei der Temperatur $T_I$ aufgenommenen Wärmemenge $Q_I$, so erhält man mit $Q_I = RT_I \ln V_2/V_1$ für den *Wirkungsgrad* des Kreisprozesses die im Jahre 1824 von S. Carnot angegebene Beziehung

$$\frac{|W_{Carnot}|}{Q_I} = \frac{(T_I - T_{II})}{T_I} \tag{5.66}$$

Von der Wärmemenge $Q_I$, die das Gas bei der Temperatur $T_I$ aufnimmt, kann somit nur der durch die Differenz $Q_I - Q_{II}$ festgelegte Teilbetrag als Arbeit gewonnen werden. Der Carnot-Prozeß stellt ein idealisiertes Modell einer Wärmekraftmaschine dar. Läßt man in dem Gedankenexperiment alle Teilschritte in umgekehrter Richtung ablaufen, so beschreibt der Kreisprozeß das Wirkungsprinzip einer *Wärmepumpe*, die als Heizvorrichtung oder als Kühlaggregat eingesetzt werden kann.

Aus Gl. (5.66) folgt, daß mit einer Carnot-Maschine nur bei der technisch nicht realisierbaren Vorkühlung des die Restwärme $Q_{II}$ aufnehmenden Wärmereservoirs auf $T_{II} = 0$ Wärme vollständig zur Leistung von Arbeit genutzt werden könnte. Je kleiner die Temperaturdifferenz $T_I - T_{II}$ ist, um so geringer ist auch der Wirkungsgrad einer Wärmekraftmaschine. Dies ist die grundlegende Einschränkung, die in jedem Falle bei Versuchen zur kontinuierlichen Umwandlung von Wärme in Arbeit beachtet werden muß; sie bildet die Grundlage für die allgemeine Formulierung des zweiten Hauptsatzes, der im Anschluß an die Erklärung einiger typischer Beispiele für Energie- und Enthalpie-Umsätze in diesem Abschnitt besprochen werden soll. Wenn in einem biologischen System, wie z. B. der lebenden Zelle, praktisch keine Temperaturdifferenzen vorhanden sind, besteht keine Möglichkeit, Wärme in Arbeit umzusetzen.

Abbildung 5.9 erklärt auch die bereits bei der Diskussion von Gl. (5.17) getroffene Feststellung, daß w und q im allgemeinen keine Zustandsgrößen sind; denn eine reversible Expansion des Gases vom Volumen $V_1$ auf das Volumen $V_3$ kann im Gedankenexperiment entweder auf dem Weg über $V_2$ oder auf dem Weg über $V_4$ vorgenommen werden, wobei mit $Q_I$ bzw. $Q_{II}$ unterschiedliche Wärmeumsätze in Rechnung zu stellen sind. Auch die Beträge der vom System bei der Expansion auf den genannten Wegen geleisteten Arbeit müssen sich deshalb um die Differenz $Q_I - Q_{II}$ unterscheiden.

Die durch Gl. (5.20) definierte Volumenarbeit stellt die einzige Form von Arbeit dar, welche bei dem Gedankenexperiment einer reversiblen Expansion oder Kompression eines idealen Gases in Rechnung gestellt werden muß. Deshalb kann auch die mit einer Carnot-Maschine durch Umwandlung von Wärme zu gewinnende Arbeit primär nur als Volumenarbeit bzw. mechanische Arbeit wirksam werden. Für die Funktion der „isothermen chemodynamischen Maschine" lebender Organismen (vgl. Abschn. 5.1.1) ist die Umwandlung von Wärme in Arbeit jedoch nur von gänzlich untergeordneter Bedeutung. Sehr wichtig sind dagegen andere Formen von Arbeit, wie z.B. die schon in der Einführung erwähnte Transportarbeit, die chemomechanische Arbeit der kontraktilen Systeme und die elektrische Arbeit, deren Gewinnung aus chemischer Energie im Zusammenhang mit der Definition der freien Reaktionsenthalpie im Abschn. 5.2.2 erklärt werden soll. Auch auf die Bedeutung der im Abschn. 2.3.5 (Grenzflächenkräfte und Adsorption) bereits definierten Oberflächenarbeit sei hier noch einmal hingewiesen.

### $\Delta_R H$-*Werte*

Bei jeder Zustandsänderung eines Systems ändert sich der Wert der durch Gl. (5.23) definierten Zustandsgröße h. Dies gilt mit wenigen Ausnahmen nicht nur für chemische Reaktionen, sondern auch für alle Phasenumwandlungen (Schmelzprozeß, Verdampfung, Sublimation, Phasenübergänge in mehrphasigen festen bzw. flüssigen Systemen), für Konformationsumwandlungen von gelösten Biopolymeren und für alle Lösungs-, Verdünnungs- oder Vermischungsprozesse. Die dem jeweiligen Prozeß zuzuordnenden Enthalpieänderungen lassen sich mit kalorimetrischen Meßverfahren bestimmen oder unter Berücksichtigung des ersten Hauptsatzes aus den der thermischen Zustandsgleichung zuzuordnenden Gleichgewichtsdaten berechnen (vgl. hierzu auch Abschn. 5.2.2).

In der Thermochemie werden die für einen molaren Formelumsatz ermittelten Reaktionsenthalpien chemischer Umsetzungen als $\Delta_R H$-Werte bezeichnet. Als Beispiel für einen Reaktionstyp, bei dem der $\Delta_R H$-Wert in einfachen Fällen durch direkte Kalorimetrie bestimmt werden kann, sei die unter Verbrauch von molekularem Sauerstoff ablaufende Verbrennung organischer Substanzen genannt. Bei der exothermen Verbrennung wird Wärme an die Umgebung abgegeben, weil durch die Reaktion komplexe organische Verbindungen von relativ geringer thermodynamischer Stabilität (vgl. Abschn. 5.2.2) in einfache stabile Produkte mit einem wesentlich geringeren Energiegehalt umgewandelt werden. Durch kalorimetrische Messungen oder durch einfache Umrechnung aus anderen experimentellen Daten leicht bestimmbar sind in der Regel auch die $\Delta H$-Werte von Hydrolyse-Prozessen und von Ionisierungsreaktionen.

Um eine Grundlage für die Berechnung vergleichbarer Werte von Energieumsätzen zu schaffen, hat man für den Anfangszustand und den Endzustand jeder Phasenumwandlung und jeder chemischen Reaktion durch internationale Vereinbarung bestimmte Standard-Werte der Temperatur und des Druckes bzw. der thermodynamischen Aktivität (vgl. Abschn. 5.2.2) festgelegt. Der *Standardzustand* einer Substanz ist ihre stabilste Form bei einem Druck von 1 bar. Die Standardzustände bei 298 K (25 °C) bezeichnet man als *Normalzustände* und die molaren Werte der Enthalpien, inneren Energien und anderer thermodynamischer Größen in diesen Zuständen als *Normalwerte*. Der Standardzustand gelöster Stoffe wird durch den Wert der thermodynamischen Konzentration oder Aktivität definiert. Für den hypothetischen Grenzzustand einer ideal verdünnten Lösung entspricht dieser Wert einer Konzentration vom 1 mol $l^{-1}$.

In der Tabelle 5.1 sind die Normalwerte der Reaktionsenthalpien für einige typische Beispiele

**Tabelle 5.1** Normalwerte von Reaktionsenthalpien einiger repräsentativer chemischer Reaktionen

| Vereinfachte Reaktionsgleichung: | $\Delta_R H$ (kJ/mol) |
|---|---|
| Glucose + $6O_2$ → $6CO_2$ + $6H_2O$ | − 2.817,0 |
| Milchsäure + $3O_2$ → $3CO_2$ + $3H_2O$ | − 1.364,5 |
| Palmitinsäure + $23O_2$ → $16CO_2$ + $16H_2O$ | − 9.963,0 |
| Tripalmitin + $72{,}5O_2$ → $51CO_2$ + $49H_2O$ | − 31.437,0 |
| Glycin + $3{,}25O_2$ → $2CO_2$ + $2{,}5H_2O$ + $NO_2$ | − 979,5 |
| Saccharose + $H_2O$ → Glucose + Fructose | − 20,1 |
| Glucose-6-phosphat + $H_2O$ → Glucose + $H_3PO_4$ | − 12,6 |
| $CH_3COOH$ + $H_2O$ → $CH_3COO^-$ + $H_3O^+$ | + 4,8 |
| $NH_3^+CH_2COO^-$ + $H_2O$ → $NH_2CH_2COO^-$ + $H_3O^+$ | + 45,2 |
| $H_3O^+$ + $OH^-$ → $2H_2O$ | − 57,8 |

von Verbrennungs-, Hydrolyse- und Ionisierungs-Reaktionen und für die Neutralisationsreaktion zusammengestellt. Die Beträge der Verbrennungsenthalpien sind sehr viel größer als die $\Delta_R H$-Werte der in der Regel ebenfalls exothermen Hydrolyse-Reaktion. Die in der achten und neunten Zeile der Tabelle aufgeführten Ionisierungsreaktionen schwacher Elektrolyte sind endotherme Prozesse.

Wenn eine Reaktion nicht nur bei konstantem Druck, sondern auch bei annähernd konstantem Volumen abläuft und durch den Prozeß keine Arbeit geleistet wird, kann man nach Gl. (5.24) unter Berücksichtigung von Gl. (5.28) aus dem kalorimetrisch bestimmten Wärmeumsatz eine Aussage über die Größenordnung der Gesamtenergieänderung dieser Reaktion entnehmen. Über das Ausmaß der bei optimaler Prozeßführung aktivierbaren Arbeitsfähigkeit des Prozesses wird damit zunächst jedoch noch keine Aussage gemacht.

Aus der mit Gl. (5.43) gegebenen Definition der Molwärme $C_p$ folgt nach den Regeln für die Differentiation einer Summe oder Differenz zweier Funktionen der gleichen unabhängigen Veränderlichen unmittelbar die Beziehung

$$\left(\frac{\partial \Delta_R H}{\partial T}\right)_p = C_{p_E} - C_{p_A} = \Delta_R C_p , \qquad (5.67)$$

die als Grundlage einer Umrechnung von $\Delta_R H$-Werten von 298 K auf eine andere Temperatur dienen kann.

## Gleichgewichtszustände, reversible und irreversible Prozesse

Die in diesem Abschnitt definierten Zustandsgrößen der Thermodynamik dienen der Beschreibung statischer Systemzustände im thermischen Gleichgewicht. Ein stoffliches System befindet sich im Zustand thermischen Gleichgewichtes, wenn es ohne Einwirkung einer äußeren Störung seinen Zustand beliebig lange beibehält und auf kleine, vorübergehende Störungen mit entsprechend geringfügigen und vorübergehenden Zustandsänderungen reagiert.

Zustände, die in der Natur vorkommen, sind durchweg Nichtgleichgewichtszustände. Häufig ist die Einstellung des Gleichgewichtes bei normaler Temperatur energetisch gehemmt, wie z. B. bei allen organischen Substanzen in sauerstoffhaltiger Atmosphäre. Oft hat man es auch mit „eingefrorenen" Gleichgewichten, zu tun wie sie z. B. in den ungeordneten Strukturen der Gläser vorliegen (unterkühlte Flüssigkeiten). Eine besonders wichtige Gruppe von Nichtgleichgewichtszuständen stellen die durch stetigen Durchfluß von Energie bzw. Stoff aufrechterhaltenen stationären Zustände dar; hierzu gehören die stofflichen Systeme der lebenden Organismen. Die Tendenz zum spontanen Übergang in einen Gleichgewichtszustand ist ein gemeinsames Merkmal aller Nichtgleichgewichtszustände. Spontane physikalische und chemische Prozesse laufen stets in einer bestimmten, aus den im Zusammenhang mit dem ersten Hauptsatz erläuterten Gesetzmäßigkeiten nicht abzuleitenden Richtung ab. Ist der Gleichgewichtszustand, in dem Druck, Temperatur und alle anderen meßbaren Zustandsgrößen im ganzen System einheitlich und konstant sind, erreicht, so ist eine spontane und rückläufige Veränderung zu einem uneinheitlichen Zustand ausgeschlossen. Obwohl die Gesetze der zeitlichen Änderung stofflicher Zustände mit den Methoden der Gleichgewichtsthermodynamik nicht zu erfassen sind, ist die Richtung aller spontan ablaufenden Prozesse nach den thermodynamischen Prinzipien eindeutig bestimmt. Die Frage nach der Richtung einer spontanen Zustandsänderung steht in unmittelbarem Zusammenhang mit der Frage nach der Triebkraft oder *Affinität* des Prozesses, deren Beantwortung sich mit der Definition weiterer Zustandsgrößen aus dem nachstehend zu erklärenden zweiten Hauptsatz der Thermodynamik ergibt.

Eine wichtige Voraussetzung für das Verständnis des zweiten Hauptsatzes ist eine exakte Angabe der Merkmale, durch die sich die praktisch realisierbaren irreversiblen Prozesse vom idealisierten Grenzfall des reversiblen Prozesses unterscheiden. Die irreversiblen Vorgänge lassen sich in drei Gruppen zusammenfassen:

*1. Ausgleichsprozesse*: Diffusion längs eines Konzentrationsgefälles, hydrodynamischer Fluß längs eines Druckgefälles, Wärmefluß längs eines Temperaturgefälles zum Ausgleich von Konzentrations-Druck- und Temperaturunterschieden. Chemische Reaktion zum Ausgleich von Affinitätsunterschieden. Alle Vorgänge, die zur Einstellung eines Gleichgewichtszustandes ablaufen, sind Ausgleichsprozesse.

*2. Stationäre Prozesse*: Stetiger Durchfluß von Energie mit oder ohne Stofftransport durch ein System unter Aufrechterhaltung des stationären Zustandes.

*3. Dissipative Prozesse*: Umwandlung von mechanischer Arbeit durch äußere oder innere Reibung in Wärme. Umwandlung von elektrischer Energie durch Ohmsche Widerstände in Wärme. Dabei wird die Energie gerichteter Bewegungsvorgänge in Energie ungerichteter thermischer Molekularbewegung umgewandelt und als solche

in dem beteiligten System und seiner Umgebung verteilt („dissipiert").

Die gemeinsamen Merkmale dieser drei Gruppen irreversibler Prozesse sind:
1. Eindeutige Vorzugsrichtung
2. Spontaner Ablauf in dieser Richtung
3. Der Ausgangszustand und alle bis zur Einstellung eines Gleichgewichtes durchlaufenen Zwischenzustände sind Nichtgleichgewichtszustände.
4. Unmöglichkeit der vollständigen Umkehrung des Vorganges ohne bleibende Zustandsänderungen außerhalb des Systems. Beispiel: Erwärmung einer Flüssigkeit durch Reibung beim Rühren. Die Anfangstemperatur des Systems kann durch Abführung der Wärme an die Umgebung wiederhergestellt werden. Damit wird aber der Zustand der Umgebung bleibend verändert.

Als Beispiele für einen nur im Gedankenexperiment durchführbaren reversiblen Prozeß wären zu nennen:
1. Isotherme reversible Kompression oder Expansion.
2. Isotherme reversible Konzentrierung oder Verdünnung einer Lösung.
3. Adiabatische Kompression oder Expansion.
4. Reversible chemische Reaktion in galvanischer Kette, wobei die Potentialdifferenz an den Elektroden bis auf differentiell kleine Unterschiede stetig kompensiert wird.

Merkmale reversibler Vorgänge:
1. Keine Vorzugsrichtung.
2. Kein spontaner Ablauf: Der Prozeß läßt sich nur bei entsprechender Veränderung der wirksamen Zustandsvariablen durchführen.
3. Vollständige Umkehrbarkeit ohne bleibende Zustandsänderungen außerhalb des Systems.

### Entropie, zweiter Hauptsatz

Alle spontan ablaufenden Vorgänge sind irreversible Prozesse. Sie führen stets zu einem nicht zu vernachlässigenden Verlust an nutzbarer Arbeit und einem Gewinn von Wärme. Die beim Ablauf dieser Prozesse eintretenden Veränderungen könnte man nur rückgängig machen, wenn es gelänge, Wärme ohne sonstige Veränderungen des Systems oder der Umgebung unmittelbar in Arbeit zu verwandeln. Dies ist nach aller Erfahrung nicht möglich. Diese Erfahrung findet ihren Ausdruck im *zweiten Hauptsatz der Thermodynamik*:

*Es gibt keine periodisch funktionierende Maschine, die ausschließlich Wärme in Arbeit verwandelt, ohne an dem dabei benutzten System oder seiner Umgebung sonstige bleibende Zustandsänderungen zu erzeugen.*

Eine periodisch arbeitende Vorrichtung, mit der Wärme ohne sonstige bleibende Veränderungen unmittelbar in Arbeit umgewandelt werden könnte, nennt man ein perpetuum mobile zweiter Art. Da es nach dem zweiten Hauptsatz der Thermodynamik eine derartige Vorrichtung nicht geben kann, wird dieser auch als das *Prinzip der Unmöglichkeit des perpetuum mobile zweiter Art* bezeichnet.

Aus dem zweiten Hauptsatz der Thermodynamik ergibt sich eine wichtige Verallgemeinerung der zunächst nur für den Sonderfall des idealen reversiblen Carnot-Prozesses hergeleiteten Wirkungsgradformel (Gl. (5.66)). Gäbe es nämlich eine Vorrichtung, die mit einem anderen Arbeitsstoff oder einer anderen Kombination geeigneter Teilschritte einen besseren Wirkungsgrad als die Carnot-Maschine erreichen könnte, so ließe sich mit ihr eine als Wärmepumpe arbeitende Carnot-Maschine kombinieren. Dabei sollte die erste Maschine einem wärmeren Reservoir eine Wärmemenge $Q_I$ entnehmen und unter Leistung der (zu speichernden) Arbeit W einem kälteren Reservoir die Wärmemenge $Q_{II} = Q_I - W$ zuführen. Die mit dem weniger guten Wirkungsgrad arbeitende Carnot-Maschine könnte dann dem kälteren Reservoir die Wärmemenge $Q_{II}$ wieder entnehmen und sie mit einem geringeren Arbeitsaufwand auf das höhere Temperaturniveau pumpen. Dabei würde eine gegenüber $Q_I$ um die Differenz der Arbeitsbeträge verringerte Wärmemenge dem wärmeren Reservoir wieder zugeführt werden, so daß bei jedem kombinierten Zyklus insgesamt eine Wärmemenge ohne sonstige Veränderungen in Arbeit umgewandelt werden könnte. Das ist aber nach dem zweiten Hauptsatz der Thermody-

namik nicht zulässig. Deshalb kann es keinen reversiblen Kreisprozeß geben, der einen höheren Wirkungsgrad als eine reversibel arbeitende Carnot-Maschine hat. Ebenso gibt es auch keine reversibel arbeitende Wärmekraftmaschine, die einen geringeren Wirkungsgrad hat. Deshalb gilt Gl. (5.66) für beliebige (hypothetische) reversibel arbeitende Kreisprozesse. Damit findet auch die in der Einleitung zu diesem Abschnitt bereits erwähnte und im Anschluß an die Herleitung von Gl. (5.66) diskutierte fundamentale Einschränkung der Möglichkeiten zur Umwandlung von Wärme in Arbeit ihre Erklärung:

Die nach Gl. (5.66) zu berechnende, mit einem reversibel geführten Kreisprozeß gewinnbare Arbeit stellt das Maximum an nutzbarer Arbeit dar, das aus einem Wärmevorrat bei vorgegebener Temperaturdifferenz überhaupt gewonnen werden kann. Wenn keine Temperaturdifferenz vorhanden ist, läßt sich keine Arbeit durch Umwandlung von Wärme gewinnen.

In weitgehender Analogie zu der durch Gl. (5.17) gegebenen Formulierung des ersten Hauptsatzes der Thermodynamik läßt sich auch die Aussage des zweiten Hauptsatzes durch die Einführung einer charakteristischen Zustandsfunktion beschreiben. Aus der Abb. 5.9 ist ersichtlich, daß bei der reversiblen Expansion eines idealen Gases vom Volumen $V_1$ auf das Volumen $V_3$ durch adiabatische Abkühlung auf die Temperatur $T_{II}$ und anschließende isotherme Ausdehnung der gleiche Endzustand erreicht wird wie nach isothermer Entspannung von $V_1$ auf $V_2$ bei der Temperatur $T_I$ und anschließender adiabatischer Abkühlung auf $T_{II}$. Nach den bei der Herleitung von Gl. (5.66) angestellten Überlegungen gibt es keinen Unterschied zwischen den Arbeitsbeträgen, welche für die adiabatische Expansion von $V_2$ auf $V_3$ bzw. von $V_1$ auf $V_4$ in Rechnung zu stellen sind. Demnach muß es eine Zustandsfunktion f(V, T) geben, die sich bei isothermer Expansion mit dem Volumenverhältnis $V_2/V_1$ unabhängig von der vorgegebenen Temperatur um den gleichen Betrag ändert und bei einer adiabatischen Zustandsänderung des Systems zwischen den Temperaturen $T_I$ und $T_{II}$ konstant bleibt. Dividiert man die bei der Herleitung von Gl. (5.65) angesetzten Arbeitsbeträge $W_I$ und $W_{II}$

bzw. die gleich großen Wärmebeträge $Q_I$ und $Q_{II}$ durch die den Isothermen zugeordneten Temperaturen und beachtet, daß $V_2/V_1 = V_3/V_4$ gilt, so erhält man die einfache Beziehung

$$\Delta f(V, T) = \frac{Q_I}{T_I} = \frac{Q_{II}}{T_{II}} , \qquad (5.68)$$

welche die Änderung der gesuchten Zustandsfunktion bei der isothermen Expansion von $V_1$ nach $V_2$ bzw. von $V_4$ nach $V_3$ angibt. Die Zustandsfunktion $f(V, T)$ ist von Clausius im Jahre 1850 eingeführt und als *Entropie s* bezeichnet worden. Für adiabatische Zustandsänderungen gilt $ds = 0$. Die Adiabaten werden deshalb auch als *Isentropen* bezeichnet. Für den reversiblen Übergang eines Systems von einer Adiabaten mit der Entropie s zu einer benachbarten Adiabaten mit der Entropie $s + ds$ gilt

$$ds = \frac{dq_{rev}}{T} \qquad (5.69)$$

oder für 1 Mol Substanz

$$dS = \frac{dQ_{rev}}{T} . \qquad (5.70)$$

Für eine Entropiedifferenz $\Delta S$ gilt entsprechend

$$\Delta S_{(T\,=\,const)} = \frac{Q_{rev}}{T} . \qquad (5.71)$$

Nach einem vollständigen Zyklus des Carnot-Prozesses oder eines beliebigen anderen reversiblen Kreisprozesses hat sich die Entropie des Systems nicht geändert. Diese Feststellung entspricht der Aussage des zweiten Hauptsatzes. Wäre die Entropie S keine Zustandsgröße, so könnte man ein perpetuum mobile zweiter Art konstruieren. So wie man den ersten Hauptsatz durch die Formulierung

*„Die innere Energie U ist eine Zustandsfunktion"*

ausdrücken kann, läßt sich der zweite Hauptsatz in der Form

*„Die durch das Differential $dS = dQ_{rev.}/T$ definierte Entropie S ist eine Zustandsfunktion"*

darstellen. Clausius hat den Ausdruck $dQ_{rev}/T$ als „reduzierte Wärmemenge" bezeichnet; damit läßt sich der zweite Hauptsatz auch durch den Satz

*„Bei einem reversiblen Kreisprozeß ist die Gesamtsumme der reduzierten Wärmemengen gleich Null"*

ausdrücken.

Die molare Entropie wird in Entropie-Einheiten mit der Dimension $\dfrac{J}{mol \cdot K}$ ausgedrückt. Bei gegebener Temperatur haben feste Körper eine relativ geringe, Flüssigkeiten eine mäßig hohe und Gase die höchste Entropie. Bei höherer Temperatur hat ein Stoff eine höhere Entropie als bei einer niedrigeren Temperatur. Deshalb muß die Temperatur berücksichtigt werden, wenn man eine präzise und reproduzierbare Angabe über Entropiewerte und deren Änderungen machen will.

Nach Gl. (5.35) gilt für 1 Mol eines reinen Stoffes

$$dQ_{rev} = dH - V\,dp . \qquad (5.72)$$

Folglich ist

$$dS = \frac{dH - V\,dp}{T} . \qquad (5.73)$$

Damit erhält man für ideale Gase mit $dH = C_p\,dT$ und $V = RT/p$ die Gleichungen

$$dS^{Gas} = C_p \frac{dT}{T} - R \frac{dp}{p} \qquad (5.74)$$

und

$$S^{Gas}(T, p) = S^0(T) - R\ln p , \qquad (5.75)$$

wobei in dem ersten Term auf der rechten Seite von Gl. (5.75) die sich aus der Integration des Ausdrucks $C_p(T)/T$ über $dT$ ergebenden Anteile einschließlich der für das System charakteristischen Integrationskonstanten zusammengefaßt sind. Die *Standardentropie* $S^0(T)$ stellt die molare Entropie bei einer beliebigen Temperatur und bei einem Druck von 1 bar (Standarddruck) bar. Die Standardentropie bei 298 K (25 °C) ist die Normalentropie.

## Charakterisierung von reversiblen und irreversiblen Prozessen durch die Prozeßabhängigkeit der Gesamtentropie

Mit der Einführung der Zustandsgröße Entropie ergibt sich ein weiteres wichtiges Kriterium für die formale Unterscheidung zwischen reversiblen und irreversiblen Prozessen. Da die Entropie eines stofflichen Systems eine Zustandsgröße darstellt, hängt ihre Zunahme bei einer Zustandsänderung $A \rightarrow E$ nicht davon ab, ob diese Zustandsänderung irreversibel abläuft oder reversibel geführt wird. Für den hypothetischen Grenzfall der reversiblen Prozeßführung läßt sich aber die Entropiezunahme $\Delta s_{System}$ nach Gl. (5.71) aus der bekannten Wärmezufuhr $q_{rev}$ und der vorgegebenen Temperatur T unmittelbar zu

$$\Delta s_{System} = s_E - s_A = \frac{q_{rev}}{T} \qquad (5.76)$$

berechnen. Auch für nichtisotherme reversible Prozesse kann die Entropieänderung $\Delta s_{System}$ ohne weiteres berechnet werden, wenn man alle Wärmeumsätze mit Hilfe eines Wärmebehälters von unerschöpflicher Wärmekapazität und einer konstanten Temperatur $T_0$ vornimmt. Dieses Wärmereservoir wird als die „Umgebung" des Systems bezeichnet. Bei einer nichtisothermen, reversiblen Expansion unter Abkühlung kann der Gesamtverlauf der Zustandsänderung durch eine dichte Folge von adiabatischen und isothermen Teilschritten annähernd richtig dargestellt werden. Die Annäherung ist um so besser, je kleiner die einzelnen Stufen der Zustandsänderung gewählt werden. Bei den adiabatischen Teilschritten tritt keine Entropieänderung ein. Dagegen wächst bei jedem (i-ten) isothermen Expansionsschritt die Entropie des Gases um $q_i/T_i$ an. Die jeweilige Wärmemenge $q_i$ kann mit einer reversibel arbeitenden Wärmepumpe reversibel zugeführt werden, wobei aus dem Vorrat der Umgebung die Wärmemenge $q_{io}$ zu entnehmen ist. Die Entropie der Umgebung verringert sich dadurch um $q_{io}/T_0$, d.h. nach Gl. (5.68) um den gleichen Betrag, um den die Entropie des Systems zunimmt. Was für jeden Einzelschritt gilt, gilt auch für die Summe aller Teilschritte:

$$s_E - s_A = \Delta s_{System} = \sum_i q_i/T_i = - \Delta s_{Umgebung} \, ,$$

d.h.

$$\Delta s_{System} + \Delta s_{Umgebung} = \Delta s_{gesamt} = 0 \, . \qquad (5.77)$$

Das gemeinsame thermodynamische Merkmal für *reversible Prozesse* ist also, daß die *Gesamtentropie* von System und Umgebung *konstant* bleibt.

Bei irreversiblem Ablauf der Expansion bleibt der Entropiezuwachs des Systems derselbe wie bei reversibler Prozeßführung. Es wird aber die Expansionstendenz des Gases nicht mehr in jedem Stadium durch einen Gegendruck bis auf differentiell kleine Unterschiede kompensiert, vielmehr expandiert das System mehr oder weniger ungehemmt. Dabei braucht weniger Wärme aus der Umgebung aufgenommen zu werden, weil von dem System eine geringere Expansionsarbeit zu leisten ist. Die Entropie der Umgebung nimmt daher um einen geringeren Betrag ab als bei reversiblem Ablauf des Prozesses, d.h. es gilt:

$$\Delta s_{System} + \Delta s_{Umgebung} = \Delta s_{gesamt} > 0 \, . \qquad (5.78)$$

Das gemeinsame Merkmal für *irreversible Prozesse* ist daher die *Zunahme der Gesamtentropie*. Die Zunahme der Gesamtentropie erfolgt zwangsläufig bei allen Vorgängen, welche in die drei vorstehend aufgeführten Hauptgruppen irreversibler Prozesse einzuordnen sind. Diese Feststellung soll hier kurz an Beispielen erläutert werden.

### 1. Ausgleichsvorgänge

Ein besonders wichtiges Beispiel für einen Ausgleichsvorgang ist die Vermischung zweier Stoffe durch Diffusion. Von zwei idealen Gasen (1) und (2) sollen sich $n_1$ bzw. $n_2$ Mole zunächst, wie in Abb. 5.10 oben dargestellt, bei gleichem Druck p getrennt in zwei benachbarten Behältern vom Volumen $v_1$ bzw. $v_2$ befinden. Nach Entfernung der Trennwand vermischen sie sich durch Diffusion irreversibel bis zur gleichmäßigen Zusam-

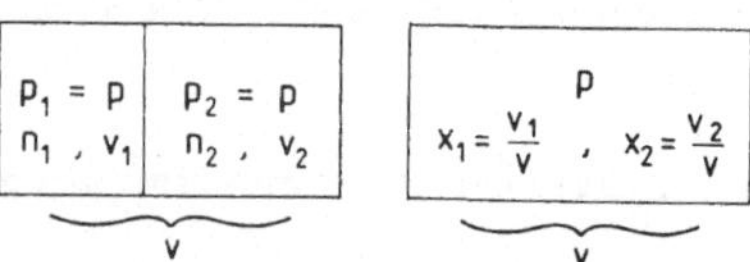



**Abb. 5.10** Zwei ideale Gase bei gleichem Druck p in getrennten Volumina $v_1$, $v_2$ (oben) und nach Vermischung durch Diffusion im Gesamtvolumen v (unten)

mensetzung, welche durch die Molenbrüche $x_1 = v_1/v$, und $x_2 = v_2/v$ gekennzeichnet ist (Abb. 5.10 unten).

Bei der Vermischung idealer Gase tritt kein Wärmeeffekt auf. Deshalb verläuft der Vorgang isotherm ohne Wärmeaustausch mit der Umgebung, d.h., es gilt: $\Delta s_{Umgebung} = 0$. Die von der Art der Prozeßführung unabhängige Entropieänderung des Systems läßt sich wiederum angeben, wenn man die Arbeits- bzw. Wärmeumsätze für die reversible isotherme Vermischung berechnet. Die reversible Vermischung zweier idealer Gase kann im Gedankenexperiment mit der in Abb. 5.11 skizzierten Anordnung vorgenommen werden. In dieser Anordnung sind die beiden Behälter Teile eines Arbeitszylinders. Die Trennwand wird aus zwei halbdurchlässigen Kolben gebildet, von denen der linke nur für die Teilchensorte (1), der rechte nur für die Teilchensorte (2) durchlässig ist. Die Vermischung erfolgt unter Ausschub der beiden Kolben durch reversible Expansion beider Gase bis auf das gemeinsame Endvolumen v. Die bei der Expansion beider Gase vom System geleistete Arbeit ist nach Gl. (5.54) gegeben durch

$$- w_{rev} = n_1\,RT\ln\frac{v}{v_1} + n_2\,RT\ln\frac{v}{v_2} = q_{rev}\,,$$

d.h. es gilt:

$$\Delta s_{System} = \frac{q_{rev.}}{T} = -n_1\,R\ln x_1 - n_2\,R\ln x_2$$

$$(5.79)$$

oder allgemein für ideale Mischungen

$$\Delta_M s_{(ideal)} = -R\cdot\sum_i n_i\ln x_i\,. \qquad (5.80)$$

Die Entropie einer Mischung idealer Gase vom Gesamtdruck p ist also um die Mischungsentro-

pie $\Delta_M s$ größer als die Summe der Entropien, welche die reinen Komponenten unter dem Druck p aufweisen. Bei irreversiblem Verlauf des Vermischungsvorganges gilt somit

$$\Delta s_{gesamt} = \Delta s_{System} + \Delta s_{Umgebung}$$

$$= -R\sum_i n_i\ln x_i > 0\,.$$

Mit der nach Gl. (5.80) berechenbaren Zunahme der Entropie bei der Vermischung zweier Gase läßt sich auch eine qualitative Erklärung für einen bemerkenswerten Zusammenhang zwischen den Begriffen „Entropie" und „molekulare Unordnung" geben. Durch die Vermischung der beiden Komponenten ist ein Zustand höherer Unordnung geschaffen worden. Der geordnete Ausgangszustand mit getrennten reinen Komponenten läßt sich nur unter Arbeitsaufwand wiederherstellen. Offensichtlich ist jede Verringerung der molekularen Ordnung mit einer Entropiezunahme des Systems verbunden. Damit wird auch verständlich, daß sich die Entropie eines Systems mit zunehmender Temperatur erhöht und daß die Entropie der durch eine besonders hohe molekulare Unordnung ausgezeichneten Gase bei gegebener Temperatur wesentlich größer ist als die Entropie der in ihrem molekularen Aufbau regelmäßig strukturierten Kristalle. Die quantitative Beziehung zwischen der Entropie und den unmittelbar mit der molekularen Ordnung zusammenhängenden charakteristischen Größen der statistischen Thermodynamik wird im Abschn. 5.2.6 (Molekularstatistik und freie Energie, Zustandssummen) erläutert.

## 2. Stationäre Prozesse

Zur Aufrechterhaltung des bei stationären Prozessen vor sich gehenden kontinuierlichen Durchflusses von Stoff und Energie ist das Zusammenwirken dissipativer Effekte mit verschiedenen irreversiblen Ausgleichsvorgängen erforderlich. Deshalb nimmt auch bei diesen Prozessen die Gesamtentropie zu. Dem stationären Charakter des Vorganges entsprechend handelt es sich hier um eine ununterbrochene, zeitlich konstante Entropieerzeugung:

$$ds_{gesamt}/dt = const > 0\,.$$

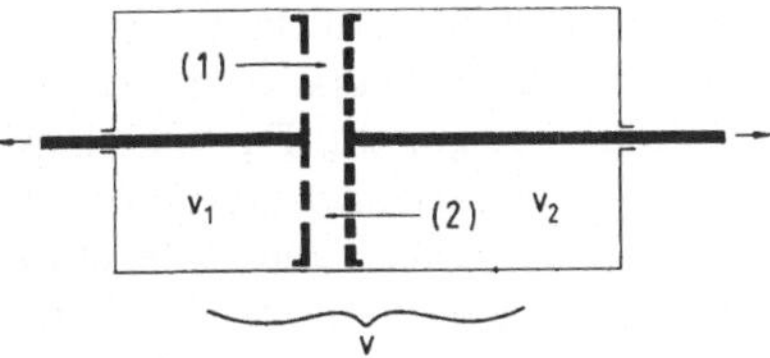



**Abb. 5.11** Vorrichtung zur reversiblen Vermischung zweier idealer Gase mit Hilfe von zwei halbdurchlässigen Arbeitskolben

Diese Beziehung bildet die Grundlage der *Thermodynamik irreversibler Prozesse* (vgl. Abschn. 5.2.7).

### 3. Dissipative Prozesse

Bei der als Beispiel für einen dissipativen Prozeß bereits erwähnten Erwärmung eines Systems mit anschließender Abkühlung unter Wärmeabgabe an die Umgebung ändert sich die Entropie des Systems nicht. Dagegen hat die Umgebung bei der Umgebungstemperatur $T_0$ die Wärmemenge q aufgenommen, d.h. ihre Entropie ist um $\Delta s_{\text{Umgebung}} = q/T_0$ angestiegen. Somit gilt auch hier $\Delta s_{\text{gesamt}} = 0$. Nach Gl. (5.69) ist jede Erzeugung von Wärme aus einer anderen Energieform mit einer Entropiezunahme verbunden. Deshalb führt jede irreversible Umwandlung von Arbeit in Wärme zu einer dissipativen Vermehrung der Gesamtentropie und damit zu einer „Energieabwertung".

Da alle natürlichen Prozesse irreversibel verlaufen, geht die Bedeutung der hier diskutierten Aussagen über die Entropie des Gesamtsystems weit über den Bereich der in diesem Abschnitt zu behandelnden thermodynamischen Gleichgewichtsbedingungen hinaus. Alles Leben ist mit einer ständigen Entropieerzeugung verbunden. Die Gesamtheit der im zweiten Hauptsatz zusammengefaßten Erfahrung findet ihren Ausdruck darin, daß sich die im Weltall vorhandenen Temperaturunterschiede mehr und mehr ausgleichen und dadurch für die Umwandlung von Wärme in Arbeit immer wertloser werden (Wärmetod des Universums). Das eindeutige Bestreben aller natürlichen Prozesse, stets unter Entropievermehrung zu verlaufen, steht in direktem Zusammenhang mit der eindeutigen Richtung des Zeitablaufes.

### Partialdrücke und partielle molare Entropie

Zur quantitativen Beschreibung von Gleichgewichten benötigt man die Entropien der stofflichen Systeme in Anfangs- und Endzuständen. Um sie in Formeln ausdrücken zu können, muß man den Zusammenhang zwischen der Entropie von (idealen) Mischungen und den Partialdrücken bzw. Molenbrüchen der Komponenten kennen. Da die Entropie der Mischung um die Mischungsentropie $\Delta_M s$ größer ist als die Summe der Entropien der reinen Komponenten, hat man für die Entropie des Gemisches den Ausdruck

$$s_M(T, p, n_i) = \sum_i n_i S_i(T, p) - \sum_i n_i R \ln x_i$$

bzw. mit $S_i(T, p)$ nach Gl. (5.75)

$$s_M(T, p, n_i) = \sum_i n_i [S_i^0(T) - R \ln p - R \ln x_i] \tag{5.81}$$

anzusetzen. Mit $x_i p = p_i$ erhält man so die Beziehung

$$s_M = \sum_i n_i [S_i^0(T) - R \ln p_i] = \sum_i n_i \bar{S}_i . \tag{5.82}$$

Der Ausdruck

$$\bar{S}_i(T, p, x_i) = S_i^0(T) - R \ln p_i \tag{5.83}$$

stellt die *partielle molare Entropie* der i-ten Komponente in der Mischung dar. Die $\bar{S}_i$ sind intensive Zustandsgrößen, da sie nur von der Zusammensetzung und nicht von der Gesamtmenge des stofflichen Gemisches abhängen. Bei einem Druck von 1 bar (Standarddruck) ist $x_i = p_i$, und Gl. (5.83) nimmt die einfache Form

$$\bar{S}_i(T, x_i) = S_i^0(T) - R \ln x_i \tag{5.84}$$

an. In dieser Form läßt sich die Gleichung auch zur Berechnung der Entropie idealer Mischungen in kondensierter Phase verwenden. Allerdings muß man bei allen *realen Mischungen* den Einfluß der zwischenmolekularen Wechselwirkungen durch Einführung eines *Aktivitätskoeffizienten* $\hat{\gamma}_i$ berücksichtigen, wobei an Stelle von $x_i$ in Gl. (5.84) die *Aktivität* $a_i = \hat{\gamma}_i x_i$ einzusetzen ist.

### Gleichgewichtsbedingung

Nach Ablauf aller Ausgleichsvorgänge hat sich in einem stofflichen System ein Gleichgewichtszustand mit räumlich und zeitlich konstanten Werten des Druckes, der Temperatur und sämtlicher Konzentrationen eingestellt. Für alle denkbaren reversiblen Zustandsänderungen besteht also bei konstantem Druck und konstanter Temperatur ein Gleichgewicht $A \rightleftharpoons E$ zwischen einem Ausgangszustand A und einem Endzustand E. Überführt man im Gedankenexperiment eine differentiell kleine Molzahl dn vom Zustand A in den Zustand E, so muß durch Wärmeaustausch mit der Umgebung dafür gesorgt werden, daß die Temperatur konstant bleibt. Außerdem muß zur Konstanthaltung des Druckes p eine Volumenarbeit pdv geleistet werden. Die Entropiezunahme des Systems ist bei dieser Zustandsänderung durch

$$ds_{System} = (S_E - S_A)dn \qquad (5.85)$$

gegeben. Für eine reversible Dissoziation $AB \rightleftharpoons A + B$ hätte man hier z.B. mit den partiellen molaren Entropien nach Gl. (5.83) $S_E - S_A = \bar{S}_A + \bar{S}_B - \bar{S}_{AB}$ zu setzen. Die zur Aufrechterhaltung der Temperaturkonstanz aus der Umgebung aufzunehmende Wärmemenge ist durch

$$dq_{rev} = du - dw_{rev} \qquad (5.86)$$

auszudrücken. Dabei stellt $- dw_{rev}$ die Arbeit dar, die das System bei der reversibel geführten Gleichgewichtsverschiebung zu leisten hat. Die Verdrängungsarbeit pdv muß das System in jedem Falle, also auch bei irreversiblem Verlauf der Umsetzung leisten. Deshalb empfiehlt es sich, den Term pdv abzuspalten und

$$dq_{rev} = du + pdv - dw'_{rev} \qquad (5.87)$$

zu setzen. Die Arbeitsleistung $- dw'_{rev}$ ist dann die Arbeit, die das System ausschließlich bei reversibler Führung der Umsetzung zu leisten hat. Diese Arbeitsfähigkeit kann gegebenenfalls nur davon herrühren, daß in dem System noch kein Gleichgewicht herrscht, so daß das System die Tendenz hat, sich bis zur Einstellung des Gleichgewichtes umzusetzen; sie kann durch reversible Prozeßführung genutzt werden. Deshalb wird sie für einen molaren Umsatz als *Reaktionsarbeit* $- dw'_{rev}$ bezeichnet. Diese reversible molare Reaktionsarbeit muß gleich Null sein, wenn sich das System bereits im Gleichgewichtszustand befindet und keine Tendenz zur Veränderung des stofflichen Zustandes mehr besteht. Damit läßt sich die thermodynamische Gleichgewichtsbedingung in der Form $dw_{rev} = 0$ bzw. $dq_{rev} = du + pdv = dh$ ausdrücken. Mit dem Satz

*In einem stofflichen System ist zwischen zwei verschiedenen Zuständen thermisches Gleichgewicht eingestellt, wenn bei der reversiblen*

*Überführung differential kleiner Stoffmengen von dem einen in den anderen Zustand die Reaktionsarbeit verschwindet*

ist diese Gleichgewichtsbedingung in allgemein gültiger Form beschrieben. Durch die Wärmeabgabe an das System verringert sich die Entropie der Umgebung „bei währendem Gleichgewicht" um

$$- ds_{Umgebung} = \frac{dq_{rev}}{T} = \frac{dh}{T}, \qquad (5.88)$$

wobei wegen der reversiblen Führung des Prozesses $ds_{System} = - ds_{Umgebung}$ gelten muß. So ergibt sich mit $ds_{System}$ nach Gl. (5.85) und mit $dh = (H_E - H_A)dn$ die einfache Beziehung

$$(S_E - S_A)dn = \frac{(H_E - H_A)dn}{T}, \qquad (5.89)$$

bzw. für einen molaren Umsatz bei konstantem p und T

$$S_E - S_A = \frac{H_E - H_A}{T}. \qquad (5.90)$$

### Chemische Gleichgewichte

Obwohl in der belebten Natur niemals Gleichgewicht herrscht, da die Lebensvorgänge nur durch eine ständig anhaltende Tendenz zur Umsetzung von Stoff und Energie aufrechterhalten werden können, ist die Kenntnis der Gleichgewichtskonzentrationen chemischer Reaktionssysteme eine notwendige Vorbedingung für die quantitative physikalisch-chemische Charakterisierung der stationären Zustände (Fließgleichgewichte) in biochemischen Reaktionssequenzen.

Mit den nach Gl. (5.83) zu berechnenden partiellen molaren Entropien $\bar{S}_i$ der Reaktionspartner und der Abkürzung $H_E - H_A = \Delta_R H$ (vgl. Tabelle 5.1) erhält man z.B. für ein Dissoziationsgleichgewicht $AB \rightleftharpoons A + B$ aus Gl. (5.90) unmittelbar die Gleichung

$$\bar{S}_A + \bar{S}_B - \bar{S}_{AB} = \frac{\Delta_R H}{T}$$

bzw.

$$S_A^0 + S_B^0 - S_{AB}^0 - R(\ln p_A - \ln p_B - \ln p_{AB}) = \frac{\Delta_R H}{T}$$

oder mit $S_A^0 + S_B^0 - S_{AB}^0 = \Delta_R S^0(T)$ (Standardwert der Reaktionsentropie) und $\ln p_A + \ln p_B - \ln p_{AB} = \ln K_p$

$$\ln K_p = \ln \frac{p_A \cdot p_B}{p_{AB}} = -\frac{\Delta_R H}{RT} + \frac{\Delta_R S^0}{R} . \quad (5.91)$$

Die Konstante $K_p$ des Massenwirkungsgesetzes für ein chemisches Gleichgewicht in homogener Gasphase ergibt sich somit aus den druckabhängigen Termen des Ausdrucks für die partielle molare Entropie. Die Temperaturabhängigkeit von $K_p$ wird überwiegend durch das Enthalpieglied in Gl. (5.91) bestimmt, so daß die sich aus Gl. (5.91) mit $d\,\Delta_R S^0/dT \simeq 0$ ergebende vereinfachte Beziehung

$$\frac{d \ln K_p}{dT} = \frac{\Delta_R H}{RT^2} , \quad (5.92)$$

die als van't Hoffsche Gleichung bekannt ist, als weitgehend gültig angesehen werden kann. Bei endothermen Reaktionen ($\Delta_R H > 0$) nimmt $K_p$ mit steigender Temperatur zu. Dies entspricht wiederum einer Entropiezunahme des Systems bei Temperaturerhöhung. Analoge Beziehungen zur Beschreibung von Gleichgewichten in kondensierten Phasen lassen sich mit den Gln. (5.84) und (5.90) ohne Schwierigkeit aufstellen (vgl. hierzu auch Abschn. 5.2.2).

### Phasengleichgewichte

Wie für das chemische Gleichgewicht $AB \rightleftharpoons A + B$ und andere chemische Gleichgewichte läßt sich auch für alle einfachen Phasengleichgewichte aus Gl. (5.90) eine Gleichung herleiten, welche die Gleichgewichtspartialdrucke bzw. die entsprechenden Aktivitäten $a_i$ als Funktion der Temperatur darstellt. Das einfachste Beispiel für ein Phasengleichgewicht ist das Verdampfungsgleichgewicht. Besteht die flüssige Phase aus einem reinen Stoff, so hat man in Gl. (5.90) für $S_A$ nach Gl. (5.84) den Standardwert $S_{fl}^0$ einzusetzen. Behandelt man den Dampf wie ein ideales Gas, so ist $S_E$ nach Gl. (5.75) mit $p = p_s$ zu berechnen, d.h. es gilt

$$S_E - S_A = S_g^0 - R \ln p_s - S_{fl}^0$$

und mit $S_g^0 - S_{fl}^0 = \Delta_v S^0(T)$ und $H_E - H_A = H_g - H_{fl} = \Delta_v H$

$$\Delta_v S^0 - R \ln p_s = \frac{\Delta_v H}{T}$$

oder

$$\ln p_s = -\frac{\Delta_v H}{RT} + \frac{\Delta_v S^0}{R} . \quad (5.93)$$

Nimmt man wiederum an, daß die Temperaturabhängigkeit von $\Delta_v S^0$ in erster Näherung vernachlässigt werden kann, so folgt aus Gl. (5.93) durch Differenzieren nach der Temperatur die Beziehung

$$\frac{d \ln p_s}{dT} = \frac{\Delta_v H}{RT^2} . \quad (5.94)$$

Gl. (5.94) wird oft als vereinfachte Clausius–Clapeyronsche Gleichung, deren Gültigkeit auf den Bereich mäßig hoher Dampfdrücke beschränkt ist, bezeichnet.

Da die Verdampfung ein endothermer Prozeß ist ($\Delta_v H > 0$), wird einem System bei Verdunstung einer Flüssigkeit Wärme entzogen. Dieser Wärmeentzug durch Verdunstung ist ein wichtiges Hilfsmittel der physiologischen Thermoregulation (vgl. Abschn. 2.1.3).

Von besonderer Bedeutung für die Kontrolle der Stoff- und Energieumsätze in lebenden Organismen sind die Lösungs- und Verteilungsgleichgewichte. Mit einer im Abschn. 5.2.2 zu erläuternden Methode läßt sich leicht zeigen, daß die Temperaturabhängigkeit der Sättigungsaktivität $a_{sat}$ eines gelösten Stoffes durch die zu Gl. (5.94) analoge Gleichung

$$\frac{d \ln a_{sat}}{dT} = \frac{\Delta_L H^0}{RT^2} \quad (5.95)$$

zu beschreiben ist. $\Delta_L H^0$ ist die Lösungsenthalpie im Standardzustand. Bei der praktischen Anwendung dieser Beziehung wird man gegebenenfalls die Abhängigkeit der Lösungsenthalpie von der jeweils vorliegenden Konzentration berücksichtigen müssen.

Für die Verteilung eines Stoffes zwischen zwei nicht mischbaren Phasen bzw. Lösungsmitteln, wie sie sich z. B. an der Grenzfläche zwischen einer biologischen Membran und einem wäßrigen Medium einstellt, gilt entsprechend

$$\frac{d\ln(c_I/c_{II})}{dT} = \frac{d\ln K}{dT} = \frac{\Delta_L H_I^0 - \Delta_L H_{II}^0}{RT^2}, \quad (5.96)$$

wenn man die beiden Lösungsmittel mit den Indizes I bzw. II kennzeichnet und das Verhältnis der Gleichgewichtskonzentrationen $c_I$ und $c_{II}$ durch den *Verteilungskoeffizienten* K beschreibt.

Wichtiger als die Temperaturabhängigkeit des Verteilungskoeffizienten ist der Absolutwert dieser Größe bei der im Fließgleichgewicht lebender Organismen eingestellten Temperatur. Eine eindeutige quantitative theoretische Berechnung ist allerdings in der Regel nicht möglich, da die in die zu Gl. (5.93) analoge Beziehung

$$\ln K = -\frac{\Delta_L H_I^0 - \Delta_L H_{II}^0}{RT} + \frac{\Delta_L S_I^0 - \Delta_L S_{II}^0}{R}$$

$$(5.97)$$

einzusetzenden $\Delta_L S^0$-Werte mit den Methoden der statistischen Thermodynamik (vgl. Abschn. 5.2.6) nicht ohne weiteres zu berechnen sind. Das gleiche gilt ganz allgemein für die theoretische Vorhersage von Löslichkeiten. Eine Abschätzung der Lösungsentropien $\Delta_L S^0$ ist nur möglich, wenn genauere Angaben über die „Struktur" der kondensierten Mischphasen vorliegen. Diese Voraussetzung ist bei komplexen biologischen Strukturen im allgemeinen nicht gegeben.

Bei der auch für präparative und analytische Trennverfahren wichtigen Anwendung des Nernstschen Verteilungssatzes

$$\frac{c_I}{c_{II}} = K \quad (5.98)$$

ist zu beachten, daß die gelöste Komponente in beiden Lösungsmitteln im gleichen Molekülzustand vorliegt. Ist dies nicht der Fall, so müssen gegebenenfalls die Massenwirkungsgesetze der Assoziation bzw. Dissoziation der gelösten Spezies in den beiden nicht mischbaren Phasen berücksichtigt werden. Liegt z. B. ein gelöster Stoff A im Lösungsmittel I überwiegend in Form von Dimeren, im Lösungsmittel II dagegen in Form von Monomeren vor, so hat man für die Konzen-

tration $c_{1,I}$ der restlichen Monomeren in der Phase I nach dem Verteilungssatz zunächst $c_{1,I} = K \cdot c_{II}$ anzusetzen. Außerdem muß jetzt aber die Bedingung des Dissoziationsgleichgewichtes der Dimeren $K_c = c_{1,I}^2/c_{2,I}$ erfüllt sein, so daß $c_{1,I} = \sqrt{K_c} \cdot \sqrt{c_{2,I}}$ zu setzen ist. Da in dem Lösungsmittel I fast ausschließlich Dimere des Gelösten vorliegen, kann man die Gesamtkonzentration $c_I$ in der Phase I vereinfachend durch $c_I = 2c_{2,I}$ ausdrücken. Damit erhält man für den betrachteten Fall die Gleichung

$$\sqrt{K_c \frac{c_I}{2}} = K \cdot c_{II}$$

oder mit $K' = K \cdot \sqrt{2/K_c}$ die durch das Experiment bestätigte Beziehung

$$\sqrt{c_I} = K' \cdot c_{II}. \quad (5.99)$$

Die hier an verschiedenen Beispielen erläuterte Gleichgewichtsbedingung Gl. (5.89) besagt, daß die Gesamtentropie von System und Umgebung mit der Gleichgewichtseinstellung den unter den gegebenen Umständen möglichen Höchstwert erreicht hat, so daß $ds_{gesamt} = 0$ gelten muß. Befindet sich ein System zu Beginn eines Prozesses in einem Nichtgleichgewichtszustand, so resultiert die treibende Kraft des spontanen, mehr oder weniger irreversiblen Überganges in das Gleichgewicht aus dem Bestreben, einen Zustand mit der höchstmöglichen Gesamtentropie (System + Umgebung) zu erreichen. Die Entropie des Systems kann bei der spontanen Gleichgewichtseinstellung auch abnehmen, wenn der Entropiezuwachs der Umgebung größer als die Entropieverminderung des Systems ist. Als Beispiel für einen spontanen Vorgang mit Entropieabnahme sei hier die (exotherme) Kristallisation eines Stoffes aus einer Schmelze oder einer Lösung genannt. Die spontane Bildung geordneter molekularer Aggregate in den durch biochemische Prozesse kontrollierten Teilsystemen des Universums steht somit nicht im Widerspruch mit den in den Hauptsätzen zusammengefaßten Prinzipien der Thermodynamik. Diese Prinzipien schließen neben dem ersten und dem zweiten Hauptsatz noch zwei weitere Erfahrungssätze ein, nämlich den sogenannten

„nullten" Hauptsatz und den dritten Hauptsatz der Thermodynamik.

Von der im nullten Hauptsatz zusammengefaßten, durch Erfahrung untermauerten Erkenntnis ist bei der Erläuterung der Gleichgewichtskriterien in diesem Abschnitt bereits wiederholt Gebrauch gemacht worden. Es handelt sich dabei um die bemerkenswerte Eigenschaft der Temperatur, bei zwei oder mehreren Systemen, die man sich miteinander ins Gleichgewicht setzen läßt, schließlich für jedes Teilsystem den gleichen Wert anzunehmen. Diese universelle Eigenschaft des Ausgleichs besitzt unter allen meßbaren Systemgrößen – ohne jede Einschränkung – nur die Temperatur. Exakt lautet der *nullte Hauptsatz der Thermodynamik*:

*Alle Systeme, die sich mit einem gegebenen System im thermischen Gleichgewicht befinden, stehen auch untereinander im thermischen Gleichgewicht. Diese Systeme haben eine gemeinsame Eigenschaft, sie haben dieselbe Temperatur.*

Der im Abschn. 5.2.6 noch im Zusammenhang mit der Molekularstatistik zu erläuternde *dritte Hauptsatz der Thermodynamik* ist wichtig für die Festlegung eines Nullpunktes der Entropieskala; er lautet in Worten:

*Wenn man die Entropie eines jeden Elementes in irgendeinem kristallinen Zustand beim absoluten Nullpunkt der Temperatur gleich Null setzt, hat jeder Stoff eine bestimmte positive Entropie. Am absoluten Nullpunkt der Temperaturskala kann die Entropie den Wert Null annehmen; dies ist bei ideal kristallisierten Festkörpern der Fall.*

Die Gültigkeit des dritten Hauptsatzes unterliegt auch bei ideal kristallisierten Elementen gewissen Einschränkungen. Diese Einschränkungen werden im Abschn. 5.2.6 kurz besprochen.

Im übrigen gibt es keinerlei Anhaltspunkte dafür, daß die Gültigkeit der Hauptsätze der Thermodynamik auf die unbelebte Materie beschränkt ist. Zweifellos gelten die Gesetze der Thermodynamik auch in der Welt der Biologie. Die lebenden Organismen verfügen nicht über besondere Kräfte oder Eigenschaften, mit denen sie sich der Wirkung der thermodynamischen Grundgesetze entziehen können.

## 5.2.2 Freie Enthalpie, maximale Nutzarbeit und chemisches Potential

Die im Abschn. 5.2.1 diskutierten Überlegungen zum Wirkungsgrad einer idealen Carnot-Maschine und ihre nach dem zweiten Hauptsatz zulässige Verallgemeinerung auf beliebige reversible Kreisprozesse haben gezeigt, daß die Umwandlung von Wärme in Arbeit als Funktionsprinzip einer Arbeitsleistung lebender Organismen praktisch nicht in Betracht kommt. Um verstehen zu können, wie Zellen bei nahezu konstanter Temperatur chemisch gebundene Energie in Arbeit umsetzen können, muß man den bei der Formulierung der thermodynamischen Gleichgewichtsbedingung bereits eingeführten Begriff der reversiblen Reaktionsarbeit in das System der thermodynamischen Zustandsgrößen einordnen und hierzu eine weitere Zustandsfunktion, die sogenannte *freie Enthalpie* definieren. Nach Gl. (5.87) ist die durch ein System bei reversiblem Übergang ins Gleichgewicht von einem Nichtgleichgewichtszustand aus geleistete Reaktionsarbeit durch

$$-dw'_{rev} = dq_{rev} - du - p\,dv \qquad (5.87a)$$

gegeben. Mit dem zweiten Hauptsatz $dq_{rev} = Tds$ läßt sich diese Beziehung auch in der Form

$$dw'_{rev} = du + p\,dv - Tds \qquad (5.100)$$

darstellen. Für isotherm und isobar verlaufende reversible Prozesse läßt sich dies umformen zu:

$$dw'_{rev\,(T,\,p\,=\,const)} = d(u + pv - Ts)$$

$$= d(h - Ts) . \qquad (5.101)$$

Den zusammengefaßten Ausdruck $h - Ts$ bezeichnet man als (Gibbssche) *freie Enthalpie g*; sie wird wie die Enthalpie $h(T, p)$ als Funktion von T und p angegeben. Für ein Mol eines Stoffes gilt entsprechend

$$G(T, p) = H - TS . \qquad (5.102)$$

Die Bedeutung von g liegt nach Gl. (5.101) darin, daß die Arbeit, die bei einem reversiblen isotherm-isobaren Prozeß an einem stofflichen System zu leisten ist, direkt durch die Zunahme der freien Enthalpie des Systems angegeben werden kann, also für einen molaren Umsatz einem Betrag

$$\Delta G_{(T,\,p\,=\,const)} = \Delta H - T\Delta S = W'_{rev} \qquad (5.103)$$

entspricht. Mit anderen Worten: Wird ein System bei konstanter Temperatur und konstantem Druck reversibel aus einem Gleichgewichtszustand in einen Nichtgleichgewichtszustand überführt und auf diese Weise energetisch „aufgeladen", so muß bei molarem Umsatz an dem System die nach Gl. (5.103) zu berechnende Arbeit $W'_{rev}$ geleistet werden. Läuft der gleiche reversible Prozeß dagegen in umgekehrter Richtung bis zum Gleichgewicht ab, so läßt sich die oft auch als *maximale Nutzarbeit* bezeichnete *Reaktionsarbeit* gewinnen, die je Molumsatz $-W'_{rev} = -\Delta_R G$ beträgt. Diese Reaktionsarbeit ist ein Maß dafür, wie weit die Konzentrationen der im System befindlichen Komponenten von den Gleichgewichtswerten abweichen. Nach der bereits im Abschn. 5.1.1 erwähnten Terminologie werden Prozesse, bei deren Ablauf eine Arbeit gewonnen werden kann, als *exergonisch* und Prozesse, zu deren Durchführung eine Arbeit am System geleistet werden muß, als *endergonisch* bezeichnet.

Für endergonische Prozesse gilt also stets:

$$\Delta_R G > 0$$

und entsprechend für exergonische Prozesse:

$$\Delta_R G < 0 \, .$$

Die wie $\Delta H$ und $\Delta S$ durch

$$\Delta G = G_E - G_A \qquad (5.104)$$

definierte Größe $\Delta G$ gibt also für eine Reaktion den größtmöglichen Betrag an Arbeit an, der durch die Reaktion geleistet werden kann. Diese Arbeit läßt sich allerdings nur dann gewinnen, wenn eine geeignete Vorrichtung zur Nutzbarmachung dieser Arbeit existiert. Ist eine derartige Vorrichtung nicht vorhanden, so wird die während des Prozesses freiwerdende Energie in Wärme umgewandelt. Die Reaktionsarbeit $-W_{rev} = -\Delta_R G$ ist ein quantitatives Maß für die „Triebkraft" oder *Affinität* einer Reaktion, in der die Tendenz zum spontanen Ablauf mit ausgeprägter Vorzugsrichtung zum Ausdruck kommt. Über diese Triebkraft verfügen nur die durch $\Delta_R G < 0$ charakterisierten Systeme im energetisch aufgeladenen Nichtgleichgewichtszustand, d.h. nur exergonische Prozesse sind zum spontanen Ablauf befähigt. Diese exergonischen Prozesse können exotherme oder endotherme Vorgänge sein. Bei spontan ablaufenden endothermen Prozessen (z.B. bei der endothermen Auflösung von Salzen in Wasser) resultiert die Triebkraft der Umsetzung aus dem mit der Zustandsänderung erreichbaren Entropiezuwachs des Systems. Der Begriff „spontaner Prozeß" bedeutet nicht, daß eine Reaktion notwendigerweise schnell oder von selbst ablaufen muß. Die Verbrennung von Glucose ist z.B. ein spontaner Prozeß; reine Glucose jedoch, die bei 20 °C in Gegenwart von Sauerstoff aufbewahrt wird, verbrennt bekanntlich nie von selbst.

Für die Aufrechterhaltung der Lebensvorgänge ist das Vorhandensein einer sich nicht mit fortschreitender Zeit erschöpfenden Triebkraft eine unerläßliche Voraussetzung. Deshalb ist die stationäre Erhaltung von Nichtgleichgewichtszuständen, die der Bedingung

$$\Delta G < 0$$

genügen, eine notwendige, wenn auch nicht hinreichende Voraussetzung allen Lebens. In natürlichen und somit mehr oder weniger irreversiblen Prozessen ist die gewinnbare Arbeit stets kleiner als der Betrag von $\Delta G$. Trotzdem lassen sich mit Hilfe der freien Enthalpie wichtige Feststellungen über die Natur biologischer Prozesse machen, da auch das Ausmaß der Übertragbarkeit von Energie in einer Sequenz aufeinanderfolgender Reaktionen wesentlich von dem durch die Größe $\Delta G$ charakterisierten Abstand vom Gleichgewicht mitbestimmt wird. Grundlage der biochemischen Energieübertragung ist die energetische Kopplung von exergonischen und endergonischen Prozessen (vgl. Abschn. 5.1.5). Dabei muß der Betrag der aus dem jeweiligen exergonischen Teilprozeß gewinnbaren Reaktionsarbeit stets größer als der in dem angekoppelten endergonischen Folgeschritt aufzuwendende Betrag an chemischer Arbeit sein. Mit der systematischen Erfassung von Standard-Werten der *freien Reaktionsenthalpie* $\Delta_R G$ ergibt sich bis zu einem gewissen Grade die Möglichkeit zur Erstellung einer „thermodynamischen Skala", in der die wichtigsten im Stoffwechsel auftretenden Substanzen bzw. die bei ihrer Umsetzung ablaufenden „biochemischen Elementarreaktionen" nach ihrem „Energiereichtum" gestaffelt und eingeordnet sind. Darin liegt die Bedeutung quantitativer Angaben über $\Delta G$-Werte biochemischer Reaktionen.

Die analog Gl. (5.101) zu bildende Zustandsfunktion $u - Ts$ wird als *freie Energie f* bezeichnet; sie wird wie die innere Energie $u(T, v)$ als Funktion von T und v angegeben. Für ein Mol eines Stoffes gilt entsprechend (vgl. Abschn. 5.2.6)

$$F(T, V) = U - TS . \qquad (5.105)$$

### Standard- und Normalwerte

Numerische Werte für $\Delta G$ sind ebenso wie die entsprechenden Werte für $\Delta H$ und $\Delta S$ nur dann sinnvoll, wenn sie auf definierte Versuchsbedingungen bezogen werden. Es sind verschiedene Standardbedingungen definiert worden, und aus der Beschreibung eines biochemischen Experiments muß hervorgehen, welche dieser Bedingungen den Berechnungen zugrunde liegen.

Die physikalisch-chemischen Standardbedingungen für die Normalwerte der molaren freien Enthalpie G bzw. der molaren freien Reaktionsenthalpie $\Delta_R G^0$ (T = 298 K, p = 1 bar, 1 molare „ideal verdünnte" Lösung) sind zunächst die gleichen wie die bei der Festlegung der Normalwerte von $\Delta_R H$- und $\Delta_R S^0$-Werten im Abschn. 5.2.1 genannten Bedingungen. Für eine wäßrige Säurelösung hätte man bei konsequenter Einhaltung dieser Bedingungen den pH-Wert Null (d.h. $c_{H^+} = 1$ mol/l) anzusetzen. Da die meisten biologischen Reaktionen bei einem pH-Wert von oder um 7 ablaufen, hat man eine weitere Standard-Größe, die die Änderung der freien Enthalpie unter Standard-Bedingungen bei pH 7 angibt, eingeführt.

Die physiologischen Standardbedingungen unterscheiden sich somit von den obigen Bedingungen nur durch den pH-Wert der Lösung, für den der physiologische Wert von 7 gewählt wurde. Die entsprechende Änderung der freien Enthalpie wird mit $\Delta_R G'$ bezeichnet. Einige Werte dieser Art sind für verschiedene Reaktionstypen in der Tabelle 5.2 zusammengestellt.

Wie die $\Delta_R H$-Werte verhalten sich auch die $\Delta_R G^0$-Werte bzw. die $\Delta_R G'$-Werte als Änderungen einer Zustandsfunktion in einer Sequenz aufeinanderfolgender Reaktionen additiv. Diese Tatsache kann bei der Berechnung von $\Delta_R G'$-Werten, die einer direkten Bestimmung nicht zugänglich sind, von Nutzen sein.

Einen weiteren Weg zur rechnerischen Ermittlung der $\Delta_R G'$-Werte eröffnet die Anwendung der Beziehung

$$\Delta_R G' = \sum_j v_j \Delta_B G'_{Ej} - \sum_i v_i \Delta_B G'_{Ai} , \qquad (5.106)$$

in der die $\Delta_B G'$-Werte die auf 1 mol bezogenen Standardwerte der sogenannten *freien Bildungsenthalpie* der Ausgangsstoffe (A) und der Endprodukte (E) einer Reaktion darstellen. Der $\Delta_B G'$-Wert ist definiert als die Änderung der freien Enthalpie, die sich bei der Bildung von einem Mol der betreffenden Verbindung aus den im Standardzustand und in geeignetem stöchiometrischen Mengenverhältnis vorliegenden Elementen ergibt. Die $v_i$ bzw. $v_j$ sind die stöchiometrischen Umsatzzahlen der Brutto-Reaktionsgleichung. Es gibt Datensammlungen, in denen die $\Delta_B G'$-Werte

**Tabelle 5.2** Normalwerte von freien Reaktionsenthalpien einiger repräsentativer chemischer Reaktionen bei pH 7

| Vereinfachte Reaktionsgleichung: | $\Delta_R G'$ (J/mol) |
|---|---|
| Glucose + $6O_2 \rightarrow 6CO_2 + 6H_2O$ | $- 2871600$ |
| Milchsäure + $3O_2 \rightarrow 3CO_2 + 3H_2O$ | $- 1364600$ |
| Palmitinsäure + $23O_2 \rightarrow 16CO_2 + 16H_2O$ | $- 9786900$ |
| Saccharose + $H_2O \rightarrow$ Glucose + Fructose | $- 23000$ |
| Glucose-6-Phosphat + $H_2O \rightarrow$ Glucose + $H_3PO_4$ | $- 13800$ |
| Glucose-1-phosphat $\rightarrow$ Glucose-6-phosphat | $- 7300$ |
| $CH_3COOH + H_2O \rightarrow CH_3COO^- + H_3O^+$ | $+ 26400$ |
| Äpfelsäure $\rightarrow$ Fumarsäure + $H_2O$ | $+ 3100$ |

der wichtigsten im Stoffwechsel auftretenden chemischen Verbindungen zusammengestellt sind. Einige ausgewählte Beispiele für derartige $\Delta_B G'$-Werte sind in der Tabelle 5.3 aufgeführt.

Will man mit den $\Delta_B G'$-Werten der Tabelle 5.3 z.B. den Normalwert der freien Reaktionsenthalpie für die alkoholische Gärung

$$\text{Glucose} \rightarrow 2\text{Ethanol} + 2CO_2$$

nach Gl. (5.106) berechnen, so hat man als $\nu_j$ für die Endprodukte Äthanol und Kohlendioxid jeweils die Zahl 2 einzusetzen. Für die angegebene Reaktion erhält man mit den Tabellenwerten also

$$\Delta_R G' = (2 \cdot (-181{,}60) + (2 \cdot (-395{,}20))$$

$$- (-917{,}21)\ \text{kJ/mol}$$

$$= -236{,}40\ \text{kJ/mol} \ .$$

Obwohl der Fehler bei solchen Berechnungen wegen der Bildung relativ kleiner Differenzen großer Zahlen recht groß sein kann, ist dieses Rechenverfahren doch häufig die einzige geeignete Methode zur Ermittlung von $\Delta_R G'$. Allerdings ist die Zahl der in Tabellenwerken zusammengefaßten $\Delta_B G'$-Werte zur Zeit noch recht begrenzt, während ein umfangreiches Datenmaterial an $\Delta_B G$-Werten, die für die oben genannten physikalisch-chemi-

**Tabelle 5.3** Standardwerte der freien Bildungsenthalpie einiger chemischer Verbindungen für 1 molare wäßrige Lösungen bei pH 7 und 298 K

| Substanz: | $\Delta_B G'$ (kJ/mol) |
|---|---|
| Acetat$^-$ | $-372{,}30$ |
| cis-Aconitat$^{3-}$ | $-922{,}61$ |
| L-Alanin | $-371{,}30$ |
| L-Aspartat$^-$ | $-698{,}69$ |
| Ethanol | $-181{,}60$ |
| Fumarat$^{2-}$ | $-604{,}21$ |
| $\alpha$-D-Glucose | $-917{,}21$ |
| Glycerin | $-488{,}64$ |
| $\alpha$-Ketoglutarat$^{2-}$ | $-797{,}56$ |
| Lactat$^-$ | $-517{,}81$ |
| L-Malat$^{2-}$ | $-845{,}08$ |
| Oxalacetat$^{2-}$ | $-797{,}18$ |
| Pyruvat$^-$ | $-474{,}63$ |
| Succinat$^{2-}$ | $-690{,}23$ |
| H$^+$-Ion | $-39{,}96$ |
| OH$^-$-Ion | $-157{,}30$ |
| Ammonium-Ion | $-79{,}50$ |
| Hydrogencarbonat-Ion | $-587{,}14$ |
| $H_2O$ (flüssig) | $-237{,}20$ |
| Kohlendioxid (Gas) | $-395{,}20$ |

schen Standard-Bedingungen gelten, vorliegt. Mit diesen Daten kann man nach einer Gl. (5.106) völlig entsprechenden Beziehung $\Delta_R G^0$-Werte berechnen, die dann auf einen für pH 7 gültigen Wert umzurechnen sind. Die folgenden Ausführungen werden zeigen, daß diese Umrechnung keine besonderen Schwierigkeiten bereitet.

### Chemische Potentiale, Gleichgewicht

Für einen „bei währendem Gleichgewicht" stattfindenden isotherm-isobaren Umsatz ist, wie im Abschn. 5.2.1 erläutert: $(H_E - H_A) - T(S_E - S_A) = 0$; diese Gleichgewichtsbedingung kann man mit $H_E - H_A = \Delta H$ und $(S_E - S_A) = \Delta S$ entsprechend der Gibbs-Helmholtzschen Gleichung

$$\Delta G = \Delta H - T\Delta S \qquad (5.104)$$

in der Form

$$\Delta G = 0 \ \text{oder} \ G_E = G_A \quad (T, p = \text{const})$$

darstellen. Für das Differential der gesamten freien Enthalpie g des Systems muß dementsprechend bei eingestelltem Gleichgewicht $dg = 0$ gelten. Betrachtet man als Beispiel ein Dissoziationsgleichgewicht $AB \rightleftharpoons A + B$, so läßt sich dg bei konstantem Druck und konstanter Temperatur durch die Gleichung

$$dg = \left(\frac{\partial g}{\partial n_A}\right)_{T,p} dn_A + \left(\frac{\partial g}{\partial n_B}\right)_{T,p} dn_B$$

$$- \left(\frac{\partial g}{\partial n_{AB}}\right)_{T,p} dn_{AB}$$

ausdrücken. In dieser Gleichung bedeutet $\left(\frac{\partial g}{\partial n_i}\right)_{T,p}$ die partielle molare freie Enthalpie der Komponente i in der Mischung, d.h. $\left(\frac{\partial g}{\partial n_i}\right)_{T,p} dn_i$ stellt die differentielle Zunahme der freien Enthalpie bei Vermehrung der Molzahl der Komponente i um $dn_i$ unter Konstanthaltung aller übrigen Variablen dar. Für die partiellen Differentialquotienten $\left(\frac{\partial g}{\partial n_i}\right)_{T,p}$ hat man die einfachere Darstellungsform

$$\left(\frac{\partial g}{\partial n_i}\right)_{T,p} = \mu_i(T, p, x_1, x_2, \ldots) \qquad (5.107)$$

eingeführt. $\mu_i$ ist *das chemische Potential* der Komponente i in der Mischung. Mit dem durch Gl. (5.83) gegebenen Ausdruck für die partiellen molaren Entropien $\bar{S}_i = \left(\dfrac{\partial s}{\partial n_i}\right)_{T,p}$ erhält man so für Mischungen idealer Gase

$$\mu_i = H_i - T\bar{S}_i = \mu_i^0(T) + RT\ln p_i \qquad (5.108)$$

oder nach Gl. (5.84) allgemein für reale und kondensierte Mischungen

$$\mu_i = \mu_i^0(T) + RT\ln a_i \qquad (5.109)$$

bzw. mit $a_i = \hat{\gamma}_i x_i$

$$\mu_i = \mu_i^0(T) + RT\ln x_i + RT\ln\hat{\gamma}_i \,, \qquad (5.110)$$

wobei $\mu_i^0(T) = H_i - TS_i^0$ den Standardwert des chemischen Potentials der Komponente i in der Mischung darstellt. Da sich die (partielle) molare Enthalpie der Komponenten realer Mischungen mit der Zusammensetzung der Mischung ändert, muß man bei diesen Systemen gegebenenfalls auch die Konzentrationsabhängigkeit der $H_i$ durch eine entsprechende Erweiterung der Gl. (5.110) berücksichtigen.

Mit den chemischen Potentialen läßt sich die Gleichgewichtsbedingung für eine Reaktion

$$\nu_1 A_1 + \nu_2 A_2 \rightleftharpoons \nu_3 A_3 + \nu_4 A_4$$

entsprechend der Bedingung $\Delta_R G = 0$ durch die Gleichung

$$\mu_1\nu_1 + \mu_2\nu_2 = \mu_3\nu_3 + \mu_4\nu_4$$

oder allgemein durch die Beziehung

$$\sum_j \nu_j \mu_{Ej} = \sum_i \nu_i \mu_{Ai} \qquad (5.111)$$

ausdrücken. Die Lage des Gleichgewichtes ergibt sich also aus der stöchiometrischen Bilanz der chemischen Potentiale. Auch die Gleichgewichtswerte von Partialdrücken und Konzentrationen bzw. Aktivitäten in Phasengleichgewichten werden durch die entsprechende Bilanz der chemischen Potentiale festgelegt. Liegt statt einer Mischung ein reiner Stoff vor, so gilt für die freie Enthalpie von n Molen dieses Stoffes $g = n \cdot G$ und für seine molare freie Enthalpie

$$\left(\frac{\partial g}{\partial n}\right)_{T,p} = \frac{g}{n} = G(T,p) = \mu(T,p) \,.$$

Bei einem reinen Stoff besteht also kein Unterschied zwischen dem chemischen Potential $\mu$ und der molaren freien Enthalpie G. Beachtet man, daß bei hinreichender Verdünnung auch reale Mischungen eine annähernd lineare Abhängigkeit der Enthalpie h von der Molzahl $n_i$ einer gelösten Komponente i aufweisen und daß die Werte der Aktivitätskoeffizienten $\hat{\gamma}_i$ sich bei kleinen Konzentrationen nur wenig von 1 unterscheiden, so kann man für verdünnte Lösungen

$$\mu_i \simeq \mu_i^0 + RT\ln x_i \qquad (5.112)$$

setzen. In zahlreichen einführenden Darstellungen werden deshalb die chemischen Gleichgewichte in realen wäßrigen Lösungen wie Gleichgewichte in einem hypothetischen Idealgas-System behandelt. Dabei vernachlässigt man die Unterschiede zwischen den Aktivitäten $a_i$ und den Molenbrüchen $x_i$ bzw. den Konzentrationen $c_i$ und verwendet an Stelle des Symbols $\mu_i$ für das chemische Potential das Symbol $G_i$ mit $G_i \simeq G_i^0 + RT\ln x_i$. Bei der quantitativen Beschreibung chemischer Umsetzungen werden die Mischungsverhältnisse in der Regel nicht durch die Molenbrüche $x_i = n_i/n$ charakterisiert sondern durch Angabe der Konzentrationen $c_i = n_i/v$ eindeutig bestimmt. In verdünnten Lösungen sind die Molzahlen der gelösten Substanzen wesentlich kleiner als die Molzahl $n_1$ des Lösungsmittel, für das $i = 1$ gesetzt wird (d.h. $n \simeq n_1$). Außerdem wird das Volumen der Lösung überwiegend durch den Volumenbedarf der Lösungsmittelteilchen bestimmt, so daß $v \simeq n\, V_1$ gesetzt werden kann. Bei hinreichender Verdünnung ist also $c_i \simeq n_i/nV_1 = x_i/V_1$ bzw. $x_i \simeq c_i V_1$ und man kann Gl. (5.112) in der Form

$$\mu_i \simeq \mu_i^0 + RT\ln V_1 + RT\ln c_i \qquad (5.113)$$

bzw. unter Zusammenfassung der beiden ersten Terme der rechten Seite dieser Gleichung auch in der Form

$$\mu_i \simeq \mu_i^{0'} + RT\ln c_i \qquad (5.114)$$

schreiben, so daß bei Ersatz von $\mu_i$ durch $G_i$ und mit $\mu_i^{0'} = G_i'$ schließlich der oft verwendete vereinfachte Ausdruck

$$G_i = G_i' + RT\ln c_i \qquad (5.115)$$

erhalten wird. Für reversible chemische Umsetzungen in verdünnten wäßrigen Lösungen gilt somit

$$\Delta_R G = \sum_j v_j (G'_{Ej} + RT \ln c_j)$$

$$- \sum_i v_i (G'_{Ai} + RT \ln c_i)$$

$$= \left( \sum_j v_j G'_{Ej} - \sum_i v_i G'_{Ai} \right)$$

$$+ RT \left( \sum_j v_j \ln c_j - \sum_i v_i \ln c_i \right)$$

oder mit

$$\sum_j v_j G'_{Ej} - \sum_i v_i G'_{Ai} = \Delta_R G'$$

$$\Delta_R G = \Delta_R G' + RT \left( \sum_j v_j \ln c_j - \sum_i v_i \ln c_i \right) .$$

$$(5.116)$$

Da nun bei eingestelltem Gleichgewicht

$$\sum_j v_j \ln c_j - \sum_i v_i \ln c_i = \ln K'_c$$

gilt und $\Delta_R G = 0$ sein muß, folgt aus Gl. (5.116) für den Gleichgewichtsfall die wichtige Beziehung

$$RT \ln K'_c = - \Delta_R G' ,  \qquad (5.117)$$

nach der sich die Konstante $K'_c$ des Massenwirkungsgesetzes bei gegebener Temperatur aus dem Standardwert $\Delta_R G'$ der freien Reaktionsenthalpie berechnen läßt. Die zahlenmäßige Beziehung zwischen der Gleichgewichtskonstanten $K'_c$ und $\Delta_R G'$ wird durch die Tabelle 5.4 verdeutlicht.

Zahlreiche bei der Interpretation thermodynamischer Daten-Angaben über die Hydrolyse „energiereicher Verbindungen" aufgetretene Mißverständnisse sind auf die unzureichende Be-

**Tabelle 5.4** Beziehung zwischen $K'_c$ und $\Delta_R G'$ unter Standardbedingungen (pH 7, 298 K)

| $K'_c$ | $\Delta_R G'$ (J/mol) |
|---|---|
| 0,001 | + 17145 |
| 0,01 | + 11430 |
| 0,1 | + 5710 |
| 1,0 | 0 |
| 10,0 | − 5710 |
| 100,0 | − 11430 |
| 1000,0 | − 17145 |

achtung der jeweils angegebenen Standard-Bedingungen zurückzuführen. Deshalb müssen hier noch einige für die thermodynamische Charakterisierung biochemischer Prozesse wichtige Konventionen genannt werden:

1. Wenn in irgendeinem verdünnten wäßrigen System $H_2O$ Ausgangsstoff oder Endprodukt ist, wird seine thermodynamische Aktivität oder Konzentration willkürlich auf 1,0 festgesetzt, obwohl die Konzentration des $H_2O$ in verdünnten wäßrigen Lösungen tatsächlich etwa 55,5 mol/l beträgt.

2. Die in der biochemischen Energetik benutzten $\Delta_R G'$-Werte setzen als Standardzustand jedes ionisierbaren Reaktionspartners dasjenige Verhältnis zwischen ionisierter und nicht-ionisierter Form voraus, das sich bei pH 7 einstellt. Deshalb können die auf pH 7 bezogenen $\Delta_R G'$-Werte nicht ohne weiteres für andere pH-Bereiche angewendet werden, da sich der elektrolytische Dissoziationsgrad einer Verbindung mit dem pH-Wert ändern kann. Die Änderung des Standard-Wertes der freien Reaktionsenthalpie mit dem pH Wert sollte daher in jedem Falle berücksichtigt werden.

Die in Tabelle 5.4 zusammengestellten numerischen Werte von $K'_c$ und $\Delta_R G'$ lassen erkennen, daß bei einer Gleichgewichtskonstanten mit einem hohen Zahlenwert $(K_c > 1) \Delta_R G'$ negativ ist. In diesem Falle begünstigt die Gleichgewichtseinstellung die Bildung der Produkte. Bei einer Gleichgewichtskonstanten mit niedrigem Zahlenwert $(K_c < 1)$ ist dagegen $\Delta_R G'$ positiv, d.h. es muß Reaktionsarbeit aufgewendet werden, um unter Standard-Bedingungen 1 mol der Ausgangsstoffe in die entsprechende Menge der Produkte zu überführen.

Da bei zellulären Prozessen umgesetzte Substanzen im allgemeinen nicht in 1-molaren Konzentrationen vorliegen, geben die $\Delta_R G'$-Werte zunächst keine rechte Vorstellung von den tatsächlichen energetischen Verhältnissen in biochemischen Reaktionssystemen. Die zur Herleitung von Gl. (5.117) angestellten Überlegungen lassen sich sinngemäß auf den Nichtgleichgewichtsfall $(\Delta_R G < 0)$ übertragen. Wenn sich das Reaktionssystem nicht im thermischen Gleichgewicht befindet, sind die in den oben angegebenen Ausdruck $\sum_j v_j \ln c_j - \sum_i v_i \ln c_i$ einzusetzenden Konzentrationen $c_i$ bzw. $c_j$ nicht die Gleichgewichtskonzentrationen; dieser Ausdruck kann daher im Nichtgleichgewichtsfall nicht mit $\ln K_c'$ gleichgesetzt werden. Anstelle von Gl. (5.116) hat man daher allgemein

$$\Delta_R G = \Delta_R G' + RT \left( \sum_j v_j \ln c_j - \sum_i v_i \ln c_i \right) \tag{5.118}$$

zu schreiben, wobei die $c_i$ bzw. $c_j$ nunmehr die tatsächlich im System vorliegenden Konzentrationen von Reaktanden darstellen. Durch Einsetzen des durch Gl. (5.117) gegebenen Ausdrucks für $\Delta_R G'$ in Gl. (5.118) erhält man somit die Beziehung

$$\Delta_R G = RT \left( \sum_j v_j \ln c_j - \sum_i v_i \ln c_i \right)$$
$$- RT \ln K_c' , \tag{5.119}$$

was nichts anderes besagt, als daß durch $\Delta_R G$ der Abstand der jeweils vorliegenden Konzentrationsverhältnisse von den sich im Gleichgewichtszustand einstellenden Konzentrationsverhältnissen zum Ausdruck gebracht wird. Ist der Gleichgewichtszustand erreicht, dann kompensieren sich die beiden Terme auf der rechten Seite von Gl. (5.119) und $\Delta_R G$ wird Null, d.h. die Triebkraft der Reaktion hat sich erschöpft. Nur wenn sie sich in angemessenem Abstand vom Gleichgewicht abspielen, können zelluläre Reaktionen die für die Aufrechterhaltung der biologischen Ordnung nötige Energie in Form von Arbeit liefern.

### $\Delta_R G'$-Werte für Reaktionen, an denen $H^+$-Ionen beteiligt sind

Setzt man in Gl. (5.118) die Konzentrationen $c_i$ aller Ausgangsstoffe und die Konzentrationen $c_j$ aller Endprodukte gleich 1, so wird $\Delta_R G = \Delta_R G'$. Mit den Standardwerten der Konzentrationen $c_i$ bzw. $c_j$ erhält man also den erwarteten $\Delta_R G$-Wert für Reaktionen, an denen keine $H^+$-Ionen beteiligt sind. Betrachtet man dagegen eine unter Änderung der $H^+$-Ionen-Konzentration ablau-

fende Umsetzung

$$v_A A + v_B B + v_{i_H} . H^+ \rightleftharpoons v_C C + v_D D$$
$$+ v_{j_H} . H^+ ,$$

so hat man zu beachten, daß der Nullpunkt der für den Gleichgewichtsabstand der $\ln c_{H^+}$-Werte maßgeblichen Skala mit der Einführung der physiologischen Standard-Bedingungen um 7 pH-Einheiten verschoben worden ist. Diese Nullpunktsverschiebung ist bei der Herleitung von Gl. (5.118) nicht berücksichtigt worden. Unter den durch die Festlegung auf pH 7 gegebenen Bedingungen wirkt sich jeder molare Umsatz von $H^+$-Ionen auf den zu berechnenden $\Delta_R G$-Wert mit dem zusätzlichen Betrag von $2{,}303\,RT\,\lg 10^7$ $= 7 \cdot 2{,}303\,RT$ aus. Mit der Abkürzung

$$\Delta_R v_{H^+} = v_{j_H.} - v_{i_H.} \tag{5.120}$$

hat man daher anstelle von Gl. (5.118) allgemein die Gleichung

$$\Delta_R G = \Delta_R G' + \Delta_R v_{H^+} \cdot 7 \cdot 2{,}303\,RT$$
$$+ RT \left( \sum_j v_j \ln c - \sum_i v_i \ln c_i \right) \tag{5.121}$$

zu verwenden. Für Reaktionen, an denen keine $H^+$-Ionen beteiligt sind ($\Delta_R v_{H^+} = 0$), geht Gl. (5.121) in Gl. (5.118) über.

Beispiel:
Für das Reaktionsschema

$$A + B + H^+ \rightleftharpoons C + D$$

nimmt Gl. (5.121) mit $\Delta_R v_{H^+} = -1$ die Form

$$\Delta_R G = \Delta_R G' - 7 \cdot 2{,}303\,RT$$
$$+ RT \ln \frac{[C] \cdot [D]}{[A] \cdot [B] \cdot [H^+]}$$

an. Setzt man nun entsprechend den physiologischen Standard-Bedingungen $[H^+] = 10^{-7}$ und $[A] = [B] = [C] = [D] = 1$, so erhält man mit $RT \ln 10^7 = 7 \cdot 2{,}303\,RT$

$$\Delta_R G = \Delta_R G' - 7 \cdot 2{,}303\,RT + 7 \cdot 2{,}303\,RT$$
$$= \Delta_R G' ,$$

was dem für pH 7 erwarteten Ergebnis entspricht.

Mit Gl. (5.121) läßt sich auch die bei der Erklärung von Tabelle 5.3 erwähnte Umrechnung von $\Delta_R G^0$-Werten in $\Delta_R G'$-Werte ausführen. Setzt man nämlich in Gl. (5.121) sämtliche Konzentrationen $c_i$ und $c_j$ einschließlich der $H^+$-Konzentration gleich 1, so erhält man den für die physikalisch-chemischen Standard-Bedingungen gültigen $\Delta_R G$-Wert, und es gilt

$$\Delta_R G^0 = \Delta_R G' + \Delta_R \nu_{H^+} \cdot 7 \cdot 2{,}303 \, RT \quad (5.122)$$

bzw.

$$\Delta_R G' = \Delta_R G^0 - \Delta_R \nu_{H^+} \cdot 7 \cdot 2{,}303 \, RT \ . \quad (5.123)$$

*Beispiel.* Der Elektronenüberträger Nicotinamid-adenin-dinucleotid (NAD) kann in oxidierter ($NAD^+$) und in reduzierter Form (NADH) vorliegen. Das Gleichgewicht zwischen beiden Formen läßt sich zumindest theoretisch durch die vereinfachte Reaktionsgleichung

$$NADH + H^+ \rightleftharpoons NAD^+ + H_2$$

darstellen, so daß in diesem Falle $\Delta_R \nu_{H^+} = -1$ zu setzen ist. Für den molekularen Wasserstoff hat man anstelle von $c_j$ nach Gl. (5.108) den Partialdruck $p_{H_2}$ mit dem Standardwert 1 in Gl. (5.121) einzusetzen. Deshalb bleibt Gl. (5.123) in unveränderter Form anwendbar. Für die Oxidation von NADH mit $H^+$ gilt $\Delta_R G^0 = -21{,}84 \, kJ/mol$. Mit $T = 298 \, K$ und $R = 8{,}314 \, J \, mol^{-1} K^{-1}$ ergibt sich daraus durch Einsetzen in Gl. (5.123)

$$\Delta_R G' = -21840 + (7 \cdot 2{,}303 \cdot 8{,}314 \cdot 298) \, J/mol$$

$$= +18100 \, J/mol \ .$$

Bei pH 7 muß man also mit einem $\Delta_R G'$-Wert von $+18{,}1 \, kJ/mol$ für die Oxidation von NADH mit $H^+$ rechnen, während für dieselbe Reaktion bei pH 0 $\Delta_R G^0 = -21{,}84 \, kJ/mol$ einzusetzen ist. Dieses Beispiel läßt die starke Konzentrationsabhängigkeit der freien Reaktionsenthalpie deutlich erkennen und zeigt auch, daß die Kenntnis des Vorzeichens der tabellierten $\Delta_R G'$-Werte noch keine Aussagen über den möglichen spontanen Ablauf von Reaktionen erlaubt. Der in Tabelle 5.2 angegebene positive $\Delta_R G'$-Wert für die Essigsäure-Dissoziation bedeutet z. B. nicht,

daß in einem wäßrigen Medium bei pH 7 grundsätzlich keine spontane Dissoziation von Essigsäure-Molekeln in Acetat-Ionen und $H^+$-Ionen möglich ist. Nach Gl. (5.117) ergibt sich mit $\Delta_R G' = 26400 \, J/mol$ für die genannte Reaktion ein $K_c'$-Wert von $2{,}36 \cdot 10^{-5} \, mol/l$. Experimentell wurde für wäßrige Essigsäure-Lösungen bei 25 °C eine Dissoziationskonstante von $1{,}85 \cdot 10^{-5} \, mol/l$ bestimmt, was einem Dissoziationsgrad $\alpha = 0{,}004$ für eine 1 molare Essigsäure-Lösung entspricht. Es sind also bei dieser Konzentration immerhin noch etwa 0,5% aller gelösten Essigsäure-Molekeln dissoziiert. Mit diesem Dissoziationsgrad hat das System einen der Gleichgewichtsbedingung $\Delta_R G = 0$ angepaßten Zustand erreicht. Eine geringfügige Abweichung vom Gleichgewicht reicht aus, um einen negativen $\Delta_R G$-Wert und damit die erforderliche Triebkraft für einen spontanen Prozeß zu erzeugen.

Die Einstellung des Gleichgewichtes führt nicht zu einem Stillstand der molekularen Prozesse; sie entspricht vielmehr einer Kompensation der Dissoziations- und Rekombinationsraten im molekulardynamischen System. Es wird also im dynamischen Dissoziationsgleichgewicht in der Zeiteinheit eine bestimmte Anzahl von Essigsäuremolekeln durch Dissoziation in Acetat- und $H^+$-Ionen übergeführt, während die gleiche Menge von Essigsäuremolekeln durch Rekombination von Ionen zurückgebildet wird. Ionenreaktionen können in wäßriger Lösung mit sehr hoher Umsatzgeschwindigkeit ablaufen. Nur durch diese ausgeprägte dynamische Flexibilität der molekularen Prozesse läßt sich die hohe Anpassungsfähigkeit molekularer und zellulärer Systeme an sprunghafte Änderungen äußerer Einflußgrößen erklären.

Beim Auflösen von reiner Essigsäure in Wasser liegen anfänglich alle Essigsäuremolekeln in undissoziierter Form vor. Damit ist der für die Entwicklung einer Triebkraft zur spontanen Dissoziation erforderliche Abstand vom Gleichgewicht gegeben. Obwohl fast alle biochemischen Umsetzungen durch die katalytische Wirkung der Enzymsysteme reguliert werden, haben katalytische Effekte keinen Einfluß auf die Lage des Gleichgewichtes; sie beeinflussen nur die Geschwindigkeit der Gleichgewichtseinstellung.

### *Temperaturabhängigkeit der* $\Delta_R G'$*-Werte*

Biochemische Prozesse laufen bei konstanter Temperatur ab. Die Körpertemperaturen verschiedener Lebewesen weisen jedoch bemerkenswerte Unterschiede auf. Mit einem Wert von 37 °C liegt eine oft eingestellte Brut-Temperatur z.B. um 32 °C über der etwa 5 °C betragenden Temperatur im Muskel eines Nordsee-Kabeljaus. Deshalb besteht ein gewisses Interesse an der Temperaturabhängigkeit der $\Delta_R G'$-Werte. Eine für die Umrechnung von Normalwerten der freien Reaktionsenthalpie auf etwas oberhalb oder unterhalb von 298 K liegende Temperaturen geeignete Beziehung ergibt sich aus der auch für die Standardwerte geltenden Gibbs–Helmholtzschen Gl. (5.104). Der in Gl. (5.121) bereits eingefügten Korrektur entsprechend hat man auch die Standardwerte $\Delta_R S^0$ der Reaktionsentropie durch entsprechende, für pH 7 geltende $\Delta_R S'$-Werte zu ersetzen. Mit dieser Korrektur läßt sich Gl. (5.104) für die Standard-Werte in der Form

$$\frac{\Delta_R G'}{T} = \frac{\Delta_R H}{T} + \Delta_R S' \qquad (5.124)$$

schreiben. Nimmt man wie bei der Herleitung der van't Hoffschen Gl. (5.92) vereinfachend an, daß die Temperaturabhängigkeit von $\Delta_R H$ und $\Delta_R S'$ bei nicht zu großen Temperaturdifferenzen in erster Näherung vernachlässigt werden kann, so läßt sich der Wert $\Delta_R G'_{II}$ für die Temperatur $T_{II}$ aus dem Wert $\Delta_R G'_{I}$ für die Temperatur $T_I$ mit Hilfe der durch Differenzbildung aus Gl. (5.124) folgenden Beziehung

$$\frac{\Delta_R G'_{II}}{T_{II}} - \frac{\Delta_R G'_{I}}{T_I} = \Delta_R H \left( \frac{1}{T_{II}} - \frac{1}{T_I} \right) \qquad (5.125)$$

berechnen.

Mit $\Delta_R G' = -RT \ln K'_c$ kann man Gl. (5.124) auch in der Form

$$\ln K'_c = -\frac{\Delta_R H}{RT} + \frac{\Delta_R S'}{R} \qquad (5.126)$$

darstellen. Durch Differenzieren nach der Temperatur erhält man daraus die zu Gl. (5.92) analoge van't Hoff-Beziehung

$$\frac{d \ln K_c}{dT} = \frac{\Delta_R H}{RT^2}. \qquad (5.127)$$

Meist verwendet man Gl. (5.125) in der Form

$$\frac{\Delta_R G'_{II}}{T_{II}} = \frac{\Delta_R G'_{I}}{T_I} - \Delta_R H \left( \frac{T_{II} - T_I}{T_I \cdot T_{II}} \right). \qquad (5.128)$$

*Beispiel.* Für die Hydrolyse von ATP zu ADP und anorganischem Phosphat wird ein bei 36 °C bzw. 309 K bestimmter $\Delta_R G'$-Wert von $-30{,}96$ kJ/mol angegeben. Der $\Delta_R H$ Wert beträgt $-20{,}08$ kJ/mol. Es soll $\Delta_R G$ für eine Temperatur von 5 °C bzw. 278 K berechnet werden.

Mit $T_{II} - T_I = -31$ K erhält man durch Einsetzen in Gl. (5.128) zunächst

$$\frac{\Delta_R G'_{278}}{278} = \frac{-30960}{309} \, \text{J mol}^{-1} \, \text{K}^{-1}$$

$$- \frac{-20080(-31)}{309 \cdot 278} \, \text{J} \cdot \text{mol}^{-1} \, \text{K}^{-1}$$

und nach Multiplikation beider Seiten mit $(309 \cdot 278)$

$$309 \cdot \Delta_R G'_{278} = -(30960 \cdot 278) \, \text{J mol}^{-1} \, \text{K}$$

$$- (20080 \cdot 31) \, \text{J} \cdot \text{mol}^{-1} \, \text{K}$$

$$= -9229360 \, \text{J} \cdot \text{mol}^{-1} \, \text{K} ,$$

also

$$\Delta_R G'_{278} = -\frac{9229360}{309} \, \text{J/mol} = -29{,}87 \, \text{kJ/mol} .$$

Dementsprechend ergeben sich für die Massenwirkungskonstanten der Hydrolyse-Reaktion die Werte

$$\ln K'_{c278} = \frac{29870}{278 \cdot 8{,}314} = 12{,}924;$$

$$K'_{c278} = 4{,}1 \cdot 10^5$$

$$\ln K'_{c309} = \frac{30960}{309 \cdot 8{,}314} = 12{,}051;$$

$$K'_{c309} = 1{,}7 \cdot 10^5 .$$

Durch die Abkühlung um 31 °C ist also die Konstante $K'_c$ auf den 2,4-fachen Wert ihres für 36 °C geltenden Betrages erhöht worden. Dieses Ergebnis entspricht dem nach Gl. (5.127) für exotherme Reaktionen zu erwartenden Verhalten des Systems.

## Thermodynamische Parameter des ATP/ADP-Systems

Die oben angegebenen hohen $K_c'$-Werte entsprechen einem Gleichgewichtszustand, in dem nur noch ein sehr kleiner Bruchteil der gesamten ATP-Menge nicht hydrolytisch gespalten ist. Deshalb kann $K_c'$ in diesem Falle nicht direkt gemessen werden. Man kann jedoch die ATP-Hydrolyse mit einer anderen Reaktion koppeln, z.B. mit der Synthese von Glutamin (Gln) aus Glutamat (Glu) und dem $NH_4^+$-Ion nach dem Schema

$$Glu^- + NH_4^+ \rightleftharpoons Gln + H_2O \ . \qquad (I)$$

Für dieses Gleichgewicht ist der $K_c'$-Wert $K_{c_I}'$ bekannt. Das Gleichgewicht der gekoppelten Reaktion

$$Glu^- + NH_4^+ + ATP \rightleftharpoons Gln + ADP + P_i \qquad (II)$$

stellt sich in Gegenwart des Enzyms Glutaminsynthetase ein, und die Gleichgewichtskonstante $K_{c_{II}}'$ ist direkt bestimmbar. Deshalb kann die Gleichgewichtskonstante $K_{c_{III}}'$ der Reaktion

$$ATP + H_2O \rightleftharpoons ADP + P_i \qquad (III)$$

mit $\Delta_R G_{III}' = \Delta_R G_{II}' - \Delta_R G_I'$ entsprechend Gl. (5.117) nach der Gleichung

$$\ln K_{c_{III}}' = \ln K_{c_{II}}' - \ln K_{c_I}'$$

zu $K_{c_{III}}' = K_{c_{II}}'/K_{c_I}'$ berechnet werden. ATP und ADP bilden mit einwertigen und zweiwertigen Ionen, wie $Na^+$, $K^+$, $Ca^{2+}$ und $Mg^{2+}$ Komplexe, die in zellulären Systemen auftreten. Für ein $Mg^{2+}$-haltiges Medium, dessen Ionenstärke jeweils durch 0,2 mol/l Tetra-n-propylammoniumchlorid konstant gehalten wurde, hat Alberty die thermodynamischen Parameter der Reaktion III unter Vorgabe der $Mg^{2+}$- und $H^+$-Ionenkonzentration ermittelt. Tetra-n-propylammoniumchlorid ist ein Salz mit einem großen organischen Kation, das in Gegenwart von $Mg^{2+}$ und $H^+$ nur in sehr geringem Ausmaß Komplexe mit den Anionen des ATP und des ADP bildet. Durch Computeranalyse der gekoppelten Gleichgewichte konnten die Werte von $\log K'$, $\Delta_R G'$, $\Delta_R H$ und $T \Delta_R S'$ als Funktion der pH- und pMg-

Werte berechnet und in Form der in Abb. 5.12 gezeigten Konturdiagramme dargestellt werden ($pMg = -lg \ [Mg^{2+}]$). Da dem ATP/ADP-System als Energie-Übertragungs-Vermittler eine zentrale Funktion im Stoff- und Energiehaushalt der lebenden Zelle zukommt, stellen diese Diagramme eine wichtige Grundlage für die thermodynamische Analyse biochemischer Umsetzungen dar. Bei bioenergetischen Berechnungen, die sich auf die in Abb. 5.12 zusammengefaßten Daten stützen, sollte stets beachtet werden, daß die Konzentrationen von ATP und ADP in lebenden Zellen stark vom Standard-Wert abweichen. Setzt man z.B. in Gl. (5.118) $[ATP] = [ADP] = [P_i] = 10^{-4} \ mol \, l^{-1}$ ein, so wird mit $\Delta_R G' = -30,5 \ kJ/mol$ und $RT \ln 10^{-4} = -4 \cdot 8{,}314 \cdot 298 \cdot 2{,}303 \ J/mol$ ein $\Delta_R G$-Wert von $-53,3 \ kJ/mol$ erhalten. Ein Vergleich der $\Delta_R G$-Werte für die exergonische Hydrolyse verschiedener „energiereicher" Phosphatbindungen ist natürlich nur dann sinnvoll, wenn alle Werte auf gleiche Bedingungen, d.h. auf einen Standard-Zustand bezogen sind.

ATP und andere energiereiche Verbindungen dürfen in der lebenden Zelle nicht durch $H_2O$ gespalten werden, damit sie biologisch verwertbar bleiben. Nur eine energiereiche Verbindung, deren Spaltung normalerweise kinetisch gehemmt ist, kann im Stoffwechsel gezielt verwertet werden. Die Sonderstellung des ATP–ADP-Systems im Intermediärstoffwechsel läßt sich daher mit thermodynamischen Argumenten allein nicht begründen; sie kann nur erklärt werden, wenn man die Besonderheiten der enzymatischen Regulation von Stoffwechselprozessen beachtet.

## Hydrolyse energiereicher Verbindungen und Gruppenübertragungspotentiale

Mit der Einführung der hier durch Beispiele erläuterten $\Delta_R G'$-Werte ist ein quantitatives Maß für den relativen „Energiereichtum" der im Abschn. 5.1 genannten Substanzen Phosphoenolpyruvat, 3-Phosphoglyceroylphosphat, Creatinphosphat, Adenosintriphosphat und anderer für den Umsatz chemischer Energie in der Zelle wichtiger Verbindungen geschaffen worden. Für die Funktion eines biochemischen Energieträgers bei der Übertragung chemisch gebundener Energie von einem energiereichen Donator auf einen energiearmen Akzeptor kommt es nicht auf die Bindungsenergie einer „energiereichen Bindung" an, sondern auf die in einer gekoppelten Reaktion umsetzbare freie Reaktionsenthalpie. Diese kann als $\Delta_R G'$-Wert bestimmt werden. Will man z.B die Tendenz verschiedener Phosphatverbindungen zur Übertragung der Phosphatgruppe auf einen Akzeptor quantitativ vergleichen, so muß man für alle Phosphat-Übertragungs-Reaktionen das gleiche Standard-Akzeptor-Molekül einsetzen. Obwohl biochemisch wichtige Phosphatverbindungen normalerweise keine einfachen Hydrolyse-Reaktionen in der intakten Zelle eingehen und die nach dem Schema

$$R-O-PO_3^{2-} + HOH$$

$$\rightleftharpoons ROH + H-O-PO_3^{2-}$$

ablaufende „Übertragung der Phosphatgruppe" auf ein $H_2O$-Molekül nur die einfache Hydrolyse des Phosphatesters $R-O-PO_3^{2-}$ darstellt, hat man $H_2O$ willkürlich als Standard-Phosphatgruppen-Akzeptor gewählt. In der Tabelle 5.5 sind die $\Delta_R G'$-Werte für die Hydrolyse einer Reihe wichtiger Phosphatverbindungen einschließlich des Adenosintriphosphats aufgeführt. Man sieht, daß der $\Delta_R G'$-Wert für ATP mit $-30,5$ kJ/mol eine mittlere Position in dieser Anordnung der $\Delta_R G'$-Werte einnimmt. Dies bedeutet, daß das ATP als gemeinsames Zwischenprodukt in einer stöchiometrisch gekoppelten Reaktionsfolge

deren (negativer) $\Delta_R G'$-Wert dem Betrage nach kleiner als 30,5 kJ/mol ist, können dagegen durch Übertragung einer Phosphatgruppe vom ATP auf den korrespondierenden Akzeptor (C) gebildet werden.

Die publizierten $\Delta_R G'$-Werte für die Hydrolyse von Phosphatverbindungen, wie sie in verschiedenen Lehrbüchern und Monographien zu finden sind, weichen etwas voneinander ab. Diese Abweichungen sind nicht nur durch die analytischen Schwierigkeiten bei der genauen Bestimmung extremer Werte der Gleichgewichtskonstanten bedingt; sie sind auch darauf zurückzuführen, daß die Messungen in den verschiedenen Laboratorien nicht immer unter exakt gleichen Bedingungen (pH-Wert, $Mg^{2+}$-Konzentrationen) durchgeführt worden sind. Für die Funktion des ATP als Überträger chemischer Energie ist der Absolutwert von $\Delta_R G'$ für die ATP-Hydrolyse-Reaktion nicht besonders wichtig. Von grundsätzlicher Bedeutung ist dagegen die Frage, in welcher Relation dieser Wert zu den $\Delta_R G'$-Werten der Hydrolyse anderer biologisch wichtiger Verbindungen steht, die ebenfalls als Phosphatgruppen-Donatoren für ADP in Frage kommen.

Als mögliche strukturelle Ursachen des relativ hohen negativen $\Delta_R G'$-Wertes der exergonischen ATP-Hydrolyse werden neben einem Resonanzstabilisierungseffekt auch Hydratationseffekte und Coulombsche Abstoßungskräfte zwischen den zu trennenden Anionen $ADP^{3-}$ und $HOPO_3^{2-}$ diskutiert. Außerdem üben die beiden P-Atome in den endständigen Phosphatgruppen

| | | | | | |
|---|---|---|---|---|---|
| A + | ADP | → | B + | $\boxed{ATP}$ | (1.Teilschritt) |
| $\boxed{ATP}$ + | C | → | ADP + | D | (2. Teilschritt) |
| A + | C | → | B + | D | (Gesamt-Reaktion) |

im ersten Teilschritt durch Übertragung einer Phosphatgruppe von A auf ADP gebildet und im zweiten Teilschritt durch Phosphorylierung des Akzeptors C wieder zu ADP umgesetzt werden kann. Als Phosphatgruppen-Donatoren (A) kommen bei diesem Prozeß unter Standard-Bedingungen offenbar nur solche Verbindungen in Frage, die in der Tabelle 5.5 entsprechenden $\Delta_R G'$-Skala über dem ATP einzuordnen sind. Verbindungen,

des ATP eine elektronenanziehende Wirkung aus. Man kann sich also vorstellen, daß die Anhydridbindung im ATP der Hydrolyse wesentlich besser zugänglich ist als die Ester-Bindung im Glucose-6-phosphat. Die Resonanzstabilisierungsenergie der partiellen Doppelbindungssysteme in den Phosphatgruppen wird bei der Hydrolyse der Anhydridbindungen in signifikanter Weise

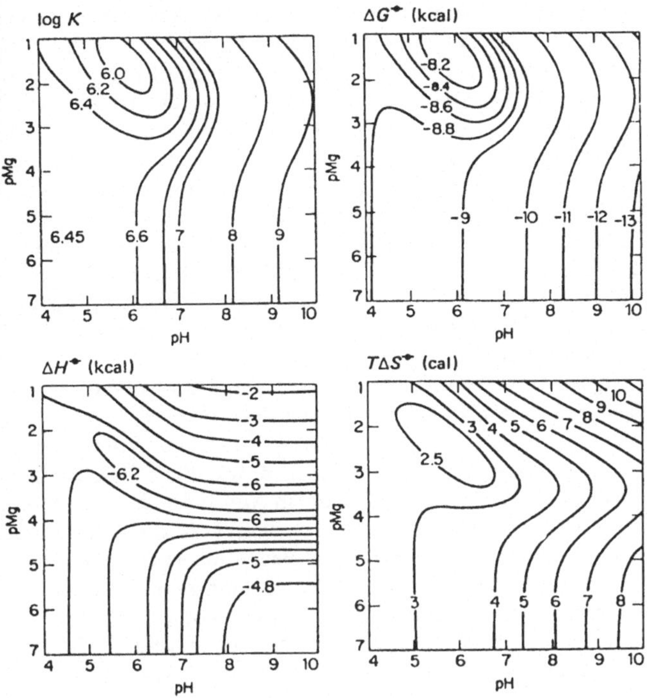



**Abb. 5.12** Thermodynamische Parameter der Reaktion $ATP + H_2O \rightleftharpoons ADP + P_i$ als Funktion von pH und pMg in einer Lösung von Tetra-n-propylammonium-chlorid mit einer konstanten Ionenstärke von 0,2 mol/l (nach R. A. Alberty (1969)). Die aus der Kurvenbeschriftung zu entnehmenden Werte von $\Delta_R G$, $\Delta_R H$ und $T\Delta_R S$ sind in kcal/mol angegeben

verändert. Die sich bei der Hydrolyse des ATP trennenden Anionen $HOPO_3^{2-}$ und $ADP^{3-}$ sind insgesamt stärker hydratisiert als das $ATP^{4-}$-Ion; sie stoßen sich gegenseitig ab und haben nur eine geringe Tendenz, sich unter Rückbildung von ATP zu vereinigen. Alle diese Effekte begünstigen die weitgehend vollständige Bildung der Hydrolyse-Produkte. Die meisten Säureanhydride sind energiereiche Verbindungen mit stark negativem $\Delta_R G'$-Wert der Hydrolyse. Auch das Acetyl-CoA zählt mit der Stoffklasse der Thioester zur Gruppe der energiereichen Verbindungen.

Der im Abschn. 5.1.6 erwähnte Ausdruck „energiereiche Bindung" bedeutet nicht, daß bei der Hydrolyse energiereicher Verbindungen allein die zur Spaltung einer chemischen Bindung aufzuwendende „Bindungsenergie" in Rechnung zu stellen ist. Zur Lösung einer kovalenten Bindung wird ein relativ großer Energiebetrag benötigt.

Die Trennung einer chemischen Bindung ist stets ein endergonischer Prozeß. Bei der Hydrolyse energiereicher Phosphate wird diese Bindungstrennung durch die Bildung einer neuen P–O-Bindung und durch den mit der Stabilisierung der Hydrolyse-Produkte erzielbaren Energiegewinn ermöglicht. Deshalb ist die Gesamtreaktion ein exergonischer Prozeß.

Offensichtlich ist die durch die Skala der $\Delta_R G'$-Werte charakterisierte Tendenz zur Übertragung chemisch gebundener Energie gekoppelt mit der Fähigkeit zur Übertragung von Phosphatgruppen oder anderen für die Stoffwechselprozesse wichtigen funktionellen Gruppen auf einen geeigneten Akzeptor. Deshalb benutzt man für den Betrag des $\Delta_R G'$-Wertes häufig den Ausdruck *Phosphatgruppen-Übertragungspotential*. Je stärker negativ die $\Delta_R G'$-Werte sind, desto höher ist dieses Gruppen-Übertragungspotential. Einer vor der Einführung von SI-Einheiten festgelegten Definition entsprechend sind diese Gruppenübertragungspotentiale nach Umrechnung der $\Delta_R G'$-Werte auf kcal/mol als positive dimensionlose Zahlen in der letzten Spalte der Tabelle 5.5 aufgeführt. Dieser Begriff des Gruppenübertragungspotentials hat sich in der biochemischen Lehrbuch-Literatur weitgehend eingebürgert. Verbindungen mit einem hohen Gruppenübertragungspotential sind relativ „energiereich", Verbindungen mit einem niedrigen Gruppenübertragungspotential relativ „energiearm". Jede Gruppeneinteilung zum Zwecke einer scharfen Abgrenzung von energiereichen und energiearmen Verbindungen ist daher physikalisch sinnlos.

### Enzymatische Gruppenübertragung

Die Gruppenübertragungs-Reaktionen werden katalytisch durch *Transferasen* reguliert. Diese Transferasen bilden nach den Oxidoreduktasen die zweitgrößte Gruppe aller Enzyme. Die Mannigfaltigkeit der Transferasen ist bedingt durch die relativ große Zahl verschiedener übertragbarer Gruppen und durch die große Zahl möglicher Gruppen-Akzeptoren. Als Gruppen-Donatoren dienen Coenzyme, welche mit der zu übertragenden Gruppe beladen sind. Sie sind richtiger als *Cosubstrate* zu bezeichnen. Bei der Phosphatgruppen-Übertragung wird die Phosphatgruppe oft vom ATP geliefert. In ähnlicher Weise dient das S-Adenosylmethionin

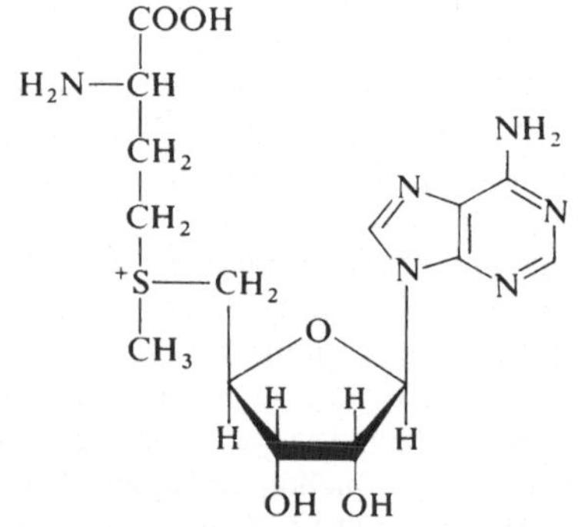

bei vielen Reaktionen als Methylgruppen-Donator.

In der Stoffwechsel-Biochemie hat man bei den zur Übertragung von Phosphatgruppen auf ADP

befähigten Verbindungen zwischen zwei Klassen zu unterscheiden. Die Mitglieder der ersten Verbindungsklasse, z. B. Phosphoenolpyruvat und 3-Phosphoglyceroylphosphat, werden beim exergonischen, enzymatisch kontrollierten Abbau von Nährstoffen gebildet. Die Verbindungen der zweiten Klasse, z. B. Creatinphosphat und Argininphosphat, stellen Speichermoleküle für chemische Energie im Muskel dar. Diese Speichermoleküle entstehen bei hinreichend hohen ATP-Konzentrationen durch direkte Phosphatgruppen-Übertragung vom ATP auf die korrespondierenden Akzeptoren.

Phosphoenolpyruvat und 3-Phosphoglyceroylphosphat entstehen bei der *Glykolyse*, dem Abbau von Glucose zu Milchsäure. Dieser Vorgang entspricht weitgehend einem wichtigen Teilschritt in der Hauptstufe II des in Abb. 5.5 skizzierten Stoffwechsel-Schemas. Der Begriff der „Glykolyse" hat in neuerer Zeit einen Bedeutungswandel durchgemacht. Ursprünglich verstand man darunter den anaeroben Abbau von Kohlenhydraten zu Milchsäure. Es hat sich jedoch gezeigt, daß der Abbau der Glucose bis zum Pyruvat unter aeroben und anaeroben Bedingungen völlig gleichartig verläuft und daß sich die verschiedenen Reaktionssequenzen nur in den nachfolgenden Schritten unterscheiden. Deshalb versteht man heute in der Biochemie unter Glykolyse den Abbau von Glucose über Fructosediphosphat und 3-Phosphoglycerat bis zum Pyruvat. Der Abbau von Glucose zu Milchsäure versorgt Muskel- und andere Zellen mit beträchtlicher Energie.

Unter der katalytischen Wirkung des Enzyms *3-Phosphoglycerat-Kinase* erfolgt eine direkte Phosphatgruppen-Übertragung vom 3-Phosphoglyceroyl-Phosphat auf das ADP. Der $\Delta_R G'$-Wert von -18,8 kJ/mol für die Umsetzung

3-Phosphoglyceroylphosphat + ADP

$\rightleftharpoons$ 3-Phosphoglycerat + ATP

ergibt sich unmittelbar als Differenz der in Tabelle 5.5 angegebenen $\Delta_R G'$-Werte für die Hydrolyse von 3-Phosphoglyceroylphosphat ( $-49,3$ kJ/mol) und von ATP ( $-30,5$ kJ/mol). Ebenso läßt sich der $\Delta_R G'$-Wert für die von der Enolform des Phosphoenolpyruvats ausgehende

**Tabelle 5.5** $\Delta_R G'$-Werte der Hydrolyse einiger phosphorylierter Verbindungen

| Substanz | $\Delta_R G'$ (kJ/mol) | Phosphatgruppen-Übertragungspotential[a] |
|---|---|---|
| Phosphoenolpyruvat | − 61,9 | 14,8 |
| 3-Phosphoglyceroylphosphat | − 49.3 | 11,8 |
| Creatinphosphat | − 43,1 | 10,3 |
| Acetylphosphat | − 42,3 | 10,1 |
| Argininphosphat | − 32,2 | 7,7 |
| ATP ( → ADP + $P_i$) | − 30,5 | 7,3 |
| Glucose-1-phosphat | − 20,9 | 5,0 |
| Fructose-6-phosphat | − 15,9 | 3,8 |
| Glucose-6-phosphat | − 13,8 | 3,3 |
| Glycerin-1-phosphat | − 9,2 | 2,2 |

[a] Definiert als $-\Delta_R G'$ (kcal/mol); 1 kJ = 0,2389 kcal

Gruppenübertragungs-Reaktion

$$\text{Phosphoenolpyruvat} + \text{ADP}$$
$$\rightleftharpoons \text{Pyruvat} + \text{ATP}$$

mit den aus Tabelle 5.5 zu entnehmenden Daten zu − 31,4 kJ/mol berechnen. Die Umsetzung der Enolform des Phosphoenolpyruvats zu Pyruvat wird durch das Enzym *Pyruvat-Kinase* katalysiert. Die zunächst gebildete Enolform des Pyruvats wird in einem spontanen nicht-enzymatischen Prozeß unter Protonierung in die Ketoform umgewandelt. Dieser exergonische Vorgang begünstigt die ATP-Bildung in der Gesamt-Reaktion.

Die als Energiespeicher dienenden Verbindungen Creatinphosphat und Argininphosphat werden oft als *Phosphagene* bezeichnet. Auch für die durch das Enzym *Creatin-Kinase* katalysierte Reaktion

$$\text{Creatinphosphat} + \text{ADP} \rightleftharpoons \text{Creatin} + \text{ATP}$$

erhält man nach Tabelle 5.5 einen negativen $\Delta_R G'$-Wert in Höhe von − 12,6 kJ/mol. Wenn man von den Standard-Konzentrationen der Reaktanden ausgeht, müssen also im Gleichgewicht die Konzentrationen der Produkte ATP und Creatin sehr viel größer als die Konzentrationen der Ausgangsstoffe ADP und Creatinphosphat sein. Das Gleichgewicht wird jedoch zugunsten der Bildung von Creatinphosphat verschoben, wenn die ATP-Konzentration wesentlich größer als die ADP-Konzentration im Reaktionssytem ist. Das Creatin/Creatinphosphat-Sy-

stem dient deshalb im Wirbeltiermuskel und im Nervengewebe als „Pumpspeicherwerk" für chemisch gebundene Energie. Eine ähnliche Rolle spielt das System Arginin/Argininphosphat im zellulären System der Wirbellosen.

Seiner Vermittlerstellung entsprechend kann das ATP seine terminale Phosphatgruppe in enzymatisch katalysierten Reaktionen auf ein breites Spektrum von Akzeptor-Molekülen übertragen. Das Enzym *Hexokinase* katalysiert z.B. die Reaktion

$$\text{D-Glucose} + \text{ATP}$$
$$\rightleftharpoons \text{D-Glucose-6-phosphat} + \text{ADP}$$

mit einem nach Tabelle 5.5 zu berechnenden $\Delta_R G'$-Wert von − 16,7 kJ/mol. Da das Phosphatgruppenübertragungspotential des ATP höher als das Gruppenübertragungspotential des Glucose-6-Phosphats ist, ist bei dieser Umsetzung die Bildung von ADP begünstigt. D-Glucose wird durch die Phosphatgruppenübertragung „aktiviert" und damit für nachfolgende Biosynthesereaktionen vorbereitet. Die Umsetzung von D-Glucose zu D-Glucose-6-phosphat ist z.B. ein wichtiger Teilschritt bei der Biosynthese der Reservepolysaccharide Glykogen und Stärke. Durch die mittels Phosphatgruppenübertragung vom ATP übertragene chemische Energie kann die energetische Voraussetzung für den Ablauf zahlreicher endergonischer Biosynthese-Reaktionen geschaffen werden.

Die Kopplung der ATP-Bildung unter Umsetzung von Phosphoenolpyruvat zu Pyruvat mit der Bildung von D-Glucose-6-Phosphat aus D-Glucose unter ATP-Spaltung stellt ein typisches Beispiel für eine Reaktionskopplung nach dem Prinzip des gemeinsamen Zwischenproduktes dar:

Phosphat-Gruppen durch spezifische Enzyme freigesetzt werden.

Es sei hier daran erinnert, daß die zur Bildung von ADP führende ATP-Hydrolyse nicht die ein-

| | | |
|---|---|---|
| Phosphoenolpyruvat + ADP | → Pyruvat + $\boxed{\text{ATP}}$ | (1. Teilschritt) |
| $\boxed{\text{ATP}}$ + D-Glucose | → D-Glucose- + ADP<br>6-Phosphat | (2. Teilshritt) |
| Phosphoenol- + D-Glucose<br>Pyruvat | → Pyruvat + D-Glucose-<br>6-Phosphat | (Gesamt-Reaktion) |

ADP nimmt in den meisten Phosphatübertragungsreaktionen zwischen Stoffwechselprodukten die Rolle eines Phosphat-Akzeptors und ATP die Rolle eines Phosphat-Donators an, wobei diese Reaktionen ähnlich der oben beschriebenen Reaktion verlaufen.

Da ATP in erster Linie nicht die Funktion eines Energiespeichers hat, reicht die zu einem gewissen Zeitpunkt vorhandene ATP-Menge nur für eine kurze Zeitspanne aus. Manche Zellen verfügen deshalb über ein chemisches Energiespeicher-System nach Art des oben beschriebenen Creatinphosphat/Creatin-Systems. Das Creatinphosphat-System ist besonders wichtig für den Skelettmuskel, dem es die für mehrere Minuten erforderliche chemische Energie zur Kontraktionsleistung zur Verfügung stellen kann. Auch das Argininphosphat-System von Wirbellosen (z. B. Krebsen) ist bereits erwähnt worden.

Einige Mikroorganismen speichern energiereiche Phosphat-Gruppen in Form unlöslicher Körnchen, die *Polyphosphat*

$$\cdots -O-\overset{\displaystyle O^-}{\underset{\displaystyle O}{\overset{|}{\underset{\|}{P}}}}-O-\overset{\displaystyle O^-}{\underset{\displaystyle O}{\overset{|}{\underset{\|}{P}}}}-O-\overset{\displaystyle O^-}{\underset{\displaystyle O}{\overset{|}{\underset{\|}{P}}}}-O-\overset{\displaystyle O^-}{\underset{\displaystyle O}{\overset{|}{\underset{\|}{P}}}}-O- \cdots$$

ein lineares Polymer-Molekül undefinierter Kettenlänge enthalten. Diese Polyphosphat-Körnchen können mit basischen Farbstoffen in charakteristischer Weise angefärbt werden; sie werden oft auch als Volutin-Körnchen bezeichnet. Aus dem Polyphosphat können bei Bedarf

zige mögliche hydrolytische Spaltungsreaktion des Adenosintriphosphats darstellt. Bei bestimmten Biosynthesen kommt auch der im Abschn. 5.1.6 mit Gl. (5.5) beschriebenen, unter Bildung von AMP ablaufenden Pyrophosphat-Spaltung des ATP eine wichtige Funktion zu. Der $\Delta_R G'$-Wert dieser Umsetzung beträgt $-41,9$ kJ/mol. Die „thermodynamische Schubkraft" dieser Reaktion ist daher wesentlich größer als die Schubkraft der normalen Orthophosphat-Spaltung des ATP. Im Fließgleichgewicht zellulärer Systeme liegen also ATP, ADP und AMP nebeneinander vor. Die stationären Konzentrationen von ATP, ADP und AMP bleiben in der intakten Zelle über kurze Zeiträume hinweg relativ konstant. Normalerweise ist ATP in sehr viel höherer Konzentration vorhanden als ADP und AMP. Die terminale Phosphat-Gruppe des ATP muß in dem dynamischen System lebender Organismen einem sehr raschen Turnover unterliegen. Dies konnte durch Markierungsexperimente mit einem radioaktiven Phosphor-Isotop bestätigt werden. Gelangt $^{32}$P-markiertes Phosphat in die Zelle, so wird es sehr schnell als endständige Phosphatgruppe in das intrazelluläre ATP eingebaut. Die Umsatzgeschwindigkeit dieser terminalen Phosphatgruppe ist so hoch, daß sie nicht mehr exakt gemessen werden kann. Die Halbwertzeit des ATP-Umsatzes einer stark atmenden Bakterienzelle beträgt nur wenige Sekunden. Für eine größere eukaryontische Zelle, die Leberzelle, wurde eine Halbwertszeit von einigen Minuten angegeben.

Durch Markierungsexperimente mit einem Sauerstoff-Isotop konnte übrigens gezeigt werden, daß bei der sogenannten „Phosphatgruppen-Übertragung" nicht die Gruppe

$$-O-\overset{O^-}{\underset{O^-}{P}}\!\!=\!\!O,$$ sondern die Phosphoryl-Gruppe $$-\overset{O^-}{\underset{O^-}{P}}\!\!=\!\!O$$

übertragen wird.

Da die bei den Gruppenübertragungs-Reaktionen durch Vermittlung des ATP/ADP-Systems transportierte Energie überwiegend in Form von chemisch gebundener Energie weitergegeben wird, ist der Wirkungsgrad der Energieübertragung relativ hoch und die Wärmeentwicklung entsprechend gering. Der jeweilige Grad der energetischen „Aufladung" des ATP/ADP/AMP-Systems entspricht offenbar dem relativen Anteil der ATP- und ADP-Moleküle an der Gesamtheit der Moleküle des Adenylat-Systems. Atkinson hat deshalb den Begriff der *Energieladung* (energy charge) durch die Gleichung

$$\text{Energieladung} = \frac{1}{2}\,\frac{[ADP] + 2[ATP]}{[AMP] + [ADP] + [ATP]}$$

$$(5.129)$$

definiert. Wenn alle Adenin-Nucleotide in Form von ATP vorliegen, ist das Adenylatsystem vollständig „aufgeladen", und man schreibt der Energieladung den Wert 1 zu. Liegen dagegen alle Adenin-Nucleotide in Form von AMP vor, so besitzt das System keine energiereichen Phosphatgruppen und die Energieladung ist gleich Null. Dem metabolischen Fließgleichgewicht entspricht eine Energieladung von etwa 0,85. Dieser Wert repräsentiert den tatsächlich vorliegenden Energieinhalt unterschiedlicher Zellsysteme. Wenn die Energieladung unter den Wert 0,85 sinkt, werden die ATP-erzeugenden Reaktionssequenzen beschleunigt. Steigt die Energieladung des Systems über den genannten Durchschnittswert hinaus an, so setzen ATP-verbrauchende Prozesse in verstärktem Maße ein. Das System bewegt sich damit um einen optimalen Zustand des Fließgleichgewichtes und hält diesen Zustand gegen jede äußere Einwirkung aufrecht.

***Phasengleichgewichte und chemisches Potential***

Es bleibt noch zu zeigen, daß sich die im

Abschn. 5.2.1 angegebenen Beziehungen für die Temperaturabhängigkeit von Gleichgewichts-Konzentrationen und Partialdrücken in heterogenen Systemen in einfacher Weise aus der Gleichgewichtsbedingung Gl. (5.111) entwickeln lassen. Neben den dort bereits besprochenen Lösungs- und Verteilungsgleichgewichten sollen hier noch einige andere, für biologische Systeme wichtige Gleichgewichtsbeziehungen kurz erläutert werden.

*1. Beispiel: Dampfdruckerniedrigung durch gelöste Stoffe (Raoultsches Gesetz)*

Mit den durch Gl. (5.108) bzw. Gl. (5.112) gegebenen Ausdrücken für die chemischen Potentiale des Lösungsmittels (i = 1) in der Gasphase (g) und in der flüssigen Phase (fl) gilt nach Gl. (5.111) bei eingestelltem Verdampfungsgleichgewicht für die Lösung (L):

$$\mu_{1,g}^0 + RT\ln p_{L1} = \mu_{1,fl}^0 + RT\ln x_1$$

und für das reine Lösungsmittel ($x_1 = 1$):

$$\mu_{1,g}^0 + RT\ln p_{01} = \mu_{1,fl}^0 .$$

Durch Subtraktion beider Gleichungen ergibt sich

$$RT\ln p_{L1} - RT\ln p_{01} = RT\ln x_1 ,$$

d.h.

$$\ln \frac{p_{L1}}{p_{01}} = \ln x_1$$

bzw.

$$\frac{p_{L1}}{p_{01}} = x_1 . \qquad (5.130)$$

Das ist die von F. M. Raoult 1886 empirisch ermittelte Gesetzmäßigkeit. Mit $x_1 = 1 - x_2$ und $p_{01} - p_{L1} = \Delta p_1$ läßt sich Gl. (5.130) auch in der Form

$$\frac{\Delta p_1}{p_{01}} = x_2 \qquad (5.131)$$

darstellen. Dieser Darstellung entprechend lautet das Raoultsche Gesetz:

*Die relative Dampfdruckerniedrigung $\Delta p_1/p_{01}$ des Lösungsmittels ist gleich dem Molenbruch der gelösten Substanz*

Die Gln. (5.130) und (5.131) enthalten keinerlei spezifische Stoffgrößen; ihre Gültigkeit ist also von der Natur des Lösungsmittels und der gelösten Substanz unabhängig. Eigenschaften eines Systems, die nur von der Teilchenzahl des Gelösten abhängen, nennt man *kolligative Eigenschaften*. Die Dampfdruckerniedrigung einer (idealen) Lösung ist eine kolligative Eigenschaft. Man kann die Tatsache, daß sich der Molenbruch $x_2$ direkt aus der experimentell zugänglichen Größe $\Delta p_1/p_{01}$ ergibt, zur Bestimmung der Molmasse einer Substanz ausnützen.

*2. Beispiel: Sättigungslöslichkeit fester oder flüssiger Stoffe in flüssigen Lösungsmitteln*

Mit dem Standard-Wert $\mu_{2,f}^0$ des chemischen Potentials der zu lösenden festen Substanz und dem durch Gl. (5.109) gegebenen Ausdruck für das chemische Potential der gleichen Substanz in Lösung gilt nach Gl. (5.111) bei eingestelltem Lösungsgleichgewicht ($a_{2,sat} = a_{sat}$):

$$\mu_{2,f}^0 = \mu_{2,L}^0 + RT \ln a_{sat}$$

bzw.

$$\ln a_{sat} = - \frac{\mu_{2,L}^0 - \mu_{2,f}^0}{RT} ,$$

so daß bei Ersatz von $\mu_i^0$ durch $G_i^0$ mit $G_i^0 = H_i^0 - TS_i^0$ die Beziehung

$$\ln a_{sat} = - \frac{H_{2,L}^0 - H_{2,f}^0}{RT} + \frac{S_{2,L}^0 - S_{2,f}^0}{R}$$

erhalten wird. Diese Gleichung läßt sich mit $H_{2,L}^0 - H_{2,f}^0 = \Delta_L H^0$ und $S_{2,L}^0 - S_{2,f}^0 = \Delta_L S^0$ in der Form

$$\ln a_{sat} = - \frac{\Delta_L H^0}{RT} + \frac{\Delta_L S^0}{R} \qquad (5.132)$$

darstellen. Nimmt man wiederum an, daß die Temperaturabhängigkeit von $\Delta_L H^0$ und $\Delta_L S^0$ bei nicht zu großen Temperaturdifferenzen in erster Näherung vernachlässigt werden kann, so erhält

man durch Differentiation von Gl. (5.132) nach der Temperatur unmittelbar die im Abschn. 5.2.1 angegebene Gl. (5.95). Entsprechendes gilt für die Sättigungslöslichkeit flüssiger Stoffe in flüssigen Lösungsmitteln.

*3. Beispiel: Nernstscher Verteilungssatz*

Mit dem durch Gl. (5.114) gegebenen vereinfachten Ausdruck für das chemische Potential des gelösten Stoffes in den beiden Lösungsmitteln I und II gilt nach Gl. (5.111) bei eingestelltem Verteilungsgleichgewicht

$$\mu_{2,I}^{0'} + RT \ln c_I = \mu_{2,II}^{0'} + RT \ln c_{II}$$

bzw.

$$\ln \frac{c_I}{c_{II}} = - \frac{\mu_{2,I}^{0'} - \mu_{2,II}^{0'}}{RT} ,$$

so daß sich beim Ersatz von $\mu_i^{0'}$ durch $G_i'$ mit $G_i' = H_i^0 - TS_i'$ und mit $c_I/c_{II} = K$ die Gleichung

$$\ln K = - \frac{H_{2,I}^0 - H_{2,II}^0}{RT} + \frac{S_{2,I}' - S_{2,II}'}{R} \qquad (5.133)$$

ergibt. Diese Beziehung geht mit $H_{2,I}^0 - H_{2,II}^0 = \Delta_L H_I^0 - \Delta_L H_{II}^0$ und $S_{2,I}' - S_{2,II}' = \Delta_L S_I^0 - \Delta_L S_{II}^0$ in die im Abschn. 5.2.1 angegebene Gl. (5.97) über. Die Differenz $H_{2,I}^0 - H_{2,II}^0$ wird als *Überführungsenthalpie* (enthalpy of transfer) bezeichnet.

*4. Beispiel: Löslichkeit von Gasen in Flüssigkeiten (Henrysches Gesetz)*

Mit den durch Gl. (5.108) bzw. Gl. (5.114) gegebenen Ausdrücken für das chemische Potential der zu lösenden Teilchensorte (2) in der Gasphase und in der flüssigen Lösungsphase gilt nach Gl. (5.111) bei eingestelltem Lösungsgleichgewicht

$$\mu_{2,g}^0 + RT \ln p_2 = \mu_{2,L}^{0'} + RT \ln c_{2,L}$$

bzw.

$$\ln \frac{c_{2,L}}{p_2} = - \frac{\mu_{2,L}^{0'} - \mu_{2,g}^0}{RT} ,$$

so daß mit $p_2 = c_{2,g} RT$ nach Entlogarithmieren die Gleichung

$$\frac{c_{2,L}}{c_{2,g}} = RTe^{- \frac{\mu_{2,L}^{0'} - \mu_{2,g}^0}{RT}} = L(T) \qquad (5.134)$$

erhalten wird. Dies ist das Henrysche Gesetz. Den Quotienten $c_{2,L}/c_{2,g} = L(T)$ bezeichnet man als *Löslichkeitskoeffizienten*. Das Henrysche Gesetz ist wichtig für das Verständnis der chromatographischen Trennverfahren; es ist aber auch von Bedeutung für die Diskussion der Narkosewirkung von Anaesthetika und von Problemen des Atemgastransports (vgl. Abschn. 2.3.2).

Die Differenz $\mu_{2L}^{0'} - \mu_{2,g}^{0}$ läßt sich mit $\mu_{2,L}^{0'} = H_{2,L}^{0} - TS_{2,L}'$ und $\mu_{2,g}^{0} = H_{2,g}^{0} - TS_{2,g}^{0}$ wieder in einen Enthalpieterm und einen Entropieterm aufspalten. Die Differenz $H_{2,L}^{0} - H_{2,g}$ ist die Lösungsenthalpie $\Delta_L H^0$ des Gases. Mit steigender Temperatur nimmt die Löslichkeit von Gasen in Flüssigkeiten durchweg ab. $\Delta_L H^0$ ist also negativ, der Lösungsprozeß ist ein exothermer Vorgang. Dies ist bei Gasen mit polaren Molekeln wie $SO_2$ und $HCl$ wegen der starken Hydrationswechselwirkung ohne weiteres verständlich; es überrascht jedoch bei Kohlenwasserstoffen. Tatsächlich bewirken auch unpolare Teilchen eine Veränderung der Wasserstruktur, bei der der Ordungsgrad des Systems erhöht wird. Die dabei in Wärme umgesetzte zwischenmolekulare Wechselwirkungsenergie erklärt den exothermen Charakter des Lösungsprozesses. Während die geordneten Lösungsmittelstrukturen in der Lösung wegen der thermischen Molekularbewegung einer starken Fluktuation unterworfen sind, liegen sie als Käfig-Strukturen in den festen Gashydraten in voller Ordnung ausgebildet vor.

### 5. Beispiel: Osmotischer Druck

Wenn das osmotische Gleichgewicht in der im Abschn. 1.2.6 beschriebenen Pfefferschen Anordnung erreicht ist, herrscht über dem reinen Lösungsmittel der Atmosphärendruck p und über der Lösung der um den osmotischen Druck $\pi$ vermehrte Druck $p + \pi$. Da die chemischen Potentiale als partielle molare freie Enthalpien nicht nur von den Molzahlen $n_i$ sondern auch vom Druck abhängen, hat man die Gl. (5.111) entsprechende Gleichgewichtsbedingung in diesem Falle in der Form

$$\mu_{1,fl}^{0}(p) = \mu_{1,L}(p + \pi) \qquad (5.135)$$

zu schreiben. Dabei ist zu beachten, daß sowohl der Standard-Wert des chemischen Potentials

$\mu_{1,fl}^{0}$ als auch die thermodynamische Aktivität $a_1$ des Lösungsmittels in der Lösung vom Druck abhängig ist. Deshalb ist die ausführliche Darstellung von Gl. (5.135) durch die Beziehung

$$\mu_{1,fl}^{0}(p) = \mu_{1,fl}^{0}(p) + \int_{p}^{p+\pi} \left( \frac{\partial \mu_{1,fl}^{0}}{\partial p} \right)_T dp$$
$$+ RT \ln a_1(p)$$
$$+ RT \int_{p}^{p+\pi} \left( \frac{\partial \ln a_1}{\partial p} \right)_T dp$$

gegeben. Da der erste Term auf der rechten Seite dieser Gleichung mit dem einzigen Term auf der linken Seite übereinstimmt, erhält man zunächst durch Auflösen nach $RT \ln a_1(p)$

$$RT \ln a_1(p) = - \int_{p}^{p+\pi} \left( \frac{\partial \mu_{1,fl}^{0}}{\partial p} \right)_T dp$$
$$- RT \int_{p}^{p+\pi} \left( \frac{\partial \ln a_1}{\partial p} \right)_T dp \, .$$
$$(5.136)$$

Nach Gl. (5.109) ist nun $RT \ln a_1 = \mu_{1,fl} - \mu_{1,fl}^{0}$, also

$$RT \left( \frac{\partial \ln a_1}{\partial p} \right)_T = \left( \frac{\partial \mu_{1,fl}}{\partial p} \right)_T - \left( \frac{\partial \mu_{1,fl}^{0}}{\partial p} \right)_T .$$

Durch Einsetzen dieser Beziehung in Gl. (5.136) ergibt sich

$$RT \ln a_1(p) = - \int_{p}^{p+\pi} \left( \frac{\partial \mu_{1,fl}}{\partial p} \right)_T dp \, . \qquad (5.137)$$

Da die Gibbssche freie Enthalpie g durch die Gleichung

$$g = h - Ts \qquad (5.138)$$

definiert ist, gilt zunächst allgemein

$$dg = dh - Tds - sdT \, . \qquad (5.139)$$

Mit $dq_{rev} = Tds$ folgt aus Gl. (5.34) die Beziehung

$$dh = Tds + vdp \, , \qquad (5.140)$$

sodaß durch Einsetzen in Gl. (5.139) der Ausdruck

$$dg = - sdT + vdp \qquad (5.141)$$

erhalten wird.

Durch Koeffizientenvergleich mit

$$dg = \left(\frac{\partial g}{\partial T}\right)_p dT + \left(\frac{\partial g}{\partial p}\right)_T dp \qquad (5.142)$$

erhält man hieraus die Beziehungen

$$\left(\frac{\partial g}{\partial T}\right)_p = -s \qquad (5.143)$$

und

$$\left(\frac{\partial g}{\partial p}\right)_T = v . \qquad (5.144)$$

Nach Gl. (5.107) ist das chemische Potential $\mu_i$ durch

$$\mu_i = \left(\frac{\partial g}{\partial n_i}\right)_{T,p}$$

definiert. Um zu der in Gl. (5.137) einzusetzenden partiellen Ableitung $\left(\frac{\partial \mu_{1,fl}}{\partial p}\right)_T$ zu gelangen, hat man demnach Gl. (5.144) nach der Molzahl $n_i$ zu differenzieren, d.h. es gilt

$$\left(\frac{\partial \mu_i}{\partial p}\right)_T = \frac{\partial}{\partial n_i}\left(\frac{\partial g}{\partial p}\right)_T$$

$$= \left(\frac{\partial v}{\partial n_i}\right)_T = \bar{V}_i . \qquad (5.145)$$

$\bar{V}_i$ ist das *partielle molare Volumen* der i-ten Komponente einer Mischung. Der Begriff der partiellen molaren Zustandsgrößen ist also nicht auf das chemische Potential bzw. die freie molare Enthalpie beschränkt. Für $\left(\frac{\partial \mu_{1,fl}}{\partial p}\right)_T$ hat man in Gl. (5.137) also das partielle molare Volumen $\bar{V}_1$ des Lösungsmittels einzusetzen, so daß Gl. (5.137) in der Form

$$RT \ln a_1(p) = - \int_p^{p+\pi} \bar{V}_1 \, dp \qquad (5.146)$$

geschrieben werden kann. Wegen der geringen Kompressibilität von Flüssigkeiten kann man $\bar{V}_1$ in erster Näherung als druckunabhängig ansehen. Mit dieser Vereinfachung läßt sich Gl. (5.146) durch die Beziehung

$$RT \ln a_1(p) = - \bar{V}_1 \pi \qquad (5.147)$$

darstellen. Bei hinreichender Verdünnung kann die Aktivität $a_1$ des Lösungsmittels durch den Molenbruch $x_1$ bzw. durch $1 - x_2$ ersetzt werden.

Mit der für $x_2 \ll 1$ geltenden Näherungsformel

$$\ln(1 - x_2) \simeq - x_2$$

gelangt man so zu dem Ausdruck

$$- RTx_2 = - \bar{V}_1 \pi . \qquad (5.148)$$

Beachtet man nun noch, daß in ideal verdünnter Lösung das partielle molare Volumen $\bar{V}_1$ des Lösungsmittels durch das Molvolumen $V_1$ des reinen Lösungsmittels ersetzt werden darf, so erhält man die Gleichung

$$\pi_{id} = \frac{RT}{V_1} x_2 . \qquad (5.149)$$

Der osmotische Druck einer (ideal) verdünnten Lösung ist demnach dem Molenbruch des Gelösten proportional und von dessen chemischer Natur unabhängig; er gehört also zu den kolligativen Eigenschaften eines Systems.

Mit der Näherung $x_2 \simeq n_2/n_1$ und mit $v \simeq n_1 V_1$ erhält man schließlich

$$\pi_{id} \cdot v = n_2 \cdot RT \qquad (5.150)$$

oder

$$\pi_{id} = c_2 \cdot RT . \qquad (5.151)$$

Das ist die bereits von van't Hoff gefundene und im Abschn. 1.2.6 angegebene Beziehung.

### Partielle molare Zustandsgrößen

Zur quantitativen Beschreibung der Entropie idealer Mischungen ist im Abschn. 5.2.1 die partielle molare Entropie $S_i$ eingeführt worden. Nach den Gleichungen (5.82) und (5.84) gilt für eine ideale Mischung

$$s_M = \sum_i n_i(S_i^0 - R \ln x_i)$$

$$= \sum_i n_i S_i^0 - \sum_i n_i R \ln x_i .$$

Durch partielles Differenzieren nach $n_j$ erhält man zunächst

$$\left(\frac{\partial s_M}{\partial n_j}\right)_{T,p,n_{i \neq j}} = S_j^0 - R \ln x_j$$

$$- R \sum_i n_i \frac{\partial \ln x_i}{\partial n_j}$$

oder

$$\left(\frac{\partial s_M}{\partial n_j}\right)_{T,s,n_{i\neq j}} = S_j^0 - R \ln x_j - R n_j \frac{\partial \ln x_j}{\partial n_j}$$

$$- R \sum_{k\neq j} n_k \frac{\partial \ln x_k}{\partial n_j} \; .$$

Differenzieren ergibt

$$\left(\frac{\partial s_M}{\partial n_j}\right)_{T,p,n_{i\neq j}} = S_j^0 - R \ln x_j$$

$$- R(1 - x_j) + R(1 - x_j) \, ,$$

d.h. $\left(\dfrac{\partial s_M}{\partial n_j}\right)_{T,p,n_{i\neq j}} = S_j^0 - R \ln x_j = \bar{S}_j \, .$

$$(5.152)$$

Damit ist gezeigt, daß die partiellen molaren Entropien $\bar{S}_i$ nur von den Molenbrüchen $x_i$ und nicht von der Gesamtmenge der Mischung abhängen. Diese bestätigt die im Abschn. 5.2.1 getroffene Feststellung, daß die partielle molare Entropie eine intensive Zustandsgröße ist.

Die Relation $\left(\dfrac{\partial s}{\partial n_i}\right)_{T,p,n_{j\neq i}} = \bar{S}_i$ stellt die Anwendung einer für alle extensiven Zustandsgrößen y geltenden Definition der *partiellen molaren Zustandsgröße* $\bar{Y}_i$ dar.

Allgemein gilt

$$\left(\frac{\partial y}{\partial n_i}\right)_{T,p,n_{j\neq i}} = \bar{Y}_i \, . \qquad (5.153)$$

Auch das chemische Potential $\mu_i = \bar{G}_i$ und das in Gl. (5.145) eingesetzte partielle Molvolumen $\bar{V}_i$ sind partielle molare Zustandsgrößen, die man durch partielles Differenzieren von g bzw. v nach der Molzahl der i-ten Komponente erhält. Für konstanten Druck und konstante Temperatur läßt sich das Differential $(dy)_{T,p}$ einer extensiven Zustandsfunktion also durch

$$(dy)_{T,p} = \sum_i \bar{Y}_i \, dn_i \qquad (5.154)$$

darstellen. Zur Herleitung des allgemein für reale Mischungen geltenden Zusammenhanges zwischen der Zustandsfunktion y und den Molzahlen $n_i$ sei zunächst ein begrenztes Teilsystem („t") mit dem Wert $y_t$ der Funktion y und den Molzahlen

$n_{it}$ betrachtet. Die Gesamt-Zunahme von y bei Erweiterung des Teilsystems auf das gesamte System unter Konstanthaltung aller $\bar{Y}_i$ und $x_i$ erhält man dann durch Integrieren von Gl. (5.154) gemäß

$$\int_{y_t}^{y} (dy)_{p,T} = \sum_i \bar{Y}_i \int_{n_{it}}^{n} dn_i$$

zu

$$(y - y_t)_{p,T} = \sum_i \bar{Y}_i (n_i - n_{it}) \, . \qquad (5.155)$$

Macht man nun das Ausgangssystem so klein, daß $y_t$ und alle $n_{it}$ gegen Null tendieren, so geht Gl. (5.155) in die gesuchte integrierte Beziehung

$$y_{p,T} = \sum_i \bar{Y}_i n_i \qquad (5.156)$$

für das Gesamtsystem über. Diese Gleichung entspricht in ihrem Aufbau derjenigen, die für eine ideale Mischphase gilt. Die partiellen molaren Zustandsgrößen sind an die Stelle der molaren Größen getreten.

*Beispiel.* Für ein reales Zweikomponentengemisch gilt

$$v_{p,T} = \bar{V}_1 n_1 + \bar{V}_2 n_2 \, . \qquad (5.157)$$

Weitere oft gebrauchte partielle molare Zustandsgrößen sind die partielle Molwärme

$$\bar{C}_{pi} = \left(\frac{\partial c_p}{\partial n_i}\right)_{p,T,n_{j\neq i}} \qquad (5.158)$$

und die partielle molare Enthalpie

$$\bar{H}_i = \left(\frac{\partial h}{\partial n_i}\right)_{p,T,n_{j\neq i}} \qquad (5.159)$$

Für die Enthalpie einer realen Mischung gilt also

$$h_{p,T} = \sum_i \bar{H}_i n_i \, . \qquad (5.160)$$

Strenggenommen hätte man demnach bei Berücksichtigung der Konzentrationsabhängigkeit von h (p, T) auch in Gl. (5.90) und in alle daraus abgeleiteten Beziehungen die $\bar{H}_i$ anstelle der molaren Enthalpien $H_i$ einsetzen müssen. Im Interesse einer möglichst einfachen Darstellung der grundlegenden Gesetzmäßigkeiten wurde jedoch auf eine besondere Hervorhebung dieses Umstandes durch besondere Symbole verzichtet.

### Thermodynamische Behandlung der Grenzflächenerscheinungen

Mit dem in Abschn. 5.2 erläuterten Formalismus der thermischen und kalorischen Zustandsgrößen lassen sich auch die wichtigsten Gesetze der Grenzflächenerscheinungen in einfacher Weise quantitativ beschreiben. Eine phänomenologische Definition der Grenzflächenspannung ist bereits im Abschn. 2.3.5 gegeben und im Zusammenhang mit der Adsorption oberflächenaktiver Moleküle im Abschnitt 3.1.2 diskutiert worden. Es ist zweckmäßig, die Grenzflächenphase als ein gesondertes, mit den angrenzenden Volumenphasen im Gleichgewicht stehendes thermodynamisches System zu betrachten. Dabei ist die räumliche Begrenzung dieses zusätzlichen Systems so zu bemessen, daß die angrenzenden Volumenphasen ohne Berücksichtigung der spezifischen Grenzflächeneffekte beschrieben werden können. Wegen der geringen Eindringtiefe der Grenzflächeneffekte wird es sich bei der Grenzflächenphase in der Regel nur um eine Schicht von wenigen Moleküllagen handeln. Zur vollständigen thermodynamischen Beschreibung der miteinander im Gleichgewicht stehenden Systeme bzw. Phasen empfiehlt sich die Verwendung eines verallgemeinerten Ansatzes für das totale Differential der freien Enthalpie, dessen Gültigkeit nicht auf abgeschlossene Systeme ohne chemische Reaktionen beschränkt ist. Bisher sind fast ausschließlich chemische Gleichgewichte und Phasengleichgewichte bei konstantem Druck und konstanter Temperatur oder Zustandsänderungen abgeschlossener homogener Systeme bei konstanter stofflicher Zusammensetzung diskutiert worden. Die Grundlage für die thermodynamische Beschreibung der bei konstantem Druck und konstanter Temperatur eingestellten Stoffumsatz-Gleichgewichte bildete die aus der Definition des chemischen Potentials Gl. (5.107) und der Gleichgewichtsbedingung dg = 0 nach dem Ansatz

$$dg = \sum_{i=1}^{k} \mu_i dn_i \qquad (5.161)$$

resultierende Gl. (5.111). Die Beschreibung der

Zustandsänderungen bei konstanter stofflicher Zusammensetzung läßt sich dagegen auf die bereits angegebene Gleichung

$$dg = -s\,dT + v\,dp \qquad (5.141)$$

zurückführen.

Dementsprechend erhält man dg für den allgemeinen Fall (dt $\neq$ 0, dp $\neq$ 0, dn$_i$ $\neq$ 0) durch Zusammenfassung der rechten Seiten von Gl. (5.141) und Gl. (5.161) zu

$$dg = -sdT + vdp + \sum_{i=1}^{k} \mu_i dn_i . \qquad (5.162)$$

Gleichung (5.162) wird als die *verallgemeinerte Gibbsche Fundamentalgleichung* bezeichnet; sie faßt die Aussagen des ersten und zweiten Hauptsatzes für offene homogene Systeme mit und ohne chemische Reaktionen zusammen und bildet den Ausgangspunkt für die Beschreibung der mit stofflichen Umsetzungen gekoppelten Zustandsänderungen, wie sie sich z. B. aus der Anreicherung einer oberflächenaktiven Substanz in der Grenzfläche zwischen einer Flüssigkeit und ihrem Dampf ergeben können. Für konstante Werte von T und p erhält man durch Integrieren von Gl. (5.162) analog Gl. (5.156) die Beziehung

$$g = \sum_{i=1}^{k} \mu_i n_i . \qquad (5.163)$$

Zur Kennzeichnung des hier zu beschreibenden Grenzflächensystems sollen die thermodynamischen Parameter dieses Systems mit dem Index s (Abkürzung für „surface") versehen werden. Betrachtet man das Grenzflächensystem zunächst bei konstanten Molzahlen $n_{si}$, so hat man nach Gl. (5.87) mit $dq_{rev} = T_s ds_s$ zur vollständigen thermodynamischen Charakterisierung unter Berücksichtigung der Oberfläche $A_s$ der Grenzflächenphase den Term $\gamma dA_s$ der Grenzflächenarbeit als $dw_{rev}$ einzusetzen, d.h. es gilt

$$T_s ds_s = du_s + p_s dv_s - \gamma dA_s;$$
$$(n_{si} = const) . \qquad (5.164)$$

Nach der Definitionsgleichung der freien Enthalpie Gl. (5.103) gilt bei Beachtung von Gl. (5.23) außerdem

$$g_s = u_s - T_s s_s + p_s v_s . \qquad (5.165)$$

Durch vollständiges Differenzieren von Gl. (5.165) und Einsetzen von $T_s ds_s$ nach Gl. (5.164) erhält man

$$dg_s = -s_s dT_s + v_s dp_s + \gamma dA_s;$$

$$(n_{si} = const) \,. \tag{5.166}$$

Hebt man die Beschränkung auf eine konstante stoffliche Zusammensetzung auf, so werden die Veränderungen der Molzahlen $n_{si}$ durch Ergänzung von Gl. (5.166) mit dem Term $\sum_{i=1}^{m} \mu_{si} dn_{si}$ erfaßt:

$$dg_s = -s_s dT_s + v_s dp_s + \gamma dA_s$$

$$+ \sum_{i=1}^{k} \mu_{si} dn_{si} \,. \tag{5.167}$$

$n_{s1}, \ldots, n_{sk}$ sind die Molzahlen der in der Grenzflächenphase vorkommenden Verbindungen und $\mu_{s1}, \ldots, \mu_{sk}$ sind die zugehörigen chemischen Potentiale.

Bei eingestelltem thermodynamischen Gleichgewicht zwischen Volumenphase und Grenzflächenphase müssen die intensiven Zustandsgrößen beider Phasen einander gleich sein, d.h. es gilt

$$T_s = T, \; p_s = p, \; \mu_{si} = \mu_i \,. \tag{5.168}$$

Daraus folgt nach Gl. (5.167)

$$dg_s = -s dT + v_s dp + \gamma dA_s$$

$$+ \sum_{i=1}^{k} \mu_i dn_{si} \,. \tag{5.169}$$

Aus Gl. (5.169) ergibt sich als *thermodynamische Definition der Grenzflächenspannung* die Beziehung

$$\gamma = \left( \frac{\partial g_s}{\partial A_s} \right)_{T, p, n_{si}} \,. \tag{5.170}$$

Die Grenzflächenspannung $\gamma$ kann auch hier in der Dimension $J/m^2$ angegeben werden. Im Gleichgewicht haben die Oberfläche des Grenzflächensystems und die freie Enthalpie $g_s$ ein Minimum. Bei einer kleinen Abweichung vom Gleichgewichtszustand führen unter konstanten p, T und $n_{si}$ Änderungen $\delta g_s < O$ und $\delta A_s < 0$ auf den Gleichgewichtszustand zurück, so daß bei eingestelltem Gleichgewicht nach Gl. (5.170) stets $\gamma > 0$ sein muß.

Analog zur Integration der verallgemeinerten Gibbsschen Fundamentalgleichung für die Volumenphase erhält man für die Grenzflächenphase die Beziehung

$$g_s = \gamma A_s + \sum_{i=1}^{k} \mu_i n_{si} \,. \tag{5.171}$$

Für den Zusammenhang zwischen der Grenzflächenspannung $\gamma$ und der Konzentration gelöster bzw. in der Grenzflächenphase angereicherter Substanzen läßt sich eine einfache Beziehung herleiten, wenn man sich auf eine flüssige Mischung von zwei Komponenten 1 und 2 beschränkt. Für die Volumenphase einer derartigen Mischung, die z.B. aus Wasser (1) und einer oberflächenaktiven Verbindung (2) bestehen kann, lauten die Gln. (5.162) und (5.163)

$$dg = -s dT + v dp + \mu_1 dn_1 + \mu_2 dn_2 \tag{5.172}$$

und

$$g = \mu_1 n_1 + \mu_2 n_2 \,. \tag{5.173}$$

Für das Differential dg ergibt sich aus Gl. (5.173) die Beziehung

$$dg = \mu_1 dn_1 + n_1 d\mu_1$$

$$+ \mu_2 dn_2 + n_2 d\mu_2 \,, \tag{5.174}$$

und aus dem Vergleich mit Gl. (5.172) folgt, daß

$$-s dT + v dp - n_1 d\mu_1 - n_2 d\mu_2 = 0 \tag{5.175}$$

gelten muß. Speziell für konstante Temperatur $(dT = 0)$ und konstanten Druck $(dp = 0)$ gilt also

$$n_1 d\mu_1 + n_2 d\mu_2 = 0;$$

$$(T = const, \, p = const) \,. \tag{5.176}$$

Für die Grenzflächenphase lauten die Gl. (5.169) und Gl. (5.171) entsprechenden Gleichungen

$$dg_s = -s_s dT + v_s dp + \mu_1 dn_{s1}$$

$$+ \mu_2 dn_{s2} + \gamma dA \tag{5.177}$$

und

$$g_s = \mu_1 n_{s1} + \mu_2 n_{s2} + \gamma A_s \,. \tag{5.178}$$

Durch vollständiges Differenzieren von Gl. (5.178)

erhält man für $dg_s$ den Ausdruck

$$dg_s = \mu_1 dn_{s1} + n_{s1} d\mu_1 + \mu_2 dn_{s2}$$
$$+ n_{s2} d\mu_2 + \gamma dA_s + A_s d\gamma \qquad (5.179)$$

und durch den Vergleich mit Gl. (5.177)

$$- s_s dT + v_s dp - n_{s1} d\mu_1$$
$$- n_{s2} d\mu_2 - A_s d\gamma = 0 \qquad (5.180)$$

bzw.

$$A_s d\gamma = n_{s1} d\mu_1 - n_{s2} d\mu_2;$$
$$(T = const, p = const) . \qquad (5.181)$$

Führt man nun *Oberflächenkonzentrationen*

$$\Gamma_1 = n_{s1}/A_s \quad bzw. \quad \Gamma_2 = n_{s2}/A_s \qquad (5.182)$$

ein, so ergibt sich aus Gl. (5.181)

$$d\gamma = - \Gamma_1 d\mu_2 - \Gamma_2 d\mu_2;$$
$$(T = const, p = const) . \qquad (5.183)$$

Bei Verwendung eines verallgemeinerten Ansatzes für k Komponenten erhält man entsprechend

$$d\gamma = \sum \Gamma_i d\mu_i;$$
$$(T = const, p = const) . \qquad (5.184)$$

Diese Gleichung beschreibt den Effekt einer isothermen Adsorption an der Grenzfläche einer Mischung; sie wird als *Gibbssche Adsorptionsisotherme* bezeichnet.

Eine für die Diskussion von Meßergebnissen geeignete Beziehung ergibt sich aus Gl. (5.183) und Gl. (5.114) unter Beachtung von Gl. (5.176). Schreibt man Gl. (5.176) mit $n_2/n_1 = c_2/c_1$ in der Form

$$d\mu_1 = - \frac{c_2}{c_1} d\mu_2 \qquad (5.185)$$

und beachtet, daß für verdünnte Lösungen nach Gl. (5.114)

$$d\mu_2 = RTd \ln c_2 = \frac{RT}{c_2} dc_2 \qquad (5.186)$$

gesetzt werden darf, so erhält man durch Einsetzen in Gl. (5.183) und einfache Umformung die

wichtige Beziehung

$$\frac{d\gamma}{dc_2} = - \frac{RT}{c_2} \left( \Gamma_2 - \frac{c_2}{c_1} \Gamma_1 \right) . \qquad (5.187)$$

Der Klammerausdruck auf der rechten Seite von Gl. (5.187) wird als *Oberflächenüberschuß* bezeichnet. Diese Größe ist unter den genannten Voraussetzungen unabhängig von der gewählten Abgrenzung des Oberflächensystems.

Ist die Substanz 2 eine oberflächenaktive Verbindung, so wird sie sich in der Grenzflächenphase anreichern, so daß

$$\Gamma_2 > \frac{c_2}{c_1} \Gamma_1 \qquad (5.188)$$

gilt. Dies hat nach Gl. (5.187) eine Erniedrigung der Oberflächenspannung $\gamma$ mit steigendem Wert von $c_2$ zur Folge. Ohne Anreicherung einer Komponente in der Grenzflächenphase würde $\Gamma_2/\Gamma_1 = c_2/c_1$ gelten, d.h. der Oberflächenüberschuß wäre gleich Null (d.h. $d\gamma/dc_2 = 0$). Der Oberflächenüberschuß kann auch negative Werte annehmen, wie dies z.B. bei wäßrigen NaCl-Lösungen der Fall ist; dann bewirkt eine Erhöhung von $c_2$ eine Zunahme der Oberflächenspannung.

Eine getrennte Berechnung von $\Gamma_2$ und $\Gamma_1$ ist im allgemeinen nur möglich, wenn zusätzliche Angaben über die molekularen Abmessungen und die „Packung" der oberflächenaktiven Moleküle in der Oberflächenzone vorliegen. Eine genauere Charakterisierung geeigneter Modellsysteme mit den im Abschn. 3.1.2 beschriebenen Methoden hat gezeigt, daß in der Grenzflächenphase adsorbierte amphiphile Moleküle in Form einer Monoschicht mit mehr oder weniger ausgeprägter Orientierung der Moleküllängsachsen senkrecht zur Lösungsoberfläche in der Grenzfläche angeordnet sind. Bei stark oberflächenaktiven Substanzen ist die Lösungsoberfläche also überwiegend mit amphiphilen Molekülen bedeckt, so daß $\Gamma_2$ wesentlich größer als $\Gamma_1$ ist. Außerdem ist wegen der geringen Löslichkeit der oberflächenaktiven Moleküle auch $c_2/c_1 \ll 1$. Daraus folgt, daß der Term $\Gamma_1 c_2/c_1$ in Gl. (5.187) vernachlässigbar klein gegen $\Gamma_2$ ist. Für praktisch wichtige oberflächenaktive Substanzen gilt daher die Näherungsformel

$$\frac{d\gamma}{dc} = -\frac{RT\Gamma(c)}{c} \qquad (5.189)$$

mit $c_2 = c$ und $\Gamma_2 = \Gamma$.

Obwohl die Grenzflächenspannung biologischer Membranen kaum einer direkten Messung zugänglich ist, sind Grenzflächensysteme zwischen einer flüssigen und einer festen Phase oder zwischen zwei flüssigen Phasen für Untersuchungen im biologischen Bereich besonders wichtig. Die praktisch nicht durchführbare Messung der Grenzflächenspannung läßt sich umgehen, wenn man die Oberflächenkonzentration $\Gamma_2$ als Funktion der Konzentration $c_2$ bestimmt und $\gamma(c_2)$ über eine Integration der Gl. (5.189) berechnet.

Der bekannte Effekt einer Erniedrigung der Oberflächenspannung $\gamma$ mit steigender Konzentration $c$ einer gelösten oberflächenaktiven Komponente ist bereit im Jahre 1908 durch die von B. v. Szyszkowski angegebene empirische Beziehung

$$\pi = \gamma_0 - \gamma = RT\Gamma_\infty \ln(1 + Kc) \qquad (5.190)$$

mit den Konstanten K und $\Gamma_\infty$ beschrieben worden. $\pi$ ist der im Abschn. 3.1.2 definierte Spreitungsdruck. Durch Differentiation erhält man aus Gl. (5.190) unmittelbar

$$\frac{d\gamma}{dc} = -RT\Gamma_\infty \frac{K}{1 + Kc}$$

und durch Vergleich mit Gl. (5.189)

$$\Gamma(c) = \Gamma_\infty \frac{Kc}{1 + Kc} . \qquad (5.191)$$

Diese Gleichung beschreibt das Bindungsgleichgewicht eines Liganden an einer durch eine vorgegebene Maximalzahl von gleichwertigen Bindungsplätzen charakterisierten Grenzfläche. Das nach den Prinzipien des Massenwirkungsgesetzes zu behandelnde Adsorptionsgleichgewicht entspricht also dem Schema

freier Bindungsplatz + freier Ligand

$\rightleftharpoons$ belegter Bindungsplatz.

Bezeichnet man die Zahl der gebundenen Ligandenmoleküle bzw. der belegten Bindungsplätze

mit N und die Maximalzahl der verfügbaren Bindungsplätze mit $N_\infty$, so ist die Zahl der jeweils freien Bindungsplätze durch $N_\infty - N$ gegeben. Beachtet man außerdem, daß die Zahl der freien Ligandenmoleküle der Konzentration c proportional sein muß, so läßt sich das Massenwirkungsgesetz für das oben angegebene Bindungsgleichgewicht in der Form

$$\frac{N}{c(N_\infty - n)} = K \qquad (5.192)$$

darstellen. Führt man nun mit den Gleichungen

$$\Gamma = \frac{N}{N_L \cdot A_s} \quad \text{bzw.} \quad \Gamma_\infty = \frac{N_\infty}{N_L \cdot A_s} \qquad (5.193)$$

wieder die Oberflächenkonzentrationen ein, so ergibt sich aus Gl. (5.192) die Beziehung

$$\frac{\Gamma}{c(\Gamma_\infty - \Gamma)} = K , \qquad (5.194)$$

aus der man durch Auflösen nach $\Gamma$ die Gl. (5.191) erhält. Gleichung (5.191) entspricht in jeder Beziehung der im Zusammenhang mit dem Scatchard-Diagramm im Abschn. 4.2.6 diskutierten Bindungsisotherme für die nichtkooperative Bindung kleiner Liganden an Biopolymere; sie wurde von Langmuir 1916 theoretisch begründet und wird deshalb als Langmuirsche Adsorptionsisotherme bezeichnet. Der begrenzten Maximalzahl von Bindungsplätzen entspricht das in Abb. 5.13 skizzierte Sättigungsverhalten. Ähnliche Sättigungseffekte müssen auch bei der Diskussion der Substratbindung im Rahmen der Enzymkinetik in Betracht gezogen werden (vgl. Abschn. 5.3.2).

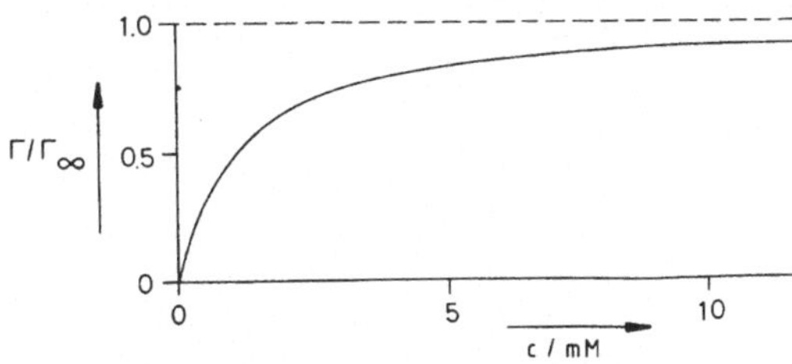

**Abb. 5.13** Konzentrationsverlauf der (normierten) Oberflächenkonzentration $\Gamma/\Gamma_\infty$ nach Gl. (5.191) für $K = 10^3 \, l \cdot mol^{-1}$

Die Membranlipide und zahlreiche Membranproteine sind stark oberflächenaktiv in bezug auf Wasser. Deshalb ist ihre Konzentration in der Volumenphase unmeßbar klein. Es empfiehlt sich daher, den Term Kc für stark oberflächenaktive Substanzen aus den Gln. (5.190) und (5.191) zu eliminieren, wodurch die Beziehung

$$\pi = \gamma_0 - \gamma = RT\,\Gamma_\infty \ln \frac{\Gamma_\infty}{\Gamma_\infty - \Gamma} \qquad (5.195)$$

erhalten wird. Für den Fall geringer Oberflächenkonzentrationen weit unterhalb der Sättigungskonzentration läßt sich der Logarithmus in Gl. (5.195) näherungsweise durch

$$\ln\left(1 + \frac{\Gamma}{\Gamma_\infty}\right) \simeq \frac{\Gamma}{\Gamma_\infty}$$

ausdrücken und Gl. (5.195) geht in die einfache Beziehung

$$\pi = \Gamma RT \qquad (5.196)$$

über. Die Gleichung stellt ein zweidimensionales Analogon zur Gl. (5.151) für die Konzentrationsabhängigkeit des osmotischen Druckes idealer Lösungen dar. Mit $\Gamma = n_s/A_s$ kann man Gl. (5.196) auch in der Form

$$\pi A_s = n_s RT \qquad (5.197)$$

schreiben. Die molare Oberfläche $A_s/n_s$ ist das zweidimensionale Analogon zum Molvolumen. Für Modellrechnungen bevorzugt man im allgemeinen die durch die Gleichung

$$a_s = \frac{A_s}{N_L n_s} \qquad (5.198)$$

definierte molekulare Oberfläche $a_s$. Mit $a_s$ und der Boltzmann-Konstante $k = R/N_L$ kann man Gl. (5.197) auch durch den Ausdruck

$$\pi = \frac{kT}{a_s} \qquad (5.199)$$

darstellen.

### *Grenzen der Gleichgewichtsthermodynamik*

In der Einleitung zum Abschn. 5.2.1 ist darauf hingewiesen worden, daß die Anwendung der thermodynamischen Betrachtungsweise auf Systeme mit extrem kleinen Teilchenzahlen nicht ohne weiteres zulässig ist. Alle meßbaren thermodynamischen Zustandsgrößen repräsentieren statistische Mittelwerte von Eigenschaften eines Vielteilchen-Systems. Die Schärfe thermodynamischer Aussagen hängt deshalb von der Anzahl der betrachteten Ereignisse oder Teilchen, über die gemittelt wird, ab. Nach einer für die gesamte Meßtechnik grundsätzlich wichtigen und in zahlreichen elementaren Abhandlungen über Fehlerrechnung erläuterten Beziehung erhält man den mittleren Fehler $\bar{m}$ des Mittelwertes einer Größe, indem man den mittleren Fehler m der n Einzelwerte durch $\sqrt{n}$ dividiert, d.h. es gilt

$$\bar{m} = \frac{m}{\sqrt{n}}. \qquad (5.200)$$

Nach dieser Gleichung hat man mit einer drastischen Zunahme des mittleren Fehlers $\bar{m}$ in der Mittelwertgröße zu rechnen, wenn n sehr kleine Werte annimmt. Bei pH 7 berechnet sich die Molzahl der $H^+$-Ionen in einem Lysosom mit dem Volumen von $4\cdot10^{-16}$ l zu $4\cdot10^{-23}$. Die Multiplikation mit der Avogadro-Zahl $6,02\cdot10^{23}$ ergibt also eine mittlere Gesamtzahl von nicht mehr als 24 $H^+$-Ionen. Die Angabe von m bedeutet hier die Unsicherheit der Aussage: „Das $H^+$-Ion ist im System vorhanden". In Gl. (5.200) hat man also für m den Wert 1 und für n die Zahl 24 einzusetzen. Damit resultiert eine mittlere Unsicherheit der Mittelwert-Angabe von $1/\sqrt{24} \simeq \pm 0,2$, d.h. 20%. Bei derart großen mittleren Fehlern von statistischen Mittelwerten scheint es unverständlich zu sein, daß zelluläre Systeme einwandfrei arbeiten und über Generationen weitgehend fehlerfrei reproduziert werden. Die einem hohen Informationsgehalt entsprechende funktionelle Ordnung des molekularen Systems in der Zelle kann daher nur durch den ordnenden Einfluß der spezifischen Wechselwirkung bestimmter Molekülgruppen der Biomoleküle zustandekommen. Bei der großen Zahl von Monomer-Bausteinen einer Polymergruppe kann die Ausbildung einer geordneten Überstruktur eine beträchtliche Entropieabnahme zur Folge haben.

Da lebende Systeme offene Systeme sind, ergibt sich aus den in diesem Abschnitt erläuterten Prinzipien der Gleichgewichtsthermodynamik und ihren Anwendungen auf reversible stoffliche Umsetzungen noch kein theoretisches Konzept zur quantitativen Beschreibung der Stoff- und Energieumsätze in lebenden Organismen. Jede Konzeption zur Entwicklung einer „Thermodynamik der Fließgleichgewichte" muß aber von den Gesetzen der thermodynamischen Gleichgewichtslehre ausgehen. Die Formalanalyse komplexer biochemischer Systeme mit den Methoden der klassischen Gleichgewichtsthermodynamik ist deshalb sinnvoll, obwohl alle Prozesse in der belebten Natur nicht „reibungslos" sondern mehr oder weniger irreversibel verlaufen.

### 5.2.3 Der Zusammenhang zwischen der freien Reaktionsenthalpie und der elektromotorischen Kraft einer galvanischen Kette

Von besonderer Bedeutung für das Verständnis zahlreicher biophysikalischer Phänomene ist die Tatsache, daß die durch Gl. (5.105) definierte molare freie Reaktionsenthalpie $\Delta_R G$ unter günstigen Bedingungen direkt in elektrische Arbeit umgesetzt werden kann und als solche prinzipiell meßbar ist. Mechanische und elektrische Arbeit sind äquivalente Energieformen, deren wechselseitige Umsetzung nicht den bei der Umwandlung von Wärme in Arbeit zu beachtenden Einschränkungen unterworfen ist. Deshalb sind die Wirkungsgrade der Elektromotoren bemerkenswert hoch; sie liegen im allgemeinen im Wertebereich von 50–80% und können in günstigen Fällen bis zu 85% betragen. Diese Wirkungsgrade sind also wesentlich höher als die Wirkungsgrade der Wärmekraftmaschinen. Ähnliches gilt für die Umsetzung mechanischer Arbeit in elektrische Energie in den Generatoren. Auch die lebenden Organismen nutzen die verhältnismäßig einfach durchzuführende und relativ verlustarme Umwandlung der beiden äquivalenten Energieformen und koppeln sie in hochentwickelten Funktionssystemen mit den Energieumsätzen biochemischer Prozesse. Das durch diese energetische Kopplung ermöglichte Zusammenwirken elektrischer, chemischer und mechanischer Effekte hat bereits in der Frühzeit der Erforschung elektrischer Erscheinungen eine wichtige Rolle gespielt.

Luigi Aloysius Galvani hat 1791 noch vor der Entwicklung der ersten chemischen Spannungsquellen durch Alessandro Volta Versuche zur elektromagnetischen Signalübertragung mit einer Funkenstrecke als Sender und dem Nerv eines Froschschenkels als Empfänger durchgeführt und die beobachteten Effekte mit der Annahme einer „animalischen Elektrizität" erklärt.

Nach den Grundgesetzen der Physik stellt die geleistete elektrische Arbeit das Produkt aus der wirksamen Spannung und der umgesetzten bzw. transportierten Ladung dar. Die elektrochemische Ladungseinheit ist das Faraday-Äquivalent

$$F = 96500 \text{ As mol}^{-1} \, .$$

Diese Ladungsmenge wird beim Umsatz von einem Mol einer einwertigen Ionensorte übertragen.

Werden bei einem Molumsatz z Ladungsäquivalente übertragen, so beträgt die gesamte umgesetzte Ladungsmenge zF Amperesekunden. Dem hypothetischen Grenzfall des reversiblen Prozesses entspricht der „vollkommene elektrochemische Wandler", in dem die „maximale Nutzarbeit" einer chemischen Reaktion verlustlos in elektrische Energie umgewandelt wird. Da die maximale Nutzarbeit einer exergonischen Reaktion durch $- \Delta_R G$ quantitativ vorgegeben ist, gilt für die reversible elektrochemische Energieumwandlung in einer *galvanischen Kette* die Beziehung

$$- \Delta_R G = z \cdot F \cdot E \, , \tag{5.201}$$

in der E die an der Kette meßbare Gleichgewichts-Zellspannung (*Elektromotorische Kraft*, EMK) darstellt.

Ein Beispiel für eine einfache experimentelle Anordnung, die den Erfordernissen einer weitgehend verlustlosen elektrochemischen Energieumwandlung genügt und die Messung der Gleichgewichts-EMK gestattet, ist in der Abb. 5.14 skizziert.

Die in Abb. 5.14 dargestellte Anordnung bezeichnet man als *Konzentrationskette*. Bei dieser besonders aufgebauten Kette steht in jeder der beiden Halbzellen das gleiche Elektrodenmetall Cu mit der Lösung des entsprechenden Kations (z. B. $CuSO_4$-Lösung) in Kontakt. Die Konzentra-

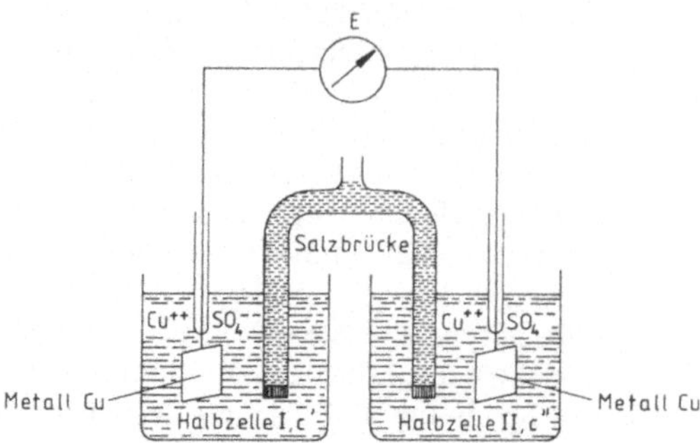



**Abb. 5.14** Schema einer Konzentrationskette

tionen c' und c" sind verschieden (c' > c"). Beide Halbzellen sind durch eine elektrolytisch leitende *Salzbrücke*, die eine konzentrierte Elektrolytlösung (z.B. KCl oder $NH_4NO_3$) enthält, miteinander verbunden. Diese Salzbrücke ist an ihren Enden durch poröse Filterglasplatten gegen die Elektrolytflüssigkeit der beiden Halbzellen abgegrenzt. Durch diese Anordnung wird der für die EMK-Messung unerläßliche Ladungstransport ermöglicht und die konvektive Vermischung der Zellinhalte beider Halbzellen verhindert. Außerdem läßt sich mit der Salzbrücke eine teilweise Unterdrückung der Diffusionspotentiale erreichen. Die Metallelektroden sind über gut leitende Drähte an ein hochohmiges Voltmeter angeschlossen. Mit dem Voltmeter kann die Zellspannung bei extrem niedriger Stromstärke gemessen werden. Da die Kupfersalzkonzentrationen in den beiden Halbzellen verschieden sind und ein direkter Konzentrationsausgleich über die Salzbrücke nicht möglich ist, führt die Verdünnungstendenz der konzentrierteren Lösung zu einer begrenzten Abscheidung von Cu-Atomen unter positiver Aufladung der Metallelektrode in der Halbzelle I, während in der Halbzelle II unter negativer Aufladung der Elektrode die Auflösung von $Cu^{2+}$-Ionen erfolgt. Damit kommt es zum Aufbau einer Zellspannung. Der Begriff *Gleichgewichts-Zellspannung* bezieht sich hier auf den stromlosen Zustand, in dem die EMK der Kette durch eine äußere Gegenspannung kompensiert oder ein Stromfluß durch einen extrem hohen Widerstand des Meßgerätes auf ein Minimum begrenzt wird. Die Konzentrationskette selbst befin-

det sich nicht in einem Gleichgewichtszustand. Das Bestreben des Systems zum spontanen Übergang in einen Zustand mit ausgeglichenen Konzentrationen ist vielmehr als die unmittelbare Ursache für das Zustandekommen der Zellspannung anzusehen. Wäre ein reversibler Ladungsausgleich über eine elektrisch leitende Verbindung zwischen den beiden Metallelektroden möglich, so hätte man für die bis zum Konzentrationsausgleich vom System zu leistende Nutzarbeit die nach Gl. (5.58) zu berechnende reversible isotherme Verdünnungsarbeit einzusetzen. Aus dieser Überlegung ergibt sich für die bei einem reversibel geführten Molumsatz von der Konzentrationskette geleistete maximale Nutzarbeit die Beziehung

$$- \Delta_R G = RT \ln \frac{c'}{c''}. \qquad (5.202)$$

Nach Gl. (5.201) ist die EMK dieser Kette somit durch

$$E = \frac{RT}{zF} \ln \frac{c'}{c''} \qquad (5.203)$$

gegeben (z = 2). Elektromotorische Kräfte, die sich aus Konzentrationsunterschieden von Ladungsträgern der gleichen Ionensorte ergeben, haben eine zentrale Bedeutung für die Erregung und Fortleitung von Signalen im Nervensystem.

In der nach dem Schema

$$Cu \,|\, Cu^{2+}, c' \,|\, Cu^{2+}, c'' \,|\, Cu$$

aufgebauten Konzentrationskette läuft bei leitender Verbindung der beiden Metallelektroden kein chemischer Vorgang im engeren Sinne ab; es findet lediglich ein Konzentrationsausgleich statt. Dagegen wird in dem nach dem Schema

$$Zn \,|\, Zn^{2+} \,|\, Cu^{2+} \,|\, Cu$$

aufgebauten Daniell-Element auch bei gleicher Konzentration der unterschiedlichen Metallionen in den beiden Halbzellen die Nutzarbeit einer chemischen Reaktion (Reduktion von $Cu^{2+}$-Ionen durch das weniger edle Metall Zink) zur Gewinnung elektrischer Energie ausgenutzt. Der $\Delta_R G$-Wert ist in diesem Falle nach Gl. (5.118) zu berechnen wobei ebenso wie bei dem oben betrachteten Beispiel der Konzentrationskette die

Einflüsse der interionischen Wechselwirkung vernachlässigt und die Aktivitäten der Ionen durch die entsprechenden Konzentrationen ersetzt worden sind.

Die Gleichung zur Berechnung der EMK läßt sich in diesem Falle in der Form

$$E = -\frac{\Delta_R G'}{zF} + \frac{RT}{zF} \ln \frac{c_{Cu^{2+}}}{c_{Zn^{2+}}} \qquad (5.204)$$

schreiben. Der zweite Term auf der rechten Seite von Gl. (5.204) entspricht dem Ausdruck auf der rechten Seite von. Gl. (5.203). Der Term $-\Delta_R G'/zF$ ist auf die Standardwerte der freien Enthalpie der Reaktionspartner und damit im Endeffekt auf deren unterschiedliche chemische Eigenschaften zurückzuführen; er wird nach den Konventionen der Elektrochemie in der Regel als eine Differenz von *Normalpotentialen* angegeben. Die elektromotorische Kraft einer galvanischen Kette stellt ein Maß für die größtmögliche Arbeitsfähigkeit eines Reaktionssystems, d.h. für die Triebkraft einer chemischen Reaktion dar.

### 5.2.4. Das elektrochemische Potential

Reale elektrische Ladungen sind stets an Materie gebunden. Bei dem Transport von Ladungen durch eine Phasengrenze wird zwangsläufig auch Materie unter Veränderung ihrer chemischen Umgebung transportiert. Es wird also bei dieser Ladungsübertragung nicht nur elektrische sondern auch chemische Arbeit geleistet. Deshalb ist es sinnvoll, zur Beschreibung elektrochemischer Gleichgewichte eine molare Zustandsgröße zu definieren, durch deren Änderung die Summe der chemischen und der elektrischen Arbeitsbeträge für einen Ladungsumsatz jeweils quantitativ erfaßt wird.

Der elektrische Zustand eines mehrphasigen Systems ist gekennzeichnet durch die im Inneren der verschiedenen Phasen eingestellten *elektrischen Potentiale*. Als Bezugspunkt für die elektrischen Potentiale wählt man das wechselwirkungsfreie Vakuum bzw. die unendlich weite Entfernung von anderen Körpern. Das auf diesen Nullpunkt bezogene elektrische Potential im Innern einer homogenen Phase wird als *Galvani-Potential* oder „inneres elektrisches Potential"

$\varphi$ bezeichnet. Diese Größe kann nicht experimentell bestimmt werden; sie ist aber theoretisch wohldefiniert und hat die Dimension einer elektrischen Spannung.

Für den Transport einer Ladungsmenge von zF Ladungseinheiten aus dem wechselwirkungsfreien Vakuum in das Innere einer Phase mit dem Galvani-Potential $\varphi$ wäre also die elektrische Arbeit $zF\varphi$ in Rechnung zu stellen. Da es aber keine reale Ladung gibt, die nicht an ein Ion oder an ein Elektron gebunden ist, muß bei diesem Transport auch Stoffübertragungsarbeit, d.h. chemische Arbeit geleistet werden. Der Betrag der chemischen Arbeit ist gleich der Änderung der freien Enthalpie g, die ein System erfährt, wenn man diesem ein Mol der Komponente i vom wechselwirkungsfreien Vakuum her hinzufügt. Diese Größe ist bereits durch Gl. (5.107) als das chemische Potential $\mu$ der Komponente i definiert worden. Unter Zusammenfassung des chemischen Arbeitsbetrages $\mu_i$ und des elektrischen Arbeitsbetrages $z_i F\varphi$ für Teilchen der Ladungszahl $z_i$ definiert man das *elektrochemische Potential* $\tilde{\mu}_i$ der Komponente i durch die Gleichung

$$\tilde{\mu}_i = \mu_i + z_i F\varphi \ . \qquad (5.205)$$

Die Zweckmäßigkeit dieser Definition soll an einem Beispiel demonstriert werden. Die Abb. 5.15 zeigt einen Trog, in dem zwei unterschiedlich konzentrierte NaCl-Lösungen durch eine Ionenaustauschermembran (vgl. Abschn. 2.3.4) getrennt

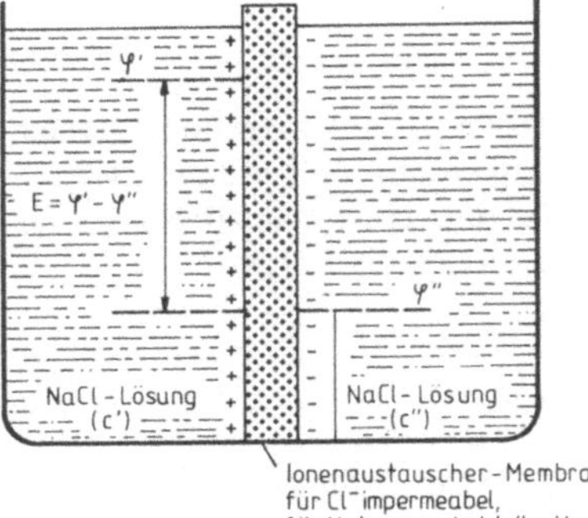


**Abb. 5.15** Einstellung des Ionengleichgewichtes an einer kationenselektiven Membran im Kontakt mit NaCl-Lösungen ungleicher Konzentration (c″ > c′)

sind. Die *ionenselektive* Membran sei für das Anion impermeabel, für das Kation permeabel.

Da die Konzentration $c''$ der $Na^+$-Ionen an der rechten Seite der Membran höher ist als die Konzentration $c'$ an der linken Membranseite, wandern zunächst $Na^+$-Ionen von der konzentrierteren in die verdünntere Lösung, wodurch die linke Seite positiv, die rechte Seite negativ aufgeladen wird. Die sich dabei einstellende Potentialdifferenz $E = \varphi' - \varphi''$ kann unter Verwendung geeigneter Ableitelektroden zweiter Art (vgl. Literaturhinweis im Anhang 2) potentiometrisch gemessen werden; sie verhindert den weiteren Übertritt von $Na^+$-Ionen in die verdünntere Lösung. Es stellt sich also an der Membran ein Ionengleichgewicht ein, bei dem die Potentialdifferenz $E$ der Ausgleichstendenz der Ionenkonzentrationen die Waage hält. Obwohl sich in dem hier betrachteten System ein echter Gleichgewichtszustand einstellt, hat die für elektrisch neutrale Teilchen geltende Gleichgewichtsbedingung $\mu_i' = \mu_i''$ in diesem Falle keine Gültigkeit. An ihre Stelle tritt hier die *elektrochemische Gleichgewichtsbedingung*

$$\tilde{\mu}_i' = \tilde{\mu}_i'' \ . \tag{5.206}$$

Wenn man das elektrochemische Potential der $Na^+$-Ionen mit $\tilde{\mu}_+$ bezeichnet, muß für das betrachtete System die Gleichung

$$\tilde{\mu}_+' = \tilde{\mu}_+'' \ , \tag{5.207}$$

die nach Gl. (5.205) auch in der Form

$$\mu_+' + F\varphi' = \mu_+'' + F\varphi'' \tag{5.208}$$

geschrieben werden kann,. gelten. Nach Einführung des für verdünnte Lösungen geltenden Ausdrucks für das chemische Potential Gl. (5.114) nimmt Gl. (5.208) die Form

$$\mu_+^{0'} + RT \ln c_+' + F\varphi'$$
$$= \mu_+^{0'} + RT \ln c_+'' + F\varphi'' \tag{5.209}$$

an. Der Standard-Term $\mu_+^{0'}$ hat für beide NaCl-Lösungen den gleichen Wert. Es gilt also

$$F(\varphi' - \varphi'') = RT \ln \frac{c_+''}{c_+'} \tag{5.210}$$

bzw. mit $\varphi' - \varphi'' = E$

$$E = \frac{RT}{F} \ln \frac{c_+''}{c_+'} \ . \tag{5.211}$$

In Verallgemeinerung von Gl. (5.211) gilt, wenn $z$ die Ladungszahl der von der Membran durchgelassenen Ionensorte ist:

$$E = \frac{RT}{zF} \ln \frac{c''}{c'} \ .. \tag{5.212}$$

Aus der elektrochemischen Gleichgewichtsbedingung Gl. (5.206) folgt also eine Beziehung, die weitgehend der bei der Besprechung der Konzentrationskette erläuterten Gl. (5.203) entspricht. Die Gl. (5.212) wird auch als „Nernst-Gleichung" bezeichnet. Die Gleichgewichtsspannung $E$ bezeichnet man als „Nernst-Potential" oder *Membran-Potential*. Das Membranpotential wird in V gemessen; dagegen hat das elektrochemische Potential $\tilde{\mu}_i$ die Dimension einer molaren Energiegröße. Membranpotentiale spielen nicht nur im neuromuskulären System, sondern auch bei wichtigen Syntheseprozessen und Regulationsvorgängen an biologischen Membranen eine entscheidende Rolle. Die Einführung des elektrochemischen Potentials $\tilde{\mu}_i$ ist nicht nur für die Charakterisierung elektrochemischer Gleichgewichte wichtig; sie ermöglicht auch eine präzise Definition des Begriffs *aktiver Transport* (vgl. Abschn. 2.2.4).

### 5.2.5 Der Gradient des elektrochemischen Potentials als schnell verfügbare Energiequelle für biochemische Synthesen und aktiven Transport

Wenn die elektrochemischen Potentiale $\tilde{\mu}_i$ einer Ionensorte auf den beiden Seiten einer Membran nicht den gleichen Wert haben, herrscht kein Gleichgewicht; das System ist „energetisch geladen". Da sich die Änderungen von Ionenkonzentrationen und Oberflächenladungen an biologischen Membranen unter günstigen Bedingungen sehr schnell einstellen, kann der an einer Biomembran eingestellte Gradient des elektrochemischen Potentials die Funktion eines Energie-Zwischenspeichers zur Deckung des Energiebedarfs schneller Reaktionen übernehmen. Die Aufladung dieses Speichers kann durch eine vorgeschaltete exergonische Reaktion erfolgen. Die Geschwindigkeit der Hydrolyse-Reaktion energiereicher Phosphate reicht zwar im allgemeinen aus, um eine hinreichend schnelle Energieversorgung der meisten endergonischen biochemischen Reaktionen zu gewährleisten. Es gibt jedoch verschiedene wichtige physiologische Prozesse, die nur ablaufen können, wenn die dabei umgesetzte Energie innerhalb einer extrem kurzen Reaktionszeit verfügbar gemacht oder gespeichert werden kann. Dies gilt z. B. für bestimmte Teilschritte der Photophosphorylierung in den Chloroplasten und der oxidativen Phosphorylierung in den Mitochondrien. Es gibt heute verschiedene experimentelle Hinweise darauf, daß ein Gradient des elektrochemischen Potentials bei diesen Vorgängen als zwischengeschaltete Energiequelle für die ATP-Synthese Verwendung findet. Diese Funktion eines Gradienten des elektrochemischen Potentials der $H^+$-Ionen entspricht dem Grundkonzept der 1961 von P. Mitchell postulierten *chemiosmotischen Hypothese.*

Bei der oxidativen Phosphorylierung wird die durch Oxidation von Substraten freigesetzte Energie in den Mitochondrien zur Synthese von ATP aus ADP und anorganischem Phosphat verwendet. Ein möglicher Zwischenschritt in der Reaktionsfolge wäre die Bildung einer anderen energiereichen chemischen Verbindung, die ihrerseits Energie auf das ADP/ATP-System übertragen könnte. Alle Versuche, ein derartiges energiereiches Zwischenprodukt zu isolieren, sind jedoch erfolglos geblieben. Deshalb hat Mitchell die Hypothese entwickelt, daß die Redoxenergie intermediär in Form eines Gradienten des elektrochemischen Potentials von $H^+$-Ionen über der inneren Mitochondrienmembran gespeichert wird. Diese Hypothese beruht auf der Tatsache, daß Redoxreaktionen oft mit einer Aufnahme bzw. Abgabe von Wasserstoffionen verbunden sind. Es gibt auch zahlreiche experimentelle Hinweise darauf, daß bei der Photophosphorylierung in den Chloroplasten $H^+$-Ionen über einen lichtgetriebenen Elektronentransportmechanismus in das Innere der Thylakoide (vgl. Abschn. 5.4) „hineingepumpt" werden. Ein Gradient des elektrochemischen Potentials von $H^+$-oder $Na^+$-Ionen kann grundsätzlich als Energiequelle für den „Bergauftransport" von Molekülen dienen. Die Tatsache, daß bioelektrochemische Effekte und die dabei wirksam werdenden Gradienten elektrochemischer Potentiale für die gesamte Physiologie von grundsätzlicher Bedeutung sind, ist aus allgemein bekannten Anwendungen im Bereich der Medizin (Elektrokardiogramm, Herzschrittmacher) zu schließen. Auch die räumliche Elektroortung der Fische bietet ein interessantes Beispiel für die Umsetzung biochemischer Energie zur Erzeugung elektrischer Signalspannungen.

### 5.2.6 Molekularstatistik und freie Energie, Zustandssummen

Moleküle können die ihnen zugeführte Energie grundsätzlich nur in Form diskreter Beträge (Quanten) aufnehmen und übertragen. Dies erkennt man besonders deutlich an der quantenhaften Anregung der atomaren und molekularen Elektronenzustände und an der Aufnahme diskreter Energiebeträge bei der Anregung der Schwingungs- und Rotationszustände von Molekülen. Das durch die Angabe bestimmter Quantenzahlen eindeutig festgelegte Termschema der molekularen Energiezustände bildet die Grundlage für die molekülspektroskopischen Methoden.

Auch die kinetische Energie der Translationsbewegung von Molekülschwerpunkten kann nach den Gesetzen der Quantentheorie nicht kontinuierlich variiert werden. Die Energiedifferenzen zwischen den dicht benachbarten Quantenniveaus der Translationsenergie eines Teilchens sind allerdings so gering, daß man in diesem Falle mit der Annahme einer quasi-kontinuierlichen Energieverteilung eine befriedigende theoretische Erklärung der meßbaren physikalischen Eigenschaften des Systems geben kann.

Die gesamte innere Energie eines abgeschlossenen molekularen Vielteilchenensembles ergibt sich als Mittelwert aus den Energiebeiträgen der verschiedenen Bewegungsformen sämtlicher Einzelmoleküle. Da die hier interessierenden Systeme aus einer sehr großen Zahl von Einzelteilchen aufgebaut sind, ist es jedoch nicht möglich, die makroskopischen Eigenschaften unmittelbar aus den einzeln ermittelten Beiträgen aller elementaren Bausteine zu berechnen. Ein Zusammenhang zwischen den individuellen Ortskoordinaten und Bewegungsgrößen der einzelnen Teilchen und den meßbaren thermodynamischen Zustandsgrößen des Systems läßt sich nur mit den Methoden der Wahrscheinlichkeitsrechnung und der Statistik herstellen. Aus der Vielzahl der erlaubten Energiezustände der einzelnen Moleküle ergibt sich eine große Mannigfaltigkeit möglicher Verteilungen einer vorgegebenen konstanten Gesamtenergie des Systems. Die „Umverteilung" der Energie und die Einstellung der wahrscheinlichsten Energieverteilung wird in einem realen System durch die zwischenmolekularen Wechselwirkungen ermöglicht. Einen Zustand der Materie, der durch eine mit den Eigenschften des Systems verträgliche und auf verschiedene Weisen realisierbare Verteilung beschrieben wird, nennt man *Makrozustand*. Die Worte *Mikrozustand* oder *Komplexion* bezeichnen dagegen eine der speziellen Realisierungsformen des Makrozustandes. Die Abzählung der Möglichkeiten zur Realisierung eines Makrozustandes durch verschiedene erlaubte Mikrozustände ergibt ein wichtiges Kriterium zur Beurteilung des molekularen Ordnungszustandes: Je geringer die Zahl dieser Realisierungsmöglichkeiten ist, desto größer ist die molekulare Ordnung des Systems.

Es läßt sich zeigen, daß von allen denkbaren Verteilungen nur eine Verteilung durch eine besonders große Wahrscheinlichkeit ausgezeichnet ist, während alle anderen, merklich davon abweichenden Verteilungen als wenig wahrscheinlich vernachlässigt werden können. Die Aufgabe der *statistischen Thermodynamik* besteht darin, diese wahrscheinlichste Verteilung zu ermitteln und durch Summieren bzw. Integrieren über diese Verteilung bestimmte, physikalisch meßbare Größen zu berechnen. Bei der Lösung dieser Aufgabe bereitet die genaue modellmäßige Erfassung der zwischenmolekularen Wechselwirkungen sehr große Schwierigkeiten. Ein einfaches Modellsystem, das es erlaubt, diese Schwierigkeiten wenigstens bei der Erläuterung elementarer molekularstatistischer Berechnungen zu vermeiden, ist das ideale Gas. In diesem idealisierten System ist die Wechselwirkung zwischen den Molekülen definitionsgemäß auf die für den Energieaustausch und die Einstellung der wahrscheinlichsten Verteilung unerläßlichen zwischenmolekularen Stöße beschränkt.

Bei der molekularstatistischen Behandlung dieses Modells muß zunächst die Frage nach der Zahl der verschiedenen Realisierungsmöglichkeiten einer vorgegebenen Verteilung der Gesamtenergie E auf die N Teilchen des Ensembles beantwortet werden. Jedes Teilchen soll in den Energiezuständen $\varepsilon_0, \varepsilon_1, \ldots, \varepsilon_i, \ldots$ existieren können. Eine Verteilung ist dabei durch die Angabe der Zahlen $N_0, N_1, \ldots, N_i, \ldots$ zu beschreiben. Die Angabe der Zahl $N_i$ besagt, daß sich $N_i$ Teilchen im Quantenzustand der Energie $\varepsilon_i$ befinden. Da die Gesamt-Teilchenzahl und die Gesamtenergie konstant sind, müssen alle Verteilungen den Nebenbedingungen

$$\sum_i N_i = N \tag{5.213}$$

und

$$\sum_i N_i \varepsilon_i = E \tag{5.214}$$

genügen. Sind die Teilchen numeriert, so sind sämtliche Realisierungsmöglichkeiten der Verteilung durch verschiedene Auswahl der dem Zustand $\varepsilon_i$ zuzuordnenden $N_i$ Teilchen zu erhalten. Die Zahl dieser Realisierungsmöglichkeiten nennt man das *statistische Gewicht G* der Verteilung; es ist nach den Gesetzen der Kombinatorik (vgl. Anhang 2, mathematische Lehr- und Hilfsbücher) durch

$$G = \frac{N!}{N_0! N_1! \ldots \ldots N_i! \ldots}  \tag{5.215}$$

gegeben.

Da die Zahlen $N_i$ und N sehr groß sind, kann zur Berechnung von $N_i!$ und $N!$ die Stirlingsche Näherungsformel in der abgekürzten Form

$$\ln N! \simeq N \ln N - N \tag{5.216}$$

benutzt werden.

Aus Gl. (5.215) erhält man damit die Beziehung

$$\ln G = N \ln N - N - \sum_i [N_i \ln N_i - N_i]$$

$$= N \ln N - N - \sum_i N_i \ln N_i + \sum_i N_i,$$

$$\tag{5.217}$$

die sich unter Beachtung von Gl. (5.213) zu

$$\ln G = N \ln N - \sum_i N_i \ln N_i \qquad (5.218)$$

vereinfachen läßt. Ändert man nun im Bereich der wahrscheinlichsten Verteilung mit dem statistischen Gewicht $G_{max}$ die Zahlen $N_i$ ein wenig um $\delta N_i$, so erhält man mit

$$\frac{\partial \ln G}{\partial N_i} = -(\ln N_i + 1)$$

und

$$\frac{\partial^2 \ln G}{\partial N_i^2} = -\frac{1}{N_i}$$

bei einer Reihenentwicklung nach Taylor und Abbruch nach dem quadratischen Glied

$$\ln G = \ln G_{max} - \sum_i (\ln N_i + 1)\,\delta N_i$$

$$- \frac{1}{2}\sum_i \frac{1}{N_i}(\delta N_i)^2 \, . \qquad (5.219)$$

Die $\delta N_i$ müssen den Nebenbedingungen (5.213) und (5.214) genügen. Das in $\delta N_i$ lineare Glied muß aber verschwinden, weil die Taylor-Reihe in unmittelbarer Umgebung des Maximums von G angesetzt worden ist. Ersetzt man in Gl. (5.219) noch die Abweichung $\delta N_i$ durch die relative Abweichung $\delta N_i/N_i$, so erhält man schließlich

$$\ln G = \ln G_{max} - \frac{1}{2}\sum_i N_i \left(\frac{\delta N_i}{N_i}\right)^2 \qquad (5.220)$$

oder

$$G = G_{max} \cdot e^{-\frac{1}{2}\sum_i \left(\frac{\delta N_i}{\sqrt{N_i}}\right)^2} \, . \qquad (5.221)$$

Aus Gl. (5.221) folgt, daß $\delta N_i$ höchstens von der Größenordnung $\sqrt{N_i}$ sein kann.

Wenn nämlich $e^{-\frac{1}{2}N_i \left(\frac{\delta N_i}{N_i}\right)^2} \simeq e^{-\frac{1}{2}} = 0{,}6$ wird, nimmt der e-Faktor in Gl. (5.221) beim Erstrecken der Summe über mehrere Energiezustände schon einen recht kleinen Wert an, so daß von allen möglichen Verteilungen nur solche übrigbleiben, deren relative Abweichung $\delta N_i/N_i$ vom wahrscheinlichsten Wert nicht wesentlich größer als $1/\sqrt{N_i}$ ist. Diese Abweichung fällt bei der Größe

von $N_i$ physikalisch nicht ins Gewicht. Es genügt daher, die wahrscheinlichste Verteilung zu berechnen. Nur bei extrem niedrigem Druck in Gasen oder in sehr kleinen Volumen-Bezirken kommt derartigen Abweichungen von der wahrscheinlichsten Verteilung als *Schwankungserscheinungen* eine gewisse Bedeutung zu.

*Die wahrscheinlichste Verteilung* mit dem statistischen Gewicht $G_{max}$ ergibt sich aus der Gleichung

$$\delta \ln G = \ln G - \ln G_{max}$$

$$= -\sum_i (\ln N_i + 1)\,\delta N_i \, , \qquad (5.222)$$

wobei die durch Gl. (5.219) dargestellte Taylor-Entwicklung jetzt nach dem in $\delta N_i$ linearen Glied abgebrochen worden ist. Nach Gl. (5.213) und Gl. (5.214) müssen die Variationen $\delta N_i$ den Nebenbedingungen

$$\sum_i \delta N_i = 0 \qquad (5.223)$$

und

$$\sum_i \varepsilon_i \delta N_i = 0 \qquad (5.224)$$

genügen. Die aus Gl. (5.222) resultierende Extremwertbedingung

$$-\sum_i (\ln N_i + 1)\delta N_i = 0 \qquad (5.225)$$

vereinfacht sich nach Gl. (5.223) zu

$$-\sum_i (\ln N_i)\,\delta N_i = 0 \, . \qquad (5.226)$$

Bei Zusammenfassung der Gln. (5.223), (5.224) und (5.226) in der Form

$$\sum_i \{ -\ln N_i + \lambda + \mu\varepsilon_i \}\delta N_i = 0 \qquad (5.227)$$

können die Nebenbedingungen (5.223) und (5.224) durch passende Wahl der Lagrangeschen Multiplikatoren $\lambda$ und $\mu$ berücksichtigt werden.

Die Gl. (5.227) gilt dann nur, wenn die Beziehung

$$-\ln N_i + \lambda + \mu\varepsilon_i = 0 \qquad (5.228)$$

für alle $N_i$ erfüllt ist. Aus dieser Gleichung folgt mit $e^\lambda = A$ für die wahrscheinlichste Verteilung die Bestimmungsgleichung der $N_i$ in der Form

$$N_i = e^{\lambda + \mu \varepsilon_i} = A \cdot e^{\mu \varepsilon_i}, \qquad (5.229)$$

wobei die Konstante A nach Gl. (5.213) durch

$$N = \sum_i N_i = A \sum_i e^{\mu \varepsilon_i} \qquad (5.230)$$

zu

$$A = \frac{N}{\sum_i e^{\mu \varepsilon_i}}, \qquad (5.231)$$

bestimmt ist. Damit läßt sich Gl. (5.230) in der Form

$$\frac{N_i}{N} = \frac{e^{\mu \varepsilon_i}}{\sum_i e^{\mu \varepsilon_i}} \qquad (5.232)$$

darstellen. Die physikalische Bedeutung des *Multiplikators* $\mu$ ergibt sich aus der Betrachtung eines gasförmigen Mehrkomponentensystems. Nach den Prinzipien der Wahrscheinlichkeitsrechnung muß man die jeweiligen statistischen Gewichte $^K G$ der verschiedenen Komponenten multiplizieren, um das für den Zustand der Mischung maßgebliche statistische Gewicht G zu erhalten. Schließt man die Möglichkeit einer chemischen Reaktion aus, so gilt also für eine Mischung aus $H_2$, $N_2$ und $NH_3$ zunächst die Gleichung

$$G = {}^{H_2}G \cdot {}^{N_2}G \cdot {}^{NH_3}G$$

$$= \frac{{}^{H_2}N!}{{}^{H_2}N_0! \ldots {}^{H_2}N_i! \ldots} \cdot \frac{{}^{N_2}N!}{{}^{N_2}N_0! \ldots {}^{N_2}N_i! \ldots}$$

$$\cdot \frac{{}^{NH_3}N!}{{}^{NH_3}N_0! \ldots {}^{NH_3}N_i! \ldots}, \qquad (5.233)$$

wobei die $^K G$ aus den $^K N_i$ analog Gl. (5.215) zu bilden sind.

Dabei sind die den Gln. (5.223) und (5.224) entsprechenden Nebenbedingungen

$$\sum_i \delta^{H_2}N_i = 0,$$

$$\sum_i \delta^{N_2}N_i = 0,$$

$$\sum_i \delta^{NH_3}N_i = 0 \qquad (5.234)$$

und

$$\sum_i {}^{H_2}\varepsilon_i \, \delta^{H_2}N_i + \sum_i {}^{N_2}\varepsilon_i \, \delta^{N_2}N_i$$

$$+ \sum_i {}^{NH_3}\varepsilon_i \, \delta^{NH_3}N_i = 0 \qquad (5.235)$$

zu beachten, da die Summen der Teilchen jeder Molekülsorte und die Gesamtenergie des Systems konstant sind. Wie bei der Aufstellung von Gl. (5.227) sind diese Nebenbedingungen durch Einführung von *Multiplikatoren* zu berücksichtigen. Dabei muß man wegen der drei unabhängigen Bedingungen (5.235) für das Mischsystem 3 Konstanten $^{H_2}\lambda$, $^{N_2}\lambda$ und $^{NH_3}\lambda$ einführen. Anstelle von Gl. (5.227) gelten also die Gleichungen

$$- \ln {}^{H_2}N_i + {}^{H_2}\lambda + \mu {}^{H_2}\varepsilon_i = 0$$

$$- \ln {}^{N_2}N_i + {}^{N_2}\lambda + \mu {}^{N_2}\varepsilon_i = 0 \qquad (5.236)$$

$$- \ln {}^{NH_3}N_i + {}^{NH_3}\lambda + \mu {}^{NH_3}\varepsilon_i = 0.$$

wenn die Extremwert-Bedingung $\delta \ln G = 0$ mit dem aus Gl. (5.233) abzuleitenden Ausdruck

$$\delta \ln G = - \sum_i (\ln {}^{H_2}N_i)\, \delta^{H_2}N_i$$

$$- \sum_i (\ln {}^{N_2}N_i)\, \delta^{N_2}N_i$$

$$- \sum_i (\ln {}^{NH_3}N_i)\, \delta^{NH_3}N_i \qquad (5.237)$$

unter Beachtung der Nebenbedingungen erfüllt sein soll. Der Multiplikator $\mu$ hat in allen drei Gln. (5.236) bei unterschiedlichen $^K\lambda$-Werten denselben Wert. In einer Mischung von Gasen, die vor der Vermischung verschiedene $\mu$-Werte besessen haben mögen, hat sich also mit dem Mischungsgleichgewicht ein einheitlicher $\mu$-Wert eingestellt. Diese Eigenschaft des Ausgleichs besitzt nur die Temperatur. Deshalb muß $\mu$ eine eindeutige Funktion der Temperatur T sein. Der Zusammenhang zwischen $\mu$ und T ergibt sich aus der durch Gl. (5.91) zu beschreibenden Temperaturabhängigkeit der Massenwirkungskonstanten

$$K_p = \frac{P_{H_2}^3 \cdot P_{N_2}}{P_{NH_3}^2} \qquad (5.238)$$

für das Gleichgewicht

$$2\,NH_3 \rightleftharpoons 3\,H_2 + N_2. \qquad (5.239)$$

Läßt man nämlich die Einstellung dieses Gleichgewichts unter Aufhebung der zunächst eingeführten Einschränkung zu, so ändern sich die Nebenbedingungen. Da jetzt nur noch die Gesamtzahlen der H-Atome und der N-Atome unveränderlich sind, hat man anstelle der Gl. (5.234) die der Stöchiometrie genügenden Bedingungen

$$2 \sum_i \delta^{H_2} N_i + 3 \sum_i \delta^{NH_3} N_i = 0 \qquad (5.240)$$

und

$$2 \sum_i \delta^{H_2} N_i + \sum_i \delta^{NH_3} N_i = 0$$

zu beachten. Die Gl. (5.235) gilt unverändert.

Bei insgesamt R Stickstoff-Atomen und S Wasserstoff-Atomen kann man auf

$$\frac{R!}{^{N_2}N! \, ^{N_2}N! \, ^{NH_3}N!}$$

verschiedene Arten die N-Atome herausgreifen, die als erstes oder zweites Stickstoff-Atom bei der Bildung von $N_2$-Molekülen oder zur Bildung der $NH_3$-Moleküle verwendet werden sollen. Ebenso lassen sich auf

$$\frac{S!}{^{H_2}N! \, ^{H_2}N! \, ^{NH_3}N! \, ^{NH_3}N! \, ^{NH_3}N!}$$

verschiedene Arten die H-Atome aussortieren, die in die $H_2$- oder $NH_3$-Moleküle eingebaut werden sollen. Da die „numerierten" Einzelatome hier als unterscheidbar angesehen werden, muß man nämlich die beiden Atome in einem $H_2$-oder $N_2$-Molekül unterscheiden.

Man kann nun die $^{N_2}N$ „linken" Stickstoff-Atome der $N_2$-Moleküle noch auf $^{N_2}N!$ Arten mit den „rechten" Stickstoff-Atomen zu Molekülen zusammenfassen. Entsprechendes gilt für die H-Atome der $H_2$-Moleküle.

Schließlich lassen sich auch die H-Atome der $NH_3$-Moleküle auf $(^{NH_3}N!)^3$ Arten in verschiedenen Ammoniak-Molekülen zusammenfassen. Deshalb muß bei Berücksichtigung des chemischen Gleichgewichts (5.239) in Gl. (5.233) ein zusätzlicher Faktor

$$k = \frac{R! \, ^{N_2}N!}{^{N_2}N! \, ^{N_2}N! \, ^{NH_3}N!} \cdot \frac{S! \, ^{H_2}N! (^{NH_3}N!)^3}{^{H_2}N! \, ^{H_2}N! (^{NH_3}N!)^3}$$

eingeführt werden, denn man kann $^{N_2}N$-Stickstoffmoleküle, $^{H_2}N$-Wasserstoffmoleküle und $^{NH_3}N$-Ammoniakmoleküle auf k verschiedene Weisen aus den Stickstoff- und Wasserstoff-Atomen aufbauen.

Man erhält somit an Stelle von Gl. (5.233) die Beziehung

$$G = \frac{R! \, S!}{^{H_2}N_0! \ldots \, ^{H_2}N_i! \ldots \, ^{N_2}N_0! \ldots \, ^{N_2}N_i! \ldots \, ^{NH_3}N_0! \ldots \, ^{NH_3}N_i!} \cdot \qquad (5.241)$$

Damit bleibt die Gl. (5.237) ungeändert, denn es ändert sich nur der Wert von $\ln G_{max}$, der in Gl. (5.237) entfällt. Die revidierten Nebenbedingungen (5.241) müssen mit nur zwei Multiplikatoren $^H\lambda$ und $^N\lambda$ in die Gl. (5.228) entsprechenden Extremwertbedingungen eingebracht werden. Man erhält also die Gleichungen

$$-\ln{}^{H_2}N_i + 2^H\lambda + \mu^{H_2}\varepsilon_i = 0$$
$$-\ln{}^{N_2}N_i + 2^N\lambda + \mu^{N_2}\varepsilon_i = 0 \qquad (5.242)$$
$$-\ln{}^{NH_3}N_i + 3^H\lambda + {}^N\lambda + \mu^{NH_3}\varepsilon_i = 0$$

und entsprechend Gl. (5.230) für die Gesamtzahlen aller $H_2$-, $N_2$- und $NH_3$-Moleküle

$$^{H_2}N = e^{2^H\lambda} \cdot \sum_i e^{\mu^{H_2}\varepsilon_i} = e^{2^H\lambda} \cdot Z^*_{H_2}$$
$$^{N_2}N = e^{2^N\lambda} \cdot \sum_i e^{\mu^{N_2}\varepsilon_i} = e^{2^N\lambda} \cdot Z^*_{N_2} \qquad (5.243)$$
$$^{NH_3}N = e^{3^H\lambda} \cdot e^{^N\lambda} \cdot \sum_i e^{\mu^{NH_3}\varepsilon_i}$$
$$= e^{3^H\lambda} \cdot e^{^N\lambda} \cdot Z^*_{NH_3} \, ,$$

wobei für die Summen $\sum_i e^{\mu\varepsilon_i}$ die als *Zustandssumme* $Z^*$ bezeichneten Abkürzungen eingeführt worden sind. Mit diesen Molekülzahlen läßt sich das Massenwirkungsgesetz für das Gleichgewicht (5.239) zunächst in der Form

$$\frac{(^{H_2}N)^3 \cdot {}^{N_2}N}{(^{NH_3}N)^2} = \frac{(Z^*_{H_2})^3 \cdot Z^*_{N_2}}{(Z^*_{NH_3})^2} = K_N \qquad (5.244)$$

darstellen. Dabei sind die Zustandssummen über alle erlaubten Molekülzustände zu erstrecken.

Zur Umrechnung auf Molzahlen muß man die Molekülzahlen und die Zustandssummen in Gl. (5.244) jeweils durch $N_L$ dividieren, wodurch

$$\frac{n_{H_2}^3 \cdot n_{N_2}}{n_{NH_3}^2} = \frac{(Z_{H_2}^*/N_L)^3 \cdot Z_{N_2}^*/N_L}{(Z_{NH_3}^*/N_L)^2} \qquad (5.245)$$

oder

$$\frac{(Z_{H_2}^*/n_{H_2}N_L)^3 \cdot Z_{N_2}^*/n_{N_2}N_L}{(Z_{NH_3}^*/n_{NH_3}N_L)^2} = 1 \qquad (5.246)$$

erhalten wird.

Mit den auf 1 Mol bezogenen Zustandssummen

$$Z_{H_2} = \frac{Z_{H_2}^*}{n_{H_2}}, \quad Z_{N_2} = \frac{Z_{N_2}^*}{n_{N_2}},$$

$$Z_{NH_3} = \frac{Z_{NH_3}^*}{n_{NH_3}} \qquad (5.247)$$

erhält man durch Logarithmieren schließlich die Beziehung

$$3 \ln \frac{Z_{H_2}}{N_L} + \ln \frac{Z_{N_2}}{N_L} - 2 \ln \frac{Z_{NH_3}}{N_L} = 0 \ . \qquad (5.248)$$

Das ist die Bedingung für das chemische Gleichgewicht. Sie entspricht der durch Gl. (5.111) festgelegten thermodynamischen Gleichgewichtsbedingung für die chemischen Potentiale, die nach Gl. (5.108) als Funktionen der Partialdrücke $p_i$ angegeben werden können. In der Tat besteht bei konstanter Temperatur Proportionalität zwischen den Partialdrücken $p_i$ und den auf das gleiche Volumen bezogenen Molzahlen $n_i$. Nach Gl. (5.111) muß für die Gleichgewichtswerte der chemischen Potentiale die Bedingung

$$3\mu_{H_2}^0 + RT \ln p_{H_2}^3 + \mu_{N_2}^0 + RT \ln p_{N_2}$$

$$- 2\mu_{NH_3}^0 - RT \ln p_{NH_3}^2 = 0 \qquad (5.249)$$

erfüllt sein. Daraus folgt das Massenwirkungsgesetz in der Form

$$RT \ln \frac{p_{H_2}^3 \cdot p_{N_2}}{p_{NH_3}^2} = RT \ln K_p$$

$$= 2\mu_{NH_3}^0 - 3\mu_{H_2}^0 - \mu_{N_2}^0 \ . \qquad (5.250)$$

Der Vergleich von Gl. (5.248) mit Gl. (5.249) legt

nahe, die chemischen Potentiale bzw. die molaren freien Enthalpien $G_i$ der Komponenten für $T = $ konst. bis auf einen universellen Faktor mit $\ln \frac{Z_i}{N_L}$ zu identifizieren. Dieser Faktor kann nach Gl. (5.250) nur den Wert $RT$ haben. Es gilt also die wichtige Beziehung

$$G_i = - RT \ln \frac{Z_i}{N_L} \ . \qquad (5.251)$$

Damit ist ein Zusammenhang zwischen der freien Enthalpie und der Zustandssumme hergestellt. Da der gesuchte Multiplikator $\mu$ von der Natur des vorliegenden Systems nicht abhängt, reicht die Betrachtung eines einfachen Spezialfalles zur Bestimmung von $\mu(T)$ aus. Bringt man ein beliebiges System in thermischen Kontakt mit einem idealen Gas, so ist die partielle molare freie Enthalpie $G_{Gas}$ des idealen Gases im thermischen Gleichgewicht nach Gl. (5.251) durch

$$G_{Gas} = - RT \ln \left[ \frac{1}{N_L} \sum_i e^{\mu \varepsilon_i (Gas)} \right] \qquad (5.252)$$

gegeben. Nach der Quantentheorie sind die $\varepsilon_i$-Werte eines idealen Gases festgelegt, wenn das Volumen des Gases vorgegeben ist. Deshalb ist es sinnvoll, hier an Stelle der freien Enthalpie $G$ die als molare *freie Energie* bezeichnete Größe

$$F = G - pV \qquad (5.253)$$

zu verwenden. Mit $\ln e = 1$ und $pV = RT$ erhält man so für das ideale Gas die Gleichung

$$F_{Gas} = G_{Gas} - RT$$

$$= - RT \ln \left[ \frac{e}{N_L} \sum_i e^{\mu \varepsilon_i} \right] \ . \qquad (5.254)$$

Mit

$$G = H - TS \qquad (5.102)$$

und

$$H = U + pV \qquad (5.23)$$

kann man die molare freie Energie $F$ auch in der Form

$$F = U + pV - TS - pV$$

$$= U - TS \qquad (5.255)$$

darstellen.

Nimmt man wiederum vereinfachend an, daß U und S nicht temperaturabhängig sind, so läßt sich aus

$$\frac{F}{T} = \frac{U}{T} - S \tag{5.256}$$

durch partielles Differenzieren nach T die Beziehung

$$\frac{\partial}{\partial T}\left(\frac{F}{T}\right)_v = -\frac{U}{T^2} \tag{5.257}$$

ableiten. Für ein Mol eines idealen Gases ist nun aber in Gl. (5.213) $N = N_L$ zu setzen, und man erhält für die nach Gl. (5.214) zu berechnende Gesamtenergie mit Gl. (5.232) den Ausdruck

$$U = N_L \frac{\sum\limits_i \varepsilon_i e^{\mu\varepsilon_i}}{\sum\limits_i e^{\mu\varepsilon_i}}$$

$$= N_L \frac{\partial}{\partial\mu}\left(\ln\sum\limits_i e^{\mu\varepsilon_i}\right). \tag{5.258}$$

Aus Gl. (5.254) wird nach Division durch T und dem durch Gl. (5.257) vorgeschriebenen partiellen Differenzieren die Beziehung

$$\frac{U}{T^2} = R\,\frac{\partial}{\partial T}\left(\ln\sum\limits_i e^{\mu\varepsilon_i}\right) \tag{5.259}$$

erhalten. Es muß also

$$RT^2\,\frac{\partial}{\partial T} = N_L\,\frac{\partial}{\partial\mu} \tag{5.260}$$

oder mit der Boltzmann-Konstanten $k = R/N_L$

$$\frac{d\mu}{dT} = \frac{1}{kT^2} \tag{5.261}$$

gelten. Integrieren über dT ergibt

$$\mu = -\frac{1}{kT} + \text{const}. \tag{5.262}$$

Beachtet man nun noch, daß die Konstante in Gl. (5.262) gleich Null zu setzen ist, da U für $T \to \infty$ nicht endlich bleiben kann, so erkennt man, daß der gesuchte Zusammenhang zwischen $\mu$ und T eindeutig durch

$$\mu = -\frac{1}{kT} \tag{5.263}$$

festgelegt ist. Durch Einsetzen in Gl. (5.232) folgt schließlich

$$\frac{N_i}{N} = \frac{e^{-\frac{\varepsilon_i}{kT}}}{\sum\limits_i e^{-\frac{\varepsilon_i}{kT}}}. \tag{5.264}$$

Das ist die Boltzmannsche Verteilungsfunktion, die für entartete Quantenzustände mit den Entartungsfaktoren $g_i$ auch in der Form

$$\frac{N_i}{N} = \frac{g_i e^{-\frac{\varepsilon_i}{kT}}}{\sum\limits_i g_i e^{-\frac{\varepsilon_i}{kT}}} \tag{5.265}$$

dargestellt werden kann.

In Abschn. 5.2.1 ist bereits auf den Zusammenhang zwischen der Entropie und der molekularen Ordnung hingewiesen worden. Hier soll nun noch kurz gezeigt werden, daß die Zustandsgröße S berechnet werden kann, wenn das dem thermischen Gleichgewicht entsprechende statistische Gewicht G bekannt ist. Für ein Mol eines idealen Gases hat man $N = N_L$, $E = U$ und $Z^* = Z$ zu setzen.

Aus Gl. (5.215) erhält man durch Logarithmieren unter Beachtung von Gl. (5.216)

$$\ln\left(\frac{G}{N_L!}\right) = N_L - \sum\limits_i N_i \ln N_i\,. \tag{5.266}$$

Nach Gl. (5.229) und Gl. (5.231) kann man mit

$$\mu = -\frac{1}{kT}$$

$$-\ln N_i = \ln\frac{Z^*}{N_L} + \frac{\varepsilon_i}{kT} \tag{5.267}$$

setzen, so daß nach Gl. (5.266)

$$\ln\left(\frac{G}{N_L!}\right) = \ln\frac{Z^*}{N_L}\sum\limits_i N_i$$

$$+ \frac{\sum\limits_i N_i\varepsilon_i}{kT} + N_L \tag{5.268}$$

gelten muß.

Mit $\sum\limits_i N_i = N_L$, $\sum\limits_i N_i\varepsilon_i = U$ und $\ln e = 1$ erhält man daraus

$$\ln\left(\frac{G}{N_L!}\right) = N_L \ln\left(\frac{e}{N_L}Z^*\right) + \frac{U}{kT} \tag{5.269}$$

oder unter Beachtung von Gl. (5.254)

$$\ln\left(\frac{G}{N_L!}\right) = -\frac{N_L F}{RT} + \frac{U}{kT}$$

$$= \frac{U - F}{kT} \ . \qquad (5.270)$$

Nach Gl. (5.255) ist aber $U - F = TS$, so daß aus Gl. (5.270) die Gleichung zur Berechnung der Entropie aus dem statistischen Gewicht in der Form

$$S = k \ln\left(\frac{G}{N_L!}\right) \qquad (5.271)$$

erhalten wird. Die logarithmische Abhängigkeit der Entropie S vom statistischen Gewicht G entspricht der logarithmischen Abhängigkeit vom verfügbaren Volumen, die im Zusammenhang mit der Mischungsentropie im Abschn. 5.2.1 diskutiert worden ist. Je größer die Zahl der Realisierungsmöglichkeiten eines Makrozustandes ist, desto größer ist die „molekulare Unordnung", deren Anwachsen in der Zunahme der Entropie zum Ausdruck kommt.

Die zentrale Größe der Molekularstatistik ist die Zustandssumme. Wenn die molare freie Energie eines idealen Gases bekannt ist, lassen sich aus dieser Zustandsfunktion durch partielles Differenzieren nach den jeweiligen Zustandsvariablen und einfache Umformungen alle anderen Zustandsfunktionen berechnen. Nach Gl. (5.254) können deshalb über die freie Energie alle thermodynamischen Zustandsfunktionen des idealen Gases aus der Zustandssumme berechnet werden. Dies gilt mit Einschränkungen auch für reale Systeme.

Wenn keine durch zwischenmolekulare Wechselwirkungen bedingte Zusatzanteile der freien Energie in Rechnung gestellt werden müssen, setzt sich die gesamte molare freie Energie F eines Systems additiv aus den Beiträgen der Translationsbewegung, der Rotationsbewegung und der Schwingung („Vibration") zusammen, d.h. es gilt

$$F = F_{trans} + F_{rot} + F_{vib} \ . \qquad (5.272)$$

Für die Zustandssumme Z gilt dann nach Gl. (5.254) entsprechend

$$Z = Z_{trans} \cdot Z_{rot} \cdot Z_{vib} \ . \qquad (5.273)$$

Zusätzliche Realisierungsmöglichkeiten für Makrozustände ergeben sich, wenn größere Moleküle bei konstanter Gesamtenergie des Systems in verschiedenen Konformationszuständen vorkommen können. Das Produkt in Gl. (5.273) muß dann um einen zusätzlichen Faktor $Z_{conf}$ erweitert werden. $Z_{conf}$ ist der *Konformationsanteil* der Zustandssumme. Dieser Begriff ist besonders wichtig für das Verständnis der kooperativen Konformationsumwandlungen von Biopolymeren und analogen Modellsubstanzen in Lösung (vgl. Abschn. 4.2.4).

Obwohl die in diesem Abschnitt abgeleiteten Beziehungen die für normale Temperaturen und nicht extrem kleine Teilchenmassen geltenden Gesetze der statistischen Thermodynamik richtig wiedergeben, haftet den hier skizzierten Überlegungen doch ein grundsätzlicher Mangel an; sie beruhen im Prinzip auf den Vorstellungen der klassischen Boltzman-Statistik und setzen daher die Unterscheidbarkeit abzählbarer Teilchen voraus. Nach der Quantentheorie sind aber zwei gleiche Atome oder Moleküle grundsätzlich als unterscheidbar anzusehen. Eine weitere Schwierigkeit ergibt sich daraus, daß bei einer großen Zahl dicht benachbarter Energieniveaus die Besetzungszahlen $N_i$ nicht die für eine Anwendung der Stirlingschen Näherungsformel erforderlichen großen Werte annehmen können. Diese Schwierigkeiten lassen sich umgehen, wenn man die Vorstellung der Unterscheidbarkeit aufgibt und jeweils eine größere Zahl von benachbarten, quasi-entarteten Quantenzuständen in numerierten Gruppen zusammenfaßt. Die Quantenzustände einer Gruppe unterscheiden sich dann durch ihre Quantenzahlen. Deshalb läßt sich die Zahl der Verteilungsmöglichkeiten der $N_i$ Teilchen einer Gruppe auf die $g_i$ Quantenzustände einer Gruppe kombinatorisch berechnen. Für ein System mit konstanter Gesamtenergie und konstanter Gesamt-Teilchenzahl gelangt man so mit Beachtung des Pauli-Verbots (Fermi-Dirac-Statistik) oder ohne Beachtung des Pauli-Verbots (Bose-Einstein-Statistik) zu Verteilungsfunktionen, die sich von Gl. (5.265) grundsätzlich unterscheiden. Der Unterschied zwischen diesen Verteilungsfunktionen und der Boltzmann-Verteilung fällt allerdings nur bei sehr niedrigen Temperaturen oder bei der Diskussion der Zustandsfunktionen des *Elektronengases* physikalisch ins Gewicht. Mit zunehmender Temperatur gehen die Verteilungsfunktionen der *Quantenstatistik* wieder in Gl. (5.265) über. Bei der Diskussion der meisten physiologischen und chemischen Phänomene wird man den Bereich sehr tiefer Temperaturen nicht untersuchen. Deshalb können die Gleichungen der Boltzmann-Statistik hier in unveränderter Form verwendet werden. Bezüglich weiterer Einzelheiten der Bose-Einstein- und Fermi-Dirac-Statistik muß auf die im Anhang 2 angegebene Spezialliteratur verwiesen werden.

Im Zusammenhang mit den hier erläuterten Prinzipien der Molekularstatistik verdient das als *Monte-Carlo-Methode* bezeichnete Verfahren der Computer-Simulation von Molekülverteilungen noch eine kurze Erwähnung; seine Anwendung kann vor allem bei Modelluntersuchungen der in Flüssigkeiten und Polymerlösungen ablaufenden Prozesse und der zwischenmolekularen Wechselwirkungen von Nutzen sein. Bei dieser Methode beginnt man mit einer zufälligen Anordnung der durch ihre Koordinaten gekennzeichneten Molekülschwerpunkte. Den Wechselwirkungen beliebiger Molekülpaare werden entsprechende abstandsabhängige potentielle Energien zugeordnet. Nach einer ersten Berechnung der gesamten zwischenmolekularen Energie durch Summieren aller Paarwechselwirkungs-Energien wird eine kleine Veränderung der Koordinaten eines beliebig herausgegriffenen Teilchens vorgenommen und erneut die Gesamtwechselwirkungsenergie berechnet. Nach jedem Rechenschritt wird der Mittelwert der Gesamtwechselwirkungsenergie für die simulierten Konfigurationen ermittelt. Die Berechnung wird bis zur Einstellung eines nahezu konstanten, repräsentativen Mittelwertes fortgesetzt. Die erhaltenen Mittelwerte können dann zu den in die Rechnung eingebrachten Energie-Abstands-Funktionen in Beziehung gebracht und mit geeigneten experimentellen Daten für einfache reale Systeme verglichen werden. Mit diesem Verfahren (Literatur vgl. Anhang 2) lassen sich also in günstigen Fällen Einsichten in die Energetik der zwischenmolekularen Wechselwirkungseffekte gewinnen, während der Behandlung realer Systeme mit den exakten Methoden der Moleku-

larstatistik wegen der dabei zu beachtenden Vereinfachungen relativ enge Grenzen gesetzt sind.

### 5.2.7 Nichtgleichgewichts-Thermodynamik und Fließgleichgewichte als energetische Prinzipien aller biologischen Prozesse

Für ein im thermischen Gleichgewicht befindliches abgeschlossenes System haben die im Abschn. 2. beschriebenen Transporterscheinungen keine besondere Bedeutung. Da zwischen dem System und seiner Umgebung kein Stoff- oder Energieaustausch stattfindet, können diese Transportprozesse nur als Beiträge zur Molekulardynamik des Systems wirksam werden. Im dynamischen Gleichgewicht kompensieren sich diese Effekte als gegenläufige Stoff- oder Energieflüsse; sie treten daher nicht als makroskopisch meßbare Größen in Erscheinung.

Die offenen Systeme, zu denen alle lebenden Organismen zählen, tauschen dagegen ständig Stoffe und Energie mit der Umgebung aus, wobei dem im Abschn. 2.1.1 definierten stationären Zustand, d.h. dem Fließgleichgewicht eine besondere Bedeutung zukommt. Die zeitliche Konstanz der Konzentrationen aller lebenswichtigen Stoffe wird in der lebenden Zelle durch die Aufrechterhaltung der nur durch regulatorische Schwankungen gestörten Fließgleichgewichte ermöglicht. Deshalb ist eine an die Grundgesetze der Thermodynamik anknüpfende quantitative Beschreibung der Fließgleichgewichte auch für die Diskussion der zellulären Transport- und Stoffwechselprozesse wichtig. Wenn man versucht, einen Zusammenhang zwischen den Zustandsgrößen der Gleichgewichtsthermodynamik und den Stoff- und Energieumsätzen offener Systeme herzustellen, muß man die energetischen Aspekte der Transporterscheinungen berücksichtigen.

Die Fließgleichgewichte in offenen Systemen sind gekennzeichnet durch ein Zusammenwirken verschiedener Transporteffekte, die verallgemeinernd als „Flüsse" bezeichnet werden. Diese Flüsse werden jeweils durch bestimmte Triebkräfte, die man *konjugierte Kräfte* nennt, aufrechterhalten. Diese Begriffe lassen sich leicht mit einigen einfachen Beispielen verständlich machen. Die konjugierte Kraft für einen elektrischen

Strom ist z. B. die elektrische Spannung, die konjugierte Kraft für eine Flüssigkeitsströmung, d. h. für einen *Volumenfluß* ist eine hydrostatische Druckdifferenz, und die konjugierte Kraft für einen Diffusionsstrom ist das Konzentrationsgefälle bzw. der Gradient des chemischen Potentials. In der Natur treten die verschiedenen Flüsse und ihre konjugierten Kräfte nur selten ohne Wechselwirkung mit anderen Flüssen und Kräften auf. Sehr oft besteht eine wechselseitige Kopplung derart, daß die konjugierte Kraft eines bestimmten Flusses auch einen gewissen Beitrag zum Antrieb eines überwiegend von einer anderen konjugierten Kraft angetriebenen zweiten Flusses liefert, und umgekehrt. Eine derartige Kopplung ergibt sich z. B. für den Ladungs- und Stofftransport in einer Elektrolytlösung zwangsläufig aus der Tatsache, daß jede reale Ladung an Materie gebunden ist (vgl. Abschn. 5.2.4). Die bekannte Tatsache, daß gut wärmeleitende Metalle auch gute Elektrizitätsleiter sind, ist ebenfalls auf eine mit den Eigenschaften des *Elektronengases* dieser Stoffe zusammenhängende Kopplung von Ladungs- und Wärmetransport zurückzuführen.

Mit dem Konzept der *Thermodynamik irreversibler Prozesse* ist ein allgemeingültiges formales System zur quantitativen Beschreibung der Kraft-Fluß-Beziehungen und der Kopplungseffekte entwickelt worden. Nach der im Abschn. 5.2.1 erläuterten Klassifikation sind alle Transportvorgänge irreversible Prozesse, die unter Dissipation („Abwertung") von Energie, d. h. bei Zunahme der Gesamtentropie ablaufen (Beispiel: Umwandlung elektrischer Energie in Joulesche Wärme beim Transport von elektrischem Strom unter Überwindung eines Leitungswiderstandes). Der Formalismus der Nichtgleichgewichts-Thermodynamik verknüpft die sich aus den Transportprozessen ergebende *Entropieproduktion* mit den Flüssen und ihren konjugierten Kräften und stellt damit eine quantitative Beziehung zwischen den Transportgrößen und den thermodynamischen Zustandsfunktionen her. Bemerkenswerterweise lassen sich auch die Stoff- und Energieumsätze chemischer Reaktionen in dieses Schema einordnen, obwohl die Umsatzrate einer chemischen Reaktion als skalare Größe in der Regel keine Vorzugsrichtung aufweist,

während die Transport-Flüsse gerichtet sind. Aus den Gleichungssystemen der Thermodynamik irreversibler Prozesse lassen sich quantitative Aussagen über das Verhalten der untersuchten Systeme ableiten. So gelangt man z. B. zu einer quantitativen Beschreibung des Zusammenhanges zwischen Diffusion und chemischer Reaktion in Membransystemen und damit auch zu einer phänomenologischen Beschreibung des aktiven Transports. Eine in sich geschlossene und relativ einfache Darstellung der Nichtgleichgewichts-Thermodynamik eines offenen Systems ist allerdings nur dann möglich, wenn der Zustand des Systems nicht zu weit vom Gleichgewicht entfernt ist, d. h. wenn eine lineare Abhängigkeit der Flüsse von den auch durch die thermodynamische Aktivität der reagierenden Spezies mitbestimmten Kräften vorausgesetzt werden kann.

Ebenso wie die Gleichgewichtsthermodynamik stützt sich die *lineare irreversible Thermodynamik* auf gewisse allgemeingültige Lehrsätze und Prinzipien, deren Bedeutung an den nachfolgend erläuterten Systembeispielen erkennbar wird. Mit der phänomenologischen Beschreibung von zwei einfachen Beispielen aus dem Bereich der Elektrochemie der Membransysteme soll hier zunächst eine Einführung in die Grundlagen des theoretischen Konzepts zur Erfassung der Kopplungsphänomene gegeben werden. Die bei der Diskussion dieser Beispiele gewonnenen Erkenntnisse lassen sich verallgemeinern. Aus dieser Verallgemeinerung läßt sich dann eine zusammenfassende Darstellung der wichtigsten Prinzipien der Nichtgleichgewichtsthermodynamik entwickeln.

### 1. Beispiel: Kopplung von Ladungs- und Stofftransport beim Stromdurchgang durch eine Membran

Mit der in Abb. 5.16 skizzierten Anordnung kann der durch eine elektrische Potentialdifferenz E und durch ein Konzentrationsgefälle bewirkte Transport von Ionen durch eine einfache halbdurchlässige Membran untersucht werden. Die in einen Trog eingesetzte Membran (z. B. eine engporige Filterglas-Fritte) trennt zwei unterschiedlich konzentrierte wäßrige NaCl-Lösungen; sie soll für die gelösten Ionen durchlässig und für das Lösungsmittel weitgehend undurchlässig sein. Ein

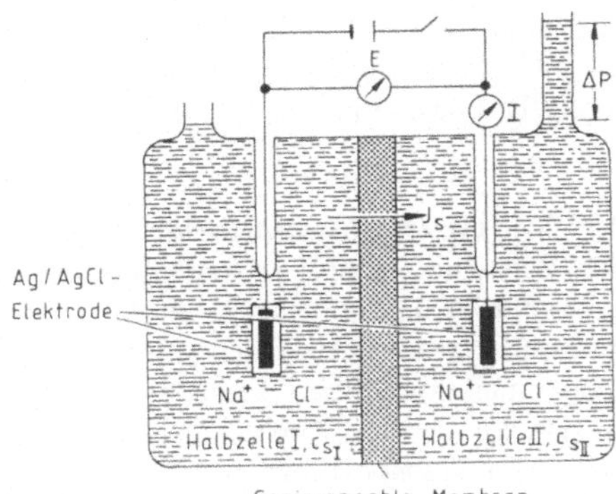



**Abb. 5.16** Schema einer Anordnung zur Messung des Ionenflusses durch eine halbdurchlässige Membran ($c_{s_I} \neq c_{s_{II}}$)

möglicherweise von der Membran nicht vollständig unterbundener Volumenfluß $J_v$ kann von der in Abb. 5.16 durch die eingezeichnete Flüssigkeitssäule angedeuteten hydrostatischen Gegendruckdifferenz $\Delta P$ aufgehalten werden, so daß insgesamt bei stationärem Transportfluß des Gelösten kein Lösungsmittel aus der linken in die rechte Halbzelle transportiert wird ($J_v = 0$).

In jede der beiden Lösungen taucht eine Ag/AgCl-Elektrode, welche eine umkehrbare Umsetzung der Chlorid-Ionen nach dem Schema

$$Ag + Cl^- \rightleftharpoons AgCl + e^-$$

ermöglicht, so daß bei Anlegen einer äußeren Spannung $Cl^-$-Ionen an der einen Elektrode abgeschieden und an der anderen Elektrode in Lösung gebracht werden.

Mit den elektrochemischen Potentialen der Chlorid-Ionen und der Elektronen läßt sich die Gleichgewichtsbedingung für die Elektrodenreaktion in der Form

$$\mu_{Ag} + \tilde{\mu}_{Cl^-} = \mu_{AgCl} + \tilde{\mu}_{e^-} \qquad (5.274)$$

schreiben. Dementsprechend muß auch für die beiden Elektroden in den Halbzellen I und II bei eingestelltem Gleichgewicht

$$\mu_{Ag}^I + \tilde{\mu}_{Cl^-}^I = \mu_{AgCl}^I + \tilde{\mu}_{e^-}^I \qquad (5.275)$$

bzw.

$$\mu_{Ag}^{II} + \tilde{\mu}_{Cl^-}^{II} = \mu_{AgCl}^{II} + \tilde{\mu}_{e^-}^{II} \qquad (5.276)$$

gelten. Da die Eigenschaften des metallischen Silbers in beiden Elektroden gleich sind und sich auch das AgCl an der Elektrode I nicht in seinen Eigenschaften von dem AgCl an der Elektrode II unterscheidet, gilt außerdem $\mu_{Ag}^I = \mu_{Ag}^{II}$ sowie $\mu_{AgCl}^I = \mu_{AgCl}^{II}$.

Durch Subtraktion der Gln. (5.275) und (5.276) erhält man daher die Beziehung

$$\tilde{\mu}_{e^-}^I - \tilde{\mu}_{e^-}^{II} = \tilde{\mu}_{Cl^-}^I - \tilde{\mu}_{Cl^-}^{II} = \Delta\tilde{\mu}_{Cl^-} \; . \qquad (5.277)$$

Nach Gl. (5.205) gilt nun aber mit $z_{e^-} = -1$ für zwei chemisch gleiche Phasen, die sich nur in ihrem inneren elektrischen Potential $\varphi$ unterscheiden

$$\tilde{\mu}_{e^-}^I - \tilde{\mu}_{e^-}^{II} = -F(\varphi^I - \varphi^{II}) = -F \cdot E \; ,$$

$$(5.278)$$

d. h. es ist

$$E = -\frac{\Delta\tilde{\mu}_{Cl^-}}{F} \; . \qquad (5.279)$$

Die in Abb. 5.16 eingezeichnete Spannungsquelle erzeugt also in dem skizzierten Stromkreis einen im wesentlichen durch den elektrischen Widerstand des Membransystems begrenzten Strom I, der mit dem ebenfalls eingezeichneten Amperemeter (bzw. Milliamperemeter) gemessen werden kann. Dabei wird der für den Stromfluß erforderliche Ladungsumsatz an den Elektroden durch die $Cl^-$-Ionen vermittelt und die im stromlosen Zustand bei Abwesenheit einer Fremdspannung zwischen beiden Elektroden potentiometrisch meßbare elektromotorische Kraft ist dem Betrag nach gleich der durch F dividierten Differenz der elektrochemischen Potentiale der Chlorid-Ionen in den beiden Halbzellen.

Sind die Salzkonzentrationen in beiden Halbzellen verschieden, so ist die Differenz der osmotischen Drücke $\Delta\Pi_s$ (s: Abkürzung für „solution") nach Gl. (5.151) durch

$$\Delta\Pi_s = \Delta c_s \cdot RT \qquad (5.280)$$

gegeben. Nach der im Abschn. 2.2.3 angegebenen Definition des osmotischen Permeabilitätskoeffizienten $P_{d\Pi} = (J_s^P/\Delta\Pi_s)_{J_v = 0}$ kann die osmotische Druckdifferenz $\Delta\Pi_s$ als Triebkraft des Permeationsflusses $J_s^P$ der gelösten Substanz wirksam werden. Für die Diskussion der mit den Transporterscheinungen verknüpften Energieumsätze bzw. Energiedissipationen ist es jedoch zweckmäßig, die Triebkraft der Permeation durch die Differenz $\Delta\mu_s$ der chemischen Potentiale des Gelösten auszudrücken. Nach dem 1.Fickschen Diffusionsgesetz (vgl. Abschn. 2.2.2)

$$\dot{n}_s = - DA \frac{dc_s}{dx} \tag{5.281}$$

wird der auf die Einheitsfläche bezogene Diffusionsfluß $J_s^d = \dot{n}_s/A$ durch den Diffusionskoeffizienten D und das Konzentrationsgefälle $- \dfrac{dc_s}{dx}$ bestimmt.

Nach Gl. (5.114) folgt aus

$$\mu_s = \mu_s^{0'} + RT \ln c_s \tag{5.282}$$

$$\frac{d\mu_s}{dc_s} = \frac{RT}{c_s}, \tag{5.283}$$

bzw.

$$\frac{d\mu_s}{dx} = \frac{RT}{c_s} \frac{dc_s}{dx}, \tag{5.284}$$

d.h. es gilt

$$J_s^d = - D \frac{c_s}{RT} \frac{d\mu_s}{dx}. \tag{5.285}$$

Führt man nun zur vereinfachten Beschreibung des Zusammenhanges zwischen $J_s^d$ und $\dfrac{d\mu_s}{dx}$ einen „phänomenologischen Koeffizienten" $L^d$ ein, so daß

$$J_s^d = - L^d \frac{d\mu_s}{dx} \tag{5.286}$$

gilt, so ergibt sich die Beziehung

$$L^d = \frac{Dc_s}{RT} \tag{5.287}$$

oder unter Beachtung der Einsteinschen Gl. (2.65) $D = RT/N_L f_s$

$$L^d = \frac{c_s}{N_L f_s}. \tag{5.288}$$

Der Faktor $1/N_L f_s$ wird auch als die *Beweglichkeit*

$\omega_s$ der gelösten Substanz bezeichnet. Man kann also den phänomenologischen Koeffizienten $L^d$ auch durch die Gleichung

$$L^d = c_s \omega_s \tag{5.289}$$

darstellen. Mit Gl. (5.286) wird die oben bereits erwähnte Feststellung, daß der Gradient des chemischen Potentials die treibende Kraft der Diffusion ist, quantitativ zum Ausdruck gebracht.

Die phänomenologischen Koeffizienten unterscheiden sich von den im Abschn. 2. eingeführten konventionellen Transportkoeffizienten (Wärmeleitfähigkeitskoeffizient, Viskositätskoeffizient, Diffusionskoeffizient) dadurch, daß sie einen direkten Zusammenhang zwischen dem Gradienten einer thermodynamischen Zustandsfunktion (z.B. dem Gradienten des chemischen Potentials) und dem dadurch hervorgerufenen Fluß herstellen. Mit den phänomenologischen Koeffizienten läßt sich der Zusammenhang zwischen den Flüssen und den verursachenden Kräften in einfacher Weise durch ein Gleichungssystem vom Typ der Gln. (5.319) darstellen. Damit kann die bei irreversiblen Prozessen in Wärme umgewandelte (dissipierte) Energie berechnet werden (vgl. Gl. (5.320))

Die herkömmlichen Transportgleichungen mit den konventionellen Transportkoeffizienten beschreiben zwar einige der wichtigsten irreversiblen Vorgänge, sie eignen sich aber nicht für thermodynamische Betrachtungen, weil sie im allgemeinen keinen unmittelbaren Zusammenhang zwischen den Flüssen und den korrespondierenden Kräften erkennen lassen.

Da bei dem betrachteten Beispiel nicht die Diffusion in homogener Phase sondern die Permeation des Gelösten durch eine Membran zwischen zwei unterschiedlich konzentrierten Lösungen untersucht wird, ist es einfacher, die Triebkraft des Permeationsflusses $J_s^p$ durch die Differenz der chemischen Potentiale des Gelösten $\Delta\mu_s$ auszudrücken. $\Delta\mu_s$ hat zwar nicht die gleiche Dimension wie $d\mu_s/dx$, aber es besteht bei richtiger Zuordnung der konjugierten Kräfte zu den korrespondierenden Flüssen keine Beschränkung in der Wahl geeigneter Ausdrücke für die Kräfte. Dimensionsunterschiede können durch die Bestimmung der phänomenologischen Koeffizienten ausgeglichen werden. $\Delta\mu_s$ setzt sich im vorliegenden Falle aus zwei Anteilen zusammen. Der erste Anteil $\Delta\mu_s^c$ rührt von dem Unterschied der Konzentrationen zu beiden Seiten der Membran her. Bezeichnet man die Dicke der Membran mit $\Delta x$, so gilt mit $c_{s_I} = c_s^0$ und $c_{s_{II}} = c_s^{\Delta x}$

$$\Delta\mu_s^c = RT(\ln c_s^0 - \ln c_s^{\Delta x}) \,, \qquad (5.290)$$

da die Standardwerte $\mu_s^{0'}$ zu beiden Seiten der Membran gleich groß sind. Der zweite Anteil $\Delta\mu_s^P$ ist dem Einfluß der hydrostatischen Druckdifferenz $\Delta P$ zuzuschreiben. Mit dem durch Gl. (5.145) definierten partiellen Molvolumen $\bar{V}_s$ des Gelösten erhält man hierfür den Ausdruck

$$\Delta\mu_s^P = \bar{V}_s\Delta P \,. \qquad (5.291)$$

Insgesamt gilt also

$$\begin{aligned} \Delta\mu_s &= \Delta\mu_s^c + \Delta\mu_s^P \\ &= \Delta\mu_s^c + \bar{V}_s\Delta P \,. \end{aligned} \qquad (5.292)$$

$\Delta P$ stellt bei dem hier beschriebenen System jedoch nur eine kleine Korrekturgröße dar. Deshalb kann man hier den Term $\bar{V}_s\Delta P$ in Gl. (5.292) vernachlässigen und

$$\Delta\mu_s \simeq \Delta\mu_s^c \qquad (5.293)$$

setzen.

Es ist zweckmäßig, eine *mittlere Konzentration* $\bar{c}_s$ so zu definieren, daß

$$\Delta\mu_s^c = \frac{\Delta\Pi_s}{\bar{c}_s} \qquad (5.294)$$

gilt.

Nach Gl. (5.280) ist

$$\Delta\Pi_s = RT(c_s^0 - c_s^{\Delta x}) \,, \qquad (5.295)$$

und mit $\Delta\mu_s^c$ nach Gl. (5.290) erhält man

$$\bar{c}_s = \frac{c_s^0 - c_s^{\Delta x}}{\ln(c_s^0/c_s^{\Delta x})} \,. \qquad (5.296)$$

Für den Fall, daß $\Delta c_s$ klein ist, d.h. für $c_s^0/c_s^{\Delta x} \simeq 1$ läßt sich der Nenner in Gl. (5.296) mit der für $\xi \simeq 1$ geltenden Näherungsformel

$$\ln\xi \simeq 2\,\frac{\xi - 1}{\xi + 1}$$

vereinfachen zu

$$\ln\frac{c_s^0}{c_s^{\Delta x}} \simeq 2\,\frac{c_s^0 - c_s^{\Delta x}}{c_s^0 + c_s^{\Delta x}} \,,$$

und man erhält

$$\bar{c}_s \simeq \frac{c_s^0 + c_s^{\Delta x}}{2} \,. \qquad (5.297)$$

Für hinreichend verdünnte Lösungen und kleine Konzentrationsdifferenzen $\Delta c_s$ ergibt sich also die durch Gl. (5.294) definierte mittlere Konzentration einfach als das arithmetische Mittel der Konzentrationen $c_{s_I}$ und $c_{s_{II}}$.

Um zu einer quantitativen Beschreibung der Kopplung von Ladungs- und Stofftransport zu gelangen, kann man nun die beiden hier interessierenden Flüsse, nämlich den auf die Einheitsfläche bezogenen elektrischen Gesamtstrom I und den Gesamtstrom $J_s$ durch die *phänomenologischen Gleichungen*

$$I = L_{11}E + L_{12}\Delta\mu_s \qquad (5.298)$$

und

$$J_s = L_{21}E + L_{22}\Delta\mu_s \qquad (5.299)$$

darstellen. Die phänomenologischen Koeffizienten $L_{ik}$ sind Proportionalitätsfaktoren, die wie $L^d$ in Gl. (5.286) den linearen Zusammenhang zwischen den Kräften und den durch sie bewirkten Beiträgen zu den Flüssen herstellen. Um die Wirkung der osmotischen Druckdifferenz bei der Membranpermeation zum Ausdruck zu bringen, kann man die phänomenologischen Gln. (5.298) und (5.299) mit $\Delta\mu_s$ nach Gl. (5.294) auch in der Form

$$I = L_{11}E + L_{12}\frac{\Delta\Pi_s}{c_s} \qquad (5.300)$$

und

$$J_s = L_{21}E + L_{22}\frac{\Delta\Pi_s}{c_s} \qquad (5.301)$$

schreiben. Die Koeffizienten $L_{ik}$ lassen sich nun durch bekannte spezifische Stoff- und Systemkonstanten der Elektrochemie ausdrücken. Nach Gl. (5.300) ist

$$(I/E)_{J_v = 0,\, \Delta\Pi = 0} = L_{11} \,. \qquad (5.302)$$

Der Quotient auf der linken Seite von Gl. (5.302) ist gleich der auf die Einheitsfläche bezogenen elektrischen Leitfähigkeit der Membran, die hier wie im Abschn. 3.3.5 mit $\kappa_m$ bezeichnet werden soll. Demnach ist

$$L_{11} = \kappa_m \; . \tag{5.303}$$

Löst man Gl. (5.300) nach E auf und setzt man den erhaltenen Ausdruck in Gl. (5.301) ein, so erhält man nach Umordnung der Terme die Beziehung

$$J_s = \left( L_{22} - \frac{L_{21}L_{12}}{L_{11}} \right) \frac{\Delta\Pi_s}{c_s} + \frac{L_{21}}{L_{11}} I \; . \tag{5.304}$$

Im Abschn. 2.2.3 ist der osmotische Permeabilitätskoeffizient $P_{d\pi}$ durch die Gleichung

$$(J_s/\Delta\Pi_s)_{J_v = 0, I = 0} = P_{d\pi} \tag{5.305}$$

definiert worden. Durch Koeffizientenvergleich mit Gl. (5.304) folgt somit

$$L_{22} - \frac{L_{21}L_{12}}{L_{11}} = \bar{c}_s P_{d\pi} \; . \tag{5.306}$$

Beim Stromdurchgang werden nur die $Cl^-$-Ionen an den Ag/AgCl-Elektroden umgesetzt. Die Überführungszahl der nicht an den Elektroden umgesetzten $Ag^+$-Ionen ist definiert als der relative Anteil dieser Ionen am Gesamtstromtransport bei $J_v = 0$ und homogener Konzentrationsverteilung. Bezeichnet man die Kationen mit 1 und die Anionen mit 2, so läßt sich die Überführungszahl $t_1$ der nicht mit den Elektroden reagierenden $z_1$-wertigen Kationen durch die Gleichung

$$t_1 = \left( \frac{z_1 F J_1}{I} \right)_{J_v = 0, \; \Delta\Pi_s = 0}$$

$$= \left( \frac{z_1 F v_1 J_s}{I} \right)_{J_v = 0, \; \Delta\Pi_s = 0} \tag{5.307}$$

darstellen. Der Faktor $v_1$ entspricht dem in Gl. (5.111) angegebenen stöchiometrischen Faktor $v_1$ für das Dissoziationsgleichgewicht. Aus der für $J_v = 0$ geltenden Gleichung (5.304) erhält man für $\Delta\Pi_s = 0$ die Bedingung

$$(J_s)_{J_v = 0, \Delta\Pi_s = 0} = \frac{L_{21}}{L_{11}} I \; , \tag{5.308}$$

so daß mit $L_{11} = \kappa_m$ aus Gl. (5.307) für $L_{21}$ der Ausdruck

$$L_{21} = \frac{t_1 \kappa_m}{v_1 z_1 F} \tag{5.309}$$

erhalten wird.

Für $I = 0$ folgt aus Gl. (5.298)

$$(E)_{I = 0, J_v = 0} = - \frac{L_{12}}{L_{11}} \frac{\Delta\Pi_s}{\bar{c}_s} \tag{5.310}$$

bzw. mit $\Delta\Pi_s/\bar{c}_s = \Delta\mu_s$ und $L_{11} = \kappa_m$

$$(E)_{I = 0, J_v = 0} = - \frac{L_{12}}{\kappa_m} \Delta\mu_s. \tag{5.311}$$

$(E)_{I = 0, J_v = 0}$ läßt sich berechnen. Die in Abb. 5.16 skizzierte Meßanordnung stellt bei Abschalten der äußeren Betriebsspannung eine nach dem Schema

$$Ag \,|\, [AgCl] \,|\, NaCl, c_{s_I} \,|\, NaCl, c_{s_{II}} \,|\, [AgCl] \,|\, Ag$$

$$c_{s_I} > c_{s_{II}}$$

aufgebaute Konzentrationskette *mit Überführung* dar. Diese Kette unterscheidet sich von der im Abschn. 5.2.3 beschriebenen Konzentrationskette dadurch, daß die Ionen die semipermeable Membran passieren können und deshalb auch direkt durch Wanderung von der einen Lösung in die andere überführt werden, wenn die Zelle Energie liefert. Damit werden aber die durch die Elektrodenvorgänge bewirkten Konzentrationsänderungen zum Teil rückgängig gemacht. Der stromliefernde Prozeß besteht auch hier in dem Konzentrationsausgleich der beiden NaCl-Lösungen. Dabei wandern die $Na^+$-Ionen, deren Konzentrationsausgleich nur durch Membranpermeation erfolgen kann, aus der konzentrierteren Lösung in die verdünntere Lösung. Die $Cl^-$-Ionen werden an der Elektrode in der Halbzelle I abgeschieden; dafür werden an der Elektrode in der Halbzelle II $Cl^-$-Ionen in Lösung gebracht. Die dabei auftretende Konzentrationsverschiebung wird zum Teil dadurch ausgeglichen, daß $Cl^-$-Ionen durch die Membran aus der Halbzelle II in die Halbzelle I wandern. Entnimmt man der Kette ein Faraday-Äquivalent an elektrischer Ladung, so ergibt sich folgende Stoffbilanz:

|                                | Halbzelle I | Halbzelle II |
|--------------------------------|-------------|--------------|
| Umsatz durch Elektrodenvorgang | $-1\,Cl^-$ | $+1\,Cl^-$ |
| Umsatz durch Ionenwanderung    | $-t_1 Na^+$<br>$+(1-t_1)Cl^-$ | $+t_1 Na^+$<br>$-(1-t_1)Cl^-$ |
| Gesamtumsatz                   | $-t_1 NaCl$ | $+t_1 NaCl$ |

Es wird also nicht ein Mol NaCl aus der konzentrierteren in die verdünntere Lösung übergeführt, sondern nur der sich aus der Multiplikation mit der Überführungszahl $t_1$ ergebende Bruchteil. Die geleistete reversible Verdünnungsarbeit beträgt demnach

$$-\Delta G = t_1\,RT \ln \frac{c_{s_I}}{c_{s_{II}}} \qquad (5.312)$$

und die zugehörige EMK

$$(E)_{I=0,\,J_v=0} = \frac{t_1 RT}{v_2 z_2 F} \ln \frac{c_{s_I}}{c_{s_{II}}}, \qquad (5.313)$$

oder mit $v_2 z_2 = -v_1 z_1$ und $RT \ln(c_{s_I}/c_{s_{II}}) = \Delta\mu_s$

$$(E)_{I=0,\,J_v=0} = -\frac{t_1}{v_1 z_1 F}\,\Delta\mu_s \,. \qquad (5.314)$$

Durch Vergleich mit Gl. (5.311) erhält man somit für $L_{12}$ den Ausdruck

$$L_{12} = \frac{t_1 \kappa_m}{v_1 z_1 F}\,, \qquad (5.315)$$

d.h. es gilt

$$L_{12} = L_{21}\,. \qquad (5.316)$$

Durch Einsetzen der mit den Gln. (5.303), (5.306), (5.309) und (5.315) gegebenen Ausdrücke für die phänomenologischen Koeffizienten $L_{ik}$ in die Gln. (5.298) bzw. (5.304) ergeben sich schließlich die für eine Auswertung von Meßdaten geeigneten Gleichungen

$$I = \kappa_m E + \frac{\kappa_m t_1}{v_1 z_1 F}\frac{\Delta\Pi_s}{\bar{c}_s} \qquad (5.317)$$

und

$$J_s = \frac{t_1}{v_1 z_1 F}\,I + P_{d\pi}\,\Delta\Pi_s\,. \qquad (5.318)$$

Bei der praktischen Durchführung entsprechender Experimente wäre allerdings zu beachten, daß

sich die Ag/AgCl-Elektroden nur für eine sehr kleine Strombelastung eignen. Deshalb muß eine Membran mit sehr niedrigem $\kappa_m$-Wert verwendet werden, damit der zu messende elektrische Strom nicht durch eine kinetische Hemmung der Elektrodenprozesse begrenzt wird.

Die mit Gl. (5.316) zum Ausdruck gebrachte und hier für ein spezielles Beispiel verifizierte Gleichheit der *Kopplungskoeffizienten* $L_{12}$ und $L_{21}$ entspricht einer allgemeingültigen Gesetzmäßigkeit, die von L. Onsager 1931 erkannt wurde und als *Reziprozitätsbeziehung* bezeichnet wird. Mit dem Symbol $J_i$ für die *verallgemeinerten Flüsse* und dem Symbol $X_i$ für die *verallgemeinerten Kräfte* läßt sich der Zusammenhang zwischen den Flüssen und den sie erzeugenden Kräften stets durch ein Gleichungssystem der Form

$$
\begin{aligned}
J_1 &= L_{11}X_1 + L_{12}X_2 + L_{13}X_3 \\
&\quad + \cdots + L_{1n}X_n \\
J_2 &= L_{21}X_1 + L_{22}X_2 + L_{23}X_3 \\
&\quad + \cdots + L_{2n}X_n \\
J_3 &= L_{31}X_1 + L_{32}X_2 + L_{33}X_3 \\
&\quad + \cdots + L_{3n}X_n \\
&\ \ \vdots \qquad\qquad \vdots \\
J_n &= L_{n1}X_1 + L_{n2}X_2 + L_{n3}X_3 \\
&\quad + \cdots + L_{nn}X_n
\end{aligned}
\qquad (5.319)
$$

darstellen. Das System der phänomenologischen Gln. (5.298) und (5.299) ist ein solches Gleichungssystem. Das Produkt aus der in Gl. (5.299) einzusetzenden konjugierten Kraft $\Delta\mu_s$ und dem resultierenden Fluß gibt die in der Zeiteinheit beim osmotischen Stofftransport umgesetzte Energie an. Es handelt sich dabei um die Antriebsenergie, welche bei dem Transportvorgang in Wärme verwandelt bzw. dissipiert wird. Das Gleiche gilt bezüglich Gl. (5.298) für die als Produkt von E und I resultierende Energiedissipation beim Ladungstransport. Faßt man die Produkte aus den Flüssen und den konjugierten Kräften zusammen, so erhält man die *Dissipationsfunktion*

$$\Phi = \sum_i J_i X_i\,, \qquad (5.320)$$

aus der sich bei Division durch die Temperatur T die *Entropieproduktion*

$$\dot{\sigma} = \frac{\Phi}{T} = \frac{1}{T} \sum_i J_i X_i \qquad (5.321)$$

ergibt. Damit ist der Zusammenhang zwischen den Kraft-Fluß-Beziehungen der Transportprozesse und dem System der thermodynamischen Zustandsfunktionen hergestellt. Bezieht man die Division durch T in die Definition der dann neu zu bestimmenden Kräfte $X_i$ mit ein, so kann man auch $\dot{\sigma}$ direkt als Summe von Produkten aus den Flüssen $J_i$ und ihren konjugierten Kräften ausdrücken. Anstelle von $\Delta\mu_s$ hätte man dann z. B. für die zu $J_s$ konjugierte Kraft $\Delta\mu_s/T$ zu setzen. Die konsequente Herleitung von Gl. (5.320) erfordert eine etwas detailliertere Betrachtung. Dabei muß die lokale Entropieproduktion für ein Teilsystem eines kontinuierlichen Systems berechnet werden. Grundlage dieser Berechnung ist die Annahme eines in dem Teilsystem herrschenden „lokalen Gleichgewichtes". Diese Annahme ist nur gerechtfertigt, wenn das Gesamtsystem nicht zu weit vom Gleichgewicht entfernt ist. Weitere Hinweise zur Berechnung der lokalen Entropieproduktion finden sich in der im Anhang 2 angegebenene Literatur.

Will man auch die chemischen Umsetzungen in den durch das Gleichungssystem (5.319) und die Gl. (5.320) bzw. (5.321) erklärten Formalismus mit einbeziehen, so muß man beachten, daß der mit der *Reaktionslaufzahl* $\xi$ entsprechend $-\,dn_i = \nu_i\,d\xi$ bzw. $dn_j = \nu_j\,d\xi$ durch die Gleichung

$$J_{ch} = \frac{d\xi}{dt} = -\frac{1}{\nu_i}\frac{dc_i}{dt} = \frac{1}{\nu_j}\frac{dc_j}{dt} \qquad (5.322)$$

definierte „chemische Fluß" $J_{ch}$ in der Regel keine vektorielle Größe darstellt. Eine chemische Reaktion läuft in einer homogenen Phase in allen Volumenelementen gleichzeitig und ohne Bevorzugung einer bestimmten räumlichen Richtung ab. Die Transportvorgänge sind dagegen im allgemeinen gerichtete (vektorielle) Prozesse, bei denen Materie, Energie oder Impuls passiv oder aktiv in einer bestimmten Vorzugsrichtung transportiert wird. Unter bestimmten Voraussetzungen (z. B. an

einer Elektrode oder in einer Membran) kann allerdings auch eine chemische Reaktion als ein Prozeß mit räumlicher Vorzugsrichtung ablaufen.

Auch die als Triebkraft von $J_{ch}$ wirksame und durch Gl. (5.105) mit $\Delta_R G < 0$ definierte chemische Affinität ist kein Vektor. Bezeichnet man den skalaren Fluß mit $J_S$ und den möglicherweise mit $J_S$ zu koppelnden vektoriellen Fluß mit $J_V$, so kann man die phänomenologische Gleichungen in der Form

$$J_S = L_{SS}X_S + L_{SV}X_V$$

und

$$J_V = L_{VS}X_S + L_{VV}X_V$$

schreiben. In diesem System ist $L_{SS}$ ein Skalar. $L_{SV}$ muß dagegen ein Vektor sein, damit die skalare Multiplikation mit der gerichteten Kraft $X_V$ einen skalaren Fluß ergibt. Auch $L_{VS}$ muß ein Vektor sein, damit bei der Multiplikation mit der skalaren Kraft ein gerichteter Fluß erhalten wird. $L_{VV}$ ist ein Tensor zweiter Stufe, da durch $L_{VV}$ aus der vektoriellen Kraft $X_V$ ein vektorieller Fluß gebildet werden soll (ein Vektor wäre ein *Tensor erster Stufe*, ein Skalar ein *Tensor nullter Stufe*). Eine Kopplung zwischen dem skalaren Fluß $J_S$ und dem vektoriellen Fluß $J_V$ existiert nur, wenn die Koeffizienten $L_{SV}$ und $L_{VS}$ nicht gleich Null sind. In einem isotropen System müssen aber alle phänomenologischen Koeffizienten invariant gegen einen Vorzeichenwechsel der Koordinaten sein. Wenn die Vektoren $L_{SV}$ und $L_{VS}$ nicht gleich Null sind, ändern sie aber ihr Vorzeichen bei einer Vorzeichenänderung der Koordinaten. Deshalb darf es in einem isotropen System keine Kopplung zwischen einem skalaren Fluß und einem vektoriellen Fluß geben. In einem anisotropen System (z. B. in einem Membransystem mit vertikaler Asymmetrie) kann dagegen eine Kopplung zwischen einem vektoriellen Transportfluß und einem skalaren *chemischen Fluß* durchaus auftreten; sie ist eine notwendige Voraussetzung für den aktiven Transport. Die Forderung, daß die Kopplungskoeffizienten $L_{SV}$ und $L_{VS}$ in einem isotropen System verschwinden müssen, ist als das Curie-Prigogine-Prinzip bekannt.

Obwohl sie in isotropen Systemen nicht mit vektoriellen Flüssen gekoppelt werden können, zählen die chemischen Reaktionen naturgemäß zu den wichtigsten irreversiblen Prozessen im zellulären Stoffwechsel. Für die einfache chemische Umsetzung

$$A \underset{k_{21}}{\overset{k_{12}}{\rightleftharpoons}} B$$

mit den im Abschn. 5.3.1 erklärten Geschwindigkeitskonstanten $k_{12}$ und $k_{21}$ soll deshalb hier der phänomenologische Koeffizient, über den $J_{ch}$ mit der chemischen Affinität verknüpft wird, durch $k_{12}$ und die Konzentration $c_A$ der Ausgangssubstanz A ausgedrückt werden. Die chemische Affinität der Reaktion sei $A_R$. Für sie gilt $A_R = -\Delta_R G$, d.h. nach Gl. (5.105) ist

$$A_R = \mu_A - \mu_B \tag{5.323}$$

zu setzen. Mit den Symbolen $\bar{c}_A$ und $\bar{c}_B$ für die Gleichgewichtswerte der Konzentrationen $c_A$ bzw. $c_B$ lassen sich die Gleichgewichtsabweichungen $\alpha_A$ und $\alpha_B$ der Konzentrationen durch

$$\alpha_A = c_A - \bar{c}_A \tag{5.324}$$

und

$$\alpha_B = c_B - \bar{c}_B \tag{5.325}$$

beschreiben. Mit $\mu_A$ und $\mu_B$ nach Gl. (5.114) erhält man für $A_R$ den Ausdruck

$$A_R = \mu_A^{0'} + RT \ln \bar{c}_A + RT \ln \left(1 + \frac{\alpha_A}{\bar{c}_A}\right)$$
$$- \mu_B^{0'} - RT \ln \bar{c}_B$$
$$- RT \ln \left(1 + \frac{\alpha_B}{\bar{c}_B}\right). \tag{5.326}$$

Nach der thermodynamischen Gleichgewichtsbedingung (5.111) muß nun aber

$$\mu_A^{0'} + RT \ln \bar{c}_A - \mu_B^{0'} - RT \ln \bar{c}_B = 0$$

gelten. Deshalb ist

$$A_R = RT \left[ \ln \left(1 + \frac{\alpha_A}{\bar{c}_A}\right) - \ln \left(1 + \frac{\alpha_B}{\bar{c}_B}\right) \right]. \tag{5.327}$$

Wenn sich die Konzentrationen $c_A$ und $c_B$ nur wenig von ihren Gleichgewichtswerten unterscheiden, ist $\alpha_A/c_A \ll 1$ und $\alpha_B/c_B \ll 1$. Dann läßt sich die Affinität $A_R$ in Gleichgewichtsnähe mit der Näherungsformel

$$\ln(1 + x) \simeq x \quad \text{für} \quad x \ll 1$$

durch die Beziehung

$$A_R = RT \left( \frac{\alpha_A}{\bar{c}_A} - \frac{\alpha_B}{\bar{c}_B} \right) \tag{5.328}$$

ausdrücken. Da nach dem Massenwirkungsgesetz

$$K = \frac{\bar{c}_B}{\bar{c}_A} \tag{5.329}$$

$\bar{c}_B = K\bar{c}_A$ zu setzen ist und wegen der Stöchiometrie außerdem $\alpha_B = -\alpha_A$ sein muß, kann man Gl. (5.328) auch in der Form

$$A_R = RT \frac{\alpha_A}{\bar{c}_A} \left(1 + \frac{1}{K}\right) \tag{5.330}$$

schreiben. Die Bestimmung des phänomenologischen Koeffizienten L ergibt sich nun daraus, daß

$$J_{ch} = L A_R \tag{5.331}$$

gelten muß.

Mit $A_R$ nach Gl. (5.330) erhält man also die Gleichung·

$$J_{ch} = \frac{LRT}{\bar{c}_A} \alpha_A \left(1 + \frac{1}{K}\right). \tag{5.332}$$

Nach Gl. (5.322) muß wegen der im Abschn. 5.3.1 erläuterten formalkinetischen Beziehung

$$- \frac{dc_A}{dt} = k_{12} c_A - k_{21} c_B \tag{5.333}$$

aber auch

$$J_{ch} = k_{12}(\bar{c}_A + \alpha_A) - k_{21}(\bar{c}_B + \alpha_B) \tag{5.334}$$

gelten. Im Gleichgewicht muß nun $k_{12}\bar{c}_A = k_{21}\bar{c}_B$ bzw. $K = k_{12}/k_{21}$ sein. Deshalb erhält man mit $\alpha_B = -\alpha_A$ die Gleichung

$$J_{ch} = k_{12}\left(\alpha_A + \frac{k_{21}}{k_{12}}\alpha_A\right)$$
$$= k_{12}\alpha_A\left(1 + \frac{1}{K}\right). \tag{5.335}$$

Aus dem Vergleich von Gl. (5.332) und Gl. (5.335) folgt somit

$$\frac{LRT}{\bar{c}_A} = k_{12} \tag{5.336}$$

bzw.

$$L = \frac{k_{12}\bar{c}_A}{RT} \, , \tag{5.337}$$

was der für reagierende Systeme in Gleichgewichtsnähe geforderten linearen Abhängigkeit zwischen $J_{ch}$ und $A_R$ entspricht.

Bei großen Werten der Gleichgewichtsabweichungen $\alpha_i$ ergeben sich oft starke Abweichungen von der Linearität der Beziehung zwischen den chemischen Flüssen und ihren konjugierten Kräften. Diese Abweichungen von der Linearität treten insbesondere bei autokatalytischen Prozessen auf. Ein Beispiel hierfür ist die Reaktion

$$A + B \underset{k_{21}}{\overset{k_{12}}{\rightleftharpoons}} 2A \, .$$

In diesem Fall können die Abhängigkeiten des Flusses $J_{ch}$ und der Aktivität $A_R$ von der Reaktionsvariablen $\xi$ unterschiedliche Vorzeichen aufweisen. Als Folge dieser negativen Fluß-Kraft-Charakteristik treten Konzentrations-Oszillationen und dissipative räumliche Strukturen auf. Diese Erscheinungen sollen im Abschn. 5.3.3 noch kurz beschrieben und erklärt werden.

Im Gültigkeitsbereich der linearen Kraft-Fluß-Beziehungen erfüllt die Dissipationsfunktion und damit auch die Entropieproduktion die Ungleichung

$$\frac{d\Phi}{dt} \leqslant 0 \, . \tag{5.338}$$

(Prigogine-Theorem)

Liegt kein stationärer Zustand vor, so nimmt die Entropieproduktion ständig ab und nähert sich einem Minimalwert. Die Gleichung

$$\frac{d\Phi}{dt} = 0 \tag{5.339}$$

bedeutet, daß das System einen stationären Zustand erreicht hat. Die von Prigogine abgeleitete Gl. (5.338) ist der formale Ausdruck für das *Prinzip der minimalen Entropieproduktion*. Es hat für die stationären Zustände offener Systeme die gleiche Bedeutung wie das Prinzip der maximalen Entropie für den Gleichgewichtszustand eines abgeschlossenen Systems; sein Rang entspricht dem der Hauptsätze der Thermodynamik.

Bei einem Experiment stellt sich ein stationärer Zustand ein, wenn in einem System mit n Kräften und n Flüssen k Kräfte als konstante Größen vorgegeben werden. Auf die vorgegebenen konstanten Kräfte

$$X_1, X_2, \ldots, X_k$$

haben die korrespondierenden Flüsse

$$J_1, J_2, \ldots, J_k$$

keinen Einfluß, weil ihre Wirkungen durch die Versuchsanordnung gerade so schnell aufgehoben werden, daß sich die Kräfte $X_1, X_2, \ldots, X_k$ nicht ändern. Die restlichen $n - k$ Flüsse

$$J_{k+1}, J_{k+2}, \ldots, J_n$$

werden dagegen die korrespondierenden Kräfte

$$X_{k+1}, X_{k+2}, \ldots, X_n$$

verändern, solange diese Flüsse noch nicht verschwunden sind.

Stellt sich dabei ein Zustand mit

$$J_{k+1} = J_{k+2} = \ldots = J_n = 0 \tag{5.340}$$

ein, so werden sich auch die Kräfte $X_{k+1}$, $X_{k+2}, \ldots, X_n$ nicht mehr ändern. Dann sind alle noch von Null verschiedenen Kräfte konstant, und das System hat einen stationären Zustand erreicht. Die Zahl k in Gl. (5.340) wird als die *Ordnung* des stationären Zustandes bezeichnet; sie gibt die Zahl der unabhängigen, konstant gehaltenen Kräfte an. Ein Gleichgewichtszustand wäre demnach ein stationärer Zustand nullter Ordnung. In einem Reaktor, dem die Ausgangssubstanzen kontinuierlich zugeführt werden, stellt sich nach einer Anlaufzeit ein stationärer Zustand erster Ordnung ein. Wird eine Kühlung zur Abführung der bei der Reaktion entwickelten Wärme nötig, so resultiert ein stationärer Zustand zweiter Ordnung.

Für ein einfaches allgemeines System mit zwei Kräften $X_1$ und $X_2$ und zwei Flüssen $J_1$ und $J_2$ läßt sich Gl. (5.339) leicht verifizieren. Gl. (5.320) nimmt in diesem Falle die Form

$$\Phi = J_1 X_1 + J_2 X_2 \tag{5.341}$$

an. Wird nun durch einen äußeren Zwang bzw. durch eine geeignete Regelvorrichtung die Kraft $X_1$ auf einen konstanten Wert $X_1^0$ eingestellt und damit das System vom Zustand des thermodynamischen Gleichgewichtes ferngehalten, so sind die phänomenologischen Gleichungen durch

$$J_1 = L_{11}X_1^0 + L_{12}X_2 \qquad (5.342)$$

und

$$J_2 = L_{21}X_1^0 + L_{22}X_2 \qquad (5.343)$$

gegeben. Einsetzen von $J_1$ und $J_2$ nach Gl. (5.342) bzw. Gl. (5.343) in Gl. (5.341) ergibt mit der Reziprozitätsbeziehung $L_{21} = L_{12}$

$$\Phi = L_{11}(X_1^0)^2 + 2L_{12}X_1^0 X_2$$
$$+ L_{22}(X_2)^2 , \qquad (5.344)$$

und man erhält durch Differenzieren von $\Phi$ nach der „freien" Kraft $X_2$

$$\frac{\partial \Phi}{\partial X_2} = 2(L_{12}X_1^0 + L_{22}X_2) = 2J_2 . \qquad (5.345)$$

und

$$\frac{\partial^2 \Phi}{\partial X_2^2} = 2L_{22} > 0 . \qquad (5.346)$$

Für einen stationären Zustand erster Ordnung muß nun nach Gl. (5.340) $J_2 = 0$ gelten. Dies bedeutet, daß durch Gl. (5.345) ein Extremwert der Dissipationsfunktion $\Phi$ bestimmt ist. Dieser Extremwert kann nach Gl. (5.346) nur ein Minimalwert sein. Deshalb muß auch die Entropieproduktion $\dot{\sigma}$ bei Einstellung des stationären Zustandes ein Minimum erreichen.

Die lineare irreversible Thermodynamik kann als eine Extrapolation der Gleichgewichtsthermodynamik interpretiert werden. Das Prinzip der minimalen Entropieproduktion liefert ein allgemeingültiges Kriterium der Stationarität. Für einen gegebenen Satz von Bedingungen existiert jeweils nur ein stationärer Zustand. Es gibt stets einen stetigen Übergang von einem gegebenen stationären Zustand zu dem entsprechenden Gleichgewichtszustand, der durch allmähliche Verringerung der auf die betroffenen Kräfte einwirkenden Zwänge erreicht werden kann.

## 2. Beispiel: Kopplung zwischen einer chemischen Reaktion und dem Transport einer Substanz in einem Membransystem (aktiver Transport)

Eine dem Gleichungssystem (5.319) äquivalente Darstellung der Wechselbeziehungen zwischen den Kräften und den Flüssen kann mit dem inversen System

$$X_1 = R_{11}J_1 + R_{12}J_2 + R_{13}J_3$$
$$+ \cdots + R_{1n}J_n$$
$$X_2 = R_{21}J_1 + R_{22}J_2 + R_{23}J_3$$
$$+ \cdots + R_{2n}J_n$$
$$X_3 = R_{31}J_1 + R_{32}J_2 + R_{33}J_3$$
$$+ \cdots + R_{3n}J_n$$
$$\vdots \qquad \vdots$$
$$X_n = R_{n1}J_1 + R_{n2}J_2 + R_{n3}J_3$$
$$+ \cdots + R_{nn}J_n \qquad (5.347)$$

erhalten werden. Die Gln. (5.347) ergeben sich durch Auflösung des Gleichungssystems (5.319) nach den Kräften $X_i$. Die Koeffizienten $R_{ik}$ stellen *verallgemeinerte Widerstände* dar.

Für den einfachen Fall eines Systems mit zwei Kräften und zwei Flüssen

$$J_1 = L_{11}X_1 + L_{12}X_2,$$
$$X_1 = R_{11}J_1 + R_{12}J_2,$$
$$J_2 = L_{21}X_1 + L_{22}X_2,$$
$$X_2 = R_{21}J_1 + R_{22}J_2, \qquad (5.348)$$

sind die Beziehungen zwischen den Koeffizienten $R_{ik}$ und $L_{ik}$ durch

$$R_{11} = \frac{L_{22}}{|L|}, \; R_{12} = \frac{-L_{12}}{|L|},$$
$$R_{21} = \frac{-L_{21}}{|L|}, \; R_{22} = \frac{L_{11}}{|L|}, \qquad (5.349)$$

mit der Determinante $|L| = L_{11}L_{22} - L_{12}L_{21}$ gegeben.

Allgemein gilt

$$R_{ik} = \frac{|L|_{ik}}{|L|}, \qquad (5.350)$$

wobei $|L|$ die Determinante der Koeffizienten des Gleichungssystems (5.319) und $|L|_{ik}$ die dem Koeffizienten $L_{ik}$ zugeordnete Adjunkte darstellt.

Das Gleichungssystem (5.347) erweist sich als zweckmäßig, wenn die Wechselbeziehung der Kräfte eines Systems mit gekoppelten Flüssen diskutiert werden soll. Wenn die Reziprozitätsbeziehung $L_{ki} = L_{ik}$ erfüllt sein soll, so muß nach Gl. (5.349) bzw. Gl. (5.350) auch $R_{ki} = R_{ik}$ gelten. Dies soll am Beispiel eines Membransystems, in dem der Transport einer Substanz mit einer energieliefernden chemischen Reaktion gekoppelt ist, verifiziert werden.

Da bei dem Transport von Ionen auch elektrische Arbeit geleistet werden muß, versteht man unter einem aktiven Transport oder einem „Bergauftransport" einen Transport von kleinem auf großes elektrochemisches Potential. Die für den aktiven Transport erforderliche Energie kann z.B. als freie Reaktionsenthalpie ($\Delta_R G < 0$) einer exergonischen chemischen Reaktion in dem Transportsystem aktiviert werden. Deshalb interessiert hier die Frage nach der Wechselbeziehung zwischen der Affinität $A_R$ der energieliefernden Reaktion und der Differenz $\Delta\tilde{\mu}_i$ der elektrochemischen Potentiale der transportierten Substanz (i) auf beiden Seiten des wirksamen Membransystems. Diese Wechselbeziehung läßt sich nach Gl. (5.347) allgemein durch die Gleichungen

$$\Delta\tilde{\mu}_i = \sum_{k=1}^{n} R_{ik}J_k + R_{iR}J_{ch} \qquad (5.351)$$

und

$$A_R = \sum_{k=1}^{n} R_{Rk}J_k + R_{RR}J_{ch} \qquad (5.352)$$

beschreiben. Der Index R steht hier wie bei $A_R$ für „Reaktion". In den Summentermen sind die Beiträge aller *nichtchemischen Flüsse* zusammengefaßt. Nach dem Curie–Prigogine-Prinzip ist eine Kopplung zwischen $J_{ch}$ und $J_i$ allerdings nur in Membransystemen mit einer funktionellen oder strukturellen Anisotropie möglich. Durch Auflösen von Gl. (5.351) nach $J_i$ erhält man

$$J_i = \frac{\Delta\tilde{\mu}_i}{R_{ii}} - \sum_{\substack{k=1 \\ k \neq i}}^{n} \frac{R_{ik}}{R_{ii}} J_k - \frac{R_{iR}}{R_{ii}} J_{ch} \,. \qquad (5.353)$$

Für den aktiven Transport entscheidend wichtig ist nur der letzte Term auf der rechten Seite von Gl. (5.353). Ist der vektorielle Kopplungskoeffizient $R_{iR}$ gleich Null, so findet kein aktiver Transport statt.

Abbildung 5.17 zeigt ein Schema einer Versuchsanordnung, mit dem die Bedeutung des Kopplungskoeffizienten veranschaulicht werden soll.

Ein Reaktionsraum R, in dem die enzymatisch kontrollierte Spaltung einer neutralen Verbindung AB nach dem Schema

$$AB \rightarrow A^+ + B^-$$

ablaufen soll, ist durch zwei ionenselektive Membranen $\alpha$ und $\beta$ von zwei relativ großen (*semiinfiniten*) Reservoirs I und II getrennt. Die Membran $\alpha$ ist durchlässig für das Kation $A^+$ und für AB und weitgehend undurchlässig für $B^-$. Die Membran $\beta$ ist durchlässig für das Anion $B^-$ und für AB und weitgehend undurchlässig für $A^+$. Die aus dem Reaktionsraum in das Reservoir II abwandernden Anionen können dort an der Elektrode abgeschieden werden, wobei an der Elektrode im Reservoir I Anionen in Lösung gebracht werden, so daß sich in dem gesamten System ein annähernd stationärer Zustand aufrechterhalten läßt. Die meßbare Stromstärke I wird dabei durch

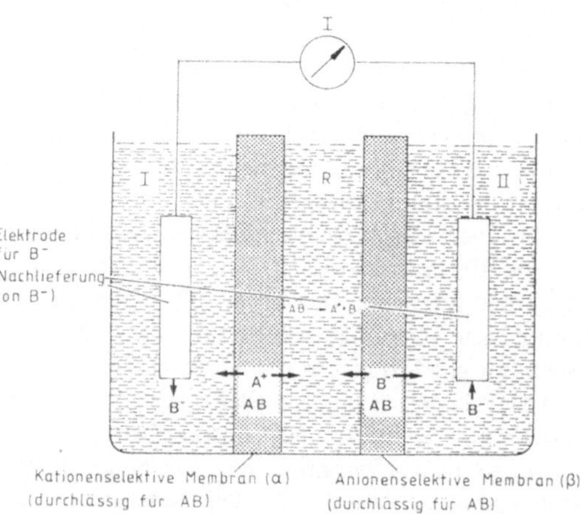



**Abb. 5.17** Schema einer Versuchsanordnung zum Studium der Kopplung zwischen einer chemischen Reaktion und dem Transport einer Substanz in einem Membransystem

die Geschwindigkeit der chemischen Reaktion kontrolliert. Der Einfachheit halber wird angenommen, daß die Membranen $\alpha$ und $\beta$ wasserundurchlässig sind. Außerdem wird vorausgesetzt, daß die Konzentrationen an $A^+$ und $B^-$ in den Reservoirs I und II gleich groß sind. Das Gleiche soll auch für die Konzentrationen der neutralen Substanz in I und II gelten. Dies bedeutet, daß die Differenzen $\Delta\mu_{AB}$ und $\Delta\mu_{A^+B^-}$ zwischen den Reservoirs I und II gleich Null sind. Ein Gefälle des elektrochemischen Potentials einer zu transportierenden Substanz liegt also zwischen I und II zumindest bei Versuchsbeginn nicht vor. Wenn aber im Verlauf des Versuchs Substanz von II nach I transportiert wird, so kann es sich dabei nur um einen *aktiven* Transport handeln, da die nach Gl. (5.286) erforderliche Triebkraft für einen passiven Transport nicht vorhanden ist. In dem hier betrachteten System kommt ein Transporteffekt nun dadurch zustande, daß die im Reaktionsraum R gebildeten Kationen überwiegend nur durch die Membran $\alpha$ in das Reservoir I abwandern können. Diese Kationen nehmen an dem Elektrodenprozeß nicht teil. Damit kommt es zu einer Anreicherung von $A^+$ in I. Die lokale Elektroneutralität wird dabei durch die Nachlieferung von $B^-$ über den Elektrodenprozeß aufrechterhalten. Die chemische Reaktion kann nur zwischen den beiden Membranen in R ablaufen, da das kontrollierende Enzym nur dort vorhanden ist. Der Bedarf an dem Ausgangsstoff AB wird dabei durch passiven Transport aus den Reservoirs I und II gedeckt. Da die Membran $\beta$ für die Kationen undurchlässig ist und die zugewanderten Anionen an der Elektrode abgeschieden werden, bleibt die Salzkonzentration in II konstant. Die Konzentration an AB verringert sich aber durch den passiven Transport von II nach R. Insgesamt wird somit unter Bildung von „Produkt" Substanz von II nach I transportiert. Die vereinfachenden Voraussetzungen $\Delta\mu_{AB} = 0$ und $\Delta\mu_{A^+B^-} = 0$ sind deshalb nur insoweit gültig, wie die bei dem Prozeß auftretenden Konzentrationsverschiebungen durch die „unerschöpflichen" Reservoirs aufgefangen werden. Im stationären Zustand dürfen die lokalen Konzentrationen aller am Umsatz beteiligten Stoffe nicht zeitabhängig sein.

Faßt man das Volumen des Reaktionsraums mit dem der Membranen zu einer Einheit zusammen, so gilt für den stationären Zustand zunächst allgemein

$$\frac{dn_{AB}^R}{dt} = 0 = -\frac{d\xi}{dt} + J_{AB}^\alpha - J_{AB}^\beta , \qquad (5.354)$$

$$\frac{dn_{A^+}^R}{dt} = 0 = \frac{d\xi}{dt} + J_{A^+}^\alpha - J_{A^+}^\beta , \qquad (5.355)$$

und

$$\frac{dn_{B^-}^R}{dt} = 0 = \frac{d\xi}{dt} + J_{B^-}^\alpha - J_{B^-}^\beta , \qquad (5.356)$$

wobei die Umsatzrate der chemischen Reaktion wie in Gl. (5.322) durch $d\xi/dt$ ausgedrückt ist. Die Dissipationsfunktion für das gesamte System läßt sich mit $J_{ch} = d\xi/dt$ und

$$\Delta\tilde{\mu}_k^\alpha = \tilde{\mu}_k^I - \tilde{\mu}_k^R \quad \text{bzw.}$$

$$\Delta\tilde{\mu}_k^\beta = \tilde{\mu}_k^R - \tilde{\mu}_k^{II} \qquad (5.357)$$

sowie

$$A_R^R = \mu_{AB}^R - \tilde{\mu}_{A^+}^R - \tilde{\mu}_{B^-}^R \qquad (5.358)$$

in der Form

$$\begin{aligned}
\Phi = &(\Delta\mu_{AB}^\alpha J_{AB}^\alpha + \Delta\tilde{\mu}_{A^+}^\alpha J_{A^+}^\alpha + \Delta\tilde{\mu}_{B^-}^\alpha J_{B^-}^\alpha) \\
&+ (\Delta\mu_{AB}^\beta J_{AB}^\beta + \Delta\tilde{\mu}_{A^+}^\beta J_{A^+}^\beta + \Delta\tilde{\mu}_{B^-}^\beta J_{B^-}^\beta) \\
&+ A_R^R J_{Ch} \qquad (5.359)
\end{aligned}$$

schreiben. Voraussetzungsgemäß gilt außerdem

$$\Delta\mu_{AB} = \Delta\mu_{AB}^\alpha + \Delta\mu_{AB}^\beta = 0 ,$$

bzw.

$$\Delta\mu_{AB}^\alpha = -\Delta\mu_{AB}^\beta \qquad (5.360)$$

und

$$\begin{aligned}
\Delta\mu_{A^+B^-} &= \Delta\tilde{\mu}_{A^+}^\alpha + \Delta\tilde{\mu}_{A^+}^\beta + \Delta\tilde{\mu}_{B^-}^\alpha + \Delta\tilde{\mu}_{B^-}^\beta \\
&= \Delta\tilde{\mu}_{A^+} + \Delta\tilde{\mu}_{B^-} = 0 ,
\end{aligned}$$

bzw.

$$\Delta\tilde{\mu}_{A^+} = -\Delta\tilde{\mu}_{B^-} . \qquad (5.361)$$

Unter Berücksichtigung der Gln. (5.355), (5.356), (5.360) und (5.361) läßt sich Gl. (5.359) umformen zu

$$\Phi = \Delta\mu_{AB}^{\alpha}(J_{AB}^{\alpha} - J_{AB}^{\beta})$$
$$+ \Delta\tilde{\mu}_{A}^{\alpha} + (J_{A^+}^{\beta} - J_{ch}) + \Delta\tilde{\mu}_{A^+}^{\beta} J_{A^+}^{\beta}$$
$$+ \Delta\tilde{\mu}_{B^-}^{\alpha}(J_{B^-}^{\beta} - J_{ch})$$
$$+ \Delta\tilde{\mu}_{B^-}^{\beta} J_{B^-}^{\beta} + A_R^R J_{ch} \,,$$

so daß sich unter Beachtung von Gl. (5.354)

$$\Phi = J_{ch}(\Delta\mu_{AB}^{\alpha} - \Delta\tilde{\mu}_{A^+}^{\alpha} - \Delta\tilde{\mu}_{B^-}^{\alpha} + A_R^R)$$
$$+ J_{A^+}^{\beta} \Delta\tilde{\mu}_{A^+} + J_{B^-}^{\beta} \Delta\tilde{\mu}_{B^-} \qquad (5.362)$$

ergibt. Nach Gl. (5.358) ist nun der als Faktor von $J_{ch}$ in Gl. (5.362) auftretende Klammerausdruck

$$\Delta\mu_{AB}^{\alpha} - \Delta\tilde{\mu}_{A^+}^{\alpha} - \Delta\tilde{\mu}_{B^-}^{\alpha} + A_R^R$$
$$= \mu_{AB}^{I} - \tilde{\mu}_{A^+}^{I} - \tilde{\mu}_{B^-}^{I} = A_R^I \,,$$

oder, wenn man die chemische Affinität im Reservoir I mit $A_R^{ext}$ bezeichnet,

$$A_R^{ext} = \Delta\mu_{AB}^{\alpha} - \Delta\tilde{\mu}_{A^+}^{\alpha} - \Delta\tilde{\mu}_{B^-}^{\alpha} + A_R^R \,. \qquad (5.363)$$

Da die Zusammensetzung der Lösungen in den Reservoirs I und II gleich ist, gilt außerdem

$$A_R^{II} = A_R^I = A_R^{ext} \,.$$

Wie bei dem ersten Beispiel wird nun auch hier die zwischen den beiden Elektroden meßbare elektromotorische Kraft E durch die Differenz der elektrochemischen Potentiale der potentialbestimmenden Ionen festgelegt, d.h. es gilt

$$- FE = \Delta\tilde{\mu}_{B^-} = - \Delta\tilde{\mu}_{A^+} \,,$$

und der elektrische Strom I ist durch

$$I = F(J_{A^+}^{\beta} - J_{B^-}^{\beta})$$

gegeben. Damit reduziert sich die Dissipationsfunktion $\Phi$ nach Gl. (5.362) auf die einfache Gleichung

$$\Phi = J_{ch} A_R^{ext} + (J_{A^+}^{\beta} - J_{B^-}^{\beta})(- \Delta\tilde{\mu}_{B^-})$$
$$= J_{ch} A_R^{ext} + IE \,. \qquad (5.364)$$

Der resultierende Ausdruck für $\Phi$ enthält also schließlich nur noch zwei Terme mit „äußeren Kräften", der externen Affinität $A_R^{ext}$ und der elektromotorischen Kraft E. Der Reaktionsraum R mit den beiden Membranen $\alpha$ und $\beta$ erscheint hier als eine „black box" und kann formal wie ein

einziges komplexes Membransystem mit den inversen phänomenologischen Gleichungen

$$A_R^{ext} = R_{11} J_{ch} + R_{12} I \qquad (5.365)$$

und

$$E = R_{21} J_{ch} + R_{22} I \qquad (5.366)$$

behandelt werden. Da nun aber im Fall des betrachteten Systems die Funktionselemente der „black box" bekannt sind, lassen sich die Kopplungskoeffizienten $R_{12}$ und $R_{21}$ berechnen und vergleichen.

Analog Gl. (5.317) muß auch hier für jede der beiden Membranen

$$I = \kappa_{m\alpha} E_\alpha + \frac{\kappa_{m\alpha} t_1^\alpha}{F} \frac{\Delta\Pi_\alpha}{\bar{c}_s^\alpha}$$
$$= \kappa_{m\beta} E_\beta + \frac{\kappa_{m\beta} t_1^\beta}{F} \frac{\Delta\Pi_\beta}{\bar{c}_s^\beta} \qquad (5.367)$$

mit der Nebenbedingung $E_\alpha + E_\beta = E$ gelten.

Nach den vereinfachenden Voraussetzungen muß nun außerdem

$$\Delta\Pi_\alpha = - \Delta\Pi_\beta = \Delta\Pi \quad \text{und}$$
$$\bar{c}_s^\alpha = \bar{c}_s^\beta = \bar{c}_s \qquad (5.368)$$

gelten, wobei die stationäre Salzkonzentration im Reaktionsraum R von der Geschwindigkeit der Reaktion abhängt. Aus den Gln. (5.367) und (5.368) folgt

$$I\left(\frac{1}{\kappa_{m\alpha}} + \frac{1}{\kappa_{m\beta}}\right) = E + \frac{t_1^\alpha - t_1^\beta}{F} \frac{\Delta\Pi}{\bar{c}_s}$$

oder

$$\Delta\Pi = \frac{\bar{c}_s FI\left(\dfrac{1}{\kappa_{m\alpha}} + \dfrac{1}{\kappa_{m\beta}}\right)}{t_1^\alpha - t_1^\beta} - \frac{\bar{c}_s EF}{t_1^\alpha - t_1^\beta} \,. \qquad (5.369)$$

In dem betrachteten System ist der Fluß des gelösten Elektrolyten $J_s$ gleich dem Fluß der Kationen, weil die Übertragung der Anionen überwiegend durch die Elektrodenprozesse bewerkstelligt wird. Für den angenommenen stationären Zustand gilt deshalb nach Gl. (5.355) auch

$$\frac{d\xi}{dt} + J_s^\alpha - J_s^\beta = 0 \,,$$

wobei nach Gl. (5.318)

$$J_s^\alpha = P_{d\pi}^\alpha \Delta\Pi_\alpha + \frac{t_1^\alpha}{F} I$$

bzw.

$$J_s^\beta = P_{d\pi}^\beta \Delta\Pi_\beta + \frac{t_1^\beta}{F} I \qquad (5.370)$$

zu setzen ist.

Unter Berücksichtigung von Gl. (5.368) erhält man bei Subtraktion der beiden Gln. (5.370) als Stationaritätsbedingung

$$\frac{d\xi}{dt} + (P_{d\pi}^\alpha + P_{d\pi}^\beta)\Delta\Pi$$

$$+ \frac{t_1^\alpha - t_1^\beta}{F} I = 0 \qquad (5.371)$$

und mit $\Delta\Pi$ gemäß Gl. (5.369) nach Umordnung der Terme

$$E = \left[ \frac{t_1^\alpha - t_1^\beta}{c_s(P_{d\pi}^\alpha + P_{d\pi}^\beta)F} \right] J_{ch}$$

$$+ \left[ \frac{1}{\kappa_{m\alpha}} + \frac{1}{\kappa_{m\beta}} + \frac{(t_1^\alpha - t_1^\beta)^2}{c_s(P_{d\pi}^\alpha + P_{d\pi}^\beta)F^2} \right] I \ .$$
$$(5.372)$$

Durch Koeffizientenvergleich mit Gl. (5.366) erkennt man, daß damit die Koeffizienten $R_{22}$ und $R_{21}$ zu

$$R_{22} = \frac{1}{\kappa_{m\alpha}} + \frac{1}{\kappa_{m\beta}}$$

$$+ \frac{(t_1^\alpha - t_1^\beta)^2}{\bar{c}_s(P_{d\pi}^\alpha + P_{d\pi}^\beta)F^2} \qquad (5.373)$$

und

$$R_{21} = \frac{t_1^\alpha - t_1^\beta}{\bar{c}_s(P_{d\pi}^\alpha + P_{d\pi}^\beta)F} \qquad (5.374)$$

bestimmt sind. $R_{22}$ hat die Dimension eines auf die Einheitsfläche bezogenen spezifischen elektrischen Leitungswiderstandes. Dieser Widerstand hängt über $\bar{c}_s$ von der Geschwindigkeit der Reaktion $AB \rightarrow A^+ + B^-$ ab.

Eine Kopplung zwischen I und $J_{ch}$ tritt nur dann auf, wenn $R_{21}$ nicht gleich Null ist. Bei dem betrachteten System ist $t_1^\alpha \neq t_1^\beta$ und damit auch

$R_{12} \neq 0$, d.h. die für den Fall des aktiven Transports geforderte Anisotropie des Membransystems ist hier durch die Verschiedenheit der Überführungszahlen $t_1^\alpha$ und $t_1^\beta$ in den beiden weitgehend ionenselektiven Membranen $\alpha$ und $\beta$ gegeben.

Zur Bestimmung von $R_{11}$ und $R_{12}$ kann man die Beziehung $J_{ch} = L_{ch} A_R^R$ nach Gl. (5.363) in der Form

$$J_{ch} = L_{ch}(A_R^{ext} - \Delta\mu_{AB}^\alpha + \Delta\tilde{\mu}_{A^+}^\alpha + \Delta\tilde{\mu}_{B^-}^\alpha)$$
$$(5.375)$$

verwenden.

Da $\Delta\tilde{\mu}_{A^+}^\alpha + \Delta\tilde{\mu}_{B^-}^\alpha = \Delta\mu_{A^+B^-}^\alpha = \Delta\Pi/\bar{c}_s$ gilt, kann die Summe $\Delta\tilde{\mu}_{A^+}^\alpha + \Delta\tilde{\mu}_{B^-}^\alpha$ in Gl. (5.375) durch den bei Auflösen von Gl. (5.371) nach $\Delta\Pi$ zu gewinnenden Ausdruck dargestellt werden, so daß

$$\Delta\mu_{A^+B^-}^\alpha = \frac{\Delta\Pi}{\bar{c}_s} = - \frac{J_{ch}}{\bar{c}_s(P_{d\pi}^\alpha + P_{d\pi}^\beta)}$$

$$- \frac{(t_1^\alpha - t_1^\beta)I}{\bar{c}_s(P_{d\pi}^\alpha + P_{d\pi}^\beta)F} \qquad (5.376)$$

gesetzt werden kann. Andererseits ist nach Gl. (5.354)

$$J_{ch} = J_{AB}^\alpha - J_{AB}^\beta \,, \qquad (5.377)$$

und mit

$$\Delta P_{d\pi_{AB}}^\beta = \frac{J_{AB}^\alpha}{\Delta\Pi_{AB}^\alpha} \quad \text{bzw.}$$

$$P_{d\pi_{AB}}^\beta = \frac{J_{AB}^\beta}{\Delta\Pi_{AB}^\beta} \qquad (5.378)$$

sowie

$$\Delta\Pi_{AB}^\alpha = - \Delta\Pi_{AB}^\beta = \Delta\Pi_{AB} \qquad (5.379)$$

erhält man aus Gl. (5.377)

$$J_{ch} = (P_{d\pi_{AB}}^\alpha + P_{d\pi_{AB}}^\beta)\Delta\Pi_{AB} \,, \qquad (5.380)$$

d.h. es kann

$$\Delta\mu_{AB}^\alpha = \frac{J_{ch}}{\bar{c}_{AB}(P_{d\pi_{AB}}^\alpha + P_{d\pi_{AB}}^\beta)} \qquad (5.381)$$

gesetzt werden. Durch Einsetzen von $\Delta\mu_{A^+B^-}^\alpha$ und $\Delta\mu_{AB}^\alpha$ nach Gl. (5.376) bzw. Gl. (5.381) in Gl. (5.375) erhält man

$$J_{ch} = L_{ch}\left[A_R^{ext} - \frac{J_{ch}}{\bar{c}_{AB}(P_{d\pi_{AB}}^\alpha + P_{d\pi_{AB}}^\beta)} - \frac{J_{ch}}{\bar{c}_s(P_{d\pi}^\alpha + P_{d\pi}^\beta)} - \frac{(t_1^\alpha - t_1^\beta)I}{\bar{c}_s(P_{d\pi}^\alpha + P_{d\pi}^\beta)F}\right]$$

bzw. durch Auflösen nach $A_R^{ext}$

$$A_R^{ext} = \left[\frac{1}{L_{ch}} + \frac{1}{\bar{c}_{AB}(P_{d\pi_{AB}}^\alpha + P_{d\pi_{AB}}^\beta)} + \frac{1}{\bar{c}_s(P_{d\pi}^\alpha + P_{d\pi}^\beta)}\right]J_{ch} + \frac{t_1^\alpha - t_1^\beta}{\bar{c}_s(P_{d\pi}^\alpha + P_{d\pi}^\beta)F}I \ . \qquad (5.382)$$

Durch Koeffizientenvergleich mit Gl. (5.365) ergibt sich also, daß die Koeffizienten $R_{11}$ und $R_{12}$ durch

$$R_{11} = \frac{1}{L_{ch}} + \frac{1}{\bar{c}_{AB}(P_{d\pi_{AB}}^\alpha + P_{d\pi_{AB}}^\beta)}$$
$$+ \frac{1}{\bar{c}_s(P_{d\pi}^\alpha + P_{d\pi}^\beta)} \qquad (5.383)$$

und

$$R_{12} = \frac{t_1^\alpha - t_1^\beta}{\bar{c}_s(P_{d\pi}^\alpha + P_{d\pi}^\beta)F} \qquad (5.384)$$

bestimmt sind. Aus dem Vergleich von Gl. (5.384) mit Gl. (5.374) folgt

$$R_{12} = R_{21} \ , \qquad (5.385)$$

und somit nach Gl. (5.349) auch

$$L_{12} = L_{21} \ . \qquad (5.386)$$

Die Reziprozitätsbeziehung ist also auch für das zweite hier betrachtete Systembeispiel erfüllt. Dieses zuerst von Kedem, Caplan und Blumenthal diskutierte Modellsystem erlaubt zwar keine Aussagen über den molekularen Mechanismus des aktiven Transports; es ermöglicht aber eine quantitative Beschreibung der Kopplung zwischen Stofftransport und chemischer Reaktion in einer Membran und ermöglicht damit ein besseres Verständnis der Transportvorgänge, die für den zellulären Stoffwechsel besonders wichtig sind.

Die Allgemeingültigkeit der Onsagerschen Reziprozitätsbeziehungen

$$L_{ik} = L_{ki} \qquad (5.387)$$

läßt sich begründen, wenn man die statistischen Schwankungen der Zustandsvariablen eines Systems in einem hinreichend kleinen Teilvolumen in einen Zusammenhang mit dem *Prinzip der mikroskopischen Reversibilität* bringt und die Abweichungen der Entropie von ihrem Gleichgewicht

durch die Änderung des Logarithmus der thermodynamischen Zustandswahrscheinlichkeit ausdrückt. Bezeichnet man die mikroskopischen Fluktuationen von zwei Systemvariablen (z.B. von zwei spezifischen Molekülzahlen $n_i$ und $n_j$ verschiedener Mischungskomponenten), ähnlich wie die makroskopischen Gleichgewichtsabweichungen der Konzentrationen $c_i$ in Gl. (5.324) mit $\alpha_i$ bzw. $\alpha_j$, so muß bei Vorhandensein einer Wechselbeziehung zwischen den zeitabhängigen Fluktuationen $\alpha_i$ und $\alpha_j$

$$\overline{\alpha_i(t)\alpha_j(t)} \neq 0 \qquad (5.388)$$

gelten. Da es bei unabhängigen statistischen Schwankungen keine Präferenz für ein bestimmtes Vorzeichen der Abweichung vom wahrscheinlichsten Wert geben darf, muß für unabhängig fluktuierende Parameter stets $\overline{\alpha_i} = 0$ und $\overline{\alpha_j} = 0$ sein. Wenn also eine Wechselbeziehung oder *Korrelation* zwischen $\alpha_i$ und $\alpha_j$ nicht existiert, gilt anstelle von Gl. (5.388) $\overline{\alpha_i\alpha_j} = \overline{\alpha_i} \cdot \overline{\alpha_j} = 0$. Betrachtet man nun den Einfluß der zur Zeit t vorliegenden Fluktuation $\alpha_j(t)$ auf die sich zur Zeit $t + \tau$ einstellende Fluktuation $\alpha_j(t + \tau)$, so besagt das Prinzip der mikroskopischen Reversibilität, daß für die *zeitabhängigen Korrelationsmittelwerte* der korrelierten Fluktuationen stets

$$\overline{\alpha_i(t)\alpha_j(t + \tau)} = \overline{\alpha_i(t + \tau)\alpha_j(t)} \qquad (5.389)$$

gelten muß. Mit anderen Worten: In der Domäne der mikroskopischen Prozesse spielt die „Umkehrung der Zeitrichtung" keine Rolle. Durch Subtraktion der Gln. (5.389) und (5.388) erhält man

$$\overline{\alpha_i(t)[\alpha_j(t + \tau) - \alpha_j(t)]}$$
$$= \overline{\alpha_j(t)[\alpha_i(t + \tau) - \alpha_i(t)]} \qquad (5.390)$$

oder nach Division durch $\tau$

$$\alpha_i(t)\frac{[\alpha_j(t + \tau) - \alpha_j(t)]}{\tau}$$

$$= \alpha_j(t)\frac{[\alpha_i(t + \tau) - \alpha_i(t)]}{\tau} \qquad (5.391)$$

und für den Grenzfall $\tau \to 0$

$$\alpha_i\frac{d\alpha_j(t)}{dt} = \alpha_j\frac{d\alpha_i(t)}{dt} . \qquad (5.392)$$

Onsagers Hypothese besteht nun in der Annahme, daß die mittleren Abklingraten der mikroskopischen Fluktuationen einer Variablen in der gleichen Weise von den thermodynamischen Rückstellkräften abhängen wie die makroskopischen Flüsse, so daß

$$\left(\overline{\frac{d\alpha_i}{dt}}\right) = \sum_{k=1}^{n} L_{ik}X_k = J_i \qquad (5.393)$$

gesetzt werden kann. Durch Einsetzen in Gl. (5.392) folgt

$$\alpha_i \sum_{k=1}^{n} \overline{L_{jk}X_k} = \alpha_j \sum_{k=1}^{n} \overline{L_{jk}X_k} \qquad (5.394)$$

bzw.

$$\sum_{k=1}^{n} L_{jk}\overline{\alpha_i X_k} = \sum_{k=1}^{n} L_{jk}\overline{\alpha_j X_k} . \qquad (5.395)$$

Im Rahmen der statistisch-thermodynamischen Theorie der Schwankungserscheinungen läßt sich nun zeigen, daß mit dem Kronecker-Symbol $\delta_{ij}$ ($\delta_{ij} = 0$ für $i \neq j$, $\delta_{ij} = 1$ für $i = j$) und der Boltzmann-Konstante $k$

$$\overline{X_j \alpha_i} = - k \delta_{ij} \qquad (5.396)$$

gesetzt werden kann. Deshalb läßt sich Gl. (5.395) auch in der Form

$$k \sum_{k=1}^{n} L_{jk} \delta_{ik}$$

$$= k \sum_{k=1}^{n} L_{ik} \delta_{jk} \qquad (5.397)$$

schreiben. Man sieht nun sofort, daß nach der mit $\delta_{ik}$ bzw. $\delta_{jk}$ gegebenen Rechenvorschrift auf der linken Seite von Gl. (5.397) alle Terme mit $k \neq i$

verschwinden müssen. Das gleiche gilt für alle Terme mit $k \neq j$ auf der rechten Seite der Gleichung. Damit erhält man nach Division durch $k$ aus Gl. (5.397) die Reziprozitätsbeziehung

$$L_{ji} = L_{ij} . \qquad (5.387)$$

Bezüglich der Begründung von Gl. (5.396) und der bei der Grenzwertbildung für $\tau \to 0$ zu beachtenden Einschränkungen muß hier auf die im Anhang 2 angegebene Spezialliteratur verwiesen werden. Dort werden auch die Schwierigkeiten diskutiert, die sich bei der hier kurz erläuterten Argumentation aus der Vektornatur der Transportflüsse ergeben.

Aus der Onsagerschen Reziprozitätsbeziehung lassen sich zahlreiche interessante Wechselbeziehungen zwischen meßbaren physikalischen Größen ableiten. Für den Biochemiker besonders wichtig ist die Äquivalenz, welche zwischen der Reziprozitätsbeziehung und dem im Abschn. 5.3.1 zu erklärenden *Prinzip der detaillierten Balance* besteht. Die hier beschriebenen Prinzipien der linearen Nichtgleichgewichtsthermodynamik sind nicht nur für das Verständnis des aktiven Transports von Bedeutung; sie bilden die theoretische Grundlage für die Diskussion der biologischen Energietransformationsprozesse (vgl. Abschn. 5.4). Außerdem ergeben sich für den nichtlinearen Bereich der Kraft-Fluß-Beziehungen grundsätzlich wichtige Aussagen über das Verhalten von autokatalytischen Reaktionszyklen und über oszillatorische Phänomene und dissipative Strukturen. Diese Aussagen sind besonders wichtig für das Verständnis der Modellbetrachtungen zu möglichen Mechanismen der molekularen Selbstorganisation und der präbiotischen Evolution.

## 5.3 Energetische Aspekte und Gesetzmäßigkeiten der Reaktionskinetik

### 5.3.1 Grundbegriffe der Formalkinetik

Nach jeder durch die Erfordernisse der biologischen Funktionssysteme bedingten Störung der Fließgleichgewichte müssen sich die Konzentrationen der beteiligten Stoffe in Zellen und Organellen wieder auf stationäre Werte einstellen. Die Mehrzahl aller physiologischen Prozesse ist mit chemischen Umsetzungen gekoppelt. Deshalb werden die charakteristischen Zeitkonstanten für die zeitliche Veränderung der Stoffkonzentrationen in zellulären Systemen sehr oft durch die Geschwindigkeit bestimmter chemischer Umsetzungen festgelegt. Aus der thermodynamischen Behandlung der Energetik chemischer Reaktionen im Abschn. 5.2.2 ergab sich die Richtung einer chemischen Reaktion als Veränderung der Zustandsgrößen des Systems zu kleineren Werten der freien Enthalpie G. Die Geschwindigkeit dieser Veränderung ist jedoch unabhängig von der Größe der freien Reaktionsenthalpie $\Delta_R G$; sie kann deshalb nicht aus ihr abgeleitet werden. Die Kenntnis der wichtigsten Grundgesetze der chemischen Kinetik ist daher eine notwendige Voraussetzung für das Verständnis des zeitlichen Ablaufs der Einstellung von Gleichgewichten und stationären Zuständen in allen biochemischen Reaktionssystemen. Die chemische Kinetik beschreibt den Zusammenhang zwischen der Umsatzrate der an einer Reaktion beteiligten Ausgangsstoffe und Endprodukte und den Momentanwerten der Konzentrationen dieser Stoffe; sie erlaubt in vielen Fällen eine einfache analytische Darstellung der Zeitabhängigkeit einer Reaktandenkonzentration. Im Abschn. 5.2.7 ist mit der Einführung des Differentialquotienten $d\xi/dt$ in Gl. (5.322) bereits eine Definition für den Momentanwert der Umsatzrate gegeben worden. $d\xi/dt$ wird allgemein als *Reaktionsgeschwindigkeit* bezeichnet.

Diese Definition der Reaktionsgeschwindigkeit ist unabhängig von der Wahl der betrachteten Substanz und der Reaktionsbedingungen. Zur Unterscheidung von $d\xi/dt$ sollte man die Differentialquotienten $dc_j/dt$ und $dc_i/dt$ als Bildungs- oder Zerfallsgeschwindigkeit der jeweiligen Endprodukte bzw. Ausgangsstoffe bezeichnen. Die Bezeichnung dieser Größen wird aber in der Literatur nicht einheitlich gehandhabt, und meist wird ohne Unterscheidung von Reaktionsgeschwindigkeit gesprochen.

Die im folgenden zu erklärenden Grundgleichungen der chemischen Kinetik sollen zunächst nur eine quantitative phänomenologische Beschreibung der Gesetze für die zeitliche Veränderlichkeit stofflicher Zustände in chemischen Reaktionssystemen ermöglichen. Nur in einfachen Fällen lassen sich aus der Phänomenologie des Reaktionsgeschehens auch Rückschlüsse auf die bei der Umsetzung vor sich gehenden molekularen Prozesse ziehen. Die voraussetzungsfreie theoretische Berechnung chemischer Reaktionsgeschwindigkeiten stellt eine der schwierigsten Aufgaben der gesamten theoretischen Chemie dar, deren Lösung gegenwärtig keineswegs auch nur annähernd als abgeschlossen gelten kann. Die Darstellung der chemischen Kinetik im Rahmen eines Lehrbuches muß deshalb auf die Beschreibung der phänomenologischen Gesetzmäßigkeiten und auf die Aufzählung einiger charakteristischer allgemeiner Gesichtspunkte beschränkt bleiben.

Die zahlreichen Versuche, einen makroskopisch eindeutig charakterisierten Reaktionsablauf mit der Umorientierung kovalenter Bindungen und dem sukzessiven Austausch funktioneller Gruppen zu erklären, verdienen wegen der Schwierigkeit der gesamten Problematik besondere Beachtung. Diese an den klassischen Strukturformeln orientierten Modellvorstellungen beflügeln die Phantasie des Chemikers, und zahlreiche wichtige Entwicklungen im Bereich der Biochemie wären ohne das theoretische Hilfsmittel der „mechanistischen" Modellbetrachtungen wohl kaum zustande gekommen. Deshalb ist auch die inhaltliche Gestaltung vieler Lehrbücher der Chemie und der Biochemie geprägt durch die ausführliche Erörterung zahlreicher Reaktionsmechanismen für Synthesewege und Stoffwechselzyklen. Beim Studium dieser Reaktionsmechanismen muß man aber stets beachten, daß ein mechanistisches Modell die bei einer chemischen Reaktion ablaufenden molekularen Prozesse nur sehr unvollständig wiedergeben kann und keine Aussagen über die Anregungszustände der beteiligten Molekülgruppen ermöglicht. Zahlreiche fruchtlose Diskussionen über die Gültigkeit mechanistischer „Regeln" haben sich aus der Nichtbeachtung dieser elementaren Tatsache ergeben.

Grundsätzlich muß man bei der Aufstellung der kinetischen Gleichungen für ein Reaktionssystem stets neben der *Hinreaktion* auch die *Rückreaktion* betrachten. Die experimentell bestimmbare Reaktionsgeschwindigkeit ist dann gleich der Differenz der Geschwindigkeiten der beiden Prozesse. Im chemischen Gleichgewicht sind die Geschwindigkeiten der Hin- und Rückreaktion gleich groß und die Reaktionsgeschwindigkeit $d\xi/dt$ ist gleich Null. Befindet sich das System jedoch in hinreichend großer Entfernung vom Gleichgewicht, so kann die Rückreaktion gegenüber der Hinreaktion vernachlässigt werden. Daraus ergibt sich oft eine erhebliche Vereinfachung der mathematischen Behandlung, die aber nur in einem beschränkten Konzentrationsbereich gültig ist.

Mit dem in Abschn. 5.1.6 erklärten Prinzip des gemeinsamen Zwischenproduktes ist bereits deutlich gemacht worden, daß chemische Reaktionen in der Regel aus mehreren Teilschritten bestehen. Der einfachste Mechanismus einer *unidirektionalen* Enzymreaktion besteht z.B. aus der Bildung eines Komplexes zwischen dem umzusetzenden Substrat S und dem freien Enzym E (1. Schritt) und der nachfolgenden Bildung des Produktes P unter Freisetzung des Enzyms E (2. Schritt):

$$S + E \rightarrow ES \rightarrow P + E . \qquad (5.398)$$

Viele Reaktionen, die nach einer oberflächlichen kinetischen Analyse als einfache chemische Elementarprozesse angesehen wurden, haben sich bei einer genaueren Untersuchung als komplizierte Reaktionsfolgen mit experimentell nachweisbaren Zwischenprodukten erwiesen. Die möglichst weitgehende Aufklärung der Reaktionsmechanismen mehrstufiger Reaktionssequenzen ist ein wesentliches Ziel kinetischer Untersuchungen.

### Molekularität

Ein wichtiges Merkmal zur Klassifikation einzelner Reaktionsschritte ist die Anzahl der an dem Prozeß beteiligten gleichartigen oder unterschiedlichen Moleküle; sie wird als *Molekularität* bezeichnet.

Beispiele:

a) $A \rightarrow P$

   $A \rightarrow P + Q$    monomolekulare Reaktionen

b) $A + B \rightarrow P$

   $A + A \rightarrow A_2$   bimolekulare Reaktionen

c) $A + B + C \rightarrow P$   trimolekulare Reaktion.

Die Molekularität gibt an, wieviele Moleküle gleichzeitig miteinander in Wechselwirkung treten müssen, damit der Reaktionsschritt ablaufen kann. Das gleichzeitige Zusammentreffen von mehr als drei Molekülen stellt ein sehr seltenes Ereignis dar. Reaktionsschritte mit einer über den Fall der trimolekularen Reaktion hinausgehenden Molekularität sind daher extrem unwahrscheinlich. Die Molekularität ist in der Regel keine experimentell direkt zugängliche Größe; sie muß unter Zuhilfenahme verschiedener physikalischer Meßmethoden durch eingehende Untersuchungen ermittelt werden.

### Reaktionsordnung

Es ist einleuchtend, daß die Zerfallsgeschwindigkeit der Ausgangsstoffe bei konstanter Temperatur von den Konzentrationen der Reaktanden abhängt, denn die Reaktionsgeschwindigkeit sollte proportional zur Begegnungswahrscheinlichkeit der Reaktionspartner und damit auch proportional zu den jeweiligen Konzentrationen sein. Deshalb findet man in einfachen Fällen bei Messungen der Geschwindigkeit von Reaktionen des Typs $A + B \rightarrow P$ sehr oft eine Beziehung der Art

$$-\frac{dc_A}{dt} = k c_A^{n_A} \cdot c_B^{n_B} \qquad (5.399)$$

mit ganzzahligen Exponenten $n_A$ und $n_B$. Die Summe $n = n_A + n_B$ nennt man die Ordnung der Reaktion. Der (temperaturabhängige) Proportionalitätsfaktor k ist die charakteristische kinetische Konstante des Reaktionssystems. Die Konstante k wird als *Geschwindigkeitskonstante* bezeichnet. Ihre Dimension wird durch die Ordnung der Reaktion bestimmt.

### Integration kinetischer Gleichungen

Bei kinetischen Messungen wird im allgemeinen die Konzentration einer an der Reaktion beteiligten Substanz als Funktion der Zeit registriert. Deshalb empfiehlt es sich, die Gl. (5.399) entsprechenden kinetischen Gleichungen zu integrieren und das Resultat direkt mit den Meßergebnissen zu vergleichen. Im folgenden soll die Integration der kinetischen Gleichungen kurz an einigen wichtigen Beispielen erläutert werden.

*Reaktionen erster Ordnung*

Setzt man für die Konzentration eines Ausgangsstoffes vereinfachend $c_A = c$, so nimmt die kinetische Gleichung für eine Reaktion erster Ordnung die Form

$$-\frac{dc}{dt} = kc \qquad (5.400)$$

an. Nach Trennung der Variablen

$$\frac{dc}{c} = -k\,dt \qquad (5.401)$$

erhält man als unbestimmtes Integral den Ausdruck

$$\ln c = -kt + C \; . \qquad (5.402)$$

Die Integrationskonstante C ergibt sich aus der Anfangsbedingung. Lag zu Beginn der Reaktion $(t = 0)$ die Anfangskonzentration $c_0$ vor, so muß nach Gl. (5.402)

$$\ln c_0 = C \qquad (5.403)$$

gelten. Damit ergibt sich die Beziehung

$$\ln \frac{c}{c_0} = -kt \qquad (5.404)$$

oder für die zur Zeit t noch vorliegende Konzentration des betrachteten Ausgangsstoffes

$$c(t) = c_0 \cdot e^{-kt} \; . \qquad (5.405)$$

Beispiel: Die der Formel nach bimolekulare Reaktion

$$\text{Rohrzucker} + \text{Wasser} \rightarrow (\alpha) - \text{D-Glucose}$$
$$+ (\alpha) - \text{D-Fructose}$$

wird durch Wasserstoff-Ionen katalysiert. Ein Katalysator kann zwar ein unmittelbarer Reaktionspartner sein; er wird aber im Laufe der Reaktion stets quantitativ zurückgebildet. Deshalb ändert sich die Wasserstoffionen-Konzentration während der Reaktion nicht. Die Konzentration der $H_2O$-Moleküle bleibt wegen des großen Wasserüberschusses praktisch konstant. Deshalb resultiert für die betrachtete Reaktion ein Zeitgesetz erster Ordnung. Die Reaktionsordnung stimmt also nicht mit der Molekularität dieser Reaktion überein.

Neben der Geschwindigkeitskonstante k verwendet man zur Charakterisierung der zeitlichen Veränderlichkeit stofflicher Systeme oft die *Halbwertszeit*. Die Halbwertszeit $t_{1/2}$ ist definiert als die Zeit, bis zu der die Konzentration des zerfallenden Ausgangsstoffes auf die Hälfte ihres Anfangswertes zurückgegangen ist; d.h. es gilt

$$c(t_{1/2}) = c_0/2 \; . \qquad (5.406)$$

Setzt man diesen Wert für $t = t_{1/2}$ in Gl. (5.404) ein, so folgt

$$\ln \frac{c_0}{2c_0} = -kt_{1/2}$$

bzw.

$$\ln 2 = kt_{1/2} \; ,$$

d.h.

$$t_{1/2} = \frac{\ln 2}{k} \; . \qquad (5.407)$$

Ein noch einfacherer Zusammenhang mit der Geschwindigkeitskonstante k ergibt sich bei Reaktionen erster Ordnung nach dem Mittelwertsgesetz der Integralrechnung für eine weitere Kenngröße, die als *mittlere Lebensdauer* $\tau$ bezeichnet wird. Da die Konzentrationen c(t) und $c_0$ den Teilchenzahlen N(t) bzw. $N_0$ proportional sind, kann man anstelle von Gl. (5.405) auch

$$N(t) = N_0 \cdot e^{-kt} \qquad (5.408)$$

schreiben. Durch Differenzieren nach t erhält man die Gleichung

$$\frac{dN}{dt} = -kN_0 e^{-kt} \qquad (5.409)$$

bzw.

$$dN(t) = -kN_0 e^{-kt} dt \; . \qquad (5.410)$$

Gl. (5.410) gibt die (infinitesimale) Anzahl der Teilchen an, die im infinitesimalen Zeitintervall zwischen t und $t + dt$ zerfallen. Das sind die Teilchen, deren individuelle „Lebensdauer" gleich der bis zum Beginn des betrachteten Zeitintervalls verstrichenen Zeit t ist. Um zu einem Ausdruck für die mittlere Lebensdauer der $N_0$ Teilchen zu gelangen, muß man jeden individuellen t-Wert mit dem durch Gl. (5.410) gegebenen Häufigkeitsfaktor dN(t) multiplizieren und über die Gesamtheit der so gebildeten Produkte zwischen den Grenzen Null und $N_0$ integrieren.

Nach Division durch die Gesamt-Teilchenzahl $N_0$ erhält man so für $\tau$ die Beziehung

$$\tau = \frac{1}{N_0} \int\limits_0^{N_0} t \, dN(t) \tag{5.411}$$

bzw. mit $dN(t)$ nach Gl. (5.410)

$$\tau = -\frac{k}{N_0} \int\limits_\infty^0 t N_0 e^{-kt} \, dt$$

$$= k \int\limits_0^\infty t e^{-kt} \, dt \ . \tag{5.412}$$

Das Integral in Gl. (5.412) kann durch partielles Integrieren gemäß

$$\int\limits_A^B uv' \, dx = [uv]_A^B - \int\limits_A^B vu' \, dx$$

gelöst werden. Mit

$$u = t \quad \text{und} \quad v' = e^{-kt}$$

bzw.

$$u' = 1 \quad \text{und} \quad v = -\frac{1}{k} e^{-kt}$$

nimmt Gl. (5.412) die Form

$$\tau = k\left[ -\frac{t}{k} e^{-kt} \right]_0^\infty + k \int\limits_0^\infty \frac{1}{k} e^{-kt} \, dt \tag{5.413}$$

an. Der erste Term in Gl. (5.413) ist gleich Null, weil der Einfluß des Faktors $e^{-kt}$ beim Übergang zum Grenzfall $t \to \infty$ überwiegt. Die Ausführung des Integrals im zweiten Term von Gl. (5.413) ergibt

$$\tau = -\frac{k}{k^2} [e^{-kt}]_0^\infty = \frac{1}{k} \ . \tag{5.414}$$

Bei einer Reaktion erster Ordnung ist also die mittlere Lebensdauer $\tau$ einfach gleich dem Kehrwert der Geschwindigkeitskonstante $k$. Diese Beziehung ist wichtig für die Auswertung der Sprung-Relaxationsmessung zur Untersuchung extrem schneller Reaktionen gelöster Stoffe.

Mit $\tau = 1/k$ ergibt sich aus Gl. (5.405) die Beziehung

$$c(\tau) = \frac{c_0}{e} \ . \tag{5.415}$$

$\tau$ ist also die Zeit, bis zu der die Konzentration des betrachteten Reaktionspartners sich auf $1/e$ des Anfangswertes verringert hat.

Der hier am Beispiel einer Reaktion erster Ordnung erklärte mathematische Formalismus kann mit Vorteil auch zur quantitativen Beschreibung vieler anderer physikalischer und biologischer Ausgleichsvorgänge (z. B. Temperaturausgleich, radioaktiver Zerfall, elektrische Entladung, viskoelastische Relaxation etc.) verwendet werden. Dies gilt bis zu einem gewissen Grade auch für die im folgenden zu erklärende formalkinetische Behandlung von Reaktionen zweiter Ordnung (z. B. für die Populationskinetik).

*Reaktionen zweiter Ordnung*

Auch für die formale Behandlung von Reaktionen zweiter Ordnung empfiehlt sich die Einführung einer vereinfachten Bezeichnung der in die kinetischen Gleichungen einzusetzenden Stoffkonzentrationen. Die Konzentrationen der an einer Reaktion vom Typ $A + B \to C + D$ beteiligten Substanzen kann man vereinfachend mit

$$c_A(t = 0) = a; \quad c_C(t) = x \ ;$$

$$c_A(t) = a - x$$

$$c_B(t = 0) = b; \quad c_D(t) = x \ ;$$

$$c_B(t) = b - x$$

bezeichnen. Die kinetische Gl. (5.399) nimmt für eine Reaktion zweiter Ordnung damit die Form

$$\frac{dx}{dt} = k(a - x)(b - x) \tag{5.416}$$

an. Die nach Trennung der Variablen erhaltene Gleichung

$$\frac{dx}{(a - x)(b - x)} = k \, dt \tag{5.417}$$

läßt sich durch Partialbruchzerlegung gemäß

$$\frac{1}{(a - x)(b - x)} = \frac{Z_1}{a - x} + \frac{Z_2}{b - x}$$

bzw.

$$1 = Z_1(b - x) + Z_2(a - x)$$

$$= Z_1 b + Z_2 a - (Z_1 + Z_2)x$$

mit $Z_1 = -Z_2$ über

$$1 = Z_1 b - Z_1 a = Z_1 (b - a)$$

bzw.

$$Z_1 = \frac{1}{b - a} \quad \text{und} \quad Z_2 = -\frac{1}{b - a}$$

in der Form

$$\frac{1}{b - a}\left[\frac{dx}{a - x} - \frac{dx}{b - x}\right] = k\,dt \qquad (5.418)$$

darstellen, so daß nach Integration mit $dx = -d(a - x) = -d(b - x)$

$$\frac{1}{a - b}\left[\ln(a - x) - \ln(b - x)\right]_0^x = kt$$

erhalten wird. Durch Einsetzen der Werte für die obere und untere Integrationsgrenze erhält man somit die Beziehung

$$kt = \frac{1}{a - b}(\ln(a - x) - \ln a - \ln(b - x) + \ln b)$$

oder

$$kt = \frac{1}{a - b}\ln\frac{b(a - x)}{a(b - x)}. \qquad (5.419)$$

Als Beispiel für eine formal nach Gl. (5.416) und Gl. (5.419) zu behandelnde Reaktion sei hier die alkalische Esterverseifung

$$CH_3\text{-}C\overset{O}{\underset{O}{\parallel}}\text{-}C_2H_5 + OH^- \rightarrow \left[CH_3\text{-}C\overset{O}{\underset{O}{\diagup}}\right]^- + C_2H_5OH$$

erwähnt. Ist $a = b$, so ergibt sich aus Gl. (5.419) für kt der unbestimmte Ausdruck 0/0. Für diesen Sonderfall muß Gl. (5.417) in der vereinfachten Form

$$\frac{dx}{(a - x)^2} = k\,dt \qquad (5.420)$$

integriert werden.

Dabei ergibt sich die Beziehung

$$kt = \frac{x}{a(a - x)}. \qquad (5.421)$$

Verwendet man als Variable nicht die jeweilige Konzentration x des gebildeten Produktes, sondern die Konzentration c eines Ausgangsstoffes,

so läßt sich die integrierte Form von Gl. (5.420) auch durch die Gleichung

$$kt = \frac{1}{c} - \frac{1}{c_0} \qquad (5.422)$$

darstellen, wobei der Anfangswert von c wie in Gl. (5.404) mit $c_0$ bezeichnet ist. Für $c = c_0/2$ ergibt sich hieraus die Beziehung

$$t_{1/2} = \frac{1}{kc_0}. \qquad (5.423)$$

Die Halbwertszeit einer Reaktion zweiter Ordnung hängt also von der gewählten Anfangskonzentration $c_0$ ab, während die nach Gl. (5.407) zu berechnende Halbwertszeit einer Reaktion erster Ordnung unabhängig von $c_0$ ist. Durch passende Wahl von $c_0$ läßt sich die Halbwertszeit einer sehr schnell verlaufenden Reaktion zweiter Ordnung so einstellen, daß sie einer Messung mit Relaxationsmethoden (vgl. Lit. im Anhang 2) zugänglich wird. Aus dem Vergleich von Gl. (5.407) und Gl. (5.423) ist auch ersichtlich, daß die Geschwindigkeitskonstante einer Reaktion der Ordnung n mit der Dimension $(\text{mol/l})^{n-1}\,s^{-1}$ angegeben werden muß.

Die Analogie zur formalen Behandlung eines biologischen Problems soll hier am Beispiel einer Populationskinetik aufgezeigt werden. Die Populationstheorie befaßt sich mit der Analyse des zeitlichen Verhaltens der Größe von tierischen Populationen und Gesellschaften. Eine Population entspricht der Anzahl von Individuen, die einen gemeinsamen Lebensraum besitzen. Diese Individuen können direkt untereinander oder auch indirekt (z. B. über die Begrenztheit des Nahrungsmittelangebotes) in Wechselwirkung treten. Ohne Berücksichtigung einer indirekten Wechselwirkung läßt sich das Anwachsen einer Individuenzahl N mit den zeitunabhängigen Koeffizienten $k_g$ (Geburtenkoeffizient) und $k_s$ (Sterbekoeffizient) durch die Gleichung

$$\frac{dN}{dt} = (k_g - k_s)N \qquad (5.424)$$

beschreiben. Mit $k_g - k_s = k_w$ vereinfacht sich Gl. (5.424) zu

$$\frac{dN}{dt} = k_w N \,. \tag{5.425}$$

Durch Integrieren erhält man die Gleichung von Malthus

$$N = N_0 e^{k_w t} \tag{5.426}$$

mit $N(t = 0) = N_0$. $k_w$ ist der *Wachstumskoeffizient*.

Die Gl. (5.426) beschreibt das im Anfangsstadium der Entwicklung einer Bakterienkultur zu beobachtende exponentielle Wachstum. Auch bei einer 14 Monate lang durchgeführten Beobachtung von Feldmäusen hat man eine befriedigende Übereinstimmung mit den nach Gl. (5.426) berechneten Zahlen gefunden ($k_w = 0{,}4/\text{Monat}$).

Tritt mit wachsender Individuenzahl eine Verknappung der Nahrungsmittel auf, so wird diese zu einer Verminderung des Wachstumskoeffizienten führen. Man kann diesen Effekt näherungsweise mit dem Ansatz

$$k_w = k_w^0 - mN \tag{5.427}$$

berücksichtigen, wobei $k_w^0$ den Wachstumskoeffizienten bei kleinen Individuenzahlen darstellt. Die Gl. (5.425) nimmt damit die Form

$$\frac{dN}{dt} = (k_w^0 - mN)N \tag{5.428}$$

an. Diese Gleichung entspricht formal weitgehend der kinetischen Gleichung (5.416) für eine Reaktion zweiter Ordnung, denn man erhält nach Multiplikation mit m und Trennung der Variablen den der Gl. (5.417) entsprechenden Ausdruck

$$\frac{dN}{\left(\dfrac{k_w^0}{m} - N\right)N} = m\,dt \,. \tag{5.429}$$

Es besteht allerdings keine vollkommene formale Übereinstimmung mit Gl. (5.417), denn anstelle des mit fortschreitender Zeit kleiner werdenden Faktors $b - x$ im Nenner des Bruches auf der linken Seite von Gl. (5.417) steht in Gl. (5.429) der mit t anwachsende Faktor N. Die Gl. (5.429) kann

ebenfalls mit Partialbruchzerlegung gemäß

$$\frac{1}{\left(\dfrac{k_w^0}{m} - N\right)N} = \frac{m}{k_w^0\left(\dfrac{k_w^0}{m} - N\right)} + \frac{m}{k_w^0 N}$$

integriert werden. Man erhält so zunächst die Gleichung

$$\begin{aligned}
mt &= \int_{N_0}^{N} \frac{dN}{\left(\dfrac{k_w^0}{m} - N\right)N} \\
&= \frac{m}{k_w^0}\left[ -\ln\left(\dfrac{k_w^0}{m} - N\right)\right]_{N_0}^{N} \\
&\quad + \frac{m}{k_w^0}\left[\ln N\right]_{N_0}^{N}
\end{aligned}$$

bzw.

$$\begin{aligned}
k_w^0 t &= \ln\left(\dfrac{k_w^0}{m} - N_0\right) \\
&\quad - \ln\left(\dfrac{k_w^0}{m} - N\right) + \ln N - \ln N_0 \,,
\end{aligned}$$

aus der sich durch Delogarithmieren und Auflösen nach N die Gleichung von Verhulst-Pearl

$$N = \frac{N_0 k_w^0 e^{k_w^0 t}}{k_w^0 + mN_0(e^{k_w^0 t} - 1)} \tag{5.430}$$

ergibt. Für sehr große Werte von t können im Nenner des Bruches auf der rechten Seite von Gl.

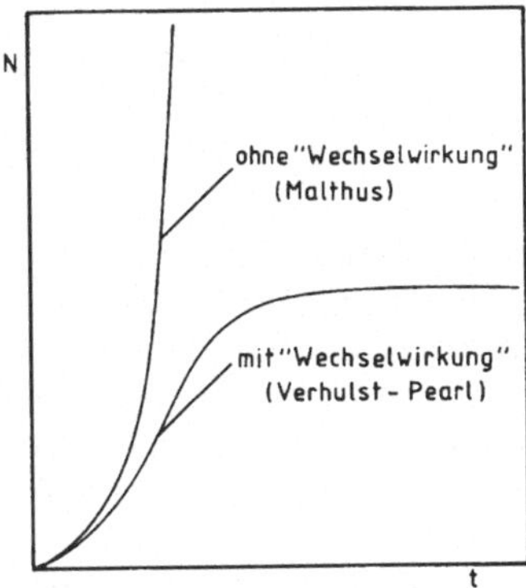



**Abb. 5.18** Beispiele populationskinetischer Kurven nach Malthus bzw. Verhulst-Pearl

(5.430) neben dem Term $mN_0 e^{k_w^0 t}$ alle übrigen Terme vernachlässigt werden. Damit ergibt sich für $t \to \infty$ der Grenzwert $k_w^0/m$. Für kleinere Werte von t geht Gl. (5.430) in die Gleichung von Malthus über, weil in diesem Falle ($e^{k_w^0 t} \simeq 1$) der Term $mN_0$ ($e^{k_w^0 t} - 1$) sehr viel kleiner als $k_w^0$ ist. Abbildung 5.18 zeigt den unterschiedlichen Verlauf der nach Gl. (5.426) bzw. (5.430) berechneten populationskinetischen Kurven.

Aus der Abbildung ist ersichtlich, daß die Gleichung von Verhulst–Pearl bei hinreichend großen t-Werten zu einer stationären Population führt. Das Wachstum der menschlichen Erdbevölkerung hat jedoch noch keinen stationären Zustand erreicht und wird diesen Zustand wohl auch in absehbarer Zeit noch nicht erreichen, was als Zeichen einer „mangelhaften Wechselwirkung" interpretiert werden kann.

*Reaktionen dritter Ordnung*

Für den einfachen Fall gleicher Anfangskonzentrationen läßt sich auch die kinetische Gleichung einer Reaktion dritter Ordnung vom Typ $A + B + C \to D + E$ mit $c_A = c_B = c_C = c$ in der Form

$$-\frac{dc}{dt} = kc^3 \tag{5.401}$$

darstellen. Mit $c(t = 0) = c_0$ ergibt die Integration in diesem Falle die Gleichung

$$kt = \frac{1}{2}\left(\frac{1}{c^2} - \frac{1}{c_0^2}\right). \tag{5.432}$$

Damit erhält man für $c = c_0/2$ die Beziehung

$$t_{1/2} = \frac{3}{2kc_0^2}. \tag{5.433}$$

Unter vergleichbaren Bedingungen ergeben sich damit für die Halbwertszeit einer Reaktion dritter Ordnung größere Werte als für die Halbwertszeit einer Reaktion zweiter Ordnung. In Abb. 5.19 sind die nach Gl. (5.405), Gl. (5.422) und Gl. (5.432) berechneten Konzentrations-Zeit-Funktionen für die hier behandelten Reaktionen verschiedener Ordnung mit gleichen Konzentrationen der Ausgangsstoffe noch einmal in graphischer Darstellung zusammengefaßt.

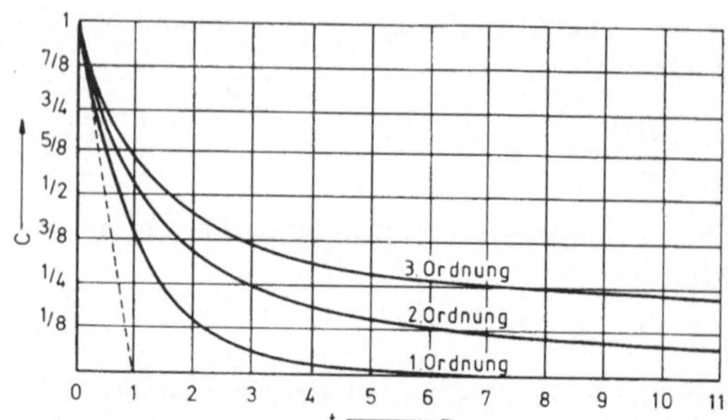


**Abb. 5.19** Zeitliche Konzentrationsabnahme der Ausgangsstoffe bei Reaktionen verschiedener Ordnung für gleiche Werte von k und $c_0$

Die Abb. 5.19 läßt erkennen, daß eine Reaktion zweiter Ordnung bei gleichem numerischen Wert von k und gleicher Anfangskonzentration erheblich langsamer verläuft als eine Reaktion erster Ordnung. Entsprechendes gilt auch für den Vergleich einer Reaktion dritter Ordnung mit einer Reaktion zweiter Ordnung. Während für Reaktionen erster und zweiter Ordnung zahlreiche Beispiele bekannt sind, findet man einen Reaktionsverlauf dritter Ordnung wegen der durch die geringe Begegnungswahrscheinlichkeit von drei Reaktanden bedingten Langsamkeit nur selten verwirklicht.

*Reaktionen nullter Ordnung*

Bei Enzymreaktionen findet man einen Übergang von einer Kinetik erster Ordnung bei kleinen Substratkonzentrationen zu einer Kinetik nullter Ordnung bei hohen Substratkonzentrationen (vgl. Abschn. 5.3.2). Bei einer Reaktion nullter Ordnung gilt für gleiche Anfangskonzentrationen die formalkinetische Gleichung

$$-\frac{dc}{dt} = k, \tag{5.434}$$

bzw. in integrierter Form mit $c(t = 0) = c_0$

$$c_0 - c = kt. \tag{5.435}$$

Die Geschwindigkeit einer Reaktion nullter Ordnung bleibt also während des Reaktionsablaufs konstant, und man erhält nach Gl. (5.435) für $c = c_0/2$ den Ausdruck

$$t_{1/2} = \frac{c_0}{2k} \, . \qquad (5.436)$$

Man kann also in einfachen Fällen aus der Konzentrationsabhängigkeit der Halbwertszeit nach den Gln. (5.436), (5.407), (5.423) und (5.433) auf die Ordnung der Reaktion schließen. In den meisten praktisch in Betracht kommenden Fällen ist dies jedoch nicht möglich, insbesondere dann, wenn der für die formale Ordnung charakteristische Exponent n eine gebrochene Zahl ist. Das ist bei komplexen Reaktionen zu erwarten, z. B. wenn zwei verschiedene Reaktionswege verschiedener Ordnung gleichzeitig beschritten werden. Formal ergibt sich, daß das Integral der allgemeinen kinetischen Grundgleichung auch von einem nicht ganzzahligen Exponenten n erfüllt werden kann. In der Regel wird die Geschwindigkeit einer mehrstufigen Reaktion durch die Geschwindigkeitskonstante des langsamsten Teilschrittes bestimmt. Dieser Satz trifft immer dann zu, wenn die unmittelbar mit dem langsamsten Teilschritt in Serie gekoppelten Reaktionen schnell ablaufende Prozesse sind. Andernfalls wird die Gesamtgeschwindigkeit vom Zusammenwirken der langsamsten Teilglieder bestimmt.

*Formalkinetik der Gleichgewichtseinstellung mit Berücksichtigung der Rückreaktion*

Bei der formalkinetischen Behandlung der weitgehend vollständig verlaufenden unidirektionalen Reaktionen ist vorausgesetzt worden, daß die Reaktionsprodukte keinen Einfluß auf den Verlauf der Reaktion ausüben. Hebt man diese vereinfachende Voraussetzung auf, so muß die durch die Rückreaktion bewirkte zeitliche Änderung der Konzentrationen bei der Aufstellung der kinetischen Gleichung berücksichtigt werden.

Bei der Behandlung dieses Problems soll angenommen werden, daß die bei der Einstellung eines Gleichgewichtes

$$A + B \rightleftharpoons C + D$$

in der einen Richtung verlaufende Reaktion

$$A + B \rightarrow C + D$$

und die Gegenreaktion

$$C + D \rightarrow A + B$$

unabhängig voneinander vor sich gehen. Für den besonders einfachen Fall einer umkehrbaren Reaktion vom Typ $A \underset{k_{-1}}{\overset{k_1}{\rightleftharpoons}} B$ ist die Zerfallsgeschwindigkeit des Stoffes A durch die kinetische Gleichung

$$\frac{dc_A}{dt} = - k_1 c_A + k_{-1} c_B \qquad (5.437)$$

gegeben. Mit den Anfangskonzentrationen $c_A^0$ und $c_B^0$ und der Umsatzvariablen $x = c_A^0 - c_A = c_B - c_B^0$ kann man Gl. (5.437) auch in der Form

$$\frac{d(c_A^0 - x)}{dt} = (k_1 + k_{-1})x$$
$$+ k_{-1} c_B^0 - k_1 c_A^0 \qquad (5.438)$$

darstellen. Wenn man die Konstanten auf der rechten Seite von Gl. (5.438) durch Einführung der Ausdrücke

$$\alpha = k_1 + k_{-1}$$

und

$$\beta = k_{-1} c_B^0 - k_1 c_A^0$$

zusammenfaßt, ergibt sich aus Gl. (5.438) die einfache Differentialgleichung

$$- \frac{dx}{dt} = \alpha x + \beta \qquad (5.439)$$

mit der Anfangsbedingung $x(t = 0) = 0$.
Nach Trennung der Variablen folgt

$$t = - \int_0^x \frac{dx}{\alpha x + \beta}$$
$$= \frac{1}{\alpha}(\ln \beta - \ln(\alpha x + \beta))$$

bzw.

$$x = \frac{\beta}{\alpha}(e^{-\alpha t} - 1) \, . \qquad (5.440)$$

Mit $x = c_A^0 - c_A = c_B - c_B^0$ und den Gleichgewichtskonzentrationen $\bar{c}_A$ und $\bar{c}_B$, deren Einstellung nach den Prinzipien der Formalkinetik für $t \rightarrow \infty$ zu erwarten ist, erhält man

$$x(t \rightarrow \infty) = - \frac{\beta}{\alpha} = c_A^0 - \bar{c}_A = \bar{c}_B - \bar{c}_B^0 . \quad (5.441)$$

Setzt man $\beta/\alpha$ nach Gl. (5.441) in Gl. (5.440) ein, so folgt

$$c_A = \bar{c}_A + (c_A^0 - \bar{c}_A)e^{-\alpha t}$$

und

$$c_B = \bar{c}_B + (c_B^0 - \bar{c}_B)e^{-\alpha t}, \qquad (5.442)$$

wenn man wiederum $x = c_A^0 - c_A = c_B - c_B^0$ setzt. Für $\bar{c}_A$ und $\bar{c}_B$ kann man in die Gln. (5.442) die sich durch Wiedereinsetzen von $\beta = k_{-1}c_B^0 - k_1 c_A^0$ und $\alpha = k_1 + k_{-1}$ aus Gl. (5.441) ergebenden Ausdrücke

$$\bar{c}_A = k_{-1}\frac{c_A^0 + c_B^0}{k_1 + k_{-1}} \quad \text{und}$$

$$\bar{c}_B = k_1\frac{c_A^0 + c_B^0}{k_1 + k_{-1}} \qquad (5.443)$$

einführen.

In Abb. 5.20 ist der Zeitverlauf der Konzentrationen $c_A$ und $c_B$ skizziert.

Zur Ermittlung von $\alpha = k_1 + k_{-1}$ aus experimentell bestimmten Daten eignet sich die logarithmische Darstellung von Gl. (5.442) in der Form

$$\ln\frac{c_A^0 - \bar{c}_A}{c_A - \bar{c}_A} = (k_1 + k_{-1})t, \qquad (5.444)$$

denn bei Auftragung von $\ln[(c_A^0 - \bar{c}_A)/(c_A - \bar{c}_A)]$ gegen t wird eine Gerade mit der Steigung $(k_1 + k_{-1})$ erhalten. Da sich die Massenwirkungskonstante K des betrachteten Systems durch Division der beiden Gln. (5.443) zu

$$\frac{\bar{c}_B}{\bar{c}_A} = \frac{k_1}{k_{-1}} = K \qquad (5.445)$$

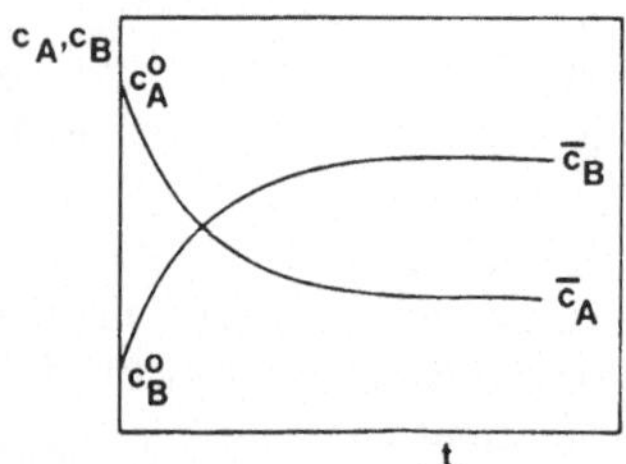



**Abb. 5.20** Zeitverlauf der Konzentrationen $c_A$ und $c_B$ bei der Einstellung eines Gleichgewichtes vom Typ $A \rightleftharpoons B$

ergibt, können die beiden kinetischen Konstanten $k_1$ und $k_{-1}$ berechnet werden. Gl. (5.445) ist die bereits im Abschn. 5.2.7 bei der Herleitung von Gl. (5.337) in der Form $K = k_{12}/k_{21}$ verwendete Beziehung; sie ergibt sich mit der hier eingeführten Annahme des unabhängigen Ablaufs von Hin- und Rückreaktion auch unmittelbar aus Gl. (5.437) und der für den Gleichgewichtsfall zu fordernden Bedingung $dc_A/dt = 0$. Die mit Gl. (5.445) übereinstimmende Gleichung

$$\bar{c}_A k_1 = \bar{c}_B k_{-1} \qquad (5.446)$$

ist der formalkinetische Ausdruck für eine Gleichgewichtsbedingung, die dem Prinzip des *dynamischen Gleichgewichtes* entspricht. Dieses Prinzip beruht auf der Vorstellung, daß das thermische Gleichgewicht zwischen zwei Zustandsformen nur makroskopisch unveränderlich ist. Wenn man aber das Verhalten der einzelnen Moleküle betrachtet, so findet ein dauernder Austausch zwischen den beiden Zustandsformen statt, wobei keine äußerlich feststellbaren Veränderungen in dem System vor sich gehen. Deshalb müssen in der Zeiteinheit ebenso viele Moleküle aus dem Zustand A in den Zustand B übertreten wie aus dem Zustand B in den Zustand A. Dieses Prinzip steht in einem unmittelbaren Zusammenhang mit dem durch Gl. (5.389) erklärten Prinzip der mikroskopischen Reversibilität.

Die für den Zusammenhang zwischen der thermodynamischen Gleichgewichtslehre und der chemischen Kinetik wichtige Beziehung (5.445) wird in den meisten Lehrbüchern als schlechthin richtig und völlig unproblematisch dargestellt. Diese Auffassung ist indessen nicht berechtigt. Sicher würde Gl. (5.445) stets zutreffen, wenn es möglich wäre, $k_1$ und $k_{-1}$ im Gleichgewichtszustand zu bestimmen. Um $k_1$ und $k_{-1}$ getrennt messen zu können, müssen aber die Versuchsbedingungen so beschaffen sein, daß entweder die Rückreaktion oder die Hinreaktion durch entsprechende Wahl der Reaktandenkonzentrationen weitgehend unterdrückt wird. Offenbar darf man aber in Gl. (5.445) die unter diesen Bedingungen ermittelten Konstanten nur dann einsetzen, wenn die Geschwindigkeitskonstante der Reaktion von den Reaktandenkonzentrationen der Gegenreaktion unabhängig ist. Es kann jedoch kein gesichertes Argument dafür angegeben werden, daß diese Forderung stets erfüllt ist. In der Regel wird man annehmen können, daß sie bei verhältnismäßig langsamen Reaktionen tatsächlich erfüllt sein wird. Bei einem sehr raschen Umsatz kann aber Gl. (5.445) nicht mehr ohne weiteres als richtig angesehen werden, weil unter Umständen in einiger Entfernung vom chemischen Gleichgewicht auch die Energieverteilungen bezüglich der einzelnen molekularen Freiheitsgrade einseitig verschoben sind. Man findet zuweilen auch Reaktionen, bei denen sich trotz einer relativ langsamen stofflichen Zustandsänderung des Systems das Gleichgewicht nicht mehr vollständig einstellt, so daß erhebliche Abweichungen von Gl. (5.445) auftreten. Ein Beispiel hierfür bietet der Zerfall größerer Moleküle in kleinere Partikeln und deren Wiedervereinigung.

**Prinzip der detaillierten Balance**

Wie bereits erwähnt, ist es möglich, daß eine Reaktion $A \rightarrow B$ auf zwei verschiedenen Wegen vor sich gehen kann, z.B. nach dem Schema

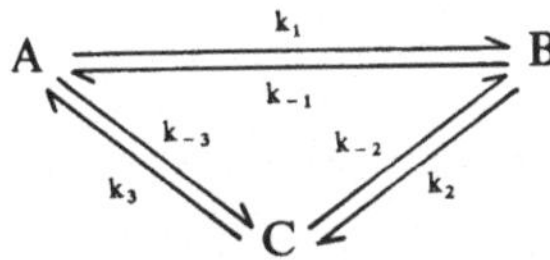

entweder in einem direkten Reaktionsschritt oder über einen katalytisch begünstigten Zwischenzustand C. Durch die Gleichgewichtsbedingung ist festgelegt, daß

$$\frac{dc_A}{dt} = \frac{dc_B}{dt} = 0 \qquad (5.447)$$

gelten muß. Diese Bedingung ist erfüllt, wenn für den direkten Weg

$$\frac{\bar{c}_B}{\bar{c}_A} = K = \frac{k_1}{k_{-1}} \qquad (5.448)$$

und für den Weg über C

$$\frac{\bar{c}_C}{\bar{c}_A} = \frac{k_{-3}}{k_3} \quad \text{sowie} \quad \frac{\bar{c}_B}{\bar{c}_C} = \frac{k_{-2}}{k_2}$$

bzw.

$$\frac{\bar{c}_B}{\bar{c}_A} = K = \frac{k_{-2}k_{-3}}{k_2 k_3} \qquad (5.449)$$

gilt. Die Bedingung Gl. (5.447) ließe sich aber möglicherweise auch erfüllen, wenn die Umsetzungen ohne direkte Rückreaktionen mit gleicher Geschwindigkeit r abliefen, wenn also

$$r(A \rightarrow B) = r(B \rightarrow C) = r(C \rightarrow A)$$

gelten würde. Diese zweite Möglichkeit muß aber ausgeschlossen werden, weil sie im Widerspruch zum *Prinzip der detaillierten Balance* steht. Dieses Prinzip besagt, daß in einem aus mehreren Teilreaktionen zusammengesetzten Reaktionszyklus nach Einstellung des Gleichgewichtes die Gleichgewichtsbedingung für jeden einzelnen Teilschritt erfüllt sein muß. Für das hier betrachtete Reaktionsschema bedeutet dies, daß die drei Gleichungen

$$k_1 \bar{c}_A = k_{-1} \bar{c}_B$$
$$k_2 \bar{c}_B = k_{-2} \bar{c}_C \qquad (5.450)$$
$$k_3 \bar{c}_C = k_{-3} \bar{c}_A$$

gelten müssen, was dem durch Gl. (5.448) und Gl. (5.449) beschriebenem Massenwirkungsgesetz entspricht.

Das Prinzip der detaillierten Balance läßt sich leicht auf die Onsagersche Reziprozitätsbeziehung Gl. (5.387) und damit letztendlich auch auf das Prinzip der mikroskopischen Reversibilität zurückführen. Im Falle des betrachteten Beispiels kann man bei Gültigkeit der Gleichungen (5.450) mit den durch Gl. (5.324) und Gl. (5.325) und die analoge Beziehung $\alpha_C = c_C - \bar{c}_C$ definierten Gleichgewichtsabweichungen die den drei Teilreaktionen entsprechenden chemischen Flüsse durch die Beziehungen

$$J_1 = k_1 \alpha_A - k_{-1} \alpha_B \qquad (5.451)$$
$$J_2 = k_2 \alpha_B - k_{-2} \alpha_C \qquad (5.452)$$
$$J_3 = k_3 \alpha_C - k_{-3} \alpha_A \qquad (5.453)$$

ausdrücken, wenn man die Umsatzraten durch einen der Gleichung (5.437) entsprechenden Ansatz beschreibt. Die Gleichgewichtskonzentrationen $\bar{c}_A$, $\bar{c}_B$, $\bar{c}_C$ treten in diesem Ansatz nicht mehr in Erscheinung, weil sich die entsprechenden Terme nach Gl. (5.450) zu Null kompensieren. Da die Triebkraft eines mehrstufigen Prozesses nicht von dem eingeschlagenen Reaktionsweg abhängig ist, muß zwischen den chemischen Affinitäten

$$A_1 = \mu_A - \mu_B$$
$$A_2 = \mu_B - \mu_C \qquad (5.454)$$
$$A_3 = \mu_C - \mu_A$$

der Teilprozesse die Beziehung

$$A_3 = -(A_1 + A_2) \qquad (5.455)$$

bestehen. Die durch Gl. (5.320) definierte Dissipationsfunktion $\Phi$ ist in diesem Falle durch

$$\Phi = J_1 A_1 + J_2 A_2 + J_3 A_3$$
$$= (J_1 - J_3)A_1 + (J_2 - J_3)A_2 \qquad (5.456)$$

gegeben.

Wegen der durch Gl. (5.455) festgelegten Kopplung der Affinitäten existieren also nur die beiden durch $J_1 - J_3$ und $J_2 - J_3$ beschriebenen unabhängigen chemischen Flüsse. Die dem Schema des Gleichungssystems (5.319) entsprechenden phänomenologischen Gleichungen haben demnach die Form

$$J_1 - J_3 = L_{11} A_1 + L_{12} A_2$$
$$J_2 - J_3 = L_{21} A_1 + L_{22} A_2 \; . \qquad (5.457)$$

Nach der thermodynamischen Gleichgewichtsbedingung $\mu_A = \mu_B = \mu_C$ muß im Gleichgewichtszustand

$$A_1 = A_2 = 0 \qquad (5.458)$$

und deshalb auch

$$J_1 - J_3 = J_2 - J_3 = 0 \qquad (5.459)$$

gelten. Für das Gleichgewicht ergibt sich damit die Beziehung

$$J_1 = J_2 = J_3 \; . \qquad (5.460)$$

Die thermodynamische Gleichgewichtsbedingung verlangt also zunächst nur, daß die Umsatzraten der drei Teilprozesse gleich groß sind. Das Prinzip der detaillierten Balance verlangt dagegen, daß alle drei Umsatzraten gleich Null sein müssen.

Bei geringem Abstand vom Gleichgewicht kann die Affinität der ersten Teilreaktion nach Gl.

(5.328) durch

$$A_1 = RT \left( \frac{\alpha_A}{\bar{c}_A} - \frac{\alpha_B}{\bar{c}_B} \right) \qquad (5.461)$$

ausgedrückt werden und man erhält unter Berücksichtigung von Gl. (5.331) und Gl. (5.327) mit $k_{12} = k_1$ die Beziehung

$$J_1 = \frac{k_1 \bar{c}_A}{RT} A_1 \; . \qquad (5.462)$$

Ebenso gilt

$$J_2 = \frac{k_2 \bar{c}_B}{RT} A_2 \qquad (5.463)$$

und unter Berücksichtigung von Gl. (5.455) auch

$$J_3 = -\frac{k_3 \bar{c}_C}{RT}(A_1 + A_2) \; . \qquad (5.464)$$

Damit lassen sich die phänomenologischen Gln. (5.457) in der Form

$$J_1 - J_3 = \frac{k_1 \bar{c}_A + k_3 \bar{c}_C}{RT} A_1 + \frac{k_3 \bar{c}_C}{RT} A_2$$

$$\qquad (5.465)$$

$$J_2 - J_3 = \frac{k_3 \bar{c}_C}{RT} A_1 + \frac{k_2 \bar{c}_B + k_3 \bar{c}_C}{RT} A_2$$

schreiben, und der Koeffizientenvergleich ergibt, daß

$$L_{11} = \frac{k_1 \bar{c}_A + k_3 \bar{c}_C}{RT}$$

$$L_{12} = \frac{k_3 \bar{c}_C}{RT} = L_{21}$$

$$L_{22} = \frac{k_2 \bar{c}_B + k_3 \bar{c}_C}{RT}$$

sein muß. Es gilt also $L_{21} = L_{12}$. Damit ist das hier durch die Gln. (5.450) formelmäßig ausgedrückte Prinzip der detaillierten Balance auf die Onsagersche Reziprozitätsbeziehung zurückgeführt.

### Zeitliche Veränderung von Konzentrationen in komplexen physiologischen Systemen

In einer Suspension von Einzellern sei jede Zelle mit einer Membran der Oberfläche A umgeben.

Das Zellvolumen sei v. Um eine Aussage über die Permeabilität der Membran bezüglich einer bestimmten Substanz S zu erhalten, kann man die Zellen in einer konzentrierten Lösung dieser Substanz beladen. Nach dem Einbringen der durch Ultrafiltration oder Zentrifugation von der Lösung separierten Zellen in ein von S freies Suspensionsmedium kann die zeitliche Veränderung der zellulären Konzentration $c_{is}$ mit einer geeigneten Methode verfolgt werden. Aus dem Zeitverlauf von $c_{is}$ läßt sich der im Abschn. 2.2.3 definierte Permeabilitätskoeffizient $P_{d_c}$ berechnen. Für eine gegebene Konzentration $c_{aS}$ im Außenmedium gilt

$$\frac{dc_{is}}{dt} = - P_{d_c} \cdot \frac{A}{v}(c_{is} - c_{aS}) \; . \qquad (5.466)$$

Wählt man die Anfangsbedingungen so, daß $c_{is} \gg c_{aS}$ gesetzt werden kann, so gilt die vereinfachte Beziehung

$$\frac{dc_{is}}{dt} = - \frac{1}{\tau} c_{is} \; ; \qquad (5.467)$$

mit $\tau = v/AP_{d_c}$. Gl. (5.467) ist formal identisch mit der kinetischen Gleichung einer Reaktion erster Ordnung. Ihre Lösung ist gegeben durch

$$c_{is} = c_{is}^0 e^{-t/\tau} \; , \qquad (5.468)$$

wobei $c_{is}^0$ den Anfangswert von $c_{is}$ darstellt. $P_{d_c}$ ergibt sich also gemäß $P_{d_c} = v/A\tau$ aus der charakteristischen Zeitkonstante $\tau$ des Ausgleichsvorganges.

Bei Untersuchungen im Bereich der Stoffwechselphysiologie höherer Organismen interessiert häufig die Umsatzrate körperfremder Substanzen (z.B. von Pharmaka oder Umweltgiften). Zu Ihrer Bestimmung kann man die betreffende Substanz radioaktiv markieren, nach Applikation die Aufnahme messen und dann die Ausscheidung als Funktion der Zeit verfolgen. Bei derartigen Messungen hat sich gezeigt, daß die Ausscheidung in einfachen Fällen angenähert durch Gl. (5.468) beschrieben werden kann. Dann verhält sich der Organismus offenbar ähnlich wie ein einzelnes Kompartiment. Die Ausgleichsvorgänge im Inneren des Organismus verlaufen in diesem Falle also schneller als der für den Gesamtvorgang geschwindigkeitsbestimmende Ausscheidungsprozeß.

Im allgemeinen läßt sich die Ausscheidungsfunktion jedoch besser durch eine Summe von mehreren Exponentialfunktionen beschreiben, was im Prinzip der Einführung mehrerer Kompartimente entspricht.

Der Analyse des Zeitverlaufs der Konzentration bestimmter resorbierter Stoffe (z.B. Alkohol, Barbiturate etc.) kommt auch im Bereich der wissenschaftlichen Kriminalistik eine gewisse Bedeutung zu. Verfolgt man die zeitliche Änderung der Konzentration einer durch Resorption in die Blutbahn aufgenommenen Substanz, so läßt sich der Gesamtvorgang durch die zeitliche Überlagerung von Aufnahme und Abgabe beschreiben. Es hat sich gezeigt, daß beide Teilprozesse oft formal wie einfache Reaktionen erster Ordnung behandelt werden können. Wenn nämlich wiederum Diffusions- oder Permeationsprozesse geschwindigkeitsbestimmend sind und die Konzentration des transportierten Stoffes auf einer Seite der Transportbarriere auf einen sehr kleinen Wert eingestellt bleibt, gilt auch in diesem Falle eine Beziehung von der Form der Gl. (5.467). Tritt der betrachtete Stoff aus einem *Depot* in die Blutbahn über, so wird die Konzentration $c_D$ dieses Stoffes im Depot nach einem Zeitgesetz der Form

$$c_D = a \cdot e^{-k_1 t}$$

abnehmen, wobei a den Anfangswert von $c_D$ bezeichnet. Die formalkinetische Konstante $k_1$ ist die sogenannte Invasionskonstante. Bezeichnet man den Momentwert der Konzentration des gleichen Stoffes in der Blutbahn als Blutspiegel y, so muß für dessen Zuwachsrate die Beziehung

$$\left(\frac{dy}{dt}\right)_1 = k_1 \, ae^{-k_1 t}$$

gelten. Führt man nun noch für den die Absenkung des Blutspiegels bewirkenden Ausscheidungsprozeß eine *Eliminationskonstante* $k_2$ ein, so läßt sich das Zeitgesetz für diesen Teilprozeß durch die Gleichung

$$\left(\frac{dy}{dt}\right)_2 = - k_2 y$$

beschreiben. Für die zeitliche Veränderung des

Blutspiegels ergibt sich somit gemäß

$$\frac{dy}{dt} = \left(\frac{dy}{dt}\right)_1 + \left(\frac{dy}{dt}\right)_2$$

die Differentialgleichung

$$\frac{dy}{dt} = ak_1 e^{-k_1 t} - k_2 y \tag{5.469}$$

mit der allgemeinen Lösung

$$y = C_1 e^{-k_1 t} + C_2 e^{-k_2 t}, \tag{5.470}$$

aus der

$$\frac{dy}{dt} = -C_1 k_1 e^{-k_1 t} - C_2 k_2 e^{-k_2 t} \tag{5.471}$$

folgt. Durch Einsetzen von y und dy/dt nach Gl. (5.470) bzw. Gl. (5.471) in die Gl. (5.469) erhält man zunächst

$$-C_1 k_1 e^{-k_1 t} - C_2 k_2 e^{-k_2 t}$$
$$= ak_1 e^{-k_1 t} - C_1 k_2 e^{-k_1 t} - C_2 k_2 e^{-k_2 t}$$

bzw.

$$(C_2 k_2 - C_2 k_2) e^{-k_2 t}$$
$$= (C_1 k_1 + ak_1 - C_1 k_2) e^{-k_1 t} = 0 .$$

Da der Faktor $e^{-k_1 t}$ im allgemeinen nicht gleich Null ist, muß

$$C_1 k_1 + ak_1 - C_1 k_2 = 0$$

gelten, womit $C_1$ zu

$$C_1 = \frac{ak_1}{k_2 - k_1}$$

bestimmt ist.

Einsetzen in Gl. (5.470) ergibt

$$y = \frac{ak_1}{k_2 - k_1} e^{-k_1 t} + C_2 e^{-k_2 t} .$$

Diese Gleichung muß auch für t = 0 gelten. Da dann wegen der Anfangsbedingung y = 0 zu setzen ist, folgt hieraus

$$C_2 = -\frac{ak_1}{k_2 - k_1},$$

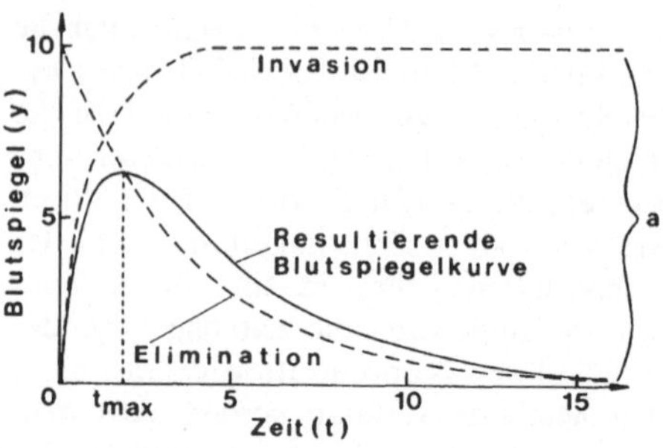



**Abb. 5.21** Blutspiegelkurve bei gleichzeitig stattfindender Invasion und Elimination eines Stoffes. (Dimensionslose Darstellung nach Gl. (5.472) mit a = 10; $k_1$ = 1; $k_2$ = 0,25)

so daß die Lösung (5.470) durch die Gleichung

$$y = \frac{ak_1}{k_2 - k_1} (e^{-k_1 t} - e^{-k_2 t}) \tag{5.472}$$

beschrieben werden kann. Sie ist in Abb. 5.21 zusammen mit den einfachen Lösungen der Differentialgleichungen für die Teilprozesse der Invasion und der Elimination graphisch dargestellt. Das durch die gestrichelte Gerade in Abb. 5.21 markierte Maximum der resultierenden Blutspiegelkurve ist durch die Gleichungen

$$y_{max} = a \left(\frac{k_1}{k_2}\right)^{\frac{k_2}{k_1 - k_2}} \quad \text{und}$$

$$t(y_{max}) = \frac{1}{k_1 - k_2} \ln \frac{k_1}{k_2} \tag{5.473}$$

festgelegt. Diese Gleichungen erhält man durch Nullsetzen von dy/dt nach Gl. (5.472).

Die Gl. (5.472) hat sich für die Beschreibung des Konzentrationsverlaufes im Blut gut bewährt. Ihre Grundform bleibt in der Regel auch dann erhalten, wenn sekundäre Reaktionen oder kombinierte Ausscheidungsvorgänge gleichzeitig ablaufen, da diese ebenfalls einem Exponentialgesetz gehorchen. So ergibt sich z.B. für die Elimination durch zwei Vorgänge mit den Konstanten $k_2$ und $k_3$

$$y = be^{-(k_2 + k_3)t}, \tag{5.474}$$

wobei b eine durch die jeweiligen Randbedingungen festgelegte Konstante darstellt. Der Ablauf des Ausscheidungsprozesses wird also durch die

Summe der Eliminationskonstanten bestimmt. Die Eliminationskonstanten $k_2$ bzw. $k_2 + k_3$ sind meist leicht dadurch zu erhalten, daß der auszuscheidende Stoff in bestimmter Menge intravenös injiziert und die Abnahme seiner Konzentration zeitlich verfolgt wird. Bei logarithmischer Auftragung der durch Gl. (5.474) beschriebenen Funktion kann z. B. die Summe der Konstanten $k_2$ und $k_3$ aus der Steigung der erhaltenen Geraden entnommen werden. Wenn die Eliminationskonstante bekannt ist, läßt sich die Invasionskonstante $k_1$ nach Gl. (5.473) aus dem experimentell ermittelten Wert von $t(y_{max})$ berechnen. Durch Multiplikation von $t(y_{max})$ mit $k_2$ erhält man nämlich die Beziehung

$$k_2 \cdot t(y_{max}) = ((k_1/k_2) - 1)^{-1} \ln(1/k_2) , \tag{5.475}$$

nach der $k_1$ aus tabellierten Werten der Funktion $\dfrac{1}{x-1} \ln x$ ermittelt werden kann. Aus der Analyse des zeitlichen Verlaufs der Blutalkohol-Konzentration (BAK) ergeben sich auch Aussagen über die zeitliche Entwicklung bestimmter Anfangsbedingungen. Wird z. B. nach einem ersten Konsum von Alkohol zu einem späteren Zeitpunkt eine weitere Alkoholmenge dem Körper zugeführt, so entsteht eine Verlaufskurve der BAK mit einem zusätzlichen Maximum. Im Rahmen der Beurteilung eines Verkehrsunfallgeschehens ist ein derartiger Verlauf wesentlich, wenn von einem Verkehrsteilnehmer der nachträgliche Konsum von Alkohol (*Nachtrunk*) geltend gemacht wird. Bezüglich weiterer Überlegungen zur Frage der Verteilung von Fremdstoffen und Arzneimitteln im Organismus muß hier auf die im Anhang 2 angegebene Literatur verwiesen werden.

Zur Charakterisierung der Ausscheidungsprozesse hat man die biologische Halbwertszeit eingeführt. Sie gibt an, nach welcher Zeit die Menge einer bestimmten Substanz im Organismus auf die Hälfte ihres Anfangswertes abgesunken ist. So findet man z. B. nach intravenöser Zufuhr des Antibiotikums Penicillin beim Menschen eine Halbwertszeit von einer Stunde. Die Anwendung des Begriffs der biologischen Halbwertszeit beschränkt sich jedoch nicht auf die Ausscheidung körperfremder Stoffe aus dem Gesamtorganismus. Allgemein definiert man als *biologische Halbwertszeit* $t_{1/2}$ die Zeit, nach der sich die spezifische Aktivität einer markierten Verbindung in einem bestimmten Organ oder Kompartiment auf die Hälfte ihres Anfangswertes vermindert hat. Sie darf nicht mit der Zerfallszeit des zur Markierung verwendeten radioaktiven Isotops verwechselt werden.

Der nach Gl. (5.407) dem Kehrwert einer Geschwindigkeitskonstante erster Ordnung entspre-

**Tabelle 5.6** Biologische Halbwertszeiten für den Umsatz einiger wichtiger Verbindungen im Gesamtorganismus und in verschiedenen Organen

| Organ bzw. Verbindung | Organismus | Verwendete Substanz | $t_{1/2}$ |
|---|---|---|---|
| Leber, gesättigte Fettsäuren | Maus | $^2H_2O$ | 1 Tag |
|  | Ratte | $^{14}C$-Acetat | 1 Tag |
| Depotfett, gesättigte Fettsäuren | Ratte | $^{14}C$-Acetat | 16–17 Tage |
| Serum, Cholesterin | Mensch | $^2H_2O$ | 8 Tage |
| Plasma, Phosphatide | Hund | $^{32}P$ | 6–8 Std |
|  | Hund | $^{14}C$-Fettsäuren | 6–9 Std |
| Leber, Glykogen | Ratte | $^2H_2O$ | 1 Tag |
| Muskel, Glykogen | Ratte | $^2H_2O$ | 3,6 Tage |
| Lebereiweiß und Plasmaeiweiß | Mensch | $^{15}N$-Glykokoll | 10 Tage |
|  | Ratte |  | 6 Tage |
| Eiweiß von Muskulatur, Haut, Skelett usw. | Mensch | $^{15}N$-Glykokoll | 158 Tage |
|  | Ratte |  | 21 Tage |
| Glykokoll | Ratte | $^{14}C$-Glykokoll | 1 Std |
| Euter, Fettsäuren | Ziege | $^{14}C$-Acetat | 4 Std |

chende Quotient $t_{1/2}/\ln 2$ beschreibt die nach Gl. (5.414) zu berechnende mittlere Lebensdauer $\tau$. Bei der Beschreibung von Stoffwechselprozessen wird diese Größe oft als *Umsatzzeit* oder *turnover time* zur Charakterisierung der biologischen Stabilität einzelner in den Organen aufgebauter und umgesetzter Verbindungen benutzt. In Tabelle 5.6 sind die biologischen Halbwertszeiten einiger wichtiger Stoffe zusammengestellt. Bei der Ermittlung dieser Halbwertszeiten sind z.T. auch nicht-radioaktive Isotope zur Markierung verwendet worden.

Kennt man die Gesamtmenge (GM) einer reagierenden Substanz im Körper oder im Gewebe, so ist die „Turnover-Rate" durch den Quotienten (GM)/$\tau$ gegeben. Der Kehrwert von $\tau$ wird in dem hier gegebenen Zusammenhang auch als „relative Turnover-Rate" bezeichnet. Bei der Angabe derartiger formalkinetischer Parameter ist jedoch zu beachten, daß die stofflichen Ausgleichsvorgänge im Organismus nicht immer mit den Gleichungen der Formalkinetik einer Reaktion erster Ordnung beschrieben werden können.

### Körperreduktion in einer Hungerperiode

Auch die komplexen Phänomene des Gesamtstoffwechsels oder des Wachstums eines Organismus können relativ einfachen mathematischen Gesetzmäßigkeiten unterliegen. So kann man z.B. annehmen, daß die Gewichtsabnahme bei vollständigem Nahrungsentzug dem jeweils vorhandenen Gewicht des Organismus proportional sein möge. Um den Anschluß an das übliche energetische Maß der Stoffumsätze zu gewinnen, kann man die gleiche Proportionalität auch für den mit a bezeichneten Energiebestand voraussetzen, so daß

$$-\frac{da}{dt} = ka$$

gilt. Wird aber in der Zeiteinheit soviel an Nahrung zugeführt, daß durch sie zwar nicht der gesamte Energiebestand, aber n Energieeinheiten erhalten werden können (Unterernährung bzw. partieller Hunger), so wird die Abnahme des Energiebestandes um die Größe n verkleinert, so daß sich der einfache Ansatz

$$-\frac{da}{dt} = ka - n \qquad (5.476)$$

ergibt. Diesem Ansatz ist zu entnehmen, daß $da/dt$ gleich Null wird, wenn $ka = n$ gilt, d.h. wenn der Energieverlust gerade durch die Energiezufuhr kompensiert wird. Mit der Anfangsbedingung $a\,(t = 0) = a_0$ erhält man durch Integrieren von Gl. (5.476) nach Trennung der Variablen die Beziehung

$$-kt = \ln\left(\frac{n}{k} - a\right) - \ln\left(\frac{n}{k} - a_0\right)$$

bzw.

$$a = \frac{n}{k} - \left(\frac{n}{k} - a_0\right) e^{-kt} \qquad (5.477)$$

mit $\lim\limits_{t \to \infty} a = n/k$. Es stellt sich also mit fortschreitender Zeit ein stationärer Zustand mit $a = n/k$ ein. Dabei hat man zwei Fälle zu unterscheiden:

1. Ist $n/k$ kleiner als $a_0$, so nimmt a mit der Zeit bis zur Einstellung des stationären Wertes $n/k$ ab.
2. Ist dagegen $n/k$ größer als $a_0$, so wächst a mit der Zeit bis auf den stationären Wert $n/k$ an.

Im ersten Fall beschreibt Gl. (5.477) die erwartete Reaktion des Organismus bei partiellem Hunger. Im zweiten Fall wird dagegen durch Gl. (5.477) eines der im folgenden kurz zu erläuternden Wachstumsgesetze der Organismen beschrieben.

### Wachstumsgesetze

Das Wachstum von Populationen ist im Zusammenhang mit der kinetischen Gleichung einer Reaktion zweiter Ordnung bereits kurz diskutiert worden. Die Populationskinetik beschreibt jedoch nicht das Wachstum von Größe und Gewicht einzelner Organismen, sondern die Vermehrung der Zahl gleichartiger Individuen.

Wenn man den Verlauf des Wachstums einzelner Organismen durch eine formalkinetische Gleichung beschreiben will, muß man von einem Ansatz ausgehen der wie Gl. (5.476) die gleichzeitig zur Wirkung kommenden Einflüsse der Nahrungsaufnahme und der durch Arbeitsleistung und Wärmeabgabe bedingten Energie- und Substanzverluste in Rechnung stellt. Die ersten theoretischen Ansätze dieser Art gehen bereits auf Pütter (1920) zurück; sie wurden von v. Bertalanffy und seinen Mitarbeitern in zahlreichen Untersuchungen ausgebaut und weiterentwickelt. Solange der Aufbau der Biomoleküle in einem Organismus über ihren Abbau dominiert, wächst der Organismus. Das System erreicht ein Fließgleichgewicht, wenn sich beide Prozesse kompensieren. Demnach kann das Gesamtverhalten des Organismus mit Potenzfunktionen der Körpermasse m durch eine Gleichung der Form

$$\frac{dm}{dt} = \eta\, m^\alpha - \kappa\, m^\beta \qquad (5.478)$$

dargestellt werden. Die Proportionalitätskonstanten $\eta$ und $\kappa$ sind die empirischen formalkinetischen Konstanten des Anabolismus bzw. des Katabolismus. Cytologisch bedeutet der bei jedem lebenden Organismus zu beachtende Abbau von Biomolekülen den Verlust von Zellen und Zellbestandteilen, wie er z.B. bei dem Ersatz der Epidermis, bei der Drüsensekretion oder bei dem Ersatz der Blutzellen und bei der ständigen, in vielen Geweben und Organen erfolgenden Zellerneuerung eintritt. Die Erfahrung hat gezeigt, daß in vielen Fällen das Wachstumsverhalten von Organismen auch dann hinreichend exakt beschrieben werden kann, wenn in Gl. (5.478) $\beta = 1$ gesetzt wird. Die allgemeine Lösung von Gl. (5.478) lautet dann mit der Anfangsbedingung $m\,(t = 0) = m_0$

$$m(t) = \left[\frac{\eta}{\kappa} - \left(\frac{\eta}{\kappa} - m_0^{(1-\alpha)}\right) e^{-(1-\alpha)\kappa t}\right]^{\frac{1}{1-\alpha}}.$$
$$(5.479)$$

Für $t \to \infty$ erhält man aus Gl. (5.479) die einfache Beziehung

$$m^* = \lim_{t \to \infty} m\,(t) = \left(\frac{\eta}{\kappa}\right)^{\frac{1}{1-\alpha}}. \qquad (5.480)$$

$m^*$ bezeichnet die mit dem Abschluß des Wachstums erreichte Masse des Organismus. Setzt man $1/(1-\alpha) = a$, so ergibt sich aus Gl. (5.479) für den physikalisch sinnvollen Wertebereich des Parameters a mit $a > 1$ ein sigmoider Verlauf der Wachstumskurve. Setzt man die durch Differentiation von Gl. (5.478) mit $\beta = 1$ erhaltene zweite Ableitung

$$\frac{d^2 m}{dt^2} = \alpha\eta\, m^{\alpha-1} - \kappa$$

gleich Null, so erhält man für den Wendepunkt der sigmoiden Wachstumskurve die Bedingung

$$\frac{\eta}{\kappa} = \frac{1}{\alpha\, m_w^{\alpha-1}}. \qquad (5.481)$$

Durch Einsetzen dieses Ausdrucks in Gl. (5.480) folgt mit $a = 1/(1-\alpha)$ die einfache Bestimmungsgleichung

$$m_w = m^* \alpha^a, \qquad (5.482)$$

nach der die am Wendepunkt der Wachstumskurve erreichte Masse $m_w$ durch die *Endmasse* $m^*$ ausgedrückt werden kann.

Aus der Kopplung der Stoff- und Energieumsätze resultiert die schon an anderer Stelle erwähnte Korrelation zwischen Respiration, Stoffwechsel und Wachstum. Das Studium des Zusammenhanges zwischen der Stoffwechselrate und der Körpergröße gehört zu den klassischen Forschungsgebieten der Physiologie. Die im Abschn. 5.1.1 kurz erklärte Rubnersche Oberflächenregel ist ein Resultat dieser Bemühungen. Wenn alle Warmblüter die gleiche Körpertemperatur von etwa 37 °C aufweisen und die Wärmeabgabe an die Umwelt durch die Körperoberfläche dieser Lebewesen erfolgt, so muß auch annähernd die gleiche auf die Oberfläche bezogene Wärmemenge von ca. 4200 k J/m² · Tag produziert werden, um die Körpertemperatur konstant zu halten. Die exakte Bestimmung der äußeren Oberfläche eines Lebewesens bereitet allerdings gewisse Schwierigkeiten. Wenn aber zwei Körper geometrisch ähnlich sind, läßt sich ihre Oberfläche A nach der Formel von Meeh

$$A = b\, m^{2/3} \qquad (5.483)$$

abschätzen, wobei die Konstante b aus der Masse und der Oberfläche eines geometrisch ähnlichen Körpers berechnet werden muß.

Beim Menschen gehört die Bestimmung des Grundumsatzes zur klinischen Routinearbeit.

Dabei dient die Formel von Dubois

$$A = k \, m^{0,425} \cdot l^{0,725} \qquad (5.484)$$

zur Oberflächenbestimmung. In Gl. (5.484) bezeichnet l die Körperlänge; k ist eine Konstante. Setzt man $l = C \, m^{1/3}$, wobei C eine passend gewählte Konstante darstellt, so ergibt sich mit $kC = b$ die Beziehung

$$A = b \, m^{0,425 + \frac{0,725}{3}} = b \, m^{2/3}$$

und damit eine Übereinstimmung zwischen der Formel von Dubois und Gl. (5.483). Die Abhängigkeit der Stoffwechselrate von der Körpergröße stellt einen Spezialfall der sogenannten *allometrischen Gleichung* dar. Beschreibt man die Abhängigkeit der Stoffwechselrate S von der Körpermasse m durch die Gleichung

$$S = b \, m^{\alpha}$$

oder

$$\ln S = \ln b + \alpha \ln m, \qquad (5.485)$$

so verläuft S als Funktion von m in einer doppeltlogarithmischen Darstellung linear mit einer durch $\alpha$ festgelegten Steigung. Für $\alpha = 2/3$ ist die Stoffwechselrate der Oberfläche A proportional. Bei $\alpha = 1$ ergibt sich ein massenproportionaler Stoffwechsel. Man kann somit drei Stoffwechseltypen unterscheiden, nämlich den oberflächenproportionalen Stoffwechsel (z.B. bei Armadillidium, einer Gattung der Landasseln), den massenproportionalen Stoffwechsel (z.B. bei der Stabheuschrecke Carausius (Dixippus) morosus) und einem Zwischentyp, für den $1 > \alpha > 2/3$ gilt und den man z.B. bei Planarien findet. Die Wachstumskurven der diesen drei Stoffwechseltypen entsprechenden Wachstumstypen weisen folgende Charakteristika auf:

1. Die Wachstumsrate nimmt mit der Zeit ab und erreicht oft ein Fließgleichgewicht.
2. Die Kurven für das Massenwachstum und für das Längenwachstum zeigen einen unterschiedlichen Verlauf. Die Längenzunahme entspricht einer Exponentialkurve. Die Wachstumskurve für die Gewichtszunahme verläuft sigmoid (vgl. Abb. 5.22), wobei sich für den Fall des oberflächenproportionalen Wachstums mit $\alpha = 2/3$ und $a = 3$ die einfache Relation

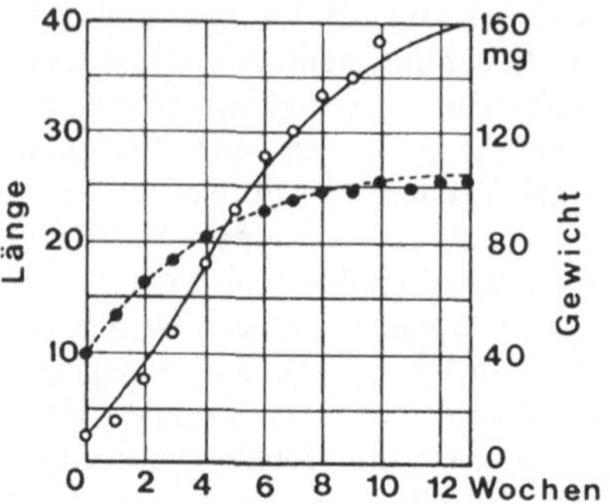

**Abb. 5.22** Gewichts- (——) und Längen- (– – –) Wachstum des Fisches Lebistes reticulatus (nach v. Bertalanffy 1953)

$m_w = m^* \cdot 8/27$ ergibt, so daß $m_w$ praktisch bei einem Drittel des Reifegewichtes liegt.

Der charakteristische Verlauf der Wachstumskurven läßt sich leicht erklären. Viele wachsende Organismen vergrößern ihre Oberfläche mit der zweiten Potenz ihrer Länge. Gleichzeitig verschiebt sich aber das Verhältnis zwischen Oberfläche und Masse zu Ungunsten der Oberfläche. Deshalb findet man in der Anfangsphase des Wachstums bei oberflächenproportionalem Anabolismus und massenproportionalem Katabolismus ein Überwiegen der Aufbauprozesse über die Abbauprozesse. Mit fortschreitendem Wachstum verringert sich der überwiegende Einfluß der anabolischen Prozesse und es kann ein Fließgleichgewicht erreicht werden, so daß bei Gleichheit der anabolischen und der katabolischen Umsatzraten das Wachstum zum Stillstand kommt. Die Wachstumsfunktion nach v. Bertalanffy hat eine ausgedehnte Anwendung in der Biologie (z.B. in der Fischereibiologie) erfahren und dient besonders als dynamisches Modell für das tierische Wachstum.

Mit wachsender Größe wird auch bei Mikroorganismen (z.B. bei Kokken und Hefen) das Verhältnis von Oberfläche zu Gewicht kleiner. Da die Stoffzufuhr von den Oberflächen aus erfolgt, werden die Bedingungen für die Versorgung mit fortschreitendem Wachstum schlechter. Deshalb nimmt die Wachtumsrate fortschreitend ab, und zwar so, wie es die Gl. (5.476) zum Ausdruck bringt. Auch die kreisförmige Flächenausbreitung von Gewebekulturen gehorcht einem Wachstumsgesetz nach Gl. (5.477).

Kulturen von Stäbchenbakterien verhalten sich völlig andersartig. Sie zeigen nur ein einfaches exponentielles Längenwachstum. Bei dem Wachstum unter Neubildung von Stäbchen nimmt nämlich die Oberfläche praktisch proportional zur Länge zu, während der Durchmesser sich nicht ändert. Die Stoffzufuhr wird deshalb in diesem Falle nicht durch die Massenvergrößerung benachteiligt. Ähnliche Verhältnisse liegen auch bei den Insekten vor; bei ihnen steigt der Stoffumsatz nicht als Funktion der Oberfläche, sondern proportional zum Gewicht des Körpers an. Deshalb ergibt sich keine Benachteiligung der auf die Gewichtseinheit bezogenen Stoffzufuhr für einen größeren Organismus. Daraus folgt, daß die relative Wachstumsgeschwindigkeit konstant bleibt und das Längenwachstum von Stäbchenbakterien und Insekten dem einfachen Gesetz

$$\frac{d\ln l}{dt} = k \quad \text{bzw.} \quad l = l_0 e^{kt} \qquad (5.486)$$

folgt. Bei Insekten begrenzen die Metamorphosen das zunehmende Wachstum.

### *Energiebedarf bei eingestelltem Fließgleichgewicht*

Im offenen Stoffwechselsystem einer lebenden Zelle liegen die Substrate und Produkte der einzelnen Reaktionen bei eingestelltem Fließgleichgewicht in zeitunabhängigen Konzentrationen vor. Damit wird ein Gleichgewichtszustand vorgetäuscht. Dieser Zustand entspricht jedoch nicht den Bedingungen des thermodynamischen Gleichgewichtes; denn es werden laufend Substrate von außen zugeführt und Produkte nach außen abgegeben. Zur Charakterisierung des Fließgleichgewichtes wird oft eine scheinbare Massenwirkungskonstante $K^*$ angegeben. Für eine einfache Umsetzung des Typs $A \rightleftharpoons B$ läßt sich diese *Fließgleichgewichtskonstante* durch die Gleichung

$$K^* = \frac{c_B^*}{c_A^*} \qquad (5.487)$$

ausdrücken, wenn man die im stationären Zustand vorliegenden Konzentrationen des Substrates A und des Produktes B mit $c_A^*$ bzw. $c_B^*$ bezeichnet. Die dem Fließgleichgewicht entsprechenden Umsatzraten werden auch durch die Angabe von apparenten Geschwindigkeitskonstanten $k_1^*$ und $k_{-1}^*$ charakterisiert, so daß die zu Gl. (5.445) analoge Beziehung

$$\frac{c_B^*}{c_A^*} = \frac{k_1^*}{k_{-1}^*} = K^* \qquad (5.488)$$

erhalten wird.

Da sich die Konstante K des thermodynamischen Gleichgewichtes und die Fließgleichgewichtskonstante $K^*$ in ihren Werten unterscheiden, kann auch $k_1^*$ nicht gleich $k_1$ und $k_{-1}^*$ nicht gleich $k_{-1}$ sein. Die apparenten Geschwindigkeitskonstanten $k_1^*$ und $k_{-1}^*$ sind also keine den Bedingungen des dynamischen Gleichgewichts genügenden Geschwindigkeitskonstanten, sondern lediglich formalkinetische Parameter, mit denen die Umsätze bei eingestelltem Fließgleichgewicht quantitativ beschrieben werden können.

Die Thermodynamik der Fließgleichgewichte ist im Abschn. (5.2.7) bereits ausführlich behandelt worden. Hier soll nun noch kurz der Zusammenhang zwischen der Umsatzrate und der bei gegebenen Werten von $K^*$ und K zur Aufrechterhaltung des stationären Zustandes in der Zeiteinheit aufzuwendenden freien Reaktionsenthalpie in Form einer Gleichung dargestellt werden. Die für den Gleichgewichtsabstand charakteristische molare freie Reaktionsenthalpie $\Delta_R G$ des betrachteten Systems ergibt sich nach Gl. (5.119) mit $K^* > K$ aus der Beziehung

$$\Delta_R G = RT \ln K^* - RT \ln K$$
$$= RT \ln \frac{K^*}{K} . \qquad (5.489)$$

Zur Berechnung des für die Aufrechterhaltung des Fließgleichgewichtes erforderlichen Energieaufwandes muß der nach Gl. (5.489) ermittelte $\Delta_R G$ – Wert mit der Umsatzrate multipliziert werden. Nach der Gl. (5.400) entsprechenden kinetischen Gleichung einer Reaktion erster Ordnung wäre die Umsatzrate der Reaktion $A \rightarrow B$ durch das Produkt $k_1^* c_A^*$ zu beschreiben. Da der Umsatz jedoch höchstens bis zur Einstellung des thermodynamischen Gleichgewichtes ablaufen kann und der endergonische Prozeß auf die Überwindung des Gleichgewichtsabstandes $c_B^* - \bar{c}_B$ beschränkt ist, hat man bei der Ermittlung des stationären Energieaufwandes nicht die Gesamtmenge eines Mols des Substrates A, sondern nur den der Differenz $c_B^* - \bar{c}_B$ entsprechenden Anteil in Rechnung zu stellen. Die effektive Umsatzrate der Produktbildung im Fließgleichgewicht ist deshalb durch $k_1^* c_A^* (c_B^* - \bar{c}_B)/c_B^*$ gegeben, und man erhält demnach für die zur Erhaltung des Fließgleichgewichtes in der Zeiteinheit benötigte freie Reaktionsenthalpie $\Delta_R \dot{G}$ den Ausdruck

$$\Delta_R \dot{G} = \frac{c_B^* - \bar{c}_B}{c_B^*} k_1^* c_A^* \, RT \ln \frac{K^*}{K} \,. \qquad (5.490)$$

Im offenen System wird die Konzentration des Ausgangsstoffes A nicht durch die Gleichgewichtskonstante K oder die scheinbare Gleichgewichtskonstante $K^*$ des Fließgleichgewichtes sondern durch das stationäre Substratangebot bestimmt. Es muß also auch im Falle des betrachteten Systems unabhängig vom jeweiligen $K^*$-Wert stets $c_A^* = \bar{c}_A$ gelten. Folglich ist $c_B^* = K^* c_A^*$ und $\bar{c}_B = K c_A^*$, so daß

$$\frac{c_B^* - \bar{c}_B}{c_B^*} = \frac{K^* - K}{K^*}$$

gesetzt werden kann.

Damit läßt sich Gl. (5.490) in der Form

$$\Delta_R \dot{G} = k_1^* c_A^* \frac{K^* - K}{K^*} RT \ln \frac{K^*}{K} \qquad (5.491)$$

schreiben. Eine Gleichung dieser Art ist zuerst von W. Kuhn (1976) für den Spezialfall der Synthese optisch aktiver Verbindungen angegeben worden. Wesentlich komplizierte Zusammenhänge ergeben sich, wenn mehrere Reaktionsschritte im Fließgleichgewicht eines Stoffwechselsystems hintereinandergeschaltet sind. Die Umsatzraten der aufeinander abgestimmten Teilreaktionen werden dann durch die katalytische Wirkung der Enzymsysteme dem jeweiligen Bedarf angepaßt. Mit einem Gl. (5.490) entsprechenden Ansatz kann man die im Gesamtorganismus zur Aufrechterhaltung des Fließgleichgewichtes der Proteinsynthese benötigte Energie näherungsweise berechnen. Aus einer von G. V. Schulz (1950) vorgenommenen Abschätzung ist zu schließen, daß nur ein relativ geringer Anteil des gesamten Energieumsatzes im Stoffwechsel eines erwachsenen Menschen zur Erhaltung der Eiweißstoffe des Organismus benötigt wird, obwohl die Proteinsynthese ein endergonischer Prozeß mit hohem $\Delta_R G'$-Wert ist. Die bei einer Berechnung der in der Zeiteinheit aufzuwendenden freien Reaktionsenthalpie einzusetzenden Gleichgewichtswerte der relativen Polymer-Konzentrationen lassen sich angeben, wenn die dem „Kondensationsgleichgewicht" entsprechende Häufigkeitsverteilung der polymeren Spezies bekannt ist. Die Konzentration $\bar{c}_2$ der im Kondensationsgleichgewicht vorliegenden Dimeren ergibt sich z.B. nach dem Massenwirkungsgesetz aus der Konzentration $\bar{c}_1$ der Monomeren und der Konzentration $\bar{c}_w$ der Wasser-Molekeln zu

$$\bar{c}_2 = \bar{c}_1^2 \frac{K}{\bar{c}_w} \,. \qquad (5.492)$$

Nimmt man vereinfachend an, daß die Gleichgewichtskonstante für alle aufeinanderfolgenden Kondensationsschritte den gleichen Wert hat und somit nicht vom Polymerisationsgrad abhängen soll, so gilt für die Gleichgewichtskonzentration $\bar{c}_3$ der Trimeren entsprechend

$$\bar{c}_3 = \bar{c}_1 \bar{c}_2 \frac{K}{\bar{c}_w} = \bar{c}_1 \left( \frac{\bar{c}_1 K}{\bar{c}_w} \right)^2 , \qquad (5.493)$$

bzw. allgemein für die Gleichgewichtskonzentration einer polymeren Spezies vom Polymerisationsgrad P

$$\bar{c}_P = \bar{c}_1 \left( \frac{\bar{c}_1 K}{\bar{c}_w} \right)^{P-1} . \qquad (5.494)$$

Als Häufigkeits-Verteilungsfunktion definiert man zweckmäßigerweise eine Funktion, die angibt, wieviele Mole vom Polymerisationsgrad P in einem der stöchiometrischen Monomeren-Einheit entsprechenden *Grundmol* enthalten sind. Dieser Bruchteil der Einheit eines Grundmols wird mit $n_P$ bezeichnet. Dementsprechend bezeichnet man die Anzahl der Mole Wasser, welche in dem betrachteten System bezogen auf ein Grundmol der monomeren und polymeren Substanz vorhanden sind, mit $n_w$. Mit der Abkürzung $\alpha = n_1 K/n_w$ und der zunächst unbestimmten Normierungskonstante A kann man analog Gl. (5.494)

$$n_P = A\alpha^{P-1} \qquad (5.495)$$

setzen. Der Normierungsfaktor A ergibt sich nach dem Gesetz von der Erhaltung der Masse aus der Nebenbedingung

$$\sum_{P=1}^{\infty} Pn_P = 1$$

bzw.

$$A \sum_{P=1}^{\infty} P\alpha^{P-1} = 1 \;, \qquad (5.496)$$

wobei die Summe auf der linken Seite von Gl. (5.496) für den hier interessierenden Fall mit $\alpha < 1$ durch den geschlossenen Ausdruck $1/(1-\alpha)^2$ dargestellt werden kann. So erhält man mit $A = (1-\alpha)^2$ aus Gl. (5.495) die Verteilungsfunktion

$$n_P = (1-\alpha)^2 \alpha^{P-1} \;. \qquad (5.497)$$

Mit der sich aus Gl. (5.497) für $P = 1$ ergebenden Beziehung

$$n_1 = \left(1 - \frac{n_1 K}{n_w}\right)^2$$

$$= 1 - \frac{2n_1 K}{n_w} + \left(\frac{n_1 K}{n_w}\right)^2 \qquad (5.498)$$

kann die überzählige Variable $n_1$ eliminiert werden. Bringt man Gl. (5.498) in die Normalform einer quadratischen Gleichung für $n_1$, so ergibt sich mit der Abkürzung $\beta = K/n_w$ die Lösung

$$n_1 = \frac{1}{2\beta^2}(1 + 2\beta \pm \sqrt{4\beta + 1}) \;. \qquad (5.499)$$

Durch Einsetzen von $n_1$ nach Gl. (5.499) in den Ausdruck $\alpha = n_1 K/n_w$ erhält man

$$\alpha = n_1 \beta = \frac{1}{2\beta}(1 + 2\beta \pm \sqrt{4\beta + 1}) \qquad (5.500)$$

und mit $n_1$ nach Gl. (5.498)

$$(1-\alpha)^2 = n_1 = \frac{1}{2\beta^2}(1 + 2\beta \pm \sqrt{4\beta + 1}). \qquad (5.501)$$

Durch Einsetzen dieser Ausdrücke in Gl. (5.497) ergibt sich so schließlich die Beziehung

$$n_P = \frac{1}{\beta}\left[\frac{1}{2\beta}(1 + 2\beta \pm \sqrt{1 + 4\beta})\right]^P \;. \qquad (5.502)$$

Für $4\beta < 1$ kann nun $\sqrt{1 + 4\beta} \simeq 1 + 2\beta - 2\beta^2$ gesetzt werden. Die Lösung (5.502) mit dem negativen Vorzeichen der Quadratwurzel geht damit in die einfache Relation

$$n_P \simeq \beta^{P-1} = \left(\frac{K}{n_w}\right)^{P-1} \qquad (5.503)$$

über, so daß $n_1 \simeq \beta^0 = 1$ erhalten wird. Dieses Ergebnis ist einleuchtend, da kleine Werte von $\beta$ für vorgegebenes $n_w$ kleinen Werten von K entsprechen und das Gleichgewicht bei kleinen K-Werten weitgehend auf der Seite der Monomeren liegt. Für die Lösung mit dem positiven Vorzeichen der Quadratwurzel ergibt sich dagegen mit $\sqrt{1 + 4\beta} \simeq 1 + 2\beta - 2\beta^2$ ein Ausdruck der Form

$$n_P \simeq \frac{1}{\beta}\left(\frac{1}{\beta} + 2 - 2\beta\right)^P \;,$$

woraus

$$n_1 \simeq \frac{1}{\beta^2} + \frac{2}{\beta} - 2$$

bzw.

$$\lim_{\beta \to 0} n_1 = \infty$$

folgt, was der physikalischen Realität widerspricht. Die Lösung mit dem positiven Vorzeichen der Quadratwurzel in Gl. (5.502) ist deshalb auszuschließen, während für nicht zu große Werte von K der Wert von $n_P$ nach Gl. (5.503) berechnet werden kann. Die Gleichgewichtskonstanten des Kondensationsgleichgewichtes der Bildung von Dipeptiden aus Aminosäuren unter Wasserabspaltung sind von der Größenordnung $3 \cdot 10^{-6}$, so daß die Voraussetzungen für eine Berechnung von $n_P$ nach Gl. (5.503) gegeben sind. Für die Bildung von Leucylglycin aus Leucin und Glycin ergibt sich z.B. aus einem $\Delta_R G'$-Wert von 31475 J/mol nach Gl. (5.117) ein K-Wert von $3,15 \cdot 10^{-6}$. Der Wert der Gleichgewichtskonstante für die Kondensation anderer Aminosäuren zu einem

Dipeptid wird sicher nicht genau mit diesem Wert übereinstimmen; er dürfte aber in der gleichen Größenordnung liegen. Wegen des kleinen K-Wertes liegt das Gleichgewicht in diesem Falle so weit auf der Seite der Monomeren, daß der gesamte Formelumsatz der Kondensationsreaktionen als uneingeschränkt endergonischer Prozeß angesehen werden muß. Der dem Faktor $(c_B^* - \bar{c}_B)/c_B^*$ in Gl. (5.490) entsprechende Faktor kann daher für das betrachtete System mit guter Näherung gleich 1 gesetzt werden. Um ein Mol des makromolekularen Stoffes vom Polymerisationsgrad P bei der von $\bar{c}_P$ verschiedenen Fließgleichgewichtskonzentration $c_P^*$ zu erzeugen, ist die Arbeit

$$\Delta_R G = RT \ln \frac{c_P^*}{\bar{c}_P} \qquad (5.504)$$

aufzuwenden. Wie in Gl. (5.495) kann man auch hier die Konzentrationen durch die relativen Molzahlen ersetzen. Bezeichnet man die im Fließgleichgewicht vorliegende und auf ein Grundmol Gesamtsubstanz der monomeren und polymeren Spezies bezogene Molzahl hochpolymerer Substanz mit $n_P^*$, so erhält man statt Gl. (5.504) die Beziehung

$$\Delta_R G = RT \ln \frac{n_P^*}{n_P} . \qquad (5.505)$$

Macht man nun die vereinfachende und in den meisten Fällen zutreffende Annahme, daß die überwiegende Menge der zu kondensierenden Ausgangssubstanz in dem durch die Energiezufuhr erzwungenen Zustand des Fließgleichgewichtes in hochpolymerer Form vorliegt, so kann für ein Grundmol näherungsweise

$$n_P^* \simeq 1/P \qquad (5.506)$$

gesetzt und $n_P$ nach Gl. (5.503) berechnet werden. Damit läßt sich Gl. (5.505) in der Form

$$\Delta_R G = RT \ln \left[ \frac{1}{P} \left( \frac{n_w}{K} \right)^{P-1} \right] \qquad (5.507)$$

schreiben.

Die für den endergonen Umsatz eines Grundmols aufzuwendende Arbeit $\Delta_R G_M$ ist dann

$$\Delta_R G_M = \frac{RT}{P} \ln \left[ \frac{1}{P} \left( \frac{n_w}{K} \right)^{P-1} \right]$$

oder mit der bei hohen Polymerisationsgraden anwendbaren Näherung $P - 1 \simeq P$

$$\Delta_R G_M \simeq RT \left( \ln \frac{n_w}{K} + \frac{1}{P} \ln \frac{1}{P} \right) . \qquad (5.508)$$

Bezeichnet man das Molekulargewicht eines Grundmols mit $M_g$ so läßt sich der zur Synthese von 1 g polymerer Substanz erforderliche Arbeitsbetrag $\Delta_R g_m$ mit der Gleichung

$$\Delta_R g_m = \frac{RT}{M_g} \left( \ln \frac{n_w}{K} + \frac{1}{P} \ln \frac{1}{P} \right) \qquad (5.509)$$

angeben. Die Syntheserate, d.h. der Bruchteil der vorhandenen Polymersubstanz, der in der Zeiteinheit neu synthetisiert wird, sei r. Dann ist der Arbeitsaufwand $\Delta_R \dot{g}_m$ je Gramm Polymersubstanz in der Zeiteinheit

$$\Delta_R \dot{g}_m = r \frac{RT}{M_g} \left( \ln \frac{n_w}{K} + \frac{1}{P} \ln \frac{1}{P} \right) . \qquad (5.510)$$

Der menschliche Körper enthält rund gerechnet 60% Wasser und 20% Eiweiß mit einem durchschnittlichen Polymerisationsgrad $P \simeq 1000$. Einer vorgegebenen Gewichtsmenge an Protein entspricht also die dreifache Gewichtsmenge an Wasser. Für ein Grundmol der umgesetzten Aminosäurereste ist $M_g \simeq 100$ g/mol. Daraus folgt

$$n_w = \frac{3M_g}{M_{H_2O}} = \frac{300}{18} = 16{,}7 .$$

Wegen des hohen Wertes von P kann der zweite Term in der Klammer auf der rechten Seite von Gl. (5.510) gegenüber $\ln (n_w/K)$ vernachlässigt werden. Mit $R = 8{,}314 \, JK^{-1} \, mol^{-1}$ und $T \simeq 300$ K ergibt sich somit die einfache Beziehung

$$\Delta_R \dot{g}_m = r \frac{2494}{100} \ln \frac{16{,}7}{3 \cdot 10^{-6}} = r \cdot 388 \, J/g . \qquad (5.511)$$

Der mittlere Wert von r beträgt beim erwachsenen Menschen nach den von Sprinson und Rittenberg (1949) mit dem Isotop $^{15}N$ durchgeführten Versuchen für den gesamten Eiweißbestand des Organismus etwa 0,01/Tag. Nach Gl. (5.511) ergibt sich somit ein täglicher Energieaufwand von 3,88 J/g. Dem durchschnittlichen Eiweißbestand eines erwachsenen Menschen von etwa 12 kg entspricht somit ein täglicher Energieaufwand von 46,6 kJ. Nimmt man einen energetischen Wirkungsgrad der Stoffwechselreaktionen von 50% an, so verdoppelt sich dieser geschätzte Wert auf ca. 93 kJ/Tag. Da der im Abschnitt 5.1.2 angegebene Grundumsatz des Menschen etwa 6300–8400 kJ/Tag beträgt, ergibt sich aus dieser Abschätzung, daß nur ein geringer Teil des gesamten Energieaufwandes im Stoffwechsel für die stationäre Erhaltung der Proteinsubstanz des Organismus benötigt wird. Die Genauigkeit dieser Abschätzung hängt in erster Linie von dem für r angegebenen Wert ab; sie kann daher nur die Größenordnung der Energieumsätze einigermaßen richtig wiedergeben.

Bei der kinetischen Analyse biochemischer Einzelreaktionen wird man ebenfalls stationäre Zellzustände zu berücksichtigen haben oder ihre Berücksichtigung anstreben müssen. Die dabei auftretenden meßtechnischen Schwierigkeiten können in einzelnen Fällen gut dadurch umgangen werden, daß man die stationären Konzentrationen wichtiger Reaktionspartner mit geeigneten spektroskopischen Methoden messen und ihre Änderungen bei Substratzusatz verfolgen kann. Bei derartigen Messungen hat sich erwartungsgemäß gezeigt, daß die an der Energielieferung beteiligten Stoffe nicht in dem Konzentrationsbereich des thermodynamischen Gleichgewichtes vorliegen. Die Arbeitsfähigkeit der lebenden Organismen kann nur bei ständiger Aufrechterhaltung eines Nichtgleichgewichts-Zustandes gewährleistet werden.

### *Diffusionskontrollierte Reaktionen in Lösungen*

Der Ablauf chemischer Reaktionen in einer homogenen Phase wird im wesentlichen durch zwei Faktoren bestimmt, nämlich einerseits durch die Begegnungswahrscheinlichkeit der Reaktionspartner, andererseits durch die Wahrscheinlichkeit dafür, daß es bei einem Zusammentreffen der Reaktionspartner zu einer Reaktion kommt. Dies gilt für Reaktionen in der Gasphase in gleicher Weise wie für Reaktionen in wäßriger Lösung. Den Reaktionen in homogener Gasphase kommt jedoch im Rahmen des biologischen Geschehens

nur eine untergeordnete Bedeutung zu. Für den Ablauf biologischer Prozesse besonders wichtig sind dagegen die chemischen Reaktionen in Lösungen und an Grenzflächen. Der für die Begegnungswahrscheinlichkeit in Lösungen maßgebliche Transportmechanismus unterscheidet sich grundsätzlich vom Mechanismus der Transporterscheinungen in Gasen. Wegen der mehr als 50% betragenden Raumerfüllung kommt es in Flüssigkeiten nicht zu einer freien Translationsbewegung der Moleküle. Jedes gelöste Molekül ist von Lösungsmittelmolekülen wie von einem Käfig umgeben. Aus einer theoretischen Analyse der Transporteigenschaften von Lösungen ergibt sich, daß die durchschnittliche Verweilzeit eines gelösten Moleküls in einem „Lösungsmittelkäfig" etwa $10^{-10}$ Sekunden beträgt, wenn die Viskosität des Lösungsmittels einen Wert der üblichen Größenordnung hat. Bei einem Platzwechselprozeß muß das gelöste Teilchen in einer durch den Zufall bestimmten Richtung unter Überwindung einer Hemmung in einen anderen Lösungsmittelkäfig übertreten. Wenn eine chemische Reaktion zustande kommen soll, müssen sich zwei Reaktionspartner in dem gleichen Käfig befinden. Deshalb sind die Bedingungen für ein Zusammentreffen der Reaktanden in einer Lösung nicht so günstig wie bei weitgehend freier Translationsbewegung in der Gasphase. Andererseits übertrifft die mittlere Käfigverweilzeit der Reaktanden die übliche Schwingungszeit ($10^{-13}$ Sekunden) von Molekülen um zwei bis drei Zehnerpotenzen. Während der Verweilzeit finden zahlreiche Stöße zwischen den Reaktanden statt. In der Gasphase kommen dagegen mehrfache Zusammenstöße zwischen denselben Molekülen kaum vor. Die Käfig-Verweilzeit wirkt sich also günstig auf das Zustandekommen einer Reaktion in einer flüssigen Mischung aus. Reaktionen, an denen gelöste Ionen beteiligt sind, werden auch durch die Dielektrizitätskonstante des Lösungsmittels und durch die Ionenstärke der Lösung beeinflußt.

Der Einfluß der für die Reaktionen in Lösungen geschwindigkeitsbestimmenden Faktoren läßt sich am besten durch die formalkinetische Beschreibung einer bimolekularen Reaktion des Typs $A + B \rightarrow C$ verdeutlichen. Formalkinetisch kann der Diffusionsprozeß, der zur Annäherung der Reaktanden bis auf den für die Reaktion erforderlichen Mindestabstand führt, wie die Bildung eines Molekülpaares {AB} behandelt werden. Der Gesamtprozeß kann also in dem Reaktionsschema

$$A + B \underset{k_{-1}}{\overset{k_1}{\rightleftharpoons}} \{AB\} \xrightarrow{k_2} C \tag{5.512}$$

zusammengefaßt werden. Die zeitliche Änderung der Konzentrationen läßt sich nach diesem Schema durch die kinetischen Gleichungen

$$\frac{dc_{\{AB\}}}{dt} = k_1 c_A c_B - k_{-1} c_{\{AB\}} - k_2 c_{\{AB\}} \tag{5.513}$$

und

$$\frac{dc_C}{dt} = k_2 c_{\{AB\}} \tag{5.514}$$

beschreiben. Der Wert von $c_{\{AB\}}$ läßt sich nach Gl. (5.513) berechnen, wenn man annimmt, daß sich im Verlauf der Reaktion rasch eine stationäre Konzentration an Molekülpaaren einstellt, so daß $dc_{\{AB\}}/dt = 0$ gesetzt werden kann. Unter der Voraussetzung, daß entweder $k_1 \ll k_2$ oder $k_1 \ll k_{-1}$ sein soll, ist diese Annahme einer *Quasistationarität* berechtigt, da die Ausgangsstoffe A und B in diesem Falle nur langsam verbraucht werden und AB nur in relativ kleinen Konzentrationen vorliegt. Setzt man den für diesen Fall nach Gl. (5.513) zu

$$c_{\{AB\}} = \frac{k_1 c_A c_B}{k_{-1} + k_2} \tag{5.515}$$

berechneten Wert der Molekülpaar-Konzentration in Gl. (5.514) ein, so ergibt sich die Beziehung

$$\frac{dc_C}{dt} = \frac{k_1 k_2}{k_{-1} + k_2} c_A c_B \, , \tag{5.516}$$

die einer Reaktion zweiter Ordnung entspricht. Dabei hat man zwei Grenzfälle zu unterscheiden. Ist $k_{-1} \ll k_2$, so folgt aus Gl. (5.516)

$$\frac{dc_C}{dt} \simeq k_1 c_A c_B \, . \tag{5.517}$$

Die Geschwindigkeit der Reaktion wird also durch $k_1$, d.h. durch die Diffusion der Reaktanden bestimmt. Man spricht deshalb in diesem Falle von *diffusionskontrollierter* Geschwindigkeit. Für $k_{-1} \gg k_2$ erhält man dagegen aus Gl. (5.516) einen Ausdruck der Form

$$\frac{dc_C}{dt} \simeq K k_2 c_A c_B \tag{5.518}$$

mit $K = k_1/k_{-1}$. Die Konstante K ist die Gleichgewichtskonstante für das sich schnell einstellende, vorgelagerte Gleichgewicht, und die Geschwindigkeit der Gesamtreaktion wird durch die Geschwindigkeitskonstante $k_2$ der Reaktion [AB] → C bestimmt. Dabei handelt es sich um einen Prozeß mit *reaktionskontrollierter* Geschwindigkeit.

Für einen Prozeß mit diffusionskontrollierter Geschwindigkeit läßt sich die Geschwindigkeitskonstante $k_1$ berechnen, wenn die Radien $R_A$ und $R_B$ der reaktionsfähigen Teilchen A und B bekannt sind. Betrachtet man nämlich ein beliebig herausgegriffenes Teilchen der Sorte A, so haben von den umgebenden Teilchen der Sorte B nur diejenigen eine Chance, zur Reaktion zu kommen, welche in der Zeiteinheit auf der Oberfläche einer Kugel vom Radius $R_K = R_A + R_B$ mit dem Zentrum im Schwerpunkt von A eintreffen. Nach dem 1. Fickschen Gesetz Gl. (5.281) wird die Zahl dieser Teilchen bei vorgegebenem Diffusionskoeffizienten D durch das jeweilige Konzentrationsgefälle bestimmt. Die treibende Kraft des Konzentrationsgefälles liefert somit zum Teilchenstrom durch eine Kugeloberfläche im Abstand r vom Zentrum den Beitrag $-4\pi r^2 D \dfrac{d^1 N_B}{dr}$, wobei $^1 N_B = {}^1 N_B(r)$ die spezifische Teilchenzahl der B-Teilchen für den Abstand r angibt. Ist bei Ionenreaktionen neben der treibenden Kraft des Konzentrationsgefälles eine weitere, durch die Coulomb-Wechselwirkungsenergie W bedingte Transport-Antriebskraft dW/dr wirksam, so muß die Diffusionsgleichung um einen entsprechenden Zusatzterm erweitert werden. Bei Gültigkeit des Stokesschen Gesetzes (vgl. Abschn. 2.1) besteht zwischen der Teilchengeschwindigkeit w und der gegen die Reibung wirkenden Antriebskraft dW/dr die Beziehung

$$fw = - \frac{dW}{dr} \, , \tag{5.519}$$

wobei für den Reibungskoeffizienten f eines kugelförmigen Teilchens vom Radius R in einem Medium der Viskosität $\eta$

$$f = 6\pi\eta R \qquad (5.520)$$

zu setzen ist. Bei der Aufstellung der erweiterten
Diffusionsgleichung muß beachtet werden, daß
die Teilchen der Sorte A nicht fixiert sind und
unter dem Einfluß der treibenden Kräfte ebenfalls
auf ihre Reaktionspartner zuwandern. Deshalb
muß man für w die Summe der nach Gl. (5.519)
mit $f_A = 6\pi\eta R_A$ und $f_B = 6\pi\eta R_B$ berechneten Geschwindigkeiten in Rechnung stellen, so daß für
w der Ausdruck

$$w = -\left(\frac{1}{f_A} + \frac{1}{f_B}\right)\frac{dW}{dr}$$

anzusetzen ist. Durch Multiplikation mit der spezifischen Teilchenzahl $^1N_B(r)$ und der Kugeloberfläche $4\pi r^2$ erhält man somit für den auf die Coulomb-Wechselwirkung der Ionen zurückzuführenden Beitrag zum Teilchenstrom den Ausdruck

$$-4\pi r^2\left(\frac{1}{f_A} + \frac{1}{f_B}\right)\frac{dW}{dr}\,{}^1N_B\,.$$

In den Diffusionsterm $-4\pi r^2 D\dfrac{d\,^1N_B}{dr}$ der erweiterten Diffusionsgleichung muß man wegen
der Beweglichkeit der A-Teilchen anstelle von
D die Summe der individuellen Diffusionskoeffizienten $D_A$ und $D_B$ einsetzen. Diese lassen sich
nach der im Abschn. 2.2 angegebenen Stokes–Ein-
stein-Beziehung

$$D_i = \frac{kT}{f_i} \qquad (5.521)$$

ebenfalls durch die Reibungskoeffizienten $f_A$ bzw.
$f_B$ ausdrücken. Damit kann die von P. Debye
(1942) angegebene erweiterte Diffusionsgleichung
in der Form

$$\frac{\dot{N}_B}{4\pi r^2} = -kT\left(\frac{1}{f_A} + \frac{1}{f_B}\right)\frac{d\,^1N_B}{dr}$$
$$-\left(\frac{1}{f_A} + \frac{1}{f_B}\right)\frac{dW}{dr}\,{}^1N_B \qquad (5.522)$$

dargestellt    werden.    Durch    Auflösen    nach

$d\,^1N_B/dr$ erhält man die Differentialgleichung

$$\frac{d\,^1N_B}{dr} = -\frac{\dot{N}_B}{4\pi kT\left(\dfrac{1}{f_A} + \dfrac{1}{f_B}\right)}$$
$$\times\frac{1}{r^2} - \frac{1}{kT}\frac{dW}{dr}\,{}^1N_B\,. \qquad (5.523)$$

Die Funktion

$$^1N_B(r) = -\frac{\dot{N}_B}{4\pi kT\left(\dfrac{1}{f_A} + \dfrac{1}{f_B}\right)}\frac{e^{-W/kT}}{}\int_{R_K}^{r} e^{W/kT}\frac{dr}{r^2}$$

$$(5.524)$$

ist eine Lösung der Differentialgl. (5.523). Diese
Lösung läßt sich durch Differentiation von $^1N_B(r)$
nach r leicht verifizieren. Bei Normierung der
Coulomb-Wechselwirkungsenergie $W(r)$ mit der
Nebenbendingung

$$\lim_{r\to\infty} W(r) = 0$$

erhält man nach Gl. (5.524) für die der mittleren
Konzentration in der Lösung entsprechende spezifische Teilchenzahl $^1N_B$ in unendlicher Entfernung vom Zentrum die Beziehung

$$^1N_{B_\infty} = -\frac{\dot{N}_B}{4\pi kT\left(\dfrac{1}{f_A} + \dfrac{1}{f_B}\right)}\int_{R_K}^{\infty} e^{W/kT}\frac{dr}{r^2} \quad (5.525)$$

oder nach Umformung mit $f_A = 6\pi\eta\,R_A$ und
$f_B = 6\pi\eta\,R_B$

$$\dot{N}_B = -\frac{\left(\dfrac{1}{R_A} + \dfrac{1}{R_B}\right)}{\displaystyle\int_{R_K}^{\infty} e^{W/kT}\frac{dr}{r^2}}\frac{4kT}{6\eta}\,{}^1N_{B_\infty}\,. \qquad (5.526)$$

Mit dem nach Gl. (5.526) zu berechnenden Betrag
von $\dot{N}_B$ ist der für die Begegnungswahrscheinlichkeit bei der diffusionskontrollierten Reaktion
$A + B \to C$ maßgebliche Häufigkeitsfaktor v festgelegt. Bei einer Reaktion ungeladener Teilchen
ist $W(r) = 0$ zu setzen, und die Beziehung

$$v = \frac{\left(\dfrac{1}{R_A} + \dfrac{1}{R_B}\right)}{\displaystyle\int_{R_K}^{\infty} e^{W/kT}\frac{dr}{r^2}}\frac{4kT}{6\eta}\,{}^1N_{B_x} \qquad (5.527)$$

geht mit

$$\int_{R_K}^{\infty} \frac{dr}{r^2} = \frac{1}{R_K} = \frac{1}{R_A + R_B}$$

in den einfacheren Ausdruck

$$v = (R_A + R_B)\left(\frac{1}{R_A} + \frac{1}{R_B}\right)\frac{4kT}{6\eta}\,{}^1N_{B_\infty}$$

(5.528)

über. Durch Wiedereinsetzen der Diffusionskoeffizienten $D_A$ und $D_B$ gemäß

$$\frac{kT}{6\eta R_A} = \pi D_A \quad \text{bzw.} \quad \frac{kT}{6\eta R_B} = \pi D_B$$

erhält man aus Gl. (5.528) die Gleichung

$$v = 4\pi(R_A + R_B)(D_A + D_B)\,{}^1N_{B_\infty}\ . \quad (5.529)$$

Zur Berechnung der Gl. (5.517) entsprechenden Reaktionsgeschwindigkeit $dc_C/dt$ muß man den Häufigkeitsfaktor $v$ noch mit der spezifischen Molekülzahl ${}^1N_{A_\infty}$ der A-Teilchen multiplizieren, da im Prinzip alle gelösten Teilchen der Sorte A reaktionsfähig sind. Außerdem ist zu beachten, daß sich der damit erhaltene Ausdruck

$$j = v\,{}^1N_{A_\infty}$$
$$= 4\pi(R_A + R_B)(D_A + D_B)\,{}^1N_{B_\infty}\,{}^1N_{A_\infty}$$

auf Teilchenzahlen und nicht auf Molzahlen bezieht. Mit ${}^1N_{A_\infty} = N_L c_A$, ${}^1N_{B_\infty} = N_L c_B$ und $dc_C/dt = j/N_L$ ergibt sich aus Gl. (5.529) schließlich die Beziehung

$$\frac{dc_C}{dt} = 4\pi N_L(D_A + D_B)(R_A + R_B)c_A c_B\ .$$

(5.530)

Aus dem Koeffizientenvergleich mit Gl. (5.517) folgt, daß

$$k_1 = 4\pi N_L(D_A + D_B)(R_A + R_B) \qquad (5.531)$$

gelten muß. In dieser Form ist die Gleichung für die Geschwindigkeitskonstante einer diffusionskontrollierten Reaktion gelöster ungeladener Teilchen erstmalig von Smoluchowski (1916) angegeben worden. Für den hier betrachteten Spezialfall mit $W = 0$ erhält man durch Division von

Gl. (5.524) durch Gl. (5.525) den Ausdruck

$$\frac{{}^1N_B(r)}{{}^1N_{B_\infty}} = \frac{\displaystyle\int_{R_K}^{r} \frac{dr}{r^2}}{\displaystyle\int_{R_K}^{\infty} \frac{dr}{r^2}}, \qquad (5.532)$$

aus dem sich mit $\displaystyle\int_{R_K}^{\infty} \frac{dr}{r^2} = \frac{1}{R_K}$ und $\displaystyle\int_{R_K}^{r} \frac{dr}{r^2} = \frac{1}{R_K} - \frac{1}{r}$

und $R_K = R_A + R_B$ die Verteilungsfunktion

$$^1N_B(r) = {}^1N_{B_\infty}\left(1 - \frac{R_A + R_B}{r}\right) \qquad (5.533)$$

ergibt. Diese Funktion ist in Abb. 5.23 als Kurve a wiedergegeben. Zum Vergleich ist als Kurve b der Verlauf von ${}^1N_B$ eingezeichnet, der sich bei reaktionskontrollierter Geschwindigkeit der Reaktion $A + B \rightarrow C$ ergibt.

Bei einer Annäherung bis auf den Kontaktabstand $R_K = R_A + R_B$ muß die Teilchendichte der B-Moleküle in jedem Falle auf Null absinken, da ein in diesem Abstand befindliches B-Teilchen sofort durch Reaktion verbraucht wird.

Bei einer diffusionskontrollierten Ionenreaktion ist die in Gl. (5.527) einzusetzende elektrostatische Wechselwirkungsenergie durch

$$W = \frac{z_A z_B e_0^2}{4\pi\varepsilon_0\varepsilon r} \qquad (5.534)$$

gegeben; $e_0$ ist die elektrische Elementarladung,

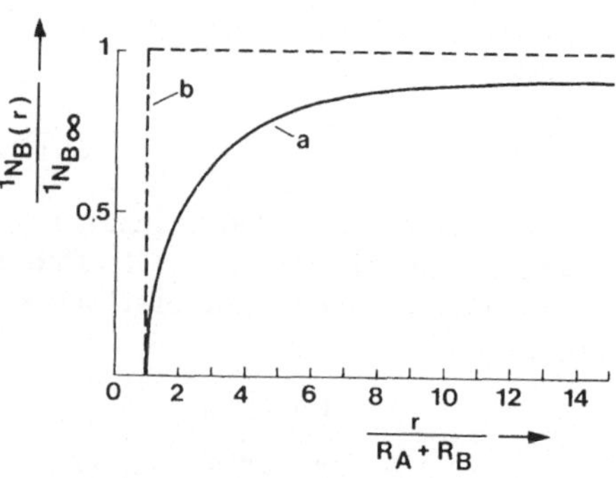


**Abb. 5.23** Spezifische Molekülzahl der B-Teilchen in der Umgebung eines A-Teilchens bei diffusionskontrollierter Geschwindigkeit (a) und bei reaktionskontrollierter Geschwindigkeit (b)

$\varepsilon$ ist die Dielektrizitätskonstante des Lösungsmittels. Das Integral

$$\int_{R_K}^{\infty} e^{W/kT} \frac{dr}{r^2}$$

kann mit der Substitution $dr/r^2 = -d(1/r)$ und

$$\frac{z_A z_B e_0^2}{4\pi\varepsilon_0 \varepsilon kT} = \alpha \text{ gemäß}$$

$$\int_{R_K}^{\infty} e^{\alpha/r} \frac{dr}{r^2} = \int_{\infty}^{R_K} e^{\alpha/r} d\left(\frac{1}{r}\right) = \frac{1}{\alpha}(e^{\alpha/R_K} - 1)$$

gelöst werden, so daß sich für $v$ die Beziehung

$$v = \frac{\left(\dfrac{1}{R_A} + \dfrac{1}{R_B}\right)}{\dfrac{1}{\alpha}(e^{\alpha/R_K} - 1)} \frac{4kT}{6\eta} {}^1N_{B_x} \qquad (5.535)$$

ergibt. Diese Gleichung kann analog Gl. (5.529) in der Form

$$v = \frac{4\pi\alpha}{(e^{\alpha/R} - 1)} (D_A + D_B) {}^1N_{B_x} \qquad (5.536)$$

geschrieben werden. Nach Erweitern mit $R_K = R_A + R_B$ erhält man daraus mit der Abkürzung $\dfrac{\alpha}{R_K} = \dfrac{z_A z_B e_0^2}{4\pi\varepsilon_0 (R_A + R_B)\varepsilon kT} = W_{AB}/kT$ die Gleichung

$$v = \frac{W_{AB}/kT}{e^{W_{AB}/kT} - 1} 4\pi(R_A + R_B)(D_A + D_B) {}^1N_{B_x} \,.$$

$$(5.537)$$

Die Gl. (5.531) entsprechende Formel zur Berechnung der Geschwindigkeitskonstanten $k_1$ läßt

sich demnach in der Form

$$k_1 = P_w 4\pi N_L (D_A + D_B)(R_A + R_B) \qquad (5.538)$$

mit dem „Wechselwirkungsfaktor"

$$P_w = \frac{W_{AB}/kT}{e^{W_{AB}/kT} - 1} \qquad (5.539)$$

darstellen. Der Faktor $P_w$ ist bei gegensinnig geladenen Ionen größer als 1 und bei gleichsinnig geladenen Ionen kleiner als 1. In der Tabelle 5.7 sind einige Beispiele für typische diffusionskontrollierte Reaktionen zusammengestellt. Nach Gl. (5.531) erhält man mit $R_A = R_B = 2,5 \cdot 10^{-8}$ cm und $D_A = D_B = 10^{-5}$ cm$^2$/s eine Geschwindigkeitskonstante von $7,5 \cdot 10^{12}$ cm$^3$ mol$^{-1}$ s$^{-1}$ bzw. $7,5 \cdot 10^9$ l mol$^{-1}$ s$^{-1}$. Setzt man ferner $z_A = -z_B = 1$ und $T = 298$ K, so ergibt sich mit der Dielektrizitätskonstante des Wassers ($\varepsilon = 80$) und der elektrischen Feldkonstante ($\varepsilon_0 = 8,854 \cdot 10^{-12}$ A s V$^{-1}$ m$^{-1}$) nach Gl. (5.539) für den Wechselwirkungsfaktor $P_w$ ein Wert von 1,85. Für $k_1$ resultiert damit ein Wert von $1.4 \cdot 10^{10}$ l mol$^{-1}$ s$^{-1}$. Die in der Tabelle 5.7 angegebenen $k_1$-Werte sind zum Teil wesentlich größer als der mit den angegebenen Daten berechnete $k_1$-Wert. Speziell für die Neutralisationsreaktion $H^+ + OH^- \rightarrow H_2O$ läßt sich dieser Größenunterschied durch höhere Werte der Diffusionskoeffizienten und des effektiven Kontaktabstandes erklären. Tatsächlich ist der sich aus Messungen ergebende Wert von $D_{H^+} + D_{OH^-}$ mit $14,5 \cdot 10^{-5}$ cm$^2$/s wesentlich größer als der für Teilchen normaler Beweglichkeit in die Rechnung eingesetzte Wert von $2 \cdot 10^{-5}$ cm$^2$/s. Setzt man nun für $R_A = R_B$ anstelle des oben angegebenen Wertes einen Wert

**Tabelle 5.7** Geschwindigkeitskonstanten einiger Ionenreaktionen (MON = Monactin, VAL = Valinomycin)

| Reaktion | T(K) | $k_1 (l \cdot mol^{-1} \cdot s^{-1})$ | $k_{-1} (s^{-1})$ |
|---|---|---|---|
| $H^+ + OH^- \rightleftharpoons H_2O$ | 298 | $1,4 \cdot 10^{11}$ | $2,5 \cdot 10^{-5}$ |
| $H^+ + OH^- \rightleftharpoons H_2O$ (Eis) | 263 | $8,6 \cdot 10^{12}$ | |
| $H^+ + F^- \rightleftharpoons HF$ | 298 | $1 \cdot 10^{11}$ | $7 \cdot 10^7$ |
| $H^+ + HCO_3^- \rightleftharpoons H_2CO_3$ | 298 | $4,7 \cdot 10^{10}$ | $\approx 8 \cdot 10^6$ |
| $H^+ + NH_3 \rightleftharpoons NH_4^+$ | 298 | $4,3 \cdot 10^{10}$ | 25 |
| $OH^- + NH_4^+ \rightleftharpoons NH_3 + H_2O$ | 293 | $3,4 \cdot 10^{10}$ | $6 \cdot 10^5$ |
| $Na^+ + MON \rightleftharpoons MON - Na^+$ | 298 | $3 \cdot 10^8$ | $6 \cdot 10^5$ |
| $K^+ + VAL \rightleftharpoons VAL - K^+$ | 298 | $4 \cdot 10^7$ | $1,3 \cdot 10^3$ |

von $4 \cdot 10^{-8}$ cm an, so erniedrigt sich der nach Gl. (5.539) zu berechnende Faktor $P_w$ zwar auf den Wert 1,5; insgesamt resultiert jedoch mit den korrigierten Daten in hinreichend guter Übereinstimmung mit dem Tabellenwert eine Geschwindigkeitskonstante von $1,3 \cdot 10^{11} \, l \cdot mol^{-1} s^{-1}$. Freie $H^+$- und $OH^-$-Ionen können in wäßriger Lösung nicht existieren. Ein Kontaktabstand von $8 \cdot 10^{-8}$ cm entspricht der Annahme von Hydratkomplexen des Typs $H_9O_4^+$ und $H_7O_4^-$. Diese Komplexe entstehen bei der Assoziation von Wasser-Molekülen mit einem *Überschußproton* oder einem *Defektproton* (fehlendes $H^+$-Ion). Die Beweglichkeit der Protonen innerhalb derartiger Komplexe ist extrem groß. Nach der diffusionskontrollierten Begegnung der genannten Hydratkomplexe erfolgt die eigentliche Neutralisationsreaktion in Form einer schnellen Protonenübertragung.

Die experimentellen $k_1$-Werte der Reaktionen, an denen keine *lösungsmitteleigenen* Ionen (vgl. Abschn. 1.2.5) beteiligt sind, lassen sich nicht ohne weiteres mit einfachen Modellvorstellungen erklären. Bei der Anwendung von Gl. (5.539) muß auch beachtet werden, daß neben der Coulomb-Wechselwirkungsenergie der Ionen jeweils auch die nicht immer vernachlässigbaren Energiebeiträge aller anderen Typen von zwischenmolekularen Wechselwirkungen zu berücksichtigen sind. Das Beispiel der von Eigen eingehend untersuchten Neutralisationsreaktion zeigt jedoch, daß die Kinetik einer diffusionskontrollierten Ionenreaktion durch die von Smoluchowski und von Debye angegebenen Gleichungen im wesentlichen richtig beschrieben wird.

Die als Reaktionspartner in Tabelle 5.7 aufgeführten antibiotisch wirkenden makrozyklischen Verbindungen Monactin und Valinomycin bewirken in biologischen Membranen eine drastische Erhöhung der $K^+$-Ionen-Permeabilität. Diese Substanzen können als effektive Ionencarrier (vgl. Abschn. 2.2.3) in Modell-Membransystemen wirksam werden. Dies setzt eine sehr schnelle Komplexbildung mit dem zu transportierenden Ion voraus. Es ist anzunehmen, daß auch viele Transportproteine in biologischen Membranen mit sehr hoher Geschwindigkeit mit ihrem Transportsubstrat in Wechselwirkung treten.

## Temperaturabhängigkeit der Geschwindigkeit reaktionskontrollierter Prozesse

Obwohl eine quantitative molekulartheoretische Interpretation des zeitlichen Ablaufs von Reaktionen in Lösungen wegen der Kompliziertheit der energetischen Verhältnisse mit sehr großen Schwierigkeiten verbunden ist, ergeben sich aus der theoretischen Analyse der Temperaturabhängigkeit von Geschwindigkeitskonstanten reaktionskontrollierter Prozesse doch einige Ansatzpunkte zu einem grundsätzlichen Verständnis der Faktoren, die den Reaktionsablauf entscheidend beeinflussen. Nach einer von Arrhenius (1889) angegebenen empirischen Beziehung

$$k(T) = A \cdot e^{-B/T} \tag{5.540}$$

läßt sich die Temperaturabhängigkeit der Geschwindigkeitskonstanten chemischer Reaktionen mit $B = E_A/R$ durch eine Gleichung der Form

$$k(T) = A \cdot e^{-E_A/RT} \tag{5.541}$$

darstellen. Die Größe $E_A$ hat die Dimension einer Energie; sie wird als *Aktivierungsenergie* der Reaktion bezeichnet. Obwohl die Arrhenius-Gleichung einen weiten Geltungsbereich hat, gibt es zahlreiche Fälle, in denen nicht die nach Gl. (5.540) zu erwartende Temperaturabhängigkeit, sondern ein völlig anderer Temperaturverlauf der Geschwindigkeitskonstante k beobachtet wird. In Abb. 5.24 sind vier Beispiele für grundsätzlich verschiedene Typen von Prozessen graphisch dargestellt.

Die Temperaturabhängigkeit der Geschwindigkeitskonstante eines reaktionskontrollierten Prozesses vom Arrhenius-Typ läßt sich nach Gl. (5.541) auch durch eine Beziehung in logarithmischer Form

$$\ln k(T) = -\frac{E_A}{RT} + \ln A \tag{5.542}$$

ausdrücken. Diese Formulierung entspricht der analogen Darstellung der van't Hoffschen Beziehung Gl. (5.91) bzw. Gl. (5.126) für die Temperaturabhangigkeit der Gleichgewichtskonstante des Massenwirkungsgesetzes. Für ein durch Gl. (5.445) zu beschreibendes dynamisches Gleichge-

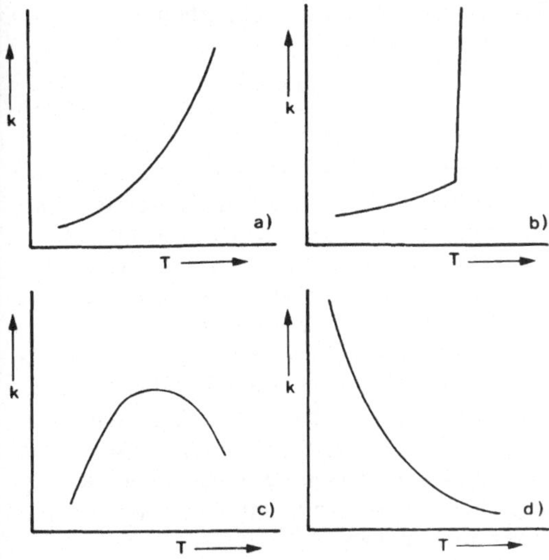

**Abb. 5.24** Temperaturabhängigkeit der Geschwindigkeitskonstanten verschiedenartiger Prozesse. *a* Temperaturverlauf nach Gl. (5.540); *b* Reaktion mit Explosion; *c* Enzymreaktion mit thermischer Denaturierung des Enzyms; *d* Reaktion bei vorgelagertem Gleichgewicht mit $\Delta_R H < 0$

wicht mit $K = k_1/k_{-1}$ ergeben sich dementsprechend die Beziehungen

$$\ln k_1 = -\frac{\vec{E}_A}{RT} + \ln \vec{A} \, , \qquad (5.543)$$

$$\ln k_{-1} = -\frac{\overleftarrow{E}_A}{RT} + \ln \overleftarrow{A} \qquad (5.544)$$

und

$$\ln K = \ln k_1 - \ln k_{-1}$$

$$= -\frac{\vec{E}_A - \overleftarrow{E}_A}{RT} + \ln \frac{\vec{A}}{\overleftarrow{A}} \, , \qquad (5.545)$$

wenn man die Aktivierungsenergien der Hin- und Rückreaktion mit $\vec{E}_A$ bzw. $\overleftarrow{E}_A$ und die entsprechenden präexponentiellen Faktoren mit $\vec{A}$ bzw. $\overleftarrow{A}$ bezeichnet. Durch Koeffizientenvergleich mit Gl. (5.91) bzw. Gl. (5.126) ergibt sich aus Gl. (5.545) unmittelbar die Beziehung

$$\vec{E}_A - \overleftarrow{E}_A = \Delta_R H \, . \qquad (5.546)$$

Die Differenz der Aktivierungsenergien von Hin- und Rückreaktion ist somit nach den Prinzipien

der Gleichgewichtsthermodynamik durch Zustandsgrößen festgelegt und ändert sich auch bei einer katalytischen Beeinflussung des Reaktionsablaufes nicht. Die Aktivierungsenergien $\vec{E}_A$ und $\overleftarrow{E}_A$ können dagegen durch Katalysatorwirkung erniedrigt werden. Da sehr viele biochemische Reaktionen bei annähernd konstanter Temperatur verlaufen, ist die Temperaturabhängigkeit der Geschwindigkeitskonstanten an sich für biologische Prozesse nicht besonders wichtig. Der Tatsache, daß die Geschwindigkeit biochemischer Umsetzungen durch eine katalytische Veränderung der Aktivierungsenergie enzymatisch reguliert werden kann, ist dagegen eine fundamentale biologische Bedeutung zuzuschreiben. Der durch die Gln. (5.545) und (5.546) beschriebene Zusammenhang zwischen den Aktivierungsenergien $\vec{E}_A$ und $\overleftarrow{E}_A$ und der Reaktionsenthalpie $\Delta_R H$ läßt sich graphisch durch die in Abb. 5.25 skizzierte Kurve veranschaulichen. In Abb. 5.25 ist als Ordinate die potentielle Energie bzw. die auf den absoluten Nullpunkt extrapolierte Enthalpie und als Abszisse die sogenannte Reaktionskoordinate aufgetragen. Mit $\delta$ ist in der Skizze die *Sattelbreite*, in deren Zone ein aus den Reaktanden gebildeter *aktivierter Komplex* existieren soll, bezeichnet. Die Reaktanden müssen den Sattelpunkt eines *Aktivierungsberges* erreichen, um in die Produkte übergehen zu können.

Nach einem von Eyring eingeführten Konzept behandelt man den im Übergangszustand vorliegenden aktivierten Komplex $M^{\ddagger}$ wie eine eigene

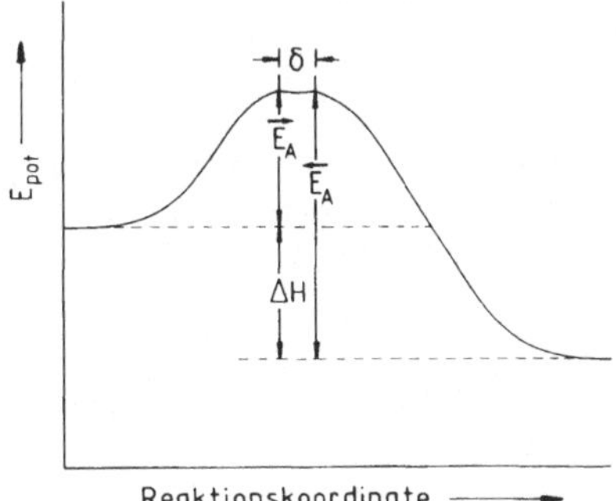


**Abb. 5.25** Potentielle Energie als Funktion der Reaktionskoordinate

Molekülart. Hat sich ein dynamisches Gleichgewicht zwischen Hin- und Rückreaktion eingestellt, so durchläuft die Hälfte der aktivierten Komplexe, die sich gerade im Übergangszustand befinden, diesen in Richtung auf die Produkte, die andere Hälfte in Richtung auf die Ausgangsstoffe.

Die mittlere Geschwindigkeit $\bar{w}$, mit der die aktivierten Komplexe mit der Masse $m^{\ddagger}$ den Übergangszustand passieren, läßt sich im Prinzip wie die mittlere Geschwindigkeit der Moleküle eines Gases aus der Geschwindigkeitsverteilung berechnen. Dabei hat man unter Berücksichtigung der Häufigkeitsverteilung der Geschwindigkeiten für eine Raumrichtung

$$\bar{w} = \frac{\int\limits_{0}^{\infty} e^{-m^{\ddagger}w_x^2/2kT}\, w_x\, dw_x}{\int\limits_{0}^{\infty} e^{-m^{\ddagger}w_x^2/2kT}\, dw_x} \qquad (5.547)$$

zu setzen.

Mit

$$\frac{m^{\ddagger}}{2kt} = \alpha$$

und

$$\int\limits_{0}^{\infty} x\, e^{-\alpha x^2}\, dx = \frac{1}{2\alpha}$$

sowie

$$\int\limits_{0}^{\infty} e^{-\alpha x^2}\, dx = \frac{1}{2}\sqrt{\frac{\pi}{\alpha}}$$

erhält man aus Gl. (5.547) die Beziehung

$$\bar{w} = \sqrt{\frac{2kT}{\pi m^{\ddagger}}}\,. \qquad (5.548)$$

Da der Übergangszustand nur im Bereich der Sattelbreite $\delta$ existiert, ergibt sich die Zeit, die im Mittel für den Durchgang durch diesen Zustand benötigt wird, zu

$$t_{\delta} = \frac{\delta}{\bar{w}} = \left(\frac{\pi m^{\ddagger}}{2kT}\right)^{1/2} \delta\,. \qquad (5.549)$$

Da die Zerfallsrate des aktivierten Komplexes bei eingestelltem Gleichgewicht für beide Reaktionsrichtungen gleich groß sein muß, ist auch die

Geschwindigkeit r der Produktbildungsreaktion nach der Gleichung

$$r = \frac{c_{M^{\ddagger}}}{2t_{\delta}} = \frac{c_{M^{\ddagger}}}{2\delta}\left(\frac{2kT}{\pi m^{\ddagger}}\right)^{1/2} \qquad (5.550)$$

zu berechnen. In dieser Gleichung bedeutet $c_{M^{\ddagger}}$ die Konzentration der aktivierten Komplexe. Unter der implizit auch bei der Diskussion von Gl. (5.445) eingeführten Voraussetzung, daß die Geschwindigkeitskonstanten nicht wesentlich von den Gleichgewichtsabweichungen der Konzentrationen abhängen, läßt sich r nach Gl. (5.550) auch dann aus $c_{M^{\ddagger}}$ berechnen, wenn sich bezüglich der Produktbildung noch kein Gleichgewicht eingestellt hat. Die für die Berechnung der Reaktionsgeschwindigkeit wesentliche Annahme der Eyring-Theorie besteht nun darin, daß sich bei einer Reaktion vom Typ

$$\nu_A A + \nu_B B \rightarrow M^{\ddagger} \rightarrow \nu_C C + \nu_D D$$

zu Beginn des Prozesses das bis zum Ende des Reaktionsablaufes aufrechterhaltene Gleichgewicht

$$\nu_A A + \nu_B B \rightleftharpoons M^{\ddagger}$$

einstellt. Wenn das der Fall ist, kann $c_M^{\ddagger}$ durch die Gleichgewichtskonstante

$$K_c^{\ddagger} = \frac{c_{M^{\ddagger}}}{c_A^{\nu_A} \cdot c_B^{\nu_B}}$$

und durch die Konzentrationen der Ausgangsstoffe ausgedrückt werden und man erhält nach Gl. (5.550) die Beziehung

$$\gamma = \frac{K_c^{\ddagger}}{\delta}\left(\frac{kT}{2\pi m^{\ddagger}}\right)^{1/2} c_A^{\nu_A} c_B^{\nu_B}\,. \qquad (5.551)$$

Die Geschwindigkeitskonstante $k_n$ einer Reaktion der Ordnung n ist also nach der Gleichung

$$k_n = \frac{K_c^{\ddagger}}{\delta}\left(\frac{kT}{2\pi m^{\ddagger}}\right)^{1/2} \qquad (5.552)$$

zu berechnen. Die Gleichgewichtskonstante $K_c^{\ddagger}$ kann nach Gl. (5.244) aus den Zustandssummen $Z_{M^{\ddagger}}^{*}$, $Z_A^{*}$ und $Z_B^{*}$ berechnet werden. Dabei ist allerdings zu beachten, daß im aktivierten Komplex ein Freiheitsgrad der Molekülschwingung in einen Translationsfreiheitsgrad übergeht.

Die Zustandssumme für einen Translationsfreiheitsgrad läßt sich mit der Gleichung

$$E_n = \frac{h^2 n^2}{8ma^2} \qquad (5.553)$$

für die Energie-Eigenwerte eines Teilchens in einem eindimensionalen Kasten leicht berechnen. Für die „Kastenlänge" a ist hier die Sattelbreite $\delta$ einzusetzen. Bei nicht zu kleinen Werten von a bzw. $\delta$ liegen die Eigenwerte von $\varepsilon_n$ so dicht beieinander, daß die Summation in dem Ausdruck $Z^* = \sum\limits_{n=1}^{\infty} e^{-\varepsilon_n/kt}$ durch eine Integration ersetzt werden kann. Es kann also

$$\sum_{n=1}^{\infty} e^{-\varepsilon_n/kT} = \int_{n=1}^{\infty} e^{-\varepsilon_n/kT}\, dn$$
$$= \int_{n=1}^{\infty} e^{-\frac{h^2 n^2}{8ma^2 kT}}\, dn$$

gesetzt werden. Mit der Substitution

$$y = \frac{nh}{a(8mkT)^{1/2}}$$

erhält man

$$\sum_{n=1}^{\infty} e^{-\varepsilon_n/kT} = \frac{a}{h}(8mkT)^{1/2} \int_0^{\infty} e^{-y^2}\, dy$$
$$= \frac{a}{h}(8mkT)^{1/2} \frac{\sqrt{\pi}}{2}$$

oder

$$\sum_{n=1}^{\infty} e^{-\varepsilon_n/kT} = \frac{a}{h}(2\pi mkT)^{1/2}\ . \qquad (5.554)$$

Mit der nach Gl. (5.554) berechneten Zustandssumme für einen durch die Kastenlänge $a = \delta$ beschränkten Translationsfreiheitsgrad erhält man unter Berücksichtigung von Gl. (5.273) für $Z_M^{*\ddagger}$ den Ausdruck

$$Z_M^{*\ddagger} = Z_M^{0\ddagger}(2\pi m^\ddagger kT)^{1/2}\, \delta/h\ , \qquad (5.555)$$

wenn $Z_M^{0\ddagger}$ die Zustandssumme charakterisiert, die einem Molekül nach Separation eines Schwingungsfreiheitsgrades zukäme. Bei der Berechnung der Gleichgewichtskonstante $K_N$ des Massenwirkungsgesetzes der Teilchenzahlen nach Gl. (5.244)

ist zu beachten, daß auf Grund des endlichen Wertes der bei Annäherung an den absoluten Nullpunkt in die *Reaktionsenergie* $\Delta_R U = U_E - U_A$ übergehenden Reaktionsenthalpie $\Delta_R H$ eine Energiedifferenz zwischen den Ausgangsstoffen A und B und dem aktivierten Komplex $M^\ddagger$ besteht. Deshalb muß man in Gl. (5.244) anstelle von $Z_M^{*\ddagger}$ den Ausdruck $Z_M^{*\ddagger} e^{-E_0^\ddagger/RT}$ einsetzen. $E_0^\ddagger$ ist die auf den absoluten Nullpunkt extrapolierte Reaktionsenthalpie der Reaktion

$$\nu_A A + \nu_B B \rightleftharpoons \nu_{M^\ddagger} M^\ddagger\ .$$

Zur Umrechnung von Teilchenzahlen auf Konzentrationen müssen die in Gl. (5.244) einzusetzenden Zustandssummen noch durch $N_L \nu$ dividiert werden, so daß sich für $K_c^\ddagger$ der Ausdruck

$$K_c^\ddagger = \frac{(Z_M^{*\ddagger})^{\nu_{M\ddagger}}}{(Z_A^*)^{\nu_A}(Z_B^*)^{\nu_B}}(N_L\nu)^{\nu_A + \nu_B - \nu_{M\ddagger}} e^{-E_0^\ddagger/RT} \qquad (5.556)$$

ergibt. Für den einfachen Fall einer Aktivierungsreaktion $A + B \rightarrow M^\ddagger$ mit $\nu_A = \nu_B = \nu_{M\ddagger} = 1$ erhält man nach Gl. (5.555) die Beziehung

$$K_c^\ddagger = N_L\nu\, \frac{Z_M^{0\ddagger}(2\pi m^\ddagger kT)^{1/2}\,\delta/h}{Z_A^* \cdot Z_B^*}\, e^{-E_0^\ddagger/RT}$$
$$(5.557)$$

und für die Geschwindigkeitskonstante $k_n$ den einfachen Ausdruck

$$k_n = \frac{kT}{h} N_L\nu\, \frac{Z_M^{0\ddagger}}{Z_A^* \cdot Z_B^*}\, e^{-E_0^\ddagger/RT}\ . \qquad (5.558)$$

Die Pseudo-Gleichgewichtskonstante

$$K_c^0 = N_L\nu\, \frac{Z_M^{0\ddagger}}{Z_A^* \cdot Z_B^*}\, e^{-E_0^\ddagger/RT} \qquad (5.559)$$

läßt sich in vielen Fällen mit hinreichender Genauigkeit berechnen oder doch wenigstens abschätzen. Damit können die Geschwindigkeitskonstanten gemäß

$$k_n = \frac{kT}{h} K_c^0 \qquad (5.560)$$

als Produkt aus $K_c^0$ und dem universellen Frequenzfaktor $kT/h$ berechnet werden. Mit der durch Gl. (5.559) definierten Konstante für das Aktivierungsgleichgewicht kann man auch eine *freie Aktivierungsenthalpie* $\Delta G^{o\ddagger}$ sowie *Aktivie-*

*rungsenthalpien* $\Delta H^{o\ddagger}$ und *Aktivierungsentropien* $\Delta S^{o\ddagger}$ durch die Gleichungen

$$\Delta G^{o\ddagger} = - RT \ln K_c^0 \qquad (5.561)$$

und

$$\Delta G^{o\ddagger} = \Delta H^{o\ddagger} - T\Delta S^{o\ddagger} \qquad (5.562)$$

einführen. Damit läßt sich Gl. (5.560) auch in der Form

$$k_n = \frac{kT}{h} e^{-\Delta G^{o\ddagger}/RT} \qquad (5.563)$$

oder in der Form

$$k_n = \frac{kT}{h} e^{\Delta S^{o\ddagger}/R} e^{-\Delta H^{o\ddagger}/RT} \qquad (5.564)$$

schreiben. An diesen Gleichungen erkennt man, daß die Temperaturabhängigkeit von $k_n$ im wesentlichen durch die Aktivierungsenthalpie und der präexponentielle Faktor durch die Aktivierungsentropie bestimmt wird.

Wenn man mit den nach Gl. (5.558) ermittelten Geschwindigkeitskonstanten rechnet, muß man in jedem Falle die bei der Herleitung dieser Gleichung eingeführten vereinfachenden Annahmen beachten. Aus der „Theorie der absoluten Reaktionsgeschwindigkeiten" ergibt sich im Endeffekt eine Übertragung des ursprünglichen Problems der molekularkinetischen Berechnung von Geschwindigkeitskonstanten in die Problematik der Berechnung von Zustandssummen. Im Abschn. 5.2.6 ist bereits darauf hingewiesen worden, daß einer molekularstatistischen Behandlung komplexer realer Systeme relativ enge Grenzen gesetzt sind. Die Absolutwerte der Geschwindigkeitskonstanten von in der Gasphase ablaufenden Reaktionen kleiner Moleküle lassen sich dagegen mit dem von Eyring vorgeschlagenen Verfahren recht gut abschätzen.

### Der primäre Salzeffekt

Die meisten biochemischen Reaktionen laufen in Gegenwart großer Moleküle unter dem Einfluß zahlreicher zwischenmolekularer Wechselwirkungen ab. Deshalb können die Geschwindigkeitskonstanten dieser Reaktionen in der Regel nicht nach Gl. (5.558) berechnet werden, und man muß

gegebenenfalls auf andere Rechenverfahren (z.B. auf die im Abschn. 5.2.6 kurz erwähnte Monte Carlo-Methode) ausweichen. Aus der Diskussion der Gln. (5.563) und (5.564) ergeben sich aber einige wichtige Schlußfolgerungen bezüglich der Salz- und Lösungsmitteleffekte bei Reaktionen gelöster Stoffe.

Bei der Formulierung des Massenwirkungsgesetzes für chemische Gleichgewichte in realen Lösungen werden die Konzentrationen $c_i$ der beteiligten Stoffe durch die Aktivitäten $a_i = \hat{\gamma}_i c_i$ ersetzt. Die in die kinetischen Gleichungen einzusetzenden analytischen Konzentrationen sind also um den Faktor $1/\hat{\gamma}_i$ höher als die für das Massenwirkungsgesetz berechneten Aktivitäten. Die Geschwindigkeitskonstante einer in realer Lösung ablaufenden Reaktion

$$A + B \rightarrow (A \cdot B)^{\ddagger} \rightarrow C$$

muß deshalb analog Gl. (5.560) durch eine Gleichung der Form

$$k_n = \frac{kT}{h} K_c^0 \frac{\hat{\gamma}_A \hat{\gamma}_B}{\hat{\gamma}_{(A \cdot B)^{\ddagger}}} \qquad (5.565)$$

als Temperaturfunktion angegeben werden. Bezeichnet man die Geschwindigkeitskonstante $K_c^0 kT/h$ für die Reaktion in einer idealen Lösung mit $k_{n_0}$, so kann man Gl. (5.565) in der Form

$$k_n = k_{n_0} \frac{\hat{\gamma}_A \hat{\gamma}_B}{\hat{\gamma}_{(A \cdot B)^{\ddagger}}} \qquad (5.566)$$

schreiben. Im Gültigkeitsbereich der Debye-Hückel-Theorie (vgl. Abschn. 1.2.5) lassen sich die individuellen Aktivitätskoeffizienten $\hat{\gamma}_i$ nach der Gleichung

$$\ln \hat{\gamma}_i = - z_i^2 \beta \sqrt{I} \qquad (5.567)$$

durch die Ladungszahlen $z_i$ der Ionen und die Ionenstärke

$$I = \frac{1}{2} \sum_i c_i z_i^2 \qquad (5.568)$$

ausdrücken. Die Konstante $\beta$ enthält unter anderem die Dielektrizitätskonstante des Lösungsmittels. Durch Einsetzen von $\ln \hat{\gamma}_A$, $\ln \hat{\gamma}_B$ und $\ln \hat{\gamma}_{(A \cdot B)^{\ddagger}}$ nach Gl. (5.567) in die logarithmierte Gl.

(5.566) folgt

$$\ln k_n = \ln k_{n_0} - \beta \left[ z_A^2 + z_B^2 - (z_A + z_B)^2 \right] \sqrt{I} \,, \tag{5.569}$$

wenn man berücksichtigt, daß sich die Ladung des aktivierten Komplexes additiv aus den Ladungen der beiden Reaktanden zusammensetzen muß. Es gilt also die Beziehung

$$\ln \frac{k_n}{k_{n_0}} = 2\beta z_A z_B \sqrt{I} \,. \tag{5.570}$$

Diese erstmals von Brönstedt und Bjerrum angegebene Gleichung beschreibt in guter Übereinstimmung mit experimentellen Befunden den primären Salzeffekt bei Reaktionen in Lösungen. Besitzen die reagierenden Ionen Ladungen mit gleichem Vorzeichen, so vergrößert sich die Reaktionsgeschwindigkeit mit zunehmender Ionenstärke. Sind die reagierenden Ionen entgegengesetzt geladen, so nimmt die Reaktionsgeschwindigkeit mit steigender Ionenstärke ab. Reagiert ein Ion mit einem ungeladenen Reaktionspartner, so ist die Reaktionsgeschwindigkeit weitgehend unabhängig von der Ionenstärke. Als sekundärer Salzeffekt wird der Einfluß eines indifferenten Elektrolyten auf die Geschwindigkeit einer Reaktion bezeichnet.

### *Einfluß des Lösungsmittels*

Vergleicht man die freie Standard-Aktivierungsenthalpie $\Delta G_l^{0\ddagger}$ für eine Reaktion in Lösung mit dem entsprechenden Wert $\Delta G_g^{0\ddagger}$ für die Reaktion in der Gasphase, so hat man zwei Fälle zu unterscheiden. Die Gegenwart des Lösungsmittels führt zu einer Solvatation der Reaktanden A und B. In der Regel ist die Solvatation ein spontaner Prozeß; die freie Solvatationsenthalpie $\Sigma \Delta G_{solv}^0$ ist dann negativ. Deshalb ist die molare freie Enthalpie der gelösten Reaktanden geringer als der entsprechende Wert für die Reaktanden in der Gasphase. Auch der aktivierte Komplex wird in Lösung solvatisiert. Seine freie Standard-Solvatationsenthalpie ist $\Delta G_{solv}^{0\ddagger}$. Im allgemeinen werden $\Sigma \Delta G_{solv}^0$ und $\Delta G_{solv}^{0\ddagger}$ nicht gleich groß sein. Für den in Abb. 5.26 a) skizzierten Fall, daß $\Delta G_{solv}^{0\ddagger}$ größer als $\Sigma \Delta G_{solv}^0$ ist, ergibt sich eine Erniedrigung von $\Delta G_l^{0\ddagger}$ gegenüber $\Delta G_g^{0\ddagger}$. Der

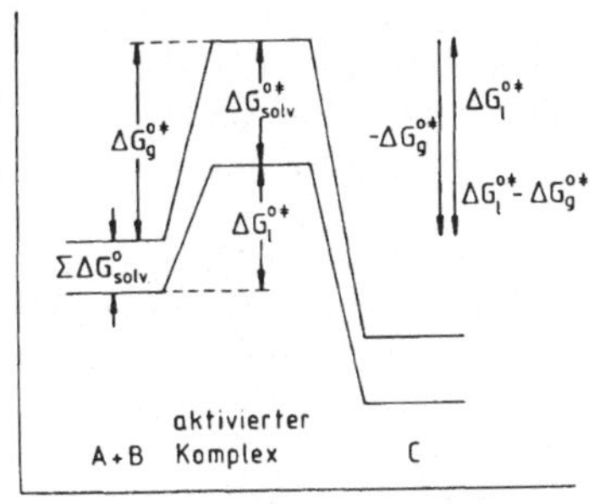


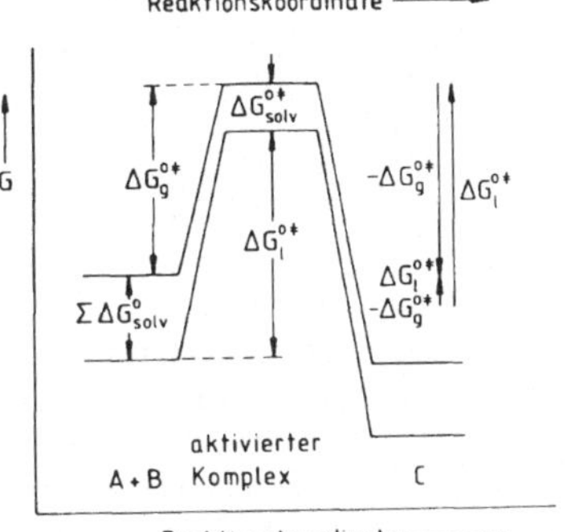


**Abb. 5.26** Einfluß des Lösungsmittels auf die freie Aktivierungsenthalpie $\Delta G^{0\ddagger}$. **a** Erniedrigung; **b** Erhöhung (nach G. Wedler (1982))

Solvatationseffekt bewirkt eine Erhöung der Geschwindigkeitskonstante.

Ist dagegen $\Delta G_{solv}^{0\ddagger}$ kleiner als $\Sigma \Delta G_{solv}^0$ (Abb. 5.26b), so wird $\Delta G_l^{0\ddagger}$ gegenüber $\Delta G_g^{0\ddagger}$ erhöht, und es ergibt sich eine Erniedrigung der Geschwindigkeitskonstante.

Abschließend sei noch erwähnt, daß man aus der Standard-Aktivierungsentropie $\Delta S^{0\ddagger}$ eine Aussage über den Ordnungszustand des aktivierten Komplexes entnehmen kann.

Mit dem im Abschn. 5.1.1 gegebenen Hinweis auf die lebende Zelle als „isotherme chemische Maschine" ist zum Ausdruck gebracht worden, daß der Temperatur als Einflußgröße bei biologischen Prozessen nicht die erstrangige Bedeutung zukommt, die ihr im Zusammenhang mit der Regelung chemischer Umsatzraten ganz allgemein zuzuschreiben ist. Es muß jedoch beachtet werden, daß auch die Stoffwechselvorgänge im Organismus temperaturabhängig sind. Nach der sich aus Gl. (5.540) ergebenden RGT-Regel (Reaktions-Geschwindigkeits-Temperatur-Regel oder van't Hoffsche Regel) steigt bei poikilothermen Lebewesen die Stoffwechselrate mit der Temperatur an. Bei homoiothermen Lebewesen gilt die RGT-Regel in gleicher Weise; ihre Bedeutung ist in diesem Falle jedoch nicht ohne weiteres erkennbar. In einem intakten homoiothermen Organismus steigt der Stoff- und Energieumsatz bei Abkühlung zunächst an, wodurch ein Abfall der Körpertemperatur verhindert wird. Einige Hinweise zu diesem wichtigen Funktionsprinzip der Thermoregulation (vgl. Abschn. 2.1.3), zur Pathogenese des Fiebers und zum Problem der ontogenetischen und adaptativen Veränderungen des Stoff- und Energiehaushaltes finden sich im nachfolgenden Abschnitt.

Beachtung verdient auch die Tatsache, daß bestimmte Mikroorganismen in Vulkantümpeln und in siedeheißen Quellen oder auch bei verhältnismäßig tiefen Temperaturen existieren können. Einige Aspekte des interessanten Problems der *Thermophilie, Psychrophilie* und der *Kryoenzymologie* werden ebenfalls im Abschn. 5.3.2 kurz diskutiert.

### 5.3.2 Die Kinetik enzymatisch katalysierter Reaktionen

Nach der von W. Ostwald 1907 gegebenen Definition sind Katalysatoren Stoffe, deren Zusatz bereits in sehr kleinen Mengen die Geschwindigkeit einer Reaktion beeinflußt. Diese Stoffe sollen im Idealfall vor und nach der Reaktion in gleicher Menge chemisch unverändert vorliegen. Der Katalysator soll sich also entweder gar nicht am eigentlichen chemischen Umsatz beteiligen oder bei der Reaktion Zwischenprodukte bilden, die dann unter Rückbildung seiner Ausgangsform wieder zerfallen. Das thermodynamische Gleichgewicht zwischen den Ausgangsstoffen und den Produkten eines Reaktionssystems kann durch einen Katalysator nicht beeinflußt werden. Eine thermodynamisch nicht mögliche Reaktion läßt sich auch durch die Anwendung eines Katalysators nicht erzwingen.

Nach Gl. (5.563) entspricht die bei konstanter Temperatur und Konstanthaltung aller übrigen Reaktionsparameter vom Katalysator bewirkte Erhöhung der Reaktionsgeschwindigkeit einer *Erniedrigung der freien Aktivierungsenthalpie* $\Delta G^{0\ddagger}$. Die ausführliche Diskussion der Gln. (5.563) und (5.564) hat für das Beispiel des Lösungsmitteleffektes bereits gezeigt, daß eine Veränderung von $\Delta G^{0\ddagger}$-Werten sowohl durch enthalpische als auch durch entropische Effekte herbeigeführt werden kann. Bei ausschließlicher Berücksichtigung der Enthalpie-Effekte läßt sich die Wirkung eines Katalysators graphisch als Erniedrigung der in Abb. 5.25 skizzierten „Enthalpiebarriere" veranschaulichen. Ebenso oft findet man in der Literatur aber auch vereinfachte Darstellungen des „Aktivierungsberges" in Einheiten der freien Enthalpie, die im Prinzip dem in Abb. 5.26 a) wiedergegebenen Schema entsprechen. Obwohl eine exakte Separation enthalpischer und entropischer Effekte bei der Analyse komplexer katalytischer Phänomene nicht immer möglich ist, ist die Unterscheidung von $\Delta H^{0\ddagger}$ und $\Delta G^{0\ddagger}$ wichtig; ihre Nichtbeachtung hat bei der Diskussion von Reaktionsmechanismen Anlaß zu zahlreichen Mißverständnissen gegeben.

In der Theorie der chemischen Reaktionen unterscheidet man zwischen den beiden Grundtypen der *homogenen Katalyse* und der *heterogenen Katalyse*. Im Falle der homogenen Katalyse liegen sämtliche Reaktanden, Katalysatoren und Produkte in derselben (flüssigen oder gasförmigen) Phase vor. Bei der heterogenen Katalyse sind die Reaktanden und Produkte flüssig oder gasförmig; die Katalysatoren sind in der Regel feste Stoffe. Beide Grundtypen der Katalyse werden in den Lehrbüchern der physikalischen Chemie ausführlich behandelt und an typischen Beispielen erläutert. Auf diese ausführliche Darstellung der klassischen Katalyse-Probleme kann deshalb hier verzichtet werden. Es ist jedoch wichtig, darauf hinzuweisen, daß die enzymatische Katalyse auch gelegentlich als mikro-heterogene Katalyse bezeichnet wird. Tatsächlich weist die enzymatische Katalyse mit der Substrat-Sättigung ein für die heterogene Katalyse charakteristisches, bei der homogenen Katalyse nicht zu beobachtendes Merkmal auf.

Die wichtigsten charakteristischen Besonderheiten der Enzymreaktionen sind die extrem hohe katalytische Wirksamkeit der Enzymsysteme und die hohe *Spezifität* von Enzymreaktionen. Da eine Anreicherung schädlicher Nebenprodukte die Funktionsfähigkeit der lebenden Zelle beeinträchtigen und schließlich zum Erliegen bringen würde, müssen störende Nebenreaktionen durch die Spezifität der biochemischen Umsetzungen in den enzymatisch kontrollierten Reaktionssequenzen praktisch vollständig ausgeschlossen werden. Biochemische Reaktionssequenzen bestehen in der Regel aus zahlreichen aufeinanderfolgenden Teilreaktionen. Die Anforderungen, die an die Selektivität jeder einzelnen Teilreaktion gestellt werden müssen, sind dabei extrem hoch anzusetzen. In der präparativen organischen Chemie gilt eine Ausbeute von 90% für eine Einzelstufe einer mehrstufigen Synthesereaktion durchaus als hoch. Für eine zehnstufige Reaktion würde sich mit diesem mittleren Ausbeutefaktor insgesamt ein Ausbeutewert von $(0,9)^{10} = 0,349$ bzw. 34,9% ergeben. Dieser Ausbeutewert genügt aber bei weitem nicht den Anforderungen, die an eine biochemische Synthesereaktion zu stellen sind. Die Ausbeute der Einzelschritte einer biochemischen Reaktionssequenz muß vielmehr bei einem Wert von mehr als 99% liegen. Die apparente Geschwindigkeitskonstante erster Ordnung einer enzymatisch katalysierten Reaktion ist oft um einen Faktor $10^8$ bis $10^{20}$ höher als die Geschwindigkeitskonstante der unkatalysierten Reaktion. Damit übertrifft die katalytische Wirkung der Enzymsysteme die Wirkung der meisten, in der herkömmlichen chemischen Verfahrenstechnik verwendeten Katalysatoren um einen Faktor $10^8$, obwohl die enzymatischen Reaktionen bei nur mäßig hohen Drücken und Temperaturen unter physiologischen pH-Bedingungen ablaufen. Durch die Bindung der Substratmoleküle an das Enzym und durch die günstige räumliche Anordnung der Reaktanden werden Reaktionswege erschlossen, die ohne die von den Enzymen bewirkte Erniedrigung der $\Delta G^{0\ddagger}$ - bzw $\Delta H^{0\ddagger}$ -Werte nicht zugänglich sind. Damit erklärt sich wenigstens im Prinzip die Erhöhung der Reaktionsbereitschaft der Substrate durch eine Lockerung von Bindungen in den in einem Enzym-Substrat-Komplex ES fixierten Substratmolekülen. Das Grundkonzept für den enzymatischen Wirkungsmechanismus

läßt sich somit durch das Schema

$$\text{Enzym E} + \text{Substrat S} \rightarrow \text{Komplex ES}$$

$$\rightarrow \text{Enzym E} + \text{Produkt P}$$

ausdrücken. Mit geeigneten kinetischen Meßverfahren – z.B. mit der stopped flow-Methode – konnte die Existenz eines Enzym-Substrat-Komplexes nachgewiesen werden. In verfeinerten mechanistischen Modellen werden zusätzliche Zwischenzustände diskutiert. Dabei wird angenommen, daß auch das Produkt P unmittelbar nach der Umsetzung von S in einem Komplex EP an das Enzym gebunden ist. Diesem Reaktionsablauf entspricht das Schema

$$E + S \underset{k_{-1}}{\overset{k_1}{\rightleftharpoons}} ES \underset{k_{-2}}{\overset{k_2}{\rightleftharpoons}} EP \underset{k_{-3}}{\overset{k_3}{\rightleftharpoons}} E + P \; ,$$

das auch die Rückreaktionen einschließt.

Die Abb. 5.27 zeigt ein mögliches Enthalpieprofil für dieses Schema. Als Energiegröße wurde in dieser Darstellung die Enthalpie H gewählt, deren Änderung $\Delta H^{\ddagger}$ zum Übergangszustand für eine einstufige Reaktion angenähert der experimentell bestimmten Aktivierungsenergie $E_A$ entspricht. Im Falle eines über mehrere Zwischenzustände ablaufenden Prozesses gilt dies für den geschwindigkeitsbestimmenden Schritt. In Abb. 5.27 ist es der Übergang ES $\rightleftharpoons$ EP. Dabei ist die Aktivierungsenergie der Hinreaktion durch $\Delta \overset{\rightarrow}{H}^{\ddagger}$ und die Aktivierungsenergie der Rückreaktion durch $\Delta \overset{\leftarrow}{H}^{\ddagger}$ vorgegeben. Das Enzym E wird bei der Produktbildung wieder frei; es kann das Reaktionssystem

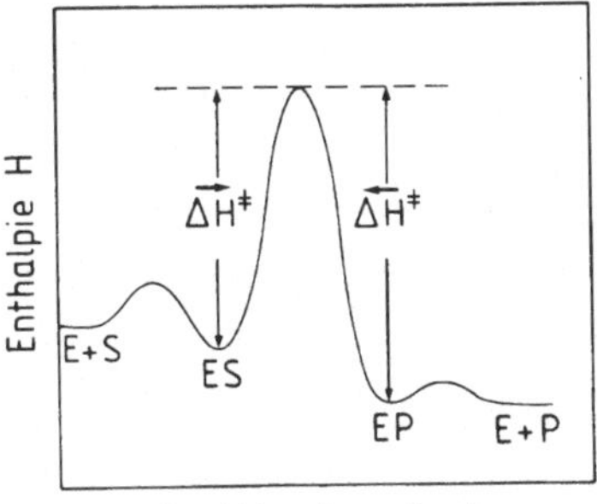


**Abb. 5.27** Schematische Darstellung des Enthalpieprofils einer enzymatisch katalysierten Reaktion

erneut durchlaufen und pro Zeiteinheit viele Substratmoleküle umsetzen. Die maximale Zahl der Substratmoleküle, welche von einem Enzymmolekül in einer Minute umgesetzt wird, ist eine wichtige Kenngröße des jeweiligen Enzyms; sie wird als *Wechselzahl* oder *Turnover-Zahl* bezeichnet. Der Begriff *Turnover* bezieht sich hier auf den Umsatz an einem bestimmten Enzym, also nicht – wie bei den in Tabelle 5.6 angegebenen Daten – auf ein Organ oder einen vollständigen Organismus. Man mißt die bei hohen Substratkonzentrationen in der Zeiteinheit von einer bestimmten Enzymmenge umgesetzte Substratmenge und gibt sie in Enzymeinheiten oder units an. Dabei entspricht 1 *unit* einem bei 25 °C unter optimalen Meßbedingungen ermittelten maximalen Substratumsatz von 1 µmol/min. Bezieht man die Enzymaktivität auf 1 mg Enzymmenge, so erhält man die *spezifische Enzymaktivität*, die in units/mg angegeben wird. Diese Größe dient oft als Kriterium für die Reinheit einer Enzympräparation. Kennt man die Molmasse des untersuchten Enzyms, so kann man die Enzymaktivität auch auf ein einzelnes Enzymmolekül beziehen und damit die Wechselzahl angeben. In der Tabelle 5.8 sind einige Beispiele für Wechselzahlen von Enzymen zusammengestellt. Diese Zusammenstellung zeigt, daß die Werte der Wechselzahlen verschiedener Enzyme von unterschiedlicher Größenordnung sein können.

Es ist bemerkenswert, daß die Molmassen vieler Enzyme relativ klein im Vergleich zur Molmasse anderer Proteine sind. So besitzt die Ribonuklease eine Molmasse von etwa 13 000 Einheiten und viele weitere Enzyme sind in der Gruppe mit einer Molmasse von etwa 35 000 Einheiten anzutreffen. Diese Beschränkung der Mol-

massen auf relativ kleine Werte entspricht einer sinnvollen Anpassung an die Bedingungen für eine funktionelle Protein-Lipid-Wechselwirkung in oder an biologischen Membranen.

Es ist seit langem bekannt, daß viele Enzyme aus einer „Wirkgruppe" und einer spezifischen Proteinkomponente aufgebaut sind. Ebenso ist bekannt, daß diese Wirkgruppen häufig als sogenannte Coenzyme abtrennbar sind und die allgemeine Natur der Wirkung bestimmen. So wirkt z. B. der Flavinanteil in den Flavinenzymen als Wasserstoff- bzw. Elektronenüberträger und das Thiaminpyrophosphat als Kohlendioxid abspaltendes allgemeines Agens. Das für die Enzymreaktion charakteristische hohe Leistungsvermögen des Systems tritt jedoch erst nach Vereinigung der Coenzyme oder Coenzymgruppen mit den spezifischen Proteinen auf. Die Wirkgruppen als solche sind kaum substratspezifisch. Die Mitwirkung einer besonderen funktionellen Einheit, die nicht in der Aminosäuresequenz der Proteinstruktur enthalten ist, stellt jedoch keine notwendige Voraussetzung für die Aktivität eines Enzyms dar. Viele Enzyme kommen ohne eine besondere, nicht eiweißartige abtrennbare Wirkungsgruppe aus. Dies gilt z. B. für die in vieler Hinsicht besonders eingehend untersuchten Verdauungsfermente. Bei diesen Enzymen wird das *aktive Zentrum* durch eine besondere räumliche Anordnung von polaren oder apolaren Aminosäure-Seitengruppen gebildet.

Bei der im Anschluß an eine formalkinetische Behandlung der Enzymreaktionen zu führenden Diskussion möglicher Reaktionsmechanismen hat man schließlich auch zu beachten, daß autokatalytische Effekte bei bestimmten Reaktionsphasen eine wesentliche Rolle spielen können und daß auch diffusionskontrollierte Prozesse als geschwindigkeitsbestimmende Schritte in Betracht gezogen werden müssen.

**Tabelle 5.8** Beispiele für Wechselzahlen einiger Enzyme

| Enzym | Wechselzahl $(\text{min}^{-1})$ |
|---|---|
| Carboanhydrase C | $3,6 \cdot 10^7$ |
| $\Delta^5$-3-Ketosteroid-Isomerase | $1,7 \cdot 10^7$ |
| β-Amylase | $1,1 \cdot 10^6$ |
| β-Galaktosidase | $1,1 \cdot 10^5$ |
| Phosphoglucomutase | $1,2 \cdot 10^3$ |
| Succinat-Dehydrogenase | $1,1 \cdot 10^3$ |

(nach A. L. Lehninger (1977))

### Unterschiedliche Breite der Spezifität verschiedener Enzyme

Die Eigenschaft, nicht nur auf die Geschwindigkeit, sondern auch auf die Richtung einer Reaktion zu wirken, wird auch bei nichtenzymatischen Prozessen beobachtet und technisch für bestimmte Syntheseverfahren genutzt. So bildet sich z.B. aus Kohlendioxid und Wasserstoff mit Nickel als Kontaktkatalysator Methan, mit Chromoxid dagegen Methanol. Bei den Enzymen ist die Spezifität aber in der Regel sehr viel ausgeprägter als bei den gewöhnlichen technischen Katalysatoren. Nur durch die extrem hohe Spezifität der Enzyme werden die überaus mannigfaltigen Umsetzungen einzelner Stoffe (z.B. die Umsetzungen der Glucose zu den verschiedenen Zwischen- und Endprodukten von Gärungsprozessen) möglich. Im zellulären Stoffwechsel werden verschiedene Enzyme mit unterschiedlicher Breite der Spezifität benötigt. Im Einzelfall ergeben sich die Anforderungen an die Qualität und die Breite der Spezifität aus der mehr oder weniger speziellen Funktion, die einem bestimmten Enzym im Rahmen des Gesamtstoffwechsels zukommt. Demnach kann man die Gesamtheit der Enzyme in eine Gruppe von Biokatalysatoren mit sehr hoher Spezifität und eine zweite Gruppe mit einer gewissen Breite der Spezifität einteilen. Beispiele für Enzyme mit extrem hoher Spezifität sind die Aspartase (Aspartat-Ammonium-Lyase) mit fast absoluter Spezifität und die Aconitase, die eine *stereospezifische* trans-Addition von H und OH an cis-Aconitsäure ermöglicht. Beispiele für „Universalenzyme" mit relativ breiter Spezifität sind die alkalische Phosphatase, die Carboxy-Esterase und die Carboxy-Peptidase.

Die von den Enzymen bewirkte große Erhöhung der Umsatzraten kommt im wesentlichen durch das Zusammenwirken von vier Faktoren zustande:

1. Bindung des Substrates in enger Nachbarschaft zur katalytischen Gruppe des aktiven Zentrums und Orientierung der Reaktanden unter Begünstigung des reaktiven Zwischenzustandes.
2. Bildung eines instabilen kovalenten Zwischenproduktes.
3. Säure-Base-Katalyse durch Gruppen, die als Protonen-Donatoren oder -Akzeptoren wirksam werden können.
4. Herbeiführung von Verspannungen im Molekülgerüst des Substrates.

Enzymatisch katalysierte Reaktionen können auch ohne Bildung eines instabilen kovalenten Zwischenproduktes ablaufen. Wichtig ist die Zugänglichkeit der zu spaltenden Bindung des Substrates und die richtige Einordnung der Reaktanden in das aktive Zentrum des Enzyms. Die Einordnung des Substrates in das aktive Zentrum wird durch eine positionsbestimmende Gruppe des Substrates ermöglicht. Diese positionsbestimmende Gruppe findet sich in gleicher Form auch in den bei der formalkinetischen Behandlung der Enzymreaktionen genauer zu besprechenden kompetitiven Inhibitoren.

Der jeweilige Grad der Spezifität einer Enzymreaktion hängt von dem unterschiedlichen Ausmaß des Einflusses der unter 1–4 genannten Faktoren ab. Das Zusammenwirken dieser Faktoren soll hier nach der Erläuterung einiger wichtiger formalkinetischer Beziehungen der Enzymkinetik am Beispiel einiger möglicher Reaktionsmechanismen im Detail diskutiert werden.

### Aktivierung und Hemmung

Auf die Bedeutung der positiven oder negativen Beeinflussung von Enzymaktivitäten ist bereits bei der Diskussion einiger Prinzipien der Stoffwechselregulation im Abschn. 5.1.7 hingewiesen worden. Stoffe, die eine Erhöhung der Enzymaktivitäten bewirken, werden als *Aktivatoren* bezeichnet. Substanzen, die eine Enzymaktivität abschwächen oder unterdrücken, bezeichnet man als *Inhibitoren*. Zur zusammenfassenden Beschreibung dieser Stoffe werden oft auch die Ausdrücke *Effektor* und *Modulator* verwendet. Das Studium der Enzymhemmung kann Aufschluß über den Mechanismus der Enzymwirkung geben. Dabei erhält man oft Aussagen über funktionelle Gruppen des aktiven Zentrums, über die Bindungsstellen von Modulatoren und über das Vorliegen verschiedener Konformationen eines Enzyms. Die im Laufe der Evolution entwickelten Enzyme, durch die eine regelnde Einstellung der zellulären Konzentrationen von wichtigen Metaboliten ermöglicht wird, nennt man *regulatorische Enzyme*. Alle Enzyme zeigen verschiedene Eigenschaften, die für die Regulation ihrer Aktivität in lebenden Zellen wichtig sein können. Bei nicht zu hohen Temperauren nimmt die Geschwindigkeit enzymatisch katalysierter Reaktionen mit steigender Temperaur zu. Die Geschwindigkeit der meisten enzymatischen Reaktionen verdoppelt sich bei einer Temperaturerhöhung um 10 °C. Dies gilt allerdings nur für den Temperaturbereich, in dem das Enzym stabil ist und seine volle Aktivität besitzt. Mit zunehmender thermischer Denaturierung nimmt die apparente Geschwindigkeitskonstante der Reaktion wieder ab (vgl. Abb. 5.24 c). Die meisten Enzyme werden bei Temperaturen oberhalb von etwa 55 bis 60 °C inaktiviert; auf die auch bei 85 °C noch aktiven Enzyme thermophiler Bakterien soll am Ende dieses Abschnittes noch kurz eingegangen werden. Die meisten Enzyme haben ein charakteristisches pH-Optimum, das eine Beeinflussung ihrer katalytischen Wirksamkeit durch Änderungen des intrazellulären pH-Wertes möglich macht. Die Geschwindigkeiten der Enzymreaktionen hängen auch von den Konzentrationen der Substrate und der Metaboliten ab. Außerdem benötigen viele Enzyme Metall-Ionen oder Coenzyme als notwendiges Element ihrer Aktivität, wobei Schwankungen der entsprechenden Ionen- oder Coenzym-Konzentrationen einen regulatorischen Einfluß ausüben können.

Die regulatorischen Enzyme haben neben den hier aufgeführten Eigenschaften aller Enzyme noch besondere funktionelle Qualitäten, die sie zu spezifisch regulatorischen Wirkungen befähigen. Einige dieser Enzyme verdienen als *Schlüsselenzyme* komplizierter Stoffwechsel-Reaktionsfolgen besondere Beachtung. In der Gruppe der höher entwickelten regulatorischen Enzyme hat man zwei Klassen zu unterscheiden:

*1. Allosterische Enzyme.* Die katalytische Aktivität dieser Enzyme wird durch nicht-kovalente Bindung eines speziellen Metaboliten an einer Bindungsstelle außerhalb des aktiven Zentrums (daher: *allosterisch*) reguliert. Allosterische Enzyme können den metabolischen Status einer Zelle innerhalb von Sekunden oder Sekundenbruchteilen verändern.

*2. Kovalent regulierte Enzyme.* Diese Enzyme werden durch die Wirkung anderer Enzyme in aktive oder inaktive Formen umgewandelt. Ihre Wirkung auf den Stoffwechsel von Zellen und Geweben vollzieht sich innerhalb von Minuten.

Einige Enzyme dieser Klasse reagieren auch auf nicht-kovalente allosterische Regulatoren.

Durch eine Behandlung mit Substanzen, die an eine funktionelle Gruppe im Bereich des aktiven Zentrums kovalent gebunden werden, kann ein Enzym permanent inaktiviert werden. Diese permanente Inaktivierung wird als „irreversible Hemmung" bezeichnet; sie setzt oft langsam ein und nimmt mit fortschreitender Zeit bis zur quantitativen Inaktiverung zu, da ein immer größerer Teil der Enzymmoleküle chemisch modifiziert wird. Mit einer gezielten kovalenten Modifikation funktioneller Gruppen lassen sich wichtige Aussagen über die im aktiven Zentrum lokalisierten wirksamen Bestandteile der Proteinstruktur gewinnen. Für das Verständnis der Grundgesetze der formalen Enzymkinetik ist die sogenannte irreversible Hemmung jedoch weniger wichtig. Die Formalkinetik der Enzymreaktionen wird im wesentlichen durch vier mit den Gesetzen der Gleichgewichtsthermodynamik und der klassischen Reaktionskinetik zu beschreibende Typen von Hemmungsprozessen bestimmt („reversible Hemmung"). Die vier Grundtypen der „reversiben Hemmung" sind:

*1. Die kompetitive Hemmung.* Bei dieser Art von Hemmung wird das aktive Zentrum des Enzyms E von dem Inhibitor I besetzt. Damit tritt der Inhibitor in Konkurrenz zum Substrat S, das an der besetzten Bindungsstelle nicht mehr gebunden werden kann. Die eigentliche Substratumsetzung an den vom Inhibitor nicht besetzten aktiven Zentren bleibt bei diesem Hemmungstyp unbeeinflußt.

*2. Die nicht-kompetitive Hemmung.* Der Inhibitor wird bei diesem Hemmungstyp nicht direkt am aktiven Zentrum, sondern in dessen näherer Umgebung gebunden; er stört damit nicht die Bindung des Substrats, beeinflußt aber die Substratumsetzung. Einige Enzyme, deren Wirksamkeit von der Gegenwart bestimmter Metall-Ionen abhängt, weden nicht-kompetitiv durch Reagentien gehemmt, die diese Ionen binden können (Beispiel: Bindung von $Mg^{2+}$ durch Ethylendiamintetraacetat (EDTA)).

*3. Die unkompetitive Hemmung.* Bei der mit diesem Namen nicht sehr treffend bezeichneten unkompetitiven Hemmung bildet der Inhibitor mit dem Enzym-Substrat-Komplex ES einen inaktiven Enzym-Substrat-Inhibitor-Komplex ESI nach dem Schema

$$ES + I \rightleftharpoons ESI \ .$$

Die Hemmung kann also auch bei Erhöhung der Substratkonzentration zunehmen. Unkompetitive Hemmungen treten bei Ein-Substrat-Reaktionen selten auf; sie werden jedoch oft bei Zwei-Substrat-Reaktionen gefunden.

*4. Die allosterische Hemmung.* Dieser Hemmungstyp entspricht der Funktionsweise der oben in der ersten Klasse von regulatorischen Enzymen angeführten allosterischen Enzyme. Die außerhalb des aktiven Zentrums spezifisch gebundenen Modulatoren oder Effektoren sind nicht direkt am Reaktionsablauf im aktiven Zentrum beteiligt; sie wirken nur mittelbar (z. B. durch induzierte Konformationsumwandlungen des Enzyms) auf das Reaktionsgeschehen ein.

Die unter 1–4 aufgeführten Typen von Enzymhemmungen lassen sich mit enzymkinetischen Untersuchungen unterscheiden.

### *Formalkinetik von Enzymreaktionen*

Die formalkinetische Analyse einer Enzymreaktion mit einfacher kompetitiver Hemmung eignet sich besonders gut zur Einführung in den Formalismus der Enzymkinetik; denn die Lösung des Ansatzes für eine Reaktion ohne Inhibitor ist als Sonderfall in der allgemeineren Lösung für eine Reaktion mit kompetitiver Hemmung enthalten. Wenn man die in Abb. 5.27 angedeutete Zwischenstufe des Enzym-Produkt-Komplexes vernachlässigt und außerdem annimmt, daß bei hinreichend großem Abstand vom Gleichgewicht die Umsatzrate der Rückreaktion $E + P \rightarrow ES$ nicht berücksichtigt werden muß, ergibt sich für den Umsatz des Substrates zum Produkt das Schema

$$E + S \underset{k_{-1}}{\overset{k_1}{\rightleftharpoons}} ES \overset{k_2}{\rightarrow} E + P \ . \qquad (5.571)$$

(Briggs und Haldane 1925)

Grundsätzlich ist nicht auszuschließen, daß auch der Inhibitor I als „alternatives Substrat" am Enzym zu einem Produkt Q umgesetzt wird. Be-

zeichnet man die zu $k_1, k_{-1}$ und $k_2$ analogen Geschwindigkeitskonstanten mit $l_1$ bzw. $l_{-1}$ und $l_2$, so erhält man für die *Konkurrenzreaktion* des Inhibitors das gleichartige Schema

$$E + I \underset{l_{-1}}{\overset{l_1}{\rightleftharpoons}} EI \overset{l_2}{\rightarrow} E + Q \ . \qquad (5.572)$$

Wenn der Inhibitor nicht umgesetzt wird, ist $l_2$ gleich Null zu setzen. Dann ist I ein *reiner Inhibitor*. Eine für den Vergleich mit experimentell ermittelten Daten geeignete einfache Lösung des mit Gl. (5.571) und Gl. (5.572) formulierten Problems erhält man nun, wenn man wie bei der im Abschn. 5.3.1 erläuterten Behandlung einer diffusionskontrollierten Reaktion die Annahme der Quasistationarität für einen bestimmten Zwischenzustand einführt. Die formale Analogie der Gln. (5.512) und (5.571) läßt diese Annahme als naheliegend erscheinen. Für die durch Gl. (5.512) beschriebene diffusionskontrollierte Reaktion bezieht sich die Annahme der Quasistationarität auf die Konzentration $c_{\{AB\}}$ der Molekülpaare. Dementsprechend hat man für die durch die Gln. (5.571) und (5.572) beschriebenen Enzymreaktionen eine Quasistationarität der Konzentrationen von ES bzw. EI anzunehmen. Diese Annahme ist gerechtfertigt, wenn folgende Voraussetzungen erfüllt sind:

1. Die Substratkonzentration $c_S$ muß wesentlich größer als die totale eingesetzte Enzymkonzentration $c_t$ sein, damit $c_S$ durch die Zugabe des Enzyms praktisch nicht verändert wird ($c_S \gg c_t$).

2. Während der Beobachtungszeit soll die Produktkonzentration $c_P$ sehr viel kleiner als die Substratkonzentration $c_S$ sein ($c_S \gg c_p$). Wenn diese Bedingung erfüllt ist, wird auch durch die Substratumsetzung keine wesentliche Abnahme von $c_S$ hervorgerufen. Die Konzentration $c_{ES}$ des Enzym-Substrat-Komplexes stellt sich deshalb nach einer instationären Anlaufperiode von wenigen Sekunden oder Sekundenbruchteilen auf einen konstanten Wert ein, so daß $c_{ES} = $ const gesetzt werden kann.

Die hier für die Produktbildung erklärten Voraussetzungen müssen in gleicher Weise auch für die Umsetzung des Inhibitors nach Gl. (5.572) erfüllt sein. Für die Enzymkinetik im quasistationären Bereich gelten dann die Gleichungen

$$\frac{dc_{ES}}{dt} = 0$$

und

$$\frac{dc_{EI}}{dt} = 0 \ . \tag{5.573}$$

Obwohl für die Produktbildung nach Gl. (5.571) $-dc_S/dt = dc_P/dt$ gilt, kommt wegen der geringen relativen Änderung von $c_S$ nur die Produktbildungsrate $dc_P/dt$ als praktisch meßbare Reaktionsgeschwindigkeit in Betracht. Man bezeichnet sie in der Enzymkinetik im allgemeinen mit dem Symbol $v_P$ oder $v$. Bei Gültigkeit von Gl. (5.573) ist auch $v_P$ zeitunabhängig, d.h. es gilt

$$v_P = \frac{dc_P}{dt} = k_2\, c_{ES} \ . \tag{5.574}$$

Nach dem Reaktionsschema Gl. (5.571) muß für beliebige Reaktionszustände allgemein

$$\frac{dc_{ES}}{dt} = k_1\, c_E\, c_S - (k_{-1} + k_2)\, c_{ES} \tag{5.575}$$

gelten. Mit der Quasistationaritätsbedingung (5.573) erhält man daraus für den stationären Wert des Quotienten $\dfrac{c_E\, c_S}{c_{ES}}$ die Gleichung

$$\frac{c_E\, c_S}{c_{ES}} = \frac{k_{-1} + k_2}{k_1} = K_M \ . \tag{5.576}$$

Der allgemeine Formalismus der Enzymkinetik von Systemen im quasi-stationären Zustand wurde 1913 von L. Michaelis und M. L. Menten entwickelt. Deshalb wird die Konstante $K_M$ auf der rechten Seite von Gl. (5.576) als Michaelis-Konstante oder Michaelis-Menten-Konstante bezeichnet. Aus der dem Reaktionsschema Gl. (5.572) zugeordneten kinetischen Gleichung

$$\frac{dc_{EI}}{dt} = l_1\, c_E\, c_I - (l_{-1} + l_2)\, c_{EI} \tag{5.577}$$

und der Bedingung (5.573) erhält man entsprechend die zu Gl. (5.576) analoge Beziehung

$$\frac{c_E\, c_I}{c_{EI}} = \frac{l_{-1} + l_2}{l_1} = K_I \tag{5.578}$$

mit der Michaelis-Konstante $K_I$ für den Inhibitor. Für den Zusammenhang zwischen der eingesetzten totalen Enzymkonzentration $c_t$ und den Konzentrationen des Enzyms im freien Zustand und in den Komplexen ES und EI gilt die Nebenbedingung

$$c_t = c_E + c_{ES} + c_{EI} \ . \tag{5.579}$$

Aus den Gln. (5.578) und (5.579) kann die Konzentration $c_{EI}$ eliminiert werden. Durch Zusammenfassung der resultierenden Gleichung

$$c_E = \frac{c_t - c_{ES}}{1 + \dfrac{c_I}{K_I}} \tag{5.580}$$

mit Gl. (5.576) läßt sich dann auch $c_E$ eliminieren und man erhält als Gleichung zur Berechnung der stationären Konzentration des Enzym-Substrat-Komplexes die Beziehung

$$c_{ES} = \frac{c_S\, c_t}{c_S + K_M\left(1 + \dfrac{c_I}{K_I}\right)} \ . \tag{5.581}$$

Nach Gl. (5.574) ist demnach die Bildungsgeschwindigkeit $v_P$ des Produktes durch

$$v_P = \frac{k_2\, c_S\, c_t}{c_S + K_M\left(1 + \dfrac{c_I}{K_I}\right)} \tag{5.582}$$

gegeben. Die Abb. 5.28 zeigt als Vergleich den Konzentrationsverlauf von $v_P$ für den quasi-

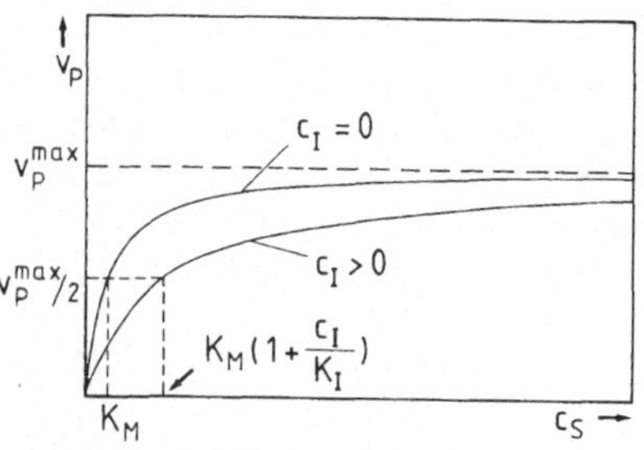


**Abb. 5.28** Konzentrationsabhängigkeit der Produktbildungsgeschwindigkeit $v_P$ einer Enzymreaktion im quasi-stationären Bereich nach Gl. (5.582) ohne Inhibitor ($c_I = 0$) und bei Einwirkung eines kompetitiven Inhibitors ($c_I > 0$)

stationären Bereich mit und ohne Einwirkung eines kompetitiven Inhibitors.

Unabhängig von der jeweiligen Inhibitorkonzentration ergibt sich als Grenzwert $v_P^{max}$ für sehr hohe Substratkonzentrationen mit

$$c_S \gg K_M \left( 1 + \frac{c_I}{K_I} \right)$$

$$v_P^{max} = \lim_{c_S \to \infty} v_P = k_2 c_t \; . \tag{5.583}$$

Für $c_I > 0$ wird nach Gl. (5.582) der Wert $v_P = v_P^{max}/2$ eingestellt, wenn die Substratkonzentration den Wert $K_M(1 + c_I/K_I)$ annimmt. Ist dagegen $c_I = 0$, so wird ein Reaktionszustand mit $v_P = v_P^{max}/2$ bereits bei der durch die Bedingung $c_S = K_M$ festgelegten Substratkonzentration erreicht. Die Michaelis-Konstante erhält damit eine einfache operationale Bedeutung. Sie gibt die Substratkonzentration an, bei der die Reaktionsgeschwindigkeit $v_P$ sich ohne kompetitive Hemmung auf den Wert $v_P^{max}/2$ einstellt. Der $K_M$-Wert stellt also ein gewisses quantitatives Maß für die Wirksamkeit eines Enzyms bei der Umsetzung eines bestimmten Substrates dar. Typische Werte der Michaelis-Konstante liegen im Bereich zwischen $10^{-2}$ und $10^{-5}$ mol/l. Für die Umsetzung von $\alpha$-Ketoglutarat durch Glutamat-Dehydrogenase findet man z.B. einen $K_M$-Wert von $2 \cdot 10^{-3}$ mol/l. Die Michaelis-Konstanten sind für viele einfache Enzymreaktionen bestimmt und in Handbüchern tabellarisch zusammengefaßt worden. Beim Vergleich experimenteller Daten mit derartigen Literaturwerten ist jedoch zu beachten, daß sich der $K_M$-Wert mit der Struktur des Substrates, mit der Temperatur und mit dem pH-Wert ändern kann. Bei manchen Enzymreaktionen kann die Geschwindigkeitskonstante $k_{-1}$ der Dissoziation des Enzym-Substrat-Komplexes sehr viel größer als die Konstante $k_2$ werden. Bei Vernachlässigung von $k_2$ erhält man nach Gl. (5.576) für $K_M$ den vereinfachten Ausdruck

$$K_M \simeq \frac{k_{-1}}{k_1} = K_S \; . \tag{5.584}$$

Für $k_2 \ll k_{-1}$ wird die Michaelis-Konstante also gleichbedeutend mit der Dissoziationskonstante $K_S$ des Enzym-Substrat-Komplexes, die auch *Substrat-Konstante* genannt wird. Leider wird die im allgemeinen notwendige Unterscheidung zwischen $K_M$ und $K_S$ oft nicht beachtet. Die Michaelis-Konstante sollte nur dann mit $K_S$ gleichgesetzt werden, wenn die Voraussetzung $k_{-1} \gg k_2$ erfüllt ist.

Die Gl. (5.582) vereinfacht sich für $c_I = 0$ zu der als Michaelis-Menten-Gleichung bezeichneten Beziehung

$$v_P = \frac{k_2 c_S c_t}{c_S + K_M} \; . \tag{5.585}$$

In der biochemischen Literatur wird $v_P$ oft auch als *Anfangsgeschwindigkeit* $v_0$ bezeichnet. Diese Bezeichnung bringt jedoch nicht klar zum Ausdruck, daß es sich bei dem betrachteten Reaktionszustand nicht um die instationäre Anfangsphase, sondern um den quasi-stationären Bereich des Reaktionsablaufes handelt.

Formal entspricht die Gl. (5.585) einer Sättigungskinetik; denn bei sehr großen Substratkonzentrationen ($c_S \gg K_M$) wird $v_P$ unabhängig von $c_S$, und die Kinetik der Enzymreaktion entspricht in diesem Konzentrationsbereich der Formalkinetik einer Reaktion nullter Ordnung. Dividiert man Zähler und Nenner des Bruches auf der rechten Seite von Gl. (5.585) durch $K_M$ und schreibt die Gleichung in der Form

$$v_P = k_2 c_t \frac{K_M^{-1} c_S}{1 + K_M^{-1} c_S} \; , \tag{5.586}$$

so erkennt man die formale Übereinstimmung mit der Langmuirschen Adsorptionsisotherme (Gl. (5.191). Wie bei der Adsorption handelt es sich auch hier um eine Ligandenbindung an eine vorgegebene Zahl von Bindungsplätzen. Besonders deutlich zeigt sich diese formale Analogie für den oben erwähnten Sonderfall mit $K_M \simeq K_S$ nach Gl. (5.584). $K_M^{-1}$ ist dann mit der *Bindungskonstante* für die Bindung von S an E gleichzusetzen. Unter Beachtung von Gl. (5.583) kann man die Gl. (5.585) auch in der Form

$$v_P = \frac{v_P^{max} c_S}{c_S + K_M} \tag{5.587}$$

schreiben. In dieser Form läßt sich die Michaelis-Menten-Gleichung auch dann anwenden, wenn die Molmasse des Enzyms nicht bestimmt und die

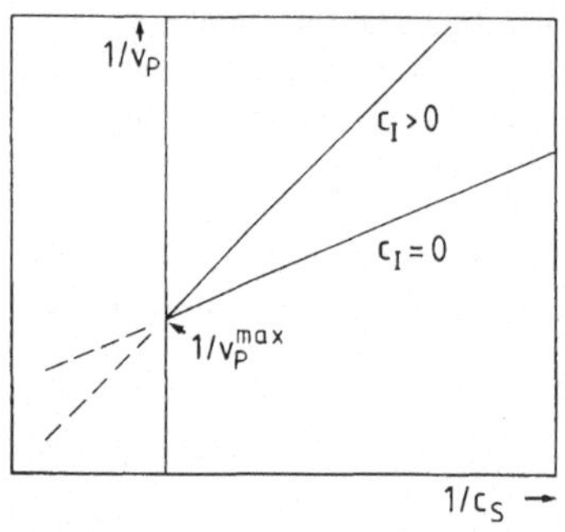



**Abb. 5.29** Lineweaver-Burk-Diagramm für eine Enzymreaktion ohne kompetitive Hemmung ($c_I = 0$) und mit kompetitiver Hemmung ($c_I > 0$)

molare Enzymkonzentration unbekannt ist. Zur Auswertung von Messungen wählt man zweckmäßig eine Darstellung nach Lineweaver–Burk, die sich aus der durch Umformung von Gl. (5.587) erhaltenen Beziehung

$$\frac{1}{v_P} = \frac{1}{v_P^{max}} + \frac{K_M}{v_P^{max}\, c_S} \tag{5.588}$$

ergibt. Die Abb. 5.29 zeigt ein Lineweaver–Burk-Diagramm für eine Enzymreaktion ohne kompetitive Hemmung ($c_I = 0$) und mit kompetitiver Hemmung ($c_I > 0$).

Für den Fall einer kompetitiven Hemmung gilt die Gleichung (5.582). Deshalb muß die Michaelis-Konstante in diesem Falle durch den erweiterten Ausdruck $K_M(1 + c_I/K_I)$ ersetzt werden. Damit ergibt sich im Lineweaver-Burk-Diagramm eine Gerade, deren Steigung größer als $K_M/v_P^{max}$ ist. Charakteristisch für die kompetitive Hemmung ist die Tatsache, daß sich die für verschiedene Inhibitorkonzentrationen erhaltenen Geraden im Lineweaver-Burk-Diagramm in einem Punkt auf der $1/v_P$-Achse schneiden. Dies entspricht der Feststellung, daß $v_P^{max}$ nicht von $c_I$ abhängt.

Ein bekanntes Beispiel einer kompetitiven Hemmung ist die Hemmung der Succinat-Dehydrogenase durch Malonat oder andere Dicarbonsäure-Anionen. Der kompetitive Inhibitor Malonat besitzt wie das Succinat zwei bei pH 7,0 ionisierte Carboxyl-Gruppen; er wird jedoch von der Succinat-Dehydrogenase nicht dehydriert.

Die Hemmung der Succinat-Dehydrierung kann durch eine Verdrängung des Malonats aus dem aktiven Zentrum bei Erhöhung der Succinatkonzentration aufgehoben werden.

Aus dem Lineweaver–Burk-Diagramm kann man auch bei der Auswertung von Messungen an Reaktionssystemen mit nicht-kompetitiver Hemmung oder unkompetitiver Hemmung wichtige Aussagen entnehmen.

Ein gewisser Nachteil des Lineweaver-Burk-Diagramms besteht in der Überbewertung der bei kleinen Substratkonzentrationen ermittelten Meßwerte, die mit einem relativ großen Fehler behaftet sind. Zur Vermeidung dieses Nachteils kann man die Auswertung der Meßergebnisse mit einer Auftragung nach Eadie-Hofstee, die der Gleichung

$$v_P = v_P^{max} - K_M \frac{v_P}{c_S} \tag{5.588a}$$

entspricht, vornehmen. Diese Gleichung erhält man durch Multiplikation von Gl. (5.588) mit dem Produkt $v_P v_P^{max}$. In einem Diagramm mit der Abszisse $v_P/c_S$ und der Ordinate $v_P$ ergibt sich nach dieser Gleichung eine Gerade mit dem Ordinatenabschnitt $v_P^{max}$ und dem Abszissenabschnitt $v_P^{max}/K_M$.

Bei zahlreichen kinetischen Messungen hat sich ergeben, daß der Formalismus der Michaelis-Menten-Kinetik oft eine befriedigende Beschreibung der Kinetik von Enzymreaktionen im quasi-stationären Bereich liefert. Die Michaelis-Menten-Gleichung gestattet die Ermittlung der Geschwindigkeitskonstante $k_2 = v_P^{max}/c_t$ und der Michaeliskonstante $K_M$. Nach Gl. (5.583) stimmt die Geschwindigkeitskonstante $k_2$ mit der oben erwähnten und in Tabelle 5.8 für einige Beispiele angegebenen Wechselzahl überein, wenn die Voraussetzungen für die Gültigkeit des Ansatzes nach dem einfachen Michaelis-Menten-Modell erfüllt sind. Die Geschwindigkeitskonstanten $k_1$ und $k_{-1}$ können aus einer Auswertung auf der Grundlage der Michaelis-Menten-Kinetik nicht entnommen werden. Zur Bestimmung dieser Konstanten muß der zeitliche Verlauf der Konzentrationen in der instationären Anfangsphase untersucht werden. Da die Einstellzeit der quasi-stationären Reaktionsphase in der Regel kürzer als 1 Sekunde ist, müssen bei Messungen im Bereich der Anfangsphase die Methoden der schnellen Kinetik angewendet werden. Für die Anfangsphase ergibt sich aus den formalkinetischen Grundgln. (5.575) und (5.577) und der Nebenbedingung (5.579) eine Differentialgleichung, deren Lösung unter Beachtung der Stationaritätsbedingung (5.573) die Reaktionsgeschwindigkeit als Funktion der Zeit t und der gesuchten Geschwindigkeitskonstanten $k_1$ und $k_{-1}$ (und gegebenenfalls auch $l_1$ und $l_{-1}$) beschreibt. Auf die ausführliche Wiedergabe der formalkinetischen Analyse des Reaktionsverlaufes in der „pre steady state phase" muß hier verzichtet werden. Weitere Hinweise zur Lösung dieses formalkinetischen Problems finden sich in der im Anhang angegebenen Literatur. In den meisten praktisch wichtigen Fällen erweist sich das Studium der Enzymkinetik im quasistationären Bereich als ausreichendes Hilfsmittel zur Charakterisierung der katalytischen Wirksamkeit eines Enzyms. Die Gl. (5.582) beschreibt die Reaktionsgeschwindigkeit $v_P$

1. als Funktion der Enzymkonzentration $c_t$,
2. als Funktion der Substratkonzentration $c_S$,
3. als Funktion der Konzentration $c_I$ eines Inhibitors.

Aus Gl. (5.582) und aus der einfachen Michaelis-Menten-Gl. (5.586) ergibt sich eine lineare Abhängigkeit der Reaktionsgeschwindigkeit von der totalen eingesetzten Enzymkonzentration $c_t$. Diese lineare Abhängigkeit ist bei zahlreichen enzymkinetischen Messungen gefunden worden. Eine stöchiometrische Beziehung zwischen $c_t$ und der umgesetzten Substratmenge ist nach den gegebenen Voraussetzungen nicht zu erwarten und wird auch nicht beobachtet. Anstelle der nach der Michaelis-Gleichung zu erwartenden linearen Abhängigkeit des Substratumsatzes von $c_t$ findet man bei einigen Enzymreaktionen (z. B. bei der Proteolyse durch Pepsin und Trypsin) nur eine Abhängigkeit der insgesamt umgesetzten Substratmenge von der Quadratwurzel aus der Enzymkonzentration $c_t$ und von $\sqrt{t}$. (Schützsche Regel, 1885). Bezeichnet man die Konzentration des Reaktionsproduktes wie in Gl. (5.574) mit $c_P$, so lassen sich die Ergebnisse der Umsatzmessungen in diesem Falle durch die Gleichungen

$$c_P = p\sqrt{c_t} \qquad (5.589)$$

und

$$c_P = q\sqrt{t} \qquad (5.590)$$

mit den empirischen Konstanten p und q darstellen. Eine von Arrhenius angegebene mögliche Erklärung für diese Konzentrations- und Zeitabhängigkeit ergibt sich aus der Annahme, daß das Produkt P mit dem aktiven Enzym $E_a$ einen inaktiven Komplex $PE_i$ bildet, wobei die Differenz $c_t - c_{PE_i} = c_{E_a}$ die Konzentration des nicht inaktivierten Anteils der Enzymmoleküle angibt. Mit der für hinreichend große Produktkonzentrationen zulässigen Näherung $c_P - c_{PE_i} \simeq c_P$ läßt sich das Massenwirkungsgesetz für die Bildung des Komplexes $PE_i$ mit der Gleichung

$$c_P \cdot c_{E_a} = K \cdot c_{PE_i} = K(c_t - c_{E_a}) \qquad (5.591)$$

beschreiben. Durch Auflösen von Gl. (5.591) nach $c_{E_a}$ erhält man die Beziehung

$$c_{E_a} = \frac{c_t}{1 + c_P/K} \cdot \qquad (5.592)$$

Setzt man diesen Ausdruck für die effektive Enzymkonzentration $c_{E_a}$ anstelle von $c_t$ in Gl. (5.583) bzw. Gl. (5.585) ein, so erhält man die Gleichungen

$$v_P^{max} = \frac{k_2 c_t}{1 + c_P/K} \qquad (5.593)$$

und

$$v_P = \frac{k_2 c_t c_S}{(1 + c_P/K)(c_S + K_M)} \cdot \qquad (5.594)$$

Für kleine Werte der Dissoziationskonstanten K des Komplexes gilt mit $c_P/K \gg 1$ nach Gl. (5.593) angenähert

$$v_P^{max} = k_2 c_t \frac{K}{c_P} \qquad (5.595)$$

und nach Gl. (5.594) bei vorgegebenen Werten von $K_M$ und $c_S$ entsprechend

$$v_P = \frac{dc_P}{dt} = \text{const. } k_2 c_t \frac{K}{c_P} \cdot \qquad (5.596)$$

Durch Integration gemäß

$$\int_0^{c_P} c_P \, dc_P = \text{const. } k_2 K c_t \int_0^t dt$$

erhält man die Gleichung

$$c_P^2/2 = \text{const. } k_2 K c_t t$$

und damit die gesuchte Beziehung

$$c_P = \sqrt{\text{const. } 2k_2 K} \sqrt{c_t \cdot t} = \text{const. } \sqrt{c_t \cdot t} \, ,$$
$$(5.597)$$

die den Gln. (5.589) und (5.590) entspricht. Wenn man die bei der Reaktion entstehenden Produkte während des Reaktionsablaufes durch Dialyse aus dem Reaktionsraum entfernt, findet man die normale lineare Abhängigkeit des Umsatzes von der Enzymkonzentration (Northrop 1923). Die hier kurz erläuterte Erklärung für das Zustandekommen einer Abhängigkeit des Umsatzes von der Quadratwurzel aus der Beobachtungszeit t stellt jedoch nicht die einzige mögliche Ursache für einen derartigen Effekt dar. Im Abschn. 2.2.2 ist gezeigt worden, daß eine durch Diffusion überwundene Strecke der Wurzel aus der Beobachtungszeit proportional ist. Deshalb muß auch diese Gesetzmäßigkeit als Erklärung für eine Abhängigkeit des Umsatzes von $\sqrt{t}$ in Betracht gezogen werden, wenn die Diffusion eines Reaktanden als geschwindigkeitsbestimmender Schritt des Gesamtvorganges anzusehen ist.

Nach Gl. (5.587) steigt die Reaktionsgeschwindigkeit $v_P$ mit zunehmenden Werten der vorgegebenen Substratkonzentration bis zum Erreichen des Sättigungswertes $v_P^{max}$ an. Diese für die Michaelis-Menten-Kinetik typische Abhängigkeit der Umsatzrate von der Substratkonzentration wird jedoch nicht bei allen Enzymreaktionen beobachtet. Ein Substratüberschuß kann nämlich auch hemmend auf die Enzymaktivität wirken. Die Empfindlichkeit der Enzyme gegenüber hohen Substratkonzentrationen ist unterschiedlich groß. In jedem Falle erhält man eine übersichtliche Darstellung des Zusammenhanges zwischen der Enzymaktivität und der Substratkonzentration, wenn man den Quotienten $v_P/v_P^{max}$ als Funktion des negativen Logarithmus der Substratkonzentration $c_S$ aufträgt. Diese Auftragung entspricht im einfachen Fall der Michaelis-Menten-Kinetik mit $K_M \simeq K_S$ der im Abschn. 1.2.5 erläuterten Darstellung des *Dissoziationsrestes* $1 - \alpha$ einer schwachen Säure als Funktion des

pH-Wertes. Die durch die Gleichung

$$p_S = -\log_{10} c_S \qquad (5.598)$$

definierte Größe wird von einigen Autoren bei der Wiedergabe von *Aktivitätsdiagrammen* verwendet und als $p_S$-Wert bezeichnet. Bei Vorliegen einer durch Substratüberschuß bewirkten *Überschußhemmung* zeigt sich im Aktivitäts-$p_S$-Diagramm ein Maximum von $v_P/v_P^{max}$, das einer optimalen Substratkonzentration entspricht. Beispiele für eine Überschußhemmung findet man bei der Untersuchung der Spaltung des Acetylcholins durch Acetylcholinesterase und der ATP-Spaltung durch Myosin. Formal läßt sich die Überschußhemmung wie die Bildung eines Komplexes nach dem Schema

$$ES + nS \rightleftharpoons ES_{n+1} \qquad (5.599)$$

darstellen. Speziell für $n = 1$ erhält man damit das Massenwirkungsgesetz in der Form

$$\frac{c_{ES} \cdot c_S}{c_{ES_2}} = K_i \, , \qquad (5.600)$$

und für $v_P/v_P^{max}$ ergibt sich nach einem weitgehend der Herleitung von Gl. (5.582) entsprechenden Ansatz die Beziehung

$$\frac{v_P}{v_P^{max}} = \frac{c_S}{c_S + K_M + \dfrac{c_S^2}{K_i}} \cdot \qquad (5.601)$$

Für Enzymreaktionen mit Überschußhemmung erhält man im Lineweaver–Burk-Diagramm keine Gerade; denn $c_S$ tritt in den Gleichungen als Quadrat oder in höherer Potenz auf, weil S gleichzeitig Substrat und Hemmstoff ist. Im übrigen sind bei der Diskussion von Effekten mit Substrathemmung auch die im folgenden noch genauer zu behandelnden Gesetzmäßigkeiten der allosterischen Hemmung zu beachten.

Die Gl. (5.582) berücksichtigt in der angegebenen Form zunächst nur die zusätzliche Wirkung eines Inhibitors. Die Wirkung von Aktivatoren läßt sich mit dieser Gleichung nicht beschreiben. Neben dem im Zusammenhang mit Gl. (5.584) bereits diskutierten Fall $k_{-1} \gg k_2$ kann bei Enzymreaktionen auch der Fall auftreten, daß die Geschwindigkeitskonstante $k_{-1}$ der Redissoziation des Enzym-Substrat-Komplexes sehr viel

**Tabelle 5.9** Enzymsysteme mit $k_{-1} \gg k_2$ ($K_M$ ist eine Gleichgewichtskonstante)

| Enzym | Substrat |
|---|---|
| Chymotrypsin | Ester |
| Chymotrypsin | Säureamide |
| Trypsin | Benzoylargininester |
| Myosin | ATP |
| Urease | Harnstoff |
| Invertase | Saccharose |
| Carboanhydrase | $CO_2 + H_2O$ |

**Tabelle 5.10** Enzymsysteme mit $k_2 \gg k_{-1}$ ($K_M$ ist keine Gleichgewichtskonstante)

| Enzym | Substrat |
|---|---|
| Katalase | $H_2O_2$ |
| Peroxydase | $H_2O_2$ + Acceptor |
| Carboxypeptidase | Peptide |
| Polyphenoloxydase | Brenzkatechin (INGRAHAM) |
| Glucoseoxydase | Glucose (NOTATIN) |
| Reduktase | Cytochrom-c |

(nach Slater und Laidler (1955)).

kleiner als die Konstante $k_2$ ist. Mit $k_2 \gg k_{-1}$ gilt dann $K_M \simeq k_2/k_1$. Die Michaelis-Konstante gibt dann das Verhältnis der Geschwindigkeiten beider in der Richtung des Umsatzes ablaufender Teilvorgänge an. $K_M$ stellt also in diesem Fall keine Gleichgewichtskonstante, sondern einen durch die Kinetik des Prozesses bedingten Korrekturfaktor dar. Einige Beispiele für Enzymreaktionen mit $k_{-1} \gg k_2$ bzw. $k_2 \gg k_{-1}$ sind in den Tabellen 5.9 und 5.10 zusammengefaßt.

Bei den meisten Enzymreaktionen ist $k_{-1} \gg k_2$ und $K_M$ kann mit guter Näherung formal wie die Gleichgewichtskonstante für die Dissoziationskonstante des Enzym-Substrat-Komplexes behandelt werden.

### Die Michaelis-Konstante der Gegenreaktion

Die Michaelis-Konstante wird durch Messung der Umsatzrate bei quantitativ bestimmbaren, aber gegenüber der Substratkonzentration noch zu vernachlässigenden Konzentrationen der Endprodukte ermittelt. Damit werden Bedingungen gewählt, unter denen die Reaktion praktisch nur einsinnig abläuft. Da das chemische Gleichgewicht eines Reaktionssystems durch einen Katalysator nicht verschoben werden kann, ist nach Gl. (5.546) jede Erniedrigung der Enthalpiebarriere für die Hinreaktion mit einer entsprechenden Erniedrigung der Aktivierungsenergie der Rückreaktion verbunden. Durch den Katalysator wird also grundsätzlich der Reaktionsablauf in beiden Richtungen beschleunigt. Diese Feststellung entspricht dem Ergebnis zahlreicher kinetischer Messungen, die an Enzymsystemen durchgeführt wurden. Als Beispiel für eine enzymatisch katalysierte Gegenreaktion sei hier die durch Lipasen katalysierte Fett- bzw. Lipid-Synthese genannt. Da nach Gl. (5.445) die Gleichgewichtskonstante das Verhältnis der (apparenten) Geschwindigkeitskonstanten für die beiden gegenläufigen Reaktionen darstellt, muß auch ein Zusammenhang zwischen dem $K_M$ — Wert einer Enzymreaktion und der Michaelis-Konstante der zugehörigen Gegenreaktion bestehen. Dieser Zusammenhang entspricht dem Schema

$$E + S \underset{k_{-1}}{\overset{k_1}{\rightleftharpoons}} ES \underset{k_{-2}}{\overset{k_2}{\rightleftharpoons}} E + P \,, \tag{5.602}$$

wobei die Bildung eines Komplexes EP zunächst wie bei der Herleitung von Gl. (5.585) nicht berücksichtigt wird. Für den quasi-stationären Bereich gilt die Bedingung

$$\frac{dc_{ES}}{dt} = k_1 c_E \cdot c_S + k_{-2} c_E \cdot c_P$$
$$- k_{-1} c_{ES} - k_2 c_{ES} = 0 \tag{5.603}$$

und die allgemeine Nebenbedingung

$$c_E = c_t - c_{ES} \,. \tag{5.604}$$

Damit kann die stationäre Konzentration des Enzym-Substrat-Komplexes durch die Gleichung

$$c_{ES} = \frac{(k_1 c_S + k_{-2} c_P) c_t}{k_{-1} + k_2 + k_1 c_S + k_{-2} c_P} \tag{5.605}$$

dargestellt werden, und man erhält für die Produktbildungsgeschwindigkeit $v_P$ gemäß

$$v_P = k_2 c_{ES} - k_{-2} c_E c_P \tag{5.606}$$

die 1930 von Haldane angegebene Beziehung

$$v_P = \frac{(k_1 \cdot k_2 \cdot c_S - k_{-1} \cdot k_{-2} c_P) c_t}{k_{-1} + k_2 + k_1 c_S + k_{-2} c_P} \,. \tag{5.607}$$

Wenn der Klammerausdruck im Zähler des Bruches auf der rechten Seite von Gl. (5.607) gleich Null wird, ist die Gleichgewichtsbedingung $v_P = 0$ erfüllt. Dann gilt

$$\frac{c_P}{c_S} = K . \tag{5.608}$$

Hier ist $K$ die Gleichgewichtskonstante der Gesamtreaktion. Setzt man in Gl. (5.607) $c_P = 0$, so geht die Gleichung in die einfache Michaelis-Menten-Gl. (5.585) mit $(k_{-1} + k_2)/k_1 = K_M$ über. Setzt man dagegen $c_S = 0$, so erhält man die Michaelis-Menten-Gleichung für die Geschwindigkeit $v_R$ der Rückreaktion in der Form

$$v_R = \frac{k_{-1} c_P c_t}{c_P + \dfrac{k_{-1} + k_2}{k_{-2}}} \tag{5.609}$$

mit der Michaelis-Konstante

$$K_R = (k_{-1} + k_2)/k_{-2}.$$

Mit der zu Gl. (5.583) analogen Beziehung

$$v_R^{max} = k_{-1} c_t \tag{5.610}$$

und den Ausdrücken für $K_M$ und $K_R$ erhält man aus Gl. (5.607) die Gleichung

$$v_P = \frac{dc_P}{dt} = - \frac{dc_S}{dt}$$

$$= \frac{v_P^{max} c_S/K_M - v_R^{max} c_P/K_R}{1 + c_S/K_M + c_P/K_R} . \tag{5.611}$$

Für den Gleichgewichtsfall mit $v_P = 0$ resultiert daraus die Beziehung

$$\frac{c_P}{c_S} = \frac{v_P^{max} \cdot K_R}{v_R^{max} \cdot K_M} = K . \tag{5.612}$$

Die Gleichgewichtskonstante der Gesamtreaktion verknüpft demnach die Maximalgeschwindigkeiten der Hin- und Rückreaktion mit den Michaelis-Konstanten für beide Vorgänge.

Es hat sich jedoch gezeigt, daß das mit der Gl. (5.602) angegebene Reaktionsschema die bei Berücksichtigung der Gegenreaktion in Betracht zu ziehenden Zwischenzustände nicht richtig wiedergibt. Tatsächlich muß der bereits in der Einführung zu diesem Abschnitt erwähnte Enzym-

Produkt-Komplex EP in die Betrachtung mit einbezogen werden. Man hat also von dem Abb. 5.27 entsprechenden Schema

$$E + S \underset{k_{-1}}{\overset{k_1}{\rightleftharpoons}} ES \underset{k_{-2}}{\overset{k_2}{\rightleftharpoons}} EP \underset{k_{-3}}{\overset{k_3}{\rightleftharpoons}} E + P \tag{5.613}$$

auszugehen. Dabei dürfte der Teilschritt $ES \rightleftharpoons EP$ oft der geschwindigkeitsbestimmende Vorgang sein. Auch mit dem Ansatz (5.613) sind relativ einfache Beziehungen zu erhalten, wenn für die Maximalgeschwindigkeiten und die Michaelis-Konstanten folgende Werte eingesetzt werden:

$$v_P^{max} = \frac{k_2 \cdot k_3 c_t}{k_2 + k_{-2} + k_3};$$

$$v_R^{max} = \frac{k_{-1} \cdot k_{-2} c_t}{k_{-1} + k_2 + k_{-2}};$$

$$K_M = \frac{k_{-1} k_{-2} + k_{-1} k_3 + k_2 k_3}{k_1 (k_2 + k_{-2} + k_3)};$$

$$K_R = \frac{k_{-1} k_{-2} + k_{-1} k_3 + k_2 k_3}{k_{-3} (k_{-1} + k_2 + k_{-2})} . \tag{5.614}$$

Hiermit gilt für die Geschwindigkeit unter Berücksichtigung der Gegenreaktion ebenfalls Gl. (5.611) und für $c_P = 0$ resultiert dann wiederum die einfache Michaelis-Menten-Gleichung. Wenn also mehrere binäre Zwischenstufen aufeinanderfolgen, kann ihre Zahl nach Einstellung des stationären Zustandes nicht aus kinetischen Messungen am Gesamtsystem entnommen werden, da in allen Fällen die summarische Michaelis-Menten-Beziehung erhalten wird. Direkte Messungen der Konzentration der Enzym-Substrat-Komplexe haben z.B. für Fumarase ein Reaktionsschema vom Typ der Gl. (5.613) ergeben. Wenn $k_2$ und $k_{-2}$ sehr viel kleiner als die übrigen Geschwindigkeitskonstanten sind, gelten die Beziehungen

$$v_P^{max} \simeq k_2 c_t; \quad v_R^{max} \simeq k_{-2} c_t; \tag{5.615}$$

und

$$K_m \simeq k_{-1}/k_1; \quad K_R \simeq k_3/k_{-3} . \tag{5.616}$$

Für das Gleichgewicht

$$K = \frac{k_1 \cdot k_2 \cdot k_3}{k_{-1} \cdot k_{-2} \cdot k_{-3}} \tag{5.617}$$

gilt auch hier die Beziehung (5.612). Dieses Haldanesche Prinzip läßt sich auch auf bimolekulare Vorgänge ausdehnen. Die Tatsache, daß sich für komplizierte Reaktionsfolgen meistens eine charakteristische Konstante vom allgemeinen Michaelis-Typ ergibt, begründet die hohe Bedeutung, die ihr zukommt, obwohl aus dieser Konstante die wahren Dissoziationskonstanten einer oder mehrerer Zwischenstufen nur in Grenzfällen entnommen werden können.

### Enzymatische Reaktionen mit Umsetzung von zwei Substraten

Bei vielen wichtigen Enzymreaktionen des Stoffwechsels reagieren zwei Substrate, von denen eines ein Coenzym sein kann, und bilden zwei Produkte, so daß der Gesamtvorgang durch das Schema

$$S_1 + S_2 \rightleftharpoons P_1 + P_2 \qquad (5.618)$$

beschrieben werden kann. Zu diesen Reaktionen gehören Umsetzungen, bei denen bestimmte Gruppen von einem Donor-Molekül auf ein Akzeptor-Molekül übertragen werden (z.B. Enzymreaktionen mit Phosphotransferasen, Transaminasen und Dehydrogenasen). Auch hydrolytische Enzyme wie Esterasen katalysieren Reaktionen mit zwei Substraten, wobei die Rolle des meist im Überschuß vorhandenen Wassers als zweites Substrat oft übersehen wird. Der Mechanismus einer Reaktion, an der zwei Substrate beteiligt sind, ist komplizierter als ein Prozeß, bei dem nur ein Substrat umgesetzt wird. Für die Charakterisierung verschiedener Typen von Enzymreaktionen mit zwei Substraten ist es besonders wichtig, zu klären, ob die beiden Substrate von dem Enzym nach den Gesetzen des Zufalls gebunden oder in einer mit der Freisetzung der Produkte gekoppelten vorgeschriebenen Reihenfolge angelagert und umgesetzt werden. Zur Katalyse der Reaktion sind entweder ternäre Enzym-Substrat-Komplexe ($ES_1 S_2$) oder auch nur binäre Komplexe ($ES_1$ bzw. $ES_2$) notwendig. Man unterscheidet sequentielle Mechanismen, bei denen beide Substrate gebunden werden, bevor ein Produkt freigesetzt wird und nicht-sequentielle Mechanismen, bei denen das erste Produkt vor der Bindung des zweiten Substrates gebildet und freigesetzt wird. Bei einer systematischen Analyse der möglichen

Reaktionsmechanismen ergeben sich nach den genannten Kriterien drei Typen von Zwei-Substrat-Reaktionen, nämlich zwei *einfache Verdrängungsreaktionen* mit sequentiellem Mechanismus und eine *doppelte Verdrängungsreaktion* mit nicht-sequentiellem Mechanismus. Die wichtigsten Merkmale dieser drei Reaktionstypen und die daraus resultierenden kinetischen Gleichungen sollen im folgenden kurz erläutert werden.

*1. Sequentielle Mechanismen (einfache Verdrängungsreaktionen)*

1. a Zufalls-Mechanismus (random order):

$$E + S_1 \rightleftharpoons ES_1$$
$$ES_1 + S_2 \rightleftharpoons ES_1 S_2$$

oder
$$E + S_2 \rightleftharpoons ES_2$$
$$ES_2 + S_1 \rightleftharpoons ES_1 S_2 \, .$$

Beide Möglichkeiten kommen gleichzeitig nebeneinander vor

$$
\begin{array}{ccccc}
S_1 & & ES_2 & + & S_1 \\
+ & & \nearrow\!\!\!\swarrow & & \searrow\!\!\!\nwarrow \\
 & E & & & ES_1 S_2 \, . \\
+ & & \searrow\!\!\!\nwarrow & & \nearrow\!\!\!\swarrow \\
S_2 & & ES_1 & + & S_2
\end{array}
$$

Ein Beispiel für diesen Zufalls-Mechanismus ist die durch Creatin-Kinase katalysierte Umsetzung

$$\text{Creatin} + \text{ATP} \rightleftharpoons \text{Creatinphosphat} + \text{ADP} \, .$$

Beide Substrate werden am aktiven Zentrum des Enzym-Moleküls in beliebiger Folge gebunden; Phosphat wird übertragen (vgl. Abschn. 5.2.2). Dann werden beide Produkte freigesetzt.

Die kinetischen Gleichungen für Zwei-Substrat-Reaktionen sind nicht so einfach wie die Gleichungen für die Reaktionsgeschwindigkeit von Ein-Substrat-Reaktionen. Hinweise zur Herleitung dieser Gleichungen und Angaben über die Grenzen der Gültigkeit bestimmter Näherungsformeln finden sich in der Literatur (vgl. Anhang 2.) Unter der Voraussetzung, daß die Umwandlung des Komplexes $ES_1 S_2$ zu den Produkten verhältnismäßig langsam abläuft und die einzelnen Enzym-Substrat-Komplexe rasch gebildet werden, ergibt sich für das Verhältnis $v_P/v_P^{max}$ die zu Gl. (5.587) analoge Gleichung

$$\frac{v_P}{v_P^{max}} = \frac{c_{S_1} \quad c_{S_2}}{c_{S_1} \cdot c_{S_2} + (K_M)_{S_1} c_{S_2} + (K_M)_{S_2} c_{S_1} + (K_M)_{S_1 S_2}} \cdot \qquad (5.619)$$

1. b Geordneter Mechanismus (compulsory order):

$$E + S_1 \rightleftharpoons ES_1$$

$$ES_1 + S_2 \rightleftharpoons ES_1 S_2.$$

$S_1$ ist in diesem Falle das *führende* Substrat. Die oben skizzierte zweite Möglichkeit ist auszuschließen. Unter bestimmten Bedingungen ist der Komplex $ES_1 S_2$ nur mit sehr geringer Konzentration vorhanden. Die Reaktionsprodukte gehen dann scheinbar direkt aus der Reaktion des zuerst gebildeten binären Komplexes mit dem zweiten Substrat hervor. Dieses von H. Theorell und B. Chance entdeckte und analysierte Reaktionsverhalten eines Enzymsystems kommt bei NAD-gekoppelten Laktat-Alkohol-Dehydrogenasen vor. Wenn die Bindung eines Substrates die Bindung des anderen Substrates nicht beeinflußt und jedes Substrat nur an seiner spezifischen Bindungsstelle angelagert wird, gilt für die einfache Verdrängungsreaktion mit geordnetem Mechanismus die kinetische Gleichung

$$v_P = \frac{v_P^{max}}{1 + \dfrac{(K_M)_{S_1}}{c_{S_1}} + \dfrac{(K_M)_{S_2}}{c_{S_2}} + \dfrac{(K_M)_{S_1} \cdot (K_M)_{S_2}}{c_{S_1} \cdot c_{S_2}}},$$

$$(5.620)$$

wobei die in Gl. (5.619) einzusetzende Michaelis-Konstante $(K_M)_{S_1 S_2}$ durch das Produkt $(K_M)_{S_1} (K_M)_{S_2}$ ersetzt ist.

*2. Nicht-sequentieller Mechanismus (doppelte Verdrängungsreaktion)*

Bei Reaktionen, die ohne Bildung eines ternären Komplexes ablaufen, katalysieren die binären Enzym-Substrat-Komplexe den Umsatz nach folgendem Schema

$$E + S_1 \rightarrow ES_1 \rightarrow FP_1 \rightarrow P_1 + F$$

$$F + S_2 \rightarrow FS_2 \rightarrow EP_2 \rightarrow P_2 + E.$$

Das Substrat $S_1$ wird an das Enzym gebunden. Der Komplex $ES_1$ reagiert *unter Veränderung des Enzyms* zum Enzym-Produkt-Komplex $FP_1$. Das Produkt $P_1$ wird freigesetzt. Das veränderte Enzym F bindet das Substrat $S_2$. Danach erfolgt unter Rückbildung der Enzymform E die Reaktion $FS_2 \rightarrow EP_2$. Nach Freisetzung des Produktes $P_2$ liegt das Enzym E für einen neuen Umsatzzyklus reaktionsbereit vor. Wegen des bei der Aufeinanderfolge der Reaktionszyklen alternierend ablaufenden Wechsels der beiden Enzymformen E und F wird dieser nicht-sequentielle Mechanismus nach Cleland als *Ping-Pong-Mechanismus* bezeichnet. Die von Pyridoxalphosphat abhängigen Transaminasen sind wahrscheinlich die am meisten verbreitete Gruppe von Enzymen, die über diesen Mechanismus katalytisch wirksam werden. Da beim Ping-Pong-Mechanismus kein ternärer Komplex gebildet wird, muß die in Gl. (5.619) enthaltene Konstante $(K_M)_{S_1 S_2}$ hier nicht berücksichtigt werden. Gl. (5.619) geht damit für diesen speziellen Fall in die einfache Beziehung

$$v_P = \frac{v_P^{max}}{1 + \dfrac{(K_M)_{S_1}}{c_{S_1}} + \dfrac{(K_M)_{S_2}}{c_{S_2}}} \qquad (5.621)$$

über.

Aus den Gln. (5.620) und (5.621) lassen sich durch Umformung lineare Beziehungen gewinnen, die eine doppelt-reziproke Auftragung experimentell gewonnener Daten nach Art des Lineweaver-Burk-Diagramms ermöglichen. Anhand der unterschiedlichen Merkmale der erhaltenen Diagramme kann eine Unterscheidung zwischen einem sequentiellen und einem nicht-sequentiellen Mechanismus getroffen werden.

### Kinetik der Coenzymbindung

Wie bereits erwähnt, kann eines der beiden Substrate einer Zwei-Substrat-Reaktion ein Coenzym sein. Wenn eine Umsetzung mit einem Coenzym z. B. als Zwei-Substrat-Reaktion mit sequentiellem Zufallsmechanismus über zwei binäre Komplexe und einen ternären Komplex abläuft, gilt auch für diese Reaktion die kinetische Gl. (5.619), wobei für $c_{S1}$ die Konzentration des Coenzyms eingesetzt werden kann. Entsprechendes gilt für Coenzym-Reaktionen mit geordnetem sequentiellen Mechanismus oder mit nicht-sequentiellem Mechanismus. Formalkinetisch betrachtet ist die Coenzymbindung also nur ein Spezialfall der Zwei-Substrat-Reaktionen, der keine besondere theoretische Behandlung erfordert.

### Kinetik von Reaktionen mit allosterischer Regulation der Enzymaktivität

Die klassische Michaelis-Menten-Beziehung zwischen $c_S$, $v_P^{max}$ und $K_M$ ist auf Reaktionen mit allosterischer Regulation der Enzymaktivität im allgemeinen nicht anwendbar, da die Eigenschaften der Enzyme durch Konzentrationsänderungen der allosterischen Modulatoren stark beeinflußt werden. Anstelle der für die Langmuirsche Adsorptionsisotherme (Gl. (5.191)) und damit auch für die Michaelis-Menten-Kinetik charakteristischen *hyperbolischen* Kurve (Abb. 5.28) erhält man für viele allosterisch regulierte Enzyme bei einer Auftragung von $v_P$ gegen $c_S$ die im Abschn. 4.2.6 im Zusammenhang mit der kooperativen Ligandenbindung beschriebene *sigmoide* Kurve. Die Bindung eines Liganden an einer Bindungsstelle des Enzyms fördert bei positiver Kooperativität die Bindung weiterer Liganden an anderen gleichwertigen Bindungsstellen. Allosterische Enzyme zeigen je nach Art des modulierenden Moleküls zwei unterschiedliche Arten der Kontrolle, die als *homotroper Effekt* bzw. *heterotroper Effekt* bezeichnet werden. Die Wechselwirkung von Zentren, die gleiche Moleküle gebunden haben, heißt homotroper Effekt und ist immer kooperativ. Der heterotrope Effekt ist die Wechselwirkung zwischen Zentren, die verschiedene Liganden gebunden haben; diese Wechselwirkung kann antagonistisch oder kooperativ sein. Es ist wichtig, darauf hinzuweisen, daß nicht alle $v_P - c_S$-Diagramme allosterisch regulierter Enzymreaktionen eine sigmoide Kurve aufweisen; auch sind nicht alle Enzymreaktionen mit sigmoidem $v_P - c_S$-Diagramm notwendigerweise allosterisch reguliert. Manche allosterisch regulierten Enzymreaktionen sind weniger empfindlich gegen kleine Änderungen der

Substratkonzentration und erreichen den Sättigungswert der Reaktionsgeschwindigkeit erst bei wesentlich höheren $c_S$-Werten als die nicht durch regulatorische Enzyme kontrollierten Reaktionen. Man spricht in diesem Falle von negativer Kooperativität. Bei regulatorischen Enzymen mit negativer Kooperativität kann es vorkommen, daß die Substratkonzentration um einen Faktor $6 \cdot 10^3$ erhöht werden muß, um die Enzymaktivität von 10% auf 90% ihres Maximalwertes zu bringen, während nach der für nicht-regulatorische Enzyme geltenden Michaelis-Menten-Kinetik unter vergleichbaren Bedingungen eine etwa 80-fache Erhöhung von $c_S$ zur Erzielung des gleichen Effektes erforderlich ist. Bei einem regulatorischen Enzym mit normaler (positiver) Kooperativität reicht dagegen bereits eine 10-fache Erhöhung der Substratkonzentration aus, um eine Zunahme der Enzymaktivität von 10% auf 90% der maximalen Aktivität zu bewirken.

Die charakteristische Substratkonzentration, bei der die Reaktionsgeschwindigkeit den Wert $v_P^{max}/2$ erreicht, wird bei den nicht durch die Michaelis-Menten-Kinetik zu beschreibenden allosterisch regulierten Enzymreaktionen als *apparenter $K_M$-Wert* bezeichnet. Allosterische Enzyme, die auf positive oder negative Modulatoren bei unverändertem Maximalwert der Reaktionsgeschwindigkeit mit einer Erhöhung bzw. einer Abnahme des apparenten $K_M$-Wertes reagieren, bezeichnet man auch als *K-Enzyme*. Dagegen werden allosterische Enzyme, die bei Einwirkung eines Modulators unter Veränderung des Maximalwertes der Umsatzrate den $K_M$-Wert beibehalten, als *M-Enzyme* bezeichnet.

Bei allosterischer Wechselwirkung erfolgt die Informationsübertragung in der Regel über wechselseitig induzierte Konformationsänderungen benachbarter Untereinheiten oligomerer Enzyme. Die Anordnung der reaktiven Gruppen im Bereich der Bindungsstellen kann von der Konformation einer Enzymuntereinheit abhängen und damit zu einer unterschiedlichen Bindungsfestigkeit des Substrates führen. Manche Enzyme sind aus katalytischen und regulatorischen Untereinheiten aufgebaut. Die Aktivität der katalytischen Untereinheiten wird durch die regulatorischen Untereinheiten beeinflußt. Ein typisches

Beispiel für ein Enzym mit getrennten regulatorischen und katalytischen Untereinheiten ist die Aspartat-Transcarbamylase (ATCase). Sie ist das Schlüsselenzym für die Biosynthese von Pyrimidinnucleosiden und katalysiert die Reaktion.

Carbamylphosphat + L-Aspartat

$\rightarrow$ N-Carbamyl-L-Aspartat + $P_i$ .

Die Abb. 5.30 zeigt ein Schema der aus 6 katalytischen und 6 regulatorischen Untereinheiten zusammengefügten Quartärstruktur dieses Enzyms.

Die katalytischen Untereinheiten sind katalytisch aktiv, binden aber keine Effektoren. Die regulatorischen Untereinheiten binden die Effektoren, sind aber nicht katalytisch aktiv.

Fast alle bisher genauer untersuchten allosterischen Enzyme sind oligomer. Sie enthalten zwei oder mehr Untereinheiten, meistens in gerader Anzahl; manche enthalten eine größere Zahl von Untereinheiten in kettenförmiger Anordnung. Die sich aus der Vielzahl der räumlichen Anordnungen von Enzym-Untereinheiten ergebende Mannigfaltigkeit der mechanistischen Möglichkeiten ist außerordentlich groß. Zur Erklärung des Prinzips der allosterischen Regulation sollen hier nur zwei relativ einfache Modelle beschrieben und diskutiert werden. Für diese Modellsysteme lassen sich Gleichungen angeben, mit denen das Verhalten allosterisch regulierter Enzyme in einigen typischen Grenzfällen beschrieben werden kann. Wie bei der Diskussion der Mechanismen von Zwei-Substrat-Reaktionen soll auch hier nur der Mechanismus der Substratbindung genauer untersucht werden, da sich für die nachfolgende Substratumsetzung keine grundsätzlich neuen formalkinetischen Gesichtspunkte ergeben. Die Abb. 5.31 zeigt am Beispiel eines aus zwei Untereinheiten bestehenden homotrop kontrollierten Enzyms jeweils ein Reaktionsschema für die beiden Modelle, die als *sequentielles Modell* und als *konzertiertes Modell* (Symmetrie-Modell, *Alles oder Nichts-Modell*) bezeichnet werden.

Jede Untereinheit des Enzyms soll nur ein Substratmolekül binden können. Ein Maß für den Bindungszustand des Systems ist die auf die Proteinkonzentration c zu beziehende Konzentration $c_S^g$ der gebundenen Substratmoleküle. Der durch die Gleichung

$$m = c_S^g/c \qquad (5.622)$$

definierte Quotient m entspricht der mittleren Zahl der gebundenen Substratmoleküle pro Proteinmolekül. Diese Größe ist experimentell bestimmbar. Da jedes aus n gleichwertigen Untereinheiten bestehende Proteinmolekül bis zu

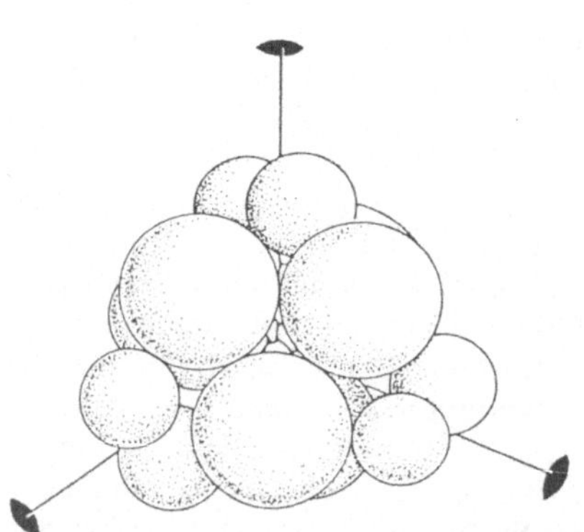

**Abb. 5.30** Räumliche Anordnung der katalytischen Untereinheiten (große Kugeln) und der regulatorischen Untereinheiten (kleine Kugeln) der ATCase. Aggregation gemäß Symmetrie 32 (nach R. Huber, W. S. Bennet Jr., in: W. Hoppe et al. (1982))

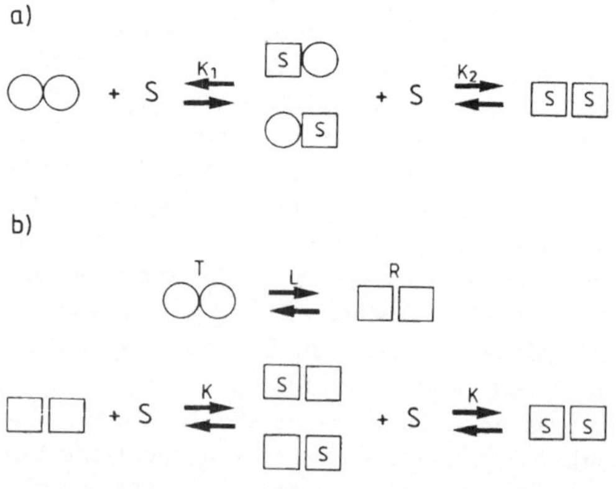

**Abb. 5.31** Reaktionsschema der Substratbindung für ein aus zwei Untereinheiten bestehendes, homotrop kontrolliertes allosterisches Enzym. *a* Sequentielles Modell; *b* konzertiertes Modell

n Substratmoleküle binden kann, gilt $0 \leqslant m \leqslant n$. Für das in Abb. 5.31 skizzierte einfache Modell gilt n = 2. Jede Untereinheit des Proteins kann in einem Konformationszustand T (tense) und in einem Konformationszustand R (relaxed) vorliegen. Die Zustände T und R werden symbolisch durch offene Kreise bzw. offene Quadrate gekennzeichnet. Ein Quadrat mit dem Buchstaben S bezeichnet einen R-Zustand mit gebundenem Substratmolekül S.

### Diskussion des sequentiellen Modells

Für das sequentielle Modell werden folgende zusätzliche Annahmen eingeführt:

1. Untereinheiten mit freien Bindungsstellen sollen stets im Konformationszustand T vorliegen. Jede Bindung eines Substratmoleküls soll automatisch eine Konformationsumwandlung der Untereinheit in den R-Zustand induzieren, so daß alle Untereinheiten mit besetzten Bindungsstellen stets im R-Zustand vorliegen.

2. Die Wechselwirkungen zwischen den beiden Untereinheiten des Proteins sollen dazu führen, daß die Konformationsumwandlung einer Untereinheit die Substratbindungs-Affinität der zweiten Untereinheit positiv oder negativ beeinflussen kann.

Nach dem Reaktionsschema in Abb. 5.31 a erfolgt der Übergang vom Zustand T in den Zustand R nicht gleichzeitig (konzertiert), sondern nacheinander (sequentiell). Für ein Substratmolekül, das auf ein Proteinmolekül mit zwei Bindungsplätzen trifft, gibt es zwei Bindungsmöglichkeiten. Der Reihenfolge der Symbole in Abb. 5.31 entsprechend sollen die Konzentrationen der mit einem Molekül S besetzten Proteinmoleküle mit $c^{SO}$ bzw. $c^{OS}$ und die Konzentration der zweifach besetzten Proteinmoleküle mit $c^{SS}$ bezeichnet werden. Die Konzentration der substratfreien Proteinmoleküle wird dementsprechend mit $c^{OO}$ bezeichnet. Da die beiden Bindungsstellen gleichwertig sind, gilt $c^{OS} = c^{SO}$. Für das Modell wichtig ist die mit der Annahme 2 eingeführte Voraussetzung, daß sich die durch

$$K_1 = \frac{c^{SO}}{c^{OO}c_S} = \frac{c^{OS}}{c^{OO}c_S}$$

$$K_2 = \frac{c^{SS}}{c^{SO}c_S} = \frac{c^{SS}}{c^{OS}c_S} \qquad (5.623)$$

definierten Gleichgewichtkonstanten $K_1$ und $K_2$ voneinander unterscheiden können. Mit den Konzentrationen der in dem Bindungsschema zu berücksichtigenden Spezies läßt sich die mittlere Zahl der an ein Proteinmolekül gebundenen Substratmoleküle durch die Gleichung

$$m = \frac{c^{OS} + c^{SO} + 2c^{SS}}{c^{OO} + c^{SO} + c^{OS} + c^{SS}} \qquad (5.624)$$

ausdrücken, und man erhält unter Berücksichtigung der Gleichungen (5.623) die Beziehung

$$m = \frac{2K_1 c_S(1 + K_2 c_S)}{1 + K_1 c_S(2 + K_2 c_S)} . \qquad (5.625)$$

Bei der Diskussion von Gl. (5.625) hat man zwei Grenzfälle zu unterscheiden:

*a*) $K_1 = K_2 = K$.

Dieser Fall entspricht der Vernachlässigung einer Wechselwirkung zwischen den Untereinheiten. Die Substratbindungs-Affinität für das zweite Substratmolekül wird durch die Bindung des ersten Substratmoleküls nicht beeinflußt. Die Gl. (5.625) geht in die einfachere Beziehung

$$m = \frac{2Kc_S}{1 + Kc_S} \qquad (5.626)$$

über. Mit demselben Verfahren ergibt sich bei Verallgemeinerung auf ein System mit n gleichwertigen Bindungsplätzen die Beziehung

$$m = \frac{nKc_S}{1 + Kc_S} . \qquad (5.627)$$

Diese Gleichung ist bereits im Abschn. 4.2.6 hergeleitet und im Zusammenhang mit dem Scatchard-Bindungsdiagramm ausführlich diskutiert worden; sie entspricht der Langmuirschen Adsorptionsisotherme Gl. (5.191). Man erhält damit die in Abb. 5.32 mit a bezeichnete *hyperbolische Bindungskurve*. Das $v_P - c_S$-Diagramm der Enzymreaktion unterscheidet sich also bei fehlender Wechselwirkung der Untereinheiten grundsätzlich nicht von dem in Abb. 5.28 für ein monomeres Enzym dargestellten Michaelis-Menten-Diagramm.

*b*) $K_2 c_S \gg 1$.

Wenn die Bindung des zweiten Substratmoleküls durch die Bindung des ersten Substratmoleküls stark erleichtert und damit induziert wird, spricht man von *kooperativer Bindung* (vgl. Abschn. 4.2.6). Für den Grenzfall starker kooperativer Wechselwirkung erhält man aus Gl. (5.625) mit $K_1 \cdot K_2 = K^*$ die Beziehung

$$m = \frac{2K^* c_S^2}{1 + K^* c_S^2} \qquad (5.628)$$

und bei Verallgemeinerung auf ein System mit n gleichwertigen Bindungsplätzen des Proteins unter vergleichbaren Voraussetzungen

$$m = \frac{nK^* c_S^n}{1 + K^* c_S^n}, \qquad (5.629)$$

wobei $K^*$ das multiple Produkt $\prod_{i=1}^{n} K_i$ darstellt. Auch die Gleichung (5.629) ist im Abschn. 4.2.6 abgeleitet und im Zusammenhang mit dem Hill-Diagramm diskutiert worden; aus ihr ergibt sich die für die kooperative Bindung charakteristische *sigmoide Bindungskurve*, die in Abb. 5.32 mit b bezeichnet ist. Die Abb. 5.32 macht noch einmal deutlich, daß die Sättigung der Bindungsstellen bei kooperativer Bindung in einem wesentlich kleineren Konzentrationsbereich erreicht wird, als bei hyperbolischem Bindungsverlauf. In dieser Steilheit der sigmoiden Bindungskurve liegt die eigentliche Bedeutung des kooperativen Bindungsverhaltens.

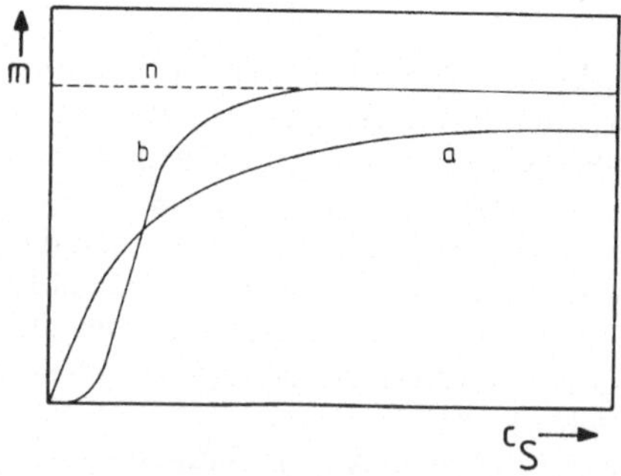

**Abb. 5.32** Hyperbolische Bindungskurve *a* und sigmoide Bindungskurve *b* nach Gl. (5.627) bzw. Gl. (5.629)

Wie im Abschn. 4.2.6 gezeigt wurde, nimmt die Steilheit der sigmoiden Bindungskurve mit der Zahl n der durch Wechselwirkung gekoppelten Untereinheiten zu. Diese Zahl kann aus dem Hill-Diagramm entnommen werden (vgl. Abschn. 4.2.6).

### Diskussion des konzertierten Modells nach Monod, Wyman und Changeux

Abweichend von den bei der Diskussion des sequentiellen Modells eingeführten Annahmen werden für das konzertierte Modell folgende Annahmen eingeführt:

1. Die Wechselwirkung zwischen den Untereinheiten eines Proteinmoleküls soll so stark sein, daß die beiden Untereinheiten des dimeren Proteins stets gemeinsam im Zustand T oder im Zustand R vorliegen.

2. Zwischen den beiden nicht durch Substrat besetzten Zuständen soll nach dem in Abb. 5.31 b gezeigten Schema ein Gleichgewicht bestehen, das durch die Gleichung

$$\frac{c_T^{OO}}{c_R^{OO}} = L \qquad (5.630)$$

mit der Gleichgewichtskonstante L beschrieben wird. Die Bezeichnung der Konzentrationen entspricht im wesentlichen der bei der Diskussion des sequentiellen Modells gewählten Bezeichnungsweise.

3. Die Substratbindungs-Affinität soll für beide Konformationszustände einer Untereinheit unterschiedlich groß sein. Der Einfachheit halber wird angenommen, daß nur die R-Konformation das Substrat bindet. Da beide Untereinheiten eines Proteinmoleküls in derselben Konformation vorliegen, reicht die Angabe einer Gleichgewichtskonstante K zur Beschreibung der Bindungsgleichgewichte für die Bindung des ersten und des zweiten Substratmoleküls aus. Anstelle von Gl. (5.623) soll also folgende Beziehung gelten:

$$K = \frac{c_R^{SO}}{c_R^{OO} c_S} = \frac{c_R^{OS}}{c_R^{OO} c_S} = \frac{c_R^{SS}}{c_R^{SO} c_S} = \frac{c_R^{SS}}{c_R^{OS} c_S}. \qquad (5.631)$$

Auch aus diesem Modell ergeben sich sigmoide Bindungskurven, wenn die Konstante L genügend groß ist. Bei hinreichend großen Werten von L liegen die Proteinmoleküle überwiegend in der nicht-bindenden T-Form vor. Für $c_S = 0$ sind auch die Konzentrationen $c_R^{OS}$, $c_R^{SO}$ und $c_R^{SS}$ gleich Null. Für $c_S \neq 0$ nehmen diese Konzentrationen bei einer Erhöhung von $c_S$ zunehmend größere Werte an. Da sich stets das Gleichgewicht (5.630) einstellt, wird bei Erhöhung von $c_S$ ein zunehmender Bruchteil der Protein-Einheiten in die R-Konformation und damit in den bindungsfähigen Zustand überführt. Bei sehr hohen Substratkonzentrationen befindet sich dann der größte Teil der Proteinmoleküle im Zustand R. Bei diesem Modell kommt also die sigmoide Form der Bindungskurve durch die „Nachlieferung" von R-Untereinheiten aus dem Reservoir der T-Untereinheiten zustande. Nach dem Reaktionsschema erhält man für die Größe m den Ausdruck

$$m = \frac{c_R^{OS} + c_R^{SO} + 2c_R^{SS}}{c_T^{OO} + c_R^{OO} + c_R^{OS} + c_R^{SS}} . \tag{5.632}$$

Dieser Ausdruck läßt sich unter Berücksichtigung der Gln. (5.630) und (5.631) in der Form

$$m = \frac{2\,K c_S(1 + K c_S)}{L + (1 + K c_S)^2} \tag{5.633}$$

darstellen. Nach Gl. (5.633) ergibt sich das sigmoide Bindungsverhalten aus der als Näherungslösung für große Werte von L resultierenden quadratischen Abhängigkeit von $c_S$ und aus dem Sättigungsverhalten für den Grenzfall $m \to 2$.

Das Zustandekommen eines sigmoiden Bindungsverhaltens läßt sich also sowohl mit dem sequentiellen Modell als auch mit dem konzertierten Modell erklären. Beide Modelle lassen sich in ein umfassenderes Reaktionsschema einordnen, mit dem das komplexe Verhalten vieler allosterisch regulierter Proteine annähernd richtig beschrieben werden kann. Eine detaillierte experimentelle Verifizierung derartiger Mechanismen bereitet allerdings große Schwierigkeiten. Die sigmoide Bindungskurve entspricht bei der allosterischen Regulation von Enzymreaktionen der Kennlinie einer chemischen Regelungseinheit zur Feinregulierung der Konzentrationen bestimmter Metabolite in der Zelle. In der enzymatisch kontrollierten Reaktionsfolge

$$A \to B \to C \to D$$
$$\quad E_A \quad\ E_B \quad\ E_C$$

dienen die Enzyme $E_A$, $E_B$ und $E_C$ als Katalysatoren für die einzelnen Reaktionschritte. Dabei soll das Enzym $E_A$ durch das Produkt D allosterisch gehemmt werden (Endprodukthemmung, vgl. Abschn. 5.1.7). Das Enzym $E_A$ bestehe aus mehreren miteinander wechselwirkenden Untereinheiten und besitze neben den Bindungsstellen für das Substrat A auch solche für den Inhibitor D, wobei die Bindungskurve des Inhibitors einen sigmoiden Verlauf zeigen soll. Die Aktivität des Enzyms $E_A$ soll umgekehrt proportional zur mittleren Zahl m der an $E_A$ gebundenen Inhibitormoleküle sein. Dann genügt eine kleine Zunahme der Konzentration des Endproduktes D, um das Enzym zu inaktivieren (negative feedback). Mit sinkender Konzentration von D wird das Enzym wieder aktiviert. Durch diesen Regelmechanismus wird die Konzentration des Produktes D im Fließgleichgewicht auf einem konstanten Wert gehalten. Die Regelungseigenschaften eines Systems mit hyperbolischer Bindungskurve sind dagegen nicht besonders gut, da der beschriebene Regelungseffekt bei diesem System nur mit einer relativ großen Änderung der Inhibitorkonzentration erzielt werden kann. Die Biosynthese der Aminosäure Isoleucin ist ein bekanntes Beispiel für eine Enzymreaktion mit allosterischer Hemmung.

### *Regulation der Umsatzraten durch kovalent modulierte Enzyme*

Das System der kovalent modulierten Enzyme entspricht den Anforderungen, die an ein Regelsystem mit relativ großen Zeitkonstanten (bis zum Minutenbereich) zu stellen sind. Ein bekanntes Beispiel für ein kovalent moduliertes Enzym ist die Glykogen-Phosphorylase; sie katalysiert in tierischen Geweben den Abbau des Reservepolysaccharids Glykogen und bildet damit ein wichtiges Glied in der Verstärkungskaskade des durch Adrenalin stimulierten Glykogenolyse-Systems. Die Glykogen-Phosphorylase kommt in einer inaktiven dimeren Form (Phosphorylase b) und in einer aktiven tetrameren Form (Phosphorylase a) vor. Jede Untereinheit der aktiven Phosphorylase a enthält einen Serin-Rest, dessen

Hydroxylgruppe phosphoryliert ist. Die Phosphorylierung der vier Untereinheiten ist eine notwendige Voraussetzung für die enzymatische Aktivität. Durch das Enzym Phosphorylase-Phosphatase wird die Abspaltung der Phosphatgruppen und damit der Übergang in die inaktive dimere Form katalytisch begünstigt. In Umkehrung dieses Vorganges können die Dimeren-Einheiten der Phosphorylase b unter Phosphorylierung der Serinreste durch ATP wieder in die aktive tetramere Form des Enzyms umgewandelt werden. Diese Reaktion wird durch das $Ca^{2+}$-abhängige Enzym Phosphorylase-Kinase katalysiert. Auf diese Weise kann die Aktivität der Glykogen-Phosphorylase durch die Wirkung zweier „vorgeschalteter" Enzyme reguliert werden. Durch die Hintereinanderschaltung mehrerer enzymatisch kontrollierter Regulationssysteme wird eine Verstärkungskaskade gebildet. Über diese Verstärkungskaskade kann ein durch wenige Hormon-Moleküle übermitteltes Signal eine chemische Reaktion mit relativ hohem Umsatz auslösen.

Eine andere Möglichkeit zur Regulation von Enzymaktivitäten durch kovalente Aktivierung besteht in der enzymkatalysierten Umwandlung von inaktiven Enzym-Vorstufen (Zymogenen) in aktive Enzyme. So werden z. B. die inaktiven Vorstufen der für den Proteinabbau wichtigen Proteasen Pepsin, Trypsin und Chymotrypsin in das Gastrointestinalsystem ausgeschieden und im Magen bzw. im Dünndarm durch partielle Proteolyse in die aktiven Enzyme umgewandelt. Die Peptidkette des Chymotrypsinogens (Molekulargewicht 24 000) wird dabei durch „Herausschneiden" von zwei Dipeptiden mit Hilfe von bereits vorhandenem Trypsin oder Chymotrypsin in die Primärstruktur des Chymotrypsins umgesetzt. Die Zymogene können in den Zellen, in denen sie entstanden sind, nicht aktiviert werden. Erst nach der Sekretion in das Gastrointestinalsystem erreichen sie ihre aktive Form. Der wesentliche Unterschied zwischen der Zymogenaktivierung und der oben beschriebenen Modulation durch kovalente Modifikation besteht darin, daß die Zymogen-Aktivierung im Organismus nur in einer Richtung abläuft. Enzymatische Reaktionen, durch die eine Rückbildung der Zymogene aus den aktiven Proteasen ermöglicht werden könnte, sind nicht bekannt.

*Isozyme*

Die in den Lehrbüchern der Biochemie ausführlicher beschriebenen Isozyme können hier nur kurz erwähnt werden. Isozyme sind multiple Formen eines Enzyms, die in einer bestimmten Art von Organismen oder in einem bestimmten Zelltyp vorkommen. Es sind z. B. mehrere Isozyme des Enzyms Lactat-Dehydrogenase bekannt. Diese Isozyme unterscheiden sich nicht in ihrem Molekulargewicht; sie stellen aber verschiedene Kombinationen aus zwei unterschiedlichen Polypeptidketten dar. Bei Vermischung der Isozym-Komponenten im richtigen Mengenverhältnis bilden sich die verschiedenen Isozyme der Laktat-Dehydrogenase auch in vitro spontan und weisen die volle katalytische Aktivität auf. Dabei unterscheiden sie sich signifikant in ihren $K_M$-Werten und in den erreichbaren Werten von $v_P^{max}$. Die regulatorische Bedeutung dieser Unterschiede besteht darin, daß durch sie eine Anpassung der funktionellen Charakteristik an die besonderen Bedingungen des Stoffwechsels der verschiedenen Organe ermöglicht wird. So ist z. B. das Skelettmuskel-Isozym der Lactat-Dehydrogenase mit seinem hohen $v_P^{max}$-Wert und seinem niedrigen $K_M$-Wert sehr gut für die Katalyse einer schnellen Umwandlung von Pyruvat in Lactat geeignet. Das Herzmuskel-Isozym der Lactat-Dehydrogenase ist dagegen mit einem hohen $K_M$-Wert für Pyruvat und einem niedrigen Wert von $v_P^{max}$ so beschaffen, daß es eine Lactat-Bildung aus Pyruvat im Rahmen der erweiterten Glycolyse nur dann begünstigt, wenn die normale aerobe Oxidation des Pyruvats bei Sauerstoffmangel nicht für die chemodynamische Energieumwandlung genutzt werden kann.

Die Biosynthese der Proteineinheiten dieser Isozyme verläuft unter genetischer Kontrolle, wobei die Aminosäuresequenzen der verschiedenen Proteinketten durch unterschiedliche Gene codiert werden. Das Studium der Isozyme ist deshalb wichtig für das Verständnis der molekularen Grundlagen der zellulären Differenzierung und der Morphogenese.

### pH-Abhängigkeit der Enzymaktivität

Da die enzymatische Aktivität der verschiedenen Enzyme mehr oder weniger stark vom pH-Wert abhängt, sind enzymkinetische Messungen ohne Beachtung des pH-Wertes in den meisten Fällen praktisch wertlos. Wie die in Abb. 5.33 zusammengefaßten Beispiele zeigen, kann sich die Enzymaktivität bei verschiedenen Enzymen mit dem pH-Wert in recht unterschiedlicher Weise ändern.

Die pH-Aktivitätsdiagramme vieler Enzymreaktionen zeigen das in Abb. 5.33 am Beispiel des Trypsins deutlich erkennbare pH-Optimum. Im allgemeinen wird die pH-Abhängigkeit der Geschwindigkeit einer enzymatischen Reaktion vor allem durch die pH-Abhängigkeit der Dissoziation des Substrates und durch die funktionellen Seitenketten im aktiven Zentrum des Enzyms beeinflußt. Wenn man voraussetzen kann, daß das Enzym selbst in dem betrachteten pH-Bereich nicht wesentlich vom pH-Wert beeinflußt wird, läßt sich der durch die pH-Abhängigkeit der Substrat-Dissoziation bewirkte Effekt in relativ einfacher Weise formelmäßig darstellen. Ist das Substrat z.B. eine schwache Säure HS, besteht die Möglichkeit, daß a) der dissoziierte Substratanteil $S^-$ oder b) der undissoziierte Substratanteil HS mit dem Enzym einen aktivierbaren Komplex bildet. Für den Fall a), daß der dissoziierte Substratanteil $S^-$ mit dem Enzym E einen aktivierbaren Komplex $ES^-$ bildet, erhält man nach dem Reaktionsschema

$$S^- + E \rightleftharpoons ES^- \rightarrow E + P$$

mit dem Dissoziationsgleichgewicht

$$HS \rightleftharpoons H^+ + S^-$$

aus den Gleichungen

$$\frac{v_P}{v_P^{max}} = \frac{1}{1 + K_M/c_S\alpha} = \frac{1}{1 + K_M'/c_S} \qquad (5.634)$$

mit $K_M' = K_M/\alpha$ und

$$K = \frac{\alpha}{1 - \alpha} c_{H^+} \qquad (5.635)$$

mit der elektrolytischen Dissoziationskonstante K des Substrates die Beziehung

$$K_M' = K_M(1 + c_{H^+}/K) , \qquad (5.636)$$

in der $K_M'$ die vom pH abhängige apparente Michaelis-Konstante darstellt.

Für den Fall b), in dem der nichtdissoziierte Substratanteil HS mit dem Enzym einen Komplex ESH bildet, ergibt sich nach dem Reaktionsschema

$$HS + E \rightleftharpoons ESH \rightarrow E + P + H^+$$

mit $K_M' = K_M/(1 - \alpha)$ die zu Gl. (5.636) analoge Beziehung

$$K_M' = K_M(1 + K/c_{H^+}) . \qquad (5.637)$$

Die sich aus den Gln. (5.634), (5.636) und (5.637) ergebenden Kurvenzüge sind in der Abb. 5.34 zusammenfassend graphisch dargestellt. Dabei wurde für die pH-Abhängigkeit der $K_M'$-Werte eine logarithmische Darstellung mit $pK_M' = -\log_{10} K_M'$ gewählt.

Aus der Abbildung ist ersichtlich, daß $K_M'$ mit steigender $H^+$-Ionenkonzentration ansteigt (Kurve a), wenn sich das Anion des Substrates mit dem Enzym vereinigt, und daß $K_M'$ mit fallender $H^+$-Ionenkonzentration ansteigt (Kurve b), wenn

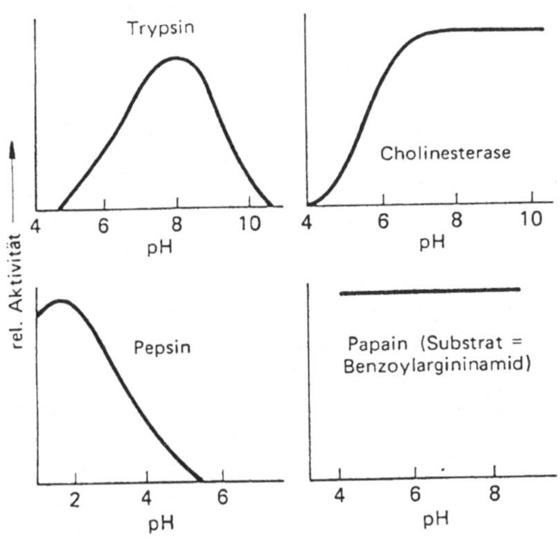



**Abb. 5.33** pH-Abhängigkeit der Enzymaktivität von Trypsin, Cholinesterase, Pepsin und Papain (nach K. Dose (1980))

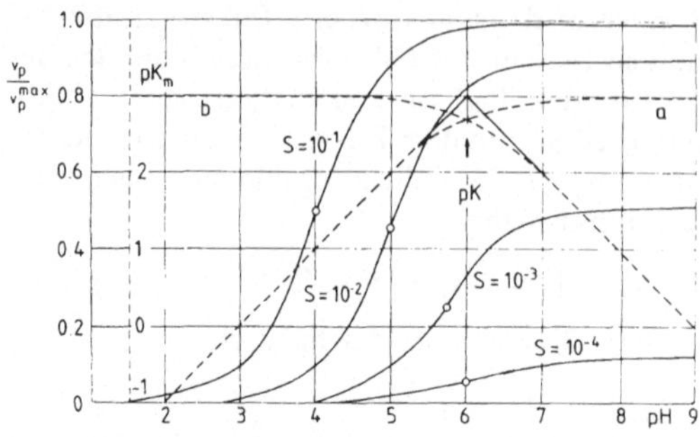

**Abb. 5.34** pH-Abhängigkeit des Quotienten $v_P/v_P^{max}$ nach Gl. (5.634) und des als $pK_M' = \log_{10} K_M'$ dargestellten apparenten $K_M$-Wertes, $a$ nach Gl. (5.636); $b$ nach Gl. (5.637) Das Symbol S gibt die Substrat-Konzentration in mol $l^{-1}$ an. (Nach Netter (1959))

wisse Vereinfachung der theoretischen Behandlung dieses Problems aus der bereits 1930 von Haldane aufgrund zahlreicher Einzelbeobachtungen getroffenen Feststellung, daß für die pH-Abhängigkeit der Reaktionsgeschwindigkeit die Dissoziation weniger funktioneller Gruppen im Bereich des aktiven Zentrums entscheidend ist und daß dem elektrochemischen Gesamtverhalten des Enzymmoleküls demgegenüber nur eine untergeordnete Bedeutung zukommt. Diese Feststellung ist auch deswegen wichtig, weil sie in einfachen Fällen gewisse Aussagen über die katalytisch wirksamen funktionellen Gruppen eines Enzyms ermöglichen kann. Mit der vereinfachenden Annahme, daß die wirksame Gruppe im aktiven Zentrum eine zweibasige schwache Säure ist, kann die charakteristische pH-Abhängigkeit der scheinbaren Michaelis-Konstanten wenigstens qualitativ durch das von Alberty 1954 angegebene Schema

das nicht dissoziierte Substrat mit dem Enzym einen Komplex bildet. Die ausgezogenen Kurven

$$
\begin{array}{ccc}
E & & ES \\
K_{E_2}\updownarrow & & K_{ES_2}\updownarrow \\
S \;+\; EH \underset{k_{-1}}{\overset{k_1}{\rightleftharpoons}} & ESH \xrightarrow{\;k_2\;} & P \;+\; EH \qquad (5.638)\\
K_{E_1}\updownarrow & & K_{ES_1}\updownarrow \\
EH_2 & & ESH_2
\end{array}
$$

geben den Verlauf von $v_P/v_P^{max}$ bei verschiedenen Substratkonzentrationen für den Fall a) wieder. Der Verlauf dieser Wendepunktkurven ist im übrigen grundsätzlich derselbe wie der Verlauf der Dissoziationskurve eines schwachen Elektrolyten (vgl. Abschn. 1.2.5).

Die charakteristischen Maxima der Aktivitäts-pH-Kurven können mit dem Dissoziationsverhalten des Substrats allein nur in einigen seltenen Fällen befriedigend erklärt werden. Im allgemeinen muß die Änderung des elektrolytischen Dissoziationszustandes der Enzyme bei der theoretischen Deutung der pH-Abhängigkeit von Reaktionsgeschwindigkeiten enzymatisch katalysierter Reaktionen in besonderem Maße berücksichtigt werden. Dabei ergibt sich eine ge-

mit den zugehörigen Gleichgewichts- und Geschwindigkeitskonstanten erklärt werden. Nach diesem Schema soll die erste Dissoziationsstufe EH der wirksamen Gruppe des Enzyms sich mit dem Substrat S zu einem aktivierbaren Komplex ESH vereinigen.

Bei weiterer Vereinfachung geht das durch Gl. (5.638) beschriebene Schema mit $K_{E_2} = K_{ES_2} = 0$ in das Reaktionsschema einer in beiden Zuständen einbasigen Säure über. Wenn mit $\alpha_I$ der erste Dissoziationsgrad des freien Enzyms und mit $\alpha_{II}$ der erste Dissoziationsgrad des an das Substrat gebundenen Enzyms bezeichnet wird, erhält man mit den Symbolen $\Sigma c_E$ für die Summe der Konzentrationen aller Dissoziationsformen des freien Enzyms und $\Sigma c_{ES}$ für die Summe der Konzentrationen des an S gebundenen Enzyms für den quasistationären Zustand die Bedingung

$$\frac{d\,\Sigma\,c_{ES}}{dt} = k_1\alpha_I \cdot c_S\,\Sigma\,c_E$$

$$- (k_{-1} + k_2)\alpha_{II}\,\Sigma\,c_{ES} = 0 \qquad (5.639)$$

bzw.

$$K'_M = \frac{c_S \cdot \Sigma\,c_E}{\Sigma\,c_{ES}} = \frac{(k_{-1} + k_2)\alpha_{II}}{k_1\alpha_I}$$

$$= K_M\,\frac{\alpha_{II}}{\alpha_I} = K_M Q \qquad (5.640)$$

mit $Q = \alpha_{II}/\alpha_I$. Aus den im Abschn. 1.2.5 angegebenen Gleichungen zur Berechnung des ersten Dissoziationsgrades mehrbasiger schwacher Säuren ergibt sich für den Quotienten Q die Beziehung

$$Q = \frac{1 + \dfrac{c_{H^+}}{K_{E_I}} + \dfrac{K_{E_2}}{c_{H^+}}}{1 + \dfrac{c_{H^+}}{K_{ES_1}} + \dfrac{K_{ES_2}}{c_{H^+}}}, \qquad (5.641)$$

und Gl. (5.640) kann in der logarithmischen Form

$$pK'_M = pK_M + pQ \qquad (5.642)$$

angegeben werden. Die Abb. 5.35 gibt den Verlauf der pQ-pH-Kurven für einige vorgegebene Werte der Konstanten $K_{E_1}$ und $K_{ES_1}$ bzw. $K_{E_2}$ und $K_{ES_2}$ wieder. Die Zuordnung dieser Werte zu den in Abb. 5.35 durch Buchstaben gekennzeichneten

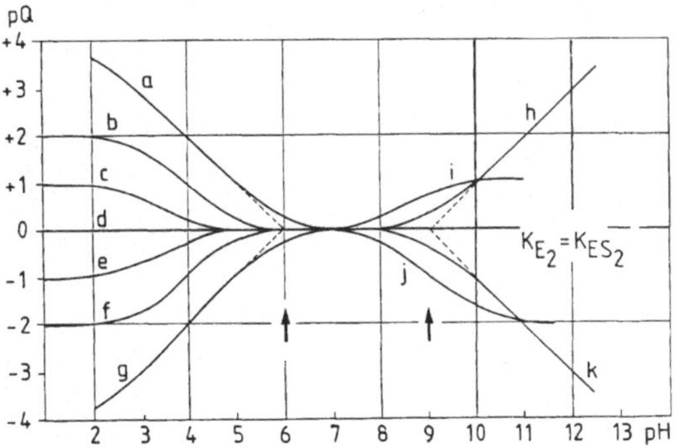



**Abb. 5.35** Gang der Michaelis-Konstanten bei Dissoziationsänderung infolge der ES-Bildung. Verlauf von $pQ = -\log_{10}Q$ nach Gl. (5.641) (nach Netter (1959))

**Tabelle 5.11** Werte der Konstanten $K_{E_1}$ und $K_{ES_1}$ bzw. $K_{E_2}$ und $K_{ES_2}$ zu den in Abb. 5.35 dargestellten Kurven

| Kurve | $K_{E_1}$ | $K_{ES_1}$ |
|---|---|---|
| a | $10^{-2}$ | $10^{-6}$ |
| b | $10^{-3}$ | $10^{-5}$ |
| c | $10^{-3}$ | $10^{-4}$ |
| d | $K_{E_1}$ = | $K_{ES_1}$ |
| e | $10^{-4}$ | $10^{-3}$ |
| f | $10^{-5}$ | $10^{-3}$ |
| g | $10^{-6}$ | $10^{-2}$ |

| Kurve | $K_{E_2}$ | $K_{ES_2}$ |
|---|---|---|
| h | 0 | $10^{-9}$ |
| i | $10^{-9}$ | $10^{-8}$ |
| j | $10^{-8}$ | $10^{-10}$ |
| k | $10^{-9}$ | 0 |

Kurven ist den Angaben der Tabelle 5.11 zu entnehmen.

Für $K_{ES_1} = K_{E_1}$ und $K_{ES_2} = K_{E_2}$ erhält man nach Gl. (5.641) die in Abb. 5.35 mit d bezeichnete Gerade. Dies bedeutet, daß sich $K_M$ mit dem pH-Wert nur ändert, wenn bei der Bildung des Enzym-Substrat-Komplexes auch die Gleichgewichtskonstanten der elektrolytischen Dissoziationsgleichgewichte der wirksamen funktionellen Gruppen eine Veränderung erfahren. Im Bereich niedriger pH-Werte ist der letzte Term im Zähler und im Nenner des Bruches auf der rechten Seite von Gl. (5.641) gegenüber den ersten beiden Termen zu vernachlässigen. Die Abhängigkeit des Quotienten Q von der $H^+$-Ionenkonzentration wird dann im wesentlichen durch das Verhältnis der beiden Konstanten $K_{E_1}$ und $K_{ES_1}$ bestimmt. Wird $K_{E_1}$ bei der Komplexbildung vergrößert ($K_{ES_1} > K_{E_1}$), so ist $c_{H^+}/K_{E_1} > c_{H^+}/K_{ES_1}$, d.h. Q ist größer als 1 und $pQ = -\log_{10}Q$ ist negativ. Der Zähler des Bruches nimmt mit steigenden Werten von $c_{H^+}$ stärker zu als der Nenner, d.h. Q und damit auch $K_M$ wächst mit steigender $H^+$-Ionenkonzentration bzw. mit abnehmendem pH-Wert. Deshalb nimmt pQ bei einer Erhöhung des pH-Wertes zu (vgl. z.B. Kurve g in Abb. 5.35). Im Bereich hoher pH-Werte bestimmt das Verhältnis der beiden Konstanten $K_{E_2}$ und $K_{ES_2}$ die pH-Abhängigkeit des pQ-Wertes. Damit kann auch der Einfluß einer Zunahme von $K_{E_2}$ bei der Komplexbildung auf die pH-Abhängigkeit der scheinbaren

Michaelis-Konstante $K'_M$ erklärt werden. Mit analogen Betrachtungen läßt sich auch der Verlauf aller anderen in Abb. 5.35 wiedergegebenen Kurvenzüge erklären.

Die Untersuchung der pH-Abhängigkeit von $K'_M$ gestattet demnach einen Einblick in das elektrolytische Dissoziationsverhalten der funktionellen Gruppen des aktiven Zentrums, weil die Störung der untersuchten Effekte durch das elektrochemische Gesamtverhalten des Enzymmoleküls im allgemeinen nicht sehr groß ist. Bei derartigen Untersuchungen muß aber stets beachtet werden, daß die Dissoziationskonstanten der funktionellen Gruppen durch den bei der Reaktion wirksam werdenden Aktivierungsvorgang verändert werden können. Es ist grundsätzlich nicht möglich, allein aus der pH-Abhängigkeit von Gleichgewichts-Werten spezielle Vorstellungen über den Reaktionsmechanismus einer enzymatisch katalysierten Reaktion abzuleiten. Bezüglich weiterer Überlegungen zum Problem der pH-Abhängigkeit von Enzymaktivitäten muß hier auf die im Anhang 2 angegebene Spezialliteratur verwiesen werden.

### Aktives Zentrum und Reaktionsmechanismus

In der Einleitung zu diesem Abschnitt ist bereits darauf hingewiesen worden, daß das Vorhandensein einer besonderen, in der Aminosäuresequenz der Proteinstruktur nicht enthaltenen Wirkungsgruppe keine notwendige Voraussetzung für die Enzymaktivität ist, weil das aktive Zentrum vieler Enzyme nur aus einem begrenzten, durch spezifische Aktivität ausgezeichneten Bereich der dreidimensionalen Struktur eines Proteins besteht. Die räumliche Anordnung der funktionellen Gruppen des Proteins ist in diesem Bereich

der Struktur des jeweiligen Substrates nach dem *Prinzip der Komplementarität* angepaßt. Ein charakteristisches Merkmal vieler Substrate ist eine *positionsbestimmende Gruppe*, die eine Erkennung des Substrates durch das Enzym und die richtige Orientierung der zu spaltenden Bindung unter Bildung des aktivierten Komplexes ermöglicht. Bei Untersuchungen über die Substratspezifität der Acetylcholinesterase wurde z.B. festgestellt, daß das Acetylcholin

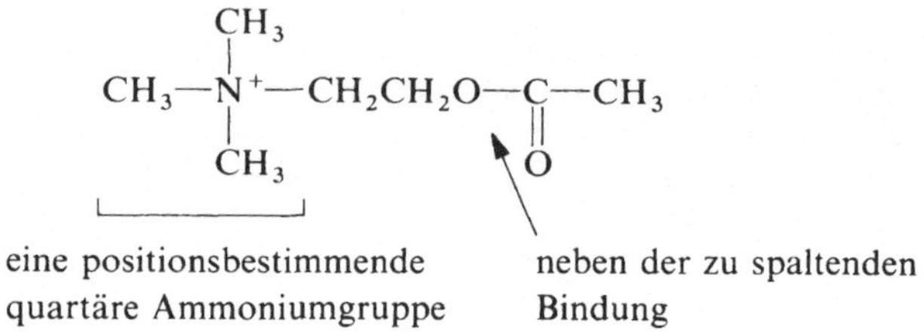

$$CH_3-\overset{\overset{\displaystyle CH_3}{|}}{\underset{\underset{\displaystyle CH_3}{|}}{N^+}}-CH_2CH_2O-\overset{}{\underset{\underset{\displaystyle O}{\|}}{C}}-CH_3$$

eine positionsbestimmende quartäre Ammoniumgruppe

neben der zu spaltenden Bindung

enthält. Diese für die Lagebezeichnung wichtige Gruppe findet sich auch in den kompetitiven Inhibitoren der Acetylcholinesterase. Die Analyse der strukturellen Voraussetzungen für die kompetitive Hemmung hat viele wertvolle Informationen über das aktive Zentrum geliefert, da kompetitive Inhibitoren zwar an das aktive Zentrum gebunden, aber in der Regel nicht umgesetzt werden können. Beim Studium der Wechselwirkung kompetitiver Inhibitoren mit den katalytisch wirksamen funktionellen Gruppen eines Enzyms haben in neuerer Zeit auch NMR-spektroskopische Methoden Anwendung gefunden. Dabei haben sich vor allem aus der pH-Abhängigkeit der chemischen Verschiebung bestimmter NMR-Signale wichtige Aussagen über die Zuordnung protonierbarer Aminosäure-Seitengruppen zum Bereich des aktiven Zentrums ergeben. Eine dieser Seitengruppen ist die Imidazol-Gruppe des Histidins, die mit einem $pK'$-Wert von etwa 6,0 besonders gut geeignet ist, im pH-Bereich biologischer Flüssigkeiten als Protonendonator und als Protonenakzeptor zu wirken. Mit chemischen Methoden gelingt die Identifizierung katalytisch aktiver funktioneller Gruppen in einigen Fällen, wenn diese Gruppen durch geeignete Reagentien kovalent modifiziert werden können. Ein klassisches Beispiel für die kovalente Modifizierung des Histidin-Restes ist die Umsetzung von Ribonuklease mit Jodacetat bei pH 5,5. Dabei werden die Imidazolringe der Histidin-Reste in den Positionen 12 und 119 unter Inaktivierung des Enzyms alkyliert. Auch die Phosphorylierung der Hydroxyl-Gruppen spezieller Serin-Reste mit

$$CH_3 \quad O \quad CH_3$$
$$HC—O—P—O—CH$$
$$CH_3 \quad F \quad CH_3$$

Diisopropylfluorphosphat

unter Freisetzung von HF ist ein Beispiel für die Identifizierung einer katalytisch wirksamen funktionellen Gruppe durch kovalente Modifizierung. Wenn ein phosphoryliertes Enzym partiell hydrolysiert wird, bleibt der Phosphoserin-Rest erhalten und kann bei der analytischen Aufarbeitung des Hydrolysates in einem der Peptidfragmente gefunden werden. Bei der chemischen Analyse phosphorylierter Peptide haben sich bemerkenswerte Ähnlichkeiten in der Aminosäuresequenz für den Bereich des aktiven Zentrums ergeben (vgl. Tabelle 5.12).

Die in Tabelle 5.12 aufgeführten Enzyme werden zusammen mit einigen weiteren Enzymen auch gelegentlich als *Serin-Enzyme* bezeichnet. Zweifellos sind die für die katalytische Aktivität unentbehrlichen funktionellen Gruppen einer chemischen Umsetzung mit Markierungsreagentien viel leichter zugänglich als ähnliche Gruppen des Enzymmoleküls, die nicht direkt an der Katalyse beteiligt sind. Die Reaktion essentieller funktioneller Gruppen mit Reagentien, die dem wirklichen Substrat strukturell ähnlich sind und wie das Substrat spezifisch an das aktive Zentrum gebunden werden, bezeichnet man als *Affinitätsmarkie-*

**Tabelle 5.12** Aminosäuresequenz auf beiden Seiten der aktiven Serin-Reste einiger Enzyme

| Enzym | Aminosäuresequenz (Ausschnitt) | | | | |
|---|---|---|---|---|---|
| Chymotrypsin | – Gly – | Asp – | Ser – | Gly – | Gly – |
| Elastase | – Gly – | Asp – | Ser – | Gly – | |
| Thrombin | – | Asp – | Ser – | Gly – | |
| Trypsin | – Gly – | Asp – | Ser – | Gly – | Pro – |

*rung (affinity labeling)*. Als Beispiel für eine Affinitätsmarkierung sei hier die Reaktion von

N-Tosyl-L-phenylalanylchloromethylketon (TPCK)

mit Chymotrypsin genannt. Dabei wird der Imidazolring von His 57 in der Primärstruktur des Chymotrypsins unter HCl-Freisetzung am N-Atom 3 durch kovalente Bindung der TPCK-Gruppe markiert. Die in der Struktur des TPCK enthaltene Gruppe

ist identisch mit der positionsbestimmenden Gruppe des normalen Substrates.

Die für die spezifische Katalysewirkung wichtigen, in der Einleitung zu diesem Abschnitt bereits erwähnten Faktoren:

1. Bindung der Reaktanden in einer für die Bildung des aktivierbaren Komplexes günstigen Orientierung,
2. Bildung kovalenter Zwischenzustände (*kovalente Katalyse*),
3. durch Protonen-Donoren oder -Akzeptoren vermittelte Säure-Base-Katalyse,
4. Verspannungen im Molekülgerüst des Substrates

sollen nun hier im Zusammenhang mit den Besonderheiten der dreidimensionalen Proteinstruktur noch kurz erläutert und diskutiert werden.

**Zu 1.** *Nachbarschafts- und Orientierungseffekte* sind zweifellos besonders wichtig für die Erhöhung der Reaktionsgeschwindigkeit und für die

Spezifität einer Enzymreaktion. Durch die Bindung des Substrates erhöht sich die effektive Substratkonzentration um einen Faktor $10^5$ gegenüber der Konzentration des Substrates in homogener Lösung. Nach den Gesetzen der Formalkinetik ist daher eine sehr starke Zunahme der Reaktionsgeschwindigkeit zu erwarten. Daß die Umsatzrate bestimmter chemischer Reaktionen durch die Anordnung der umzusetzenden Gruppen in günstigen Nachbarschafts-Positionen des gleichen Molekülgerüstes sehr stark erhöht werden kann, ist von T.C. Bruice und seinen Mitarbeitern durch Modellversuche gezeigt worden. Die Hydrolyse der Monophenylester von Dicarbonsäuren wird nach dem Prinzip der *anchimeren* Unterstützung intramolekular gefördert, wobei die freie Carboxyl-Gruppe als Katalysator wirkt. Je mehr die Freiheit der Carboxyl-Gruppe zur Einnahme verschiedener Orientierungen in Bezug auf die Ester-Gruppe eingeschränkt wird, desto mehr erhöht sich ihre katalytische Wirksamkeit. Einige Beispiele für den Einfluß dieses Nachbarschafts-Effektes sind in der Tabelle 5.13 zusammengestellt.

Sicher spielt neben dem einfachen Nachbarschaftseffekt auch der *sterische Effekt* einer möglichst günstigen Ausrichtung der zur Reaktion zu bringenden Molekülgruppen eine Rolle. Wenn man die im Abschn. 1.1.4 kurz erläuterte Richtungsabhängigkeit der relativen Elektronendichte und die räumliche Orientierung bestimmter Orbitale bei der Diskussion von Reaktionsmechanismen in den Vordergrund der Betrachtung stellt, kann man sich vorstellen, daß eine „optimale Überlappung" der für die Umsetzung wichtigen Molekül-Orbitale den Reaktionsablauf stark begünstigt. Auf dieser Vorstellung beruht die von D.R. Storm und D.E. Koshland Jr. postulierte Hypothese des *orbital steering*, wonach für den optimalen Ablauf einer enzymatisch katalysierten Reaktion nicht nur eine günstige Nachbarschaftsanordnung der Reaktanden, sondern auch eine möglichst weitgehende Überlappung der Reaktanden-Orbitale bzw. eine *Orbitalausrichtung* erforderlich ist.

**Zu 2.** Viele Enzyme bilden kovalente *Enzym-Substrat-Intermediate*. So läuft z.B. die durch Chymotrypsin katalysierte Hydrolyse von p-Nitro-

**Tabelle 5.13** Einfluß der „Nachbarschaft" einer katalytisch wirksamen Gruppe auf die relative Umsatzrate der Esterhydrolyse. R ist eine p-Bromphenyl-Gruppe

| Ester | Relative Raten der Esterhydrolyse |
|---|---|
| 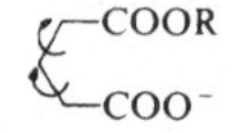 COOR / COO⁻ | 1.0 |
| 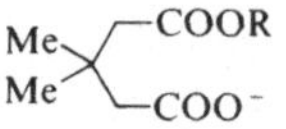 Me, Me — COOR / COO⁻ | 20 |
| 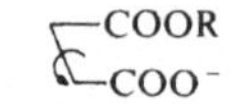 COOR / COO⁻ | 230 |
| 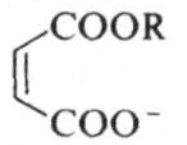 COOR / COO⁻ | 10000 |
| 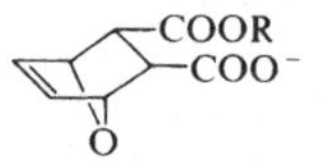 COOR / COO⁻ | 53000 |

(nach T.C. Bruice, S.J. Benkovic (1966))

phenylacetat in den zwei Schritten

p-Nitrophenylacetat + Chymotrypsin

$\rightarrow$ p-Nitrophenol + Acetyl-Chymotrypsin

Acetyl-Chymotrypsin + $H_2O$

$\rightarrow$ Acetat + Chymotrypsin

ab. Das Acetyl-Chymotrypsin-Intermediat ist bei niedrigen pH-Werten hinreichend stabil und kann isoliert werden. Enzyme, die über ein kovalentes Enzym-Substrat-Intermediat wirken, werden nach der Art der mit dem Substrat reagierenden Aminosäure-Seitengruppen klassifiziert. Zu den Histidin-Enzymen gehören z.B. phosphatübertragende Enzyme wie die Succinyl-CoA-Synthetase. Bei diesen Enzymen wird die Imidazol-Gruppe eines bestimmten Histidin-Restes des Enzyms phosphoryliert. Viele Enzyme mit intermediären kovalenten Bindungszuständen zeigen bei kinetischen Messungen die charakteristischen formalkinetischen Merkmale der in diesem Abschnitt beschriebenen Enzymreaktionen mit Ping-Pong-Mechanismus. Nach den Prinzipien chemischer

Reaktionsmechanismen involviert das wichtigste Reaktionsmuster der kovalenten Katalyse den „Angriff" einer nucleophilen Gruppe des Katalysators auf ein elektrophiles C-Atom des Substratmoleküls. Die Enzymmoleküle enthalten mit der Imidazol-Gruppe des Histidins, der Hydroxyl-Gruppe des Serins und der Sulfhydryl-Gruppe des Cysteins mindestens drei Sorten von nucleophilen Gruppen, die für eine kovalente Katalyse in Frage kommen. Auch viele Coenzyme besitzen nucleophile Zentren.

Durch die nucleophile Gruppe des Katalysators wird die Übertragung einer Acyl-Gruppe katalysiert. Dabei fungiert das Acyl-Derivat des Katalysators als Zwischenprodukt. Die Acyl-Gruppe wird von dem Zwischenprodukt auf den endgültigen Akzeptor (einen Alkohol oder $H_2O$) übertragen. Ein positiver katalytischer Effekt ist nur dann zu erwarten, wenn das Substrat mit dem Katalysator schneller als mit dem endgültigen Acyl-Gruppen-Akzeptor reagiert und auch die Übertragung der Acylgruppe vom Zwischenprodukt auf den endgültigen Akzeptor entsprechend schnell abläuft. Wenn diese Voraussetzungen erfüllt sind, ergibt sich aus dem „Kurzschluß" des nicht katalytisch begünstigten Reaktionsweges durch die beiden aufeinander folgenden Teilschritte der katalysierten Reaktion eine Erniedrigung der Aktivierungsenergie des Gruppenübertragungsprozesses.

**Zu 3.** Bei der *Säure-Base-Katalyse* unterscheidet man zwischen der spezifischen und der allgemeinen Katalyse. Die Zunahme der Reaktionsgeschwindigkeit wird bei der spezifischen Säure-Base-Katalyse ausschließlich durch eine Erhöhung der $H^+$-bzw. $OH^-$-Ionenkonzentration verursacht. Dieser Typ einer Säure-Base-Katalyse kommt bei biochemischen Umsetzungen nur selten vor. Wesentlich wichtiger ist die allgemeine Säure-Base-Katalyse, bei der die Erhöhung der Umsatzrate der Konzentration vorhandener Protonen-Donoren oder -Akzeptoren proportional ist. Die Enzymmoleküle verfügen z. B. mit den phenolischen Hydroxyl-Gruppen, den Amino-Gruppen, den Sulfhydryl-Gruppen, den Carboxyl-Gruppen und den Imidazol-Gruppen über funktionelle Gruppen, die als Protonen-Donoren oder -Akzeptoren wirksam

werden können. Die Geschwindigkeit einer Protonenübertragungsreaktion wird signifikant vermindert, wenn der Prozess in schwerem Wasser abläuft. Demnach sollte der Schritt der Protonierung geschwindigkeitsbestimmend sein, denn das Deuterium-Ion reagiert wesentlich langsamer als das Proton mit einer bestimmten Base. In manchen Fällen ist sowohl eine Säure wie auch eine Base als Katalysator an einer *konzertierten Protonenübertragung* beteiligt. Bei der allgemeinen Säure-Base-Katalyse hängt der katalytische Effekt sowohl vom pK'-Wert des jeweiligen Protonen-Donors oder -Akzeptors als auch von der Geschwindigkeit ab, mit der die sauren oder basischen Gruppen die Protonen abgeben bzw. aufnehmen können. Auf den besonders günstigen pK'-Wert der Imidazol-Gruppe des Histidins ist bereits hingewiesen worden. Die Imidazolgruppe ist auch hinsichtlich der Geschwindigkeit der Protonenübertragung besonders effektiv. Die Histidin-Seitengruppe ist ein „schneller" Protonen-Donor bzw. -Akzeptor. Die allgemeine Säure-Base-Katalyse bietet eine Möglichkeit zur Erhöhung der Umsatzrate bei neutralem pH, bei dem die Konzentrationen an $H^+$- und $OH^-$-Ionen sehr gering sind. Dadurch werden Reaktionen möglich, die ohne Katalyse nur bei sehr hohen $H^+$- oder $OH^-$-Ionenkonzentrationen ablaufen würden (Beispiel: Hydrolyse von Peptidbindungen).

**Zu 4.** *Die Beziehung zwischen der Konformation des Enzyms und der katalytischen Aktivität (Deformationseffekte).* Im Zusammenhang mit der Vorstellung, daß das Substrat bei der Bindung an das Enzym eine gewisse Verspannung seines Molekülgerüstes erfährt und die Tertiär-Struktur des Enzymproteins bei der Bildung des aktivierbaren Komplexes deformiert wird, verdient die Tatsache Beachtung, daß das Enzym-Molekül in seiner Größe das Substrat-Molekül oder dessen angreifbare Strukturbestandteile um ein Vielfaches übertrifft. Offensichtlich ist eine ausgedehnte makromolekulare Struktur des Enzymproteins erforderlich, um eine hinreichende Flexibilität des Molekülgerüstes bei der Einpassung des Substratmoleküls zu gewährleisten. Es ist bemerkenswert, daß kleinere Veränderungen des Systems der kovalenten Bindungen in der Primärstruktur nicht in allen Fällen eine Inaktivierung des Enzyms zur Folge haben. Das aus 124 Aminosäure-Resten aufgebaute Enzymprotein Ribonuklease kann mit der Protease Subtilisin zwischen dem 20. und dem 21. Aminosäure-Rest gespalten werden. Das als S-Protein bezeichnete lange Fragment enthält den für die katalytische Funktion essentiellen Histidin-Rest 119, während der ebenfalls für die katalytische Funktion wichtige Histidin-Rest 12 in dem als S-Peptid bezeichneten kurzen Fragment enthalten ist. Obwohl nach einer Vermischung bei pH 7,0 die kovalente Bindung zwischen den beiden Fragmenten nicht wiederhergestellt worden ist, ist die durch molekulare Wechselwirkungen rekonstituierte Tertiär-Struktur der gesamten Proteineinheit katalytisch aktiv. Offensichtlich wird das S-Peptid durch Wasserstoffbrücken-Bindungen und hydrophobe Wechselwirkungen so an das S-Protein gebunden, daß die beiden essentiellen Histidin-Reste im aktiven Zentrum zusammenkommen, obwohl die Polypeptid-Kette des Proteins an einer Stelle unterbrochen ist.

Auch die bereits erwähnte Aktivierung des Chymotrypsinogens zum α-Chymotrypsin liefert ein Beispiel dafür, daß die Verknüpfung mehrerer Protein-Ketten für die enzymatische Aktivität eines Proteins entscheidend sein kann. Bei der Aktivierung wird das Chymotrypsinogen durch enzymatische Hydrolyse von Peptid-Bindungen unter Elimination von zwei Dipeptiden in das aktive α-Chymotrypsin umgewandelt. Das gebildete aktive Chymotrypsin besteht aus drei Polypeptid-Ketten, die durch zwei Disulfidbrücken zusammengehalten werden. Die für die katalytische Aktivität essentiellen Reste Histidin 57 und Serin 195 sind in zwei verschiedenen Polypeptid-Ketten enthalten. Trotzdem liegen diese beiden essentiellen Aminosäure-Reste in der Konformation des nativen Enzyms sehr dicht beieinander (vgl. Abb. 5.36).

Tatsächlich verändern viele Enzyme während des katalytischen Zyklus ihre Konformation. Diese Konformationsänderung konnte mit chiroptischen Methoden nachgewiesen werden. Auch die Röntgenstruktur-Analyse hat gezeigt, daß sich z. B. die Konformation der freien Carboxypeptidase signifikant von der Konformation

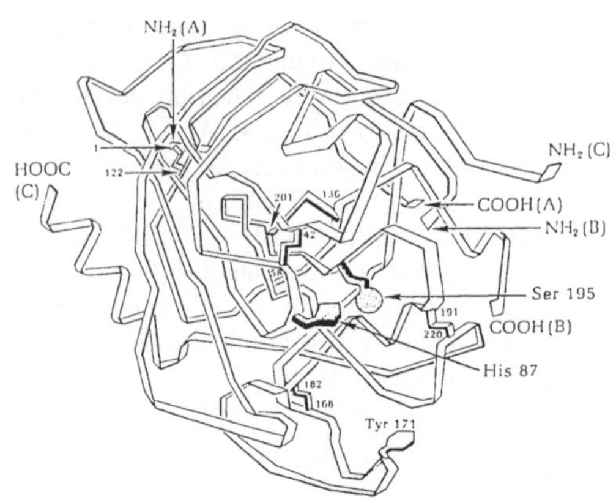


**Abb. 5.36** Dreidimensionales Modell der Polypeptid-Kette von Chymotrypsin. A, B und C bezeichnen die drei Polypeptid-Ketten der durch Disulfid-Brücken verknüpften Untereinheiten (nach B. W. Matthews et al. (1967))

des mit einem „langsamen" Substrat gesättigten Enzyms unterscheidet. Es muß angenommen werden, daß das freie Enzym weder zur Struktur des ungebundenen Substrates noch zur Struktur der Produkte genau paßt, sondern nur zur Molekülstruktur des aktivierten Komplexes. Diese Vorstellung wird durch die Tatsache gestützt, daß bestimmte Enzyme signifikant durch Verbindungen gehemmt werden, deren Struktur der Struktur des aktivierten Komplexes ähnlich ist. Aus den erwähnten Befunden hat sich die Vorstellung entwickelt, daß die essentiellen funktionellen Gruppen im aktiven Zentrum des freien Enzyms nicht in einer für die katalytische Wirksamkeit optimalen Position sind, wenn das aktive Zentrum nicht besetzt ist. Durch die Bindung des Substrates wird das Enzym in eine Konformation gezwungen, in der die katalytischen Gruppen eine für die Bildung des Übergangszustandes günstige geometrische Position einnehmen. Diese Vorstellung entspricht der von Koshland postulierten induced-fit-Hypothese. Das Enzym-Molekül ist in der aktiven Konformation instabil und versucht in seine freie Form ohne Substrat zurückzukehren. Ein Substrat, das nur mit geringer Affinität an das aktive Zentrum gebunden wird, ist weniger geeignet, die Struktur des Enzym-Moleküls aktivierend zu verändern, da es nicht die richtigen sterischen Eigenschaften hat. Dies erklärt die Beobachtung, daß viele Enzyme kleinere Homologe ihrer normalen Substrate nicht umsetzen können. Durch Substrat-Bindung induzierte Konformationsänderungen spielen sicher eine signifikante Rolle bei der Erhöhung der Enzymaktivität. Wahrscheinlich werden Enzym und Substrat bei der Substrat-Bindung deformiert. Durch diese Deformation der Molekül-Strukturen wird das Erreichen des Übergangszustandes erleichtert.

Das Ausmaß des Einflusses der vorstehend diskutierten vier Faktoren ist unterschiedlich groß. Im Endeffekt wirkt sich eine Kombination der unter 1 und 4 diskutierten Einflüsse von Nachbarschafts-Orientierungseffekten mit einem Faktor $10^8$ beschleunigend auf den Reaktionsablauf aus. Die unter 2 und 3 diskutierten Effekte der kovalenten Katalyse und der Säure-Base-Katalyse tragen dagegen insgesamt nur mit einem Faktor $10^3$ zur Erhöhung der Umsatzraten bei. Eine eindeutige und willkürfreie Aufteilung des gesamten katalytischen Effektes in Beiträge von Effekten, die auf den Einfluß eines der unter 1 bis 4 genannten Faktoren zurückzuführen sind, ist jedoch nicht möglich. Dies zeigt sich deutlich am Beispiel des im folgenden beschriebenen Reaktionsmechanismus für die Wirkung des Chymotrypsins auf ein Dipeptid.Die verschiedenen Effekte (nucleophiler Angriff der Hydroxyl-Gruppe von Ser 195, Säure-Base-Katalyse durch die Imidazol-Gruppe von His 57) können nur in ihrer Kopplung wirksam werden. Deshalb kann der durch diese Kopplung bewirkte Effekt nicht als eine Summe von Beiträgen getrennter Einzeleffekte dargestellt werden.

Neben den genannten vier Faktoren wirken sich auch die dielektrischen Eigenschaften des Mediums in der unmittelbaren Umgebung eines Substrates auf die Geschwindigkeit der Substratumsetzung aus. Aus Strukturanalysen hat sich z. B. ergeben, daß die Eigenschaften der „inneren Oberfläche" des Enzyms Pyruvat-Decarboxylase im Bereich des aktiven Zentrums überwiegend durch unpolare Aminosäure-Seitenketten bestimmt werden. Die Wirkung der Pyruvat-Decarboxylase ist abhängig von der Gegenwart des Coenzyms Thiaminpyrophosphat. Das aus Pyruvat und einem Analogen des Thiaminpyrophosphates gebildete Addukt wird in unpolaren organischen Lösungsmitteln etwa $10^4$ mal schneller decarboxyliert als in Wasser. Offensichtlich wird die Umsetzung des Substrates durch das Einbringen in eine unpolare Umgebung sehr stark katalytisch begünstigt. Ähnliches gilt für die Wechselwirkung der beiden Untereinheiten des Enzyms Glutathion-Reduktase mit dem Substrat, mit *Flavinadenindinucleotid* (FAD) und mit *Nicotinamidadenindinucleotidphosphat* (NADP). Es ist bemerkenswert, daß sowohl FAD als auch NADP bzw. dessen reduzierte Form, das NADPH in der kanalähnlichen Struktur des funktionellen Bereiches der Proteinstruktur in einer gestreckten Konformation gebunden werden. Durch diese spezielle Anordnung der Reaktanden im Bereich des aktiven Zentrums wird die Übertragung von Reduktionsäquivalenten wesentlich erleichtert.

Im Abschn. 5.3.1 ist ausdrücklich darauf hingewiesen worden, daß alle Versuche, den zeitlichen Ablauf einer chemischen Reaktion durch ein mechanistisches Reaktionsschema zu erklären, nur Modellcharakter haben können. Es gibt aber wohl nur wenige Fachgebiete der Naturwissenschaften, in denen eine sinnvolle Interpretation kinetischer Meßdaten durch ein mechanistisches Modell so naheliegend erscheint, wie in der Biochemie. Tatsächlich lassen sich trotz der rigorosen Vereinfachungen, die mit der Erstellung eines mechanistischen Schemas zwangsläufig verbunden sind, durch einen sequentiellen Reaktionsmechanismus viele experimentelle Befunde erklären, die sonst unverständlich bleiben würden. Deshalb soll hier ein für den Ablauf der besonders gut untersuchten Peptid-Spaltung durch Chymotrypsin vorgeschlagener Mechanismus als Beispiel vorgestellt und diskutiert werden. Dabei wird das Enzymprotein vereinfachend als rechteckiges Schema mit den kovalenten Bindungen der funktionell wichtigen Aminosäure-Seitengruppen von His 57 und Ser 195 dargestellt.

**Dipeptidsubstrat**

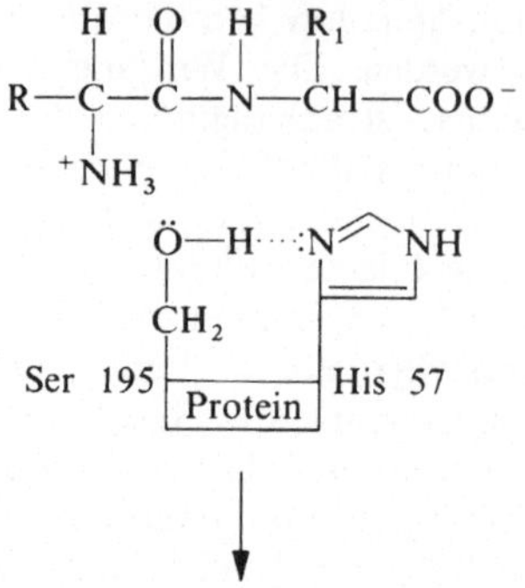

$$R-\underset{\overset{|}{+NH_3}}{\overset{\overset{H}{|}}{C}}-\overset{\overset{O}{\parallel}}{C}-\underset{}{\overset{\overset{H}{|}}{N}}-\overset{\overset{R_1}{|}}{CH}-COO^-$$

Ö—H·····:N⟋NH

CH₂

Ser 195 ⎢ Protein ⎢ His 57

Im freien Chymotrypsin-Molekül bildet die Hydroxyl-Gruppe von Ser 195 eine Wasserstoffbrücke zum Imidazol-Stickstoff von His 57 aus.

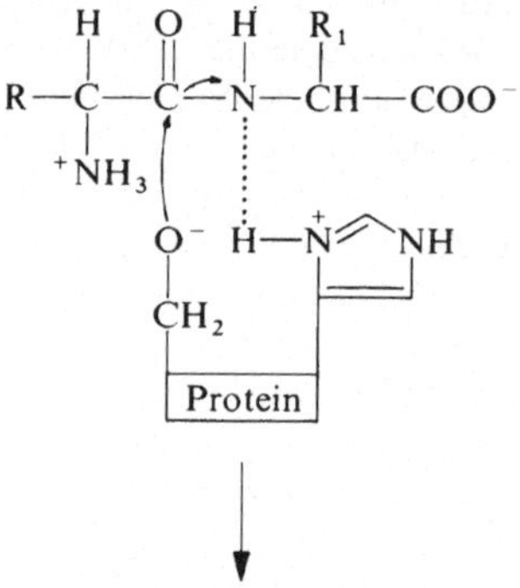

$$R-\underset{\overset{|}{+NH_3}}{\overset{\overset{H}{|}}{C}}-\overset{\overset{O}{\parallel}}{C}-\underset{}{\overset{\overset{H}{|}}{N}}-\overset{\overset{R_1}{|}}{CH}-COO^-$$

O⁻   H—N⁺⟋NH

CH₂

Protein

Durch schnelle Protonen-Übertragung wird eine Wasserstoffbrückenbindung zwischen dem Imidazolring von His 57 und dem Dipeptid-Substrat gebildet. Damit wird das Carboxyl-Kohlenstoff-Atom des Substrates in die richtige Lage für den nucleophilen Angriff des Serin-Sauerstoffes gebracht.

**Produkt 1**

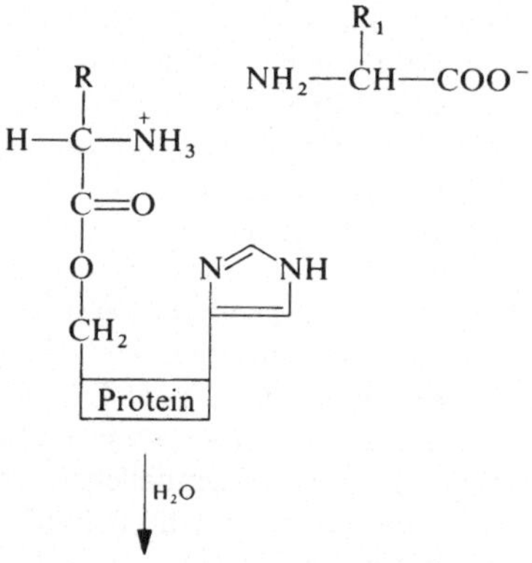

$$\underset{\overset{|}{\underset{\overset{|}{O}}{C=O}}}{H-\underset{\overset{|}{+NH_3}}{\overset{\overset{R}{|}}{C}}}$$

$$NH_2-\overset{\overset{R_1}{|}}{CH}-COO^-$$

O

CH₂

N⟋NH

Protein

Bei der Bildung des Acylchymotrypsins wird die Aminoacyl-Gruppe als Produkt 1 freigesetzt. Die freigesetzte Gruppe ist die C-terminale Aminosäure des Substrates.

$\downarrow$ H₂O

**Produkt 2**

$$H-\underset{\overset{|}{COOH}}{\overset{\overset{R}{|}}{C}}-\overset{+}{N}H_3$$

Ö—H·····:N⟋NH

CH₂

Ser 195 ⎢ Protein ⎢ His 57

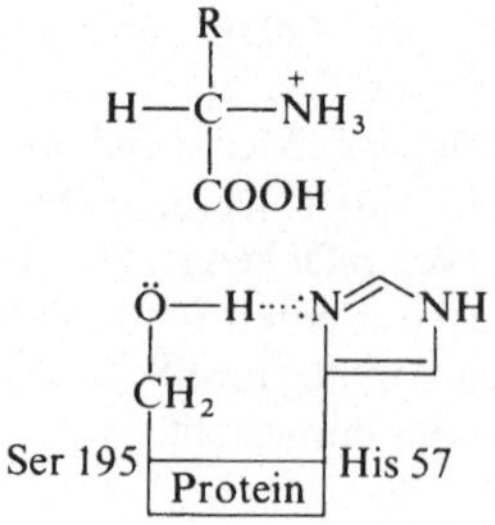

Wasser verdrängt als zweites Substrat unter Rückbildung des freien Enzyms die Acyl-Gruppe als Produkt 2 aus ihrer kovalenten Bindung am Ser 195.

Es ist bemerkenswert, daß die katalytische Wirkung der Enzyme Glycerinaldehyd-3-phosphat-Dehydrogenase und Papain mit einem analogen Mechanismus erklärt werden kann. Ohne Berücksichtigung der Faktoren Nachbarschaft, Orientierung und Deformation läßt sich allerdings die hohe katalytische Rate der vom Chymotrypsin katalysierten Hydrolyse-Reaktion mit dem beschriebenen Mechanismus nicht befriedigend erklären.

### Enzyme unter extremen physikalischen Bedingungen (*Barophilie, Thermophilie, Psychrophilie, Halophilie und Acidophilie*)

Lebende Organismen können ihre lebensnotwendige Stoffwechselaktivität jeweils nur innerhalb der durch ihre Individualität bestimmten engen Grenzen der Variation von Druck, Temperatur, pH-Wert, Feuchtigkeit, Nährstoff- und Ionen-Konzentration aufrechterhalten. Diese Feststellung steht nicht im Widerspruch zu der Tatsache, daß zahlreiche einfache Mikroorganismen unter extremen Bedingungen, d.h. bei hohen Temperaturen in heißen Quellen, bei hohen Ionenkonzentrationen in Salzseen, unter erhöhtem Druck in der Tiefe des Meeres (z.B. im Philippinen-Graben) und in Gletscher-Regionen bei tiefen Temperaturen existieren können und ihr Stoffwechselsystem an diese extremen Bedingungen angepaßt haben. Nachdem diese unter extremen Bedingungen lebensfähigen und zur Erhaltung ihrer Existenz auf diese Bedingungen angewiesenen Organismen zunächst nur als biologische Kuriositäten betrachtet worden sind, hat sich in neuerer Zeit ein ausgeprägtes Interesse an der Erforschung dieser Lebewesen entwickelt, da man erkannt hat, daß sie als Modelle für das Studium des Lebens unter außerirdischen Bedingungen und der Anfangsstadien einer Evolution dienen können. Angesichts der hohen Empfindlichkeit nativer Proteinstrukturen gegen Änderungen der Temperatur, des Druckes, des pH-Wertes und der Ionenkonzentrationen ist es erstaunlich, daß lebende Organismen unter den genannten extremen Bedingungen überhaupt existieren können. In der Tat ist die Frage, weshalb eine bestimmte Aminosäuresequenz ein Protein zur Thermostabilität befähigt, wobei eine geringfügige Änderung der Primär-

struktur diese Stabilität erheblich beeinträchtigt, bis heute nicht beantwortet. Es haben sich aber bei der Untersuchung von Enzymproteinen unter extremen Bedingungen bereits einige bemerkenswerte Gesichtspunkte ergeben, die im folgenden kurz zusammenfassend dargestellt werden sollen.

Die Tatsache, daß ein hoher Druck die räumliche Struktur eines Proteins beeinflußt, wird verständlich, wenn man beachtet, daß die Gleichgewichtskonstanten für die kooperativen Konformationsumwandlungen von Biopolymeren (vgl. Abschn. 4.2.4) nicht nur von der Temperatur, sondern auch vom Druck abhängig sind. Aus der Gleichung

$$RT \ln K_c' = -\Delta_R G' \qquad (5.117)$$

und der zu Gl. (5.144) analogen Beziehung

$$\left(\frac{\partial \Delta_R G'}{\partial p}\right)_T = \Delta_R \bar{V} \qquad (5.643)$$

ergibt sich die Gleichung

$$\left(\frac{\partial \ln K_c'}{\partial p}\right)_T = -\frac{\Delta_R \bar{V}}{RT}. \qquad (5.644)$$

In dieser Gleichung stellt $\Delta_R \bar{V}$ das sogenannte Reaktionsvolumen, d.h. die Differenz der Summen der (partiellen) Molvolumina der Endprodukte und der Ausgangsstoffe einer Umsetzung dar. Nach Gl. (5.644) wirkt sich eine Druckänderung um so stärker auf das Konformationsgleichgewicht zweier Proteinzustände aus, je mehr sich die beiden Zustände in ihrem partiellen Molvolumen und damit in ihrer effektiven „Packungsdichte" unterscheiden. Dabei hat man die Volumenänderung des Gesamtsystems, also auch die des Lösungsmittels zu betrachten. Entsprechendes gilt für die Druckabhängigkeit der Geschwindigkeitskonstanten einer Reaktion. In Analogie zur Aktivierungsenthalpie $\Delta H^{\ddagger}$ wird die molare Volumendifferenz des Übergangszustandes und des Ausgangszustandes als *Aktivierungsvolumen* $\Delta V^{\ddagger}$ bezeichnet, und man erhält damit die Beziehung

$$\left(\frac{\partial \ln k}{\partial p}\right)_T = -\frac{\Delta V^{\ddagger}}{RT}. \qquad (5.645)$$

Da der aktivierte Übergangszustand als aufgelockertes Strukturelement oft ein größeres Volumen als der Ausgangszustand beansprucht ($\Delta V^{\ddagger} > 0$), ergibt sich nach Gl. (5.645) eine Abnahme der Geschwindigkeitskonstante mit zunehmendem Druck. Tatsächlich wird oft eine Inaktivierung von Enzymen unter erhöhtem Druck beobachtet. Insgesamt stellt die Druckabhängigkeit der Enzymaktivität jedoch ein komplexes Problem dar, weil die in Gl. (5.645) bzw. Gl. (5.644) einzusetzenden Volumenänderungen nicht nur durch Veränderungen der Sekundär- und Tertiärstruktur, sondern auch durch die bei einer Dissoziation der Quartärstruktur auftretenden Änderungen des Solvatationszustandes verursacht werden. Man beobachtet daher in einigen Fällen eine Stabilitätserhöhung der Enzymproteine unter erhöhtem Druck, in anderen Fällen dagegen eine Denaturierung und Inaktivierung bei hohen Drücken. Bekannte Beispiele für eine druckinduzierte Veränderung der Enzymeigenschaften sind die Luciferin-Luciferase- Reaktion und bestimmte Enzyme aus Bacillus stearothermophilus, die durch erhöhten Druck bis zu Temperaturen in der Nähe des Siedepunktes von Wasser stabilisiert werden können. Organismen, die unter erhöhtem Druck existieren können, werden als *barophil* bezeichnet. Bis jetzt gibt es noch keine eindeutigen Vorstellungen darüber, wie sich die Anpassung dieser Organismen an die Bedingungen des Lebens unter erhöhtem Druck vollzogen hat. Das partielle Molvolumen des Lösungsmittels Wasser wird durch verschiedene Prozesse unterschiedlich stark beeinflußt. So ist z.B. die Neutralisationsreaktion mit einer relativ großen Volumenänderung verbunden, während bei der Helix-Bildung mancher Proteine in Wasser nur sehr kleine Volumeneffekte zu beobachten sind. Bemerkenswert große Volumeneffekte treten dagegen bei der Aggregation multimerer Proteine (self assembly) und bei der Denaturierung nativer oligomerer Proteine auf. Das Einbringen hydrophober Gruppen in ein wäßriges System ist in der Regel mit einer Volumenverminderung verbunden.

Daß die native Struktur von Proteinen durch Temperaturänderungen wesentlich beeinflußt wird, ist bekannt. Die thermisch induzierte Denaturierung der Sekundärstruktur von Biopolymeren ist auch bereits im Abschn. 4.2.4 (Denaturierung, Konformationsumwandlung und Koope-

rativität) ausführlich diskutiert worden. Organismen, die bei erhöhten Temperaturen existieren können, werden als *thermophil*, solche, die bei normalen Temperaturen im Existenzbereich der meisten Organismen vorkommen, werden als *mesophil* bezeichnet. Es gibt auch Mikroorganismen, die bei Temperaturen unterhalb des Existenzbereiches der mesophilen Organismen existieren können. Diese nennt man *psychrophile* Organismen. Die Einteilung der Temperaturintervalle, denen die Existenzbereiche der genannten Organismen zuzuordnen sind, erfolgt in der Regel nach folgendem Schema:

1. Der Existenzbereich thermophiler Organismen erstreckt sich von 40 °C bis 100 °C.
2. Das der Lebensfähigkeit normaler mesophiler Organismen angepaßte Temperaturintervall überstreicht den Bereich von 25 °C bis 40 °C.
3. Psychrophile Organismen haben ihre optimale Wachstumstemperatur in der Regel bei etwa 15 °C; der Temperaturbereich, in dem sie existenzfähig sind, erstreckt sich in der Regel von 0 °C bis zu 20 °C.

Die relative Stabilität eines Proteins gegen Temperaturänderungen läßt sich an dem Temperaturverlauf der freien Enthalpie $\Delta G$ der Denaturierung ablesen. Die Abb. 5.37 zeigt schematisch den Temperaturverlauf der freien Denaturierungsenthalpie für Enzyme thermophiler und

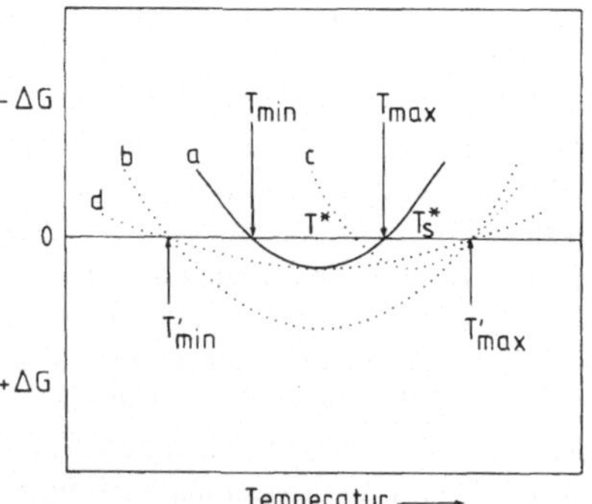


**Abb. 5.37** Temperaturprofil der freien Denaturierungsenthalpie von Enzymproteinen mesophiler Organismen (Kurve a) und thermophiler Organismen (Kurven b, c und d) (nach R. Jaenicke (1981))

mesophiler Organismen. Offensichtlich gibt es drei Möglichkeiten, die Thermostabilität eines Proteins zu erhöhen. Das Temperaturprofil der freien Denaturierungsenthalpie kann z. B. in den Bereich negativer $\Delta G$-Werte verschoben werden (Kurve b in Abb. 5.37). Auch eine Verschiebung des Stabilitätsmaximums zu höheren Temperaturen ($T^* \rightarrow T_s^*$) bewirkt eine Verbesserung der Thermostabilität (Kurve c in Abb. 5.37). Schließlich kann der Stabilitätsbereich des Proteins, der sich von der jeweiligen Temperatur $T_{min}$ bis zur Temperatur $T_{max}$ erstreckt, auch dadurch erweitert werden, daß die durch Kurve a zum Ausdruck gebrachte ausgeprägte Temperaturabhängigkeit von $\Delta G$ abgeschwächt wird (Abflachung von Kurve a unter Übergang in die Kurve d in Abb. 5.37). Ein Vergleich experimenteller Daten mit den genannten Kurventypen zeigt, daß bei Proteinen aus thermophilen Organismen meistens der 3. Mechanismus (Kurve d) zur Erhaltung der Thermostabilität wirksam wird. Im Zusammenhang mit dem Einfluß der Temperatur auf die Stabilität der Enzymproteine sind folgende vier Effekte zu diskutieren.
1. Die bereits erwähnte *Thermophilie*.
2. Die ebenfalls bereits genannte *Psychrophilie*.
3. Die *Temperaturempfindlichkeit* von Enzymproteinen bzw. Mikroorganismen.
4. Die sogenannte *Cryoenzymologie* als spezielle Methode.

Obwohl bereits mehrere Versuche einer Zuordnung strukturstabilisierender Effekte zu bestimmten Aminosäure-Resten der Proteinstruktur unternommen worden sind, hat sich noch kein völlig einheitliches Bild von den Ursachen der *Thermostabilität* ergeben. Es hat sich gezeigt, daß sich der gesamte Stoffwechsel thermophiler Organismen nicht wesentlich vom Stoffwechsel einfacher mesophiler Organismen unterscheidet. Ein geeignetes Mittel zur Aufklärung der Ursachen der Thermostabilität ist der Vergleich der Aminosäure-Sequenzen verschiedener unterschiedlich thermostabiler Proteine. Bereits Perutz konnte 1975 zeigen, daß eine erhöhte Thermostabilität verschiedener oligomerer Proteine auf eine Zunahme in der Zahl der Salz-Brücken zwischen den Proteinuntereinheiten zurückzuführen ist. In

neuerer Zeit ist versucht worden, durch eine detaillierte statistische Analyse zu Aussagen über typische Sequenzeffekte der Thermostabilität und besonders zur Stabilität beitragende Aminosäure-Reste zu gelangen. Das Ergebnis dieser Untersuchungen läßt sich kurz in folgenden Punkten zusammenfassen:
1. Eine geringfügige mutationsbedingte Änderung der Primärstruktur reicht völlig aus, um die Eigenschaften eines Proteins hinsichtlich seiner Thermostabilität völlig zu verändern.
2. Die Thermostabilität wird größtenteils durch das Zusammenwirken vieler kleiner stabilitätsfördernder Effekte an zahlreichen unterschiedlichen Stellen des Makromoleküls erreicht.
3. Wesentliche Beiträge zur Thermostabilität sind auf die Stabilisierung von $\alpha$-Helices (z. B. Ser $\rightarrow$ Ala, Asp $\rightarrow$ Glu, Val $\rightarrow$ Ala) zurückzuführen. Der stabilisierende Beitrag der Faltblattstrukturen ist nur von untergeordneter Bedeutung.
4. Hydrophobe Wechselwirkungen liefern nicht den größten Beitrag zur Stabilisierung gegen Temperaturänderungen.
5. Eine gewisse Tendenz zu verringerter Seitenketten-Flexibilität ist bei zunehmender Thermostabilität erkennbar.
6. Signifikante Ergebnisse für den Beitrag der Aminosäuren Cystein und Tryptophan sind nicht erkennbar, da diese beiden Aminosäuren in den untersuchten Proteinen nicht häufig genug vorkommen.

Es ist bemerkenswert, daß es gelungen ist, verschiedene Aminosäure-Reste (Arg, Glu, His, Lys) als besonders günstig für die Ausbildung thermostabiler Strukturen zu charakterisieren.

Die Ursachen der *Psychrophilie* sind ebenfalls noch weitgehend ungeklärt. Das Phänomen der Psychrophilie ist deshalb besonders interessant, weil aus der Sicht der in wärmeren Zonen Lebenden meist nicht beachtet wird, daß der bei weitem größere Teil der gesamten Biosphäre ständig kälter als 5 °C ist. Als bekanntes Beispiel für einen psychrophilen Organismus sei hier nur Candida gelida genannt. Es entspricht dem Prinzip optimaler Wirtschaftlichkeit in der Natur, daß die verringerte Stoffwechselrate bei tieferen Temperaturen einem entsprechend langsamen Wachstum angepaßt ist.

Die Temperaturempfindlichkeit der Proteinstrukturen und der Enzymaktivitäten äußert sich z. B. in der Kälte-Inaktivierung und in der Reduktion der Stoffwechselraten beim Winterschlaf. Nicht nur die Sekundär- und Tertiärstrukturen, sondern auch die Quartärstrukturen oligomerer Proteine reagieren empfindlich auf Temperaturänderungen. Es ist bekannt, daß auch das im Zusammenhang mit der allosterischen Modulation erwähnte $R \rightleftharpoons T$-Gleichgewicht eine ausgeprägte Temperaturabhängigkeit zeigt. Die Kälte-Inaktivierung von Enzymen kann auf die Abschwächung hydrophober Wechselwirkungen bei Temperaturerniedrigung, auf die Temperaturabhängigkeit der $pK'$-Werte bestimmter Aminosäure-Reste und auf die Temperaturabhängigkeit der Dielektrizitätskonstanten des wässrigen Mediums zurückgeführt werden.

Der Einfluß der Temperatur auf die Geschwindigkeit enzymatisch katalysierter Reaktionen ist bereits diskutiert worden. Bemerkenswert ist die Feststellung, daß die Enzymproteine poikilothermer Organismen in der Regel eine weniger ausgeprägte Temperaturabhängigkeit ihrer Aktivität zeigen als die Enzyme homoiothermer Organismen.

Die Methode der *Cryoenzymologie* besteht darin, daß der Gefrierpunkt des untersuchten wässrigen Systems durch geeignete chemisch und biologisch inerte Zusätze erniedrigt und die Enzymaktivität bei Temperaturen unterhalb $0\,^\circ C$ gemessen wird. Dieses Verfahren erlaubt es in günstigen Fällen, Zwischenprodukte von Reaktionssequenzen im „abgefangenen" bzw. „ausgefrorenen" Zustand mit geeigneten physikalischen bzw. spektroskopischen Methoden zu untersuchen.

Als Ergänzung zu den Ausführungen über die Wärmebildung (Abschn. 5.1.1) und über Wärmetransport und Thermoregulation (Abschn. 2.1.3) sei hier noch kurz erwähnt, daß das Stoffwechsel-Regulationssystem homoiothermer Organismen die bei Abkühlung auftretenden Wärmeverluste durch eine erhöhte Wärmebildung kompensiert. Abweichend von der RGT-Regel nimmt also der

Energieumsatz bestimmter wärmebildender Prozesse bei Abkühlung zu. Zur Konstanthaltung der Körpertemperatur kann zusätzliche Wärme durch aktive Betätigung des Bewegungsapparates, durch unwillkürliche tonische oder rhythmische Muskelaktivität (Kältezittern) und durch Aktivierung von nicht an die Muskelkontraktion gebundenen Stoffwechselprozessen (zitterfreie Wärmebildung) gebildet werden. Das durch Mitochondrienreichtum und multiloculäre Fettverteilung gekennzeichnete braune Fettgewebe stellt einen wesentlichen Quellbereich der zitterfreien Wärmebildung dar. Durch Narkose oder gezielte Läsionen im Zentralnervensystem läßt sich der Temperaturverlauf der wärmebildenden Stoffwechselumsätze demjenigen der poikilothermen Lebewesen angleichen, so daß wieder eine der RGT-Regel entsprechende Temperaturabhängigkeit der Umsatzraten erhalten wird. Der durch diese Eingriffe blockierbare Anteil der Wärmebildung wird als *regulatorische Wärmebildung* bezeichnet. Der Quotient aus den bei zwei um $10\,^\circ C$ differierenden Temperaturen gemessenen Umsatzraten wird in der Physiologie mit $Q_{10}$ bezeichnet. Aus Tierversuchen hat sich ergeben, daß der $Q_{10}$-Wert der Stoffwechselrate zwischen 2 und 3 liegt. Durch Narkose und gleichzeitige Senkung der Körpertemperatur kann somit eine Verringerung des Sauerstoffbedarfs und damit eine Verlängerung der Lebensdauer funktionell wichtiger Struktureinheiten erreicht werden. In der Herz- und Kreislaufchirurgie wird von dieser Möglichkeit Gebrauch gemacht (induzierte Hypothermie bzw. *künstlicher Winterschlaf*). Auch für die Organkonservierung ist die RGT-Regel wichtig.

Das thermoregulatorische System der homoiothermen Organismen erreicht seine volle Funktionsfähigkeit bei verschiedenen Lebewesen in unterschiedlichen Stadien der Entwicklung. Bei einigen Säugetieren (z. B. Hamster, Erdhörnchen) bildet sich das Reaktionsvermögen auf eine thermische Reizung erst im Verlauf einiger Wochen nach der Geburt aus. Beim menschlichen Neugeborenen sind dagegen alle thermoregulatorischen Funktionssysteme unmittelbar nach der Geburt auslösbar.

Langfristigen Anpassungsvorgängen des Regulationssystems, die als *physiologische Adaption* oder als *Akklimatisation* bezeichnet werden, liegen Modifikationen von Organen zugrunde, die durch eine über Wochen oder Monate anhaltende Einwirkung thermischer Belastungen hervorgerufen werden. Zu diesen Anpassungsvorgängen zählt die Hitzeadaption in den Tropen oder im Wüstenklima und die langfristige Kälteadaption. Bei Dauerkältebelastung stellt sich in einigen Fällen auch eine *metabolische Adaptation*, d.h. eine Erhöhung des Grundumsatzes ein (z.B. bei Eskimos).

Das *Fieber* ist als eine Sollwertverschiebung der Körpertemperatur anzusehen. Der Organismus verhält sich bei Fieber im Prinzip wie ein gesunder Organismus nach Auftreten einer äußeren Kältebelastung. Das Funktionssystem der Thermoregulation bleibt also intakt. Die Körpertemperatur wird lediglich auf einen höheren Sollwert eingeregelt. Zu den fiebererzeugenden Stoffen (Pyrogenen) zählen insbesondere die Lipopolysaccharide von Bakterienmembranen; sie regen die Leukocyten zur Produktion von *Leukocyten-Pyrogen* an. Injiziert man dieses Leukocyten-Pyrogen, das aus dem Serum fiebernder Tiere gewonnen werden kann, in den Hypothalamus von Kaninchen, so tritt Fieber auf. Genauere Einzelheiten über den Mechanismus der Pyrogen-Wirkung sind noch nicht bekannt.

Es gibt auch Enzymproteine, die gegen extreme pH-Werte stabil sind. Ein Beispiel für einen selbst bei einem nahe Null gelegenen pH-Wert noch stabilen Organismus ist Cyanidium caldarium. Als Beispiel für das andere Extrem eines noch bei pH 12 existenzfähigen Organismus sei Rhizobium genannt. Offenbar vermögen es die genannten Organismen, einen Überschuß an $H^+$- oder $OH^-$-Ionen aus dem inneren Cytosol durch die Zellwand oder geeignete Membran-Pumpsysteme fernzuhalten. *Acidophile* und *alkalinophile* Organismen im eigentlichen Sinne scheint es nicht zu geben, da die genannten Mikroorganismen auch bei weniger extremen pH-Werten existenzfähig sind. Es ist auffallend, daß viele sogenannte acidophile Organismen tatsächlich *thermoacidophile* Organismen sind, die bevorzugt in heißen, sauren Medien leben.

Auch die als Halophilie bezeichnete Fähigkeit zur Existenz bei hohen Salzkonzentrationen bzw. bei geringer thermodynamischer Aktivität des Wassers verdient Beachtung. Unter den halophilen Organismen ist vor allem das oft untersuchte Halobacterium halobium durch seine „lichtgetriebene Protonenpumpe" bekannt geworden. Für die Stabilität der Proteine halophiler Organismen spielt der hydrophobe Effekt eine wesentliche Rolle. Durch vergleichende Untersuchungen ist festgestellt worden, daß der Anteil an Aminosäure-Resten mit hydrophoben Seitengruppen bei Proteinen aus halophilen Organismen wesentlich geringer ist als bei Proteinen aus nicht-halophilen Organismen. Bei dieser Aminosäure-Zusammensetzung sind relativ hohe Salzkonzentrationen erforderlich, um die Milieubedingungen für eine Stabilisierung der Proteinstruktur durch hydrophobe Wechselwirkungen zu schaffen. Enzyme entwickeln ihre normale Funktionsfähigkeit in dem wässrigen Milieu, das in begrenztem Umfang als Hydratwasser auch in den bei Strukturanalysen kristalliner Proben verwendeten Präparaten vorhanden ist. In der Regel wirkt sich eine zu geringe thermodynamische Aktivität des Wassers nachteilig auf die katalytische Wirkung eines Enzyms aus. In manchen Fällen ist jedoch auch beobachtet worden, daß die katalytische Aktivität bei Verdrängung der Solvat-Molekeln durch andere Moleküle (Substrat, Coenzym etc.) zunimmt. Die Tatsache, daß enzymatische Aktivität an kristallinen Enzymproben überhaupt beobachtet wird, ist darauf zurückzuführen, daß durch den relativ hohen Hydratwassergehalt eine weitgehend uneingeschränkte Beweglichkeit der Substrat- und Produktmoleküle in dem „Gitter" des Enzymkristalls aufrechterhalten wird.

### Einteilung der Enzyme und Nomenklatur

Einem Vorschag der International Union of Biochemistry entsprechend werden die Enzyme nach ihrer Funktion in 6 Hauptklassen eingeteilt. Die Einteilung nach Untergruppen richtet sich nach dem umgesetzten Substrat, dem beteiligten Coenzym oder Akzeptor und einigen weiteren Kriterien. Die wissenschaftlichen Namen der Enzyme werden aus der Bezeichnung des Substrates, des Coenzyms bzw. Cosubstrates und der Funktion bzw. Klasse des Enzyms abgeleitet. Neben dem

Namen muß auch die von der Enzyme Commission zugeteilte E.C.-Nr. in Klammern angegeben werden. Nach diesem Verfahren wird z. B. die Hexokinase als ATP-D-Hexose-6-phospho-Transferase (E.C. 2.7.1.1.) bezeichnet. Es ist nicht erstaunlich, daß die alten Trivialnamen parallel zu dieser Nomenklatur weiter benutzt werden. Die 6 Klassen sind wie folgt gegliedert:

1. Oxidoreductasen katalysieren Oxireduktionen zwischen zwei Substraten bzw. einem Substrat und einem Coenzym (Cosubstrat).
2. Transferasen katalysieren die Übertragung einer Gruppe (oder eines Atoms außer H) von einem Donator (oft ein Coenzym) auf einen Akzeptor (meist das Substrat).
3. Hydrolasen katalysieren hydrolytische Spaltungen.
4. Lyasen katalysieren die Abspaltung von Gruppen nach einem nicht-hydrolytischen Mechanismus.
5. Isomerasen katalysieren alle Typen isomerer Umwandlungen.
6. Ligasen katalysieren die Verknüpfung neuer Bindungen unter Spaltung energiereicher Phosphatbindungen.

Die Einteilung der Enzyme ist in einer Tabelle im Anhang 2 in verkürzter Form wiedergegeben.

### 5.3.3 Oszillatorische Phänomene und dissipative Strukturen

Wenn der Zustand eines reaktionsfähigen Systems weit vom Gleichgewicht entfernt ist, läßt sich das Zusammenwirken verschiedener Triebkräfte bei der Erzeugung von Umsatz- und Transport-Flüssen nicht mehr mit den im Abschn. 5.2.7 erklärten Gleichungssystemen der linearen irreversiblen Thermodynamik beschreiben. Bei großen Gleichgewichtsabweichungen der Reaktandenkonzentrationen kann die Nichtlinearität der Beziehungen zwischen den chemischen Flüssen und ihren konjugierten Kräften zur Ausbildung von Konzentrationsoszillationen und von periodischen räumlichen Konzentrationsmustern (*dissipativen Strukturen*) führen. Eine wichtige Grundlage für das Verständnis der oszillatorischen Phänomene bildet die Formalkinetik der

autokatalytischen Reaktionen; sie soll hier am Beispiel der im Abschn. 5.2.7 bereits erwähnten Reaktion

$$A + B \rightarrow 2A \tag{5.646}$$

kurz erläutert werden.

Die Umsatzgeschwindigkeit der im Abschnitt 5.3.1 beschriebenen Reaktionen verschiedener Ordnung nimmt mit fortschreitender Zeit bis zur Einstellung des Gleichgewichtszustandes stetig ab. Bei einer autokatalytischen Reaktion wächst die Reaktionsgeschwindigkeit jedoch mit zunehmendem Umsatz sehr stark an und verringert sich erst bei Erschöpfung des Vorrats an Ausgangsstoffen. Dies gilt auch für den durch Gl. (5.646) beschriebenen Prozeß. Wenn man wiederum annimmt, daß das Gleichgewicht erst nach nahezu vollständigem Umsatz erreicht wird, kann der Einfluß der Rückreaktion vernachlässigt werden. Mit den Ausdrücken

$$c_A^0 = a, \qquad c_A = (a + x),$$
$$c_B^0 = b \quad \text{und} \quad c_B = (b - x)$$

für die Konzentrationen der Stoffe A und B und deren Anfangswerte läßt sich dann die formalkinetische Gleichung dieser Reaktion in der Form

$$\frac{dx}{dt} = k(a + x)(b - x) \tag{5.647}$$

schreiben. Trennung der Variablen ergibt die durch Partialbruchzerlegung analog Gl. (5.417) integrierbare Beziehung

$$\frac{dx}{(a + x)(b - x)} = k \, dt \ . \tag{5.648}$$

Aus der integrierten Gleichung

$$\frac{1}{a + b} \ln \frac{b(a + x)}{a(b - x)} = kt \tag{5.649}$$

ergeben sich nach Entlogarithmieren und Wiedereinsetzen von $c_A(t) = c_A$ und $c_B(t) = c_B$ die Gleichungen

$$c_B = c_A \frac{b}{a} e^{-(a + b)kt} \tag{5.650}$$

und

$$c_A = c_B \frac{a}{b} e^{(a + b)kt} \ . \tag{5.651}$$

Zu jedem Zeitpunkt des Reaktionsablaufes muß die Bedingung

$$c_A + c_B = (a + x) + (b - x) = a + b \qquad (5.652)$$

erfüllt sein. Deshalb ist

$$c_A = a + b - c_B \qquad (5.653)$$

und

$$c_B = a + b - c_A \,. \qquad (5.654)$$

Damit lassen sich die Gln. (5.650) und (5.651) in der Form

$$c_B = \frac{(a + b)\dfrac{b}{a}\,e^{-(a+b)kt}}{1 + \dfrac{b}{a}\,e^{-(a+b)kt}} \qquad (5.655)$$

bzw.

$$c_A = \frac{(a + b)\dfrac{a}{b}\,e^{(a+b)kt}}{1 + \dfrac{a}{b}\,e^{(a+b)kt}} \,. \qquad (5.656)$$

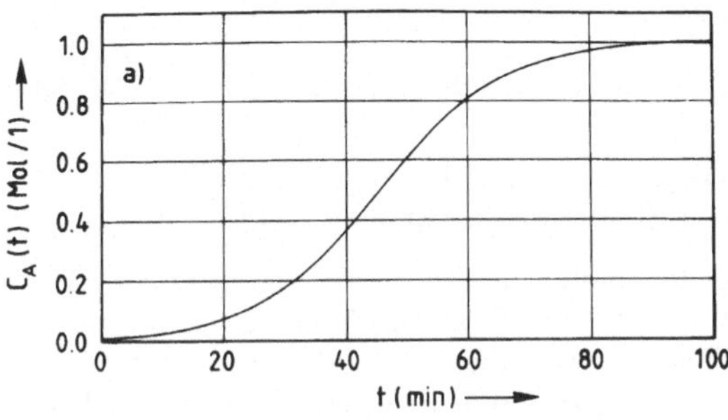

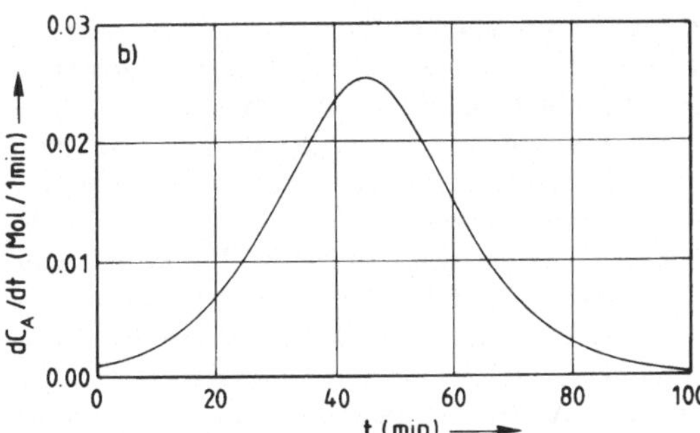

Abb. 5.38 Zeitabhängigkeit der Produktkonzentration (a) und der Reaktionsgeschwindigkeit (b) einer autokatalytischen Reaktion nach Gl. (5.656) mit $a = 0{,}01$ mol/l, $b = 1$ mol/l und $k = 0{,}1\,1\,\mathrm{mol}^{-1}\,\mathrm{min}^{-1}$

darstellen.

Der Kurvenzug in Abb. 5.38 a gibt den nach Gl. (5.656) für einen Anfangszustand mit hundertfachem Überschuß an B berechneten zeitlichen Verlauf der Produktkonzentration $c_A(t)$ wieder. In Abb. 5.38 b ist die Zeitabhängigkeit der durch Differentiation von Gl. (5.656) nach t gemäß

$$\frac{dc_A}{dt} = \frac{(a + b)^2 \dfrac{a}{b} ke^{(a+b)kt}}{\left(1 + \dfrac{a}{b}\,e^{(a+b)kt}\right)^2} \qquad (5.657)$$

zu berechnenden Produktbildungsgeschwindigkeit $dc_A/dt$ für die gleichen Anfangsbedingungen graphisch dargestellt. Die Produktbildungsgeschwindigkeit r steigt zu Beginn der Reaktion stark an und durchläuft ein Maximum $r_{max}$ bei einem $c_A$ — Wert von $0{,}5$ mol/l, d.h. bei $c_A(r_{max}) = c_B(r_{max}) = (a + b)/2$. Diesen Wert von $c_A(r_{max})$ erhält man unmittelbar durch Nullsetzen der ersten Ableitung von Gl. (5.647) nach x und Einsetzen des Ergebnisses

$$x(r_{max}) = \frac{b - a}{2} \qquad (5.658)$$

in die Gleichungen $c_A = a + x$ und $c_B = b - x$; er entspricht dem halben Maximalumsatz der Reaktion. Der Maximalumsatz ist durch die Wahl der Anfangsbedingungen vorgegeben. Durch Anwendung der Regel von Bernoulli und De L'Hospital in der Form

$$\lim_{t \to \infty} \frac{Z(t)}{N(t)} = \lim_{t \to \infty} \frac{Z'(t)}{N'(t)} \qquad (5.659)$$

erhält man aus Gl. (5.656) mit

$$Z'(t) = (a + b)^2 k \frac{a}{b}\,e^{(a+b)kt}$$

und

$$N'(t) = (a + b)k \frac{a}{b}\,e^{(a+b)kt}$$

für $t \to \infty$ den Grenzwert der Produktkonzentration

$$\lim_{t \to \infty} c_A = a + b \, . \qquad (5.660)$$

Dieses Ergebnis folgt auch unmittelbar aus Gl. (5.653), da für maximalen Umsatz $\lim_{t \to \infty} c_B = 0$ gelten muß. Wie Abb. 5.38 a zeigt, geht die Funktion $c_A(t)$ mit abnehmender Reaktionsgeschwindigkeit asymptotisch in den Grenzwert $a + b = 1{,}01$ mol/l über. Die in Abb. 5.38 b gezeigte Zeitabhängigkeit der Reaktionsgeschwindigkeit ist typisch für alle in einem geschlossenen System ablaufenden autokatalytischen Reaktionen. Bei dem durch Gl. (5.646) beschriebenen Prozeß begünstigt die zunehmende Bildung von A die Umwandlung von B in A. Die A-Teilchen übernehmen gewissermaßen die Funktion einer „Reduplikationsmatrize" für das „Umkopieren" der B-Teilchen. Damit wirkt ihre Konzentrationszunahme bei relativ kleinen Anfangskonzentrationen von A beschleunigend auf die Umsatzrate, solange die Konzentration von B noch nicht unter den Wert $c_B(r_{max})$ abgesunken ist. Nach dem Unterschreiten dieses kritischen Konzentrationswertes überwiegt die durch den Verbrauch von B erzwungene Abnahme der Reaktionsgeschwindigkeit.

Für das im Abschn. 5.2.7 erläuterte Begriffssystem der irreversiblen Thermodynamik bedeutet die bei einer autokatalytischen Reaktion in bestimmten Konzentrationsbereichen trotz abnehmender Ausgangsstoffkonzentration auftretende Zunahme der Reaktionsgeschwindigkeit ein Anwachsen des chemischen Flusses mit sinkender Affinität, d.h. eine *negative Fluß-Kraft-Charakteristik*. Bei der autokatalytischen Reaktion

$$A + B \underset{k_{21}}{\overset{k_{12}}{\rightleftharpoons}} 2A \qquad (5.661)$$

ergeben sich schon für kleine Werte der Gleichgewichtsabweichungen starke Abweichungen von der Linearität der Beziehung zwischen dem chemischen Fluß und der Affinität. Diese Nichtlinearität der Fluß-Kraft-Beziehung läßt sich für das betrachtete Beispiel durch ein vereinfachtes Diagramm mit dimensionsloser Darstellung der abhängigen Variablen veranschaulichen. Als Ver-

gleichssystem soll die ohne Autokatalyse ablaufende Reaktion

$$B \underset{k_{21}}{\overset{k_{12}}{\rightleftharpoons}} A \qquad (5.662)$$

betrachtet werden. Die Affinität $A_R$ dieser Reaktion läßt sich analog Gl. (5.323) durch die Gleichung

$$A_R = RT \ln K + RT(\ln c_B - \ln c_A) \qquad (5.663)$$

beschreiben.

Mit $K = k_{12}/k_{21}$ bzw. $\ln K = \ln k_{12} - \ln k_{21}$ läßt sich diese Beziehung in der Form

$$A_R = RT(\ln k_{12} c_B - \ln k_{21} c_A) \qquad (5.664)$$

ausdrücken. Für die durch Gl. (5.661) beschriebene Reaktion erhält man analog

$$A_R = RT(\ln k_{12} c_A c_B - \ln k_{21} c_A^2)$$
$$= RT(\ln k_{12} c_B - \ln k_{21} c_A) \, ,$$

was bei gleicher Wahl der kinetischen Konstanten mit Gl. (5.664) übereinstimmt. Für ein offenes Fließsystem mit gepufferter Ausgangsstoffkonzentration $c_B = \bar{c}_B$ läßt sich die Gl. (5.664) in der Form

$$A_R/RT = \ln k_{12} \bar{c}_B - \ln \bar{c}_A k_{21} \frac{c_A}{\bar{c}_A} \qquad (5.665)$$

schreiben, wobei $\bar{c}_A$ und $\bar{c}_B$ als Symbole für die Gleichgewichtskonzentrationen von A und B eingesetzt worden sind. Eine für die formale Beschreibung des bei konstanter Temperatur gegebenen Zusammenhanges zwischen der dimensionslosen Größe $A_R/RT$ und dem Konzentrationsverhältnis $c_A/\bar{c}_A$ ausreichende graphische Darstellung erhält man nach Gl. (5.665), wenn man $-\ln(c_A/\bar{c}_A)$ gegen $c_A/\bar{c}_A$ aufträgt. Diese Darstellung ist in Abb. 5.39 als gestrichelte Kurve wiedergegeben. Im Bereich des Gleichgewichts-Konzentrationsverhältnisses $c_A/\bar{c}_A = 1$ schneidet diese Kurve die Abszisse mit einer Tangente, deren Steigung durch

$$-\frac{d \ln(c_A/\bar{c}_A)}{d(c_A/\bar{c}_A)} = -1$$

gegeben ist. Die gleiche Tangente erhält man für die Darstellung der chemischen Flüsse der beiden betrachteten Reaktionen bei einer Auftragung der dimensionslosen Größe $1 - (c_A/\bar{c}_A)$ für die Reaktion nach Gl. (5.662) und einer entsprechenden Auftragung der Größe $(c_A/\bar{c}_A)(1 - (c_A/\bar{c}_A))$ für die Reaktion nach Gl. (5.661). Diese vereinfachte Darstellung ist zulässig, weil die chemischen Flüsse der beiden Reaktionen als Reaktionsgeschwindigkeiten durch die Gleichungen

$$J_1 = k_{12}c_B - k_{21}c_A \qquad (5.666)$$

für die Reaktion ohne Autokatalyse bzw.

$$J_2 = c_A(k_{12}c_B - k_{21}c_A) \qquad (5.667)$$

für die autokatalytische Reaktion beschrieben werden und weil für beide Reaktionen im Gleichgewichtsfall die Bedingung

$$k_{12}\bar{c}_B = k_{21}\bar{c}_A \qquad (5.668)$$

erfüllt sein muß. Für ein offenes Fließsystem mit gepufferter Ausgangsstoffkonzentration $\bar{c}_B$ kann nämlich Gl. (5.666) in der Form

$$\frac{J_1}{k_{21}\bar{c}_A} = 1 - \frac{c_A}{\bar{c}_A} \qquad (5.669)$$

und Gl. (5.667) in der Form

$$\frac{J_2}{k_{21}\bar{c}_A^2} = \frac{c_A}{\bar{c}_A}\left(1 - \frac{c_A}{\bar{c}_A}\right) \qquad (5.670)$$

geschrieben werden. Die Auftragung der dimensionslosen Größen $J_1/(k_{21}\bar{c}_A)$ und $J_2/(k_{21}\bar{c}_A^2)$ gegen das Konzentrationsverhältnis $c_A/\bar{c}_A$ entspricht der in Abb. 5.39 durch die ausgezogenen Kurven dargestellten vereinfachten Beschreibung der chemischen Flüsse. Während der chemische Fluß der durch Gl. (5.662) beschriebenen Reaktion mit sinkender Affinität stetig abnimmt, steigt der chemische Fluß der autokatalytischen Reaktion im Konzentrationsbereich unterhalb $0{,}5\,\bar{c}_A$ mit abnehmender Affinität an (negative Fluß-Kraft-Charakteristik!). Diese negative Charakteristik bedeutet, daß ein stationärer Zustand bei Störung des Reaktionssystems destabilisiert werden kann. Stabilität eines stationären Zustandes bedeutet, daß nach dem im Abschn. 5.2.7 mit Gl. (5.338) erläuterten Prinzip der minimalen Entropieproduktion das System die Entropieproduktion nach einer Störung solange vermindert, bis der stationäre Zustand wieder eingestellt ist. Außerhalb des linearen Berei-

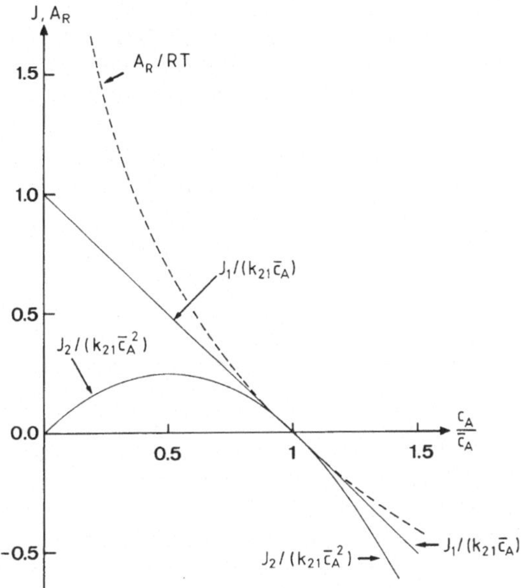



**Abb. 5.39** Konzentrationsabhängigkeit der chemischen Flüsse und der Affinität der Reaktionen $B \rightleftharpoons A$ und $A + B \rightleftharpoons 2A$ in dimensionsloser Darstellung nach den Gln. (5.665), (5.669) und (5.670)

ches der Fluß-Kraft-Beziehungen können nun Fluktuationen der Entropieproduktion, die mit der Existenz eines stationären Zustandes nicht vereinbar sind, auftreten. Diese Fluktuationen können gegebenenfalls dazu führen, daß das System unter Entropieabnahme in einen anderen stationären Zustand übergeht. Obwohl das Prinzip der minimalen Entropieproduktion allgemein nur für Systemzustände mit geringen Gleichgewichtsabweichungen gilt, läßt es sich teilweise auf den nichtlinearen Bereich der Fluß-Kraft-Beziehungen ausdehnen. Bei konstanten Flüssen kann ein stationärer Zustand stets durch eine minimale Entropieproduktion charakterisiert werden. Die lokale Entropieproduktion (bzw. die entsprechende Dissipationsfunktion) läßt sich nach der Gleichung

$$\frac{d\Phi}{dt} = \frac{d}{dt}\left(\sum_k J_k X_k\right) = \sum_k J_k \frac{dX_k}{dt} + \sum_k X_k \frac{dJ_k}{dt}$$

$$= \frac{d_X\Phi}{dt} + \frac{d_J\Phi}{dt} \qquad (5.671)$$

in zwei Beiträge aufteilen, wobei der zweite Term auf der rechten Seite von Gl. (5.671) unter der Bedingung konstanter Flüsse gleich Null zu setzen ist. Der erste Term auf der rechten Seite von Gl. (5.671) genügt dem Extremalprinzip auch außerhalb des linearen Bereichs der Fluß-Kraft-Beziehungen, d.h. es gilt allgemein die als *universelles Evolutionskriterium* bezeichnete Gleichung

$$\frac{d_X\Phi}{dt} \leqq 0 \ . \tag{5.672}$$

Diese Beziehung ist so allgemeingültig wie das bei der Diskussion von Gl. (5.320) erwähnte Konzept des *lokalen Gleichgewichtes.*

Da das Minimum der lokalen Entropieproduktion nicht unterschritten werden kann, muß für alle fluktuationsbedingten Variationen der Dissipationsfunktion am stationären Zustand bei konstanten Flüssen die Bedingung

$$(\delta_X\Phi)_{\text{stat.Zustand}} = \sum_k \delta J_k \delta X_k > 0 \tag{5.673}$$

erfüllt sein. Bei Systemen mit gleichsinnigen Änderungen von Flüssen und Kräften ist dies stets der Fall, da die Produkte der Variationen von $J_k$ und $X_k$ nicht negativ sein können. Wenn aber eine negative Fluß-Kraft-Charakteristik vorliegt, wird $\delta J_k \delta X_k < 0$, und das System sucht den Übergang in einen anderen stationären Zustand. Bei einer Fluß-Kraft-Charakteristik vom Typ der in Abb. 5.39 für $J_2/(k_{21}\bar{c}_A^2)$ eingezeichneten Kurve ist dieser Übergang möglich, weil zu einem Wert von $J_2$ zwei verschiedene Werte von $c_A$ bzw. $A_R$ gehören. Deshalb ergeben sich in diesem Falle bei Kopplung der autokatalytischen Reaktion mit einem Transportprozeß zwei „Betriebspunkte", die jeweils durch Gleichheit der Transport- und Umsatzraten und damit durch die zeitliche Konstanz der Reaktandenkonzentrationen ausgezeichnet sind. Wird ein stationärer Zustand mit negativer Fluß-Kraft-Charakteristik destabilisiert, so „springt" das System vom *oberen Betriebszustand* in den *unteren Betriebszustand*, für den Gl. (5.673) erfüllt ist. Das vielen Chemikern bekannte Phänomen des „durchschlagenden" Bunsen-Brenners bietet ein typisches Beispiel für einen derartigen sprunghaften Übergang: Die Gasverbrennung verläuft

stationär, solange die Strömungsgeschwindigkeit des unverbrannten Gases größer als die Fortpflanzungsgeschwindigkeit der Verbrennung ist. Wird aber bei einer Schwankung der Brenngaszufuhr ein kritischer Wert der Strömungsgeschwindigkeit unterschritten, so „kippt das System um". Die Flamme „schlägt in das Brennrohr zurück".

Der sprunghafte Wechsel des Betriebszustandes stellt jedoch nicht die einzige Möglichkeit für die bei einer kritischen Variation bestimmter Parameter auftretenden Stabilitätsveränderungen offener Systeme dar. Man beschreibt das dynamische Verhalten eines offenen Systems weitab vom Gleichgewicht zweckmäßig durch ein *Stabilitätsdiagramm*. In einem derartigen Diagramm (vgl. Abb. 5.40) gibt sich das Vorkommen verschiedener, einfacher oder mehrfacher stationärer Zustände durch sogenannte *Bifurkationen* (Gabelungen, Astverzweigungen) zu erkennen. Da sich die stationären Zustände offener Systeme bei geringen Gleichgewichtsabweichungen mit den in Abschn. 5.2.7 erläuterten Methoden der linearen irreversiblen Thermodynamik beschreiben lassen, wählt man als Bezugspunkt für das Stabilitätsdiagramm den Systemzustand in unmittelbarer Nähe des thermodynamischen Gleichgewichtes. Als Abszisse wählt man einen für den Gleichgewichtsabstand maßgeblichen Parameter $\lambda$ (z.B. eine Konzentrationsdifferenz), wobei $\lambda = 0$ thermodynamisches Gleichgewicht bedeutet. Die Vielzahl der möglichen stationären Zustände wird als Ordinatenwert durch eine Variable $\varkappa$ (z.B. durch eine in geeigneter Weise normierte *reduzierte* chemische Fluß- oder Umsatzgröße) dargestellt. In Abb. 5.40 sind drei typische Beispiele für derartige Bifurkationsdiagramme skizziert. Die Variable $\varkappa$ ist so normiert, daß der *thermodynamische Ast* durch $\varkappa = 0$ charakterisiert wird. Das Beispiel a zeigt den einfachsten Fall einer Bifurkation: Beim kritischen Wert $\lambda_c$ des Parameters $\lambda$ wechselt das System in einen anderen stationären Zustand über; d.h. oberhalb von $\lambda_c$ ist der *thermodynamische Ast* instabil. Diesem einfachen Bifurkationstyp kommt im Zusammenhang mit der autokatalytischen Polynukleotidsynthese eine gewisse Bedeutung zu. Bemerkenswert ist auch die in Abb. 5.40b skizzierte subkritische Bifurkation. Bei diesem Bifurkationstyp können im Be-

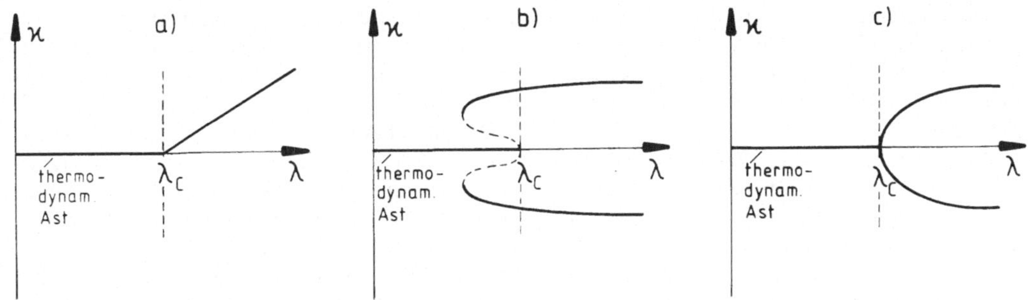

**Abb. 5.40** Drei einfache Beispiele für Bifurkationsdiagramme offener Systeme. **a** einfache Bifurkation; **b** subkritische Bifurkation; **c** superkritische Bifurkation

reich um $\lambda_c$ hystereseartige Erscheinungen – ähnlich wie bei der Ummagnetisierung eines Ferromagneten – auftreten (vgl. hierzu Abb. 5.43c). In Abb.5.40c ist als drittes Beispiel das Bifurkationsdiagramm für den ebenfalls relativ einfachen Fall einer superkritischen Bifurkation dargestellt.

Ein weiterer wichtiger Bifurkationstyp ist die sogenannte HOPF-Bifurkation, bei der es zu Konzentrationsoszillationen und zum „Einschwingen" des Systems in einen oszillatorischen Grenzzyklus kommen kann (vgl. Abb. 5.42a).

Ein geeignetes Instrument zur experimentellen Untersuchung der chemischen Dynamik offener Systeme weitab vom Gleichgewicht ist der mit kontinuierlichem Stofftransport betriebene Durchfluß-Rührkessel (*Continuous Flow Stirred Tank Reactor*, CSTR). Dieser Reaktor ermöglicht den Nachweis vieler theoretisch vorausgesagter Nichtgleichgewichtsphänomene; er ist ein geeignetes Hilfsmittel zur Überprüfung mechanistischer Modelle für oszillierende Reaktionen. In rigoroser Vereinfachung der für biologische Syste-

me zu fordernden theoretischen Voraussetzungen wird der CSTR zuweilen auch als primitives Analogon der lebenden Zelle bezeichnet. Dabei ist jedoch zu beachten, daß die wichtigsten Merkmale eines offenen lebenden Systems

– multiple dynamische Zustände biochemischer Prozesse, -dissipative Strukturen (vgl. Abb. 5.47), Stoffwechselzyklen und Gruppenübertragung (vgl. Abschn. 5.2.2), -vektorieller Metabolismus
und insbesondere wechselseitige allosterische Kontrolle von Enzymreaktionen, -molekulare Selektion und Qualitätskontrolle-Genom-Organisation

dem einfachen Durchfluß-Rührkessel nur in sehr beschränktem Ausmaß zuzuschreiben sind. Intensive Durchmischung ist eine notwendige Voraussetzung für die erfolgreiche Anwendung des CSTR in der Forschung. Bei entsprechender Wahl der Betriebsparameter (Zulaufkonzentrationen der Reaktanden, Durchflußgeschwindig-

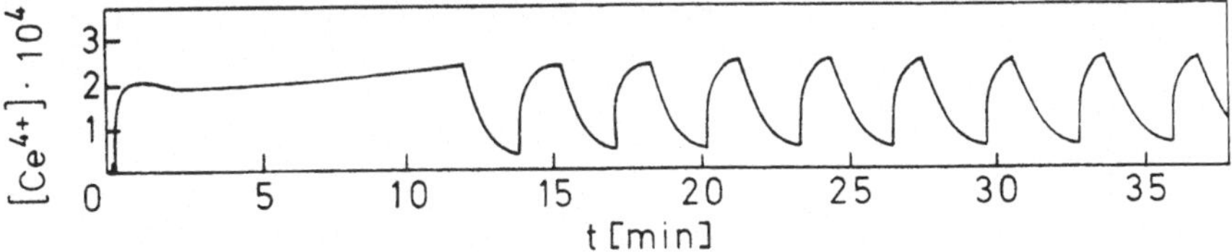

**Abb. 5.41** Spektralphotometrisch registrierte Oszillationen der $Ce^{4+}$-Konzentration bei der BZ-Reaktion im geschlossenen System bei 25 °C. Anfangskonzentrationen: $[CH_2(COOH)_2] = 0{,}032$ mol/l, $[KBrO_2] = 0{,}063$ mol/l, $[(NH_4)_2Ce(NO_3)_5] = 0{,}001$ mol/l, $[H_2SO_4] = 0{,}8$ mol/l

keit, Reaktionstemperatur) wird das sich nach einer Anlaufphase einstellende Verhalten des Systems untersucht, und die Ergebnisse werden in Form geeigneter Diagramme dargestellt. Neben dem *Response-Zeit-Diagramm* (vgl. Abb. 5.41) wird sehr oft der sogenannte *phase plane plot* (vgl. Abb. 5.42), in dem zwei normierte Reaktandenkonzentrationen gegeneinander aufgetragen sind, für die Darstellung gewählt.

Die bekannteste oszillierende Reaktion ist die Belousov-Zhabotinsky-Reaktion (BZ-Reaktion, Umsetzung von Malonsäure mit Bromat in schwefelsaurer Lösung bei Gegenwart eines Redoxkatalysators, z. B. $Ce^{4+}/Ce^{3+}$). Das Vorliegen eines offenen Systems ist für das Auftreten einer oszillierenden Reaktion nicht unbedingt erforderlich. Die BZ-Reaktion läuft auch in einem geschlossenen System bei guter Durchmischung oszillierend ab; sie läßt sich aber nur in einem offe-

nen System beliebig lange aufrechterhalten. In Abb. 5.41 ist die $Ce^{4+}$-Konzentration für ein geschlossenes BZ-Reaktionssystem als Funktion der Zeit aufgezeichnet.

Der Mechanismus der BZ-Reaktion konnte von Field, Körös und Noyes weitgehend aufgeklärt und mit einem Ansatz von 18 Teilreaktionen modellmäßig beschrieben werden. Als weitere Beispiele für oszillierende Reaktionen seien hier die bereits 1921 entdeckte Braysche Reaktion (iodatkatalysierte Zersetzung von Wasserstoffperoxid zu Wasser und Sauerstoff) und die von Briggs und Rauscher als Kombination der BZ-Reaktion und der Brayschen Reaktion eingeführte *Iod-Uhr* genannt. Die Zahl der bekannten oszillierenden Reaktionen ist bereits relativ groß. Man teilt die große Gruppe der mit der BZ-Reaktion verwandten oszillierenden Redox-Reaktionen in drei Untergruppen

> Bromat-Oszillatoren,
> Iodat-Oszillatoren
>
> und    Chlorit-Oszillatoren

ein. Zu diesen Reaktionen zählt auch der sogenannte Bromat-Minimal-Oszillator. Im Zusammenhang mit biologischen Fragestellungen kommt den Modellreaktionen vom Typ der BZ-Reaktion allerdings nur eine untergeordnete Bedeutung zu. Deshalb muß hier bezüglich weiterer Einzelheiten auf die im Anhang angegebene Spezialliteratur verwiesen werden. Für das Verständnis zellulärer Prozesse wichtiger sind die im folgenden noch zu beschreibenden oszillierenden Glykolyse-Systeme und die Oszillationen von Mitochondrien-Membransystemen.

Ein für die formalkinetische Beschreibung einer oszillierenden Reaktion besonders geeignetes Modellsystem ist der von Prigogine und Lefever angegebene *Brusselator* mit den Teilreaktionen

$$A \rightarrow X$$

$$2X + Y \rightarrow 3X \qquad \text{(Autokatalyse !)}$$

$$B + X \rightarrow Y + D \qquad\qquad (5.674)$$

$$X \rightarrow E .$$

Drückt man die Konzentrationen der in Gl. (5.674) angeführten Spezies vereinfachend durch

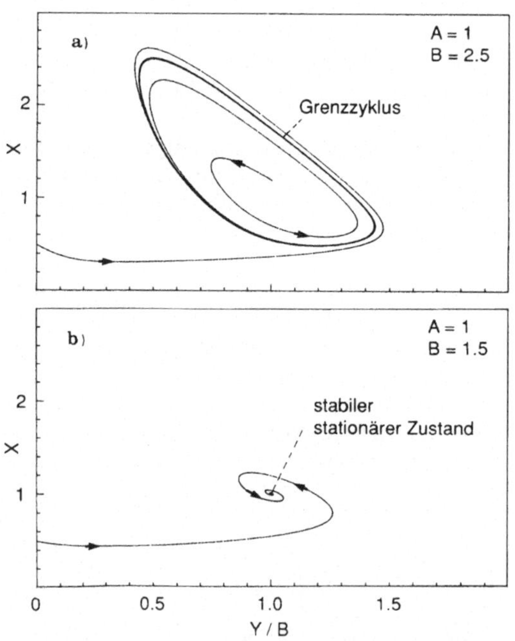



**Abb. 5.42** Beispiel für eine HOPF-Bifurkation. Lösungen des Brüsselator-Gleichungssystems (5.675) für A = 1.0. Der kritische Wert ($B_c = 1 + A^2$) des Parameters B ist hier gleich 2,0. **a** B = 2,5; Einschwingen in einen Grenzzyklus (B > $B_c$); **b** B = 1,5; Einlauf in einen stationären Zustand (B < $B_c$)

deren Symbole (A, B, Y, X usw.) aus, so lassen sich die zugehörigen Differentialgleichungen für die Umsätze von X und Y mit normierten kinetischen Konstanten in der Form

$$\frac{dX}{dt} = A + X^2Y - BX - X$$

und

$$\frac{dY}{dt} = BX - X^2Y \qquad (5.675)$$

schreiben, wobei A und B als vorgegebene, wählbare Parameter anzusehen sind. Die Lösung dieser Differentialgleichungen stellt ein typisches Beispiel für die Zweckmäßigkeit der Anwendung von Computern in der chemischen Formalkinetik dar; sie kann z. B. mit einem dem Verfahren von Runge-Kutta angepaßten Programm (Rungku) durchgeführt und im Phasenebenen-Diagramm graphisch dargestellt werden. Abb. 5.42 a zeigt eine solche Lösung für A = 1,0 und B = 2,5, wobei als Abszisse das Konzentrationsverhältnis Y/B und als Ordinate die Konzentration von X aufgetragen ist. Die Abbildung läßt erkennen, daß das System von jedem beliebigen Punkt der „Phasenebene" aus in einen oszillatorischen Grenzzyklus einschwingt. Dabei tritt ein Grenzzyklus nicht mehr auf, wenn ein kritischer Wert $B_c$ des Parameters B ($B_c = 1 + A^2$) unterschritten wird. Unterhalb von $B_c$ stellt sich ein stabiler stationärer Zustand (fester Endpunkt im $X - \frac{Y}{B}$ – Diagramm) ein, wie es die Abb. 5.42 b für B = 1,5 als Beispiel zeigt. Für den in Abb. 5.42a aufgezeichneten Grenzzyklus ergibt sich bei Darstellung einer Konzentration im *Response-Zeit-Diagramm* ein Schwingungsbild, ähnlich wie in Abb. 5.41.

Als Besonderheit periodischer Reaktionen weitab vom Gleichgewicht sei hier noch der Begriff des *Chaos* erwähnt. Dieser Zustand des Systems entspricht einer mehr oder weniger periodischen Bewegung des *Bildpunktes* im Phasenebenen-Diagramm, bei der die Amplitude oder die Frequenz der Oszillation einer ständigen Veränderung unterworfen ist. Diese quasiperiodischen oder chaotischen Reaktionen verlaufen im Bereich eines *Attraktionszentrums* der Phasenebene

scheinbar völlig irregulär; es ist durchaus möglich, daß diesen Prozessen auch bei komplizierteren regulatorischen Wechselwirkungsmechanismen in lebenden Organismen und in der Hydrodynamik der turbulenten Strömungen eine gewisse Bedeutung zukommt.

Für den Vergleich theoretischer Modellansätze mit CSTR-Experimenten besonders wichtig sind die *Response-Parameter-Diagramme*, in denen die Konzentrationsmeßgrößen (Extinktion, Elektrodenpotential usw.) einer bestimmten Spezies gegen einen kontinuierlich variierten Parameter aufgetragen werden. Aus diesen Diagrammen kann man das Verhalten des untersuchten Systems bei Variation eines vorgegebenen Parameters entnehmen. In Abb. 5.43 sind drei typische Beispiele für Response-Parameter-Diagramme zusammengefaßt. Abb. 5.43 a entspricht dem einfachsten Fall, bei dem das System nur in einem, durch die Variation eines Parameters nur wenig beeinflußten stationären Zustand vorliegen kann. Die stärkeren Änderungen des Elektrodenpotentials $E_{Br}$ bei kleineren Parameter-Werten sind auf die Anlaufphase des CSTR zurückzuführen. Daß sich das Konzentrationssignal einer Spezies auch bei kontinuierlicher Zunahme eines Parameterwertes periodisch ändern kann, zeigt die Abb. 5.43 b. Besonders bemerkenswert sind die bereits erwähnten Hysterese-Erscheinungen, für die Abb. 5.43 c als charakteristisches Beispiel angesehen werden kann. An den mit Pfeilen markierten Grenzen des Hysterese-Bereiches geht das System in der angegebenen Richtung sprunghaft in einen anderen Betriebszustand über. Grundsätzlich muß innerhalb des *Bistabilitätsgebietes* noch ein dritter stationärer Zustand (gestrichelte Kurve) existieren. Dieser Zustand ist aber instabil und deshalb experimentell nicht faßbar; er wirkt wie eine Barriere, die eine wechselseitige Umwandlung der beiden stationären Zustände I und II bei kleinen Störungen eines Betriebsparameters verhindert. Bei der Betrachtung von Abb 5.43 c erkennt man eine gewisse Ähnlichkeit mit der Abb. 5.7 (p-V-Diagramm des Van der Waals Gases). Bei realen Gasen werden unter bestimmten Bedingungen auch Ansätze zu hystereseähnlichen Phänomenen (Kondensation eines übersättigten Dampfes bei $p > p_s$; Verdampfung einer Flüssig-

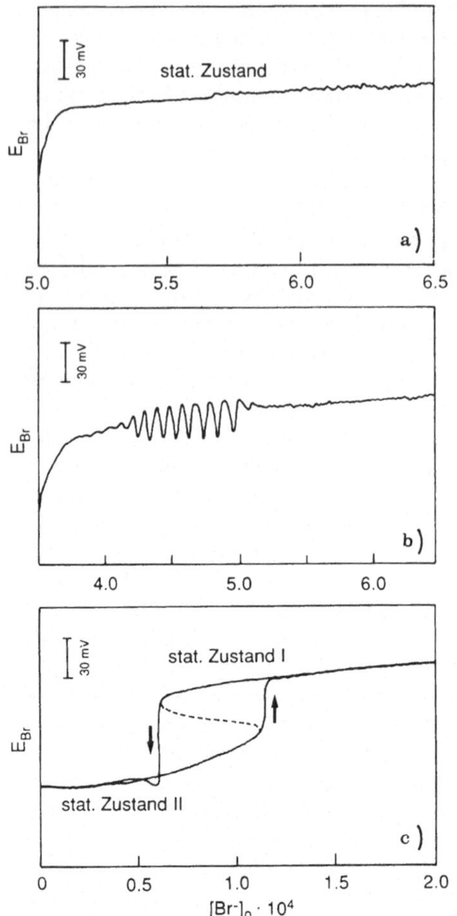

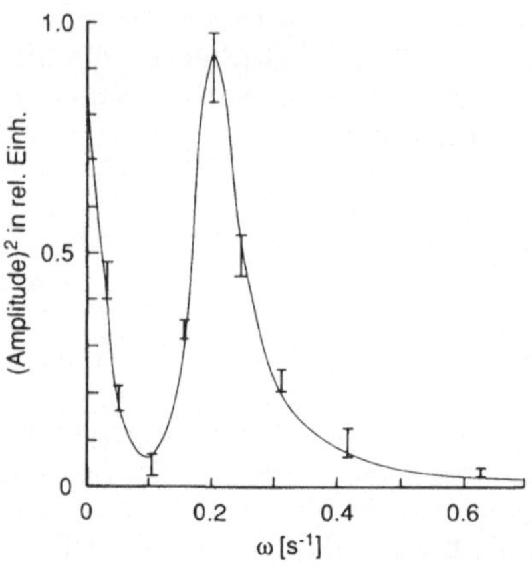

**Abb. 5.44** Resonanzkurve der BZ-Reaktion im CSTR, $\omega_0 = 0{,}21\,s^{-1}$. (nach F. Buchholtz, F. Schneider (1983))

**Abb. 5.43** Typische Response-Parameter-Diagramme des $BrO_3^-$/$Br^-$/$Ce^{3+}$-Systems bei verschiedenen Betriebsbedingungen des CSTR (nach. W. Geiseler (1985)) **a** Stationäres Verhalten; **b** Oszillationen; **c** Bistabilität und Hysterese

Ein weiteres wichtiges Merkmal oszillierender Reaktionen sind die bei periodischer Änderung einer Zulaufkonzentration oder der Durchflußgeschwindigkeit auftretenden Resonanz- und Entrainment-Phänomene. Prägt man z.B. der im CSTR gedämpft schwingenden Belousov–Zhabotinsky-Reaktion eine sinusförmige Flußgeschwindigkeit der variablen Frequenz $\omega$ auf, so durchläuft das Quadrat der Reaktionsamplitude bei der Eigenfrequenz $\omega_0$ des chemischen Oszillators ein Maximum, wie es Abb. 5.44 zeigt. Mit dieser Resonanz ist im Prinzip die Möglichkeit zur „Frequenzabstimmung" von Flüssen und Reaktandenkonzentrationen in chemischen Reaktionssystemen gegeben.

Ein Beispiel für Entrainment, d.h. für die Beeinflussung der Frequenz einer oszillierenden Reaktion durch periodische Injektion eines Reaktanden zeigt die Abb. 5.45. In diesem Diagramm ist die relative NADH-Absorption eines glykolysierenden Hefe-Extraktes zusammen mit der durch Injektion periodisch variierten Glucose-Zugabe als Funktion der Zeit aufgetragen. Bei konstantem Substrat-Zufluß beträgt die Periode der NADH-Oszillation 400 Sekunden. Wird die Glucosezugabe dagegen mit einer Periode $T'$ von 160 Sekunden moduliert, so verkürzt sich die Periode der NADH-Oszillation auf $2T'$, d.h. auf 320 Sekunden. Abb. 5.45 ist außerdem ein typisches Beispiel für eine oszillierende Reaktion in

keit bei $p < p_s$) beobachtet. Das reale Gas unterscheidet sich aber in einem wesentlichen Punkt von einem bistabilen dynamischen Reaktionssystem: Es ist im Zweiphasengebiet durch einen thermodynamisch eindeutig bestimmten Gleichgewichtsdruck $p_s$ ausgezeichnet. Ein analoger ausgezeichneter Parameterwert wurde für chemische Systeme im Nichtgleichgewichtsbereich bis jetzt nicht theoretisch definiert und auch nicht experimentell nachgewiesen.

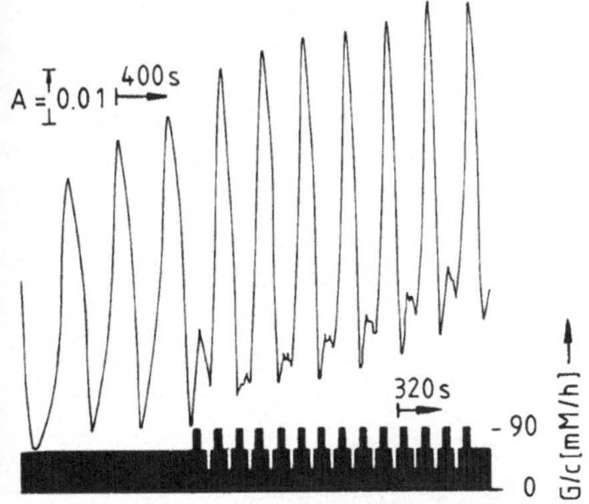



**Abb. 5.45** NADH-Absorption und Glucosekonzentration eines glykolysierenden Hefe-Extraktes als Funktion der Zeit (nach A. Boiteux, A. Goldbeter, B. Hess (1975))

einem biochemischen System. Konzentrationsoszillationen des NADH konnten auch an intakten Hefe-Zellen beobachtet werden. Die Konzentrationsoszillationen des NADH und aller glykolytischen Metaboliten sind in erster Linie auf die periodische Aktivitätsänderung der durch ATP allosterisch inhibierten 6-Phosphofructokinase zurückzuführen. 6-Phosphofructokinase wird andererseits durch Fructose-6-phosphat, Fructose-1,6-diphosphat und AMP synergistisch aktiviert. Das Zusammenwirken dieser Einflüsse führt zu der dynamischen Instabilität, aus der sich die Konzentrationsoszillationen des Gesamtprozesses ergeben.

Als weiteres Beispiel eines oszillierenden biochemischen Prozesses zeigt Abb. 5.46 einen Ausschnitt aus einem Satz von Response-Zeit-Diagrammen, die bei der Untersuchung von oszillierenden Mitochondrien erhalten worden sind. Diese Oszillationen beschränken sich nicht auf die Konzentrationsschwankungen des NADH; das Diagramm läßt auch charakteristische, zeitversetzte oszillatorische Änderungen der $H^+$-bzw. $K^+$-Aufnahme und eine periodische alternierende Schwellung bzw. Schrumpfung des mitochondrialen Matrixvolumens erkennen. Diese Erscheinungen sind typische Merkmale der dynamischen Kopplung in einem komplexen Netzwerk chemischer bzw. elektrochemischer Reaktionen.

Oszillatorische Phänomene sind auch für die dynamische Kopplung zellulärer Prozesse und für bestimmte Mechanismen der interzellulären Signalübertragung wichtig. Die Aggregation und Differenzierung des amöbenartigen Schleimpilzes Dictyostelium discoideum wird ebenfalls von periodischen, z.T. mit Lichtstreuung nachweisbaren Vorgängen begleitet; sie wird durch stimulierte Sekretion von zyklischem AMP initiiert; in ihrem Verlauf werden außerdem periodische intrazelluläre Pulse von c-GMP und $H^+$-bzw. $K^+$-Fluß-Oszillationen in den Zellmembranen registriert. Der ganze Vorgang ist mit der auf das Aggregationszentrum ausgerichteten chemotaktischen Bewegung gekoppelt. Weitere Einzelheiten hierzu finden sich in der im Anhang 2 angegebenen Literatur.

Wenn der Inhalt eines geschlossenen Reaktionssystems während des Reaktionsablaufs nicht

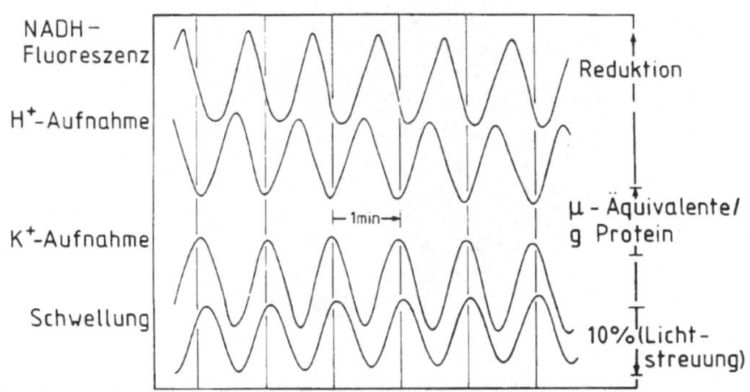



**Abb. 5.46** Response-Zeit-Diagramme der an oszillierenden Mitochondrien registrierten Prozesse (nach A. Boiteux B. Hess (1975))

intensiv durchmischt wird, kann der Stofftransport nur durch Diffusion erfolgen. Die Kopplung zwischen den chemischen Reaktionen und der relativ langsam ablaufenden Diffusion führt dann zur Ausbildung diskreter räumlicher Zonen- bzw. Schichtmuster. Diese Strukturen werden als *dissipative Strukturen* bezeichnet, weil sie nur durch Dissipation von Energie aufrecht erhalten werden können; sie können als Modellsysteme für die dynamische Kompartimentierung in lebenden Organismen betrachtet werden. Auch die Kompartimentierung in zellulären Systemen (vgl. z.B. Abb. 5.4) ist nicht statisch; sie wird ebenfalls durch ständigen Umsatz von Energie in ihrer funktionellen komplexen Form erhalten. Die Abb. 5.47 zeigt zwei Beispiele für zeitlich veränderliche dissipative Strukturen. In der linken Bildhälfte sind zwei im Verlauf der Belousov-Zhabotinsky-Reaktion zu beobachtende Konzentrationsmuster wiedergegeben. Zu Beginn der Reaktion

**Abb. 5.47** Beispiele für zeitlich veränderliche dissipative Strukturen. **a, b** BZ-Reaktion in dünner Schicht, (nach W. Geiseler. (1985)) **c, d** Hefe-Extrakt mit Glykolyse-Reaktion (nach A. Boiteux, B. Hess (1980))

überwiegen die von bestimmten, willkürlich verteilten Zentren ausgehenden Kreiswellen, die sich mit einer Geschwindigkeit von einigen Millimetern pro Sekunde ausbreiten (Abb. 5.47 a). Nach Störung der Kreiswellen (z.B. durch Schwenken des flachen Reaktionsgefäßes) können sich im weiteren Reaktionsverlauf neue, spiralförmige Wellen ausbilden (Abb. 5.47 b). Ähnliche dissipative Strukturen findet man auch bei der Beobachtung des zeitlichen Ablaufs der in einem Hefe-Extrakt ablaufenden Glykolyse-Reaktion (rechte Bildhälfte vom Abb. 5.47). Die Abb. 5.47 c und 5.47 d sind mit UV-Licht, das von NADH absorbiert wird, erhalten worden. Etwa 7 Minuten nach dem durch ATP-Injektion initiierten Reaktionsbeginn hat sich eine kreisförmige Zone um das Reaktionszentrum gebildet (Abb. 5.47 c). In den dunklen Zonen überwiegt die Konzentration des reduzierten Pyridinnukleotids. Nach 14 Minuten hat sich die Struktur des Bildes verändert (Abb. 5.47d). An die Stelle der scharfen Randzone ist ein äußerer Ring aus diskreten peripheren Segmenten mit überwiegender Konzentration an oxidiertem Pyridinnukleotid getreten. Bemerkenswert ist, daß die Signalausbreitung in diesem System mit einer über der Diffusionsgeschwindigkeit liegenden Ausbreitungsgeschwindigkeit vor sich geht.

Für einen einfachen Modellfall mit Kreissymmetrie konnten die Differentialgleichungen der zeitlich-räumlichen Ausbreitung einer Reaktanden-Spezies gelöst und als Computer-Graphik dargestellt werden (vgl. Abb. 5.48).

Die Konturen der in Abb. 5.47 wiedergegebenen dissipativen Strukturen sind naturgemäß nicht so scharf ausgeprägt wie die aus den Modellrechnungen ermittelten Konzentrationsprofile. Wesentlich ist hier nur, daß die experimentell an zwei verschiedenen Systemen beobachteten räumlichen Muster grundsätzlich auf die gleichen Ursachen zurückzuführen sind und daß diese Strukturen nur durch Energiedissipation aufrecht erhalten werden können.

Oszillatorische Phänomene und dissipative Strukturen sind im Zusammenhang mit autokatalytischen Reaktionen in neuerer Zeit eingehend untersucht worden, weil sie als Grundlage für Modellbetrachtungen zu Phänomenen der Aggre-

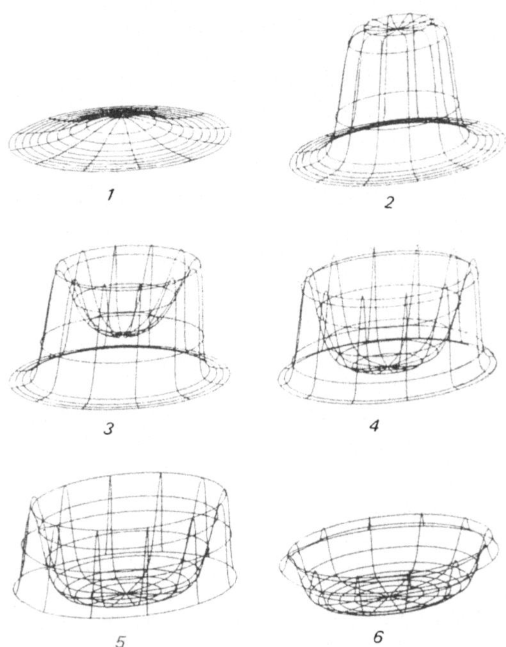

**Abb. 5.48** Computer-Simulation zeitabhängiger Konzentrationsprofile eines reagierenden Systems (Kreissymmetrie); die Ordinate gibt die jeweiligen Momentanwerte der Konzentration einer reagierenden Spezies im oszillatorischen Zyklus an. Die sechs Einzelabbildungen beziehen sich auf sechs äquidistante Zeitpunkte im Ablauf eines vollen Zyklus

gation, Selbstorganisation und der Differenzierung elementarer Strukturen eine wesentliche Rolle spielen können.

## 5.4 Photosynthese

### 5.4.1 Das grundlegende Konzept der Primär- und Sekundärprozesse und die Hintereinanderschaltung von Lichtreaktion und Dunkelreaktion

Nach der im Abschn. 5.1.1 angegebenen Gl. (5.1) wird Glucose unter Freisetzung von Sauerstoff in einer endergonischen Reaktion aus Kohlendioxid und Wasser gebildet. Der Energiebedarf dieser Reaktion wird durch Absorption aus der einfallenden Sonnenstrahlung gedeckt (vgl. Abb. 5.2). Die durch Gl. (5.1) beschriebene Bruttoreaktion läuft nach einem komplizierten Reaktionsschema in zahlreichen aufeinanderfolgenden Reaktionsschritten ab. Hill (1939) und Calvin und Benson (1948) haben gezeigt, daß sich der Gesamtprozeß der pflanzlichen Photosynthese funktionell in zwei auch räumlich getrennte Prozeßbereiche gliedern läßt.

Im ersten Bereich werden die für die nachfolgende Kohlenstoff-Fixierung benötigten Substanzen ATP (vgl. Abschn. 5.1.6) und NADPH (vgl. Abschn. 5.3.2) nach dem Bruttoreaktionsschema

$$2H_2O + 2NADP^+ + 3ADP^{3-}$$
$$+ 3HPO_4^{2-} + H^+$$
$$\xrightarrow{h\nu} 2O + 2NADPH + 3ATP^{4-} + 3H_2O$$

$$(5.676)$$

unter Aufnahme von Energie des Sonnenlichtes synthetisiert. Da bestimmte Teilschritte dieser Reaktion mit Photoprozessen gekoppelt sind, werden die Prozesse dieser Reaktionsfolge als *Primärprozesse* der Photosynthese bezeichnet. Diese Bezeichnung wird als Sammelbegriff für die in Gl. (5.676) zusammengefaßten Reaktionen oft verwendet, obwohl die meisten Teilreaktionen reine Dunkelprozesse sind. In Gl. (5.676) ist Wasser der natürliche Elektronendonator. Bestimmte photosynthetisierende Bakterien verwenden anstelle von Wasser organische Substanzen oder Schwefelverbindungen als Elektronendonatoren. Der Bereich der photosynthetischen Primärprozesse ist in einem Membransystem lokalisiert. Die Reaktionspartner sind in der Membran anisotrop

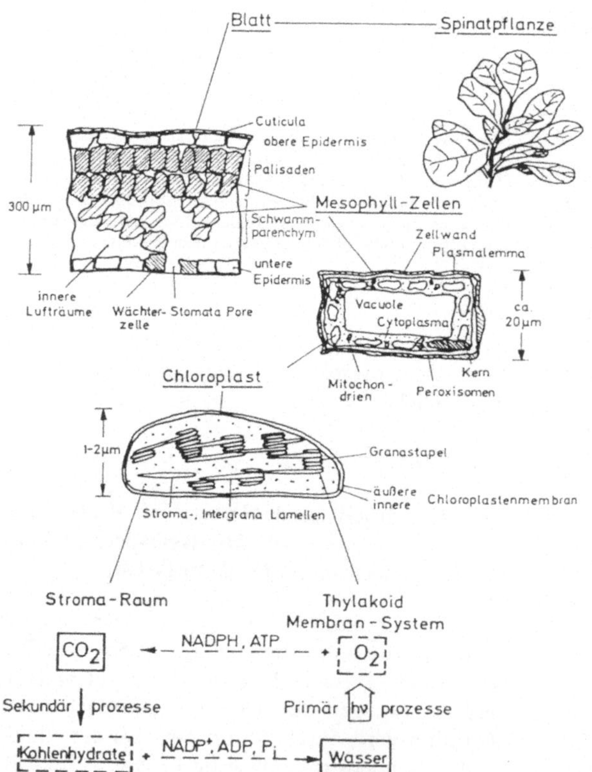



**Abb. 5.49** Vereinfachtes Schema der Gesamtorganisation des Photosynthese-Systems höherer Pflanzen (nach G. Renger, in: W. Hoppe et al. (1982))

angeordnet. Diese Anordnung ist eine wesentliche Voraussetzung für den vektoriellen Ablauf der Reaktionen, dem bei biologischen Energietransformationen eine zentrale Bedeutung zukommt (vgl. Abschn. 3.3.2 und Abschn. 5.2.7). In den pflanzlichen Organismen ist das funktionelle Membransystem der photosynthetischen Primärprozesse in den durch Intergrana-Lamellen verknüpften Grana-Stapeln der Chloroplasten angeordnet. Die Membranen dieses Membransystems werde nach Menke (1962) als Thylakoidmembranen bezeichnet.

Die Einordnung der Chloroplasten in die strukturelle Gesamtorganisation der höheren Pflanzen ist aus der Abb. 5.49 ersichtlich. Ein Nachweis für die funktionelle Zuordnung des Thylakoidsystems ergab sich aus der bei Zusatz künstlicher Elektronenakzeptoren (z. B. $K_3[Fe(CN)_6]$) an isolierten Thylakoidmembran-Präparaten gemessenen lichtinduzierten Sauerstoff-Bildung, deren Rate mit in vivo-Werten vergeichbar ist (Hill-Reaktion, 1939). Später konnte gezeigt weden, daß isolierte Thylakoidsysteme auch die Reduktion von $NADP^+$ und eine lichtinduzierte Phosphorylierung ermöglichen. Der Thylakoidmembranbereich läßt sich also ohne Verlust wesentlicher biologischer Aktivitäten von den übrigen Komponenten des Chloroplastensystems abtrennen. Wie die meisten biologischen Membranen (vgl. Abschn. 3.3) ist die Thylakoidmembran ein komplexes Vielkomponentensystem. Zur Aufkärung des Zusammenwirkens der verschiedenartigen Membrankomponenten in dem durch Gl. (5.676) beschriebenen Gesamtprozeß müssen deshalb grundsätzlich verschiedene Methoden eingesetzt werden. Mit chemischen und molekularbiologischen Methoden können Aussagen über den molekularen Aufbau der verschiedenen Membranbestandteile gewonnen werden. Modellvorstellungen zur räumlichen Anordnung der Membrankomponenten in der Thylakoidmembran können aufgrund von Ergebnissen der Röntgenstrukturanalyse und der Elektronenmikroskopie entwickelt werden. Zur Untersuchung der Funktionsmechanismen werden neben anderen Relaxationsverfahren vor allem blitzlichtspektrometrische und blitzlichtamperometrische Verfahren eingesetzt. Die mit diesen Methoden erzielten Ergebnisse werden in den folgenden Abschnitten diskutiert.

Die für die Synthese lebenswichtiger Substanzen unerläßliche Kohlenstoff-Fixierung findet im zweiten Bereich des pflanzlichen Photosynthese-Systems statt. Dieser Bereich ist als Stromabereich (vgl. Abb. 5.49) zwischen der inneren Chloroplastenmembran und den Thylakoiden fixiert. In der wäßrigen Phase des Stromabereichs erfolgt die durch wasserlösliche Enzyme katalysierte Bildung einer Kohlenhydrateinheit ($-CH_2O-$) nach dem Bruttoreaktionsschema

$$CO_2 + 2NADPH + 3ATP^{4-} + 2H_2O$$
$$\rightarrow -CH_2O- + 2NADP^+ + 3ADP^{3-}$$
$$+ 3HPO_4^{2-} + H^+, \qquad (5.677)$$

wobei der Energiebedarf der endergonischen Kohlenhydratsynthese durch die exergonische ATP-Hydrolyse (vgl. Abschn. 5.1.6 und Abschn. 5.2.2) gedeckt wird. Für die Teilreaktionen der in Gl. (5.677) zusammengefaßten Reaktionsfolge wird kein Licht benötigt. Diese den photochemischen Prozessen nachgeschalteten Reaktionen werden als *Sekundärprozesse* der Photosynthese bezeichnet. Wichtige Teilprozesse der enzymatisch katalysierten Kohlendioxid-Reduktion sind von Calvin und Benson 1948 durch Anwendung von $^{14}C$-Isotopenmarkierungsmethoden aufgeklärt worden. Wesentliche Aspekte dieser Teilreaktionen werden im Abschn. 5.4.8 erläutert. Bei der Charakterisierung der photosynthetischen Sekundärprozesse hat man zwei Pflanzentypen, die als C-3-Pflanzen bzw. C-4-Pflanzen bezeichnet werden, zu unterscheiden. In den C-3-Pflanzen wird Kohlendioxid unter Bildung von zwei 3-Phosphoglycerat-Molekülen in Ribulose-1,5-diphosphat eingebaut. In den C-4-Pflanzen entstehen als erste Produkte der Kohlendioxid-Fixierung $C_4$-Dicarbonsäuren (Oxalessigsäure, Äpfelsäure und Asparaginsäure), und die weiteren Schritte der Kohlenhydratsynthese können in diesen Pflanzen nur durch Kooperation verschiedener Zelltypen realisiert werden.

Voraussetzung für den Ablauf der photosynthetischen Primärprozesse ist die Absorption von Lichtquanten durch das Reaktionssystem. Die absorbierten Lichtquanten müssen die zum Antrieb der Reaktion erforderliche Energie besitzen; sie müssen nicht durch direkte Absorption von den Reaktionspartnern aufgenommen werden. Die Anregungsenergie kann auch indirekt von einem nicht an der chemischen Umsetzung beteiligten Absorbermolekül A aufgenommen und von dem angeregten Absorbermolekül A* auf den eigentlichen Reaktionspartner C übertragen werden. Der angeregte Reaktionspartner C* reagiert dann mit einem zweiten Reaktionspartner R zu einem Produkt P, so daß sich für diese photosensibilisierte Reaktionsfolge ein Dreischritt-Mechanismus nach dem Schema

$$A + h\nu \rightarrow A^* \tag{5.678}$$

$$A^* + C \rightarrow A + C^* \tag{5.679}$$

$$C^* + R \rightarrow P \tag{5.680}$$

ergibt. Tatsächlich stellen die Primärprozesse der pflanzlichen Photosynthese eine komplexe photosensibilisierte Reaktionsfolge mit anisotroper Anordnung der Reaktionspartner in der Thylakoidmembran dar. Dabei sind fünf Prozeßtypen zu unterscheiden:

1. Energieleitungsvorgänge im Pigmentsystem, bei denen Energie in Form angeregter Elektronenzustände weitergeleitet und auf Reaktionszentren übertragen wird.
2. Photochemische Prozesse, bei denen ein angeregter Elektronenzustand eine Ladungstrennung bewirkt.
3. Elektronenübertragungsprozesse, die zu Redoxreaktionen führen.
4. Erzeugung von Gradienten des elektrochemischen Potentials durch vektoriellen Ladungstransport.
5. Phosphorylierung (Bildung von ATP aus ADP und $P_i$).

Alle photosynthetisch aktiven Zellen enthalten eines oder mehrere der zur Lichtabsorption befähigten Pigmente. Sichtbares Licht ist elektromagnetische Strahlung mit Wellenlängen von 400 bis 800 nm. Aus dem im Abschn. 1.1.1 erläuterten Welle-Teilchen-Dualismus folgt, daß jeder Lichtwellenlänge $\lambda$ nach Gl. (1.11) und Gl. (1.13) ein Photonen-Energiequant der Größe $h\nu$ zuzuordnen ist. Eine Einstein-Einheit gibt die in $6{,}023 \cdot 10^{23}$ Lichtquanten enthaltene Energie an.

Die Größe dieser Energie liegt im sichtbaren Bereich zwischen 168 und 302 kJ. Dabei haben die kurzwelligen Photonen am violetten Ende des sichtbaren Spektrums den größten Energieinhalt. Diese Energie ist wesentlich größer als die zur Bildung von einem Mol ATP aus ADP und Phosphat benötigte Energie, die unter thermodynamischen Standardbedingungen etwa 30 kJ beträgt. Die Fähigkeit eines molekularen Systems, Photonen zu absorbieren, ist auf seine atomare Struktur und die dadurch bedingte relative Lage der Elektronen-Energieniveaus (vgl. Abschn. 1.1.4) zurückzuführen. Treffen Photonen auf ein Molekül, das zur Absorption von Licht der gegebenen Wellenlänge befähigt ist, so wird die Photonenenergie von einigen anregbaren Elektronen des Moleküls aufgenommen. Dabei gehen diese Elektronen in einen energiereichen angeregten Zustand über. Diese Anregung erfolgt nach dem Alles-oder-Nichts-Prinzip; d.h. die Energie wird nur in diskreten Quanten absorbiert. Für die Anregung wird nur eine sehr kurze Zeitspanne von weniger als $10^{-15}$ Sekunden benötigt. Das Elektron kann die Anregungsenergie auf verschiedene Weise wieder abgeben. Eine Möglichkeit zur Energieabgabe bietet der strahlungslose Übergang auf ein tiefer liegendes Energieniveau unter Abgabe von Wärme oder die Emission von Licht- bzw. Strahlungsenergie. Erfolgt die Emission von Licht nach einem strahlungslosen Übergang, bei dem ein Teil der Anregungsenergie in Wärme umgewandelt wurde, so ist die Wellenlänge des emittierten Lichtes größer als die Wellenlänge des Anregungslichtes. In diesem Falle wird die Lichtemission als Fluoreszenz bezeichnet. Die Fluoeszenzemission angeregter Moleküle ist ein wichtiges methodisches Hilfsmittel zum Nachweis bestimmter Molekülarten bei der Anwendung biochemischer Trenn- und Analyseverfahren. Die für die Photosynthese wichtigste Form der Energieabgabe elektronisch angeregter Moleküle ist die Energieübertragung auf ein anderes Molekül im Ablauf einer lichtinduzierten chemischen Reaktion. Dabei kann das angeregte Molekül nicht nur Energie abgeben, sondern auch ein Elektron auf den Reaktionspartner übertragen.

Das wichtigste Pigment, dem eine zentrale Funktion in allen photosynthetisierenden Orga-

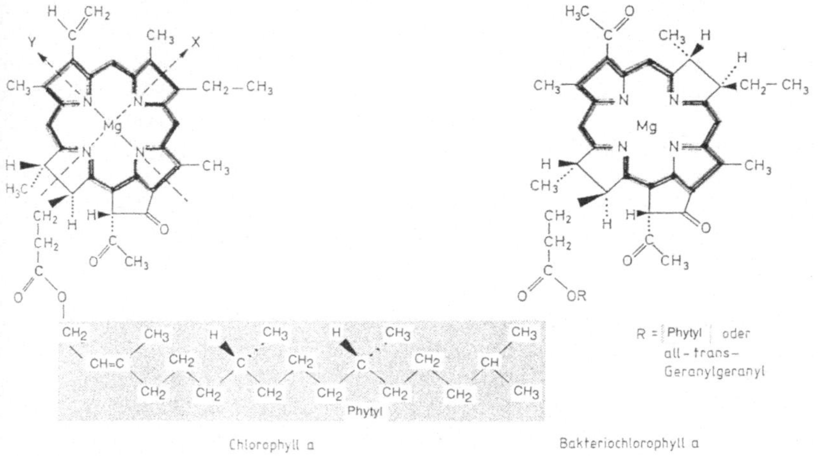

**Abb. 5.50** Strukturformeln von Chlorophyll a und Bakteriochlorophyll a

nismen zuzuschreiben ist, ist das Chlorophyll. Es bildet den Kern der Reaktionszentren, in denen elektronische Anregungsenergie in elektrochemische freie Enthalpie umgewandelt wird. In der Abb. 5.50 sind die Strukturformeln von Chlorophyll a und Bakteriochlorophyll a wiedergegeben. Chlorophyll b unterscheidet sich von Chlorophyll a nur dadurch, daß an dem oberen Ring in Abb. 5.50 die Methylgruppe durch eine Aldehydgruppe ersetzt ist. Das konjugierte $\pi$-Elektronensystem der Chlorophyllmoleküle ist in den Strukturformeln durch starke Bindungsstriche hervorgehoben. Im Bakteriochlorophyll ist das Konjugationssystem durch Reduktion einer Doppelbindung in dem bereits genannten Pyrrolring eingeschränkt. Daraus ergeben sich signifikante Unterschiede in den Absorptionsspektren von Chlorophyll a und Bakteriochlorophyll a.

Chlorophyll a bildet den photochemisch aktiven Baustein in den Reaktionszentren aller $O_2$-bildenden Algen, in den höheren Pflanzen und in den Cyanobakterien. Bakteriochlorophylle haben diese Funktion in den photosynthetisierenden Bakterien.

Durch die $\pi\pi^*$-Übergänge der $\pi$-Elektronen des Chlorophyllsystems sind starke Absorptionsbanden im blauen und roten bzw. infraroten Spektralbereich bedingt. Bis jetzt ist noch nicht geklärt, ob auch $n\pi^*$-Übergänge, die bei Molekülen mit nichtbindenden besetzten Orbitalen von Heteroatomen in Betracht gezogen werden müssen, für die Photosynthese von Bedeutung sind. Die Art der Abgabe von elektronischer Anregungsenergie wird bei Chlorophyllmolekülen in charakteristischer Weise durch den Aggregationszustand der Moleküle beeinflußt.

Bei der Diskussion von Übergängen zwischen den Elektronenenergieniveaus von Molekülen muß die *Multiplizität* dieser Energiezustände beachtet werden. Diese Multiplizität ergibt sich aus der weitgehenden energetischen Gleichheit (*Entartung*) verschiedener Elektronenspinzustände, die einem Elektronenenergiezustand zuzuordnen sind. Fast alle stabilen organischen Moleküle besitzen eine gerade Zahl von Elektronen, deren Spins im Grundzustand paarweise antiparallel orientiert sind (vgl. Abschn. 1.1.4). Für diese Spinanordnung mit der Gesamtspinquantenzahl $S = 0$ gibt es nur eine Realisierungsmöglichkeit (Singulett-Zustand mit der Multiplizität 1). Bei angeregten Elektronenzuständen dieser Moleküle sind auch Spinanordnungen mit ungepaarten Elektronen und dementsprechend von Null verschiedenen Gesamtspinquantenzahlen möglich. Für diese Elektronenzustände gibt es mehrere energetisch weitgehend entartete Realisierungsmöglichkeiten (Multiplizität > 1). Die Multiplizität eines Zustandes mit der Gesamtspinquantenzahl S ist durch 2S + 1 gegeben. Bei Molekülen mit gerader Elektronenzahl treten neben den Singulett-Zuständen vor allem noch Zustände mit zwei parallel orientierten Elektronenspins und der Gesamtspinquantenzahl S = 1 (Triplett-Zustände mit der Multiplizität 3) auf. Das wichtigste zweiatomige Molekül mit einem Triplett-Grundzustand ist das im Abschn. 1.1.4 bereits erwähnte Sauerstoff-Molekül, das mit Molekülen in angeregten Triplettzuständen besonders leicht reagiert. Zu den strengsten Übergangsverboten für die mit der Aufnahme oder Abgabe von Lichtquanten verbundenen „optischen" Übergange zwischen zwei Energieniveaus eines Elektronensystems zählt das *Spinverbot*, nach dem sich die Multiplizität bei einem optischen Übergang nicht ändern darf. Dieses Übergangsverbot wird durch die mit der Kernladungszahl stark zunehmende Spin-Bahn-Kopplung gelokkert. In Molekülen, die schwere Atome (z. B. Schwefel, Phosphor, Metalle oder Halogene) enthalten, sind auch optische Übergänge zwischen Singulett- und Triplett-Zuständen möglich. Die Abb. 5.51 zeigt ein vereinfachtes Energietermschema (Jablonski-Diagramm) für ein Molekül mit verschiedenen Übergangsmöglichkeiten. Optische Übergänge sind durch gerade Pfeile gekennzeichnet. Die Pfeile mit Schlangenlinien markieren strahlungslose Übergänge, die für ein Termsystem

mit vorgegebener Multiplizität auch als „innere Umwandlungen" (*internal conversion*) bezeichnet werden. Der Übergang aus dem Singulett-System in das Triplett-System wird als *intersystem crossing* bezeichnet. Die durch Aufnahme von Lichtquanten anzuregenden Übergänge besitzen unterschiedliche Übergangswahrscheinlichkeiten, die ihren Ausdruck in der unterschiedlichen Größe des durch Gl. (4.68) definierten molaren Extinktionskoeffizienten $\varepsilon$ finden. Während spinerlaubte $\pi\pi^*$-Übergänge molare Extinktionskoeffizienten von $10^3$ bis $10^5$ l mol$^{-1}$cm$^{-1}$ haben, liegen die $\varepsilon$-Werte für spinverbotene $S_0$-$T_1$-Übergänge etwa bei $10^{-3}$ l mol$^{-1}$cm$^{-1}$. Auch die Extinktionskoeffizienten für n$\pi^*$-Übergänge sind wegen der geringen Orbitalüberlappung der nichtbindenden n-Orbitale mit den $\pi^*$-Orbitalen nur relativ klein ($\varepsilon \simeq 10^{-2}$ l mol$^{-1}$cm$^{-1}$).

Die Besetzungszahl $n_k$ eines angeregten Zustandes $\psi_k$ wird durch die verschiedenen photophysikalischen und photochemischen Prozesse, die aus diesen Zuständen herausführen, verringert. Für die Reaktionsgeschwindigkeiten $v_i$ dieser Prozesse gelten im allgemeinen Geschwindigkeitsgesetze erster Ordnung (vgl. Abschn. 5.3.1). Es gilt also die Beziehung

$$v_i = k_i n_k , \qquad (5.681)$$

in der $k_i$ die Geschwindigkeitskonstante des betreffenden Prozesses darstellt. Man definiert die „Ausbeute" $\Phi_i$ des i-ten Prozesses als denjenigen

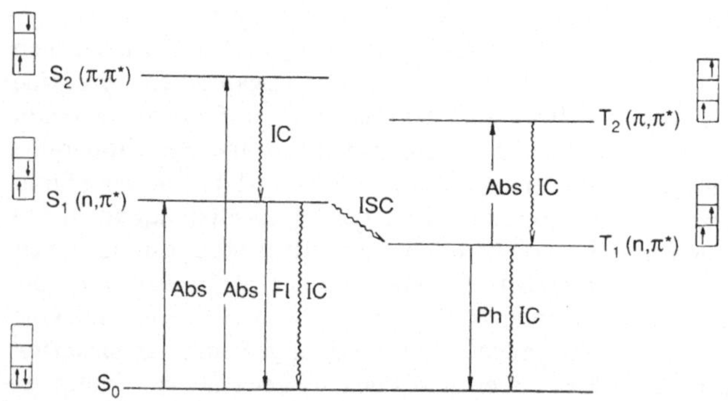



**Abb. 5.51** Jablonski-Diagramm für ein Molekül mit einem n$\pi^*$-Übergang als niederenergetischem Übergang. Der Spinzustand ist durch ein Pfeilschema charakterisiert. (Abs: Absorption, Fl: Fluoreszenz, Ph: Phosphoreszenz, IC: internal conversion, ISC: intersystem crossing)

Bruchteil des gesamten Desaktivierungsprozesses, der über den „Kanal" i abläuft, durch die Gleichung

$$\Phi_i = \frac{k_i}{\sum_j k_j} \,. \tag{5.682}$$

Wird der Zustand $\psi_k$ durch Absorption von einem Lichtquant je Molekül besetzt, so ist $\Phi_i$ die *Quantenausbeute* des i-ten Prozesses. Für eine photochemische Primärreaktion ist also immer $\Phi_i \leq 1$. Bei photochemisch initiierten Kettenreaktionen kann dagegen die Zahl der Produktmoleküle sehr viel größer sein als die Zahl der in diesem Falle nur als Starter wirkenden Photonen. Ein angeregter Zustand ist besonders langlebig, wenn bei tieferen Energien des Termschemas nur Zustände anderer Multiplizität liegen.

Aus den höheren Anregungszuständen der Chlorophyllmoleküle gehen die Elektronen im Picosekundenbereich strahlungslos auf das Niveau des niedrigsten angeregten Singulett-Zustandes über. Dieser Zustand besitzt für monomeres Chlorophyll in Lösung eine mittlere Lebensdauer von etwa 5 Nanosekunden. Die Energieabgabe aus diesem Zustand erfolgt zu etwa einem Drittel durch optischen Übergang in den Grundzustand (Fluoreszenz) und zu zwei Dritteln durch Übergang in den niedrigsten Triplett-Zustand (intersystem crossing, $k_{ISC} = 13 \cdot 10^8\,\mathrm{s}^{-1}$). Strahlungslose Übergänge in den Grundzustand sind für monomeres Chlorophyll praktisch ohne Bedeutung. In den Chlorophyllaggregaten überwiegt dagegen der strahlungslose Abbau, während die Fluoreszenz- und Triplettausbeute nur gering sind. Chlorophyll emittiert wegen der sehr schnellen Relaxation der höheren Anregungszustände nur im roten Spektralbereich. Auch die photochemischen Reaktionen gehen von dem niedrigsten angeregten Singulett- oder Triplett-Zustand aus. Bei der Photosynthese in lebenden Organismen erfolgen die Photoredoxreaktionen direkt aus dem niedrigsten angeregten Singulett-Zustand. Für Reaktionen in vitro spielt dagegen auch der niedrigste angeregte Triplett-Zustand aufgrund seiner größeren Lebensdauer eine wichtige Rolle. Da im angeregten Elektronenzustand des Chlorophyllsystems ein Elektron abgegeben oder aufgenommen werden kann, sind die Chlorophylle und deren als *Phäophytine* bezeichnete Mg-freie Derivate im gelösten Zustand sowohl an Photoreduktionen als auch an Photooxidationen beteiligt. In den photosynthetischen Reaktionszentren der Organismen werden die reaktiven Eigenschaften der Chlorophylle durch die spezifische Einbindung in eine Proteinmatrix determiniert.

Chlorophyllmoleküle bilden aufgrund der Donoreigenschaften der Carbonylgruppen und der Akzeptorwirkung von $Mg^{2+}$ mit geeigneten Liganden und auch untereinander Komplexe, da die zentrale $Mg^{2+}$-Einheit in der Chlorophyllstruktur koordinativ ungesättigt ist. In unpolaren Lösungsmitteln tendiert Chlorophyll zur Bildung von Aggregaten, in denen die Cyclopentanon-Carbonylgruppe eines Moleküls mit der Mg-Einheit eines anderen Chlorophyllmoleküls verknüpft ist. Dagegen werden in polaren Lösungsmitteln entweder Komplexe zwischen dem Lösungsmittel und monomerem Chlorophyll a oder oligomere Addukte mit Verbrückung durch bifunktionelle polare Liganden (z.B. Wasser) gebildet. Als spezielle Form dieser Brückenaddukte mit Modellcharakter für photosynthetische Reaktionszentren sind Dimerkomplexe des Chlorophylls besonders eingehend untersucht worden. Neuere Untersuchungen haben gezeigt, daß fast das gesamte Chlorophyll der photosynthetisierenden Organismen an Proteine gebunden ist. Die verschiedenen Chlorophyll-Protein-Komplexe besitzen unterschiedliche spektrale Eigenschaften. Im allgemeinen führt diese Komplexbildung zu einer Rotverschiebung der längerwelligen Absorptionsbande gegenüber den Spektren der unkomplexiert gelösten Chlorophyllmoleküle. Die Abb. 5.52 zeigt die Absorptionsspektren einiger nicht komplexierter Chloroplastenpigmente für den gelösten Zustand.

Zur besseren spektralen Ausnutzung der Photonenenergie des Sonnenlichtes ist das Pigmentsystem der photosynthetisierenden Organismen mit *Akzessorpigmenten* (Phycobilinen, Carotinoiden und Chlorophyll b) ausgestattet. Zwischen den verschiedenen Pflanzen- bzw. Algenarten bestehen große Unterschiede in der Akzessorpigmentzusammensetzung. Braunalgen enthalten meist Chlorophyll c und das Carotinoid

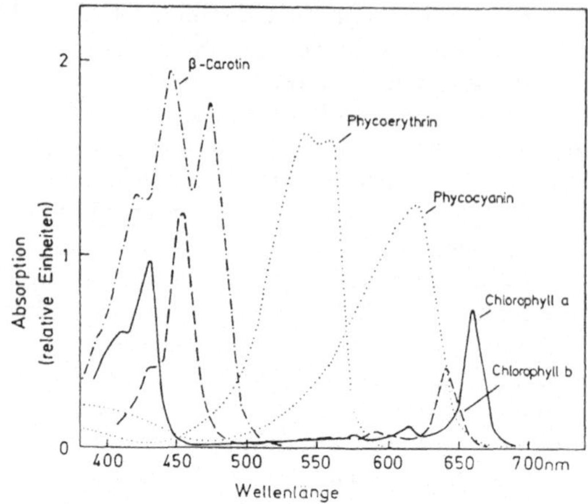



**Abb. 5.52** Absorptionsspektren gelöster Proben von Chloroplastenpigmenten. Die Phycobilin-Spektren gelten für Phycoerythrin aus der Rotalge Porphyridium cruentum und für Phycocyanin aus der Blaualge Nostoc muscorum (Nach F.P. Zscheile, C.A. Comar (1941) und P.O'Carra, C. O'Heocha in: T.W. Goodwin (1966))

Fucoxanthin. Rot- und Blaugrünalgen besitzen vorwiegend Phycobiline (Phycoerythrin und Phycocyanin) und Carotinoide (α- und β-Carotin, Lutein und Violaxanthin). In Grünalgen und allen höheren Pflanzen treten Chlorophyll b und Carotinoide (α- und β-Carotin, Lutein und Violaxanthin) als Akzessorpigmente auf. Die Akzessorpigmente absorbieren das Licht überwiegend in den Wellenlägenbereichen, in denen die Chlorophyll a-Absorption nur sehr schwach ist und leiten die aufgenommene Energie über das Chlorophyll a des Antennenpigmentsystems (s.u.) an das photochemisch aktive Reaktionszentrum weiter. Die Absorptionsspektren der Phycobiline verschiedener Organismen zeigen keine völlige Übereinstimmung in der Lage und Intensität der Absorptionsbanden. In der Abb. 5.52 sind als Beispiele die Absorptionsspektren von Phycoerythrin aus der Rotalge Porphyridium cruentum und von Phycocyanin aus der Blaualge Nostoc muscorum wiedergegeben.

Für eine verlustarme Weitergabe der elektronischen Anregungsenergie ist es wichtig, daß die Bildung von Chlorophyllaggregaten, die als dissipative Energiesenken des Pigmentsystems

wirken könnten, vermieden wird. Mit den Methoden der Raman-Spektroskopie konnte gezeigt werden, daß hierzu eine spezielle Komplexierung der Antennenpigmentchlorophyllmoleküle erfolgt. Dabei ist das Mg-Zentrum monomerer Chlorophyllmoleküle sehr wahrscheinlich mit Wasser als Ligand verknüpft, während die Carbonylgruppe des Cyclopentanonringes im Chlorophyll a bzw. die Formylgruppe im Chlorophyll b mit spezifischen Proteingruppen assoziiert sind. Durch Untersuchungen an Modellsystemen, die ein kovalent an Tetraarylporphin gebundenes Carotinoid enthalten, konnte gezeigt werden, daß eine starke π-Elektronen-Wechselwirkung zwischen dem Carotinoidsystem und dem Porphyrinring wesentlich für einen wirksamen Triplett-Triplett-Energietransfer ist. Diese starke Wechselwirkung ist wegen der extrem kurzen Lebensdauer der angeregten Carotinoid-Singulett-Elektronenzustände auch für den Singulett-Singulett-Energietransfer vom Carotinoid zum Chlorophyll erforderlich. Daraus ist zu schließen, daß die Proteinmatrix der Antennenpigmente für die Realisierung der funktionell wichtigen π-Elektronen-Wechselwirkung eine wesentliche Rolle spielt.

## 5.4.2 Energiewanderung in den Antennenpigmentsystemen

Die Absorption von Lichtquanten durch die Thylakoidpigmente ist der schnellste Elementarprozeß der Photosynthese. Die natürlichen Quantenflußdichten sind sehr unterschiedlich. Eine hohe Effizienz unter Vermeidung von Überlastungen wird durch Pigmentsysteme gewährleistet, die sowohl eine Antennenfunktion als auch eine Schutzfunktion erfüllen. Emerson und Arnold haben 1932 durch blitzlichtmanometrische Messungen der Sauerstoff-Bildung an Algen die Existenz eines Antennenpigmentsystems nachgewiesen. Bei Anregung durch kurze Blitze mit einer Blitzdauer von weniger als 10 μs und einem Dunkelabstand von jeweils 500 ms steigt die Sauerstoffausbeute pro Blitz zunächst linear mit der Blitzintensität an und erreicht bei höheren Intensitäten einen Sättigungswert. Maximal kann ein Sauerstoffmolekül pro Blitz und pro 2000 bis

2500 Chlorophyllmoleküle gebildet werden. Daraus folgt, daß nur etwa 0,05% aller im Membransystem vorhandenen Chlorophyllmoleküle an den photochemischen Reaktionen beteiligt sind. Das Minimum des Quantenbedarfs liegt bei 8 bis 10 hv je Sauerstoff-Molekül. Unter der Voraussetzung, daß ein 10 µs-Blitz nur einen Reaktionsumsatz in einem Reaktionszentrum induzieren kann, haben Gaffron und Wohl 1936 die Existenz von Funktionseinheiten, die aus etwa 250 Absorberchlorophyllmolekülen und einem photochemisch aktiven Reaktionszentrum aufgebaut sind, postuliert. Die überwiegende Anzahl der Chlorophyllmoleküle dient nach diesem Modell zur Lichtquantenabsorption und zur Energieleitung. Nur ein kleiner Bruchteil ( < 0,1%) der vorhandenen Chlorophyllmoleküle bildet die Reaktionszentren für die photochemischen Prozesse, während alle übrigen Chlorophyllmoleküle zusammem mit den Akzessorpigmenten als Antennenpigmentsystem für ein Reaktionszentrum wirken. Üblicherweise wird die aus einem photochemisch aktiven Reaktionszentrum und dem Antennenpigmentsystem bestehende Funktionseinheit als *photosynthetische Einheit* bezeichnet. Diese Einheit ist jedoch nicht die universelle Funktionseinheit aller Prozesse des Thylakoidmembranbereiches. Vielmehr wirkt das gesamte Thylakoid als Funktionseinheit für die Ionentransferprozesse und für die Phosphorylierung. Man kann die photosynthetische Einheit als ein Molekülgitter der Antennenpigmente mit einer vom Reaktionszentrum gebildeten Energiesenke auffassen. Wird an irgendeinem Pigmentmolekül dieser Einheit durch Lichtabsorption ein elektronischer Anregungszustand erzeugt, so wird dieser Anregungszustand mit einer bestimmten Wahrscheinlichkeit zum Reaktionszentrum weitergeleitet und dort aufgefangen.

Bei Aggregaten mit einer festkörperähnlichen Struktur hat man grundsätzlich zwei Typen von Energieleitungsmechanismen zu unterscheiden. Der erste Energieleitungstyp wird als Resonanz- oder Exzitonentransfer bezeichnet. Bei dieser Art von Energieleitung wandert der Anregungszustand in Form eines spingekoppelten Elektron-Defektelektron-Paares durch Resonanzeffekte durch das Gitter (Energieleitung ohne korrespondierenden Masse- und Ladungstransport). Die elektronischen Anregungszustände von Molekülkristallen werden durch *Exzitonen* beschrieben. Nach der Stärke der Kopplung zwischen dem angeregten Elektron und dem Rest des molekularen Systems unterscheidet man schwach gebundene Wannier-Exzitonen mit Quasiteilchen-Eigenschaften und stark gebundene Frenkel-Exzitonen mit Eigenschaften, die den Eigenschaften des molekularen Anregungszustandes ähnlich sind. Beim Auftreten von Frenkel-Exzitonen bleibt das Spektrum in der Regel unverändert erhalten, sofern nicht bei kohärenter Verteilung von Frenkel-Exzitonen über mehrere Moleküle eine *Dawydow-Bandenaufspaltung* auftritt (vgl. Literaturhinweis im Anhang 2). Die stark beweglichen Wannier-Exzitonen führen dagegen zum Auftreten neuer Banden im Spektrum der Molekülkristalle, die im Spektrum gasförmiger Proben nicht beobachtet werden.

Der zweite Energieleitungstyp entspricht einer Energieleitung mit korrespondierendem Masse- und Ladungstransport. Der elektronische Anregungszustand führt dabei zur Bildung von Elektronen und Defektelektronen, die im Leitungsband (vgl. Literaturhinweis im Anhang 2) delokalisiert sind. Dieser Energieleitungstyp ist mit einer Photoleitfähigkeit verbunden, da sich bei Photo-Anregung die Zahl der Ladungsträger im Molekülgitter vergrößert.

Im Antennenpigmentsystem erfolgt die Energieleitung in vivo mit großer Wahrscheinlichkeit durch Exzitonentransfer. Dies ergibt sich aus der hohen Quantenausbeute und aus der auch bei sehr tiefen Temperaturen hohen Effizienz des Energietransfers sowie aus direkten Messungen der lichtinduzierten Bildung von Ladungen und deren Hall-Beweglichkeiten (vgl. Literaturhinweis im Anhang 2), die ergeben haben, daß diese Ladungen in ihrer Konzentration annähernd mit der Zahl und in der Separationslänge von ca. 3 nm mit der Größe des Pigment-Protein-Komplexes übereinstimmen. Daraus folgt, daß die lichtinduzierte Ladungserzeugung fast ausschließlich an den Reaktionszentren stattfindet. Bei Photoleitung müßte der Ladungstransfer praktisch verlustfrei verlaufen, um die hohe Energietransfer-Effizienz zu erreichen. Außerdem ist zu beachten, daß die Aktivierungsenergie der Photoleitung 0,1 bis 0,3 eV beträgt, was mit der hohen Energietransfer-Effizienz bei einer Temperatur von 1 K nicht zu vereinbaren ist.

Neben der sich aus den unterschiedlichen Spinmultiplizitäten der Anregungszustände ergebenden Unterscheidung zwischen Triplett-Triplett-Energietransfer und Singulett-Singulett-Energietransfer hat man bei der Diskussion von Mechanismen des Resonanzenergietransfers angeregter Elektronenzustände die relative Größe der Wechselwirkungsenergie zwischen den am Übertragungsprozeß beteiligten Molekülen zu beachten. Daraus ergibt sich eine Unterscheidung zwischen Übertragungssystemen mit delokalisierten Exzitonen und Übertragungssystemen mit lokalisierten Exzitonen. Ein System mit delokalisierten Exzitonen liegt vor, wenn für einen Singulett-Singlett-Transfer die genannte Wechselwirkungsenergie wesentlich größer ist als die Franck–Condon-Bandbreite des entsprechenden elektronischen Überganges in der Gasphase (vgl. Literaturhinweis im Anhang 2). Dann erfolgt der Energietransfer zwischen zwei Molekülen schneller als oder ebenso schnell wie die Relaxation der Schwingungszustände des angeregten Elektronenzustandes. Der angeregte Elektronenzustand ist dann über das gesamte Antennenpigmentsystem verteilt und durch eine mittlere Aufenthaltswahrscheinlichkeit charakterisiert. Wenn die molekulare Wechselwirkungsenergie beim Singulett-Singulett-Transfer kleiner als die Franck-Condon-Bandbreite ist, so erfolgt ein relativ langsamer Energietransfer erst nach der Relaxation der Schwingungszustände des angeregten Elektronenzustandes. Der angeregte Elektronenzustand ist dabei jeweils an einem bestimmten Molekül fixiert und wandert nach den Gesetzen des Zufalls von Molekül zu Molekül durch das Antennenpigmentsystem (Förster-Mechanismus, vgl. Literaturhinweis im Anhang 2). Die Transferwahrscheinlichkeit $k_{DA}$ ist in diesem Falle durch das Überlappungsintegral der Absorptionsbande des Akzeptormoleküls A und der Emissionsbande des Donatormoleküls D bestimmt; sie ist dem Kehrwert der sechsten Potenz des Molekülabstandes R proportional. Dementsprechend gilt die Beziehung

$$k_{DA} = \frac{\text{const}}{\tau_0 R^6} \int \varepsilon_A(\nu)\, f_D(\nu)\, \frac{d\nu}{\nu^4}, \qquad (5.683)$$

in der $\varepsilon_A$ der Absorptionsbande von A und $f_D$ der Fluoreszenzbande von D zugeordnet ist. Das Symbol $\tau_0$ bezeichnet die natürliche Lebensdauer des Anregungszustandes, die für Chlorophyll a etwa 15 ns beträgt. Durch den Ausdruck

$$\text{const} \cdot \int \varepsilon_A(\nu)\, f_D(\nu)\, \frac{d\nu}{\nu^4} = R_0^6 \qquad (5.684)$$

ist ein kritischer Abstand $R_0$ definiert. Der Mittelwert $\overline{R_0}$ charakterisiert den Abstand, bei dem die Geschwindigkeiten für den Energietransfer zum Akzeptormolekül und für den nicht an den Transfer gekoppelten Abbau des Anregungszustandes im Donatormolekül gleich groß sind. Für Chlorophyll a variieren die unter verschiedenen Bedingungen ermittelten $\overline{R_0}$-Werte zwischen 4 nm und 10 nm.

Eine hohe Wirksamkeit der Primärprozesse läßt sich nur erreichen, wenn ein möglichst hoher Anteil der absorbierten Lichtquanten bei nahezu vollständiger spektraler Ausnutzung zum Reaktionszentrum gelangt und wenn eine gut angepaßte Verteilung der Anregungsenergie auf die beiden in Serie geschalteten Photosysteme (vgl. Abschn. 5.4.3) eingestellt wird. Die hohe spektrale Ausnutzung des einfallenden Lichtes wird durch das Antennenpigmentsystem erreicht. Bei geringen Lichtintensitäten unterhalb $10^{-5}\,\text{W cm}^{-2}$ werden die Lichtquanten nahezu vollständig zum Reaktionszentrum geleitet. Dadurch wird der auf das reaktive Zentrum bezogene Lichtquanten-Einfangquerschnitt um etwa zwei Größenordnungen erhöht. Die im Abschn. 5.4.3 genauer zu beschreibenden Photosysteme I und II sind durch eine unterschiedliche spektrale Effizienz und durch eine unterschiedliche Regulierungskinetik charakterisiert. Der *Lichtquantenverteilungskoeffizient* $\alpha$ (II) bzw. 1-$\alpha$ (II) gibt an, welcher Bruchteil der einfallenden Lichtquanten zum System II bzw. zum System I gelangt. Die optimale Verteilung der Anregungsenergie auf die beiden Photosysteme erfolgt einerseits direkt durch Steuerung dieses Lichtquantenverteilungskoeffizienten, andererseits indirekt durch Veränderung der Energietransferwahrscheinlichkeit mit der die angeregten Elektronenzustände aus dem Antennenpigment des Systems II in den Zustandsbereich des Systems I überführt werden. Dieser Übertragungsprozeß wird in der englischsprachigen Literatur als *spillover* bezeichnet. Neben den direkt mit den Reaktionszentren der Systeme I und II verbundenen Antennenpigmentsystemen existiert noch ein dritter Pigment-Protein-Komplex, der nur zur Lichtabsorption und Resonanzenergieleitung dient. Dieser Komplex wird als *light harvesting pigment protein* (LHP-Komplex) bezeichnet. Die in diesem Komplex durch Lichtabsorption gebildeten Exzitonen werden sowohl zum System I als auch zum System II transferiert. Dabei ist die funktionelle Kopplung mit dem System II wesentlich stärker als mit dem System I. Es ist anzunehmen, daß der Spillover-Prozeß über den LHP-Komplex verläuft. Nach vorläufigen Schätzungen enthält der LHP-Komplex etwa 50% der Gesamtmenge an Chlorophyll a und mehr als 90% der Gesamtmenge an Chlorophyll b.

Sehr wahrscheinlich verlaufen die Transferreaktionen der angeregten Elektronenzustände in dem beschriebenen System nach einem Singulett-Singulett-Mechanismus. Diese Vorstellung wird gestützt durch Ergebnisse von Messungen der Fluoreszenzausbeute, die eine starke Abhängigkeit vom Funktionszustand des Photoreaktionszentrums erkennen lassen. Diese Abhängigkeit sollte im Falle eines Triplett-Triplett-Transfers wegen der relativ großen Energiedifferenz zwischen dem ersten angeregten Singulett- und dem Triplett-Zustand von Chlorophyll a nicht auftreten. Ein weiteres Argument für einen Singulett-Singulett-Mechanismus bietet die auch bei hohen Lichtintensitäten extrem geringfügige Triplettbildung in vivo. Welche Form des Singulett-Singulett-Mechanismus in vivo realisiert ist, konnte bis jetzt noch nicht eindeutig geklärt werden.

Mit der Zahl der verfügbaren Pigmentmoleküle steigt nicht nur der Photonen-Einfangquerschnitt, sondern auch die Zahl der notwendigen Transfer-Prozesse, die bis zum Erreichen des photochemisch aktiven Reaktionszentrums durchlaufen werden müssen. Wenn die mittlere Transferzahl zu hoch ist, sinkt die Effizienz des Antennensystems, da die Anregungszustände teilweise bereits vor dem Erreichen des Reaktionszentrums dissipativ abgebaut werden. Aus theoretischen Modellansätzen ergibt sich, daß in einem regelmäßigen Gitter von Chlorophyllmolekülen bei Vorgabe realistischer Annahmen über die Gitterstruktur, Pigmentzahl und Einfangwahrscheinlichkeit mittlere Transferzahlen in der Größenordnung von 100 bis 1000 zu erwarten sind. Unter der Annahme, daß die im langwelligen Spektralbereich wirksamen Pigment-Formen in der Nähe des Reaktionszentrums angeordnet sind, konnte bei Berücksichtigung verschiedener Pigmente und Chlorophyll a-Formen abgeschätzt werden, daß in einem Antennenpigmentsystem von 200 bis 300 Molekülen eine nahezu vollständige Transfereffizienz erreicht wird (vgl. Literaturhinweis im Anhang 2). Auch ein Mosaik-Modell des Antennenpigmentsystems mit Einheiten aus Protein-Pigment-Komplexen von jeweils 5 bis 10 Pigmentmolekülen ist vorgeschlagen worden. Dabei soll zwischen den Komplexen inkohärenter Exzitonentransfer (nach dem Förster-Mechanismus) und innerhalb der Komplexe kohärenter Exzitionentransfer stattfinden. Für dieses Modell wurde unter Berücksichtigung von Meßwerten der Fluoreszenz-Depolarisation und der Fluoreszenz-Quantenausbeute eine in vivo Transferzahl zu etwa 300 abgeschätzt.

Bei grellem Sonnenlicht mit Lichtintensitäten von mehr als $10^{-2}\,\mathrm{W\,cm^{-2}}$ besteht ein Energieüberschuß, da die Geschwindigkeit der Umwandlung elektronischer Anregungsenergie in elektrochemische Energie am Reaktionszentrum kinetisch limitiert ist. Obwohl der größte Teil der Überschußenergie durch Fluoreszenzemission oder strahlungslose Dissipation direkt an die Umgebung abgegeben wird, kann die Restüberschußenergie zur Bildung von langlebigen Chlorophyll-Triplettzuständen führen. Diese Zustände sind sehr empfindlich gegen eine Reaktion mit molekularem Sauerstoff (Photodestruktion). Deshalb müssen diese Triplettzustände durch ein Schutzsystem rasch und wirkungsvoll abgebaut werden. Es hat sich gezeigt, daß Carotinoide bei dieser Schutzfunktion eine wesentliche Rolle spielen. Carotinoidarme Zellmutanten werden im Licht unter aeroben Bedingungen zerstört. Der Abbau der Chlorophyll-Triplettzustände erfolgt über einen Triplett-Triplett-Transfermechanismus, wobei zunächst Carotinoid-Triplettzustände gebildet werden. Diese Carotinoid-Triplettzustände geben ihre Energie anschließend im Mikrosekundenbereich dissipativ an die Umgebung ab. Durch einige Carotinoide wird auch der Anregungszustand des relativ langlebigen und hochreaktiven Singulett-Sauerstoffs rasch und wirksam abgebaut.

### 5.4.3 Photoreaktionen der Chlorophylle

Nur bei relativ wenigen Pflanzen stimmt das Spektrum der photosynthetischen Wirksamkeit über den größten Wellenlängen-Teilbereich des sichtbaren Lichtes annähernd mit dem Absorptionsspektrum der Zellpigmente überein. Bei den meisten Pflanzen fällt der photosynthetische Wirkungsgrad im dunkelroten Bereich des Lichtes ($\lambda > 680\,\text{nm}$) relativ zur gemessenen Extinktion sehr stark ab. Diese als *red drop* bezeichnete charakteristische Wellenlängenabhängigkeit des photochemischen Wirkungsgrades wird durch die schematische Darstellung des Vergleiches von Meßwerten der Sauerstoff-Entwicklung mit gemessenen Extinktionswerten in der Abb. 5.53 veranschaulicht.

Durch eine zusätzliche Einstrahlung von Licht bei 650 nm kann dieser red drop aufgehoben wer-

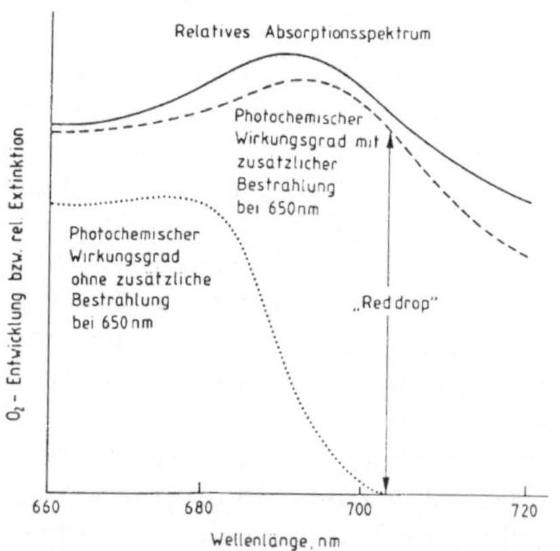


**Abb. 5.53** Vergleich des photochemischen Wirkungsgrades mit der relativen Extinktion der Zellpigmente im Wellenlängenbereich von 660 bis 720 nm (schematisch)

den (gestrichelt gezeichnete Kurve in Abb. 5.53). Daraus folgt, daß zwei als *Photosystem I* und *Photosystem II* bezeichnete lichtabsorbierende Systeme mit verschiedenen charakteristischen Wellenlängenwerten optimaler Extinktion vorhanden sein müssen und daß das Zusammenwirken dieser beide Photosysteme für die Erzielung der maximalen Photosyntheserate im pflanzlichen Thylakoidsystem erforderlich ist. Dabei ist das Photosystem I mit einem Absorptionsmaximum bei 710 nm mit denjenigen Formen von Chlorophyll a assoziiert, welche bei längeren Wellenlängen absorbieren. Es besteht keine direkte Kopplung zwischen der Freisetzung von Sauerstoff und der Wirkung dieses Photosystems. Das durch Licht geringerer Wellenlänge ($\lambda \leq 670\,\text{nm}$) aktivierte Photosystem II ist dagegen für die Sauerstoffentwicklung erforderlich. Im Gegensatz zu den photosynthetisch aktiven Bakterien, die keinen Sauerstoff freisetzen und nur ein Photosystem enthalten, verfügen alle sauerstofferzeugenden photosynthetisierenden Zellen sowohl über das Photosystem I als auch über das Photosystem II. Offenbar ist das Photosystem I im Laufe der biologischen Evolution zuerst entstanden. Die mit dem Photosystem II verbundene Fähigkeit der Pflanzen, unter Freisetzung von molekularem Sauerstoff Wasser als Reduktionsmittel zu benutzen, hat sich erst später entwickelt.

Beide Photosysteme enthalten sowohl Chlorophyll a als auch Chlorophyll b. Das Verhältnis von Chlorophyll a zur Chlorophyll b hat im Photosystem I einen wesentlich höheren Wert als im Photosystem II. Dem Photosystem I ist ein in beträchtlichen Mengen vorliegender Chlorophyll a-Protein-Komplex, der langwelliges Licht absorbiert, zuzuordnen. Auf das Fehlen dieses Komplexes im Photosystem II ist der als *red drop* bezeichnete Effekt zurückzuführen. Das Pigmentsystem einer photosynthetischen Einheit des Photosystems I höherer Pflanzen umfaßt etwa 200 Moleküle Chlorophyll a, ungefähr 50 Moleküle Chlorophyll b, je nach Art 50 bis 200 Carotinoidmoleküle und eine Pigmenteinheit, die bei Bestrahlung mit Licht der Wellenlänge 700 ausgebleicht werden kann und dementsprechend als P 700 bezeichnet wird. Der gleiche Prozeß kann auch durch chemische Oxidation mit $K_3[Fe(CN)_6]$

durchgeführt werden. Daraus ist zu schließen, daß durch Licht eine Oxidation des P 700 induziert wird. Wie im Photosystem I wird auch im Photosystem II die Energie eines absorbierten Photons zur Bildung eines Exzitons verwendet. Durch Exzitonentransfer gelangt der angeregte Zustand zum Reaktionszentrum des Photosystems II, der einer Pigmenteinheit P 680 zuzuordnen ist. Durch die Aktivierung dieser „Exzitonenfalle" wird die Abgabe eines Elektrons ermöglicht. Die Photosysteme I und II stellen die energieliefernden Komponenten einer kontinuierlichen Elektronentransportkette dar, die sich gemäß Gl. (5.676) vom Elektronendonor Wasser bis zum Elektronenakzeptor $NADP^+$ erstreckt. Der Elektronenfluß vom Wasser zum $NADP^+$ ist mit der Phosphorylierung von ADP zu ATP gekoppelt. Ein schematisches Elektronen-Flußdiagramm, in dem auch die Flüsse von Photonen und Exzitonen und die Energiedissipationsflüsse eingezeichnet sind, ist in Abb. 5.54 dargestellt.

Mögliche Rückreaktionen sind in Abb. 5.54 durch gestrichelt gezeichnete dünne Pfeile ange-

deutet. Der LHP-Komplex ist in der schematischen Darstellung nicht als besondere Einheit berücksichtigt. Für die verschiedenen möglichen Abbauprozesse eines in der photosynthetischen Einheit k gebildeten Singulett-Exzitons gilt die Beziehung

$$\Phi_{PC}(k) + \Phi_F(k) + \Phi_D(k) + \sum_{i \neq k} \Phi_T(k, i) = 1 \, ,$$

$$(5.685)$$

in der $\Phi_F(k)$ die Fluoreszenzquantenausbeute, $\Phi_D(k)$ die Quantenausbeute der strahlungslosen Dissipationsprozesse und $\Phi_{PC}(k)$ die Quantenausbeute des Ladungstrennungsprozesses am Reaktionszentrum dieser Einheit darstellt. Der bei Summation über alle photosynthetischen Einheiten verschwindende letzte Term auf der linken Seite von Gl. (5.685) berücksichtigt die Energietransfer-Wahrscheinlichkeiten $\Phi_T(k, i)$ für den direkten Übergang aus dem Antennenpigmentsystem der k-ten Einheit in das Antennenpigmentsystem der i-ten Einheit. Die Größe der Quantenausbeute $\Phi_{PC}(k)$ hängt sehr stark vom Funktionszustand der k-ten photosynthetischen Einheit ab. Wenn diese Einheit funktionell blockiert ist, ist $\Phi_{PC}(k) = 0$. Dagegen wurde für das funktionell aktive Reaktionszentrum $\Phi_{PC}(k) \simeq 1$ gefunden, was der Vorstellung einer extrem wirksamen Exzitonenfalle entspricht. Es reicht also im Prinzip ein einzelnes transformiertes Photon zur Erzeugung elektrochemischer Energie aus. Der Mittelwert $\overline{\Phi_{PC}}$ der photochemischen Quantenausbeute ist wegen der Serienschaltung der Photosysteme I und II nicht einfach als Ergebnis einer Summation über alle photosynthetischen Einheiten anzugeben; er wird vielmehr durch den Mittelwert $\overline{\Phi_{PC}(I)}$ bzw. $\overline{\Phi_{PC}(II)}$ der Gesamtheit gleichartiger Systeme vom Typ I und II bestimmt, denen die geringere mittlere Quantenausbeute zuzuordnen ist. Auch die nur bei tiefer Temperatur experimentell gut auflösbaren Fluoreszenzspektren der Systeme I und II sind verschieden. Deshalb müssen die weiteren Überlegungen zunächst jeweils auf die Gesamtheit der Systeme eines Typs beschränkt bleiben.

Bezeichnet man die im folgenden noch zu erläuternde Halbwertszeit der geschwindigkeitsbestimmenden Reaktion des Elektronentransportes

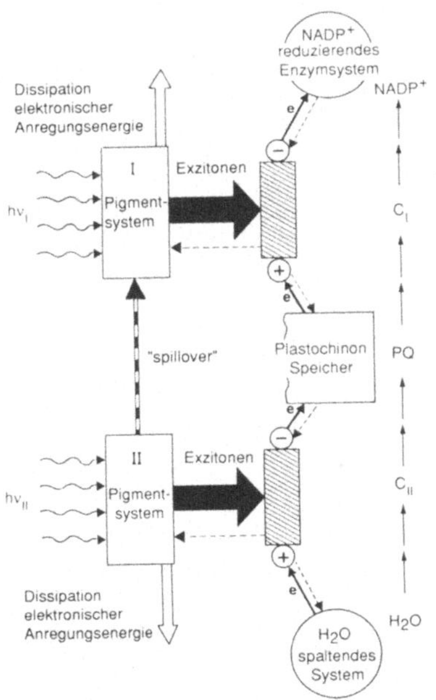


**Abb. 5.54** Flußdiagramm der Elektronentransportkette vom Wasser zum $NADP^+$ (schematisch)

mit $\tau_{1/2}$ und den mittleren zeitlichen Photonenabstand mit $\tau_{h\nu_i}$, so ist die mittlere Wahrscheinlichkeit $\overline{W(C_i)}$ dafür, daß ein Photon auf ein funktionell aktives Reaktionszentrum trifft, durch den Quotienten $\tau_{h\nu_i}/\tau_{1/2}$ mit $i = I$ oder $II$ gegeben. Für geringe Lichtintensität $(\tau_{h\nu_i} \gg \tau_{1/2})$ gilt demnach $\overline{W(C_i)} \simeq 1$, während für hohe Lichtintensität $(\tau_{h\nu_i} \ll \tau_{1/2})$ $\overline{W(C_i)} \simeq 0$ gesetzt werden kann. Wegen der durch Gl. (5.685) beschriebenen wechselseitigen Abhängigkeit der verschiedenartigen Quantenausbeuten hängt auch die Fluoreszenzquantenausbeute $\Phi_F$ vom Funktionszustand der Reaktionszentren ab. Für $\overline{W(C_i)} = 1$ muß $\overline{\Phi_F(i)} = \overline{\Phi_F^{min}(i)}$ und für $\overline{W(C_i)} = 0$ muß entsprechend $\overline{\Phi_F(i)} = \overline{\Phi_F^{max}(i)}$ gelten. Aus Messungen der mittleren Fluoreszenzlebensdauer $\bar{\tau}$ an der Grünalge *Chlorella* hat sich ergeben, daß bei hoher Lichtintensität oder bei inhibiertem Elektronentransport $\bar{\tau} \simeq 2\,\text{ns}$ und bei geringer Lichtintensität $\bar{\tau} \simeq 350\,\text{ps}$ ist. Bei vereinfachender Voraussetzung einer einphasigen exponentiellen Abklingkinetik ergeben sich aus der in diesem Abschnitt noch zu begründenden Beziehung

$$\bar{\tau} = \Phi_F \tau_0 \qquad (5.686)$$

die Werte $\overline{\Phi_F^{min}} = 2{,}3\%$ und $\overline{\Phi_F^{max}} = 13{,}3\%$. Die in Gl. (5.686) einzusetzende Größe $\tau_0$ ist die „innere" Lebensdauer des angeregten Zustandes; sie ergibt sich aus dem Einstein-Koeffizienten der spontanen Emission (vgl. Literaturhinweis im Anhang 2) und beträgt für Chlorophyll a etwa $15\,\text{ns}$. Nach Untersuchungen an Chloroplastenfraktionen ist $\Phi_F^{min}(I) = 0{,}4\%$ und $\overline{\Phi_F^{min}}(II) = 1{,}3\%$. Die Fluoreszenz des Gesamtsystems wird also im Wellenlängenbereich von 685 bis 695 nm im wesentlichen durch das Photosystem II bestimmt. Deshalb werden Fluoreszenzmessungen oft zur Untersuchung des Funktionszustandes von System II verwendet, wobei $\overline{\Phi_F(I + II)} \simeq \overline{\Phi_F(II)}$ vorausgesetzt wird. Die in Gl. (5.685) einzusetzenden Größen sind auch von der Gesamttopologie der Funktionszustände einzelner Reaktionszentren abhängig. Deshalb läßt sich die Funktion $\overline{W(C_i)} = f(\Phi_F(i))$ nicht in einfacher Form explizit angeben. In der allgemein gültigen Gleichung

$$W(C_i) = \frac{\overline{\Phi_F^{max}(i)} - \overline{\Phi_F(i)}}{\overline{\Phi_F^{max}(i)} - \overline{\Phi_F^{min}(i)}} K(i) \qquad (5.687)$$

stellt $K(i)$ einen Topologiefaktor dar. Ist $\Delta E_b$ die Höhe der Energiebarrieren zwischen den einzelnen photosynthetischen Einheiten und $n_{RZ}$ die Zahl der Reaktionszentren in einer photosynthetischen Einheit, so kann bei der Diskussion einfacher Modelle für $n_{RZ} = 1$ und für $\Delta E_b \to \infty$ $K(i) = 1$ gesetzt werden. Für $n_{RZ} = 1$ und für $\Delta E_b = 0$ ist entsprechend $K(i) = \overline{\Phi_F^{min}(i)}/\overline{\Phi_F(i)}$ zu setzen.

Die Messung der Fluoreszenzquantenausbeute ermöglicht auch eine Abschätzung der maximalen photochemischen Quantenausbeute, wenn vorausgesetzt werden kann, daß das durch die Geschwindigkeitskonstanten $k_F$ und $k_D$ ausgedrückte Verhältnis von Fluoreszenzemission und strahlungsloser Dissipation durch den Funktionszustand der Reaktionszentren nicht beeinflußt wird. Bezeichnet man die Geschwindigkeitskonstante der Exzitonenabnahme aus dem Antennenpigmentsystem in das Reaktionszentrum des Systems $i$ mit $k_{PC}(i)$, so gilt für $\Delta E_b = 0$ bei Vernachlässigung der Spillover-Prozesse

$$\overline{\Phi_{PC}(i)} = \frac{k_{PC}(i)\,\overline{W(C_i)}}{k_{PC}(i)\,\overline{W(C_i)} + k_F(i) + k_D(i)} . \qquad (5.688)$$

Außerdem ist

$$\overline{\Phi_F^{min}(i)} = \frac{k_F(i)}{k_{PC}(i) + k_F(i) + k_D(i)} \qquad (5.689)$$

und

$$\overline{\Phi_F^{max}(i)} = \frac{k_F(i)}{k_F(i) + k_D(i)} . \qquad (5.690)$$

Damit erhält man für $\overline{W(C_i)} \to 1$ die Beziehung

$$\overline{\Phi_{PC}^{max}(i)} = \frac{\overline{\Phi_F^{max}(i)} - \overline{\Phi_F^{min}(i)}}{\overline{\Phi_F^{max}(i)}} . \qquad (5.691)$$

Mit der Näherung $\Phi_F(I + II) \simeq \Phi_F(II)$ ergibt sich aus den experimentellen Ergebnissen nach Gl. (5.691) für das Photosystem II der Wert $\Phi_{PC}^{max}(II) = 0{,}83$ in guter Übereinstimmung mit direkt ermittelten Werten.

Bei der Ableitung von Gl. (5.691) wurde vorausgesetzt, daß die gesamte Fluoreszenz von den mit einem Reaktionszentrum gekoppelten Antennenpigment-Chlorophyllmolekülen stammt. Eine „tote" Fluoreszenz $\Phi_F^0$, die auf nicht mit dem Reaktionszentrum verbundene Chlorophyllmoleküle zurückzuführen ist, muß gegebenenfalls in einer abgeänderten Form der Gl. (5.691) gesondert berücksichtigt werden. Auch wenn die Fluoreszenzausbeute einiger kinetischer Komponenten einer mehrphasigen Abklingkinetik unabhängig vom Funktionszustand $\overline{W(C_i)}$ ist, muß dieser Effekt mit einer entsprechenden Korrektur in Rechnung gestellt werden. Außerdem ist zu beachten, daß die an einem funktionell blockierten Reaktionszentrum zusätzlich auftretende Elektronendissipation im Vergleich mit einem aktiven Reaktionszentrum durch eine besondere Geschwindigkeitskonstante Berücksichtigung finden muß. In allen hier genannten Fällen stellt der nach Gl. (5.691) aus Fluoreszenzausbeuten ermittelte $\Phi_{PC}^{max}$ — Wert nur einen unteren Grenzwert dar. Die Ergebnisse von Fluoreszenzmessungen lassen also nur unter bestimmten einfachen Bedingungen Rückschlüsse auf den Funktionszustand der Reaktionszentren zu. Hinweise auf die hier erwähnten Korrekturformeln finden sich in der im Anhang 2 angegebenen Literatur.

Die vorstehend angegebene wichtige Gl. (5.686) ergibt sich aus den grundlegenden Gesetzmäßigkeiten der Abklingkinetik angeregter Zustände, die hier kurz erläutert werden sollen. Die Abklingkinetik läßt sich formal wie die im Abschn. 5.3.1 beschriebene Formalkinetik einer chemischen Zerfallsreaktion erster Ordnung darstellen. Dabei ist für jeden der im Abschn. 5.4.1 genannten „Desaktivierungskanäle" i eine der Gleichung

$$\left(\frac{dN}{dt}\right)_i = -k_i N \tag{5.692}$$

entsprechende Geschwindigkeitskonstante $k_i$ anzugeben. Bezeichnet man die Geschwindigkeitskonstante für die Desaktivierung durch Fluoreszenz mit $k_F$ und die Geschwindigkeitskonstanten

für innere Umwandlung (internal conversion) mit $k_{IC}$,
für intersystem crossing mit $k_{ISC}$

und
für Löschung durch Löschermoleküle (quenching) mit $k_Q$,

so ist die Fluoreszenzquantenausbeute $\Phi_F$ nach der allgemeinen Definitionsgleichung (5.682) durch

$$\Phi_F = \frac{k_F}{k_F + k_{IC} + k_{ISC} + k_Q} \tag{5.693}$$

gegeben. Die ausschließlich auf Desaktivierung durch Fluoreszenz bzw. Lichtemission zurückzuführende „innere" Lebensdauer (*Strahlungslebensdauer*) $\tau_0$ ist in völliger Analogie zu der formalkinetischen Gl. (5.414) durch die Beziehung

$$\tau_0 = 1/k_F \tag{5.694}$$

mit der Geschwindigkeitskonstante $k_F$ verknüpft. Der Zusammenhang zwischen der tatsächlichen mittleren Lebensdauer $\bar{\tau}$ und den Konstanten $k_F$, $k_{IC}$, $k_{ISC}$ und $k_Q$ ist dagegen durch die Gleichung

$$\bar{\tau} = \frac{1}{k_F + k_{IC} + k_{ISC} + k_Q} \tag{5.695}$$

gegeben, da sich die Übergangsraten der verschiedenen nebeneinander ablaufenden Desaktivierungsprozesse addieren. Durch Multiplikation der Gln. (5.693) und (5.694) erhält man demnach die gesuchte Gl. (5.686).
Mit der zu Gl. (5.686) analogen Beziehung

$$\tau_F^{min}(i) = \tau_0 \Phi_F^{min}(i) \tag{5.696}$$

läßt sich auch ein Ausdruck für den Zusammenhang zwischen der Größe $\Phi_{PC}^{max}(i)$, der für $W(C_i) \to 1$ gemessenen Fluoreszenzlebensdauer $\tau_F^{min}(i)$ und der „natürlichen Exzitoneneinfangzeit" $\tau_{PC}(i)$ eines Reaktionszentrums herleiten. Die Exzitoneneinfangzeit ist analog Gl. (5.694) durch

$$\tau_{PC}(i) = 1/k_{PC}(i) \tag{5.697}$$

gegeben. Aus Gl. (5.688) ergibt sich für $W(C_i) \to 1$ die Beziehung

$$\Phi_{PC}^{max}(i) = \frac{k_{PC}(i)}{k_{PC}(i) + k_F(i) + k_D(i)}. \tag{5.698}$$

Durch Einsetzen von $\Phi_F^{min}(i)$ nach Gl. (5.689) in die Gl. (5.696) erhält man mit $\tau_0 = 1/k_F(i)$ den

Ausdruck

$$\tau_F^{min}(i) = \frac{1}{k_{PC}(i) + k_F(i) + k_D(i)} \ . \qquad (5.699)$$

Damit ergibt sich nach Division von Gl. (5.699) durch Gl. (5.698) unter Beachtung von Gl. (5.697) die einfache Gleichung

$$\tau_{PC}(i) = \frac{\tau_F^{min}(i)}{\Phi_{PC}^{max}(i)} \ . \qquad (5.700)$$

Für das Photosystem II läßt sich mit den vorstehend angegebenen Werten für $\tau_0$, $\Phi_F^{min}(II)$ und $\Phi_{PC}^{max}(II)$ ein $\tau_{PC}(II)$-Wert von etwa 250 ps berechnen. Für $\tau_{PC}(I)$ ergibt sich aus den entsprechenden Daten ein Wert von etwa 60–70 ps. An den durch diese sehr kurzen Exzitoneneinfangzeiten charakterisierten Reaktionszentren wird die Exzitonenenergie über Redoxreaktionen in chemische Energie umgewandelt. Der vom Exziton bewirkte Elektronentransfer zwischen einem Primärdonor und einem Primärakzeptor entspricht formal einer „Exzitonendissoziation" in ein am Primärakzeptor lokalisiertes Elektron und ein am Primärdonor lokalisiertes Defektelektron nach dem Schema

$$C_i \xrightarrow{\text{Exziton}} C_i^* \rightarrow \ ^-[C_i]^+ \qquad (5.701)$$

mit i = I oder II. In diesem Reaktionsschema wird mit dem Symbol $C_i^*$ der Anregungszustand des Reaktionszentrums gekennzeichnet. Dieser Anregungszustand entsteht fast ausschließlich durch Exzitoneneinfang, da die Erzeugung durch direkte Lichtabsorption wegen des geringen Anteils der Reaktionszentren an der Gesamtpigmentkonzentration praktisch keine Rolle spielt. Das Symbol $^-[C_i]^+$ kennzeichnet das aus $C_i^*$ entstandene primäre Reaktionsprodukt. Der Mechanismus des durch Gl. (5.701) beschriebenen Prozesses wird durch die molekulare Struktur der Reaktionszentren und durch die reaktiven Eigenschaften des Primärdonors und des Primärakzeptors bestimmt.

Die Energiezustände der Aussgangsstoffe und der Endprodukte von Redoxreaktionen werden in der Elektrochemie durch die Angabe von *Redoxpotentialen* gekennzeichnet. Da diese Kennzeichnung auch zur Charakterisierung von Energiestufen der photosynthetischen Elektronentransportkette und der Atmungskette verwendet wird, soll die Definition der Redoxpotentiale hier kurz erläutert werden. Die Oxidation eines Elektronendonors $A^{Z+}$ zum Produkt $A^{(Z+1)+}$ erfolgt durch Abgabe eines Elektrons. Die Reduktion eines Elektronenakzeptors $B^{(Z+1)+}$ zum Produkt $B^{Z+}$ erfolgt durch Aufnahme eines Elektrons. Freie Elektronen treten im Ablauf der Redoxprozesse nicht in Erscheinung. Es liegen stets gekoppelte Reaktionen vom Typ

$$A^{Z+} + B^{(Z+1)+} \rightleftharpoons A^{(Z+1)+} + B^{Z+} \qquad (5.702)$$

vor. Der Elektronendonor $A^{Z+}$ ist das *Reduktionsmittel* (Red), und der Elektronenakzeptor $B^{(Z+1)+}$ ist das *Oxidationsmittel* (Ox). Das allgemeine Schema einer Redoxreaktion läßt sich durch die Gleichung

$$(Red)_A + (Ox)_B \rightleftharpoons (Ox)_A + (Red)_B \qquad (5.703)$$

beschreiben. Reduktionsmittel und Oxidationsmittel treten bei Umsetzungen stets als *konjugierte Redoxpaare* auf. Der für ein *konjugiertes Säure-Base-Paar* HA/A$^-$ im Abschn. 1.2.5 angegebenen Gleichung

$$HA \rightleftharpoons A^- + H^+ \qquad (5.704)$$

entspricht also die Beziehung

$$Red \rightleftharpoons Ox + e^- \ . \qquad (5.705)$$

Die Definition der Redoxpotentiale ergibt sich aus einer verallgemeinerten Darstellung der im Abschn. 5.2.3 angegebenen Gleichung

$$E = - \frac{\Delta_R G'}{zF} + \frac{RT}{zF} \ln \frac{c_{Cu^{2+}}}{c_{Zn^{2+}}}, \qquad (5.204)$$

in der E die in Volt meßbare elektromotorische Kraft einer als Daniell-Element bezeichneten galvanischen Kette darstellt. Im Daniell-Element sind für die Erzeugung der elektromotorischen Kraft nur die in der Gesamtreaktion

$$Zn + Cu^{2+} \rightleftharpoons Zn^{2+} + Cu \qquad (5.706)$$

gekoppelten Prozesse $Zn \rightleftharpoons Zn^{2+} + 2e^-$ und $Cu^{2+} + 2e^- \rightleftharpoons Cu$ maßgeblich. In jeder Halbzelle liegt in der an die Metallelektrode angrenzenden Lösungsphase nur eine potentialbestimmende Ionensorte vor. Die verallgemeinerten Redoxgln.

(5.702) und (5.703) lassen jedoch erkennen, daß dies nur für besonders einfache Spezialfälle zutrifft. So kann z.B. eine Lösung, die nebeneinander $Fe^{2+}$- und $Fe^{3+}$-Ionen enthält, mit einer geeigneten Metallelektrode (z.B. mit einer Platinelektrode) in Kontakt gebracht und die so gebildete Halbzelle mit einer geeigneten *Referenz-Halbzelle* zu einer galvanischen Kette kombiniert werden. Das für grundsätzliche Überlegungen und für die Festlegung von *Standard-Redoxpotentialen* wichtigste Referenzsystem ist die *Normal-Wasserstoffelektrode*. Die Normal-Wasserstoffelektroden-Halbzelle enthält eine Platinelektrode, die in eine Wasserstoffionenlösung der Aktivität $a = 1$ eintaucht und mit Wasserstoffgas vom Druck $p = 1$ bar bespült wird. Der für den Elekronenumsatz an der Normal-Wasserstoffelektrode maßgebliche Prozeß kann durch die Gleichung

$$H_2(Gas) \rightleftharpoons 2H^+ (Lösung) + 2e^- (Metall)$$

$$(5.707)$$

beschrieben werden. Durch Kombination der Normal-Wasserstoff-Elektrode mit der vorstehend beschriebenen $Fe^{2+}/Fe^{3+}$-Elektrode entsteht die galvanische Kette

(Meßelektrode)    (Referenzelektrode)

$$Pt \mid Fe^{3+}, Fe^{2+}, X^- \mid H^+ X^- \mid Pt, H_2 , \qquad (5.708)$$

$$(C_{Ox})(C_{Red}) \qquad (a = 1)(p_{H_2} = 1\ bar)$$

in der die an den Elektrodenprozessen nicht beteiligten Anionen mit dem Symbol $X^-$ gekennzeichnet sind. Der stromliefernde (exergonische) chemische Vorgang besteht bei dieser Kette in der durch die Gleichung

$$Fe^{3+} + \tfrac{1}{2} H_2 \rightarrow Fe^{2+} + H^+ \qquad (5.709)$$

beschriebenen Reduktion der dreiwertigen Eisen-Ionen durch gasförmigen Wasserstoff zu zweiwertigen Eisen-Ionen. Unter Beachtung der Gln. (5.108), (5.109) und (5.116) hat man demnach in die Gleichung

$$- \Delta_R G = z \cdot F \cdot E \qquad (5.201)$$

den Ausdruck

$$- \Delta_R G = - \Delta_R G' - RT \ln \frac{a_{Fe^{3+}} \cdot (a_{H_2})^{1/2}}{a_{Fe^{2+}} \cdot a_{H^+}}$$

$$(5.710)$$

einzusetzen. Mit $z = 1$, $a_{H^+} = 1$ und $a_{H_2} = 1$ ergibt sich also für die elektromotorische Kraft der galvanischen Kette die Beziehung

$$E = - \frac{\Delta_R G'}{F} - \frac{RT}{F} \ln \frac{a_{Fe^{3+}}}{a_{Fe^{2+}}} . \qquad (5.711)$$

Die elektromotorische Kraft E kann gemäß

$$E = E_H - E_{Fe^{2+}/Fe^{3+}} \qquad (5.712)$$

durch die Differenz zweier Halbzellenpotentiale ausgedrückt werden. Eine willkürfreie Bestimmung der einzelnen Terme ist jedoch nicht möglich, da Halbzellen-Einzelpotentiale nicht meßbar sind. Deshalb wird das Halbzellenpotential der Normal-Wasserstoffelektroden-Halbzelle nach internationaler Vereinbarung definitionsgemäß gleich Null gesetzt. Damit erhält man für das gegen die Normal-Wasserstoffelektrode gemessene Halbzellenpotential $E_{Fe^{2+}/Fe^{3+}}$ mit $\Delta_R G'/F \equiv E^0_{Fe^{2+}/Fe^{3+}}$ die einfache Gleichung

$$E_{Fe^{2+}/Fe^{3+}} = E^0_{Fe^{2+}/Fe^{3+}} + \frac{RT}{F} \ln \frac{a_{Fe^{3+}}}{a_{Fe^{2+}}} .$$

$$(5.713)$$

$E^0_{Fe^{2+}/Fe^{3+}}$ ist das *Standard-Redoxpotential* der $Fe^{2+}/Fe^{3+}$-Elektrode; es hat einen Wert von $+ 0{,}771$ V. Die hier für ein spezielles Redox-Elektrodensystem beschriebenen Überlegungen lassen sich auf alle Kombinationen beliebiger Redoxelektroden-Halbzellen mit der Normal-Wasserstoffelektroden-Halbzelle übertragen. Dementsprechend kann die verallgemeinerte Form der Gl. (5.713) für hinreichend verdünnte Lösungen $(a_i \simeq c_i)$ durch die Beziehung

$$E_{Red/Ox} = E^0_{Red/Ox} + \frac{RT}{zF} \ln \frac{\cdot c_{Ox}}{c_{Red}} \qquad (5.714)$$

ausgedrückt werden. Je stärker positiv $E^0_{Red/Ox}$ ist, umso stärker ist die Oxidationswirkung des betreffenden Redoxsystems. Das $Ce^{3+}/Ce^{4+}$-System hat mit $E^0_{Ce^{3+}/Ce^{4+}} = 1{,}610$V eine stärkere Oxidationswirkung als das System $Fe^{2+}/Fe^{3+}$. Nach dem Vermischen einer äquimolaren $Ce^{3+}/Ce^{4+}$-Lösung mit einer äquimolaren $Fe^{2+}/Fe^{3+}$-Lösung werden also bis zur Einstellung des durch die Bedingung

$$E^0_{Fe^{2+}/Fe^{3+}} + \frac{RT}{zF} \ln \frac{c_{Fe^{3+}}}{c_{Fe^{2+}}} =$$

$$E^0_{Ce^{3+}/Ce^{4+}} + \frac{RT}{zF} \ln \frac{c_{Ce^{4+}}}{c_{Ce^{3+}}} \qquad (5.715)$$

vorgegebenen Gleichgewichtes $Fe^{2+}$-Ionen zu $Fe^{3+}$-Ionen oxidiert und $Ce^{4+}$-Ionen zu $Ce^{3+}$-Ionen reduziert. Die Gleichgewichtskonstante dieser Reaktion

$$K = \frac{c_{Ce^{3+}} \cdot c_{Fe^{3+}}}{c_{Ce^{4+}} \cdot c_{Fe^{2+}}} \qquad (5.716)$$

kann nach der sich aus Gl. (5.715) ergebenden Beziehung

$$\ln K = \frac{zF}{RT} (E^0_{Ce^{3+}/Ce^{4+}} - E^0_{Fe^{2+}/Fe^{3+}}) \qquad (5.717)$$

durch Messung von Redoxpotentialen bestimmt werden.

Die Bedeutung der Redoxpotentiale besteht in erster Linie darin, daß sich aus diesen Werten eine Skala für den Vergleich der relativen Stärke von Oxidations- bzw. Reduktionsmitteln ergibt. Eine Tabelle mit Redoxpotentialen ist im Anhang 2 wiedergegeben. Die Abb. 5.55 zeigt ein vereinfachtes Schema des Elektronentransportes in der Atmungskette. In dieser Elektronentransportkette werden Elektronen von oxidierbaren Substanzen bei negativem Redoxpotential abgegeben und über Zwischenstufen auf molekularen Sauerstoff übertragen; es findet dabei ein Übergang von negativen zu positiven Werten des Redoxpotentials statt. Die bei diesem Übergang verfügbar gemachte Energie wird zumindest teilweise bei der Bildung von ATP aus ADP und $P_i$ (d.h. bei der oxidativen Phosphorylierung) eingesetzt.

Die in Gl. (5.717) einzusetzende Differenz $E^0_{Ce^{3+}/Ce^{4+}} - E^0_{Fe^{2+}/Fe^{3+}}$ ist nach Gl. (5.117) auch ein Maß für die Differenz der Standard-Werte der molaren freien Enthalpien. Aus Gl. (5.717) erhält man mit $RT \ln K_c = -\Delta_R G'$ unmittelbar die Beziehung

$$\Delta_R G' = zF(E^0_{Fe^{2+}/Fe^{3+}} - E^0_{Ce^{3+}/Ce^{4+}}) . \qquad (5.718)$$

Der in Abb. 5.55 eingezeichneten Skala der Standard-Redoxpotentiale kann also eine $\Delta_R G'$-Skala zugeordnet werden. Das Gleiche gilt für das in Abb. 5.54 gezeigte Schema der photosynthetischen Elektronentransportkette. Für $z = 1$ und eine Redoxpotentialdifferenz von 0,1 V ergibt sich ein $\Delta_R G'$-Wert von etwa $10^4$ J/mol.

Viele biochemisch wichtige Redoxreaktionen sind mit Protonenaufnahme- bzw. Protonenabgabe-Prozessen gekoppelt. Biologische Systeme sind aber bei sehr niedrigen pH-Werten nicht lebensfähig. Deshalb können die Redoxpotentiale in biologischen Systemen nur bei physiologisch verträglichen pH-Werten gemessen werden, wobei häufig der pH-Wert 7 als Referenz-pH-Wert benutzt wird. Oft kann auch nur der Gesamtredoxzustand $r = c_{Ox_{total}}/c_{Red_{total}}$ eines Systems experimentell ermittelt werden. Die bei $r = 1$ auftretenden *Halbstufenpotentiale* (midpoint potential values) werden durch das Symbol $E_{m,pH}$ gekennzeichnet, wobei der Index pH den pH-Wert angibt, bei dem diese Potentiale gemessen wurden. In der Literatur (vgl. Anhang 2) werden meistens $E_{m,7}$-Redoxpotentiale zur Charakterisierung biologischer Redoxkomponenten angegeben. Bei der Diskussion dieser Werte ist zu beachten, daß sie im Gegensatz zu den Standard-Redoxpotentialen pH-abhängig sein können. Einige Beispiele für $E_{m,7}$-Halbstufen-Potentiale sind in der Tabelle 5.14 angegeben.

Die in der Einleitung zu diesem Abschnitt beschriebene Aktivierung des Photosystems II durch Bestrahlung von Licht mit einer Wellenlänge $\leq 670$ nm und die dadurch bewirkte synergistische Erhöhung der Sauerstoff-Bildungs-

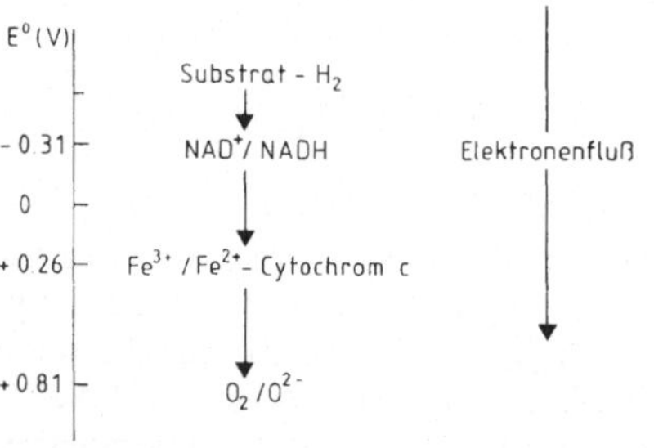


**Abb. 5.55** Vereinfachtes Schema des Elektronenflusses in der Atmungskette

**Tabelle 5.14** Beispiele für Halbstufenpotentiale biologisch wichtiger Redoxsysteme (nach G. Renger (1982))

| Redoxsystem | Zahl der über-tragenen Elektronen | Halbstufenpotential bei $pH = 7$, $E_{m,\,7}$ [mV] |
|---|---|---|
| Acetaldehyd/Acetat | 2 | $-\ 600$ |
| $Ferredoxin_{red}/Ferredoxin_{ox}$ | 1 | $-\ 430$ |
| $H_2/2H^+$ | 2 | $-\ 420$ |
| 2 Cystein/Cystin | 2 | $-\ 340$ |
| $NADH/NAD^+$ | 2 | $-\ 320$ |
| $NADPH/NADP^+$ | 2 | $-\ 320$ |
| $Riboflavin_{red}/Riboflavin_{ox}$ | 2 | $-\ 210$ |
| Ethanol/Acetaldehyd | 2 | $-\ 200$ |
| Lactat/Pyruvat | 2 | $-\ 190$ |
| Succinat/Fumarat | 2 | $+\ \ 30$ |
| Ascorbat/Dehydroascorbat | 2 | $+\ \ 80$ |
| Ubihydrochinon/Ubichinon | 2 | $+\ 100$ |
| Plastohydrochinon/Plastochinon | 2 | $+\ 110$ |
| Cytochrom $c_{red}$/Cytochrom $c_{ox}$ | 1 | $+\ 230$ |
| $H_2O_2/\tfrac{1}{2}O_2$ | 2 | $+\ 300$ |
| Cytochrom $f_{red}$/Cytochrom $f_{ox}$ | 1 | $+\ 365$ |
| $Plastocyanin_{red}/Plastocyanin_{ox}$ | 2 | $+\ 370$ |
| Chlorophyll-$a_I$/Chlorophyll-$a_I^+$ | 1 | $+\ 430$ |
| $H_2O/\tfrac{1}{2}O_2$ | 2 | $+\ 815$ |
| $2\,H_2O/H_2O_2$ | 2 | $+\ 1350$ |

Quantenausbeute wird als *enhancement-Effekt* bezeichnet. Mit dem Symbol $\lambda_I$ für eine Wellenlänge in Bereich des red drop und dem Symbol $\lambda_{II}$ für eine kürzere Wellenlänge außerhalb des red drop-Gebietes läßt sich dieser Effekt durch die Gleichung

$$\Phi_{PC}(\lambda_I + \lambda_{II}) > \Phi_{PC}(\lambda_I) + \Phi_{PC}(\lambda_{II}) \qquad (5.719)$$

beschreiben. Die Existenz zweier in Serie geschalteter Photosysteme äußert sich auch im zeitlichen Verhalten des Photosynthesesystems von Algen beim schnellen Übergang von $\lambda_I$-Belichtung zu $\lambda_{II}$-Belichtung. Dabei steigt die Sauerstoffbildungsgeschwindigkeit zunächst sprunghaft an und geht danach wieder auf den stationären Anfangswert zurück, wenn die Lichtintensitäten $I(\lambda_I)$ und $I(\lambda_{II})$ so gewählt sind, daß sowohl $I(\lambda_1)$ als auch $I(\lambda_{II})$ zur gleichen stationären Sauerstoff-Bildungsgeschwindigkeit führt. Bei einem Belichtungswechsel in umgekehrter Reihenfolge ($\lambda_{II} \rightarrow \lambda_I$) tritt eine vorübergehende Abnahme der Sauerstoffbildungsgeschwindigkeit ein. Diese Effekte werden in der Fachliteratur (vgl. Anhang 2) als *chromatic transients* bezeichnet. In der Abb. 5.56 ist der zeitliche Verlauf der an Chloroplasten bei abwechselnder Bestrahlung mit Licht der Wellenlänge 700 nm bzw. 650 nm gemessenen Sauerstoff-Bildungsrate schematisch dargestellt.

Der direkte Beweis der Existenz von zwei Photosystemen ergibt sich nach grundlegenden Arbeiten von Duysens und Mitarbeitern, Kok und Mitarbeitern und Witt und Mitarbeitern (1961) daraus, daß an bestimmten Komponenten des Elektronentransportsystems (z.B. P700) bei $\lambda_I$-Einstrahlung eine Reaktion ausgelöst und bei anschließender $\lambda_{II}$-Einstrahlung die Gegenreaktion induziert wird. Wie bereits erwähnt, wird das längerwellig ($\lambda_I < 730$ nm) anregbare Photoreak-

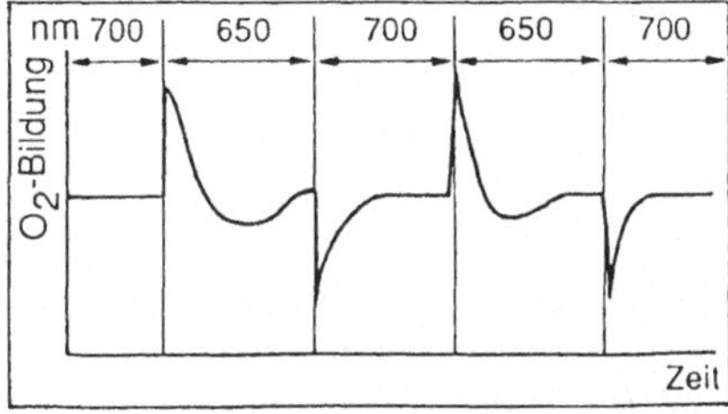


**Abb. 5.56** Schematische Darstellung der an Chloroplasten gemessenen *chromatic transients* (nach D. W. Lawlor (1990))

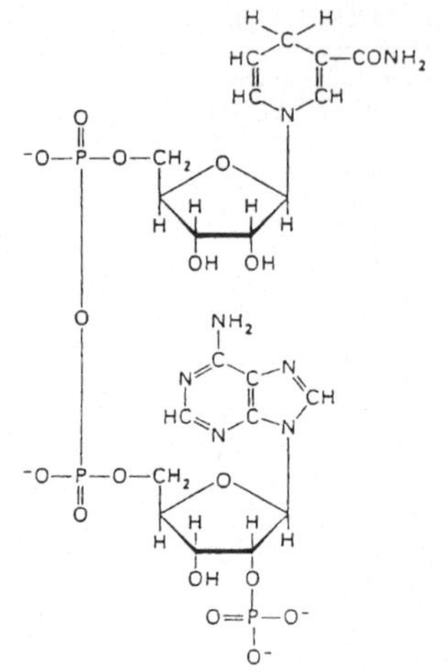

$n = 6$ bis $10$

**Plastochinon
(oxidierte Form, Q)**

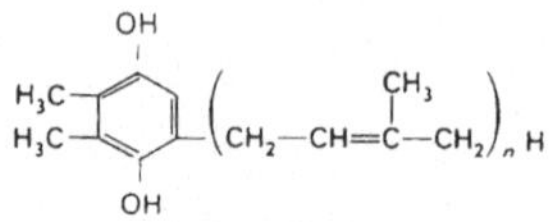

**Plastochinol
(reduzierte Form, $QH_2$)**

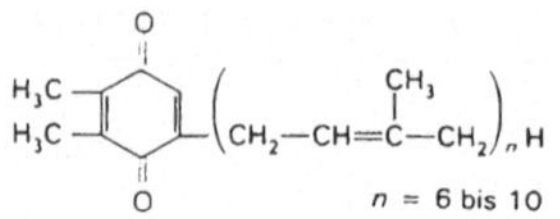

**Abb. 5.58** Strukturformeln der oxidierten und der reduzierten Form des Plastochinons

**Abb. 5.57** Reduziertes Nicotinamidadenindinucleotidphosphat (NADPH)

tionssystem als Photosystem I und das kürzerwellig ($\lambda_{II} < 700$ nm) anregbare System als Photosystem II bezeichnet. Die Eigenschaften dieser beiden Photosysteme werden im folgenden diskutiert.

Das Photosystem I bewirkt die Erzeugung eines starken Reduktionsmittels, das zur Bildung von reduziertem Nicotinamidadenindinucleotidphosphat (NADPH, vgl. Abb. 5.57) aus der unreduzierten Form ($NADP^+$) dieses Elektronenüberträgermoleküls führt.

NADPH ist der wichtigste Elektronendonor bei reduktiven Biosynthesen. Der reaktive Teil des $NADP^+$/NADPH-Systems ist das Nicotinamidringsystem. Die Elektronenaufnahme bzw. Reduktion erfolgt nach dem Schema

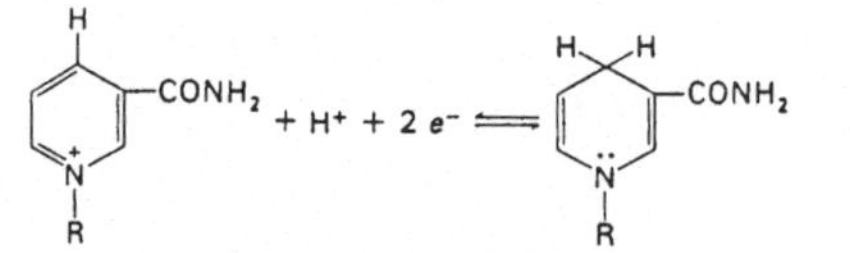

$$NADP^+ + H^+ + 2\,e^- \rightleftharpoons NADPH$$

Das unreduzierte Nicotinamidadenindinucleotidphosphat unterscheidet sich also von NADPH nur durch den Zustand des Nicotinamidringsystems. Entsprechendes gilt auch für das im Zusammenhang mit Abb. 5.55 erwähnte

Redoxpaar $NAD^+$/NADH. Der einzige strukturelle Unterschied zwischen NADPH und NADH besteht darin, daß im NADH die in Abb. 5.57 unten eingezeichnete zusätzliche Phosphatgruppe durch ein H-Atom ersetzt ist. $NAD^+$ ist der wichtigste Elektronenakzeptor bei der biochemischen Oxidation von „Brennstoffen".

Das Photosystem II erzeugt ein starkes Oxidationsmittel, das zur Bildung von molekularem Sauerstoff führt. Das wesentliche Verbindungsglied zwischen dem Reaktionszentrum $C_I$ und dem Reaktionszentrum $C_{II}$ ist der in Abb. 5.54 als Funktionseinheit eingezeichnete *Plastochinonspeicher*. Dieser Speicher nimmt die vom Reaktionszentrum $C_{II}$ abgegebenen Elektronen auf und wird dabei reduziert. Die Strukturfomeln des Plastochinons und der reduzierten Form dieses Elektronenakzeptormoleküls (Plastochinol) sind in Abb. 5.58 wiedergegeben.

### Das Reaktionszentrum $C_I$

Aus Elektronenspinresonanzmessungen ergibt sich, daß bei der Photooxidation des Pigments P 700 auch bei tiefen Temperaturen (d.h. bei kinetischer Hemmung thermischer Elektronentransferprozesse) ein π-Kationenradikal gebildet wird. Durch laserblitzlichtspektroskopische Untersuchungen konnte gezeigt werden, daß die P 700-Photooxidation in einer Reaktionszeit von $\leq 20$ ns erfolgt. Nach Messungen an isolierten Photosystem I-Partikeln läuft die Bleichung bei

694 nm nach Anregung mit 30 ps-Laserimpulsen in einer Zeit von weniger als 60 ps ab. Dabei ist die Anfangsamplitude der Absorptionsänderung etwa doppelt so groß wie die für eine P 700-Oxidation zu erwartende Absorptionsänderung. Die Gesamtabsorptionsänderung relaxiert mit einer Halbwertszeit von 200 ps auf das für das Kation P 700$^+$ zu erwartende Niveau. Daraus ist zu schließen, daß P 700 der Primärdonator des Reaktionszentrums $C_I$ ist und daß das Elektron im primären Transferschritt auf einen ebenfalls im Wellenlängenbereich von 700 nm absorbierenden und durch Reduktion ausgebleichten Primärakzeptor übertragen wird.

Der Elektronentransfer erfolgt direkt aus dem ersten angeregten Singulett-Zustand (vgl. Abschn. 5.4.1) einer mit dem Symbol Chl-$a_I$ bezeichneten Chlorophyll-Einheit. Tripletts werden an Chl-$a_I$ nur beobachtet, wenn die sekundären Donoren im reduzierten Zustand vorliegen. Dabei geht das im Licht primär gebildete Singulettradikalpaar $^S[\text{Chl-}a_I^+ \cdot X_I^-]$ in ein Triplettradikalpaar $^T[\text{Chl-}a_I^+ \cdot X_I^-]$ über, das durch Ladungsrekombination zur Bildung eines angeregten Triplettzustandes am Chl-$a_I$ führt.

Die Abb. 5.59 zeigt die für eine Reaktion am Chl-$a_I$ und die für den entsprechenden Prozeß an einer mit Chl-$a_{II}$ bezeichneten Chlorophyll-Einheit charakteristischen Absorptionsänderungen in Form von *Differenzspektren*. In der Bildbeschriftung sind ergänzende Hinweise auf den zeitlichen Verlauf der Aufbau- und Abbauprozesse der temporären Absorptionsänderungen angegeben. Der schnelle Aufbau ist der Photooxidation zuzuordnen. Die verschiedenen Zeitangaben für die Abbauprozesse beziehen sich auf eine mehrphasige Kinetik der Reduktion durch Elektronendonoren. Der Vergleich der in Abb. 5.59 gezeigten Differenzspektren mit dem Differenzspektrum für die Photooxidation von Chlorophyll a in butanolischer Lösung zeigt, daß P 700 der spezielle Chlorophyll-Komplex Chl-$a_I$ ist. Die Struktur dieses Komplexes bedarf noch weiterer Aufklärung. Elektronenspinresonanzmessungen, Analysen des Zirkulardichroismus und der Vergleich mit Modellsystemen aus kovalent verknüpften Chloro-

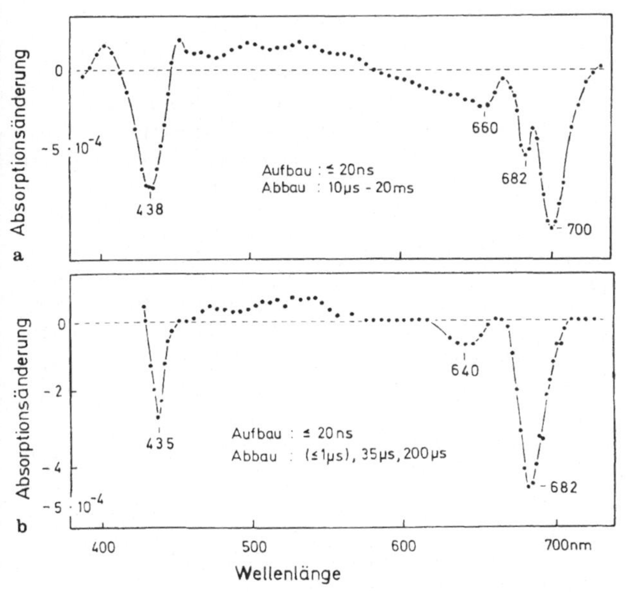


**Abb. 5.59** Differenzspektren der Absorptionsänderungen von Chl-$a_I$ (**a**) und Chl-$a_{II}$ (**b**) bei der lichtinduzierten Reaktion (Nach Kok (1961), G. Döring et al. (1968) und G. Döring et al. (1969))

phyll-a-Dimeren deuten darauf hin, daß Chl-a$_I$ ein spezieller Chlorophyll a-Dimerkomplex („special pair") ist. Neuere Untersuchungen mit EPR- und ENDOR-Methoden (vgl. Literaturhinweis im Anhang 2) legen dagegen den Schluß nahe, daß Chl-a$_I$ als monomeres Chlorophyll a mit einer wesentlichen funktionellen Rolle eines Cyklopentanonringes (vgl. Abschn. 5.41) vorliegt. Auch die $E_{m,\,7}$-Redoxpotentiale von Chlorophyll-a-enol-derivaten stimmen sehr viel besser mit dem gemessenen Redoxpotential ($+430\,\text{mV}$) von Chl-a$_I$/Chl-a$_I^+$ überein als die Redoxpotentialwerte für Chlorophyll a-Dimere. Ausführliche Analysen von Messungen der photochemisch induzierten dynamischen Elektronenpolarisation CIDEP (vgl. Literaturhinweis im Anhang 2) deuten darauf hin, daß der mit dem Symbol X$_I$ bezeichnete Primärakzeptor am Reaktionszentrum C$_I$ ebenfalls ein spezielles Chlorophyll a-Molekül ist. Von X$_I^-$ werden die Elektronen über eine 200 ps-Kinetik an einen zweiten anisotrop in die Membran eingebauten Akzeptor A$_I$ abgegeben. Danach erfolgt in einem weiteren Transfer-Schritt die Elektronenübertragung auf ein spezifisch an den Reaktionszentrenkomplex gebundenes *Ferredoxin*.

Ferredoxin ist ein wasserlösliches 12-kd-Protein (kd = Kilodalton) mit einem [2 Fe − 2 S]-Cluster. Ein Ferredoxin wurde zuerst im Jahre 1964 von J. E. Carnahan und L. E. Mortenson und ihren Mitarbeitern aus Extrakten von *Clostridium pasteurianum* isoliert. Dieses für die Stickstoff-Fixierung anaerober Bakterien wichtige Eisen-Schwefel-Protein war das erste zahlreicher Eisen-Schwefel-Proteine, die inzwischen aus verschiedenen Organismen isoliert worden sind. Diese Eisen-Schwefel-Proteine sind am Elektronentransport in den Plastiden und in den Mitochondrien beteiligt. Ihre Funktion als Elektronenüber-

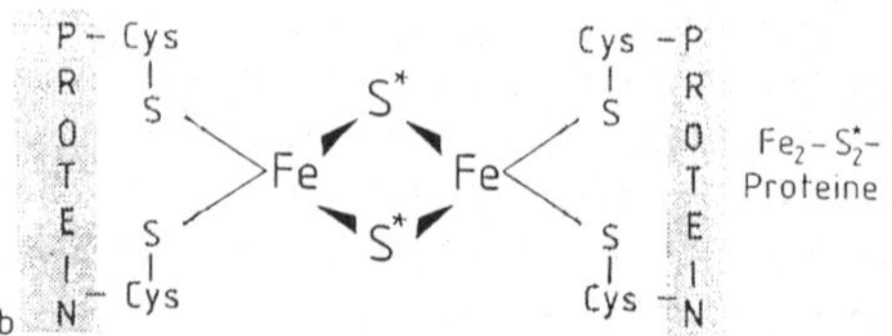

**Abb. 5.60** Strukturschema der Eisen-Schwefel-Proteine (S* = säurelabile S-Brücken)

träger besteht offenbar darin, daß in ihnen ein reversibler Fe(II)–Fe(III)-Übergang ablaufen kann. Die reduzierten Formen der meisten Eisen-Schwefel-Proteine zeigen bei sehr tiefen Temperaturen Elektronenspinresonanz-Spektren mit einem charakteristischen Signal, das einen Hinweis auf die ungepaarten Elektronen der Fe(II)-Form gibt. Eisen-Schwefel-Proteine enthalten als funktionelle Gruppe oft ein Zentrum aus 2 Fe und zwei säurelabilen S-Brücken, wie es die in Abb. 5.60 skizzierte Anordnung zeigt.

Der molekulare Mechanismus des Elektronentransfers ist noch nicht genau bekannt. Das Halbstufen-Redoxpotential zeigt für die einzelnen Spezies sehr unterschiedliche Werte; es liegt für viele Ferredoxine im Bereich von $-400\,\text{mV}$. Im Zusammenhang mit der am photosynthetischen Reaktionszentrum C$_I$ ablaufenden Reaktionsfolge werden die spezifisch an den Reaktionszentrenkomplex gebundenen Fe-S-Zentren mit dem Symbol Fd(A, B) gekennzeichnet. Der Akzeptor A$_I$ enthält wahrscheinlich ebenfalls eine funktionelle Gruppe in Form eines Fe-S-Zentrums. Im Reaktionszentrum C$_I$ ist Chl-a$_I$ sowohl der Exzitonenakzeptor als auch der primäre Elektronendonator.

Für die Reaktionsfolge am Reaktionszentrum C$_I$ ergibt sich aus den vorstehend erläuterten Befunden das in der Gl. (5.720) zusammengefaßte Schema

$$\text{Chl-a}_I \cdot X_I \cdot A_I \cdot \text{Fd(A, B)} \xrightarrow{\langle\varepsilon\rangle} \text{Chl*-a}_I \cdot X_I \cdot A_I \cdot \text{Fd(A, B)} \xrightarrow{\langle 60\,\text{ps}} \text{Chl}^+\text{-a}_I \cdot X_I^- \cdot A_I \text{Fd(A, B)}$$

$$\uparrow \circlearrowright \begin{matrix}\text{(PD)}_\text{ox}\\\text{(PD)}_\text{red}\end{matrix} \qquad\qquad \downarrow 200\,\text{ps}$$

$$\text{Chl-a}_I^+ \cdot X_I \cdot A_I \cdot \text{Fd(A, B)} \longleftarrow \text{Chl}^+\text{-a}_I \cdot X_I \cdot A_I \text{Fd(A, B)} \longleftarrow \text{Chl}^+\text{-a}_I \cdot X_I \cdot A_I^- \cdot \text{Fd(A, B)}$$

$$\curvearrowleft \text{(Fd. NADP)}_\text{red}\;\text{(Fd. NADP)}_\text{ox}$$

$$(5.720)$$

Die im letzten Schritt des Reaktionszyklus vor sich gehende Reduktion von $Chl\text{-}a_I^+$ erfolgt in vivo je nach dem Redoxzustand der Komponenten zwischen den Zentren. $C_I$ und $C_{II}$ durch sekundäre Donatoren (PD) im μs-bzw. ms-Zeitbereich. Nur im funktionell aktiven Zustand kann der Reaktionszentrenkomplex $Chl\text{-}a_I \cdot X_I \cdot A_I \cdot Fd(A, B)$ als *chemische Exzitonenfalle* wirken. Die Regenerationskinetik dieses Komplexes wird durch die im Vergleich zur chemischen Exzitonendissoziation sehr viel langsameren Reaktionen von $Chl\text{-}a_I^+$ limitiert. Deshalb wird die Gesamtgeschwindigkeit der Umwandlung von Licht in chemische Energie an den Reaktionszentren durch die sekundären Elektronentransferprozesse begrenzt.

### Das Reaktionszentrum $C_{II}$

Das Photosystem II besteht aus einem Lichtsammlerkomplex LHC II, einem zentralen Bereich mit dem Reaktionszentrum $C_{II}$ und einem sauerstoffentwickelnden Komplex; es überträgt Elektronen von Wasser auf Plastochinon.

H. T. Witt und seine Mitarbeiter haben 1967 eine blitzlichtinduzierte Absorptionsänderung bei 690 nm beobachtet. Die Amplitude dieser Absorptionsänderung wird durch $h\nu_{II}$-Zusatzlicht stark vermindert, aber nicht durch $h\nu_I$-Zusatzlicht beeinflußt. Durch spezifische System II-Inhibitoren wird das Auftreten dieser Absorptionsänderung verhindert. Im Differenzspektrum sind die für das Ausbleiben von Chlorophyll a typischen Banden zu erkennen. Daraus ist zu schließen, daß auch am Reaktionszentrum $C_{II}$ die Exzitonenaufnahme durch ein spezielles Chlorophyll a erfolgt, das entsprechend dem Absorptionsmaximum bei 680 nm als P680 oder als $Chl\text{-}a_{II}$ (vgl. Abb. 5.59b) bezeichnet wird. Durch Tieftemperaturmessungen konnte auch für $Chl\text{-}a_{II}$ die Annahme bestätigt werden, daß dieses spezielle Chlorophyll a an den Primärreaktionen des Reaktionszentrums $C_{II}$ beteiligt ist. Auch $Chl\text{-}a_{II}$ wirkt als primärer Elektronendonator. Unter der Voraussetzung einer gleich großen Extinktionskoeffizienten-Differenz für die Photooxidation von $Chl\text{-}a_{II}$ konnte das Häufigkeitsverhältnis der beiden Reaktionszentren zu 1:1 abgeschätzt werden. Als Elektronenakzeptor für die Ladungstrennung am Zentrum $C_{II}$ konnte eine Komponente, die bei Elektronenaufnahme eine charakteristische Bande bei 320 nm zeigt, identifiziert werden. Dieser Akzeptor wird als X320 bezeichnet. Aus dem gemessenen Differenzspektrum und dem Vergleich mit Messungen an methanolischen Lösungen von Plastochinon in verschiedenen Redoxzuständen ergibt sich, daß X320 ein speziell gebundenes Plastochinonmolekül ist. Bei der Reduktion geht dieses Plastochinonmolekül in ein Plastosemichinon-Anionradikal über. Der Akzeptor X320 ist in eine Proteinumgebung eingebettet und deshalb nicht direkt für exogene Redoxsysteme zugänglich. Wahrscheinlich verhindert diese Proteinumgebung auch den $H^+$-Transport zum X320, so daß in vivo keine Protonierung des X320-Semichinonradikals erfolgt.

Nach Gl. (5.720) wird am Reaktionszentrenkomplex $C_I$ eine Folge von Elektronentransferschritten durchlaufen, bevor sich eine „stabile" Ladungstrennung einstellt. Es ist naheliegend anzunehmen, daß ein ähnliches Prinzip auch am Reaktionszentrum $C_{II}$ realisiert ist. Der Chlorophyll-Komplex $Chl\text{-}a_{II}$ kann unter Bedingungen photooxidiert werden, bei denen X320 im funktionell inaktiven reduzierten Zustand vorliegt. Demnach muß im Komplex $C_{II}$ neben X320 noch eine weitere Akzeptorkomponente $X_a$ vorhanden sein, bei der es sich um Phäophytin (vgl. Abschn. 5.4.1) handeln kann. Phäophytin wirkt als intermediärer Elektronenüberträger zwischen $Chl\text{-}a_{II}$ und X320. Obwohl noch nicht alle Einzelheiten der aufeinanderfolgenden Elektronenübertragungsschritte geklärt sind, kann der Reaktionsverlauf am Reaktionszentrum $C_{II}$ mit dem in der Gl. (5.721) zusammengefaßten Schema be-

$$Chl\text{-}a_{II} \cdot (X_a) \cdot X320 \ \xrightarrow{\langle \varepsilon \rangle} \ Chl\text{-}a_{II}^* \cdot (X_a) \cdot X320 \ \longrightarrow \ Chl\text{-}a_{II}^+ \cdot (X_a^-) \cdot X320$$

$$Chl\text{-}a_{II} \cdot (X_a) \cdot X320^- \ \xleftarrow{\leq 1\,\mu s/30\,\mu s} \ Chl\text{-}a_{II}^+ \cdot (X_a) \cdot X320^-$$

(5.721)

schrieben werden. Dabei ist das Symbol $(X_a)$ als Ausdruck für alle Komponenten zu verstehen, die als aktive Redoxgruppen für die Elektronenübertragung vom Chl-a$_{II}^+$ zum X320 notwendig sind. Nach neueren Versuchsergebnissen besteht Grund zu der Annahme, daß zwei verschiedene Typen von C$_{II}$-Reaktionszentren existieren. Diese unterscheiden sich nicht nur in der Organisation ihrer Antennenpigmente, sondern auch im Redoxpotential ihrer X320-Komponenten, das im Bereich von $-50$ bis $+60$ mV bzw. im Bereich von $-300$ bis $-200$ mV liegt. In Gl. (5.721) sind die beiden verschiedenen X320-Typen nicht explizit berücksichtigt, da es sich in beiden Fällen um speziell gebundene Plastochinonmoleküle handelt. Das Redoxpotential des primären C$_{II}$-Elektronendonators Chl-a$_{II}$/Chl-a$_{II}^+$ ist zu $\geq +950$ mV abgeschätzt worden. Die Chl-a$_{II}$-Komponente am Reaktionszentrum C$_{II}$ unterscheidet sich damit durch die wesentlich stärkere Oxidationswirkung ihres Kationenradikals sehr deutlich von den photochemisch aktiven Donatorkomplexen am C$_I$(Chl-a$_I$)-System. Aus in vitro-Experimenten an Chlorophyll a-Lösungen ergibt sich, daß zur Bildung stark oxidierend wirkender Kationenradikale ein spezieller Chlorophyll-Dimerkomplex nicht erforderlich ist. Diese Kationenradikale können unter geeigneten Bedingungen auch von monomerem Chlorophyll a gebildet werden.

### *Wirkungsgrad der photoelektrochemischen Energiekonversion*

Zur Nutzbarmachung der lichtinduzierten Elektronenverschiebung müssen die primär gebildeten elektrischen Ladungen aus dem Reaktionszentrum in geeignete Speichersysteme abfließen. Man kann das aus dem Reaktionszentrum und dem Speichersystem gebildete Gesamtsystem formal als einen photoelektrochemischen Energiekonverter betrachten, in dem unter Überwindung einer elektrochemischen Potentialdifferenz $\Delta\tilde{\mu}$ ein endergonischer Elektronenstrom $J_R$ durch einen exergonischen Photonenstrom $J_{hv}$ angetrieben wird. Mit den im Abschn. 5.2.7 erklärten „Flüssen" $J_i$ der linearen irreversiblen Thermodynamik und den diesen Flüssen zugeordneten „Kräften" $X_i$ läßt sich der Wirkungsgrad $\eta$ eines

photoelektrochemischen Energiekonverters mit $-\Delta\tilde{\mu} = X_R$ durch die Beziehung

$$\eta = \frac{J_R X_R}{J_{hv} X_{hv}} \tag{5.722}$$

ausdrücken. Dabei stellt der Quotient $J_R/J_{hv}$ die photochemische Quantenausbeute $\Phi_{PC}$ dar. Wie bereits erwähnt, ist $\Phi_{PC}$ für die photochemisch aktiven Reaktionszentren $C_I$ und $C_{II}$ als ein nur sehr wenig von 1 abweichender Wert bestimmt worden. Da die photochemische Ladungstrennung in dem betrachteten System direkt aus dem niedrigsten angeregten Singulett-Zustand des Reaktionszentren-Chlorophyll-Komplexes erfolgt, läßt sich der Energieumwandlungsprozeß näherungsweise an dem vereinfachten Modell eines Energiekonverters mit nur zwei Elektronenzuständen diskutieren. Das Energieflußdiagramm dieses Modellsystems ist in Abb. 5.61 schematisch dargestellt.

Die Zahlen $n_1$ und $n_0$ sind die Besetzungszahlen der am elektronischen Übergang beteiligten Energieniveaus. Der energetische Abstand dieser beiden Niveaus $\Delta E = hc/\lambda_0$ entspricht dem langwelligsten Übergang mit der Wellenlänge $\lambda_0$. Die Summe wird als einzige primäre Quelle freier Energie (vgl. Abschn. 5.1.3) wie ein schwarzer Strahler mit der Temperatur $T_S = 5800$ K behandelt. Die auf der Erdoberfläche auftreffende Sonnenstrahlung ist durch eine tiefere Temperatur $T_{Erde}$ gekennzeichnet, da durch die Streuung im Weltraum „Entropieverluste" auftreten. In der vereinfachten Modellbetrachtung soll nur ein schmalbandiges Wellenlängenintervall zwischen 680 und 700 nm diskutiert werden. Dabei wird die Existenz von zwei verschiedenen Reaktionszentren $C_I$ und $C_{II}$ nicht berücksichtigt. Der Energie-

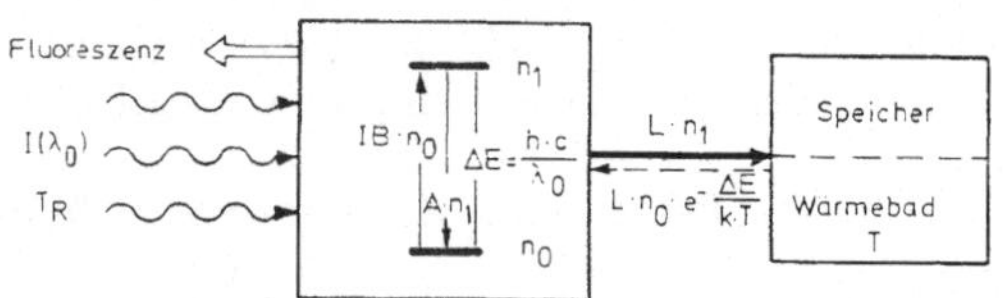


**Abb. 5.61** Schema der Funktionselemente und Energieflüsse eines einfachen photoelektrochemischen Energiekonverters (nach G. Renger in: W. Hoppe et al. (1982)

konverter ist mit einem Speichersystem ausgestattet und steht mit einem Wärmebad mit der Erdoberflächentemperatur T im Gleichgewicht. In stationärem Zustand soll die Besetzungszahl $n_0$ durch das Strahlungsfeld gegenüber dem Dunkelzustand nur unwesentlich verändert werden, wobei die induzierte Emission im Vergleich zur spontanen Emission vernachlässigbar klein wird. Unter diesen Voraussetzungen ergibt sich für den stationären Besetzungszustand des angeregten Zustandes die Gleichung

$$\frac{dn_1}{dt} = 0 = I \cdot B \cdot n_0 - An_1 - Ln_1 + Ln_0 e^{-\Delta E/kT} . \tag{5.723}$$

Der erste Term auf der rechten Seite von Gl. (5.723) entspricht der durch die Lichtintensität I bewirkten Zunahme von $n_1$ (induzierte Absorption). Die Konstante B wird in der Spektroskopie als *Einsteinkoeffizient der induzierten Absorption* (vgl. Literaturhinweis im Anhang 2) bezeichnet. A ist der *Einsteinkoeffizient der spontanen Emission*. Der Koeffizient L entspricht der Summe der Geschwindigkeitskonstanten aller strahlungslosen Anregungsverluste und der photochemischen Reaktion. Der letzte Term berücksichtigt die im Vergleich zur optischen Anregung extrem geringfügige thermische Anregung.

Bei vollständiger Streuung der Sonnenstrahlung in der Atmosphäre wird auch $T_{Erde}$ zu einer sich aus der Planckschen Strahlungsformel (vgl. Literaturhinweis im Anhang 2) ergebenden Funktion der Wellenlänge (Beispiel: $T_{Erde}$ (681 nm) = 1340 K, $T_{Erde}$ (800 nm) = 1181 K). Die Temperatur des hier zur Vereinfachung angenommenen schmalbandigen Strahlungsfeldes soll mit $T_R$ bezeichnet werden. Bei gegebener Lichtintensität gilt damit im thermischen Gleichgewicht für das Verhältnis der Koeffizienten A und B die Beziehung

$$A/B \simeq I\, e^{\Delta E/kT_R} . \tag{5.724}$$

Aus den Gln. (5.723) und (5.724) erhält man somit für das Verhältnis der Besetzungszahlen $n_1$ und $n_0$ bei einwirkendem Strahlungsfeld die Gleichung

$$\frac{n_1}{n_0} = \frac{Ae^{-\Delta E/kT_R} + Le^{-\Delta E/kT}}{A + L} . \tag{5.725}$$

und die Fluoreszenzquantenausbeute $\Phi_F$ ist demnach gemäß

$$\Phi_F = \frac{A\,n_1}{B\,I\,n_0}$$

$$= \frac{A}{A + L}\left(1 + \frac{L}{A}\, e^{+\Delta E/kT_R} \cdot e^{-\Delta E/kT}\right) \tag{5.726}$$

zu berechnen. Die durch das Strahlungsfeld der Temperatur $T_R$ maximal erreichbare Differenz an freier Enthalpie $\Delta G$ läßt sich nach den im Abschn. 5.2.6 erläuterten Prinzipien der statistischen Thermodynamik aus dem Verhältnis $n_1$ (Licht)/$n_1$ (Dunkel) berechnen, da Volumeneffekte in dem betrachteten Fall vernachlässigt werden können ($\Delta G \simeq \Delta F$). Mit $\Delta G \simeq \Delta \mu = - X_R$ erhält man demnach die Gleichung

$$\Delta G \simeq - X \simeq kT \ln \frac{n_1(\text{Licht})}{n_1(\text{Dunkel})} , \tag{5.727}$$

in der

$$n_1(\text{Dunkel}) = n_0 e^{-\Delta E/kT} \tag{5.728}$$

zu setzen ist. Für den thermodynamischen Wirkungsgrad $\eta_{Th}$ erhält man damit unter Berücksichtigung der Gln. (5.725) und (5.726) den Ausdruck

$$\eta_{Th} = \lambda_0 \frac{\Delta G}{hc} \simeq 1 - \frac{T}{T_R} + \lambda_0 \frac{k \cdot T}{hc} \ln \Phi_F . \tag{5.729}$$

Da $0 \leq \Phi_F \leq 1$ ist wird $\eta_{Th}$ verringert, wenn die Fluoreszenzquantenausbeute $\Phi_F$ abnimmt. Der höchstmögliche thermodynamische Wirkungsgrad $(\eta_{Th})$ ergibt sich für $\Phi_F = 1$. Wie bei einer idealen Batterie, deren maximale EMK nur im stromlosen Zustand gemessen werden kann, wird der maximale $\Delta G$-Wert nur dann erhalten, wenn der Energiekonverter keine Nutzleistung abgibt. Für $T_R = T_{Erde}$ (681 nm) = 1340 K erhält man z. B. $(\eta_{Th})_{max} = 0{,}8$. Bei hohen Lichtintensitäten wird jedoch eine durch die Kinetik des Ladungstransports bedingte Begrenzung der Leistungsfähigkeit wirksam. Deshalb wird der angegebene

$(\eta_{Th})_{max}$-Wert nicht erreicht. Eine von Duysens 1958 vorgenommene Abschätzung, die auch die kinetischen Parameter des Photosynthesesystems berücksichtigt, ergibt den Wert $(\eta_{Th})_{max} = 0{,}73$. Wenn die Beschränkung auf ein sehr schmalbandiges Strahlungsfeld aufgegeben und die mögliche Ausbeute auf das gesamte Sonnenspektrum bezogen wird, muß beachtet werden, daß nur Strahlung mit $\lambda < \lambda_0$ photochemisch nutzbar gemacht werden kann, wobei die Überschußenergie dissipativ vernichtet wird. Bezeichnet man die spektrale Energiedichteverteilung des Sonnenlichtes (vgl. Abschn. 5.1.3) mit $\rho_S(\lambda)$, so kann unter den genannten Bedingungen nur der sich aus der Gleichung

$$\eta = \frac{\displaystyle\int_0^{\lambda_0} \rho_S(\lambda)\,d\lambda}{\displaystyle\int_0^{\infty} \rho_S(\lambda)\,d\lambda} \qquad (5.730)$$

ergebende Bruchteil der einfallenden Strahlung energetisch umgesetzt werden, Für $\lambda_0 = 700$ nm erhält man damit $\eta_S \simeq 0{,}4$ und damit für $J_R = 0$ das Produkt $\eta_S(\eta_{Th})_{max} = 0{,}29$. Jede Nutzarbeit führt zum Aufbau einer Differenz der elektrochemischen Potentiale. Deshalb erfolgt die Rückreaktion aus dem Speicher mit einer Energiedifferenz, die kleiner als die primäre Energieniveaudifferenz $\Delta E$ ist. Nach einer von Ross und seinen Mitarbeitern durchgeführten ausführlichen numerischen Durchrechnung verschiedener Energiekonvertermodelle wird eine maximale Leistungsausbeute erreicht, wenn die auf die Lichtabsorption folgenden Dunkelreaktionen möglichst nahe am Gleichgewichtszustand der beteiligten Redoxkomponenten verlaufen. Zur Aufrechterhaltung dieses Betriebszustandes müssen alle Geschwindigkeitskonstanten der in Richtung auf den Speicher ablaufenden „Vorwärtsreaktionen" mindestens 100 mal größer als die Geschwindigkeitskonstante für den Lichtabsorptionsprozeß sein. Außerdem müssen die Geschwindigkeiten der Rückreaktionen mindestens genauso groß wie die Lichtabsorptionsrate sein. Diese Feststellung beschränkt sich nicht auf eine bestimmte vorgegebene Anzahl von Redoxkomponenten der photosynthetischen Elektro-

nentransportkette, da sie sich auf das Reaktionszentrum und die dort erfolgende Ladungsseparierung bezieht. Bezüglich der thermodynamischen Effizienz der Lichtumwandlung bestehen keine wesentlichen Einschränkungen hinsichtlich der Lage der Halbstufenpotentiale von Redoxkomponenten außerhalb der Reaktionszentren. Aus dieser numerischen Analyse ergibt sich, daß der maximale Wirkungsgrad der Sonnenenergieumwandlung an den Reaktionszentren grüner Pflanzen ungefähr bei 0,2 liegt.

Weitere Wirkungsgradminderungen treten durch Verluste bei der Absorption des Sonnenlichtes (z. B. Reflexion) und in den Elektronentransportprozessen außerhalb der Reaktionszentren und der angeschlossenen Speichersysteme auf. Unter Berücksichtigung dieser Verluste ergibt die numerische Abschätzung schließlich den Wert $\eta_{Photosynthese} = 5\%$ für die Effizienz des gesamten Photosyntheseprozesses. Dieser Wert stimmt mit den an schnellwachsenden Kulturen (z. B. Zuckerrohr) experimentell ermittelten Werten gut überein.

Die vorstehend beschriebenen Modellanalysen liefern keine Aussagen über den molekularen Mechanismus der Ladungstrennungsprozesse an den Reaktionszentren. Dieser Mechanismus ist noch weitgehend unbekannt. Es ist jedoch naheliegend, anzunehmen, daß sich im Laufe der Evolution die für eine optimale Funktion der Reaktionszentren am besten geeigneten Redoxpaare durchgesetzt haben. Als experimentell gesicherte Tatsache kann die Feststellung gelten, daß die Reaktionszentren praktisch die gesamte Thylakoidmembran durchdringen und daß der Elektronentransport vektoriell über eine Distanz von 2 bis 3 nm von den innen liegenden Chlorophyll a-Donatorkomplexen durch die Membran zu den außen angebrachten Akzeptorkomponenten Fd(A, B) und X-320 verläuft.

Die Umkehrung der durch die Gln. (5.720) und (5.721) beschriebenen Prozesse sollte als Ladungsrekombination wieder zur Bildung eines angeregten Elektronenzustandes führen. Demnach sollte bei diesem Vorgang ein Exziton im Antennenpigmentsystem gebildet werden. Dieses Exziton sollte dann mit einer Quantenausbeute $\Phi_F$ als Fluoreszenzstrahlung emittiert werden.

Durch die Ladungsrekombination wird der funktionell aktive Zustand des Reaktionszentrums wieder hergestellt. Wegen der relativ langsamen Rekombinationskinetik muß die durch die Gegenreaktion hervorgerufene Fluoreszenzemission gegenüber der normalen Fluoreszenz als *verzögerte Fluoreszenz* auftreten. Arnold und Strehler haben bereits 1951 eine vergrößerte Fluoreszenz nachgewiesen. Diese Fluoreszenz erstreckt sich über einen weiten Zeitbereich bis zu Minuten nach der Anregung und ist um mindestens zwei Größenordnungen weniger intensiv als die normale Fluoreszenz. Die Gesamtquantenausbeute dieses Prozesses ist extrem gering; sie ist für die Energiebilanz ohne Bedeutung.

Bei tiefer Temperatur belichtete Chloroplasten können bei verschiedenen charakteristischen Temperaturen fluoreszieren. Dieses Phänomen wird als *Thermoluminiszenz* bezeichnet. Als Ursache dieser Erscheinung kommt die thermisch aktivierte Singuletterzeugung durch Rekombination gespeicherter Ladungen in Betracht. Die Thermoluminiszenz ist ein analytisches Hilfsmittel zur Untersuchung derartiger Zustände.

### 5.4.4 Elektronentransfer und Aufbau eines elektrischen Feldes

Die vom Reaktionszentrum $C_I$ erzeugten primär am $Fd(A, B)$ lokalisierten Elektronen werden zunächst auf relativ locker an der Thylakoidmembran-Außenseite gebundenes Ferredoxin und von dort auf das ebenfalls schwach gebundene Enzym *Ferredoxin-NADP$^+$-Reduktase* übertragen. Diese Reduktase besitzt ein spezielles Bindungszentrum für $NADP^+$. An diesem Zentrum erfolgt die Reduktion zum NADPH. Das gebildete NADPH besitzt mit $E_{m,7} = -0,32$ V eine um mindestens 24 kJ/mol geringere elektronische Energie als der reduzierte Akzeptor Fd (A, B) im Reaktionszentrenkomplex $C_I$.

Die durch die Elektronenübertragungsprozesse am Reaktionszentrum $C_I$ gebildeten *Defektelektronen* werden durch die über den Plastochinonspeicher PQ vom Zentrum $C_{II}$ abgegebenen Elektronen neutralisiert. Dabei erfolgt die funktionelle Verbindung zwischen dem Einelektronenüberträger X 320$^-$ (vgl. Gl. (5.721)) und dem Zweielektronenüberträger PQ durch ein spezielles Plastochinonmolekül, das nacheinander zwei Elektronen vom X320$^-$ aufnimmt und diese Elektronen simultan an den Plastochinonspeicher weitergibt. In der Literatur (vgl. Anhang 2) wird dieses spezielle Plastochinonmolekül mit dem Symbol B oder mit dem Symbol R bezeichnet. Die Reduktion von B zum Plastohydrochinon ist mit einer Protonenaufnahme aus dem Stroma-Raum gekoppelt. Zur kinetischen Steuerung des Elektronenüberganges vom X320$^-$ zum B dient eine fest gebundene Hydrogencarbonatgruppe oder ein fixiertes Kohlendioxid-Molekül. Die Proteinkomponenten, die X320 und B einschließen, bilden auch die Bindungszone für eine große Zahl von Inhibitoren, durch die der Elektronentransport zwischen X320 und B blockiert wird Der bekannteste Inhibitor dieses Typs ist das Harnstoffderivat 3-(3,4-Dichlorphenyl)-1,1-dimethylharnstoff (DCMU). Die Entladung (Reoxidation) des Plastochinonspeichers erfolgt über einen als *Cytochrom-b-f-(c)-Komplex* bezeichneten Redoxenzymkomplex. Dieser Enzymkomplex enthält neben den Cytochromen noch eine funktionelle Fe-S-Gruppe; er nimmt die Elektronen aus dem reduzierten Plastochinonspeicher auf und überträgt sie auf das *Plastocyanin*. Die funktionelle Gruppe des Plastocyanins ist ein durch Aminosäurereste komplexiertes Kupfer-Zentrum. Das an der Innenseite der Thylakoidmembran lokalisierte reduzierte Plastocyanin wirkt als Elektronendonator für Chl-a$_{II}^+$.

Auch an diesem Funktionsbereich des Elektronentransfersystems sind kinetische Untersuchungen durchgeführt worden. Die Geschwindigkeit des linearen Gesamtelektronentransportes vom Wasser zum $NADP^+$ wird durch die Kinetik der Reoxidation des Plastochinonspeichers begrenzt. Das Plastochinon enthält protonierbare Gruppen mit einem vom Redoxzustand des Plastochinonspeichers abhängigen pK'-Wert. Deshalb sind die Redoxprozesse an diesem Speicher mit Protonierungs-/Deprotonierungsprozessen gekoppelt. Die Kinetik der Plastochinon-Reduktion wird durch den pH-Wert an der Innenseite der Thylakoidmembran kontrolliert. Der Plastochinonspeicher hat also die Funktion eines kinetischen Regulationsgliedes für den Elektronentransport vom Wasser zum $NADP^+$. Außerdem erfüllt der Plastochinonspeicher noch die Funktion eines Kopplungselementes für verschiedene Elektronentransportketten. Nach den Ergebnissen neuerer Untersuchungen wird über den Redoxzustand des Plastochinonspeichers durch Aktivierung einer Phosphokinase und die damit induzierte Phosphorylierung des LHP-Komplexes (vgl. Abschn. 5.4.2) auch die Quantenverteilung auf die Antennenpigmente der Photosysteme I und II reguliert. Demnach existiert ein zusätzlicher feedback-Mechanismus zwischen den Redoxreaktionen und der Lichtquantenverteilung, durch den eine optimale Anpassung an die Belichtungsbedingungen ermöglicht wird.

Wie bereits erwähnt, werden die von $C_{II}$ erzeugten stark oxidierend wirkenden Defektelektronen durch Elektronen neutralisiert, die vom Wasser unter Bildung von molekularem Sauerstoff abgegeben werden. Für die Oxidation des Wassers zu Sauerstoff ist nach der Gleichung

$$2H_2O + 4(+) \rightarrow 4H^+ + O_2 \qquad (5.731)$$

die Kooperation von 4 Oxidationsäquivalenten $(+)$ erforderlich. Durch blitzlichtamperometrische Messungen konnte gezeigt werden, daß diese Kooperation an einem funktionell nur mit einer $C_{II}$-Einheit verbundenen speziellen Speichersystem erfolgt. Dabei erfolgt die Wasser-Oxidation nach sequentieller Ladungsakkumulation mit vier von der $C_{II}$-Einheit abgegebenen Defektelektronen. Das Speichersystem enthält das mit dem Symbol Y bezeichnete wasserspaltende Enzymsystem. Aus dem experimentellen Nachweis von vier bis sechs gebundenen Mangan-Ionen ergab sich die Schlußfolgerung, daß die Defektelektronen-Speicherplätze *Mangangruppen* mit spezifischer Koordinationshülle sind. Das System Y ist demnach ein Manganoprotein, in dem die funktionellen Mangangruppen die Zwischenstufen der Wasseroxidation komplexieren und kinetisch passivieren. Die Aufladung des wasserspaltenden Enzymsystems erfolgt sehr wahrscheinlich über ein Donatorsystem. Einzelheiten der funktionellen Kopplung zwischen Chl-$a_{II}$ und dem System Y müssen noch geklärt werden. Weiterführende Literaturhinweise zum Problem der enzymatischen Wasserspaltung finden sich im Anhang 2.

Wegen der durch Gl. (5.677) vorgegebenen Stöchiometrie wird oft zusätzlich zu dem Hauptelektronenübertragungsweg noch ein zyklischer Ladungstransport postuliert. Dieser zyklische Elektronenfluß soll nur durch die Reaktionszentren $C_I$ angetrieben werden und ausschließlich zur ATP-Bildung dienen. Das im Ferredoxin enthaltene Elektron kann statt auf $NADP^+$ auf den Cytochrom-b-f-Komplex übertragen werden und über das Plastocyanin zur oxidierten Form des P700 zurückgelangen. Dieser zyklische Elektronenfluß kann zum Aufbau eines als Energiespeicher für die ATP-Synthese nutzbaren Protonengradienten (vgl. Abschn. 5.4.6) dienen. Durch den Prozeß der *zyklischen Photophosphorylierung* soll also ATP ohne gleichzeitige Bildung von NADPH erzeugt werden. Dieser Prozeß soll stattfinden, wenn aufgrund eines sehr hohen $NADPH/NADP^+$-Verhältnisses kein $NADP^+$ für die Elektronenübernahme von reduziertem Ferredoxin zur Verfügung steht. Der eindeutige Beweis für einen in vivo ablaufenden zyklischen Elektronenfluß der hier beschriebenen Art muß noch erbracht werden.

Die vorstehend beschriebenen Elektronentransferprozesse werden zweckmäßig in dem zuerst von Hill und Bendall 1960 vorgeschlagenen und später mehrmals revidierten Z-Schema (Abb. 5.62) zusammenfassend dargestellt. Die Energiezustände der einzelnen Stufen des Elektronentransportweges vom Wasser zum NADPH sind in Abb. 5.62b durch die eingezeichnete Redoxpotential-Skala charakterisiert. In Abb. 5.62a sind die aufeinanderfolgenden Reaktionsschritte und die bekannten kinetischen Daten für die beteiligten Komponenten zusammengefaßt. Der Hauptelektronentransportweg ist in Abb. 5.62a durch stark ausgezogene Pfeile gekennzeichnet. Der mögliche zyklische Elektronentransportweg ist durch einen gestrichelt gezeichneten Pfeil markiert. Zum Transport eines Elektrons durch die gesamte Haupttransportkette sind zwei Lichtquanten erforderlich. Es werden also zur Bildung eines Sauerstoff-Moleküls 8 hv benötigt.

Unter der Voraussetzung, daß die Elektronentransfer-Komponenten der Membran in der Normalenrichtung anisotrop angeordnet sind, ergibt sich aus der Elektronenübertragung zwischen

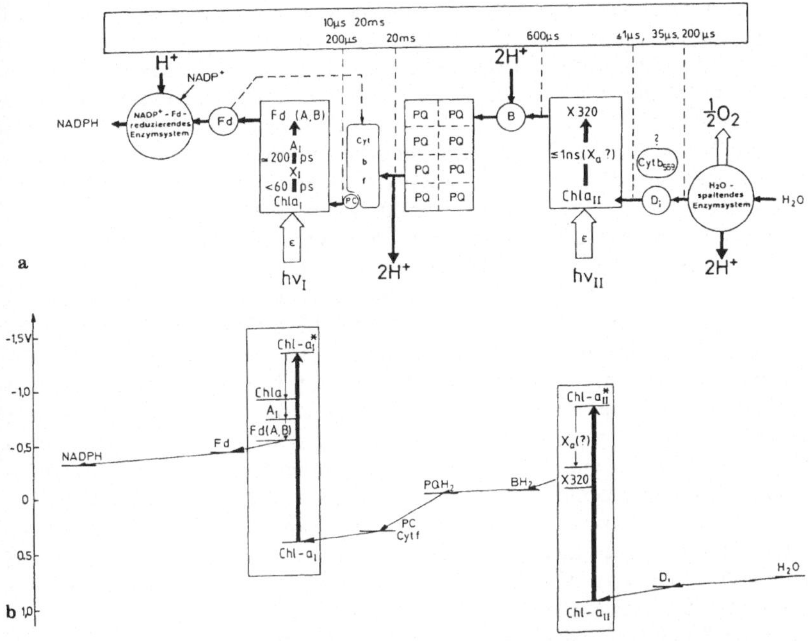



**Abb. 5.62** Zusammenfassende Darstellung der Elektronentransportprozesse im Thylakoidsystem.
**a.** Schema der Reaktionswege mit Angabe der Transferzeiten. **b.** Z-Schema. Bedeutung der Abkürzungen: $A_I$ = Akzeptor in $C_I$, B = spezielles Plastochinonverbindungsmolekül, Chl = Chlorophyll, $D_i$ = Donatorkomplex zwischen Chl-$a_{II}$ und dem wasserspaltenden Enzymsystem, Fd = Ferredoxin, PC = Plastocyanin, PQ = Q = Plastochinon, $X_I$ = Primärakzeptor des Systems I, X320 = Akzeptor des Systems II. Die Fragezeichen markieren Prozeßschritte, für die eine eindeutige Zuordnung noch nicht möglich ist (nach G. Renger, in: W. Hoppe et al. (1982)

diesen Komponenten zwangsläufig ein senkrecht zur Membranebene orientierter Potentialgradient. Es sollten sich daher aus dem Auftreten elektrischer Potentialgradienten Aussagen über die Anordnung der Membrankomponenten ableiten lassen. Eine zur Messung elektrischer Potentialdifferenzen an der Thylakoidmembran geeignete Methode ist die quantitative Bestimmung von *elektrochromen Absorptionsänderungen der pigmentierten Thylakoidmembran*. Dieses Verfahren, auf dessen detaillierte Erläuterung hier verzichtet werden muß, (vgl. Literaturhinweis im Anhang 2) beruht im Prinzip auf einem *Bandenverschiebungseffekt* (Stark-Effekt), der auf die Verschiebung der Energieniveaus des Grundzustandes und des angeregten Zustandes durch ein elektrisches Feld zurückzuführen ist. Dabei sind die sehr kleinen elektrochromen Bandenverschiebun-

gen indirekt aus dem Differenzspektrum der mit Feldeinwirkung und ohne Feldeinwirkung registrierten Absorptionsbanden ablesbar. Die Existenz elektrochromer Absorptionsänderungen von Membranen konnte unter in vivo-Bedingungen nachgewiesen werden. Deshalb lassen sich diese Absorptionsänderungen als *molekulares Voltmeter* verwenden.

Bei der Untersuchung der Anstiegskinetik elektrochromer Absorptionsänderungen mit den Methoden der Laserblitzlichtspektroskopie ist festgestellt worden, daß der Aufbau des elektrischen Potentialgradienten in $\leq 20$ ns erfolgt. Außerdem führten indirekte Messungen mit Makroelektroden zu dem Schluß, daß die elektrische Aufladung der Thylakoidmembran in $\leq 1$ ns stattfindet. Da diese Zeiten mit den charakteristischen Zeiten für den lichtinduzierten Elektronentransport an den Zentren $C_I$ vergleichbar sind, muß auch der Schluß gezogen werden, daß der Aufbau des elektrischen Potentialgradienten durch direkte Kopplung mit dem lichtinduzierten Elektronentransfer an den Zentren $C_I$ bewirkt wird. Die Photosysteme I und II können durch Zusatz geeigneter Wirkstoffe (Elektronendonatoren bzw. -akzeptoren oder Inhibitoren) funktionell vom Gesamtelektronentransport separiert werden. Damit läßt sich nachweisen, daß bei Blockierung von System II die Amplitude der elektrochromen Absorptionsänderung um etwa 50% abnimmt. Demnach leisten beide Photosysteme annähernd den gleichen Beitrag zum resultierenden Gradienten des elektrischen Potentials. Der Gesamtpotentialgradient wird in $\leq 1$ ns abgebaut. Daraus folgt, daß auch der am System II zur Bildung des elektrischen Potentialgradienten führende Elektronentransfer in $\leq 1$ ns vor sich gehen muß. Dieser Prozeß kann nur über den primären Elektronentransfer vom Chl-$a_{II}$ zum Akzeptor X320 am Zentrum $C_{II}$ ablaufen. Daraus ist wiederum zu schließen, daß der Ladungstransfer am Zentrum $C_{II}$ in $\leq 1$ ns erfolgt. Wegen der direkten Kopplung der Transfer-Prozesse an den Zentren $C_I$ und $C_{II}$ mit der Bildung des elektrischen Potentialgradienten können aus der Polarität dieses Gradienten und aus seiner Lokalisierung im Membransystem Rückschlüsse auf die geometrische Anordnung der beiden photochemisch aktiven Reaktionszentren in der Thylakoidmembran gezogen werden. Bei Versuchen mit den im Abschn. 3.3.6 erwähnten Ionentransportvermittlern (Ionophoren) hat sich gezeigt, daß nur ein Ionophormolekül pro Thylakoid ausreicht, um den Abbau des elektrischen Potentialgradienten zu beschleunigen. Daraus folgt, daß der senkrecht zur Membranebene orientierte Gradient des elektrischen Potentials über die gesamte Membranfläche delokalisiert ist. Aus Untersuchungen des feldinduzierten Ionentransportes, bei dem aus der Richtung des vom Potentialgradienten bewirkten Ionenflusses auf die Richtung des elektrischen Feldes geschlossen werden kann, hat sich ergeben, daß die Thylakoidmembran beim Feldaufbau innen positiv gegenüber der Außenphase aufgeladen wird. Die Reaktionszentren $C_I$ und $C_{II}$ müssen deshalb so

in die Thylakoidmembran eingebaut sein, daß die Primärdonatoren Chl-$a_I$ und Chl-$a_{II}$ an der Innenseite und die entsprechenden Akzeptoren Fd (A, B) und X320 an der Außenseite lokalisiert sind. Bei Dauerlichteinstrahlung erfolgt zunächst der sehr schnelle Aufbau einer relativ großen Differenz des elektrischen Potentials (etwa 200 mV). Danach fällt diese Potentialdifferenz auf einen stationären Wert von etwa 20–50 mV ab.

Durch die Veränderung der Membran-Oberflächenladung ergibt sich auch eine Veränderung der im Abschn. 3.3.5 diskutierten Grenzflächenpotentiale an den Doppelschichten der Grenzflächen Membran/wäßrige Außenphase und Membran/wäßrige Innenphase. Dabei entstehen bemerkenswert große dynamische Grenzflächenpotentialgradienten. Die Potentialdifferenz zwischen den wäßrigen Phasen des Innen- und Außenraumes kann deshalb mit 10 bis 20 mV relativ klein sein, obwohl die Potentialdifferenz zwischen den Membranbegrenzungsflächen mit 100 bis 200 mV relativ groß ist. Die funktionelle Bedeutung dieser Membran-Grenzflächenpotentiale muß noch genauer untersucht werden.

### 5.4.5 Molekulare Organisation der funktionellen Strukturbestandteile in der Thylakoidmembran und in den angrenzenden Bereichen

Ein vorläufiges Bild vom Aufbau und der funktionellen Komponentenorganisation der Thylakoidmembran ergibt sich aus einer vergleichenden Betrachtung der mit morphologischen und biochemischen Methoden ermittelten Strukturdaten und der im vorangehenden Abschnitt zusammenfassend dargestellten Erkenntnisse über die räumliche Anordnung des Plastochinonspeichers, des wasserspaltenden Enzymsystems, der Primär-Elektronendonatoren und der Elektronenakzeptoren. Die etwa 5-7 nm dicke Thylakoidmembran besteht zu 50% der Masse aus einer Lipiddoppelschicht, in die Proteine, Pigmente und andere für die Photosynthese wichtige Komponenten eingebettet sind. Das Lipidsystem der Thylakoidmembran stellt ein komplexes Gemisch dar; es besteht zu 80% aus Glycolipiden, die Galactose enthalten, zu 5% aus Sulfolipiden und nur zu 15% aus Phospholipiden und anderen lipidähnlichen Substanzen. Die Lipide enthalten stark ungesättigte Fettsäuren mit einem hohen Anteil an Linolensäure. Für die Thylakoidmembranen spezifisch und wahrscheinlich für die Strukturerhaltung wichtig ist die zu Phosphatidylglycerol acylierte trans-3-Hexadecansäure. Da die beiden häufigsten Lipidkomponenten des Membransystems stark ungesättigt sind, besitzt die Membran bei physiologischen Temperaturen eine hohe Fluidität; nur wenig Cholesterin trägt mit anderen Sterolen zur Versteifung der Lipidmatrix bei. Deshalb sind die Pigment-Protein-Komplexe Bestandteile eines Systems mit hoher lateraler Beweglichkeit (vgl. Abschn. 3.3.2). In diesem System finden Verlagerungen über Wege in der Größenordnung von 10–100 nm schnell statt. Deshalb kann das Thylakoid seine funktionelle Struktur ändern und den jeweiligen Erfordernissen einer optimalen Energieverteilung zwischen den lichtübertragenden Komplexen anpassen.

Mit dem Elektronenmikroskop kann die Membranoberflächenstruktur an isolierten Membranen untersucht werden. Die Membranen werden gefroren und aufgebrochen. Dabei trennt sich die Doppelschichtmembran entlang einer durch die Enden der Lipid-Kohlenwasserstoffketten vorgegebenen Schwächelinie. Nach dieser *Gefrierätzung* lassen sich die Konturen der inneren Membranstruktur erkennen. Auf der äußeren Oberfläche zeichnen sich die keulenförmigen, im Durchmesser 9–10 nm großen Partikel des für die ATP-Synthese entscheidend wichtigen Kopplungsfaktors besonders deutlich ab; sie kommen nur auf der Stromaseite des Membransystems vor. Die Partikelverteilung aufgebrochener Membranen ist vor allem an Proben aus Spinatchloroplasten analysiert worden. Die an das Stroma angrenzenden Membranoberflächen werden auf elektronenmikroskopischen Bildern von gefriergeätzten Thylakoiden als äußere Oberflächen PS (*protoplasmatic surface*) und die ihnen gegenüberliegenden Bruchflächen mit dem Symbol PF (*F = fractured*) bezeichnet. Dementsprechend wird für die inneren Membranflächen das Symbol ES (*endoplasmatic surface*) und für die ihnen zugeordneten Bruchflächen das Symbol EF verwendet. Der für die ATP-Synthese verantwortliche Kopplungsfaktor besteht aus zwei Teilbereichen, die oft mit den Symbolen $CF_1$ und $CF_0$ bezeichnet werden. Das Verhältnis der Häufigkeit der $CF_1/CF_0$-Komplexe zur Häufigkeit der Photosystem II-Partikeln beträgt etwa 1:2. Direkte Messungen haben ergeben, daß etwa 700 $CF_1/CF_0$-Komplexe pro $\mu m^2$ Membranfläche auf den Stromathylakoiden vorkommen. Kleinere Partikel auf PS sind herausragende Teile von integralen Membranproteinen. Einige von ihnen entsprechen möglicherweise dem $CF_0$-Bereich (Basisbereich unter $CF_1$). Bestimmte Membranpartikel wurden als Bestandteile der Photosysteme I und II sowie als lichtsammelndes Chlorophyll und als Cytochrom-b-f-Komplex identifiziert. Große Partikel erstrecken sich quer durch die Lipid-Doppelschicht. Dem asymmetrischen Bau der Thylakoidmembran entsprechend liegen die Enzyme des Kohlenstoffmetabolismus und der ATP-Synthese in oder auf der äußeren Oberfläche. Die Membranasymmetrie erlaubt es den Thylakoiden, nicht nur Elektronen von der inneren Membranoberfläche zur Stromaseite zu transportieren, sondern auch Protonen in dem an die innere Oberfläche angrenzenden Volumen (dem *Lumen*) zu akkumulieren. Die Grundstrukturen der Thylakoide in den verschiedenen Pflanzen und Geweben sind ähnlich; es treten aber funktionsbedingte quantitative Unterschiede in der Zusammensetzung auf.

Im Abschn. 5.4.4 ist gezeigt worden, daß die Chlorophyll-Einheiten Chl-$a_I$ und Chl-$a_{II}$ an der Innenseite und die zugehörigen Elektronenakzeptoren Fd(A, B) und X320 an der Außenseite der Thylakoidmembran angeordnet sein müssen. Aus den im vorangehenden Abschnitt beschriebenen Elektronenübertragungseffekten ist weiterhin zu schließen, daß der sich durch die Doppelschicht erstreckende Plastochinonspeicher an der Membranaußenseite reduziert und an der Membraninnenseite oxidiert wird. Die Lokalisierung der ATP-ase bzw. des $CF_1/CF_0$-Komplexes an der Außenseite der Thylakoidmembran konnte durch Extraktionsversuche nachgewiesen werden. Aus immunologischen Experimenten mit Antikörpern ist zu schließen, daß auch die $NADP^+$-Reduktion an der Membranaußenseite stattfindet. Aus diesen Versuchsergebnissen und den vor-

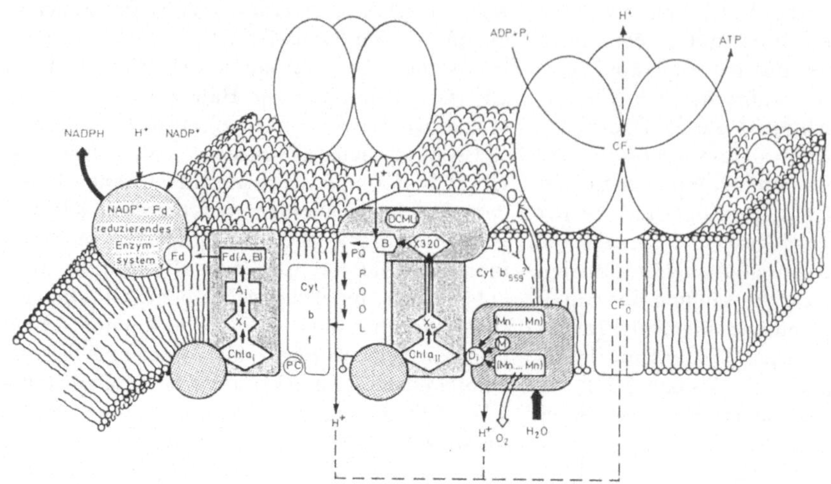



**Abb. 5.63** Modellskizze des molekularen Aufbaus der Thylakoidmembran (nach G. Renger, in: W. Hoppe et al. (1982)

stehend geschilderten morphologischen Befunden ergibt sich unter Berücksichtigung der Bauprinzipien des im Abschn. 3.3.6 erläuterten Singer-Nicholson-Modells die von G. Renger konzipierte Modellskizze des molekularen Aufbaus der Thylakoidmembran in der in Abb. 5.63 wiedergegebenen Darstellung.

Die auf der unteren Bildhälfte in Abb. 5.63 an den Reaktionszentren eingezeichneten Kreise sollen einen Teil der Antennen-Chlorophyll-Proteinkomplexe andeuten; sie sind mit Rücksicht auf die Übersichtlichkeit der Darstellung in einer ihrer tatsächlichen Häufigkeit nicht entsprechenden kleinen Zahl in die Skizze eingetragen.

### 5.4.6 Protonentranslokation, Protonenverschiebungswege und Phosphorylierung

Jagendorf und Hind haben 1963 festgestellt, daß der pH-Wert des äußeren Mediums der Thylakoide bei Belichtung von Chloroplastensuspensionen ansteigt und nach Beendigung der Belichtung wieder auf den Ausgangszustand zurückgeht. Durch Untersuchung von pH-abhängigen Reaktionen, die im Bereich der Thylakoid-Innenphase ablaufen, konnte außerdem gezeigt werden, daß in dieser Innenphase eine lichtinduzierte Erhöhung

der Wasserstoffionenkonzentration auftritt. Demnach findet unter Lichteinwirkung ein Netto-Protonentransport von der Membranaußenseite zur Membraninnenseite statt. Dabei wird die Hauptmenge der in die Innenphase transportierten $H^+$-Ionen durch endogene Puffersysteme gebunden. Das Problem der Kopplung des Protonentransports mit dem lichtinduzierten Elektronentransfer konnte durch den Nachweis eines konstanten $H^+/e$-Verhältnisses mit Hilfe geeigneter pH-Indikatoren geklärt werden. In der Umgebung dieser Indikatoren auftretende pH-Wertänderungen bewirken eine kalibrierbare Absorptionsänderung des Indikatorsystems. Für das stöchiometrische $H^+/e$-Verhältnis wurde der Wert 2 gefunden. Dies bedeutet, daß der Protonentransport direkt mit dem Elektronenübertragungsprozeß gekoppelt ist. Aus der $H^+/e$-Stöchiometrie ist zu schließen daß entweder in zwei verschiedenen Elektronentransfer-Reaktionen jeweils ein Proton oder in einem Schritt zwei Protonen transloziert werden. In analoger Weise wie bei den Messungen zur quantitativen Erfassung der Beiträge beider Photosysteme zum Aufbau des elektrischen Potentialgradienten wurde auch für die Protonenabgabe an die Innenphase und für die Protonenaufnahme aus der

Außenphase gezeigt, daß die Photosysteme I und II jeweils zu etwa 50% zum gesamten Translokationseffekt beitragen. Demnach wird an jedem der beiden Photosysteme jeweils ein $H^+$-Ion pro transloziertes Elektron von der Membranaußenseite auf die Membraninnenseite übertragen. Belichtet man die Thylakoidprobe mit *single turnover-Blitzen*, so wird zunächst jeweils ein Elektron vektoriell von Chl-$a_I$ zum Fd(A, B) bzw. vom Chl-$a_{II}$ zum X320 transportiert und damit ein Gradient des elektrischen Potentials aufgebaut. Das gebildete $Fd(A, B)_{red}$ gibt sein Elektron über Redoxreaktionen an $NADP^+$ ab. Dabei verschwindet ein $H^+$-Ion pro Elektron an der Membranaußenseite. Dies geschieht auch bei der Elektronenübertragung vom $X320^-$ an den Plastochinon-Pool. Bei der enzymatischen Wasserspaltung wird durch jeden Elektronenumsatz ein $H^+$-Ion an der Membraninnenseite freigesetzt. Der Plastochinonspeicher wird über das Verbindungsglied B durch $X320^-$ an der Membranaußenseite in einem Zweielektronen-Transfer-Prozeß zur Plastohydrochinonstufe reduziert, und es wird dabei gleichzeitig ein $H^+$-Ion pro Elektron aufgenommen. Innerhalb des Plastochinonspeichers werden

Elektronen und Protonen gemeinsam von der Außen- zur Innenseite der Thylakoidmembran transportiert, so daß sich ein Zickzackschema der vektoriellen Elektronenflüsse ergibt. Dieses Zickzackschema, das die Gesamtbilanz der im Bereich der Thylakoidmembran ablaufenden Elektronen- und Protonenflüsse in vereinfachter Darstellung veranschaulicht, ist in Abb. 5.64 wiedergegeben. Die Tatsache, daß die Protonentranslokation und der Elektronentransfer im Bereich des PQ-Speichers nicht gegenläufig sind, ergibt sich aus der bereits im Abschn. 5.4.4 erwähnten Kopplung der Plastochinonspeicher-Redoxprozesse mit Protonierungs-/Deprotonierungs-Reaktionen bzw. daraus, daß die an der Membraninnenseite stattfindende Reoxidation des Plastohydrochinons mit der Abgabe von einem $H^+$-Ion pro Elektron verbunden ist. Der Plastochinonspeicher wirkt also als vektorieller Wasserstoffionentranslokator.

Durch den mit den Elektronenübertragungs-Prozessen gekoppelten Nettoprotonentransport wird ein Gradient des elektrochemischen Potentials der $H^+$-Ionen aufgebaut. Dieser elektrochemische Potentialgradient repräsentiert gespei-

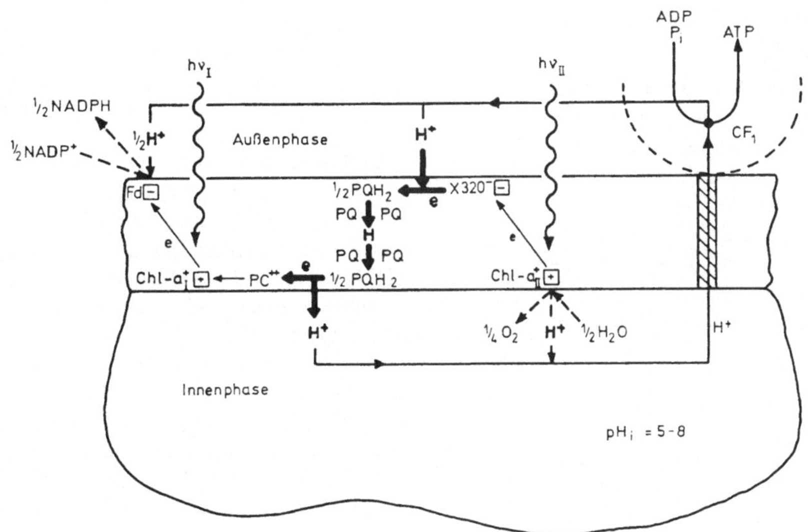


**Abb. 5.64** Zickzackschema der Flüsse von Protonen und Elektronen im Bereich der Thylakoidmembran (nach R. Tiemann et al. (1979)

cherte freie Enthapie (vgl. Abschn. 5.2.5), die für den endergonischen Prozeß der *Phosphorylierung* nach dem im Abschnitt 5.2.2 erläuterten Schema

$$ADP + P_i \rightleftharpoons ATP + H_2O \qquad (5.732)$$

bei der Bildung des chemischen Energieträgers Adenosintriphosphat aus Adenosindiphosphat und Orthophosphat einzusetzen ist.

Die mit den letzten drei Teilschritten des im Abschn. 5.4.1 angegebenen Prozeßschemas bereits angedeutete Kopplung zwischen den Elektronenübertragungsprozessen und der ATP-Synthese läßt sich nunmehr als eine Folge von vier Prozessen darstellen:

1. Ein vektorieller Elektronentransfer erzeugt an der Thylakoidmembran eine elektrische Potentialdifferenz $\Delta\varphi$.
2. Mit dem Elektronentransfer gekoppelte protolytische Reaktionen bewirken einen vektoriellen Protonentransport.
3. Beide Effekte führen gemeinsam zur Ausbildung einer Differenz $\Delta\tilde{\mu}_{H^+}$ der elektrochemischen Potentiale der $H^+$-Ionen zwischen der Außenseite und der Innenseite der Thylakoidmembran.
4. Der von der elektrochemischen Potentialdifferenz $\Delta\tilde{\mu}_{H^+}$ angetriebene Protonenfluß durch die membrangebundene ATPase ist mit der ATP-Synthese gekoppelt.

Bei einer ATP-Hydrolyse wird ein Protonenfluß durch die ATPase in entgegengesetzter Richtung (d.h. in Richtung auf die Innenphase) induziert. Bezeichnet man die stöchiometrische Umsatzzahl für den ATPase-Durchtritt der $H^+$-Ionen bei Bildung einer ATP-Einheit mit $v$, die $H^+$-Ionen der Außenphase mit $H^+_{ext}$ und die $H^+$-Ionen der Innenphase mit $H^+_{int}$, so läßt sich die Reaktionsgleichung für die Phosphorylierung in der Form

$$ADP + P_i + vH^+_{int} \rightleftharpoons ATP + vH^+_{ext} \qquad (5.733)$$

schreiben.

Die freie Reaktionsenthalpie $\Delta G$ dieser Reaktion setzt sich additiv aus dem Betrag $v\Delta\tilde{\mu}_{H^+}$ und dem mit $\Delta G_P$ bezeichneten Anteil der ATP-Konzentrationsänderung zusammen. Es gilt also die Beziehung

$$\Delta G = v\Delta\tilde{\mu}_{H^+} + \Delta G_P , \qquad (5.734)$$

wobei für die ATP-Synthese $\Delta G < 0$ und für das Gleichgewicht $\Delta G = 0$ zu setzen ist. Ist $\varphi_{ext}$ das elektrische Potential der Außenphase und $\varphi_{int}$ das elektrische Potential der Innenphase, so ist die Größe $\Delta\tilde{\mu}_{H^+}$ nach der Gleichung

$$\Delta\tilde{\mu}_{H^+} = RT \ln \frac{[H^+]_{ext}}{[H^+]_{int}} + F(\varphi_{ext} - \varphi_{int})$$

$$(5.735)$$

zu berechnen, wobei für die Standardwerte $\Delta\tilde{\mu}_{H^+}^0 = 0$ vorausgesetzt wird. Für $\Delta G_P$ gilt entsprechend

$$\Delta G_P = \Delta G_P^0 + RT \ln \frac{[ATP]}{[ADP][[P_i]} . \qquad (5.736)$$

Bei 25 °C, $[Mg^{++}] = 10^{-3}$ M, pH 8,2 und der Ionenstärke $I = 0,1$ mol/l beträgt der $\Delta G^0$-Wert 33,3 kJ/mol (vgl. Abschn. 5.2.2 und Tab. 5.5). Mit

$$pH_{ext} - pH_{int} = \Delta pH \qquad (5.737)$$

und

$$\varphi_{int} - \varphi_{ext} = \Delta\varphi \qquad (5.738)$$

erhält man aus den Gln. (5.734), (5.735) und (5.736) die Beziehung

$$\Delta G = -v(2,3\,RT\,\Delta pH + F\Delta\varphi) + \Delta G_P . $$

$$(5.739)$$

Wichtig ist die Feststellung, daß die ATP-Synthese ohne lichtgetriebenen Elektronentransport entweder durch eine künstlich erzeugte pH-Differenz oder durch eine künstlich erzeugte elektrische Potentialdifferenz induziert werden kann. Bei Phosphorylierungsexperimenten mit Energiezufuhr über ein angelegtes elektrisches Feld oder über einen vorgegebenen pH-Gradienten hat sich gezeigt, daß Abweichungen von Gl. (5.739) im wesentlichen auf reaktionskinetisch bedingte experimentelle Schwierigkeiten zurückzuführen sind. Die Kinetik der durch ATPasen katalysierten Phosphorylierungsreaktion und die Struktur dieser membrangebundenen Enzyme sind Gegenstand der aktuellen Forschung (vgl. Literaturhinweis im Anhang 2).

Erwähnenswert ist die Tatsache, daß die ATP-Erzeugung bei der *oxidativen Phosphorylierung in den Mitochondrien* ebenfalls durch eine membrangebundene ATPase katalysiert wird und daß die Mechanismen der ATP-Synthese in Chloroplasten und Mitochondrien weitgehend übereinstimmen. Auch der $CF_I/CF_0$-Komplex, der in den Thylakoidmembranen der Chloroplasten die Phosphorylierungsreaktion katalysiert, ist dem ATPase-Komplex der Mitochondrien und Bakterien sehr ähnlich. Die Modellskizze der Thylakoidmembran (Abb. 5.63) vermittelt bereits einen ungefähren Eindruck von der räumlichen Anordnung der Untereinheiten $CF_0$ und $CF_I$ in bzw. an der Lipiddoppelschicht. Der Protonenkanal ist im Axialbereich der zylindersymmetrischen $CF_0$-Einheit lokalisiert. Die knopfartigen Erhebungen auf der äußeren Membranoberfläche sollen die $CF_I$-Einheiten der ATPase darstellen.

Ein detailliertes Modell des $CF_0/CF_I$-Komplexes der Chloroplasten-ATP-Synthese, das einer exakten Beschreibung des in vivo-Zustandes schon recht nahekommt, konnte aus neueren elektronenmikroskopischen Beobachtungen und aus den Ergebnissen biochemischer Versuche zur Isolierung von Enzymuntereinheiten abgeleitet werden. $CF_I$ hat die Untereinheitenstruktur $\alpha_3\beta_3\gamma\delta\epsilon$. Es besteht jedoch bis jetzt noch keine völlige Klarheit über die Zahl der $\delta$ und $\epsilon$-Untereinheiten in dieser hydrophilen Enzymkomplexeinheit. Einzelne elektronenmikroskopische Abbildungen lassen zwar deutlich die Abgrenzung von pseudohexagonalen $CF_I$-Aggregaten gegen einen weniger gut strukturierten Untergrund erkennen; sie erlauben jedoch keine Interpretation feinerer molekularer Details der Komplexstruktur. Durch ein Computer-Mittelungsverfahren kann das Signal-zu-Rausch-Verhältnis für ein Einzelkomplexbild wesentlich verbessert werden. Beispiele für die als Ergebnis einer derartigen Mittelung über 3300 Einzelaufnahmen erhaltenen charakteristischen Abbildungen molekularer Projektionen der ATP-Synthese-$CF_I$-Einheit zeigt die Abb. 5.65. Der für die Auswertung verwendete Datensatz ist willkürlich in neun Untergruppen aufgeteilt worden. Alle neun Abbildungen zeigen die pseudohexagonale Anordnung von sechs äußeren Einheiten, die als jeweils drei $\alpha$- bzw.

$\beta$-Untereinheiten identifiziert werden konnten. Durch elektronenmikroskopische Untersuchungen mit monoklonalen Antikörpern konnte festgestellt werden, daß die $\alpha$- und $\beta$-Untereinheiten in der pseudohexagonalen Komplexstruktur alternierend angeordnet sind. Die neun Bilder in Abb. 5.65 unterscheiden sich im wesentlichen nur durch die Orientierung der zentralen Masseneinheiten, die den $\gamma$-, $\delta$- und $\epsilon$-Untereinheiten zuzuordnen sind. Der Vergleich mit den Ergebnissen elektronenmikroskopischer Untersuchungen an mitochondrialen $F_I$-Einheiten läßt die Zuordnung der kleineren zentralen Masseneinheit zur $\delta$-Untereinheit und der beiden größeren zentralen Masseneinheiten zu den $\gamma$- und $\epsilon$-Untereinheiten naheliegend erscheinen.

Auch aus elektronenmikroskopischen Bildern der $CF_0/CF_I$-Einheiten lassen sich Aussagen über die Aggregationsstruktur des gesamten ATPase-Komplexes ableiten. In wäßriger Lösung neigt die $CF_0/CF_I$-Einheit zur Aggregation mit der $CF_0$-Einheit unter Ausbildung bandförmiger Strukturen. Die elektronenmikroskopischen Abbildungen dieser Band-Aggregate lassen erkennen, daß die $CF_I$-Einheit durch einen dünnen „Stengel" mit der $CF_0$-Einheit verbunden ist. Die geometrischen Abmessungen der $CF_I$-Einheit und des Stengels können direkt aus der elektronenmikroskopischen Abbildung entnommen werden.

Der Durchmesser der $CF_0$-Einheit konnte durch Längenmessung gut ausgebildeter Band-Aggregate und Auszählen der angelagerten $CF_I$-Einheiten zu 6,2 nm ermittelt werden, wobei eine gewisse Meßwertvergrößerung durch anhaftende Detergentienmoleküle in Betracht gezogen werden muß. Obwohl eine elliptische Form der $CF_0$-Querschnittsfläche nicht auszuschließen ist, wird für ein vereinfachtes Modell des $CF_0/CF_I$-Komplexes meist eine zylindersymmetrische Anordnung angenommen. Der Stengeldurchmesser wurde elektronenmikroskopisch zu 2,7 nm und der Durchmesser der $CF_I$-Einheit zu 11,5 nm bestimmt. Die Gesamtachsenlänge des $CF_0/CF_I$-Komplexes kann elektronenmikroskopischen Abbildungen von Doppelband-Aggregaten entnommen werden. Diese Aggregate bilden sich in Gegenwart von Triton X-100; ihr Aufbauprinzip ist

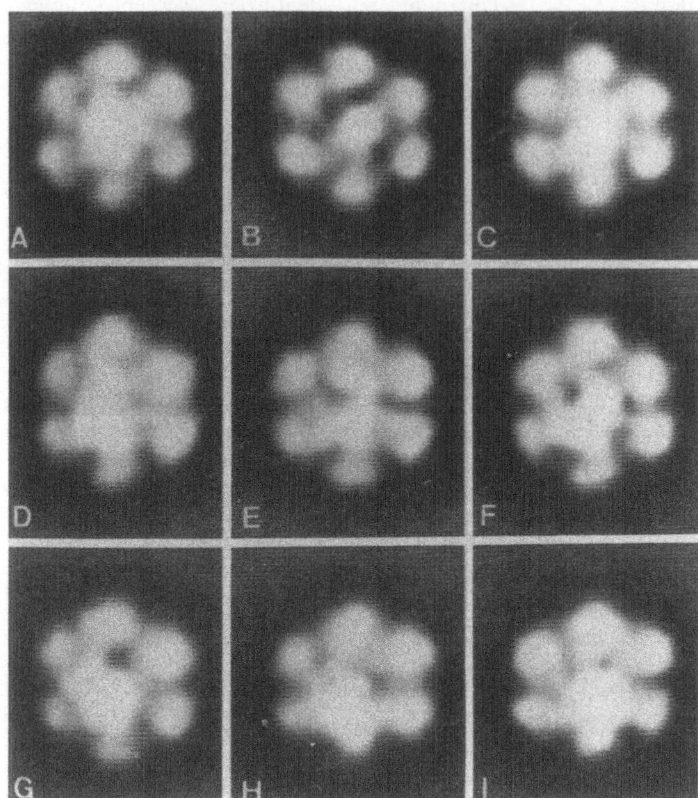

**Abb. 5.65** Durch Mittelung über 3300 Elektronenmikroskop-Bilder erhaltene molekulare Projektionsdarstellungen der ATPase-CF-Einheit (nach E. J. Boekema, P. Fromme, P. Gräber (1988)

in Abb. 5.66 schematisch dargestellt. Die $CF_0/CF_1$-Achslänge beträgt etwa 20 nm.

Mit elektronenmikroskopischen Methoden konnten auch einige Angaben über die geometri-

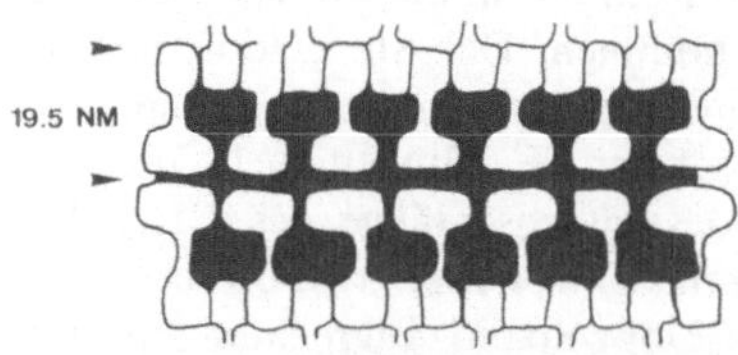


**Abb. 5.66** Aufbauschema der aus $CF_0/CF_1$-Einheiten gebildeten Doppelband-Aggregate

schen Abmessungen von Untereinheiten des $CF_0$-Komplexes ermittelt werden. Der $CF_0$-Komplex besteht aus vier verschiedenartigen Untereinheiten, die durch römische Zahlen (I-IV) gekennzeichnet werden. Die Untereinheit III bildet durch Selbstaggregation einen 100 kd-Komplex. Die Molmasse der Untereinheit III wurde zu 8 kd bestimmt. Daraus folgt, daß der 100 kd-Komplex mindestens zwölf 8 kd-Untereinheiten vom Typ III enthalten muß. Die axiale Länge dieses Komplexes ist mit 6,1 nm geringer als die zu 8,5 nm bestimmte Achsenlänge der $CF_0$-Einheit. Aus der Aminosäuresequenz der Untereinheit III läßt sich das Polaritätsprofil (Hydrophobizitätsdiagramm nach Art der Abb. 1.18) berechnen.

Daraus ist zu schließen, daß die Untereinheit III die Doppelschichtmembran in einer speziellen Anordnung von zwei α-Helix-Bereichen (*hairpin structure*) durchsetzt. Einige Sequenzabschnitte der Untereinheiten I, II und IV sind hydrophil bzw. weniger lipophil als die Untereinheit III. Diese Untereinheiten sind aber ebenfalls am Aufbau der Protonentransmitterstruktur beteiligt. Grundsätzlich sind für die Anordnung der zwölf Untereinheiten vom Typ III in der durch einen Durchmesser von 6,2 nm vorgegebenen Basisfläche der $CF_0$-Einheit verschiedene Möglichkeiten denkbar. Bei der Diskussion dieser verschiedenen Anordnungsmöglichkeiten ist zu beachten, daß die Wechselwirkung zwischen den Untereinheiten des 100 kd-Komplexes stärker sein muß als die Wechselwirkung mit den übrigen Untereinheiten, da sich dieser Komplex leicht in undissoziierter Form von den anderen Komplexkomponenten abtrennen läßt. Weitere Hinweise zur gelelektrophoretischen Trennung der Untereinheiten des $CF_0$-/$CF_1$-Komplexes und zur Ermittlung von Details der $CF_0$-Struktur finden sich in der in Anhang 2 angegebenen Literatur. Die Abb. 5.67 zeigt das von Boekema, Fromme und Gräber vorgeschlagene Modell der Chloroplasten-ATPase, bei dessen Konzeption alle vorstehend angeführten experimentellen Befunde berücksichtigt worden sind. In diesem Modell bildet die $CF_1$-Einheit eine Struktur mit den drei β-Einheiten in einem etwa 8 nm betragenden Abstand von der Membran. Die drei α-Einheiten sind in geringerem Abstand von der Membran angeordnet. In der Draufsicht ergibt diese Anordnung der α-und β-Untereinheiten die in Abb. 5.65 erkennbare hexagonale Struktur. Die kleineren Untereinheiten γ, δ und ε sind in der Mitte dieser Struktur angeordnet; sie bilden wahrscheinlich gemeinsam mit der Untereinheit I der $CF_0$-Einheit den Stengel, der die großen Untereinheiten des $CF_1$-Komplexes mit der $CF_0$-Einheit verbindet. Die Bindungs- und Katalysezentren für ADP und ATP sind im Bereich der α- und β-Untereinheiten lokalisiert.

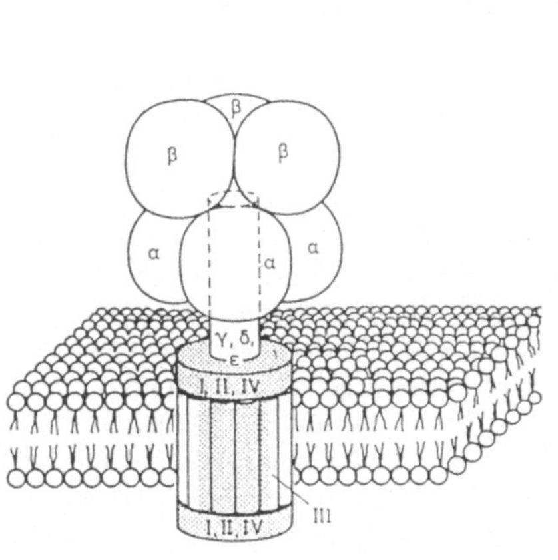

Es ist gelungen, Membransysteme zu erzeugen, in die ein lichtgetriebenes Protonenpumpsystem und isolierte ATPase eingebaut sind. An diesen artifiziellen Membransystemen konnte eine lichtinduzierte ATP-Bildung gemessen und damit gezeigt werden, daß außer dem $CF_0$/$CF_1$-Komplex keine Proteine für eine effiziente Katalyse der mit dem Protonentransport gekoppelten ATP-Synthese erforderlich sind. Außerdem haben die Experimente mit diesen Modellmembransystemen gezeigt, daß die Kopplung zwischen dem Protonentransport und der ATP-Synthese ohne spezielle zusätzliche Protonenüberführungssysteme wirksam wird. Durch die mit der Erzeugung von $\Delta\varphi$ und $\Delta$ pH verbundene energetische Anregung wird die Chloroplasten-ATPase aus dem enzymatisch inaktiven in den aktiven Zustand überführt. Das neu synthetisierte ATP wird in den Stromaraum freigesetzt. Auch das vom Photosystem I gebildete NADPH gelangt in den Stromaraum. Damit befinden sich die Produkte der Lichtreaktionen am richtigen Ort für die nachfolgenden Dunkelreaktionen, bei denen Kohlendioxid in Kohlenhydrate umgewandelt wird.

### 5.4.7 Kriterien für die Unterscheidung zwischen den verschiedenen Hypothesen für die Deutung der photosynthetischen Phosphorylierungsmechanismen.

Vor der Aufklärung der im Abschn. 5.4.6 beschriebenen Gesetzmäßigkeiten des Zusammenhanges zwischen dem Protonentransport und der ATP-



**Abb. 5.67** Modell der $CF_0$/$CF_1$-Einheit (nach E. J. Boekema, P. Fromme, P. Gräber (1988))

Synthese wurden für die Kopplung des Elektronentransferprozesses mit der Phosphorylierung drei Hypothesen diskutiert, die als *chemische Hypothese, Konformationshypothese* und *chemiosmotische Hypothese* bezeichnet werden. Da der molekulare Mechanismus der enzymatisch katalysierten Endstufe der Photophosphorylierung noch nicht in allen Einzelheiten geklärt ist, sollen die drei Hypothesen hier kurz erläutert werden.

### Die chemische Hypothese

Die 1953 von Slater formulierte chemische Hypothese geht davon aus, daß eine spezielle Komponente I der Elektronentransportkette in einem definierten Reaktionsschritt zwischen zwei Redoxpartnern A und B mit der reduzierten Form $A_{Red}$ der Komponente A einen Komplex $A_{Red} I$ bildet. Aus diesem Komplex soll beim Elektronentransfer von $A_{Red}$ nach $B_{Ox}$ nach der Reaktionsgleichung

$$A_{Red} \cdot I + B_{Ox} \rightleftharpoons B_{Red} + A_{Ox} \sim I \qquad (5.740)$$

eine als *squiggle* bezeichnete energiereiche Verbindung $A_{Ox} \sim I$ (vgl. Abschn. 5.1.6) gebildet werden. Diese Verbindung soll also zur intermediären Speicherung der freien Reaktionsenthalpie des Redoxprozesses dienen. Unter Regenerierung von $A_{Ox}$ und I soll anschließend die Phosphorylierung nach der Gleichung

$$A_{Ox} \sim I + HPO_4^{2-} + ADP^{3-} + H^+$$
$$\rightleftharpoons A_{Ox} + I + ATP^{4-} + H_2O \qquad (5.741)$$

erfolgen. Dabei soll der Protonierungszustand der Anionen den in vivo-Bedingungen (pH 7,5 bis 9) entsprechen. Die Beteiligung von $Mg^{2+}$-Ionen ist in Gl. (5.741) nicht explizit berücksichtigt. Der Abschnitt der Elektronentransportkette, in dem eine Kopplung nach Gl. (5.740) erfolgen soll, wird als *Kopplungsstelle* bezeichnet. Es ist nicht gelungen, die chemische Hypothese durch das Auffinden einer Verbindung $A_{Ox} \sim I$ zu bestätigen. Da diese Hypothese die Vorgänge beim Auf- und Abbau eines Membrangradienten des elektrochemischen Potentials nicht zu erklären vermag, kommt ihr nur noch historische Bedeutung zu.

### Die Konformationshypothese

Die 1965 von Boyer vorgeschlagene Konformationshypothese unterscheidet sich von der chemischen Hypothese im wesentlichen nur dadurch, daß der postulierte energiereiche squiggle nicht eine definierte chemische Verbindung, sondern eine direkt mit dem Elektronenübertragungsprozeß gekoppelte Konformationsänderung in bestimmten Protein- oder Lipoproteinbereichen sein soll. Die zur Phosphorylierung benötigte freie Reaktionsenthalpie soll nach dieser Hypothese zunächst in Form energiereicher Konformationszustände gespeichert werden. Für die Konformationshypothese gelten die gleichen einschränkenden Kriterien wie für die chemische Hypothese, da das Konzept der Energiespeicherung in bestimmten Konformationszuständen nur eine Modifikation der chemischen Hypothese darstellt. Es besteht jedoch kein Zweifel daran, daß Konformationsänderungen im Bereich des ATPase-Komplexes eine wesentliche Rolle bei der Regulation der ATP-Synthese spielen.

### Die chemiosmotische Hypothese

Mitchell hat 1961 das Kopplungsprinzip vorgeschlagen, nach dem die energetische Kopplung zwischen dem Elektronentransport und der ATP-Synthese über einen Membrangradienten des elektrochemischen Potentials erfolgt. Ein wesentlicher struktureller Aspekt dieser chemiosmotischen Hypothese ergibt sich aus der Vorstellung, daß die Kopplung zwischen den Elektronenübertragungsprozessen und dem Aufbau des elektrochemischen Potentialgradienten durch eine anisotrope Anordnung der Redoxkomponenten des Elektronentransferprozesses in der Membran ermöglicht werden soll. Dieses Konzept läßt sich nicht nur auf die Photophosphorylierung an der Thylakoidmembran, sondern auch auf die oxidative Phosphorylierung an der inneren Mitochondrienmembran anwenden. Dabei soll die gesamte Membran in Analogie zur Kopplungsstelle als *Kopplungsmembran* wirken. Die sich aus dem ersten Term der rechten Seite von Gl. (5.739) nach Division durch das Faraday-Äquivalent

F ergebende Größe

$$PMK = \frac{2{,}3\,RT}{F}\,\Delta\,pH + \Delta\varphi \qquad (5.742)$$

ist von Mitchell in Analogie zum Begriff der EMK als *protonenmotorische Kraft* bezeichnet worden. Eine PMK von ca. 300 mV reicht aus, um die Phosphorylierung energetisch zu ermöglichen. Durch die in den Abschn. 5.4.4 und 5.4.6 beschriebenen Experimente ist gezeigt worden, daß die Komponenten der Elektronentransportkette in der von Mitchell postulierten anisotropen Anordnung in der Kopplungsmembran eingebaut sind und daß das Thylakoid selbst die Funktionseinheit für den Phosophorylierungs-Kopplungsmechanismus ist. Die Ergebnisse aller durch die chemiosmotische Hypothese inspirierten Versuche sind als Argumente für die Richtigkeit dieser Hypothese anzusehen.

Die PMK dient nicht nur zum Antrieb von Phosphorylierungsreaktionen und Ionentransportprozessen; sie kann auch die Bewegung von einzelligen Lebewesen (z.B. Flagellaten) direkt energetisch antreiben. Dabei wird durch eine chemiosmotisch induzierte Ionenbewegung ein Flüssigkeitsstrom erzeugt, der wie ein Düsenantrieb die Bewegung bewirkt. Mit dem Konzept der Mitchell-Hypothese lassen sich auch die wichtigen Prozesse der *Chemotaxis* und der *Phototaxis* erklären. Die Chemotaxis ist die Bewegung in Richtung des Konzentrationsgradienten einer Nährstoff- oder Lockstoff-Substanz. Als Phototaxis wird eine durch die Lichtrichtung bezeichnete Bewegung bezeichnet. Auch bei diesen Bewegungsvorgängen kann die Bewegung durch die mit zunehmendem Stoff- oder Lichtangebot anwachsende PMK aktiviert werden. Die chemiosmotische Hypothese scheint also von universeller Bedeutung für biologische Energietransformationsprozesse zu sein.

### 5.4.8 Dunkelreaktion und CALVIN-Zyklus

Durch seine im Jahre 1945 begonnenen grundlegenden Untersuchungen über den Weg des Kohlenstoffs in der Photosynthese konnte Calvin mit seinen Mitarbeitern zeigen, daß nach Belichtung einer Chlorella-Suspension unter $^{14}CO_2$-Einwirkung als erstes erkennbares radioaktives Zwischenprodukt 3-*Phosphoglycerat* erhalten wird. Bei den Markierungsversuchen wurde eine vorher bereits mit normalem Kohlendioxid auf die Photosynthesereaktion eingestellte Algensuspension mit $^{14}CO_2$ versetzt und kurzzeitig belichtet. Nach einer bestimmten Zeit wurden die enzymatischen Reaktionen durch Zugabe von Alkohol unterbrochen und die Algen abgetötet. Das zweidimensionale Radiochromatogramm zeigte nach 60 Sekunden Belichtung bereits ein komplexes Flekkenmuster, aus dem keine Information über die bei den ersten Reaktionsschritten der Dunkelreaktion gebildeten Zwischenprodukte zu entnehmen war. Nach einer wesentlich kürzeren Belichtungsdauer von nur 5 Sekunden trat jedoch im Radiochromatogramm nur noch ein deutlich markierter Fleck auf, der sich als 3-Phosphoglycerat erwies. Die naheliegende Annahme, daß eine Verbindung mit zwei Kohlenstoffatomen als Akzeptor des $CO_2$ dient, konnte im weiteren Verlauf der Untersuchungen nicht bestätigt werden. Vielmehr zeigte sich, daß die ersten Schritte der Reaktionsfolge nach dem Schema

$$C_5 \overset{CO_2}{\to} C_6 \overset{H_2O}{\to} C_3 + C_3 \qquad (5.743)$$

ablaufen. Aus Ribulose-1,5-bisphosphat und Kohlendioxid wird zunächst durch eine Kondensationsreaktion eine intermediäre $C_6$-Verbindung gebildet. Diese $C_6$-Verbindung wird in einer schnellen Folgereaktion hydrolytisch in zwei Moleküle 3-Phosphoglycerat gespalten. Diese mit $\Delta G' = -52$ kJ/mol stark exergonische Reaktion wird von dem auf der Oberfläche der Thylakoidmembran im Stromabereich lokalisierten Enzym *Ribulose*-1,5-*bisphosphat-Carboxylase* katalysiert. Dieses auch als *Rubisco* bezeichnete Enzym macht etwa 16% des Gesamtproteins der Chloroplasten aus; es wird als das häufigste Protein auf der Erde angesehen. Die Zwischenstufen der zur Bildung von 3-Phosphoglycerat führenden Reaktionsfolge sind dem Reaktionsschema

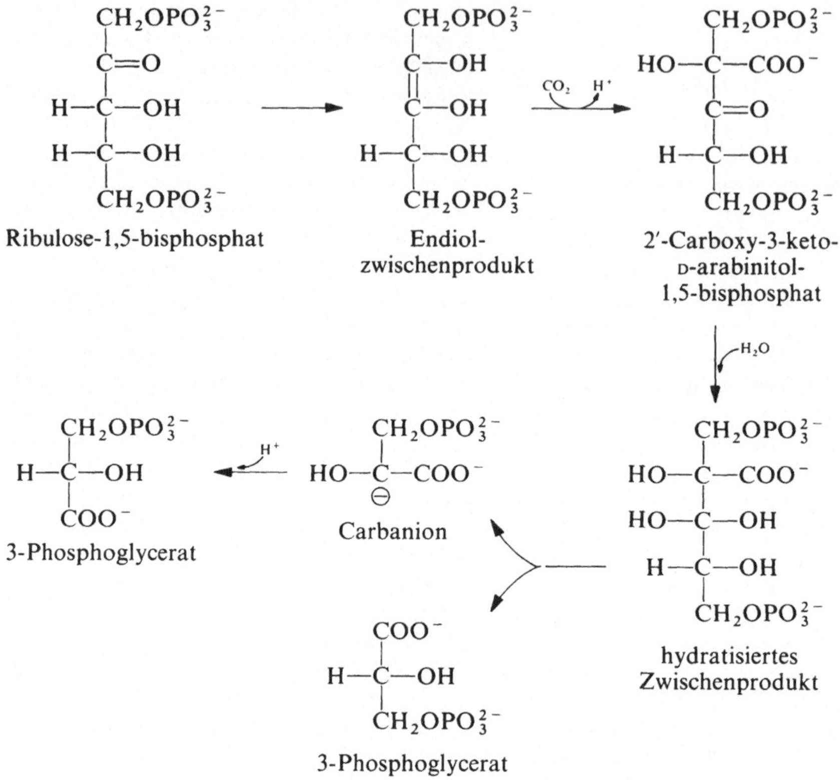

Ribulose-1,5-bisphosphat

Endiol-
zwischenprodukt

2'-Carboxy-3-keto-
D-arabinitol-
1,5-bisphosphat

3-Phosphoglycerat

Carbanion

3-Phosphoglycerat

hydratisiertes
Zwischenprodukt

zu entnehmen. Der erste Schritt ist die Bildung eines Endiolzwischenproduktes, das mit Kohlendioxid zum 2'-Carboxy-3-keto-D-arabinitol-1,5-bisphosphat reagiert. Aus dieser intermediären $C_6$-Einheit entsteht durch Hydratisierung eine Diolgruppierung in der $C_3$-Position. Die Spaltung einer C-C-Bindung führt zur Bildung eines Moleküls 3-Phosphoglycerat und eines 3-Phosphoglycerat-Carbanions, das nach Protonierung ebenfalls in ein Molekül 3-Phosphoglycerat übergeht.

Das Enzym Ribulose-1,5-bisphosphat-Carboxylase wird durch Addition von Kohlendioxid an die ε-Aminogruppe eines spezifischen Lysinrestes aktiviert. Die dabei gebildete negativ geladene Carbamat-Gruppe bindet dann ein zweiwertiges Metallion, wobei sich ein positiv geladenes Zenum bildet. Wahrscheinlich dient dieses an das Enzym gebundene Metallion im Verlauf der Umsetzungen als Elektronenfalle.

Das Enzym Ribulose-1,5-bisphosphat-Carboxylase kann auch die Addition von Sauerstoff an Ribulose-1,5-bisphosphat katalysieren und damit als Oxygenase wirken. Bei dieser konkurrienden Sauerstoff-Addition wird nach dem Schema

Ribulose-1,5-bisphosphat:
$$CH_2OPO_3^{2-} \;-\; C{=}O \;-\; H{-}C{-}OH \;-\; H{-}C{-}OH \;-\; CH_2OPO_3^{2-}$$

$\longrightarrow$

Endiolzwischenprodukt:
$$CH_2OPO_3^{2-} \;-\; C{-}OH \;-\; C{-}OH \;-\; H{-}C{-}OH \;-\; CH_2OPO_3^{2-}$$

$\xrightarrow{O_2}$

Hydroperoxidzwischenprodukt:
$$CH_2OPO_3^{2-} \;-\; HO{-}C{-}O{-}O{-}H \;-\; C{=}O \;-\; H{-}C{-}OH \;-\; CH_2OPO_3^{2-}$$

$\xrightarrow[H_2O \;\; +2H^+]{H_2O}$

Phosphoglykolat:
$$CH_2OPO_3^{2-} \;-\; C(\text{-}O^-)({=}O)$$

3-Phosphoglycerat:
$$(O)({=})C(O^-) \;-\; H{-}C{-}OH \;-\; CH_2OPO_3^{2-}$$

Phosphoglykolat neben 3-Phosphoglycerat gebildet. Die Geschwindigkeit der Carboxylasereaktion ist jedoch unter normalen atmosphärischen Bedingungen bei 25 °C viermal größer als die Geschwindigkeit der Oxygenasereaktion. Unter diesen Bedingungen beträgt die Kohlendioxid-Konzentration im Stroma 10 µmol/l und die Sauerstoff-Konzentration 250 µmol/l. Auch bei der Oxygenasereaktion muß die bereits erwähnte spezielle Lysin-Gruppe als Carbamat mit einem gebundenen zweiwertigen Metallion vorliegen. Das nicht als vielseitiger Metabolit verwendbare Phosphoglykolat kann in einer Wiederverwertungsreaktion durch eine spezifische Phosphatase in Glykolat überführt werden. Das gebildete Glykolat tritt in die im Abschn. 5.1.7 erwähnten Peroxisomen ein; es wird nach dem Schema

dann durch Transaminierung Glycin. In den Mitochondrien wird aus zwei Molekülen Glycin unter Freisetzung von Kohlendioxid und Ammoniumionen Serin gebildet. Der vorstehend beschriebene Stoffwechselnebenweg dient zur Wiedergewinnung von drei der vier Kohlenstoffatome zweier Glykolatmoleküle. Man bezeichnet diesen Prozeß, bei dem ein Kohlenstoffatom als Kohlendioxid freigesetzt wird, als *Photorespiration*. Der an sich unökonomische Prozeß ist offenbar durch die Unvollkommenheit der Ribulose-1,5-bisphosphat-Carboxylase bedingt. Durch Unterbindung der Photorespiration könnten die Ernteerträge wesentlich erhöht werden. Deshalb werden Versuche zur Erzeugung einer Carboxylase mit geringer Oxygenaseaktivität durch Anwendung gentechnologischer Methoden unternommen.

Phosphoglykolat:
$$COO^- \;-\; CH_2OPO_3^{2-}$$

$\xrightarrow[\;]{H_2O \quad P_i}$

Glykolat:
$$COO^- \;-\; CH_2OH$$

$\xrightarrow[\;]{O_2 \quad H_2O_2}$

Glyoxylat:
$$COO^- \;-\; C({=}O)(H)$$

durch das Enzym Glykolat-Oxidase zu Glyoxylat oxidiert. Das bei der Reaktion gebildete Wasserstoffperoxid wird durch Katalyse in Wasser und Sauerstoff gespalten. Aus dem Glyoxylat ensteht

Das in der Anfangsreaktionssequenz der Dunkelreaktion gebildete 3-Phosphoglycerat wird in der Reaktionsfolge

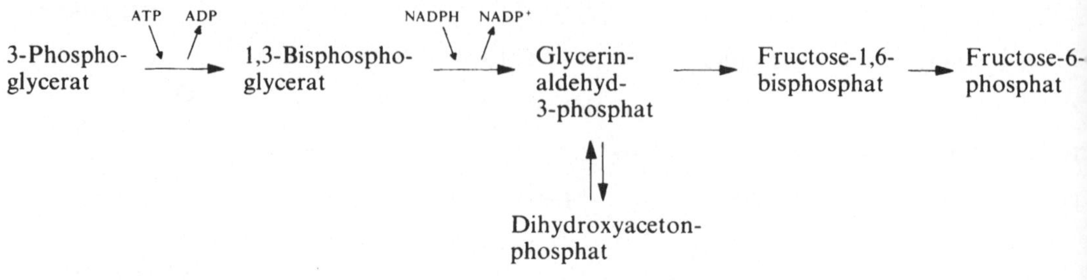



in Fructose-6-phosphat umgewandelt. Damit ist ein Hexose-phosphat entstanden, das z.T. aus dem für die Regeneration des Kohlendioxid-Akzeptors Ribulose-1,5-bisphosphat erforderlichen Zyklus austritt und im Chloroplasten zur Synthese von *Stärke*, dem wichtigsten Reservepolysaccharid der höheren Pflanzen (vgl. Abschn. 4.1.1) verwendet wird. Die Kohlenhydrate können die Chloroplasten in Form von Triosephosphaten

*3-phosphat-Dehydrogenase* in den Chloroplasten nicht für NADP, sondern für NADPH spezifisch ist.

Zur Regeneration von Ribulose-1,5-bisphosphat muß ein Kohlenhydratmolekül mit fünf C-Atomen aus $C_6$- und $C_3$-Zuckern aufgebaut werden. Dazu werden durch die Enzyme *Transketolase* und *Aldolase* folgende Umsetzungen spezifisch katalysiert:

$$\text{Fructose-6-phosphat} + \text{Glycerinaldehyd-3-phosphat} \xrightarrow{\text{Transketolase}} \text{Xylulose-5-phosphat} + \text{Erythrose-4-phosphat}$$

$$\text{Erythrose-4-phosphat} + \text{Dihydroxyaceton-phosphat} \xrightarrow{\text{Aldolase}} \text{Seduheptulose-1,7-bisphosphat}$$

und

$$\text{Seduheptulose-7-phosphat} + \text{Glycerinaldehyd-3-phosphat} \xrightarrow{\text{Transketolase}} \text{Ribose-5-phosphat} + \text{Xylulose-5-phosphat}.$$

verlassen. Aus den Triosephosphaten wird im Cytoplasma Saccharose gebildet, die wichtigste Transportform der Kohlenhydrate in den im Abschn. 2.2.1 beschriebenen Siebröhren.

Es ist bemerkenswert, daß die vorstehend skizzierte Reaktionsfolge auch bei der als *Gluconeogenese* bezeichneten Bildung von Glucose aus Nicht-Kohlenhydrat-Vorstufen durchlaufen wird. Der hier beschriebene Prozeß unterscheidet sich von der Gluconeogenese im wesentlichen nur dadurch, daß das wichtige Enzym *Glycerinaldehyd-*

Das für die dritte Umsetzung benötigte Seduheptulose-7-phosphat wird unter Einwirkung einer Phosphatase hydrolytisch aus Seduheptulose-1,7-bisphosphat gebildet. Außerdem wird das Xylulose-5-phosphat durch die *Phosphoketopentose-Epimerase* in Ribulose-5-phosphat umgewandelt. Ein weiteres Enzym, die *Phosphopento-Isomerase* wandelt das Ribose-5-phosphat in Ribulose-5-phosphat um. Durch Zusammenfassung der drei oben angeführten Umsetzungen ergibt sich die Reaktionsgleichung

$$\text{Fructose-6-phosphat} + 3\,\text{Glycerinaldehyd-3-phosphat} + \text{Dihydroxyaceton-phosphat} \rightarrow 3\,\text{Ribulose-5-phosphat}.$$

Schließlich katalysiert das Enzym *Phosphoribulo-kinase* die Phosphorylierung von Ribulose-5-phosphat zu Ribulose-1,5-bisphosphat. Damit ist der als Calvin-*Zyklus* bezeichnete und in seinen Einzelschritten mit den Methoden der Isotopenmarkierung aufgeklärte Kreislauf geschlossen. Die wichtigsten Reaktionsschritte des Calvin-Zyklus sind in dem in Abb. 5.68 wiedergegebenen Formelschema zusammenfassend dargestellt.

Für die Synthese einer Hexose sind sechs Durchgänge des Calvin-Zyklus erforderlich, da bei jedem Durchgang eine Kohlendioxid-Einheit umgesetzt wird. Dabei werden zwölf ATP-Einheiten für die Phosphorylierung von zwölf Molekülen 3-Phosphoglycerat zu 1,3-Bisphosphoglycerat benötigt. Weitere sechs ATP-Einheiten sind für die Regeneration des Ribulose-1,5-bisphosphates erforderlich. Außerdem müssen zwölf NADPH-Einheiten bei der Reduktion von zwölf Molekülen 1,3-Bisphosphoglycerat zur Glycerinaldehyd-3-phosphat umgesetzt werden. Die Nettoreaktionsgleichung des Calvin-Zyklus läßt sich demnach in der Form

$$6\,CO_2 + 18\,ATP + 12\,NADPH + 12\,H_2O$$
$$\rightarrow C_6H_{12}O_6 + 18\,ADP + 18\,P_i$$
$$+\ 12\,NADP^+ + 6\,H^+$$

schreiben. Daraus ergibt sich folgende Abschätzung für den Wirkungsgrad der Photosynthese:

1. Für die Reduktion des Kohlendioxids zur Energiestufe einer Hexose ist ein $\Delta G'$-Wert von 477 kJ/mol anzusetzen.
2. Die Bildung von zwei NADPH-Einheiten erfordert die Umsetzung der Energie von vier Photonen durch das Photosystem I. Das Photosystem II muß ebenfalls vier Photonen aufnehmen, um die vom Photosystem I abgegebenen Elektronen zu ersetzen. Es werden also insgesamt acht Photonen zur Bildung der erforderlichen NADPH-Menge benötigt. Der bei der Bildung von zwei NADPH-Einheiten erzeugte Protonenkonzentrationsgradient reicht aus, um die Synthese von drei ATP-Einheiten anzutreiben.

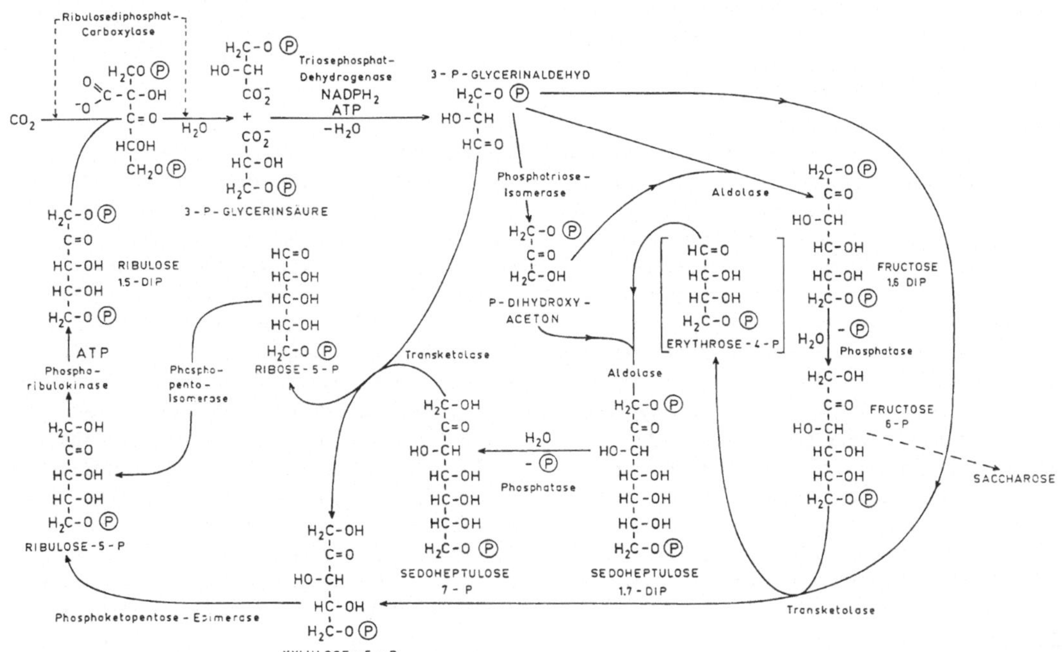


**Abb. 5.68** Formelschema des Calvin-Zyklus (nach H. Mohr (1978))

3. Mit einem Mol Photonen der Wellenlänge 600 nm wird eine Energie von 200 kJ aufgenommen. Acht Mole Photonen bewirken also eine Energiezufuhr von 1600 kJ.

Somit sollte der primäre Gesamtwirkungsgrad der Photosynthese mindestens den Wert $477/1600 = 0,3$ haben. (Vgl. hierzu Abschn. 5.4.3).

Verschiedene Enzyme des Calvin-Zyklus werden durch Reduktion von Disulfidbrücken aktiviert. Dabei übernimmt das *Thioredoxin*, ein 12-kd-Protein mit benachbarten Cysteinresten die Funktion des Reduktionsmittels. Die Cysteinreste des oxidierten Thioredoxins bilden eine Disulfidbrücke. In den Chloroplasten wird das Thioredoxin durch Ferredoxin reduziert. Damit wird eine Koordination der Umsatzraten von Licht- und Dunkelreaktionen durch das reduzierende Potential des Ferredoxins über das reduzierende Potential des Thioredoxins bewirkt. So erhöht sich z.B. die katalytische Aktivität der Phosphoribulose-Kinase bei Belichtung um das Hundertfache. Die Carboxylierung des Ribulose-1,5-bisphosphates unter Bildung von zwei Molekülen 3-Phosphoglycerat ist der geschwindigkeitsbestimmende Schritt des Calvin-Zyklus. Bei Bestrahlung mit Licht nimmt die Aktivität der Ribulose-1,5-bisphosphat-Carboxylase deutlich zu. Dabei erhöht sich der $Mg^{2+}$-Spiegel und der pH-Wert steigt von 7 auf 8. Diese Effekte sind darauf zurückzuführen, daß Protonen in den Thylakoidraum gepumpt werden. Unter diesen Bedingungen nimmt die Aktivität der Carboxylase zu, da die vorstehend erwähnte Carbamatbildung bei höheren pH-Werten begünstigt ist.

Mit zunehmender Temperatur steigt die Oxygenaseaktivität der Ribulose-1,5-bisphosphat-Carboxylase stärker an als ihre Carboxylaseaktivität. Tropische Pflanzen können die durch Photorespiration bedingten hohen Verlustraten durch Schaffung einer hohen Kohlendioxid-Konzentration am Orte des Calvin-Zyklus vermeiden. Der erste Hinweis auf die Existenz eines geeigneten $CO_2$-Transportsystems ergab sich aus Markierungsexperimenten, die zeigten, daß die Radioaktivität eines [14]C-Pulses zuerst nicht im 3-Phosphoglycerat, sondern in den $C_4$-Verbindungen Malat und Aspartat auftaucht. Das

Grundprinzip dieses von Hatch und Slack aufgeklärten Stoffwechselweges besteht darin, daß Kohlendioxid durch $C_4$-Verbindungen von mit Luft in Kontakt stehenden *Mesophyllzellen* (vgl. Abb. 5.49) zu *Leitbündelscheidenzellen* transportiert wird. Die Leitbündelscheidenzellen sind die Hauptorte der Photosynthese in den $C_4$-*Pflanzen*. Durch Decarboxylierung der $C_4$-Verbindungen wird in den Leitbündelscheidenzellen eine hohe Kohlendioxid-Konzentration aufrechterhalten. Die als Produkt der Decarboxylierung entstehende $C_3$-Verbindung kehrt zur erneuten Beladung mit Kohlendioxid in die Mesophyllzelle zurück. Dieser durch das Formelschema

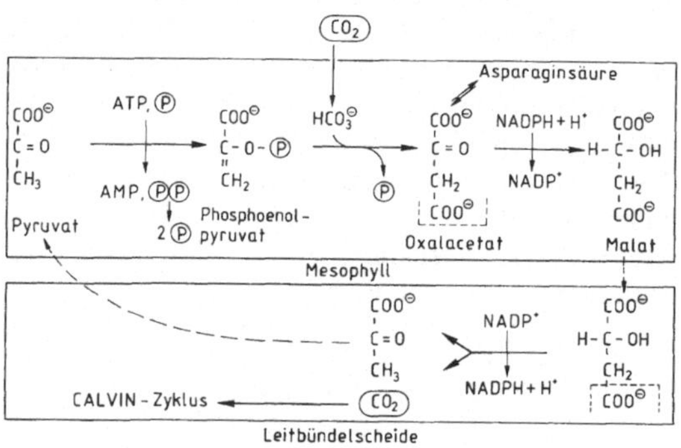


veranschaulichte $C_4$-Stoffwechselweg beginnt in der Mesophyllzelle mit der Kondensation von Phosphoenolpyruvat und Kohlendioxid zu Oxalacetat in einer durch das Enzym *Phosphoenolpyruvat-Carboxylase* katalysierten Reaktion. In einigen Pflanzenarten wandelt eine $NADP^+$-abhängige Malat-Dehydrogenase das Oxalacetat in Malat um. Das Malat wird in die Leitbündelscheidenzelle transportiert und in den Chloroplasten von einem $NADP^+$-abhängigen Malat-Enzym decarboxyliert. Das freigesetzte Kohlendioxid tritt in den Calvin-Zyklus ein, während das bei der Decarboxylierung gebildete Pyruvat in die Mesophyllzelle zurückkehrt und dort in einer von der *Pyruvat-$P_i$-Dikinase* katalysierten Reaktion wieder in Phosphoenolpyruvat umgewandelt wird. Dabei wird die $\gamma$-Phosphorylgruppe des Adenosintriphosphates auf Orthophosphat und die ATP-$\beta$-Phosphorylgruppe auf einen Histidinrest des Enzyms übertragen. Die Phosphorylierung des Orthophosphats dient dazu, die Gesamtreaktion durch die nachfolgende Hydrolysereaktion der gebildeten Zwischenverbindung unumkehrbar zu machen. Die Nettoreaktion dieses $C_4$-Reaktionsweges läßt sich durch die Gleichung

$$CO_2(\text{in Mesophyllzellen}) + ATP + H_2O$$

$$\rightarrow CO_2 \text{ (in Leitbündelscheidenzellen)}$$

$$+ AMP + 2P_i + H^+$$

beschreiben. Für den Transport von Kohlendioxid in die Chloroplasten der Leitbündelscheidenzellen werden also zwei energiereiche Phosphatbindungseinheiten verbraucht. Für die gekoppelte Nettoreaktion von $C_4$-Weg und Calvin-Zyklus lautet die Reaktionsgleichung

$$6\,CO_2 + 30\,ATP + 12\,NADPH + 12\,H_2O$$

$$\rightarrow C_6H_{12}O_6 + 30\,ADP + 30\,P_i$$

$$+ 12\,NADP^+ + 18\,H^+ .$$

Wenn der $C_4$-Weg Kohlendioxid für den Calvin-Zyklus liefert, werden also 30 ATP-Einheiten für eine gebildete Hexose verbraucht, während ohne den $C_4$-Weg 18 ATP-Einheiten pro Hexose umgesetzt werden. Für die hohe Photosyntheserate der $C_4$-Pflanzen ist die auf dem Verbrauch von zwölf zusätzlichen ATP-Einheiten beruhende hohe Kohlendioxid-Konzentration in den Leitbündelscheidenzellen entscheidend wichtig, da Kohlendioxid bei reichlich einfallendem Licht als limitierender Faktor wirkt. Durch die hohe Kohlendioxid-Konzentration wird auch der durch Photorespiration bedingte Energieverlust niedrig gehalten.

Tropische Pflanzen mit einem $C_4$-Stoffwechselweg leben mit nur wenig Photorespiration, da die hohe $CO_2$-Konzentration in ihren Leitbündelscheidenzellen die Carboxylasereaktion gegenüber der Oxygenasereaktion begünstigt; sie sind durch das weitgehende Fehlen einer Kohlendioxid-Abgabe im Licht und durch die Fähigkeit zu einer äußerst effektiven $CO_2$-Fixierung ausgezeichnet. Hält man eine Maispflanze und eine Sojabohnenpflanze gemeinsam unter gleichen Bedingungen in einem gasdichten Behälter im Licht, so kann die Maispflanze der Sojabohnenpflanze Kohlendioxid entziehen und eine Netto-Photosynthese durchführen. Dabei wächst die Maispflanze, während die Sojabohnenpflanze wegen der negativen Kohlenstoffbilanz nach wenigen Tagen eingeht. $C_4$-Pflanzen haben bei relativ hohen Temperaturen und starkem Lichteinfall günstige Existenzbedingungen. Damit kann ihre geographische Verteilung auf biochemisch-molekularer Basis erklärt werden. Die $C_3$-Pflanzen sind bei Temperaturen unterhalb 28 °C leistungsfähiger und dominieren deshalb in gemäßigten Zonen. In den Tropen sind dagegen die $C_4$-Pflanzen vorherrschend.

Offenbar hat sich die Ribulose-1,5-bisphosphat-Carboxylase schon früh in der Evolution in einer noch kohlendioxidreichen und weitgehend sauerstofffreien Atmosphäre entwickelt. Das Enzym ist wohl ursprünglich nicht für eine katalytische Funktion in einer sauerstoffreichen und nahezu kohlendioxidfreien Umgebung selektiert worden. Durch den $C_4$-Stoffwechselweg wird eine Mikro-Umwelt mit speziell für die Photosynthese günstigen „Ur-Natur-Bedingungen" geschaffen.

### 5.4.9 Einige ergänzende Bemerkungen über Stickstoff-Fixierung, bakterielle Photosynthese, Leistungs- und Regulationsfragen und über pflanzliche Biosynthesen

Als Ausgangsstoffe für die Biosynthese von Aminosäuren, Purinen, Pyrimidinen und anderen Biomolekülen werden in lebenden Organismen Verbindungen mit Stickstoff in reduzierter Form (z. B. $NH_4^+$) verwendet. Höhere Organismen können Stickstoff-Moleküle nicht in diese reduzierte Form überführen Die als *Stickstoff-Fixierung* bezeichnete Umwandlung von Luftstickstoff in biochemisch verwertbare Stickstoffverbindungen kann aber von Bakterien und Blaugrünalgen durchgeführt werden. Die von Mikroorganismen jährlich fixierte Stickstoffmenge wird auf ca. $2 \cdot 10^{11}$ kg geschätzt. Als typische Vertreter dieser Mikroorganismen dringen die symbiotischen *Rhiozobium-Bakterien* in die Wurzeln von Leguminosen ein und bilden Wurzelknöllchen (vgl. Abschn. 5.1.7) In diesen Wurzelknöllchen findet die nicht nur den Bakterien, sondern auch den Pflanzen zugute kommende $N_2$-Fixierung statt.

Obwohl die Stickstoff-Fixierung durch Mikroorganismen in einer mehrstufigen enzymatisch katalysierten Reaktionsfolge abläuft, besteht für diesen Vorgang doch eine gewisse Analogie zu dem im Jahre 1910 von Haber entwickelten großtechnischen Ammoniaksyntheseverfahren. Bei diesem unter einem Druck von etwa 300 bar bei 500 °C durchgeführten Prozess kann die Einstellung des Gleichgewichtes

$$N_2 + 3H_2 \rightleftharpoons 2NH_3 \qquad (5.239)$$

durch einen Eisenkontakt katalytisch beeinflußt werden. Die biochemische Stickstoff-Fixierung wird durch einen als *Nitrogenasekomplex* bezeichneten Enzymkomplex katalysiert. Dieser Enzymkomplex besteht aus zwei Proteinkomponenten, einer *Reduktase* und einer *Nitrogenase*. Beide Proteinkomponenten sind Eisen-Schwefel-Proteine, in denen das Eisen an das S-Atom eines Cysteinrestes und an anorganisches Sulfid gebunden ist. Neben dem Eisen enthält die Nitrogenasekomponente auch ein oder zwei Molybdän-Atome; sie wird deshalb auch als *Mo Fe-Protein* bezeichnet. Die als *Fe-Protein* bezeichnete Reduktase besteht aus zwei identischen Polypeptiden. In dem Nitrogenasekomplex ist ein Mo Fe-Protein mit einem Fe-Protein oder mit zwei Fe-Proteinen assoziiert.

Bei den meisten $N_2$-fixierenden Mikroorganismen werden die zur Umwandlung von $N_2$ in $NH_4^+$ erforderlichen Elektronen vom reduzierten Ferredoxin bereitgestellt. Im Abschnitt 5.4.3 ist bereits darauf hingewiesen worden, daß reduziertes Ferredoxin in den Chloroplasten durch die elektronenübertragende Wirkung des Photosystems I erzeugt wird. In einigen Stickstoff-fixierenden Bakterien wird dieser Elektronenüberträger durch photosynthetische Prozesse in den reduzierten Zustand versetzt, in anderen wird er durch Redoxreaktionen reduziert. Der Gesamtprozeß der vom Nitrogenasekomplex katalysierten Reaktion läßt sich durch die Gleichung

$$N_2 + 6e^- + 12\,ATP + 12\,H_2O$$
$$\rightarrow 2NH_4^+ + 12\,ADP + 12\,P_i + 4H^+$$

beschreiben. Der Mechanismus der bakteriellen Stickstoff-Fixierung ist noch nicht vollständig aufgeklärt worden. Man stellt sich vor, daß sich

das ATP an die Reduktasekomponente des Enzymkomplexes anlagert, nachdem diese die Elektronen vom Ferredoxin übernommen hat. Dabei verschiebt sich das Redoxpotential des Reduktase-Systems von $-0{,}29V$ auf $-0{,}40V$, wobei sich die Proteinkonformation der Reduktase ändert. Nach Übertragung der Elektronen und Hydrolyse des Adenosintriphosphats trennt sich die Reduktasekomponente von der Nitrogenasekomponente. Danach wird der an die Nitrogenasekomponente gebundene Stickstoff zu $NH_4^+$ reduziert.

Da die Energiekosten für die Ammoniaksynthese nach dem Haber-Bosch-Verfahren hoch sind, wächst das Interesse an der Entwicklung eines Verfahrens, das auf einer Steigerung der Stickstoff-Fixierung durch Mikroorganismen beruht. Eine Möglichkeit zur Realisierung von Vorhaben mit entsprechender Zielsetzung besteht in der Einführung der für die Stickstoff-Fixierung codierenden Gene in Nicht-Leguminosen (z.B. Getreidepflanzen). Es ist z.B. bekannt, daß die in *Klebsiella pneumoniae* für die Stickstoff-Fixierung benötigten Proteine durch eine Gruppe von 18 Genen codiert werden. Ein besonderes Problem, das die Realisierung des genannten Projektes erschwert, besteht in der großen Empfindlichkeit des Nitrogenasekomplexes gegen eine Inaktivierung durch Sauerstoff. In Leguminosen tritt dieses Problem nicht auf, da diese Pflanzen durch Bindung von Sauerstoff an Leghämoglobin in ihren Wurzelknöllchen eine sehr niedrige Konzentration von freiem Sauerstoff aufrechterhalten. Bei den Versuchen zur Erzeugung neuer Stickstofffixierender Arten ergibt sich eine weitere Schwierigkeit aus der notwendigen hohen ATP-Syntheserate. Die Stickstoff-fixierenden Bakterien in den Wurzeln von Erbsenpflanzen verbrauchen fast ein Fünftel des gesamten von der Pflanze erzeugten Adenosintriphosphats. Man versucht deshalb heute auch, die Stickstoff-Fixierungsrate von Blaugrünalgen zu steigern. Diese Algen decken ihren ATP-Bedarf durch Photosynthese; sie sind deshalb nicht von einer energieliefernden Symbiose abhängig.

Der weitere Weg der Assimilation des $NH_4^+$ zu Aminosäuren führt über Glutamat zu Glutamin. Dieser Stoffwechselweg ist in den im Anhang 2 genannten Lehrbüchern der Biochemie beschrieben; er soll hier nicht im einzelnen erläutert werden.

Unter natürlichen Bedingungen steht den höheren Pflanzen der Stickstoff nur in seiner maximal oxydierten Form als Nitrat zur Verfügung. Da im Stoffwechsel nur die maximal reduzierte Form, also $NH_4^+$ Verwendung findet, muß in der Pflanze eine stark endergonische Reaktion nach der Gleichung

$$NO_3^- + 10H^+ + 8e^- \rightarrow NH_4^+ + 3H_2O$$

ablaufen. Wenn Wasser als H-Donator eingesetzt werden kann, erfolgt die Umsetzung nach der Gleichung

$$NO_3^- + 2H^+ + 4H_2O \rightarrow NH_4^+$$
$$+ 3H_2O + \tfrac{3}{2}O_2$$

mit $\Delta G' = +347$ kJ/mol Nitrat. Die Nitratreduktion ist eine spezifische pflanzliche Leistung. Man kann diesen Prozeß als eine photosynthetische Dunkelreaktion auffassen, da die Energie für diesen Vorgang zum größten Teil direkt von der photosynthetischen Lichtreaktion geliefert werden kann. Ein Unterschied zur Kohlenstoff-Fixierung besteht allerdings darin, daß der Stickstoff zuerst reduziert und dann in organische Moleküle eingebaut wird.

Ein übersichtliches Bild der Nitratreduktion ergibt sich durch die Zerlegung des Gesamtprozesses in zwei Reaktionsschritte:

Im ersten Schritt erfolgt die Reduktion von Nitrat zu Nitrit durch den *Nitratreductasekomplex* nach der Gleichung

$$NO_3^- + 2H^+ + 2e^- \rightarrow NO_2^- + H_2O \, .$$

Der molybdänhaltige Komplex ist im extraplastidären Zellplasma lokalisiert; er verwendet NADH als Elektronendonator, wobei FAD oder Flavinmononucleotid (FMN) als Cofaktor benötigt wird. Vermutlich stammt das erforderliche NADH aus der Glykolyse.

Im zweiten Schritt wird das Nitrit durch die *Nitritreductase* nach der Gleichung

$$NO_2^- + 8H^+ + 6e^- \rightarrow NH_4^+ + 2H_2O$$

zu $NH_4^+$ reduziert. Wahrscheinlich ist das Enzym Nitratreductase in den Chloroplasten lokalisiert, und die von diesem Enzym katalysierte Reaktion kann direkt durch die photosynthetische Lichtreaktion angetrieben werden. Dabei dient das Ferredoxin als direkter Elektronendonator. Das in Abb. 5.69 wiedergegebene Reaktionsschema veranschaulicht den vorstehend beschriebenen Zweischrittmechanismus in einer übersichtlichen graphischen Darstellung, die auch die räumliche

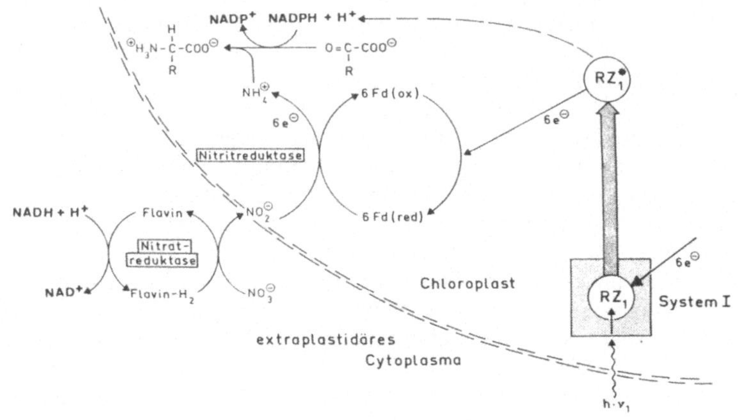


**Abb. 5.69** Reaktionsschema der photosynthetischen Nitratreduktion

Trennung der beiden Enzymkomplexe hervorhebt.

Die Kompartimentierung der beiden Enzymsysteme muß allerdings noch als Hypothese betrachtet werden. Die bei der Nitratreduktion gebildeten Ammonium-Ionen werden wie bei der bakteriellen Stickstoff-Fixierung über Glutamat und Glutamin zu Aminosäuren assimiliert. Da $NH_4^+$ schon bei relativ geringen Konzentrationen als starkes Zellgift wirkt, darf es im pflanzlichen Stoffwechsel nicht akkumuliert werden. In Chloroplasten ist eine reduktive Aminierung von α-Ketoglutarat zu Glutamat nachgewiesen worden. Bei dieser Aminierung wird photosynthetisch gebildetes NADPH verbraucht. Demnach versorgt die photosynthetische Lichtreaktion nicht nur die Stickstoff-Fixierung, sondern auch die Nitratreduktion mit Reduktionsäquivalenten.

Die Pflanzenwurzeln können als heterotrophe Pflanzenorgane die Nitratreduktion auch ohne Photosynthese durchführen. Wahrscheinlich gilt dies auch für die grünen Blätter während der Nacht. Dabei liefert der dissimilatorische Elektronentransport der Atmungskette die Reduktionsäquivalente für die Nitratreduktion. Auch in der Wurzel ist die Nitratreductase auf das Plastiden- bzw. Proplastidenkompartiment beschränkt. Bei höheren Pflanzen wird der größte Teil des Aminostickstoffs in der Regel durch photosynthetische Reduktion umgesetzt. Das Ausmaß der photosynthetischen Ammoniakbildung ist vom Entwicklungsstand der Zellen abhängig; es ist z. B. in jungen, wachsenden Blättern besonders hoch, während ältere, ausgewachsene Blätter photosynthetisch fast ausschließlich Kohlendioxid reduzieren.

Die bakterielle Photosynthese unterscheidet sich grundsätzlich von der Photosynthese der Eukaryonten und Blaualgen; sie läuft nur unter strikt anaeroben Bedingungen und ohne Freisetzung von Sauerstoff ab. Die Bakterien besitzen nur ein Photosystem, dessen Funktion weitgehend der Funktion des Photosystems I der Eukaryonten entspricht. Die Pigmentkollektive sind an Photosynthesemembranen gebunden, die aus der Plasmamembran der Bakterien hervorgehen. Diese Membranen beherbergen neben den Enzymen des photosynthetischen Elektronentransports auch die Enzyme des dissimilatorischen Elektronentransports; sie haben also Funktionen, die in den eukaryontischen Zellen auf Chloroplasten und Mitochondrien verteilt sind. Das am Beispiel der Thylakoidmembran erläuterte Prinzip der intermediären Energiespeicherung durch Protonentranslokation ist auch für die bakterielle Photosynthese wichtig. Für den Elektronentransport benötigt das bakterielle Photosystem einen Elektronendonator mit einem Redoxpotential in der Nähe des Grundzustandspotentials des Reaktionszentrums, das im Bereich von $+ 500\,mV$ liegt. Als Elektronendonatoren geeignete Redoxsysteme sind $H_2S/S$ ($E_{m,7} = -240\,mV$), $2S_2O_3^{2-}/S_4O_6^{2-}$ ($E_{m,7} = +90\,mV$), $H_2/2H^+$ ($E_{m,7} = -420\,mV$), Succinat/Fumarat ($E_{m,7} = +30\,mV$) und andere organische Säuren. Diese Redoxsysteme liefern Elektronen an ein Cytochrom c, welches dann das Reaktionszentrum reduzieren kann. Das erste faßbare Produkt der Lichtreaktion phototroper Bakterien ist nicht reduziertes Ferredoxin, sondern reduziertes *Ubichinon*. Ubichinon ist ein Redoxsystem, das zwei Elektronen überträgt und $NAD^+$ reduzieren kann.

Mit röntgenkristallographischen Methoden haben Deisenhofer, Michel und Huber eine bis in atomare Details gehende Strukturanalyse des photosynthetischen Reaktionszentrums von *Rhodopseudomonas viridis* durchgeführt. Rhodopseudomonas viridis ist ein schwefelhaltiges Purpurbakterium. Die dreidimensionale Struktur des Reaktionszentrums ist in Abb. 5.70 dargestellt.

Das Reaktionszentrum besteht aus den drei Polypeptid-Untereinheiten L (31 kd), M (36 kd) und H (28 kd) und aus einem Cytochrom vom Typ c. In Abb. 5.70. ist die Einheit L mit der Farbe orange, die Einheit M mit der Farbe blau und die Einheit H mit der Farbe violett gekennzeichnet. Jede der L- und M-Untereinheiten enthält fünf Transmembranhelices, die H-Untereinheit nur eine. Die meisten Seitenketten der helikalen Segmente sind hydrophober Natur. Das Cytochrom liegt auf der einen Seite der Photosynthesemembran, der größte Teil der H-Untereinheit auf der anderen Seite. Im Cytochrom sind vier Hämgruppen kovalent gebunden. Mit den Untereinheiten L und M sind vier Moleküle Bakterio-

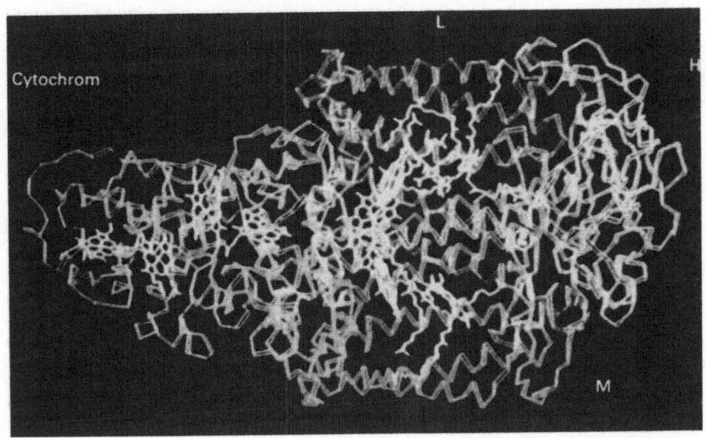


**Abb. 5.70** Dreidimensionale Struktur des photosynthetischen Reaktionszentrums von Rhodopseudomonas viridis (nach J. Deisenhofer et al. (1985))

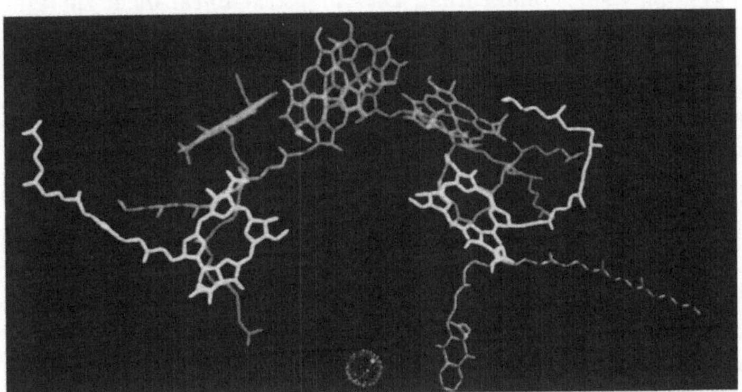

**Abb. 5.71** Die prosthetischen Gruppen des Reaktionszentrums von Rhodopseudomonas viridis mit den Hämgruppen (blau), den Bakteriochlorophyllen (grün), den Chinonen (rot) und dem Eisenion (orange) (nach W. Mäntele (1990))

chlorophyll b, zwei Moleküle Bakteriophaeophytin b, zwei Chinone und ein Eisenion nichtkovalent assoziiert. Wie bereits erwähnt, sind die Bakteriochlorophylle den Chlorophyllen ähnlich, wobei ihre Absorptionsmaxima durch kleine strukturelle Modifikationen bis zu Wellenlängen von 1000 nm ins nahe Infrarot verschoben sind. Die Abb. 5.71 zeigt die prosthetischen Gruppen des Reaktionszentrums von Rhodopseudomonas viridis. Dem Zentrum ist ein Bakteriochlorophyll b-Dimer zugeordnet, das bei 960 nm maximal absorbiert.

Von der Röntgenstrukturanalyse der photosynthetischen Reaktionszentren sind noch viele aufschlußreiche Informationen über Struktur-Funktions-Beziehungen komplexer molekularer Aggregate lebenswichtiger Organellen zu erwarten. Ein wiederkehrendes Motiv der funktionellen Organisation von Photosynthese-Reaktionszentren besteht auch im Falle der bakteriellen

Photosynthese darin, daß die Anregung des Zentrums zu einer Ladungstrennung führt. Dabei wird ein Elektron über eine Reihe von Akzeptoren vom dimeren Bakteriochlorophyll b nach dem Schema

$$\text{B Chl-b-Dimer} \rightarrow \text{B Chl-b} \rightarrow \text{B Ph} - \text{b}$$

$$\rightarrow Q_A \rightarrow Q_B$$

über das Bakteriophaeophytin B Ph − b und das Chinon $Q_A$ auf das Chinon $Q_B$ übertragen.

Vergleicht man verschiedene Arten höherer Pflanzen, so zeigt der durch bestimmte Strukturen charakterisierte zelluläre und molekulare Mechanismus der Photosynthese eine bemerkenswerte Konstanz. Die photosynthetische Leistung kann trotzdem von Art zu Art großen Schwankungen unterworfen sein, da die Photosynthese wie alle biologischen Prozesse gleichzeitig unter dem Einfluß einer Vielzahl begrenzender Faktoren steht. Einen begrenzenden Faktor der Photosynthese erkennt man daran, daß bei Steigerung dieses Faktors unter Konstanthaltung der übrigen begrenzenden Faktoren eine Erhöhung der Photosyntheserate eintritt. So kann z.B. bei ausreichend hoher Lichtintensität die Kohlendioxid-Konzentration der Luft ein begrenzender Faktor der Photosyntheseintensität sein. Wie das Licht und die Kohlendioxid-Konzentration können auch die Faktoren Temperatur oder Ionenversorgung als begrenzende Faktoren der Photosyntheseleistung auftreten. Die photosynthetische Netto-Stoff-Produktion hängt auch davon ab, welcher Anteil des gebildeten Kohlenhydrates durch Dissimilation wieder zu Kohlendioxid und Wasser abgebaut wird. Man bezeichnet die Lichtintensität, bei der die Photosynthese die Atmung gerade ausgleicht, als den *Lichtkompensationspunkt*. Er liegt bei Sonnenpflanzen wesentlich höher als bei Schattenpflanzen. Hält man eine Pflanze unter sättigenden Lichtbedingungen in einem gasdichten Behälter, so stellt sich ein Fließgleichgewicht zwischen Photosynthese und Atmung ein. Die stationäre Kohlendioxid-Konzentration dieses Fließgleichgewichtes bezeichnet man als die $CO_2$-*Kompensationskonzentration* $[CO_2]_c$. Der $[CO_2]_c$-Wert ist ein relatives Maß für die Leistungsfähigkeit des Kohlendioxid-fixie-

renden Systems; er hängt u.a. vom Diffusionswiderstand des Blattes für Kohlendioxid, von der Temperatur, von der Sauerstoff-Konzentration, von der Atmungsintensität und von der Kohlendioxid-Affinität der Carboxylasen ab.

Einige Organe der höheren Pflanzen können wie die Hefen und andere Mikroorganismen in begrenztem Umfang in *fakultativer Anaerobiosis* (vgl. Abschn. 5.1.7) leben. Das Verhältnis zwischen oxidativer Dissimilation und fermentativer Dissimilation (Dissimilation durch Gärung) wird kurzfristig durch die Sauerstoff-Konzentration der Umgebung geregelt. Bei der Sauerstoffkonzentration der Luft ist die Gärung weitgehend gehemmt. Sinkt die Sauerstoff-Aufnahme bei Erniedrigung der Sauerstoff-Konzentration, so steigt die fermentative Dissimilation an, wobei sich Ethanol und manchmal auch Lactat im Gewebe anhäufen. Die Umsteuerung ist vollständig umkehrbar. Dieser *Pasteur-Effekt* dient zur Einstellung des dissimilatorischen Stoffwechsels auf eine möglichst ökonomische Produktion von ATP, das bei Sauerstoffmangel aus der Gärung gewonnen werden kann. Der dissimilatorische Gaswechsel kann auch durch Licht auf vielfältige Weise modifiziert werden.

Alle Organismen arbeiten weitgehend mit denselben Enzymen der Glykolyse, der Zellatmung und der Photosynthese. Bemerkenswert ist jedoch, daß die biochemischen Potenzen der Tiere im Vergleich mit der synthetischen Leistungsfähigkeit der Pflanzen eng begrenzt sind. Eine Reihe von Molekültypen (z.B. Carotinoide oder aromatische Moleküle), die der tierische Organismus unbedingt braucht, aber nicht selbst aus anderen Molekülen herstellen kann, wird als Gruppe der *essentiellen Nahrungsstoffe* bezeichnet. Nur die Pflanze vermag aus wenigen anorganischen Verbindungen alle Molekültypen des Grundstoffwechsels aufzubauen. Außerdem erzeugt die photoautotrophe höhere Pflanze zahlreiche *sekundäre Pflanzenstoffe*, die nicht zur biochemischen Grundausstattung einer Zelle gezählt werden können. Zu den sekundären Pflanzenstoffen zählen z.B. die *Alkaloide*; sie sind für Pharmazie und Pharmakologie von besonderem Interesse. Einige Pflanzenfamilien sind durch eine besonders hohe Alkaloid-Synthese-Leistungsfähigkeit ausgezeichnet. Beispiele sind die Nachtschattengewächse (Solanaceen) oder der Mutterkornpilz (Claviceps purpurea). Sekundäre Pflanzenstoffe sind häufig auch gegenüber Pflanzen, die sie erzeugen, nicht harmlos. Verabreicht man einem Pflanzengewebe eine Alkaloidlösung von außen, so erweisen sich die Alkaloide als toxisch. In der Pflanzenzelle schützt der *Tonoplast* (ein Vakuolenbereich) das Protoplasma gegen die im Vakuolensaft angereicherten Alkaloide. Die Alkaloid-Moleküle können den Tonoplasten nur in Richtung Vakuole durchqueren, aber nicht in Gegenrichtung. Die an die Zellwand angrenzende Plasmagrenzmembran (*Plasmalemma*) stellt dagegen keine Barriere für von außen applizierte Alkaloide dar. Auch diese hier kurz erläuterten Phänomene des Umsatzes von sekundären Pflanzenstoffen sind ein typisches Beispiel dafür, daß die Kompartimentierung ein entscheidend wichtiges Organisationsprinzip für jede Form von Stoffwechsel in der lebenden Zelle darstellt.

# Anhang 1. Einheiten und Umrechnungsfaktoren

## Basisgrößen und ihre Einheiten im SI-System

| Basisgrößen | Basiseinheiten |
|---|---|
| Länge | m (Meter) |
| Zeit | s (Sekunde) |
| Masse | kg (Kilogramm) |
| Stoffmenge | mol (Mol) |
| elektrische Stromstärke | A (Ampere) |
| thermodynamische Temperatur | K (Kelvin) |

## Abgeleitete SI-Einheiten

| Einheitenname | Einheiten-Zeichen | Definition | Größe (als Beispiel) |
|---|---|---|---|
| Hertz | Hz | $1/s$ | Frequenz |
| Newton | N | $kg\,m/s^2$ | Kraft |
| Pascal | Pa | $N/m^2$ | Druck |
| Joule | J | $N\,m$ | Arbeit |
| Watt | W | $J/s$ | Leistung |
| Coulomb | C | $A\,s$ | elektr. Ladung |
| Volt | V | $J/C$ | elektr. Potential |
| Ohm | $\Omega$ | $V/A$ | elektr. Widerstand |
| Siemens | S | $1/\Omega$ | elektr. Leitwert |
| Farad | F | $C/V$ | elektr. Kapazität |

Vielfache und Bruchteile dieser Einheiten werden mit Vorsatzsilben gebildet:

| Bruchteile | Vorsatz | Symbol | Vielfaches | Vorsatz | Symbol |
|---|---|---|---|---|---|
| $10^{-1}$ | Dezi | d | $10$ | Deka | da |
| $10^{-2}$ | Zenti | c | $10^2$ | Hekto | h |
| $10^{-3}$ | Milli | m | $10^3$ | Kilo | k |
| $10^{-6}$ | Mikro | $\mu$ | $10^6$ | Mega | M |
| $10^{-9}$ | Nano | n | $10^9$ | Giga | G |
| $10^{-12}$ | Pico | p | $10^{12}$ | Tera | T |
| $10^{-15}$ | Femto | f | $10^{15}$ | Peta | P |

Der *Zentimeter* kann somit weiterhin als Längeneinheit verwendet werden, ebenso wie der Dezimeter, doch kommt ihm nicht mehr die zentrale Bedeutung zu wie im früheren cm-g-sec-System (cgs-System).

## Weitere Einheiten und ihr Zusammenhang mit SI-Einheiten

| Einheiten-Name | Einheiten-Zeichen | Definition |
|---|---|---|
| Zentimeter | cm | $10^{-2}\,m$ |
| Liter | l | $dm^3 = 10^{-3}\,m^3$ |
| Gramm | g | $10^{-3}\,kg$ |
| Bar | bar | $10^5\,Pa$ |

| Einheiten-Name | Einheiten-Zeichen | Definition |
| --- | --- | --- |
| physikalische Atmosphäre | atm | $= 1{,}01325\,\text{bar} = 760\,\text{Torr} = 1{,}01325 \cdot 10^5\,\text{Pa}$ |
| Torricelli | Torr | $133{,}322\,\text{Pa} = 1\,\text{mm Hg-Säule}$ |
| Dyn | dyn | $1\,\text{g cm/s}^2 = 10^{-5}\,\text{N}$ |
| Kilopond | kp | $9{,}80665\,\text{kg m/s}^2 = 9{,}80665\,\text{N}$ |
| Erg | erg | $1\,\text{dyn cm} = 10^{-7}\,\text{J}$ |
| thermochemische Kalorie | cal | $4{,}1854\,\text{J}$ |
| Elektronenvolt | eV | $1{,}60219 \cdot 10^{-19}\,\text{J}$ |
| Poise | P | $1\,\text{g/cm s} = 0{,}1\,\text{kg/ms}$ |
| Debye | D | $3{,}3564 \cdot 10^{-30}\,\text{Cm}$ |

Die *Coulomb-Kraft* F zwischen zwei Punktladungen $q_1(As)$ und $q_2(As)$ im Abstand r(m) beträgt im Vakuum: $F = \dfrac{q_1 \cdot q_2}{4\pi\varepsilon_0 r^2}$, wobei $\varepsilon_0 = 8{,}854 \cdot 10^{-12}$ As/Vm die *elektrische Feldkonstante* bedeutet. In theoretischen Formelansätzen wird allerdings (wie auch in diesem Buch) oft der Ausdruck $F = \dfrac{q_1 \cdot q_2}{r^2}$ ohne den Faktor $4\pi\varepsilon_0$ verwendet. Bei der numerischen Auswertung sind dann die Ladungen in el. stat. LE einzusetzen ($1\,\text{C} = 1\,\text{As} = 2{,}998 \cdot 10^9$ el. stat. LE).

## Naturkonstanten

| Größe | Symbol | Wert |
| --- | --- | --- |
| Avogadrokonstante | $N_L$ | $6{,}02205 \cdot 10^{23}/\text{mol}$ |
| Gaskonstante | R | $8{,}31447\,\text{J/mol K}$ |
| | | $8{,}31447 \cdot 10^{-2}\,\text{bar l/mol K}$ |
| | | $8{,}20575 \cdot 10^{-2}\,\text{atm l/mol K}$ |
| | | $1{,}987\,\text{cal/mol K}$ |
| Boltzmann-Konstante | $k = R/N_L$ | $1{,}38067 \cdot 10^{-23}\,\text{J/K}$ |
| | | $1{,}38067 \cdot 10^{-16}\,\text{erg/K}$ |
| | | $3{,}300 \cdot 10^{-24}\,\text{cal/K}$ |
| Elektrische Elementarladung | $e_0$ | $1{,}60219 \cdot 10^{-19}\,\text{C}$ |
| Faraday-Konstante | $F = N_L \cdot e_0$ | $9{,}64846 \cdot 10^4\,\text{C/mol}$ |
| Elektrische Feldkonstante (Influenzkonstante) | $\varepsilon_0$ | $8{,}85419 \cdot 10^{-12}\,\text{C/V m}$ |
| Vakuumlichtgeschwindigkeit | c | $2{,}997925 \cdot 10^8\,\text{m/s}$ |
| Planck-Konstante | h | $6{,}62618 \cdot 10^{-34}\,\text{J s}$ |
| Ruhemasse des Neutrons | $m_n$ | $1{,}67495 \cdot 10^{-25}\,\text{kg}$ |
| Ruhemasse des Protons | $m_p$ | $1{,}67625 \cdot 10^{-27}\,\text{kg}$ |
| Ruhemasse des Elektrons | $m_e$ | $9{,}10953 \cdot 10^{-31}\,\text{kg}$ |
| Massenverhältnis | $m_p/m_e$ | $1836{,}15$ |
| Normal-Fallbeschleunigung (Definition) | $g_n$ | $9{,}80665\,\text{m/s}^2$ |

## Umrechnung von Energieeinheiten

$1\,\text{J (bzw. Ws)} = 1\,\text{N m} = 1\,\text{kg (m/s)}^2$

$\qquad\qquad = 10^{-2}\,\text{l bar}$

$4{,}1854\,\text{J} = 1\,\text{cal}$

Die Energien atomarer und molekularer Teilchen werden angegeben in Elektronenvolt oder Milli-Elektronenvolt:

$1\,\text{eV} = 1000\,\text{meV} = 1{,}6022 \cdot 10^{-19}\,\text{J}$

$\qquad\qquad = 96{,}48\,\text{kJ/mol}$

In Anlehnung an das Frequenzgesetz

$E = h \cdot \nu = h \cdot c \cdot \tilde{\nu}$

gibt man als Maß für die Anregungsenergie E eines Teilchens häufig die Wellenzahl $\tilde{\nu}$ ($cm^{-1}$) an:

$1\ cm^{-1}$ entspricht $h(Js) \cdot c(m/s) \cdot 100(cm/m)$
$\cdot 1(cm^{-1})$

$\qquad = 1,9865 \cdot 10^{-23}$ J oder 0,1240 meV

$\qquad = 11,963$ J/mol.

**Mathematische Bezeichnungen**

$=$ gleich;

$\equiv$ definitionsgemäß gleich;

$\sim$ proportional;

$\simeq$ näherungsweise gleich.

# Anhang 2

## Tabelle I. In diesem Buch verwendete gebräuchliche Abkürzungen der Biochemie

| | | | |
|---|---|---|---|
| A | Adenin | Met | Methionin |
| ADP | Adenosindiphosphat | mRNA | messenger-RNA |
| Ala | Alanin | | |
| AMP | Adenosinmonophosphat | $NAD^+$ | Nicotinamidadenindinucleotid |
| Arg | Arginin | | (oxidierte Form) |
| Asn | Asparagin | NADH | Nicotinamidadenindinucleotid |
| Asp | Aspartat (Asparaginsäure) | | (reduzierte Form) |
| ATP | Adenosintriphosphat | $NADP^+$ | Nicotinamidadenindinucleotidphosphat |
| | | | (oxidierte Form) |
| ATPase | Adenosintriphosphatase | NADPH | Nicotinamidadenindinucleotid- |
| C | Cytosin | | phosphat (reduzierte Form) |
| cAMP | zyklisches AMP | $P_i$ | anorganisches |
| | (3′,5′-cyclo-AMP) | | (*inorganic*) Phosphat |
| cDNA | komplementäre DNA | PFK | Phosphofructokinase |
| CoA | Coenzym A | Phe | Phenylalanin |
| Cys | Cystein | PLP | Pyridoxalphosphat |
| Cyt | Cytochrom | Pro | Prolin |
| d | 2′,-Desoxy(ribo)- | | |
| DNA | Desoxyribonucleinsäure | Q | Ubichinon (oder Plastochinon) |
| FAD | Flavinadenindinucleotid | RNA | Ribonucleinsäure |
| | (oxidierte Form) | RNase | Ribonuclease |
| fMet | Formylmethionin | rRNA | ribosomale RNA |
| FMN | Flavinmononucleotid | Rubisco | Ribulose-1,5-biphosphat-Carboxylase |
| G | Guanin | | |
| Glc | Glucose | Ser | Serin |
| Gln | Glutamin | T | Thymin |
| Glu | Glutamat (Glutaminsäure) | Thr | Threonin |
| Gly | Glycin | TPP | Thiaminpyrophosphat |
| Hb | Hämoglobin | tRNA | transfer-RNA |
| His | Histidin | Trp | Tryptophan |
| | | Tyr | Tyrosin |
| IgG | Immunglobulin G | | |
| Ile | Isoleucin | U | Uracil |
| Leu | Leucin | Val | Valin |
| Lys | Lysin | | |

# Tabelle II. Standard-Elektrodenpotentiale

| Halbzelle | Elektrodenreaktion | $E^0[V]$ |
|---|---|---|
| | Metallionenelektroden | |
| $Li^+ \mid Li$ | $Li^+ + e^- \rightleftarrows Li$ | $-3,05$ |
| $Rb^+ \mid Rb$ | $Rb^+ + e^- \rightleftarrows Rb$ | $-2,93$ |
| $K^+ \mid K$ | $K^+ + e^- \rightleftarrows K$ | $-2,92$ |
| $Cs^+ \mid Cs$ | $Cs^+ + e^- \rightleftarrows Cs$ | $-2,92$ |
| $Ca^{2+} \mid Ca$ | $Ca^{2+} + 2e^- \rightleftarrows Ca$ | $-2,87$ |
| $Na^+ \mid Na$ | $Na^+ + e^- \rightleftarrows Na$ | $-2,71$ |
| $Mg^{2+} \mid Mg$ | $Mg^{2+} + 2e^- \rightleftarrows Mg$ | $-2,36$ |
| $Al^{3+} \mid Al$ | $Al^{3+} + 3e^- \rightleftarrows Al$ | $-1,66$ |
| $Zn^{2+} \mid Zn$ | $Zn^{2+} + 2e^- \rightleftarrows Zn$ | $-0,76$ |
| $Fe^{2+} \mid Fe$ | $Fe^{2+} + 2e^- \rightleftarrows Fe$ | $-0,44$ |
| $Cd^{2+} \mid Cd$ | $Cd^{2+} + 2e^- \rightleftarrows Cd$ | $-0,40$ |
| $Ni^{2+} \mid Ni$ | $Ni^{2+} + 2e^- \rightleftarrows Ni$ | $-0,23$ |
| $Pb^{2+} \mid Pb$ | $Pb^{2+} + 2e^- \rightleftarrows Pb$ | $-0,13$ |
| $Cu^{2+} \mid Cu$ | $Cu^{2+} + 2e^- \rightleftarrows Cu$ | $+0,34$ |
| $Ag^+ \mid Ag$ | $Ag^+ + e^- \rightleftarrows Ag$ | $+0,80$ |
| $Au^+ \mid Au$ | $Au^+ + e^- \rightleftarrows Au$ | $+1,42$ |
| | Gaselektroden | |
| $H^+ \mid H_2, Pt$ | $2H^+ + 2e^- \rightleftarrows H_2$ | $0,00$ |
| $OH^- \mid O_2, Pt$ | $O_2 + 2H_2O + 4e^- \rightleftarrows 4OH^-$ | $+0,40$ |
| $I^- \mid I_2, Pt$ | $I_2 + 2e^- \rightleftarrows 2I^-$ | $+0,54$ |
| $Cl^- \mid Cl_2, Pt$ | $Cl_2 + 2e^- \rightleftarrows 2Cl^-$ | $+1,36$ |
| $F^- \mid F_2, Pt$ | $F_2 + 2e^- \rightleftarrows 2F^-$ | $+2,85$ |
| | Elektroden 2. Art | |
| $SO_4^{2-} \mid PbSO_4 \mid Pb$ | $PbSO_4 + 2e^- \rightleftarrows Pb + SO_4^{2-}$ | $-0,28$ |
| $I^- \mid AgI \mid Ag$ | $AgI + e^- \rightleftarrows Ag + I^-$ | $-0,15$ |
| $Cl^- \mid AgCl \mid Ag$ | $AgCl + e^- \rightleftarrows Ag + Cl^-$ | $+0,22$ |
| $Cl^- \mid Hg_2Cl_2 \mid Hg$ | $Hg_2Cl_2 + 2e^- \rightleftarrows 2Hg + 2Cl^-$ | $+0,27$ |
| | Redoxelektroden | |
| $Cr^{3+}, Cr^{2+} \mid Pt$ | $Cr^{3+} + e^- \rightleftarrows Cr^{2+}$ | $-0,41$ |
| $Fe^{3+}, Fe^{2+} \mid Pt$ | $Fe^{3+} + e^- \rightleftarrows Fe^{2+}$ | $+0,77$ |
| Chinhydron $\mid Pt$ | $O{=}\langle\bigcirc\rangle{=}O + 2H^+ + 2e^- \rightleftarrows HO{-}\langle\bigcirc\rangle{-}OH$ | $+0,90$ |
| $Ce^{4+}, Ce^{3+} \mid Pt$ | $Ce^{4+} + e^- \rightleftarrows Ce^{3+}$ | $+1,61$ |

# Literatur


## Lehrbücher

### Mathematische Lehr- und Hilfsbücher

H. G. Zachmann, Mathematik für Chemiker, 4 Auflage, Verlag Chemie, Weinheim 1987

H. Margenau, G. M. Murphy, Die Mathematik für Physik und Chemie, Verlag Harri Deutsch, Frankfurt a.M., Zürich, Band 1: 1965, Band 2: 1967

M. Stockhausen, Mathematische Behandlung naturwissenschaftlicher Probleme, 2 Auflage, Dr. Dietrich Steinkopff Verlag, Darmstadt 1987

### Lehrbücher der Physik

J. Orear, Physik (Übers, aus d. Amerik. von J. Häger, W. Krieger, M. Stock u. H. Walther), Carl Hanser Verlag, München, Wien 1989

J. Honerkamp, H. Römer, Grundlagen der Klassischen Theoretischen Physik, Springer-Verlag, Berlin, Heidelberg, New York 1986

G. Joos, Lehrbuch der Theoretischen Physik, 15. Auflage, Aula-Verlag GmbH, Verlag für Wissenschaft und Forschung, Wiesbaden 1989

### Lehrbücher der Physikalischen Chemie

P. W. Atkins, Physikalische Chemie, VCH Verlagsgesellschaft mbH, Weinheim 1990

G. Wedler, Lehrbuch der Physikalischen Chemie, 3. Auflage, Verlag Chemie, Weinheim 1987

W. J. Moore, D. O. Hummel, Physikalische Chemie, 4. Auflage, Walter de Gruyter, Berlin, New York 1986

### Lehrbücher der Biochemie

A. L. Lehninger, Biochemie, 2. Auflage, Verlag Chemie, Weinheim 1987

L. Stryer, Biochemie, Verlag Spektrum der Wissenschaft, Heidelberg 1990

P. Karlson, Kurzes Lehrbuch der Biochemie, 13. Auflage, Georg Thieme Verlag, Stuttgart, New York 1988

K. Dose, Biochemie, Springer-Verlag, Berlin, Heidelberg, New York 1980

G. Löffler, P. E. Petrides, Physiologische Chemie, 4. Auflage, Springer-Verlag, Berlin, Heidelberg, New York, London, Paris, Tokyo 1988

### Lehrbücher der Biophysik und Biophysikalischen Chemie

W. Hoppe, W. Lohmann, H. Markl, H. Ziegler (Hrsg.): Biophysik, 2. Auflage, Springer-Verlag, Berlin, Heidelberg, New York 1982

G. Adam, P. Läuger, G. Stark, Physikalische Chemie und Biophysik, 2. Auflage, Springer-Verlag, Berlin, Heidelberg, New York, London, Paris, Tokyo 1988

C. R. Cantor, P. R. Schimmel, Biophysical Chemistry, Part I: The conformation of biological macromolecules, Part II: Techniques for the study of biological structure and function, Part III: The behavior of biological macromolecules, W. H. Freeman and Company, San Francisco 1980

K. E. van Holde, Physical Biochemistry, 2. Ed., Prentice Hall, Inc., Englewood Cliffs 1985

### Lehrbücher der Physiologie

R. F. Schmidt, G. Thews (Eds.): Physiologie des Menschen, 23. Auflage, Springer-Verlag, Berlin, Heidelberg, New York 1987

### Lehrbücher der Molekularbiologie und der molekularen Genetik

J. Darnell, H. Lodish, D. Baltimore, Molecular Cell Biology, 2. Auflage, Scientific American Books, New York 1990

C. Bresch, R. Hausmann, Klassische und molekulare Genetik, 3. Auflage, Springer-Verlag, Berlin, Heidelberg, New York 1972

P. v. Sengbusch, Molekular- und Zellbiologie, Springer-Verlag, Berlin, Heidelberg, New York 1979

### Bücher über spezielle Meß- und Analysemethoden

D. B. Davies, W. Saenger, S. S. Danyluk (Eds.): Structural Molecular Biology, Plenum Press, New York 1982

H.-J. Galla, Spektroskopische Methoden in der Biochemie, Georg Thieme Verlag, Stuttgart, New York 1988

T. L. Blundell, L. N. Johnson, Protein Crystallography, Academic Press, New York, London, San Francisco 1976

K. Wüthrich, NMR in Biological Research: Peptides and Proteins, Elsevier North-Holland Publishing Company, Amsterdam 1976

R. A. Dwek, Nuclear Magnetic Resonance (N.M.R.) in Biochemistry, Clarendon Press, Oxford 1973

A. Ehrenberg, B. G. Malmström, T. Vänngård, Magnetic Resonance in Biological Systems, Symposium Publications Division, Pergamon Press, Oxford, London, Edinburgh, New York, Toronto, Sydney, Paris, Braunschweig 1967

J. G. Schindler, M. M. Schindler, Bioelektrochemische Membranelektroden, Walter de Gruyter, Berlin, New York 1983

W. Baumeister, W. Vogell (Eds.): Electron Microscopy at Molecular Dimensions, Springer-Verlag, Berlin, Heidelberg, New York 1980

F. S. Parker, Applications of Infrared, Raman, and Resonance Raman Spectroscopy in Biochemistry, Plenum Press, New York, London 1983


# Ausgewählte weiterführende Literatur zu den einzelnen Kapiteln

| Abschnitts-Nr. | Stichwort | Literaturhinweis |
|---|---|---|
| 1.1.1 | Compton-Effekt | J. Orear, Physik (Übers. aus d. Amerik. von J. Häger, W. Krieger, M. Stock u. H. Walther), Carl Hanser Verlag, München, Wien 1989 |
| | | A. Messiah, Quantenmechanik, Band 1, 2. Auflage, Walter de Gruyter, Berlin, New York 1976 |
| 1.1.2 | Atomkerne, Elektronen und Photonen | J. Orear, Physik, l.c. |
| | | W. Finkelnburg, Einführung in die Atomphysik, 11. und 12. Auflage, Springer-Verlag, Berlin, Heidelberg, New York 1976 |
| 1.1.3 | Die biochemische Bedeutung des Periodensystems der Elemente | G. L. Hofacker in W. Hoppe, W. Lohmann, H. Markl, H. Ziegler (Hrsg.): Biophysik, 2. Auflage, Springer-Verlag, Berlin, Heidelberg. New York 1982 |
| | | G. Löffler, P. E. Petrides, Physiologische Chemie, 4. Auflage, Springer-Verlag, Berlin, Heidelberg, New York 1988 |
| | | R. F. Gould (Ed.), Bioinorganic Chemistry, Am. Chem. Soc. Publ., Washington 1971 |
| | | H. H. Jaffé, M. Orchin, Symmetry in Chemistry, Wiley, New York 1965 |
| | Bioelemente | G. Löffler, P. E. Petrides, Physiologische Chemie, l.c. |
| 1.1.4 | Berechnung von Bindungsenergien | W. Kutzelnigg, Einführung in die Theoretische Chemie, Band 2: Die chemische Bindung, Verlag Chemie, Weinheim 1978 |
| | | G. Wedler, Lehrbuch der Physikalischen Chemie, 3. Auflage, Verlag Chemie, Weinheim 1987 |
| | | M. Dewar, Fortschr. Chem. Forsch. 23 (1971) |
| | | W. England, L. S. Salmon, K. Ruedenberg, Fortschr. Chem. Forsch. 23 (1971) |
| | | J. Ladik, Quantenbiochemie für Chemiker und Biologen, Enke, Stuttgart 1972 |
| | | L. Pauling, The Nature of the Chemical Bond, Cornell University Press, Ithaca 1967 |
| | | L. Pauling, E. B. Wilson, Introduction to Quantum Mechanics, McGraw-Hill, New York 1935 |
| | Intra- und Intermolekulare Wechselwirkungen Molekülorbitale | G. L. Hofacker in: W. Hoppe, W. Lohmann, H. Markl, H. Ziegler (Hrsg.): Biophysik, l.c. |
| | | M. J. S. Dewar, Molecular Theory as a Practical Tool for Studying Chemical Reactivity, in: Molecular Orbitals, Fortschritte der chemischen Forschung 23, 1, Springer-Verlag, Berlin, Heidelberg, New York 1971 |
| 1.1.5 | Schwache Wechselwirkungen und ihr Einfluß auf die strukturelle Stabilität molekularer Systeme | G. L. Hofacker in W. Hoppe, W. Lohmann, H. Markl, H. Ziegler (Hrsg.): Biophysik, l.c. |
| | Dispersionskräfte | W. Kutzelnigg, Einführung in die Theoretische Chemie, l.c. |
| | Reproduzierbarkeit der genetischen Information | C. Bresch, R. Hausmann, Klassische und molekulare Genetik, l.c. |
| | | P. v. Sengbusch, Molekular- und Zellbiologie, l.c. |
| 1.1.6 | Charge-Transfer-Prozesse in Biomolekülen | J. J. Ladik in W. Hoppe, W. Lohmann, H. Markl, H. Ziegler (Hrsg.): Biophysik, 2. Auflage, Springer-Verlag, Berlin, Heidelberg, New York 1982 |
| | | T. A. Hoffmann, J. Ladik in: J. Duchesne (Hrsg.), Advan. Chem. Phys., Bd. VII, S. 84–158, Academic Press, New York, London 1964 |

| Abschnitts-Nr. | Stichwort | Literaturhinweis |
|---|---|---|
| | | J. Ladik, Quantenchemie, Enke, Stuttgart 1973 |
| | | R. S. Mulliken, J. Am. Chem. Soc. **74** (1952) 811; J. Phys. Chem. 56 (1952) 801 |
| | | P. Otto, S. Suhai, J. Ladik, Int. J. Quant. Chem. QBS 4 (1977) 451 |
| | | B. Pullman, A. Pullman, Quantum Biochemistry, Interscience, New York, London 1963 |
| | | R. Rein, J. Ladik, J. Chem. Phys. 40 (1964) 2466 |
| | | M. A. Slifkin, Charge Transfer Interactions of Biomolecules, Academic Press, New York, London 1971 |
| | | A. Szent-Györgyi, Bioenergetics, Academic Press, New York, London 1957 |
| | | A. Szent-Györgyi, Introduction to Submolecular Biology, Academic Press, New York, London 1961 |
| | | A. Szent-Györgyi, Bioelectronics, Academic Press, New York, London 1968 |
| | | A. Szent-Györgyi, Electronic Biology and Cancer, Dekker, New York, Basel 1976 |
| | | A. Szent-Györgyi, The Living State and Cancer, Dekker, New York, Basel 1978 |
| 1.2.1 | Biologische Funktionen flüssiger Systeme | G. Löffler, P. E. Petrides, Physiologische Chemie, l.c. |
| 1.2.2 | Zur Problematik des Strukturbegriffs bei der Beschreibung fluider Systeme | Thermodynamik flüssiger und gasförmiger Mischungen, Bericht über die 76. Hauptversammlung der Deutschen Bunsen-Gesellschaft für Physikalische Chemie e.V., Mai 1977, Braunschweig, Ber. Bunsenges. Phys. Chem. 81 (1977) 109 |
| 1.2.3 | Wasser | E. Wicke, Angew. Chem. 78 (1966) 1; Angew. Chem. Int. Ed. Engl. 5 (1966) 106 |
| | | G. C. Kresheck in F. Franks (Ed.): Water, A Comprehensive Treatise, Vol. 4, Plenum Press, New York 1975 |
| | | W. A. P. Luck (Ed.): Structure of Water and Aqueous Solutions, Proc. of the Int. Symposium, Marburg, July 1973, Verlag Chemie, Physik Verlag, Weinheim 1974 |
| | Molekulare Beweglichkeit in Wasser und wäßrigen Lösungen | E. Wicke, Angew. Chemie 78 (1966) 1 |
| 1.2.4 | Inkrementwerte für Berechnung der freien Überführungsenthalpie | G. E. Schulz, R. H. Schirmer, Principles of Protein Structure, Springer-Verlag, Berlin, Heidelberg, New York 1988 |
| | | Y. Nozaki, C. Tanford, J. Biol. Chemistry 246 (1977) 2211 |
| | | D. M. Engelman, A. Goldman, T. A. Steitz, Methods in Enzymology 88 (1982) 81 |
| | Bacteriorhodopsin | D. M. Engelman, A. Goldman, T. A. Steitz, Methods in Enzymology 88 (1982) 81 |
| | Löslichkeit von Aminosäuren | Y. Nazaki, C. Tanford, J. Biol. Chem. 246 (1971) 2211 |
| | Membranproteine | T. A. Steitz, A. Goldman, D. M. Engelman, Biophys. J. Biophysical Society 37 (1982) 124 |
| 1.2.5 | Einige Grundgesetze der physikalischen Chemie wäßriger Elektrolytlösungen | J. G. Morris, Physikalische Chemie für Biologen, Verlag Chemie, Weinheim 1976 |
| | | G. Kortüm, Lehrbuch der Elektrochemie, 5. Auflage, Verlag Chemie, Weinheim 1972 |
| | | J. Bockris (Ed.): Modern Aspects of Electrochemistry, Vol. 1, Plenum Publisher, New York 1970 |
| | | P. Debye, E. Hückel, Phys. Z. 24 (1923) 305 |
| | | P. Debye, E. Hückel, Phys. Z. 25 (1924) 49 |
| | | P. Debye, E. Hückel, Trans. Faraday Soc. 23 (1927) 334 |
| | | G. H. F. Diercksen, W. P. Kraemer, Theoret. Chim. Acta **23** (1972) 387 |
| | | S. Glasstone, Textbook of Physical Chemistry, Van Nostrand, Princeton, Toronto, New York, London 1958 |
| | | J. P. Hirschfelder, C. F. Curtis, R. B. Bird, Molecular Theory of Gases |

| Abschnitts-Nr. | Stichwort | Literaturhinweis |
|---|---|---|
| | | and Liquids, Wiley-Interscience, New York, London, Sydney 1957 |
| | | H. Kistenmacher, G. C. Lie, H. Popkie, E. Clementi, J. Chem. Phys. 61 (1974) 546 |
| | | W. P. Kraemer, G. H. F. Diercksen, Theoret. Chim. Acta 23 (1972) 393 |
| | | L. Onsager, Phys. Z. 27 (1926) 288 |
| | | L. Onsager, Phys. Z. 28 (1927a) 277 |
| | | L. Onsager, Trans. Faraday Soc. 23 (1927b) 341 |
| | | P. Otto, J. Ladik, Chem. Phys. 8 (1975) 192, 19 (1977) 209; P. Otto, Chem. Phys. 33 (1978) 407 |
| | | G. N. J. Port, A. Pullman, Int. J. Quant. Chem. Quant. Biol. Symp. 1 (1974) 21 |
| | | P. Schuster, H.-W. Preuss, Chem. Phys. Letters 11 (1971) 35 |
| | | J. C. Slater, T. M. Wilson, J. H. Wood, Phys. Rev. 179 (1969) 28 |
| | Debye-Hückel-Theorie | J. J. Ladik in: W. Hoppe, W. Lohmann, H. Markl, H. Ziegler (Hrsg.): Biophysik, l.c. |
| | Diffusionspotential | G. Kortüm, Lehrbuch der Elektrochemie, l.c. |
| | Isoelektrische Fokussierung | P. G. Righetti, Progress in Isoelectric Focusing and Isotachophoresis, Proc. 3rd Intern. Symposium on Isoelectric Focusing and Isotachophoresis, Sept. 1974, Milan, North-Holland Publishing Company, Amsterdam/Oxford, American Elsevier Publishing Company, New York 1975 |
| | Knochenbildung, Puffersysteme | G. Löffler, P. E. Petrides, Physiologische Chemie, l.c. |
| | Methoden zur Unterbrechung der Diffusionspotentiale | J. G. Schindler, M. M. Schindler, Bioelektrochemische Membranelektroden, Walter de Gruyter, Berlin, New York 1983 |
| 1.2.6 | Probleme der Kälteresistenz | F. Franks, Molekulare Grundlagen der Kälteresistenz von Lebewesen, in: Chemie in unserer Zeit, 20. Jg., Nr. 5, VCH Verlagsgesellschaft mbH, Weinheim 1987 |
| | Osmotischer Druck von Biopolymerlösungen | F. J. Castellino, R. Barker, Biochemistry 7 (1968) 2207 |
| | Regulatorische Funktion der Nieren | R. F. Schmidt, G. Thews (Eds.): Physiologie des Menschen, 23. Auflage, Springer-Verlag, Berlin, Heidelberg, New York 1987 |
| | Wassermangel/Wasserüberschuß im menschlichen Organismus | O. Harth in: R. F. Schmidt, G. Thews (Eds.): Physiologie des Menschen, l.c. |
| 2.1.1 | Stationäre und instationäre Zustände | A. Höpfner, Irreversible Thermodynamik für Chemiker, Walter de Gruyter, Berlin, New York 1976 |
| 2.1.2 | Wärmetransport, Impulstransport, Stofftransport | W. J. Moore (Übers. aus dem Amerik. von D. O. Hummel), Physikalische Chemie, Walter de Gruyter, Berlin, New York 1986 |
| 2.1.3 | Wärmetransport und Thermoregulation | K. Brück, Wärmehaushalt und Temperaturregelung, in: R. F. Schmidt, G. Thews (Eds.): Physiologie des Menschen, l.c. |
| 2.1.4 | Physiologisch wichtige Gesetzmäßigkeiten der Strömungslehre | R. Busse (Ed.): Kreislaufphysiologie, Georg Thieme Verlag, Stuttgart, New York 1982 |
| 2.2.1 | Quantitative theoretische Analyse der Pulswellendynamik | E. Wetterer, R. D. Bauer, R. Busse in W. Hoppe, W. Lohmann, H. Markl, H. Ziegler (Hrsg.): Biophysik, 2. Auflage, Springer-Verlag, Berlin, Heidelberg, New York 1982 |
| | Regelmechanismen des Blutkreislaufs | R. F. Schmidt, G. Thews, Physiologie des Menschen, 23. Auflage, Springer-Verlag, Berlin, Heidelberg, New York 1987<br>R. Busse (Ed.): Kreislaufphysiologie, l.c. |
| 2.2.2 | Einige Grundgesetze der Diffusion | G. Wedler, Lehrbuch der Physikalischen Chemie, 3. Auflage, Verlag Chemie, Weinheim 1987 |
| 2.2.3 | Die Permeabilität von Membranen | G. Adam, P. Läuger, G. Stark, Physikalische Chemie und Biophysik, 2. Auflage, Springer-Verlag, Berlin, Heidelberg, New York, London, Paris, Tokyo 1988 |
| 2.2.4 | Passiver und aktiver Transport | M. Höfer, Transport durch biologische Membranen, Verlag Chemie, Weinheim, New York 1977<br>D. Woermann in: C. R. Stocking, U. Heber (Eds.): Transport in Plants III, Encyclopedia of Plant Physiology, New Series, Vol. 3, Springer-Verlag, Berlin, Heidelberg, New York 1976 |
| 2.3.1 | Gauss-Verteilung | H. G. Zachmann, Mathematik für Chemiker, 4. Auflage, Verlag Chemie, Weinheim 1987 |

| Abschnitts-Nr. | Stichwort | Literaturhinweis |
|---|---|---|
| 2.3.2 | Regulation des Atemgastransports | G. Thews, H. Hutten, Teilprozesse des Atemgastransportes beim Menschen, in: W. Hoppe, W. Lohmann, H. Markl, H. Ziegler (Hrsg.): Biophysik, l.c.<br>R. F. Schmidt, G. Thews, Physiologie des Menschen, 23. Auflage, Springer-Verlag, Berlin, Heidelberg, New York 1987<br>C. Bauer, Rev. Physiol. Biochem. Pharmacol. 70 (1974) 1<br>H. I. Bicher, D. F. Bruley (Eds.): Oxygen Transport to Tissue, Plenum Publishing Corporation, New York 1973<br>H. Hutten, Untersuchung nichtstationärer Austauschvorgänge in gekoppelten Konvektions-Diffusions-Systemen, Akademie der Wissenschaften und der Literatur, Mainz 1970<br>M. Kessler, D. F. Bruley, L. C. Clark, D. W. Lübbers, I. A. Silver, J. Strauss (Eds.): Oxygen Supply, Urban & Schwarzenberg, München 1973<br>D. W. Lübbers, U. C. Luft, G. Thews, E. Witzleb (Eds.): Oxygen Transport in Blood and Tissue, Thieme Verlag, Stuttgart 1968<br>A. Miyamoto, W. Moll, Resp. Physiol. 12 (1971) 141<br>G. Thews, Acta biotheoretica (Leiden) 10 (1953) 105<br>G. Thews, Ergebn. Physiol. 53 (1963) 42<br>G. Thews, Diffusion und Permeation, in: H. Bartelheimer, W. Heyde, W. Thorn (Hrsg.); D-Glukose und verwandte Verbindungen in Medizin und Biologie, Enke, Stuttgart 1966<br>G. Thews, Der Gasaustausch in der Lunge unter Berücksichtigung der Inhomogenitäten von Ventilation, Perfusion und Diffusion, in: W. D. Keidel, K.-H. Plattig (Hrsg.): Vorträge der Erlanger Physiologentagung 1970, p. 53–78, Springer-Verlag, Berlin, Heidelberg, New York 1971<br>G. Thews, Der Einfluß von Ventilation, Perfusion, Diffusion und Distribution auf den pulmonalen Gasaustausch: Analyse der Lungenfunktion unter physiologischen und pathologischen Bedingungen, in: Funktionsanalyse biologischer Systeme, Bd. 5, Mainzer Akademie der Wissenschaften und der Literatur, Steiner-Verlag, Wiesbaden 1979 |
| 2.3.3 | Donnan-Gleichgewichte | G. Kortüm, Lehrbuch der Elektrochemie, 5. Auflage, Verlag Chemie, Weinheim 1972 |
| 2.3.4 | Ionenaustausch-Gleichgewichte | G. Kortüm, Lehrbuch der Elektrochemie, l.c. |
| 2.3.5 | Grenzflächenkräfte und Adsorption | R. D. Vold, M. J. Vold, Colloid and Interface Chemistry, Addison-Wesley Publishing Company, Inc., London, Amsterdam, Don Mills/Ontario, Sydney, Tokyo 1983 |
| 2.3.6 | Biologisch wichtige Grenzflächenreaktionen, Modellversuche | F. Hucho, Einführung in die Neurochemie, Verlag Chemie, Weinheim, Deerfield Beach/Florida, Basel 1982 |
| 3.3.1 | Molekulare Struktur und Eigenschaften amphiphiler Substanzen | H. Sandermann, Membranbiochemie, Springer-Verlag, Berlin, Heidelberg, New York, Tokyo 1983 |
| | Aggregation amphiphiler Moleküle | J. Engel in: W. Hoppe, W. Lohmann, H. Markl, H. Ziegler (Hrsg.): Biophysik, l.c. |
| 3.1.2 | Platzbedarf und Zustand der Moleküle im Film | G. Adam, P. Läuger, G. Stark, Physikalische Chemie und Biophysik, l.c. |
| | Molekulare Schichtsysteme | H. Kuhn in: W. Hoppe, W. Lohmann, H. Markl, H. Ziegler (Hrsg.): Biophysik, l.c. |
| 3.1.3 | Energiedichte eines elektromagnetischen Feldes | J. Honerkamp, H. Römer, Grundlagen der Klassischen Theoretischen Physik, Springer-Verlag, Berlin, Heidelberg, New York 1986 |
| | Energieübertragung in koopertiven Systemen von Farbstoffmolekülen | H. Kuhn, Energieübertragungsmechanismen, in: W. Hoppe, W. Lohmann, H. Markl, H. Ziegler (Hrsg.): Biophysik, l.c.<br>J. B. Birks, Photophysics of Aromatic Molecules, Wiley-Interscience, London 1970<br>Th. Förster, Naturwissenschaften 33 (1946) 166<br>Th. Förster, Action of Light and Organic Crystals, in: O. Sinanoglu (Ed.): Modern Quantum Chemistry, Part III, Academic Press, New York 1965<br>H. Kuhn, J. Chem. Phys. 53 (1970) 101<br>H. Kuhn, D. Möbius, Angew. Chem. 83 (1971) 672 |

| Abschnitts-Nr. | Stichwort | Literaturhinweis |
|---|---|---|
| | | H. Kuhn, D. Möbius, H. Bücher, Spectroscopy of Monolayer Assemblies, in: A. Weissberger, B. Rossiter (Eds.): Physical Methods of Chemistry, Vol. 1, Part 3 B, Wiley, London 1972<br>D. Möbius, Accounts of Chem. Res. 14 (1981) 63 |
| | Molekulare Schichtsysteme | H. Kuhn in: W. Hoppe, W. Lohmann, H. Markl, H. Ziegler (Hrsg.): Biophysik, l.c. |
| 3.2.1 | Charakteristika der Aggregationsgleichgewichte amphiphiler Moleküle | C. Tanford, The hydrophobic effect: Formation of micelles and biological membranes, J. Wiley & Sons, New York, London, Sydney, Toronto 1973 |
| 3.2.2 | Ursachen der bevorzugten Bildung eines bestimmten Aggregattyps | J. N. Israelachvili, S. Marcelja, R. G. Horn, Q. Rev. of Biophysics 13 (1980) 2 |
| | Membranorganisation | J. N. Israelachvili, S. Marcelja, R. G. Horn, Q. Rev. of Biophysics 13 (1980) 2 |
| 3.2.3 | Physikalisch-chemische Eigenchaften von Phospholipid-Doppelschichten | G. Adam, P. Läuger, G. Stark, Physikalische Chemie und Biophysik, 2. Auflage, Springer-Verlag, Berlin, Heidelberg, New York, London, Paris, Tokyo 1988<br>A. Blume in C. Hidalgo (Ed.): Physical Properties of Membranes, Functional Implications, Plenum Press, New York 1988 |
| 3.3.1 | Die chemischen Bausteine von Biomembranen | L. Stryer, Biochemie, Verlag Spektrum der Wissenschaft, Heidelberg 1990 |
| 3.3.2 | Anisotropie der Molekülbeweglichkeit, Ordnungsgrad und Lipidphasenumwandlung | E. Sackmann in: W. Hoppe, W. Lohmann, H. Markl, H. Ziegler (Hrsg.): Biophysik, l.c. |
| | Theoretische Berechnungen des lateralen Diffusionskoeffizienten | E. Sackmann in: W. Hoppe, W. Lohmann, H. Markl,H. Ziegler (Hrsg.): Biophysik, l.c. |
| | Spin-Label in der Membranforschung | E. Sackmann in: W. Hoppe, W. Lohmann, H. Markl, H. Ziegler (Hrsg.): Biophysik, l.c. |
| 3.3.3 | Aussscheidungsphänomene, transversale und laterale Phasentrennung in Membranen | C. Hidalgo (Ed.): Physical properties of biological membranes and their functional implications, Plenum Publishing Corporation, New York 1988 |
| 3.3.4 | Geometrische Dimensionen und Membranfluidität | E. Sackmann, H. P. Duwe, H. Engelhardt, Faraday Discuss. Chem. Soc. 81 (1986) Sonderdruck |
| | Acetophenone, Benzaldehyde | T. M. Abdul Rasheed, K. P. B. Roosad, V. P. N. Nampoori, K. Sathianandan, J. Phys. Chem. 91 (1987) 4228 |
| | Elastische Eigenschaften von Lipiddoppelschichten | C. Cerc, D. Marsh, Phospholipid Bilayer, J. Wiley & Sons, New York 1987 |
| | Membrandoppelschichten | E. A. Evans, V. A. Parsegian, Proc. Natl. Acad. Sci. USA 83 (1986) 7132<br>E. A. Evans, Biophys. J. Biophysical Society 48 (1985) 175<br>E. Evans, M. Metcalfe, Biophys. J. Biophysical Society 46 (1984) 423 |
| | Physikalische Eigenschaften von Lipiddoppelschichten | E. Evans, D. Needham, J. Phys. Chem. 91 (1987) 4219 |
| 3.3.5 | Elektrische Eigenschaften von Membranen | G. Adam, P. Läuger, G. Stark, Physikalische Chemie und Biophysik, 2. Auflage, Springer-Verlag, Berlin, Heidelberg, New York, London, Paris, Tokyo 1988<br>L. B. Cohen, B. M. Salzberg, Rev. Physiol. Biochem. Pharmacol. 83 (1978) 35<br>B. Hille, Ionic basis of resting and action potentials, in: Handbook of Physiology, The Nervous System, Vol. 1, Chap. 4, pp. 99–136, American Physiological Society, Washington 1977<br>B. Katz, Nerv, Muskel und Synapse, Thieme-Verlag Stuttgart 1971<br>U. V. Lassen, B. E. Rasmussen, Use of microelectrodes for measurement of membrane potentials, in: G. Giebisch, D. C. Tosteson, H. H. Ussing (Eds.): Membrane Transport in Biology, Vol. I: Concepts and Models, Springer-Verlag Berlin, Heidelberg, New York 1978<br>S. Ohki, Membrane potential of phospholipid bilayer and biological membranes, Prog. Surface Membrane Science, Vol. 10, pp. 117–252, Academic Press, New York, San Francisco, London 1976 |
| | Beeinflussung der Membranpermeabilität | E. Neumann, K. Rosenheck, J. Membrane Biol. 10 (1972) 279 |
| | Ionenkanäle | G. Adam, P. Läuger, G. Stark, Physikalische Chemie und Biophysik, l.c. |

| Abschnitts-Nr. | Stichwort | Literaturhinweis |
|---|---|---|
| | Membranpotentiale | B. Neumcke in: W. Hoppe, W. Lohmann, H. Markl, H. Ziegler (Hrsg.): Biophysik, l.c. |
| | Permeabilitätsänderungen durch elektrische Impulse | E. Neumann, K. Rosenheck, J. Membrane Biol. 10 (1972) 279 |
| | Transzellulärer Ionenfluß in Escherichia coli Bakterien | U. Zimmermann, G. Schulz, G. Pilwat, Biophys. Journal 13 (1973) 1005 |
| | Zellfusionen durch elektrische Impulse | E. Neumann, G. Gerisch, K. Opatz, Naturwissenschaften 67 (1980) 414 |
| 3.3.6 | Membranmodelle | J. M. Diamond, E. M. Wright, Ann. Rev. Physiol. 31 (1969) 581 <br> G. Giebisch, D. C. Tosteson, H. H. Ussing, Membrane Transport in Biology, Vol. I–IV, Springer-Verlag, Berlin, Heidelberg, New York 1978–1979 <br> K. Heckmann, W. Vollmerhaus, Z. Phys. Chem. N. F. 71 (1970) 320 <br> A. L. Hodgkin, R. D. Keynes, J. Physiol. 128 (1955) 61 <br> A. Katchalsky, P. F. Curran, Nonequilibrium Thermodynamics in Biophysics, Harvard University Press, Cambridge 1967 <br> A. Kepes, G. N. Cohen, Permeation, in: I. C. Gunsalis, R. Y. Stanier (Eds.): Bacteria, Vol. 4, pp. 179–221, Academic Press, New York 1962 <br> J. Meyer, F. Sauer, D. Woermann, Coupling of Mass Transfer and Chemical Reaction across an asymmetric Sandwich Membrane, in: U. Zimmermann, J. Dainty, Membrane Transport in Plants, Springer-Verlag, Berlin, Heidelberg, New York 1974 <br> P. Mitchell, Biol. Rev. 41 (1966) 445 <br> F. Sauer, Nonequilibrium thermodynamics of kidney tubule transport, in: R. W. Berliner, J. Orloff (Eds.): Handbook of Physiology, Sect. 8, Renal Physiology, Chap. 12, pp. 399–414, American Physiological Society 1973 <br> F. Sauer, Nonequilibrium Thermodynamics of Coupled Membrane Transport, in: M. Kramer, F. Lauterbach Intestinal Permeation, pp. 320–331, Excerpta Medica, Amsterdam 1977 <br> E. Sélégny, G. Broun, D. Thomas, Physiol. Vég. 9 (1971) 25 <br> W. D. Stein, The Movement of Molecules across Cell Membranes, Academic Press, New York, London 1967 |
| | Stofftransport durch biologische Membranen | E. Frömter in: W. Hoppe, W. Lohmann, H. Markl, H. Ziegler (Hrsg.): Biophysik, l.c. |
| 4.1.1 | Polysaccharide | W. Burchard (Ed.), Polysaccharide, Springer-Verlag, Berlin, Heidelberg, New York, Tokyo 1985 |
| | Amphiphile | B. Pfannenmüller, Stärke 40 (1988) 476 |
| | Kohlehydrate | F. W. Lichtenthaler, K. H. Neff (Hrsg.): Carbohydrates 1987, 4th European Carbohydrate Symposium, Darmstadt 1987 |
| | Kohlehydrate Derivate | H. Röper, H. Koch, Stärke 40 (1988) 453 |
| | Modifizierte Cyclodextrine | W. A. König, S. Lutz, P. Mischnick-Lübbeke, B. Brassat, E. von der Bey, G. Wenz, Stärke 40 (1988) 472 |
| | Räumliche Veränderung bei der Hydratation der D-gluco-Octenitol | W. Weiser, J. Lehmann, S. Chiba, H. Matsi, C. F. Brewer, E. J. Hehre, Biochemistry 27 (1988) 2294 |
| | Stärke | H.Koch, H. Röper, Stärke 40 (1988) 121 |
| | Zuckerderivate | C. F. Brewer, E. J. Hehre, J. Lehmann, W. Weiser, Die Synthese einer diastereotopen Protonensonde [(Z)-3,7-Anhydro-1,2-didesoxy-D-gluco-oct-2-enitol] für $\alpha$ and $\beta$-Glycosylasen, Liebigs Annalen der Chemie (Sonderdruck) (1984) 1078–1087 |
| | Proteine | K. Dose, Biochemie, Springer-Verlag, Berlin, Heidelberg, New York 1980 |
| 4.1.2 | Biopolymere | A. G. Walton, J. Blackwell, Biopolymers, Academic Press, New York, London 1973 |
| 4.1.3 | Nucleinsäuren | A. L. Lehninger, Biochemie, l.c. <br> E. Harbers, Nucleinsäuren, 2. Auflage, Georg Thieme Verlag, Stuttgart 1975 |
| 4.2.1 | Molekulargewichte | H.-G. Elias, Makromoleküle, 3. Auflage, Hüthig & Wepf Verlag, Basel, Heidelberg 1975 |
| | Dichtegradienten-zentrifugation | C. Bresch, R. Hausmann, Klassische und molekulare Genetik, l.c. |

| Abschnitts-Nr. | Stichwort | Literaturhinweis |
|---|---|---|
| | Funktionelle Eigenschaften einzelner Biomoleküle | F. Dörr in: W. Hoppe, W. Lohmann, H. Markl, H. Ziegler (Hrsg.): Biophysik, l.c. |
| | Methoden zur Bestimmung des Molekulargewichts von Makromolekülen | K. E. van Holde, Physical Biochemistry, l.c. |
| | Molekulargewichte von Biopolymeren | F. J. Castellino, R. Barker, Biochemistry 7 (1968) 2207 |
| | Wäßrige Lösungen | D. A. Yphantis, Biochemistry 3 (1964) 297 |
| 4.2.2 | Primärstruktur, Sekundärstruktur, Tertiärstruktur und Quartärstruktur | G. E. Schulz, R. H. Schirmer, Principles of Protein Structure, Springer-Verlag, New York, Heidelberg, Berlin 1984 |
| | | C. B. Anfinsen, H. A. Scheraga, Adv. Protein Chem. 29 (1975) 205 |
| | | P. J. G. Butler, A. Klug, The assembly of a virus, Sci. Am. November (1978) |
| | | S. C. Harrison, Trends Biochem. Sci. 3 (1978) 3 |
| | | M. Levitt, C. Chotia, Nature (London) 261 (1977) 552 |
| | | A. D. McLachlan, Int. J. Quant. Chem. 12 (1977) 371 |
| | | J. S. Richardson, Nature (London) 268 (1977) 495 |
| | | G. Stubbs, S. Warren, K. Holmes, Nature (London) 267 (1977) 216 |
| | | W. Saenger, Principles of Nucleic Acid Structure, Springer-Verlag, New York, Berlin, Heidelberg, Tokyo 1988 |
| | Bestimmung der N- and C-terminalen Aminosäuren | K. Dose, Biochemie, l.c. |
| | Chemische Strukturaufklärung von Polysacchariden | W. Burchard (Hrsg.): Polysaccharide, Springer-Verlag, Berlin, Heidelberg, New York, Tokyo 1985 |
| | DNA | A. T. Bankier, K. M. Weston, B. G. Barrell, Methods in Enzymology 155 (1987) 51 |
| | | F. Sanger, A. R. Coulson, J. Mol. Biol. 94 (1975) 441 |
| | | F. Sanger, S. Nicklen, A. R. Coulson, Biochemistry 74 (1977) 5463 |
| | | G. Scherer, Biologie in unserer *Zeit* 7 (1977) 97 |
| | DNA-Sequenz | A. M. Maxam, W. Gilbert, Biochemistry 74 (1977) 560 |
| | Proteine | K. Dose, Biochemie, l.c. |
| | | H. Tschesche in: W. Hoppe, W. Lohmann, H. Markl, H. Ziegler (Hrsg.): Biophysik. l.c. |
| | Replikationsmodelle | C. Bresch, R. Hausmann, Klassische und molekulare Genetik, l.c. |
| | RNA-Sequenz von Escherichia coli | G. G. Brownlee, F. Sanger, J. Mol. Biol. 23 (1967) 337 |
| | RNA-Sequenzierung | D. A. Peattie, Biochemistry 76 (1979) 1760 |
| | | A. Simoncsits, G. G. Brownlee, R. S. Brown, J. R. Rubin, H. Guilley, Nature 269 (1977) 833 |
| | Strukturelle Organisation von Proteinen | G. E. Schulz in: W. Hoppe, W. Lohmann, H. Markl, H. Ziegler (Hrsg.): Biophysik, l.c. |
| | Systeme mit Tripelhelixbildung | W. Saenger, Principles of Nucleic Acid Structure, l.c. |
| | TMVP-System | P. v. Sengbusch, Molekular- und Zellbiologie, l.c. |
| | Viroide | D. Riesner, H. J. Gross, Ann. Rev. Biochem. 54 (1985) 531 |
| | Vorhersage der Sekundärstruktur | G. E. Schulz, Angew. Chem. 89 (1977) 24 |
| 4.2.3 | Rheologische Eigenschaften von Biopolymeren | H.-G. Elias, Makromoleküle, l.c. |
| | Ermittlung von Molekulargewichten durch Bestimmung der viskoelastischen Relaxationszeit | K. E. van Holde, Physical Biochemistry, l.c. |
| 4.2.4 | Denaturierung, Konformationsumwandlung und Kooperativität | G. Ebert, Biopolymere, Dr. Dietrich Steinkopff Verlag, Darmstadt 1980 |
| | | J. Engel, Konformationsumwandlungen in Biopolymeren, in: W. Hoppe, W. Lohmann, H. Markl, H. Ziegler (Hrsg.): Biophysik, l.c. |
| | | H. P. Bächinger, P. Bruckner, R. Timpl, J. Engel, Eur. J. Biochem. 90 (1978) 605 |
| | | J. F. Brandts, H. R. Halverson, M. Brennan, Biochemistry 14, (1978) 4953 |
| | | T. E. Creighton, Prog. Biophys. Mol. Biol. 33 (1978) 231 |

| Abschnitts-Nr. | Stichwort | Literaturhinweis |
|---|---|---|
| | | J. Engel, G. Schwarz, Angew. Chem. 82 (1969) 468; Angew. Chem. Int. Edn. 9, 389 |
| | | V. A. Bloomfield, D. M. Crothers, I. Tinoco, Jr., Physical chemistry of nucleic acids, Harper & Row, Publishers, New York, Evanston, San Francisco, London 1974 |
| | | Th. Ackermann, Angew. Chem. 101 (1989) 1005; Angew. Chem. Int. Ed. Engl. 28 (1989) 981 |
| | | P. J. Hagerman, R. L. Baldwin, Biochemistry 15 (1976) 1462 |
| | | R. Jaenicke (Ed.) Protein Folding. Proceedings of the 28th Conference of the German Biochemical Society, Elsevier/North-Holland Biomedical Press, Amsterdam 1980 |
| | | G. Nemethy, Molecular Interactions and Allosteric Effects, in: S. N. Timasheff, G. D. Fasman (Eds.): Subunits in Biological Systems, Part C, pp. 1–83, Dekker, New York, Basel 1975 |
| | | D. Pörschke, Elementary Steps of Base Recognition and Helix-Coil Transition in Nucleic Acids, in: I. Pecht, R. Rigler (Eds.): Chemical Relaxation in Molecular Biology, pp. 191–216, Springer-Verlag, Berlin, Heidelberg, New York 1977 |
| | | D. Poland, Cooperative Equilibria in Physical Biochemistry, Clarendon Press, Oxford 1978 |
| | | P. L. Privalov, N. N. Khechinashvili, J. Mol. Biol. 86 (1974) 665 |
| | | G. Schwarz, J. Engel, Angew. Chem. 84 (1972) 615: Angew. Chem. Int. Edn. 11, 568 |
| | Denaturierung und Renaturierung globulärer Proteine | J. Engel in: W. Hoppe, W. Lohmann, H. Markl, H. Ziegler (Hrsg.): Biophysik, l.c. |
| | Methoden zur Erforschung der Proteinfaltungsprozesse | G. Nemethy, H. A. Scheraga, Q. Rev. of Biophysics 10 (1977) 239 |
| | | R. Jaenicke, Angew. Chem. 96 (1984) 385 |
| 4.2.5 | Biopolymere als Polyelektrolyte | H. Eisenberg, Biological Macromolecules, Clarendon Press, Oxford 1976 |
| | | C. Anderson, Biophys. Chem. 7 (1978) 301 |
| | | H. Berg, Stud. Biophys. 75 (1979) 209 |
| | | H. Berg, Bioelectrochem. Bioenerg. 8 (1981) 167 |
| | | H. Berg, Experimentia 36 (1980) 1247 |
| | | H. Berg, K. Eckhardt, Z. Naturforsch. 25b (1970) 362 |
| | | V. Bloomfield, D. Crothers, I. Tinoco, Physical Chemistry of Nucleic Acids, Harper and Row, New York 1974 |
| | | M. Eigen, P. Schuster, Naturwissenschaften 64 (1977) 541; 65 (1978) 7 |
| | | M. Eigen, R. Winkler, Das Spiel, Piper, München 1975 |
| | | H. Fritsche, L. Kittler, G. Löber, K. E. Reinert, D. Tresselt, H. Triebel, Ch. Zimmer, Strukturuntersuchungen an Biopolymeren mit spektroskopischen und hydrodynamischen Methoden, Akademie Verlag, Berlin 1976 |
| | | W. Guschlbauer, Nucleic Acid Structure, Springer-Verlag, Berlin, Heidelberg, New York 1976 |
| | | P. v. Hippel, V. Peticolas, L. Schack, L. Karlson, Biochemistry 12 (1973) 1256 |
| | | H. Jehring, Elektrosorptionsanalyse mit der Wechselstrompolarographie, Akademie Verlag, Berlin 1974 |
| | | S. Lifson, J. Chem. Phys. 40 (1964) 3705 |
| | | G. Manning, Q. Rev. Biophys. 11 (1978) 179 |
| | | V. Mikac-Dadic, V. Pravdic, A. Rupprecht, Bioelectrochem. Bioenerg. 1 (1974) 364 |
| | | G. Milazzo, Topics in Bioelectrochemistry and Bioenergetics Vols. I, II, III, IV, Wiley, New York, 1976, 1978, 1980, 1981 |
| | | A. Mirzabekov, A. Rich, Proc. Natl. Acad. Sci. USA 76 (1979) 1118 |
| | | F. Oosawa, Polyelectrolytes, Dekker, New York 1971 |
| | | Th. Record, Ch. Anderson, T. Lohmann, Q. Rev. Biophys. 11 (1978) 103 |
| | | A. Revzin, P. v. Hippel, Biochemistry 16 (1977) 4769 |
| | | G. Scatchard, Ann. N. Y. Acad. Sci. 51 (1949) 660 |
| | | J. Schellmann, Biopolymers 14 (1975) 999 |

| Abschnitts-Nr. | Stichwort | Literaturhinweis |
| --- | --- | --- |
| | | H. Schütz, F. A. Gollmick, E. Stutter, Stud. Biophys. 75 (1979) 147 |
| | | A. Silberberg, Ions in Macromolecular and Biological Systems (29. Colston Symp.), p. 1, D. Everett, B. Vincent (Eds.): Bristol. 1978 |
| | | E. Stutter, W. Förster, Stud. Biophys. 75 (1979) 199 |
| | | M. Zinke, Stud. Biophys. 75 (1979) 107; Bioelectrochem. Bioenerg. 8 (1981) 189 |
| | Elektrophorese | P. G. Righetti, Progress in Isoelectric Focusing and Isotachophoresis, l.c. |
| | Polyelektrolyte | R. M. Fuoss, A. Katchalsky, S. Lifson, Chemistry 37 (1951) 579 |
| | | G. Kortüm, Lehrbuch der Elektrochemie, l.c. |
| | Polyelektrolyte und ihre Interaktion | H. Berg in: W. Hoppe, W. Lohmann, H. Markl, H. Ziegler (Hrsg.): Biophysik, l.c. |
| | Polyelektrolytische Lösungen | G. S. Manning, J. of Chem. Physics 51 (1969) 924 |
| | Polyelektrolytlösungen, Molekulare Struktur | G. S. Manning, Q. Rev. of Biophysics II (1978) 179 |
| 4.2.6 | Die Bindung kleiner Moleküle an Biopolymere | C. R. Cantor, P. R. Schimmel, Biophysical Chemistry, Part I: The conformation of biological macromolecules, Part II: Techniques for the study of biological structure and function, Part III: The behavior of biological macromolecules, W. H. Freeman and Company, San Francisco, 1980 |
| | Hämoglobin | J. V. Kilmartin, L. Rossi-Bernardi, Physiological Reviews 53 (1973) 836 |
| | Pufferwirkung des Hämoglobins | M. F. Perutz, Nature 228 (1970) 926 |
| | Intercalative Bindung | H. W. Zimmermann, Angew. Chem. 98 (1986) 115; Angew. Chem. Int. Ed. Engl. 25 (1986) 115 |
| | Kopplung von Bindungen | C. R. Cantor, P. R. Schimmel, Biophysical Chemistry, Part III, l.c. |
| | Scatchard-Bindungsdiagramme | C. R. Cantor, P. R. Schimmel, Biophysical Chemistry, Part III, l.c. |
| | Vitamin K und mineralisation | P. V. Hauschke, J. B. Lian, P. M. Gallop, TIBS (Trends in biochemical science) (1978) 75 |
| 5.1.1. | Elementare energetische Voraussetzungen für die Aufrechterhaltung der Lebensvorgänge | A. L. Lehninger, Biochemie, l.c. |
| | | G. Renger in: W. Hoppe, W. Lohmann, H. Markl, H. Ziegler (Hrsg.): Biophysik, S. 532, l.c. |
| | | G. F. Azzone, E. Carafoli, A. L. Lehninger, E. Quagliariello, N. Siliprandi (Eds.): Biochemistry and biophysics of mitochondrial membranes, Academic Press, London, New York 1972 |
| | | G. F. Azzone, L. Ernster, S. Papa, E. Quagliariello, N. Siliprandi (Eds.): Mechanisms in bioenergetics, Academic Press, London, New York 1973 |
| | | L. Ernster, R. W. Estabrook, E. C. Slater (Eds.): Dynamics of energy transducing membranes, Elsevier, Amsterdam, New York, London 1974 |
| | | D. E. Green (Eds.): The mechanisms of energy transduction in biological systems, Vol. 227, Academy of Sciences, New York 1974 |
| | | A. L. Lehninger, Bioenergetik (Deutsche Übersetzung), Georg Thieme, Stuttgart 1974 |
| | | H. J. Morowitz, Foundations of bioenergetics, Academic Press, New York, San Francisco, London 1978 |
| | | G. Nicolis, I. Prigogine, Self organization in nonequilibrium systems, Wiley, New York, London, Sydney, Toronto 1977 |
| | | G. Schäfer, M. Klingenberg (Eds.): Energy conversion in biological membranes, Springer-Verlag, Berlin, Heidelberg, New York 1978 |
| | | K. Van Dam, B. F. van Gelder (Eds.): Structure and function of energy transducing membranes, Elsevier, Amsterdam, Oxford, New York 1977 |
| | Biologische Energiekonservierung | G. Renger in: W. Hoppe, W. Lohmann, H. Markl, H. Ziegler (Hrsg.): Biophysik, S. 360, l.c. |
| | Warburgsche manometrische Methode | H. A. Krebs, Biochim. biophys. Acta 4 (1950) 249 |

| Abschnitts-Nr. | Stichwort | Literaturhinweis |
|---|---|---|
| 5.1.2 | Fundamentalkomponenten der Lebensvorgänge, Grundumsatz und Leistungszuwachs, Ordnung und Informationsgehalt der Strukturen | H.-V. Krebs in: R. F. Schmidt, G. Thews, Physiologie des Menschen, l.c. |
| | Gewebsatmung | J. Grote in: R. F. Schmidt, G. Thews (Hrsg.): Physiologie des Menschen, l.c. |
| 5.1.3 | Sonnenlicht als Quelle der biologischen Energie | H. Mohr, P. Schopfer, Lehrbuch der Pflanzenphysiologie, 3. Auflage, Springer-Verlag, Berlin, Heidelberg, New York 1978 |
| 5.1.4 | Die Kopplung von Photosynthese und Atmung im Kreislauf der Materie zwischen Pflanzenwelt und Tierwelt | D. W. Lawlor, Photosynthese, Thieme Verlag, Stuttgart, New York 1990 |
| 5.1.5 | Chemische Energie und biologische Arbeit | A. L. Lehninger, Biochemie, l.c. |
| 5.1.6 | Energiereiche Verbindungen als Speicher und Überträger von Energie | A. L. Lehninger, Bioenergetik, l.c. |
| | Biologische Energiekonservierung | G. Renger in: W. Hoppe, W. Lohmann, H. Markl, H. Ziegler (Hrsg.): Biophysik, S. 360, l.c. |
| 5.1.7 | Arbeitsteilung und Kompartimentierung | A. L. Lehninger, Biochemie, l.c. |
| | Aufbau der lebenden Zelle | B. Alberts, D. Bray, J. Lewis, M. Raff, K. Roberts, J. D. Watson, Molecular Biology of the Cell, Garland Publishing, Inc., New York, London 1983 |
| | Methanogene Bakterien | J. Rudolph, Nachr. Chem. Tech. Lab. 30 (1982) 923 |
| 5.2.1 | Hauptsätze, Zustandsgrößen, Gleichgewichtsbedingungen und Standardzustände | G. Kortüm, H. Lachmann, Einführung in die chemische Thermodynamik, 7. Auflage, Verlag Chemie, Weinheim, Vandenhoeck & Ruprecht, Göttingen 1981 |
| | | R. W. Beier, Einführung in die theoretische Biophysik, G. Fischer, Stuttgart 1965 |
| | | Ch. R. Cantor, P. R. Schimmel, Biophysical Chemistry, W. H. Freeman, San Francisco 1980 |
| | | P. Glansdorff, I. Prigogine, Thermodynamic Theory of Structure, Stability and Fluctuations, Wiley-Interscience, New York 1971 |
| | | I. M. Klotz, Energetik biochemischer Reaktionen, 2. Auflage, Thieme, Stuttgart 1970 |
| | | K. J. Laidler, Reaktionskinetik I und II, BI-Hochschultaschenbücher Nr. 290 und 291, Bibliographisches Institut, Mannheim 1973 |
| | | A. L. Lehninger, Bioenergetik, l.c. |
| | | H. M. Rauen (Hrsg.): Biochemisches Taschenbuch, 2. Bd., 2. Auflage, Springer-Verlag, Berlin, Heidelberg, New York 1964 (Tabellen) |
| 5.2.2 | Freie Enthalpie, maximale Nutzarbeit und chemisches Potential | J. G. Morris, Physikalische Chemie für Biologen, Verlag Chemie, Weinheim 1976 |
| | Energetische und statische Beziehungen | F. Dörr in: W. Hoppe, W. Lohmann, H. Markl, H. Ziegler (Hrsg.): Biophysik, l.c. |
| 5.2.3 | Der Zusammenhang zwischen der freien Reaktionsenthalpie und der elektromotorischen Kraft einer galvanischen Kette | G. Wedler, Lehrbuch der Physikalischen Chemie, l.c. |
| | Biophysik der Elektrorezeptoren | H. Schuch in: W. Hoppe, W. Lohmann, H. Markl, H. Ziegler (Hrsg.): Biophysik, l.c. |
| 5.2.4 | Das elektrochemische Potential | G. Wedler, Lehrbuch der Physikalischen Chemie, l.c. |
| 5.2.5 | Der Gradient des elektrochemischen Potentials als schnell verfügbare Energiequelle für biochemische Synthesen und aktiven Transport | G. Renger in: W. Hoppe, W. Lohmann, H. Markl, H. Ziegler (Hrsg.): Biophysik, S. 360, l.c. |
| 5.2.6 | Molekularstatistik und freie Energie, Zustandssummen | N. Davidson, Statistical Mechanics, McGraw-Hill Book Company, New York, San Francisco, Toronto, London 1962 |
| | Kombinatorik | H. G. Zachmann, Mathematik für Chemiker, l.c. |

| Abschnitts-Nr. | Stichwort | Literaturhinweis |
|---|---|---|
| | Monte-Carlo-Methode | W. J. Moore, (Übers. aus dem Amerik. von D. O. Hummel), Physikalische Chemie, l.c. |
| 5.2.7 | Nichtgleichgewichts-Thermodynamik und Fließgleichgewichte als energetische Prinzipien aller biologischen Prozesse | A. Höpfner, Irreversible Thermodynamik für Chemiker, Walter de Gruyter, Berlin, New York 1976 |
| | | P. W. Atkins, Physikalische Chemie, VCH Verlagsgesellschaft mbH, Weinheim 1987 |
| | | P. Schuster, Irreversible Thermodynamik – Ein Überblick, in: W. Hoppe, W. Lohmann, H. Markl, H. Ziegler (Hrsg.): Biophysik, l.c. |
| | | M. S. Bartlett, An introduction to stochastic processes, 3rd ed., Cambridge University Press, Cambridge (U.K.) 1978 |
| | | K. G. Denbigh, The thermodynamics of the steady state, Methuen, London 1951 |
| | | S. R. DeGroot, P. Mazur, Grundlagen der Thermodynamik irreversibler Prozesse, B. I. Hochschul-Taschenbücher, Bd 162/162a, Bibilographisches Institut, Mannheim 1969 |
| | | M. Eigen, Naturwissenschaften 58 (1971) 465 |
| | | M. Eigen, L. C. M. DeMaeyer, Theoretical basis of relaxation spectrometry, in: A. Weissberger (Ed.): Techniques of chemistry, Vol. VI, Part II: G. G. Hammes (Ed.): Investigation of rates and mechanisms of reactions, 3rd ed., pp. 63–146, Wiley-Interscience, New York 1974 |
| | | P. Glansdorff, I. Prigogine, Physica 20 (1954) 773 |
| | | P. Glansdorff, I. Prigogine, Thermodynamic theory of structure, stability and fluctuations, Wiley-Interscience, London 1971 |
| | | B. Hess, A. Boiteux, Ann. Rev. Biochem. 40 (1971) 237 |
| | | A. Katchalsky, P. F. Curran, Nonequilibrium thermodynamics in biophysics, Harvard University Press, Cambridge (Mass.) 1967 |
| | | D. A. McQuarrie, Stochastic approach to chemical kinetics, Methuen, London 1967 |
| | | E. Neumann, Angew. Chemie 85, 430, Intern. Ed. 21 (1973) 356 |
| | | G. Nicolis, I. Prigogine, Self-organization in non-equilibrium system, Wiley-Interscience, New York 1977 |
| | | I. Prigogine, Vom Sein zum Werden – Zeit und Komplexität in den Naturwissenschaften, Piper-Verlag, München 1979 |
| | | I. Prigogine, Physica 25 (1949) 272 |
| | | O. E. Rössler, K. Wegmann, Nature 172 (1978) 89 |
| | | F. W. Schneider, D. Neuser, M. Heinrichs, Hysteric behaviour in poly(A)-poly(U) synthesis in a stirred flow reactor, in: M. Balaban (Ed.): Molecular mechanisms of biological recognition, pp. 241–252, Elsevier-North-Holland Biochemical Press, Amsterdam 1979 |
| | | K. Showalter, R. M. Noyes, K. Bar-Eli, J. Chem. Phys. 69 (1978) 2514 |
| | | J. J. Tyson, The Belousov-Zhabotinski reaction, in: Lecture Notes in Biomathematics, Vol. 10, Springer-Verlag, Berlin, Heidelberg, New York 1976 |
| | | J. J. Tyson, J. Math. Biol. 5 (1978) 351 |
| | | A. T. Winfree, Scientific American 140, (6) 82 (1974) |
| | | A. T. Winfree, The geometry of biological time, in: Lecture Notes in Biomathematics, Vol. 8, Springer-Verlag, Berlin, Heidelberg, New York 1980 |
| | Berechnung der lokalen Entropieproduktion | A. Katchalsky, P. F. Curran, Nonequilibrium Thermodynamics in Biophysics, l.c. |
| | Diffusionskontrollierte Reaktionen | P. Debye, Transaction of the Electrochemical Society 82 (1942) 265 |
| 5.3.1 | Grundbegriffe der Formalkinetik | G. Adam, P. Läuger, G. Stark, Physikalische Chemie und Biophysik, 2. Auflage, Springer-Verlag, Berlin, Heidelberg, New York, London, Paris, Tokyo 1988 |
| | Berechnung von Reaktionsgeschwindigkeiten | A. Eucken, Lehrbuch der chemischen Physik, Bd. 2, 2. Auflage, Akadem. Verlag Geb. Geest & Partig, Leipzig 1948/49 |
| | Kinetische Berechnung von Reaktionsgeschwindigkeiten | A. Eucken, E. Wicke, Grundriß der physikalischen Chemie, Akadem. Verlag Geb. Geest & Partig, Leipzig 1948/49 |

| Abschnitts-Nr. | Stichwort | Literaturhinweis |
|---|---|---|
| | Makromolekularer Stoff-wechsel der Organismen | G. V. Schulz, Naturwissenschaften 9 (1950) 196 |
| | Polymere Stoffe | G. V. Schulz, Z. Phys. Chemie A 182 (1938) 127 |
| | Verteilung von Fremdstoffen und Arzneimitteln im Organismus | K. D. Pohl, Handbuch der Naturwissenschaftlichen Kriminalistik, Kriminalistik Verlag, Heidelberg, 1981 |
| 5.3.2 | Die Kinetik enzymatisch kataly-sierter Reaktionen | G. Adam, P. Läuger, G. Stark, Physikalische Chemie und Biophysik, l.c. |
| | | J. G. Morris, Physikalische Chemie für Biologen, Verlag Chemie, Weinheim 1976 |
| | Enzymreaktionen | A. L. Lehninger, Biochemie, l.c. |
| | | G. E. Schulz, R. H. Schirmer, Principles of Protein Structure, l.c. |
| | Enzymregulation | R. Huber, W. S. Bennet jr., in W. Hoppe, W. Lohmann, H. Markl, H. Ziegler (Hrsg.): Biophysik, l.c. |
| | Kinetische Gleichungen für 2-Substrat-Reaktionen (Grenzen der Gültigkeit) | H. U. Bergmeyer (Hrsg.): Grundlagen der enzymatischen Analyse, Verlag Chemie, Weinheim, New York 1977 |
| | Leben unter extremen Bedingungen | D. Kleiner, Nachr. Chem. Tech. Lab. 26 (1978) 198 |
| | pH-Abhängigkeit der Enzym-aktivität | H. U. Bergmeyer (Hrsg.): Grundlagen der enzymatischen Analyse, l.c. |
| 5.3.3 | Oszillatorische Phänomene und dissipative Strukturen | A. Boiteux, B. Hess, Faraday Symposia of The Chemical Society, 9 (1974) 202 |
| | | B. Hess, M. Markus, Ber. Bunsenges, Phys. Chem. 89 (1985) 642 |
| | | S. C. Müller, T. Plesser, B. Hess, Ber. Bunsenges. Phys. Chem. 89 (1985) 654 |
| | | B. Hess, Energy utilization for control, in: Energy Transformations in Biological Systems, Ciba Foundation Symposium 31 (new series), Elsevier, Exzerpta Medica, North Holland, Amsterdam 1975 |
| | Belousov Reaktion | J. J. Tyson, J. Math. Biology 5 (1978) 351 |
| | Chemische Oszillationen | W. Geiseler, Nachr. Chem. Tech. Lab. 33 (1985) 15 |
| | | R. J. Field, Chemie in unserer Zeit 7 (1973) 171 |
| | | U. F. Frank, Angewandte Chemie 90 (1978) 1 |
| | Irreversible Thermodynamik | P. Schuster in: W. Hoppe, W. Lohmann, H. Markl, H. Ziegler (Hrsg.): Biophysik, l.c. |
| | Thermodynamik | P. Schuster, K. Sigmund in: W. Hoppe, W. Lohmann, H. Markl, H. Ziegler (Hrsg.): Biophysik, l.c. |
| 5.4.1 | Das grundlegende Konzept der Primär- und Sekundärprozesse und die Hintereinanderschaltung von Lichtreaktion und Dunkelreaktion | David W. Lawlor, Photosyntheses, Thieme Verlag, Stuttgart, New York 1990 |
| | | G. Renger in: W. Hoppe, W. Lohmann, H. Markl, H. Ziegler (Hrsg.): Biophysik, S. 532, l.c. |
| | | M. Avron (Ed.): Proc. 3rd. Int. Congr. Photosynthesis, Rehovot 1974, 3 Bände, Elsevier, Amsterdam, Oxford, New York 1975 |
| | | B. Chance, D. C. Vault, R. A. DeMarcus, R. Schrieffer, N. Sutin (Eds.): Tunneling in Biologica Systems, Academic Press, New York, San Francisco, London 1979 |
| | | R. K. Clayton, Photosynthesis: physical mechanisms and chemical pattern, Cambridge University Press, Cambridge (U.K.) |
| | | G. Forti, M. Avron, B. A. Melandri, Photosynthesis, Two Centuries after its Discovery by Joseph Priestley, Proc. 2nd Int. Congr. Photosynthesis Res., Stresa 1971, 3 Bände, Junk, The Hague 1972 |
| | | H. Gerischer, J. J. Katz (Eds.): Light-Induced Charge Separation in Biology and Chemistry, Verlag Chemie, Weinheim, New York 1979 |
| | | R. Govindjee (Ed.): Bioenergetics of Photosynthesis, Academic Press, New York 1975 |
| | | R. P. F. Gregory, Biochemistry of Photosynthesis, 2. Auflage, Wiley-Interscience, London 1977 |
| | | M. D. Kamen, Primary Processes in Photosynthesis, Academic Press, New York 1963 |
| | | H. Metzner (Ed.): Progress in Photosynthesis Research, Proc. 1st Int. Congr. Photosynthesis Res., Freudenstadt 1968, 3 Bände, Laupp, Tübingen 1969 |

| Abschnitts-Nr. | Stichwort | Literaturhinweis |
|---|---|---|
| | | H. Metzner (Ed.): Photosynthetic Oxygen Evolution, Academic Press, London, New York, San Francisco 1978 |
| | | P. S. Nobel, Introduction to Biophysical Plant Physiology, Freeman, San Francisco 1974 |
| | | E. Rabinowitch, R. Govindjee, Photosynthesis, Wiley & Sons, New York, London, Sydney, Toronto 1969 |
| | Photosynthese/Calvin-Zyklus | V. G. Czihak, H. Langer, H. Ziegler (Hrsg.): Biologie, 2. Auflage, Springer-Verlag, Berlin, Heidelberg, New York 1978 |
| | | G. Hobom, Biochemie, Herder Verlag, Freiburg, Basel, Wien 1977 |
| | | G. Renger in: W. Hoppe, W. Lohmann, H. Markl, H. Ziegler (Hrsg.): Biophysik, S. 532, l.c. |
| 5.4.2 | Energiewanderung in den Antennenpigmentsystemen | V. Fried, H. F. Hameka, U. Blukis, Physical Chemistry, Macmillan Publishing Co., Inc., New York 1977 |
| | | J. B. Birks, Photophysics of Aromatic Molecules, Wiley-Interscience, New York 1970 |
| | | J. B. Birks (Hrsg.): Organic Molecular Photophysics, Vol. I/Vol. II; Wiley & Sons, New York 1973/1975 |
| | | Th. Förster, Ann. Physik 2 (1948) 55 |
| | | R. S. Knox in: R. Govindjee (Ed.): Bioenergetics of Photosynthesis, Academic Press, New York 1955 |
| | | R. S. Knox in: J. Barber (Ed.): Primary Processes in Photosynthesis, Elsevier-North-Holland, Amsterdam 1977 |
| | | A. A. Lamola, N. J. Turro, Energy Transfer and Organic Photochemistry, Interscience, New York 1969 |
| | | C. A. Parker, Photoluminescence of Solutions, Elsevier, Amsterdam 1968 |
| | | K. C. Smith, Ph. C. Hanawalt, Molecular Photobiology, Academic Press, New York 1969 |
| | | N. J. Turro, Modern Molecular Photochemistry, Benjamin, New York 1978 |
| | | R. P. Wayne, Photochemistry, Butterworth, London 1970 |
| | Funktionszustand der photochemischen Reaktionszentren | H. T. Witt, Primary Acts of Energy Conservation in the Functional Membrane, in: R. Govindjee, Bioenergetics of Photosynthesis, Academic Press, New York, London, San Francisco 1975 |
| | Energieübertragungsmechanismen, sowie CIDEP (photochemisch induzierte dynamische Elektronenpolarisation), EPR- und ENDOR- Methoden, FRANCK- CONDON- Bandbreite | F. Dörr in: W. Hoppe, W. Lohmann, H. Markl, H. Ziegler (Hrsg.): Biophysik, l.c. |
| | Dawydow-Bandenaufspaltung, sowie Leitungsband, lichtinduzierte Bildung von Ladungen und HALL-Beweglichkeit, System mit delokalisierten Exzitonen | V. Fried, H. F. Hameka, U. Blukis, Physical Chemistry, Macmillan Publishing Co., Inc., New York 1977 |
| 5.4.3 | Photoreaktionen der Chlorophylle | H. T. Witt, Primary Acts of Energy Conservation in the Functional Membrane, l.c. |
| | Spektralwechsel in der Photosynthese | B. Kok, G. Hoch, Light and Life (1961) 397 |
| 5.4.4 | Elektronentransfer und Aufbau eines elektrischen Feldes | H. T. Witt, Primary Acts of Energy Conservation in the Functional Membrane, l.c. |
| | Energiekonservierung im Rahmen der Photosynthese | H. T. Witt, Primary Acts of Energy Conservation in the Functional Membrane, l.c. |
| | Photosynthese/Calvin-Zyklus | R. E. Blankenship, R. C. Prince, TIBS (*Trends in biological science*) publ. for the International Univ. of Biochemistry, Amsterdam 1985 |
| | | H. T. Witt, Q. Rev. Biophys. 4 (1971) 365 |

| Abschnitts-Nr. | Stichwort | Literaturhinweis |
|---|---|---|
| 5.4.5 | Molekulare Organisation der funktionellen Strukturbestandteile in der Thylakoidmembran und in den angrenzenden Bereichen | G. Renger in: W. Hoppe, W. Lohmann, H. Markl, H. Ziegler (Hrsg.): Biophysik, S. 532, l.c. |
| 5.4.6 | Protonentranslokation, Protonenverschiebungswege und Phosphorylierung | E. J. Boekema, P. Fromme, P. Gräber, Ber. Bunsenges. Phys. Chem. 92 (1988) 1031 |
| | Elektrisches Feld in der ATP Synthese | H. Bauermeister, E. Schlodder, P. Gräber, Ber. Bunsenges. Phys. Chem. 92 (1988) 1036 |
| | Kinetik des Protonentransports im Rahmen der Photosynthese | P. Gräber, U. Junesch, G. H. Schatz, Ber. Bunsenges. Phys. Chem. 88 (1984) 599 |
| | | P. Gräber, P. Fromme, U. Junesch, G. Schmidt, G. Thulke, Ber. Bunsenges. Phys. Chem. 90 (1986) 1034 |
| | Struktur der ATP-Synthese der Chloroplasten | E. J. Boekema, P. Fromme, P. Gräber, Ber. Bunsenges. Phys. Chem. 92 (1988) 1031 |
| | Struktur mitochondrialer $F_1$-ATPase | E. J. Boekema, J. A. Berden, M. G. van Heel, Biochimica et Biophysica Acta, 851 (1986) 353 |
| 5.4.7 | Kriterien für die Unterscheidung zwischen den verschiedenen Hypothesen für die Deutung der photosynthetischen Phosphorylierungsmechanismen | H. T. Witt, Primary Acts of Energy Conservation in the Functional Membrane, l.c. |
| 5.4.8 | Dunkelreaktion und Calvin-Zyklus Photosynthese/Calvin-Zyklus | H. Mohr, P. Schopfer, Lehrbuch der Pflanzenphysiologie, l.c. A. L. Lehninger, Biochemie, l.c. |
| 5.4.9 | Einige ergänzende Bemerkungen über Stickstoff-Fixierung, bakterielle Photosynthese, Leistungs- und Regulationsfragen und über pflanzliche Biosynthesen | H. Mohr, P. Schopfer, Lehrbuch der Pflanzenphysiologie, l.c. |

# Literaturverzeichnis zu den Abbildungen


Adam G, Läuger P, Stark G (1977) Physikalische Chemie und Biophysik, 2. Aufl. Springer, Berlin Heidelberg New York London Paris Tokyo

Alberty RA (1969) J. Biol. Chem. 244:3290

Antonini E, Wyman J, Brunori M, Fronticelli C, Bucci E, Rossi-Fanelli A (1965) J. Biol. Chem. 240:1096

Aschoff J, Wever R (1958) Naturwissenschaften 45:477

Behmann FW, Bontke E (1958) Pflügers Arch. ges. Physiolog. 266:408

Benesch RE, Benesch R (1974) Adv. Protein Chem. 28:211

Boekema EJ, Fromme P, Gräber P (1988) Ber. Bunsenges. Phys. Chem. 92:1031

Boiteux A, Goldbeter A, Hess B (1975) Proc. Natl. Acad. Sci. USA 72:3829

Boiteux A, Hess B (1975) Faraday Symp. Chem. Soc. 9:101

Boiteux A, Hess B (1980) Ber. Bunsenges. Phys. Chem. 84:392

Buchholtz F, Schneider F (1983) J. Am. Chem. Soc. 105:7450

Burchard W (Hrsg) (1985) Polysaccharide. Springer, Berlin Heidelberg New York

Cantor CR, Schimmel PR (1980) Biophysical Chemistry, WH Freeman, New York

Czihak VG, Langer H, Ziegler H (Hrsg) (1978) Biologie, 2. Aufl. Springer, Berlin Heidelberg New York

Darnell J, Lodish H, Baltimore D (1986) Molecular Cell Biology. Scientific American Books, New York

Davidson N (1969) The Biochemistry of Nucleic Acids, 6th edn. Methuen, London

Deisenhofer J, Epp O, Miki K, Huber R, Michel H (1985) Nature (London) 318:618

Dickerson RE, Geis I (1975) Struktur und Funktion der Proteine. Verlag Chemie, Weinheim

Döring G, Bailey JL, Kreutz W, Witt HT (1968) Naturwissenschaften 55:219

Döring G, Renger, G, Vater J, Witt HT (1969) Z. Naturforsch. 24b:1139

Dose K (1980) Biochemie. Springer, Berlin Heidelberg New York

Ebert G (1980) Biopolymere. Steinkopff, Darmstadt

Engel J, Schwarz G (1970) Angew. Chemie 82:468

Evans E, Needham D (1987) J. Phys. Chem. 91:4219

Galla HJ et al (1988) Ber. Bunsenges. phys. Chem. 92:985

Geiseler W (1985) Nachr. Chem. Tech. Lab. 33:15

Goodwin TW (ed) (1966) Chemistry and Biochemistry of Plant Pigments. Academic Press, New York

Hoppe W, Lohmann W, Markl H, Ziegler H (Hrsg) (1982) Biophysik, 2. Aufl. Springer, Berlin Heidelberg New York

Jaenicke R (1981) Ann. Rev. Biophys. Bioeng. 10:1

Kilmartin JV, Rossi-Benardi L (1973) Physiol. Rev. 53:836

Kohler F (1972) The Liquid State. Verlag Chemie, Weinheim

Kok B (1961) Biochem. Biophys. Acta 48:527

Kutzelnigg W (1978) Einführung in die Theoretische Chemie, Band 2: Die chemische Bindung. Verlag Chemie, Weinheim

Lawlor DW (1990) Photosynthese. Thieme, Stuttgart New York

Mäntele W (1990) Biologie in unserer Zeit 20:85

Matthews BW, Sigler PB, Henderson R, Blow DM (1967) Nature (London)

McGhee JD, v. Hippel PH (1974) J. Mol. Biol. 86:469

Netter (1959) Theoretische Biochemie. Springer, Berlin Göttingen Heidelberg

Ovchinnikov YA (1974) FEBS Letters 44:1

Perutz MF (1951) Nature (London) 167:1053

Pohl FM, Jovin TM (1972) J. Mol. Biol. 67:375

Rauen H (1956) Biochemisches Taschenbuch. Springer, Berlin Göttingen Heidelberg

Riesner D, Gross HJ (1985) Ann. Rev. Biochem. 54:531

Saenger W (1984) Principles of Nucleic Acid Structure. Springer, Berlin Heidelberg New York

Scherer G (1977) Biologie in unserer Zeit 7:97

Schmidt RF, Thews G (1983) Physiologie des Menschen, 23. Aufl. Springer, Berlin Heidelberg New York

Schulz GE, Schirmer RH (1979) Principles of Protein Structure. Springer, Berlin Heidelberg New York

Shemyakin MM et al (1969) J. Membrane Biol. 1:402

Siggaard-Andersen O (1974) The Acid-Base Status of the Blood. Munksgaard, Kopenhaven

Singer SJ, Nicolson GL (1972) Science 173:720

Thews G (1960) Pflügers Arch. ges. Physiol. 271:197

Tiemann R, Renger G, Gräber P, Witt HT (1979) Biochem. Biophys. Acta 546:498

Tyuma I, Imai K, Shimizu K (1973) Biochemistry 12:1491 v. Bertalanffy (1953)

v. Sengbusch P (1979) Molekular- und Zellbiologie. Springer, Berlin Heidelberg New York

van Holde KE (1985) Physical Biochemistry, 2nd edn. Prentice Hall, Englewood Cliffs, NJ

Weber G (1975) Adv. Protein Chem. 29:1

Wedler G (1987) Lehrbuch der Physikalischen Chemie, 3. Aufl. Verlag Chemie, Weinheim

Wegner A, Engel J (1975) Biophys. Chem. 3:215

Zimm BH, Doty P, Iso K (1959) Proc. Natl. Acad. Sci. USA 45:1601

Zscheile FP, Comar CL (1941) Botanical Gazette 102:463

## Literaturverzeichnis zu den Tabellen

Adam G, Läuger P, Stark G (1988) Physikalische Chemie und Biophysik, 2. Aufl. Springer, Berlin Heidelberg New York London Paris Tokyo

Bruice TC, Benkovic SJ (1966) Bioorganic Mechanisms, Vol. 1. WA Benjamin, New York

Kortüm G (1972) Lehrbuch der Elektrochemie, 5. Aufl. Verlag Chemie, Weinheim

Lehninger AL (1987) Biochemie, 2. Aufl. Verlag Chemie, Weinheim

Ramachandran GN, Sasisekharan V (1968) Adv. Prot. Chem. 23:283

Slater, Laidler (1955) Disc. Farad. Soc.

Tyuma I, Imai K, Shimizu K (1973) Biochemistry 12:1491

van Holde KE (1985) Physical Biochemistry, 2nd edn. Prentice Hall, Englewood Cliffs, NJ

# Sachverzeichnis